CONVERSIONS BETWEEN U.S. CUSTOMARY UNITS AND SI UNITS

U.S. Customary unit		Times conversion factor		Equals SI unit	
		Accurate	Practical		
Acceleration (linear)					
foot per second squared	ft/s^2	0.3048*	0.305	meter per second squared	m/s^2
inch per second squared	$in./s^2$	0.0254*	0.0254	meter per second squared	m/s^2
Area					
circular mil	cmil	0.0005067	0.0005	square millimeter	mm^2
square foot	ft^2	0.09290304*	0.0929	square meter	m^2
square inch	$in.^2$	645.16*	645	square millimeter	mm^2
Density (mass)					
slug per cubic foot	$slug/ft^3$	515.379	515	kilogram per cubic meter	kg/m^3
Density (weight)					
pound per cubic foot	lb/ft^3	157.087	157	newton per cubic meter	N/m^3
pound per cubic inch	$lb/in.^3$	271.447	271	kilonewton per cubic meter	kN/m^3
Energy; work					
foot-pound	ft-lb	1.35582	1.36	joule (N·m)	J
inch-pound	in.-lb	0.112985	0.113	joule	J
kilowatt-hour	kWh	3.6*	3.6	megajoule	MJ
British thermal unit	Btu	1055.06	1055	joule	J
Force					
pound	lb	4.44822	4.45	newton (kg·m/s^2)	N
kip (1000 pounds)	k	4.44822	4.45	kilonewton	kN
Force per unit length					
pound per foot	lb/ft	14.5939	14.6	newton per meter	N/m
pound per inch	lb/in.	175.127	175	newton per meter	N/m
kip per foot	k/ft	14.5939	14.6	kilonewton per meter	kN/m
kip per inch	k/in.	175.127	175	kilonewton per meter	kN/m
Length					
foot	ft	0.3048*	0.305	meter	m
inch	in.	25.4*	25.4	millimeter	mm
mile	mi	1.609344*	1.61	kilometer	km
Mass					
slug	$lb\text{-}s^2/ft$	14.5939	14.6	kilogram	kg
Moment of a force; torque					
pound-foot	lb-ft	1.35582	1.36	newton meter	N·m
pound-inch	lb-in.	0.112985	0.113	newton meter	N·m
kip-foot	k-ft	1.35582	1.36	kilonewton meter	kN·m
kip-inch	k-in.	0.112985	0.113	kilonewton meter	kN·m

CONVERSIONS BETWEEN U.S. CUSTOMARY UNITS AND SI UNITS (Continued)

U.S. Customary unit		Times conversion factor		Equals SI unit	
		Accurate	Practical		
Moment of inertia (area)					
inch to fourth power	in.^{4}	416,231	416,000	millimeter to fourth power	mm^4
inch to fourth power	in.^{4}	0.416231×10^{-6}	0.416×10^{-6}	meter to fourth power	m^4
Moment of inertia (mass)					
slug foot squared	slug-ft^2	1.35582	1.36	kilogram meter squared	kg·m^2
Power					
foot-pound per second	ft-lb/s	1.35582	1.36	watt (J/s or N·m/s)	W
foot-pound per minute	ft-lb/min	0.0225970	0.0226	watt	W
horsepower (550 ft-lb/s)	hp	745.701	746	watt	W
Pressure; stress					
pound per square foot	psf	47.8803	47.9	pascal (N/m^2)	Pa
pound per square inch	psi	6894.76	6890	pascal	Pa
kip per square foot	ksf	47.8803	47.9	kilopascal	kPa
kip per square inch	ksi	6.89476	6.89	megapascal	MPa
Section modulus					
inch to third power	in.^{3}	16,387.1	16,400	millimeter to third power	mm^3
inch to third power	in.^{3}	16.3871×10^{-6}	16.4×10^{-6}	meter to third power	m^3
Velocity (linear)					
foot per second	ft/s	0.3048*	0.305	meter per second	m/s
inch per second	in./s	0.0254*	0.0254	meter per second	m/s
mile per hour	mph	0.44704*	0.447	meter per second	m/s
mile per hour	mph	1.609344*	1.61	kilometer per hour	km/h
Volume					
cubic foot	ft^3	0.0283168	0.0283	cubic meter	m^3
cubic inch	in.^{3}	16.3871×10^{-6}	16.4×10^{-6}	cubic meter	m^3
cubic inch	in.^{3}	16.3871	16.4	cubic centimeter (cc)	cm^3
gallon (231 in.^{3})	gal.	3.78541	3.79	liter	L
gallon (231 in.^{3})	gal.	0.00378541	0.00379	cubic meter	m^3

*An asterisk denotes an *exact* conversion factor

Note: **To convert from SI units to USCS units, *divide* by the conversion factor**

Temperature Conversion Formulas

$$T(°C) = \frac{5}{9}[T(°F) - 32] = T(K) - 273.15$$

$$T(K) = \frac{5}{9}[T(°F) - 32] + 273.15 = T(°C) + 273.15$$

$$T(°F) = \frac{9}{5}T(°C) + 32 = \frac{9}{5}T(K) - 459.67$$

SI EDITION

Heat & Mass Transfer 2nd Edition
Kurt C. Rolle

열전달 2판

양 협 · 강상우 · 김주희 · 오재균 · 유제청
이승철 · 정재호 · 채 수 · 한영배 옮김

 CENGAGE  북스힐

Andover • Melbourne • Mexico City • Stamford, CT • Toronto • Hong Kong • New Delhi • Seoul • Singapore • Tokyo

Heat and Mass Transfer, SI Edition, **2nd Edition**

Kurt C. Rolle

> For permission to use material from this text or product, email to
> **asia.infokorea@cengage.com**

ISBN-13: 979-11-5971-274-6

Cengage Learning Korea Ltd.
14F YTN Newsquare 76 Sangamsan-ro
Mapo-gu Seoul 03926 Korea
Tel: (82) 2 330 7000
Fax: (82) 2 330 7001

Cengage Learning is a leading provider of customized learning solutions with office locations around the globe, including Singapore, the United Kingdom, Australia, Mexico, Brazil, and Japan. Locate your local office at: **www.cengage.com**

Cengage Learning products are represented in Canada by Nelson Education, Ltd.

To learn more about Cengage Learning Solutions, visit **www.cengageasia.com**

Printed in Korea
Print Number: 01   Print Year: 2020

역자 서문

이 책은...

이 책은 University of Wisconsin — Platteville 소속의 Kurt C. Rolle 교수 저서인 《Heat and Mass Transfer 2ed, SI 판》에서 '물질전달'에 관한 내용(원서 제8장 MASS TRANSFER에 해당)을 빼고 최초로 번역한, 사실상 국문 초판 책이다. 본디 열전달과 물질전달은 밀접한 연관이 있으므로 원서에 편성되어 있는 대로 모두를 번역했어야 하지만, 이번 번역서는 열전달이라는 단일 영역에만 선택과 집중하여 발간하였다.

이 책은 원저자의 의도대로 공학 과정이나 공업기술 과정에서 한 학기당 3학점짜리 고학년 학과목 교재로 집필되었으므로, 열전달이 필요한 기계, 소방 방재, 전기·전자, 화공, 재료, 환경, 식품 등 공학 분야에서 뿐만 아니라 물리학은 물론이고 화학, 의학, 생물학 등과 같은 비공학 분야에서도 적절하게 교재로서 사용할 수 있다.

원저자는...

원저자인 Kurt C. Rolle 교수는 기계공학사(B.S. in M.E.)를 미 Purdue University에서, M.S.와 Ph.D.를 미 University of Dayton에서 각각 받았고 현재는 미 University of Wisconsin — Platteville에서 기계 공학 교수로 재직 중이다.

실무 경력으로는 자동차 및 공작 기계 산업에서 주철 주조 문제 추적 관리 및 원인 규명, 다양한 설계 및 프로세스 프로젝트 참여, 연료 계통 시스템 해석 및 설계(미 공군) 등이 있다. 또한 연구, 설계 및 실험 경력으로는 공기-공기 열교환기, 단열 벽과 다공성 과립 재료를 포함한 다양한 재료의 열전도도 결정 등이 있고, 자문 경력으로는 다양한 시스템에서의 질량 관성 모멘트 연구, 종이 건조, 재료의 충돌 특성 및 기계 냉각제 시스템

등이 있다. 또한, 개인 상해, 제조물 책임 및 특허 소송 등에서 법정 감정인 역할을 수행하고 있다.

현재는 지속가능하고 재생가능하며 인도적인 에너지 및 기술 시스템도 연구 주제로 삼고 있다.

이 책의 구성은...

서론에서는 학생들에게 학습 내용을 이해해야 하는 이유를 설득하고 있다. 먼저 세 가지 열전달 방식을 정의하고 설명한 뒤, 그런 다음 정상 상태 전도, 과도 또는 비정상 상태 전도, 강제 대류, 자유 또는 자연 대류, 복사 기초, 열교환기 및 상변화 열전달의 순으로 편성하고 있다. 전반적으로 중점을 두고 있는 사항은, 경험적 방법이 어떻게 다양한 열전달 장치의 성능과 효율을 측정하는 데 사용되는지를 그리고 어떻게 중요한 관련 매개변수와 재료 상태량을 측정하는 데 사용되는지를 보여주고자 하는 것이다. 아울러 열전도도, 압축률, 대류 열전달 계수, 방사율, 반사율 및 확산율도 모두 다 취급하였다.

한층 더 자세한 내용은 '저자 서문'을 참고하길 바란다.

이 책의 특징으로는...

먼저, 각 장마다 첫 머리에 '역사적 개요'를 도입함으로써 관련 주제를 역사적으로나 기술적으로 흥미 있게 소개한 점으로, 이는 역저자를 고무시킨 바가 크다. 또한, 열전달에서 경험적 근거를 분명히 제시한 점이다. 학술적인 면에서나 산업계 실무 면에서 꼭 필요한 사례들이 상상력을 자극하는 문장 형식으로 또는 창의성을 필요로 하는 문제 형식으로 다양하게 소개되어 있다.

특히, 문제들은 그 유형이 아주 다양하여, 토론 문제, 수업 중 퀴즈 문제 및 연습 문제 등으로 구성되어 있다. 게다가, 결정적으로 '열전달 평가 시험문제 샘플' 섹션이 부록에 편성되어 있는데, 이는 학생뿐만 아니라 특히 교수자가 눈여겨봐야 할 대목으로 **강의 요목과 시험 유형** 세트가 여러 타입으로 구비되어 있어서 교수자나 학습자가 강의 진도나 학습 진도를 관리하는 데 매우 유용한 도구가 될 것으로 확신한다.

학생들은...

다음과 같은 루틴으로 교재를 사용해서는 안 된다. 즉, 먼저 풀어야 할 지정 문제의 문장을 읽는다. → 그리고 나서, 지정된 문제와 같거나 아주 유사한 예제를 찾으려고 책을 뒤진다. → 그런 다음, 자신이 지정된 문제와 관련된 내용을 이해하고 있는지를 확인하는 식이다. 이렇게 해서는 공학 문제 해석이나 공학 시스템 설계를 시작하기 전에 해당 학과목을 이해해야 하는 중요성을 인식하기가 어렵게 된다. 오히려, 그 역순으로 교재를 활용하는 패러다임의 전환이 일어나길 바란다. 부디, 지정 과제와 유사한 유형의 문제들에 몽땅 편중하여 문제 풀이 비법만을 추구하지 않기를 바란다.

사실, 열전달에서는 지수 함수, 오차 함수, 쌍곡선 함수, 변수 분리 및 입체 기하학과 같은 지극히 수학적인 개념과 연산 방법이 많이 들어 있는 게 사실이지만, 이 때문에 열전달이 너무 복잡하고 추상적이라고 생각하여 회피하지 말고 다만 열전달 현상과 원리를 이해하여 열전달 시스템의 해석과 설계에 적용하겠다는 도전 정신으로 무장해 주길 바란다.

이 책에서 사용하고 있는 단위는...

이 책에서는 앞표지 머리띠 부분에 'SI 판'이라는 간판을 크게 걸어 놓은 만큼 완전히 국제단위계를 채택하고 있으나, 몇 가지 선도와 표 그리고 몇 군데 본문과 문제에 미 상용단위의 흔적이 남아 있는 게 사실이다. 그 이유인 즉, 편람, 정부 표준 및 제품 안내서에서 인용한 데이터들은 모든 값을 SI 단위로 변환시키는 것이 극히 어려울 뿐만 아니라 그 출전의 지식재산권 침해를 사전에 방지하고자 하는 것이기 때문이다.

그러나 대표 역자가 볼 때에는 미국 태생의 전공 서적들은 사실상 미 국내·외 수요자를 고려하여 국제단위계(SI, *Le Système International d'Unités* ; MKS + cgs 단위계를 기본으로 함)와 함께 미 상용단위계(USCS, *the United States Customary System* ; FPS 단위계 기본)를 병용하는 것으로 슬며시 회귀하고 있는 추세인 것 같다.

현재 일상생활에서 SI 단위 사용이 강제되고 있지 않은 나라로 미국과 미얀마가 공식적으로 언급되고 있지만, 현실적인 면을 고려할 때, 특히 이 책의 독자가 고학년 공대 학생이거나 현업에 종사하는 실무 경력자라는 점을 고려할 때, SI 단위와 함께 USCS 단위를 익히는 것도 엔지니어로서 차원과 단위 개념의 외연을 넓히는데 훨씬 더 좋다고 생각한다.

용어 문제는...

이렇게 분량이 두툼한 서적을 번역하는 협업에서는 아무리 여건이 좋다고 하더라도 종국에는 용어의 선정과 통일 문제가 반드시 등장하기 마련이다. 그런 이유로 갈무리 단계에서 대표 역자가 통합 편집 작업을 하게 되는 것인데, 이 과정에서 일반 서술 표현은 별 무리 없이 다양한 우리말로 옮겼지만, 전문 용어는 제목으로 쓸 때에는 간명성(이 때에는 한자 용어가 더 기능적임)을 우선시하고 내용을 설명할 때는 전달성(이 때에는 우리 낱말이 훨씬 더 좋음)을 고려하여 여러 가지 중에서 하나로 정하거나 병용하였고 필요하다면 영문 용어도 병용하였다. 그렇다 하더라도, 이 책 속에 담겨 있는 모든 오류와 모순은 대표 역자의 과문함과 산만함 탓임을 미리 밝힌다.

끝으로...

열전달 문제 해결 기술은 관련 산업계의 설계 분야에서 제품의 품격을 좌지우지하는 최종 무기라는 말로 열전달 과목의 중요성을 대변하고 싶다.

원저자의 표현대로 'in this rich subject'에서 — 즉, 이렇게 주제가 풍요롭고 무궁무진한 분야에서 — 중요한 뿌리 개념으로 그득 찬 보물창고를 활짝 개방하여, 학생들에게 보이지는 않지만 실제로 일어나고 있는 현상을 과학적으로 다룰 수 있는 기쁨을 맛보게 하고 엔지니어들에게는 창의적인 신규 설계와 혁신적인 신규 시스템의 기술 개발 및 발전에 이바지하고 있다는 자부심을 느끼게 할 수 있게끔, 다시금 열전달 교육이 활성화될 수 있도록 활기찬 강의 개설과 학습 열풍이 불기를 기원한다.

언제 시작했는지 기억이 나지 않을 정도로 아득하고 지난했던 이 프로젝트의 대장정이 끝났다. 이 책이 출간되기만을 손꼽아 기다리며 응원해주신 모든 이에게 고마운 마음을 전한다.

2020년 02월
대표 역자 양 협

저자 서문

이번 개정판은 열전달의 기본 개념과 사상들을 분명하고도 간결하게 제공하여 이 개념과 사상들이 지속적이고도 현재적인 다양한 공학 문제를 설계하고 해석하는 데 어떻게 사용될 수 있는지를 설명하고자 발간하였다. 또한 이 책은 열전달이 수반되는 공학 시스템의 다양한 매개변수와 거동을 측정하고 관찰하는 실험 방법을 설명하고 있다. 이 책은 공대나 공업기술 과정에서 한 학기당 3학점짜리 고학년 학과목용으로 집필되었다. 이 책은 이상적으로는 기계 공학 전공에 적합하지만, 다른 학문 분야에서도 교재로서 사용할 수 있다. 이 책의 초판이 집필된 이래 매우 많은 교재들이 출간되었지만, 대개는 공대 학생을 염두에 두고 집필되지는 않았다. 이 개정판에는 다음과 같은 내용이 들어 있다.

이번 판에서 새로워진 점

1. **역사 요약**: 각 장마다 첫 머리에 역사적 배경을 도입하여 관련 주제를 역사적으로나 기술적으로 흥미 있게 소개하였다.

2. **새로운 용어**: 각 장마다 검토하게 될 새로운 매개변수 목록을 작성하였다. 이 목록에는 매개변수의 용어, 단위 및 배경이 포함되어 있다.

3. **학습 목표**: 각 장들은 예상되는 학습 성과로 시작한다. 학생들은 이해를 더 잘 해야 하는 개념, 다루고 있는 주제의 목적 그리고 각각의 개념들이 공학 문제에 어떻게 적용되어야 하는지를 분명히 알 수 있다.

4. 열전달 분야에서의 경험적 근거를 분명히 제시하였고, 아울러 다양한 주제, 상태량 및 몇 가지 미래 연구 아이디어에 사용될 실험 방법과 해석적 외연을 설명하였다.

5. **요약**: 각 장의 끝에는 해당 장에서 도입하였던 새로운 개념들과 함께 공학 문제에서

전형적으로 사용하게 될 유도식이나 작성식을 조목별로 나열하였다.

6. **컴퓨터 소프트웨어**: Engineering Equation Solver (EES), Mathcad, MATLAB®을 사용하여 선정된 상황에서 컴퓨터를 사용하는 이점을 설명하고자 하였고 이를 주지시켰다.

7. 열교환기 장은 히트 파이프로 구성되어 있고, 여기에는 마이크로 및 나노 기술 히트 파이프도 포함되어 있다.

8. **새로운 예제와 개정된 예제**: 이 예제들은 문제 설정과 최적 모델 개발에 중점을 두었다.

9. **토론 문제**: 각 장에는 각 절에 해당하는 토론 문제가 실려 있으므로, 과제나 조별 토론 또는 반 전체 토론 주제로 사용할 수 있다. 이러한 토론 문제를 통해서 학생들은 논점에 관해서 한층 더 깊이 생각해볼 수 있게 될 것이다.

10. **수업 중 퀴즈 문제**: 각 장의 끝에 있는 문제 목록은 수업 중 퀴즈용으로 주어져 있으므로, 이로써 학생과 교수 간에 의사소통이 원활하게 되고 학생들이 어떻게 진도를 따라가고 있는지를 평가할 수 있다.

11. **연습 문제**: 각 장에는 뒤이어서 충분한 연습 문제들이 마련되어 있으므로 과제용으로 사용하거나, 학생들이 연습을 함으로써 공학 응용문제를 풀 때 자신감을 키울 수 있게 할 수 있다.

12. **부록**: 부록에는 유용한 수학 연산과 함수, SI 단위계와 USCS 단위계로 주어져 있는 몇몇 대표적인 재료의 상태량 표, 습공기학과 습공기 선도 및 대표적인 냉매의 압력-엔탈피 선도, 이 책으로 학습할 때 추천하는 교습 계획 시안 및 시험 문제 견본 등이 포함되어 있다.

교수용 웹사이트: 추가로 제공되는 품목으로는 강의용 PowerPoint 발표 자료뿐만 아니라 모든 그림, 표, 예제 등의 PowerPoint 슬라이드가 포함되어 있다. Test Bank(시험문제 은행) 문제뿐만 아니라 Instructor's Solutions Manual(교수용 해답집)도 교실 내 용도로 게시되어 있다.

MindTap

이 교재는 개인 학습 프로그램인 Cengage Learning's MindTap을 통하여 온라인으로 구독이 가능한데, 이 프로그램은 교보재로서 구매할 수도 있다. MindTap을 구매한 학생들은 자신의 PC, 노트북, iPad 등으로 이 책의 MindTap Reader에 접속하여 과제를 완성하고 온라인에서 자료들을 평가할 수 있다. Learning Management System (Blackboard, Moodle 등)을 사용하여 학과목 내용 추적, 과제 부과, 평점 부여 등을 할 때에는, 이 학과목의 내용과 평가 등이 들어 있는 MindTap 전체 항목에 똑같이 접속할 수 있다.

교수자는 MindTap에서 다음을 할 수 있다. 즉,

- 학과목 구성 내용을 재구성하거나 최초 자료를 온라인 콘텐츠에 덧붙임으로써 학과목 강의 요목에 맞춰서 Learning Path를 개인화하기.
- Learning Management System 포털을 온라인 학과목과 Reader에 연결시키기.
- 온라인 평가와 과제 부과를 사용자 주문에 맞추기.
- 학생의 학력 향상도와 이해도를 추적하기.
- 대화식 이용과 수업 과정을 통한 학생 참여를 제고시키기.

또한, 학생들은 ReadSpeaker로 교재를 듣고 노트를 하며 자신만의 플래시카드를 만들고, 간단 참고용으로 내용을 강조 표시를 하고 연습 퀴즈와 과제를 통한 자료의 이해도를 확인할 수 있다.

정보에 대한 학생들의 접근이 급속히 확대되고 더욱더 많은 주제를 공학 교과 과정에 포함시키고자 하는 요구가 증가함으로써, 교재의 역할이 어느 정도는 애매모호해지게 되었다. 저자는 그 어느 때보다도 교재가 학생들이 학과목 주제를 이해하여 상세한 내용을 독학할 수 있고, 이 학과목을 수료한 후에도 지속되고 있는 기술 개발 사항을 덧붙일 수 있는 기본과 매우 중요한 뿌리 개념의 보물창고를 학생들에게 제공해야 한다는 점을 더더욱 느꼈다. 즉, 대학과정의 공학 교재는 해당 학과목의 개론 역할을 할 수 있도록 지나치게 포괄적이거나 광범위하지 않아야 한다. 특히, 열전달 분야에는 현업에 종사 중인 엔지니어들에게 한층 더 효과적인 방식으로 제공될 수 있는 우수한 고급 교재, 학술 논문, 계산도표, 참고용 편람 등이 많이 있다. 대학과정 공대 학생들은 기본을 배워 이해하고 받아들여야 한다. 대학을 졸업한 엔지니어들이, 특히 숙련된 전문가로서 역할을 수행하고자 할 때에는 이러한 기본들을 독학할 귀중한 시간이 별로 없다. 교재는 학생들이 지정된 주제를 읽고 나서 도입된 개념들을 이해하고, 예제를 꼼꼼히 복습하여 이러한 개념들의 응용을 더 잘 이해하며, 마지막으로 지정된 연습 문제들을 읽고 나서 이 문제들을 지배하는 물리적 현상들을 분별해냄으로써 학과목 기본의 이해를 달성시켜주는 매체가 될 수 있어야 한다. 이러한 과정을 겪고 난 다음, 학생들은 특정한 계에 작용하는 경계 조건과 초기 조건들을 이해하고 몇몇 단순화한 가정들을 생각해내거나 추정하여 문제들을 추적하여 풀 수 있어야 한다. 저자는 먼저 교재를 읽기 쉽고, 재미있으며, 적절히 한 다음, 중요한 물리적 현상들을 강조함으로써 학생들이 책을 이런 식으로 사용하도록 권장해왔다. 열전달은 이름 그대로 정의와 개념들의 집합이므로, 학생들이 질량 및 에너지 균형을 확실히 이해하고 있다면 이 학과목의 완전 정복은 머지않았다. 지수 함수, 오차 함수, 쌍곡선 함수, 변수 분리 그리고 입체각 개념이 포함된 입체 기하학과 같은 여러 가지 많은 수학적 개념과 연산은 중요한 것이지만, 이 때문에 열전달이 너무 복잡하고 추상적인 것이 되어버릴 수 있다.

대부분의 입문 단계 학생들은 먼저 지정된 문제의 문장을 읽음으로써 교재를 사용하게 된다. 그런 다음, 학생들은 지정된 문제와 같거나 아주 유사한 예제를 찾으려고 책을 자세히 뒤져보기 시작한다. 결국, 학생들은 교재 내용을 읽고서 자신이 지정된 문제와 관련된 내용을 이해하고 있는지를 확인하게 된다. 이렇게 해서는 공학 문제 해석이나 공학 시스템 설계를 시작하기 전에 해당 학과목을 이해해야 하는 중요성을 전달하기가 어렵다. 학생들은 유사한 유형의 문제 그룹을 몽땅 풀 수 있는 비법을 추구할 정도로 문제 푸는 법을 열심히 추구하고 있다. 훈련 중인 학생들은 자신을 교육시키기보다는 한층 더 단순하고 유순한 것 같다. 그러나 공학 세계에서 수련을 할 때에는 훈련을 한다고 해서 반드시 문제 이해력이 제공되는 것도 아니고 전문적인 개발이나 독학에 좋은 토대가 마련되는 것도 아니다.

그러므로 저자는 학생들이 책의 주제 내용을 읽고 예제를 학습한 다음, 마지막으로는 문제 풀이법을 이해할 수 있도록 이러한 순서대로 학생들을 권장하기로 목표를 설정했다. 특히, 저자는 주제를 제공하는 결정적인 성분이 바로 어떻게 하면 예제를 상황 설명에 들어맞게 해야 하는가라는 것을 느꼈다. 이 교재에는 문제 설정이나 최적 모델 개발에 중점을 두고 있는 새롭거나 개정한 예제가 들어 있다. 예제들에는 항상 문제의 상세한 컴퓨터 풀이 과정이 주어져 있지는 않지만, 이 때문에 오히려 학생들이 방금 읽은 내용을 진짜로 자신의 것으로 흡수하였는지를 알아낼 수 있는 시험대가 제공되는 것이다. 예제들은 전체 해법을 노출시킨 경우가 전혀 없기 때문에 지정 문제나 시험 문제로서 사용될 수 있다. 예제에는 답이 제공된 경우가 많이 있지만. 그래도 학생들은 빠져 있는 단계를 메꿔야만 한다.

문제를 풀 수 있다는 것은 결국 공학의 모든 것이지만, 역량을 갖춘 성공적인 엔지니어가 되려면 스스로 문제를 해석할 수 있어야 할 뿐만 아니라 새로운 설계 형상 구조와 혁신적인 새로운 시스템으로 예측할 수 있도록 이 책의 구성 내용을 이해하여야 한다.

이번 판도 초판과 매우 똑같이 편성되어 있다. 서론은 학생들에게 취급하고 있는 내용을 이해해야 하는 이유에 관한 정보를 제공하고 있다. 먼저, 세 가지 열전달 방식을 정의하고 설명하였다. 그런 다음, 교재의 구성 내용을 다음과 같은 연대순으로 구성하였다. 즉, 정상 상태 전도, 과도 또는 비정상 상태 전도, 강제 대류, 자유 또는 자연 대류, 복사 기초, 열교환기 및 상변화 열전달의 순이다. 중점을 두고 있는 사항은, 경험적 방법이 어떻게 다양한 열전달 장치의 성능과 효율을 측정하는 데 사용되는지 뿐만 아니라, 어떻게 일부 중요한 매개변수와 재료 상태량을 측정하는 데 사용되는지를 학생들에게 보여주는 것이다. 이 교재에서는 열전도도, 압축률, 대류 열전달 계수, 방사율, 반사율 및 확산율도 모두 다 취급하였다.

교재를 집필할 때면, 아무리 사정이 최상이라고 하더라도 항상 오류와 모순이 드러나게 되는 것은 어쩔 수가 없는 것 같다. Keith McIver는 꼼꼼하게 모든 예제를 확인해주고 연습 문제 답을 검토해주었다. Mona Zeftel과 Rose Kernan이 이번 개정판을 준비하는 데 전문적으로 지도를 해주었음에도, 오류와 모순이 드러난다면 그것은 오로지 저자의 몫일 뿐이다. 이 프로젝트를 추진하면서 Cengage사의 Tim Anderson이 보여준 확신에 감사의 마음을 전한다. 저자는 이 책이 한층 더 나은 책이 되도록 여러 가지 면에서 호의적으로 기여를 해주신 감수자 여러분께 감사의 말씀을 전하며, 굳이 몇 분만을 들자면 다음과 같다.

Harry C. Hardee, *New Mexico State University*

Gregory A. Kalio, *California State University, Chico*

Andrey V. Kuznetsov, *North Carolina Agricultural and Technical State University*

Kunal Mitra, *Florida Institute of Technology*

Benjamin D. Shaw, *University of California, Davis*

Jun Zhou, *Penn State Eire, the Behrend College*

끝으로, 오랫동안 이 무궁무진한 과목에서 계속해서 자극을 받도록 해준 동료들과 학생들에게 감사의 마음을 전한다.

Kurt C. Rolle

차 례

01 서 론

역사적 개요

뜨거움이나 따뜻함의 척도는 열전달 분야에서 취급하는 매우 중요한 상태량 중 하나이다. 이 상태량이 바로 온도인데, 온도는 아주 오랫동안 연구되어온 상태량이다. 역사를 되돌아 보면 불가능하지는 않겠지만, 온도가 언제부터 정성적으로 또는 정량적으로 측정되어 이해하게 되었는지 아는 것은 쉽지 않다. 다니엘 파렌하이트(Daniel Fahrenheit)가 소금 물(즉, 소금과 물의 포화 혼합물)의 어는점을 0도로 하고 인체 혈액의 정상 온도를 100도로 하여 사용하는 온도 척도를 제안했다는 합리적인 문헌이 있다. 파렌하이트는 독일의 단치 히(Danzig; 지금의 폴란드의 그단스크(Gdańsk))에서 1686년 5월 24일에 태어났는데, 자연 철학이나 물리에 흥미를 느꼈던 것으로 보인다. 또한 다른 사람들의 문헌을 통해 학습하고 당대의 과학자들과 많은 의견교환은 물론, 물리 실험을 수행하는 데에도 꽤 뛰어났던 것 같다. 파렌하이트의 온도 척도는 수은이 들어 있는 온도계에 숫자를 매기고자 하는 그의 바람과 노력의 결과이며, 이러한 장치는 많은 사람이 생각하기 전에 파렌하이트 가 원조이다. 그 밖에도 물질의 뜨거움과 차가움을 측정하거나 탐지하는 장치들은 16세기 와 17세기 초에 개발되어 문헌으로 소개되어 있다. 뜨거움을 연구하고 뜨거움을 측정하는 장치를 만들어 제안한 사람 중에서도 저명한 사람들은 갈릴레오 갈릴레이(Galileo Galilei), 산토리오 산토리이(Santorio Santorii), 로버트 플러드(Robert Fludd), 코르넬 리우스 드레벨(Cornelius Drebbel) 등이다. 그 이전인 기원후 1세기에 한층 더 잘 알려진,

알렉산드리아의 헤론(Hero)과 알렉산드리아의 파일론(Philo)은 공기와 기타 기체들이 더욱더 강렬해지는 뜨거움에, 즉 더욱더 높은 온도에 노출되면 팽창을 하는 특성을 이해하고 있었던 것 같다. 흥미로운 것은 이러한 이해나 의문이 시간상으로 훨씬 더 이전부터 있어 왔느냐 하는 것이다. 아무튼 다니엘 파렌하이트는 훌륭한 유리 불기 직공이고 기계공이며 과학자여서 수은의 팽창 특성을 활용하여 온도를 탐지하는 어떤 최초의 장치를 만들었던 것 같다. 그의 장치는 충분한 반복성으로 뜨거움과 차가움을 탐지할 수 있는 충분한 정밀도로 만들어져서 신뢰성이 있었다. 그가 만들고 사용했던 온도계는 속은 비고 양끝이 밀봉되어 있는데, 한쪽 끝은 소량의 수은이 들어 있는 유리관으로, 이는 현대의 수은 온도계와 매우 닮아 있었다. 이 수은은 표준 온도에서 몇 되지 않은 액체 금속 중의 하나이며 열팽창 계수가 크고 표면장력이 큰 물질로서, 온도가 상승하면 관찰할 수 있을 정도로 유리관 속에서 팽창한다. 파렌하이트는 수은의 팽창 상태에 숫자를 매길 필요가 있음을 깨달았다. 이러한 사실을 깨달음으로써 소금물의 어는 온도로는 0을, 인체 혈액 온도로는 100을 사용하게 되었다. 그는 이러한 관찰점을 어는 소금물에는 0, 끓는 물에는 60을 사용하자고 제안한 동시대의 인물인 올레 뢰머(Ole Rømer)에게서 빌려왔다. 파렌하이트는 이 척도를 조정하여 물 끓음(비등)이 240에서 일어나는 것으로 했다. 그 이후로 다년간에 걸쳐 많은 사람들의 통찰과 학습으로, 순수한 물의 끓는점은 파렌하이트 척도에서 212에 더욱더 가깝고, 인체의 혈액 온도는 98에 가까움을 알았으며, (소금물이 아니고) 순수한 물은 32에서 얼거나 녹는다는 것을 알았다. 그렇게 해서 현재의 파렌하이트 온도 척도(화씨 온도 척도; °F)가 존재하게 된 것이다.

학습 내용

1. 국제단위계(SI 단위계)를 숙달한다.
2. 열역학의 기초를 이해한다.
   i. 계와 경계.
   ii. 질량, 중량, 체적, 밀도, 위치 에너지, 운동 에너지, 내부 에너지, 두 가지 비열, 엔탈피, 비압축성 물질 및 이상 기체 등을 포함하는 계의 상태량.
   iii. 일, 열 및 밀폐계와 개방계에서의 에너지 보존.
   iv. 혼합물에서 질량 분율과 몰 분율의 개념.
   v. 건구 온도와 습구 온도, 이슬점 온도, 혼합물 성분의 분압(부분 압력), 상대 습도 및 절대 습도 또는 습도비 등을 포함하는 습공기학적 개념.

3. 열전달의 세 가지 방식인 전도, 대류, 복사를 이해한다. 푸리에(Fourier)의 전도 법칙과 뉴턴(newton)의 냉각 및 가열 법칙을 알고, 흑체 복사를 이해한다.
4. 델(del) 연산자와 라플라시안(Laplacian)을 이해한다.
5. 미분 방정식을 알고 동차 미분 방정식의 여부 및 계수가 상수인 1계 및 2계 상미분 방정식을 식별한다.
6. 다차원 함수에서 변수 분리 개념을 안다.
7. 열전달에서 통상적으로 접하게 되는 2종의 문제를 인식한다.

1.1 열전달의 중요성

열전달은 공학도들이 학습하면서 자주 접하게 되므로 어느 정도는 상세하게 이해를 하고 있어야 하는 용어이다. 이 책을 통해 용어의 의미를 이해하는 데 도움이 될 것이다.

물질에 관해 자세한 학습을 시작하기 전에, 열전달이 무엇인지 그리고 이러한 지식에서 도출될 수 있는 이익이 무엇인지를 이해해야 하는 이유를 곰곰이 생각해보는 것이 중요하다. 이를 통해 이 책에서 다루는 주제들에 대해 본인의 개인적인 우선 순위 목록이나 전문적인 우선 순위 목록을 정리하는 데 도움을 줄 것이다.

인류의 현대 기술 문명은 천연 자원에서 나오는 에너지의 사용과 관리에 의존하고 있다. 에너지의 사용은 일, 동력 및 열로서 확인될 수 있지만, 실제 의미에서는 사용되고 있는 일과 동력이 열로 퇴화하는 것이다. 열은 고온 물체와 저온 물체 간의 에너지 교환이며, 그러한 교환은 고온 물체로부터 저온 물체로 일어난다. 열에 의한 에너지 교환이 얼마나 빨리 일어나는지를 설명하고 예측하는 과학을 열전달이라고 한다. 열전달이라는 과학은 다양한 분석적 도구와 경험적 도구를 통합하여 에너지 교환으로서의 열의 원리를 정확하게 이해하고 이를 응용하려는 설계자, 제작자, 운전자, 관리자 및 연구자들에게 일련의 유용한 지식을 제공한다.

에너지와 그 보존에 관한 우리의 관심사는 열전달 개념에 대한 이해를 요구한다. 주어진 기후 조건에서 건물의 천장이나 외벽에 얼마나 많은 단열재를 설치해야 하는지(그림 1.1) 또는 단열 창을 통하여 얼마나 많은 열손실이 일어나는지(그림 1.2)를 알게 되며, 겨울에 건물을 쾌적하게 유지하는 데 얼마나 많은 열(에너지)이 필요한지 또는 여름에 같은 건물을 쾌적하게 유지하는 데 얼마나 많은 공기 조절이 필요하게 되는지를 결정할 수 있다. 증기

그림 1.1 섬유유리는 건물 벽, 바닥 및 지붕을 통한 열 흐름을 감소시키는 효과적이고도 인기 있는 단열 재료이다. 섬유유리는 흔히 두루마리 형태로 공급되는데, 이 때문에 수직 벽 안에, 바닥 밑에 또는 천장 위에 설치하려면 감긴 것을 풀어야 한다. 말려 있지 않은 섬유유리를 설치하는 것이 더 편리할 때가 많이 있다. (Christina Richards/Shutterstock.com)

발생기나 보일러의 설계 및 운전에는 석탄, 가스 또는 기름의 연소에서 증기 발생기 쪽에 있는 관 속의 물에 일어나는 열전달의 이해가 필요하다. 청결과 안전을 필요로 하는 제약 화학약품, 음식물, 음식 제품 및 기타 많은 제품에는 냉각기와 같은 복잡한 기계류가 필요하다(그림 1.3). 주행 중에 저온으로 유지시켜야 하는 자동차나 트럭 엔진용 라디에이터 (그림 1.4)의 설계 및 제작에는 열전달 개념에 대한 이해가 필요하다. 기타 중요한 현안에는 전기 저항 발열로 인한 전력선 내의 열은 어떻게 소산시켜야 하는지 또는 화재나 고온에서 전선을 어떻게 보호해야 하는지(그림 1.5), 소형화된 컴퓨터 회로와 시스템이 목적한 대로 작동할 때 어떻게 저온으로 유지시켜야 하는지, 원격지에 열을 공급하는 데 열펌프나 히트 파이프의 크기를 어떻게 적절하게 명시해야 하는지, 환경 온도를 어떻게 조절하거나 탐지해야 하는지 등이 포함된다. 이러한 모든 현안들은 열전달 분석으로 답을 얻을 수 있다. 또한, 열전달 개념은 하수 처리 및 폐기물 관리, 소독 과정 및 다른 위생 과정에 관해서 중요하다. 식품 처리 및 가공 산업에서는 열전달을 이해하는 것이 새로운 장비와 공정의 설계 및 제작을 개선하는 데 뿐만 아니라 기존의 공정과 장비를 효율적으로 운용하는 데 필수이다.

야금학과 재료과학 분야에서는 많은 처리 과정과 공정에 열전달이 관련된다. 따라서 그러한 공정에서 열전달의 역할을 명확하게 이해하게 되면 이 분야에서 장차 진보를 이루게 될 것이다. 운송 산업에서 항공기 엔진 베어링과 동력 전달장치(transmission)의 적절한 냉각 장치는 열전달 개념이 잘 적용된 최상의 설계이다.

열전달이 직접 적용되는 사례를 더 들어보면 땅속에서의 서리 형성을 이해하는 것, 동결을 피하기 위해 도수관을 얼마나 깊게 묻어야 하는지, 환경을 교란시키지 않고 북극 기후에서 송유관을 지지하는 튼튼한 기초나 토대를 어떻게 구축하여야 하는지, 그리고 서리 형성으로 인한 고속도로나 건물의 손상을 어떻게 방지해야 하는지 등이 포함된다. 더 나아가 핵폐기물을 적절하게 저장하는 데에는 그러한 폐기물을 둘러싸고 있는 매질을 통한 열전달 등을 주의 깊게 고려하여 선정된 저장소가 필요하다(그림 1.6). 마지막으로 태양 에너지가 약속한 대로 지속가능하고 경제적인 에너지 공급량이 되려면, 열전달 개념이 소요되는 시스템의 설계 및 분석에 적용되어야 할 것이다.

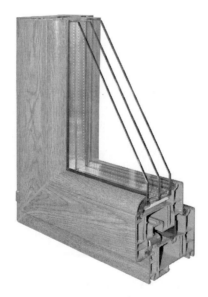

그림 1.2 현대의 창문은 창유리를 통해서 들어오는 빛의 양을 감소시키지 않고서도 열 흐름을 감소시키도록 설계되어 있다. 이러한 하이테크 창문은 2장 또는 그 이상의 창유리를 간극을 두고 서로 분리시켜 밀봉한 상태로 제작된다. 이 간극은 진공 또는 아르곤과 같은 불활성 기체가 채워져 있기도 하다. 이 창유리의 내부 표면들은 저수준 복사선의 반사도를 높여주는 투명 물질로 피막이 되어 있으며 이로써 창문을 통한 전체 열 흐름이 더 감소된다. (stefan11/Shutterstock.com)

그림 1.3 음식물과 화학약품을 가공하는 특수 열교환기의 내부 사진이다. 내부 관들은 스테인리스강이고 외부 관은 청동이다. 강재 외통은 이 열교환기를 오래 사용할 수 있게 전체 조립체에 덮어 씌워 설치한다. (Kennedy Tank and Manufacturing Co., Inc., Indianapolis, Indiana, USA 허가 게재)

그림 1.4 많은 장치들이 **열교환기**로 분류되기도 하지만, 대개는 또 다른 이름으로 불린다. 열교환기는 하나의 고온 유체 흐름에서 또 다른 저온의 유체 흐름으로 전달되는 열 흐름에 관련된다. 이 사진에는 내연 기관을 차갑게 유지시키는 데 사용되는 라디에이터(radiator; 방열기)를 나타내고 있는데, 그 과정은 엔진을 거친 다음 라디에이터를 통과하는 고온의 물을 냉각시키는 것과 관련이 있다. 차가운 공기가 라디에이터 주위를 지나게 되고, 그에 따라 고온의 물을 냉각시켜 이 차가워진 물이 엔진을 거쳐 재순환되도록 한다. 이 라디에이터의 오른쪽까지의 비율을 주목하면, 이로써 라디에이터의 크기가 얼마인지를 알 수 있다. 이 라디에이터는 트랙터나 콤바인 엔진 냉각용으로 사용되지만, 다른 종류의 라디에이터는 자동차나 트럭 엔진 냉각용으로 사용된다. (Winai Tepsuttinun/Shutterstock.com)

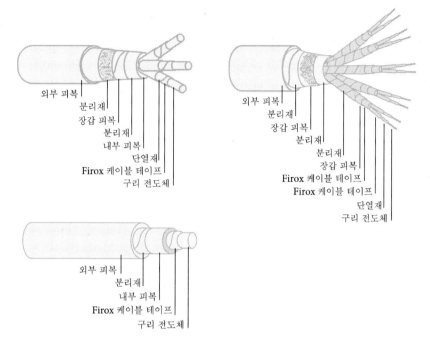

그림 1.5 열 흐름에 대한 한 가지 목적은 화재 손상을 방지하는 것이다. 이 그림은 전력 케이블이 어떻게 화재 지연 재료로 피복이 되어 전력 케이블에 대한 손상을 방지할 수 있는지를 보여주고 있다. (Cogebi, Inc., Dover, NH, USA)

그림 1.6 기술로 인하여 많은 폐기물이 발생되는데, 이 때문에 재활용하거나 파괴시키거나 또는 환경에 피해를 주지 않는 지역에 저장되어야 한다. 생성물 자체의 방사성 때문에 유독성 화학물질로 분류되는 핵폐기물 생성물의 처리는 핵 발전 산업과 정부 기관에 주요 문제가 되어 왔다. 이 사진은 같이 미국 네바다주 유카(Yucca) 산의 핵폐기물 매장지이다. 길이가 3.2 km인 입구 통로를 거쳐 산의 기저부로 진입한 후, 이 산의 표면 아래 245 m 지점에는 대략 폭이 7.6 m에서 9.1 m, 길이가 적어도 8.1 km가 되는 터널이 있다. 이 프로젝트를 완전히 설계, 분석 및 모니터링하여 핵폐기물이 안전 수준으로 붕괴될 때까지 수용하는 데 그 성공을 보장하려면 열전달 등을 이해해야 할 필요가 있다. 그러한 붕괴에는 1000년에서 1500년의 기간이 걸리기도 한다. (© Jim West / Alamy.)

열전달은 자연 환경에서 전반적으로 일어나고 현대 사회의 여러 장치와 과정에서 일어난다. 열전달 메커니즘을 이해하는 것은 현대 사회에서의 고유한 문제와 요구에 대한 현실적이고도 장기적인 해결책을 개발하고 수행하는 데 결정적인 일이다. 일반 시민들이 열전달 메커니즘의 실제 적용에서 유래하는 기술의 잠재력과 한계를 이해하는 것도 똑같이 중요하다.

새로운 용어

A	면적	N	몰 수
a	가속도	$\mathbf{n}$	면적 A에 직교하는 단위($=1$) 벡터
a, b	계수 또는 상수		
C	상수	PE	위치 에너지
c_p	정압 비열	pe	단위 질량당 위치 에너지
c_v	정적 비열	p	압력
E	에너지	Q	열
$\dot{E}$	에너지 변화율	$\dot{Q}$	열전달
e	단위 질량당 에너지	$\dot{q}_A$	단위 면적당 열전달
$f(x)$	x의 함수	R	기체 상수
F	힘	R_u	일반 기체 상수
g	중력 가속도	r	변위, 반경
Hn	엔탈피	T	온도
hn	단위 질량당 엔탈피	t	시간
$\dot{\text{Hn}}$	단위 시간당 엔탈피 변화율	U	내부 에너지 또는 열에너지
h	대류 열전달 계수	u	단위 질량당 내부 에너지 또는 열에너지
KE	운동 에너지		
ke	단위 질량당 운동 에너지	$\dot{U}$	단위 시간당 열에너지 변화율
L	길이	V	체적
MW	분자량, 몰 질량, 분자 중량	$\dot{V}$	체적 유량
m	질량	$\mathbf{V}$	속도
$\dot{m}$	질량 유량	v	비체적

W	중량	β	베타, 상대 습도
Wk	일	κ	카파, 열전도도
$\dot{\mathrm{W}}$k	동력, 단위 시간당 일률	ρ	로, 밀도
x	변위, x좌표	σ	시그마, 스테판–볼츠만 상수
y	변위, y좌표	ψ	프사이, 질량 분율
z	변위, z좌표	Ω	오메가, 몰 분율
i	x 방향 단위(＝1) 벡터	ω	오메가, 절대 습도, 습도비
j	y 방향 단위 벡터	∇	델 연산자, $=i\dfrac{\partial}{\partial x}+j\dfrac{\partial}{\partial y}+k\dfrac{\partial}{\partial z}$
k	z 방향 단위 벡터		(직교 좌표계에서)

1.2 열전달에서 사용하는 차원과 단위

열전달 방법을 이해하는 것은 물리적 사건을 관찰하기, 물리적 사건을 기록하고 측정하기 및 그 결과를 응용 수학으로 확장하기 등과 같은 경험적 관찰과 실험을 거쳐서 발전해 왔다. 측정할 수 있는 기본적인 물리 **차원**(dimension)들은 길이(L), 질량(m), 온도(T) 및 시간(t)인데, **단위**(unit)는 그러한 차원의 크기의 이름이다. 각각의 기본 차원에는 서로 다른 단위가 있다. 단위계는 용인되는 단위를 사용할 수 있는 틀을 제공한다. 이 책에서는 국제단위계(SI)만을 사용한다. 표 1.1에는 SI 단위계에서 기본 차원으로 사용되는 단위와 기본 단위에서 유도되는 에너지와 동력이 수록되어 있다. 힘은 중요한 차원이

표 1.1 기본 차원과 단위

차원	SI
길이	미터(m)
질량	킬로그램(kg)
힘	뉴턴(N)
시간	초(s)
온도	켈빈(K) 또는 섭씨 온도(℃)
에너지	줄(J)
동력	와트(W)

기 때문에 이 또한 표에 실려 있다. 힘은 뉴턴의 운동 제2법칙에 의하여 세 가지 기본 단위(L, m, t)에서 유도될 수 있다. 즉,

$$F = ma \tag{1.1}$$

여기에서 a는 힘 F에 의한 질량 m의 가속도이다.

SI 단위계에서는 접두어를 사용하여 크기 및 기타 수량에 대한 광범위한 값의 범위를 다룰 수 있다. 예를 들어 접두어 **밀리**(milli)는 1/1000 또는 10^{-3}을 나타내고, 1 mm = 1/1000 m처럼 사용된다. 마찬가지로 1 kg = 1000 g이고 1 MW = 10^6 W 이다. 표 1.2에는 SI 접두어와 그 변환계수가 실려 있다.

표 1.2 SI 접두어

접두어	기호	양	배수
기가	G	1 000 000 000	10^9
메가	M	1 000 000	10^6
킬로	k	1 000	10^3
헥토	h	100	10^2
데카	da	10	10
데시	d	0.1	10^{-1}
센티	c	0.01	10^{-2}
밀리	m	0.001	10^{-3}
마이크로	μ	0.000 001	10^{-6}
나노	n	0.000 000 001	10^{-9}

1.3 열전달 개념

열전달은 온도 차로 인한 열전달률을 학습하는 과학이다. **열**이라는 용어는 열역학 과목에서 거론되므로 열역학의 기본 개념을 복습하는 것이 도움이 된다. 열역학은 이미 배웠으리라고 생각하므로, 여기에서는 열전달 학습과 관련되는 일부 중요한 개념과 정의를 간단히 설명하기로 한다. 열역학 개념을 알고 있다고 생각한다면, 이 절을 간단히 복습하고 이 책에서 나중에 필요할 때 참고하면 된다.

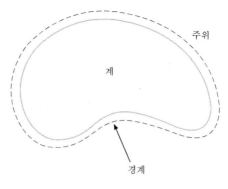

그림 1.7 열역학적 계의 그림

열역학적 계는 **경계**라고 하는 하나 또는 그 이상의 구획 표면으로 **주위**와 분리된 공간 내 체적이다. 그림 1.7에는 단순한 열역학적 계를 나타내고 있는데, 여기에서 경계는 계를 식별하는 데 필요한 표면이다. 열역학도 열전달과 물질전달의 경계를 명확히 표시하면서 시작한다. 열역학에서 학습했던 내용을 되새겨보면, 경계는 하나의 독특하고 특정한 표면이 아니지만, 경계의 선택은 분석을 하는 사람의 몫이다. 경계는 분석을 하는 사람이 경계하고자 결정하는 곳마다 그 위치가 정해진다. 대체로 경계는 열역학의 원리와 개념이 가장 쉽게 적용될 수 있는 최적의 장소나 가장 안성맞춤인 장소가 있다. 다음은 경계를 선정하는 데 사용되는 몇 가지 지침이다.

1. (전체에 걸쳐서 조건이 균일하거나 일정한) 균질의 계나 상태량을 결정할 수 있는 계를 둘러싸서 경계를 선정한다.
2. 기체를 분리하는 고체 표면이나 액체 표면과 같이 물리적으로 잘 형성된 경계를 선정한다.
3. 온도, 열량 또는 질량 유량과 같이 조건을 알고 있는 경계를 선정한다.

일단 계의 경계가 결정되면 계는 **상태량**(properties)으로 기술된다. 열역학적 계 그리고 열전달 학습에서, 상태량은 **질량, 밀도, 압력, 온도, 체적, 중량, 형상, 에너지, 엔탈피, 엔트로피** 그리고 유사한 상태량 등이다. 이 중에서 많은 상태량들이 서로 상관관계가 있거나 상호 종속적이다. 예를 들어 질량(m), 체적(V) 및 밀도(ρ)는 밀도의 정의에 따라 다음의 관계가 있다. 즉,

$$\rho = \lim_{V \to \delta V} \frac{m}{V} \tag{1.2}$$

여기에서 δV는 계에서 질량을 식별할 수 있는 최소 체적이다. 나노 기술이 적용되는 과학에서는, 밀도가 식 (1.2)로 정의되어서는 안 된다. 이 교재의 취지에서 나노 기술은 고려하지 않을 것이다. 밀도에는 다음과 같은 연산 형태를 자주 사용한다.

$$m = \int \rho dV \tag{1.3}$$

그리고 체적 V에서의 평균 밀도는 다음과 같다.

$$\rho = \frac{m}{V} \tag{1.4}$$

밀도의 역수인 비체적을 사용하는 것이 편리할 때도 있다.

$$v = \frac{1}{\rho} = \lim_{m \to \delta m} \frac{V}{m} \tag{1.5}$$

여기에서 δm은 계에서 식별할 수 있는 최소 질량이다. 그러면 평균 비체적은 다음과 같다.

$$v = \frac{V}{m} \tag{1.6}$$

계의 중량 W는 다음과 같이 질량과 관계가 있다.

$$W = mg \tag{1.7}$$

여기에서 g는 국지 중력 가속도이다. 이 결과와 뉴턴의 운동 제2법칙과 비교하면, 식 (1.1)은 다음과 같다.

$$\boldsymbol{F} = m\boldsymbol{a} \tag{1.1, 다시 씀}$$

여기서 알 수 있는 점은 중량은 힘(계와 지구 사이의 인력)에 해당하고 국지 중력 가속도 g는 위치 가속도 a에 해당한다는 것이다.

온도는 계의 '뜨거움'을 측정하는 상태량이다. 온도가 높을수록 계는 '뜨거워'지고, 이와 반대로 온도가 낮을수록 계는 '덜 뜨거워'지거나 '더 차가워'진다. 온도는 열전달 해석

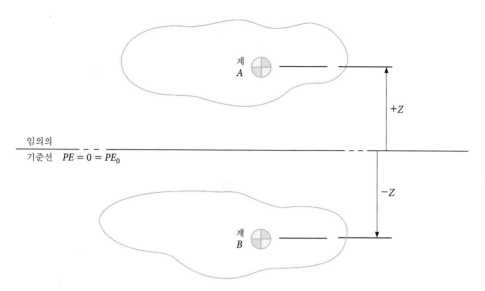

그림 1.8 중력 작용 위치 에너지를 구하는 방법을 나타내는 그림

에서 계의 중요한 상태량이다. 열평형은 2개의 계나 물체 사이에서 두 온도가 동일할 때 일어난다. 그러므로 열평형의 개념에는 온도의 이해가 필요하다. SI 단위에서 온도는 섭씨 온도(℃)와 켈빈 온도(K)가 모두 사용된다. 켈빈은 절대 온도라고 하며, K = ℃ + 273이다. 절대 0도는 0 K 또는 −273 ℃이다.

에너지는 대개 **위치 에너지, 운동 에너지** 또는 **내부 에너지**로 식별된다. 위치 에너지는 중력 작용 인력이나 계의 중량으로 인한 에너지와 관련이 있다. 지구 표면이나 주위에 있는 계 또는 g가 거의 일정한 계에는 위치 에너지 PE를 다음과 같이 쓸 수 있다.

$$PE = mgz = Wz \tag{1.8}$$

여기에서 z는 위치 에너지가 0인 임의로 선정된 모종의 기준 평면에서 표시되는 위치 벡터이다. 그림 1.8과 같이 기준 평면 위에 있는 계는 위치 에너지가 양(+)이고 기준 평면 아래에 있는 계는 위치 에너지가 음(−)이다. 운동 에너지 KE는 다음과 같이 계의 운동이나 속도와 관련지어 가시화할 수 있다.

$$KE = \frac{1}{2}m\mathbf{V}^2 \tag{1.9}$$

여기에서 $\mathbf{V}$는 운동 에너지의 크기가 KE인 계의 속도 벡터이다.

내부 에너지 또는 열에너지 U는 그 분석에 오류의 소지가 있긴 하지만, 대체로 계의 온도 T와 관련이 있다. 온도가 높은 계일수록, 즉 '뜨거움'이 큰 계일수록 내부 에너지가 큰 것이 사실이기는 하지만, 내부 에너지는 또한 분자력, 원자력 또는 핵력이나 이들의 상호작용과 관련된 에너지의 척도이기도 하다. 내부 에너지는 두 가지 별개의 부분으로 구성된 에너지 형태라고 볼 수 있다. 즉, (1) 계의 뜨거움(즉, 온도)으로 인한 에너지로, 이는 **현열** 에너지(sensible energy)라고 부르기도 한다. 그리고 (2) 고체, 액체 또는 기체와 같은 계의 상(phase)으로 인한 에너지로, 이는 **잠열** 에너지(latent energy)라고 부르기도 한다. 현열 에너지는 일정 체적에서의 비열 $c_v(T)$의 정의에 따라 온도와 관련이 있다. 즉,

$$c_v = \frac{1}{m}\frac{\partial U}{\partial T} \tag{1.10}$$

고체와 액체는 **비압축성**(이는 상이 변화하거나 다른 조건들이 변할지라도 체적이 동일하게 유지된다는 것을 의미함)이므로, 식 (1.10)에서의 편도함수가 상미분이 되므로 다음과 같이 된다.

$$dU = mc_v dT \tag{1.11}$$

식 (1.11)은 또한 증기가 다음과 같은 이상 기체 법칙을 따라 거동한다고 가정할 때에는 증기에도 성립된다.

$$pV = mRT = NR_u T \tag{1.12}$$

또는
$$pv = RT \quad \text{(단위 질량당)}$$

여기에서 R은 기체 상수이고, N은 증기나 물질의 몰 수이며, R_u는 일반 기체 상수이다. R_u는 8.31 kJ/kg · mole · K로 잡으면 된다. 그러므로 비압축성 물질이나 이상 기체로 식별될 수 있는 계에서, 내부 에너지는 다음과 같이 온도 영역 T_0부터 T까지에 걸쳐 식 (1.11)을 적분함으로써 구할 수 있다. 즉,

$$U(T) = U_0 + \int_{T_0}^{T} mc_v T dT \tag{1.13}$$

여기에서 U_0는 T_0에서의 내부 에너지이다. 편의상 T_0는 U_0가 0이 되도록 선정할 때가 많은데, 이러한 조건은 그 자체가 임의적이고 주관적이다. 다행히도 내부분의 공학 분식에서는 내부 에너지 U보다 내부 에너지의 변화 ΔU가 더 유용하며 다음과 같다.

$$\Delta U = \int_{T_1}^{T_2} mc_v T dT \tag{1.14}$$

이 결과는 T_0 에서 U_0 라는 임의적인 조건과는 독립적이다. 흔히 $c_v(T)$ 는 $c_v(T) = c_v$ 로 일정하다고 가정하여, 적분을 내부 에너지나 내부 에너지 변화가 온도 T 의 선형 함수가 되도록 처리한다.

예제 1.1

3 kg의 공기가 20 ℃ 에서 120 ℃ 로 가열될 때 내부 에너지 변화를 구하라. 공기의 $c_v(T)$ 는 다음 식으로 주어진다고 가정한다.

$$c_v = 0.683 + 0.0678 \times 10^{-3}T + 0.1658 \times 10^{-6}T^2 - 0.06789 \times 10^{-9}T^3 \frac{\text{kJ}}{\text{kg} \cdot \text{K}}$$

여기에서 온도 K는 단위가 켈빈이다.

풀이 공기는 이상 기체로 거동한다고 가정하고, 식 (1.14)를 사용하여 내부 에너지 변화를 계산한다. 즉,

$$\Delta U = \int_{T=293\text{K}}^{T=393\text{K}} mc_v T dT$$

$c_v(T)$ 에 대입한 후에 적분하면, 결과는 다음과 같다.

$$\Delta U = 216.93 \text{ kJ}$$

답

계가 고체에서 액체로 또는 액체에서 증기(기체)로 상이 변화하는 계에서는 상변화와 관련된 에너지를 고려해야 한다. 순수 물질의 상변화는 온도 변화 없이도 일어나며, 이러한 상변화 중에 일어나는 내부 에너지 변화는 에너지 중에서 잠열 부분이거나 상과 관련된 에너지이다. 그러므로 온도가 상 i 의 온도 T_1 에서 상 j 의 온도 T_2 로 변화할 때, 계와 관련된 내부 에너지의 변화는 다음과 같이 쓸 수 있다.

$$\Delta U = \int_{T_1}^{T_{ij}} mc_v(T)_i dT + \Delta U_{ij} + \int_{T_{ij}}^{T_2} mc_v(T)_j dT \tag{1.15}$$

여기에서 T_{ij} 는 상변화가 i 에서 j 로 일어나는 온도를 나타낸다. ΔU_{ij} 는 계가 상 i 에서 상 j 로 진행될 때 계 물질의 내부 에너지 변화(잠열 내부 에너지라고도 함)이며, 비열이

들어 있는 항들은 각각 2개의 상에 관한 것이다. 즉, $c_v(T)_i$는 상 i에 관한 것이고 $c_v(T)_j$는 상 j에 관한 것이다.

물질이나 계의 상태량 중에서 많이 이용되는 또 다른 상태량은 **엔탈피**(enthalpy) Hn로 다음과 같이 정의된다.

$$\mathrm{Hn} = U + pV \tag{1.16}$$

여기에서 p는 압력이다. 이 압력은 별개의 위치에서 계에 작용하는 유체 정역학적(법선 방향) 압력과 크기가 같다. 엔탈피는 대개 H(또는 계의 단위 질량당일 때는 h)로 표시한다. 여기에서는 열전달 문헌과 일관성을 유지시키고자 엔탈피를 Hn으로 표시하거나 단위 질량당일 때는 hn으로 표시하는데, 기호 h는 나중에 대류 열전달 계수를 나타낼 때 사용할 것이다.

계의 상태량 목록을 **상태**(state)라고 하는데, 이는 계의 조건이라는 의미이다. 열역학적 분석은 계의 상태를 확인한 후에 계의 변화를 살펴보는 순으로 이어진다. 즉, 내부 에너지가 하나의 상태에서 또 다른 상태로 변화하면서 계에서는 무슨 일이 일어나는지를 알아보는 것이다. 계의 에너지는 **일**과 **열**에 의해 변화할 수 있다. **일** Wk는 다음과 같이 정의되는 기계적 에너지의 변화이다.

$$\mathrm{Wk} = \int d\mathrm{Wk} = \int f(x)dx \tag{1.17}$$

여기에서 $d\mathrm{Wk}$는 일의 미분량이다. 또한 일은 변위 또는 거리에 거쳐서 작용하는 힘 F와 관련되는, 계와 주위 간의 에너지 교환이다. 식 (1.17)을 x_1과 x_2 사이에서 정적분한 것이 미분 일량에 병치되는 것으로서 유한 일량이다. 그러므로 F가 벡터 변위 x에 따라서 얼마나 변하는지를 알아야 하므로, 함수 $F = f(x)$를 알아야만 한다. 힘 F가 일정한 경우에는 다음과 같이 익숙한 결과가 나온다.

$$\mathrm{Wk} = F\Delta x \quad \text{(일정한 힘)} \tag{1.18}$$

학습 목적상 정압 경계 일을 제외하고는, 계와 주위 사이에서 이루어진 일은 어떠한 일이라도 대체로 무시하도록 하겠다. 경계 일은 계의 압력과 관련된 일이다. 그래서 이 경계 일 때문에 과정 중에 계의 체적이 변하게 되므로, 일은 식 (1.17)에서 다음과 같이 쓸 수 있다.

$$\text{Wk} = \int p \, dV \tag{1.19}$$

정압 과정에서는 이 결과가 다음과 같이 된다.

$$\text{Wk} = p\Delta V \tag{1.20}$$

계의 에너지를 변화시킬 수 있는 두 번째 방법은 **열**이다. 열은 변위를 거쳐서 작용하는 힘과 같이 그 상황을 설명할 수 없는, 계와 주위 간의 에너지 교환이다. 즉, 열과 일은 상호 배타적으로 정의되는 에너지 교환이다. 또한 열 Q는 온도 차로 인한 에너지 교환으로서 설명하기도 하는데, 여기에는 열역학 제2법칙에 관한 지식이 필요하다. 다른 분석들도 많이 있지만, 이 열역학 제2법칙은 열은 뜨거운 계에서 덜 뜨겁거나 차가운 계로만 흐를 수 있다는 내용이다. 즉, 열은 가역적이 아니므로 저절로 차가운 데서 뜨거운 데로 진행될 수 없다. 열역학 제2법칙은 열이 저절로 차가운 데서 뜨거운 데로 흐르지 않는다고 알려진 사실을 설명하려고 한 것이다. 주목할 점은 열은 (고온 계에서 저온 계를 향하는) 방향성이 있으므로, 계가 가열되고 있을 때에는 양(+)으로, 계가 냉각되고 있을 때에는 음(−)으로 표시한다. 마찬가지로 일도 방향과 관련이 있는데, 계의 경계가 팽창하거나 계에서 유출되고 있을 때에는 양(+)이라고 하고, 계의 경계가 수축하거나 계로 유입되고 있을 때에는 음(−)이라고 한다. 마찰 효과가 없는 일은 정적 평형에서와 같이 가역적이라고 본다. 열역학 제1법칙은 에너지 보존으로 설명되기도 하며 다음과 같이 나타낸다.

$$\Delta E = Q - \text{Wk} \tag{1.21}$$

(어떠한 운동 에너지나 위치 에너지가 전혀 없이) 단지 내부 에너지하고만 관련이 있는 에너지 변화가 일어나는 계에서 이 식은 다음과 같이 된다.

$$\Delta U = Q - \text{Wk} \tag{1.22}$$

단지 경계 일이 있고 압력이 일정한 계에서는, 일이 식 (1.20)으로 주어지므로 식 (1.22)는 다음과 같이 된다.

$$\Delta U + p\Delta V = Q \tag{1.23}$$

이 식의 좌변은 정압 과정에서 엔탈피 변화와 같으므로, 식 (1.23)을 다음과 같이 쓸 수 있다.

$$\Delta Hn = Q \tag{1.24}$$

이 식에서는 왜 엔탈피를 Hn으로 표시하는지에 관한 실마리가 나온다. Hn은 단지 내부 에너지 변화만 일어나는 계의 정압 과정에서의 '열'을 나타낸다. 또한, 비압축성 고체나 액체에서 또는 이상 기체에서, 엔탈피 변화는 다음과 같이 정압 비열 $c_p(T)$의 정의대로 계의 온도와 관련이 있다는 것을 보여주기도 한다. 즉,

$$c_p = \frac{1}{m} \frac{\partial Hn}{\partial T} \tag{1.25}$$

비압축성 고체나 액체에서 또는 이상 기체에서는 이 편도함수가 상미분과 같으므로, 다음 과 같이 쓸 수 있다.

$$dHn = mc_p dT \tag{1.26}$$

그리고 엔탈피의 유한 변화는 식 (1.26)을 온도 변화 영역 T_1에서 T_2까지에 걸쳐 적분함으로써 구할 수 있다. 식 (1.15)는 물질이 상변화를 할 수 있다는 관찰에서 전개되었는데, 이 식을 참조하면 T_1에서 T_2까지의 온도 변화를 겪으면서 상 i에서 상 j로 상변화가 진행되는 물질의 엔탈피 변화는 다음과 같이 쓸 수 있다.

$$\Delta Hn = m \int_{T_1}^{T_{ij}} c_p dT + \Delta Hn_{ij} + m \int_{T_{ij}}^{T_2} c_p dT \tag{1.27}$$

여기에서 부호규약은 식 (1.15)와 같다. 이 식에서 우변의 첫째 항과 셋째 항은 물질의 **현열**(sensible heat)이라고도 하며, 중간 항(ΔHn_{ij})은 물질의 **잠열**(latent heat)이라고 한다. 주목할 점은 **열**은 여기에서 엔탈피 변화를 식 (1.24)의 제한 조건과 일관되게 설명하려고 사용하고 있다는 것이다.

에너지 보존을 설명하고 있는 식 (1.21)을 살펴보면, 이 식은 다음과 같이 미분 방정식으로 쓸 수 있다는 것을 알 수 있을 것이다.

$$dU = dQ - dWk \tag{1.28}$$

또는

$$\dot{U} = \dot{Q} - \dot{W}k \tag{1.29}$$

여기에서 점(˙)은 해당 항의 시간 도함수를 나타낸다. 그러므로 Ẇk는 dWk/dt, 즉 **동력**이고, $\dot{U}$는 dU/dt이며 $\dot{Q}$는 dQ/dt, 즉 **열전달**이다. 정압 과정에서는 식 (1.29)가 다음과 같이 된다.

$$\dot{H}n = \dot{Q} \tag{1.30}$$

이러한 결과는 이후 어지간히도 많이 사용될 것이다.

예제 1.2

압력이 대기압인 100 kPa이고 온도가 150 ℃인 3 m³의 수증기가 응축되어 25 ℃로 냉각된다. 냉각 과정 중에 물에서 제거되는 열량을 구하라. 정압 비열은 물은 4.18 kJ/kg·K, 수증기는 1.86 kJ/kg·K이라고 각각 가정한다. 또한 물의 기화 잠열은 2.25 MJ/kg이고, 100 kPa 및 150 ℃에서 수증기의 밀도는 0.52 kg/m³이라고 가정한다.

풀이 수증기는 이상 기체처럼 거동하고, 액체 물은 비압축성 유체로 거동한다고 가정한다. 그러면 식 (1.27)을 사용하여 엔탈피 변화를 수치로 구할 수 있다.

이 과정은 정압 과정이므로, 엔탈피 변화가 제거된 열량과 같음을 보여주는 식 (1.24)를 적용한다. 수증기로서 물의 양은 3 m³이므로 그 질량은 식 (1.4)를 사용하여 구한다.

$$m = \rho V = \left(0.52\frac{\text{kg}}{\text{m}^3}\right)(3\text{ m}^3) = 1.56\text{ kg}$$

온도의 변화 영역은 $T_1 = 150\,℃ + 273 = 423\text{ K}$, $T_{ij} = 100\,℃ + 273 = 373\text{ K}$, $T_2 = 25\,℃ + 273 = 298\text{ K}$이다. 식 (1.27)로 수치를 구하면 다음이 나온다.

$$Q = 1.56\text{ kg}\left[\int_{423\text{ K}}^{373\text{ K}} 1.86\,\text{kJ/kg·K } dT + \left(2250\,\text{kJ/kg}\right)\right.$$
$$\left.+ \int_{373\text{ K}}^{298\text{ K}}\left(4.18\text{ kJ/kg·K}\right)dT\right] = -4143\text{ kJ} \qquad\text{답}$$

주목할 점은 열량이 음의 값으로, 이는 열이 계에서 제거되고 있음을 나타낸다.

그림 1.7에서 유의할 점은 계의 관습적인 분석에는 질량이 전혀 손실되거나 획득되어서는 안 된다는 제한 조건이 포함되는데, 이는 질량이 경계를 넘어갈 수 없다는 것을 의미한다. 그러나 분석에서는 질량 이동이 허용되어야 할 때가 많다. 이는 많은 열전달 문제에 해당된다. 질량 이동을 고려하는 보통 방식은 **제어 체적**(control volume; 검사 체적) 또는 **개방계**

(open system)를 정의하는 것인데, 이는 열과 일뿐만 아니라 질량도 통과할 수 있는 경계 또는 **제어 표면**(control surface; 검사 표면)으로 둘러싸인 공간 내 체적이다. 제어 체적은 많은 공학 문제에서 유용한 도구이지만, 계와는 어느 정도 다르게 취급하여야 한다. 그림 1.9와 같은 제어 표면에서 에너지 보존은 다음과 같이 쓸 수 있다.

$$\dot{Q} - \dot{W}k + \sum_{in} \dot{m}e - \sum_{out} \dot{m}e = \dot{E}_{accumulated} \tag{1.31}$$

여기에서 항 $\sum_{in} \dot{m}e = \int_A \mathbf{V} \cdot \mathbf{n}e_{in} dA$ 는 제어 체적에 유입되는 단위 시간당 유량을 나타낸다. 항 $\mathbf{n}$ 은 입력 면적 A_{in} 에서 제어 표면에 대한 법선 방향 단위 벡터이다. A_{in} 은 유입이 허용되는 입구의 실제 표면 면적이다.

항 $\sum_{out} \dot{m}e$ 에도 동일한 분석을 할 수 있는데, 이는 제어 체적에서 유출되는 물질의 전체 에너지이다. 항 $\dot{E}_{accumulated}$ 는 제어 체적에 축적되는 에너지의 축적률을 나타낸다.

제어 체적에서 질량 보존은 다음과 같이 쓸 수 있다.

$$\sum \dot{m}_{in} - \sum \dot{m}_{out} = \dot{m}_{accumulated} \tag{1.32}$$

여기에서 질량 유량은 다음과 같다.

$$\sum \dot{m}_{in} = \int_{A_{in}} V_{in} \cdot \mathbf{n}\rho_{in} dA_{in} \quad \text{및} \quad \sum \dot{m}_{out} = \int_{A_{out}} V_{out} \cdot \mathbf{n}\rho_{out} dA_{out}$$

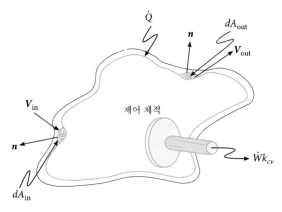

그림 1.9 제어 체적을 나타내는 그림

제어 체적의 유입과 유출에서 고려해야 하는 일이 존재한다는 것을 알고 있다면, 그리고 단지 내부 에너지, 운동 에너지 및 위치 에너지만을 고려해야 한다면, 식 (1.31)을 수정하여 다음과 같이 쓸 수 있다.

$$\dot{Q} - \dot{W}k_{cv} + \sum \dot{m}(\text{hn} + \text{ke} + \text{pe})_{\text{in}} - \sum \dot{m}(\text{hn} + \text{ke} + \text{pe})_{\text{out}} = \dot{E}_{\text{accumulated}} \quad (1.33)$$

이 식에서 둘째 항 $\dot{W}k_{cv}$은 **축 동력**(shaft power)이라고도 한다. 이 항은 흔히 공학 문헌에서 사용되며, 제어 체적이 기술적 상황에 적용되는 대부분의 경우에는 일이나 동력이 제어 체적에서 회전축을 기준으로 획득되거나 아니면 회전축을 기준으로 제어 체적으로 공급된다는 사실을 가리킨다. 그래서 용어가 **축 동력**이다. 예를 들어 펌프나 압축기가 작동을 하려면 일이나 동력이 필요하므로 축 동력이 제어 체적에 공급되는 것이다. 증기 터빈이나 내연 기관은 열기관으로서 운전되어 동력이나 일을 발생시키는데, 이 동력이나 일은 구동축이나 동력 축을 거쳐서만 추출될 수 있다.

　　정상 상태, 정상 유동 조건(SSSF; steady state, steady flow)은 제어 체적 분석의 중요한 부분 집합이다. 정상 상태는 다음과 같은 조건을 충족할 때 발생한다. 즉,

1. 제어 체적에 있는 어떠한 별개의 위치에서라도 질량 유입 및/또는 유출의 상태와 유량이 시간에 따라 변하지 않는다. 그래서 용어가 **정상 유동**이다.
2. 에너지가 (열과 일로서) 제어 체적 경계를 지나는 통과율이 시간에 따라 변하지 않고, 제어 체적이 좌표축에 관하여 이동하지 않는다.
3. 제어 체적 내 질량과 에너지의 상태가 시간에 따라 변하지 않는다.

위 2항과 3항은 정상 상태 구속 조건을 구성한다. SSSF에서는 식 (1.31)과 식 (1.32)가 다음과 같이 된다.

$$\dot{Q} - \dot{W}k = \sum \dot{m}e_{\text{out}} - \sum \dot{m}e_{\text{in}} \quad (1.34)$$

그리고

$$\sum \dot{m}_{\text{in}} = \sum \dot{m}_{\text{out}} \quad (1.35)$$

자동차 히터는 바깥 공기 온도가 $-10\,℃$ 일 때 승객에게 $30\,℃$ 공기를 $30\,\mathrm{m}^3/\mathrm{min}$으로 공급하여야 한다. 물과 에틸렌글리콜이 50 대 50으로 혼합된 냉매가 $85\,℃$에서 가용할 때, 냉매가 자동차 히터에서 $45\,℃$ 미만으로 유출되면 안 되는 조건에서 공기를 가열하는 데 필요한 냉매의 질량 유량을 구하라.

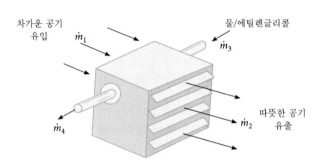

그림 1.10 자동차 히터의 개략도

풀이 그림 1.10에는 히터에서의 제어 체적이 그려져 있으며, 이 문제에 주어진 몇 가지 관련 데이터도 함께 표시되어 있다. 냉매의 질량 유량은 에너지 평형을 적용하여 구할 것이다. 먼저 히터는 SSSF 조건에서 작동되고, 냉매는 비압축성 액체이며, 공기는 이상 기체라고 가정한다. 또한 축 동력이 전혀 없으며, 히터나 그 제어 체적의 외부에서 열전달이 전혀 일어나지 않는다고 가정한다. 그러면 식 (1.34)에서 이 SSSF 조건에 맞는 식이 다음과 같이 나온다.

$$\sum \dot{m}_{\text{in}}(\text{hn})_{\text{in}} = \sum \dot{m}_{\text{out}}(\text{hn})_{\text{out}}$$

이 식은 다음과 같이 된다.

$$\dot{m}_1(\text{hn})_1 + \dot{m}_3(\text{hn})_3 = \dot{m}_2(\text{hn})_2 + \dot{m}_4(\text{hn})_4$$

공기를 이상 기체, 냉매를 비압축성 유체로 가정하면 엔탈피는 각각 다음과 같다.

$$\text{hn}_1 = c_{p,\text{air}}T_1, \text{hn}_2 = c_{p,\text{air}}T_2, \text{hn}_3 = c_{p,\text{cool}}T_3, \quad 및 \quad \text{hn}_4 = c_{p,\text{cool}}T_4$$

부록 표 B.3과 표 B.4에서 물(4.180 kJ/kg · K), 공기(1.007 kJ/kg · K), 에틸렌글리콜(2.3850 kJ/kg · K)의 각 평균 비열 값을 구한다. 에틸렌글리콜과 물의 혼합물의 비열은 두 성분의 산술 평균으로 잡으면 된다. 그러면 다음과 같다.

$$c_{p,\text{cool}} = \frac{c_{p,\text{eg}}}{2} + \frac{c_{p,\text{water}}}{2} = \frac{2.385}{2} + \frac{4.18}{2} = 3.2825\,\frac{\text{kJ}}{\text{kg} \cdot \text{K}}$$

공기를 이상 기체라고 가정했으므로, 그 밀도는 정확히 p/RT이다.

$$\rho_{air} = \frac{p}{RT} = \frac{101 \text{ kPa}}{\left(0.287 \frac{\text{kN} \cdot \text{m}}{\text{kg} \cdot \text{K}}\right)(300 \text{ K})} = 1.173 \frac{\text{kg}}{\text{m}^3}$$

그러면 공기의 질량 유량은 다음과 같다.

$$\dot{m}_{air} = \dot{m}_1 = \dot{m}_2 = \rho_{air}\dot{V}_{air} = \left(1.173 \frac{\text{kg}}{\text{m}^3}\right)\left(30 \frac{\text{m}^3}{\text{min}}\right) = 35.19 \frac{\text{kg}}{\text{min}}$$

그런 다음 에너지 균형을 사용하면, 식 (1.34)는 다음과 같이 된다.

$$\dot{m}_{air}c_{p,air}(T_1 - T_2) = \dot{m}_{cool}c_{p,cool}(T_4 - T_3)$$

그리고

$$\dot{m}_{cool} = \dot{m}_{air}\left(\frac{c_{p,air}}{c_{p,cool}}\right)\left(\frac{T_1 - T_2}{T_4 - T_3}\right) = \left(35.19 \frac{\text{kg}}{\text{min}}\right)\left(\frac{1.007}{3.2825}\right)\left(\frac{-10-30}{45-85}\right)$$

$$= 10.7955 \frac{\text{kg}}{\text{min}} \qquad\qquad 답$$

열전달을 학습할 때에는 제어 체적 분석에 수반되는 일이나 동력은 흔히 무시할 수 있거나 0이다. 회전축에서 동력 추출 수단이 전혀 없으면 일은 분명히 0이다. 그러나 제어 체적의 체적 변화에 동기가 될 수 있는 일조차도 정상 상태 상황에서는 0이다. 예제 1.3에서는 계나 제어 체적의 외부에서 열 손실이나 열 획득이 전혀 없다. 이와 같이 열이나 열전달이 전혀 수반되지 않는 과정에는 **단열**(adiabatic)이라는 용어를 사용한다. 예제 1.3은 단열 과정의 히터에 관한 것이다. 열은 냉매와 공기 사이에서 교환되었다. 그러므로 제어 체적을 단지 공기 유동 흐름이나 냉매 유동 흐름으로 정의해 버리면, 이 과정은 단열 과정이 되지 않고 열전달이 수반되는 과정이 되어 버린다. 이 자동차 히터는 **열교환기**라고 하는 장치 종류의 일례이다. 열교환기는 용도가 다양한 중요한 장치이다. 열교환기는 제8장에서 더욱더 깊이 살펴볼 것이다.

혼합물은 두 가지 이상 별개의 화학종(예컨대 예제 1.3의 물-에틸렌글리콜 혼합물)으로 구성되어 있다. 혼합물은 화학적으로 반응하는 혼합물과 화학적 불활성 혼합물 혹은 화학적으로 반응하지 않는 혼합물과 같이 두 가지 유형으로 분류하는 것이 편리하다. 이 책에서는 단지 화학적으로 반응하지 않는 혼합물만을 살펴볼 것이다. 그러나 물질전달에서는 혼합물을 이해하고 혼합물의 기술 방식을 알아야 한다.

혼합물의 기본 개념은 그 혼합물을 구성하는 다양한 성분들의 정성적 기술 내용과 정량적

기술 내용이다. 혼합물의 질량 분석은 유일하게 쓸모가 있는 정보이기도 한데, 이 분석에는 각 성분의 질량 분율 ψ_i가 들어 있다. 질량 분율 ψ_i은 다음과 같이 정의된다.

$$\psi_i = \frac{m_i}{m_T} \tag{1.36}$$

여기에서 m_i는 i번 째 성분의 질량이고, m_T는 혼합물의 전체 질량이다. 그러므로 다음이 성립된다.

$$m_T = \sum m_i \tag{1.37}$$

그리고 다음 식도 성립된다.

$$\sum \psi_i = 1.0 \tag{1.38}$$

예제 1.3에서 물의 질량 분율과 냉매 속의 에틸렌글리콜의 질량 분율은 0.5였다.

혼합물의 몰 분석이 한층 더 편리할 때가 많이 있다. 이 몰 분석에는 각각의 혼합물 성분의 몰 분율 Ω_i가 들어 있다. 몰 분율은 다음과 같이 정의된다.

$$\Omega_i = \frac{N_i}{N_T} \tag{1.39}$$

여기에서 N_i는 i번 째 성분의 몰 수이고, N_T는 혼합물의 전체 몰 수이다. 그러므로 다음이 성립된다.

$$N_T = \sum N_i \tag{1.40}$$

그리고 다음 식도 성립된다.

$$\sum \Omega_i = 1.0 \tag{1.41}$$

질량 분석과 몰 분석 간의 관계에는 다양한 성분의 분자량(또는 분자 중량), MW_i가 관여하게 된다. 분자량은 해당 화학종의 1 mol에 들어 있는 상대 질량을 나타낸다. 그러므로 다음과 같이 된다.

$$m_i = MW_i N_i \tag{1.42}$$

및

$$m_T = \sum \mathrm{MW}_i N_i \qquad (1.43)$$

또는

$$m_T = \mathrm{MW}_m N_T$$

여기에서 MW_m 은 혼합물의 분자량으로, 특정 혼합물에 알맞은 상대 질량이다. 그러므로 식 (1.43)에서 다음 식이 나온다.

$$\mathrm{MW}_m = \frac{1}{N_T} \sum \mathrm{MW}_i N_i \qquad (1.44)$$

예제 1.4

예제 1.3의 자동차 히터에서 냉매의 몰 분석 결과를 구하라.

풀이 냉매의 질량 분율은 다음과 같이 나온다.

$$\psi_{\text{water}} = 0.5, \, m_{\text{water}} = 0.5\,\text{kg} \;\; (혼합물\ 1\ \text{kg}당)$$

$$\psi_{\text{ethygly.}} = 0.5, \, m_{\text{ethygly.}} = 0.5\,\text{kg} \;\; (혼합물\ 1\ \text{kg}당)$$

물의 분자량은 거의 $18\,\text{kg}/\text{kg} \cdot \text{mole}$ 이거나 $18\,\text{lbm}/\text{lbm} \cdot \text{mole}$ 이고 에틸렌글리콜은 $62.07\,\text{kg}/\text{kg} \cdot \text{mole}$ 이다. 혼합물 $1\,\text{kg}$ 에 들어가는 각 성분의 몰 수는 식 (1.42)에서 다음과 같다.

$$N_{\text{water}} = \frac{0.5\,\text{kg}}{18\dfrac{\text{kg}}{\text{kg} \cdot \text{mol}}} = 0.0278\,\text{kg} \cdot \text{mol}$$

$$N_{\text{eg}} = \frac{0.5\,\text{kg}}{62.07\dfrac{\text{kg}}{\text{kg} \cdot \text{mol}}} = 0.0081\,\text{kg} \cdot \text{mol}$$

전체 몰 수는 식 (1.40)에서 $0.0278 + 0.0081 = 0.0359\,\text{kg} \cdot \text{mole}$ 이다. 식 (1.39)에서 몰 분율은 각각 다음과 같다.

$$\Omega_{\text{water}} = 0.774 \qquad \Omega_{\text{ethygly.}} = 0.226 \qquad \text{답}$$

혼합물 체적에 관한 정보나 혼합물에서 다양한 성분들이 차지하는 체적에 관한 정보가 필요한 때가 있다. 혼합물의 물질 분석과 몰 분석을 연속해서 하려면 각 성분이 이상 기체인지, 실제 기체인지, 액체인지 아니면 무엇이든 간에, 그 거동 방식을 모델링하여야 한다. 필요한 점은 질량과 체적 간의 관계를 알아야 하는 것인데, 이 관계는 밀도로 주어진다. 그러나 성분이 비압축성이 아니면, 밀도는 온도와 압력에 따라 상당히 변할 수도 있다. 혼합물이 전부 이상 기체로 거동하는 성분들로 구성되어 있다면, 상당히 쉬운 결과가 나오게 된다. 이상 기체 모델[식 (1.12)]을 사용하고 각 성분이 혼합물의 전체 체적을 자유롭게 차지한다고 가정하면, 각각의 그러한 성분의 압력은 해당 몰 분율에 따라서 변하기 마련이다. 즉,

$$p_i = \Omega_i p_T \tag{1.45}$$

여기에서 p_T는 혼합물의 압력, 즉 혼합물에 작용하는 전체 압력(전압)이다. 성분 압력 p_i는 i번 째 성분의 부분 압력(분압)이다. 식 (1.45)의 추론은 성분 분압의 합은 혼합물 전압과 같다는 것이다. 즉,

$$p_T = \sum p_i \tag{1.46}$$

식 (1.45)와 식 (1.46)의 분압 관계는 1800년대 초에 존 돌턴(John Dalton)이 제안했다. 그러므로 이 결과는 흔히 **돌턴의 분압 법칙**이라고 한다. 돌턴은 이 식이 이상 기체로 거동하지 않는 혼합물을 분석하는 데 사용되리라고 제안했다. 그러나 분압을 정확한 혼합물 상태량으로 사용하려면 주의를 기울여야만 하고 복잡한 기법이 필요할 때가 많다. 이 책에서는 분압을 확산 물질전달 과정에서 사용할 것이다.

특별히 유용한 혼합물 분석에는 공기와 수증기가 수반된다. 공기와 수증기(water vapor/steam)는 기술적인 면에서 볼 때, 이상 기체처럼 거동한다. 수증기 작용으로 공기는 한층 더 습해진다. 따라서 해당 공기 온도에서 물의 포화 압력에 대한 해당 공기 중의 수증기 분압의 비에서 **상대 습도** β라는 용어가 유래한다. 그러므로 다음과 같다.

$$\beta = \frac{p_{iw}}{p_g} \tag{1.47}$$

예를 들어 25 ℃ 및 100 kPa에서 상대 습도가 50 % 인 공기는 수증기의 분압이 0.5 p_g가 될 것이다. 이 경우 여기에서 p_g는 25 ℃ 에서 물의 특정 포화 압력이다. 이 압력은 부록 표 B.6E 열역학적 상태량의 수증기표에서 대략 3.17 kPa이 되는데, 여기에서 수증기의 분압은 1.58 kPa로 나온다. 분압을 알게 되면 공기의 특정 표본에 들어 있는 수증기의 몰 분율과 질량 분율을 구할 수 있다. 이 정보로부터 엔지니어와 기술자는 수분의 이동을

구할 수도 있고, 특히 무슨 문제보다도 공기에서 수분 응축이 어떻게 일어날지를 (즉, 이슬, 비, 안개, 눈, 기타 다른 현상들을) 예측할 수도 있다.

이슬점 T_{dp}는 특정한 공기-수증기 혼합물이 그 상대 습도가 100 %가 되기 위해 냉각되어야 하는 온도를 나타내거나, 더 이상 물이 수증기로서 혼합물에 존재할 수 없는 점을 나타낸다. 25 ℃ 및 100 kPa에서 상대 습도가 50 %인 공기에서는 이슬점이 대략 14 ℃ 인데, 이는 부록 표 B.6E 수증기표에 실려 있는 대로, 압력이 1.58 kPa일 때 물의 포화 온도이다.

공기에 존재하는 물의 실제 양을 기술하는 데 사용되는 전통적인 용어는 **절대 습도** ω인데, 이는 다음과 같이 정의된다.

$$\omega = \frac{m_w}{m_{da}} \tag{1.48}$$

여기에서 m_w는 공기 표본에 들어 있는 물의 실제 질량이고, m_{da}는 습기 없이 동일한 표본에 들어 있는 건공기의 질량이다. 주목할 점은 이 용어는 공기에 들어 있는 수증기의 질량 분율이 아니라 오히려 그보다 더 큰 값이라는 것인데, 이는 m_{da}가 공기 표본에 들어 있는 전체 공기 질량인 m_T보다 반드시 더 작기 때문이다. ω 값으로 잘 들어맞는 근삿값은 다음 식에서 구할 수 있다.

$$\omega = 0.622 \frac{p_w}{p_{da}} \tag{1.49}$$

이 식은 이상 기체 혼합물이라고 가정하고 식 (1.48)에서 유도할 수 있다. 이슬점, 상대 습도 및 절대 습도는 부록 선도 C.1과 C.1E의 **습공기 선도**(psychrpmetric charts)와 밀접한 관계가 있다. 이슬점은 절대 습도가 규정된 공기 조건과는 같지만, 상대 습도가 100 %인 점에서는 건구 온도(공기 온도)를 판독함으로써, 특정한 공기-수증기 혼합물에서 쉽게 구할 수 있다. 이때에는 상대 습도가 100 %인 곡선의 교점까지 수평으로 왼쪽 방향으로 이동해야 한다. 공기가 이슬점 밑으로 냉각되면, (이슬이나 비처럼) 물의 응축이 일어난다. 그런 다음 최종 상태는 여전히 상대 습도는 100 %이며, 온도는 (상대적으로 말해서) 더 낮고, 절대 습도는 초기 공기보다 더 낮은 상태가 된다. 두 가지 절대 습도 값의 산술적인 차(초깃값에서 최종값을 뺀 것)가 공기가 초기보다 더 낮은 최종 온도로 냉각될 때, 건공기의 단위 질량당 공기에서 응축되는 물인 것이다.

초기 온도가 20 ℃ 이고 상대 습도가 80 % 인 공기가 최종 5 ℃ 로 냉각될 때, 이 공기에서 응축되는 물의 양을 구하라. 공기 유량은 100 m³/hr 이라고 가정하고, 답은 응축률 kg/hr 로 나타내어라.

풀이 공기의 초기 조건은 부록 표 C.1 습공기 선도에서 값을 판독하여 기술하면 된다. 즉, $\beta = 80 \%$, $T = 20$ ℃, $\omega_1 = 11.7$ g/kg$_{da}$, $T'_{dp} = 16.5$ ℃ 이다. 20 ℃ 에서 물의 포화 압력은 부록 표 B.6에서 2.339 kPa이다. 수증기의 분압은 2.339 × 0.8 = 1.871 kPa이다. 최종 상태는 다음과 같다.

$$\beta = 100\%, T = (T_{dp}) = 5°C, \omega_2 = 5.4 \text{ g/kg}_{da}$$

공기 유동은 초기 상태에서 측정한다고 가정하고, (건공기의 단위 질량당) 공기 밀도를 구한다. 대기압을 100 kPa이라고 가정하면, 건공기의 분압은 100 kPa − 1.871 kPa = 98.129 kPa이다.

$$\rho = \frac{p}{RT} = \frac{\left(98.129 \dfrac{\text{kN}}{\text{m}^2}\right)}{\left(0.287 \dfrac{\text{kJ}}{\text{kg} \cdot \text{K}}\right)(293 \text{ K})} = 1.167 \frac{\text{kg}}{\text{m}^3}$$

그러면 건공기의 질량 유량은 다음과 같이 구한다.

$$\dot{m}_{da} = \rho \dot{V} = \left(1.167 \frac{\text{kg}}{\text{m}^3}\right)\left(100 \frac{\text{m}^3}{\text{hr}}\right) = 116.7 \frac{\text{kg}}{\text{hr}}$$

또한, 단위 시간당 물 응축량은 다음과 같다.

$$\dot{m}_w = \dot{m}_{da}(\omega_1 - \omega_2) \tag{1.50}$$

물 응축률은 다음과 같다.

$$\dot{m}_w = \left(116.7 \frac{\text{kg}}{\text{hr}}\right)\left(11.7 \frac{\text{g}}{\text{kg}} - 5.4 \frac{\text{g}}{\text{kg}}\right) = 735.21 \frac{\text{g}}{\text{hr}} \qquad \text{답}$$

공기-수증기 혼합물에 관한 내용은 습공기학 및 습도학이라고도 하며, 부록 C의 도입부에 추가로 간략하게 실려 있는데, 여기에는 건구 온도, 습구 온도, 이슬점 온도, 습도비, 상대 습도, 습기 또는 수증기의 증기압, 혼합물의 엔탈피 및 혼합물의 비체적 등의 개념들이 포함되어 있다.

1.4 열전달 방식

열전달은 계의 경계에서 감지되는 온도 차 때문에 일어난다. 이 열전달은 항상 고온에서
저온으로 진행된다. 다양한 열전달 양식이나 방식을 기술하는 데 사용되어온 세 가지
모델은 **전도**(conduction), **대류**(convection), **복사**(radiation)이다.

　전도 열전달은 고체 내에서의 통상적인 에너지 전달이다. 전도 열전달은 또한 기체나
액체에서도 일어나지만, 이 기체나 액체가 정체되어 있거나 천천히 이동할 때에만 전도
열전달이 지배적이 된다. 전도 열전달의 수학적 모델이 푸리에(Fourier)의 전도 법칙이다.
즉,

$$\dot{Q}_x = -\kappa A \frac{\partial T}{\partial x} \tag{1.51}$$

여기에서 $\dot{Q}_x$는 온도 기울기 $\partial T/\partial x$로 인하여 법선 면적 A를 뚫고 지나는 x 방향 열전달이
다. 이 메커니즘은 그림 1.11에 예시되어 있다. **열전도도**(또는 전도 열전달 계수) κ는
재료에서의 온도 기울기로 인하여 해당 재료가 열을 전도하는 능력을 나타내는 지수이다.
식 (1.51)은 열전도도를 정의하는 식으로 해석할 수도 있다. 열전도도 κ의 단위는 단위
시간-온도-면적당 에너지-길이이다. SI 단위에서는 열전도도를 대개 W/m·K(또는
W/m·℃)로 나타낸다. 식 (1.51)에는 온도 대신에 온도 기울기가 관련되므로, K와 ℃를
바꿔 써도 된다. 이 두 가지 형태의 단위는 모두 열전도도 값을 기록하는 데 사용되어
왔다. 부록 표 B.2 또는 B.2E, 표 B.3 또는 B.3E, 표 B.4 또는 B.4E에는 대표적인 재료의
열전도도 공칭 값이 수록되어 있다.

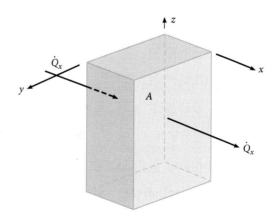

그림 1.11 1 방향 전도 열전달

열을 잘 전달하거나 빠르게 전달하는 재료를 **열 전도체**라고 하며, 그 열전도도 값이 높다. 반면에 열을 잘 전달하지 못하는 재료를 **단열재** 또는 **절연 물질**이라고 하며, 그 열전도도 값은 비교적 낮다. 예를 들어 스티로폼(styrofoam)은 양호한 단열재로 κ 값이 대략 0.029 W/m·K인 반면에, 구리는 양호한 열 전도체(열 양도체)로 κ 값이 대략 400 W/m·K이다.

κ 값의 범위는 크기가 네 자릿수에 이르며, 관심 재료가 이보다 한층 더 이색적일 때에는 그 값의 자릿수가 훨씬 더 클 때도 있다. 주목할 점은 이러한 κ 값들이 단지 공칭값일 뿐이므로 표에 수록되어 있지 않은 온도, 압력 또는 특별한 조건에 따라 크게 변할 수도 있다. 제2장에서는 열전도도와 그 잠재적인 변동성을 다시 추가적으로 설명할 것이다.

단위 면적당 열전달 $\dot{q}_{Ax}$를 고려하는 것이 더 편리할 때가 있는데, 이는 식 (1.51)에서 다음과 같이 된다.

$$\dot{q}_{Ax} = \frac{\dot{Q}_x}{A} = -\kappa \frac{\partial T}{\partial x} \tag{1.52}$$

주목할 점은 식 (1.51)과 식 (1.52)에서는 열전달이 x 방향에서 정의되었다는 것이다. 정규 3차원 좌표계(직교 좌표계, 원통 좌표계 또는 구면 좌표계)에서는 나머지 두 방향(예를 들어 정규 직교 좌표계에서는 y 방향과 z 방향)에서 열전달을 정의하는 데 2개의 식이 추가로 필요하다. 푸리에 법칙의 일반적인 형태는 다음과 같다.

$$\dot{q} = -\kappa \nabla T \tag{1.53}$$

여기에서 ∇은 델(del) 또는 나블라(nabla) 연산자이며, 직교 좌표계에서는 다음과 같다.

$$\nabla T = i \frac{\partial T}{\partial x} + j \frac{\partial T}{\partial y} + k \frac{\partial T}{\partial z} \tag{1.54}$$

i, j, k는 각각 x, y, z 방향의 단위 벡터(unit vector)이므로, 델 연산자는 세 가지 가능한 방향에서의 벡터 합임을 나타낸다. 또한, 열전도도는 방향에 따라서도 변할 수 있으므로, 직교 좌표계에서는 열전도도에 κ_x, κ_y, κ_z의 세 가지 성분이 있다. 그러므로 재료에는 전도 열전달에 세 가지 성분이 있으므로, 전체 열전달은 (직교 좌표계에서) $\dot{q}_x$, $\dot{q}_y$, $\dot{q}_z$의 벡터 합으로, 즉 다음과 같이 취급할 수 있다.

$$\dot{q} = \dot{q}_x + \dot{q}_y + \dot{q}_z \quad \text{(벡터 합)} \tag{1.55}$$

직교 좌표계에서 그 크기는 다음과 같다.

$$\dot{q} = \sqrt{\dot{q}_x^2 + \dot{q}_y^2 + \dot{q}_z^2}$$

1 방향 열전달에서, 즉 온도 기울기가 단지 한 방향(즉, x 방향)인 재료에서는 정상 상태에서 식 (1.51)이 다음과 같이 된다.

$$\dot{Q} = \dot{Q}_x = -\kappa A \frac{dT(x)}{dx} \tag{1.56}$$

면적 A와 κ가 일정하면, 정상 상태($\dot{Q}_x$가 일정)에서는 다음 식이 된다.

$$\dot{Q}_x = -\kappa A \frac{\Delta T}{\Delta x} \tag{1.57}$$

예제 **1.6**

두께가 2.5 cm 인 합판에서 단위 면적당 열전달을 구하라. 단, 합판의 한쪽 면 온도는 38 ℃ 이고 다른 쪽 면 온도는 10 ℃ 이다.

풀이 이 합판은 정상 상태에 있고 열전도도가 일정하다고 가정한다. 그런 다음 식 (1.52) 와 식 (1.57)을 사용한다. 그림 1.12에서 $\Delta x = 2.5$ cm 이다. 부록 표 B.2E에서 합판은 열전도도가 0.12 W/m · K로 판독된다. 그러면 다음과 같이 된다.

$$\dot{q}_A = \frac{\dot{Q}_x}{A} = -\kappa \frac{\Delta T}{\Delta x} = -\left(0.12 \frac{W}{m \cdot K}\right)\left(\frac{38℃ - 10℃}{2.5 \text{ cm}}\right)\left(100 \frac{cm}{m}\right)$$

$$= 134 \frac{W}{m^2} \qquad\qquad\qquad\qquad 답$$

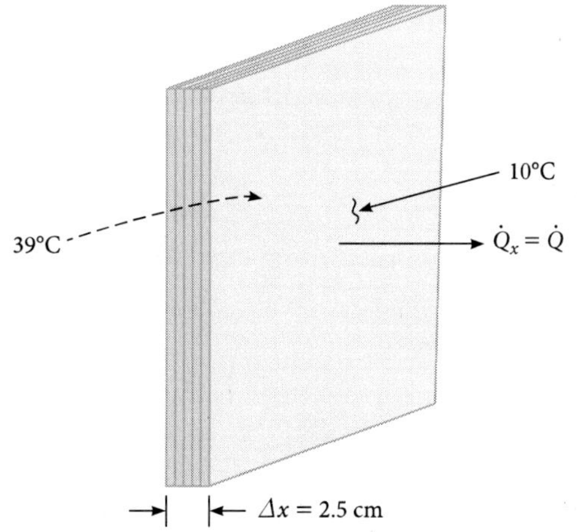

그림 1.12 합판에서 전도에 의한 열 유동

전도 열전달의 개념은 이 예제에서 나타난 기본적인 관념을 사용하여 다음 두 장에 걸쳐서 확장되고 전개될 것이다.

대류 열전달은 전형적으로 고체와 액체 사이의 경계나 표면을 뚫고 지나는 열과 관련되는 에너지 교환 방식이다. 유체는 기체 또는 액체일 수도 있고, 온도가 낮거나 높을 수도 있다. 대류 열전달은 거시적인 현상이므로, 이 모델을 상세하게 살펴보면 열전달의 열역학적 정의를 만족하지 않는다. 이 모델은 고체 표면에서의 유체 경계층이라는 개념이 사용되므로 고체 주위의 대량 유체에 출입하는 열 유동이 있어야 한다. 그림 1.13에는 대류 열전달 현상의 개략도가 나타나 있다. 이 열전달 방식의 수학적 모델이 뉴턴의 냉각 법칙이다. 즉,

$$\dot{Q} = hA(T_s - T_\infty) = hA\Delta T \tag{1.58}$$

여기에서 T_s는 표면 온도이고, T_∞는 주위 유체 온도이며, h는 대류 열전달 계수이다.

표면 온도가 주위 유체 온도보다 더 높다고 가정하면 표면은 '냉각'된다. 그러나 이 식은 표면이 '가열'될 때도 똑같이 사용해도 되는데, 이때에는 T_s가 T_∞보다 더 낮아서 항 ΔT에서 앞뒤가 바뀌게 된다[즉, $\Delta T = (T_\infty - T_s)$]. 이 식은 뉴턴의 가열 법칙이다. 이 식의 단순성 때문에 열전달 모델로서의 대류의 모호한 복잡성이 대류 열전달 계수 h 안에 숨겨지게 된다. h가 합리적으로 실증되어 있거나 확증되어 있으면, 뉴턴의 냉각/가열 법칙이 간단하여 공학 설계에서 유용한 도구가 된다. 안타깝게도 여러 가지로 변화하는 조건하에서 h 값을 확정하기에는 어려울 때가 많이 있으므로, 제4장과 제5장에서는 이러한 어려움을 해결하는 데 사용되는 다양한 방법을 설명할 것이다. 대류 열전달은 대개

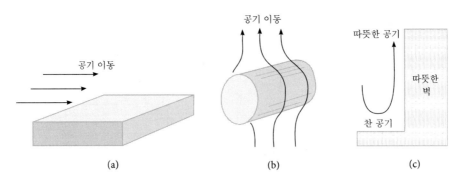

그림 1.13 대류 열전달의 예. (a) 평판과 이 평판을 지나 흐르는 유체 사이에서, (b) 원통 또는 관과 주위 유체 사이에서, (c) 수직 벽과 밀도 편차로 인하여 상승하는 유체의 자연 대류 사이에서

강제 대류와 자유 대류로 분류한다. 또한 자유 대류는 오로지 온도 변화로 유발되는 밀도 편차로 인하여 유동하게 되는 유체의 대류가 수반되므로 **자연 대류**라고도 한다. 인력 효과, 즉 중력이 작용하지 않으면, 자유 대류는 불가능하다. 반면에 강제 대류는 유체가 고체 경계 주위에서 기계적으로 구동될 때에는 언제나 존재한다(그림 1.13a와 b 참조). 건물 벽, 항공기 및 자동차 주위에서 유동하는 바람과 같은 효과는 강제 대류 조건의 예이다. 도랑 또는 수로를 흐르는 유체 유동이나 파이프 또는 튜브 속을 흐르는 유체 유동 또한 강제 대류의 예이다. 제4장에서는 이러한 개념을 심도 있게 전개할 것이다.

표 1.3에는 다소 일반적인 조건에서 대류 열전달 계수의 근삿값들이 실려 있다. 이 표에 있는 값들은 단지 근삿값일 뿐이므로 확정적인 결과로 사용해서는 안 된다.

표 1.3 대류 열전달 계수의 근삿값

대류의 종류 h	W/m² · ℃
평판 위를 흐르는 공기(속도: 2 m/s)	12
평판 위를 흐르는 공기(속도: 30 m/s)	75
원통 주위의 공기 흐름(직경: 5 cm, 속도: 50 m/s)	180
관 속의 물 흐름(직경: 2.5 cm, 속도: 0.3 m/s)	3500
자연 대류	
정지 공기 중에 놓여 있는 수직 판(높이: 0.3 m)	4.5
정지 공기 중에 놓여 있는 수평 원통(직경: 5 cm)	6.5

예제 1.7

온도가 20 ℃인 수은 유리막대 온도계가 65 ℃의 물에 들어 있다. h가 $160\,\mathrm{Btu/hr \cdot ft^2 \cdot °F}$로 주어질 때, 단위 면적당 온도계에 부가되는 열전달률을 값으로 계산하라.

풀이 뉴턴의 냉각/가열 법칙을 사용하여 다음과 같이 단위 면적당 열전달을 구한다.

$$\dot{q}_A = \frac{\dot{Q}}{A} = h(T_\infty - T_s) = \left(275\,\frac{\mathrm{W}}{\mathrm{m} \cdot \mathrm{K}}\right)(65^\mathrm{o}\mathrm{C} - 20^\mathrm{o}\mathrm{C})$$

$$= 12{,}375\,\frac{\mathrm{W}}{\mathrm{m}^2} \qquad\qquad 답$$

온도가 10 ℃인 정지 공기 중에 놓여 있는 온도 30 ℃, 높이 4 m, 길이 4 m인 콘크리트 지지 벽의 열전달을 값으로 계산하라.

풀이 개략적인 해는 표 1.3에서 h 값으로 읽은 4.5 W/m²·℃을 사용하여 구할 수 있다. 그런 다음 뉴턴의 냉각 법칙을 사용하면 다음과 같다.

$$\dot{Q} = hA(T_w - T_\infty) = \left(4.5\frac{\text{W}}{\text{m}^2 \cdot ℃}\right)(16\,\text{m}^2)(30°\text{C} - 10°\text{C}) = 1440\,\text{W}$$

답

계 사이의 열전달을 기술하는 제3의 모델은 **복사 열전달**이다. 이 모델은 중간에 체적이 개재되어 있어 보이지 않는데도 먼 거리를 이동하는 에너지를 관찰한 결과를 설명하는 데 사용된다. 예를 들어 불더미에서 가려져있지 않으면 멀리 떨어져 있어도 열을 '느낄' 수 있다. 불더미는 실제 불꽃에서 어느 정도 멀리 떨어져 있는 사람이나 물체까지 그 사이에 있는 공기를 (충분히) 가열하지 않고도 열 (에너지)을 전달한다. 태양에서 오는 태양 에너지는 태양과 지구 사이에 있는 외우주에 많은 에너지를 남기지 않고서도 약 1.5×10^8 km를 이동한다. 그러므로 열은 장거리에 걸친 작용으로도 전달될 수 있는데, 이는 전도나 대류와 같은 에너지의 밀착 접촉 전달과는 대조적이다. 복사 열전달은 진공에서 최상으로 효과를 발휘하는 것으로 보이는 반면에, 전도는 똑같은 진공에서 전혀 효과를 나타낼 수 없다. 복사 열전달은 전자기 복사의 일부로 간주되는데, 이 전자기 복사에는 가시광선, X 선, γ선, 자외선, 적외선 및 라디오파 등이 포함된다. 관습적으로 **흑체**(black body)를 복사열을 방사하는 물체로 기술하며 이 복사열은 다음과 관계식으로 나타낸다.

$$\dot{E}_b = A\sigma T^4 \qquad (\text{W}) \tag{1.59}$$

여기에서 σ는 스테판-볼츠만(Stefan–Boltzmann) 상수로 5.64×10^{-8} W/m²·K⁴이다.

식 (1.59)에서 온도는 절대 온도여야만 하며, 후속 단계와 그로 인한 결과에서도 온도는 절대 온도이어야 한다. 이제 지면과는 단열되어 있으면서 밤하늘에는 노출되어 있는 물 한 그릇과 같이, 2개의 흑체 중에서 작은 흑체는 단지 다른 흑체만을 '볼' 수가 있고 그 밖의 다른 물체를 전혀 볼 수 없을 정도로 두 흑체에서 열이 복사되는 때에는, 그 두 흑체 사이의 순 열전달은 다음과 같은 식으로 쓸 수 있다.

$$\dot{Q}_{\text{net}} = A_1\sigma(T_1^4 - T_2^4) \tag{1.60}$$

여기에서 작은 흑체 1은 온도가 더 높지만, 작은 흑체 쪽으로 복사가 일어나는 때에도 온도 항을 바꿔 써서 동일한 형태의 식을 사용하면 된다. 그래서 또다시 열이 고온에서 저온으로 흐를 때를 양의 값으로 기술하려고 하며, 음의 열전달은 허용하지 않으려고 하는 것이다. 식 (1.59)와 식 (1.60)은 제한적이므로 복사 개념은 제6장과 제7장에서 한층 더 일반적으로 전개될 것이다.

예제 1.9

온도가 20 ℃ 인 금속 주물이 열처리로 안에 놓여 있다. 노벽은 온도가 400 ℃ 이고 흑체로 거동한다고 가정한다. 주물이 흑체로 거동한다고 가정하고, 주물의 유효 표면적이 0.4 m^{2}이라고 할 때, 주물에 대한 복사 열전달과 전체 열전달을 구하라.

풀이 복사 열전달은 주물에 대한 순 열전달량으로 식 (1.60)으로 구한다. 즉,

$$\dot{Q}_{net} = (0.4\,\text{m}^2)\left(5.67 \times 10^{-8}\frac{\text{W}}{\text{m}^2 \cdot \text{K}^4}\right)(673^4 - 293^4)$$

$$= 4.486\,\text{kW} \qquad\qquad 답$$

전체 열전달은 열처리로에 의해 방사되어 주물에 도달되는 열전달량이다. 흑체 노벽에서 이 양은 식 (1.59)로 구한다. 즉,

$$\dot{Q} = \dot{E}_b = A\sigma T^4 = (0.4)(5.67 \times 10^{-8})(673^4)$$

$$= 4.653\,\text{kW} \qquad\qquad 답$$

2개 이상의 계나 표면 간에서 일어나는 실제 에너지 교환에서는 그 어떤 교환이라도, 바로 앞에서 살펴보았던 세 가지 열전달 방식 중에서 단지 한 가지 방식보다는 두 가지 이상의 방식이 수반된다. 그러한 복잡한 상태를 항상 명심해야 한다. 그러나 앞으로는 기술적인 시스템의 설계와 해석 그리고 많은 물리적 현상의 이해와 올바른 인식이 단순한 모델에서 시작되어야 한다는 것을 명심하자. 열전달은 바로 앞에서 살펴보았던 세 가지 열전달 방식으로 접근할 수 있으며, 이후의 장에서는 이러한 모델들을 심도 있게 전개할 것이다.

1.5 수학 복습

미적분학과 미분 방정식은 이해하고 있을 것이다. 열전달에서는 일반적인 현상을 표현하고 특정 문제의 해답을 구하는 데 흔히 미분 방정식에 의존한다. 간단히 복습삼아 독립 변수 x와 종속 변수 $y = y(x)$의 미분 방정식을 살펴보기로 한다. 즉,

$$a_n \frac{d^n y}{dx^n} + a_{n-1} \frac{d^{n-1} y}{dx^{n-1}} + \cdots + a_1 y(x) + a_0 = 0 \qquad (1.61)$$

이 식은 상수가 있는 n차(degree) 선형 동차 상미분 방정식이다. 이 식은 $y(x)$의 미분들이 요소 형태, 즉 예를 들어 $(d^n y/dx^n)^m$ 또는 $x^n d^n y/dx^n$과 같은 항들이 전혀 없으므로 선형식이다. 식 (1.61)은 식의 우변($= 0$)이 x의 함수가 아니므로 동차식이다. 이 식은 편도함수가 전혀 없으므로 상미분 방정식이며, 도함수의 최고 차수가 n차이므로 n차 방정식이다. 열전달과 물질전달에서는 1계 또는 2계 방정식이 가장 흔하게 사용되며, 2계보다 더 높은 방정식은 드문 것으로 나타났다. 또한, 계수 a_n, a_{n-1}, $\cdots$, a_1 및 a_0는 당연히 상수라고 간주된다.

식 (1.61)과 같은 방정식의 해는 여러 가지 많은 해법, 즉 변수 분리법, 대입법, 푸리에 해석, 라플라스 변환 그리고 기타 해법 중에서 하나를 사용하여 구하면 된다. 공학 해석에서 미분 방정식의 해를 구할 때 결정적인 요소는 경계 값이나 경계 조건(B.C.; boundary condition)을 설정하는 것이다. n차(order) 상미분 방정식의 폐쇄형 해는 n개의 경계 조건을 알고 있을 때에만 구할 수 있다. 경계 조건은 소정의 경계에서의 $y(x)$의 값, 즉 소정의 x이다. 또한, 경계 조건은 소정의 x에서의 $y(x)$의 도함수 가운데 하나의 값이 되기도 한다. 마지막으로 경계 조건은 일부 경계에서 $y(x)$ 또는 하나 이상의 도함수에 관한 정보를 제공해주는 별개의 외부 함수가 되기도 한다. 일반적인 예를 들어 보면, 열전도 재료의 고체 표면이나 경계에서 뉴턴의 냉각/가열 법칙을 사용하는 것이다. 이 대목에서 경계에서의 열전달은 2개의 별개의 방식, 즉 대류 및 전도로 주어지게 되어 있다. 그래서 전도 계에서의 지배 방정식은 주위와 연계된다고 한다. 나중에 보면 알겠지만 연계는 수치 해법과 근사 해법에서 정형적으로 사용된다. 흔히 열전달에서는 상태량이나 열전달 등이 시간에 따라 변화한다. 그래서 이러한 문제들을 식 (1.61)로 표현되는 정상 상태 문제와는 대조적으로, 천이 상태 또는 비정상 상태라고 한다. 그러면 상태량들은 시간의 함수가 되므로 $y(t)$의 미분 방정식의 일반형은 다음과 같이 된다.

$$b_n \frac{d^n y}{dt^n} + b_{n-1} \frac{d^{n-1} y}{dt^{n-1}} + \ldots + b_1 \frac{dy}{dt} + b_0 = 0 \tag{1.62}$$

그리고 이 미분 방정식의 해는 알고 있는 시각 t에서 $y(t)$에 특정 값을 설정한 후에 구한다. 열전달에서는 통상적으로 단지 시간에 관한 1차 미분 방정식만을 따져보기 때문에 단지 명시되는 조건 하나만을 시간에 관하여 설정하면 된다. 초기 조건(I.C.; intial condition) 은 규정되는 조건 중에서 가장 일반적인 조건이며, $t = 0$에서의 $y(t)$를 확인시켜 준다. 원칙적으로는 초기 조건이 명시되어 있지 않더라도, 0이 아닌 양의 시간 값에 관한 또 다른 조건이 설정되어 있으면 된다. 초기 조건이 명시되어 있으면 그 절차를 양함수 (explicit) 형이라고 하고, 또 다른 조건이 명시되어 있으면 음함수 (implicit) 형이라고 한다. 이 구별은 수치 해법에서 거론되는데, 이 수치 해법에서는 절차에 따라 상이한 결과가 나올 수 있다.

예제 1.10

미분 방정식 $mc_p \frac{dT}{dt} = -hA(T - T_\infty)$가 있다. 여기에서 m, c_p, h, A, T_∞는 상수이다. 이 식의 해를 구하라. 즉, 함수 $T(t)$를 구하라.

풀이 이 식은 비동차(식의 우변이 0이 될 리가 없음), 1차 상미분 방정식이다. 이 식은 다음과 같은 새로운 변수를 정의함으로써 동차 방정식이 되게 할 수 있다. 즉,

$$\Theta = T - T_\infty$$

그리고 $\frac{dT}{dt} = \frac{d\Theta}{dt}$ 임을 알 수 있다. 그러면 $mc_p \frac{d\Theta}{dt} = -hA\Theta$가 되는데, 이 식은 1계 동차 상미분 방정식이다. 변수를 분리하고 재정리하면 다음과 같이 나온다.

$$\frac{d\Theta}{\Theta} = -\frac{hA}{mc_p} dt$$

이 식은 적분이 가능하다. 경계 조건(또는 $t = 0$에서 $T = T_i$, 즉 $\Theta = \Theta_i$인 초기 조건)을 취하면 해가 나온다.

$$ln\Theta = -ln(T - T_\infty) = -\frac{hA}{mc_p} t + ln\Theta_i e$$

자연 대수를 다시 적용하면, 이 식은 다음과 같이 쓸 수도 있다. 즉,

$$\Theta = \Theta_i e - \frac{hA}{mc_p} t$$

2차 미분 방정식 $\dfrac{d^2 T}{dx^2} = -C^2 T$ 를 살펴보고 $T(x)$의 해를 구하라. 주목할 점은 상수가 C^2로 이상하게 보이는데, 이는 C라고 써도 마찬가지가 된다는 것이다. 그러나 이 상수를 제곱형으로 쓴 이유를 이내 알게 될 것이다.

풀이 미적분 결과를 사용하면, 이 식의 해는 $T = \sin Cx + / - \cos Cx$가 되는데, 이 결과는 2차 도함수를 취해보면 금방 검증할 수 있다. 주목할 점은 처음부터 상수를 C^2 대신에 C로 했다면, sin과 cos에서 독립 변수의 계수를 $\sqrt{C}$로 써야만 하는데, 이는 모양새가 좀 어색하다는 것이다.

일반적인 열전달 문제나 물질전달 문제에는 3차원 공간이 수반되므로, 미분 방정식 (1.61)은 일반적인 경우의 1차원 표현으로 제한된다. 표준 벡터 규약을 사용하게 되면 3차원 열전달 문제나 물질전달 문제를 표현할 때 편리하다. 그러나 이제 미분 방정식이 편미분 방정식인 이상, 다음과 같이 써야 한다.

$$b_{ni}\nabla^n y_n + b_{(n-1)i}\nabla^{n-1} y_{(n-1)i} + \cdots + b_i \nabla y_i + b_{0i} = 0 \qquad (1.63)$$

여기에서 연산자 ∇은 델(del) 연산자라고 앞서 식 (1.53)과 식 (1.54)에서 도입되었다. 직교 좌표계에서는 다음과 같다.

$$\nabla = \boldsymbol{i}\frac{\partial}{\partial x} + \boldsymbol{j}\frac{\partial}{\partial y} + \boldsymbol{k}\frac{\partial}{\partial z} \qquad (1.64)$$

항 $\boldsymbol{i}$, $\boldsymbol{j}$, $\boldsymbol{k}$는 각각 x 방향, y 방향, z 방향에서의 단위 벡터이다. 델 연산자의 특별한 경우인 ∇^2은 **라플라시안**(Laplacian)이라고 하며 다음과 같다.

$$\nabla^2 = \frac{\partial^2}{\partial x^2} + \frac{\partial^2}{\partial y^2} + \frac{\partial^2}{\partial z^2} \qquad (1.65)$$

식 (1.63)은 식 (1.61)보다는 한층 더 강력한 식이다. 미적분학을 다시 적용해보면, 편도함수의 해에는 그러한 변수들의 상수로 인한 모르는 함수들이 수반된다. 이 모르는 함수 문제를 회피하는 데 흔히 사용되는 편리한 방법이 **변수 분리**인데, 이는 변수가 1개보다 더 많은 함수, 즉 $F(x, y, z)$를 다음과 같이 쓸 수 있다는 전제에 바탕을 두고 있다.

$$F(x, y, z) = X(x) \cdot Y(y) \cdot Z(z) \qquad (1.66)$$

$F(x, y, z)$에 관한 식 (1.63)과 같은 편미분 방정식은 한 세트의 상미분 방정식이 될 수 있다는 사실이 드러났다. 식 (1.66)의 $F(x, y, z)$에 관한 식 (1.63)에서는 편미분 방정식이 많아야 3개의 상미분 방정식이 된다. 즉, 각각 x, y, z에 관한 상미분 방정식이다. 이 방법에서 결정적인 단계는 식 (1.66)의 가정이므로, $F(x, y, z)$의 해가 식 (1.66)의 형태가 되더라도 당연한 일이다. 다차원 천이 열전달 문제나 물질전달 문제에서는 네 번째 차원인 시간을 도입하여야 하며, 그런 다음 변수 분리를 한 번 더 적용해야만 다음과 같은 함수 형태가 나온다. 즉,

$$F(x, y, z, t) = X(x) \cdot Y(y) \cdot Z(z) \cdot T(t) \qquad (1.67)$$

수학적으로 심오한 어떠한 이론을 추가로 거론하지 않더라도, 수학적인 처리 단계가 한 단계 더 늘어난다. 열전달과 물질전달에서 일반적인 수학적 기술, 즉 **수학적 공식화**는 대개 적절한 경계 조건(B.C.)과 초기 조건(I.C.)이 있는 다음과 같은 형태의 2차 미분 방정식으로 시작한다는 사실을 알아야 한다.

$$a\nabla^2 F(x, y, z, t) + b\nabla F(x, y, z, t) + c = 0 \qquad (1.68)$$

식 (1.68)의 모든 항들이 해석에 포함되고 표시된 매개변수들이 0이 아니면, 6개의 경계 조건(x, y, z가 2개씩)과 초기 조건 또는 다른 시간 조건이 있어야만 한다. 보통의 공학적 해석에서는 자릿수(orders of magnitude) 근사화 방법을 사용하여 그와 같은 상황을 회피할 때가 많다. 예를 들어 수분이 지하실 벽을 거쳐서 이동하고 있다면, 벽과 평행한 이동은 현실적으로 무시해도 되고, 그러면 물질전달 문제는 1차원 문제가 되고 많아야 (x 방향과 시간에서) 2차원 문제가 된다. 이 책에서는 수학적 공식화를 사용하여 설명함으로써 열전달 문제를 해결하는 방법을 제시할 것이다. 열전달에서 수행되는 물리적 현상을 기술하면서 상수 계수들을 사용하는 것은 대충 근사화하는 방법이라는 것을 알아야 한다. 머지 않아서는 열전달에 영향을 주는 계의 많은 상태량들이 시간, 위치 및 온도와 같은 변수들에 강하게 종속될 것이므로, (일정한 상태량을 의미하는) 상수 계수를 사용하면 안 된다는 사실을 알 수 있을 것이다. 수년 내로 비선형 및 비동차 미분 방정식이 공학적 해석에서 한층 더 많은 부분을 차지하게 될 것이다. 또한, 앞으로는 물질의 열적 상태량들을 실험적으로 더 잘 결정하는 데 한층 더 노력해야 할 것이다. 이 책에는 열적 상태량의 결정과 관련된 설명이 포함되어 있다.

1.6 열전달의 공학적 해석

기술적·사회적으로 공학적 해석에 열전달이 포함되어야 한다고 많이 요구하고 있다. 제1.1절에서 살펴본 대로, 열전달 현상을 이해하려면 많은 물리적인 과정을 정확하게 설명하고 예측하는 것이 필요하다. 주제는 접하게 되는 문제와 풀이의 유형을 숙고하게 되면 합리적으로 접근할 수 있다. 열전달에는 본질적으로 다음과 같이 두 가지 유형의 문제가 있다. 즉,

1. 온도 분포가 주어지고, 열전달 구하기
2. 열 공급률이나 열전달률이 주어지고, 예상되는 온도 분포 구하기

정상 상태 문제는 시간에 독립적이고, 천이 또는 비정상 상태 문제는 시간에 민감하거나 상황과 계의 이력에 따라 변동하기 쉽다. 제1.5절에서 살펴본 대로, 유형1 문제나 유형2 문제를 푸는 데에는 소정의 경계 조건들과 시간 조건이 있어야 한다. 주목해야 할 점은 열전달이 전도에 의한 것이라면 그 온도 분포는 전도 물질에 존재해야 하며, 대류에 의한 것이라면 그 온도 분포는 일부 소정의 경계 주위에서 유동하는 유체나 기체의 온도 분포여야 하는 것이다. 또한 복사에 의한 것이라면 온도 분포는 상호작용하는 물체들의 표면 온도이어야 한다. 이후에 알게 되겠지만 복사 열전달은 또한 기체와 흡수 물질과 같은 특정한 매질 내에서의 온도 차가 원인일 수도 있다.

1.7 요약

열전달은 계의 경계를 뚫고 지나는 에너지 전달률로 이는 경계에서의 온도 차 때문에 일어난다. 세 가지 열전달 형식은 전도, 대류, 복사이다. 전도 열전달은 고체에서도 일어나고 정체되어 있는 유체에서도 일어난다. 전도 열전달은 근거리에 있는 분자의 상호작용으로 인한 에너지 전달이다. 전도 열전달을 기술하는 데 사용하는 일반식은 다음과 같은 푸리에의 전도 법칙이다.

$$\dot{q}_A = -i\kappa_x\frac{\partial T(x, y, z)}{\partial x} - j\kappa_y\frac{\partial T(x, y, z)}{\partial y} - k\kappa_z\frac{\partial T(x, y, z)}{\partial z} \tag{1.53}$$

그리고 1차원 x 방향 조건에서는 다음과 같이 된다.

$$\dot{Q} = -\kappa_x A_x \frac{dT(x)}{dx} \tag{1.56}$$

열전도도가 κ이고 면적이 A_x이며, 열전달이 일정하고 1차원이면 다음과 같이 된다.

$$\dot{Q} = -\kappa A \frac{\Delta T}{\Delta x} \tag{1.57}$$

대류 열전달은 고체 표면과 이 표면을 둘러싸거나 지나면서 흐르는 유체 간의 에너지 전달로 설명된다. 이 열전달 방식은 다음과 같은 뉴턴의 냉각/가열 법칙으로 기술된다.

$$\dot{Q} = hA(\Delta T) \tag{1.58}$$

여기에서 ΔT는 고체 표면과 유체의 자유 흐름 간의 온도 차이거나 주변에 있는 유체의 평균 주위 온도이다. 면적 A는 고체 표면의 면적이고, h는 대류 열전달 계수이다. 복사 열전달은 두 표면 간에 열전자기 복사에 의한 에너지 교환이다. 흑체는 다음 식으로 예측되는 양만큼 열복사를 방사하는 표면이 있는 물체 또는 계이다.

$$\dot{E}_b = A\sigma T^4 \tag{1.59}$$

여기에서 T는 단위가 켈빈(K)인 표면 온도이며, σ는 스테판-볼츠만(Stefan-Boltzmann) 상수로 $5.64 \times 10^{-8} \text{ W/m}^2 \cdot \text{K}^4$이다.

식 (1.59)에서 온도는 절대 온도여야만 하며, 후속 단계와 그로 인한 결과에서도 온도는 절대 온도여야 한다. 두 흑체 간의 순 열전달에서는 작은 흑체가 단지 큰 흑체만을 '볼' 수 있고 그 밖의 다른 물체를 전혀 볼 수 없는데, 이 순 열전달은 다음과 같이 식으로 쓸 수 있다.

$$\dot{Q} = A_1\sigma(T_1^4 - T_2^4) \tag{1.60}$$

토론 문제

제1.3절

1.1 계가 의미하는 것은 무엇인가? 물체가 의미하는 것은 무엇인가?

1.2 열전달과 물질전달에서 경계의 중요성은 무엇인가?

1.3 경계와 표면의 차이점은 무엇인가?

1.4 계의 상태량이 의미하는 것은 무엇인가?

1.5 정상 상태(steady state)란 무엇인가?

1.6 제어 체적(control volume)이란 무엇인가?

1.7 열전달이란 무엇인가?

1.8 가역 열전달이란 무엇인가?

제1.4절

1.9 열전달의 세 가지 방식은 무엇인가?

1.10 복사 열전달을 고찰할 때 온도 차에 관한 중요한 의미는 무엇인가?

1.11 열전달의 열역학적 정의를 충족시키지 못하는 열전달 방식은 무엇인가? 그리고 그 이유는 무엇인가?

수업 중 퀴즈 문제

교재를 보지 말고 다음 각각의 문제에 한두 문장으로 짧게 답하라.

1. 이상 기체 또는 완전 기체란 무엇인가?

2. 비압축성 물질이란 무엇인가?

3. 정적 비열 c_v를 정의하라.

4. 정압 비열 c_p를 정의하라.

5. 계에서의 열역학 제1법칙이란 무엇인가?

6. 유동일이란 무엇인가?

7. 열전도도란 무엇인가?

8. 대류 열전달 계수란 무엇인가?

9. 공기가 이슬점에 있을 때 그 상대 습도는 무엇인가?

연습 문제

이 중 별표(**)가 붙은 문제는 다른 문제보다 더 도전 가치가 있는 문제라고 할 수 있다.

제1.3절

1.1 CO_2 가스 10 lbm 가 65 ℃ 에서 25 ℃ 로 냉각된다. 비열 c_v 는 단위가 kJ/kg · K 인 다음 식으로 주어지고,

$$c_v = 0.0771 - \frac{63.6}{T} + \frac{24{,}794}{T^2}$$

여기에서 T 는 K 단위일 때, 냉각 과정에서 내부 에너지 변화를 구하라.

1.2 온도가 15 ℃ 인 물 2 kg이 101 kPa에서 300 ℃ 로 가열된다. 이 과정에서 부가되는 열량을 구하라. c_p 는 액체 물은 4.18 kJ/kg · K 이고 수증기는 1.86 kJ/kg · K 라고 가정한다. 또한, 물의 기화 잠열 값은 101 kPa에서 2258 kJ/kg이라고 가정한다.

1.3 압력 탱크에 들어 있는 45 kg의 공기는 주위 온도가 20 ℃ 일 때, 80 ℃ 및 1.1 MPa에서 25 ℃ 로 냉각된다. 25 ℃ 에서의 압력을 구하라.

1.4 수증기가 4 MPa, 480 ℃ 에서 4 MPa, 640 ℃ 로 가열된다. kg당 수증기에 부가되는 열을 구하라. 힌트: 부록 선도 C.2를 사용하라.

1.5 물 300 kg이 일정 압력에서 20 ℃ 에서 80 ℃ 로 가열된다. 엔탈피 변화와 열 Q 를 구하라.

1.6 수은이 40 ℃ 에서 가열되어 425 ℃ 의 증기가 된다. hn_{fg} 는 358 ℃ 에서 284 kJ/kg이라고 가정하고, c_p 는 액체 수은에는 0.134 kJ/kg · K, 증기에는 0.063 kJ/kg · K을 사용한다. 단위 질량당 엔탈피 변화와 단위 질량당 열을 구하라.

1.7 냉장고 응축기는 일정한 압력과 거의 일정한 온도에서 냉매를 증기에서 액체로 변환시키는 열교환기이다. 암모니아가 냉매로 사용되어 주위 온도가 20 ℃ 일 때, 냉매 10 kg/s 가 25 ℃ 에서 응축될 때, 부록 선도 C.7에서 데이터를 사용하여 단위 질량 냉매당 열전달을 구하라. (힌트: 잠열 = hn_{fg} = 응축열)

1.8 부록 선도 C.1E에 있는 습공기 선도를 사용하여, 온도가 25 ℃ 이고 상대 습도가 40 % 인

공기 중에 들어 있는 수증기의 증기압을 구하라. 또한, 습도 비, 엔탈피, 이슬점 온도 및 습구 온도를 구하라.

1.9 온도가 0 ℃이고 상대 습도가 80 %인 공기 10 m³/s가 25 ℃로 가열된다. 필요한 열전달량과 공기의 최종 상대 습도를 구하라. 25 ℃에서 최종 상대 습도를 50 %로 올리는 데 필요한 물의 양을 구하라. 이 가습 과정을 달성하는 데 필요한 부가 열은 얼마인가?

1.10 온도가 38 ℃이고 상대 습도가 70 %인 공기를, 온도 25 ℃와 상대 습도 60 %로 조절한다. 전후 상태에서 공기 중에 들어 있는 수증기의 분압, 건공기의 lbm 당 제거되는 물의 양과 이 조절 과정을 달성하고자 공기를 냉각시켜야 하는 최저 온도를 구하라.

1.11 건공기 100 kg이 30 ℃의 수증기 1 kg과 혼합되어 가습된다. 전압(전체 압력)이 100 kPa일 때 건공기와 수증기의 분압을 구하라.

**1.12 실제 물질에서 엔탈피가 온도와 압력의 함수라고 하면, 온도와 압력이 각각 T_1에서 T_2로 그리고 p_1에서 p_2로 변할 때, 물질의 단위 질량당 엔탈피 변화를 나타내는 적분식을 써라. (힌트: 독립 변수가 2개인 연속 함수의 전미분을 생각해 보기 바란다.)

제1.4절

1.13 스티로폼 아이스박스가 두께가 2 cm이다. 아이스박스 내부가 0 ℃이고 외부가 25 ℃일 때, 스티로폼에 의한 단위 면적당 전도 열전달을 구하라.

1.14 콘크리트 핵 반응로 격납 벽에서는 온도 분포 $T(x)$가 다음과 같은 식으로 주어진다. 이 식에서 온도 단위는 K이다.

$$T(x) = 444 - 20.6x^2 \qquad (x \text{ 단위는 m})$$

$x = 15$ cm인 벽 중심에서 벽의 전도로 인한 단위 면적당 열전달을 구하라.

1.15 실내 온도가 20 ℃일 때, 크기가 2.5 m × 1.2 m인 복층 유리 창문에서 90 W의 열이 손실된다. 이 복층 유리창의 평균 열전도도가 0.055 W/m · K이고 두께가 1.25 cm일 때 창문 바깥 온도를 구하라.

1.16 두께가 6.5 mm인 주철제 프라이팬을 사용하여 레인지 위에서 음식을 장만하고 있다. 프라이팬은 밑바닥이 315 ℃이고 위 바닥은 260 ℃일 때, 팬에서 단위 면적당 열전달을 개략적으로 계산하라.

1.17 공기 온도가 −10 ℃일 때, 직경이 5 cm인 전선 주위에 바람이 50 m/s로 분다. 전선의 표면 온도가 5 ℃일 때 전선에서 단위 길이당 열 손실을 구하라.

1.18 온도가 15 ℃인 물이 내경(ID) 2.5 cm인 구리관 속을 대략 0.3 m/s로 흐른다. 구리 관의 내부 표면 온도가 80 ℃일 때 관에서 ft 길이당 물에 전달되는 열전달을 구하라.

1.19 자동차가 대로를 100 km/hr로 달리고 있다. 공기의 온도가 15 ℃일 때, 온도가 30 ℃인

자동차 지붕에서 단위 면적당 열손실을 개략적으로 계산하라.

1.20 대형 사무실용 건물의 남쪽 수직 벽의 단위 면적당 열손실을 개략적으로 계산하라. 단, 공기의 온도는 $-20\,℃$ 이고 건물 벽 온도는 $-15\,℃$ 이다.

1.21 어떤 사람이 텅 비어있는 대형 강당으로 걸어 들어간다. 강당 벽의 평균 온도가 $13\,℃$ 이고 이 사람이 입고 있는 옷의 평균 표면 온도가 $30\,℃$ 일 때, 이 사람과 강당 간의 순 복사 열전달을 개략적으로 계산하라. 평균적인 사람은 그 표면적이 $1.8\ \mathrm{m}^2$ 이라고 가정한다.

1.22 수은 유리막대 온도계가 실외 온도를 $20\,℃$ 로 가리킨다. 하늘과 온도계 주위는 평균 표면 온도가 $5\,℃$ 일 때, 온도계로 들어오거나 나가는 순 복사를 개략적으로 계산하라.

1.23 태양 표면의 온도는 약 $5800\ \mathrm{K}$ 정도이다. 태양 면적 $1\ \mathrm{m}^2$ 에서 이루어지는 태양의 열 방사율은 어느 정도라고 보는가?

1.24 복사 고온계는 복사열을 사용하여 표면의 온도를 측정하는 장치이다. 고온계는 표면적이 $5\ \mathrm{cm}^2$ 이고, 온도가 $1100\,℃$ 인 노의 개방구를 향할 때 고온계의 온도는 $20\,℃$ 이다. 흑체 복사라고 가정할 때, 고온계를 향하는 순 열전달률을 개략적으로 계산하라.

제1.5절

다음의 미분 방정식의 정확한 완전 해답을 구하는 데 필요한 경계 조건, 초기 조건, 시간 조건 등의 개수를 구하라.

1.25 내부 열에너지 발생이 있는 2차원 전도 열전달 식

$$\frac{\partial^2 T(x,y,t)}{\partial x^2} + \frac{\partial^2 T(x,y,t)}{\partial y^2} + \frac{g}{\kappa} = \left(\frac{1}{\alpha}\right)\frac{\partial T(x,y,t)}{\partial t}$$

1.26 1차원 원통 좌표계에서의 정상 상태 전도 열전달 식

$$\frac{d^2 T(r)}{dr^2} + \left(\frac{1}{r}\right)\frac{dT(r)}{dr} = 0$$

1.27 2차원 대류 열전달에서의 특정한 에너지 균형식

$$\rho c_p \left(u\frac{\partial T(x,y)}{\partial x} + v\frac{\partial T(x,y)}{\partial y} \right) = \kappa \frac{\partial^2 T(x,y)}{\partial y^2}$$

1.28 직교(x와 y) 좌표계의 x 방향에서 점성력과 압력에 의한 힘이 작용하는 유체 유동의 특정한 운동량 균형식

$$\rho \left(u\frac{\partial u(x,y)}{\partial x} + v\frac{\partial v(x,y)}{\partial y} \right) = -\frac{\partial p}{\partial x} + \mu^2 \frac{\partial^2 u(x,y)}{\partial y^2}$$

[참고문헌]

이 장의 주제에 관하여 추가 설명이 실린 다른 출판물을 조사할 필요가 있을 것이다. 다음의 참고문헌 목록에는 이 책을 집필하는 데 직접 사용된 출판물과 제안 등 몇몇 수준 높은 논문들도 포함되어 있다. 이는 참고 도서 일람표가 아니며 이 장의 주제에 관하여 적용할 수 있는 목록을 완벽하게 수록하고자 한 것은 아니다.

[1] Jakob, M., and G. A. Hawkins, *Elements of Heat Transfer*, 3rd edition, John Wiley & Sons, New York, 1957.

[2] Incropera, F. P., and D. P. DeWitt, *Fundamentals of Heat and Mass Transfer*, John Wiley & Sons, New York, 1990.

[3] Kreith, F., and M. S. Bohn, *Principles of Heat Transfer*, PWS, Boston, 1997.

제1.2절

[1] *Metric Practice Guide*, E380-74, American Society for Testing and Materials, Philadelphia, PA, 1974.

제1.3절

[1] Sonntag, R. E., and G. J. Van Wylen, *Introduction to Thermodynamics*, 3rd edition, John Wiley & Sons, New York, 1985.

[2] Hatsopoulos, G. N., and J. H. Keenan, *Principles of General Thermodynamics*, John Wiley & Sons, New York, 1965.

[3] Bejan, A., *Advanced Engineering Thermodynamics*, John Wiley & Sons, New York, 1988.

[4] Moran, M. J., and H. N. Shapiro, *Fundamentals of Engineering Thermodynamics*, 3rd edition, John Wiley & Sons, New York, 1995.

[5] Eringen, A. C., *Mechanics of Continua*, John Wiley & Sons, New York, 1967.

[6] Truesdell, C., *Rational Thermodynamics*, McGraw-Hill, New York, 1969.

제1.4절

[1] Holman, J. P., *Heat Transfer*, 8th edition, McGraw-Hill, New York, 1995.

[2] Brown, A. I., and S. M. Marco, *Introduction to Heat Transfer*, 3rd edition, McGraw-Hill, New York, 1958.

[3] Jakob, M., and G. A. Hawkins, *Elements of Heat Transfer*, 3rd edition, John Wiley & Sons, New York, 1957.

제1.5절

[1] Wolf, H., *Heat Transfer*, Harper and Row, 1983.

[2] Hildebrand, F. B., *Methods of Applied Mathematics*, 2nd edition, Prentice-Hall, 1965.

[3] Jeffreys, H., *Cartesian Tensors*, Cambridge University Press, Cambridge, UK, 1965.

제1.6절

[1] Davies, G. A. O. (editor), *Mathematical Methods in Engineering*, Wiley Interscience, New York, 1984.

[2] Kay, J. M., *An Introduction to Fluid Mechanics and Heat Transfer*, 2nd edition, Cambridge University Press, Cambridge, UK, 1968.

02 정상 상태 전도 열전달

역사적 개요

아주 오랫동안 열이 탐구되어 어떻게 뜨거운 물체가 물리적인 접촉으로 인하여 또 다른 물체를 뜨겁게 할 수 있는지, 또는 고체 재료가 어떻게 전체에 걸쳐 균일한 온도, 즉 뜨거움에 쉽게 도달하게 되는지가 계속 연구되어 왔다. 대부분의 사람들은 장 바티스트 조제프 푸리에(Jean Baptiste Joseph Fourier)가 전도 열전달을 예측하는 식, 즉 푸리에의 열전도 법칙의 현대적인 창시자라는 사실에 동의한다.

푸리에는 1768년 3월에 프랑스(부르고뉴) 오세르(Auxerre)에서 태어났다. 푸리에의 아버지는 재봉사였던 것 같은데, 푸리에는 8살에 고아가 되어 성 마르크 수도회의 벵베니스테(the Benvenistes of the Convent of St. Mark)에서 교육을 받았다. 푸리에는 수학, 정치학, 역사 등에 관심이 깊어서 프랑스 혁명을 봉기하는 데 적극적으로 가담했다. 그는 프랑스 공포 시대(1793. 5.~1794. 8.) 동안 투옥되었는데, 이 시기에는 프랑스 혁명의 추악함이 극에 달했다. 1796년에는 그의 수학 경력 덕으로 에콜 노르말 쉬페리외르(École Normale Supérieure)의 교수진에 임명되었다. 푸리에는 에콜 폴리테크니크(École Polytechnique)에서 조제프루이 라그랑주(Joseph-Louis Lagrange)의 후임 교수가 되었으며, 1798년에는 나폴레옹 보나파르트(Napoleon Bonaparte)를 따라 이집트 원정에 종군하였다. 그는 프랑스가 이집트를 점령했던 시기에는 이집트의 총독이 되었으며, 영국이 이집트를 포위했을 때에는 프랑스의 군사 작전에 관여하였다. 1801년에는 프랑스가 이집트에서 영국에 항복하여 푸리에는 프랑스로 귀국할 수 있었고, 나폴레옹은 그를 그레노블(Grenoble)에 있는 이제르(Isère) 대행정구의 수석 행정관인 지사로 임명하였다. 이때 그는 열과 열전달의 개념을 연구했으며, 이로 인해 그의 1882년 업적인 **열의 해석적 이론**(The Analytical Theory of Heat)이 출간되었다. 그는 많은 다른 연구 중에서도 수학과 열 물리학에 관한 아이작 뉴턴(Issac Newton)과 G. W. 폰 라이프니츠(G. W. von Leibnitz)의 연구를 학습한 것이 틀림없다. 특히 푸리에는 뉴턴의 열 방정식을 본 것이 틀림없는데, 이 식으로는 온도 차로 구동되는 열의 흐름, 즉 열전달을 예측하였는데, 열이 두 온도 사이의 간격에 대한 온도 차, 즉 온도 기울기(구배)로 전달된다는 것을 인식하려면 이 식을 수정할 필요가 있었다. 이것이 푸리에 법칙의 핵심인데, 이 장과 다음 장에서는 이 법칙을 학습하게 될 것이다. 흥미로운 것은 푸리에는 온도를 소문자 v로 나타냈는데, 이는 아마도 뜨거움을 속력이나 속도로 가시화하려고 하지 않았나 생각된다. 게다가 그의 열 법칙이 항등식이 되기 위해서는 지금은 열전도도라고 하는 필요한 계수를 새로 만들어낼 필요가 있었으나 푸리에가 지어낸 용어는 비 전도율(specific conductibility)이었다. 푸리에는 지금은 푸리에 급수라고 하는 무한급수를 합하는 아이디어를 사용하여 2방향이나 3방향에서 그리고 시간의 변화에 걸쳐서 열 흐름을 수학적으로 해석하는 도구를 개발했다. 게다가 푸리에는 식에서 단위를 신중하게 생각하고, 차원의 동차성 개념을 언급했는데, 이는 방정식이나 항등식의 양변은 그 단위가 동일해야 한다는 것이었다. 이 개념은 제4장에서 다시 설명할 것이다.

몇몇 사람들은 푸리에가 대기, 즉 하늘을 온실처럼 작용하는 선택적 단열장치라고 생각했다는 사실을 그의 저서에서 읽었다. 그러므로 그는 온실 효과를 인식한 것으로 보인다.

이 장에는 푸리에의 전도 법칙과 열전도도를 시작으로, 전도 열전달의 일반적인 문제가 제시되어 있다. 열전도도를 실험적으로 구하는 방법 가운데 일부에는 온도 및 기타 변수에 의한 열전도도의 종속성을 나타내는 일부 해석식이 함께 제공되어 있다. 그런 다음 열 일반식을 에너지 원리에서 유도하고 정상 상태 조건을 적용하고 있다.

1차원 전도 열전달을 상당히 자세하게 고찰하고, 열 저항, 전기적 등가, R-값 등의 개념들을 도입한다. 그런 다음 2차원 정상 상태 전도 열전달을 전개하고, 해가 있는 일부 고전 문제를 제공한다. 그런 다음 해석에 유용한 도구인 형상 계수를 전개하여 일부 응용에 사용한다. 2차원 문제 해석용 그래프 방법을 제시한 다음 수치적인 방법도 제시한다. 유한 차의 용법도 설명하고, 유한 요소법도 다양한 컴퓨터 장치 프로세스를 사용하여 전도 열전달 문제를 해석하는 강력한 도구로서 언급되어 있다. 끝으로 몇 가지 파생 문제를 제시하여 열전도도를 결정하는데 사용되는 일부 방법을 포함하여 전도 열전달의 응용 범위를 설명한다.

학습 내용

1. 푸리에(Fourier)의 열전도 법칙을 안다.
2. 열전도도를 구하는 실험 방법과 해석적 방법을 안다.
3. 열 저항 개념, R-값, 전기적 상사 모델을 포함하여 균질 재료에서의 1차원 전도 열전달 해석법을 안다.
4. 균질 원통형 재료에서의 반경 방향 1차원 열전달 해석법을 알고, 균질 구형 재료에서의 반경 방향 전도 해석법을 안다.
5. 직교 좌표계에서 2개 이상의 인접한 균질 재료, 동심 원통형 반경 방향 직렬 전도, 그리고 구형 반경 방향 전도와 평행 전도에서 각각 1차원 전도 해석법을 안다. 직렬 전도 및 평행 전도에서 전기적 상사 모델을 사용한다.
6. 독립 변수가 2개 또는 3개인 함수에서의 변수 분리 개념을 이해한다.
7. 푸리에 급수가 전도 열전달식을 어떻게 만족시킬 수 있는지를 이해한다.
8. 벽이나 핀에서의 정량적인 온도 분포를 안다.
9. 형상 계수라는 용어가 의미하는 바를 알고, 2개의 등온 표면 사이에서 정상 상태 열전달에 대한 형상 계수 사용법을 안다.
10. 정상 상태 온도 장에 놓여 있는 고체 재료에서의 등온 장/열 유동 경로 장을 제도하거나 스케치한다.
11. 대류 열전달의 경계 조건을 포함하여 유한 차 해석에서 소정의 노드에 에너지 균형 식을 쓸 수 있고, 유한 차 에너지 균형 식 세트를 공학식 솔버(EES), Mathcad, 또는 MATLAB을 사용하여 온도 장에 관하여 풀이한다.
12. 핀, 핀 효율 및 핀 유용도의 해석을 이해하고, 이상적인 모델을 이해한다.
13. 전선 전도 전류에서 볼 수 있는 바와 같이 내부 열 발생이 있는 원통형 재료에서의 온도 분포를 예측한다.
14. 열전도도를 결정하는 데 고온 재료 방호 상자를 이해하고, 2개의 고체 재료 사이의 열 접촉 저항을 구할 수 있으며, 임계 열 저항의 메커니즘을 이해한다.

$$- \kappa A_x \frac{\partial T}{\partial x} - \kappa A_y \frac{\partial T}{\partial y} - \kappa A_z \frac{\partial T}{\partial z} + \dot{E}_{gen} = - \kappa A_{x + \Delta x}\left[\frac{\partial T}{\partial x}\right]_{x+\Delta x} - \kappa A_{y + \Delta y}\left[\frac{\partial T}{\partial y}\right]_{y+\Delta y}$$
$$- \kappa A_{z + \Delta z}\left[\frac{\partial T}{\partial z}\right]_{z+\Delta z} + \rho V c_P \frac{\partial T}{\partial t} \tag{2.13}$$

직교 좌표계에서의 요소에서는 $V = \Delta x \cdot \Delta y \cdot \Delta z$, $A_x = A_{x + \Delta x} = \Delta y \cdot \Delta z$, $A_y = A_{y + \Delta y} = \Delta x \cdot \Delta z$ 및 $A_z = A_{z + \Delta z} = \Delta x \cdot \Delta y$이다. 이 관계식들을 식 (2.13)에 대입하면 다음 식이 나온다.

$$- \kappa \Delta y \cdot \Delta z \left[\frac{\partial T}{\partial x}\right]_x - \kappa \Delta x \cdot \Delta z \left[\frac{\partial T}{\partial y}\right]_y - \kappa \Delta x \cdot \Delta y \left[\frac{\partial T}{\partial z}\right]_z + \dot{E}_{gen}$$
$$= - \kappa \Delta y \cdot \Delta z \left[\frac{\partial T}{\partial x}\right]_{x+\Delta x} - \kappa \Delta x \cdot \Delta z \left[\frac{\partial T}{\partial y}\right]_{y+\Delta y} - \kappa \Delta x \cdot \Delta y \left[\frac{\partial T}{\partial z}\right]_{z+\Delta z} + \rho V c_P \frac{\partial T}{\partial t} \tag{2.14}$$

이 식에서 우변에 있는 전도 열전달 항들을 좌변에 있는 전도 열전달 항들과 결합한 다음 각각의 항을 체적 요소 $\Delta x \cdot \Delta y \cdot \Delta z$로 나누면, 다음과 같은 식이 나온다.

$$\frac{\left\{\kappa\left[\frac{\partial T}{\partial x}\right]_{x+\Delta x} - \kappa\left[\frac{\partial T}{\partial x}\right]_x\right\}}{\Delta x} + \frac{\left\{\kappa\left[\frac{\partial T}{\partial y}\right]_{y+\Delta y} - \kappa\left[\frac{\partial T}{\partial y}\right]_y\right\}}{\Delta y}$$
$$+ \frac{\left\{\kappa\left[\frac{\partial T}{\partial z}\right]_{z+\Delta z} - \kappa\left[\frac{\partial T}{\partial z}\right]_z\right\}}{\Delta z} + \dot{e}_{gen} = \rho c_P \frac{\partial T}{\partial t} \tag{2.15}$$

이제 체적에 극한을 취하여 0이 되게 하면(즉, Δx, Δy, Δz를 0으로 취하면), 미적분학에 의해 다음과 식을 구할 수 있다.

$$\frac{\partial}{\partial x}\kappa\left[\frac{\partial T}{\partial x}\right] + \frac{\partial}{\partial y}\kappa\left[\frac{\partial T}{\partial y}\right] + \frac{\partial}{\partial z}\kappa\left[\frac{\partial T}{\partial z}\right] + \dot{e}_{gen} = \rho V c_P \frac{\partial T}{\partial t} \tag{2.16}$$

이 식은 표준 직교 좌표계에서의 전도 열전달을 해석하는 출발점을 의미한다. 에너지 생성 항 $\dot{e}_{gen}$은 단위 체적당 에너지 생성, 즉 에너지 생성 밀도이다. 이는 최소 질량 δm의 최소 체적 δV에서만 정확하게 정의될 수 있다. 많은 전도 열전달 문제에서는 에너지 생성이 0이므로 지배 방정식은 다음과 같이 된다.

$$\frac{\partial}{\partial x}\left[\kappa\frac{\partial T}{\partial x}\right] + \frac{\partial}{\partial y}\left[\kappa\frac{\partial T}{\partial y}\right] + \frac{\partial}{\partial z}\left[\kappa\frac{\partial T}{\partial z}\right] = \rho c_P\frac{\partial T}{\partial t} \tag{2.17}$$

또한, 이 식은 **열 방정식**이라고도 한다. 이 식은 에너지 생성이 없는 비정상 상태 조건이나 과도 조건이 발생하는 상황에 적용 가능하다. 이 식은 제3장에서 과도 전도 열전달 학습의 기본 논리로 사용될 것이다.

정상 상태 조건에서는 온도의 시간 변화율이 0이 되므로 열 방정식은 다음과 같이 된다.

$$\frac{\partial}{\partial x}\left[\kappa\frac{\partial T}{\partial x}\right] + \frac{\partial}{\partial y}\left[\kappa\frac{\partial T}{\partial y}\right] + \frac{\partial}{\partial z}\left[\kappa\frac{\partial T}{\partial z}\right] = 0 \tag{2.18}$$

또한, 이 식은 **라플라스 방정식**이라고도 한다. 이 식은 포괄적으로 연구가 이루어져 다양한 물리적 상황에 적용되어 왔으므로, 여기에서는 에너지 생성이 없는 1차원, 2차원 및 3차원 정상 상태 전도 열전달의 일반적인 경우에 사용되고 있다. 흥미롭고도 중대한 사실은 푸리에가 1822년에 최초로 출간한 발표물인 **열 이론**(The Theory of Heat)에서 이 식을 제안했다는 것이다.

원통 좌표계와 구 좌표계에서의 열 방정식에 상응하는 에너지 균형 식 또한 많은 응용에서 유용하다. 이 식은 원통 좌표계에서는 다음과 같다.

$$\frac{1}{r}\frac{\partial}{\partial r}\left[\kappa r\frac{\partial T}{\partial r}\right] + \frac{1}{r^2}\frac{\partial}{\partial\theta}\left[\kappa\frac{\partial T}{\partial\theta}\right] + \frac{\partial}{\partial z}\left[\kappa\frac{\partial T}{\partial z}\right] = \rho c_P\frac{\partial T}{\partial t} \tag{2.19}$$

또한, 구 좌표계에서는 다음과 같다.

$$\frac{1}{r^2}\frac{\partial}{\partial r}\left[\kappa r^2\frac{\partial T}{\partial r}\right] + \frac{1}{r^2\sin\theta}\frac{\partial}{\partial\theta}\left[\kappa\sin\delta\frac{\partial T}{\partial\theta}\right] + \frac{1}{r^2\sin^2\theta}\frac{\partial}{\partial\phi}\left[\kappa\frac{\partial T}{\partial\phi}\right] = \rho c_p\frac{\partial T}{\partial t} \tag{2.20}$$

이 두 식을 유도하고자 할 때에는 식 (2.17)을 유도할 때와 유사한 방법을 사용하면 된다.

예제 2.3

원통 좌표계에서 에너지 생성이 있는 전도 열전달에서의 체적 요소를 정의하라.

풀이 원통 좌표계는 대개 r(반경 방향), θ(원둘레 방향) 및 z(축 방향)로 표시된다. 그림 2.5에는 표준 원통 좌표계에서의 물리적 상황이 나타나 있다. 즉, 체적 요소는 공간에 포함되어 있고 각각의 변은 Δr, $r\Delta\theta$, Δz이다. 체적 요소는 1차 근삿값으로 다음과 같다.

$$\Delta V = (\Delta r)(r\Delta\theta)(\Delta z)$$ 답

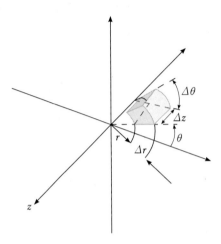

그림 2.5 단위 요소가 있는 원통 좌표계

이 예제에서 주목할 점은 열전달이 서로 법선 방향을 이루거나 즉, 직교하거나 즉, 직각을 이루는 세 가지 방향에서 각각 일어날 수 있다는 것이다. 또한, 원통 좌표계는 직교 좌표계이므로 r, θ, z의 세 가지 방향에서의 열전달은 항상 공간에 있는 어떤 점에서도 서로 서로 직교한다.

예제 2.4

직경 10 cm, 길이 3 m인 단열된 구리 봉이 한쪽 끝에서는 600 ℃로 가열되고 다른 쪽 끝에서는 30 ℃로 냉각되고 있을 때 이 구리 봉에서의 온도 분포를 구하라. 열전달은 축 방향으로만 일어나고 구리의 열전도도는 부록 표 B.2에 수록되어 있는 대로 일정하다고 가정한다.

풀이 원통 좌표계에서 z 방향으로 일어나는 1차원 열전달이라고 가정한다. 그림 2.6에는 열이 축 방향으로 전도되고 있는 봉의 물리적 상황을 나타내는 개념도가 그려져 있다. 식 (2.19)에서 z에 관한 도함수를 제외하고 다른 도함수가 들어 있는 모든 항들을 소거한다. 결과는 다음과 같다.

$$\frac{\partial}{\partial z}\left[\kappa\frac{\partial T}{\partial z}\right] = 0$$

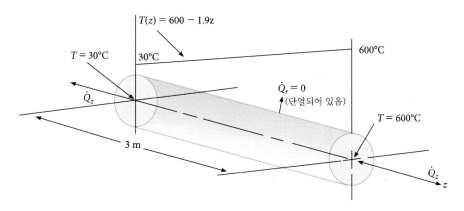

그림 2.6 온도 분포로 인하여 열이 축 방향으로 전도되고 있는 봉

열전도도가 상수이므로, 이 식은 다음과 같이 된다.

$$\kappa \frac{\partial^2 T}{\partial z^2} = 0$$

즉,

$$\frac{\partial^2 T}{\partial z^2} = 0$$

또한, 온도는 단지 z 방향에서만 변화하므로 온도는 z만의 함수이다. 즉 다음과 같이 되므로

$$T = T(z)$$

편미분 도함수도 상미분 도함수와 마찬가지이다. 그러면 지배 방정식은 다음과 같이 되는데,

$$\frac{d^2 T}{dz^2} = 0 \qquad 0 \leq z \leq 3 \, \text{m}$$

이 식은 2차 상미분 방정식이다. 이 식의 해를 구하려면 2개의 경계 조건이 확정되어야 한다. 그 경계 조건은 다음과 같다. 즉,

B.C. 1 $T(z) = 600°C$ $z = 0$에서
B.C. 2 $T(z) = 30°C$ $z = 3 \, \text{m} = 300 \, \text{cm}$에서

지배 방정식은 변수를 분리한 후, 적분을 두 번하면 다음과 같이 된다.

$$T(z) = C_1 z + C_2$$

B.C.1을 사용하면 $T(0) = 600 \, °C = C_2$가 나오고, B.C.2에서는 $T(300 \, \text{cm}) = 30 \, °C = C_1(300 \, \text{cm}) + 600 \, °C$이므로 다음과 같이 된다.

$$C_1 = (30°C - 600°C)/300 \, \text{cm} = -1.9°C/\text{cm}$$

온도 분포는 다음과 같다.

$$T(z) = -1.9z + 600°C \qquad \text{답}$$

이 결과는 그림 2.6의 개념도 그래프에 중첩된 온도 분포로 나타나 있다. 주목할 점은 열전도도가 불필요하므로 결과적인 온도 분포에 영향을 주지 않는다는 것이다.

2.3 1차원 정상 상태 전도 열전달

1차원 정상 상태 전도 열전달은 여러 가지 중요한 실제 열전달 과정을 기술하는 데 사용되는 이상화 과정이다. 역사적으로나 의미상으로 볼 때, 푸리에는 전도를 1차원 현상으로 가시화한 다음 이를 2차원 문제와 3차원 문제로 확장하였다. 이는 대체로 모든 열전달 문제에서 공학적으로 해석하고 기술적인 장치와 과정을 설계할 때 가장 많이 사용되는 방법이다. 1차원 정상 상태 전도 열전달의 지배 방정식은 에너지 발생이 없을 때 직교 좌표계에서 다음과 같으며,

$$\frac{d}{dx}\kappa\frac{dT}{dx} = 0 \qquad (2.21)$$

열전도도를 상수로 잡으면, 이 식은 다음과 같이 된다.

$$\kappa\frac{d^2T}{dx^2} = 0 \qquad (2.22)$$

이 식은 해를 구하려면 2개의 구체적인, 즉 확실한 경계 조건이 필요하다. 경계 조건은 전형적으로 두 위치(x 좌표에서의 두 점)에서의 온도 또는 여러 경계 가운데 한 경계에서의 열전달 $\dot{Q}_x$이다. 예를 들어 그림 2.7과 같이 길이(L)와 높이(H)가 두께 Δx보다 훨씬 더 큰 슬래브나 벽을 살펴보자. 열전도도가 일정할 때에는 다음과 같이 식 (2.22)와 수학적 표현을 사용한다.

$$\kappa\frac{d^2T}{dx^2} = 0 \qquad 0 \leq x \leq \Delta x$$

$$\text{B.C. 1} \qquad T(x) = T_1 \qquad x = 0 \text{에서} \qquad (2.23)$$

$$\text{B.C. 2} \qquad T(x) = T_2 \qquad x = \Delta x \text{에서}$$

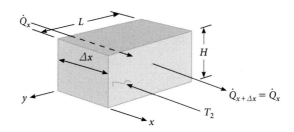

그림 2.7 슬래브 또는 벽을 지나는 정상 상태 1차원 열전달

그런 다음 지배 방정식을 두 번 적분하면 다음과 같이 나오는데,

$$T(x) = C_1 x + C_2$$

이 식은 x 좌표에서의 선형 온도 분포를 나타낸다. 첫째 번 경계 조건을 적용하면 다음과 같고,

$$T(x) = T_1 = C_1(0) + C_2 = C_2$$

둘째 번 경계 조건을 적용하면 다음과 같이 된다.

$$T(x) = T_2 = C_1(\Delta x) + C_2 = C_1(\Delta x) + T_1$$

이 식에서 다음 값이 나오므로,

$$C_1 = \frac{(T_2 - T_1)}{\Delta x}$$

다음과 같이 된다.

$$T(x) = \left(\frac{T_2 - T_1}{\Delta x} \right) x + T_1 \qquad (2.24)$$

열전달은 그 방향이 그림 2.7과 같을 때에는 Fourier 법칙으로부터 다음 식과 같이 쓸 수 있다.

$$\dot{Q} = -\kappa A \frac{dT}{dx} \qquad (2.25)$$

식 (2.24)에서

$$\frac{dT}{dx} = \frac{T_2 - T_1}{\Delta x}$$

이 되므로, 열전달은 다음과 같이 된다.

$$\dot{Q} = -\kappa A \left(\frac{T_2 - T_1}{\Delta x} \right) = -\kappa HL \left(\frac{T_2 - T_1}{\Delta x} \right) \tag{2.26}$$

열전달이 그림과 같은 방향으로 일어나려면, 온도 T_2는 T_1보다 더 낮아야만 한다. 식 (2.26)은 1차원 전도 열전달이 수반되는 학습을 심화하게 될 때 출발점이 된다. 이 식은 다음과 같이 열 저항 R_T를 정의함으로써 변형시킬 수 있다. 즉,

$$R_T = \frac{\Delta x}{\kappa A} \tag{2.27}$$

그러면 식 (2.26)은 다음 식과 같이 쓸 수 있으며,

$$\dot{Q} = \frac{\Delta T}{R_T} \tag{2.28}$$

이 식에서 ΔT는 슬래브나 벽을 가로지르는 온도 차의 절댓값이다. 그림 2.7에서 ΔT는 $T_1 - T_2$이다. 다음과 같이 열전달 자체에 직교하는 단위 면적당 열전달률 $\dot{q}_A$를 알아보는 것이 한층 더 편리할 때가 많다. 즉,

$$\dot{q}_A = \frac{\dot{Q}}{A} = -\kappa \frac{T_2 - T_1}{\Delta x} = \frac{\Delta T}{R_T A} \tag{2.29}$$

이 식의 분자에 있는 곱인 $R_T A = \Delta x / \kappa$는 재료의 열 저항률인데, 이는 R_V로 표시한다. x 방향 열전달에서 열 저항률은 다음과 같음을 알 수 있으므로,

$$R_V = \frac{\Delta x}{\kappa} \tag{2.30}$$

단위 면적당 열전달률은 다음과 같이 된다.

$$\dot{q}_A = \frac{\Delta T}{R_V} \tag{2.31}$$

건축학, 건축 설계, 건축 분야에서 흔히 사용되는 용어로 R-값이 있는데, 이는 다음과 같이 정의된다.

$$1\ R\text{-값} = 1\ \mathrm{m}^2 \cdot \mathrm{K/W}$$

여기서 알 수 있는 점은 R-값이 바로 **열 저항률**(thermal resistivity)이라는 것이다. 유의할 점은 미국에서는 이와는 다른 R-값이 사용된다는 것이다. 미국의 R-값은 SI R-값보다 5.68배 더 크다.

예제 2.5

콘크리트 옹벽의 한쪽은 온도가 40 ℃인 공기에 노출되어 있고, 다른 한쪽은 온도가 12 ℃인 흙과 접하고 있다. 옹벽이 두께 40 cm, 높이 3.5 m, 길이 12 m일 때, 벽에서 일어나는 열전달, 표면 면적의 단위 m^2당 열전달, 벽 내 온도분포 및 벽의 R-값을 각각 구하라. 벽의 길이나 높이 방향으로는 열전달이 전혀 일어나지 않는다고 가정하고, 콘크리트의 열전도도 값으로 $1.4\ \mathrm{W \cdot m/m^2 \cdot K}$를 사용한다.

풀이 열전달은 정상 상태 조건이고 벽의 한쪽 면은 온도가 40 ℃로 균일한 공기에 노출되어 있고, 다른 한쪽 면은 온도가 12 ℃로 균일한 흙과 접하고 있다고 가정한다. 열전달은 식 (2.26)으로 산출하면 된다. 즉,

$$\dot{Q} = -\kappa A \frac{T_2 - T_1}{\Delta x} = -\left(1.4 \frac{\mathrm{W \cdot m}}{\mathrm{m^2 \cdot K}}\right)(3.5\ \mathrm{m} \times 12\ \mathrm{m})\left(\frac{12℃ - 40℃}{40\ \mathrm{cm}}\right)$$

$$\dot{Q} = 4116\ \mathrm{W} \qquad\qquad\qquad 답$$

단위 면적당 열전달은 다음과 같다.

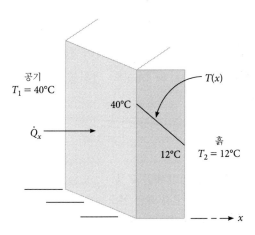

그림 2.8 예제 2.5 옹벽의 단면

$$\dot{q}_A = \frac{\dot{Q}}{A} = \frac{4116 \, \text{W}}{3.5 \, \text{m} \times 12 \, \text{m}} = 98 \, \frac{\text{W}}{\text{m}^2} \qquad \text{답}$$

온도 분포는 에너지 발생이 전혀 없으므로 선형적이며, 이 온도 분포는 그림 2.8에 나타나 있다. 선형 온도 함수는 다음과 같다.

$$T(x) = T_1 - \left(\frac{T_1 - T_2}{\Delta x}\right)x = 40°\text{C} - \frac{28°\text{C}}{40 \, \text{cm}}x = 40°\text{C} - 70x \qquad \text{답}$$

R-값은 다음과 같다.

$$R_V = \frac{\Delta x}{\kappa} = \frac{40 \, \text{cm}}{1.4 \, \dfrac{\text{W} \cdot \text{m}}{\text{m}^2 \cdot \text{K}}} = 0.286 \, \frac{\text{m}^2 \cdot \text{K}}{\text{W}} = 0.286 \qquad \text{답}$$

열 저항과 열 저항률(R-값)을 정의함으로써 둘 이상의 균질 재질에서 열전달 문제를 쉽게 해결할 수 있다. 열 저항, 열전달, 온도 차 등은 전기 전도체를 지나는 전류가 일으키는 상사 현상에 비유할 수 있다. Ohm의 법칙인 $\epsilon = IR$의 개념은 전류 I(A 단위), 전위 ϵ(V 단위) 및 전기 저항 R(Ω 단위) 사이의 관계를 설명하고 있다. 그림 2.9a에는 그 양 단에 전위가 가해져 있는 전기 저항이 R Ω(옴)인 저항체(저항기)가 그려져 있다. 그 결과는 전류 I이다. 이 과정과 상사인 것이 열 저항 R_T에 의한 온도 차 ΔT로 인해 일어나는 전도 열전달 $\dot{Q}_x$이다. 이 과정은 그림 2.9b에 도시되어 있는데, 두 개념도를 비교해보면 열전달은 전류와 상사이고 온도 차는 전위와 상사이며 2개의 전기 저항과 열 저항은 물리적으로 공통점이 있음을 보여주고 있다. 열전도 재료가 두 가지 이상으로 구성되어 열 이동 경로가 어느 정도 복잡한 그러한 열전달 계를 시뮬레이션하는 데에는 전기 회로를 사용해도 된다. 이와 같은 모델링은 복잡한 열전달 과정에서 열전달이나 온도 분포를 산출하는 데 사용해 온 아날로그 컴퓨터의 핵심 기반이 되어 왔다. 두 가지 이상의 균질 재료와 관련 있는 열전달 과정을 이해하는 데 Ohm의 법칙을 사용하였으므로, 예제를 통하여 전기적 상사를 설명하고자 한다.

예제 2.6

그림 2.10과 같이 냉장고 벽의 단면이 벽을 구성하고 있는 여러 가지 재료를 드러내고 있다. 벽의 내측 표면 온도는 0 ℃이고 외측 표면 온도는 28 ℃이다. 냉장고 벽 내 온도 분포를 구하고, 냉장고의 열 획득인 단위 면적당 열전달을 산출하여 구하라.

풀이 전형적인 냉장고 캐비닛은 3차원 구조(그림 2.10a)이다. 그러나 전형적인 벽 단면 (그림 2.10b)를 1차원 시스템으로 가시화할 수 있다.

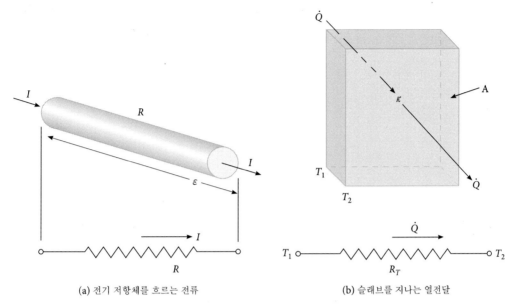

(a) 전기 저항체를 흐르는 전류　　　　　　　(b) 슬래브를 지나는 열전달

그림 2.9 열전달과 전기적 상사

그러면 이 열전달 문제는 에너지 발생이 전혀 없는 1차원 정상 상태로 근사화할 수 있다. 그림 2.10과 같은 벽 단면에서는 다음 식과 같이 쓸 수 있다.

$$\dot{q}_A = \frac{\Delta T_{\text{overall}}}{\sum R_V} = \frac{\Delta T_{\text{overall}}}{R_{V1} + R_{V2} + R_{V3}}$$

주목할 점은 열전달이 3개의 서로 다른 재료를 첫째 번에서 둘째 번으로, 이어서 셋째 번으로 연달아 지나면서 일어나기 때문에 열전도도의 합은 다음과 동일하다 는 것이다.

$$\sum R_V = R_{V1} + R_{V2} + R_{V3}$$

폴리프로필렌 내장재에서는 다음과 같다.

$$R_{V1} = \frac{\Delta x_1}{\kappa_1} = \frac{0.25 \text{ cm}}{0.35 \dfrac{\text{W}}{\text{m} \cdot {}^\circ\text{C}}} = 0.00714 \frac{\text{m}^2 \cdot {}^\circ\text{C}}{\text{W}}$$

우레탄 폼에서는 다음과 같다.

$$R_{V1} = \frac{\Delta x_2}{\kappa_2} = \frac{40}{0.025} = 1.6 \frac{\text{m}^2 \cdot {}^\circ\text{C}}{\text{W}}$$

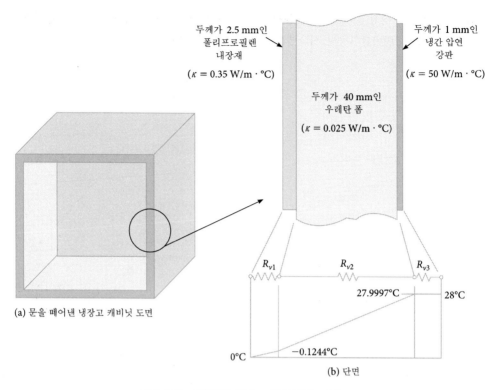

두께가 2.5 mm인
폴리프로필렌
내장재

$(\kappa = 0.35 \text{ W/m} \cdot \text{°C})$

두께가 40 mm인
우레탄 폼

$(\kappa = 0.025 \text{ W/m} \cdot \text{°C})$

두께가 1 mm인
냉간 압연
강판

$(\kappa = 50 \text{ W/m} \cdot \text{°C})$

R_{v1} R_{v2} R_{v3}

27.9997°C   28°C

0°C   −0.1244°C

(a) 문을 떼어낸 냉장고 캐비닛 도면

(b) 단면

그림 2.10 전형적인 냉장고 벽의 단면, 예제 2.6

그리고 강재 캐비닛에서는 다음과 같다.

$$R_{V3} = \frac{\Delta x_3}{\kappa_3} = \frac{1}{50} = 0.00002 \frac{\text{m}^2 \cdot \text{°C}}{\text{W}}$$

그러면 열 저항률은 다음과 같이 된다.

$$R_{V1} + R_{V2} + R_{V3} = 1.60716 \frac{\text{m}^2 \cdot \text{°C}}{\text{W}}$$

전체 온도 차인 $\Delta T_{\text{overall}} = T_0 - T_1$ 은 28 °C이므로, 냉장고 표면적의 m²당 열 손실 (또는 냉장고의 열 획득)은 다음과 같이 산출된다.

$$\dot{q}_A = \frac{28}{1.60716} = 17.422 \frac{\text{W}}{\text{m}^2} \qquad\qquad \text{답}$$

열전달은 연속하는 세 가지 벽 재료층을 연달아 진행하기 때문에, 다음 식과 같이 쓸 수 있으므로,

$$\dot{q}_A = \frac{\Delta T_1}{R_{V1}} = \frac{\Delta T_2}{R_{V2}} = \frac{\Delta T_3}{R_{V3}} = 17.422 \frac{\text{W}}{\text{m}^2}$$

다음과 같이 된다.

$$\Delta T_1 = 17.422 \times R_{V1} = 0.1244°C$$

$$\Delta T_2 = 17.422 \times R_{V2} = 27.8753°C$$

$$\Delta T_3 = 17.422 \times R_{V3} = 0.0003°C$$

그러므로 폴리프로필렌 내장재의 외측 온도는 우레탄 폼의 내측 표면 온도와 같다.
즉,

$$T_1 = T_i + \Delta T_1 = 0.1244°C \ (T_i = 0°C)$$

우레탄 폼의 외측 온도는 다음과 같고,

$$T_2 = T_1 + \Delta T_2 = 27.9997°C$$

강재의 외측 온도를 확인해보면 다음과 같은데,

$$T_3 = T_2 + \Delta T_3 = 28.0000°C$$

이는 문제에서 주어진 냉장고 외측 온도와 일치한다. 그림 2.10b에서는 벽 단면에서의 이러한 온도 분포의 감춰져 있는 특징을 그림으로 보여주고 있다.

이 예제로부터 열전달이 직렬로 배열된 다층의 재료를 거쳐서 일어나면 열 저항률 (또는 열 저항)이 증가한다는 것을 알 수 있다. 각각의 열 저항이나 열 저항률은 산술적으로 합하면 된다. 또한, 제1장에서 설명한 대로 고체 경계 표면과 주위 유체나 증기 사이에는 대류 열전달이 일어나게 된다. 이 메커니즘은 다음과 같은 대류 식 (1.58)로 기술하였으며,

$$\dot{Q} = hA\Delta T \qquad \text{(1.58, 다시 씀)}$$

이 식에서 ΔT는 고체 표면 온도 T_s와 체적 평균 유체 온도 T_0 사이의 온도 차이다. 이 식은 열 저항 개념에 들어맞게 변형시켜 다음 식과 같이 쓸 수 있으며,

$$\dot{Q} = \frac{\Delta T}{R_T}$$

이 식에서

$$R_T = \frac{1}{hA} \qquad (2.32)$$

이다. 주목할 점은 대류 열전달의 열 저항률은 다음 식과 같이 쓸 수 있다는 것이다.

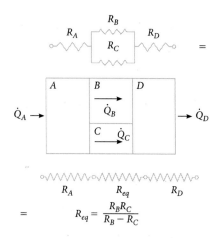

그림 2.11 직·병렬 혼합 열전달의 개념

$$R_V = \frac{1}{h} \qquad (2.33)$$

그러므로 예제 2.6에서는 벽 표면 온도들이 분명히 주어지지 않았다면 벽 내부 표면에서의 열 저항률과 벽 외부 표면에서의 열 저항률이 제공되어야 한다. 벽 표면 온도들을 모르는 상황에서는 주위 온도와 대류 열전달 계수가 주어지거나 이를 알고 있어야 한다.

엔지니어라면 두 가지 이상의 이종 재료를 동시에 가로지르면서 열전달이 일어나는 상황을 접할 때도 있다. 그림 2.11에는 이러한 상황의 단순한 변형이 상사 전기 회로와 함께 그려져 있다. 주목할 점은 요소 B와 C가 열전달과 전기적 상사에서 병렬 배열 상태에 있다는 것이다. 이러한 종류의 조건이 발생될 때에는 열 저항률 사용을 회피하고 열 저항으로만 문제를 해결하는 것이 최상이다. 그림 2.11의 계에서는 열전달을 다음과 같이 쓸 수 있다.

$$\dot{Q}_A = \dot{Q}_B + \dot{Q}_C = \dot{Q}_D$$

즉, 열 저항을 다시 사용하면 다음과 같이 된다.

$$\frac{\Delta T_A}{R_{TA}} = \frac{\Delta T_B}{R_{TB}} + \frac{\Delta T_C}{R_{TC}} = \frac{\Delta T_D}{R_{TD}}$$

그러나 B와 C가 병렬 배열이기 때문에 온도 차 ΔT_B와 ΔT_C는 서로 동등하므로 이를 ΔT_{eq}라고 표시하게 되면, 다음과 같이 된다.

$$\frac{\Delta T_A}{R_{TA}} = \frac{\Delta T_{eq}}{R_{TB}} + \frac{\Delta T_{eq}}{R_{TC}} = \frac{\Delta T_D}{R_{TD}}$$

중간에 있는 두 항을 합하면 다음과 같이 나오므로,

$$\frac{\Delta T_A}{R_{TA}} = \frac{R_{TC}\Delta T_{eq}}{R_{TC}R_{TB}} + \frac{R_{TB}\Delta T_{eq}}{R_{TC}R_{TB}} = \frac{\Delta T_D}{R_{TD}}$$

다음과 같이 되며,

$$\frac{\Delta T_A}{R_{TA}} = \frac{(R_{TB} + R_{TC})\Delta T_{eq}}{R_{TC}R_{TB}} = \frac{\Delta T_{eq}}{R_{Teq}} = \frac{\Delta T_D}{R_{TD}} \qquad (2.34)$$

이 식에서는 다음과 같다.

$$R_{eq} = \frac{R_{TB}R_{TC}}{R_{TB} + R_{TC}}$$

이 결과는 그림 2.11에 전기적 상사로 도시되어 있다.

예제 **2.7**

일반 창유리 두 장을 그 사이에 공기층을 두고 평행하게 이격시켜 밀폐한 복층 유리창이 있다. 창 프레임은 그림 2.12와 같이 알루미늄 주물이다. 창 자체의 열 저항(대류 열 저항은 제외), 창을 직교하여 지나는 열 유동 및 창을 가로지르는 온도 분포를 각각 구하라.

풀이 그림 2.12에서 열전달이 창을 직교하여 지나면서 일어나는데, 부분적으로는 창유리에서는 열전달이 직렬로 지나고 전체적으로는 창유리와 알루미늄 프레임을 동시에 병렬로 지나면서 일어나는 것을 알 수 있다. 그러면 열 손실 과정에서 그림 2.13과 같이 전기적 상사를 가시화할 수 있다. 식 (2.34)의 결과와 유사한 결과를 사용하면, 창의 열 저항 R_{Teq}는 다음과 같다.

$$R_{Teq} = \frac{(2R_{Tg} + R_{Tair})R_{Taluminum}}{2R_{Tg} + R_{Tair} + R_{Taluminum}}$$

부록 표 B.2E에 실려 있는 열전도도 값을 사용하면, 유리의 열 저항을 다음과 같이 구할 수 있으며,

$$R_{Tg} = \frac{\Delta x_g}{A_g \kappa_g} = \frac{0.003 \text{ m}}{0.54 \text{ m}^2 \times 1.4 \dfrac{\text{W}}{\text{m} \cdot \text{K}}} = 0.0040 \frac{\text{K}}{\text{W}}$$

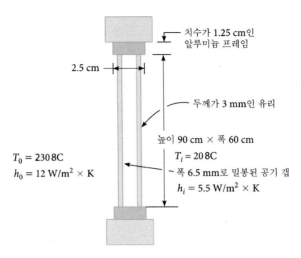

치수가 1.25 cm인
알루미늄 프레임

2.5 cm

두께가 3 mm인 유리

높이 90 cm × 폭 60 cm

$T_0 = 230\,8C$
$h_0 = 12\ \mathrm{W/m^2 \times K}$

$T_i = 20\,8C$
폭 6.5 mm로 밀봉된 공기 갭
$h_i = 5.5\ \mathrm{W/m^2 \times K}$

그림 2.12 알루미늄 프레임 창, 예제 2.7

알루미늄은 다음과 같다.

$$R_{Taluminum} = \frac{\Delta x_{\text{alum}}}{A_{\text{alum}}\kappa_{\text{alum}}} = \frac{0.025\ \mathrm{m}}{(0.555\ \mathrm{m^2} - 0.54\ \mathrm{m^2}) \times 263.04\,\dfrac{\mathrm{W}}{\mathrm{m \cdot K}}} = 0.0063\,\frac{\mathrm{K}}{\mathrm{W}}$$

공기는 부록 표 B.4E에서 300 K일 때 다음과 같다.

$$R_{Tair} = \frac{\Delta x_{\text{air}}}{A_{\text{air}}\kappa_{\text{air}}} = \frac{0.0065\ \mathrm{m}}{0.54\ \mathrm{m^2} \times 0.0260\,\dfrac{\mathrm{W}}{\mathrm{m \cdot K}}} = 0.463\,\frac{\mathrm{K}}{\mathrm{W}}$$

그러면 등가 열 저항은 다음과 같다.
즉, $R_{Teq} = 0.00622\ \mathrm{K/W}$ = 창의 열 저항.
전체 열 저항은 대류 효과를 포함하여 다음과 같다.

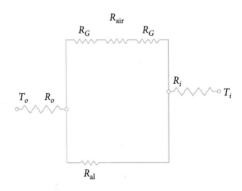

그림 2.13 그림 2.12 창에서 손실되는 열손실의 전기적 상사

$$\sum R_T = R_{To} + R_{Teq} + R_{Ti} = \frac{1}{h_o A_o} + R_{Teq} + \frac{1}{h_i A_i}$$

$$= \frac{1}{(12)(0.555)} + 0.00622 + \frac{1}{(5.5)(0.555)} = 0.484 \frac{\mathrm{K}}{\mathrm{W}}$$

창유리와 프레임을 직교하여 지나면서 일어나는 열 손실은 다음과 같다.

$$\dot{Q} = \frac{\Delta T_{\text{overall}}}{\sum R_T} = 103 \text{ W}$$

답

온도 분포는 창을 구성하는 각각의 성분에서는 선형적이고, 창유리 각 변에서의 경계층에서는 비선형적이다. 경계층에서의 온도 분포를 산출하는 데 사용하는 방법은 제4장과 제5장에서 설명하겠지만, 여기에서는 그림 2.14에 비선형 온도 분포로 그려져 있다. 창유리와 프레임의 내·외측 표면 온도는 다음 식으로 산출할 수 있다.

$$\dot{Q} = \frac{\Delta T}{\sum R_T} = 103 \text{ W} = \frac{\Delta T_o}{R_{To}} = \frac{\Delta T_i}{R_{Ti}}$$

$R_{To} = 0.150$ K/W이고 $R_{Ti} = 0.3288$ K/W이므로, 대류 온도 차 ΔT_o와 ΔT_i를 구할 수 있다. 이는 외측 대류에서는 15.4 ℃이고 내측 대류에서는 33.8 ℃이다. 그러면 다음과 같이 된다.

$$T_{so} = T_o + \Delta T_o = -14.6°\text{C}$$

및

$$T_{si} = T_i - \Delta T_o = -13.8°\text{C}$$

이 온도는 그림 2.14에 표시되어 있다. 유리-공기-유리 회로에서는 다음과 같은 열전달이 일어난다.

$$\dot{Q}_g = \frac{\Delta T_{\text{overall}}}{2R_{Tg} + R_{Tair}} = 1.70 \text{ W}$$

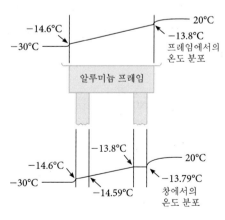

그림 2.14 예제 2.7 창에서의 온도 분포

그러면 유리의 온도 분포에서는 다음과 같음을 알 수 있다.

$$\dot{Q}_g = \dot{Q}_{air} = \frac{\Delta T_g}{R_{Tg}} = \frac{\Delta T_{air}}{R_{Tair}} = 1.70 \text{ W}$$

온도 차는 다음과 같으므로,

$$\Delta T_g = 1.70 \times 0.0040 = 0.0068°C \sim 0.01°C$$

$$\Delta T_{air} = 1.70 \times 0.463 = 0.79°C$$

외측 창유리의 내측 온도는 −14.6 ℃ +0.01 ℃ = −14.59 ℃ 이다. 또한 내측 창유리의 외측 온도는 −13.8 ℃ −0.01 ℃ = −13.81 ℃ 이다. 이 결과는 그림 2.14에 나타나 있다.

주목할 점은 알루미늄 프레임은 열의 양도체로서 열전달이 다음과 같으며,

$$\dot{Q}_{aluminum} = 103 - 1.70 = 101 \text{ W}$$

이 식은 주 열전달이 알루미늄 프레임에서 일어남을 보여준다. 게다가 실제 창에서는 세 방향 모두에서 열전달이 일어나게 되므로 유리 온도는 표면에 걸쳐서 변화하게 되는데, 이 유리는 프레임에 최소한으로 인접하고 있다. 열손실이 프레임에서 크게 일어나기 때문에, 지금은 많은 창 프레임이 나무와 같이 단열 특성이 더 좋은 재료로 제작되고 있다.

열전달을 원통 좌표계나 구면 좌표계로 해석하면 편리한 응용이 많이 있다. 열전달 과정을 해석할 때 원통 좌표계가 편리한 응용은 파이프 속을 흐르는 물이나 수증기, 응축기 튜브나 증발기 튜브 속을 흐르는 냉매, 노즐이나 디퓨저 속을 흐르는 고온 가스 등을 포함하여 다수 존재한다. 제2.2절에서는 열전도 식 (2.19)가 원통 좌표계 형태로 주어져 있고, 예제 2.4에서는 축 방향, 즉 z 방향에서의 정상 상태 전도를 살펴보았다. 여기에서는 반경 방향, 즉 r 방향에서의 정상 상태 전도를 살펴볼 것이다. 이 경우에 식 (2.19)는 에너지 발생을 포함할 때면 다음과 같이 되고,

$$\frac{1}{r}\frac{d}{dr}\kappa r \frac{dT}{dr} + \dot{e}_{gen} = 0 \tag{2.35}$$

에너지 발생이 전혀 없는 경우에는 다음과 같이 된다.

$$\frac{1}{r}\frac{d}{dr}\kappa r \frac{dT}{dr} = 0 \tag{2.36}$$

열전도도가 일정한 조건에서는 식 (2.36)이 다음과 같이 된다.

$$\frac{d}{dr} r \frac{dT}{dr} = 0 \qquad (2.37)$$

전형적으로 반경 방향 전도 열전달 문제에는 그림 2.15와 같이 적어도 2개의 반경, 즉 내측 반경과 외측 반경이 수반된다. 두 반경 r_i와 r_o는 실제 물리적인 표면과 어떤 경계 조건 위치일 때가 가장 많다. 식 (2.35), (2.36) 및 (2.37)은 2개의 경계 조건으로만 완전 해를 구할 수 있으며, 이 조건들은 두 반경에서의 온도나 열전달일 때가 많다. 예외로는 고체 원기둥체에서 에너지가 발생되고 있는 중심축선에서의 경계 조건이나 내·외측 경계 사이에 있는 몇 가지 중간 조건과 같은 것들이 있다. 전형적으로 r_i나 r_o 중 어느 하나에서는 열전달이 대류 열전달이어야 하지만, 이러한 열전달은 또 다른 주위에 대한 전도 열전달이나 모종의 다른 물체 간 복사 열전달일 수도 있다. 식 (2.37)에서의 경계 조건을 그림 2.15를 참조하여 살펴보면 다음과 같다. 즉,

$$
\begin{aligned}
\text{B.C. 1} \qquad & T(r) = T_i \qquad r = r_i \text{에서} \\
\text{B.C. 2} \qquad & T(r) = T_o \qquad r = r_o \text{에서}
\end{aligned}
\qquad (2.38)
$$

그런 다음 식 (2.37)을 한 번 적분하여 풀면 다음과 같고,

$$r \frac{dT}{dr} = C_1 \qquad (2.39)$$

변수 분리법을 적용하면 다음과 같이 된다.

$$\int dT = C_1 \int \frac{dr}{r} \qquad (2.40)$$

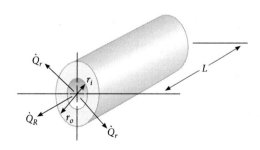

그림 2.15 1차원 반경 방향 전도 열전달

이제 부정적분을 적분하고, 둘째 번 적분 상수를 구한 다음 경계 조건들을 적용하면 된다. 직접 해법은 다음과 같이 두 경계 조건으로 양변에 정적분을 취하는 것으로,

$$\int_{T_i}^{T_o} dT = C_1 \int_{r_i}^{r_o} \frac{dr}{r}$$

다음과 같이 나온다.

$$T_o - T_i = C_1 \ln \frac{r_o}{r_i}$$

적분 상수 C_1은 반경 방향 전도 열전달의 정의를 염두에 두고 명시적으로 구할 수 있는데, 여기에서 $T = T(r)$이다.

$$\dot{Q}_r = -\kappa A_r \frac{\partial T}{\partial r} = -\kappa A_r \frac{dT}{dr}$$

$A_r = 2\pi r L$(그림 2.15 참조)일 때에는 다음과 같이 된다.

$$\dot{Q}_r = -2\pi \kappa r L \frac{dT}{dr}$$

그러나 식 (2.39)에서 다음과 같으므로,

$$C_1 = r \frac{dT}{dr}$$

이 결과들을 비교하면 다음과 같이 된다.

$$C_1 = \frac{\dot{Q}_r}{2\pi \kappa L}$$

식 (2.37)과 같이 표현되는 1차원 정상 상태 반경 방향 전도 열전달에서 경계 조건이 식 (2.38)과 같이 규정되어 있는 상태에서는, 그 열전달 일반식이 다음과 같이 된다.

$$T_o - T_i = -\frac{\dot{Q}_r}{2\pi \kappa L} \ln \frac{r_o}{r_i} \quad \text{또는} \quad \dot{Q}_r = \frac{2\pi \kappa L}{\ln(r_o/r_i)}(T_i - T_o) \qquad (2.41)$$

이 식에서 전체 반경 방향 전도 열전달이 kW, Btu/hr 또는 관련 단위로 나온다. 식 (2.41)은 열 저항 개념을 사용하여 다음 식과 같이 쓰는 것이 편리할 때가 많이 있는데,

$$\dot{Q}_r = \frac{\Delta T}{R_T} \qquad (2.42)$$

이 식에서 다음과 같다.

$$R_T = \frac{\ln(r_o/r_i)}{2\pi\kappa L} \qquad (2.43)$$

열 저항은 이미 직교 좌표계 때문에 설명한 바 있는데, 이 열 저항 개념을 사용하면 균질 재료가 두 가지 이상 수반되어 있는 그러한 계들을 간단히 해석할 수 있다. 식 (2.42)와 (2.43)으로 표현되는 반경 방향 열전달 문제에도 그와 같은 방법들을 적용할 수 있다. 또한, 원통 물체에서는 단위 길이당 반경 방향 열전달을 살펴보는 것도 편리할 때가 많이 있다. 그러므로 식 (2.41)에서 다음 식과 같이 쓸 수 있는데,

$$\dot{q}_L = \frac{\dot{Q}_r}{L} = -\frac{2\pi\kappa}{\ln(r_o/r_i)}(T_o - T_i) \qquad (2.44)$$

이 식에서 $\dot{q}_L$은 축 방향 단위 길이당 반경 방향 열전달로서, 단위는 W/m 또는 Btu/hr · ft 이거나 이와 유사한 단위이다. 반경 방향 열 저항률은 다음과 같이 정의할 수 있으므로,

$$R_{VL} = \frac{\ln r_o/r_i}{2\pi\kappa} \qquad (2.45)$$

다음과 같이 된다.

$$\dot{q}_L = \frac{\Delta T}{R_{VL}} \qquad (2.46)$$

예제　2.8

외경(OD)이 5 cm이고 내경(ID)이 3.8 cm인 단조 철제 물 관로가 땅속에 묻혀 있다. 물이 관로 속을 흘러 관로의 내측 표면이 온도가 15 ℃이고 흙으로 둘러싸인 외측 표면이 온도가 10℃가 될 때, 관로의 단위 길이당 열전달, 즉 열 손실과 관로에서의 온도 분포를 각각 구하라.

풀이　관로의 단위 길이당 열 손실은 식 (2.44)로 구한다. 부록 표 B.2에서 단조 철은 열전도도가 51 W/m · K이므로,

$$\dot{q}_L = \frac{2\pi\left(51\,\dfrac{\text{W}}{\text{m}\cdot\text{K}}\right)}{\ln\dfrac{5\ \text{cm}}{3.8}}(15°\text{C} - 10°\text{C}) = 110\,\frac{\text{W}}{\text{m}} \qquad\qquad 답$$

파이프에서의 온도 분포는 다음 식으로 구한다.

$$dT = -\frac{\dot{q}_L}{2}\frac{dr}{r}\ \text{이므로 적분하면,}\quad T(r) = \frac{\dot{q}_L}{2\pi\kappa}\ln r + C_1$$

$r = 1.9\ \text{cm}$ 에서 $T = 15\ °\text{C}$ 인 경계 조건을 사용하면 다음과 같이 된다.

$$C_1 = 15°\text{C} - \frac{\dot{q}_L}{2\pi\kappa}\ln(1.9\ \text{cm})$$

그러면 온도 분포는 다음과 같다.

$$T(r) = 15°\text{C} - \frac{\dot{q}_L}{2\pi\kappa}\ln\left(\frac{r}{1.9\ \text{cm}}\right)$$

이 식은 관로에서의 비선형 온도 분포를 나타내고 있는데, 이 결과는 관로에서의 반경 방향 열전달로 인한 것이다.

이러한 조건은 전도가 일어나고 있는 시스템을 해석할 때 시스템 경계에서의 대류가 포함되는 경우인데, 이러한 조건에서는 대류 열 저항이 다음과 같으며,

$$R_{TL} = \frac{1}{2\pi rhL} \tag{2.47}$$

반경 방향 열 저항률(반경 방향 R-값)은 다음과 같다.

$$R_{VL} = \frac{1}{2\pi rh} \tag{2.48}$$

예제 2.9

외경(OD)이 10 cm, 내경(ID)이 6 cm인 수증기 관로로 온도가 1000 ℃인 과열 증기를 배송한다. 이 관로는 강관으로 두께가 10 cm인 석면으로 둘러싸여 있고 이 석면은 두께가 1 cm인 회반죽으로 둘러싸여 있다. 관로의 단면은 그림 2.16에 나타나 있다. 수증기의 대류 열전달 계수를 2500 W/m²·℃, 수증기 관로를 둘러싸고 있는 공기의 대류 열전달 계수를 7.0 W/m²·℃라고 하면, 열 손실이 710 W/m일 때 외측 표면 온도와 관로에서의 온도 분포를 구하라.

풀이 열 손실은 식 (2.46)을 변형시켜서 다음과 같이 기술할 수 있다.

$$\dot{q}_L = \frac{\Delta T_{\text{overall}}}{\sum R_{VL}}$$

저항률 개념을 사용하고 그림 2.16의 전기적 상사를 참조하여 다음과 같이 구하는데,

$$\sum R_{VL} = R_{VL,\text{steam}} + R_{VL,\text{steel}} + R_{VL,\text{asbestos}} + R_{VL,\text{plaster}} + R_{VL,\text{air}}$$

이 식은 다음과 같이 된다.

$$\sum R_{VL} = \frac{1}{2\pi r_1 h_{\text{steam}}} + \frac{\ln(r_2/r_1)}{2\pi \kappa_{\text{steel}}} + \frac{\ln(r_3/r_2)}{2\pi \kappa_{\text{asbestos}}} + \frac{\ln(r_4/r_3)}{2\pi \kappa_{\text{plaster}}} + \frac{1}{2\pi r_4 h_{\text{air}}}$$

강, 석면 및 회반죽에서의 열전도도 값은 부록 표 B.2에서 구하면 된다. 이 값들을 앞 식에 대입하면 다음과 같이 된다.

$$\sum R_{VL} = 0.002122 + 0.001891 + 1.12083 + 0.0954 + 0.142103 = 1.362346 \frac{\text{m} \cdot \text{C}}{\text{W}}$$

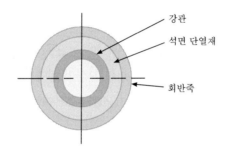

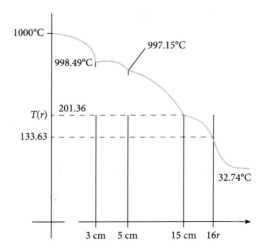

그림 2.16 예제 2.9에서의 수증기 관로와 온도 분포

그러면 전체 온도 차는 열 손실이 710 W/m로 산출되므로, 다음과 같이 구할 수 있다.

$$\Delta T_{\text{overall}} = \dot{q}_L \sum R_{VL} = \left(710 \, \frac{\text{W}}{\text{m}}\right)\left(1.362346 \, \frac{\text{m} \cdot \text{°C}}{\text{W}}\right) = 967.26\text{°C}$$

마찬가지로 열은 여러 가지 성분을 연달아 거쳐 진행하기 때문에, 각각의 온도 차는 다음과 같으므로,

$$\Delta T_{\text{steam}} = (710 \text{ W/m})(0.002122 \text{ m} \cdot \text{°C}) = 1.51\text{°C}$$

$$\Delta T_{\text{steel}} = (710 \text{ W/m})(0.001891 \text{ m} \cdot \text{°C}) = 1.34\text{°C}$$

$$\Delta T_{\text{asbestos}} = (710 \text{ W/m})(1.12083 \text{ m} \cdot \text{°C}) = 759.79\text{°C}$$

$$\Delta T_{\text{plaster}} = (710 \text{ W/m})(0.0954 \text{ m} \cdot \text{°C}) = 67.73\text{°C}$$

$$\Delta T_{\text{air}} = (710 \text{ W/m})(0.142103 \text{ m} \cdot \text{°C}) = 100.89\text{°C}$$

경계 면 온도를 직접 구하면 다음과 같다. 즉,

$$T_1 = T_{\text{steam}} - \Delta T_{\text{steam}} = 1000\text{°C} - 1.51\text{°C} = 998.49\text{°C}$$

$$T_2 = T_1 - \Delta T_{\text{steel}} = 998.49\text{°C} - 1.34\text{°C} = 997.15\text{°C}$$

$$T_3 = T_2 - \Delta T_{\text{asbestos}} = 997.15\text{°C} - 759.79\text{°C} = 201.36\text{°C}$$

$$T_4 = T_2 - \Delta T_{\text{plaster}} = 201.36\text{°C} - 67.73\text{°C} = 133.63\text{°C}$$

$$T_5 = T_4 - \Delta T_{\text{air}} = 133.63\text{°C} - 100.89\text{°C} = 32.74\text{°C}$$

이 결과들은 그림 2.16에 요약되어 있다. 주목해야 할 점은 수증기 관로의 외측 표면 온도는 여전히 133.63 ℃라는 것이다.

식 (2.35)와 같이 에너지 발생을 포함하는 몇 가지 반경 방향 1차원 열전달 문제들이 있는데, 이는 제2.7절에서 살펴보고자 한다.

일부 열전달 과정은 구면 좌표계로 해석이 아주 잘 된다. 예를 들어 많은 저장 용기와 탱크들은 근사적으로 구형이므로 구조적으로 강도상 이점이 있고 열전달로 에너지를 잃어버리거나 얻는다. 또한, 태양과 노 안에 있는 불덩어리와 같은 많은 에너지원들은 정상 상태 구형 열 전도체로 근사화할 때가 있다. 일부 사각형 물체나 비정형 물체도 열전도도가 낮은 물질 속에 묻혀 있거나 둘러싸여 있을 때에는 거의 구형 에너지원처럼 거동한다. 여기에서는 에너지 발생이 없는 정상 상태 전도를 살펴보기로 한다. 식 (2.20)은 구면 좌표계에서의 열전도를 나타낸다. 에너지 발생이 전혀 없는 정상 상태 반경 방향 전도에서는 이 식이 다음과 같이 되고,

$$\frac{1}{r^2}\frac{d}{dr}\kappa r^2\frac{dT}{dr} = 0 \tag{2.49}$$

열전도도가 일정할 때에는 다음과 같이 된다.

$$\frac{1}{r^2}\frac{d}{dr}r^2\frac{dT}{dr} = 0 \tag{2.50}$$

이 두 식의 해를 구하려면 2개의 구체적인 경계 조건이 필요하며, 이 조건들은 대개 온도 값들이거나 반경 지점에서의 열전달이다. 이러한 반경들은 보통 어떤 용기나 기타 열전도성 재료의 물리적인 표면들과 일치한다. 1차원 반경 방향 전도 열전달의 푸리에 법칙은 구면 좌표계에서 다음 식과 같이 쓸 수 있는데,

$$\dot{Q}_r = -\kappa A_r\frac{\partial T}{\partial r} = -\kappa A_r\frac{dT}{dr}$$

이 식에서 $A_r = 4\pi r^2$으로 이는 구의 표면적이다. 이 식에 다음과 같은 경계 조건을 적용하고,

$$\begin{aligned} &\text{B.C. 1} &&T(r) = T_i &&r = r_i \text{에서} \\ &\text{B.C. 2} &&T(r) = T_o &&r = r_o \text{에서} \end{aligned}$$

변수(T와 r)를 분리하면 다음과 같이 된다.

$$\int_{T_i}^{T_o}dT = -\int_{r_i}^{r_o}\frac{\dot{Q}_r}{4\pi\kappa}\frac{dr}{r^2} \tag{2.51}$$

적분을 수행하면 다음과 같이 재료에서의 온도 분포가 나오는데,

$$T(r) = T_i + \frac{\dot{Q}_r}{4\pi\kappa}\left(\frac{1}{r} - \frac{1}{r_i}\right) \tag{2.52}$$

이 식은 온도가 반경에 대하여 쌍곡선 형태 $T(f(1/r))$의 관계가 있음을 나타내고 있다. 구형 시스템에서 열전달이 바깥쪽으로 일어날 때, 각 재료에서의 특징을 나타내는 온도 분포 선도가 그림 2.17에 그려져 있다. 열전달 밀도, 즉 단위 구 면적당 열전달 $\dot{q}_A$는 다음과 같이 되는데,

$$\dot{q}_A = \frac{\dot{Q}_r}{4\pi r^2} \tag{2.53}$$

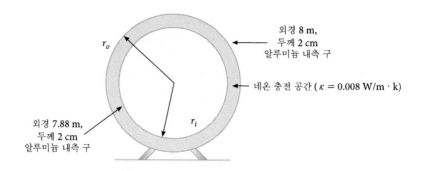

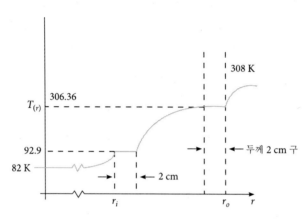

그림 2.17 반경 방향 전도 열전달이 일어나고 있는 구형 탱크

이 식은 열전달 강도(단위 면적당 열전달)가 중심에서 떨어진 거리의 제곱에 반비례한다는 것(역 제곱 법칙)을 나타내고 있다. 이러한 종류의 관계는 여러 가지 많은 이론 중에서도 중력 이론, 복사 열전달(이 책의 뒷부분에서 설명함), 정전기장 이론에서 일어난다.

예제 2.10

구형 강재 탱크를 사용하여 온도가 82 K인 액체 산소(산소는 90.188 K, 101 kPa에서 비등함)를 저장한다. 이 탱크는 그림 2.17에 단면이 그려져 있으며, 이중벽으로 되어 있어 두 벽 사이의 공간에는 네온 가스($\kappa = 0.008$ W/m · K)로 채워져 있다. 탱크는 자체를 둘러싸고 있는 공기의 대류 열전달 계수가 25 W/m² · ℃인 상태에서 주위 온도가 35 ℃ 정도로 높게 도달해도 적정하게 기능하도록 설계되어 있다. 그렇다면 산소의 대류 열전달 계수를 4 W/m² · ℃라고 할 때, 탱크에서의 온도 분포와 산소의 최대 열 획득을 구하라.

풀이 반경 방향 열전달 $\dot{Q}_r$은 식 (2.52)에서 다음 식과 같이 쓸 수 있는데,

$$\dot{Q}_r = \frac{4\pi\kappa}{\left(\dfrac{1}{r_o} - \dfrac{1}{r_i}\right)}(T_o - T_i)$$

(2.54)

즉,

$$\dot{Q}_r = \frac{T_o - T_i}{R_{Tr}}$$

이 식에서 R_{Tr}은 구의 열 저항으로 다음 식과 같다.

$$R_{Tr} = \frac{\left(\dfrac{1}{r_i} - \dfrac{1}{r_o}\right)}{4\pi\kappa} \quad \text{(전도성 매질일 때)}$$

$$R_{Tr} = \frac{1}{4\pi r^2 h} \quad \text{(대류성 매질일 때)} \quad (2.55)$$

그러면 여러 가지 열 저항을 계산할 수 있다. 산소에서는 다음과 같다.

$$R_{Tr,\text{oxygen}} = \frac{1}{4\pi(3.92\ \text{m}^2)\left(4\ \dfrac{\text{W}}{\text{m}^2 \cdot {}^\circ\text{C}}\right)} = 0.001295\ \frac{{}^\circ\text{C}}{\text{W}}$$

내측 알루미늄 쉘(shell)에서는 부록 표 B.2에 실려 있는 열전도도 값을 사용하면 다음과 같다.

$$R_{T,\text{alum,inner}} = \frac{\left(\dfrac{1}{3.92} - \dfrac{1}{3.94}\right)}{4\pi\left(236\ \dfrac{\text{W}}{\text{m} \cdot {}^\circ\text{C}}\right)} = 0.0000004\ \frac{{}^\circ\text{C}}{\text{W}}$$

네온은 정체 상태라고 가정하면 다음과 같다.

$$R_{T,\text{neon}} = \frac{\left(\dfrac{1}{3.94} - \dfrac{1}{3.98}\right)}{4\pi\left(0.008\ \dfrac{\text{W}}{\text{m} \cdot {}^\circ\text{C}}\right)} = 0.02537\ \frac{{}^\circ\text{C}}{\text{W}}$$

외측 알루미늄 쉘에서는 다음과 같다.

$$R_{T,\text{alum,outer}} = \frac{\left(\dfrac{1}{3.98} - \dfrac{1}{4.00}\right)}{4\pi\left(236\ \dfrac{\text{W}}{\text{m} \cdot {}^\circ\text{C}}\right)} = 0.0000004\ \frac{{}^\circ\text{C}}{\text{W}}$$

그리고 공기에서는 다음과 같다.

$$R_{Tr,air} = \frac{1}{4\pi(4.0^2)\left(25\,\dfrac{W}{m^2\cdot{}^\circ C}\right)} = 0.000199\,\frac{{}^\circ C}{W}$$

전체 열 저항은 다섯 가지 요소의 합과 같다.

$$\Sigma R_T = 0.02686\,\frac{{}^\circ C}{W}$$

그러면 전체 온도 차가 226 K일 때, 산소의 열 획득은 다음과 같다.

$$\dot{Q}_r = \frac{\Delta T_{overall}}{\sum R_T} = \frac{226}{0.02686} = 8414\,W = 8.414\,kW$$

답

여러 경계면에서의 온도는 직교 좌표계와 원통 좌표계에서 설명한 것과 같은 방식의 방법을 사용하여 계산할 수 있다. 그림 2.17을 참조하여 내부 표면에 대한 온도를 계산하면 다음과 같다.

$$T_1 = T_{oxygen} + \Delta T_{oxygen} = T_{oxygen} + \dot{Q}_r R_{T,oxygen} = 82\,K + (8414)(0.001295) = 92.9\,K$$

같은 식으로 구하면 다음과 같다.

$$T_2 = T_1 + \Delta T_{al,i} = 92.9 + 0.0033 = 92.9\,K$$
$$T_3 = T_2 + \Delta T_{ne} = 92.9 + 213.46 = 306.36\,K$$
$$T_4 = T_3 + \Delta T_{al,o} = 306.26 + 1.64 = 308\,K$$

각각의 요소를 거쳐 지나는 온도 분포는 식 (2.52)의 쌍곡선 관계로 기술할 수 있다. 이러한 특징과 경계면 온도는 그림 2.17에 나타나 있다.

2.4 정상 상태 2차원 열전달

제2.3절에서 전도 열전달을 1차원 현상으로서 살펴보았다. 이는 열전달을 손쉽고도 명확하게 이해할 수 있는 접근 방법이기는 하지만, 재료에서 일어나는 실제 전도는 2차원 열전달이나 3차원 열전달로 나타내야 할 때가 많다. 많은 공학 문제나 기술 문제에서는 1차원 열전달 근사 모델에서 결과를 구하여 해석하고 있는데, 이는 사실상 틀린 것이다. 그러므로 엔지니어와 기술자들은 1차원 열전달과 2차원 열전달 사이에 중대한 차이가 있음을 이해하여야 한다.

고체 재료에서의 2차원 열전달은 구속 조건이 정상 상태이고 에너지 발생이 전혀 없을 때, Laplace 식 (2.18)로 나타낼 수 있다. 즉,

$$\frac{\partial}{\partial x}\kappa\frac{\partial T}{\partial x} + \frac{\partial}{\partial y}\kappa\frac{\partial T}{\partial y} = 0 \qquad (2.18, \text{ 다시 씀})$$

열전도도가 일정할 때 위 식은 다음과 같이 되므로,

$$\frac{\partial^2 T}{\partial x^2} + \frac{\partial^2 T}{\partial y^2} = 0 \qquad (2.56)$$

온도 분포 해 $T(x, y)$를 구하려면 4개의 경계 조건이 필요하다. 또한, 식 (2.56)을 사용하는 모든 해석에는 이를 복잡하게 하는 편미분 특성이라는 근본적인 문제가 들어 있다. 이러한 어려움을 극복할 수 있는 한 가지 방법으로는 변수 분리법이 있는데, 이는 식 (2.16) 또는 (2.56)의 함수 $T(x, y)$에서와 같이 변수가 두 가지 또는 그 이상인 함수는 전혀 다른 2개의 (또는 그 이상의) 함수로 분리할 수 있다는 전제에서 비롯된다. 그러므로 x와 y의 함수인 온도는 다음 식과 같이 쓸 수 있다.

$$T(x, y) = X(x) \cdot Y(y) \qquad (2.57)$$

이 변수 분리법에서 유의해야 할 점은 전체 함수는 (이 경우에) 2개의 함수 $X(x)$와 $Y(y)$의 곱으로 규정되며, 이들은 단지 한 가지 변수로 된 개별적인 함수들이라는 것이다. 그러므로 미적분에서의 연쇄 법칙을 사용하게 되면 다음과 같이 됨을 알 수 있다.

$$\frac{\partial T(x, y)}{\partial x} = Y(y) \cdot \frac{dX(x)}{dx} \quad \text{및} \quad \frac{\partial T(x, y)}{\partial y} = X(x) \cdot \frac{dY(y)}{dy}$$

또한, 다음과 같이 된다.

$$\frac{\partial^2 T(x, y)}{\partial x^2} = Y(y) \cdot \frac{d^2 X(x)}{dx^2} \quad \text{및} \quad \frac{\partial^2 T(x, y)}{\partial y^2} = X(x) \cdot \frac{d^2 Y(y)}{dy^2} \qquad (2.58)$$

결과 식 (2.58)을 식 (2.56)에 대입하면 다음과 같이 나온다.

$$Y(y)\frac{d^2 X(x)}{dx^2} + X(x)\frac{d^2 Y(y)}{dy^2} = 0$$

이제 변수 분리법을 사용하여 모든 X 함수를 Y 함수와 분리시키면 다음과 같이 된다.

$$-\frac{1}{X(x)} \cdot \frac{d^2X(x)}{dx^2} = \frac{1}{Y(y)} \cdot \frac{d^2Y(y)}{dy^2} = p^2 \tag{2.59}$$

식 (2.59)는 이제 2개의 2계 상미분 방정식이 되었으며 이 식에서 p^2는 상수이다. 이 상수는 해당 식의 해 형태 때문에 p 대신에 p^2으로 쓰는 것이 편리하다. 또한 유의해야 할 점은 $X(x)$ 함수가 포함된 식에 붙어 있는 음(−)의 부호는 $Y(y)$ 함수식에 붙여도 된다. 그러므로 음(−)의 부호는 임의적이지만, 한쪽 함수 아니면 다른 쪽 함수에 반드시 붙어야만 한다. 식 (2.59)를 2차원 열전달 상황에 적용하려면, 4개의 경계 조건 중 2개는 $X(x)$의 경계 조건을 규정하고 나머지 2개는 $Y(y)$의 경계 조건을 규정하도록 되어 있어야 한다.

미분 방정식 해석에서 알 수 있는 점은 식 (2.59)의 한 묶음 해는 다음과 같은 형태를 띨 수도 있다는 것으로,

$$T(x, y) = (a \sin px \pm b \cos px)(ce^{-py} \pm de^{py}) \tag{2.60}$$

이 식에서 a, b, c, d는 상수이다. 이 일반해 식을 x에 관하여 편미분을 취하고 난 다음, y에 관하여 편미분을 취한 뒤 식 (2.16)이나 (2.59)에 다시 대입하게 되면, 이러한 논점이 증명된다. 식 (2.60)이 식 (2.56)의 해임을 증명해 보길 바란다(문제 2.26 참조).

이제 식 (2.56)으로 기술된 2차원 열전달의 일반해를 구하였으므로, 이 식에 다른 해가 있는지, 그래서 온도 분포를 기술하는 다른 해가 있는지를 알아보아야 한다. 이는 상수 a, b, c, d를 경계 조건으로 명시적으로 구할 수 있다는 것을 의미한다. 사인 함수와 코사인 함수를 처리하기도 해야 하는 조화 특성(부록 A.7 참조) 때문에, 해를 $\rho = \pi/L$과 같이 쓸 수 있는데, 여기에서 L은 x의 간격 또는 범위이다. 또한, 한층 더 포괄적인 일반해에는 $\sin 2\pi x/L$, $\sin 3\pi x/L$, $\cdots$, $\cos 2\pi x/L$, $\cos 3\pi x/L$, $\cdots$, $e^{-2\pi y/L}$, $e^{2\pi y/L}$, $e^{-3\pi y/L}$, $e^{3\pi y/L}$, $\cdots$ 등과 같은 항들과 사인 함수, 코사인 함수 및 지수 함수의 독립 변수가 $n\pi x/L$나 $n\pi y/L$인 다른 항들이 포함되기도 한다. 그러므로 식 (2.16)의 일반해 형태는 $p_n = n\pi/L$라고 할 때 다음 식과 같이 쓸 수 있는데,

$$T(x, y) = \sum_{n=0}^{\infty} (a_n \sin p_n x \pm b_n \cos p_n x)(c_n e^{-p_n y} \pm d_n e^{p_n y}) \tag{2.61}$$

이 식에 들어 있는 상수 a_n, b_n, c_n, d_n은 역시 산출을 해야 한다. 일반해의 최종 형태는

여러 가지 특정한 경계 조건들, 그리고 특정한 상황의 열전달에서 산출된 정량적인 온도 값들에 따라 달라진다.

J.B.J. Fourier(1768~1830)가 상세하게 서술한 전도 열전달의 첫째 번 문제는 반무한 고체 벽 문제였는데, 그의 이름을 따서 **푸리에의 전도 법칙**으로 명명되었다. 이 문제가 적용되는 예제를 살펴보기로 한다.

예제 2.11

높은 콘크리트 벽이 찬 공기에 노출되어 외부 수직 표면 온도가 250 K가 되었다. 이 벽은 두께가 1 m이고 자갈 층상에 지지되어 있다. 벽과 자갈 층상 간 수평 표면의 온도 분포식은 $T(x, 0) = 50\ ℃\ \sin \pi x / L$로 기술된다. 벽에서의 온도 분포와 벽에서 공기로 전달되는 열전달을 각각 구하라.

풀이 그림 2.18a에는 하단부의 온도 분포가 단면에 중첩되어 있는 상태로 벽 단면이 그려져 있다. 벽에서의 열전달은 2차원이므로, 정상 상태 조건이고 열전도도가 일정하다고 가정할 때, 식 (2.56)을 사용하면 다음과 같으며,

$$\frac{\partial^2 T}{\partial x^2} + \frac{\partial^2 T}{\partial y^2} = 0 \qquad\qquad 0 < x < L, 0 < y$$

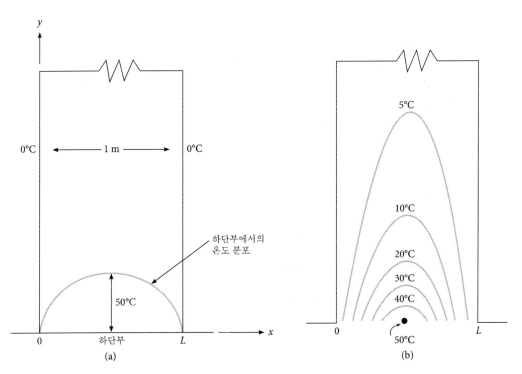

그림 2.18 예제 2.11에서 산출한 정상 상태 온도 분포 상태의 콘크리트 벽

이와 함께 경계 조건은 다음과 같다.

B.C. 1 $T(x, y) = 0°C$ ($y > 0, x = 0$일 때)

B.C. 2 $T(x, y) = 0°C$ ($y > 0, x = L$일 때)

B.C. 3 $T(x, y) = 0°C$ ($y \to \infty, 0 < x < L$일 때)

B.C. 4 $T(x, y) = 50°C \sin \pi x/L$ ($y = 0, 0 < x < L$일 때)

식 (2.56)의 일반해는 식 (2.61)이 된다. 즉,

$$T(x, y) = \sum_{n=0}^{\infty} (a_n \sin p_n x \pm b_n \cos p_n x)(c_n e^{-p_n y} \pm d_n e^{p_n y})$$

B.C.1을 적용하려면 $b_n = 0$이 되어야 한다. B.C.3은 지수 항 $e^{p y}$가 y가 증가함에 따라 무한 값을 향하여 한없이 증가하기 때문에, d_n이 0이 되어야 함을 나타내고 있다. 그러므로 해의 일반 형태는 다음과 같다.

$$T(x, y) = \sum_{n=0}^{\infty} A_n e^{-n\pi y/L} \sin \frac{n\pi x}{L}$$

$n = 0$에서 $\sin(n\pi x/L) = 0$이므로, $n = 0$부터 ∞까지의 합 대신에 $n = 1$부터 ∞까지의 합이라고 써도 된다.

$$T(x, y) = \sum_{n=1}^{\infty} A_n e^{-n\pi y/L} \sin \frac{n\pi x}{L} \tag{2.62}$$

주목할 점은 $A_n = a_n c_n$이어서 여전히 상수이므로 그 값을 구해야 한다는 것이다. 식 (2.62)로 나타나는 $T(x, y)$의 해 형태는 지수 함수와 사인 함수의 곱의 합이 되어야 함을 시사하고 있으므로, 이는 **푸리에 급수**의 특별한 경우이다(참고문헌 [8], [9], [10], [11] 및 부록 A.8 참조). 상수, 즉 **푸리에 계수** A_n은 다음 식으로 구하는데,

$$A_n = \frac{2}{L} \int_0^L T(x, 0) \sin \frac{n\pi x}{L} dx \tag{2.63}$$

이 식에서 $T(x, 0)$는 B.C.4의 $y = 0$에서 산출해야 하는 온도 분포이다. 그러므로 $T(x, 0) = 10\,°C \sin \pi x/L$이므로 이를 대입하면 다음과 같이 된다.

$$A_n = \frac{100°C}{L} \int_0^L \sin \frac{\pi x}{L} \sin \frac{n\pi x}{L} dx$$

미적분학을 잠시 사용하면, 다음과 같이 된다.

$$A_1 = 50°C \quad (n = 1 \text{ 및 } A_n = 0(n > 1)\text{일 때})$$

그러므로 해는 다음 식과 같이 쓸 수 있다.

$$T(x, y) = 50°C(e^{-\pi y/L}) \sin \frac{\pi x}{L}$$

이 결과는 그림 2.18b에 그래프로 나타나 있는데, 여기에는 50 ℃, 40 ℃, 30 ℃, 20 ℃, 10 ℃ 및 0 ℃의 등온선들이 작도되어 있다. 주목할 점은 50 ℃는 $x = L/2$, $y = 0$인 바닥 중앙에서 뿐이다. 벽에서의 열전달은 먼저 하단부인 $y = 0$에서 y 방향 온도 기울기를 구한 다음 하단부를 가로질러 다음과 같이 Fourier 법칙을 적용함으로써 구할 수 있는데,

$$\dot{Q}_y = -\kappa A_y \frac{\partial T}{\partial y} = -\kappa W \int_0^L \frac{\partial T}{\partial y} dx$$

이 식에서 W는 벽의 길이이다. 이 길이를 30 cm라고 놓아 보자. $y = 0$에서 기울기 $\partial T / \partial y$는 다음과 같다.

$$\frac{\partial T}{\partial y} = -50°C\left(\frac{\pi}{L}\right)e^{-\pi(0)/L} \sin\frac{\pi x}{L} = -50°C\left(\frac{\pi}{L}\right)\sin\frac{\pi x}{L}$$

그러면 부록 표 B.2E에서 $\kappa = 1.6$ W/m · K 값(강화 콘크리트)을 구하여 사용하면 다음과 같이 된다.

$$\dot{Q}_y = -50°C\left(\kappa\frac{\pi}{L}\right)\int_0^L \sin\frac{\pi x}{L} dx = 27 \text{ W} \qquad\qquad 답$$

이 예제에서는 한층 더 일반적인 열전달 과정의 해를 나타내고 있다. 예를 들어 벽이 높거나 연장부가 매우 '기다란' 경우, 양 측면이 특정한 일정 온도 T_0로 둘러싸여 있고 하단부 온도 분포의 진폭이 $(T_A - T_0)$인 사인파 형상일 때에는, 그 온도 분포를 다음과 같이 쓸 수 있는데,

$$T(x, y) = (T_A - T_0)(e^{-\pi y/L}) \sin\frac{\pi x}{L} + T_0 \qquad\qquad (2.64)$$

이 식에서 L, x, y는 예제 2.11에서처럼 매개변수이다. 이 해는 역 상황에서도 사용할 수 있는데, 이때에는 열전달이 주위에서 벽으로 진행된 다음 하단부를 거쳐 내려간다. 하단부인 $y = 0$에서의 온도 분포를 어떤 특정한 형태의 x, $T(x, 0)$의 함수로 쓸 줄 안다면, 다음과 같은 온도 분포식과 관련 경계 조건으로 구성된 문제를 확대 해석할 수 있다.

$$\frac{\partial^2 T}{\partial x^2} + \frac{\partial^2 T}{\partial y^2} = 0 \qquad\qquad 0 < y, 0 < x < L$$

$$T(x, y) = T_0 \qquad\qquad (y > 0, x = 0 \text{에서})$$

$$T(x, y) = T_0 \qquad\qquad (y > 0, x = L \text{에서})$$

$$T(x, y) = T_0 \qquad\qquad (y \to \infty, 0 < x < L \text{에서})$$

및 $\qquad$ $T(x, y) = T(x, 0)$ $\qquad$ ($y = 0,\ 0 < x < L$ 에서)

온도 분포는 다음과 같다.

$$T(x, y) = \sum_{n=1}^{\infty} A_n e^{-n\pi y/L} \sin \frac{n\pi x}{L} + T_0 \tag{2.65}$$

이 결과에서는 온도 분포를 무한급수로 구할 수 있음을 나타내고 있다. 많은 무한급수들은 합산을 하게 되면 유한 값에 수렴 또는 접근하는 반면에, 기타 급수들은 유한 값에 접근하지 않고 무한 값에 접근하게 된다. 중요한 점은, 해는 물리적인 이유와 수학적인 이유로 유한 값에 수렴을 해야 한다는 것이다. 또한, 온도 분포를 기술할 수 없어서 열전달이 정의되지 못하는, 즉 유한 값에 수렴하지 못하는 상황들도 있다. 이러한 상황은 다음 예제에서 볼 수 있다.

예제 2.12

예제 2.11에 있는 벽에서 하단부의 온도가 전체 면적에 걸쳐서 280 K일 때 벽 내 온도 분포를 구하라. 그런 다음 벽에서의 열 유동을 설명하라.

풀이 온도 분포 $T(x,y)$ 는 식 (2.62)가 되고, 계수 A_n 은 식 (2.63)에서 $T(x,0) = 50\ ℃$ 로 하여 구한다. 그 결과는 다음과 같다.

$$T(x, y) = \frac{100℃}{\pi} \sum_{n=1}^{\infty} (1 - \cos n\pi) \left(\frac{1}{n} \right) e^{-n\pi y/L} \sin \frac{n\pi x}{L} \tag{2.66}$$

이 식으로 표현되는 온도 분포는 유한한 정수 개수 n 에 걸쳐 합함으로써 근사화할 수 있다. 개별적인 위치 (x, y) 에서 온도를 구할 때 사용할 수 있는 수학 패키지로는 EES, Mathcad 외에도 여러 가지 많이 있다. 온도 분포 곡선은 그림 2.19b에 나타나 있다. 식 (2.66)은 다음 식과 같이 바꿔 쓸 수 있다고 참고문헌에 실려 있다 (Carslaw와 Jaeger, pp. 164, 431–433, [8] 참조).

$$T(x, y) = \frac{100℃}{\pi} \tan^{-1} \left[\frac{\sin (\pi x/L)}{\sinh (\pi y/L)} \right]$$

이 식에서 $\sinh \pi y/L$ 은 쌍곡선 사인 함수로서 부록 A.5에 정의되어 있다. 등온선들은 일정 온도 선으로 정의되어 있으므로, $T(x, y)$ 가 상수라면 다음과 같이 되는데,

$$\sin \left(\frac{\pi x}{L} \right) = C \sinh \left(\frac{\pi y}{L} \right) \tag{2.67}$$

이 식에서는 다음과 같다.

$$C = \tan \frac{T\pi}{100°C}$$

또한, 열전달 방향 선, 즉 열 유동 선은 다음 식으로 표현할 수 있는 것으로 나타났는데,

$$\cosh \frac{\pi y}{L} + \cos \frac{\pi x}{L} = K\left(\cosh \frac{\pi y}{L} - \cos \frac{\pi x}{L}\right) \tag{2.68}$$

이 식에서 K는 상수이고 $\cosh(\pi y/L)$은 쌍곡선 코사인 함수로서 부록 A.5에 정의되어 있다. 등온선과 열 유동 선은 각각 식 (2.67)과 (2.68)로 표현되는데, 이들은 그림 2.19에 선정된 값에서만 그려져 있다. 예를 들어 온도가 275 K일 때 식 (2.67)에 있는 상수는 다음과 같다.

$$
\begin{aligned}
& & C = \tan(40\pi/100) = \tan 72° = 3.0777 \\
T = 30°C\text{에서} \quad & & C = \tan(30\pi/100) = \tan 54° = 1.3764 \\
T = 20°C\text{에서} \quad & & \tan(20\pi/100) = \tan 36° = 0.7265 \\
T = 10°C\text{에서} \quad & & \tan(10\pi/100) = \tan 18° = 0.3249
\end{aligned}
$$

및 $\qquad T = 5°C\text{에서} \qquad \tan(5\pi/100) = \tan 9° \quad = 0.1584$

이러한 등온선들은 식 (2.68)로 연산하여 열전달 방향선과 함께 그림 2.19b에 선도로 작성되어 있다. 열 유동 선은 열전달량의 경로를 나타내고 있으므로, 이 열 유동 선들은 하단부에서부터 발산 내지는 확산을 하지만 항상 등온선에 직각 내지는 직교하고 있다. 그러므로 단위 면적당 열전달은 하단부에서부터 점차 감소해가므로 하단부에서 강도가 가장 크다. 열전달은 예제 2.11에 기술되어 있는 방법을 사용함으로써 살펴볼 수 있지만, 그림 2.19a에 있는 모서리 A와 B에서는 온도 기울기가 정의되지 않는다.

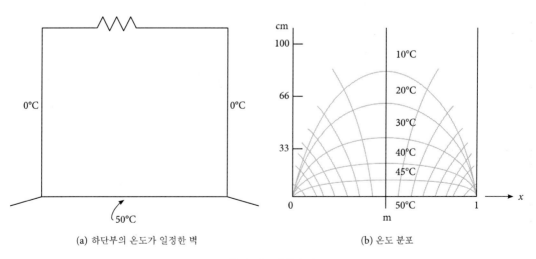

(a) 하단부의 온도가 일정한 벽   (b) 온도 분포

그림 2.19 예제 2.12

즉, $x=0$, $y=0$ 에서와 $x=L$, $y=0$ 에서는 불연속이 존재하는데, 이 지점에서는 온도가 모서리에서 직립한 표면에서는 0 ℃이고 하단부를 따라서는 50 ℃이다.

이 예제는 큰 온도 기울기 때문에 퍼텐셜 열전달(potential heat transfer)이 크게 일어나게 되는 사례이다. 그러므로 그림 2.19와 같이 하단부를 가로질러서 온도가 일정하다고 단언하는 것은 비현실적인 가정이다.

다음 예제에서는 벽이나 연장부가 더 짧아질 때의 효과를 살펴본다. 이때의 온도 분포는 무한 벽에서의 온도 분포와 유사하지만, 수학적 해석에는 어느 정도 미묘한 차이가 있다.

예제 2.13

그림 2.20과 같이 내연 기관에서 뻗어 나와 연장되어 있는 핀이 있다. 핀 표면들은 온도가 100 ℃이고, 핀이 엔진 블록에 부착되어 있는 하단부에서는 온도 분포가 $T(0,y) = 100$ ℃ $+100$ ℃ $\sin \pi y/L$일 때 핀에서의 온도 분포를 구하라. 핀에서의 열전달을 구하라.

풀이 핀이 무한히 길지가 않으므로, 그림 2.20a와 같은 상황을 살펴볼 때에는 앞서 했던 해석을 변형시켜야만 한다. 온도 분포를 $T'(x,y) = T(x,y) - 100$ ℃ 라고 정의하면, 대수학적으로 처리하여 변형시킬 수 있게 된다. 지배 방정식은 다음과 같다.

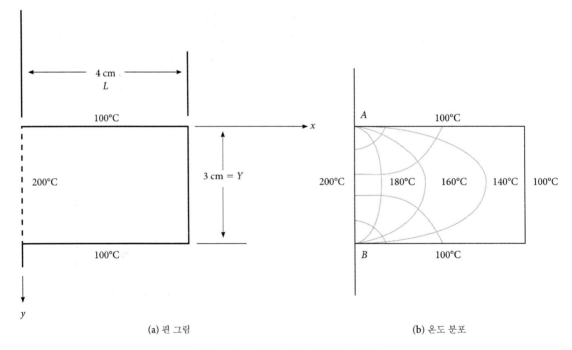

(a) 핀 그림　　　　　　　　　　　　(b) 온도 분포

그림 2.20 길이가 짧은 핀에서의 열전달

$$\frac{\partial^2 T'}{\partial x^2} + \frac{\partial^2 T'}{\partial y^2} = 0 \qquad 0 < x < L = 4 \text{ cm} \qquad 0 < y < Y = 3 \text{ cm}$$

B.C. 1 $T'(x, y) = 0 \; (T = 100°C)$ ($y = 0, 0 < x < L$에서)
B.C. 2 $T'(x, y) = 0°C$ ($y = Y, 0 < x < L$에서)
B.C. 3 $T'(x, y) = 0°C$ ($0 < y < Y, x = L$에서)
B.C. 4 $T'(x, y) = 100°C \sin \pi y / Y$ ($0 < y < Y, x = 0$에서)

해의 일반 형태는 좌표가 90° 만큼 회전하였으므로 x 좌표와 y 좌표가 서로 바뀌었다는 점에 유의하면서 바로 앞에서 설명한 방법을 사용하면, 다음 식과 같이 쓸 수 있음을 예상할 수 있다. 즉,

$$T'(x, y) = \sum_{n=0}^{\infty} (a_n \sin p_n y \pm b_n \cos p_n y)(c_n e^{-p_n x} \pm d_n e^{p_n x})$$

핀이 무한히 길지 않으므로, 해를 다음 식과 같이 쓰는 것이 한층 더 편리한데,

$$T'(x, y) = \sum_{n=0}^{\infty} (a_n \sin p_n y \pm b_n \cos p_n y)(g_n \sinh p_n x \pm f_n \cosh p_n x)$$

이 식에서 쌍곡선 함수인 $\sinh p_n x$ 와 $\cosh p_n x$ 는 지수 함수로 대체할 수 있으며 다음과 같이 정의된다.

$$\sinh p_n x = \frac{1}{2}(e^{p_n x} - e^{-p_n x})$$

$$\cosh p_n x = \frac{1}{2}(e^{p_n x} + e^{-p_n x})$$

또한, g_n 과 f_n 은 상수이다. B.C.1을 적용하려면 $b_n = 0$ 이 되어야 하며, $\cosh p_n x$ 는 모든 n 에서 0이 아니므로 B.C.3에서 $f_n = 0$ 이 된다. 게다가 $y = Y/2$ (중앙선)에서 x 방향으로의 온도 분포가 $x = 0$ 에서의 200 °C에서 $x = L$ 에서의 100 °C로 떨어지기 때문에, $\sinh$ 항의 독립 변수는 $n\pi x / Y$ 가 아니라 $n\pi(L-x)/Y$ 가 되어야 한다. 그러면 해는 $p_n = n\pi / Y$ 이고 $A_n = g_n a_n$ 일 때 다음 식과 같이 쓸 수 있다.

$$T'(x, y) = \sum_{n=1}^{\infty} A_n[\sinh p_n(L - x)]\sin p_n y$$

B.C.4에서 다음과 같이 된다.

$$100°C \sin \frac{n\pi}{Y} = \sum_{n=1}^{\infty} A_n [\sinh p_n(L)] \sin p_n y$$

식 (2.63)에 있는 Fourier 계수의 정의를 적용하고 $A_n \sinh p_n L$ 이 상수라는 것을 알고 있으면 다음과 같이 되는데,

$$A_n \sinh p_n L = \frac{2}{Y}\int_0^Y 100°C \sin \frac{\pi y}{Y} \sin \frac{n\pi y}{Y} \, dy$$

$$= \frac{200°C}{Y} \int_0^Y \sin\frac{\pi y}{Y} \sin\frac{n\pi y}{Y} dy$$

이 식은 예제 2.11의 결과와 유사하다. 즉,

$$A_n \sinh p_n L = 100°C \quad \text{또는} \quad A_n = \frac{100°C}{\sinh p_n L}$$

이고, $n > 1$ 에서 $A_n = 0$ 이 된다.

그러므로 해는 다음 식과 같이 쓸 수 있다.

$$T(x, y) = 100°C + \frac{100°C}{\sinh p_n L} \sinh p_n (L - x) \sin p_n y$$

또는

$$T(x, y) = 100°C + \frac{100°C}{\sinh(\pi L/Y)} \sinh\frac{\pi}{Y}(L - x) \sin\frac{\pi y}{Y} \tag{2.69}$$

식 (2.69)를 사용하여 산출된 120 ℃, 140 ℃, 160 ℃ 및 180 ℃의 등온선들은 그림 2.20b에 그려져 있다. 주목할 점은 무한히 기다란 벽과 짧은 벽은 온도 분포에서 얼마나 유사한지이다. 연장부에서의 열전달은 예제 2.11에서 사용한 방법과 같은 방법으로 구하면 된다. 먼저 x 방향에서의 온도 기울기는 x가 0인 하단부에서 다음과 같이 구한다. 즉,

$$\frac{\partial T(0, y)}{\partial x} = \frac{100°C\pi}{Y\sin\frac{\pi L}{Y}} \cosh\frac{\pi}{Y}(L - 0) \sin\frac{\pi y}{Y} = -\frac{100°C\pi}{Y\sinh(\pi L/Y)} \cosh\frac{\pi L}{Y} \sin\frac{\pi y}{Y}$$

단위 면적당 열전달은 다음과 같으므로,

$$\dot{q}_A = -\kappa \frac{\partial T(0, y)}{\partial x}$$

전체 하단부에 걸쳐서는 다음과 같이 된다.

$$\dot{Q}_x = \int_0^Y \dot{q}_A dy \qquad \text{(단위 깊이로 가정)}$$

수학적으로 처리하면 다음과 같다.

$$\dot{Q}_x = \frac{100°C\kappa\pi}{Y\tanh\frac{\pi L}{Y}} \int_0^Y \sin\frac{\pi y}{Y} dy$$

이 예제에서는 $L = 4$ cm, $Y = 3$ cm, $\kappa = 40$ W/m · ℃ 이므로 열전달은 다음과 이 나온다.

$$\dot{Q}_x = 10{,}894.9 \frac{W}{m} = 108.94 \frac{W}{cm} \qquad\qquad \text{답}$$

이 예제의 결과는 유형은 이와 유사하지만 $x = 0$인 하단부에서 온도 분포가 상이한 여러 가지 문제에도 일반화할 수 있다. 폭(Y)이 일정하고 길이(L)가 유한한 벽이나 핀 아니면 연장부와 같은 일반적인 열전달 문제에서 3개의 노출 표면에서는 온도가 T_0이고 $x = 0$인 하단부에서는 온도 분포가 $T(x, y)$일 때, 온도 분포를 다음 식과 같이 쓸 수 있는데,

$$T(x, y) = T_0 + \sum_{n=0}^{\infty} \frac{A_n}{\sinh(n\pi L/Y)} \sin\frac{n\pi y}{Y} \sinh\frac{n\pi}{Y}(L - x) \qquad (2.70)$$

이 식에서 A_n은 다음 관계식으로 구한다.

$$A_n = \frac{2}{Y}\int_0^L T(x, 0) \sin\frac{n\pi y}{Y}\, dy \qquad (2.63, \text{ 다시 씀})$$

직교 좌표계(rectilinear, Cartesian coordinates)에서 2차원 또는 3차원 전도 열전달이 수반되는 여러 가지 다른 형태들이 연구되어 왔고, 그 결과 중 일부는 특히 Carslaw와 Jaeger[8] 및 Arpaci[12]에 실려 있다. 그러나 많은 엔지니어링 문제들은 원통 좌표계나 구면 좌표계로 기술이 가장 잘 되는 물체의 열전달과 관련된다. 다음 예제에서는, 그러한 유형의 문제에서 하나를 살펴보기로 한다.

예제 2.14

직경이 2.5 cm로 균일하고 길이가 16 mm인 세라믹 플러그($\kappa = 2.16$ W/m · K)를 노 속에서 굽고자 한다. 이 플러그는 그림 2.21과 같이 한쪽 끝을 바닥으로 하여 세워져 있는데, 이 바닥 쪽 끝은 온도가 210 ℃이고 나머지 표면들은 온도가 260 ℃이다. 플러그가 정상 상태에 있을 때, 플러그에서의 온도 분포를 구하라.

풀이 한쪽 끝을 바닥으로 하여 세워져 있는 플러그에서는 축대칭 전도 열전달이 일어난다. 즉, 열전달은 반경 방향과 길이(축) 방향으로는 일어나지만, 플러그의 둘레 방향으로는 일어나지 않는다. 그러면 전도 열전달 지배 방정식은 열전도도가 일정할 때, 다음과 같이 된다.

$$\frac{\partial^2 T(r, z)}{\partial r^2} + \frac{1}{r}\frac{\partial T(r, z)}{\partial r} + \frac{\partial^2 T(r, z)}{\partial z^2} = 0$$

온도 함수를 다음과 같이 분리할 수 있다고 가정하는 것이 편리하다.

$$T(r, z) = R(r) \cdot Z(z) \qquad (2.71)$$

그러면 직교 좌표에서처럼 변수 분리법을 사용하게 되면, 다음과 같이 2개의 상미 분 방정식이 나온다.

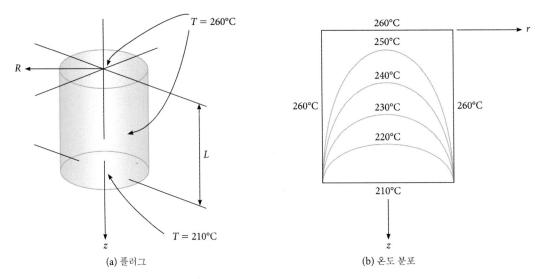

(a) 플러그   (b) 온도 분포

그림 2.21 가마 속에서 구어지고 있는 세라믹 플러그, 예제 2.14

$$\frac{d^2Z(z)}{dz^2} = p^2 Z(z) \qquad (2.72)$$

$$\frac{d^2R(r)}{dr^2} + \frac{1}{r}\frac{dR(r)}{dr} = -p^2 R(r) \qquad (2.73)$$

식 (2.72)의 해는 다음과 같이 쓸 수 있는데,

$$Z(z) = a \sinh pz + b \cosh pz$$

이 식은 $Z(z)$의 2차 도함수를 $p^2 Z(z)$로 놓고 유도하면 증명된다. 식 (2.73)은 특수한 2차 미분 방정식으로 이를 **0차 Bessel 함수**라고 한다(부록 A.10 참조). 0차 베셀 함수의 해는 $R(r)$에서 다음과 같은데,

$$R(r) = cJ_0(pr) + dY_0(pr)$$

이 식에서 $J_0(pr)$ = 독립 변수가 pr인 제1종 0차 베셀 함수이고,
$\qquad\qquad Y_0(pr)$ = 독립 변수가 pr인 제2종 0차 베셀 함수이다.

부록 표 A10.1에는 이 두 가지 특수 함수에서 독립 변수가 $x(=pr)$일 때 일부 선정된 값들이 표로 작성되어 있고, 그림 A10.2에는 이러한 함수들이 그래프로 그려져 있다. 이러한 정보들을 참조하면 베셀 함수의 특성을 더 잘 이해할 수 있다. 온도 함수를 플러그의 한쪽 끝 외에도 모든 표면에 경계 온도 260 ℃를 사용하여 다음과 같이 정의하면,

$$T'(r, z) = T(r, z) - 260°C \qquad (2.74)$$

경계 조건을 다음과 같이 쓸 수 있다.

B.C. 1 $T'(r, z) = 0$ ($0 < r < R, z = 0$ 에서)
B.C. 2 $T'(r, z) = 0$ ($r = R, 0 < z < L$ 에서)
B.C. 3 $T'(r, z) = $ 유한   ($r = 0, 0 < z < L$ 에서)
B.C. 4 $T'(r, z) = -50℃$ ($0 < r < R, z = L$ 에서)

일반해는 다음과 같으며,

$$T'(r, z) = (a \sinh pz + b \cosh pz)(cJ_0(pr) + dY_0(pr)) \tag{2.75}$$

B.C.1으로부터 상수 $b = 0$ 이 된다. 또한, B.C.3으로부터 $Y(0) \to \infty$ 이므로 상수 $d = 0$ 이 된다. 그러면 해는 다음과 같이 된다.

$$T'(r, z) = AJ_0(pr) \sinh pz$$

B.C.2로부터 다음과 같이 되는데,

$$0 = AJ_0(pR) \sinh pz$$

이는 다음과 같을 때 모든 z 에서만 만족될 수 있다.

$$J_0(pR) = 0$$

베셀 함수 J_0 의 특성을 조사해 보면, 부록 표 A10.1에서 독립 변수가 다음과 같을 때나 이외에도 그 값이 0이 됨을 알 수 있다. 즉,

$$pR = 2.4048 = p_1 R$$
$$pR = 5.5201 = p_2 R$$
$$pR = 8.6537 = p_3 R$$
$$pR = 11.7915 = p_4 R$$
$$pR = 14.9309 = p_5 R$$

이외에도 베셀 함수 값이 0이 되는 독립 변수들은 수치적으로 구할 수 있다. 잇따른 독립 변수 사이의 차는 π 에 접근하고 심지어는 4차 증분 이상인 $p_5 R - p_4 R = 3.1394$ 에서도 그 차가 거의 π 에 접근한다고 확정할 수 있다. 그러므로 $P_6 R \approx 14.9309 + 3.14159 = 18.07249$ 가 된다.

그러면 플러그에서의 온도 분포의 완전 해는 다음 식과 같이 쓸 수 있는데,

$$T'(r, z) = \sum_{n=1}^{\infty} A_n J_0(pr) \sinh p_n z \tag{2.76}$$

이 식에서 $p_n = x_n / R$ 이며, x_n 은 $J_0(x_n) = 0$ 일 때의 독립 변수이다. 또한, B.C.4 에서 다음과 같이 된다.

$$-50℃ = \sum_{n=1}^{\infty} A_n J_0(pr) \sinh p_n L \tag{2.77}$$

Fourier 계수와 유사한 해석을 바탕으로 하면 다음과 같이 될 수 있는데,

$$A_n \sinh p_n L = \frac{2(-50°\text{C})}{R^2 J_1^2(p_n R)} \int_0^R r J_0(p_n r) dr \qquad (2.78)$$

이 식에서 $J_1(p_n R)$ 은 제1종 1차 베셀 함수이다. 더 나아가 다음과 같으므로(부록 표 A.10 참조),

$$\int_0^R r J_0(p_n r) dr = \frac{R}{p_n} J_1(p_n r)$$

해는 다음과 같이 된다.

$$T'(r,z) = \frac{-100°\text{C}}{R} \sum_{n=1}^{\infty} \frac{J_0(p_n r) \sinh(p_n z)}{p_n[\sinh(p_n L)][J_1(p_n R)]} \qquad (2.79)$$

220 ℃, 230 ℃, 440 ℃ 및 250 ℃의 등온선들은 그림 2.21b에 그려져 있다. 열전달은 $r = R$ 이고 $z = -L$ 인 하단부의 외측 가장자리에 존재하는 온도 불연속 때문에 명시적으로 구할 수 없다.

그림 2.21과 같은 원기둥체 내 온도 분포의 일반해는, 이 원기둥체의 한쪽 끝과 둘레 표면은 일정한 온도 T_0 이고 다른 쪽 끝 표면은 온도가 T_f 일 때, 식 (2.79)에서 다음 식과 같이 쓸 수 있다.

$$T(r,z) = T_0 + (T_f - T_0) \frac{2}{R} \sum_{n=1}^{\infty} \frac{J_0(p_n r) \sinh(p_n z)}{p_n[\sinh(p_n L)][J_1(p_n R)]} \qquad (2.80)$$

이 결과는 그림 2.22a와 같은 원기둥 플러그 문제에서 한쪽 끝이 온도가 T_f 인 것을 제외하고 나머지 모든 표면은 온도가 T_0 로 일정할 때, 수치 해를 구하는 보조 수단으로 사용할 수 있다. $r = 0$ 인 축선에서의 온도는 식 (2.80)에서 $J_0(p_n 0) = 1$ 로 놓아 간소화하여 다음 식으로 구한다. 즉,

$$T(0,z) = T_0 + (T_f - T_0) \frac{2}{R} \sum_{n=1}^{\infty} \frac{\sinh(p_n z)}{p_n[\sinh(p_n L)][J_1(p_n R)]}$$

이 결과는 그림 2.22b에 그래프로 나타나 있으며, 이 결과는 원기둥체 문제에서 둘레 표면을 제외하고 양쪽 끝 온도가 서로 다르게 일정할 때, 중첩의 원리를 사용하여 확대 적용될 수 있다. 다음 예제에서는 그림 2.22에 있는 데이터를 사용하는 사례를 설명하고 있다.

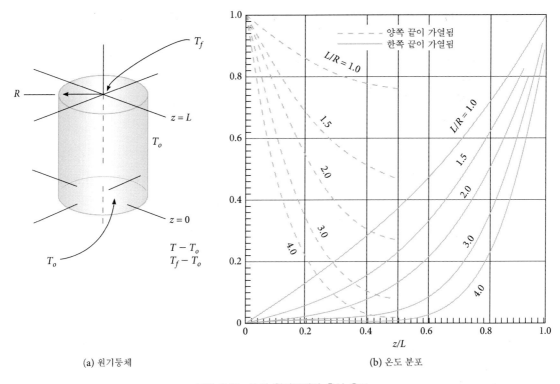

(a) 원기둥체   (b) 온도 분포

그림 2.22 고체 원기둥체의 축선 온도

예제 2.15

직경 4 cm, 길이 4 cm인 나무못(wood dowel)이 한쪽 끝은 200 ℃에 노출되어 있는 반면,
나머지 다른 표면들의 온도는 30 ℃이다. 나무못 축선의 중심 온도는 얼마인가?

풀이 나무못의 길이 대 반경 비 L/R은 2이고 나무못 축선의 중심은 $z/L = 0.5$이다.
그림 2.22b에서 다음과 같이 된다.

$$\frac{T - T_0}{T_f - T_0} \approx 0.14$$

$T_0 = 30$ ℃이고 $T_f = 200$ ℃이므로 다음과 같이 나온다.

$$T = (0.14)(T_f - T_0) + T_0 = 53.8°C$$

답

예제 2.16

예제 2.15의 나무못에서 중심 온도는 얼마인가? 원기둥체 둘레의 표면은 50 ℃로 가열되고
있는 반면, 한쪽 끝은 온도가 그대로 30 ℃이고 다른 쪽 끝은 온도가 200 ℃이다.

풀이 중첩의 원리를 사용하여 중심선 온도를 풀어 구할 수 있다. 먼저 나무못 온도는 두 가지 별도의 나무못 온도 분포로 모델링할 수 있음을 알고 있다. 하나는 나무못 한쪽 끝의 온도가 30 ℃이고 나머지 다른 표면은 온도가 50 ℃인 모델이다. 또 다른 하나는 나무못 한쪽 끝(대향하는 쪽 끝)의 온도가 200 ℃이고 나머지 다른 표면 온도는 50 ℃인 모델이다. 한쪽 끝의 온도가 30 ℃인 나무못 모델에서는 다음과 같이 되고,

$$T_{c,30} - T_0 = (0.14)(30°C - 50°C) = -2.8°C$$

한쪽 끝(대향하는 쪽 끝)의 온도가 200 ℃인 나무못 모델에서는 다음과 같이 된다.

$$T_{c,200} - T_0 = (0.14)(200 - 50) = 21°C$$

중첩 원리를 적용하여 다음과 같이 두 가지 해를 합하면 된다. 즉,

$$(T_c - T_0) = (T_{c,200} - T_0) + (T_{c,30} - T_0)$$

그러면 다음과 같이 된다.

$$T_c = 21°C - 2.8°C + 50°C = 68.2°C$$ 답

주목할 점은 그림 2.22에 있는 그래프는 L/R 비가 주어지고 z가 독립 변수인 원통체 문제에서 한쪽 면으로부터 다른 쪽 면까지 중앙 축선을 따라 온도 분포를 구할 때도 사용할 수 있다는 것이다. 또한 이 그래프는 양쪽 끝이 동일한 온도로 가열되거나 냉각되고 있는 원통체 문제에서 중앙 축선을 따라 온도 분포를 구할 때에도 이 그래프에 그려져 있는 점선을 사용할 수 있다. 이렇게 하면 예제 2.15에 실례를 들어 설명한 중첩 원리 문제가 다소 간략해진다.

원통 좌표계나 구면 좌표계가 연관되는 다른 전도 열전달 문제들도 연구되어 왔고, 그 결과 중 일부는 Carslaw와 Jaeger[8], Arpaci[12] 및 다른 문헌에 실려 있다. 해석적 해가 구해져 있는 대부분의 문제에서는 열전달이 단순한 기하 형상이나 등온 경계 조건에서 일어나고 있다. 물체의 기하 형상이 복잡하거나 변온 경계 조건에서는 복잡한 수학적 문제점들이 일어날 수 있는데, 이 때문에 완전한 해를 규정할 수 없게 된다. 다음 절에 있는 주제들은 이미 풀이되어 있는 복잡한 문제 중에서 결과가 한층 더 간단하게 나오는 일부 문제에 초점을 맞추고 있고, 그런 다음 한층 더 복잡한 (그렇지만 한층 더 현실적인) 문제의 근사해를 구하는 방법이나 기법들을 보여주고 있다.

2.5 형상 계수법

앞에서 설명한 전도 열전달에서는 일부 2차원 열전달 문제를 수학적 방법으로 해석할 수 있음을 보여주고 있다. 관심 대상이 되는 문제보다 더 뒤얽혀 있는 문제에서 복잡하게 파생되는 많은 사안들은 이 책의 목적을 넘어서는 것이다. 그렇다 하더라도 엔지니어와 기술자라면 그러한 연구 결과를 사용할 수 있어야만 한다. 특히 그림 2.23과 같이 2개의 등온 표면 사이에서 일어나는 일반적인 전도 열전달 문제는 1차원이거나 2차원 또는 3차원이건 간에 **형상 계수** S를 사용하여 취급할 수 있으며, 이는 다음 식과 같이 정의된다.

$$\dot{Q} = S\kappa\Delta T \tag{2.81}$$

이 식에서 κ는 열전도도(일정하다고 가정함)이고 ΔT는 두 표면 간의 온도 차이다. 표 2.3에는 형상 계수가 정해져 있는 가장 대표적인 구성 형태들이 일부 수록되어 있다. 그러므로 표 2.3에 있는 데이터는 열전달 과정을 해석할 때 보조 수단으로 사용될 수 있다. 주목할 점은 1차원인 경우도 있고 2차원인 경우도 있는 반면, 나머지 3차원인 경우도 있으나 이 모든 경우에는 식 (2.81)이 사용된다는 것이다. 이 방법의 한계는 온도 분포를 구할 수 없을 때이다.

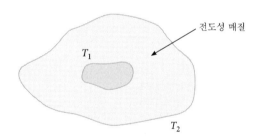

전도성 매질

T_1

T_2

그림 2.23 2개의 등온 표면 간 전도 열전달의 일반적인 구성 형태

표 2.3 전도 형상 계수

계	그림	형상 계수	가정
1. 평면, 1차원 열전달		$\dfrac{A}{Y} = \dfrac{WL}{Y}$	$W \gg Y, L \gg Y$
2. 환형 원통체		$\dfrac{2\pi L}{\ln r_o/r_i}$	$L \gg r_o$
3. 구형 쉘	단면	$\dfrac{4\pi r_o r_i}{r_o - r_i}$	
4. 사각 단면 봉, 중앙에 구멍이 있다.		$\dfrac{2\pi L}{\ln (0.54 W/r)}$	$L \gg W$
5. 원형 단면 봉, 편심 구멍이 있다.		$\dfrac{2\pi L}{\cosh^{-1}\left[\dfrac{r_1^2 + r_2^2 - Y^2}{2 r_1 r_2}\right]}$	$L \gg r_2$
6. 반무한 매질에 들어 있는 원통체, 수직으로 세워져 있고, 한쪽 끝은 표면과 단차가 없다.		$\dfrac{2\pi L}{\ln (2L/r)}$	$L \gg 2r_2$
7. 직육면체, 반무한 매질로 둘러싸여 있다.		$\dfrac{1.685 L}{\left[\log\left(1 + \dfrac{b}{a}\right)\right]^{0.59}}\left(\dfrac{c}{b}\right)^{0.078}$	

표 2.3(계속) 전도 형상 계수

계	그림	형상 계수	가정
8. 원기둥체, 반무한 매질로 둘러싸여 있다.		$\dfrac{2\pi L}{\cosh^{-1}\dfrac{Y}{r}}$	$L \gg r$
		$\dfrac{2\pi L}{\ln(2Y/r)}$	$L \gg r,\ Y > 3r$
		$\dfrac{2\pi L}{\ln\dfrac{L}{r}\left(1 - \dfrac{\ln(L/2Y)}{\ln(L/r)}\right)}$	$Y \gg r,\ L \gg Y$
9. 구체, 무한 매질로 둘러싸여 있다.		$4\pi r$	
10. 구체, 반무한 매질로 둘러싸여 있다.		$\dfrac{4\pi r}{\left(1 - \dfrac{r}{2Y}\right)}$	
11. 2개의 등온 평행 원기둥체 간 전도, 무한 매질로 둘러싸여 있다.		$\dfrac{2\pi}{\cosh^{-1}\left(\dfrac{L^2 - 1 - r^2}{2r}\right)}$	$r = r_1/r_2,\ L = Y/r_2$
12. 2개의 등온 구체 간 전도, 무한 매질로 둘러싸여 있다.		$\dfrac{4\pi}{\dfrac{r_2}{r_1}\left(1 - \dfrac{(r_1/X)^4}{1 - (r_2/X)^2}\right) - \dfrac{2r_2}{X}}$	$x > 5r_{max}$
13. 얇은 직사각형 판, 반무한 매질로 둘러싸여 있고, 표면과 평행하다.		$\dfrac{\pi W}{\ln(4W/L)}$	$Y = 0,\ W > L$
		$\dfrac{2\pi W}{\ln(4W/L)}$	$Y \gg W,\ W > L$
		$\dfrac{2\pi W}{\ln(2\pi Y/L)}$	$Y > 2W,\ W \gg L$

표 2.3(계속)   전도 형상 계수

계	그림	형상 계수	가정
14. 2개의 평행 원반체 간 전도, 무한 매질로 둘러싸여 있다.		$\dfrac{4\pi}{2\left[\dfrac{\pi}{2} - \tan^{-1}\left(\dfrac{r}{X}\right)\right]}$	$x > 5r$
15. 얇은 원반체, 반무한 매질로 둘러싸여 있고, 표면과 평행하다.		$4r$ $8r$	$Y = 0$ $Y \gg 2r$
16. 구체, 반무한 매질로 둘러싸여 있고, 단열 표면이다.		$\dfrac{4\pi r}{1 + (r/2Y)}$	
17. 변, 하나의 선과 이에 대향하는 두 개의 표면 간 전도가 일어난다.		$0.559\,L$	$L \gg X$
18. 정육면체, 하나의 모서리와 이에 대향하는 3개의 표면 간 전도가 일어난다.		$0.15\,X$	

예제 2.17

직경이 1 m인 강제 구형 용기가 매립지에 묻혀 있다. 용기는 화학 물질로 채워져 있어 용기의 외측 표면은 온도가 40 ℃로 유지되는 반면에, 지표면은 온도가 10 ℃이다. 용기가 땅속 1 m 깊이에 묻혀 있을 때 용기에서 일어나는 열전달을 구하라. 그런 다음 이때의 열 손실을 용기가 땅속 60 m 깊이에 묻혔을 때 일어나는 열 손실과 비교하라. 땅의 공칭 온도는 13 ℃라고 한다.

풀이 열전달은 표 2.3의 계 유형 10의 형상 계수와 함께 식 (2.81)로 산출할 수 있다.

$$S = \frac{4\pi r}{1 - \dfrac{r}{2Y}} = \frac{4\pi(0.5\text{ m})}{1 - \dfrac{0.5\text{ m}}{2(1\text{ m})}} = 8.38\text{ m}$$

부록 표 B.2E에서 흙의 열전도도 값을 사용하면 되는데, 이 값은 0.521 W/m · K 이다. 그러면 다음과 같이 된다.

$$\dot{Q} = S\kappa\Delta T = (8.38 \text{ m})\left(0.521 \frac{\text{W}}{\text{m} \cdot \text{K}}\right)(40°\text{C} - 10°\text{C}) = 131 \text{ W} \qquad 답$$

용기가 땅속 60 m 깊이에 묻혀 있을 때, 열 손실은 표 2.3의 계 유형 9인 무한 매질에 묻혀 있는 구체와 유사하게 된다. 계 유형 10과 9의 형상 계수를 비교하면 다음과 같다.

$$S_9 = 4\pi r = 4\pi(0.5 \text{ m}) = 6.28 \text{ m}$$

$$S_{10} = \frac{4\pi r}{1 - \dfrac{r}{2Y}} = 6.31 \text{ m} \quad (Y = 60 \text{ m일 때})$$

용기 상부에 있는 땅은 온도가 13 ℃이므로, 용기와 지표면 간의 열전달은 무한 매질 속에 묻혀 있는 구체에서의 열전달처럼 거동한다고 가정한다. 열손실은 식 (2.81)을 사용하면 다음과 같다.

$$\dot{Q} = 98.6 \text{ W} \qquad 답$$

그러므로 용기를 땅속에 더 깊이 묻을수록 열손실은 감소하는 경향이 있다.

예제 2.18

그림 2.24와 같이 벽이 두꺼운 아이스박스의 열 획득을 산출하라. 외측 표면의 온도는 35 ℃ 이고 내측 표면의 온도는 −5 ℃ 라고 가정한다. 아이스박스는 열전도도 값이 0.029 W/m · ℃ 인 스티로폼으로 되어 있다.

풀이 아이스박스는 계 유형 1의 6개 평면 벽, 계 유형 17의 12개 변 및 계 유형 18의 8개 모서리로서 가시화할 수 있다.

$$S_{\text{corner}} = 8 \times 0.15L = 8 \times 0.15 \times 0.05 \text{ m} = 0.06 \text{ m}$$
$$S_{\text{edge}} = 4 \times 0.559 \times (0.4 \text{ m} + 0.4 \text{ m} + 0.5 \text{ m}) = 2.9068 \text{ m}$$

$$S_{\text{walls}} = \frac{1}{0.05 \text{ m}}\left[(4 \times 0.5 \times 0.4 \text{ m}^2) + (2 \times 0.4 \times 0.4 \text{ m}^2)\right] = 22.4 \text{ m}$$

이러한 성분들은 모두 온도 차가 동일하기 때문에, 이를 모두 합한 다음 식 (2.81)을 사용한다. 계산 결과는 다음과 같다.

$$S_{\text{total}} = 25.3068 \text{ m}$$

및

$$\dot{Q} = S_{\text{total}}T = (25.3068 \text{ m})\left(0.029 \frac{\text{W}}{\text{m} \cdot °\text{C}}\right)(35°\text{C} - (-5°\text{C})) \qquad 답$$

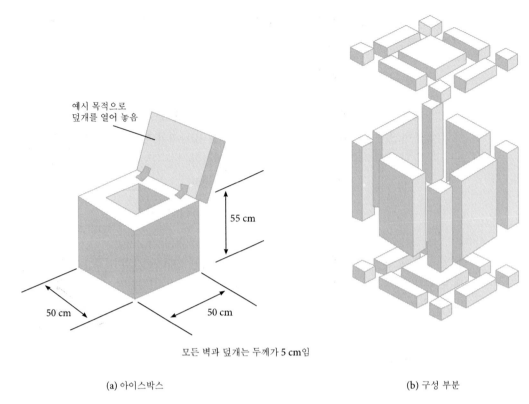

예시 목적으로
덮개를 열어 놓음

55 cm

50 cm   50 cm

모든 벽과 덮개는 두께가 5 cm임

(a) 아이스박스   (b) 구성 부분

그림 2.24 아이스박스에서 열 획득을 구하는 데 사용되는 형상 계수

　문헌에서는 표 2.3에 수록되어 있는 형상 계수와 다른 형상 계수도 찾아볼 수 있다(예를 들어 참고문헌 [13] 참조). 그러나 형상 계수가 확실하지 않은 시스템도 많이 있기 마련이다.

　많은 시스템과 문제에서는 Laplace 식에 의한 변수 분리 및 등온선−열 유동선의 직교 특성을 근거로 사용하는 도식적 방법을 사용함으로써 열전달에서 만족할 만한 근사해를 구할 수도 있다. 그림 2.25와 같은 방법은 직교 좌표계에서 경계 조건이 등온인 2차원 전도 열전달에 국한된다. 여기에서 필요한 것은 등온선을 내·외부 표면에 대략 평행하게 그려야 한다는 것인데, 이 표면들은 온도가 각각 T_1과 T_2이다. 작도할 등온선 개수는 임의적이므로, 이 등온선 개수를 정하는 정확한 판단력은 어느 정도 문제를 풀어 보고 나면 늘기 마련이다. 그림 2.25에서는 내·외부 표면 사이에 4개의 등온선으로 확정되어 있으며 이 등온선들은 간격이 일정하지 않은 부등 간격을 이루고 있다. 이와 같이 부등 간격을 이루게 된 것은 열 유동선을 등온선에 직교하도록 손으로 그려야 하고, 그림 2.25b에 나타난 대로 대략 정사각형 모양의 그리드가 나오도록 간격을 띄어야 하기 때문이다.

즉, $\Delta x \approx \Delta y$인데, 이 식에서 Δx는 등온선의 간격이고 Δy는 열 유동 경로의 간격이다. 여기에서 알 수 있는 점은 도형에서는 열 유동 경로가 바깥쪽으로 발산해야 하므로 Δy가 증가해야 한다는 것이다. 이렇게 발산하기 때문에 이에 상응하는 Δx 또한 증가할 수밖에 없으며, 이러한 요인들이 반영되어 등온선들은 부등 간격을 이루게 될 것이다. 그림 2.25와 같이 상당히 정밀하게 그림을 완성하려면 어느 정도 실습이 필요하지만, 연필과 좋은 지우개, 종이 몇 장만으로도 직교 좌표계에서 열전도도가 일정한 2차원 전도 열전달 문제를 거의 모두 다 가시화하여 풀 수 있는 역량을 갖추게 되는 것이다. 등온선−열 유동선 그리드를 작도하고 나면, 그림 2.25b와 같이 특정 경로를 지나는 열전달은 L이 깊이일 때 다음과 같이 되는데,

$$\dot{Q}_{\text{path}} = \kappa Ly \frac{\Delta T}{\Delta x} \approx \kappa L\Delta T$$

이는 $\Delta x \approx \Delta y$이기 때문이다. 또한, 다음과 같으며

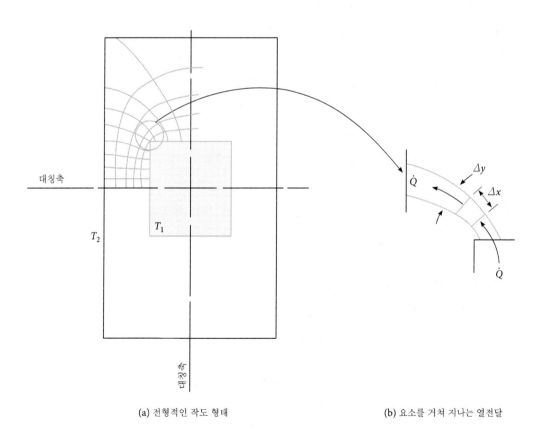

(a) 전형적인 작도 형태   (b) 요소를 거쳐 지나는 열전달

그림 2.25 2차원 전도 열전달을 해석하는 도식적 방법

$$\Delta T = \frac{\Delta T_{\text{overall}}}{N} = \frac{T_1 - T_2}{N}$$

이 식에서 N은 T_1과 T_2 사이에서 열전달이 거쳐 지나는 요소의 개수이다. 주목할 점은 이 열전달이 2차원이지만 확정된 경로에 구속되므로 열전달은 인접하는 열 유동 경로 간에는 일어날 수가 없다는 것이다. 그러므로 그림 2.25에서 열은 기하 대칭선을 넘어갈 수 없으므로 이 대칭선들은 열 유동선이다. 제1장에서 열전달이 일어날 수 없는 선이나 표면을 단열 표면이나 그냥 단열선(adiabats)이라고 한 사실을 염두에 두어야 한다. 대칭선과 열 유동선은 단열선이다. 그러므로 온도가 T_1인 표면과 온도가 T_2인 표면 사이에 일어나는 전체 열전달은 다양한 $\dot{Q}_{\text{path}}$의 합으로 다음과 같으며,

$$\dot{Q} = \kappa L M \Delta T = \kappa L \frac{M}{N} \Delta T_{\text{overall}} \tag{2.82}$$

이 식에서 M은 열 유동 경로의 개수이다. 주목할 점은 이와 같이 특별한 경우에는 LM/N이 식 (2.81)에 있는 형상 계수와 동일하다는 것이다. 그림 2.25의 예에서는 요소 개수 N이 5이고 열 유동 경로 개수 M은 $36(= 4 \times 9)$이므로 $M/N = 7.2$(단위 없음)가 된다. 예제 2.11, 2.12 및 2.13에서는 수학적 해석을 사용하여 여기에 도시되어 있는 것과 같은 종류의 직교 좌표 등온선-열 유동 그리드를 구할 수 있다는 것을 알았다. 손으로 그리는 도식적 방법을 사용하여도 많은 문제에서 해를 적절하게 표현해 낼 수 있다는 견해가 있다. 도식적 방법을 사용하게 되면, 전도성 매질에서 열전달을 산출할 수 있고 이와 함께 온도 분포가 들어 있는 근사해를 빠르게 구할 수 있다. 예제 2.10과 같이 모서리에 온도 기울기가 정의되어 있지 않아 수학적으로 곤란할 때에는 여러 가지 해법들을 적용하여 열전달의 근사해를 구할 수도 있다.

예제 **2.19**

예제 2.12에 있는 핀에서의 열전달을 산출하라.

풀이 예제 2.12와 그림 2.19를 참조하면 온도 분포를 가시화할 수 있다. 이러한 정보가 없을 때에는 온도는 하단부에서 일정하며 $y \to \infty$ 할수록 점진적으로 감소하여 경계 온도가 250 K로 될 수밖에 없다는 점에 주목함으로써 근사화할 수 있다. 결과적으로 온도 분포는 그림 2.19와 동일하게 되어야 한다. 그러므로 열 유동 선은 등온선에 직교하게 그려져서 그 간격이 유지되어 사각형 그리드가 형성된다. 이 문제의 해는 그림 2.26b에 그려져 있다. 열 유동 경로의 개수는 $14(= 7 \times 2)$개이고 요소의

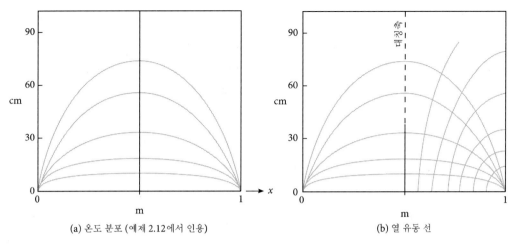

(a) 온도 분포 (예제 2.12에서 인용)   (b) 열 유동 선

그림 2.26 하단부의 온도가 균일한 콘크리트 벽을 거쳐 지나는 열전달의 도식적 해

개수는 6개이다. 그러면 단위 깊이(즉, $L = 1$)에서는 다음과 같이 된다.

$$\dot{Q} = \frac{M}{N} T_{overall} = (1.6)\left(\frac{14}{6}\right)[280\ K - (255\ K)] = 93.3\ W \qquad 답$$

주목할 점은 바닥 양쪽 모서리에서 나타나는 온도 불연속은 여기 그림에서도 골칫거리이다. 각각의 모서리에 하나 또는 둘 이상의 열 경로를 포함시켜야 하는가 하는 명백한 의문이 존재한다. 물론, 여기에서 얻어진 답은 그 오차가 실젯값의 ±10 %를 초과하지 않는 범위 내에 든다.

2.6 수치 해석법

이 책에서 살펴 본 바, 지금까지는 열전달 이론이 푸리에의 전도 법칙, 뉴턴의 가열/냉각 법칙, 흑체 복사 정도이므로 그다지 복잡하지는 않다. 곤란한 문제점들은 온도 계산이나 열전달 계산 과정에서 나타난다. 제2장에서는 지금까지 1차원 균질 등방성 전도 문제를 직접 계산하는 내용을 설명하였다. 2차원 경우에서는 정형화된 기하형상에서조차도 더욱 더 난관에 부딪치게 된다. 그러나 지금까지 소개한 해법과 경우를 바탕으로 한다면 한층 더 비정형화된 기하형상에서나 비균질 재료 또는 비등방성 특성에서 예상되는 일반 정량 해를 이해하게 될 것이다. 이로써 계산 결과가 현실적인지 아닌지를 결정할 때 도움이 될 것이다. 이 절에서는 규모가 한층 더 큰 열전달 공학 문제에 지속적으로 컴퓨터를 사용하는 방법을 실례를 들어 설명하고 있으므로, 컴퓨터를 사용하여 문제를 풀 때에는 전반적으로 정확한 식들과 적절한 경계 조건들을 구해야 하고, 가정들은 모두 단순하게 세워야 한다. 컴퓨터에 있는 **실행**(run) 버튼, 즉 **연산**(compute) 버튼을 누르는 일은 손쉬워 보일지도 모르겠지만, 엔지니어에게는 그러한 행위가 중요한 책임에 해당한다.

1차원, 2차원 및 3차원 영역에서 온도 근사해와 열전달 근사해 가운데 적어도 한 가지를 산출해야 하는 전도 열전달을 해석할 때 사용하는 수치 해법이 유한 차분법(finite difference technique)이다. 이 해법은 전도 열전달과 관련되는 거의 모든 상업용 컴퓨터 소프트웨어 프로그램의 기반이 되는데, 복잡계에도 사용할 수 있고 가변 열전도도 경우에도 사용할 수 있다. 또한 이는 비정상 상태 열전달 문제에도 사용할 수 있는 편리한 해법이기도 한데, 그러한 문제들은 다음 장에서 마주치게 된다. 유한 차분법에서는 온도 기울기로 다음과 같은 근사식을 사용하게 되는데,

$$\text{a)} \ \frac{\partial T}{\partial x} \approx \frac{\Delta T}{\Delta x} \qquad \text{및} \qquad \text{b)} \ \frac{\partial T}{\partial y} \approx \frac{\Delta T}{\Delta y} \tag{2.83}$$

이 식들은 유한 온도 기울기로서 재료에서 일어나는 열전달을 해석할 때 사용한다. 예를 들어, 온도 분포가 $T(x, y)$이고 그 결과로 상수 y 평면에서 나타나는 온도 기울기가 그림 2.27과 같을 때를 살펴보자. 온도 기울기 $\partial T / \partial x$는 식 (2.83a)를 사용하여 다음과 같이 근사식으로 나타낼 수 있다.

$$\frac{\partial T(x, y)}{\partial x} \approx \frac{[T(n+1, y) - T(n-1, y)]}{2\Delta x} \tag{2.84}$$

확실히 구별이 되는 2개의 온도 기울기를 지점 n에서의 정확한 온도 분포와 연관시킬 수 있다. 이 온도 기울기 가운데 하나는 다음과 같은 좌측 편도함수의 근사식이고,

$$\frac{\partial T(x, y)}{\partial x} \approx \frac{[T(n, y) - T(n-1, y)]}{\Delta x} \tag{2.85}$$

다른 하나는 다음과 같은 우측 편도함수이다.

$$\frac{\partial T(x, y)}{\partial x} \approx \frac{[T(n+1, y) - T(n, y)]}{\Delta x} \tag{2.86}$$

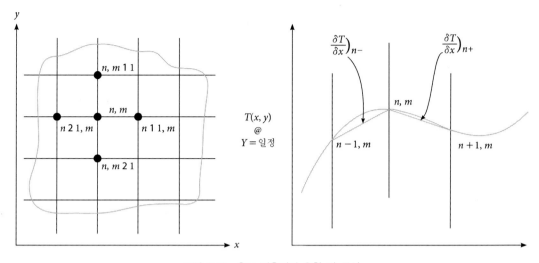

그림 2.27 온도 기울기의 유한 차 근사

식 (2.85)과 (2.86)을 결합하면 식 (2.84)가 나온다. 2차 편도함수는 그림 2.27을 참조하여
식 (2.85)와 (2.86)을 사용함으로써 가장 잘 근사화되어 다음과 같이 식이 나오게 된다.

$$\frac{\partial^2 T(n, y)}{\partial x^2} \approx \frac{[\partial T(n - 0, y)/\partial x] - [\partial T(n + 0, y)/\partial x]}{\Delta x}$$

$$\approx \frac{[T(n + 1, y) - 2T(n, y) + T(n - 1, y)]}{\Delta x^2} \tag{2.87}$$

같은 식으로 y에 관한 $T(x, y)$의 2차 편도함수는 다음과 같이 된다.

$$\frac{\partial^2 T(x, m)}{\partial y^2} \approx \frac{[T(x, m + 1) - 2T(x, m) + T(x, m - 1)]}{\Delta y^2} \tag{2.88}$$

이 두 결과에서 일정 열전도도 정상 상태 2차원 전도 열전달은 다음과 같이 된다.

$$0 \approx \frac{[T(n + 1, y) - 2T(n, y) + T(n - 1, y)]}{\Delta x^2} + \frac{[T(x, m + 1) - 2T(x, m) + T(x, m - 1)]}{\Delta y^2}$$

유한 차분법의 위력은 2차원 경우에 사용될 때 가장 잘 드러나며, 그림 2.28에는 그러한
2차원 구성이 그려져 있다. 이 그림에서 주목해야 할 점은 전도 매질이 분할되어 그리드
(grid)로 되어 있다는 것이다. 그리드 선의 교차점은 노드 점 또는 노드를 나타내는데,
이 노드(node)는 그 상태량이 노드의 상태량과 같은 주변(neighbor)으로 둘러싸여 있다.

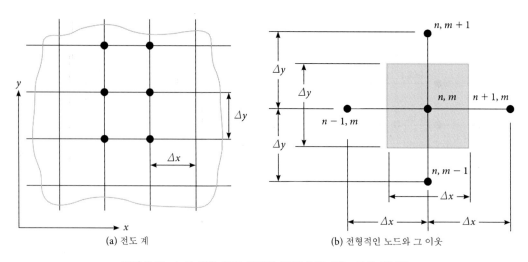

그림 2.28 노드 점을 전도 매질에 형성시키고 있는 유한 차분법

(a) 전도 계   (b) 전형적인 노드와 그 이웃

그림 2.28에는 이러한 주변이 $\Delta y = \Delta x$인 정사각형으로 형성되어 나타나있다. 노드의 기하형상을 이렇게 한정하는 것은 대수적으로 복잡해지는 것을 줄이고자 하는 것이지만, $\Delta y \neq \Delta x$인 경우도 살펴보아야 한다. 노드가 정사각형이 아닐 때에는 한층 더 신경을 써서 대수적으로 처리하여야 한다. 게다가 어떤 특정한 노드로 정의하여야 한다는 규칙도 전혀 없다. 다시 강조하지만 노드를 정사각형으로 작도하거나 형성시켜, 계의 경계에서 이러한 노드의 경계들과 일치시키는 것이 가장 좋다.

그러나 비정형적인 노드에도 대수학은 항상 사용되어야 한다. 유한 차분법에서는 각각의 노드와 그 주변에 에너지 균형을 적용하여 처리한다. 각각의 노드에서 인접 노드의 중심까지의 경계는 진정한 열역학적 경계를 나타내므로, 이 경계에서는 열전달을 확인할 수 있다. 그러므로 전형적인 노드에서는 정상 상태라고 가정할 때 에너지 균형이 다음과 같이 되는데,

$$\dot{Q}_{\text{other}} - \kappa \sum \frac{\Delta T}{\Delta x} - \kappa \sum \frac{\Delta T}{\Delta y} = 0 \tag{2.89}$$

이 식에서 $\dot{Q}_{\text{other}}$는 노드 경계를 통과하는 비전도성 열전달(+는 노드를 향하는 열전달이고 −는 노드에서 나가는 열전달임)이거나 아니면 노드에서 일어나고 있을 수도 있는 모든 에너지 생성 현상이다. 내부 노드가 이와 유사한 노드들로 둘러싸여 있고 에너지 생성이 전혀 일어나지 않고 있을 때에는 $\dot{Q}_{\text{other}}$이 0이 된다. 식 (2.89)의 에너지 균형에는 전도

매질의 모든 노드가 전부 적용되어야 하며, 그 결과는 선형 식 세트로 나타난다. 이 선형 식 세트는 다음과 같은 행렬로 표현할 수 있는데,

$$[M]\{T\} = \{\dot{Q}\} \qquad (2.90)$$

이 식에서 $[M]$은 에너지 균형에서 온도 T_i가 들어 있는 항들의 계수 a_{ij}로 구성되는 정사각행렬을 나타낸다. 기호 $\{T\}$는 모든 노드의 온도에 사용하는 행렬 규약으로서 행렬 해석에서 열벡터(column vector)라고 하며, $\{\dot{Q}\}$는 경계 비전도성 열전달 또는 에너지 생성량을 나타낸다. 여기에서 열전달을 해석할 때에는 행렬 $[M]$이 행의 수(m)와 열의 수(n)가 동일한 정사각 정칙 행렬이기 마련이므로, 이러한 행렬은 다음과 같이 나타낼 수 있는데,

$$\{T\} = [M]^{-1}\{\dot{Q}\} \qquad (2.91)$$

이 식에서 $[M]^{-1}$은 행렬 $[M]$의 역행렬이다. 그러므로 여러 노드 온도 해인 $\{T\}$는 행렬 $[M]$의 역행렬을 구함으로써 구할 수 있다. 이러한 연산을 편리하게 해주는 컴퓨터용으로 'matrix inverse' 패키지들이 많이 있으며, 일부 패키지에는 스프레드시트 소프트웨어가 구비되어 있다. 이 책에서는 이 모든 패키지를 다 살펴보려는 것은 아니다. 그러나 고급 수치 해석법이나 컴퓨터 응용 열전달 해석법에 관하여 한층 더 상세한 내용과 설명에 관심이 있다면, Gerald와 Wheatley[14], Shih[15] 또는 Jaluria와 Torrance[16]을 참고하면 된다. 여기에서는 답을 구할 때 컴퓨터(기계) 연산에서 일어나는 실제 과정을 올바르게 이해할 수 있도록 하려는 것이다. 컴퓨터용 패키지 중에서 사용하기 쉽고 강력한 것이 Engineering Equation Solver(EES)이므로, 여기에서는 이 패키지를 사용하고자 한다. 이 패키지는 노드 식은 사용자가 작성하게 하고, 그 나머지는 코딩과 컴퓨터로 수행되게 한다는 점에서 직접적인 방법이므로 알아보기가 쉽다. 한편으로 구한 답을 판단하여 타당성을 따지는 것은 사용자가 알아서 해야 할 일이다. 산출된 온도나 열전달이 타당한 것으로 보이는가? 설령 타당한 것처럼 보이더라도, 그 답이 정확한지 아닌지 노드 식을 확인해 보는 것이 신중하고도 확실한 생각이다. 그리고 이러한 생각은 정상 상태 전도 열전달을 해석하고 설계할 때 편리한 도구가 된다. 다음 장에서는 이 EES 패키지를 천이 조건(과도 조건)에 확대 적용할 것이다.

그림 2.29a와 같은 정사각형 단면 핀(fin)에서 열전달을 산출하라. z 방향에서는 열전달이나 온도 차를 무시한다.

풀이 그림 2.29b에는 유한 차분법을 사용하여 핀 온도를 구한 다음, 이렇게 구한 온도로 열전달 근삿값을 산출하고자 하는 단순한 4 노드 그리드가 그려져 있다. 그림 2.30 에는 각각의 노드에 숫자가 부여되어 있고 열전달 균형이 적용되어 있다. 주철은 부록 표 B.2에서 열전도도를 39 W/m · ℃ 로 잡는다. 노드 식은 행렬 형태 식을 다음과 같이 쓴다.

$$[M]\{T\} = \{\dot{Q}\}$$

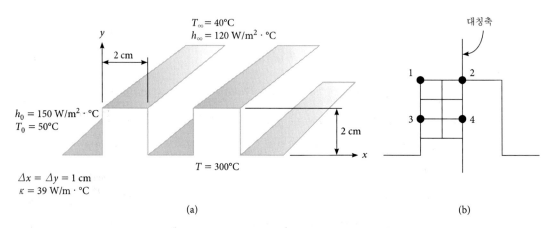

그림 2.29 정사각형 단면 주철 핀에서의 2차원 열전달 해석(예제 2.20)

여기에서

$$[M] = \begin{bmatrix} -2.07 & 1.0 & 1.0 & 0.0 \\ 1.0 & -2.03 & 0.0 & 1.0 \\ 1.0 & 0.0 & -4.08 & 2.0 \\ 0.0 & 1.0 & 2.0 & -4.0 \end{bmatrix} = \begin{bmatrix} a_{11} & a_{12} & a_{13} & a_{14} \\ a_{21} & a_{22} & a_{23} & a_{24} \\ a_{31} & a_{32} & a_{33} & a_{34} \\ a_{41} & a_{42} & a_{43} & a_{44} \end{bmatrix}$$

$$\{T\} = \begin{bmatrix} T_1 \\ T_2 \\ T_3 \\ T_4 \end{bmatrix} \quad 및 \quad \{\dot{Q}\} = \begin{bmatrix} -3.15 \\ -1.23 \\ -303.85 \\ -300.0 \end{bmatrix}$$

이 네 식의 배열로 이제는 핀의 온도 분포와 열전달을 구하는 컴퓨터 연산 방법의 가짓수에 관한 중요한 정보를 설정하였다. EES를 사용할 것이므로 표 2.4에 수록 되어 있는 노드 식 다음 단계로 더 이상 진행시킬 필요는 없다.

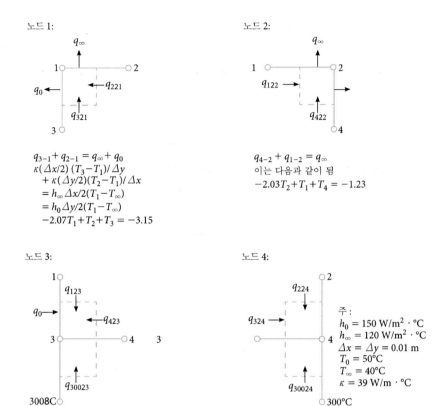

노드 1:

$q_{3-1} + q_{2-1} = q_\infty + q_0$
$\kappa(\Delta x/2)(T_3-T_1)/\Delta y$
$+ \kappa(\Delta y/2)(T_2-T_1)/\Delta x$
$= h_\infty \Delta x/2(T_1-T_\infty)$
$= h_0 \Delta y/2(T_1-T_\infty)$
$-2.07T_1 + T_2 + T_3 = -3.15$

노드 2:

$q_{4-2} + q_{1-2} = q_\infty$
이는 다음과 같이 됨
$-2.03T_2 + T_1 + T_4 = -1.23$

노드 3:

$q_{1-3} + q_{4-3} + q_{300-3} = q_0$
이는 다음과 같이 됨
$-4.08T_3 + T_1 + 2T_4 = -303.85$

노드 4:

주 :
$h_0 = 150 \ \mathrm{W/m^2 \cdot °C}$
$h_\infty = 120 \ \mathrm{W/m^2 \cdot °C}$
$\Delta x = \Delta y = 0.01 \ \mathrm{m}$
$T_0 = 50°C$
$T_\infty = 40°C$
$\kappa = 39 \ \mathrm{W/m \cdot °C}$

$q_{2-4} + q_{3-4} + q_{300-4} = 0$
이는 다음과 같이 됨
$+4T_4 + T_2 + 2T_3 = -300$

그림 2.30 예제 2.20 정사각형 단면 핀의 노드 식

표 2.4 예제 2.20 사각 단면 핀 문제의 노드 식 묶음

$$1: \ -2.07T_1 + T_2 + T_3 = -3.15$$
$$2: \ -2.03T_2 + T_1 + T_4 = -1.23$$
$$3: \ -4.08T_3 + T_1 + 2T_4 = -303.85$$
$$4: \ -4T_4 + T_2 + 2T_3 = -300.0$$

게다가 이러한 노드 식들은 EES 포맷에 입력할 수 있다. 그러므로 각각의 처리 연산에서는 잊지 말고 별표(*)를 기입해야만 한다. 또한, 핀의 열전달도 구해야 한다. 이는 핀 표면에서 대류 열전달을 구하면 된다. 이 Q_{conv}를 불러내면, 다음과 같다.

$$Q_{\text{conv}} = 2*h_0*(\Delta y*(300 - 50) + 2*\Delta y*(T_3 - 50) + \Delta y*(T_1 - 50))$$
$$+ 2*h_\infty*(\Delta x*(T_1 - 40) + \Delta x*(T_2 - 40)) \qquad (2.92)$$

이와는 다르게 온도가 330 ℃인 핀의 하단부에서 노드까지 전도로 일어나는 열전달을 구할 수 있다. 이 열전달은 Q_{cond}라고 하는데, 다음과 같다.

$$Q_{\text{cond}} = 2*\kappa*(0.5*\Delta x*((300 - T_3))/\Delta y + 0.5*\Delta x*((300 - T_4))$$
$$+ /\Delta y) + 2*h_0*\Delta y*0.5*(300 - 50) \qquad (2.93)$$

주목할 점은 핀을 절반만 살펴보았기 때문에 열전달은 두 배가 되어야 한다는 것이다. 또한, 열전도도, 노드 크기 및 대류 열전달 계수들이 다음과 같이 규정되어야 한다. 즉,

$$h_0 = 150$$
$$\Delta x = 0.01$$
$$\Delta y = 0.01$$
$$h_\infty = 120$$
$$\kappa = 39$$

표 2.5에는 EES 프로그램이 있는데, 여기에는 프로그램으로 구한 해와 함께 코멘트 라인이 몇 줄 있다. 해석을 완벽하게 하려면 EES에서 SI 단위가 사용 중인 것이 보장되도록 확인해야 하는데, 온도에는 섭씨 온도(℃), 압력에는 킬로파스칼(kPa), 에너지나 열에는 킬로줄(kJ) 그리고 질량에는 킬로그램(kg)이 있다.

표 2.5 예제 2.20의 EES 프로그램과 그 연산 결과

"An EES program to determine the temprature distribution and the heat transfer of a square fin for Example 2-20"

"The set of node equations"

$-2.07*T_1 + T_2 + T_3 = -3.15$
$-2.03*T_2 + T_1 + T_4 = -1.23$
$-4.08*T_3 + T_1 + 2*T_4 = -303.85$
$-4*T_4 + T_2 + 2*T_3 = -300$

"The heat transfer through a fin"

$k = 39$
$h_0 = 150$
$h_{\text{fin}} = 120$
$d_y = 0.01$
$Q_{\text{cond}} = 2*k*(0.5*(300 - T_3) + 0.5*(300 - T_4)) + 2*h_0*d_y*0.5*(300 - 50)$

$Q_{\text{conv}} = 2*(h_0*d_y*(T_3 - 50) + h_0*d_y*0.5*(T_1 - 50)) + h_0*d_y*0.5*(300 - 50)$
$+ 2*(h_{\text{fin}}*d_y*0.5*(T_1 - 40) + h_{\text{fin}}*d_y*0.5*(T_2 - 40))$

풀이

Unit Settings: SI: °C kPa kJ mass deg

$d_y = 0.01$ $h_{\text{fin}} = 120$

$h_0 = 150$ $k = 39$

$Q_{\text{cond}} = 1964$ $Q_{\text{conv}} = 1931$

$T_1 = 266.4$ $T_2 = 270.5$

$T_3 = 277.8$ $T_4 = 281.5$

No unit problems were detected.

이 결과는 표 2.5에 나타나 있다. 주목할 점은 경계 조건 온도와 비교하여 4노드 온도가 타당해 보이고 전도 열전달 산출값인 1964 W/m와 대류 열전달 산출값인 1931 W/m가 잘 들어맞는 것으로 보아 열전달도 타당해 보인다는 것이다.

이제 예제 2.20의 핀에서 노드 개수를 증가시키면 그 결과가 어떻게 되는지를 살펴보자.

예제 2.21

예제 2.20에서 노드의 개수를 더 많이 사용함으로써 온도 분포 산출값의 정확도를 개선시켜 보라.

풀이 핀에서의 온도 분포는 노드 그리드를 더 세밀하게 하면, 더 높은 정확도로 산출될 수 있다. 그림 2.31과 같은 노드 그리드는 노드 간격을 반으로 줄임으로써, 즉

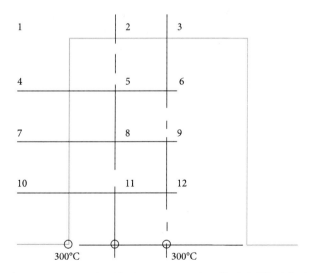

그림 2.31 예제 2.20을 변형시켜 노드를 12개로 한 정사각형 단면 핀

$\Delta x = \Delta y = 0.5$ cm 로 함으로써 나온 결과이다. 노드는 12개이며, 각 노드의 에너지 균형에서 작성한 노드 식들은 표 2.6에 수록되어 있으므로, 이 식들을 EES 프로그램에서 사용하여 온도 분포와 열전달을 구할 수 있다.

표 2.6 노드가 12개인 정사각형 단면 핀의 노드 식

노드	노드 식
1	$-2.069T_1 + T_2 + T_4 = -1.577$
2	$0.5T_1 - 2.015T_2 + 0.5T_3 + T_5 = -0.615$
3	$T_2 - 2.015T_3 + T_6 = -0.615$
4	$0.5T_4 - 2.019T_4 + T_5 + 0.5T_7 = -0.962$
5	$T_2 + T_4 - 4T_5 + T_6 + T_8 = 0$
6	$T_3 + 2T_5 - 4T_6 + T_9 = 0$
7	$0.5T_4 - 2.019T_7 + T_8 + 0.5T_{10} = -0.962$
8	$T_5 + T_7 - 4T_8 + T_9 + T_{11} = 0$
9	$0.5T_6 + T_8 - 2T_9 + 0.5T_{12} = 0$
10	$0.5T_7 - 2.019T_{10} + T_{11} = -150.962$
11	$T_8 + T_{10} - 4T_{11} + T_{12} = -300.0$
12	$0.5T_9 + T_{11} - 2T_{12} = -150.0$

여기에서도 EES 프로그램에서 12 노드 식을 입력하면, 핀에서의 온도 분포를 구할 수 있다. 또한 열전달은 노드 1, 2, 3, 4, 7 및 10에서의 대류 열전달에서 산출할 수도 있다. 끝으로, 핀 열전달은 온도가 300 ℃인 하단부 노드에서 일어나는 대류와 함께 하단부로부터 노드 10, 11 및 12까지 전달되는 전도로 산출할 수 있다. 해당 EES 프로그램은 표 2.7에 수록되어 있으며, 연산 결과 또한 이 표에 실려 있다. 이 결과는 예제 2.20에서 나온 결과와 비교할 때 양호하다.

표 2.7 예제 2.21의 EES 프로그램

"An EES program to determine the temperature distribution and the heat transfer of a square fin for Example 2-21"

"The set of node equations"

$-2.069*T_1 + T_2 + T_4 = -1.577$

$0.5*T_1 - 2.015*T_2 + 0.5*T_3 + T_5 = -0.615$

$T_2 - 2.015*T_3 + T_6 = -0.615$

$0.5*T_1 - 2.019*T_4 + T_5 + 0.5*T_7 = -0.962$

$T_2 + T_4 - 4*T_5 + T_6 + T_8 = 0$

$T_3 + 2*T_5 - 4*T_6 + T_9 = 0$

$0.5*T_4 - 2.019*T_7 + T_8 + 0.5*T_{10} = 0.962$

$T_5 + T_7 - 4*T_8 + T_9 + T_{11} = 0$

$T_5 + T_7 - 4*T_8 + T_9 + T_{11} = 0$

$0.5*T_6 + T_8 - 2*T_9 + 0.5*T_{12} = 0$

$0.5*T_7 - 2.019*T_{10} + T_{11} = -150.962$

$T_8 + T_{10} - 4*T_{11} + T_{12} = -300$

$0.5*T_9 + T_{11} - 2*T_{12} = -150$

"The heat transfer through a fin"

$k = 39$

$h_0 = 150$

$h_{fin} = 120$

$d_y = 0.005$

$Q_{cond} = 2*k*(0.5*(300 - T_{10}) + (300 - T_{11}) + 0.5*(300 - T_{12}))$
$\quad + 2*h_0*d_y*0.5(300 - 50)$

$Q_{conv1} = 2*(h_0*d_y*(T_{10} - 50) + h_0*d_y*(T_7 - 50) + h_0*d_y*(T_4 - 50)$
$\quad + h_0*d_y*0.5*(T_1 - 50))$

$Q_{conv2} = 2*(h_0*d_y*0.5*(300 - 50)) + 2*(h_{fin}*d_y*(T_2 - 40) + h_{fin}*d_y*(T_2 - 40)$
$\quad + h_{fin}*d_y*0.5*(T_3 - 40))$

$Q_{conv} = Q_{conv1} + Q_{conv2}$

풀이

Unit Setting: SI °C kPa kJ mass deg

$d_y = 0.005$	$h_{fin} = 120$
$h_0 = 150$	$k = 39$
$Q_{cond} = 2199$	$Q_{conv} = 1883$
$Q_{conv1} = 1164$	$Q_{conv2} = 718.8$
$T_1 = 255.6$	$T_{10} = 285$
$T_{11} = 287.6$	$T_{12} = 288.3$
$T_2 = 262.7$	$T_3 = 264.6$
$T_4 = 264.6$	$T_5 = 268.5$
$T_6 = 269.9$	$T_7 = 273.6$
$T_8 = 277$	$T_9 = 278$

No unit problems were detected.

이제는 컴퓨터를 사용하여 온도나 열전달을 산출하고자 할 때 해야 할 일 중에서 가장 중요한 일이 바로 노드 식 작성이라는 점을 알아차려야만 한다. 복잡한 형태의 연산을 문서화할 때에는 이러한 노드 식을 식 (2.90) 형태로 작성하거나 바로 식 세트로 전개하는 것이 좋은 방법이다. 표 2.8에는 직교 좌표계에서 흔히 접하게 되는 일부 노드 자료를 모아 놓았다.

유한 차분법은 원통 좌표계나 구면 좌표계에서 사용할 수도 있고 3차원 좌표계에서도 사용할 수 있다. 표 2.9에는 이러한 좌표계에서의 3차원 노드 주변 요소가 정의되어 있다. 3차원 문제를 살펴볼 때에는 3차원 열 저항 개념을 사용하는 것이 더 편리할 때도 있다. 제2.3절에서 x 방향 전도 열전달에서 열 저항을 다음과 같이 정의한 바 있으므로,

$$R_{Tx} = \Delta x / \kappa A \qquad (2.27, \text{ 다시 씀})$$

다음과 같이 된다.

$$\dot{Q}_x = \frac{\Delta T}{R_{Tx}} \qquad (2.94)$$

또한, 대류 열전달에서는 열 저항이 다음과 같으므로,

$$R_{T0} = 1/h_0 A \qquad (2.95)$$

다음과 같이 된다.

$$\dot{Q}_{\text{convection}} = \frac{\Delta T}{R_{T0}}$$

3차원 문제에서는 표 2.10에 수록되어 있는 요소들이 에너지 균형을 가시화하고 노드 식을 작성하는 데 보조 수단이 될 수 있다. 1차원 문제이거나 2차원 문제 또는 3차원 문제든 간에 열 저항을 사용한다는 것은 에너지 균형 식 (2.89)를 전도 항 대신 다음과 같은 열 저항으로 작성한다는 것을 의미하는데,

$$\dot{Q}_{\text{other}} = \sum \frac{\Delta T_i}{R_{Ti}} \qquad (2.96)$$

이 식에서 ΔT_i와 R_{Ti}는 세 가지 좌표 방향 모두에서 존재할 수 있다. 표 2.10에는 열 저항에는 전도 열전달이나 대류 열전달을 가시화하는 데 사용되는 노드 모델이 나타나 있다. 이 노드 모델에서 잊지 말아야 할 점은 열 저항들을 통상적인 전도 열전달 항이나

대류 열전달 항 등으로 대체할 수 있다는 것이다. 식 (2.96)의 합 식에 있는 여러 항들에 표 2.10과 같은 요소들을 사용하게 되면, 특정한 계에서 확인된 노드마다 노드 식을 세울 수 있다. 다음 예제는 다소 거창하기는 하지만 열전달 문제가 다소 복잡할 때에는 어떻게 해석을 해야 하는지를 시범적으로 보여주고 있다.

표 2.8 몇 가지 전형적인 노드 및 노드 주변과 그 결과로 작성된 노드 식 (열전도도가 일정한 정상 상태 전도)

I. 내부 노드

$$-4T_{m,n} + T_{m,n+1} + T_{m,n-1} + T_{m+1,n} + T_{m-1,n} = 0 \quad (\Delta x = \Delta y일\ 때)$$

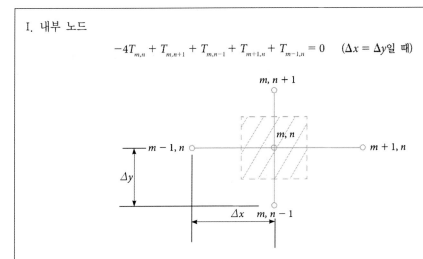

II. 대류가 일어나고 있는 경계 노드

$$-(2h\Delta y/\kappa + 4)T_{m,n} + 2T_{m+1,n} + T_{m,n+1} + T_{m,n-1} = -[2h\Delta y/\kappa]T_{\infty} \quad (\Delta x = \Delta y일\ 때)$$

III. 단위 면적당 열전달 $\dot{q}$이 명확한 경계 노드 (단열이 된 경계나 대칭축에서 $\dot{q} = 0$임)

$$-4T_{m,n} + 2T_{m+1,n} + T_{m,n-1} + T_{m,n+1} = 2\dot{q}\Delta y/\kappa \quad (\Delta x = \Delta y일\ 때)$$

표 2.8(계속) 몇 가지 전형적인 노드 및 노드 주변과 그 결과로 작성된 노드 식 (열전도도가 일정한 정상 상태 전도)

IV. 대류가 일어나고 있는 외부 모서리 노드

$$-[(2h\Delta y/\kappa + 2)]T_{m,n} + T_{m,n-1} + T_{m-1,n} = -2h\Delta y/\kappa T_0 \quad (\Delta x = \Delta y일 \ 때)$$

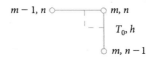

V. 대류가 일어나고 있는 내부 모서리 노드

$$-(6 + 2h\Delta x/\kappa)T_{m,n} + T_{m,n-1} + T_{m+1,n} + 2T_{m,n+1} + 2T_{m-1,n} = -[2h\Delta x/\kappa]T_0 \quad (\Delta x = \Delta y일 \ 때)$$

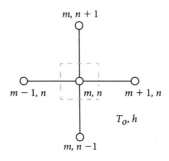

VI. 비정형 경계 근방에서의 내부 노드

$$-2\left(\frac{\Delta x}{\Delta a} + \frac{\Delta y}{\Delta b}\right)T_{m,n} + \frac{2\Delta x}{\Delta a\left(\frac{\Delta a}{\Delta x + 1}\right)}T_a + \left[\frac{2}{\left(\frac{\Delta b}{\Delta y} + 1\right)}\right]T_{m,n-1} + \frac{2}{\left(\frac{\Delta a}{\Delta x} + 1\right)}T_{m+1,n} + \frac{2\Delta y}{\Delta b\left(\frac{\Delta b}{\Delta y} + 1\right)}T_b$$

$$= 0 \quad (\Delta x = \Delta y일 \ 때)$$

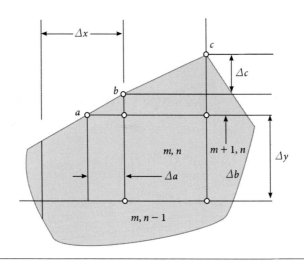

표 2.8(계속) 몇 가지 전형적인 노드 및 노드 주변과 그 결과로 작성된 노드 식 (열전도도가 일정한 정상 상태 전도)

VII. 비정형 경계에서의 표면 노드 b

$$-\left[\frac{\Delta b}{\sqrt{(\Delta a)^2 + (\Delta b)^2}} + \frac{\Delta b}{\sqrt{(\Delta c)^2 + (\Delta y)^2}} + \frac{\Delta a + \Delta x}{\Delta b}\right.$$

$$\left. + \left(\sqrt{\Delta c^2 + \Delta y^2} + \sqrt{(\Delta a)^2 + (\Delta b)^2}\right)\frac{h}{k}\right]T_b + \frac{\Delta b}{\sqrt{(\Delta a)^2 + (\Delta b)^2}}T_a$$

$$+ \frac{\Delta b}{\sqrt{(\Delta c)^2 + (\Delta y)^2}}T_c + \frac{\Delta a + \Delta x}{\Delta b}T_{m,n} =$$

$$- \frac{h}{k}\left(\sqrt{\Delta c^2 + \Delta y^2} + \sqrt{\Delta a^2 + \Delta b^2}\right)T_o$$

표 2.9 직교 좌표계, 원통 좌표계 및 구면 좌표계에서의 노드 주변

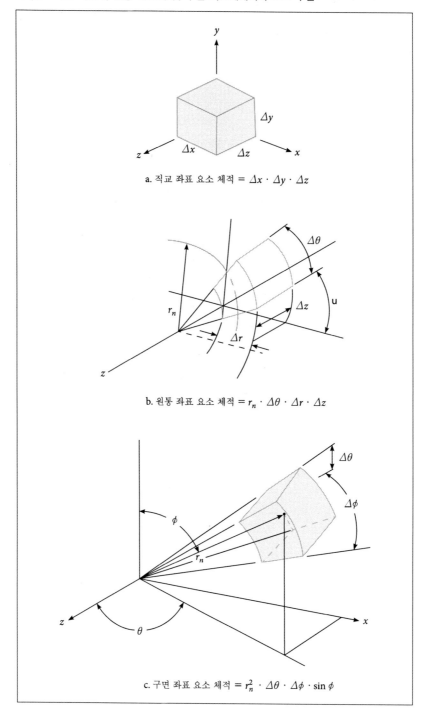

a. 직교 좌표 요소 체적 $= \Delta x \cdot \Delta y \cdot \Delta z$

b. 원통 좌표 요소 체적 $= r_n \cdot \Delta \theta \cdot \Delta r \cdot \Delta z$

c. 구면 좌표 요소 체적 $= r_n^2 \cdot \Delta \theta \cdot \Delta \phi \cdot \sin \phi$

표 2.10 세 가지 대표적인 좌표계에서 3차원 열전달 노드 요소 모델

		열 저항	전도	대류

$$R_{Tx} \quad \Delta x/(\kappa \Delta y \cdot \Delta z) \qquad 1/(h\Delta y \cdot \Delta z)$$

$$R_{Ty} \quad \Delta y/(\kappa \Delta x \cdot \Delta z) \qquad 1/(h\Delta x \cdot \Delta z)$$

$$R_{Tz} \quad \Delta z/(\kappa \Delta x \cdot \Delta y) \qquad 1/(h\Delta x \cdot \Delta y)$$

a. 직교 좌표에서의 노드

$$R_{Tr} \quad \Delta r/[(\kappa(r_n \pm \Delta r/2)(\Delta \theta)(\Delta z)] \qquad 1/[(h(r_n \pm \Delta r/2)(\Delta \theta)(\Delta z)]$$

$$R_{T\theta} \quad r_n(\Delta \theta)/(\kappa \Delta r \cdot \Delta z) \qquad 1/(h\Delta r \cdot \Delta z)$$

$$R_{Tz} \quad (\Delta z)/(\kappa r_n \cdot \Delta \theta \cdot \Delta r) \qquad 1/(hr_n\Delta \theta \cdot \Delta z)$$

b. 원통 좌표에서의 노드

$$R_{Tr} \quad \frac{(\Delta r)}{\left(r_n \pm \Delta \frac{r}{2}\right)^2 (\Delta \phi)(\Delta \theta)\kappa \sin \theta} \qquad \frac{(1)}{h\left(r_n \pm \frac{\Delta r}{2}\right)^2 (\Delta \theta)(\Delta \phi)}$$

$$R_{T\theta} \quad \frac{(\Delta \phi) \sin \theta}{\kappa (\Delta \theta)(\Delta r)} \qquad \frac{1}{hr_n(\Delta \phi)(\Delta r)}$$

$$R_{T\phi} \quad \frac{(\Delta \theta)}{\kappa (\Delta r)(\Delta \theta) \sin (\theta \pm \Delta \phi)} \qquad \frac{1}{hr_n(\Delta \theta)(\Delta r)}$$

c. 구면 좌표에서의 노드

직경 30 cm인 대형 참나무 통나무가 건물에서 수평 구조 부재로 사용되고 있다. 이 통나무

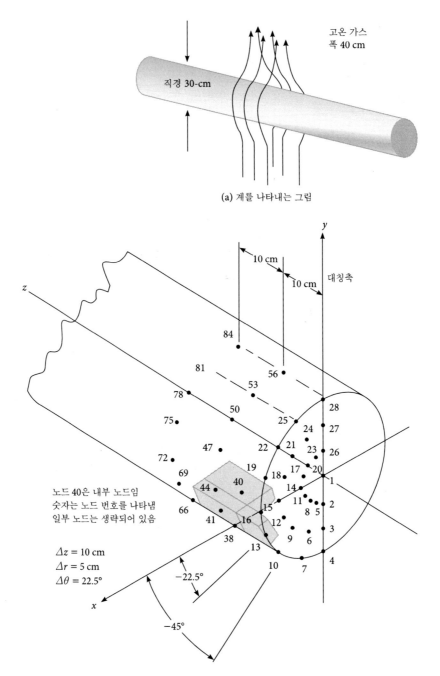

고온 가스
폭 40 cm

직경 30-cm

(a) 계를 나타내는 그림

10 cm

10 cm

대칭축

84

81

56

78

53

75

50

25

28

72

47

22

24

27

69

19

21

23

26

44

40

18

17

20

노드 40은 내부 노드임
숫자는 노드 번호를 나타냄
일부 노드는 생략되어 있음

66

14

1

41

15

11

2

16

8 5

38

12

3

13

9 6

$\Delta z = 10$ cm
$\Delta r = 5$ cm
$\Delta \theta = 22.5°$

10

7

4

$-22.5°$

$-45°$

x

(b) 유한 차분 모델. 숫자는 노드 번호를 나타내고, 일부 노드는 생략되어 있다.

그림 2.32 고온 가스를 쐬고 있는 참나무 보

에 대한 잠재적인 화재 손상 연구로서, 그림 2.32와 같이 40 cm가 넘는 폭으로 통나무를 지나면서 상승하는 고온 가스를 살펴보라. 통나무 외측 표면에서의 경계 조건은 축 방향으로 대칭이라고 본다. 통나무 주위를 지나는 가스의 온도는 $T(\theta, z)$로 쓴다. 즉, 대칭축은 폭이 40 cm인 고온 가스 경로의 축 방향 중심에 위치한다. 대류 열전달 계수는 $h(\theta, z)$로 표현하여 이 상태량이 통나무 표면 위에서 원둘레 방향과 축 방향으로 어떻게 변하는지를 나타낸다. 유한 차분 해석에서 그림 2.32b에 음영으로 표시한 노드 13, 40 및 41에서의 노드 식을 쓰라. 또한, 노드 13, 40 및 41에서 통나무의 축 방향, 반지름 방향 및 원둘레 방향으로의 전도 열전달을 기술하는 데 사용할 수 있는 식을 쓰라.

풀이 그림 2.32b에는 제안된 유한 차분 노드 그리드가 주변과 함께 그려져 있다. 신중하게 주목해야 할 점은 노드 13은 통나무의 외측 표면상에 있으므로 그 표면을 가로질러서 열전달이 전혀 일어나지 않으며, 노드 10(표면 노드), 노드 12(안쪽에 있는 노드), 노드 16(표면 노드) 및 노드 41(표면 노드)과는 전도 열전달로 상호 작용한다는 것이다. 또한 노드 13은 x축을 기준으로 하여 $-22.5°$ 방향에서 고온 가스와 대류 열전달이 일어난다. 노드 40은 내부 노드이며, 노드 12, 68, 39, 41, 37 및 43들과 전도로 상호 작용을 한다. 노드 41은 노드 40, 노드 69(표면 노드), 노드 13, 노드 38(표면 노드) 및 노드 44와 전도로 상호 작용한다. 노드 41은 또한 $-22.5°$ 방향에서 고온 가스와 대류 열전달이 일어난다. 그림 2.33에는 해당 노드와 인접 노드로 나가는 열 유동이 그려져 있다.

경계 조건은 축 방향으로 대칭적이므로, 폭이 40 cm인 가스 경로를 가로질러 중간 지점에 대칭선이 있기 마련이다. 그림 2.32b에는 가스 경로가 한쪽 끝이 단열 표면인 상태에서 폭이 20 cm임을 나타내고 있다. 노드 13을 살펴보면 그림 2.33b와 같이 축 방향, 반지름 방향 및 원둘레 방향으로 열 저항이 있으며 이들은 다음과 같고,

$$R_{Tr+} = \cfrac{1}{\left[h(\theta_{13}, z_{13}) \cdot r_{13} \cdot \Delta\theta \cdot \cfrac{\Delta z}{2} \right]} = \cfrac{1}{[h(-22.5°, 0)(0.15\,\text{m})(\pi/8)(0.05\,\text{m})]}$$

$$= \cfrac{339.5}{h(-22.5°, 0)}$$

$$R_{Tr-} = \cfrac{r}{\left[\kappa \left(r_{13} - \cfrac{\Delta r}{2} \right)(\Delta\theta)\left(\cfrac{\Delta z}{2} \right) \right]} = \cfrac{1}{[k(0.125\,\text{m})(\pi/8)(0.05\,\text{m})]} = \cfrac{407.4}{k}$$

$$R_{T\theta+} = R_{T\theta-} = \cfrac{[r_{13}(\Delta\theta)]}{\left[\kappa \left(\cfrac{\Delta r}{2} \right)\left(\cfrac{\Delta z}{2} \right) \right]} = \cfrac{[(0.15)(\pi/8)]}{\left[\kappa \left(\cfrac{0.05}{2} \right)\left(\cfrac{0.1}{2} \right) \right]} = \cfrac{47.1}{k}$$

$$R_{Tz+} = \frac{\Delta z}{[\kappa r_{13}(\Delta\theta)(\Delta r/2)]} = \frac{0.1}{[\kappa(0.15)(\pi/8)(0.025)]} = \frac{67.9}{k}$$

이 식에서 κ는 참나무의 열전도도이다. 노드 13에서의 에너지 균형은 다음 식과 같이 쓸 수 있으므로,

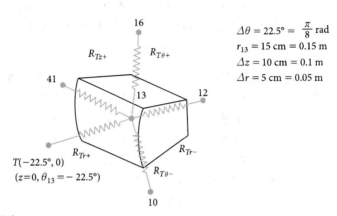

$\Delta\theta = 22.5° = \dfrac{\pi}{8}$ rad

$r_{13} = 15$ cm $= 0.15$ m

$\Delta z = 10$ cm $= 0.1$ m

$\Delta r = 5$ cm $= 0.05$ m

(a) 노드 13 및 그 주변

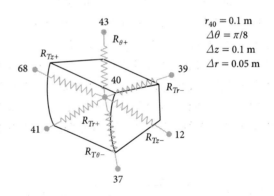

$r_{40} = 0.1$ m

$\Delta\theta = \pi/8$

$\Delta z = 0.1$ m

$\Delta r = 0.05$ m

(b) 노드 40 및 그 주변

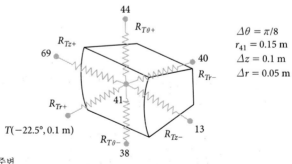

$\Delta\theta = \pi/8$

$r_{41} = 0.15$ m

$\Delta z = 0.1$ m

$\Delta r = 0.05$ m

(c) 노드 41 및 그 주변

그림 2.33 고온 가스가 쐬어지고 있는 참나무 보의 유한 차분법에서의 개별 노드

$$\frac{[T(-22.5°)] - [T_{13}]}{R_{Tr+}} + \frac{[T_{41} - T_{13}]}{R_{Tz+}} + \frac{[T_{16} - T_{13}]}{R_{T\theta+}} + \frac{[T_{10} - T_{13}]}{R_{T\theta-}} + \frac{[T_{12} - T_{13}]}{R_{Tr-}} = 0$$

$$(2.97)$$

이 식은 노드 온도가 독립 변수인 선형 함수임을 알 수 있다. 이 노드 식은 참나무 보 모델에서의 완전한 노드 식 묶음과 결합되면, 개별적인 노드 온도를 풀어 구하는 데 사용될 수 있다.

$Q_z = [T_{41} - T_{13}]/R_{Tz+}$ 는 전도 때문에 노드 41에서 노드 13으로 일어나는 열전달이다.

$Q_r = [T_{12} - T_{13}]/R_{Tr-}$ 는 노드 12에서 노드 13으로 일어나는 열전달이며,
$= [T(-22.5°, 0) - T_{13}]$ 는 고온 가스에서 노드 13으로 일어나는 대류 열전달이다. 단, 고온 가스는 온도가 $T(-22.5°, 0)$ 이다.

$Q_\theta = [T_{10} - T_{13}]/R_{T\theta-}$ 는 노드 10에서 노드 13으로 일어나는 전도 열전달이며,
및 $= [T_{16} - T_{13}]/R_{T\theta+}$ 는 노드 16에서 노드 13으로 일어나는 전도 열전달이다.

이 열전달들은 개별적인 노드 온도를 계산하고 나서 구할 수 있다.

노드 40에서의 노드 식은 그림 2.33b를 참조하면서 노드 13에서 사용되는 해석과 유사하게 해석하면 다음과 같이 쓸 수 있는데,

$$\frac{T_{39} - T_{40}}{R_{Tr-}} + \frac{T_{41} - T_{40}}{R_{Tr+}} + \frac{T_{12} - T_{40}}{R_{Tz-}} + \frac{T_{68} - T_{40}}{R_{Tz+}} + \frac{T_{43} - T_{40}}{R_{T\theta+}} + \frac{T_{37} - T_{40}}{R_{T\theta-}} = 0$$

$$(2.98)$$

이 식에서 열 저항은 노드 40에서의 것이다. 이 열 저항은 각각 다음과 같다.

$$R_{Tr-} = \frac{(\Delta r)}{\left[\kappa\left(r_{40} - \frac{\Delta r}{2}\right)(\Delta\theta)(\Delta z)\right]} = \frac{(.05)}{[\kappa(.075)(\pi/8)(0.1)]} = \frac{16.98}{\kappa}$$

$$R_{Tr+} = \frac{(.05)}{[\kappa(0.125)(\pi/8)(0.1)]} = \frac{10.2}{\kappa}$$

$$R_{T\theta+} = R_{T\theta-} = \frac{r_{40}(\Delta\theta)}{[\kappa(\Delta r)(\Delta z)]} = \frac{7.85}{\kappa}$$

및 $$R_{Tz+} = R_{Tz-} = \frac{(\Delta z)}{[\kappa r_{40}(\Delta\theta)(\Delta r)]} = \frac{50.9}{\kappa}$$

또한 식 (2.98)은 노드 온도를 독립 변수로 하는 선형 식이 된다. 노드 40과 관련되는 열전달은 항별로 다음과 같다.

$$Q_r = [T_{39} - T_{40}]/R_{Tr-} \text{ 는 노드 39에서 노드 40으로 일어나는 열전달이며,}$$
$$= [T_{41} - T_{40}]/R_{Tr+} \text{ 는 노드 41에서 노드 40으로 일어나는 열전달이다.}$$

$$Q_z = [T_{12} - T_{40}]/R_{Tz-} \text{ 는 노드 12에서 노드 40으로 일어나는 열전달이며,}$$
$$= [T_{68} - T_{40}]/R_{Tz+} \text{ 는 노드 68에서 노드 40으로 일어나는 열전달이다.}$$

$$Q_\theta = [T_{37} - T_{40}]/R_{T\theta-} \text{ 는 노드 37에서 노드 40으로 일어나는 전도 열전달이며,}$$
$$= [T_{43} - T_{40}]/R_{T\theta+} \text{ 는 노드 43에서 노드 40으로 일어나는 전도 열전달이다.}$$

마지막으로 그림 2.33c를 참조하면, 노드 41과 그 주변에서의 노드 식은 다음과 같다.

$$\frac{[T_{40} - T_{41}]}{R_{Tr-}} + \frac{[T(-22.5°, 0.1\,\text{m}) - T_{41}]}{R_{Tr+}} + \frac{[T_{38} - T_{40}]}{R_{T\theta-}} + \frac{[T_{44} - T_{40}]}{R_{T\theta+}}$$
$$+ \frac{[T_{13} - T_{40}]}{R_{Tz+}} + \frac{[T_{69} - T_{40}]}{R_{Tz-}} = 0$$

$$(2.99)$$

노드 41에서는 열 저항이 다음과 같다.

$$R_{Tr+} = \frac{1}{[h(\theta_{41}, z_{41})(r_{41})(\Delta\theta)(\Delta z)]} = \frac{1}{[h(-22.5°, 0.1\,\text{m})(0.15\,\text{m})(\pi/8)(0.1\,\text{m})]}$$
$$= \frac{169.8}{h(-22.5°, 0.1\,\text{m})}$$

$$R_{Tr-} = \frac{(\Delta r)}{\left[\kappa\left(r_{41} - \frac{\Delta r}{2}\right)(\Delta\theta)(\Delta z)\right]} = \frac{(0.05)}{[\kappa(0.125)(\pi/8)(0.1)]} = \frac{50.9}{\kappa}$$

$$R_{T\theta+} = R_{T\theta-} = \frac{r_{41}(\Delta\theta)}{[\kappa(\Delta r/2)(\Delta z)]} = \frac{23.56}{\kappa}$$

$$R_{Tz-} = R_{Tz+} = \frac{(\Delta z)}{[\kappa r_{41}(\Delta\theta)(\Delta r/2)]} = \frac{67.9}{\kappa}$$

참나무 보에서 그리고 주위에서 일어나는 열전달을 완전히 해석하려면, 나머지 노드에도 유사한 노드 식을 쓰면 된다. 예를 들어 노드 38에서는 열전달 항들이 노드 41에서와 같지만 노드 온도가 다르다. 노드 38에서는 인접 노드가 44, 37, 35, 10, 66이므로, 고온 가스는 $T(-45°, 0.1\,\text{m})$이다. 또한, 대류 열전달 계수는 다음과 같다고 볼 수밖에 없다.

$$h(-45°, 0.1\,\text{m})$$

이 예제에서는 3가지 노드 예를 대상으로 유한 차분을 사용하여 노드 식을 작성하는 해석법을 설명하고 그로써 온도 분포를 구하는 수단을 제공하고자 한 것으로, 여기에는 해의 정밀도에 관한 직접적인 설명은 들어 있지 않다. 유한 차분법은 근사 해법이므로 (노드 주변의 크기를 축소시켜서) 차분을 더욱더 작게 형성시켜 사용함으로써, 엄밀해나 이에 근접한 해가 나오도록 할 수 있다. 노드 크기를 축소시키는 작업을 거치게 되면 이와 더불어 노드 개수와 이에 필요한 노드 식이 증가하게 된다. 결과적으로 노드 크기를 축소시킬수록 연산에 시간이 많이 들게 된다. 온도 분포에서 구한 해가 타당함을 어느 정도 보장해 주는 유망한 기법으로 몇 가지를 들 수 있다. 이러한 기법 가운데 세 가지를 들자면 다음과 같다.

1. 동일한 문제나 거의 유사한 문제에서 구한 유한 차분법 결과를 해석적 결과와 비교한다.
2. 방금 연산하여 구한 해 세트가 바로 직전에 연산하여 구한 해 세트와 정확히 일치할 때까지 노드를 점점 더 축소해가며 수치 연산을 반복한다. 이 방법은 해가 정확한 값에 수렴할 것이라는 것을 의미한다.
3. 열전달 계산을 사용하여 해당 영역의 온도 분포를 확인한다. 이 방법을 적용한 사례가 예제 2.20과 2.21에 나타나 있는데, 이 예제에서는 핀(fin) 하단부에서의 전도 열전달을 동일한 핀의 외부 표면에서의 대류 열전달과 비교하고 있다.

2개 이상의 해가 일치하는지 아닌지 그 타당성의 여부를 결정할 때에는 해당 문제에 영향을 줄 수 있는 다른 불확실한 면들을 판단하여 반영해야 한다. 예를 들어 예제 2.20에는 핀에서의 열전달 해가 다음과 같은 두 가지 수단으로 구해져 있다. 즉, 핀의 외부 표면에서의 대류 열전달 구하기(1964 W/m)와 핀 하단부에서의 전도/대류 열전달 구하기(1931 W/m)이다. 이 두 해의 차는 33 W/m, 즉 2 % 정도이다. 나중에 알게 되겠지만 대류 열전달 계수는 그 편차가 적어도 10 %가 되기도 하고, 심지어 재료에서 열전도도는 그 편차가 12 % 이상이 되기도 한다. 불확실성은 다른 복잡한 원인도 있지만 이러한 점들 때문에 아무리 작게 잡아도 10 %는 될 수 있으므로, 예제 2.18의 해석에서는 그 계산 결과들이 잘 일치하는 것이다.

요소법은 많은 전도 열전달 과정을 푸는 데 사용되어 왔으며, 규모가 더 큰 시스템에서는 이 유한요소법이 유한 차분법보다 대개는 더 낫다. 유한요소법은 기하형상이 복잡하거나 경계조건이 복잡한 1차원, 2차원, 3차원 모든 문제에 상당히 적합하다. 필요한 수학 연산과 수치 연산을 수행하면서 그리드 노드나 유한 요소를 자동적으로 생성할 수도 있는 컴퓨터 소프트웨어 패키지들은 많이 있다. 또한 디지털 컴퓨터와 결합된 유한요소법의 위력으로 많은 어려운 전도 열전달 문제들을 취급하기가 쉬워졌다. 유한요소법에 관한 자세한 내용은 Kikuchi[17]을 참고하면 된다.

2.7 정상 상태 열전달의 응용

이 절에서는 다음과 같은 정상 상태 열전달의 다섯 가지 응용을 살펴볼 것이다. 즉, 1) 핀(fin)과 확장 표면, 2) 열전도도를 실험적으로 구하는 보호 열판(guarded hot plate) 장치, 3) 열 접촉 저항 현상, 4) 임계 단열 두께, 5) 전선에서의 열 발생이다. 이러한 응용을 설명하고 해석하는 것은 열전달 개념의 유용성을 예를 들어 설명하려고 하는 것이지, 복잡한 응용 목록을 내보이려고 하는 것은 아니다. 더불어 알아야 할 점은 이 응용들은 이 책에서 설명하고 있는 내용보다 더 광범위하고 복잡한 수준으로 발전할 수도 있다는 것이다. 즉, 이렇게 발전된 모든 응용들은 이 책의 수준을 넘어서는 복잡한 개방형 문제라고 해석하면 된다.

핀

엔지니어와 기술자들은 열전달 문제의 해결책으로서 열전달률을 높여야만 하는 문제들을 접하게 될 때가 많이 있다. 냉각, 가열 및 건조, 이 세 가지 현상은 열전달을 반영하여 결부시켜야 한다. 대류 열전달은 이러한 현상에서 제한 요인으로 작용하게 되므로, 설계할 때에는 다음과 같은 세 가지 방법 가운데 한 가지로 열전달을 증가시켜야만 한다. 즉, 1) 대류 열 경계층에서 온도 차를 증가시키거나 2) 대류 열전달 계수 h를 증가시키거나 3) 대류 열전달 표면 면적을 증가시켜야 하는 것이다. 대류 열전달 표면 면적을 증가시키기에 좋은 방법은 **핀**(fin)을 사용하는 것이다. 핀은 그림 2.34와 같이 하단부 표면에서 확장된 재료부이다. 그림 2.34a와 같이 핀 단면이 균일한 직사각형일 때에는 이를 사각단면(square) 핀이라고 하며 수학적으로 해석하기가 대체로 가장 간단하다. 제대로 알고 있어야 할 점은 핀에는 여러 가지 많은 종류가 있으며, 그중에서 일부는 핀이라고까지 할 수는 없지만 핀처럼 표면적을 증가시킴으로써 대류 열전달을 증가시키는 바와 같이 열전달에 영향을 많이 미치는 종류도 있다는 것이다. 그림 2.35에는 원반형, 봉형, 테이퍼형의 세 가지 다른 유형의 핀이 나타나 있다. 또한, 그림 2.36에는 핀(손잡이)이 달린 프라이팬을 비롯하여 이러한 핀들이 결합된 장치나 물품의 몇 가지 형태가 그려져 있다. 이외에도 더욱더 많은 핀을 생각해볼 수 있을 것이다.

먼저 사각단면 핀과 이 핀에서 발생하는 열전달 메커니즘을 살펴보기로 하자. 그림 2.34b에서 주목해야 할 점은 열전달이 전도와 핀에서 발생하는 대류의 복합이므로 그림 2.37과 같은 사각단면 핀의 미분 요소를 해석함으로써 핀에서의 온도와 열전달을 산출할

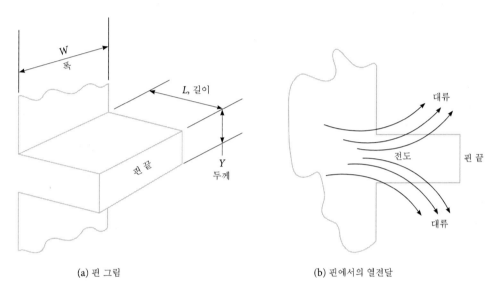

(a) 핀 그림   (b) 핀에서의 열전달

그림 2.34 사각단면 핀

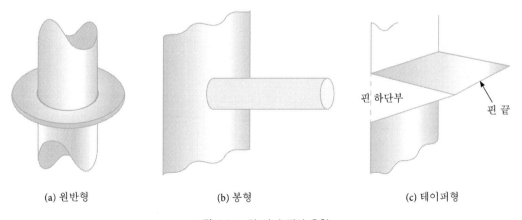

(a) 원반형   (b) 봉형   (c) 테이퍼형

그림 2.35 몇 가지 핀의 유형

수 있다는 것이다. 요소 ΔV가 정상 상태 조건일 때에는 에너지 보존이 다음과 같이 되는데,

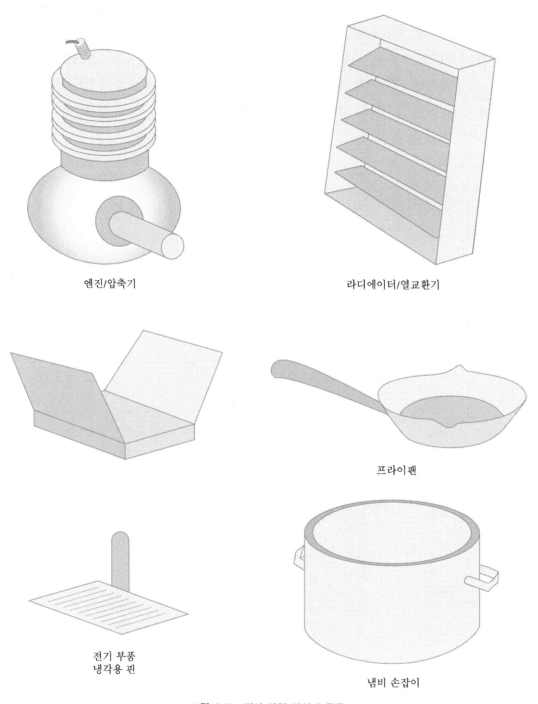

엔진/압축기

라디에이터/열교환기

프라이팬

전기 부품
냉각용 핀

냄비 손잡이

그림 2.36 핀이 달린 장치나 물품

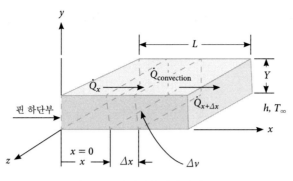

그림 2.37 사각단면 핀의 미분 요소

$$\dot{Q}_x = \dot{Q}_{x+\Delta x} + \dot{Q}_{\text{convection}} \tag{2.100}$$

이 식에서 $\dot{Q}_x$ 는 지점 x 에서 요소 ΔV 로 유입되는 전도 열전달, $\dot{Q}_{x+\Delta x}$ 는 지점 $x+\Delta x$ 에서 ΔV 에서 유출되는 전도 열전달이며, $\dot{Q}_{\text{convection}}$ 은 표면 A_s 를 거쳐 ΔV 에서 유출되는 대류 열전달이다. 전도에 관한 식 (1.52)를 도입하면 다음과 같이 된다.

$$\dot{Q}_x = -\kappa A_x \left[\frac{\partial T(x,y)}{\partial x}\right]_x \quad \text{및} \quad \dot{Q}_{x+\Delta x} = -\kappa A_{x+\Delta x} \left[\frac{\partial T(x,y)}{\partial x}\right]_{x+\Delta x}$$

대류에 관한 식 (1.57)을 도입하면 대류는 다음과 같이 되는데,

$$\dot{Q}_{\text{convection}} = h A_s [T(x,y) - T_\infty]$$

사각단면 핀에서는 $A_x = A_{x+\Delta x}$ 이다. 그런 다음 열전도도가 일정하다고 가정하고, P 를 둘레 길이($2W + 2Y$)라고 할 때 $A_s = P\Delta x$ 라고 놓는다. 그리고 식 (2.100)을 필요한 만큼 대수학적으로 처리하게 되면 다음과 같이 된다.

$$\frac{\kappa A}{Ph\Delta x}\left\{\left[\frac{\partial T(x,y)}{\partial x}\right]_{x+\Delta x} - \left[\frac{\partial T(x,y)}{\partial x}\right]_x\right\} = T(x,y) - T_\infty$$

이제 Δx 를 0으로 놓으면 이 식은 다음과 같이 된다.

$$\frac{\kappa A}{Ph}\left[\frac{\partial^2 T(x,y)}{\partial x^2}\right] = T(x,y) - T_\infty$$

어떤 특정 점 x 에서 온도 분포 $T(x,y)$ 를 균일하다고 가정하면 $T(x,y) = T(x)$ 가 된다.

그리고 사각단면 핀에서 단면적이 일정하다고 가정하면 식 (2.97)이 다음과 같이 된다.

$$\frac{\kappa A}{Ph}\left[\frac{d^2 T(x)}{dx^2}\right] = T(x) - T_\infty \qquad (2.101)$$

수학적으로 처리할 때에는 다음과 같이 정의하는 것이 편리한데,

$$m^2 = Ph/\kappa A \quad \text{및} \quad \theta = T(x) - T_\infty$$

이렇게 하면 식 (2.101)을 다음과 같이 쓸 수 있다.

$$\frac{d^2\theta(x)}{dx^2} = m^2\theta(x) \qquad (2.102)$$

식 (2.102)의 해는 다음과 같은 형태로 쓸 수 있다.

$$\theta(x) = C_1 e^{-mx} + C_2 e^{mx} \qquad (2.103)$$

경계 조건은 다음과 같이 쓰면 된다.

$$\text{B.C. 1} \quad \theta(x) = \theta_0 = T(0) - T_\infty \quad @ \, x = 0, \text{the base}$$

사각단면 핀에는 제2 경계 조건을 구하고 이로써 상수 C_1과 C_2를 산출하는 데 의례적으로 살펴보아야 하는 세 가지 경우가 있다. 이는 다음과 같다.

경우 I 핀이 매우 길거나 매우 얇을 때, 즉 $Y \ll L$이 되어 추가적인 경계 조건은 다음과 같이 된다.

$$\text{B.C. 2(I)} \quad T(x) = T_\infty \;\; \text{또는} \;\; \theta(x) = 0 \quad (x \to \infty \text{에서})$$

경우 II 핀 끝이 단열되어 있는 핀. 이때에는 경계 조건이 다음과 같이 된다.

$$\text{B.C. 2(II)} \quad \frac{dT(x)}{dx} = 0 \;\; \text{또는} \;\; \frac{d\theta(x)}{dx} = 0 \quad (x = L \text{에서})$$

경우 III 핀 끝에서 대류 열전달 계수 h_L을 확인할 수 있을 정도로 대류 열전달이 일어나고 있는 핀. 이때에는 경계 조건이 다음과 같이 된다.

$$\text{B.C. 2(III)} \quad \dot{Q}_x = -\kappa\frac{dT(x)}{dx} = h_L[T(x) - T_\infty] \quad (x = L\text{에서})$$

또는
$$\dot{Q}_x = -\kappa\frac{d\theta(x)}{dx} = h_L\theta_L \quad (x = L\text{에서})$$

B.C.1과 B.C.2(I)을 식 (2.103)에 적용하면 경우 I 핀(매우 기다란 핀)에 관한 온도 분포가 다음과 같이 나온다.

$$\theta(x) = \theta_0 e^{-mx} \qquad (\text{경우 I}) \tag{2.104}$$

이 식은 B.C.2(I)에서 C_2가 0이어야 하거나 그렇지 않으면 온도 분포가 핀 전체에 걸쳐서 지수적으로 증가해야 하기 때문에 이러한 결과가 나온 것이다. 온도 분포는 그림 2.38a에 그래프로 작도되어 있다.

경우 II에 해당하는 핀에서는 온도 분포가 B.C.1과 B.C.2(II)를 식 (2.103)에 적용하게 되면 다음과 같이 나오는데,

$$\theta(x) = \theta_0\frac{\cosh\left[m(L-x)\right]}{\cosh mL}$$

이 식에서 쌍곡선 함수는 제2.4절 예제 2.12에서 소개한 대로 다음과 같이 정의된다.

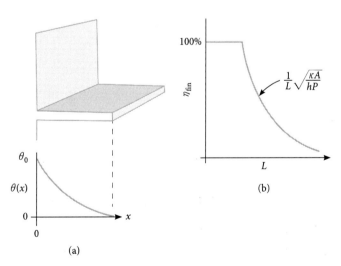

그림 2.38 단면이 사각형인 기다란 핀에서의 온도 분포 및 핀 효율

$$\cosh mx = \frac{1}{2}\left(e^{-mx} + e^{mx}\right)$$

경우 II는 매우 한정적인 것으로 보일 수도 있지만, 그 양쪽 끝이 각각 부착되어 단열 표면이 되어버리는 핀에서는 실제로 유용하다.

경우 III 핀에서는 온도 분포 식을 다음과 같이 쓸 수 있다.

$$\theta(x) = \theta_0 \left(\frac{\cosh\left[m(L-x)\right] + \dfrac{h_L}{m\kappa}\sinh\left[m(L-x)\right]}{\cosh mL + \dfrac{h_L}{m\kappa}\sinh mL} \right)$$

쌍곡선 사인 함수는 다음과 같이 정의된다.

$$\sinh mx = \frac{1}{2}\left(e^{-mx} - e^{mx}\right)$$

사각단면 핀에서의 열전달 $\dot{Q}_{\text{fin}}$ 은 두 가지 방법 가운데 하나를 사용하면 손쉽게 구할 수 있다. 첫째 번 방법은 사각단면 핀을 통하여 전달되는 열량을 그림 2.39a와 같이 핀의 하단부를 통과하는 등가 열량으로 구한다. 이 열전달은 $x = 0$인 하단부에서의 온도 기울기와 Fourier 법칙으로 다음과 같이 산출된다.

$$\dot{Q}_{\text{fin}} = \dot{Q}_{\text{conduction/base}} = -\kappa A_0 \left[\frac{dT(x)}{dx}\right] = -\kappa A_0 \left[\frac{d\theta(x)}{dx}\right] \tag{2.105}$$

식 (2.105)는 모든 핀에 다 적용할 수 있다.

둘째 번 방법도 핀 열전달을 산출하는 데 사용할 수 있는데, 이 방법은 그림 2.39b와 같이 핀 표면에서의 총 대류 열전달을 구하는 것이다. 이는 다음과 같이 적분하면 된다.

$$\dot{Q}_{\text{fin}} = \dot{Q}_{\text{convection}} = \int_0^L hP[T(x) - T_\infty]\,dx = \int_0^L hP\theta(x)\,dx \tag{2.106}$$

식 (2.106)은 전체 길이 L에 걸쳐 단면적이 일정한 모든 사각단면 핀에 적용할 수 있다.

경우 I 핀에서 열전달은 식 (2.104)와 (2.105)를 사용하여 구하면 되는데, 이때에는 핀 전체에 걸쳐서 단면적 A가 핀 하단부 단면적 A_0와 동일하다는 점에 유의하여야 한다.

$$\dot{Q}_{\text{fin}} = -\kappa A_0 \frac{d}{dx}\left[\theta_0 e^{-mx}\right]_{x=0} = \kappa A\theta_0 m e^{-m(0)} = \kappa A m\theta_0 = \theta_0\sqrt{hP\kappa A}$$

이는 식 (2.104)와 (2.106)을 사용하여도 다음과 같이 동일한 결과를 구할 수 있다. 즉,

$$\dot{Q}_{\text{fin}} = \int_0^\infty hP\theta_0 e^{-mx} dx = hP\theta_0 \left(\frac{-1}{m}\right)\left[e^{-mx}\right]_0^\infty = \frac{hP}{m}\theta_0 = \theta_0\sqrt{hP\kappa A}$$

경우 II나 경우 III에 해당하는 핀의 열전달 식 유도 과정은 연습(연습 문제 2.61과 2.62 참조) 과정으로 남겨둔다. 핀 효율은 관례적으로 다음과 같이 정의되는데,

$$\eta_{\text{fin}} = \frac{\dot{Q}_{\text{fin}}}{\dot{Q}_0} \qquad (2.107)$$

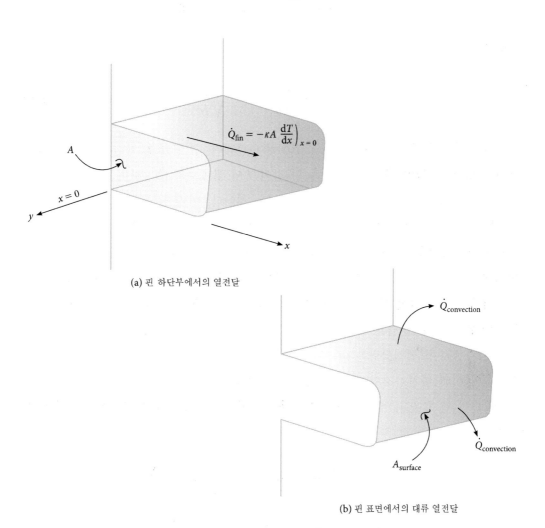

(a) 핀 하단부에서의 열전달

(b) 핀 표면에서의 대류 열전달

그림 2.39 핀에서의 전체 열전달을 구하는 방법

이 식에서 $\dot{Q}_0$는 핀 하단부 온도가 T_0인 핀에서 전체 길이에 걸친 열전달이다. 이는 모든 핀에서 이상화한 열전달이지만 다양한 크기와 유형의 핀을 비교할 때 유용하다. 핀 끝에서 어떠한 대류도 고려하지 않으면 다음과 같은 식이 된다.

$$\dot{Q}_0 = \theta_0 \int_0^L h(x)P(x)dx \tag{2.108}$$

사각단면 핀에서 대류 열전달 계수가 일정하고 핀 끝의 면적을 무시할 때, 이는 다음과 같이 된다.

$$\dot{Q}_0 = hPL\theta_0 \qquad \text{(사각단면 핀)}$$

경우 I 핀에서는 핀 효율이 다음과 같이 된다.

$$\eta_{\text{fin}} = \frac{\theta_0\sqrt{hP\kappa A}}{hPL\theta_0} = \frac{1}{L}\sqrt{\frac{\kappa A}{hP}} \tag{2.109}$$

길이가 매우 긴 핀은 핀 효율을 식 (2.109)로 나타내며, 그 핀 효율 곡선은 그림 2.38b에 그려져 있다. 주목할 점은 핀 효율은 핀 길이 L이 짧을수록 증가하여 핀 길이가 너무 짧으면 η_{fin} 값이 100 %보다 더 커지고 만다는 것이다. 이미 알고 있는 대로 핀 효율은 100 %보다 더 클 수 없으므로, 식 (2.109)는 길이가 짧은 핀에는 적용할 수 없다. 그림 2.38에 그려져 있는 핀 효율 선도는 모든 핀의 특성 거동을 나타내고 있다. 즉, 핀 효율은 핀 길이가 0이면 100 %이고, 핀 길이가 짧을 때에는 높은 값을 유지하며, 핀 길이가 증가함에 따라 쌍곡선 형태로 점점 더 낮은 값으로 감소하게 된다. 그러므로 핀 효율과 핀 열전달 사이의 2분법은 다음과 같다. 즉, 핀 길이가 짧을수록 핀 효율은 높아지지만, 핀 길이가 길수록 열전달량은 더 커지게 된다. 엔지니어와 기술자들은 설계와 해석에서 끊임없이 이와 마찬가지의 타협 상황에 직면하게 된다.

사각단면 핀 효율은 대류 열전달 계수가 균일할 때, 즉 $h_L = h$일 때에는 다음과 같이 되며,

$$\eta_{\text{fin}} = \frac{1}{L}\sqrt{\frac{\kappa A}{hP}}\left(\frac{\sinh mL + \dfrac{h}{m\kappa}\cosh mL}{\cosh mL + \dfrac{h}{m\kappa}\cosh mL}\right) \tag{2.110}$$

이러한 관계는 그림 2.40에 그래프로 그려져 있다. 또한, 테이퍼 핀 효율 관계도 이 그래프에 들어 있다. 원반 핀 효율 관계는 그림 2.41에 그 크기별로 다양하게 나타나 있다. 그러므로 핀 매개변수 가운데 일부를 알고 있으면, 이로써 핀 효율을 구하고 식 (2.107)을 사용하여 핀 열전달 $\dot{Q}_{\text{fin}}$ 을 다음과 형태로 산출할 수 있다.

$$\dot{Q}_{\text{fin}} = \eta_{\text{fin}} \dot{Q}_0 \qquad\qquad (2.107, \text{ 다시 씀})$$

핀을 선정할 때 고려해야 할 또 다른 중요한 개념은 핀 간격 설정 개념이다. 그림 2.42에는 평면 벽이나 표면에 부착된 다중 핀이 그려져 있다. 핀 간격$(S-Y)$을 설정할 때에는 각각의 핀이 단일 핀으로서 기능을 충분히 수행할 수 있도록 해야 한다. 핀 간격이 충분히 떨어져 있지 않으면 핀을 둘러싸고 있는 유체(기체 또는 액체)가 대류 열전달을 충분히 일으키지 못할 수도 있고, 복사 효과가 두드러질 수도 있으며, 고체나 이물질이 핀 사이에 끼일 수도 있다. 이러한 상황 때문에 개별 핀의 유효도(effectiveness)가 감소하게 된다. 일반적으로 핀은 매개변수 $P\kappa/hA$ 값의 자릿수가 10 이상일 때에만 사용해야 한다. 그러므로 다중 핀을 사용해야 할 때에는 핀 간격$(S-Y)$이 핀 두께 Y보다 적어도 3배 이상이 되어야만 충분한 대류 열전달이나 복사 열전달이 일어나게 된다.

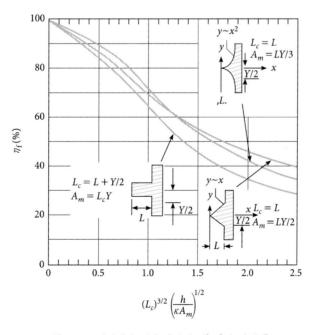

그림 2.40 사각단면 핀과 테이퍼 핀[18]의 핀 효율

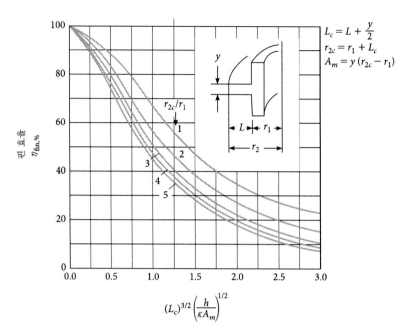

$$L_c = L + \frac{y}{2}$$
$$r_{2c} = r_1 + L_c$$
$$A_m = y(r_{2c} - r_1)$$

그림 2.41 원반 핀[18]의 핀 효율

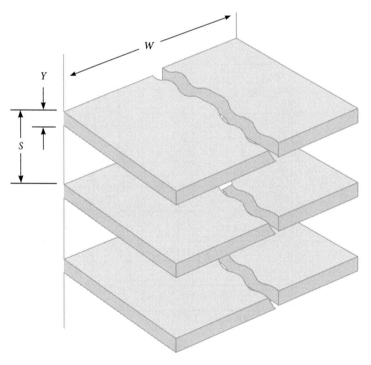

그림 2.42 다중 핀 상태

다중 핀의 유효도를 비교하는 매개변수를 **핀 유효도** ε_{fin}이라고 하는데, 이는 핀 벽과 핀의 온도가 핀의 하단부 온도와 같다고 할 때의 열전달에 대한 핀이 부착된 벽에서의 열전달의 비로 정의된다. 핀 유효도는 다음 식과 같이 표현되는데,

$$\varepsilon_{fin} = \frac{\dot{Q}_{fin} + \dot{Q}_{base}}{\dot{Q}_0 + \dot{Q}_{base}} = \frac{\dot{Q}_T}{\dot{Q}_0 + \dot{Q}_{base}} = \frac{\dot{Q}_T}{hA_T\theta_0} \qquad (2.111)$$

이 식에서 $\dot{Q}_T$는 핀 한 개에서의 열전달과 이 핀과 인접 핀 사이 표면에서의 열전달의 합 열전달이다. 또한, $\dot{Q}_0$은 핀 한 개에서의 열전달로서 식 (2.108)로 산출되는 값이며, A_T는 핀 한 개의 표면 면적과 한 쌍의 인접 핀 사이 표면의 면적의 합을 나타낸다. 핀 유효도와 핀 효율 사이의 관계식은 다음과 같이 나타낼 수 있는데,

$$\varepsilon_{fin} = 1 - \left[\frac{A_{fin}}{A_T} - \eta_{fin}\left(\frac{A_{fin}}{A_T}\right) \right] \qquad (2.112)$$

이 식에서 A_{fin}은 핀 한 개의 표면 면적이다. 핀 유효도는 면적 가중 핀 효율(area-weighted fin efficiency)이라고도 한다.

예제 2.23

알루미늄 판에 사각단면 알루미늄 핀 5개가 연립되어 있는 핀 뭉치를 사용하여 마이크로 전자 회로 기판을 냉각시킨다. 그림 2.43과 같이 핀 뭉치는 알루미늄 판의 한쪽 면에 마이크로 전자 회로 기판이, 다른 한쪽 면에는 연립 핀이 각각 부착되어 있다. 핀에서 소산될 수 있는 열전달량을 산출하여 구하라. 단, 전자 회로 기판의 온도는 80 ℃, 핀 주위 공기의 온도는 20 ℃이며 대류 열전달 계수는 200 W/m² · ℃이다.

풀이 핀 하단부 온도를 회로 기판과 같은 온도인 80 ℃로 가정한다. 그러면 각각의 핀에서 소산되는 열전달은 식 (2.111)로 구할 수 있다. 전체 열전달은 이 열전달량의 5배가 되는 것이다. 그림 2.43을 참조하면 다음과 같이 되므로,

$$L_c = L + Y/2 = 20 \text{ mm} + (4 \text{ mm})/2 = 22 \text{ mm} = 0.022 \text{ m}$$
$$A_m = YL_c = 4 \times 22 \text{ mm} = 88 \text{ mm}^2 = 88 \times 10^{-6} \text{ m}^2$$

알루미늄에 $\kappa = 236$ W/m · K를 사용하면 다음과 같이 된다.

$$L_c^{3/2}\left(\frac{h}{\kappa A_m}\right)^{1/2} = (0.022)^{3/2}\left(\frac{200}{236(88 \times 10^{-6})}\right)^{1/2} = 0.32$$

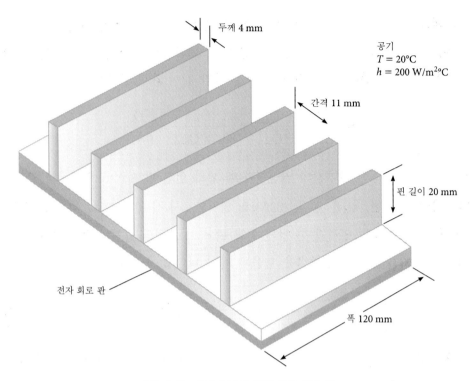

두께 4 mm

공기
$T = 20°C$
$h = 200 \text{ W/m}^2°C$

간격 11 mm

핀 길이 20 mm

전자 회로 판

폭 120 mm

그림 2.43 예제 2.23의 전자 회로 냉각 핀

핀 효율은 그림 2.40에서 대략 0.90(90 %)이다. 표면 면적은 각각 다음과 같다.

$$A_f = 2 \times 120 \text{ mm} \times 20 \text{ mm} + 160 \text{ mm} \times 4 \text{ mm} = 5440 \text{ mm}^2$$
$$= 0.00544 \text{ m}^2$$
$$A_b = 11 \text{ mm} \times 120 \text{ mm} = 1320 \text{ mm}^2 = 0.00132 \text{ m}^2$$

및 $\quad A_T = A_f + A_b = 0.00676 \text{ m}^2$

핀 유효도는 식 (2.112)에서 다음과 같이 되므로,

$$\varepsilon_{\text{fin}} = 1 - [0.00544/0.00676 - (0.9)(0.0544/0.00676)] = 0.9195$$

핀 한 개와 그 옆에 있는 표면을 더한 것을 한 마디라고 했을 때, 이 마디당 열전달은 식 (2.111)을 사용하면 다음과 같다.

$$\dot{Q}_T = \varepsilon_{\text{fin}} h A_T \theta_0 = (0.9195)\left(200\frac{\text{W}}{\text{m}^2 \cdot °\text{C}}\right)(0.00676 \text{ m}^2)(80°\text{C} - 20°\text{C}) = 74.6 \text{ W}$$

5개의 핀에서 소산되는 전체 열전달은 다음과 같다.

$$\dot{Q}_{T\text{ fins}} = 373 \text{ W}$$

답

때때로 핀은 양쪽 끝이 각각 부착되어야 할 때도 있다. 이때에는 해석을 할 때 조금 주의해야 하는데, 이는 대부분 앞에서 설명한 기초 개념들을 되돌아 봐야 한다는 것을 의미한다. 다음 예제는 이러한 특별한 핀을 해석하는 방법을 예시하고 있다.

예제 2.24

그림 2.44a와 같이 양끝의 온도가 각각 T_1과 T_2인 원형 단면 봉이 등온 표면에 각각 부착되어 있다. 봉 둘레는 온도가 T_∞인 공기가 둘러싸고 있으므로, 봉 둘레의 조건은 대류 열전달 계수 h로 나타낸다. 온도를 단지 축 방향 위치의 함수라고 가정하고 봉에서의 정상 상태 온도 분포를 구하여 다음 두 가지 조건을 그래프로 작성하라.

조건 1) $T_\infty > T_1 \geq T_2$, 이는 봉과 표면들이 가열되고 있음을 의미한다.

    2) $T_\infty < T_1 \leq T_2$, 이는 봉과 표면들이 냉각되고 있음을 의미한다.

풀이   그림 2.44a에는 봉의 요소가 나타나 있으며, 그 에너지 균형은 다음과 같다.

$$\dot{Q}_x = \dot{Q}_{x+\Delta x} + \dot{Q}_{\text{convection}}$$

Fourier의 전도 법칙과 대류 열전달 관계식을 염두에 두면 이 균형은 다음과 같이 된다.

$$-\kappa A\left[\frac{dT(x)}{dx}\right]_x = -\kappa A\left[\frac{dT(x)}{dx}\right]_{x+\Delta x} + hP\Delta x[T(x) - T_\infty]$$

이 식에서 매개변수와 항을 정리하고 $\Delta x \to 0$으로 잡으면 다음과 같이 되는데,

$$\frac{d^2 T(x)}{dx^2} = \frac{hP}{\kappa A}\left[T(x) - T_\infty\right] = m^2\theta(x) = \frac{d^2\theta(x)}{dx^2}$$

이 식에서 $m^2 = hp/\kappa A$이고 $\theta(x) = T(x) - T_\infty$이다. 위 식은 해를 다음과 같이 쓸 수 있으며,

$$\theta(x) = C_1 e^{-mx} + C_2 e^{mx} \tag{2.113}$$

2개의 경계 조건은 다음과 같이 확인할 수 있다.

    B.C. 1 $\theta(x) = T_1 - T_\infty = \theta_1$ ($x = 0$에서)

    B.C. 2 $\theta(x) = T_2 - T_\infty = \theta_2$ ($x = L$에서)

이 두 경계 조건을 해로 구한 식 (2.113)에 적용하고, 대수학적으로 조금만 처리하면 해는 다음 식과 같이 쓸 수 있다.

$$\theta(x) = \left(\frac{1}{e^{2mL} - 1}\right)\left[(\theta_1 e^{2mL} - \theta_2 e^{mL})e^{-mx} + (\theta_2 e^{mL} - \theta_1)e^{mx}\right] \tag{2.114}$$

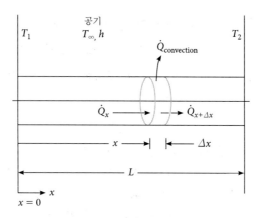

(a) 양끝이 각각 등온 표면에 부착되어 있는 봉

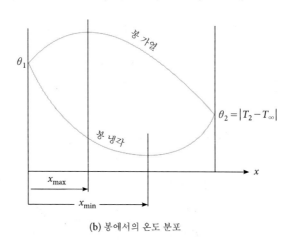

(b) 봉에서의 온도 분포

그림 2.44 예제 2.24. 양끝이 각각 부착되어 있는 핀

임의적으로 아무 표면이나 온도를 더 높게 규정해도 된다. T_1이 T_2보다 더 높다고 하면 온도 분포는 그림 2.44b와 같은 일반적인 형태를 띠게 된다. 위쪽에 있는 곡선은 주위 공기 온도가 어느 한쪽 표면의 온도보다 더 높아서 봉이 공기로 가열될 때 산출되는 온도 분포를 나타내고 있다. $\theta(x)$의 최댓값인 $\theta_{\max}$는 좌표점 $x_{\max}$에 위치하는데, 이 점에서는 온도 기울기가 0이다. 이 상황은 위치 x에서의 해와 일치하는데, 이때에는 식 (2.114)의 함수 $\theta(x)$의 1차 도함수를 0으로 놓는다. 즉,

$$\frac{d\theta(x)}{dx} = 0 = \left(\frac{1}{e^{2mL} - 1}\right)\left[-m(\theta_1 e^{2mL} - \theta_2 e^{mL})e^{-mx} + m(\theta_2 e^{mL} - \theta_1)e^{mx}\right]$$

좌표점 $x_{\max}$을 풀어내면 다음과 같다.

$$x_{\max} = \frac{1}{2m} \ln \left(\frac{\theta_1 e^{2mL} - \theta_2 e^{mL}}{\theta_2 e^{mL} - \theta_1} \right) \tag{2.115}$$

봉의 양쪽 표면 온도가 공기보다 더 높아서 봉이 공기로 냉각되고 있는 상황에서는 온도 분포가 그림 2.48b의 아래쪽 곡선으로 나타나게 된다. 식 (2.114)는 어떠한 조건(봉이 가열되고 있을 때에는 $\theta(x)$가 음(−)이고 냉각되고 있을 때에는 $\theta(x)$가 양(+)임)에도 적용할 수 있다. 그러므로 식 (2.115) 또한 봉에서 최소 온도 위치를 구할 때 사용할 수 있다.

비정형 핀(즉, 수학적 해석이 잘 안 되는 핀)의 성능은 대부분 실험으로 구한다. 컴퓨터 덕분에 핀을 해석할 때 수치 해법을 더 많이 적용하는 경향도 있는데, 이는 제2.6절에서 설명했다. 핀과 핀 성능에 관한 자세한 설명은 Kern과 Kraus[19]를 참고하길 바란다.

보호 열판 장치

전도성 재료의 전도 열전달 과정을 완벽하게 해석하고자 할 때에는 해당 재료의 열전도도를 구해야 할 필요가 있다. 재료의 열전도도를 해석적으로 산출하는 것이 편리하기도 하지만, 열전도도의 실험값을 기반으로 하여 이에 관한 모든 정보가 축적되면서 해석 이론도 포함된 것이다. 그러므로 열전도도를 실험적으로 구하는 것은 열전달을 발전시켜야 할 엔지니어, 과학자, 기술자들이 기본적으로 해야 할 일이다. 재료의 열전도도를 구하는 데 지금까지 사용되어 왔고 앞으로도 계속해서 사용해야 할 중요한 방법은 **보호 열판법**(guarded hot plate method)이다. 이 방법은 1차원 정상 상태 열전달을 직접 적용한 것으로, 여기에는 그림 2.2와 같은 보호 열판 장치가 필요하다.

이 장치의 기본적인 작동에는 열전도도를 알지 못하는 재료로 된 평판의 한쪽에 열을 가하는 단계가 포함된다. 정상 상태 조건이 달성되고 나면 평판의 양쪽에서 온도를 동시에 측정한 다음, 식 (2.26)을 사용하여 열전도도를 계산한다. 그림 2.2를 보면 보호 열판 장치에는 불필요한 열손실을 방지하는 단열과 수평판과 수직판에서 열전달을 대칭적으로 적용하는 것과 '보호판'(1차 보호판과 2차 보호판으로 구별되어 있음)이 포함되어 있음을 알 수 있다. 또한, 실험 중에는 보조 히터로 틈새와 가장자리에서 열 플럭스가 최소화되게 하는 그러한 열적 조건을 제공한다. 이러한 항목 때문에 실제 실험에서 1차원 정상 상태 열전달이 충분히 근사화될 수 있다.

시험 재료에 보호 열판 실험을 하여 표 2.11에 실려 있는 데이터를 구했다. 이 재료의 열전도도를 구하라.

풀이 시편 재료의 열전도도는 식 (2.26)으로 계산하면 된다. 표 2.11과 시험 장치도를 참조하면 시편은 두께가 1 cm, 면적이 110 cm^2($= 11$ cm $\times 10$ cm)으로 1차원 전도 열전달 상태에 놓여 있음을 알 수 있다. 시편 면 사이의 온도 차는 열전쌍 번호 2의 전압 판독 값에서 번호 1의 값을 빼고 번호 3의 값에서 번호 4의 값을 뺀 결과의 평균이라고 생각할 수 있다. 그러면 다음과 같이 된다.

$$T = \frac{1}{2}(2.885 - 2.618 + 2.926 - 2.663 \text{ mV})\left(\frac{20°\text{C}}{\text{mV}}\right) = 5.3°\text{C}$$

전기 히터에 공급되는 에너지는 전력으로서 0.31 A $\times$ 62.44 V $= 19.3564$ W이다. 이 전력은 정상 상태라고 가정하고 있으므로 두 시편을 지나는 열전달을 나타낸다고 볼 수 있으며, 또한 실험은 1차원 열전달이 각각의 시편을 지나면서 일어나는 그러한 방식으로 전도된다고 보면 된다. 식 (2.26)에서 다음을 구할 수 있다.

$$\kappa = \frac{\dot{Q}\Delta x}{A\Delta T} = \frac{(19.3564 \text{ W})(0.02 \text{ m})}{(0.011 \text{ m}^2)(5.3°\text{C})} = 6.640 \frac{\text{W}}{\text{m} \cdot \text{C}} = 6.640 \frac{\text{W}}{\text{m} \cdot \text{K}} \qquad \text{답}$$

열 접촉 저항

지금까지는 전도가 고체나 연속체에서 일어난다고 가정했다. 또한, 이러한 재료들은 균질하며 등방성이라고 가정하였으므로, 직렬 또는 병렬 합성 조립체를 살펴보았던 제2.3절에서와 같이 두 가지 이상의 전혀 다른 재료가 열전달에 관여할 때에는 열전달이 이 인접하는 이종 재료들 간에 장애가 없이 일어난다고 가정하였다. 2계 열전달 모델로서 한층 더 정밀한 모델에는 **열 접촉 저항**이라는 개념이 포함된다. 그림 2.45에는 그와 같은 현상을 전제로 하는 내용이 나타나 있는데, 이 그림에서는 물리적으로 접촉 상태에 있는 것처럼 보이는 두 계가 생각하고 있는 만큼 밀착하여 접촉하고 있지는 않다. 두 표면 사이에 존재하는 물리적 간극과 공동은 유체로, 즉 반드시 대기 중의 공기로 채워지기 마련이다. 이 간극에는 유체가 갇히게 되기 마련이어서 이럴 때에는 둘레 표면과 열적 평형에 도달하기도 한다.

표 2.11 (예제 2.25) 열전도도를 실험적으로 구할 때 쓰이는 열적 데이터

	히터 데이터		열전쌍 데이터 (밀리볼트, mV)					
실시	A, 전류	V, 전압	1	2	3	4	5	6
1	0.312	62.40	2.618	2.885	2.928	2.664	2.632	2.896
2	0.310	62.47	2.619	2.884	2.925	2.666	2.633	2.895
3	0.308	62.45	2.617	2.886	2.925	2.659	2.628	2.891
평균	0.310	62.44	2.618	2.885	2.926	2.663	2.631	2.894
열전쌍 변환계수 20℃/mV								

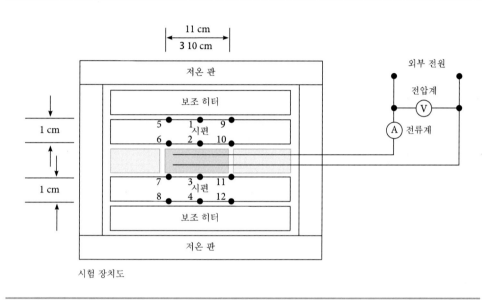

시험 장치도

열전달에서 사용하고 있는 거시적인 측정 기준에서 볼 때, 이러한 접촉 표면 결함을 감지 및 측정 가능한 온도 차가 존재하는 대류 매질로 모델링하는 것은 유용하다. 그러므로 그림 2.45와 같은 두 계 A와 B의 접촉 표면에는 온도 강하 ΔT_{TC}가 포함되므로, 이러한 두 인접 표면 간 열전달은 다음과 같으며,

$$\dot{Q}_{\text{TC}} = h_{\text{TC}} A \Delta T_{\text{TC}} \tag{2.116}$$

이 식에서 h_{TC}는 열 접촉 계수이다. 이는 대류 열전달 계수로서 효과적이어서, 항 $1/h_{\text{TC}}A$ 을 열 접촉 저항 R_{TC}라고 한다.

열 접촉 저항은 접촉 표면이 매끈하거나 아니면 외부 압력이 양 표면에 가해져서 접촉 상태가 한층 더 밀착될수록 줄어들기 마련일 것이라고 생각하는 것이 합리적인 사고이다.

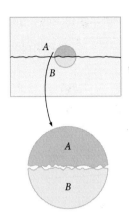

그림 2.45 열 접촉 저항

표 2.12 대표적인 표면에서의 열 접촉 저항

표면	조도(rms) (μm)	온도 (℃)	압력 (MPa)	$R_{\text{TC}} \cdot A$ ($\text{m}^2 \cdot \text{℃/W}$)
416 스테인리스 강	2.54	90–200	0.2–3	0.000264
304 스테인리스 강	1.14	20	4.1–7.1	0.000528
알루미늄	2.54	150	1–2.5	0.000088
	0.25	150	1–2.5	0.000018
구리	1.27	20	1.2–20	0.000007
	3.81	20	1–5.1	0.000018
연강[22]	3.0	20	2	0.000394
산화물이 함유된 연강	3.0	20	4.1	0.000204
산화물이 10^{-10} m로 코팅된 연강[21]	3.0	20	6.1	0.000139

이러한 사고방식의 결과는 지난 실험 데이터에서 도출되었다. 표 2.12에는 특성 계와 관련된 대표적인 단위 면적당 열 접촉 저항($R_{\text{TC}} \cdot A$)이 일부 수록되어 있다. 여기에서는, 열 접촉 저항에 관한 정보가 부족하므로 열 접촉 저항 산출에 영향을 주는 연동 작용 과정(메커니즘)을 잘 이해할 수는 없다. 그러나 정밀한 온도 측정이 필요하다는 것은 열 접촉 저항이 모든 온도 측정에서 발생해 온 이래로 이를 더 잘 이해해야만 한다는 것을 의미하기 마련이다. 또한, 2개의 표면이 인접하거나 맞닿게 되어 열전달이 그 경계를 가로질러 일어나리라고 예상이 될 때에는 언제든지 열 접촉 저항이 존재하기 마련이므로 엔지니어나 설계자들은 이 현상을 인식하고 있어야만 한다. 열 접촉 저항은 맞닿은 표면에 그리스나 오일을 바르게 되면 감소될 때도 있다. 그러한 용도의 제품들이 판매되고 있다.

예제 2.26

콘크리트 벽돌과 스티로폼 사이에서 일어나는 열 접촉 저항의 근삿값을 구하는 시험을 수행하였다. 시험에는 크기가 12.5 cm × 250 cm 이고 두께가 2.5 cm 인 스티로폼 판이 붙은 두께가 25 cm 인 콘크리트 벽돌로 된 벽을 시편으로 사용하였고, 이와 함께 보호 열상(guarded hot box)(이는 보호 열판과 원리가 동일함)이라고 하는 시험실을 사용하였다. 시편 표면에는 중요한 위치 여러 곳에 열전쌍 한 세트를 설치하여 다음과 같은 데이터를 수집하였다. 즉,

콘크리트 벽돌 : 두께 25 cm, $\kappa = 140 \text{W} \cdot \text{cm/m}^2 \cdot \text{K}$

$$\text{노출 표면 온도} = 40 \text{ ℃}$$

스티로폼 : 두께 2.5 cm, $\kappa = 2.9 \text{W} \cdot \text{cm/m}^2 \cdot \text{K}$

$$\text{노출 표면 온도} = 10 \text{ ℃}$$

시편의 고유 단위 면적당 열전달 = 19.84 W/m²

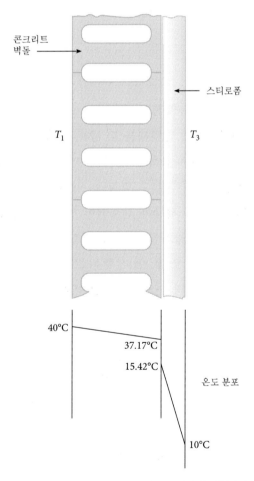

그림 2.46 시편: 콘크리트 벽돌–스티로폼 계면의 전형적인 단면

풀이 그림 2.46에는 전형적인 시편 단면이 나타나 있다. 정상 상태 1차원 전도 열전달 식 (2.26)을 사용하면, 콘크리트와 스티로폼 간 접촉 표면 온도를 구할 수 있다.

$$T_{s2} = T_3 + \frac{\dot{Q}(\Delta x)_s}{\kappa} = 10°C + \frac{(19.84 \text{ W/m}^2)(2.5 \text{ cm})}{(2.9 \text{ W} \cdot \text{cm/m}^2 \cdot \text{K})} = 15.42°C$$

$$T_{c2} = T_1 - \frac{\dot{Q}(\Delta x)_c}{\kappa} = 40°C - \frac{(19.84 \text{ W/m}^2)(20 \text{ cm})}{(140 \text{ W} \cdot \text{cm/m}^2 \cdot \text{K})} = 37.17°C$$

접촉 경계 전후 온도 강하는 다음과 같이 되며,

$$T_{c2} - T_{s2} = 21.74°C = \Delta T_{\text{TC}}$$

단위 면적당 접촉 저항 $R_{\text{TC}}A$는 다음 관계식으로 구하면 된다.

$$R_{\text{TC}}A = \frac{\Delta T_{\text{TC}}}{\dot{q}_A} = \frac{21.74°C}{19.84 \dfrac{\text{W}}{\text{m}^2}} = 1.10 \frac{\text{m}^2 \cdot \text{K}}{\text{W}}$$

답

임계 단열 두께

단열재는 열 저항을 증가시키거나 열전도 계수(thermal conductance)를 감소시키는 데 사용된다. 그러므로 엔지니어들은 단열재를 더 많이 사용하면 열 저항이 더 크게 되고 단열재를 더 적게 또는 더 얇게 사용하면 열 저항이 감소하게 될 것이라고 생각한다. 일반적으로는 이러한 상황으로 예측할 수 있지만, 역현상이 일어나는 경우도 있다. 즉, 단열재를 더 많이 사용할수록 열 저항이 감소되어 열전달이 감소되는 것이다. 이러한 역현상은 원통 표면을 단열재로 둘러쌀 때와 같이 단열 재료가 증가하면서 대류 표면 면적도 함께 증가할 때 일어날 수 있다. 이 상황은 그림 2.47a에 나타나 있다. 주목해야 할 점은 이는 반경 반향 요소에서의 전도-대류 열전달 조건 가운데 하나로서 다음 식과 같이 쓸 수 있으며,

$$\dot{q}_L = \frac{T_i - T_o}{\sum R_{TL}} \tag{2.117}$$

이 식에서

$$\sum R_{TL} = \frac{\ln(r_o/r_i)}{2\pi\kappa} + \frac{1}{2\pi r_o h}$$

이다. 원통 표면을 단열재로 둘러쌀 때와 같이 r_o가 변화하게 되면, 임의의 외경 r_o에서 단위 길이당 열전달은 식 (2.117)으로 산출할 수 있으므로 $\dot{q}_L$은 r_o의 함수가 된다. 식 (2.117)에서 r_o에 관한 $\dot{q}_L$의 1차 도함수를 취한 다음, 그 결과를 0으로 놓으면 최대 열전달 조건이 나온다. 즉,

$$\frac{d\dot{q}_L}{dr} = 0 = \frac{2\pi(T_i - T_o)\left(\dfrac{1}{\kappa r_o} - \dfrac{1}{h_o r_o^2}\right)}{\left[\dfrac{\ln(r_o/r_i)}{\kappa} + \dfrac{1}{h_o r_o}\right]}$$

이 결과는 특정 항이 다음과 같이 되어야 한다는 것을 의미한다.

$$\frac{1}{\kappa r_o} - \frac{1}{h_o r_o^2} = 0 \quad \text{또는} \quad r_o = \frac{\kappa}{h_0} = r_{oc} \tag{2.118}$$

그러므로 κ/h_o(외경 r_o에서 대류 열전달 계수에 대한 열전도도의 비)가 r_o보다 더 클 때에는 원통 표면을 단열재로 많이 둘러쌀수록 열전달이 더욱더 증가한다고 생각하면 된다. 만약 단열재 층이 계속 추가됨으로써, r_o가 κ/h_o보다 더 커질 때까지 외경이 증가되었을 때에는, 이 이상 단열재를 추가하면 열전달이 감소하게 되기 마련이다. $\dot{q}_L$ 대 r_o의 전형적인 결과는 그림 2.47b에 나타나 있다. 이 반경 r_{oc}를 **임계 단열 반경**이라고 한다.

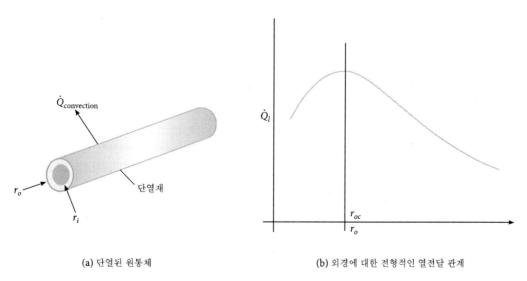

(a) 단열된 원통체   (b) 외경에 대한 전형적인 열전달 관계

그림 2.47 임계 단열 두께

직경이 2 cm 인 물 관로가 외측 표면 온도가 100 ℃ 이다. 이 관로가 $h_o = 2.1 \text{ W/m}^2 \cdot ℃$ 이고 온도가 10 ℃ 인 공기로 둘러싸여 있을 때, 관로의 m당 열전달을 구하라. 그런 다음 이 물 관로에 단열 특성을 제공하는 데 필요한 석면 단열재($\kappa = 0.17 \text{ W/m} \cdot ℃$)의 두께를 구하라. 이 조건에서 관로의 m당 열전달을 구하라.

풀이 단열재가 없을 때 물 관로에서는 다음과 같이 된다.

$$\dot{q}_L = 2\pi r_o h_o (T_s - T_o) = 2\pi(0.01 \text{ m})\left(2.1 \frac{\text{W}}{\text{m}^2 \cdot ℃}\right)(100 - 10℃)$$

$$= 11.9 \frac{\text{W}}{\text{m}}$$ 답

임계 반경은 식 (2.118)에서 다음과 같이 된다.

$$r_{oc} = \frac{\kappa}{h_o} = \frac{0.17}{2.1} = 0.081 \text{ m} = 8.1 \text{ cm}$$

석면은 단열 특성을 제공하기 전에 두께가 최소 7.1 cm(= 8.1 cm − 1 cm)가 되어야 한다. 임계반경에서 열전달은 다음 식으로 구하는데,

$$\dot{q}_L = \frac{2\pi(T_s - T_o)}{\dfrac{\ln(r_{oc}/r_i)}{\kappa} + \dfrac{1}{h_o}}$$

이 식에서 r_i =관로의 내경으로 1 cm이다. 그러면 다음과 같이 된다.

$$\dot{q}_L = 31.1 \frac{\text{W}}{\text{m}}$$ 답

주목할 점은 외경이 8 cm인 석면 단열재 때문에 물 관로는 열전달이 19.2 W/m만큼 증가하게 된다. 이 이상 단열재를 추가하게 되면 열전달은 감소하게 된다.

전도성 재료 내 열 발생

열을 전도시키는 재료는 에너지를 발생시키기도 한다. 이러한 현상이 일어나는 경우로는 다음과 같이 적어도 세 가지를 인용할 수 있다. 즉, 원자로에서의 핵연료봉, 전선과 여러 전자 부품을 지나는 전기 전도 그리고 상변화 과정을 겪는 물질이다. 여기에서는 원통형 봉 체, 즉 전선을 흐르는 전기 전도 문제를 살펴보기로 한다. 내부 에너지 발생과 같은 다른 문제들은 유사한 수학적 해석으로 처리하면 된다. 그림 2.48과 같이 전기 에너지

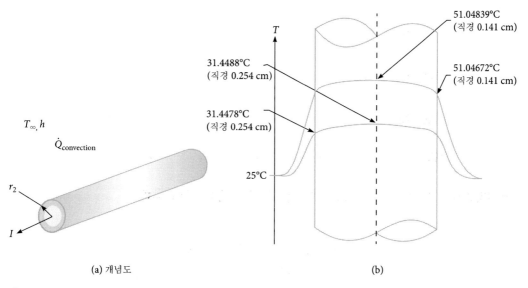

그림 2.48 구리 전선의 온도 분포

가 전도되고 있는 원통형 전선을 살펴보자. 이 전선은 단위 길이당 내부 전기 저항이 R_e이다.

전선을 지나는 전류 I로 인한 내부 에너지 발생은 다음과 같다.

$$\dot{e}_L = I^2 R_e \left(\frac{W}{m} \right) \tag{2.119}$$

체적 기준 에너지 발생은 다음과 같이 되는데,

$$\dot{e}_{\text{gen}} = \frac{1}{\pi r_o^2} I^2 R_e \tag{2.120}$$

이 식에서 r_o는 전선의 외경이다. 이 문제의 지배 방정식은 축 방향 열전달을 무시할 때 다음과 같이 쓸 수 있는데,

$$\frac{d}{dr} \left[r \frac{dT(r)}{dr} \right] + \frac{r}{\kappa} \dot{e}_{\text{gen}} = 0 \qquad r_o \geq r \geq 0 \tag{2.121}$$

이 식에는 다양한 경계 조건이 가능하다. 일부 경계 조건을 열거하면 다음과 같다.

B.C. 1a) $\qquad \dot{e}_L = \dot{e}_{\text{gen}}(\pi r_o^2) = -2\pi\kappa r \dfrac{dT(r)}{dr} \qquad r = r_o$에서

$$\text{B.C. 1b)} \qquad -\kappa\frac{dT(r)}{dr} = h_o(T_o - T_\infty) \qquad\qquad r = r_o \text{에서}$$

$$\text{B.C. 1c)} \qquad \dot{e}_L = 2\pi r_o h_o[T_o - T_\infty] \qquad\qquad r = r_o \text{에서}$$

$$\text{B.C. 2a)} \qquad T(r) = T_o \qquad\qquad\qquad\qquad r = r_o \text{에서}$$

$$\text{B.C. 2b} \qquad T(r) = T_c \quad (\text{중심 온도}) \qquad\qquad r = 0 \text{에서}$$

식 (2.121)은 변수 분리법으로 직접 풀이하면 다음과 같이 된다.

$$r\frac{dT(r)}{dr} = -\left(\frac{\dot{e}_{\text{gen}}}{2\kappa}\right)r^2 + C_1$$

B.C. 1a)에서 $C_1 = 0$이 나온다. 그러면 변수 분리법을 한 번 더 사용하여 적분하면 다음과 같이 나온다.

$$T(r) = -\left(\frac{\dot{e}_{\text{gen}}}{4\kappa}\right)r^2 + C_2$$

B.C. 2b)를 적용하면 C_2 값이 산출된다. 그러면 다음과 같이 된다.

$$T(r) = -\left(\frac{\dot{e}_{\text{gen}}}{2\kappa}\right)r^2 + T_C \qquad\qquad (2.122)$$

B.C. 1c)와 B.C. 2a)를 사용하여 C_1와 C_2를 산출하면, 전선에서의 온도 분포는 다음과 같은 식으로 나타낼 수 있다.

$$T(r) = T_\infty + \dot{e}_{\text{gen}}\left(\frac{r_o}{2h_o} + \frac{1}{4\kappa}(r_o^2 - r^2)\right) \qquad\qquad (2.123)$$

식 (2.122)와 (2.123)에서는 이 식에 포함되어 있는 다양한 매개변수에 따라 전선 온도가 어떻게 달라지는지를 살펴보는 것이 학습에 도움이 된다. 다음 예제에서는 전선 온도가 전선 굵기에 따라 어떤 영향을 받는지를 알 수 있다. 부록 표 B.7에는 전선용으로 흔히 사용되는 일반적인 구리의 단위 길이당 전기 저항이 수록되어 있다.

예제 **2.28**

전류 40 A 가 전도되고 있는 10-게이지 구리 전선에서의 온도 분포를 구하라. 대류 열전달 계수는 $h = 100$ W/m² · ℃ 라고 가정한다. 그런 다음 이 온도 분포를 대류 열전달 계수가 동일할 때 20 A 가 전도되는 18-게이지 구리 전선의 온도 분포와 비교하라. 주위 온도는 25 ℃ 라고 가정한다.

풀이 온도 분포는 식 (2.122)나 (2.123)을 사용하여 구할 수 있다. 구리는 열전도도를 부록 표 B.2에서 400 W/m² · ℃ 로 잡으면 되고, 전기 저항 R_e는 부록 표 B.2에서 10-게이지 구리 전선이 0.0009989 Ω/ft(0.003277 Ω/m)이고 18-게이지 구리 전선은 0.006385 Ω/ft(0.020948 Ω/m)이다. 전선 직경은 10-게이지 구리 전선이 101.9 mils(= 0.1019 in)이고 18-게이지 구리 전선은 0.0403 in이다. 반경은 10-게이지 구리 전선이 0.001294 m이고 18-게이지 구리 전선은 0.000512 m이다. 10-게이지 구리 전선에서는 해당하는 값들을 식 (2.123)에 대입하면 다음과 같다.

$$T(r) = 25°C + \frac{(40)^2 (0.003277)}{\pi (0.001294)^2} \left(\frac{0.001294}{2 \times 100} + \frac{1}{4 \times 400} (0.001294^2 - r^2) \right)$$

$$= 25°C + 6.4488°C - 622.96 r^2 \tag{2.124}$$

$r = 0$ 에서의 중앙선 온도인 31.4488 ℃와 $r = 0.001294$ m 에서의 외측 표면 온도 간의 온도 차는 단지 0.001 ℃에 불과하다. 표준 온도 측정기의 정밀 한계 범위 내에서는 전선 온도가 전체에 걸쳐서 균일하다고 가정할 수 있다. 그러나 온도 분포는 그림 2.48에 다소 과장되어 나타나 있다. 또한, 18-게이지 구리 전선에서는 온도 분포가 다음과 같은데,

$$T(r) = 25°C + 26.04839°C - 6359 r^2 \tag{2.125}$$

이때 중심선 온도는 51.04839 ℃, 외측 표면 온도는 51.04672 ℃이다. 이번에도 이러한 온도들은 전선 온도가 사실상 일정하다는 것을 나타내는 것이지만, 그림 2.48에는 온도 분포 그래프가 과장되어 그려져 있다. 주목할 점은 18-게이지 구리 전선의 온도가 10-게이지 구리 전선의 온도보다 얼마나 더 높은가이다. 이는 여러 가지 면에서 설명할 수 있다. 예를 들어 전선에서의 단위 체적당 에너지 발생은 18-게이지 구리 전선이 10-게이지 구리 전선에서보다 더 크다. 또한, 대류 열전달 표면 면적인 전선 외측 표면은 18-게이지 구리 전선이 10게이지 구리 전선에서보다 더 작다.

2.8 요약

푸리에의 열전도 일반식은 다음과 같다.

$$\dot{q} = -\kappa \Delta T \tag{1.53}$$

이 식에서 κ는 열전도도이다. 열전도도는 단원자 이상 기체에서는 다음 식으로 산출하면 된다.

$$\kappa = 8.328 \times 10^{-4} \sqrt{\frac{T}{MW \cdot \Gamma}} \tag{2.1}$$

이원자 이상 기체에서는 다음과 같다.

$$\kappa_{poly} = (\kappa)[(4c_V)/(15R) + 0.6)] \tag{2.2}$$

액체에서는 열전도도를 다음 식으로 산출하면 되고,

$$\kappa = 3.865 \times 10^{-23} \frac{V}{x_m^2} \tag{2.6}$$

고체에서는 다음 식으로 산출하면 된다.

$$\kappa = \kappa_{T0} + a(T - T_0) \tag{2.10}$$

온도가 변하지 않거나 아주 크게 변화하지 않을 때에는 열전도도를 상수로 취급해도 된다.
　열전도성 재료에서 에너지가 발생될 때의 에너지 평형의 일반적인 형태는 직교 좌표계에서 다음과 같다.

$$\frac{\partial}{\partial x}\left[\kappa\frac{\partial T}{\partial x}\right] + \frac{\partial}{\partial y}\left[\kappa\frac{\partial T}{\partial y}\right] + \frac{\partial}{\partial z}\left[\kappa\frac{\partial T}{\partial z}\right] + \dot{e}_{gen} = \rho c_P \frac{\partial T}{\partial t} \tag{2.16}$$

에너지 발생이 전혀 없을 때에는 에너지 평형식이 다음과 같이 된다.

$$\frac{\partial}{\partial x}\left[\kappa\frac{\partial T}{\partial x}\right] + \frac{\partial}{\partial y}\left[\kappa\frac{\partial T}{\partial y}\right] + \frac{\partial}{\partial z}\left[\kappa\frac{\partial T}{\partial z}\right] = \rho c_P \frac{\partial T}{\partial t} \tag{2.17}$$

또한, 정상 상태 조건에서는 다음과 같이 된다.

$$\frac{\partial}{\partial x}\left[\kappa\frac{\partial T}{\partial x}\right] + \frac{\partial}{\partial y}\left[\kappa\frac{\partial T}{\partial y}\right] + \frac{\partial}{\partial z}\left[\kappa\frac{\partial T}{\partial z}\right] = 0 \qquad (2.18)$$

1차원 정상 상태 전도 열전달은 에너지 발생이 없을 때 직교 좌표계에서 다음과 같이 된다.

$$\dot{Q} = -\kappa A \frac{\Delta T}{\Delta x} \qquad (2.26)$$

원통 좌표계에서는 다음과 같이 되고,

$$\dot{Q} = \frac{2\pi\kappa L\Delta T}{\ln(r_o/r_i)} = \frac{2\pi\kappa L\Delta T}{\ln(D_o/D_i)} \qquad (2.41)$$

구면 좌표계에서는 다음과 같다.

$$\dot{Q} = \frac{4\pi\kappa\Delta T}{\left(\dfrac{1}{r_o} - \dfrac{1}{r_i}\right)} \qquad (2.54)$$

열 저항 R_T는 각각 다음과 같다.

$$R_T = \frac{\Delta x}{\kappa A} \qquad \text{x 방향 전도일 때}$$

$$R_T = \frac{1}{hA} \qquad \text{x 방향 대류일 때}$$

$$R_T = \frac{\ln(r_o/r_i)}{2\pi\kappa L} \qquad \text{원통 좌표계 r 방향 전도일 때}$$

$$R_T = \frac{1}{2\pi r h L} \qquad \text{원통 좌표계 r 방향 대류일 때}$$

$$R_T = \frac{\dfrac{1}{r_i} - \dfrac{1}{r_o}}{4\pi\kappa} \qquad \text{구 좌표계 r 방향 전도일 때}$$

$$R_T = \frac{1}{4\pi r^2 h} \qquad \text{구 좌표계 r 방향 대류일 때}$$

2차원 정상 상태 전도 열전달은 에너지 발생이 없고 열전도도가 일정할 때 다음과 같이 되고,

$$\nabla^2 T(x, y) = 0 \qquad (2.56)$$

일반해는 다음 식과 같이 쓸 수 있다.

$$T(x, y) = \sum_{n=0}^{\infty} (a_n \sin p_n x \pm b_n \cos p_n x)(c_n e^{-p_n y} \pm d_n e^{p_n y}) \qquad (2.61)$$

2차원 전도 열전달은 원통 좌표계에서 다음과 같이 되고,

$$\frac{\partial^2 T(r, z)}{\partial r^2} + \frac{1}{r}\frac{\partial T(r, z)}{\partial r} + \frac{\partial^2 T(r, z)}{\partial z^2} = 0$$

일반해는 다음과 같다.

$$T(r, z) = (a \sinh pz + b \cosh pz)(cJ_0 pr + dY_0 pr) \qquad (2.75)$$

2개의 등온 표면 간에서 일어나는 정상 상태 전도 열전달에서 현상 계수 S는 다음과 같이 정의된다.

$$\dot{Q} = S\kappa\Delta T \qquad (2.81)$$

2개의 등온 표면이 있는 2차원 계에서 대략적인 온도 분포와 열전달을 구할 때에는 그래픽 방법을 사용해도 된다. 등온선과 열 유동 경로는 서로 직교하여 작도되므로 그리드는 근사 정사각형으로 구성된다. 그러면 다음과 같이 되는데,

$$\dot{Q} = L\frac{M}{N}\kappa\Delta T_{\text{overall}} \qquad (2.82)$$

이 식에서 M = 열 유동선 개수이고, N = 전체 온도 차 $\Delta T_{\text{overall}}$에서 온도 단계 개수이다.

유한 차분 온도 기울기는 다음 식으로 근사화된다.

$$\frac{\partial T(x, y)}{\partial x} \approx \frac{[T(n+1, y) - T(n-1, y)]}{2\Delta x} \qquad (2.84)$$

$$\frac{\partial T(x, y)}{\partial x} \approx \frac{[T(n, y) - T(n-1, y)]}{\Delta x} \qquad (2.85)$$

또는,
$$\frac{\partial T(x, y)}{\partial x} \approx \frac{[T(n+1, y) - T(n, y)]}{\Delta x} \qquad (2.86)$$

또한, 다음과 같이 된다.

$$\frac{\partial^2 T(x, y)}{\partial x^2} \approx \frac{[T(n+1, y) - 2T(n, y) + T(n-1, y)]}{\Delta x^2} \tag{2.87}$$

전형적인 유한 차분 노드에서 2차원 문제의 에너지 균형은 다음 식과 같이 쓸 수 있는데,

$$\dot{Q}_{\text{other}} - \kappa \sum \frac{\Delta T}{\Delta x} - \kappa \sum \frac{\Delta T}{\Delta y} = 0 \tag{2.89}$$

이 식에서는 노드가 n개일 때의 n개의 식과 다음과 같은 $n \times n$ 행렬이 나온다.

$$\{\dot{Q}\} = [M]\{T\} \tag{2.90}$$

2차원 또는 3차원 정상 상태 전도에서는 열 저항 개념을 다음과 같이 쓰기도 한다.

$$\dot{Q}_{\text{other}} = \sum \frac{\Delta T_i}{R_{Ti}} \tag{2.96}$$

핀

핀과 연장 표면은 전도성 매질과의 대류 열전달 면적을 증가시킨다. 두께와 비례하여 길이가 매우 긴 사각형 단면 핀에서는 온도 분포를 다음 식으로 근사화시킬 수 있으며,

$$T(x) = T_\infty + (T_0 - T_\infty)e^{-mx} \tag{2.104}$$

핀 열전달은 다음 식으로 있는데,

$$\dot{Q}_{\text{fin}} = -\sqrt{hP\kappa A}(T_0 - T_\infty)$$

이 식에서 $m^2 = Ph/\kappa A$ 이고, P는 핀의 둘레이다.

핀 효율 η_{fin} 은 다음과 같이 정의되는데,

$$\eta_{\text{fin}} = \frac{\dot{Q}_{\text{fin}}}{\dot{Q}_0} \tag{2.107}$$

이 식에서 $\qquad \dot{Q}_0 = (T_0 - T_\infty)\int_0^L h(x)P(x)dx \tag{2.108}$

이다. 핀 사이 간격이 균일한 다중 핀에서는 핀 유효도가 다음과 같이 정의되는데,

$$\varepsilon_{\text{fin}} = \frac{\dot{Q}_T}{\dot{Q}_{\text{base}} + \dot{Q}_0} \tag{2.111}$$

이 식에서 $\dot{Q}_T = \dot{Q}_{\text{base}} + \dot{Q}_{\text{fin}}$이다. 또한, 다음 식과 같이 된다.

$$\varepsilon_{\text{fin}} = 1 - [A_{\text{fin}}/A_T - \eta_{\text{fin}}(A_{\text{fin}}/A_T)] \tag{2.112}$$

열 접촉 저항

열 접촉 저항 R_{Tc}는 다음 식으로 정의되는데,

$$\dot{Q}_{\text{TC}} = \frac{\Delta T_{\text{TC}}}{R_{\text{TC}}} \tag{2.116}$$

이 식에서 ΔT_{Tc}는 물리적으로 접촉 상태에 있는 두 표면 간 경계에서의 온도 차이다.

임계 단열 두께

환형 단열재 층으로 단열되어 있는 튜브나 전선 관과 같은 원통체에서는, 다음과 같은 조건이 되면 원통체에서 손실되는 열손실이 감소되지 않고 증가되기도 하는데,

$$\frac{\kappa}{h_0} > r_{oC} \tag{2.118}$$

이 식에서 r_{oC}는 단열재의 임계 반경 또는 임계 외경이다.

전도성 재질 내 열 발생

전류가 전도되고 있는 원통형 전선에서는 지배 방정식이 다음과 같으며,

$$\frac{d}{dr} r \frac{dT(r)}{dr} + \frac{r}{\kappa} \dot{e}_{\text{gen}} = 0 \tag{2.121}$$

이 식에서
$$\dot{e}_{\text{gen}} = \frac{1}{\pi r_o^2} I^2 R_e \ (\text{W/m}^3 \ \text{또는} \ \text{Btu/hr} \cdot \text{ft}^2) \tag{2.120}$$

이다. $r = r_o$에서 $T = T_o$이며 $r = r_o$에서 $\dot{e}_{\text{gen}} = 2\pi h_o r_o (T_o - T_\infty)$인 경계 조건을 적용하면, 해는 다음과 같이 된다.

$$T(r) = T_\infty + \dot{e}_{\text{gen}} \left[\frac{r_o}{2h_o} + \frac{1}{4\kappa} \right] (r_o^2 - r^2) \qquad (2.123)$$

토론 문제

제2.1절

2.1 열전도도의 물리적 의미를 설명하라.

2.2 열전도도가 온도의 영향을 받는 이유는 무엇인가?

2.3 열전도도가 유의미할 정도로 재료 밀도의 영향을 받지 않는 이유는 무엇인가?

제2.2절

2.4 에너지 평형 식을 보통 유도할 때 기화열, 용융열, 승화열을 에너지 생성으로 잡는 이유는 무엇인가?

제2.3절

2.5 열전달과 전기 전도가 유사한 이유는 무엇인가?

2.6 열 저항, 열전도도, 열 저항율, R-값 사이의 차이점을 설명하라.

제2.4절

2.7 열전도 문제에서 온도 분포 해가 수렴해야 하는 이유는 무엇인가?

2.8 그림 2.9에서와 같이, 핀(fin)의 하단부 온도가 일정한 경우에는 핀에서 열전도를 구할 수 없는 이유는 무엇인가?

2.9 등온선(isotherm)이 의미하는 것은 무엇인가?

2.10 열 유선(heat flow line)이 의미하는 것은 무엇인가?

제2.5절

2.11 형상 계수란 무엇인가?

2.12 등온선과 열 유선이 서로 직교하거나 직각을 이루어야 하는 이유는 무엇인가?

제2.6절

2.13 왼쪽에서부터 시작한 편도함수와 오른쪽에서 시작한 편도함수(식 2.85와 2.86 참조)가 동일하지 않을 때 물리적 상황을 식별하라.

제2.7절

2.14 표면에서 열전달이 증가할 때에는 핀이 불리할 수도 있는 이유를 설명하라.

2.15 엔지니어에게 열 접촉저항이 관심 대상일 수밖에 없는 이유는 무엇인가?

■ 수 업 중 퀴 즈 문 제

1. 푸리에의 전도 열전달 법칙에서 음(−)의 부호가 사용되고 있는 취지는 무엇인가?

2. 두께가 20 cm인 특정 재료의 열전도도가 17W/m · K일 때, R-값은 얼마인가?

3. 면적이 10 cm²이고 두께가 30 cm이며, 열전도도가 0.03W/m · K인 단열 판의 열 저항은 얼마인가?

4. 두 재료 사이에서 직렬 열전도와 병렬 열전도의 차이점은 무엇인가?

5. 내경이 D_i이고 외경이 D_o인 튜브에서 반경 방향 열 흐름 전도식을 써라.

6. 열전도도가 일정한 균질 등방성 재료에서 2차원 전도 열전달의 라플라스 식을 써라.

7. 온도가 40℃인 물체에서 형상 계수가 30 cm이고 열전도도가 8.5 W/m · K인 열전도성 매질을 거쳐 5 ℃인 주위로 진행되는 열전달을 개략적으로 계산하라.

8. 5 cm × 5 cm 정사각형을 거치는 단위 길이당 열전달에서 5개의 등온선과 적절한 개수의 열 유선을 스케치하라. 이 정사각형에서는 열 흐름이 고온의 모서리에서 온도가 균일한 4개의 변으로 진행된다. 하나의 등온선은 고온의 모서리로 사용하고 또 다른 등온선은 정사각형의 변으로 사용하라.

9. 클러치 표면과 구동 표면 사이의 열 접촉 저항이 0.0023 m² · ℃/W이고, 소산시켜야 할 열이 200 W/m²이라고 할 때, 접촉 표면 단위 면적당 온도 강하를 개략적으로 계산하라.

10. 직경이 0.14 cm인 구리선은 직경이 0.18 cm인 구리선에 비하여 구리선의 온도가 더 높을까 아니면 다 낮을까? 두 구리선에는 동일한 전류가 전도되고 있다.

■ 연습 문제

별표(*)가 표시되어 있는 문제는 일부 학생에게는 한층 더 어려울 수도 있다.

제2.1절

2.1 온도가 20 ℃인 헬륨의 열전도도를 식 (2.3)을 사용하여 계산하고 이를 부록 표 B.4의 값과 비교하라.

2.2 온도가 95 ℃인 네온 가스의 열전도도를 산출하라. 네온의 분자 충돌 직경으로 3.9 Å를 사용하라.

2.3 Bridgeman의 식 (2.6)에 따라 액체의 열전도도는 온도의 1/6승에 비례한다는 사실을 증명하라.

2.4 온도가 300 K인 에틸알코올의 열전도도 값을 산출하라. Bridgeman이 제안한 식 (2.6)을 사용하라.

2.5 구리의 열전도도 값을 식 (2.10)에 따라 온도의 함수로 작도하라. 온도 범위를 −40 ℃ ～70 ℃로 하여 작도하라.

2.6 전기 전도도가 6×10^7 mho/m일 때 Wiedemann–Franz 법칙에 따라 온도가 −100 ℃인 백금의 열전도도를 산출하라. 주) 1 mho = 1 A/V, 1 A = 1 coulomb/s, 1 W = 1 J/s 및 1 J = 1 V · coulomb이다.

2.7 식 (2.6)을 사용하여 이황화탄소의 열전도도를 계산하고 이를 표 2.2에 수록되어 있는 값과 비교하라.

제2.2절

2.8 온도가 5 ℃인 물에 한쪽 끝이 7.5 cm가 잠겨 있고 다른 쪽 끝은 사람이 잡고 있는 길이가 1 m인 스테인리스강 봉의 온도 분포를 산출하라. 사람 피부 온도는 28 ℃이고 봉은 어느 지점에서나 온도가 균일하며 정상 상태 조건이 주어진다고 가정하라.

*2.9 원통 좌표계에서의 균질 등방성 매질을 지나는 전도 열전달의 일반 열 방정식인 식 (2.19)를 유도하라.

*2.10 구 좌표계에서의 균질 등방성 매질을 지나는 전도 열전달의 일반 열 방정식인 식 (2.20)를 유도하라.

2.11 구 좌표계에서의 체적 요소의 관계식을 유도하라.

제2.3절

2.12 얼음 저장 설비에서는 톱밥이 단열재로 사용된다. 외벽이 60 cm 두께의 톱밥으로 되어 있고 측판의 열전도도는 무시할 때, 이 톱밥 외벽의 R-값을 구하라. 내부 온도는 −5 ℃이고 외부 온도는 30 ℃일 때, 외벽의 m²당 얼음 저장 설비의 열 획득을 개략적으로 계산하라.

2.13 내연기관의 연소실은 연료가 연소될 때 그 온도가 800 ℃이다. 이 엔진이 연소실과 외부 표면 사이의 평균 두께가 6.5 cm인 주철로 되어 있고, 엔진의 외부 표면의 온도가 50 ℃이고 외부 공기 온도가 30 ℃라고 할 때, 엔진 외부 표면 단위 면적당 열전달을 개략적으로 계산하라.

2.14 3중 유리창이 빌딩 건축에 사용되었다. 이 3중 유리창은 그림 2.49와 같이 3매의 유리판 세트로 되어 있으며, 각각의 유리판은 밀봉된 공기 갭을 사이에 두고 이격되어 있다. 3중 유리창의 R-값을 개략적으로 계산하고 이 값을 단일 유리창의 R-값과 비교하라. 갭 속에 들어 있는 공기는 밀봉되어 이동할 수 없으므로 열전도성 매질로만 작동하도록 되어 있다는 점에 유의하라.

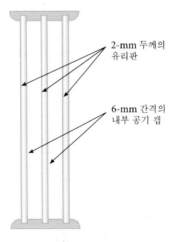

2-mm 두께의 유리판

6-mm 간격의 내부 공기 갭

그림 2.49 3중 유리창

2.15 그림 2.50의 외벽에서 외부 표면의 온도가 36 ℃이고 내부 표면의 온도가 15 ℃라고 할 때, R-값, 단위 면적당 벽에서의 열전달 및 벽에서의 온도 분포를 각각 구하라.

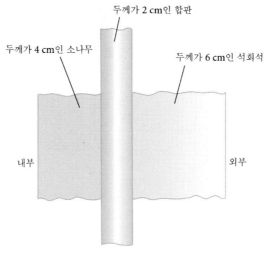

그림 2.50 외벽

2.16 외경이 5 cm이고 내경이 3.8 cm인 구리 튜브에서 단위 m 길이당 반경 방향 열전달을 구하라. 이 튜브에는 온도가 80 ℃인 암모니아가 들어 있고 주위에는 온도가 25 ℃인 공기가 둘러싸고 있다.

2.17 증기 관로가 두께가 15 cm인 암면으로 단열되어 있다. 이 증기 관로는 외경이 5 cm인 철관으로, 관 벽 두께는 5 mm이다. 관로 속 증기 온도는 120 ℃이고 주위 온도는 20 ℃일 때, 철관에서 단위 m당 반경 방향 열손실을 개략적으로 계산하라. 또한, 철관과 단열재에서의 온도 분포를 구하라.

2.18 냉장고에 있는 증발기 튜브는 외경이 2.5 cm이며 튜브 벽 두께가 3 mm인 알루미늄 튜브류로 되어 있다. 이 튜브류를 둘러싸고 있는 공기는 온도가 −5 ℃이고 증발기 안에 들어 있는 냉매는 온도가 −10 ℃이다. 30 cm의 길이에 걸쳐서 냉매로 전달되는 열전달을 개략적으로 계산하라.

2.19 외경이 4 cm이고 내경이 2.7 cm인 테플론 튜브류는 외부 온도가 80 ℃일 때 1.9 W/m를 전도한다. 이 튜브류의 내부 온도를 개략적으로 계산하라. 또한, 단위 길이당 열 저항을 추산하라.

2.20 직경이 40 cm이고 벽 두께가 5 mm인 구형 플라스크를 사용하여 포도 주스를 가열한다. 가열 과정에서 플라스크의 외부 표면 온도는 100 ℃이고 내부 표면 온도는 80 ℃이다. 플라스크의 열 저항, 가열이 플라스크의 하반부에서만 이루어질 때 플라스크에서의 열전달 및 플라스크 벽에서의 온도 분포를 각각 개략적으로 계산하라.

2.21 직경이 60 cm이고 벽 두께가 2.5 cm인 스티로폼(styrofoam) 재질의 구형 용기에 온도가 −65 ℃인 드라이아이스(고체 이산화탄소)가 들어 있다. 외부 온도가 15 ℃일 때 용기에서의 열 획득을 개략적으로 계산하고, 두께가 2.5 cm인 벽에서의 온도 분포를 설정하라.

2.22 그림 2.51과 같은 벽에서 단위 면적당 총괄 열 저항(overall heat resistance)을 구하라. 해석 과정에서는 대류 열전달로 인한 열 저항은 제외한다. 그런 다음 열전달을 19.0 W/m²이라고 잡고 노출된 벽돌 표면 온도를 10 ℃라고 할 때, 벽에서의 온도 분포를 구하라.

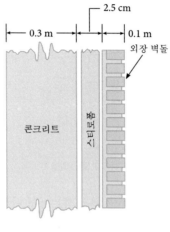

그림 2.51 구조 벽

2.23 그림 2.52와 같은 튜브에서 단위 길이당 열 저항을 구하라. 그런 다음 내부 환경 온도가 −10 ℃이고 외부 온도가 20 ℃일 때, 이 튜브에서의 열전달을 추산하라.

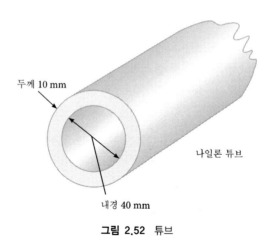

그림 2.52 튜브

*2.24 열전도도가 다음과 같은 관계식에 따라 영향을 받을 때, 예제 2.5에 있는 벽에서의 온도 분포를 구하라.

$$\kappa = 0.638 + 0.00270T \frac{\text{W} \cdot \text{cm}}{\text{m}^2 \cdot \text{K}} \qquad (T\text{의 단위는 K임})$$

*2.25 $\kappa = a T^{0.001}$일 때 슬래브에서의 온도 분포를 구하라. 이 식에서 T의 단위는 K이고, a는 상수이다. 그런 다음 이를 $\kappa = a$인 경우와 비교하라.

제2.4절

2.26 $T(x, y) = (a \sin px + b \cos px)(c e^{-py} + d e^{py})$가 다음 식을 만족시키는지를 증명하라.

$$\frac{\partial^2 T(x, y)}{\partial x^2} + \frac{\partial^2 T(x, y)}{\partial y^2} = 0$$

2.27 예제 2.11의 벽에서 바닥에서 위로 3ft되는 y 방향에서의 열전달을 구하라. 그런 다음 이 높이에서의 온도 분포를 그래프로 그려라.

2.28 그림 2.53과 같이 사면이 경사진 벽 문제에서 지배 방정식과 필요한 경계 조건을 기술하라.

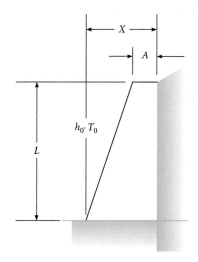

그림 2.53 열전달이 일어나는 사면이 경사진 벽

2.29 그림 2.54와 같은 열교환기 튜브 문제에서 지배 방정식과 필요한 경계 조건을 기술하라.

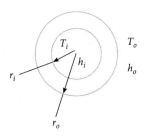

그림 2.54 열교환기 튜브

2.30 그림 2.55와 같은 구형 콘크리트 외피에서 지배 방정식과 필요한 경계 조건을 기술하라.

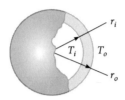

그림 2.55 벽 두께가 두꺼운 구형 외피

2.31 온도 분포 결과는

$$T(x, y) = \sum_{n=0}^{\infty} A_n e^{-n\pi y/L} \sin n\pi x/L$$

과 같고, 수반되는 경계 온도 분포는

$$T(x, 0) = \cos \pi x/L \text{ for } 0 < x < L$$

과 같은 문제에서 푸리에 계수 A_n을 구하라.

2.32 열전달 문제에서, 경계 온도 분포는

$$T(x, 0) = T_0\left(1 - \frac{x}{L}\right)$$

과 같고, 여기에서 온도 분포 해가

$$T(x, y) = \sum_{n=0}^{\infty} A_n e^{-n\pi y/L} \sin n\pi x/L$$

과 같을 때 푸리에 계수 A_n을 구하라.

2.33 독립 변수 0 에서 10 까지에서, 0차 및 1차의 제1종 베셀 함수 J_0 및 J_1을 그래프로 그려라.

2.34 독립 변수 0 에서 10 까지에서, 0차 및 1차의 제2종 베셀 함수 Y_0 및 Y_1을 그래프로 그려라.

2.35 직경 20 cm, 길이 30 cm인 실리콘 봉이 한쪽 끝에서 고온에 노출되어 있는데, 이 한쪽 끝은 온도가 400 ℃인 반면에 다른 쪽 끝 표면은 온도가 60 ℃이다. 이 실리콘 봉에서 중심선을 따르는 온도 분포를 개략적으로 계산하라.

2.36 직경 15 cm, 길이 60 cm인 테플론 봉이 온도가 110 ℃인 상태로 있다. 그런 다음 한쪽 끝을 차가운 공기에 노출시키는데, 이 한쪽 끝은 온도가 25 ℃에 도달하는 반면에 봉 둘레 표면은 65 ℃로 냉각된다. 다른 쪽 끝은 정상 상태에서 110 ℃로 유지된다. 예상되는 온도 분포를 구하라.

2.37 직경이 5 cm인 송수관이 땅속 1.2 m 깊이에 수평으로 매입되어 있다. 물은 이 송수관을 따라 10 ℃로 흐르고 송수관 외부의 온도를 10℃라고 할 때, 이 송수관의 단위 m당 열 손실을 개략적으로 계산하라. 지표면의 온도는 −30 ℃이다.

2.38 굴뚝이 그림 2.56과 같이 연도가 둥근 정사각형 콘크리트 블록으로 되어 있다. 외부 표면 온도가 −10 ℃이고 내부 표면 온도가 150 ℃일 때, 굴뚝의 단위 m당 콘크리트 블록에서의 열 손실을 개략적으로 계산하라.

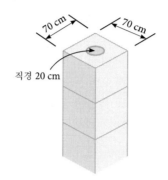

그림 2.56 굴뚝과 연도

2.39 핵폐기물을 직경 50 cm, 길이 100 cm인 드럼통에 넣어서 모래에 매입한다. 송수관을 드럼통 근처에 매입시켜서 드럼통을 차갑게 유지시킨다. 대표적인 배치 안은 그림 2.57에 나타나 있다. 드럼통과 송수관 사이의 열전달을 개략적으로 계산하라.

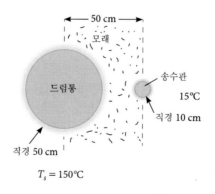

그림 2.57 핵폐기물 드럼통

2.40 강재 핀이 그림 2.58과 같이 아스팔트 포장 도로에 박혀 있다. 강재 핀은 15 ℃ 상태이고 아스팔트 표면은 45 ℃ 상태일 때, 이 둘 사이의 열전달을 개략적으로 계산하라.

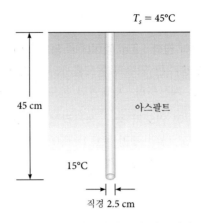

$T_s = 45°C$

45 cm

아스팔트

15°C

직경 2.5 cm

그림 2.58 아스팔트 속에 박혀 있는 강재 핀

2.41 그림 2.59와 같은 열처리로의 내부 표면 온도는 1200 ℃이고 외부 표면 온도는 60 ℃이다. 이 노벽의 열적 상태량이 석회와 동일한 균질 재료라고 할 때, 문을 제외한 벽에서의 열전달을 개략적으로 계산하라.

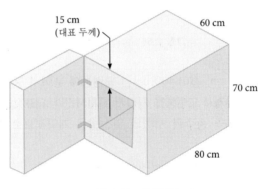

15 cm
(대표 두께)

60 cm

70 cm

80 cm

그림 2.59 열처리로

2.42 외형 치수가 40 cm × 40 cm × 45 cm인 소형 냉장고의 냉동 칸은 내부 표면 온도는 −10 ℃, 외부 표면 온도는 25 ℃이다. 벽의 두께는 7.5 cm로 균일한 균질 재료로 열적 상태량은 스티로폼과 동일할 때, 냉장고의 벽과 문에서의 열전달을 개략적으로 계산하라.

2.43 그래프 방법을 사용하여 그림 2.60과 같은 모서리부에서 두 표면 간 폭의 단위 m당 온도 분포와 열전달을 각각 개략적으로 구하라. 이 그림에서 유의할 점은 축척이 1 : 8 이라는 것이다. 즉, 이 그림은 실제 크기의 1/8이다.

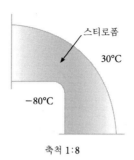

축척 1:8

그림 2.60 모서리부에서의 열전달

2.44 그래프 방법을 사용하여 그림 2.61과 같이 실리콘 칩을 둘러싸고 있는 페놀 디스크에서의 온도 분포를 개략적으로 계산하라. 그런 다음 페놀 디스크 깊이의 단위 mm당 열전달을 개략적으로 구하라.

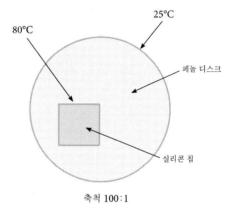

축척 100:1

그림 2.61 페놀 디스크에 매입된 실리콘 칩

2.45 그래프 방법을 사용하여 그림 2.62와 같이 전선 주위 땅에서의 온도 분포를 개략적으로 계산하라. 그런 다음 정상 상태에서 전선과 지표면 간에 필요한 열전달을 개략적으로 구하라. 답은 W/m로 단위로 나타내어라.

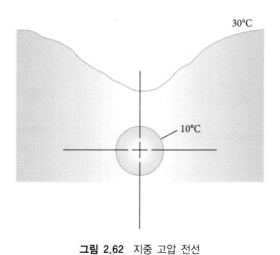

그림 2.62 지중 고압 전선

*2.46 그래프 방법을 사용하여 그림 2.63과 같은 주철 엔진 블록과 헤드에서의 온도 분포를 개략적으로 계산하라.

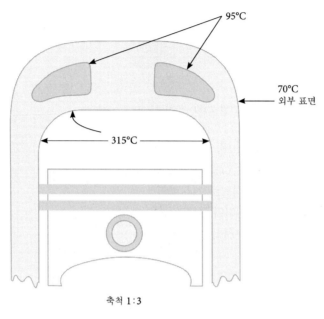

축척 1 : 3

그림 2.63 가솔린 엔진의 개략도

*2.47 분젠 버너(Bunsen burner)를 사용하여 강재 블록을 가열한다. 이 강재 표면 온도는 버너가 가열하고 있는 바닥을 제외하고 50 ℃로 잡으면 된다. 그림 2.64에는 바닥 표면에서의 온도 분포와 가열 과정의 전체 배열 형태가 나타나 있다. 그래프 방법을 사용하여 블록의 온도 분포와 블록에서의 열전달을 개략적으로 계산하라.

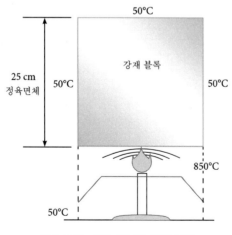

그림 2.64 분젠 버너와 강재 블록

제2.6절

2.48 그림 2.65와 같은 핀(fin)에서의 열전달을 개략적으로 계산하라. 필요한 노드 식을 세운 다음 풀어서 온도를 구하라. 이 핀은 알루미늄이라고 가정한다.

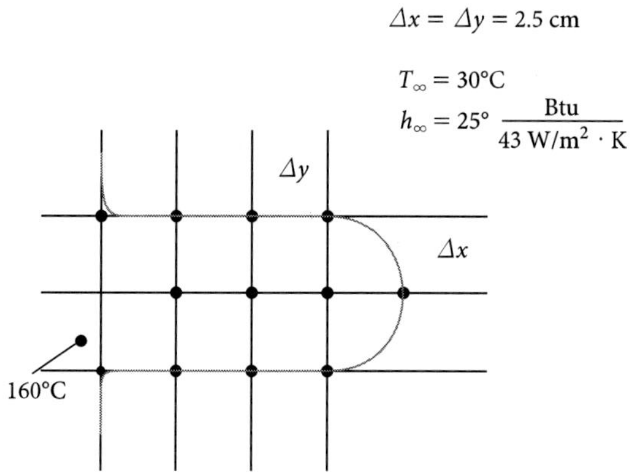

$\Delta x = \Delta y = 2.5$ cm
$T_\infty = 30°C$
$h_\infty = 25° \frac{Btu}{43\ W/m^2 \cdot K}$
Δy
Δx
160°C

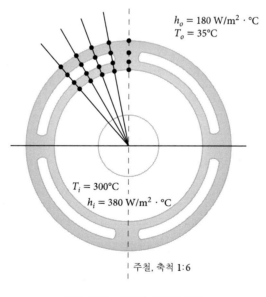

그림 2.65 핀 열전달

2.49 그림 2.66과 같은 압축기 하우징 단면에서 열전달 모델의 노드 식을 써라. 그런 다음 EES, Mathcad 또는 MATLAB을 사용하여 노드 온도를 풀어라.

$h_o = 180$ W/m$^2 \cdot$°C
$T_o = 35°C$
$T_i = 300°C$
$h_i = 380$ W/m$^2 \cdot$°C
주철, 축척 1:6

그림 2.66 압축기 하우징 단면

2.50 그림 2.67에 개략적으로 나타나 있는 매립된 쓰레기에서의 열전달을 기술하는 노드 식을 써라. 유의할 점으로는 쓰레기의 열분해 반응(저속 화학 반응)으로 인하여 발생하는 에너지 생성이 있다는 것과 표 2.6에서 참조해야 하는 경계가 있다는 것이다.

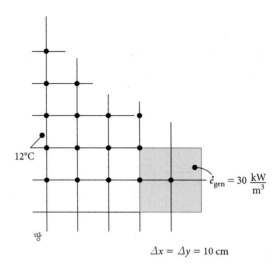

$12°C$

$\dot{e}_{gen} = 30\ \dfrac{kW}{m^3}$

땅

$\Delta x = \Delta y = 10\ cm$

그림 2.67 매립 쓰레기 질량

2.51 그림 2.68과 같은 주철 선반(공작기계의 일종)의 슬라이드에서의 온도 분포를 구하는 노드 식을 써라. 유의할 점으로는 슬라이드 표면이 단열되어 있다고 가정할 것과 경계 윤곽이 비정형적이라는 것이다.

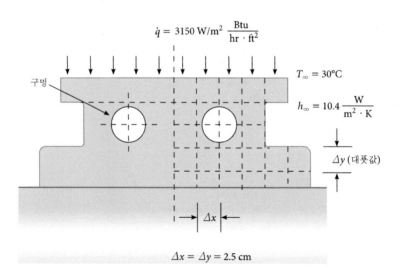

$\dot{q} = 3150\ W/m^2\ \dfrac{Btu}{hr \cdot ft^2}$

구멍

$T_\infty = 30°C$

$h_\infty = 10.4\ \dfrac{W}{m^2 \cdot K}$

Δy (대푯값)

Δx

$\Delta x = \Delta y = 2.5\ cm$

그림 2.68 선반 슬라이드

2.52 콘크리트 굴뚝 연도가 그림 2.69와 같이 스티로폼 단열재로 둘러싸여 있다. 적절한 그리드 모델을 작도한 다음 온도 분포를 구하는 데 필요한 노드 식을 써라.

2.53 그림 2.69와 같은 굴뚝 연도가 있다. 스티로폼은 제거되지만 외부 경계 조건은 동일하다고 할 때, 필요한 노드 식을 세운 다음 풀어서 노드 온도를 구하라. 굴뚝 연도에서의

열전달을 구하라.

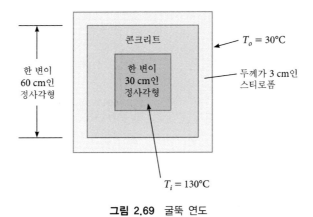

그림 2.69 굴뚝 연도

2.54 그림 2.32에 개략적으로 나타나 있는 참나무 보 모델의 노드 1과 2에서의 노드 식을 써라.

2.55 그림 2.70에는 정밀 측정에 사용되는 대형 정반의 단면이 나타나 있다. 손으로 이 정반의 표면을 만졌기 때문에 정반에는 열전달이 일어나게 된다. 여기에 수반되는 복사는 모두 무시하고, 그림과 같은 정반의 노드 모델의 노드 1, 5 및 12에서의 노드 식을 써라. 정상 상태 조건으로 가정하고 그림에 표시된 노드 밖에서는 정반의 온도가 18 ℃라고 가정한다.

*2.56 그림 2.70과 같은 정반의 노드 식 세트를 전부 쓰고 이 정반에서의 온도와 열전달을 개략적으로 계산하라(연습 문제 2.55 참조).

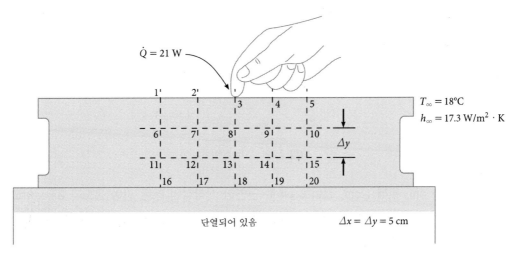

그림 2.70 정반

*2.57 그림 2.71과 같은 플루토늄 핵연료봉에서는 112 MW/m³만큼의 에너지가 생성된다. 그림과 같은 그리드 노드 모델에서 노드 식을 쓴 다음 풀어서 온도를 구하라. κ = 10 W/(m·K)라고 가정한다.

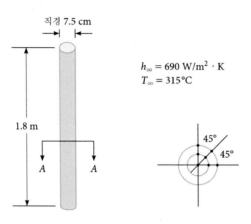

직경 7.5 cm

$h_\infty = 690 \text{ W/m}^2 \cdot \text{K}$
$T_\infty = 315°\text{C}$

1.8 m

A   A

45°
45°

그림 2.71 플루토늄 연료봉

제2.7절

2.58 그림 2.72와 같은 구리 핀에서의 열전달과 핀 효율을 구하라. 이 핀은 매우 길다고 가정하고 핀 기저 온도는 93 ℃로 잡는다.

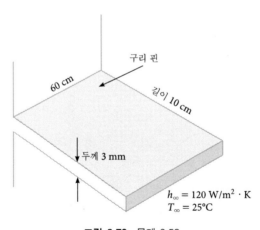

구리 핀

60 cm

길이 10 cm

두께 3 mm

$h_\infty = 120 \text{ W/m}^2 \cdot \text{K}$
$T_\infty = 25°\text{C}$

그림 2.72 문제 2.58

2.59 폭 30 cm, 두께 1 cm, 길이 5 cm로 단면이 사각형인 청동 핀이 온도가 27 ℃이고 $h = 300$ W/m²·℃인 공기에 둘러싸여 있다. 핀 기저 온도는 170 ℃이다. 핀 끝 온도, 핀 열전달, 핀 효율을 각각 구하라.

2.60 핀 하단부 온도 100 ℃, 폭 5 mm, 길이 5 cm로 단면이 사각형인 알루미늄 핀이 온도가 40 ℃인 물에 둘러싸여 있다. h로는 400 W/m²·℃을 사용하여, 다음과 같은 세 가지 조건에서 예상되는 핀의 열전달을 비교하라.

a) 핀이 매우 김

b) 핀 끝이 단열됨

c) 핀 끝을 포함하여 핀 전체에 걸쳐서 대류 열전달이 균일함

*2.61 단면이 사각형이고 끝이 단열된 핀에서 열전달이 다음과 같음을 증명하라.

$$\dot{Q}_{\text{fin}} = \theta_0 \sqrt{hP\kappa A} \tanh mL$$

*2.62 단면이 사각형이고 핀 끝에서 대류 열전달 계수가 h_L인 핀에서 열전달을 다음과 같이 기술할 수 있음을 증명하라.

$$\dot{Q}_{\text{fin}} = \theta_0 \sqrt{hP\kappa A} \left(\frac{\sinh mL + \frac{h_L}{m\kappa} \cosh mL}{\cosh mL + \frac{h_L}{m\kappa} \sinh mL} \right)$$

*2.63 핀 하단부의 두께가 Y이고 길이는 L이며 열전도도가 κ이고 대류 열전달 계수가 h_0이며 핀 하단부 온도가 T_0인 삼각형 단면 핀에서의 열전달 식을 유도하라. 주위 유체의 온도는 T_∞이다. 그림 2.5를 참조하라.

*2.64 핀 유효도 ε_{fin}이 다음 식 (2.112)와 같이 핀 효율 η_{fin}과 관계가 있음을 증명하라. 즉,

$$\varepsilon_{\text{fin}} = 1 - \left(\frac{A_{\text{fin}}}{A_T} - \eta_{\text{fin}} \frac{A_{\text{fin}}}{A_T} \right)$$

2.65 환형 강재 핀이 길이 8 cm, 두께 3 mm, 직경 20 cm인 봉 둘레에 부착되어 있다. 주위 공기 온도는 20 ℃, $h = 35$ W/m²·℃, 봉의 표면 온도는 300 ℃이다. 다음을 각각 구하라.

a) 핀 효율

b) 핀에서의 열전달

2.66 직경 1 cm, 길이 30 cm인 청동 봉이 온도가 150 ℃인 청동 표면에서 돌출되어 있다. 이 봉은 온도가 10 ℃이고 $h = 10$ W/m²·℃인 공기로 둘러싸여 있다. 봉에서의 열전달을 구하라.

2.67 압축기 하우징에 부착되어 있는 환형 주철 핀이 두께 2.5 cm, 길이 7.5 cm, 직경 7.5 cm, 대류 열전달 계수는 28 W/m²·K이다. 핀 하단부 온도가 70 ℃이고 주위 공기 온도는 25 ℃일 때, 핀 효율과 핀에서의 열전달을 각각 구하라.

2.68 그림 2.73과 같이 조리용 냄비에 달린 손잡이는 부착 지점에서 가장 먼 부분을 단열 끝으로 하는 봉으로 모델링할 수 있다. 그림과 같은 손잡이에서 냄비 표면 온도는 88 ℃, 주위 공기 온도는 30 ℃, $h = 277$ W/m²·K일 때, 손잡이에서의 온도 분포와

열전달을 구하라.

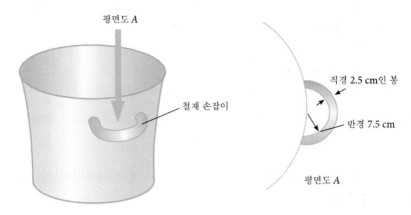

그림 2.73 조리용 냄비의 손잡이

2.69 그림 2.74와 같이 알루미늄 핀이 소형 열교환기에서 양끝에 부착되어 있다. 그림과 같은 상황에서 핀에서의 온도 분포와 열전달을 구하라. 유의할 점으로는 해석할 때 지배 방정식 $d^2\theta(x)/dx^2 = m^2\theta(x)$와 적절한 경계 조건들을 사용하여 온도 분포를 구해야 한다.

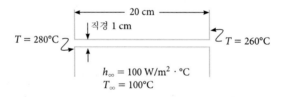

그림 2.74 소형 열교환기 핀

*2.70 그림 2.75와 같이 삼각형 단면 핀에서 핀에서의 온도 분포, 핀 효율 및 열전달을 각각 구하라.

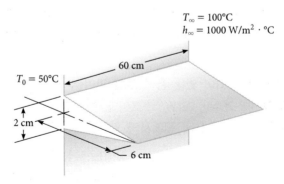

그림 2.75 삼각형 단면 핀

2.71 그림 2.76과 같이 2개의 304 스테인리스강 부품에 걸친 전체 온도 강하가 100 ℃라고 할 때, 두 부품 간 접촉부에서 예상되는 온도 강하를 구하라.

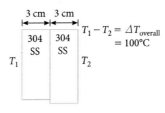

그림 2.76 접촉 표면에서의 열전달

2.72 연강으로 되어 있는 단접 부품이 또 다른 연강 부품 표면에 볼트로 체결되어 있다. 접촉 압력은 2 MPa로 추정하며 두 부품 간에 예상되는 열전달은 136 W/m^2이다. 열 접촉 저항으로 인한 접촉부에서의 온도 강하를 개략적으로 계산하라.

2.73 예제 2.26에서 열전달이 9.5 W/m^2로 감소될 때 접촉 표면에서의 온도 강하를 개략적으로 계산하라.

2.74 그림 2.77에는 단열 보호 열판 시험 결과가 데이터로 나타나 있다. 시료의 열전도도를 개략적으로 계산하라.

	히터 데이터		열전쌍 데이터 (밀리볼트, mV)	
시험번호	A, 암페어	V, 볼트	1	2
1	0.05	8.6	2.669	2.775
2	0.055	8.4	2.672	2.780
3	0.049	8.8	2.662	2.771

열전쌍 변환계수: 22 ℃/mV

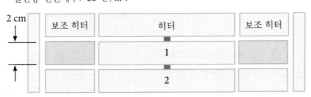

시험 장치도

그림 2.77 문제 2.74의 열전도도 데이터

2.75 증기 관로가 외경이 3 cm이고 외부 표면 온도는 160 °C이다. 이 관로가 온도 25 °C, $h = 3.0\text{ W/m}^2\cdot\text{°C}$인 공기로 둘러싸여 있을 때, 관로의 단위 m당 열전달을 구하라. 그런 다음 이 증기 관로에 단열 특성을 부여하는 데 필요한 석면 단열재의 두께를 구하라.

2.76 전력선은 주위 공기로 대류 냉각을 시켜서 전력선 온도가 과도하게 되지 않게 하여야 한다. 직경이 2.5 cm인 전력선에 나일론을 감아 열전달이 주위로 증가되게 하려면, 나일론이 단열재로 작용하기 전까지 전력선에 얼마나 많은 나일론을 감으면 되는가? $h = 8.7\text{ W/m}^2$이라고 가정하라.

2.77 전류 1.5 A(암페어)를 전기 전도시키는 피복되어 있지 않은 16-게이지 구리 전선에서의 온도 분포를 개략적으로 계산하라. 단, 주위 공기의 온도는 10 °C, $h = 65\text{ W/m}^2\cdot\text{°C}$이다.

2.78 알루미늄 전선의 저항률이 $0.286\times10^{-7}\text{ ohm}\cdot\text{m}$이지만 저항률은 저항(ohm)·면적/길이로 정의된다. 전류 200 A(암페어)를 전달하는 직경이 6 mm인 알루미늄 전선에서의 온도 분포를 구하라. 단, 이 알루미늄 전선을 둘러싸고 있는 주위 공기의 온도는 25 °C, $h = 345\text{ W/m}^2\cdot\text{K}$이다.

*2.79 그림 2.78과 같은 우라늄 슬래브에서의 온도 분포를 구하라. 이 슬래브는 내부에서 에너지가 2.8 MW/m^3만큼 생성되고 있고 물로 둘러싸여 있는데 물은 온도는 90 °C이고 $h = 780\text{ W/m}^2\cdot\text{°C}$라고 가정한다. **힌트**: $d^2T/dx^2 + \dot{e}_{\text{gen}}/\kappa = 0$ 식에 적절한 경계 조건을 사용해서 온도 분포 함수를 구해야 한다.

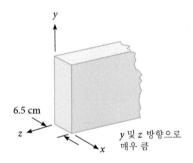

그림 2.78 우라늄 슬래브

2.80 두께가 6 cm인 플루토늄 평판에서 에너지가 60 kW/m^3만큼 생성되고 있다. 이 플루토늄 평판은 한쪽 표면이 가압 물에 노출되어 있는데, 이 물의 온도는 280 °C를 초과해서는 안 된다. 다른 쪽 표면은 단열이 잘 되어 있다. 노출된 표면에서는 대류 열전달 계수가 얼마가 되어야 하는가? **힌트** : $d^2T/dx^2 + \dot{e}_{\text{gen}}/\kappa = 0$ 식과 적절한 경계 조건을 사용해서 온도 분포 함수를 구해야 한다. 단열된 표면은 온도가 315 °C를 초과해서는 안 된다.

[참고문헌]

[1] *The Analytical Theory of Heat*, J. B. J. Fourier, 1822 (English translation, Cosimo Classics, 2007).

[2] American Society of Testing Materials ASTM, *Test Method for Steady State Thermal Transmission Properties by Means of the Guarded Hot Plate*, ASTM Standards, Vol. 04.06, C177–85, 1989.

[3] Bridgeman, P. W., The Thermal Conductivity of Liquids Under Pressure, *Proc. Am. Acad. Arts Sci.* 59, pp. 141–.169, 1923.

[4] Nuttall, R. L., and D .C. Ginnings, "Thermal Conductivity of Nitrogen from 50°C to 500°C and 1 to 100 Atmospheres," *J. of Research of National Bureau of Standards*, 58, 5 May 1957.

[5] Vine, R. G., Measurments of Thermal Conductivity of Gases at High Temperatures, *Trans. ASME*, Vol. 82C, 48, 1960.

[6] Hirschfelder, J. O., C. F. Curtiss, and R. B. Bird, *Molecular Theory of Gases and Liquids*, Wiley, 1966.

[7] Bridgeman, P. W., The Thermal Conductivity of Liquids, *Proc. Natl. Acad. Sci. U.S.* 9, 341–45, 1923.

[8] Carslaw, H. S., and J. C. Jaeger, *Conduction of Heat in Solids*, 2nd edition, Oxford, 1965.

[9] Stroud, K. A., *Fourier Series and Harmonic Analysis*, Stanley Thornes Publishers, Ltd., 1984.

[10] Churchill, R. V., *Fourier Series and Boundary Value Problems*, McGraw–Hill, New York, 1941.

[11] Tolstov, G. P., *Fourier Series* (Trans. R. A. Silverman) Dover Publications, New York, 1962.

[12] Arpaci, V. S., *Conduction Heat Transfer*, Addison–Wesley, Reading, MA, 1966.

[13] Hahne, E., and U. Grigull, Formfaktor und Formweiderstand der Stationaren Mehrdimensionalen Warmleitung, *Int. J. Heat Mass Transfer*, Vol. 18, p. 751, 1975.

[14] Gerald, C. F., and P. O. Wheatley, *Applied Numerical Analysis*, 3rd edition, Addison–Wesley, 1984.

[15] Shih, T. M., *Numerical Heat Transfer*, Hemisphere Publishing Co., New York, 1984.

[16] Jaluria, Y., and K. E. Torrance, *Computational Heat Transfer*, Hemisphere Publishing Co., New York, 1986.

[17] Kikuchi, N., *Finite Element Methods in Mechanics*, Cambridge Univ. Press, 1986.

[18] Gardner, K. A., Efficiency of Extended Surfaces, *Trans. ASME*, Vol. 67, pp. 621–631, 1945.

[19] Kern, D. Q., and A. D. Kraus, *Extended Surface Heat Transfer*, McGraw–Hill, New York, 1980.

[20] Fletcher, L. S., Recent Developments in Contact Conduction Heat Transfer, *J. Heat Transfer*, Vol. 110, no.4(b), p. 1059, November 1988.

[17] Kikuchi, N., *Finite Element Methods in Mechanics*, Cambridge Univ. Press, 1986.

[18] Gardner, K. A., Efficiency of Extended Surfaces, *Trans. ASME*, Vol. 67, pp. 621–31, 1945.

[19] Kern, D. Q., and A. D. Kraus, *Extended Surface Heat Transfer*, McGraw–Hill, New York, 1980.

[20] Fletcher, L. S., Recent Developments in Contact Conduction Heat Transfer, *J. Heat Transfer*, Vol. 110, no.4(b), p. 1059, November 1988.

[21] Salerno, L. J., A. L. Spivak, and P. Kittel, Thermal Conductance of Pressed Copper Contacts at Liquid Helium Temperatures, *NASA Tech Brief ARC-11572*, Vol. 10, No. 5, National Aeronautics and Space Administration, U.S. Government, 1984.

[22] Mian, M. N., F. R. Al-Astrabadi, P. W. O'Callaghan, and S. D. Probert, Thermal Resistance of Pressed Contacts Between Steel Surfaces: Influence of Oxide Films, *J. of Mech. Eng. Sci.*, IMechE, 1979.

03 과도 전도 열전달

역사적 개요

아이작 뉴턴은 진지하게 열과 열전달을 연구하였다. 뉴턴은 잉글랜드에 있는 작은 마을인 울즈소프 바이 콜스터워스(Woolsthorpe-by-Colsterworth)에서 태어났는데, 생년월일은 참고로 하는 달력에 따라 달라서 1642년 12월 25일이기도 하고 1643년 1월 4일이기도 하다. 물리학, 수학, 기타 과학이나 기술 과목을 공부하는 학생이라면 어느 누구라도 뉴턴에 관한 이야기를 들은 적이 있다. 뉴턴은 분명히 지난 350년 이상에 걸쳐서 주목할 만한 인물이었고, 사물을 현대적으로 사고하는 데 다음과 같이 기여하였다. 즉, 운동 3법칙 및 중력, 미적분학, 반사 망원경, 광학 등에 관한 연구, 그리고 색상 이론의 개발, 아울러 대수학과 기하학 분야에서의 연구와 선도 등이다. 진지한 학생이라면 뉴턴의 업적이 —모든 수학자, 과학자, 물리학자, 엔지니어, 과학기술자, 전문기술자, 직업적 장인들의 업적과 같이— 기나긴 과거의 세월에 걸쳐 잊혀진 사람들의 업적 덕분이라는 사실을 알 수 있을 것이다. 뉴턴은 "내가 멀리 볼 수 있었다면, 그것은 내가 거인의 어깨 위에 서 있었기 때문일 것이다"라고 겸손하거나 혹은 풍자적으로 말했다고 일컬어지고 있다. 그리고 뉴턴은 흥미롭게도 과학보다는 종교적, 성서해석학적 및 비학적인 연구에 더 많은 저술을 하였다. 뉴턴은 연금술에 열정적으로 관심을 보였으므로, 열과 열역학에 관하여 사고하게 된 것은 연금술에 관한 몇 가지 아이디어 때문이었음이 분명하다. 뉴턴은 냉각 법칙을 논술한 것으로 인정받고 있는데, 이 법칙은 이 책 전체에 걸쳐서 광범위하게 사용되고 있다. 그리고 뉴턴은 파렌하이트보다 43년 정도 앞서기는 하지만 뜨거움, 즉 온도에 관하여 틀림없이 알고 있었으므로 뉴턴 온도라고 하는 초기 온도 척도를 발명하기도 하였다. 뉴턴의 냉각 이론, 즉 냉각 법칙은 온도 차, 표면적 및 계수(지금은 대류 열전달 계수라고 함)를 사용하여 냉각률(또는 가열률)을 산정한다. 신앙심이 독실한 학생으로서 뉴턴은 틀림없이 지구의 나이와 그 '종말'을 구하고 싶어 했을 것이다. 어떤 사람들은 뉴턴이 냉각 법칙에 대하여 동기부여를 하게 된 것이 지구를 구로서 모델링한 것(생각이 깊은 사람이라면 지구는 아주 오랫동안 쭉 구라는 사실을 알고 있었다)이고, 그렇게 함으로써 지구의 나이와 지구가 외계와 평형 상태에 도달하게 되는 때를 산정하게 되었지 않았을까 하고 말하고 있다. 뉴턴은 이 어느 것도 구할 수 없었지만, 그의 노력과 사고로 대류 열전달 식이 제공된 것이다.

　　이 장에서는 과도(천이) 또는 비정상 상태 열전달의 일반적인 문제들을 살펴볼 텐데, 이러한 열전달에서는 전도 매질의 온도가 시간에 따라서 변한다. 경계 조건들은 해당 경계 조건에서 점프 불연속성이 일어나게 되는 일부 초기 상태 이후로는 흔히 일정하거나 균일한 것으로 간주한다. 이 장의 내용은 일반적인 에너지 균형, 지배 방정식, 전형적인 경계 조건 등의 개념을 전개함으로써 시작한다. 열확산율이라고 하는 상태량은 미분 형태의 지배 방정식을 취급할 때 나오는 직접적인 결과물로서 도입된다. 이 장은 계속해서 집중 열용량 계(lumped thermal capacity system)에 관한 내용이 전개되고 매개변수로서 시간 상수를 사용하여 단순한 천이 열전달 계와 비교하는 내용이 전개된다. 순간적으로 균일한 경계 조건이 돌변하게 되는 반무한 고체와 같이 몇 가지 잘 알려진 1차원 과도 열전달 문제들과 무한 매질에서의 선형 열 에너지원(line source of thermal energy) 문제 등이 검토되어 있다. 이 선형 열 에너지원이라는 것은 재료의 열전도도를 구하는 데 중요한 시험법의 해설을 상징한다.

　　경계 조건이 돌변하게 되는 슬래브, 원통, 구 등에서의 열전도가 제공되어 2차원 및 3차원 문제로 확장되어 있다. 몇 가지 에너지법이 사용되어 있으므로 주어지는 융통성이 더욱더 크다. 특히, 내부에서 에너지가 생성되는 몇 가지 시스템을 살펴보았다.

　　몇 가지 과도 열전달 응용이 소개되어 있는데, 이를 테면 금속 분야에서 열처리 과정과 기후 변화로 인한 지구 또는 땅 온도의 계절적 변동과 같은 것이다. 유한 차분법을 전개하여 디지털 컴퓨터가 매우 다양한 과도 열전달 문제의 해를 구하는 데 어떻게 사용되어 위력을 발휘하는지를 보여준다. 끝으로, Schmidt 선도와 같은 그래픽 해법을 소개함으로써 독자들이 유한 차분법에서 수행된 일부 수치 근사 해를 평가할 수 있게 해주고 또한 일부 문제들은 매우 초보적인 도구와 어느 정도의 공학적인 직관만으로도 해석할 수 있음을 보여준다.

새로운 용어

t_c	시간 상수	α	열확산율

3.1 과도 열전도의 일반적인 문제

열전달 과정에서는 이와 관련되는 계(들)의 에너지가 변화하기가 쉽다. 예를 들어 계에서 유출되는 열전달에서는 계의 에너지가 감소되는 경향이 있고, 계로 유입되는 열전달에서는 계의 에너지가 증가할 것이다. 계가 고체나 유체이고 열전달 도중에 상변화를 겪지 않는다면, 에너지 변화는 온도 변화와 관련이 많을 수 있다. 상변화를 겪는 계에서는 제1장에서 설명한 대로, 온도 변화가 없어도 에너지 변화가 많이 일어날 수 있다. 여기에서는 별도의 언급이 없는 한, 상변화를 겪지 않는 계를 살펴보고자 한다. 어떤 열전달에서는 계의 온도가 소정의 시간 기간에 걸쳐서 변화되는 경향이 있다. 제2장에서 살펴본 정상 상태 상황에서는 계의 온도가 시간에 따라 변화하지 않으므로, 여기에서는 계의 온도가 시간에 따라 변화하게 되는 조건들을 살펴보기로 한다. 이러한 조건들을 **과도(천이) 또는 비정상 상태** 조건이라고 한다. 계가 비정상 상태가 되는 데에는 다음과 같은 두 가지 원인이 있다. 즉, (1) 계에 유입되는 열전달과 계에서 유출되는 열전달이 균형을 이루지 못할 때, (2) 경계에서의 열전달이 급격하게 변할 때이다. 에너지 보존의 기본 개념을 사용하게 되면 이러한 가능성을 설명할 수 있다. 그림 3.1과 같은 계에 에너지 보존 개념을 적용하면 다음 식을 쓸 수 있다.

$$\dot{Q}_{in} + \dot{E}_{gen} = \dot{Q}_{out} + \frac{dHn}{dt} \tag{3.1}$$

과도 조건은 계와 주위 간의 비균형 또는 비평형의 결과이므로 계는 이러한 과도 과정에 수반되는 작용들 때문에 주위와 평형 상태를 이루게 되는 정상 상태 또는 정상 조건이 되려고 하는 경향이 있다. 이 말이 의미하는 바는 계의 온도가 경계의 온도와 같아지려고

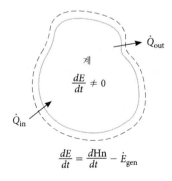

$$\frac{dE}{dt} = \frac{dHn}{dt} - \dot{E}_{gen}$$

그림 3.1 과도 열전달 계

하거나, 대류 경계 조건의 경우에는 주위 유체의 온도와 같아지려는 경향이 있다는 것이다. 경계에 대류 열전달이 영향을 미치고 있는 경우에는 계의 온도는 그러한 주위 복사 표면들의 온도와 같아지려는 경향이 있다.

예제 3.1

얼음 덩어리 10 kg에 유입되는 열전달이 400 W이다. 얼음에서는 전도에 의한 열전달이 매우 급속하게 일어나서 어느 순간에도 얼음의 온도를 균일하다고 봐도 된다고 가정하고, 얼음의 에너지 변화율과 얼음의 온도 변화율을 구하라.

풀이 식 (3.1)에서 $\dot{Q}_{in} = 400$ W 이고 $\dot{Q}_{out} = 0$ 이다. 그러므로 다음과 같이 된다.

$$\frac{dE}{dt} = \dot{Q}_{in} = 400 \text{ W}$$

답

또한, 에너지 변화율은 다음과 같다고 가정한다.

$$\frac{dE}{dt} = \rho V c_P \frac{dT}{dt} = m c_P \frac{dT}{dt} = 400 \text{ W}$$

그러면 온도 변화율은 다음과 같다.

$$\frac{dT}{dt} = \frac{400 \text{ W}}{m c_P} = \frac{400 \text{ W}}{(10 \text{ kg})\left(2.04 \dfrac{\text{kJ}}{\text{kg} \cdot \text{K}}\right)} = 0.0196 \frac{\text{K}}{\text{s}} = 0.0196 \frac{°\text{C}}{\text{s}}$$

답

제2장에서는 균질 등방성 재료에서의 열전도 식을 전개하였다. 과도 또는 비정상 조건에서는 이 식을 직교 좌표계에서 다음과 같이 쓸 수 있다.

$$\frac{\partial^2 T(x, y, z, t)}{\partial x^2} + \frac{\partial^2 T(x, y, z, t)}{\partial y^2} + \frac{\partial^2 T(x, y, z, t)}{\partial z^2} + \frac{\dot{e}_{gen}}{\kappa} = \frac{\rho c_P}{\kappa} \frac{\partial T(x, y, z, t)}{\partial t} \tag{3.2}$$

그리고 다음과 같이 정의되는 **열확산율** α를 도입한다.

$$\alpha = \frac{\kappa}{\rho c_P} \tag{3.3}$$

온도가 x, y, z 및 t의 함수라는 사실을 염두에 두면서, 식 (3.2)는 다음과 같이 단축해서 쓸 수 있다. 즉,

$$\frac{\partial^2 T}{\partial x^2} + \frac{\partial^2 T}{\partial y^2} + \frac{\partial^2 T}{\partial z^2} + \frac{\dot{e}_{\text{gen}}}{\kappa} = \frac{1}{\alpha}\frac{\partial T}{\partial t} \tag{3.4}$$

열확산율은 재료의 '열 관성'으로 많이 비유된다. 이 열확산율은 재료의 열(또는 냉열) 보유용량 또는 열에너지 저장 용량에 대한 그 재료에서의 전도 열전달의 비를 나타내는 척도를 나타낸다. 전도 열전달량이 정해져 있을 때에는 열확산율 값이 클수록 온도 변화율이 더 커지는 것으로 보인다. 열확산율 값이 작은 재료는 열저장에 응용하기에 좋은 재료이다. 표 3.1에는 대표적인 재료들의 전형적인 열확산율 값이 실려 있다. 부록 표 B.2, B.2E, B.3, B.3E, B.4 및 B.4E에는 열확산율을 구하는 데 필요한 열 상태량들이 한층 더 폭넓게 수록되어 있다. 열확산율은 이후의 절에서 사용할 것이다.

일반 미분식 (3.2) 또는 (3.4)는 과도 전도 열전달 상황을 기술하고 있는데, 이 식에서는 6개의 별개의 경계 조건에다가 1개의 초기 조건이나 어떤 순간에서 계와 경계의 상태를 나타내는 1개의 조건이 필요하다. 1차원 과도 전도 열전달 문제에서는 단지 2개의 경계 조건과 1개의 초기 조건만 있으면 된다. 다음 절에서는 온도가 시간에만 종속되는 계의 기본적인 문제들을 살펴볼 것이다.

표 3.1 대표적인 열확산율 값

재료	온도 ℃	열확산율 × 10⁴ m²/s
물(액체)	20	0.15
얼음	0	1.10
화강암(돌)	20	1.37
강철(탄소 1.0%)	20	11.72
구리	20	112.34
알루미늄	20	84.18
나무(떡갈나무)	20	0.13
석면('올이 성김)	0	0.35
공기	20	22.16
이산화탄소	20	10.6

3.2 집중 열용량 계

미세한 온도 기울기에서도 열전도가 일어나기 아주 좋은 열 양도체인 계를 살펴보기로 하자. 이 경우에는 계의 온도가 계의 전체에 걸쳐 균일하므로 계의 온도는 계에서의 위치와는 독립적이라고 할 수 있다. 과도 조건에서는 계의 온도가 시간만의 함수이므로 다음과 같이 쓸 수 있다. 즉,

$$T(x, y, z, t) = T(t) \qquad (\kappa \to \infty, \text{ 또는 열전도성이 매우 큼}) \qquad (3.5)$$

또한, 어떠한 온도 기울기도 존재하지 않는 매우 작은 계에서는 계의 온도가 시간만의 함수이므로 계의 온도는 식 (3.5)와 같다고 할 수 있다. 계가 이러한 필요조건 가운데 하나를 만족하리라고 할 수 있는 시점을 결정하는 방법은 계의 경계에서의 열전달을 계의 전체에 걸친 전도 열전달과 비교해 보는 것이다. 경계에서의 열전달은 대개가 대류이므로 다음과 같이 쓸 수 있다.

$$\dot{Q}_{\text{convection}} \propto hA\Delta T$$

그리고 전도 열전달은 다음과 같다.

$$\dot{Q}_{\text{conduction}} \propto \kappa A \frac{\Delta T}{\Delta x}$$

전도 열전달에 대한 경계에서의 열전달의 비는 **비오 수**(Biot number) Bi라고 하며 다음과 같다.

$$\text{Bi} = \frac{\dot{Q}_{\text{convection}}}{\dot{Q}_{\text{conduction}}} = \frac{hA\Delta T\Delta x}{\kappa A\Delta T} = \frac{h\Delta x}{\kappa} \qquad (3.6)$$

여기에서 Δx는 일종의 '특성 길이'로서, 흔히 다음과 같이 정의된다.

$$\Delta x = \frac{\text{계의 체적}}{\text{경계 표면 면적}} = \frac{V_{\text{sysstem}}}{A_{\text{surface}}} = \frac{V_s}{A_s} \qquad (3.7)$$

계가 구, 원기둥, 정육면체, 평행육면체, 벽 등과 같이 정형적인 형상일 때에는 식 (3.7)의 정의가 타당하다. 계가 지극히 비정형적인 형상일 때에는 이 책의 범위를 벗어나는지를 객관적으로 판단해 보아야 한다. 이후의 절에서 알게 되겠지만, 비오 수가 대략 0.1(단위

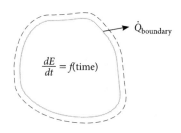

그림 3.2 체적 평균 열용량 계

없음) 미만일 때에는 식 (3.5)와 같이 온도가 균일하다고 가정할 수 있다. 이와 같은 계를 **집중 열용량 계**라고 하며, 과도 열전달 계에서 가장 중요한 항목이다. 이러한 계에 필요한 가정과 근사화가 정확하지 않을 때가 많기는 하지만, 이 집중 열용량 해석으로도 과도 열전도 계의 실제 거동에 잘 들어맞는 1차 근사치가 나온다. 그림 3.2에는 전형적인 집중 열용량 계가 나타나 있다. 이 계에 맞춰 에너지 균형 식을 쓰게 되면 다음과 같이 되는데,

$$\dot{Q}_{\text{boundary}} = -\frac{dE}{dt} \tag{3.8}$$

이 식은 계의 에너지 감소로 인하여 경계에서 열 손실이 일어나고 있는 계의 상황을 나타내고 있다. 에너지 변화율 항 dE/dt에 있는 음(−)의 기호가 바로 계의 에너지 감소를 반영하는 것이다. 주목해야 할 점은 경계에서의 열전달이 계로 유입되어 계의 에너지 변화율이 양(+)이 되는 상황도 함께 살펴보아야 한다는 것이다. 식 (3.8)이 집중 열용량 계의 가열 또는 냉각 과정을 나타내고 있다는 것을 알 수 있을 것이다. 경계 열전달이 대류일 때가 많으므로, 다음과 같이 쓸 수 있다.

$$\dot{Q}_{\text{boundary}} = hA_s[T(t) - T_\infty]$$

여기에서 T_∞는 주위 온도이다. 에너지 변화율은 다음과 같다.

$$\frac{dE}{dt} = \rho V_s c_p \frac{dT(t)}{dt}$$

그러므로 식 (3.8)은 다음과 같이 된다.

$$hA_s[T(t) - T_\infty] = -\rho V_s c_p \frac{dT(t)}{dt} \tag{3.8a}$$

이 식은 $\theta(t) = T(t) - T_\infty$를 정의하여 다시 씀으로써 수학적으로 간단하게 처리할 수 있다. 이 정의에서 $\dfrac{d\theta(t)}{dt} = \dfrac{dT(t)}{dt}$의 관계도 성립하게 되므로 식 (3.8)은 다음과 같이 되며,

$$hA_s\theta(t) = -\rho V_s c_p \frac{d\theta(t)}{dt} \tag{3.9}$$

이 식이 성립하는 구간은 $t \geq 0$이다. 초기 조건으로는 다음과 같이 규정할 수 있다.

$$T(t) = T_i \quad \text{또는} \quad \theta(t) = \theta_i = T_i - T_\infty \quad (t = 0\text{에서})$$

여기에서 T_i는 시간이 0일 때의 초기 온도이다. 이 계는 시간이 0일 때 대류 경계 조건이 급격하게 개시되어 시간이 0보다 더 큰 시간 동안에 이 대류 경계 조건이 적용되며, 이는 식 (3.9)로 나타나 있다. 이 식은 변수를 분리하여 직접 풀이하면 다음 식이 나온다.

$$\int_{\theta_i}^{\theta} \frac{d\theta(t)}{\theta(t)} = -\frac{hA_s}{\rho V_s c_p}\int_0^t dt = -\frac{hA_s}{m_s c_p}\int_0^t dt$$

여기에서 m_s는 계의 질량으로서 밀도에 체적을 곱한 것과 같다. 이 식을 적분하면 다음과 같이 된다.

$$\ln \theta(t) - \ln \theta_i = -\frac{hA_s}{\rho V_s c_p}t = -\frac{hA_s}{m_s c_p}t$$

또는 이를 지수 형태로 쓰면 다음과 같다.

$$\frac{\theta(t)}{\theta_i} = e^{-hA_s/m_s c_p\, t} \tag{3.10}$$

함수 $\theta(t)/\theta_t$는 그림 3.3에 그래프로 그려져 있는데, 이 그래프는 θ가 종국적으로는 0에 점근하거나 온도 $T(t)$가 종국적으로는 주위 온도 T_∞와 같게 되지만, 그러한 평형에 도달하기까지는 무한한 시간이 필요하다는 것을 나타내고 있다. 현실적으로 체적 평균 열용량 계는 유한한 시간 동안에 주위와 온도 평형을 이룰 것이다. 그러나 그 시간 기간은 식 (3.10)과 그 결과가 나타내는 바와 마찬가지로 걸리기도 한다. **시간 상수** t_c로서 다음과 같은 양 $\rho V c_p/hA_s$를 정의하는 것이 편리할 때가 있다.

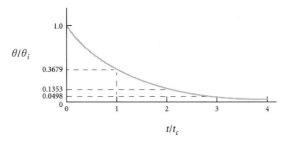

그림 3.3 경계에서 대류 열전달이 적용되고 있는 체적 평균 열용량 계의 온도

$$시간\ 상수,\quad t_c = \frac{\rho V_s c_p}{hA_s} = \frac{m_s c_p}{hA_s} \tag{3.11}$$

그러면 식 (3.10)은 다음과 같이 된다.

$$\frac{\theta(t)}{\theta_i} = e^{-t/t_c}$$

만료 시간 t가 시간 상수 1이 되는 순간에는 온도 함수가 다음과 같이 된다.

$$\frac{\theta(t)}{\theta_i} = e^{-1} = 0.3679\ldots$$

이 결과가 의미하는 것은 계와 주위 간의 온도 차가 63.21 %만큼 감소되었거나 그 온도 차가 초기 조건의 36.79 %에 해당한다는 것이다. 그림 3.3의 그래프에는 시간 상수가 1, 2, 3 및 4일 때의 온도 함수가 표시되어 있다. 시간 상수가 4인 시간 간격 후에는 계와 주위 간의 온도 차가 초기 차의 1.83 %가 된다.

시간 상수는 과도 열전달에 대한 계의 응답을 나타내는 데 많이 사용된다. 온도계, 열전쌍(thermocouples) 및 서미스터(thermistors)는 주위 온도를 감지하여 측정하는 장치이므로, 장치의 부분적인 특징을 나타내는 데 자체의 시간 상수를 기재할 때가 많이 있다.

예제 3.2

그림 3.4와 같이 15 ℃ 에서 직경 3 mm, 길이 20 cm 인 수은-유리 막대 온도계가 75 ℃ 의 물속에 들어 있다. 이 온도계의 시간 상수를 구하고 온도계가 실제 물의 온도의 5 % 범위 이내에서 온도를 표시하게 되는 시간을 구하라. 물-온도계 간의 $h = 180\ \mathrm{W/m^2 \cdot ℃}$ 라고 가정하고 온도계는 상태량이 유리와 동일하다고 가정한다.

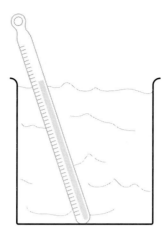

그림 3.4 수은-유리 막대 온도계

풀이 먼저 비오(Biot) 수를 구한다. 표 B.2에서 유리의 열전도도 값으로 1.4 W/m · ℃ 을 사용하면 다음과 같이 된다.

$$\text{비오 수} = \text{Bi} = \frac{hV_s}{\kappa A_s} = \frac{\left(180 \, \dfrac{\text{W}}{\text{m}^2 \cdot \text{K}}\right)[\pi \times (0.0015 \text{ m})^2 \times (0.2\text{m})]}{\left(1.4 \, \dfrac{\text{W}}{\text{m} \cdot \text{K}}\right)[\pi \times (0.003 \text{ m}) \times (0.2\text{m})]} = 0.096$$

그러므로 Bi가 0.1보다 더 작기 때문에 집중 열용량 근사 이론을 사용할 수 있으므로 시간 상수는 식 (3.11)로 다음과 같이 구한다.

$$t_c = \frac{\rho V_s c_p}{hA_s} = \frac{\left(2500 \, \dfrac{\text{kg}}{\text{m}^3}\right)[\pi \times (0.0015 \text{ m})^2 \times (0.2 \text{ m})]\left(750 \, \dfrac{\text{J}}{\text{kg} \cdot \text{K}}\right)}{\left(180 \, \dfrac{\text{W}}{\text{m}^2 \cdot \text{K}}\right)[\pi \times (0.003 \text{ m}) \times (0.2 \text{ m})]} = 7.8125 \text{ s}$$ 답

온도계가 물의 온도의 5 % 범위 이내에서 온도를 표시해야만 한다는 말을 75 ℃ 의 5 % 는 3.75 ℃ 이므로 온도계는 71.25 ℃ (= 75 ℃ − 3.75 ℃)를 표시해야 한다는 말로 해석한다. 그러면 이렇게 될 때가지 걸리는 시간은 식 (3.10)으로 다음과 같이 산정할 수 있다.

$$\frac{71.25°\text{C} - 75°\text{C}}{15°\text{C} - 75°\text{C}} = e^{-t_c/7.8125} = 0.0625$$

이 식에서 다음이 나온다.

$$t = 21.7 \text{ s}$$ 답

그러므로 온도계가 실제 온도 값의 5 % 범위 이내에서 온도를 표시하는 데에는 거의 22초가 걸린다.

일반적인 벽돌이 가마에서 가열되어 건조되고 경화된다. 벽돌은 크기가 10 cm × 20 cm × 5 cm 이고 가마 속에서 대류 열전달 계수는 4.5 W/m² · K이다. 벽돌은 20 ℃에 가마에 장입되고 가마 온도는 340 ℃ 이다. 시간 상수와 벽돌이 260 ℃에 도달하는 데 필요한 시간을 개략적으로 계산하라.

풀이 먼저 비오 수를 구하여 0.1보다 더 작은지 확인해 본다. 더 작으면 벽돌에 체적 평균 열용량 법을 사용할 수 있다.

$$\mathrm{Bi} = \frac{hV_s}{\kappa A_s} = \frac{\left(4.5 \dfrac{\mathrm{W}}{\mathrm{m^2 \cdot k}}\right)(0.10 \text{ m} \times 0.20 \text{ m} \times 0.05 \text{ m})}{\left(0.701 \dfrac{\mathrm{W}}{\mathrm{m^2 \cdot k}}\right)(0.07\mathrm{m^2})} = 0.092$$

Bi가 0.1보다 더 작으므로 집중 열용량 법을 사용하는 것은 당연하다. 시간 상수는 다음과 같다.

$$t_c = \frac{\rho V_s c_p}{h A_s} = \frac{\left(1598 \dfrac{\mathrm{kg}}{\mathrm{m^3}}\right)(0.001 \text{ m}^3)\left(800 \dfrac{\mathrm{J}}{\mathrm{kg \cdot K}}\right)}{\left(4.5 \dfrac{\mathrm{W}}{\mathrm{m^2 \cdot K}}\right)(0.07 \text{ m}^2)\left(12 \dfrac{\text{in.}}{\text{ft}}\right)} = 4058 \text{ s} = 1.13 \text{ hr}$$

답

벽돌이 260 ℃에 도달하는 데 걸리는 시간은 식 (3.10)으로 구한다.

$$\frac{260°C - 340°C}{20°C - 340°C} = e^{-t/4058 \text{ s}}$$

그러므로

$$t = 5626 \text{ s} = 1.52 \text{ hr}$$

답

때로는 계와 주위 간에 전달되는 열량을 아는 것이 중요할 때도 있다. 즉, 소정의 시간 간격 t에 걸쳐 전달되는 Q를 결정하고자 하는 것이다. 여기에서

$$Q = \int_0^t \dot{Q} \, dt \tag{3.12}$$

이 양은 또한 계의 에너지 변화, 즉 $mc_p(T(t) - T_i)$와 같다. 그림 3.2와 같은 형태에는 다음과 같이 쓸 수 있다.

$$Q = -mc_p[T(t) - T_i] \tag{3.13}$$

그리고 $T(t)$는 식 (3.10)으로 산정할 수 있으므로, 식 (3.13)은 다음과 같이 된다.

$$Q = mc_p(T_i - T_\infty)(1 - e^{-t/t_c}) \tag{3.14}$$

항 $mc_p(T_i - T_\infty)$를 Q_o로 정의하고 이를 계와 주위 간에 전달될 수 있는 최대 에너지라고 하면, 식 (3.14)는 다음과 같이 다시 쓸 수 있다. 즉,

$$\frac{Q}{Q_o} = 1 - e^{-t/t_c} \tag{3.15}$$

그리고 이 식은 Q가 Q_o에 지수 함수적으로 접근하지만 열 교환이 완수되는 데에는 무한한 시간이 필요하다는 것을 보여주고 있다. 그림 3.5에는 식 (3.15)로 산정할 수 있는 함수 Q/Q_o가 나타나 있는데, 이 함수는 식 (3.10)으로 주어지는 계의 온도 함수와 상호보완적인 관계이다.

계의 비오 수가 대략 0.1보다 더 작으면 많은 계들을 집중 열용량 계로 정확하게 모델링할 수 있다. 이후의 절에서 보면 알겠지만 비오 수가 0.1보다 더 크면, 열전달을 해석하고 계의 온도를 산정하는 데 다른 방법들을 사용해야만 한다. 이 집중 열용량 해석은 과도 조건, 즉 비정상 상태 조건이 적용되고 있는 그러한 열전도 계를 한층 더 정밀하게 해석하는 실마리를 제공하는 데 유용하다.

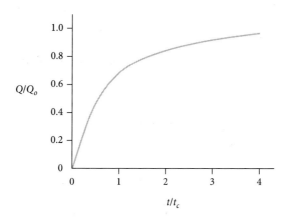

그림 3.5 집중 열용량 계와 주위 간의 열에너지 교환

3.3 1차원 과도 열전달

과도 열전달이 1차원으로만 효과적으로 일어나는 상황은 많이 있다. 예를 들어 그림 3.6에는 경계가 굉장히 큰 고체가 그려져 있다. 이 경계는 매우 크므로 해당 평면에서 무한히 뻗어 있다고 보면 된다. 경계에서 일어나는 열전달은 1차원이면서 경계 표면을 따라 균일하게 분포되어 있으므로, 고체에서 일어나는 열전달 또한 1차원이 된다. 그림 3.6과 같은 형태는 그 자체가 경계를 따라 무한히 퍼져 있으면서 x 방향으로, 즉 경계 표면에서 멀어지는 방향으로 무한히 퍼져 있으므로 반무한 고체와 같은 것으로 본다. 이제 몇 가지 특정한 1차원 과도 열전달 상황을 살펴보기로 한다.

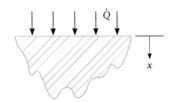

그림 3.6 1차원 반무한 고체에서 일어나는 과도 열전달의 예

온도 T_i가 경계 온도 T_∞에 종속되는 반무한 고체

그림 3.6과 같이 경계에서 열전달을 받는 반무한 고체는 그 온도 분포가 $T(x,\ t)$로 주어진다. 초기 온도는 전체적으로 T_i로 균일하다가 경계에서 온도가 급격하게 T_∞가 되는 (즉, 어떤 시점에 T_∞가 되어 지속되는) 특정한 조건에서 열전달 문제는 수학적으로 다음과 같이 표현되는데,

$$\frac{\partial^2 T(x,\ t)}{\partial x^2} = \frac{1}{\alpha} \frac{\partial T(x,\ t)}{\partial xt} \qquad x \geq 0, t > 0 \qquad\qquad (3.16)$$

$t = 0$일 때인 초기 조건(I.C.; initial condition)은 다음과 같으며,

$$\text{I.C.} \qquad T(x, t) = T_i \qquad x \geq 0, t = 0$$

경계 조건(B.C.; boundary condition)은 다음과 같다.

$$\text{B.C. 1} \qquad T(x, t) = T_B \qquad x = 0, t > 0$$
$$\text{B.C. 2} \qquad T(x, t) = T_i \qquad x \to \infty, t > 0$$

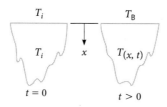

그림 3.7 경계 온도가 순간적으로 T_i에서 T_B로 변화하게 되는 반무한 고체

이 과도 문제의 물리적 상황은 그림 3.7에 나타나 있다. 이 모델은 강판이 급격하게 저온 수류나 고온 기류에 접촉하게 되는 경우와 같은 일부 실제 조건들을 근사화할 수 있다. 이 모델을 사용하여 가장 먼저 해볼 수 있는 근사화로서 일출과 일몰 시에 일어나는 지구와 태양 간의 열전달을 기술해볼 수도 있겠다. 식 (3.16)을 해당하는 초기 조건과 경계 조건에서 라플라스 변환(Laplace transform) 기법을 사용하여 풀이한 해가 다음과 같다는 것은 문헌을 찾아보면 알 수 있다.(Carlaw and Jaeger[1] 및 Hill and Dewynne[2] 참조)

$$T(x, t) = T_B + (T_i - T_B)\text{erf}\left(\frac{x}{2\sqrt{\alpha t}}\right) \tag{3.17}$$

위 식에서 **오차 함수** erf는 다음과 같이 정의된다.

$$\text{erf}(z) = \frac{2}{\sqrt{\pi}}\int_0^z e^{-\eta^2}d\eta \tag{3.18}$$

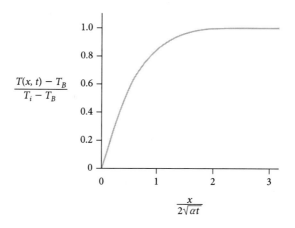

그림 3.8 경계 온도 T_B가 적용되고 있는 반무한 고체에서의 무차원 온도 분포

변수 η는 적분에 필요한 가변수라고 한다. 그림 3.8에는 식 (3.17)의 온도 분포가 변수가 $x/2\sqrt{\alpha t}$인 오차 함수와 같은 무차원 형태로 그려져 있다. 부록 표 A.9에는 변수 z에 대한 $\mathrm{erf}(z)$의 정의식이 실려 있다. 또한, 부록 표 A.9에는 오차 함수의 근삿값이 수록되어 있으므로 컴퓨터를 사용하여 오차 함수를 쉽게 산출할 수 있다.

주목할 점은 $\mathrm{erf}(3.6) = 1.000000$인데, 이는 다음과 같이 무한 고체의 온도가 깊이 x_un에서는 변화하지 않음을 의미한다는 것이다.

$$x_\mathrm{un} \geq 3.6 \times 2\sqrt{\alpha t} = 7.2\sqrt{\alpha t} \tag{3.19}$$

그러므로 온도 변화 영역은 시간에 따라 증가하지만 유한하고 한정되어 있으므로, 어떠한 고체라도 그 온도가 깊이 x_un에서 다른 경계 조건의 영향을 받지 않는 한 반무한 고체로 취급해도 된다.

전도 열전달은 무한 고체의 어느 지점에서도 그리고 어느 시점에서도 다음과 같은 푸리에 열전도 법칙을 사용하여 산정이 가능하다.

$$\frac{\dot{Q}}{A} = \dot{q}_A = -\kappa\frac{\partial T(x, t)}{\partial x}$$

이 특정한 문제에서는 식 (3.17)을 참고하면 다음과 같이 된다.

$$\frac{\partial T(x, t)}{\partial x} = (T_i - T_B)\frac{2}{\sqrt{\pi}}e^{-x^2/4\alpha t}\frac{\partial}{\partial x}\left(\frac{x}{2\sqrt{\alpha t}}\right)$$

즉,

$$\frac{\partial T(x,t)}{\partial x} = (T_i - T_B)\frac{1}{\sqrt{\pi\alpha t}}e^{-x^2/4\alpha t}$$

위 식을 푸리에의 전도 법칙에 대입하면 다음과 같이 된다.

$$\dot{q}_A = -\kappa(T_i - T_B)\frac{1}{\sqrt{\pi\alpha t}}e^{-x^2/4\alpha t} \tag{3.20}$$

이 식은 고체의 어떠한 위치 x에서도 그리고 어떠한 시점 t에서도 전도 열전달을 기술하고 있다.

예제 **3.4**

크기가 $1\text{ m}\times1\text{ m}$ 이고 두께가 30 cm 인 대형 대리석 평판이 있다. 이 평판은 온도가 $20\text{ }°C$ 일 때 겉 표면에 급격하게 $10\text{ }°C$ 물이 분사되고 있다. 표면 아래 1.25 cm 지점의 온도가 $17.5\text{ }°C$ 가 될 때까지 걸리는 시간을 구하라. 또한, 이 시점에서 표면의 단위 면적당 열전달을 구하라.

풀이 이 대리석 평판은 반무한 고체가 아니다. 그러나 반무한 모델을 채택한 다음 30 cm 라는 평판의 두께가 깊이 x_{un} 이 되기에 충분한지를 확인해 보면 된다. 무차원 온도 는 다음과 같다.

$$\frac{T(x,t) - T_B}{T_i - T_B} = \frac{17.5°C - 10°C}{20°C - 10°C} = 0.75$$

식 (3.17)에서

$$0.75 = \text{erf}\left(x/2\sqrt{\alpha t}\right)$$

부록 표 A.9에서 오차함수가 0.75 일 때 변수로 대략 0.82 를 구하거나 부록 표 A.9 에 있는 오차 함수식을 사용하여 구한다. 그러면 다음과 같이 되고

$$0.82 = \frac{x}{2\sqrt{\alpha t}} \quad \text{또는} \quad t = \frac{x^2}{4\alpha(0.82)^2}$$

대리석의 열확산율로 $12\times10^{-7}\text{ m}^2/\text{s}$ 를 사용하면 다음 값이 나온다.

$$t = 48.4\text{ s} \qquad\qquad \text{답}$$

식 (3.19)로 대리석의 온도가 변화하지 않게 되는 깊이를 확인해 보면,

$$x_{\text{un}} = 7.2\sqrt{\alpha t} = 0.055\text{ m}$$

대리석 평판은 두께가 30 cm 이므로, 반무한 모델을 기반으로 하여 근사해를 구해 도 당연하다. 경계에서 일어나는 열전달은 식 (3.20)으로 산출한다.

$$\dot{q}_A = -\kappa(T_i - T_B)\frac{1}{\sqrt{\pi\alpha t}}e^{-x^2/4\alpha t}$$

그러므로 경계인 $x=0$ 에서 열전달은 다음과 같이 된다.

$$\dot{q}_A = -\kappa(T_i - T_B)\frac{1}{\sqrt{\pi\alpha t}}$$

대리석에 $\kappa = 2.5\text{ W/m}^2\cdot°C$ 를 사용하면,

$$\dot{q}_A = -1850\ \frac{\text{W}}{\text{m}^2} \qquad\qquad \text{답}$$

음의 부호는 열전달이 대리석 평판으로 유입되는 것이 아니고 유출(그림 3.7에서 음의 방향)된다는 것을 나타낸다.

온도 T_i에서 경계 열전달이 $\dot{q}_B$인 반무한 고체

균일 온도 T_i에서 급격한 경계 열전달 $\dot{q}_B$가 지속적으로 적용되는 반무한 고체는 바로 다음 문제와 유사하다. 그림 3.9에는 물리적인 상황이 그려져 있으며, 이 문제는 수학적으로 다음과 같은 지배 방정식으로 해석하며,

$$\frac{\partial^2 T(x,t)}{\partial x^2} = \frac{1}{\alpha}\frac{\partial T(x,t)}{\partial t} \qquad x \geq 0, t > 0 \qquad (3.21)$$

초기 조건은 다음과 같고,

$$\text{I.C.} \quad T(x,t) = T_i \qquad x \geq 0, t = 0$$

경계 조건은 다음과 같다.

$$\text{B.C. 1} \quad -\kappa\frac{\partial T(x,t)}{\partial x} = \dot{q}_B \quad x = 0, t > 0$$

$$\text{B.C. 2} \quad T(x,t) = T_i \quad x \to \infty, t > 0$$

이 문제의 해는 앞 절에 있는 문제와 유사한 기법을 사용하여 구하면 되는데, 앞 절에 있는 문제에서는 경계 온도가 일정하다. 이 문제의 결과는 다음과 같이 쓸 수 있다.

$$T(x,t) = T_i + \frac{1}{\kappa}\left\{2\dot{q}_B\sqrt{\frac{\alpha t}{\pi}}e^{-x^2/4\alpha t} - \dot{q}_B x\left[1 - \text{erf}\left(x/2\sqrt{\alpha t}\right)\right]\right\} \qquad (3.22)$$

주목할 점은 $x = 0$인 경계에서 열전달은 일정하지만 경계에서의 온도는 시간에 따라 변화하기 마련이라는 것이다.

앞 절에 있는 문제에서는 경계 온도가 일정하였지만 경계에서의 열전달은 변화하였다. 고체에서 일어나는 전도 열전달은 고체의 어느 지점에서도 그리고 어느 시점에서도 푸리에

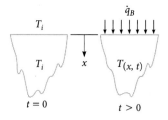

그림 3.9 온도 T_i에서 경계 열전달 $\dot{q}_B$가 적용되고 있는 반무한 고체

열전도 법칙으로 구하면 된다. 그렇게 하려면 온도 기울기 $\dfrac{\partial T(x,t)}{\partial t}$ 가 확정되어 있어야 하는데, 이러한 내용은 연습 문제로 남겨 놓았다(연습 문제 3.19 참조).

예제 3.5

정각 10시에 태양이 구름층 뒤에서 나타나 지구 표면에 직각으로 직사 태양 복사량을 600 W/m² 로 내리쬐고 있다. 지구의 온도는 10 ℃ 이고, 복사량은 1시간 동안 일정하며, 지구 열전도도를 0.52 W/m · ℃ 라고 가정하고, 지구 표면 온도와 오전 10 : 40 에 깊이가 2 cm 인 지점에서 지구 온도를 구하라. 지구는 밀도가 2000 kg/m³ 이고 비열은 1700 J/kg · ℃ 라고 가정한다.

풀이 이 문제는 식 (3.21)에 관하여 규정된 모든 경계 조건과 초기 조건을 만족하므로, 지구 온도는 그림 3.9와 같이 가시화할 수 있고 식 (3.22)로 산출할 수 있다. 지구 표면에서는 $x = 0$, $T_i = 10$ ℃, $\dot{q}_B = 600$ W/m² 이며, 오전 10 : 40 시각에서는 $t = 40$ min, 즉 2400 s 이다. 열확산율은 식 (3.3)으로 다음과 같이 구하면 된다.

$$\alpha = \frac{\kappa}{\rho c_p} = 1.53 \times 10^{-7} \frac{\text{m}^2}{\text{s}}$$

오전 10 : 40 에 표면 온도, 즉 경계 온도는 식 (3.22)를 사용하여 $t = 40$ min $= 2400$ s 를 대입하면 다음과 같다.

$$T_s = T_B = T(0, 2400 \text{ s}) = 34.9°\text{C} \qquad \text{답}$$

깊이가 2 cm 인 지점에서 지구 온도는 같은 식을 사용하지만 여기에서는 $x = 2$ cm $= 0.02$ m 를 대입한다. 결과는 다음과 같다.

$$T(0.02 \text{ m}, 2400 \text{ s}) = 18.36°\text{C} \qquad \text{답}$$

대류 열전달이 적용되고 있는 반무한 고체

경계에서 대류 열전달이 적용되고 있는 반무한 고체는 대형 물체와 주위 간의 열전달 모델로시 앞 절에서 설명한 2가지 모델보다는 더 정확할 때가 많다. 여기에서는 고체를 대상으로 하지만, 주위는 대류 흐름이 전혀 일어나지 않는 정체 유체를 대상으로 하기도 한다. 이 모델로 기술할 수 있는 물리적 상황은 그림 3.10에 그려져 있으며, 고체에 관한 지배 미분식은 앞 절에서 설명한 2가지 모델과 동일하다. 단지 $x = 0$ 에서의 경계 조건만 변한다. 이 모델에서는 다음과 같이 쓸 수 있으며,

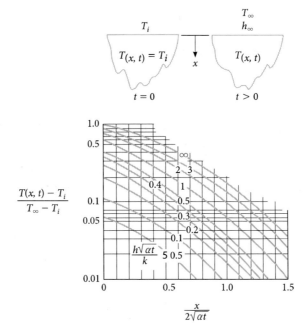

그림 3.10 온도가 T_i인 상태에서 경계에 대류 열전달이 적용되고 있는 반무한 고체

$$\frac{\partial^2 T(x, t)}{\partial x^2} = \frac{1}{\alpha} \frac{\partial T(x, t)}{\partial t} \qquad x \geq 0, t > 0 \qquad (3.23)$$

초기 조건은 다음과 같고,

$$T(x, t) = T_i \qquad x \geq 0, t = 0$$

2개의 경계 조건은 다음과 같다.

$$\text{B.C. 1} \qquad -\kappa \frac{\partial T(x, t)}{\partial x} = h_\infty [T(x, t) - T_\infty] \qquad x = 0, t > 0$$

및 $\quad$ B.C. 2 $\qquad \dfrac{\partial T(x, t)}{\partial x} = 0 \qquad\qquad\qquad x \to \infty, t > 0$

이 문제의 수학적인 해는 앞 절에서 설명한 두 가지 반무한 고체 모델과 유사한 접근 방법을 사용하여 구할 수 있다. Schneider[3]의 해는 다음과 같이 발표되어 있으며,

$$T(x, t) = T_i + (T_\infty - T_i) \left\{ 1 - \text{erf}\left(\frac{x}{2\sqrt{\alpha t}}\right) - e^{\left(\frac{hx}{\kappa} + \frac{h^2 \alpha t}{\kappa^2}\right)} \left[1 - \text{erf}\left(\frac{x}{2\sqrt{\alpha t}} + \frac{h\sqrt{\alpha t}}{\kappa}\right) \right] \right\}$$

$$(3.24)$$

그림 3.10에는 이 식의 그래프 해가 나타나 있다. 그림 3.10에서나 식 (3.24)에서는 반무한 고체에서의 온도 분포의 일반적인 특성이 일정 경계 온도나 일정 경계 열전달에서와 동일하다는 것을 알 수 있다. 표면 온도는 시간에 따라 변화하기 마련이고 열전달의 침투 깊이는 시간에 따라 증가하게 되지만, 이 모든 3가지 반무한 고체의 경우에는 경계에서 충분히 떨어진 거리에서의 온도가 변화하지 않은 상태로 유지된다. 고체에서의 전도 열전달은 식 (3.24)를 x에 관하여 1차 편도함수를 구한 다음, 푸리에 전도 법칙으로 산정할 수 있다. 이 전개 과정은 연습 문제로 남겨 놓았다(연습 문제 3.24 참조).

대류 열전달이 적용되고 있는 무한 평판

무한 평판은 그림 3.11과 같이 서로 평행을 이루고 있는 식별 가능한 무한 경계가 2개인 평판이다. 초기 온도가 T_i인 상태에서 양쪽 표면에 급격한 대류 열전달이 적용되고 있는 무한 평판의 과도 열전달 문제는 그림 3.11을 참고하면 다음과 같고,

$$\frac{\partial^2 T(x, t)}{\partial x^2} = \frac{1}{\alpha} \frac{\partial T(x, t)}{\partial t} \qquad L \geq |x| \geq 0, t > 0 \qquad (3.25)$$

초기 조건은 다음과 같으며,

$$T(x, t) = T_i, \ L \geq x \geq -L, t = 0$$

경계 조건은 다음과 같다.

B.C. 1 $\qquad -\kappa \frac{\partial T(x, t)}{\partial x} = h_\infty [T(x, t) - T_\infty] \qquad x = \pm L, t > 0$

B.C. 2 $\quad \dfrac{\partial T(x, t)}{\partial x} = 0 \qquad$ (대칭 조건) $\qquad x = 0, t > 0$

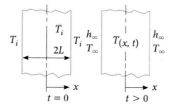

그림 3.11 온도가 T_i인 상태에서 대류 경계 열전달이 적용되고 있는 무한 평판

온도 분포는 x와 t의 함수이므로, 변수 분리법을 취하면 해는 시간에 종속되는 온도의 함수와 이와는 별개로 위치에 종속되는 또 다른 온도의 함수로 나온다. 매개변수로는 중앙선 온도 $\theta_0 = T(0, t) - T_\infty$, 초기 온도 $\theta_i = T_i - T_\infty$, $\theta(x, t) = T(x, t) - T_\infty$ 및 푸리에 수 $\text{Fo} = \alpha t / L^2$ 등이다.

이 문제의 해는 Schneider[3]가 구하여 논술하였다. 그 결과는 다음과 같고,

$$\frac{\theta(x, t)}{\theta_i} = \sum_{n=1}^{\infty} C_n e^{-\xi_n^2 \text{Fo}} \cos \frac{\xi_n x}{L} \tag{3.26}$$

여기에서

$$C_n = \frac{4 \sin \xi_n}{2\xi_n + \sin 2\xi_n} \tag{3.27}$$

항 ζ_n는 **아이겐밸류**(eigenvalues)라고 하며 초월 식의 양(+)의 근이다.

$$\xi_n \tan \xi_n = \text{Bi} = \frac{h_\infty L}{\kappa} \tag{3.28}$$

부록 표 A.11.1에는 식 (3.28)의 첫째부터 다섯째까지 5개의 근과 식 (3.27)의 계수 C_n이 다양한 비오 수에 관하여 실려 있다. Heisler[4]는 식 (3.26)의 무한급수의 첫째 항만을 사용하면 $\text{Fo} \geq 0.2$ ($t = 0$일 때의 초기 조건을 충분히 넘어선 경과 시간 기간을 나타냄)일 때 충분히 정밀한 해(즉, 근사해)를 구할 수 있다는 사실을 증명하였다. 그러므로

$$\frac{\theta(x, t)}{\theta_i} = C_1 e^{-\xi_1^2 \text{Fo}} \cos \frac{\xi_1 x}{L} \quad (\text{Fo} \geq 0.2\text{일 때}) \tag{3.29}$$

Heisler[4]와 Grober 등[5]은 이 문제의 그래프 도표, 즉 그래프 해를 제시하였으며 이들은 그림 3.12a와 3.12b에 나타나 있다. 이 그래프 해들은 **하이슬러 선도**(Heisler chart)라고도 한다. 비 θ_0/θ_i는 식 (3.29)의 시간 종속부이다. 즉,

$$\frac{\theta_0(t)}{\theta_i} = C_1 e^{-\xi_1^2 \text{Fo}} \tag{3.30}$$

그리고 이는 그림 3.12a에 주어져 있다. 식 (3.29)의 공간 종속부, 즉 위치 종속부는 다음과 같으며,

$$\frac{\theta(x)}{\theta_0} = \cos \frac{\xi_1 x}{L} \tag{3.31}$$

그림 3.12b에 주어져 있다. 식 (3.29)는 다음과 같이 쓸 수 있다.

$$\frac{\theta(x, t)}{\theta_i} = \left(\frac{\theta(x)}{\theta_0}\right)\left(\frac{\theta_0(t)}{\theta_i}\right) \qquad \text{(3.29, 다시 씀)}$$

이 식은 (x와 t의) 변수분리를 재차 강조하고 있다. 그림 3.12a에 주어진 그래프 해는
푸리에 수가 0.2보다 더 클 때에만 적용할 수 있는데, 이 그래프 해는 급격한 경계 조건
변화 직후 기간에는 온도 변천 경과가 결정되어 있지 않다는 것을 나타내고 있다.
Heisler[4]는 $0 \leq Fo \leq 0.2$일 때 과도 열전달을 해석하는 데 사용할 수 있는 도표를 제시하
였는데, 이 도표를 사용할 수 없을 때에는 식 (3.26)을 사용하여 이러한 해석을 하면

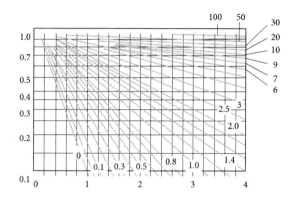

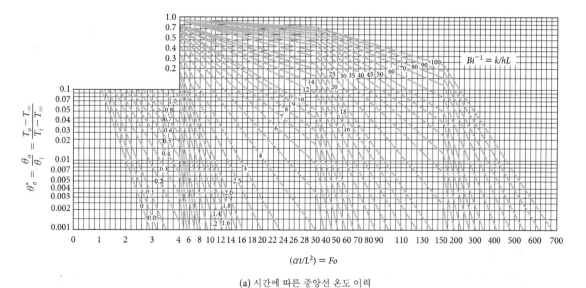

(a) 시간에 따른 중앙선 온도 이력

그림 3.12 대류 가열이 적용되고 있는 무한 평판의 그래프 해(출전: 미 기계학회(ASME))

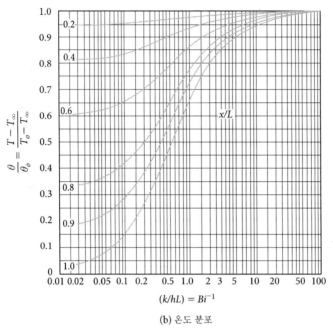

(b) 온도 분포

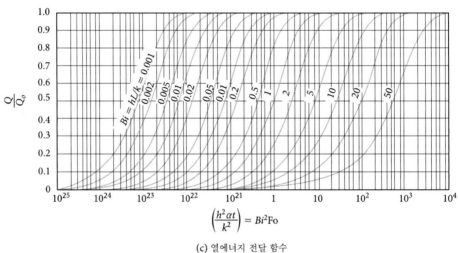

(c) 열에너지 전달 함수

그림 3.12(계속) 대류 가열이 적용되고 있는 무한 평판의 그래프 해(출전: 미 기계학회(ASME))

된다. 푸리에 수가 대략 0.002보다 더 클 때, 온도 분포 결과는 부록 표 A.11.1에 실려 있는 정보로 결정되는 식 (3.26)의 무한급수의 첫째부터 다섯째까지 5개의 항으로 충분히 정밀하게 나온다.

또한, 얼마나 많은 열에너지가 평판과 주위 간에 교환되는지를 아는 것이 중요할 때도 있다. 이 에너지는 평판의 엔탈피로 표현할 수 있으므로, 에너지 보존을 적용하면 식

(1.27)은 다음과 같이 된다.

$$\Delta Hn = Q$$

또한 평판에서는 엔탈피 변화를 다음과 같이 쓸 수도 있다.

$$\Delta Hn = \int_{\text{Volume}} \rho c_P \left[T(x, t) - T_\infty \right] dV \tag{3.32}$$

평판은 자체의 면을 따라 무한히 뻗어 있는 것으로 구체화할 수 있으므로, 미분 체적을 $dV = A\,dx$로 쓸 수 있다. 단위 면적당 엔탈피 변화는 식 (3.32)에서 다음과 같이 된다.

$$\Delta Hn = 2A \int_0^L \rho c_P \left[T(x, t) - T_\infty \right] dx = Q \tag{3.33}$$

최대 열에너지 교환량은 다음과 같다.

$$Hn_0 = Q_0 = 2c_p(T_i - T_\infty)A \int_0^L dx$$

즉,
$$Q_0 = 2c_p(T_i - T_\infty)AL \tag{3.34}$$

식 (3.33)을 식 (3.34)로 나누면 다음과 같이 된다.

$$\frac{Q}{Q_0} = \frac{1}{L} \int_0^L \frac{\theta(x, t)}{\theta_i} dx \tag{3.35}$$

식 (3.29)의 결과를 사용하여 식 (3.35)의 적분을 수행하면 다음과 같다.

$$\frac{Q}{Q_0} = 1 - C_1 e^{-\xi_1^2 \text{Fo}} \frac{\sin \xi_1}{\xi_1} \qquad (\text{Fo} > 0.2) \tag{3.36}$$

이 결과의 그래프 형태는 Grober[5]가 제시하였으며 그림 3.12c에 나타나 있다.

예제 3.6

두께가 2.5 cm 인 대형 판유리를 온도가 200 ℃ 인 오븐에서 꺼내 수직으로 세워 공기 냉각이 되도록 하였다. 공기의 온도는 25 ℃ 이고 대류 열전달 계수는 17 W/m² · K 일 때, 냉각이 시작된 지 20분 후에 판유리의 중심부 온도와 유리의 단위 면적당 열에너지 손실량을 구하라. 유리의 상태량은 다음과 같다고 가정한다.

$$\kappa = 0.78 \text{ W/m} \cdot \text{K},$$

$$c_p = 0.84 \text{ KJ/kg} \cdot \text{K},$$

및 $$\alpha = 3.4 \times 10^{-7} \text{ m}^2/\text{s}$$

비오 수 hL/κ는 0.272이며 푸리에 수 $\alpha t/L^2$는 2.61이다. 비 값 θ_0/θ_i는 그림 3.12a에서 대략 0.51로 판독한다. θ_0와 θ_i의 정의를 사용하여 중앙선 온도를 다음과 같이 구한다.

$$T(0, 20 \text{ min}) = T_\infty + (200°\text{C} - 25°\text{C})(0.51) = 114°\text{C} \qquad \text{답}$$

20분 동안에 손실된 열에너지는 그림 3.12c의 결과로 산출할 수 있다.

$$Q_{A0} = \frac{Q}{A} = 2L\rho c_p \theta_i$$

$\alpha = \kappa/\rho c_p$이고 $\rho c_p = \kappa/\alpha = 2.29 \text{ MJ/m}^3 \cdot \text{K}$이므로 다음과 같이 된다.

$$Q_{A0} = 20 \frac{\text{MJ}}{\text{m}^2}$$

비오 수는 0.272이고 매개변수 $h^2 \alpha t/\kappa^2 = 0.1931$이다. 그러므로 그림 3.12c를 사용하여 판독하면 다음과 같다.

$$\frac{Q_A}{Q_{A0}} = \frac{Q}{Q_0} = 0.5 \text{에서 다음과 같이 된다.}$$

$$Q_A = (0.5)Q_{A0} = 10 \text{ MJ/m}^2 \qquad \text{답}$$

예제 3.7

그림 3.13과 같이 대형 강판이 사이에 진공 공간을 두고 극저온 탱크를 둘러싸고 있다. 이 강판은 두께가 2 cm이고 40 % 니켈강으로 구성되어 있으며, 온도가 10 ℃일 때 그 바깥쪽 표면이 온도가 30 ℃인 공기와 200 W/m² · ℃의 대류 열전달 계수로 급격하게 접하게 된다. 진공에 대면하고 있는 안쪽 표면이 20 ℃에 도달하는 데 걸리는 시간을 산출하고, 이때 바깥쪽 표면의 온도를 구하라. 진공을 가로질러서 복사 열전달이 전혀 일어나지 않도록 강판의 안쪽 표면은 단열 표면으로 되어 있다.

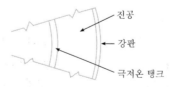

그림 3.13 극저온 탱크의 단면도

풀이 이 강판은 안쪽 표면에서는 전혀 열전달이 일어나지 않으므로 두께가 4 cm 인 무한 평판으로 간주할 수 있다. 초기 조건 2(B.C.2)에서 무한 평판의 중앙선은 온도 분포의 대칭성으로 인하여 단열 표면이 된다. 그러므로 이 강판은 실제로 두께가 2 cm 에 불과하지만 그 온도 분포는 경계 조건이 양쪽에서 대칭되는 두께가 4 cm 인 강판으로 산출하는 것이다. 앞서 사용했던 기호 표기 방식을 사용하면 $T_{inner} = T_0$이 된다. 40 % 니켈강의 상태량은 부록 표 B.2에 실려 있으며 그 값들은 $\kappa = 10 \text{W/m·K}$, $\alpha = 0.279 \times 10^{-5} \text{m}^2/\text{s}$, $c_p = 460 \text{ J/kg·K}$, $p = 8169 \text{ kg/m}^3$이다. 온도 함수는 다음과 같고,

$$\frac{\theta_0}{\theta_i} = \frac{20°C - 30°C}{10°C - 30°C} = 0.5$$

역 비오 수는 다음과 같다.

$$\kappa/hL = (10 \text{ W/m · °C})/(200 \text{ W/m}^2 \cdot \text{°C})(0.02 \text{ m}) = 2.5$$

푸리에 수는 그림 3.12a에서 대략 2.2로 판독된다. 그러면 시간은 다음과 같이 계산할 수 있다.

$$t = (2.2)(L)^2/\alpha = (2.2)(0.02 \text{ m})^2/(0.279 \times 10^{-5} \text{ m}^2/\text{s})$$
$$= 315.4 \text{ s} = 5.257 \text{ min} \qquad \text{답}$$

바깥쪽 표면 온도는 그림 3.12b에서 $x/L = 1.0$ 의 값을 사용하여 판독한 결과로 구한다.
그러면 다음과 같이 나온다.

$$T_{outside} = T_\infty + (0.83)(T_0 - T_\infty) = 21.7 \text{°C} \qquad \text{답}$$

주목할 점은 평판에 있는 그 어떠한 다른 점에서도 온도는 그림 3.12b에서 $x/L = 1.0$ 의 값을 사용하여 판독하거나 코사인 함수인 식 (3.31)을 사용한 결과로 산출할 수 있다. 게다가 하이슬러 선도를 사용하는 해석을 확장하여 경계 조건, 즉 물리적인 조건을 포함시킬 수 있는데, 이 경우에는 $t > 0$ 직후에 평판의 온도가 주위 온도 T_∞로 변화한다. 이는 비오 수를 무한하다고 가정하거나 대류 열전달 계수를 무한하다고 가정하면 된다. 그러므로 역 비오 수 Bi^{-1}은 비오 수가 무한할 때 0이 되며, 이는 그림 3.12a에서 판독할 수 있다. 비오 수가 무한할 때 평판에서의 온도 분포는 그림 3.12b에서 x/L 곡선에 $\text{Bi}^{-1} \approx 0.01$에 관하여 보간법(외삽법)을 사용함으로써 근사화가 가능하다. 무한 평판에서의 온도 분포를 나타내는 해석 식은 평판 표면의 온도가 주위 온도와 즉시 같아지는

특별한 상황에도 사용할 수 있다. 이 경우에는 식 (3.28)에서 비오 수가 무한할 때 $\xi_1 = \pi/2$ 이 된다. 그러므로 식 (3.27)을 사용하면 $C_1 = 4/\pi$이므로 식 (3.29)는 다음과 같이 된다.

$$\frac{\theta(x, t)}{\theta_i} = \frac{4}{\pi} e^{-\frac{\xi_1^2}{4} \text{Fo}} \cos \frac{\pi x}{(2L)} \quad (\text{Fo} \geq 0.2, \, -L \leq x \leq L일 \text{ 때})$$

대류 열전달이 적용되고 있는 무한 원기둥체

기다란 원기둥체나 봉은 무한 원기둥체로 근사화할 때가 많으므로 그 열전달은 양끝에서 열전달을 무시한다면 1차원으로 간주할 수 있다. 그림 3.14와 같이 바깥 표면에 급격하게 부과되는 대류 열전달이 적용되고 있는 무한 원주체에서는 수식을 다음과 같이 쓸 수 있으며,

$$\frac{\partial^2 T(r, t)}{\partial r^2} + \frac{1}{r} \frac{\partial T(r, t)}{\partial r} = \frac{1}{\alpha} \frac{\partial T(r, t)}{\partial t} \qquad r_0 \geq r \geq 0, t > 0 \qquad (3.37)$$

초기 조건은 $T(r, t) = T_i$, $r_0 \geq r \geq 0$, $t = 0$이며 경계 조건은 다음과 같다.

$$\text{B.C. 1} \qquad -\kappa \frac{\partial T(r, t)}{\partial r} = h_\infty [T(r, t) - T_\infty] \qquad r = r_0, t > 0$$

$$\text{B.C. 2} \qquad \frac{\partial T(r, t)}{\partial r} = 0 \qquad r = 0, t > 0$$

이 문제의 해는 이미 Schnider[3]가 구하여 논술하였다. 그 결과는 다음과 같으며,

$$\frac{\theta(r, t)}{\theta_i} = \sum_{n=1}^{\infty} C_n e^{-\beta_n^2 \text{Fo}_c} J_0\left(\frac{\beta_n r}{r_0}\right) \qquad (3.38)$$

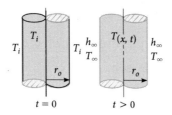

그림 3.14 대류 열전달이 적용되고 있는 무한 원기둥체

여기에서 $\theta(r,t) = T(r,t) - T_{\infty}$, $\theta_i = T_i - T_{\infty}$, $\mathrm{Fo}_c = \alpha t / r_0^2$이며 C_n은 다음과 다.

$$C_n = \frac{2J_0(\beta_n)}{\beta_n \left[J_0^2(\beta_n) + J_1^2(\beta_n) \right]} \tag{3.39}$$

J_1은 제1종 1차 베셀 함수이고 J_0는 제1종 0차 베셀 함수이다. **베셀 함수**(Bessel function)는 부록 표 A.10에 표로 작성되어 있다. 변수 β_n은 다음 식과 같은 초월 식의 아이겐밸류, 즉 양의 근이며,

$$\beta_n \frac{J_1(\beta_n)}{J_0(\beta_n)} = \frac{h_0 r_0}{\kappa} = \mathrm{Bi}_c \tag{3.40}$$

식 (3.40)의 첫째부터 다섯째까지 근인 β_n은 부록 표 A.11.2에 표로 작성되어 있다. Heisler[4]는 $\mathrm{Fo}_c = \alpha t / r_0^2 \geq 0.2$일 때 식 (3.34)의 해는 다음과 같이 무한급수의 첫째 항으로 근사화할 수 있다는 사실을 보였다. 즉,

$$\frac{\theta(r,t)}{\theta_i} = C_1 e^{-\beta_1^2 \mathrm{Fo}_c} J_0 \left(\beta_1 \frac{r}{r_0} \right) \tag{3.41}$$

이 식은 $\mathrm{Fo}_c \geq 0.2$에서 성립한다. $\mathrm{Fo}_c \geq 0.2$일 때 단기 조건에서의 해에는 식 (3.38)의 급수 해에 추가적인 항들이 포함되어야 할 필요가 있다. 푸리에 수가 0.002보다 더 클 때에는 무한급수의 첫째부터 넷째까지의 항에서 식 (3.38)의 온도 분포에 관한 적절한 답이 나와야 한다. 중앙선의 온도 변천 경과인 θ_0/θ_i는 식 (3.41)의 시간 종속부로 다음과 같으며,

$$\frac{\theta_0(t)}{\theta_i} = C_1 e^{-\beta^2_1 \mathrm{Fo}_c} \tag{3.42}$$

이는 그림 3.15a에 그래프 형태로 나타나 있다. 위치에 종속되는 온도 함수부는 다음과 같으며,

$$\frac{\theta_0(r)}{\theta_0} = J_0 \left(\beta_1 \frac{r}{r_0} \right) \tag{3.43}$$

이 함수는 그림 3.15b에 나타나 있다. 무한 평판에서 했던 것처럼 무한 원기둥체에도 에너지 균형을 적용할 수 있으며, 그 결과는(Fo$_c \geq$ 0.2일 때) 다음과 같다.

$$\frac{Q}{Q_0} = 1 - 2C_1 e^{-\beta_1^2 \text{Fo}_c} \frac{J_0(\beta_1)}{\beta_1} \tag{3.44}$$

이 결과는 그림 3.15c에 나타나 있다. 그림 3.15에 나타나 있는 선도들도 그림 3.12에 있는 선도들과 같이 하이슬러 선도라고 하기도 한다. 어떠한 물리적 조건을 살펴보고 있는지, 즉 무한 평판인지 아니면 무한 원기둥체인지를 이해하는 것이 필요하다. 또한, 원기둥체의 표면 온도가 급격하게 주위 온도로 변화하는 특별한 경계 조건은 비오 수가 무한하고 대류 열전달 계수가 무한할 때 나타나게 되는데, 이때에는 역 비오 수로 0을 사용하여 선도로 처리할 수 있다.

예제 3.8

직경이 2 cm이고 온도가 300 ℃인 강 봉을 온도가 100 ℃인 오일에 담금질하고 있다. 이 강 봉은 오일에 잠긴 다음 75초가 지나서 강 봉의 표면 온도가 140 ℃에 도달한다고 가정하고, 오일과 강 봉 간의 대류 열전달 계수를 산출하라. 단, 강의 상태량으로는 다음 값들을 사용한다.

풀이

$$\kappa = 19 \text{ W/m} \cdot {}^\circ\text{C}$$

$$\rho = 7963.3 \text{ kg/m}^3$$

$$c_p = 460 \text{ J/kg} \cdot \text{K}$$

$$\alpha = 0.526 \times 10^{-5} \text{ m}^2/\text{s}$$

온도 함수는 다음과 같다.

$$\theta_i = T_i - T_\infty = 300^\circ\text{C} - 100^\circ\text{C} = 200^\circ\text{C},$$

$$\theta_s = T(r_0, t) - T_\infty = 140^\circ\text{C} - 100^\circ\text{C} = 40^\circ\text{C}$$

그리고

$$\frac{\theta_s}{\theta_i} = \frac{40^\circ\text{C}}{200^\circ\text{C}} = 0.2$$

푸리에 수는 다음과 같으며,

$$\text{Fo}_c = \alpha t / r_0^2 = 3.945$$

그림 3.15a와 3.15b의 2개의 그래프를 사용하여 그래프 상에서 시행오차 법을 적용

하게 되면 h 값을 구할 수 있다. θ_B/θ_0 값을 0.9라고 가정하면 그림 3.15b에서 $r/r_0 = 1.0$일 때 κ/hr_0는 대략 4.5로 나온다. κ/hr_0 값으로 이 값을 사용하면 θ_0/θ_i 값은 그림 3.15에서 대략 0.22로 판독된다. 이 결과는 반복법으로 나오게 되는 값이므로, θ_s/θ_i 값이 0.2인지 아닌지를 확인해 보아 다음과 같으므로,

$$\theta_s/\theta_i = [\theta_0/\theta_i][\theta_s/\theta_0] = [0.22][0.9] = 0.198 \approx 0.2$$

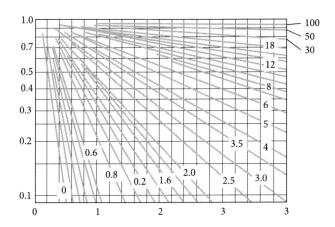

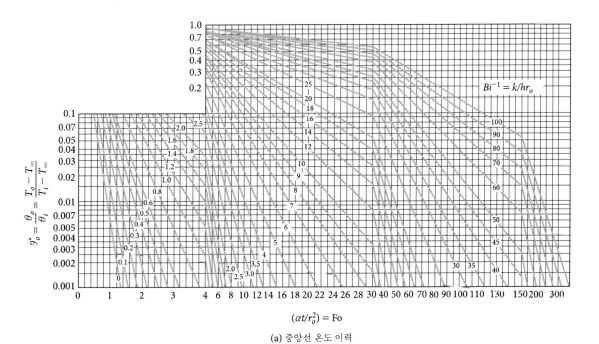

$(\alpha t/r_o^2) = \text{Fo}$

(a) 중앙선 온도 이력

그림 3.15 무한 원기둥체와 주위 유체 사이에서 무한 기둥체의 온도와 열에너지 교환의 그래프 해
(출전: 미 기계학회(ASME))

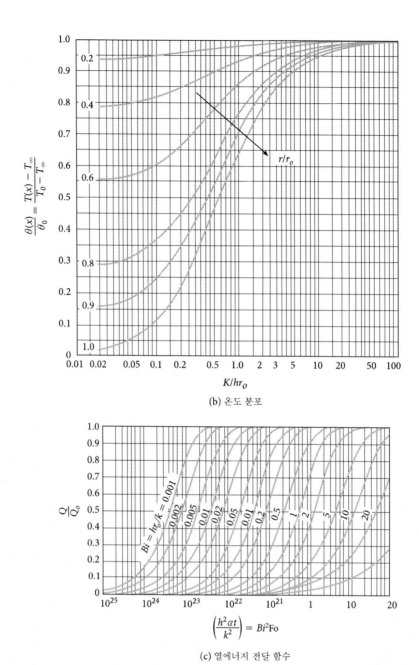

(b) 온도 분포

$$\left(\frac{h^2 \alpha t}{k^2}\right) = Bi^2 \mathrm{Fo}$$

(c) 열에너지 전달 함수

그림 3.15(계속) 무한 원기둥체와 주위 유체 사이에서 무한 기둥체의 온도와 열에너지 교환의 그래프 해(출전: 미 기계학회(ASME))

가정한 값 $\theta_s/\theta_0 = 0.9$는 타당하다. 그러므로 다음과 같은 역 비오 수를 사용하면,

$$\kappa/hr_0 = 4.5$$

다음이 나온다.

$$h = \kappa/4.5r_0 = (19 \text{ W/m} \cdot {}^\circ\text{C})/(4.5)(0.01 \text{ m})$$
$$= 422.2 \text{ W/m}^2 \cdot {}^\circ\text{C} \qquad\qquad 답$$

표면에 대류 열전달이 적용되고 있는 구체

그림 3.16과 같이 온도가 T_i일 때 표면에 대류 열전달이 급격하게 적용되고 있는 고체 구체 문제는 그 수식을 다음과 같이 쓸 수 있으며,

$$\frac{\partial^2 T(r,t)}{\partial r^2} + \frac{2}{r}\frac{\partial T(r,t)}{\partial r} = \frac{1}{\alpha}\frac{\partial T(r,t)}{\partial t} \tag{3.45}$$

$$r_0 \geq r \geq 0, t > 0 \text{일 때}$$

초기 조건은 다음과 같고,

$$T(r,t) = T_i \qquad r_0 \geq r \geq 0, t = 0$$

경계 조건은 다음과 같다.

$$\text{B.C. 1} \qquad -\kappa\frac{\partial T(r,t)}{\partial t} = h_\infty[T(r,t) - T_\infty] \qquad r = r_0, t > 0$$

및 $\qquad \text{B.C. 2} \quad \dfrac{\partial T(r,t)}{\partial r} = 0 \qquad\qquad\qquad r = 0, t > 0$

식 (3.45)의 해는 다음과 같이 쓸 수 있다.

$$\frac{\theta(r,t)}{\theta_i} = \sum_{n=1}^{\infty} C_n e^{-\zeta_n^2 \text{Fo}_r} \frac{r_0}{\zeta_n r}\sin\left(\zeta_n\frac{r}{r_0}\right) \tag{3.46}$$

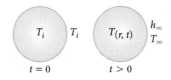

그림 3.16 대류 열전달이 적용되고 있는 고체 구체

여기에서

$$\text{Fo}_r = \alpha t/r_0^2 \tag{3.47}$$

이고

$$C_n = \frac{4(\sin \zeta_n - \zeta_n \cos \zeta_n)}{2\zeta_n - \sin 2\zeta_n} \tag{3.48}$$

이며 ζ_n은 다음과 같이 초월 함수식의 양의 근이다.

$$1 - \zeta_n \cot \zeta_n = \text{Bi} = \frac{h_\infty r_0}{\kappa} \tag{3.49}$$

식 (3.49)의 첫째부터 넷째까지의 근과 C_n은 부록 표 A.11.3에 수록되어 있다. Heisler[4]는 $\text{Fo}_r \geq 0.2$일 때 식 (3.46)의 해가 무한급수의 첫째 항을 사용함으로써 타당성 있게 근사화될 수 있다는 사실을 다음과 같이 보였으며,

$$\frac{\theta(r, t)}{\theta_i} = C_1 e^{-\zeta_1^2 \text{Fo}_r} \frac{r_0}{\zeta_1 r} \sin \left(\zeta_1 \frac{r}{r_0} \right) \tag{3.50}$$

중앙 온도 이력은 다음과 같이 식 (3.50)의 시간 종속부와 같게 된다.

$$\frac{\theta_0}{\theta_i} = C_1 e^{-\zeta_1^2 \text{Fo}_r} \tag{3.51}$$

이 함수는 그림 3.17a에 그래프로 나타나 있다. 고체 구체의 반경 방향 온도 분포는 다음과 같이 식 (3.50)의 나머지 부로 나타낼 수 있는데,

$$\frac{\theta(r)}{\theta_0} = \frac{r_0}{\zeta_1 r} \sin \left(\zeta_1 \frac{r}{r_0} \right) \tag{3.52}$$

이 온도 분포는 그림 3.17b에 그래프로 나타나 있다. 고체 구체에 에너지 균형을 적용하면 구체와 주위 간의 최대 가능 열에너지 교환량에 대한 열에너지 교환량의 비를 구할 수 있다. 이 결과는 다음과 같으며,

$$\frac{Q}{Q_0} = 1 - \frac{3C_1}{\zeta_1^3} e^{-\zeta \text{Fo}_r} (\sin \zeta_1 - \zeta_1 \cos \zeta_1) \tag{3.53}$$

그림 3.17c에는 이 결과가 그래프로 나타나 있다. 고체 구체를 해석할 때 이러한 결과들을

사용하는 방법은 무한 평판과 무한 원기둥체에서 사용했던 방법을 따른다. 또한, 구체의 표면 온도가 주위의 온도로 즉시 변하게 되는 경계 문제는 비오 수로 무한대를 사용하고 역 비오 수로 0을 사용함으로써 이 해법의 범주에 포함시킬 수 있다. 이 절에서 설명하고 있는 다양한 열전달 형태뿐만 아니라 경계 조건이 정해져 있는 다른 정형화된 기하 형상의 물체들에 관한 한층 더 복잡한 해들은 Heisler[4], Grober 등[5] 및 Schneider[6]가 제시한 바가 있다.

예제 3.9

직경이 3 cm인 화강암 돌멩이들이 암반 열저장 방식에서 열저장 재료로 사용된다. 돌멩이는 온도가 10 ℃일 때 온도가 50 ℃인 고온의 공기가 급격하게 적용된다. 돌멩이는 표면 온도가 즉시 50 ℃로 된다고 가정하고, 돌멩이의 중심 온도가 30 ℃가 되는 데 걸리는 시간을 구하라.

풀이 화강암 돌멩이의 열확산율은 표 3.1에서 $\alpha = 1.37 \times 10^{-6}\,\mathrm{m^2/s}$이다. 돌멩이는 표면 온도가 즉시 주위 공기 온도로 변화하기 때문에, 비오 수는 무한대가 되고, 역 비오 수는 0이 된다. 식 (3.49)에서 다음과 같이 된다.

$$1 - \zeta_n \cot \zeta_n = \mathrm{Bi} = \infty$$

및

$$\zeta_n \cot \zeta_n = -\infty$$

코탄젠트 함수에서 이렇게 되려면 $\zeta_1 = \pi$가 되어야 한다. 식 (3.48)을 사용하면 상수 C_1은 다음과 같은 값이 된다.

$$C_1 = \frac{4(\sin \zeta_1 - \zeta_1 \cos \zeta_1)}{2\zeta_1 - \sin \zeta_1} = 2$$

C_1과 ζ_1 값들은 부록 표 A.11.3에서 확인해 볼 수 있는데, 이 표에는 비오 수가 100일 때의 값들이 실려 있다. 식 (3.51)을 사용하면 다음과 같이 되며,

$$\frac{\theta_0(t)}{\theta_i} = C_1 e^{-\zeta_1^2 \mathrm{Fo}_r} = \frac{T_0 - T_\infty}{T_i - T_\infty} = 0.5$$

$$\mathrm{Fo}_r = \alpha t / r_0^2 = 0.21069$$

가 된다. 그러므로 시간은 다음과 같다.

$$t = 0.21069\, \frac{r_0^2}{\alpha} = 138.4\ \mathrm{s} \qquad \text{답}$$

그림 3.17a에 있는 도표를 사용하여도 유사한 결과를 구할 수 있는데, 이 도표에서는 역 비오 수가 0이고 θ_0/θ_i는 0.5일 때 푸리에 수 Fo_r은 대략 0.2가 된다. 이 결과는 해석식을 사용하여 구한 결과와 실질적으로 일치한다.

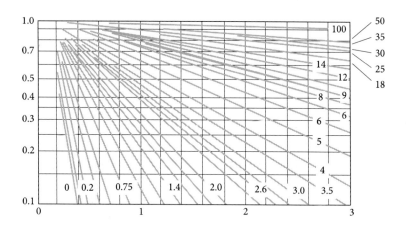

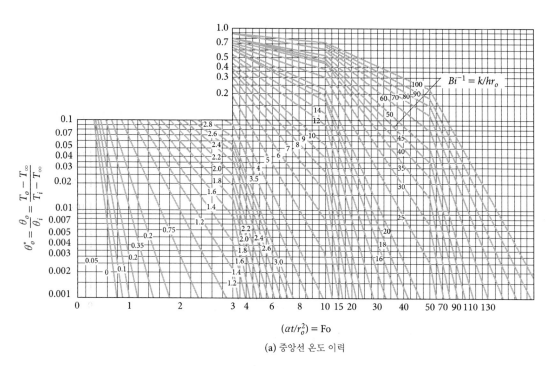

(a) 중앙선 온도 이력

그림 3.17 대류 열전달이 적용되고 있는 고체(출전: 미 기계학회(ASME))

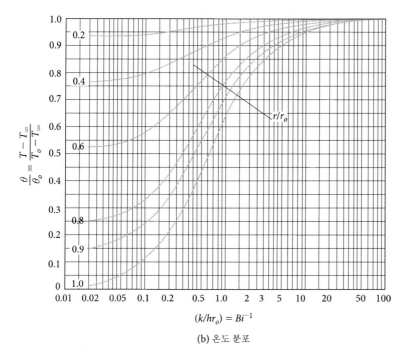

(b) 온도 분포

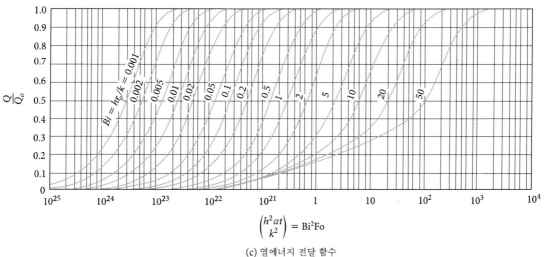

(c) 열에너지 전달 함수

그림 3.17(계속) 대류 열전달이 적용되고 있는 고체(출전: 미 기계학회(ASME))

3.4 2차원 과도 열전달

많은 공학 문제에는 2차원이나 3차원 열전달이 수반된다. 과도 열전달 문제에서 이러한 다차원 문제의 해석은 전도 열전달 식에 변수 분리법을 적용하여 진행시키면 된다. 직교 좌표계에서는 식 (3.4)가 바로 그것이며, 정형화된 기하 형상과 관련이 있고 경계 조건들이 확실한 많은 문제에도 해가 구해져 있다. Carlslaw and Jaeger[1], Hill and Dewynne[2] 및 Schneider[3] 등은 해를 구하는 데 엄밀한 수학적 해석을 적용할 수 있는 많은 문제들을 살펴보았다. 제3.3절에서는 다양한 형태와 경계 조건 문제들을 살펴보았으므로, 이 절에서는 그러한 문제들의 해를 확대 적용해볼 것이다. 예를 들어 그림 3.18과 같은 기다란 원기둥 봉이 있는데, 이 봉에서는 표면을 따라 열전달이 일어난다. 봉의 양끝에서는 열전달이 (원기둥 표면에서의) 반경 방향과 축 방향으로 일어난다. 열전달의 정의를 엄밀하게 사용하면, 봉의 내부에서는 열전달이 반경 방향으로도 일어나고 (봉의 일부를 그려보면서) 추상적으로 생각하면 축 방향으로도 일어난다. 따라서 이 열전달은 원통 좌표계에서 2차원이므로 다음과 같은 형태의 전도 식을 적용하여야 한다.

$$\frac{\partial^2 T(r, z, t)}{\partial r^2} + \frac{1}{r}\frac{\partial T(r, z, t)}{\partial r} + \frac{\partial^2 T(r, z, t)}{\partial z^2} = \frac{1}{\alpha}\frac{\partial T(r, z, t)}{\partial t}$$

변수 분리법을 적용하여 승적 해(곱하기 형태의 해)를 다음과 같이 쓸 수 있다.

$$\theta(r, z, t) = \theta_{\text{semi-infinite solid}}(z, t) \cdot \theta_{\text{infinite cylinder}}(r, t) \tag{3.54}$$

경계 조건과 초기 조건들이 제3.3절에서 설명한 반무한 고체와 무한 원기둥체에서의 조건들과 동일하면, 이러한 각각의 두 가지 해 성분을 구할 수 있다. 여기에서 함수를 다음과 같이 정의한다.

$$\theta(r, z, t) = T(r, z, t) - T_\infty \tag{3.55}$$

경계 조건과 초기 조건들이 통상적인 그 밖의 정형화된 형태들은 다차원 문제의 승적 해 성분들로서 다른 1차원 해들을 적용해도 된다는 것을 암시하고 있다.

　계와 주위 간의 열에너지 교환도 1차원 문제로부터 2차원이나 3차원과 관련된 문제들까지 확대 적용할 수 있다. 예를 들어 3.3절에서 정의된 열에너지 교환 함수 Q/Q_0를 2차원

그림 3.18　기다란 원기둥 봉 끝에서의 열전달

문제에서는 다음과 같이 쓸 수 있다는 것도 증명(Langston[7])할 수 있으며,

$$\frac{Q}{Q_0} = \left[\frac{Q}{Q_0}\right]_i + \left[\frac{Q}{Q_0}\right]_j \left(1 - \left[\frac{Q}{Q_0}\right]_i\right) \tag{3.56}$$

또한, 3차원 문제에는 다음과 같이 쓸 수 있다.

$$\frac{Q}{Q_0} = \left[\frac{Q}{Q_0}\right]_i + \left[\frac{Q}{Q_0}\right]_j \left(1 - \left[\frac{Q}{Q_0}\right]_i\right) + \left[\frac{Q}{Q_0}\right]_k \left(1 - \left[\frac{Q}{Q_0}\right]_j\right)\left(1 - \left[\frac{Q}{Q_0}\right]_j\right) \tag{3.57}$$

여기에서 $[Q/Q_0]_i$, $[Q/Q_0]_j$, $[Q/Q_0]_k$는 제3.3절에서 설명한 좌표계의 세 가지 좌표 방향에서의 열에너지 교환 함수를 나타낸다. 이 항들은 2개의 정의 식 (3.56)과 (3.57)에서 서로 바꿔 쓰는 것이 편리하다면 바꿔 써도 된다.

예제 3.10

소시지들을 냉장고에서 꺼내 20 ℃ 가 될 때까지 녹게 두었다. 이 소시지는 직경이 4 cm 이고 길이가 18 cm 이다. 이 소시지들은 온도가 90 ℃ 이고 대류 열전달 계수가 570 W/m² · K 인 물속에서 삶아진다. 삶은 지 18분 후의 소시지의 중심선 온도, 각 소시지의 온도 분포 및 열에너지 증가를 각각 산출하라. 소시지의 상태량은 물과 같고 소시지는 원기둥체라고 가정한다. 그림 3.19를 참조하라. 단, 소시지의 상태량으로는 다음 값들을 사용한다.

$$\kappa = 0.607 \text{ W/m} \cdot \text{K}$$
$$c_p = 4.179 \text{ kJ/kg} \cdot \text{K}$$
$$\rho = 997. \text{ kg/m}^3$$
$$\alpha = \kappa/\rho c_p = 1.46 \times 10^{-7} \text{ m}^2/\text{s}$$

$h_\infty = 570 \text{ W/m}^2 \cdot \text{K}$
$T_\infty = 90°C$

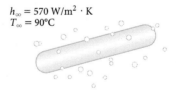

그림 3.19 삶아지고 있는 소시지

풀이 각 소시지의 중심선 온도는 다음 식으로 구할 수 있다.

$$\frac{\theta_0}{\theta_i} = \left[\frac{\theta_0}{\theta_i}\right]_{\text{plate}} \cdot \left[\frac{\theta_0}{\theta_i}\right]_{\text{cylinder}} \tag{3.58}$$

무한 원기둥체와 무한 평판에서 무차원 매개변수들은 다음과 같이 구할 수 있다.

$$\text{Bi}_{\text{cylinder}} = \frac{h_\infty r_0}{\kappa} = 18.8$$

그러면 역 비오 수는 0.053이 된다. 푸리에 수는 다음과 같다.

$$\text{Fo}_{\text{cylinder}} = \frac{\alpha t}{r_0^2} = 0.394$$

그림 3.15a에서 $[\theta_0 / \theta_i]_{\text{cylinder}} \approx 0.12$로 판독된다.
(소시지의 양쪽 끝을 구체화한) 무한 평판에서는 다음과 같이 된다.

$$\text{Bi}_{\text{plate}} = \frac{h_\infty L}{\kappa} = 84.5$$

그러면 역 비오 수는 0.012가 되고 평판의 푸리에 수는 다음과 같다.

$$\text{Fo}_{\text{plate}} = \frac{\alpha t}{L^2} = 0.019$$

하이슬러 선도는 푸리에 수가 0.2보다 더 작은 값에는 적용되지 않는다. 따라서 해석 식 (3.26)을 우변의 합(Σ)에 포함되어 있는 무한급수의 첫째부터 다섯째까지의 항으로 사용하거나 (그림 3.12a에서 대략적인 보간법(외삽법)을 적용해야 한다는 점을 인식하고) 값을 산출해야 한다. 하이슬러 선도(그림 3.12a)에서 다음과 같이 개략적으로 추정한다.

$$\theta_0 / \theta_i \approx 1.0$$

이 결과는 소시지가 충분히 길어 양끝에서 열전달이 일어나더라도 (축 방향) 중심선 온도는 변화하지 않는다는 것을 의미한다. 확인하는 차원에서 식 (3.26)과 부록 표 A.11.1을 사용하기로 한다. $\text{Bi} = 50$과 100 사이에서 보간법(내삽법)을 적용해 보면 다음과 같이 된다.

$\xi_1 = 1.5487$	$C_1 = 1.2729$
$\xi_2 = 4.6464$	$C_2 = -0.4234$
$\xi_3 = 7.7445$	$C_3 = 0.2529$
$\xi_4 = 10.8428$	$C_4 = -0.1794$
$\xi_5 = 13.9421$	$C_5 = 0.1383$

그런 다음 식 (3.26)을 첫째부터 다섯째까지의 항으로 사용하면 다음과 같다.

$$\frac{\theta(x, t)}{\theta_i} = C_1 e^{-\xi_1^2 \text{Fo}} \cos \xi_1 \frac{x}{L} + C_2 e^{-\xi_2^2 \text{Fo}} \cos \xi_2 \frac{x}{L} + C_3 e^{-\xi_3^2 \text{Fo}} \cos \xi_3 \frac{x}{L}$$

$$+ C_4 e^{-\xi_4^2 \text{Fo}} \cos \xi_4 \frac{x}{L} + C_5 e^{-\xi_5^2 \text{Fo}} \cos \xi_5 \frac{x}{L}$$

이 식에 C 값과 ζ 값을 대입하고 $x = 0$을 대입하여 중심선에서의 온도 수치를 구하는 데 집중하면 다음이 나온다.

$$\frac{\theta_0}{\theta_i} = 1.2729e^{-0.049} - 0.4234e^{-0.438} + 0.2529e^{-1.217} - 0.1794e^{-2.387}$$
$$+ 0.1383e^{-3.946} = 0.9999$$

이 결과는 하이슬러 선도에서 구한 결과와 거의 동일하므로, 이 예제에서 해석적 방법을 사용하는 데 추가적으로 애를 쓸 필요는 전혀 없다. 중심선 온도는 다음 식과 같이 구한다.

$$\frac{\theta_0}{\theta_i} = \left[\frac{\theta_0}{\theta_i}\right]_{plate} \cdot \left[\frac{\theta_0}{\theta_i}\right]_{cylinder} = (1.0)0.12 = 0.12 = \frac{T_0 - T_\infty}{T_i - T_\infty}$$

그러므로 $\qquad T_0 = 90°C + (0.12)(20°C - 90°C) = 81.6°C$ 답

그림 3.12b를 사용하여 역 비오 수가 0.012일 때를 살펴보면, 각 소시지의 중심선에서의 축 방향 온도 분포를 구할 수 있다. 이러한 결과들은 표 3.2에 나타나 있다. 마찬가지로 y 방향에서도 다음 값을 구할 수 있으므로,

$$Bi_y = \frac{hL_y}{\kappa} = \frac{(380)(0.18)}{(18.5)} = 3.697$$

또 다시 부록 표 A.11.1에서 보간법(내삽법)을 취하여 C_1과 ζ_1을 구하면, 그 밖의 어떠한 위치에서도 축 방향과 반경 방향으로 이와 유사한 온도 분포를 각각 구할 수 있다.

각 소시지에서의 열에너지 증가는 식 (3.56)을 사용함으로써 구할 수 있다. 먼저 매개변수 $Bi^2_{plate}(\alpha t/L^2)$와 $Bi^2_{cyl}(\alpha t/r_0^2)$을 계산한 다음, 상응하는 도표를 사용하여 다음과 같이 무차원 온도 비를 구한다. 즉,

평판일 때는, $\qquad Bi^2_{plate}\left(\frac{\alpha t}{L^2}\right) = 126.05$

이므로, 그림 3.12c에서 $Q/Q_0 \approx 0.20$이다.

표 3.2

x/L	x, cm	θ/θ_i	$T(x, 0, 18\text{min})$, °C
0.0	0.0	1.00	81.6
0.2	3.6	0.95	82.0
0.4	7.2	0.82	83.1
0.6	10.8	0.59	82.0
0.8	14.4	0.33	87.2
0.9	16.2	0.17	88.6
1.0	18.	0.02	89.8

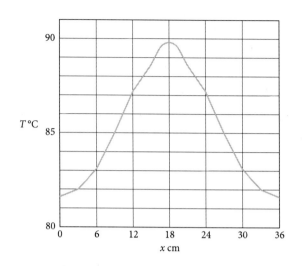

원기둥체일 때는,

$$\text{Bi}^2_{\text{Cylinder}}\left(\frac{\alpha t}{r_0^2}\right) = 129.95$$

이므로, 그림 3.15c에서 $Q/Q_0 \approx 0.38$ 이다.

식 (3.56)에서 다음을 구한다.

$$Q/Q_0 = [0.38] + [0.20][1 - 0.38] = 0.504$$

이므로

$$Q = \frac{Q}{Q_0} \cdot Q_0 = \frac{Q}{Q_0} \cdot \rho c_p V \theta_i = 21.4 \text{ kJ}$$ 답

다음 예제에서는 해석을 할 때 해석 식을 사용하는 3차원 과도 열전달 문제를 살펴보기로 한다.

예제 **3.11**

온도가 25 ℃인 벽돌들이 온도가 400 ℃인 가마 속에서 구워지고 있다. 벽돌은 크기가 10 cm × 18 cm × 36 cm인 직육면체이며 대류 열전달은 380 W/m² · ℃이다. 벽돌 중심의 온도가 350 ℃에 도달하는 데 필요한 시간을 구하고, 이때 모서리의 온도를 구하라. 벽돌의 상태량으로는 다음 값들을 사용하라.

$$\kappa = 18.5 \text{ W/m} \cdot {}^\circ\text{C}$$
$$\rho = 3000 \text{ kg/m}^3$$
$$c_p = 800 \text{ J/kg} \cdot {}^\circ\text{C}$$
$$\alpha = \kappa/\rho c_p = 7.7 \times 10^{-6} \text{ m}^2/\text{s}$$

풀이 이 예제에서는 온도를 알고 시간을 구해야 한다. 그러므로 다음과 같은 형태의 식을 사용하면 된다.

$$\frac{\theta(x, y, z, t)}{\theta_i} = \left[\frac{\theta(x, t)}{\theta_i}\right]_{x,\text{plate}} \cdot \left[\frac{\theta(y, t)}{\theta_i}\right]_{y,\text{plate}} \cdot \left[\frac{\theta(z, t)}{\theta_i}\right]_{z,\text{plate}} \tag{3.59}$$

여기 이 문제에서 벽돌 중심은 다음과 같이 된다.

$$\frac{\theta(x, y, z, t)}{\theta_i} = \frac{\theta_0(t)}{\theta_i} = \left[\frac{\theta_0(t)}{\theta_i}\right]_{x,\text{plate}} \cdot \left[\frac{\theta_0(t)}{\theta_i}\right]_{y,\text{plate}} \cdot \left[\frac{\theta_0(t)}{\theta_i}\right]_{z,\text{plate}}$$

$$= \frac{350°C - 400°C}{25°C - 400°C} = 0.133$$

그림 3.12a에 나타나 있는 대로 무한 평판의 그래프 해를 사용하여 시행오차법을 적용하면 시간을 구할 수 있다. 이 방법 대신에 식 (3.26)으로 주어진 무한 평판 해석 식을 사용하고, 식 (3.30)에 주어진 첫째 항의 해로 근사화시키는 방법을 사용할 것이다. 식 (3.29)의 해는 푸리에 수 $\alpha t / L^2$가 0.2보다 더 큰 값일 때에 적용하므로, 이 판정 기준을 충족시키는지 아닌지를 최종적으로 확인해볼 필요가 있다. 식 (3.30)을 사용하면 다음과 같이 x 방향 값을 구할 수 있다.

$$\text{Bi}_x = hL_x/\kappa = (380 \text{ W/m}^2 \cdot °C)(0.09 \text{ m})/(18.5 \text{ W/m} \cdot °C) = 1.8486$$

여기에서 $L_x = 9 \text{ cm} = 0.09 \text{ m}$ 이다. 그러면 다음과 같이 된다.

$$\left[\frac{\theta_0(t)}{\theta_i}\right]_{x,\text{plate}} = C_1 e^{-\xi_1^2 \text{Fo}} = 1.170 e^{-10.37 \times 10^{-4} t}$$

여기에서 C_1과 ζ_1는 부록 표 A.11.1에서 $\text{Bi}_x = 1.8486$일 때 보간법(내삽법)을 적용하여 구한다. 마찬가지로 y 방향에서도 다음을 구한다.

$$\text{Bi}_y = hL_y/\kappa = (380)(0.18)/(18.5) = 3.697$$

여기에서도 또 다시 C_1과 ζ_1는 부록 표 A.11.1에서 $\text{Bi}_y = 3.697$일 때 보간법(내삽법)을 적용하여 구하고 $L_y = 18 \text{ cm} = 0.18 \text{ m}$를 대입한다.

$$\left[\frac{\theta_0(t)}{\theta_i}\right]_{y,\text{plate}} = C_1 e^{-\xi_1^2 \text{Fo}} = 1.223 e^{-3.67 \times 10^{-4}}$$

z 방향에서도 $L_z = 5 \text{ cm} = 0.05 \text{ m}$를 대입하여 다음을 구한다.

$$\text{Bi}_z = hL_z/\kappa = (380)(0.05)/(18.5) = 1.027$$

그리고

$$\left[\frac{\theta_0(t)}{\theta_i}\right]_{z,\text{plate}} = C_1 e^{-\xi_1^2 \text{Fo}} = 1.121 e^{-23.1 \times 10^{-4} t}$$

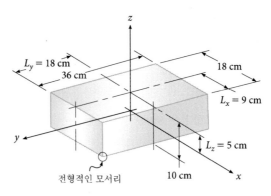

그림 3.20 가마에서 구워지고 있는 벽돌

이 값들을 식 (3.59)에 대입하고 $x = y = z = 0$ 으로 놓으면 다음이 나온다.

$$\frac{\theta_0}{\theta_i} = 1.604e^{-37.14 \times 10^{-4}t} = 0.133$$

그러면 시간은 다음과 같이 계산할 수 있다.

$$t = \frac{1s}{37.14 \times 10^{-4}} \ln\left(\frac{0.133}{1.604}\right) = 670.4 \text{ s} = 11.17 \text{ min}$$ 답

최소 푸리에 수는 y 방향에서의 무한 평판 푸리에 수이다. 즉,

$$\text{Fo} = \frac{\alpha t}{L_y^2} = \frac{(7.7 \times 10^{-6} \text{ m}^2/\text{s})(670.4 \text{ s})}{(0.18 \text{ m})^2} = 0.16 \text{ (최솟값)}$$

Fo $\geq$ 0.2일 때 식 (3.30)의 근사 계산법을 사용하는 것은 전혀 조건을 충족시키지 못하므로, 식 (3.26)의 일반적인 관계에서의 무한급수의 첫째부터 다섯째까지의 항들을 포함시켜야 한다. 그러나 예시 목적상 이 근사 계산법을 계속 진행하겠다. 모서리 온도는 다음 식으로 구할 수 있다.

$$\frac{\theta_{\text{corner}}}{\theta_i} = \left(\frac{\theta_{x=L_x}}{\theta_i}\right) \cdot \left(\frac{\theta_{y=L_y}}{\theta_i}\right) \cdot \left(\frac{\theta_{z=L_z}}{\theta_i}\right) \tag{3.60}$$

이 식에서는 모서리에 $x = L_x$, $y = L_y$, $z = L_z$를 대입하였다. 각 항의 값을 구하려면 그림 3.11b에서 그래프 해법을 사용하거나, 해석 식 (3.31) 해법을 사용하여야 한다. 여기에서는 식 (3.31)을 사용하는 해석적 해법을 사용할 것이다. x 방향에서는 다음과 같다.

$$\frac{\theta_{x=L_x}}{\theta_i} = \cos \xi_{x1} \frac{L_x}{L_x} = \cos 1.044 = \cos 59.84° = 0.5024$$

여기에서 ζ_{x1}는 부록 표 A.11.1에서 $\text{Bi}_x = 1.8464$일 때 보간법(내삽법)을 적용하

여 구한다. 마찬가지로 y 방향과 z 방향에서도 다음을 구할 수 있다.

$$\frac{\theta_{y=L_y}}{\theta_i} = \cos \xi_{y1} \frac{L_y}{L_y} = \cos 1.24297 = \cos 71.2 = 0.322$$

및

$$\frac{\theta_{z=L_z}}{\theta_i} = \cos \xi_{z1} \frac{L_z}{L_z} = \cos 0.866 = 0.648$$

그러면

$$\frac{\theta_{corner}}{\theta_i} = (0.5024)(0.322)(0.648) = 0.105$$

이므로, 다음과 같이 된다.

$$T_{corner} = T_\infty + \frac{\theta_{corner}}{\theta_i}(T_i - T_\infty) = 400°\text{C} + (0.105)(350°\text{C} - 400°\text{C})$$
$$= 395.8°\text{C} \qquad\qquad 답$$

이 절의 마지막 예제에서 무한 평판/무한 원기둥체 조합에서부터 반무한 고체/무한 원기둥체 조합까지를 사용하여 그 해들을 비교하였다.

예제 3.12

그림 3.21과 같이 직경이 10 cm 이고 길이가 2.5 cm 인 기다란 탄소강 봉이 균일하게 적재되어 냉각되고 있다. 이 봉은 온도가 200 ℃ 일 때 적재되어 봉의 양끝은 온도가 40 ℃ 인 공기에 대류 열전달 계수 230 $\text{W/m}^2 \cdot \text{K}$로 노출되어 있다. 봉의 원기둥 표면은 평균 온도가 40 ℃ 인 공기에 대류 열전달 계수 200 $\text{W/m}^2 \cdot \text{K}$로 노출되어 있다고 가정한다. 냉각을 시작한 지 1시간 30분 후에 봉의 어느 한쪽 끝에서 안쪽으로 15 cm 가 되는 지점의 온도를 개략적으로 계산하라.

그림 3.21 예제 3.12에서 냉각이 되고 있는 적재된 탄소강 봉

풀이 탄소강의 상태량으로 다음 값들을 사용한다.

$$\kappa = 60.5 \text{ W/m} \cdot \text{K}$$
$$c_p = 434 \text{ J/kg} \cdot \text{K}$$
$$\rho = 7854 \text{ kg/m}^3$$
$$\alpha = 17.7 \times 10^{-6} \text{ m}^2/\text{s}$$

봉의 어느 한쪽 끝에서 안쪽으로 15 cm 가 되는 지점의 온도는 무한 평판과 무한 원기둥체의 조합의 곱 형태 해를 사용함으로써 개략적으로 계산할 수 있다. 즉,

$$\frac{\theta(r, z, t)}{\theta_i} = \left[\frac{\theta_0(t)}{\theta_i}\right]_{\text{cylinder}} \cdot \left[\frac{\theta_0(t)}{\theta_i}\right]_{\text{plate}} \cdot \left[\frac{\theta(r)}{\theta_0}\right]_{\text{cylinder}} \cdot \left[\frac{\theta(z)}{\theta_0}\right]_{\text{plate}} \quad (3.61)$$

봉이 기다랗기 때문에 이 봉을 반무한 고체로 근사화할 수 있으므로, 곱 형태 해는

$$\frac{\theta(r, z, t)}{\theta_i} = \left[\frac{\theta_0(t)}{\theta_i}\right]_{\text{cylinder}} \cdot \left[\frac{\theta_0(t)}{\theta_i}\right]_{\text{semi-inf}, z=15 \text{ cm}} \cdot \left[\frac{\theta(r)}{\theta_0}\right]_{\text{cylinder}} \cdot \left[\frac{\theta(z)}{\theta_0}\right]_{\text{semi-inf}, z=15 \text{ cm}}$$
$$(3.62)$$

을 역시 사용할 수 있다. 무한 원기둥체의 비오 수는 다음과 같다.

$$\text{Bi}_{\text{cyl}} = hr_0/\kappa = (200 \text{ W/m}^2 \cdot \text{K})(0.05 \text{ m})/(60.5 \text{ W/m} \cdot \text{K})$$
$$= 0.165 \text{ and its inverse is } 6.05$$

푸리에 수, $\text{Fo}_c = \dfrac{\alpha t}{r_0^2} = \dfrac{(17.7 \times 10^{-6} \text{ m}^2/\text{s})(1800 \text{ s})}{(0.05 \text{ m})^2} = 12.7$

이며, 그림 3.15a에서

$$[\theta_0/\theta_i]_{\text{inf-cyl}} \approx 0.02$$

중앙선 온도를 구하고 있으므로 다음 값을 취한다.

$$[\theta(z)/\theta_0]_{\text{inf-plt}} = 1.0$$

무한 평판을 무한 원기둥체에 조합하여 사용하는 방법에서 비오 수를 다음과 같이 구하며,

$$\text{Bi} = \frac{h_\infty L}{\kappa} = \frac{(230)(1.25)}{(60.5)} = 4.75$$

그 역수는 0.22 이다. 푸리에 수 Fo는 다음과 같다.

$$\text{Fo} = \frac{\alpha t}{L^2} = \frac{(17.7 \times 10^{-6})(1800)}{(1.25^2)} = 0.0203$$

푸리에 수가 대략 0.2 보다 더 작으므로 무한급수의 적어도 첫째부터 다섯째까지의 항으로 되어 있는 해석적 급수 해를 사용하여도 된다. 그러나 예시 목적상 하이슬러 선도를 사용하는 근사 계산법을 계속 진행하겠다. 그림 3.12a에서

$$[\theta_0/\theta_i]_{\text{inf-plt}} \approx 0.95$$

또한 그림 3.12b에서 $x/L = 1.10\,\text{m}/1.25\,\text{m} = 0.88$일 때

$$[\theta(x)/\theta_0]_{\text{inf-plt}} \approx 0.44$$

식 (3.61)을 사용하면,

$$\theta/\theta_i = [0.02][0.95][1.0][0.44] = 0.00836$$

이므로 냉각을 시작한 지 1시간 30분 후에 봉의 어느 한쪽 끝에서 안쪽으로 15 cm 가 되는 지점의 중앙선 온도는 다음과 같다.

$$T = 40\,°C + (0.00836)(200\,°C - 40\,°C) = 41.34\,°C \qquad \text{답}$$

경계에서 대류 열전달이 일어나고 있는 반무한 고체와 무한 실린더를 조합하여 사용해도 유사한 결과를 구할 수 있다. 반무한 고체에서는 그림 3.10에서 주어지는 결과를 사용하는데, 매개변수는 다음과 같다.

$$h_\infty \frac{\sqrt{\alpha t}}{\kappa} = (230)\frac{\sqrt{(17.7 \times 10^{-6})(1800)}}{(60.5)} = 0.679$$

및
$$\frac{x}{2\sqrt{\alpha t}} = \frac{(0.15)}{2\sqrt{(17.7 \times 10^{-6})(1800)}} = 0.420$$

그러면 그림 3.10에서 다음과 같이 된다.

$$[T - T_\infty]/[T_i - T_\infty] \approx 0.19$$

식 (3.62)를 사용하면

$$\theta/\theta_i = [0.02][0.19][1.0] = 0.0038$$

및
$$T = 40\,°C + (0.0038)(200\,°C - 40\,°C) = 40.61\,°C \qquad \text{답}$$

이 값은 무한 평판과 무한 실린더 조합을 사용하여 구한 바로 앞의 답과 거의 비슷하다.

많은 2차원과 3차원 과도 열전달 문제의 해석은 바로 직전의 세 가지 예제와 식 (3.54), (3.58), (3.59), (3.60), (3.61) 및 (3.62)와 같은 식으로, 예를 들어 설명했듯이 온도 함수의 조합에 관한 식들을 씀으로써 순서 정연하게 처리할 수 있다. 끝으로 다음의 제3.5절에서는 무한 원기둥체/반무한 고체 조합을 사용하여 야금학적 사례, 즉 조미니 봉(Jominy bars)과 같은 사례에서 냉각률을 산출할 것이다.

3.5 고체에 대한 응용

과도 전도 열전달은 고체에서 흔히 일어나므로 공학적 설계를 완벽하게 해석하려는 어떠한 해석에서도 중요한 부분일 수밖에 없다. 특정한 상황에 대한 응용은 가짓수도 많고 다양하므로 몇 가지 상황 정도는 이름을 댈 수도 있겠다. 여기에서는 과도 전도 열전달이 수반되는 세 가지 특정한 문제를 살펴볼 것이다. 즉, (1) 야금학적 상태량 조절 수단이 되는 금속의 냉각률, (2) 연구 대상으로 삼는 일일 또는 계절적 온도 변화의 영향을 받는 지구 온도(예를 들어 한층 더 효율적이고 만족스러운 육상 보호 수용 시설이 되도록 제공하는 보온 담요), 그리고 (3) 열전도도를 산출하고 지중 전력선의 거동을 산출하는 수단이 되는 선형 열에너지원 등이다.

금속의 냉각률

금속, 특히 철과 강은 가열되고 나서 냉각될 때에는 금속 상태량에서 큰 차이를 보이기도 한다. 혼합물인 금속의 경도, 인장 강도 및 취성은 금속의 냉각률에 영향을 받는 것으로 보인다. 즉, 금속이 고온으로 가열된 다음 정해진 냉각률로 냉각될 때에는 이러한 기계적 상태량들이 달라지게 된다. 그림 3.22에는 다섯 가지 특정한 강종의 경화도 정보가 나타나 있다. 이 그림은 냉각률이 강의 경도에 깊숙이 영향을 미친다는 사실을 예시할 목적으로 제공하였다.

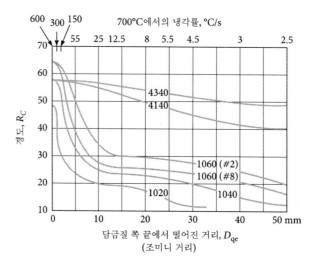

그림 3.22 냉각률의 영향과 강종에 따른 강의 경화도. 담금질 원점을 기준으로 하는 거리는 그림 3.23에 표시되어 있다.

표 3.3

	철(Fe) 이외의 강종의 성분					
강 번호	탄소 (C)	망간 (Mn)	니켈 (Ni)	크롬 (Cr)	몰리브덴 (Mo)	입도 (크기)
1020	0.20	0.90	0.01	—	—	8
1040	0.40	0.89	0.01	0.01	—	8
1060	0.60	0.81	0.02	—	—	2 및 8
4140	0.40	0.79	0.01	1.01	0.22	8
4340	0.40	0.75	0.71	0.77	0.30	8

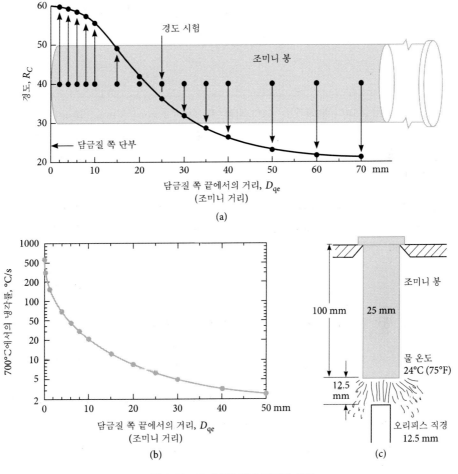

그림 3.23 조미니의 단부 담금질 시험

냉각률은 대개 시료에 매입한 열전쌍이나 서미스터로 온도를 측정함으로써 실험적으로 구했다. 경도, 취성 또는 인장 강도에 대하여 냉각률을 구하려고 통상적으로 하는 시험은 끝부분 담금질 시험(즉, 조미니 시험)이다. 그림 3.23은 조미니 시험에 사용되는 기계 장치이다. 직경이 1인치(25 mm), 길이가 4인치(100 mm)이며 플랜지가 달린 조미니 봉을 1300 °F(700 ℃)로 가열하여 그림 3.23과 같이 수직으로 세운 다음, 조미니 봉의 하단에 온도가 75 °F(24 ℃)인 물줄기를 직접 분사시킨다. 앞에서 설명한 열전달 내용을 미뤄볼 때, 냉각률은 담금질 쪽 끝에서 최대가 되고, 그 끝에서 멀어질수록 감소한다는 사실을 알 수 있을 것이다. 담금질 쪽 끝에서의 거리를 조미니 거리 D_{qe}라고 하며 이는 그림 3.22와 3.23에서 매개변수로 사용되고 있다. 주목할 점은 이 2개의 그림에 있는 정보를 보면 냉각률이 조미니 거리의 함수라는 것을 암시하고 있다는 것이다. 냉각률이 온도와 담금질 시작 시간의 함수여야 한다는 점도 알려져 있는 사실이다. 이제 앞에서 설명한 결과를 사용하여 표준 조미니 봉의 다양한 위치에서 냉각률 변천 경과를 산출할 것이다.

예제 3.13

조미니 시험에서 조미니 봉에 있는 여섯 지점, 즉 $D_{qe} = 1\,\text{mm}$, $5\,\text{mm}$, $10\,\text{mm}$, $20\,\text{mm}$ 및 $50\,\text{mm}$인 지점 표면에서 냉각률을 산정하라. 온도가 24 ℃인 공기에 노출되어 있는 조미니 봉의 $h = 10\,\text{W/m}^2 \cdot \text{℃}$이며 시험이 완벽하게 되도록 봉의 담금질 쪽 끝은 24 ℃로 유지된다고 가정한다.

풀이 조미니 봉의 표면 온도를 산출하는 데 표면 온도가 일정한 반무한 고체의 해와 무한 원기둥체의 해를 조합하여 사용할 것이다. 경계 온도가 일정한 반무한 고체의 해는 다음과 같이 식 (3.17)으로 나온다.

$$\frac{\theta_{\text{semi-infinite solid}}}{\theta_i} = \text{erf}\left(\frac{x}{2\sqrt{\alpha t}}\right) = \frac{T(x, t) - T_B}{T_i - T_B} \qquad (3.17, \text{ 다시 씀})$$

무한 원기둥체에는 다음과 같이 식 (3.41)을 사용하면 된다.

$$\frac{\theta(r, t)}{\theta_i} = C_1 e^{-\beta_1^2 \text{Fo}_c} J_0\left(\beta_1 \frac{r}{r_0}\right) \qquad (3.41, \text{ 다시 씀})$$

여기에서 $\text{Fo}_c = \alpha t/r_0^2$이며 0.2보다 더 커야만 한다. 표면 냉각률은 $r = r_0$이어야 한다. 이 문제에서는 강철의 상태량으로 $\rho = 7854\,\text{kg/m}^3$, $c_p = 434\,\text{J/kg} \cdot \text{℃}$, $\kappa = 60.5\,\text{W/m} \cdot \text{℃}$이고 $\alpha = 17.7 \times 10^{-6}\,\text{m}^2/\text{s}$라고 가정한다. 그러면 푸리에 수 Fo_c는 다음과 같이 된다.

$$\text{Fo}_c = (17.7 \times 10^{-6})t/(0.0125\,\text{m})^2 = 1.416t > 0.2$$

그러므로 시간은 $0.2/1.416 = 0.141$ s 보다 더 큰 값으로 한정된다.

이 문제에서 무한 원기둥체 해 부분의 비오 수는 다음과 같으므로,

$$\mathrm{Bi} = h r_0 / \kappa = (10 \text{ W/m}^2 \cdot {}^\circ\text{C})(0.0125 \text{ m})/(60.5 \text{ W/m} \cdot {}^\circ\text{C}) = 0.002$$

무한 원기둥체로 보지 말고 집중 열용량 방법을 사용하면 된다. 그러므로 식 (3.41) 대신에 식 (3.10)을 사용하여 다음과 같이 쓸 수 있다.

$$\frac{\theta(t)}{\theta_i} = e^{-t/t_c}$$

여기에서 t_c는 시간 상수로서 다음과 같다.

$$
\begin{aligned}
t_c &= c_p V / h A_s = c_p \, \pi r_0^2 L / h 2 \pi r_0 L = c_p r_0 / 2h \\
&= (7854 \text{ kg/m}^3)(434 \text{ J/kg} \cdot {}^\circ\text{C})(0.0125 \text{ m})/(2)(10 \text{ J/m}^2 \cdot {}^\circ\text{C} \cdot \text{s}) \\
&= 2130 \text{ s}
\end{aligned}
$$

반무한 고체의 해와 무한 기둥체의 체적 평균 열용량을 결합하면 다음과 같이 된다.

$$\frac{T(x, t) - T_B}{T_i - T_B} = e^{-t/t_c} \operatorname{erf}\left(\frac{x}{2\sqrt{\alpha t}}\right) \tag{3.63}$$

주목할 점은 체적 평균 열용량이라고만 가정했기 때문에 온도는 $x(r$이 아님)와 시간 t의 함수라는 것이다. 그러므로 봉의 반경 방향으로는 온도 차가 전혀 없다. 냉각률은 식 (3.63)을 시간에 관하여 미분한 1차 도함수로 다음과 같다.

$$\frac{\partial T(x, t)}{\partial t} = (T_i - T_B)\left[- e^{-t/t_c} \operatorname{erf}\left(\frac{x}{2\sqrt{\alpha t}}\right) + e^{-t/t_c} \frac{\partial}{\partial t} \operatorname{erf}\left(\frac{x}{2\sqrt{\alpha t}}\right)\right] \tag{3.64}$$

부록 표 A.9에서 $\dfrac{\partial}{\partial t} \operatorname{erf} z = 2 \dfrac{e^{-x^2}}{\sqrt{\pi}}$ 이다. 즉,

$$\frac{\partial}{\partial t} \operatorname{erf}(z) = \frac{\partial}{\partial z} \frac{\partial}{\partial t} \operatorname{erf}(z)$$

그러므로 냉각률은 다음과 같다.

$$\frac{\partial T(x, t)}{\partial t} = (T_i - T_B)\left[- e^{-t/t_c} \frac{1}{t_c} \operatorname{erf}\left(\frac{x}{2\sqrt{\alpha t}}\right) - e^{-t/t_c} \frac{x}{2t^{3/2}\sqrt{\alpha \pi}} e^{-x^2/4\alpha t}\right] \tag{3.65}$$

변수를 x와 t로 하여 $T_i = 700{}^\circ\text{C}$, $T_B = 24{}^\circ\text{C}$, $\alpha = 17.7 \times 10^{-6} \text{ m}^2/\text{s}$ 을 사용하면 표 3.4와 같은 결과가 나온다. 또한, 이 표에는 최대 냉각률이 들어 있는데, 이 값들은 조미니 거리에 관하여 냉각률의 1차 도함수를 구한 다음, 그 결과를 0으로 놓음으로써 구한 것이다.

$$\frac{\partial}{\partial x} \frac{\partial T}{\partial t} = (T_i - T_B)e^{-x^2/4t}\left(\frac{-1}{t_c\sqrt{\alpha \pi t}} - \frac{1}{2t^{3/2}\sqrt{\alpha \pi}} + \frac{x}{4t^{5/2}\alpha^{3/2}\sqrt{\pi}}\right) = 0 \tag{3.66}$$

이 식에서는 항 $(T_i - T_B)e^{-x^2/4t}$이 반드시 0이 된다고 볼 수 없으므로 괄호로 묶인 항이 0이 되어야만 한다.

$$\left(\frac{-1}{t_c\sqrt{\alpha\pi t}} - \frac{1}{2t^{3/2}\sqrt{\alpha\pi}} + \frac{x}{4t^{5/2}\alpha^{3/2}\sqrt{\pi}} \right) = 0 \tag{3.67}$$

이 조건으로 $\alpha = 17.7 \times 10^{-6}$이 되고 시간 상수가 2130 s이므로 다음과 같이 된다.

$$\frac{1}{2130} + \frac{1}{2t} = \frac{x^2}{4} \times 17.7 \times 10^{-6} \tag{3.68}$$

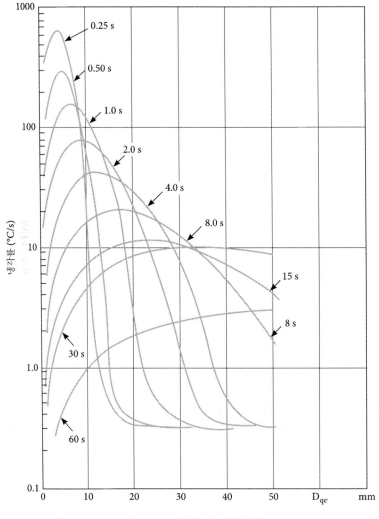

그림 3.24 조미니 봉에서의 냉각률

임의의 시점에서 냉각률이 최대가 되는 조미니 거리는 식 (3.68)로 구할 수 있으며, 이 값들은 표 3.4의 마지막 열에 실려 있다. 냉각률은 표에 있는 조미니 거리에서 구한 것이다. 표 3.4에 실린 냉각률은 그림 3.24에 그래프 형태로도 작성되어 있으며, 이 결과들을 그림 3.22와 3.23에 주어진 데이터와 비교해보면, 특히 최대 냉각률을 비교해보면 상당히 가깝게 일치함을 보이고 있다. 그림 3.23에 그려져 있는 냉각률 곡선은 냉각률을 여러 시점에서 표시하려고 나타냈다기보다는, 냉각률이 조미니 거리가 감소함에 따라 감소한다는 것을 보여주고자 하는 정도이다. 표 3.4와 그림 3.24에서 보여주고 있는 실제 해에는 냉각률 거동에 열전달의 파동 특성이 반영되어 있다. 주목할 점은 임의의 특정한 한 지점, 즉 임의의 조미니 거리에서 냉각률이 증가하여 최댓값에 도달한 다음, 시간에 따라 감소하게 된다는 것이다. 또한, 담금질 쪽 단부에서는 그 온도가 $t = 0$ 이후에 모든 시점에서 물 온도와 같게 되는 경계 조건 때문에 냉각률이 0이 된다. 순간적인 시점에서 조미니 봉의 냉각률은 담금질 쪽 단부에서부터 증가하여 최댓값에 도달한 다음 역시 감소하게 된다. 조미니 시험으로 하고자 했던 기능을 넘어서 이 조미니 시험을 철과 강의 경화도의 비교 시험으로서 정량적으로 확대 적용해도 되는 것인지는 확실하지 않다.

표 3.4 조미니 봉에서의 냉각률 ($\degree C/s$)

시간, t (s)	조미니 거리, D_{qe}, m						
	0.001	0.005	0.010	0.020	0.030	0.050	최대
0.25	342.8	442.4	13.03	0.317	0.317	0.317	655.9 (2.975mm에서)
0.50	124.6	316.8	76.3	0.349	0.317	0.317	327.4 (4.208mm에서)
1.00	44.71	159.3	110.6	3.494	0.317	0.317	163.7 (5.95mm에서)
2.00	15.93	67.3	79.3	19.24	1.128	0.317	81.93 (8.422mm에서)
4.00	5.657	25.99	39.9	27.84	7.387	0.317	41.03 (11.92mm에서)
8.00	2.0087	9.61	16.87	19.91	12.46	1.512	20.58 (16.89mm에서)
15.00	0.7814	3.84	7.13	10.82	10.21	3.983	11.042 (23.21mm에서)
30.00	0.5098	2.52	4.869	8.459	10.06	8.008	10.142 (33.0mm에서)
60.00	0.0993	0.498	0.9795	1.8268	2.45	2.850	2.850 (47.4mm에서)

냉각률은 야금학적 공정의 다른 면에서도 관심사이다. 예를 들어 주물사 주형으로 금속을 주조하는 주조 공정에서는 냉각률이 달라질 수 있다. 주철이나 주강의 원심 주조에서는

용용된 재료를 원통형 관에 붓고 양끝을 덮개로 막은 다음 고속으로 회전시키는데, 최종 주조물인 튜브류는 내경과 외경의 냉각률이 두드러지게 차이가 나서 야금학적 상태량에서도 뚜렷한 차이가 난다. 금속을 다이로 단조하는 단조 공정이나 2개 이상의 별개 부분을 단접하는 단접 공정에서도 최종 조립품의 야금학적 상태량이 달라지는데, 이는 냉각률이 달라지기 때문이다. 이와 같이 많은 응용과 다른 많은 응용에서 경계 조건이나 초기 조건들은 해석에 많은 근사화가 수반될 수밖에 없다. 게다가 유리와 일부 플라스틱에는 냉각률이 최종 제품에 깊이 영향을 미칠 수 있다.

계절별 지구 온도 변화

지구는 계절이 변하고 기후 양상이 변하며 날마다 해가 뜨고 지므로 날마다 변화한다. 이 모든 변화 때문에 지구 자체의 온도가 변화되는 경향이 나타난다. 지구 온도는 지표면 가까이에서 가장 영향을 크게 받고 지하 깊이가 깊을수록 영향을 덜 받는 채로 남아 있는데, 이러한 사실은 수많은 상황에서 예측되고 있고 실험적으로 입증되어 왔다. 이러한 거동에 부분적으로 통찰력을 부여해주고 일부 간단한 공학적인 설계 상황을 해석하게 해주는 1차적인 근사화로서, 지구를 균질이면서 열전도도와 밀도와 비열이 일정한 반무한 고체로 보기로 한다. 또한, 지표면 온도가 주기 함수적으로 변한다고 가정하기로 한다. 이 상황을 수학적인 문제로서 구성하면 다음과 같다.

$$\frac{\partial^2 T(x, t)}{\partial r^2} = \frac{1}{\alpha} \frac{\partial T(x, t)}{\partial t} \quad 0 < x < \infty \tag{3.69}$$

경계 조건 1: $\quad T(0, t) = A \cos(\omega t) \quad (x = 0$에서$)$

경계 조건 2: $\quad \dfrac{\partial T}{\partial t} \to 0 \quad\quad (x \to \infty$할 때$)$

및 초기 조건: $\quad T(x, 0) = 0 \quad\quad (t = 0$일 때$)$

Carlslaw and Jaeger[1]는 이 문제를 유도하고 논술하였으며, 그 해를 다음과 같이 쓸 수 있다고 증명하였다.

$$T(x, t) = A e^{-x\sqrt{\frac{\omega}{2\alpha}}} \cos\left(\omega t - x\sqrt{\frac{\omega}{2\alpha}}\right) \tag{3.70}$$

이 식은 지구의 임의의 위치에서의 온도를 나타낸다. 식 (3.69)와 해 (3.70)에서 시간 t는 온도 변화가 해가 뜨고 짐으로써 일어나는 일일 변화라고 할 때 정오를 기준(정오일 때 $t = 0$)으로 하여 측정하는 것으로 보아야 한다. 즉, 지표면의 온도는 태양이 머리 바로 위에 오게 되는 태양시 정오에 최고가 되어야 한다. 계절별 변화를 연구하는 경우, 시간 t는 7월 24일을 전후로 하는 한 날을 한여름 날로 잡아 이를 기준으로 하여 측정하여야 한다. 시간은 일일 변화를 살펴볼 때에는 초나 분을 단위로 하여 나타내는 것이 가장 편리하고, 계절별 변화일 때에는 일을 단위로 하는 것이 적절하다. 기후 변화는 수많은 연구가 이루어져 왔지만 이에 관한 현상들은 과학적이고 수학적인 해석으로 곧바로 잘 이어지지 않게 되는 것으로 이 교재의 취지를 벗어나는 것이다. 식 (3.70)에서 나온 결과에서는 ω가 주파수를 나타내므로 한 사이클은 $\omega t = 2\pi$라고 써도 된다는 사실을 알 수 있을 것이다. 그러므로 주기, 즉 완전한 한 사이클에 걸리는 시간은 다음과 같다.

$$t = 2\pi/\omega \tag{3.71}$$

일일 변화에서는 주파수 ω가 $2\pi/24\,\text{h}$ 또는 1 cycle/day가 된다. 계절별 변화에서는 주파수 ω가 $2\pi/365\,\text{day}$ 또는 1 cycle/year가 된다. 일반적으로 계절별 온도 변화와 일일 온도 변화는 계절별 온도 변동이 더 크기는 하지만 그 크기는 비슷하게 나타나게 된다. 식 (3.69)의 B.C. 1에는 온도 변화의 크기 또는 진폭이 A로 표기되어 있다. 식 (3.70)의 해에서 지구 온도 변화의 진폭은 항 $e^{-x\sqrt{\frac{\omega}{2\alpha}}}$가 지하 깊이인 x 값이 증가함에 따라 점진적으로 작아지기 때문에 지하 깊이에 따라 감소하는 것을 알 수 있다. 또한, 진폭은 주파수가 커질수록 감소한다. 즉, 일일 온도 변동은 대체로 연도별 온도 변동보다 대략 365배 더 크게 발생한다. 이러한 현상의 결과로, 계절별 온도 변화는 일일 온도 변화가 일으키는 것보다 19배 정도 더 복잡하게 지구 온도 변화를 일으키는 원인이 된다.

$$\frac{\sqrt{\omega_{\text{daily}}}}{\sqrt{\omega_{\text{seasonal}}}} = \sqrt{365} \approx 19$$

주목할 점은 식 (3.70)으로 산출되는 온도 '파동'은 지하 깊이가 깊을수록 더욱더 지표면 조건과 일치하지 않게 된다는 것이다. 이는 식 (3.70)의 코사인 함수에서 편각에 들어 있는 위상차 항 $x\sqrt{\frac{\omega}{2\alpha}}$의 크기로 알 수 있다. 다시 말하지만 일일 온도 진동은 연도별 진동보다 위상이 더 멀어지게 된다.

계절별 변화가 다음 식과 같을 때 온도가 ±2 ℃로 변하게 되는 지하 깊이를 개략적으로 계산하라.

$$T(0, t) = 20°C \cos \omega t$$

지구의 초기 온도는 0으로 시점은 7월 24일 $t = 0$으로 가정한다. 또한, 온도가 최고가 될 때와 지하 깊이가 최소가 될 때를 산출하라.

풀이 식 (3.69)와 (3.70)에서 항 $A = 20°C$이고 항 $\omega = 2\pi/365$ rad/day임을 알 수 있고 지구 상태량 $\alpha = 1.01 \times 10^{-6}$ m²/s 라고 가정한다. 식 (3.70)을 사용하면 지하 깊이 x를 직접 풀 수 있다. 여기에서

$$T(x, t) = 2°C = 20°C \, e^{-x\sqrt{\frac{\omega}{2\alpha}}}$$

x에 관하여 풀면

$$x = \ln\left[\frac{2°C}{20°C}\right]\sqrt{\frac{2\alpha}{\omega}} = \ln(0.1)\sqrt{\frac{2 \times 1.01 \times 10^{-6} \, \text{m}^2/\text{s}}{2\pi \dfrac{1\text{cycle}}{365 \, \text{days} \times 24 \, \text{hr}/\text{day} \times 3600 \, \text{s}/\text{hr}}}}$$

$$= 7.33 \text{ m} \qquad\qquad\qquad\qquad\qquad\qquad \text{답}$$

이므로, 지표면 온도 변화가 ±20 ℃일 때 지하 깊이가 7.33 m인 곳에서는 연도별 또는 계절별 온도 변화가 ±2 ℃가 된다. 지하 깊이 7.33 m에서 최고 온도가 발생하리라고 예상되는 날은 식 (3.70)에서 산출할 수 있다. 이 식을 사용하여 최고 온도를 구하면 다음과 같다.

$$\cos\left(\omega t_{\max} - x\sqrt{\tfrac{\omega}{2\alpha}}\right) = 1.0$$

그러므로
$$\omega t_{\max} - x\sqrt{\tfrac{\omega}{2\alpha}} = 0$$

그리고
$$t_{\max} = \frac{x}{\sqrt{2\alpha\omega}} = 133.8 \text{ days}$$

달력을 사용하면 지구 온도는 7월 24일 이후로 133.8일 째가 되는 날, 즉 대략 12월 5일 한밤중에 최고가 되는 것을 알 수 있다. 최저 온도는 다음과 같을 때 발생한다.

$$\cos\left(\omega t_{\min} - x\sqrt{\omega/2\alpha}\right) = -1$$

이어야 하므로
$$\left(\omega t_{\min} - x\sqrt{\omega/2\alpha}\right) = \pi$$

즉,
$$t_{\min} = 316.6 \text{ days}$$

이는 대략 6월 6일 이른 오후에 발생하게 된다.

이 예제는 지구의 냉각 및 가열의 정량적인 거동을 보여주는 역할을 해줄 것이다. 식 (3.69)와 (3.70)은 온도 반응을 정규화함으로써 일반화할 수 있다. 식 (3.70)에서는 $T(x, t)/A = f(\xi, t)$이며, 여기에서 $\xi = x(\sqrt{\omega/2\alpha})$이므로 다음과 같이 된다.

$$f(\xi, t) = e^{-\xi} \cos(t - \xi) \tag{3.72}$$

이 식으로 온도 파동의 시간 지연과 진폭 감소를 설명할 수 있다. 그림 3.25에는 함수 $f(\xi, t)$는 다양한 ξ 값에서 t에 대하여 그래프로 작성되어 있으며, 이러한 데이터로 진폭의 크기가 어떻게 $\xi = 0$인 지표면에서의 값 1.0에서부터 $\xi = 3\pi/4$일 때의 대략 0.1까지 감소하는지를 설명할 수 있다. 위상 지연도 그림 3.25의 데이터로 가시화할 수 있다.

지구에서 일어나는 실제 열전달은 여기에 설명되어 있는 단순한 근사화보다 훨씬 더 복잡하다. 지구의 열전도도, 밀도 및 비열은 위치, 시간 및 온도에 따라 달라진다. 또한, 지구 내부에는 에너지원도 있으므로 지구 중심부에서 지표면을 향하여 바깥쪽으로는 열에너지 흐름이 지배적이기도 하다. 기후 조건은 무척이나 불규칙해서 식 (3.69)의 B.C.1로 제시한 바와 같은 어떠한 주기 함수로도 이러한 현상을 기술하기에는 많이 벗어나며, 일일 변화와 계절별 변화조차도 수학적 함수로 대략적으로 근사화될 수 있을 뿐이다. 수분과 기타 액체로 포화되는 지구와 이 지구 속으로 균열이 깊이 침투하는 지역에서는 대류 열전달이 전도 열전달만큼 클 수 있는 조건이 만들어지기도 한다. 지진, 홍수 그리고

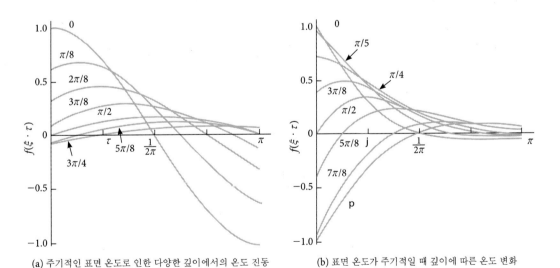

(a) 주기적인 표면 온도로 인한 다양한 깊이에서의 온도 진동   (b) 표면 온도가 주기적일 때 깊이에 따른 온도 변화

그림 3.25 진동하는 표면 온도가 적용되고 있으므로 식 (3.72)로 기술되는 반무한 매체에서의 온도 분포

허리케인은 지표면 근방이나 지상에서 일어나는 열전달에 관한 일부 해석을 복잡하게 하는 몇 가지 사건에 불과하다. 그러나 엔지니어와 기술자들이 재료의 정량적인 거동이 흔히 설계와 응용에서 가장 유용한 정보라는 것을 인식해야 한다.

이러한 상황의 특정한 예를 들면 지상 대피소 건물을 설계할 때이다. 이러한 건물들은 지구의 완화 효과를 이용하여 따듯한 계절에는 필요한 냉각량을 감소시키고 추운 계절에는 가열량을 감소시키고자 한다. 앞에서 이미 설명한 대로 지구는 지하 깊이 6 m인 지점에서 온도가 7 ℃로 일정하게 유지되고 있다. 그와 같은 건물을 적절하게 설계하고 해석하고 관리함으로써 가열과 냉각에 필요한 많은 에너지 수요량을 지구에서 제공받게 되어 건물 운영비의 실질적인 절감을 실현할 수 있다. 그림 3.26에는 이제까지 살펴보았던 개념 중에서 채택된 특정한 개념이 하나 그려져 있다. 이 특정한 사례에서 구조물은 한쪽이 열려 있는 것을 제외하고 나머지는 땅으로 둘러싸여 있다. 보통의 지상 대피소 구조물에서는 내부 온도가 지구 때문에 적당하게 조절되는데, 지중 온도는 계절별 온도와 대략 2, 3개월 차이가 난다.

그러나 그림 3.26에 제시되어 있는 구성 형태에는 지하 0.6 m 깊이에 매립되는 모포형 단열재, 즉 단열재 층이 포함되며, 이 단열재 층 때문에 단열재가 없는 지중에서 보다 더 열전달이 감소된다. 결과적으로 지중 온도 변화는 예상보다 훨씬 더 계절별 온도보다 지연된다. 단열재를 적절하게 설계하여 그 양을 적절히 하면, 지하 2 m 또는 3 m 깊이에서의 지중 온도를 6개월 정도만큼이나 지표면 온도 변화와 차이 나게, 즉 지연시킬 수 있다. 이 사례는 이산적인 상황, 즉 지표면 온도가 가장 높을 때 지중 온도가 가장 낮은 상황과 지표면 온도가 가장 낮을 때 지중 온도가 가장 높은 상황을 나타낼 뿐이다.

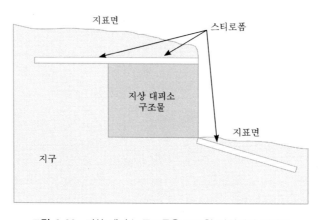

그림 3.26 지상 대피소 구조물용 모포형 단열재의 개략도

무한 고체에서의 선형 열 에너지원

전체적으로 온도가 T_i로 균일한 무한 고체가 수반되는 과도 열전달의 또 다른 사례를 살펴보기로 한다. 그림 3.27에는 고체에 온도가 T_0인 선형 에너지원이 급격하게 삽입되는 것이 나타나 있다. 에너지는 일정한 공급률 $\dot{e}_{gen}$(동력/단위 길이)으로 공급되며 고체의 온도는 선형 에너지원의 가장 가까이에서 증가하기 시작한다. 선형 열에너지원은 선이므로, 이 에너지원과 연관되는 질량은 전혀 없다. 또한, 선형 열에너지 싱크원 문제는 선형 에너지원의 온도가 고체 온도보다 더 낮다는 것인데, 이 문제는 수학적으로 동일한 문제이다. 그러나 여기서 살펴볼 두 가지 중요한 응용은 열에너지원이 수반된다는 점과 그렇기 때문에 어떻게 전개를 계속해야 하는가 하는 점이다. 이러한 두 가지 응용은 매립 전력선과 열 탐침 기구이다. 매립 전력선은 전기를 전도시키고 이에 따라 전력을 소산시키게 되므로 선형 전원을 나타낸다. 제2장에서는 어떻게 구리 전력선의 온도가 전선을 통과하는 전류량에 영향을 받게 되는지를 살펴보았다. 이러한 전력선을 둘러싸고 있는 지중은 열을 전선에서 바깥쪽으로 전도시켜야만 하며, 그렇지 않으면 전력선의 온도는 과도하게 높아질 것이다. 앞에서 설명한 대로 전도성 재료는 온도가 증가하면 대부분 해당 재료의 전기 저항이 증가한다. 따라서 지중 냉각이 불충분하여 전력선이 뜨거워지면 전력선 재료의 저항이 상승하여 전기 저항이 증가하게 되고 그렇게 되면 소산 전력이 증가하게 된다. 그 결과는 전력선의 온도가 한층 더 증가하여 결국에는 녹아버리기도 한다. 그러므로 중요한 점은 매립 전력선에 정상 조건이 달성되어야 하는 것이다.

열 탐침 기구는 그림 3.28과 같이 하나 이상의 열전쌍이나 서미스터 아니면 다른 온도 센서와 열에너지원이 내장되어 있는 튜브 형상이다. 이 열원은 대부분 전기 저항 히터이다. 탐침을 고체나 다른 재료에 끼워 넣고 열원에 전력을 공급하면, 이와 동시에 온도 센서 데이터가 기록된다. 어떤 가열 기간 중에 온도가 연속적으로 측정되면, 탐침을 둘러싸고 있는 재료의 열전도도를 구할 수 있다. 앞 장들에서는 열전도도를 정상 상태 방법을 사용하

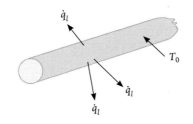

그림 3.27 무한 고체에서의 선형 열 에너지원

여 실험적으로 구할 수 있음을 살펴보았다. 열 탐침을 사용하면 과도 열전달 과정에서 훨씬 짧은 시간 안에 데이터를 수집할 수 있다. 시험 시간이 짧을수록 한층 더 편리할 뿐만 아니라 한층 더 정확한 데이터를 획득할 수 있다. 대부분의 재료는 습기와 공기 주머니를 함유하고 있거나 아말감 형태의 재료이므로 긴 시간에 걸쳐 열 기울기가 적용되면 대류 열전달 및/또는 물질전달이 일어나기도 하므로, 이러한 경우에는 정상 상태 실험

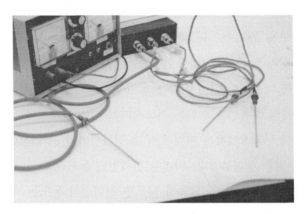

(a) 열 탐침이 3개인 장비의 사진. 각각의 탐침은 직경 3 mm, 길이 130 mm 이지만, 이 탐침 기구는 2 mm × 10 mm (또는 그보다 작음) 정도로 소형 일 수도, 50 mm × 600 mm (또는 그보다 큼) 정도로 대형일 수도 있다.

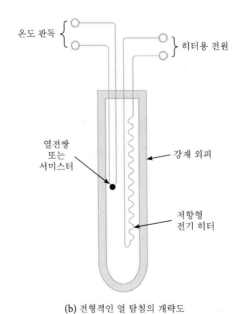

(b) 전형적인 열 탐침의 개략도

그림 3.28 열 탐침 기구 (Kurt Rolle 제공)

조건이 필요하게 되는 것이다. 열 탐침은 열 기울기가 발생하지만 다른 효과들 때문에 과정이 복잡해지기 시작하기 전에 데이터를 신속하게 취득해야 하는 급속 시험에서 그 역할을 해낼 때가 많다.

무한 매체에서의 선형 열 에너지원의 지배 방정식은 유한 매체일 때에는 다음과 같이 쓸 수 있으며,

$$\alpha \frac{1}{r}\frac{\partial T(r,t)}{\partial r} + \alpha \frac{\partial^2 T(r,t)}{\partial r^2} = \frac{\partial T(r,t)}{\partial t} \qquad 0 < r < \infty, t > 0 \tag{3.73}$$

초기 조건은 다음과 같고

$$T(r,0) = T_i \qquad t = 0, r > 0$$

경계 조건은 다음과 같으며, 열원은 직경이 유한하지만 이 열원과 결합되는 질량이나 특정한 열은 전혀 없다고 가정한다.

$$\text{B.C. 1} \qquad -2\pi\kappa r \frac{\partial T(r,t)}{\partial r} = \dot{e}_{\text{gen}} \qquad r = r_o \text{ (열원의 반경)}, \quad t > 0$$

$$\text{B.C. 2} \qquad \partial T(r,t)/\partial r \to 0 \qquad as\ r \to \infty, t > 0$$

이 문제의 해는 Carlslaw and Jaeger[1]에 다음과 같이 실려 있다.

$$T(r,t) = T_0 + \frac{\dot{e}_{gen}}{4\pi\kappa}\int_{r^2/4\alpha t}^{\infty}\frac{1}{z}e^{-z}dz \tag{3.74}$$

여기에서 적분 항은 다음과 같이 쓸 수 있다.

$$\int_{r^2/4\alpha t}^{\infty}\frac{1}{z}e^{-z}dz = -\ln\left(\frac{r^2}{4\alpha t}\right) - \gamma + \Delta z \tag{3.75}$$

항 $\delta = 0.5772157\cdots$을 오일러-마쉐론 상수(Euler-Mascheron constant)라고 하며, '델타 z'는 다음과 같다.

$$\Delta z = -\sum_{n=1}^{\infty}\frac{(-1)^n}{n \cdot n!}\left(\frac{r^2}{4\alpha t}\right)^n = \frac{r^2}{4\alpha t} - \frac{1}{4}\left(\frac{r^2}{4\alpha t}\right)^2 + \frac{1}{18}\left(\frac{r^2}{4\alpha t}\right)^3 - \frac{1}{96}\left(\frac{r^2}{4\alpha t}\right)^4 + \ \ldots \tag{3.76}$$

시간 t가 충분히 크면 식 (3.76)으로 산출되는 Δz 값이 0에 접근하므로, 식 (3.75)는

다음과 같이 되고

$$\int_{r^2/4\alpha t}^{\infty} \frac{1}{z} e^{-z} dz = -\ln\left(\frac{r^2}{4\alpha t}\right) - \gamma \tag{3.77}$$

온도는 다음 식으로 산출된다.

$$T(r, t) = T_0 - \dot{e}_{\text{gen}} \frac{1}{4\pi\kappa}\left(\ln\frac{r^2}{4\alpha t} + \gamma\right) \tag{3.78}$$

또한, 무한 매체에 있는 임의의 하나의 특정한 위치에서의 온도는 다음 식에 따라 시간이 경과함에 따라 초깃값 T_1로부터 또 다른 값 T_2까지 변화하는데,

$$T_2 - T_1 = \frac{\dot{e}_{\text{gen}}}{4\pi\kappa}\ln\left(\frac{t_2}{t_1}\right) \tag{3.79}$$

이 식은 식 (3.78)에서 나온다. 식 (3.79)는 열 탐침으로 취득한 시간 및 온도 데이터로 재료의 열전도도를 계산하는 데 사용된다. 이 식은 선정된 시간 프레임에만 적용할 수 있다. 시간 t_1은 (식 (3.72)에서 명시한 초기 조건대로 $t = 0$이라고 하면) 임의의 최소 경과 시간 값보다는 더 커야만 하며 t_2는 임의의 최대 시간 값보다는 더 작아야만 한다. 이 조건은 McGaw[8]와 Rolle and Wetzel[9]가 서술한 내용으로 다음과 같이 쓸 수 있다.

$$t_1 > 10r_p^2/\alpha \tag{3.80}$$

및
$$t_2 < 40r_{\text{max}}^2/\alpha \tag{3.81}$$

여기에서 r_{max}는 선형 열에너지원을 기준으로 하는 반경 방향 거리를 나타내는데, 이 지점에 고체, 즉 주위 재료가 경계 또는 불연속을 형성하게 되므로, r_p는 선형 열에너지원의 반경이다. 기하학적으로 선의 반경은 0이다. 그러나 이는 식 (3.81)의 판정 기준보다 t_2가 0에 접근할 수 있게 하는 면에서 물리적 또는 산술적 문제가 있다. 또한, 무한 고체는 수학적으로 편리한 것이지만, 식 (3.81)로 제시된 시간을 넘어서서 수집되는 데이터 사용을 금지하는 물리적 제한 조건이 있다. 주목할 점은 식 (3.79)에서는 T_2가 시간이 경과함에 따라 끝도 없이 증가할 수 있다는 사실이 예측된다는 것이다. 시간에 어떠한 제한도 부여하지 않는다면, 예를 들어 지중에 매립된 전선은 (식 (3.79)에 따라) 결국 전선이 녹아 버릴

정도의 높은 온도에 도달하게 될 것이다. 그러나 전선은 어느 정도의 유한한 깊이에 매립되므로 케이블 주위에 있는 땅의 온도가 상승하게 되며 결국에는 이러한 온도 상승이 지표면에서도 일어나게 될 것이다. 이러할 때에는 지표면에서의 경계 조건(대류 열전달)으로 인하여 정상 상태 조건이 설정되기 시작하게 될 것이다. 정상 상태 열전달은 제2장에서 설명하였다. 굉장히 깊은 곳에 매립되는 핵폐기물이나 유해 폐기물과 같은 다른 용례에서는 그러한 물질을 둘러싸고 있는 지구 내부의 온도가 극한이 되도록 조장된다.

예제 3.15

직경이 1.2 cm인 지중 전력선에 전압이 440 V이고 전류가 800 A인 전기가 전송되고 있다. 지표 온도는 보통 7 ℃이고 전력선은 깊이가 1 m인 땅속에 매립되어 있으며 전력선의 절연 피복재를 무시할 때, 전력선에서 예상되는 최고 온도를 개략적으로 계산하라.

풀이 전력선은 그림 3.29의 단면도와 같이 땅속 1 m인 지점에 매립되어 있다. 따라서 지표 온도가 지표면에서 변화하기 시작하면, 무한 고체 내의 선형 열 에너지원의 과도 조건과 정상 상태 조건들도 시작한다고 볼 수 있다. 그러므로 식 (3.81)을 사용하여 $r_{max} = 1$ m일 때 t_2를 산출한다. 식 (3.74)에서 산출되는 온도는 열원에서부터 반경 방향 바깥쪽을 향하는 파동으로 볼 수 있다. 온도 파동이 매체를 더 이상 균질의 연속 매체라고 볼 수 없는 위치에 맨 처음 도달하게 되면, 과도 조건들은 정상 상태 가운데 하나로 대체되기 시작한다. 지구의 상태량으로는 다음 값들을 사용한다.

$$\kappa = 0.90 \text{ W/m} \cdot \text{K}$$
$$\rho = 1505 \text{ kg/m}^3$$
$$c_p = 796 \text{ J/kg} \cdot \text{K}$$
$$\alpha = \kappa/\rho c_p = 7.5 \times 10^{-7} \text{ m}^2/\text{s}$$

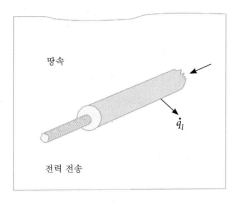

그림 3.29 지중 전력선

식 (3.81)에서 $r_{max} = 1$ m인 곳에서의 최대 t_2를 다음과 같이 산출한다.

$$t_2 = 40(r_{max})^2/\alpha = (40)(1 \text{ m})^2/(7.5 \times 10^{-7} \text{ m}^2/\text{s}) = 14{,}814 \text{ hr}$$

평형 온도, 즉 전력선이 정상 조건에 도달하게 될 때의 최고 전력선 온도는 시간이 14,814hr가 될 때 발생된다고 가정하면 된다. 식 (3.78)을 사용하여 $T_1 = T_0 = 7$ ℃ 이면,

$$\dot{e}_{gen} = I^2 R_L = (800 \text{ amps A})^2(160.8 \text{ }\mu\Omega/\text{m}) = 103 \text{ W/m}$$

여기에서 R_L은 부록 표 B.7에서 판독한다. 그러면 다음과 같이 나온다.

$$T = 7°\text{C} - \frac{103 \dfrac{\text{W}}{\text{m}}}{4\pi \left(0.90 \dfrac{\text{W}}{\text{m} \cdot \text{K}} \right)} \left[(\ln) \frac{\left(\dfrac{0.23}{0.006 \text{ m}} \right)^2}{4 \times 7.5 \times 10^{-7} \text{m}^2/\text{s} \times 48{,}814 \text{ hr}} + 0.5772 \cdots \right]$$

$$= 77.4°\text{C} \hspace{4cm} \text{답}$$

이 예제는 어떻게 과도 조건이 정상 상태로 될 수 있는지를 보여주고 있다. 주목할 점은 온도 파동이 지표면에 도달하기까지는 대략 1.4년이라는 긴 시간이 걸린다는 것이다. 전력선이 더욱더 깊이 매립된다면, 이 시간은 더욱더 길어지고 전력선의 온도는 더욱더 높아지게 된다.

예제 3.16

열 탐침을 사용하여 화강암의 열전도도를 측정하고자 한다. 화강암에 직경 5.01 mm, 깊이 25 cm인 구멍을 뚫어 이 구멍에 직경 5.00 mm, 길이 25 cm인 탐침을 끼워 넣었다. 표 3.5에 있는 데이터는 시험에서 구한 것으로, 이 시험에서는 탐침에 전력을 공급한 다음, 시간, 온도, 탐침 히터에 걸리는 전압을 동시에 기록하였다. 히터의 전기 저항은 100.0 Ω이고 탐침의 전체 길이에 걸쳐서 뻗어 있다고 가정한다. 화강암의 열전도도를 구하라.

풀이 열전도도는 식 (3.79)에서 다음과 같은 형태로 산출된다.

$$\kappa = \frac{\dot{e}_{gen}}{4\pi(T_2 - T_1)} \ln\left(\frac{t_2}{t_1} \right)$$

표 3.4의 데이터에서 평균 전압은 103 V, 단위 길이당 열에너지는 다음과 같이 가정한다.

$$\dot{e}_{gen} = \frac{\varepsilon^2}{RL} = \frac{103^2}{(100 \text{ ohms})(0.25 \text{ m})} = 424.36 \frac{\text{W}}{\text{m}}$$

표 3.5 열 탐침 시험 데이터

시간, t, s	온도, ℃	히터 전압
0	2.14	103.4
30	3.68	103.4
60	7.43	103.4
90	12.13	103.4
120	15.47	103.4
150	18.05	103.4
180	20.17	103.3
210	21.96	103.3
240	23.51	103.3
270	24.87	103.3
300	26.09	103.2
330	27.20	103.2
360	28.21	103.1
390	29.14	103.0
420	29.99	102.9
450	30.79	102.9
480	31.54	102.8
510	32.25	102.7
540	32.91	102.6
570	33.52	102.5
600	34.11	102.5

표 3.4에는 데이터가 많이 있으므로, $t_1 = 60$ s와 $t_2 = 540$ s를 사용하여 근사해를 구하면 된다. 그러면 $T_1 = 7.43$ ℃이고 $T_2 = 32.91$ ℃가 되므로 열전도도는 다음과 같이 된다.

$$\kappa = \frac{424.36 \text{ W}/\text{m}}{4\pi(T_2 - T_1)} \ln\left(\frac{t_2}{t_1}\right) = 2.912 \ \frac{W}{m \cdot K} \qquad \text{답}$$

위 계산에서는 최소 시험 시간으로 60 s 미만이 사용되었다는 점을 확인해보는 것이 현명하다. 식 (3.80)에서 다음과 같이 된다.

$$t_1 > 10 r_p^2 / \alpha = (10)(0.0025 \text{ m})^2 / (\alpha)$$

열전도도는 부록 표 B.2에 실려 있는 상태량 값들로 다음과 같이 계산하면 된다.

$$\alpha = \kappa/\rho c_p = 2.79 \text{ W/m} \cdot \text{℃}/(2630 \text{ kg/m}^3)(775 \text{ J/kg} \cdot \text{℃})$$
$$= 1.369 \times 10^{-6} \text{ m}^2/\text{s}$$

그러므로

$$t_1 > 44 \text{ seconds}$$

그러므로 60 s 이내에 기록된 데이터를 사용하였음이 당연하므로, 이 화강암은 열전도도가 2.912 W/m · ℃ (또는 W/m · K)라고 가정할 수 있다.

3.6 수치 해석법

과도 열전달은 수학적 해석을 직접적으로 하기 어려울 정도로 복잡하게 발생할 때가 많다. 경계 조건과 초기 조건이 확실할 때에도, 특정한 상황에서는 편리하게 사용할 만한 해석적 해가 전혀 없을 때가 많이 있다. 이러한 경우에는 수치 해법이 문제나 설계를 해석하는 데 적절한 도구를 제공해줄 수 있다. 제2.5절에서 전개한 유한 차분법을 확장하면 과도 열전달 문제에도 적용할 수 있다. 시간에 따른 온도 변화의 유한 차분은 다음과 같이 정의된다.

$$\frac{\partial T}{\partial t} \approx \frac{\Delta T}{\Delta t} = \frac{T_n^{\Delta t} - T_n}{\Delta t} \tag{3.82}$$

여기에서 T_n은 초기 시각이나 시간 간격 Δt의 시작점에서 임의의 노드 n에서의 온도이며, $T_n^{\Delta t}$은 시간 간격 Δt이 경과된 후에 동일한 노드에서의 온도이다. 상변화를 겪고 있지 않은 열 전도성 재료의 엔탈피의 유한 차분 또는 엔탈피 변화는 다음과 같다.

$$\frac{\partial \text{H}n}{\partial t} = \dot{\text{H}}n = \rho V c_p \frac{\partial T}{\partial t} \approx \rho V c_p \frac{\Delta T}{\Delta t} \tag{3.83}$$

유한 차분법을 과도 열전달 과정에 적용할 때에는 다음과 같은 패턴으로 진행한다.

1. 노드와 그 근방을 확인하고 t_p가 해석을 완수하는 데 얼마나 긴 시간이 필요한지를 결정한다.
2. 각각의 노드와 그 근방에 에너지 균형을 적용한다. 이때에는 에너지 균형에 노드 근방의 엔탈피 변화 항을 포함시켜야만 한다. 정상 상태 전도를 설명할 때에는 근방으로 유입되는 열전달은 근방에서 유출되는 열전달과 그 크기가 같았다. 여기에서는 그 열전달이 같지 않으며, 그 차가 바로 엔탈피 변화이다. 즉,

$$\sum_{in} \dot{Q} - \sum_{out} \dot{Q} = \dot{H}n \tag{3.84}$$

3. 각각의 노드/근방 에너지 균형 식 (3.84)을 $T_n^{\Delta t}$에 관하여 양함수적으로 정리한다. 즉,

$$T_n^{\Delta t} = \text{열전달 항과 상태량 } \rho, \ c_p, \ V\text{의 함수의 일종}$$

$$T_n^{\Delta t} = T_n + \frac{\Delta t}{\rho V c_p}\Big(\sum_{in} \dot{Q} - \sum_{out} \dot{Q}\Big) \tag{3.85}$$

4. 각 노드의 온도 식을 확인한 다음, 필산이나 연산 장치로 계산을 진행하면 된다. 계산에 사용하는 일반적인 처리법에는 두 가지가 있으며, 그 정밀도는 식 (3.85)로 결정된다. 이 두 가지 처리법은 (1) 양함수적 방법과 (2) 음함수적 방법이다. 양함수적 방법에서는 열전달 항을 n번 노드를 포함하는 모든 노드에 초기 온도나 시간 간격 Δt의 시작점에서의 온도를 사용하여 구한다. 그러므로 식 (3.85)의 우변은 초기 온도의 함수이고 최종 노드 온도 $T_n^{\Delta t}$의 함수는 아니다.

음함수적 방법에서는, 열전달 항을 n번 노드를 포함하는 모든 노드에 최종 온도를 사용하여 구한다. 이 방법에서는 식 (3.85)를 다음과 같이 한층 더 편리하게 쓸 수 있으며,

$$T_n = T_n^{\Delta t} + \frac{\Delta t}{\rho V c_p}\Big(\sum_{out} \dot{Q} - \sum_{in} \dot{Q}\Big) \tag{3.86}$$

초기 온도나 시작점 온도를 알고 있으면, 식 (3.86)을 행렬로 한층 더 편리하게 취급하여 온도를 행렬 해법으로 풀어서 구할 수 있다. 식 (3.86)의 형태는 제시한다. '이전' 온도 T_n은 '이후' 온도 $T_n^{\Delta t}$을 알고 있으면 직접 풀어서 구할 수 있다. 이러한 이유로 음함수적 방법은 후진 차분법이라고 하기도 하고 양함수적 방법은 전진 차분법이라고 하기도 한다.

양함수적 방법의 계산 절차에서는 시간 간격 Δt가 정의되어 있어야 하고 노드 온도를 전부 알아야 한다. 또한, 노드 근방의 체적 V도 정의되어 있어야 한다. 일반적인 절차에서는 연산을 초기 조건에서 시작하여, 소정의 시간 간격을 사용하고, 계의 모든 노드에

대하여 노드 온도 $T_n^{\Delta t}$를 구한다. 그런 다음 이렇게 구한 새로운 온도들을 동일한 시간 간격 Δt를 사용하는 제2차 연산 과정에서 초기 조건으로 사용하여, 다음 차수의 노드 온도들을 구한다. 이러한 정형적인 연산 종류는 시간 기간이 만료될 때까지 진행된다. 즉, (전체 해석의 시간 기간인) $t_p \leq N\Delta t$가 되면 만료되는데, 여기에서 N은 시간 기간의 개수이다.

시간 간격 Δt가 선정되면 해에 도달하는 데 필요한 연산 시간 양이 결정될 것이다. 시간 간격이 크면 연산 횟수가 감소한다. 그러나 과도 조건의 상세한 변천 경과를 알고자 할 때에는 시간 간격을 더 작게 선정해야 한다. 시간 간격에는 상한 값인 임계 시간 간격 Δt_c가 있는데, 이 임계 시간 간격을 초과해서는 안 된다. 이 임계 시간 간격은 에너지 균형 식 (3.85)의 일반적인 형태를 다음과 같이 쓸 수 있다는 점을 주목하여 결정하면 된다.

$$T_n^{\Delta t} = T_n + \frac{\Delta t}{\rho V c_p} \sum \frac{1}{R_{mn}} \left(T_m - T_n \right) \tag{3.87}$$

이 과정 중에 모든 열전달을 양의 값으로 가정하면, 즉 모든 열전달이 요소로 유입된다고 가정하면, $\sum \dot{Q}_{\text{out}} = 0$이 된다. 여기에서 T_m은 노드 n에 인접한 노드의 온도를 나타내며, R_{mn}은 노드 n과 그 인접 노드들 사이의 열 저항을 나타낸다. 이 열 저항은 표 2.8에 다양한 좌표계에 관하여 수록되어 있는 내용과 동일하다. 식 (3.87)을 다시 정리해서 나타내면 다음과 같다.

$$T_n^{\Delta t} = T_n \left(1 - \sum \frac{\Delta t}{\rho V c_p R_{mn}} \right) + T_m \sum \frac{\Delta t}{\rho V c_p R_{mn}} \tag{3.88}$$

노드 온도 T_n의 계수, 즉 계수 $1 - \sum \dfrac{\Delta t}{\rho V c_p R_{mn}}$은 0보다 더 커야만 한다. 이 계수 값이 0보다 더 작으면, 모든 인접 노드 온도 T_m이 노드 온도 T_n과 같거나 더 크게 되는데다가 $T_n^{\Delta t}$가 T_n보다 더 작아지게 되는 상황이 발생할 가능성이 있다. 그렇게 된다는 것은 전혀 외부 일이 없는데도 노드에 열이 가해져서 노드가 냉각된다는 것으로, 이는 열역학 제2법칙에 위배되는 것이다. 이는 또한 사람들의 직관력에 어긋나는 것이기도 하다! 많은 노드가 연관되어 있는 계에서, 각각의 노드는 노드 계수가 다 다를 수 있으므로 각각의 노드를 이 조건으로 확인해봐야 한다.

그림 3.30과 같은 노드(node)의 과도 열전달 해석에서 허용되는 최대 시간 간격을 구하라. 열확산율은 $10 \times 10^{-6}\ \mathrm{m^2/s}$라고 가정한다.

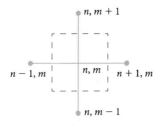

그림 3.30 예제 3.17의 2차원 노드

풀이 이 노드의 에너지 균형은 모든 전도 열전달 항이 양(+)의 값이라고 가정하고 다음과 같이 쓴다.

$$\kappa \Delta y \frac{T_{n-1,m} - T_{n,m}}{\Delta x} + \kappa \Delta y \frac{T_{n+1,m} - T_{n,m}}{\Delta x} + \kappa \Delta x \frac{T_{n,m-1} - T_{n,m}}{\Delta y} + \kappa \Delta x \frac{T_{n,m-1} - T_{n,m}}{\Delta y}$$

$$= \rho c_p (\Delta x \cdot \Delta y) \frac{T_{n,m}^{\Delta t} - T_{n,m}}{\Delta t}$$

$\Delta x = \Delta y$이고 $\kappa / \rho c_p = \alpha$라는 정보를 사용하면 이 식은 다음과 같이 쓸 수 있으며,

$$T_{n,m}^{\Delta t} = T_{n,m}\left(1 - 4\alpha \frac{\Delta t}{x^2}\right) + \alpha \frac{\Delta t}{\Delta x^2}(T_{n-1,m} + T_{n+1,m} + T_{n,m-1} + T_{n,m-1})$$

우변 첫째 항의 괄호 부분은 다음과 같다.

$$1 - 4\alpha \frac{\Delta t}{x^2} \geq 0 \quad \text{또는} \quad 4\alpha \frac{\Delta t}{x^2} \leq 1$$

여기에서 Δt는 임계 시간 간격이라고 해석할 수도 있고 수치 해석에 허용되는 최대 시간 간격이라고 해석할 수도 있다. 그러므로,

$$\Delta t_c = \frac{\Delta x^2}{4\alpha} = \frac{(0.01\ \mathrm{m})^2}{4 \times 10^{-5}\,\mathrm{m^2/s}} = 2.5\ \mathrm{s} \qquad \text{답}$$

이 마지막 예제에서 주목할 점은 노드가 2차원으로 정의되었다는 것이다. 해당 노드가 1차원으로 정의되었다면, 노드 온도 $T_{n,m+1}$과 $T_{n,m-1}$은 $T_{n,m}$으로 동일하게 될 것이므로, 에너지 균형 식은 다음과 같고

$$T_{n,m}^{\Delta t} = T_{n,m}\left(1 - 2\alpha\frac{\Delta t}{x^2}\right) + \alpha\frac{\Delta t}{\Delta x^2}(T_{n-1,m} + T_{n+1,m})$$

임계 시간 간격은 다음과 같다.

$$\Delta t_c = \frac{\Delta x^2}{2\alpha} \tag{3.89}$$

또한, 노드가 3차원으로 정의되었다면 임계 시간 간격은 다음과 같다.

$$\Delta t_c = \frac{\Delta x^3}{6\alpha} \tag{3.90}$$

이러한 임계 시간 간격은 전도 열전달만 일어나고 있는 내부 노드에만 적용된다. 경계 노드에서 또는 대류 열전달이나 복사 열전달이 일어나고 있는 곳에서 또는 에너지 생성 항이 있는 곳에서는, 예제 3.17에서 주어진 에너지 균형보다 더 복잡할지도 모르는 에너지 균형에서 임계 시간 간격을 구한다. 이러한 모든 해석에서 아주 중요한 단계로는 이미 설명한 대로 노드 온도의 계수가 0보다 더 크다는 점을 확인하여야 한다는 것이다. 많은 노드로 구성된 계에서는 시간 간격이 모든 노드에서 동일하여야만 하며 최소 임계 시간 간격보다 작거나 같아야만 한다.

예제 3.18

그림 3.31과 같이 반무한 고체에서의 과도 열전달을 해석하는 데 사용되는 유한 차 노드에서 최대 허용 시간 간격 Δt를 구하라.

풀이 그림 3.31을 참고하여 첫째부터 다섯째까지의 노드에서 경계 노드를 노드 1로 하고, 내부 노드를 노드 2, 3, 4, 5 ....로 하여 정의한다. 임의의 내부 노드의 에너지 균형은 모든 열전달이 양(+)의 값이 되도록 하여 쓰면 다음과 같다.

$$\kappa\frac{T_{n-1} - T_n}{\Delta x} + \kappa\frac{T_{n-1} - T_n}{\Delta x} = \rho c_p \Delta x\frac{T_n^{\Delta t} - T_n}{\Delta t}$$

즉,

$$T_n^{\Delta t} = T_n\left(1 - 2\alpha\frac{\Delta t_c}{\Delta x^2}\right) + \alpha\frac{\Delta t_c}{\Delta x^2}(T_{n-1} - T_{n-1})$$

이 식에서 다음과 같은 제한 조건이 나온다.

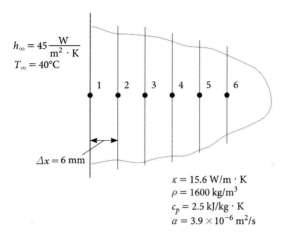

$h_\infty = 45 \dfrac{\mathrm{W}}{\mathrm{m}^2 \cdot \mathrm{K}}$

$T_\infty = 40°\mathrm{C}$

$\Delta x = 6\ \mathrm{mm}$

$\kappa = 15.6\ \mathrm{W/m \cdot K}$
$\rho = 1600\ \mathrm{kg/m}^3$
$c_p = 2.5\ \mathrm{kJ/kg \cdot K}$
$\alpha = 3.9 \times 10^{-6}\ \mathrm{m}^2/\mathrm{s}$

그림 3.31 예제 3.18의 반무한 고체

$$\Delta t_c \leq \frac{\Delta x^2}{2\alpha} = \frac{(0.006\ \mathrm{m})^2}{2 \times 3.9 \times 10^{-6}\ \mathrm{m}^2/\mathrm{s}\ \dfrac{\mathrm{m}^2}{\mathrm{hr}}} = 4.6\ \mathrm{s}$$

경계 노드 1에서는 에너지 균형이 다음과 같다.

$$\kappa \frac{T_2 - T_1}{\Delta x} + h(T_\infty - T_1) = \rho c_p \frac{\Delta x}{2\Delta t}\left(T_1^{\Delta t} - T_1\right)$$

그러므로

$$T_1^{\Delta t} = T_1\left\{1 - \left[\frac{\alpha}{(\Delta x)^2} + \left(\frac{h}{(\rho c_p \Delta x)}\right)\right]2\Delta t\right\} + \frac{2\alpha \Delta t T_2}{(\Delta x)^2} + \frac{2h\Delta t T_\infty}{\rho c_p \Delta x}$$

여기에서 최대 시간 간격은 판정 기준에 따라 다음과 같이 된다.

$$1 - \left[\frac{\alpha}{(\Delta x)^2} + \frac{h}{(\rho c_p \Delta x)}\right]2\Delta t \geq 0$$

그러므로 경계 노드 1에서는 임계 시간 간격이 다음과 같다.

$$\Delta t_c = 1\Big/\left[\frac{2\alpha}{(\Delta x)^2} + \frac{2h}{(\rho c_p \Delta x)}\right]$$

$$= 1\Big/\left[\frac{(2)(3.9 \times 10^{-6}\ \mathrm{m}^2/\mathrm{s})}{(0.006\ \mathrm{m})^2} + \frac{(2)(45\ \mathrm{W/m}^2 \cdot \mathrm{K})}{(1600\ \mathrm{kg/m}^3 \times 2.5\ \mathrm{kJ/kg} \cdot \mathrm{K} \times (0.006\ \mathrm{m}))}\right]$$

$$= 4.5\ \mathrm{s}$$

내부 노드에서의 임계 시간 간격과 경계 노드에서의 임계 시간 간격의 두 가지 값을 비교해보면, 경계 노드는 시간 간격이 더 짧으므로 이 값이 모든 노드에 균일하게 적용되는 허용 시간 간격이 될 것이다. 그러므로 내부 노드(번호 2, 3, 4, …)에는 시간 간격으로 4.6 s를 사용할 수도 있겠지만, 모든 노드 온도는 동일한 시간 간격으로 산출되어야 하므로 이 값은 사용하지 못하고 이 경우에는 4.5 s로 하여야 한다.

노드(node) 온도를 푸는 음함수적 방법에서는 식 (3.86)에서 열전달이 새로운 노드 온도인 $T_n^{\Delta t}$, $T_m^{\Delta t}$ 등으로 동일화되도록 각 노드의 에너지 균형을 써야 한다. 음함수적 방법에서 열 저항을 사용하면 노드 온도 식은 다음과 같이 된다.

$$T_n^{\Delta t} = T_n + \left[\frac{\Delta t}{(\rho V c_P)}\right]\sum\left[\frac{1}{R_{mn}}\right]\left[T_m^{\Delta t} - T_n^{\Delta t}\right] \tag{3.91}$$

음함수적 방법에서는 제2.5절에서 설명한 대로, 연립해서 풀어야 하는 한 벌의 노드 온도 식이 나온다. 음함수적 방법에는 행렬 해법이나 그 밖의 다른 수치 해법이 필요하다. 결과적으로 양함수적 방법이 한층 더 직접적인 해법으로 보인다. 그러나 노드 온도 식 (3.88)은 다음과 같이 쓸 수 있으며,

$$T_n = T_n^{\Delta t}\left[1 + \frac{\Delta t}{(\rho V c_P)}\sum\left(\frac{1}{R_{mn}}\right)\right] - \left(\frac{\Delta t}{\rho V c_P}\right)\sum\left(\frac{1}{R_{mn}}\right)T_m^{\Delta t} \tag{3.92}$$

이 식은 시간 간격에는 최댓값 제한을 전혀 받지 않는다는 것을 보여주고 있다. 노드의 최종 온도 $T_n^{\Delta t}$의 계수는 항상 양수이기 마련이므로, 열역학 제2법칙에 위배되는 상황은 있을 수 없다. 과도 조건의 상세한 변천 경과가 필요하지 않는 한, 연산에서는 시간 간격을 크게 하여 사용하면 된다.

식 (3.92)는 이전 노드 온도를 구하고자 푸는 식인데, 이 식을 기술하는 방식 때문에 음함수적 방법은 앞에서 언급한 대로 실제로는 후진 차분법이 된다. 그렇다면 양함수적 방법은 이후 온도를 직접 산출하는 방식으로 구별이 되는 전진 차분법이 된다. 그러므로 어느 정도 특정된 최종 온도 분포를 알고 있으면서 초기 조건을 결정해야 할 때에는 음함수적 방법이 편리하다.

여기에서 설명하는 수치 해법은 어떠한 과도 전도 열전달 문제를 풀 때에도 사용할 수 있지만, 유일한 제한은 해석에 필요한 정밀도와 정확도에 있다. 연산을 하게 되면

정확한 결과에서 많이 벗어난 결과가 나올 때가 많이 있으며, 그렇기 때문에 한층 더 정확한 결과에 수렴하게 하는 것이 주된 관심사가 되는 것이다. 앞서 설명한 대로 해석적 해를 구할 때 배경이 되는 정보가 충분한지 아닌지가 일부 복잡계의 수치해가 옳은지 아닌지를 대략적으로 판단하는 유일한 길이 될 때가 많다. 더 나아가 열전도도, 밀도 및 비열 등이 변하는 문제들은 이러한 수치 해법을 사용하면 어느 정도 만족할 만한 수준에 서만 해석될 때가 많다.

컴퓨터 장치를 사용하여 과도 열전달 문제를 해석하는 데 상업적으로 가용한 소프트웨어들은 많이 있다. 특히 제2장에는 EES를 많은 유한차 해석에 편리하게 사용할 수 있다는 내용이 시범적으로 설명되어 있다. EES는 음함수적인 방법에도 사용할 수 있고 양함수적인 방법에도 사용할 수 있지만, 양함수적인 방법에서는 각각의 노드에 최대 시간 간격을 균일하게 적용하여야만 한다.

3.7 그래프 해법

컴퓨터가 수치 해법을 사용할 때에 편리한 메커니즘이 되기 전까지는 그래프 해법이 과도 열전달 문제의 해를 구하는 데 많이 사용되었다. 이 그래프 해법은 특히 대류 경계 조건이나 전도 경계 조건이 있는 1차원 문제에 적합하므로 제3.6절에서 설명한 유한 차분법에 상당하는 그래프 해법이라고 볼 수 있다. 여기에서는 그래프 해법을 설명하고 있는데, 그 이유는 그래프 해법이 과도 전도 열전달을 시뮬레이션하는 실제 수치 처리 과정을 가시적으로 그릴 수 있게 해주기 때문이다. 그림 3.32는 온도를 T_1으로 잡은 경계를 제외하고는 초기 온도가 T_i인 반무한 고체에서 온도 분포를 구하는 그래프 해법을 보여주고 있다. 노드 2의 온도 T_2는 제1차 시간 간격 Δt_1이 경과한 후에 $T_2^{\Delta t_1}$로 변한다. 이 $T_2^{\Delta t_1}$ 값은 T_1에서 T_3까지 선 A'를 그어서 구한다. 이렇게 작도하는 것은 2개의 온도 T_1과 T_3 간에 선형적으로 평균을 취하여 T_2를 구하는 수학적 상사에 해당한다. 이러한 기법은 수치 해법과 그래프 해법에서 본질적인 부분이다. 그림 3.31의 고체에서 제2차 시간 간격 Δt_2이 경과한 후에 노드 3에서의 온도 T_3는 온도 변화가 $T_3^{\Delta t_2}$로 나타나게 된다. 이 값은 노드 2와 노드 4 사이에 선 B'를 그어서 구한다.

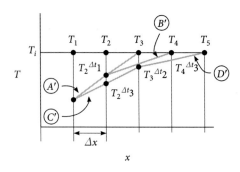

그림 3.32 반무한 고체에서 온도 분포를 구하는 그래프 해법

주목할 점은 해석하려고 하는 노드의 온도 변화는 해당 노드에 인접한 2개의 노드 사이에 직선을 그려서 구한다는 것이다. 그러므로 노드 2의 온도는 노드 1과 노드 3 사이의 직선이 노드 2를 지나므로, 제2차 시간 간격 Δt_2 동안에 변화하지 않은 채로 있게 된다. 즉, $T_2^{\Delta t_1} = T_3^{\Delta t_2}$이 된다. 제3차 시간 간격 Δt_3이 경과하면 노드 2와 노드 4에서 온도 변화 $T_2^{\Delta t_3}$와 $T_4^{\Delta t_3}$가 각각 나타나게 되는데, 이 값들은 선 B'와 C'를 그어서 구한다. 제4차, 제5차 그리고 그 이후의 시간 간격도 살펴보면 고체 내부로 점점 더 들어가서 노드 온도들을 결정할 수 있다. 그림 3.32에서는 해석이 제4차 시간 간격이 경과한 후에 끝나 있으므로 온도 분포가 노드 온도 T_1, T_2, T_3, T_4, T_5 및 T_6로 근사화되어 있다.

여기에서 설명하는 그래프 해석은 제3.6절의 수치 해법과 동일한 종류의 에너지 균형에 기반을 두고 있다. 노드 온도 산출에 양함수적 방법을 사용하는 시간 간격이 1차원인 전도 열전달에서는 내부 노드에 적용하는 시간 간격이 식 (3.89)와 같은 판정 기준 때문에 다음과 같이 제한을 받았다.

$$\frac{\Delta x^2}{2\alpha \Delta t} \leq 1.0$$

그러므로 주어진 Δx와 α에서 최소 임계 시간 간격, 즉 최대 시간 간격은 다음과 같다.

$$\Delta t_{max} = \frac{\Delta x^2}{2\alpha} \tag{3.93}$$

주어진 재료에서 열확산율을 알고 있고 모든 내부 노드 온도가 구비되어 있으면, 이 관계식으로 1차원 전도가 결정된다. 그래프 해법은 초기 온도 분포를 알고 있고 경계 조건이 대류이거나 전도인 1차원 고체라면 어떠한 고체에도 사용할 수 있다. 대류 경계 조건이

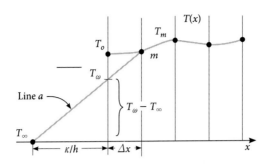

그림 3.33 경계 조건이 대류 열전달인 과도 열전달에 그래프 해법을 사용하는 전형적인 처리

다음과 같을 때,

$$\kappa\frac{\partial T}{\partial x} = h(T_\omega - T_\infty) \quad \text{또는} \quad \kappa\frac{\partial T}{\partial x} = h(T_\infty - T_\omega) \tag{3.94}$$

여기에서 T_ω는 경계에서의 고체 온도이고 T_∞는 체적 평균 유체 온도이므로, 경계에서의 온도 분포 기울기는 다음과 같다.

$$\left[\frac{\partial T}{\partial x}\right]_{\text{wall}} = \frac{h}{\kappa}(T_\omega - T_\infty) \quad \text{또는} \quad \left[\frac{\partial T}{\partial x}\right]_{\text{wall}} = \frac{h}{\kappa}(T_\infty - T_\omega) \tag{3.95}$$

이 식은 그림 3.33에서 예시하고 있는 방식대로 그래프 해법에서 대류 경계 조건을 처리하는 데 사용된다. 노드 간격 Δx를 정의하고 항 k/h을 사용하여 유체에서 온도가 T_∞인 노드 점 ∞를 정의한다. 그런 다음 ∞와 노드 m 사이에 선 a를 그린다. 그리고 나서 이 선에서 온도 T_ω를 직접 구하면 된다. 이후의 시간 간격들은 여기에서 노드 ∞에서 유체 온도 T_∞가 일정하다는 것만을 제외하고는 경계 온도가 일정한 앞 예제와 마찬가지로 처리하면 된다.

예제 3.19

콘크리트 격납고 벽은 두께가 60 cm이고 바깥쪽 표면 온도는 20 ℃, 안쪽 표면 온도는 55 ℃이며, 벽의 온도는 벽에서 이 두 값 사이에서 선형으로 분포된다. 그런 다음 벽의 안쪽 표면과 바깥쪽 표면 양쪽에 공기가 적용되는데, 공기는 온도가 10 ℃로 대류 열전달 계수가 57 W/m²·K이다. 노드 간의 증분을 6 cm로 하여 8 시간 후의 벽에서의 온도 분포를 구하라. 단, 콘크리트의 상태량은 다음과 같이 가정한다.

$$\kappa = 1.4\ \text{W/m} \cdot \text{K}$$

$$\rho = 2290 \text{ kg/m}^3$$
$$c_p = 880 \text{ J/kg} \cdot \text{K}$$
$$\alpha = 7.0 \times 10^{-7} \text{ m}^2/\text{s}$$

풀이 $\triangle x = 0.06 \text{ m}$로 잡으면, 식 (3.93)에서 다음과 같이 된다.

$$\Delta t = \frac{\Delta x^2}{2\alpha} = \frac{(0.06)^2}{2 \times 7.0 \times 10^{-7}} = 2571 \text{ s}$$

또한, 항 $k/h = 0.025 \text{ m}$이므로 그래프 해석을 그림 3.34와 같이 진행하면 된다. 이 그림에는 초기 온도 분포가 표시되어 있고 7차례에 걸친 시간 간격을 사용하여 8 hr의 시간 간격에 도달하고 있다. 이 7차례 시간 간격의 실제 시간은 8.099 hr인데, 이는 8 hr을 약간 초과한다. 그림에는 최종 온도 분포도 표시되어 있다.

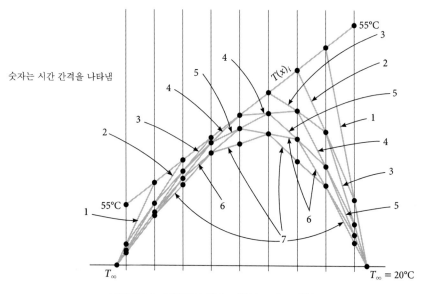

그림 3.34 콘크리트 격납고 벽의 그래프 해석

2개의 고체 열전도성 재료가 함께 배치되어 있는 문제도 1차원 열전달로 가정할 수 있다는 조건에서 그래프 해법으로 편리하게 해석할 수 있다. 이 문제에서는 경계 조건이 다음과 같고

$$\kappa_A \left[\frac{\partial T}{\partial x} \right]_A = \kappa_B \left[\frac{\partial T}{\partial x} \right]_B \tag{3.96}$$

이 식은 다음과 같이 근사화할 수 있으며,

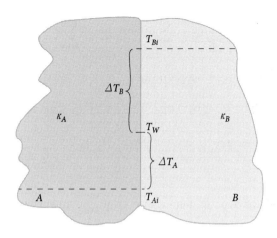

그림 3.35 접촉되어 있는 두 고체의 경계 온도를 구하는 그래프 해법

$$\kappa_A \left[\frac{\Delta T}{\Delta x} \right]_A = \kappa_B \left[\frac{\Delta T}{\Delta x} \right]_B \tag{3.97}$$

$\Delta x_A = \Delta x_B$이면 다음과 같이 된다.

$$\frac{\Delta T_a}{\Delta T_B} = \frac{\kappa_B}{\kappa_A} \tag{3.98}$$

온도가 서로 다르게 균일한 2개의 무한 고체가 함께 배치되어 있는 초기 조건에서는 경계 온도를 식 (3.98)로 즉시 설정하여 그림 3.35와 같이 그래프로 구할 수 있다. 여기에서 $\Delta T_A + \Delta T_B =$ 두 고체 간의 초기 온도 차이다. 그러면 해석은 경계 온도가 동일하게 일정한 2개의 별개 고체로서 진행된다. 그래프 해법의 기타 기법과 다듬기 기법은 많이 개발되어 있으므로, 관심 있는 독자들에게는 적합한 참고문헌으로 Jakob[10]을 추천한다.

끝으로 여기에서 그래프 해법을 소개한 이유를 되풀이 하자면, 열전달 메커니즘 가시화를 잘하는 것이 해석을 상세하게 하는 것보다 더 낫다는 사실을 알게 될 때가 많이 있을 것이다. 그래프 해법을 철저하게 이해한다면 가시화를 잘할 수 있을 것이다.

3.8 요약

과도 열전달이 일어나는 계에 적용되는 에너지 보존은 다음과 같이 쓸 수 있다.

$$\sum_{in} \dot{Q} - \sum_{out} \dot{Q} + \dot{E}_{gen} = \frac{d\text{Hn}}{dt} \tag{3.1}$$

여기에서 $\dot{E}_{gen}$은 계에서 생성되는 에너지이며 Hn은 계의 엔탈피이다. 이 식은 계가 비압축성 고체이고 열전달이 전도로 일어나며, 열전도도가 일정할 때에는 다음과 같이 된다.

$$\frac{\partial^2 T(x, y, z, t)}{\partial x^2} + \frac{\partial^2 T(x, y, z, t)}{\partial y^2} + \frac{\partial^2 T(x, y, z, t)}{\partial z^2} + \dot{e}_{gen} = \frac{1}{\alpha} \frac{\partial T(x, y, z, t)}{\partial t} \tag{3.2}$$

여기에서 $\dot{e}_{gen}$은 단위 체적당 에너지 생성률이며 α는 열확산율로 다음과 같다.

$$\alpha = \frac{\kappa}{\rho c_p} \tag{3.3}$$

과도 열전달을 겪고 있는 계들은 비오 수 Bi가 대략 0.1보다 더 작을 때에는 전체적으로 온도가 일정한 계로 취급하면 된다. 비오 수(Biot number)는 다음과 같이 정의된다.

$$\text{Bi} = \frac{h\Delta x}{\kappa} \tag{3.6}$$

여기에서 Δx는 일종의 특성 길이로서, 계의 체적을 계의 표면적으로 나눈 값과 같은 것이다. Bi $\leq$ 0.1인 경우에는 이 계를 집중 열용량 계라고 하기도 하며 표면에서의 열전달이 주위로 유출되는 대류일 때에는 계의 온도가 다음과 같이 된다.

$$\theta = \theta_i e^{-t/t_c} \tag{3.10}$$

여기에서 $\theta = (T - T_\infty)$이고 $\theta_i = (T_i - T_\infty)$이며 t_c는 시간 상수로 다음과 같다.

$$t_c = \frac{\rho V_s c_p}{h A_s} \tag{3.11}$$

집중 열용량 계와 주위 사이에서 전달되는 열에너지(단위는 kJ)는 다음과 같다.

$$Q = Q_0 [1 - e^{-t/t_c}] \tag{3.15}$$

여기에서

$$Q_o = \rho V c_p (T_i - T_\infty)$$

비오 수가 0.1보다 더 크면 계의 온도는 시간뿐만 아니라 위치에 따라서 변한다고 봐야 한다. 반무한 균질 고체에서 초기 온도가 전체적으로 T_i이고 경계 온도가 $t = 0$에서 T_B로 시작하여 지속할 때에는, 이 고체의 온도는 다음 식으로 표현한다.

$$T(x, t) = T_B + (T_i - T_B)\,\text{erf}\left(\frac{x}{2\sqrt{\alpha t}}\right) \tag{3.17}$$

반무한 매체에서 임의의 위치에서의 전도 열전달은 다음 관계식으로 구한다.

$$\dot{q}_A = -\kappa(T_i - T_B)\frac{1}{\sqrt{\pi \alpha t}}\,e^{-x^2/4\alpha t} \tag{3.20}$$

반무한 균질 고체에서 초기 온도가 전체적으로 T_i이고 경계 열전달이 $t = 0$에서 $\dot{q}_B$로 시작하여 지속될 때에는, 이 고체의 온도는 다음 식으로 표현한다.

$$T(x, t) = T_i + \frac{1}{\kappa}\left\{2\dot{q}_B\sqrt{\frac{\alpha t}{\pi}}\,e^{-x^2/4\alpha t} - \dot{q}_B x\left[1 - \text{erf}\left(\frac{x}{2\sqrt{\alpha t}}\right)\right]\right\} \tag{3.22}$$

반무한 균질 고체에서 경계에서 대류 열전달이 일어날 때에는, 그 온도 이력은 다음 식으로 표현한다.

$$T(x, t) = T_i - (T_\infty - T_i)\left\{1 - \text{erf}\left(\frac{x}{2\sqrt{\alpha t}}\right) - e^{\left(\frac{hx}{\kappa} + \frac{h^2\alpha t}{\kappa}\right)}\left[1 - \text{erf}\left(\frac{x}{2\sqrt{\alpha t}}\right) + \frac{h\sqrt{\alpha t}}{\kappa}\right]\right\} \tag{3.24}$$

무한 균질 고체 평판 또는 슬래브에서 양쪽 표면에서 대류 열전달이 일어나고 초기 온도가 전체적으로 T_i일 때에는, 그 온도 이력은 다음 식으로 표현한다.

$$\theta(x, t) = \theta_i \sum_{n=1}^{\infty} C_n e^{-\xi_n^2\,\text{Fo}}\cos\left(\xi_n x/L\right) \tag{3.26}$$

여기에서 $\theta(x, t) = T(x, t) - T_\infty$, $\theta_i = T_i - T_\infty$ 이고, 푸리에 수 $\text{Fo} = \alpha t/L^2$ 이며 ξ는 다음과 같은 초월 식의 아이겐밸류이다.

$$\xi_n \tan \xi_n = \text{Bi} = \frac{h_\infty L}{\kappa} \tag{3.28}$$

상수 C_n은 다음 식과 같다.

$$C_n = \frac{4 \sin \xi_n}{2\xi_n + \sin 2\xi_n} \tag{3.27}$$

식 (3.26)은 다음 식으로 치환할 수 있다.

$$\theta(x, t) = \theta_i e^{-\xi_1^2 \text{Fo}} \cos(\xi_1 x/L) \tag{3.29}$$

이 식은 Fo $\geq$ 0.2일 때 사용한다. 또한, 무한 평판의 온도 변천 경과는 그림 3.12에 있는 선도로 근사화할 수 있다. 무한 평판과 주위 사이의 열에너지 전달은 Fo $\geq$ 0.2일 때 다음 식으로 수치 값을 구하거나,

$$\frac{Q}{Q_0} = 1 - C_1 e^{-\xi_1^2 \text{Fo}} \frac{\sin \xi_1}{\xi_1} \tag{3.36}$$

그림 3.12c에 있는 그래프 선도로 근사화할 수 있다.

무한 균질 고체 원통체에서 초기 온도가 T_i로 균일하고 온도가 T_∞인 유체로 대류 열전달이 적용되고 있을 때, 그 온도 변천 경과는 다음 식으로 표현한다.

$$\theta(r, t) = \theta_i \sum_{n=1}^{\infty} C_n e^{-\beta_n^2 \text{Fo}_c} J_0(\beta_n r/r_0) \tag{3.38}$$

여기에서 $\text{Fo}_c = \alpha t/r_0^2$이고 β_n은 다음과 같은 초월 식의 아이겐밸류이며,

$$\beta_n \frac{J_1(\beta_n)}{J_0(\beta_n)} = \frac{h_\infty r_0}{\kappa} = \text{Bi}_c \tag{3.40}$$

상수 C_n은 다음 식으로 수치 값을 구한다.

$$C_n = \frac{2J_0(\beta_n)}{\beta_n[J_0^2(\beta_n) + J_1^2(\beta_n)]} \tag{3.39}$$

원통체의 푸리에 수 Fo_c가 대략 0.2보다 더 클 때에는 식 (3.38)을 다음 식으로 치환할 수 있으므로,

$$\theta(r, t) = \theta_i C_1 e^{-\beta_1^2 \text{Fo}_c} J_0(\beta_1 r/r_0) \tag{3.41}$$

열에너지 전달 이력은 다음 식으로 산출할 수 있다.

$$Q = Q_0 \left[1 - 2C_1 e^{-\beta_1^2 \text{Fo}_c} \frac{J_0(\beta_1)}{\beta_1} \right] \tag{3.44}$$

무한 원통체의 온도 근사해와 열에너지 전달 이력 근사해는 그림 3.15에 있는 선도에서도 구할 수 있다.

 균질 고체 구체에서 온도가 T_i로 균일하고 온도가 T_∞인 유체로 대류 열전달이 적용되고 있을 때, 그 온도 이력은 다음 식으로 산출한다.

$$\theta(r, t) = \theta_i \sum_{n=1}^{\infty} C_n e^{-\zeta_n^2 \text{Fo}_r} \frac{r_0}{\zeta_n r} \sin \left(\zeta_n \frac{r}{r_0} \right) \tag{3.46}$$

여기에서 $\text{Fo}_r = \alpha t / r_0^2$이고 ζ_n들은 다음 식의 양의 근이며,

$$1 - \zeta_n \cot \zeta_n = \text{Bi} = \frac{h_\infty r_0}{\kappa} \tag{3.49}$$

상수 C_n은 다음 식으로 수치 값을 구한다.

$$C_n = \frac{4(\sin \zeta_n - \zeta_n \cos \zeta_n)}{2\zeta_n - \sin 2\zeta_n} \tag{3.48}$$

반경 방향 푸리에 수 Fo_r이 대략 0.2보다 더 클 때에는, 식 (3.46)을 다음 식으로 치환할 수 있으므로,

$$\theta(r, t) = \theta_i C_1 e^{-\zeta_1^2 \text{Fo}_r} \sin \left(\zeta_1 \frac{r}{r_0} \right) \tag{3.50}$$

열에너지 전달 이력은 다음 식으로 수치 값을 구할 수 있다.

$$Q = Q_0 \left(1 - 3C_1 e^{-\zeta_1^2 \text{Fo}_r} \frac{\sin \zeta_1 - \zeta_1 \cos \zeta_1}{\zeta_1^3} \right) \tag{3.53}$$

균질 구체의 온도 근사해와 열에너지 전달 변천 경과 근사해는 그림 3.17에 있는 선도에서도 구할 수 있다.

 전도 열전달 응용에는 금속과 기타 재료의 냉각률과 가열률을 구하는 것도 포함된다.

조미니 봉(Jominy bar)은 반무한 구체와 결합되어 무한 체적 평균 열용량 원기둥체로 모델링되는데, 이 조미니 봉의 냉각률은 다음과 같은 관계식으로 표현된다.

$$\frac{\partial T(x, t)}{\partial t} = (T_i - T_\infty)e^{-t/t_c}\left[-\frac{1}{t_c}\operatorname{erf}\left(\frac{x}{2\sqrt{\alpha t}}\right) - \frac{x}{2t^{3/2}\sqrt{\alpha\pi}}e^{-x^2/4\alpha t}\right] \tag{3.65}$$

반무한 고체에서 주기적인 경계 온도가 적용될 때 다음과 같은 관계식으로 해석하면,

$$T(x, t) = A\cos\omega t$$

온도 분포가 다음과 같이 된다.

$$T(x, t) = Ae^{-x\sqrt{\omega/2\alpha}}\cos\left(\omega t - x\sqrt{\frac{\omega}{2\alpha}}\right) \tag{3.70}$$

무한 매체 내의 선형 열원은 매립되는 전력선에 응용되고 재료의 열전도도를 실험적으로 결정하는 데에도 응용된다. 적절한 조건에서 그 온도 분포는 다음 식으로 표현된다.

$$T(r, t) = T_0 - \frac{\dot{e}_{\text{gen}}}{4\pi\kappa}\left(\ln\frac{r^2}{4\alpha t} + \gamma\right) \tag{3.78}$$

여기에서 $\dot{e}_{\text{gen}}$은 선형 열원이다. Euler–Mascheroni 상수 γ는 값이 $0.5772157\cdots$이다.

수치 해석법은 어떠한 과도 전도 열전달 문제라도 해석하는 데 사용할 수 있다. 유한 차분법은 정상 상태 조건에서 과도 조건까지 확대 적용할 수 있는데, 이때에는 비압축성 열전도 재료의 엔탈피 시간 변화율이 다음과 같이 정의된다.

$$\dot{H}_n = \frac{d\text{Hn}}{dt} \approx \rho V c_p \frac{T_n^{\Delta t} - T_n}{\Delta t} \tag{3.83}$$

온도 $T_n^{\Delta t}$은 시간 간격 Δt가 경과한 후 노드 n의 온도이다. 양함수적 방법에서는 노드의 새로운 온도들은 다음과 같은 형태의 식에서 직접 연산된다.

$$T_n^{\Delta t} = T_n + \frac{\Delta t}{\rho V c_p}\left(\sum_{\text{in}}\dot{Q} - \sum_{\text{out}}\dot{Q}\right) \tag{3.85}$$

이러한 식들은 어떤 최대 시간 간격에 제한을 받는다. 즉, $\Delta t \leq \Delta t_c$이다. 임계 시간

간격 Δt_c를 각각의 노드에서 구해야 하고, 그런 다음 해석 대상인 특정한 계에 있는 모든 노드 가운데에서 최소 시간 간격을 모든 노드에 사용하여야만 한다. 2차원 내부 노드에서는 임계 시간 간격이 다음과 같지만,

$$\Delta t_c = \frac{\Delta x^2}{4\alpha} \tag{3.89}$$

경계 노드나 1차원 내부 노드, 또는 3차원 내부 노드에서는 모두 다르다.

음함수적 방법에서는 노드 식을 다음과 형태로 잡으면 되므로,

$$T_n = T_n^{\Delta t} + \frac{\Delta t}{\rho V c_p} \left(\sum_{\text{out}} \dot{Q} - \sum_{\text{in}} \dot{Q} \right) \tag{3.86}$$

이 방법을 초기 노드 온도나 새로운 온도들을 구하는 데 사용하면 된다. 이 방법에서는 모든 온도를 행렬 해법으로 동시에 구해야 한다.

그래프 해법은 과도 열전달 문제를 가시화하는 데 사용할 수 있으며, 특히 대류 경계 조건이 있는 1차원 과도 문제에 아주 적합하다.

토론 문제

제3.1절

3.1 과도 열전달 과정이 의미하는 바를 설명하라.

3.2 열확산율의 수학적 의미와 물리적 의미를 설명하라.

3.3 과도 열전달 과정을 설명하는 데 필요한 수학적인 용어는 무엇인가?

제3.2절

3.4 비오 수(Biot number)란 무엇인가?

3.5 집중 열용량 계(lumped heat capacity system)는 현실적인가?

3.6 과도 열전달에서 시간 상수가 의미하는 바를 설명하라.

3.7 식 (3.18)의 열 항에 음(-)의 부호가 붙는 이유는 무엇인가?

제3.3절

3.8 재료에서의 전도 열전달을 기술하는 데 반무한 모델을 사용할 것인가 말 것인가를 결정할 때에 사용하고자 하는 규준은 무엇인가?

3.9 오차 함수란 무엇인가?

3.10 열전달을 기술할 때 하이슬러 선도가 집중 열용량 계보다 더 정확한 경우는 언제인가?

3.11 열에너지 교환 함수 Q/Q_0는 무한 원통과 주위 간의 열에너지 전달 정도를 예측하는 데 좋은 방법인가? 한층 더 정확한 방법은 없는가?

제3.4절

3.12 베셀 함수(Bessel function)란 무엇인가?

3.13 유한 원통에서의 열전달에 대한 베셀 함수 해는 $\mathrm{Fo} > 0.2$일 때 무한급수에서 제1항까지 근사화하여도 되는 이유는 무엇인가?

제3.5절

3.14 **냉각률**이 의미하는 바는 무엇인가?

3.15 선형 열원의 물리적 중요성은 무엇인가?

제3.6절

3.16 노드 식 (3.86)에서 Q_{in}으로 간주할 수 있는 세 가지 현상을 기술하라.

3.17 노드 온도를 구하는 양함수적 방법과 음함수적 방법의 차이를 기술하라.

3.18 양함수적 방법에서 노드 온도 $T_{n,m}$의 계수가 양(+)이 아니거나 0이면 열역학 제2법칙을 위배하게 되는 이유는 무엇인가?

3.19 음함수적 방법에서 시간 간격의 길이에 적용할 수 있다고 생각하는 제한 조건이 있다면 기술하라.

제3.7절

3.20 그래프 기법이 과도 열전달을 해석하는 데 가장 적절한 방법이 될 수 있다고 생각하는 상황은?

3.21 2개의 전도성 재료 간 경계 온도를 식 (3.98)로 추정하는 이유는 무엇인가?

1. 열전도도가 $10 \text{ W/m} \cdot \text{K}$, 밀도가 700 kg/m^3, 비열이 $100 \text{ kJ/kg} \cdot \text{K}$인 재료의 열확산율은 얼마인가?

2. 가열 중에 있는 특정한 물체에서 비오 수가 2.0으로 나왔다. 물체 표면에서의 대류에 대한 물체에서의 전도의 비는 얼마인가?

3. 집중 열용량 물체에서 이 물체의 잠재적인 열에너지의 $85\,\%$가 흡수하거나 손실되는 데 걸리는 시간 상수는 얼마인가?

4. 경계에서 급격한 온도 변화를 겪는 반무한 고체에서는 그 온도 분포를 변수가 $x/\sqrt{\alpha t}$인 오차 함수를 사용하여 예측할 수 있다. 오차 함수가 1.0이 되게 하는 이 변수의 최솟값은 얼마인가?

5. 감마 함수는 주기적으로 반복되는 함수인가 아닌가?

6. 베셀 함수는 과도(천이) 열전달 문제를 푸는 데 어떻게 사용되는가? 즉, 어떤 상황에서 베셀 함수를 사용하게 되는가?

7. 과도(천이) 열전달 문제를 푸는 데 무한급수 식에서 필요한 항보다 더 많은 항이 필요한 때는 언제인가?

8. 주어진 야금 과정에서 가열률은 냉각률과 어떻게 다른가?

9. 연속적으로 증가하는 주위 온도를 예측하게 되는 선형 열원 문제가 결과적으로는 부정확하게 되는 이유는 무엇인가?

10. 시간 단계가 6개인 1차원 과도(천이) 열전달 문제의 그래프 해(해당 그림 참조)에서 온도 분포를 구하고자 할 때, 다음 시간 단계는 어떻게 되는가? 이 문제는 1차원 반무한 고체로서

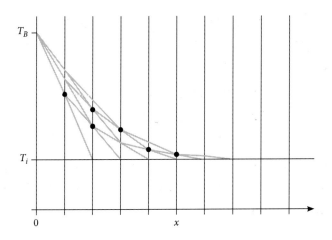

초기 온도는 T_i이고 시간이 0일 때와 그 이후에 경계에서 급격한 온도 변화가 T_B인 상태이다. 축 x는 경계에서 고체 내부로 향하는 거리이다.

연습 문제

별표(*)로 표시되어 있는 문제는 일부 학생들에게 한층 더 어려울 수도 있음.

제3.1절

3.1 온도가 300 K 일 때 글리세린의 열확산율 값을 개략적으로 계산하라.

3.2 온도가 300 K 이고 압력이 101 kPa 일 때 산소의 열확산율 값을 개략적으로 계산하라.

3.3 강철이 30 kW 의 열전달률로 가열되고 있을 때 40 ℃ 에서 1 kg 당 온도 증가를 개략적으로 계산하라.

제3.2절

3.4 한 변의 길이가 2 cm 인 사각 얼음이 온도가 20 ℃ 에서 열전도도가 2.20 W/m · K 이고 대류 열전달 계수가 14 W/m² · K 일 때, 이 사각얼음에서 비오 수 Bi 를 구하라.

3.5 다음 식 (3.8a)가 집중 열용량 계의 가열 또는 냉각에서 수학적으로 정확함을 증명하라.

$$hA_s[T(t) - T_\infty] = -\rho V c_p \frac{dT(t)}{dt}$$

3.6 대류 열전달 계수가 $h = 10 \ W/m^2 \cdot ℃$ 인 강재 서미스터(steel thermistor)에서 시간 상수를 구하라. 이 서미스터는 직경이 1.2 mm 인 구라고 가정한다.

3.7 온도가 100 ℃ 인 물에서 달걀이 삶아지고 있다. 이 달걀을 직경이 4 cm 인 구라고 가정하고 그 상태량은 물과 같으며 대류 열전달 계수가 80 W/m² · ℃ 일 때, 삶아지고 있는 달걀의 시간 상수를 개략적으로 계산하라.

3.8 직경이 10 mm 인 40 % 니켈강 볼 베어링들이 380 ℃ 에서 열처리되고 있다. 이 볼들을 온도가 40 ℃ 인 열처리 오븐에 집어넣었을 때, 이 볼들을 370 ℃ 로 가열하는 데 필요한 시간을 구하라. 대류 열전달 계수로는 5 W/m² · ℃ 값을 사용하라.

3.9 −10 ℃ 의 공기에서 직경이 3 mm 인 구형 빗방울이 3 m/s 로 떨어진다. 대류 열전달 계수는 85 W/m² · K 이고 비는 3 ℃ 에서 형성된다. 빗방울이 얼기 전에 낙하하여야 하는 거리를 산출하라.

3.10 외우주(대기권 밖 우주)에는 대기가 전혀 없으므로 대류 열전달은 전혀 일어나지 않지만, 복사 열전달은 일어난다. 표면적이 A인 물체에서 온도가 0 K인 외우주로 전달되는 열손실을 나타내는 다음 식을 사용하여,

$$Q = A\sigma T^4$$

집중 열용량 온도 T의 표현식을 시간 t의 함수로 유도하라.

3.11 노 내부의 온도를 감시하는 데 직경이 500 μm인 강철선 열전쌍(thermocouple)이 사용되고 있다. 이 열전쌍에서 대류 열전달 계수는 70 W/m$^2 \cdot$ K이다. 노 안에서 열전쌍의 시간 상수와 이 열전쌍이 노 내부의 급격한 온도 변화 5 ℃를 0.1 ℃ 이내로 검출하는 시간을 각각 구하라.

3.12 자갈 층상은 열에너지를 저장하고 방출하는 데 사용된다. 이 열에너지는 공기 기류와 열 교환이 이루어진다. 자갈은 대표적인 알맹이의 크기가 직경이 5 mm이고 그 열 상태량은 실리콘과 같으며 자갈 알맹이와 공기 기류 간 대류 열전달 계수는 18 W/m$^2 \cdot$ ℃일 때, 자갈의 열에너지의 95 %가 공기 기류와 교환될 때까지 걸리는 시간을 개략적으로 계산하라. 자갈 알맹이는 구형이라고 가정한다.

*3.13 집중 열용량 해석은 그림 3.36과 같이 도시되는 문제에 사용할 수 있다. 이 문제의 해는 열전달이 일정할 때 다음과 같이 나타낼 수 있음을 증명하라.

$$\theta(t) = \theta_i e^{-mt} + (1 - e^{-mt})\frac{\dot{q}_A}{h}$$

여기에서 $\theta(t) = T(t) - T_\infty$, $\theta_i = T_i - T_\infty$, $m = h/\rho L c_p$이다. (힌트: 에너지 균형을 사용하고 비동차 미분 방정식을 풀어라.)

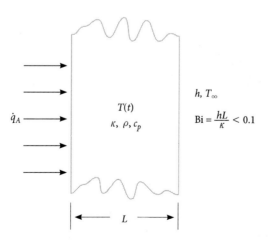

그림 3.36 경계 조건이 2개인 집중 열용량 해석

3.14 건물 벽이 두께가 0.5 m 이고 그 상태량은 다음과 같이 균일하다. 즉,

$$\rho = 500 \text{ kg/m}^3$$
$$c_p = 473 \text{ kJ/kg} \cdot \text{°C}$$
$$\kappa = 43.0 \text{ W/m} \cdot \text{°C}$$
$$T_0 = 15\text{°C}$$

벽의 한쪽 면에서는 200 W/m^2의 급격한 열손실이 일어나고 다른 쪽 면에서는 온도가 20 °C인 공기와 $h = 10 \text{ W/m}^2 \cdot \text{°C}$으로 대류 열전달이 일어난다고 할 때, 1시간 후의 벽의 온도를 구하라. (힌트: 연습 문제 3.13의 결과 참조.)

제3.3절

3.15 독립 변수가 0.67일 때 오차 함수 $\text{erf}(x)$의 값을 구하라.

3.16 독립 변수가 2.8일 때 오차 함수 $\text{erf}(x)$의 값을 구하라.

3.17 온도가 40 °C이고 두께가 0.5 m인 대형 아스팔트 슬래브가 찬물에 급격히 뒤덮여 아스팔트 표면의 온도가 10 °C가 되었다. 이 아스팔트는 상태량이 다음과 같다. 즉,

$$\kappa = 0.062 \text{ W/m} \cdot \text{°C}$$
$$c_p = 0.92 \text{ kJ/kg} \cdot \text{°C}$$
$$\rho = 2115 \text{ kg/m}^3$$

아스팔트가 30분 동안 찬물로 뒤덮인 뒤의 표면 열전달을 구하라. 또한, 반무한 고체 모델을 사용하여 아스팔트의 열적 거동을 예측할 수 있는 최대 시간 기간을 구하라.

3.18 특수한 열 차폐 재료의 상태량이 다음과 같다. 즉,

$$\kappa = 0.067 \text{ W/m} \cdot \text{K}$$
$$c_p = 1.17 \text{ kJ/kg} \cdot \text{K}$$
$$\rho = 720 \text{ kg/m}^3$$

이 재료는 강재 대여 금고에 두께가 5 cm인 내장재로 사용된다. 이 대여 금고가 화재 시에 일정한 고온에 급격하게 노출되었다면, 이 화재가 진행되고 있는 도중에 대여 금고 내부 온도가 변화하기 시작하는 시간을 개략적으로 계산하라.

3.19 초기 온도 T_i로 경계 열전달 $\dot{q}_B$가 일어나고 있는 반무한 고체에서 전도 열전달은 다음 식으로 예측할 수 있음을 증명하라.

$$\dot{q}_A = \dot{q}_B\left(1 - \text{erf}\frac{x}{2\sqrt{\alpha t}}\right) - \dot{q}_B\frac{x}{\sqrt{\pi}} e^{-\frac{x^2}{4\alpha t}}\left(2 - \frac{1}{\sqrt{\alpha t}}\right)$$

3.20 강철판이 열 플럭스가 8000 W/m^2으로 일정한 화염으로 경화되고 있다. 강철판의 초기 온도가 20 °C일 때, 열이 가해지고 있는 표면을 기점으로 하여 강철판 내부로 깊이가 1 cm인 지점에서 온도를 구하라.

3.21 대형 알루미늄 판 표면을 3 kW/m^2로 냉각시켜서 이 알루미늄 판 표면이 균일한 온도 120 ℃에서 냉각되기 시작한 지 2분 후의 표면 냉각률을 구하라. (힌트: 온도 변화율 dT/dt을 구해야 한다.)

3.22 대형 강철 주물에서 일부 표면적만 표면 열처리를 하려고 한다. 이 면적은 1분 동안 425 ℃로 가열된다. 가열 전 주물의 온도는 25 ℃이고 표면은 표면 열처리 과정 중에 425 ℃로 유지될 때, 주물이 가열되기 시작한 지 1분 후 주물 내부 깊이가 2.5 cm인 지점에서 온도는 얼마가 되는가?

3.23 물이 차있는 대형 연못이 0 ℃에서 30 cm 두께의 얼음으로 얼었다. 온도가 -30 ℃이고 대류 열전달 계수가 $575 \text{ W/m}^2 \cdot \text{K}$인 찬 공기가 얼음 표면 위로 불 때, 이 얼음 바로 밑에 있는 물이 얼기 시작할 때까지 시간이 얼마나 걸리는가?

3.24 초기 온도가 T_i이고 경계 표면에서 대류 열전달이 일어나는 반무한 고체에서 임의의 위치 x에서 전도 열전달을 예측하는 식을 구하라. (힌트: $\partial T / \partial x$를 구한다.)

3.25 두께가 1.25 cm인 판유리들을 급랭(quenching) 공정으로 공기 중에서 425 ℃로 냉각시킨다. 공기는 40 ℃이고 대류 열전달 계수는 $55 \text{ W/m}^2 \cdot \text{K}$이다. 판유리가 냉각되기 시작한 지 20분 후의 표면 온도와 중심선 온도를 구하라. 또한, 냉각 시작 20분 후의 열에너지 교환과 단위 면적당 교환되는 총 열에너지를 구하라.

3.26 비오 수가 2.0일 때, 대류 경계 조건이 적용되고 있는 무한 평판에서 온도 분포를 예측하는 데 사용되는 식 (3.26)의 전개식에서 첫째 항에서부터 다섯째 항까지를 구하라. 열확산율은 $1.0 \times 10^{-6} \text{ m}^2/\text{s}$이고 L은 1.0이라고 가정한다. 이 항들은 x와 시간 t의 함수로 나타내야 한다. 그런 다음 x가 1일 때 20초에서 이 5개 항으로 절삭된 급수의 값을 구하라.

3.27 비오 수가 5.0일 때, 대류 경계 조건이 적용되고 있는 무한 원주체에서 온도 분포를 예측하는 데 사용되는 식 (3.38)의 급수 전개식에서 첫째 항에서부터 다섯째 항까지를 구하라. 열확산율은 $1.86 \times 10^{-7} \text{ m}^2/\text{s}$이고 r_0는 30 cm라고 가정한다. 그런 다음 r이 r_0, $r_0/4$, $r_0/2$ 및 $3r_0/4$일 때 60초에서 이 5개 항으로 절삭된 급수의 값을 구하라.

3.28 비오 수가 0.5일 때, 대류 경계 조건이 적용되고 있는 구에서 온도 분포를 예측하는 데 사용되는 식 (3.46)의 급수 전개식에서 첫째 항에서부터 넷째 항까지를 구하라. 열확산율은 $2.5 \times 10^{-6} \text{ m}^2/\text{s}$이고 r_0는 1.0 m라고 가정한다. 그런 다음 $r = r_0$일 때 120초에서 이 4개 항으로 절삭된 급수의 값을 구하라.

3.29 직경이 12 mm인 강재 볼 베어링을 풀림(annealing) 공정에서 1150 K로 가열시킨 다음, 온도가 325 K인 공기 중에서 400 K로 냉각시킨다. 볼과 공기 사이는 대류 열전달 계수가 $20 \text{ W/m}^2 \cdot \text{℃}$이고 볼 베어링 상태량이 다음과 같을 때,

$$\rho = 7800 \text{ kg/m}^3$$
$$c_p = 600 \text{ J/kg} \cdot {}^{\circ}\text{C}$$
$$\kappa = 40 \text{ W/m} \cdot \text{K}$$

이 볼 베어링을 400 K로 냉각시키는 데 필요한 시간을 개략적으로 계산하라.

3.30 온도가 27 ℃ 이고 길이가 10 cm 인 1 % 탄소강 봉이 온도가 1000 ℃ 인 대기 중에서 $h = 400 \text{ W/m}^2 \cdot {}^{\circ}\text{C}$ 로 가열되고 있다. 이 탄소강 봉 재료 표면에서부터 1 cm 깊이에서의 온도가 400 ℃ 에 도달하게 될 때까지 걸리는 시간을 구하라.

3.31 돼지고기 소시지의 일종인 브라트부르스트(bratwurst)를 끓는 물에서 조리하는 데 걸리는 시간을 개략적으로 계산하라. 또한, 이 과정 중에서 일어나는 열에너지 교환율을 %로 구하라. 이 소시지를 끓는 물에 집어넣을 때 소시지의 온도는 6 ℃ 이고, 대류 열전달 계수는 100 W/m² · ℃ 이며, 소시지가 조리될 때 그 중심부 온도는 80 ℃ 라고 가정한다. 소시지 상태량으로는 다음 값을 사용한다.

$$\rho = 880 \text{ kg/m}^3$$
$$\kappa = 0.52 \text{W/m} \cdot {}^{\circ}\text{C}$$
$$c_p = 3350 \text{ J/kg} \cdot {}^{\circ}\text{C}$$

소시지는 직경이 20 mm 이고 D ≪ L(소시지의 길이)이다.

3.32 직경이 12 mm 인 강 볼 베어링을 풀림(annealing) 공정에서 1150 K로 가열시킨 다음, 온도가 50 ℃ 인 공기 중에서 400 K로 냉각시킨다. $h = 20 \text{ W/m}^2 \cdot {}^{\circ}\text{C}$ 일 때, 강 볼은 상태량이 다음과 같다.

$$\rho = 7800 \text{ kg/m}^3$$
$$c_p = 600 \text{ J/kg} \cdot {}^{\circ}\text{C}$$
$$\kappa = 40 \text{ W/m} \cdot {}^{\circ}\text{C}$$

강 볼의 중심 온도를 127 ℃ 로 냉각시키는 데 필요한 시간을 개략적으로 계산하라.

3.33 직경이 12 cm 인 오렌지를 온도가 24 ℃ 인 상태에서 냉각기에 넣는다. 냉각기의 온도 3 ℃ 이고, 대류 열전달 계수는 100 W/m² · K이며, 오렌지의 상태량들이 물과 같다고 할 때, 오렌지 표면 온도가 4 ℃ 가 될 때까지 걸리는 시간을 구하라.

3.34 온도가 200 ℃ 이고 직경이 10 cm 인 볼 베어링을 급랭(quenching) 공정으로 온도가 20 ℃ 인 오일 속에서 냉각시키는데, $h = 200 \text{ W/m}^2 \cdot {}^{\circ}\text{C}$ 이다. 볼 베어링에는 20 % 니켈강의 상태량을 사용하여 다음을 각각 구하라.
a) 볼 베어링 표면 온도가 80 ℃ 에 도달하는 데 걸리는 시간
b) 이 과정 중에 각각의 볼에서 오일로 손실되는 열에너지

제3.4절

3.35 그림 3.37과 같은 콘크리트 정육면체를 가마 안에서 가열시킨다. 이 콘크리트 정육면체는 15 ℃ 인 상태에서 장입되고, 가마 온도는 200 ℃ 로 $h = 30 \ \text{W/m}^2 \cdot \text{K}$ 이며, 콘크리트는 상태량이 다음과 같다.

$$\kappa = 1.4 \ \text{W/m} \cdot \text{K}$$
$$c_p = 880 \ \text{J/kg} \cdot \text{K}$$
$$\alpha = 7.7 \times 10^{-7} \ \text{m}^2/\text{s}$$

이 콘크리트 정육면체를 가마에서 3시간 동안 가열시킨 후의 콘크리트 중심부 온도와 모서리 온도를 구하라.

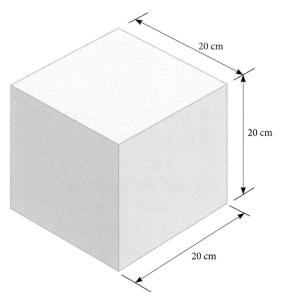

20 cm

20 cm

20 cm

그림 3.37 콘크리트 정육면체

3.36 파이렉스(Pyrex) 유리를 직경이 10 cm 이고 두께가 4 cm 인 디스크 형태로 주조한다. 주형에서 나온 디스크는 온도가 1800 ℃ 이므로, 급랭(quenching) 공정에서 온도가 30 ℃ 인 공기로 5분 동안 냉각시킨 후, 오븐에 넣어 열응력을 제거시킨다. 파이렉스 유리에서 온도 차가 대략 200 ℃/cm 보다 더 크면 유리 재료에 돌이킬 수 없는 균열이 발생하게 되어 해당 제품은 불량이 된다. 공기 급랭 공정에서는 $h = 10 \ \text{W/m}^2 \cdot ℃$ 이고 파이렉스는 상태량이 다음과 같다.

$$\kappa = 1.4 \ \text{W/m} \cdot ℃$$
$$c_p = 835 \ \text{J/kg} \cdot ℃$$
$$\rho = 2225 \ \text{kg/m}^3$$

공기 급랭 시간에 관하여 의견이 있으면 제시하라.

3.37 그림 3.38과 같이 직경이 5 cm인 기다란 참나무 맞춤못을 한쪽 끝에서 가열시킨다. 이 맞춤못은 초기 온도가 10 ℃라고 가정하고, 이 한쪽 끝에서 가장자리 둘레가 40 ℃에 도달할 때까지 걸리는 시간을 구하라.

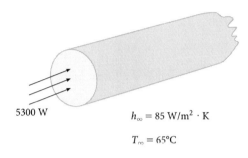

5300 W

$h_\infty = 85\ \mathrm{W/m^2 \cdot K}$

$T_\infty = 65℃$

그림 3.38

3.38 상태량이 $\kappa = 50\ \mathrm{W/m \cdot ℃}$, $\alpha = 1 \times 10^{-5}\ \mathrm{m^2/s}$이고 단면이 20 cm × 20 cm으로 정사각형인 기다란 제품을 그 온도가 300 ℃일 때 온도가 100 ℃인 오일에 담근다. 대류 열전달 계수가 150 W/m² · ℃일 때, 강 제품을 오일에 담그고 나서 2분이 지난 뒤에 강 제품의 중심 온도와 가장자리 온도를 각각 구하라.

3.39 그림 3.39와 같은 크기가 6 cm × 6 cm × 12 cm이고 질량이 500 g이며 온도가 10 ℃인 사각형 버터가 온도가 −2 ℃인 냉장고에 들어 있다. $h = 55\ \mathrm{W/m^2 \cdot K}$이고, 버터의 열전도도는 $\kappa = 0.20\ \mathrm{W/m \cdot K}$이며, $c_p = 2.18\ \mathrm{kJ/kg \cdot K}$, $\rho = 900\ \mathrm{kg/m^3}$일 때 버터 중심부 온도가 1.5 ℃에 도달하는 데 걸리는 시간을 구하라.

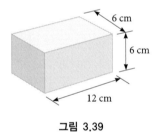

6 cm

6 cm

12 cm

그림 3.39

제3.5절

3.40 그림 3.23을 참조하여 조미니 거리가 15 cm인 지점에서 최대 냉각률을 개략적으로 계산하라. 냉각률이 최대가 될 때까지 걸리는 시간은 얼마인가?

3.41 그림 3.22에서 조미니 거리, 즉 조미니 봉의 냉각 단부에서 잰 거리는 금속 경도에 영향을 미친다. 표면 경도를 그림 3.22에 표시되어 있는 R_C 59 대신에 R_C 55가 되게 하고자 할 때, 냉각률을 제시해 보라. (여기에서 R_C는 Rockwell C임.)

3.42 조미니 봉에서 D_{qe}가 30 mm와 50 mm인 지점에서 2분 후에 표면 냉각률을 산출하라.

3.43 지표면 온도가 계절적으로 40 ℃에서 −40 ℃까지 주기적으로 변한다고 보는 위치에서 지표면 아래 1 m인 지점의 최저 온도와 최고 온도를 산출하라. 이 위치가 북반부에 있다면 이러한 온도가 발생할 때는 언제인가?

3.44 지구의 장주기 기후 순환에 관하여 논의된 바가 있다. 여기에서는 지구의 계절별 온도가 7년마다 비정상적으로 낮아진다는 의견이 제시되기도 하였다. 지구 온도 변화에 관하여 이 7년 주기설을 연도별 순환과 비교하여 보라.

3.45 특정한 위치에서 지구의 계절별 온도가 다음과 같은 식으로 기술된다.

$$T(0, t) = [30°C]\cos \omega t$$

이 식은 7월 24일 $t = 0$일 때이다. 이러한 경우에 지표면 아래 2 m 깊이에서 지구의 최대 온도와 최저 온도를 산출하라.

3.46 그림 3.40과 같이 열 탐침 도구를 사용하여 토양 시료의 열전도도를 구하는 시험을 하고 있다. 이 시험을 최소 3분 동안 지속하고자 할 때에 사용할 수 있는 표본 D의 최소 직경을 산출하라. 표본 시료의 열확산율은 5×10^{-6} m^2/s를 초과하지 않는다고 가정한다.

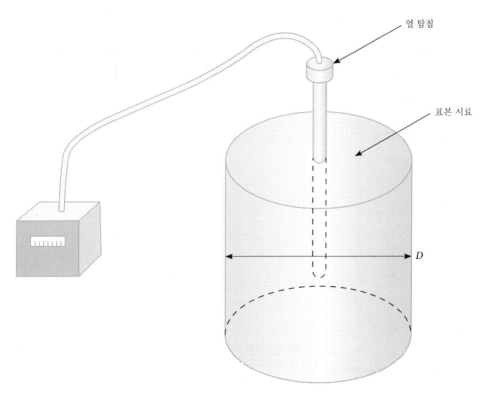

열 탐침

표본 시료

D

그림 3.40 열 탐침 장비

3.47 예제 3.15의 지중 매립 전력선에는 440 V, 1200 A의 전력이 전송되고 있다. 이 전선의 평형 온도를 산출하라.

3.48 온도가 $300\,℃$인 대형 주철 평판에 온도가 $15\,℃$인 냉각제가 급격하게 적용되는데, 여기에서 $h = 100\,\mathrm{W/m^2 \cdot ℃}$이다. 그림 3.41과 같이 노드 1과 2에 양함수적 노드 식을 세워라. 그런 다음 18초 후의 노드 1의 온도를 산출하라.

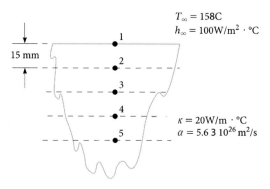

$T_\infty = 158\mathrm{C}$
$h_\infty = 100\mathrm{W/m^2 \cdot ℃}$

15 mm

$\kappa = 20\mathrm{W/m \cdot ℃}$
$\alpha = 5.6\,3\ 10^{26}\,\mathrm{m^2/s}$

그림 3.41 대류로 냉각되고 있는 대형 주철 평판

3.49 그림 3.42와 같이 합성 매체에서 노드 번호 12번에 대한 노드 식을 세워라. 이 노드 식을 양함수적 형태로 공식화할 때, 이 노드에 허용되는 최대 시간 간격을 구하라. 단, 다음과 같은 상태량을 적용하라.

$\rho_A = 2000\,\mathrm{kg/m^3}$ $\rho_B = 8000\,\mathrm{kg/m^3}$
$c_{pA} = 0.9\,\mathrm{kJ/kg \cdot ℃}$ $c_{pB} = 0.4\,\mathrm{kJ/kg \cdot ℃}$
$\kappa_A = 5\,\mathrm{W/m \cdot ℃}$ $\kappa_B = 80\,\mathrm{W/m \cdot ℃}$

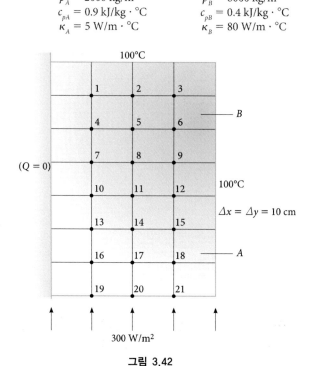

그림 3.42

3.50 그림 3.43에는 건물의 벽/천장 모델이 그려져 있다. 그림에 있는 모서리를 살펴보고 노드 4와 5에 노드 식을 세워라. 이 식을 양함수적 형태와 음함수적 형태 두 가지로 써라. 그런 다음 이 두 가지 노드 식 가운데 어느 한 식에 의해 양함수적 방법에서 허용되는 최대 시간 간격을 구하라.

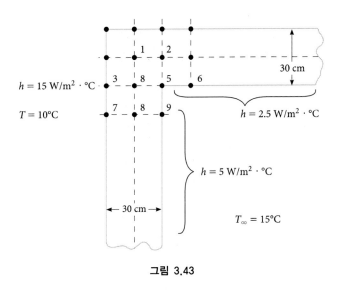

$h = 15 \ \text{W/m}^2 \cdot °\text{C}$

$T = 10°\text{C}$

$h = 2.5 \ \text{W/m}^2 \cdot °\text{C}$

30 cm

30 cm

$h = 5 \ \text{W/m}^2 \cdot °\text{C}$

$T_\infty = 15°\text{C}$

그림 3.43

3.51 그림 3.44와 같이 대형 강-콘크리트 경계가 있다. 양함수적 형태와 음함수적 형태의 공식화를 모두 사용하여 경계 노드 n에서의 과도 전도 열전달에 노드 온도 식을 세워라. 또한, 이 과도 전도 열전달의 양함수적 해법에서 허용되는 최대 시간 간격을 구하라.

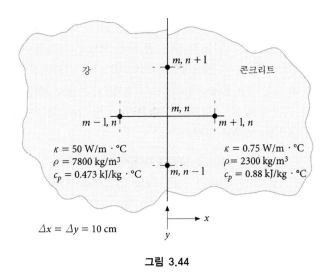

강

콘크리트

$m, n+1$

$m-1, n$

m, n

$m+1, n$

$\kappa = 50 \ \text{W/m} \cdot °\text{C}$
$\rho = 7800 \ \text{kg/m}^3$
$c_p = 0.473 \ \text{kJ/kg} \cdot °\text{C}$

$\kappa = 0.75 \ \text{W/m} \cdot °\text{C}$
$\rho = 2300 \ \text{kg/m}^3$
$c_p = 0.88 \ \text{kJ/kg} \cdot °\text{C}$

$m, n-1$

$\Delta x = \Delta y = 10 \ \text{cm}$

x

y

그림 3.44

3.52 그림 3.45와 같은 핀(fin)에서 미지의 노드 온도를 산출하는 데 필요한 노드 식을 세워라. 단, 다음과 같은 상태량을 적용하라.

$$T_\infty = 10 \ ℃$$
$$T_i = \text{핀의 초기 온도} = 250 \ ℃$$
$$T_0 = \text{핀의 하단부 온도} = T_i$$
$$h = 10 \ W/m^2 \cdot K, \ \kappa = 200 \ W/m \cdot ℃$$

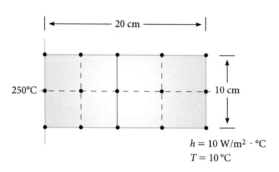

그림 3.45

3.53 그림 3.46과 같은 열교환기의 관−핀 구조에서 노드 2와 5의 노드 식을 세워서 과도 전도 열전달 도중의 온도들을 구하라. 양함수적 형태와 음함수적 형태의 공식화를 모두 사용하여 식을 세워라.

제3.7절

3.54 대형 구형 탱크에 −200 ℃의 액체 질소가 들어 있다. 그림 3.47과 같이 주위 온도가 10 ℃일 때 탱크 벽은 초기 온도가 10 ℃인 무한 벽으로 거동하는 요소로 근사화한다. 탱크는 두께가 2 cm인 1 % 탄소강으로 되어 있으며, 여기에서 대류 열전달 계수는 공기가 40 W/m² · ℃이고 질소는 60 W/m² · ℃이다. 그래프 해법을 사용하여 최소 5분이 지난 후에 벽에서의 온도 분포를 산출하라. 또한, 바깥쪽 벽 표면 온도가 5 ℃로 떨어지는 데 걸리는 시간을 구하라.

3.55 그림 3.33과 3.34와 같은 그래프 해법을 사용하여, 두 가지 재료에서 10분 후의 온도 분포를 구하라. 단, 그림 3.48과 같은 1 cm 그리드를 사용한다.

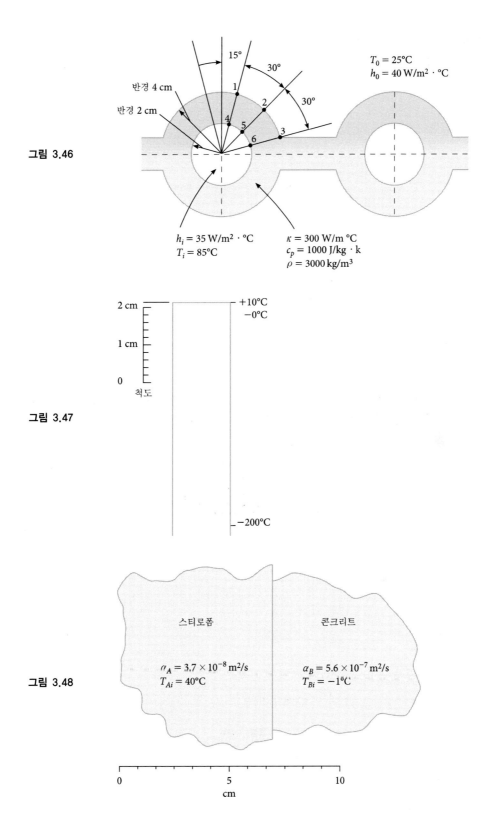

그림 3.46

$T_0 = 25°C$
$h_0 = 40 \text{ W/m}^2 \cdot °C$

15°

30°

30°

반경 4 cm

반경 2 cm

1

2

3

4

5

6

$h_i = 35 \text{ W/m}^2 \cdot °C$
$T_i = 85°C$

$\kappa = 300 \text{ W/m °C}$
$c_p = 1000 \text{ J/kg} \cdot \text{k}$
$\rho = 3000 \text{ kg/m}^3$

그림 3.47

2 cm

1 cm

0

척도

+10°C
−0°C

−200°C

그림 3.48

스티로폼

콘크리트

$\alpha_A = 3.7 \times 10^{-8} \text{ m}^2/\text{s}$
$T_{Ai} = 40°C$

$\alpha_B = 5.6 \times 10^{-7} \text{ m}^2/\text{s}$
$T_{Bi} = -1°C$

0

5

10

cm

3.56 그래프 해법을 사용하여 그림 3.49와 같은 두 가지 재료에서 5분 후의 온도 분포를 구하라. 단, 2 cm 그리드를 사용한다.

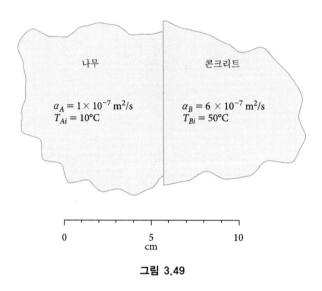

나무

콘크리트

$\alpha_A = 1 \times 10^{-7}\ \mathrm{m^2/s}$
$T_{Ai} = 10°C$

$\alpha_B = 6 \times 10^{-7}\ \mathrm{m^2/s}$
$T_{Bi} = 50°C$

0   5   10
cm

그림 3.49

3.57 그래프 해법을 사용하여 그림 3.50과 같이 대류 열전달이 일어나고 있는 재료에서 1시간 후의 온도 분포를 구하라. 단, 2.5 cm 그리드를 사용한다.

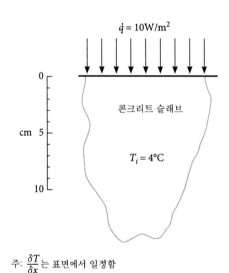

$\dot{q} = 10\mathrm{W/m^2}$

콘크리트 슬래브

$T_i = 4°C$

주: $\dfrac{\delta T}{\delta x}$ 는 표면에서 일정함

그림 3.50

[참고문헌]

[1] Carslaw, H. S., and J. C. Jaeger, *Conduction of Heat in Solids*, 2nd edition, Oxford, 1965.

[2] Hill, J. M., and J. N. Dewynne, *Heat Conduction*, Blackwell Scientific Publications, Oxford, 1987.

[3] Schneider, P. J., *Conduction Heat Transfer*, Addison-Wesley Publishing Company, Inc., Reading, Mass., 1955.

[4] Heisler, M. P., Temperature Charts for Induction and Constant Temperature Heating, *Trans. ASME*, vol. 69, pp. 227-236, 1947.

[5] Grober, H., S. Erik, and U. Grigull, *Fundamentals of Heat Transfer*, 3rd edition, McGraw-Hill, 1982.

[6] Schneider, P. J., *Temperature Response Charts*, Wiley, 1963.

[7] Langston, L. S., Heat Transfer from Multi-dimensional Objects Using One-Dimensional Solutions for Heat Loss, *Int. J. Heat Mass Transfer*, vol. 25, No.1, pp. 149-150, 1982.

[8] McGaw, R. W., A Full-Cycle Heating and Cooling Probe Method for Measuring Thermal Conductivity, *J. Heat Transfer*, ASME 84-WA/HT-109, 1984.

[9] Rolle, K. C., and R. A. Wetzel, Experimental Determination of the Thermal Conductivity of Granular materials as a Function of the Stress Level, Proceedings of the 13th National Passive Solar Conference, *Solar 88*, Vol. 13, pp. 46-56, Cambridge, MA, June 1988.

[10] Jakob, M., *Heat Transfer*, Vol. 1, Wiley, New York, 1949.

CHAPTER

04 강제 대류 열전달

역사적 개요

대류 열전달은 줄곧 고찰해왔던 열전달 가운데 최초의 형태였을지도 모른다. 심지어 아주 오래전에도 유체 유동이 사물을 냉각시키고 가열시키기도 하는 원초적인 방식이라는 것은 분명한 사실이었다. 물은 그 자체로 뿐만 아니라 사물을 냉각시키는 데에도 좋고 음식물을 조리하는 데에도 좋았다. 공기는 대류 매질로는 좋지 않다. 레오나르도 다빈치(Leonardo da Vinch)는 유체 유동을 기록한 초창기 사람 가운데 한 사람이었다. 다빈치는 1452년에 피렌체 공화국에 있는 빈치(Vinci)라는 작은 마을에서 태어났다. 다빈치는 명성이 있고 능력 있으며 학식이 있는 예술가이자 자연 관찰자로서, 매우 서술적인 유체 유동 삽화를 몇 개 남겨놓았다. 이 삽화로 물의 흐름을 이해할 수 있게 되었으므로 다빈치는 틀림없이 훌륭한 관찰자였다는 사실을 엿볼 수 있다. 다빈치는 초창기 과학자나 공학자 가운데 한 사람으로서 기술되어 왔다. 다빈치는 물리적인 과정을 정량적으로 기술하여 남겨 놓지는 않았지만 정성적인 스케치와 그림 그리고 기록조차도 대류 열전달에 지대한 공헌을 하고 있다.

유체 유동과 대류의 정량화는 다빈치 이후로 더디게 이어졌다. 요한 베르누이(Johann Bernouilli)는 1667년에 스위스 바젤에서 태어났는데, 그는 수학적인 문제, 특히 유체 유동 문제에 관심이 깊었다. 요한의 아들인 다니엘(Daniel) 역시 수학 개발에서 주력 멤버였으며 유체 유동과 밀접한 관계가 있는 식, 즉 베르누이 방정식의 초안을 잡았다.

요한은 베르누이 방정식을 미완성 형태로 기록해 놓았지만, 요즘 사용하고 있는 베르누이 방정식을 완성한 것은 바로 레온하르트 오일러(Leonard Euler; 1707~1783)이다. 그러므로 이 식을 오일러 방정식이라고 쉽게 부를 수 있었지만 오일러 방정식은 또 다른 식을 일컫는 말이다.

베르누이 방정식이 유체 유동을 정량화하는 출발점으로서 좋기는 하지만, 이 식에는 유체 마찰, 즉 점성이 포함되어 있지 않았는데, 하겐과 프와제이유(Hagen and Poiseuille)가 바로 이 유체 마찰을 연구하였다. 고틸프 H. L. 하겐(Gotthilf H. L. Hagen)은 1797년에 프러시아 쾨니히스베르크(현 러시아 칼리닌그라드)에서 태어나서 1884년까지 살았다. 하겐은 수학, 토목 공학, 건축학을 공부하였으며 수력 공학을 전업으로 하였다. 하겐은 장 루이마리 프와제이유(Jean Louis Marie Poiseuille)와 일부 협업하였는데, 프와제이유는 1797년에 프랑스 파리에서 태어났다. 프와제이유는 하겐과 동년배로서 그는 정맥과 동맥을 흐르는 혈류를 예측하는 데 관심이 깊은 내과 의사이자 생리학자였다. 그는 그 유명한 하겐-프와제이유 식을 공식화(하겐과 공동 연구 중에 개발함)함으로써 원통형 강체 튜브나 파이프 내의 층류 유동 조건, 즉 원활한 유동 조건에서 점성 뉴턴 유체의 압력 강하를 산출하였다. 그러나 유감스럽게도 혈액은 뉴턴 유체 원리를 따르지 않았는데, 이 원리는 유체를 점성이 일정하고 균일하다고 가정하는 것이었다. 정맥과 동맥을 흐르는 혈류는 일반적으로 층류가 아니라 난류이며, 건강한 정맥과 동맥은 강체가 아니므로 이 때문에 하겐-프와제이유 식은 원래 적용하려고 했던 용도에는 적절하지 않았던 것이다. 그러나 이 식은 유체 유동과 대류 열전달을 이해하는 데 유의미하게 진일보하였음을 보였다.

난류 유동을 정량화하는 문제는 가우스, 나비에, 스토크스, 롤리 경, 누셀 등에게 자극제가 되어 이들은 상사 해석 또는 차원 해석을 개발하기 시작했다. 칼 프리드리히 가우스(Carl Friedrich Gauss)는 1777년에 브라운슈바이크공국-볼펜뷔텔(Duchy of Brunswick-Wolfenbüttel)(현 독일)의 브라운슈바이크(Braunschweig)에서 태어났는데, 그는 역사적으로 매우 영향력이 큰 수학자 가운데 한 사람이었다. 가우스는 차원 해석, 즉 문제를 무차원화할 수 있다는 것을 골자로 하는 아이디어를 생각해 냈다.

클로드-루이 나비에(Claude-Louis Navier)는 1785년에 프랑스 디종(Dijon)에서 태어났는데, 그는 탄성학 이론과 유체 유동 이론에 많은 공헌을 한 수리물리학자였다. 나비에는 유체 역학의 토대가 되는 나비에-스토크스 방정식을 공동으로 개발하였는데, 이 식에는 그 엄밀한 형태 때문에 식에 무차원 매개변수를 사용해야 한다는 것이 암시되어 있다.

조지 가브리엘 스토크스(George Gabriel Stokes)는 1819년에 아일랜드 스크린(Skreen)에서 태어났는데, 그는 관심거리가 폭넓은 수리물리학자로서 그중에서도 유체 유동을 엄밀하게 구조화하여 공식화하였다. 스토크스는 나비에와 협업하여 나비에-스토크스 방정식을 마무리하였다. 스토크스는 근면하고 예리하며 정확한 물리학자로 복사 열전달 연구에 공헌을 많이 하였다.

존 스트럿(John Strutt), 즉 레일리 경(Lord Raleigh)은 1842년에 잉글랜드 랭퍼드 그로브(Langford Grove)에서 태어나서 잉글랜드 케임브리지 대학에서 물리학 교수로 재직하였다. 물리학, 연구 및 교수 업무를 수행하면서 아르곤 기체의 발견, 레일리 표면파 및 레일리 산란, 그리고 버킹엄의 Π 이론 공표를 포함하여 광범위한 분야의 진흥에 공헌하였는데, 이 중에서 버킹엄의 Π 이론은 상사 해석과 차원 해석에서 결정적인 진보가 되었다.

상사 개념이 유체 유동 과학을 특별히 진보시킨 게 없다고 비평하는 사람들이 있기는 하지만, 이 개념은 자연적인 과정이므로 물리적인 과정을 편미분 방정식이나 상미분 방정식으로 엄밀하게 유도하여야 한다는 사상을 상호 보완한다.

오스본 레이놀즈(Osborne Reynolds)는 1842년에 아일랜드 벨파스트(Belfast)에서 태어났는데, 그는 난류 유동의 정성적인 본질을 점성력에 대한 관성력의 비로 정량화하는 아이디어를 기반으로 연구를 시작하였으며, 이러한 방식으로 선행 연구자인 스토크스의 업적을 좇았다. 그 결과로 이 비는 레이놀즈 수라고 명명되었다. 레이놀즈는 저서, 연구 및 교육에서 주목할 만한 양의 업적을 이루어 유체 유동과 대류 열전달의 정량화를 발전시켰다.

루트비히 프란틀(Ludwig Prandtl)은 1875년에 오버바이헤른(Upper Bavaria) 프라이징(Freising)에서 태어났는데, 그는 고체 역학을 중심으로 하여 엔지니어 교육을 받았지만 유체 역학 문제와 새로운 흡입 기구 설계 과제에 매력을 느끼게 되었다. 프란틀은 결국에 독일 하노버(Hannover)소재 공업학교의 유체 역학 교수가 되었다. 프란틀이 과학 및 기술 분야에서 이룬 주목할 만한 공헌 가운데 하나는 얇은 날개에서 발생하는 경계층 개념이다. 프란틀은 괴팅겐 대학의 공업 물리 연구소(Institute for Technical Physics) 소장이 되어 1953년에 운명할 때까지 그 직을 유지하였다. 항공 역학과 초음속학 분야에서 프란틀이 이룬 업적은 항력, 양력 및 대류 열전달에 관한 지식의 분수령이 되었다. 프란틀은 열 확산에 대한 점성 확산(즉, 운동량 확산)의 무차원 비를 제안하였는데, 지금은 이를 프란틀 수 Pr이라고 한다.

빌헬름 누셀(Wilhelm Nusselt)은 대류 열전달 발전에 조력한 또 다른 인물이다. 누셀은

1882년에 독일 뉘른베르크(Nürnberg, 영어 명칭은 Nuremberg)에서 탄생하였는데(1957년에 운명), 그는 학술과 연구 개발 분야에 종사한 기계 공학 엔지니어로서, 열교환기와 대류 열전달에 관한 이해력을 눈에 띄게 발전시켰다. 누셀은 유체-고체 표면 간 대류 열전달에 대한 이 유체의 열전도도의 비인 누셀 수를 비롯하여 대류 열전달에 관한 차원 해석을 많이 발표하였다.

　대류 열전달이 오늘날 알려져 있는 바대로 그 내용이 분명해졌음에도, 여전히 한 가지 장애물이 남아 있었다. 즉, 대류 열전달 계수와 물질전달 계수의 실험 측정법을 개선해야 하는 것이다. 알렌 필립 콜번(Allen Philip Colburn)과 토마스 H. 칠턴(Thomas H. Chilton)은 간접적이기는 하지만 측정이 가능한 간단한 계수, 즉 대류 열전달 계수와 물질전달 계수를 제안했다. 유체 마찰 효과, 즉 유체 점성 효과를 측정함으로써, 대류 열전달 계수와 물질전달 계수를 실험적으로 구할 수 있는데, 지금은 이를 레이놀즈-콜번 상사 법칙 또는 칠턴-콜번의 J-계수라고 한다. 콜번은 칠턴과 협업을 하였는데, 콜번은 1904년에 미국 위스콘신 매디슨에서 탄생하여 1955년에 운명하였고, 칠턴은 1899년에 미국 앨라배마 그린즈버러(Greensboro)에서 탄생하여 1972년에 운명하였다. 이 업적을 인정받고서도 콜번과 칠턴은 그 밖의 많은 측면에서 대류 열전달과 물질전달에 공헌하였다.

학습 내용

1. 강제 대류와 자유(또는 자연) 대류 사이의 다른 점을 이해한다.
2. 경계층의 의미를 이해한다.
3. 레이놀즈 수를 정량화하고 유체에서 층류 유동과 난류 유동을 판정하는 능력을 기른다.
4. 유체의 **점성**(viscosity)의 의미를 안다.
5. 베르누이 방정식(Bernoulli's equation)을 세 가지 형식, 즉 헤드(수두) 형식, 압력 형식 및 에너지 형식으로 작성하고 이해한다.
6. 유체 유동 채널(수로) 단면의 수력 직경과 수력 반경을 구한다.
7. 특히 층류 유동 조건에서 유체의 유동선(flow line)과 유선(stream line)을 가시화한다.
8. 하겐-프와제이유 방정식(Hagen-Poiseuilli equation)과 그 제한 조건을 안다.
9. 유체 유동에 대한 점성 저항으로 인한 압력 헤드(수두) 손실의 개념을 이해한다.
10. 개방 채널(개수로) 유동 작용을 이해한다.
11. 버킹엄의 Π 이론을 알고 변수가 n개인 n-변수 과정에서 무차원 수 세트 작성법을 안다.

12. 무디 선도(Moody diagram)를 이해하고 이를 사용하여 채널이나 튜브의 조도(거칠기) 및 레이놀즈 수를 바탕으로 하는 유체 마찰 계수를 구한다.

13. 2차원 유체 유동 체계에서 질량 보존과 운동량 보존을 이해하고, 질량 균형식과 운동량 균형식에서 특정 항들을 소거하는 데 사용하는 자릿수(order of magnitude) 근사화를 이해한다.

14. 레이놀즈 수가 운동량 균형식에서 자연적으로 발생하는 양이라는 사실을 인식한다.

15. 유체 유동에서 에너지 균형을 이해하고 프란틀 수가 어떻게 열 또는 에너지 확산에 대한 운동량 또는 점성 확산의 측정치가 되는지를 이해한다.

16. 누셀 수가 어떻게 유체의 전도 열전달에 대한 유체에서의 대류 열전달의 비를 측정하는 데 사용되는지를 이해한다.

17. 자릿수 근사화로 엄격하게 유도한 결과를 사용할지 아니면 차원 해석과 버킹엄의 Ⅱ 이론을 사용할지를 이해하고, 유체 유동에서 강제 대류에서의 레이놀즈 수, 프란틀 수 및 누셀 수 사이에는 관계가 있음을 이해한다.

18. 레이놀즈–콜번의 상사가 매우 유용한 이유를 이해한다.

19. 경계층에서 층류 유동에서의 경계층 두께를 구하는 블라시우스–하워스(Blasius–Howarth) 의 해가 매우 유용한 이유를 이해한다.

20. 누셀 수, 레이놀즈 수 및 프란틀 수의 관계를 사용하여 층류 경계층 두께, 마찰 항력 계수 및 대류 열전달 계수를 산출한다.

21. 층류 유동 모델을 난류 유동 모델에 확장 적용하여 평판 표면 위를 흐르는 난류 유동에서 누셀 수, 레이놀즈 수 및 프란틀 수의 상관관계를 구하는 방법을 안다.

22. 평판 표면 위를 흐르는 유동이 층류이거나 난류이거나 상관없이 대류 열전달 계수를 산출한다.

23. 경험 관계를 사용하고 레이놀즈–콜번 상사를 사용하여 물체 주위를 흐르는 유체 유동에서 항력 계수와 대류 열전달 계수를 산출한다.

24. 밀폐 채널(폐수로), 파이프 및 튜브를 지나는 유체 유동을 이해하고, 정상 상태 조건의 층류 유동과 난류 유동에서 대류 열전달 계수를 산출한다. 특히, 디투스–뵐터(Dittus– Boelter) 식과 그 제한 조건을 안다.

25. 발달되는 경계층의 입구 조건을 확인하고 밀폐 채널을 흐르는 유동에서 국소 대류 열전달 계수를 산출한다.

26. 사방 직렬 배열이나 사방 엇갈림 배열의 관 군(tube bank) 주위를 흐르는 유체 유동에서 대류 열전달 계수를 산출한다.

27. 충전 층상(packed beds)을 지나는 유체 유동과 쿠에트(Couette) 유동 문제에서 대류 열전달 계수를 산출한다.

새로운 용어

C_D	항력 계수	wp	접선 둘레
Nu	누셀 수	ν(nu)	동점도
Re	레이놀즈 수	δ_T	열 경계층 두께
r_H	수력 반경	δ	경계층 두께
D_H	수력 직경	μ(mu)	점도
Pr	프란틀 수	τ(tau)	전단 응력

4.1 대류 열전달의 일반적인 문제

대류 열전달은 고체 또는 액체의 표면과 이 표면에 바로 인접하고 있는 유체 간에 일어나는 열에너지 교환이라고 볼 수 있다. 이러한 대류 열전달에서 표면 온도가 T_s이고 유체의 온도가 표면 온도보다 더 낮은 T_∞일 때, 이 열전달을 기술하는 데 사용하는 식은 다음과 같은 식 (1.58)이다.

$$\dot{Q} = hA\Delta T = hA(T_s - T_\infty) \qquad (1.58, \text{ 다시 씀})$$

이 식을 **뉴턴의 냉각 법칙**이라고 하는데, 그 이유는 표면이 유체로 냉각이 되기 때문이다. 이 식은 또한 뉴턴의 저작에 함축되어 있는 수학적 추론 관계이며 열이 어떻게 전달, 손실 또는 획득되는지에 관한 철학적 탐구이기도 하다. 유체가 고온이어서 저온 표면을 가열하고 있는 경우라면, 식 (1.58)은 다음과 같이 쓸 수 있으므로,

$$\dot{Q} = hA\Delta T = hA(T_\infty - T_s)$$

이 식은 뉴턴의 가열 법칙이 된다. 뉴턴의 대류 법칙을 일반적인 형태로 쓴다면 다음과 같다.

$$\dot{Q} = hA\Delta T = hA[T_\infty - T_s] \qquad (4.1)$$

여기에서 ΔT는 양(+)의 온도 차이므로 열전달은 고온 영역에서 저온 영역으로 일어난다. 이때 대류 열전달 계수 h를 알고 있으면, 식 (4.1)은 간단해져서 술술 풀리게 된다. 표 1.3에는 다섯 가지 특정한 조건에 해당하는 h의 근삿값이 실려 있다. 그러나 유감스럽게도

실제로는 표 1.3에 실려 있는 다섯 가지 조건보다 더 많은 다양한 조건들이 존재하므로, 대류 메커니즘을 엄밀하게 해석하여 대류 열전달 계수로 신뢰할 수 있는 값을 구해야만 할 때가 많다. 그림 4.1에는 유체가 표면을 냉각시키고 있는 상황이 그려져 있다. 표면 가장 가까이에 있는 유체는 가열되므로 새로 획득한 열에너지 가운데 일부를 표면에서 멀리 퍼지게 하면서 유체의 다른 영역으로 전도시킨다. 새로 가열된 유체는 그 일부 열에너지를 가지고서 유체의 저온 영역으로 상승하게 된다. 이 가열된 유체가 표면에서 멀리 이동하게 되는 결과로 인해 일부 저온 유체가 들어와서 표면 인근 영역을 차지하게 된다. 이 메커니즘을 **자유** 또는 **자연 대류**라고 하여 이 대류가 어떠한 외부원이 없이 발생한다는 것을 나타내고 있다. 자유 대류에 꼭 필요한 조건들은 중력장, 그리고 유체와 이 유체에 접하고 있는 표면 간의 온도 차이다. 자유 대류에는 열에너지 전달과 질량 이동 전달이 모두 수반된다. 자유 열전달은 제5장에서 한층 더 학습할 것이다.

유체가 불특정한 외부 동력원 때문에 표면을 지나 흐를 때, 이 열전달을 **강제 대류**라고 하여 **자유 대류**와 구별한다. 그림 4.2에는 강제 대류 상황을 나타내고 있다. 주목할 점은, (표면 냉각의 경우에서) 열을 받아들이는 유체는 하류로 흐르는 반면에 상류 유체가 곧바로 줄곧 뒤를 이어 가열된 유체를 대체한다. 유체 입자가 서로 간에 평행하면서 표면에도

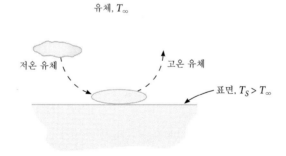

그림 4.1 자유 대류 냉각 메커니즘

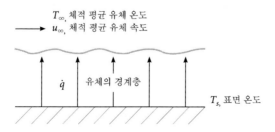

그림 4.2 유체 유동이 층류인 강제 대류

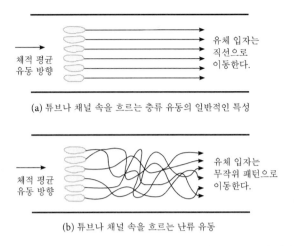

(a) 튜브나 채널 속을 흐르는 층류 유동의 일반적인 특성

(b) 튜브나 채널 속을 흐르는 난류 유동

그림 4.3 층류 유동과 난류 유동에서의 일반적인 유동 특성의 개략도

평행하게 이동하여 나아갈 때에는 이 유동을 **층류 유동**(laminar flow)이라고 하지만, 유체 입자가 서로 평행하게 흐를 뿐만 아니라 직교하여 흐르는 경향이 있을 때에는 재빨리 무작위 유동 패턴으로 이어지기 마련이어서 이러한 유동을 **난류 유동**(turbulent flow)이라고 한다. 그림 4.3은 층류 유동과 난류 유동 간의 차이점을 보여주고 있는데, 층류 유동에서는 유동이 정의가 잘 되어 있는 경로나 층을 따라 이동하고 있는 것으로 보이고 난류 유동에서는 예측이 불가능한 경로를 따르고 있다. 강제 대류에서는 유체 유동이 난류이므로 열전달 과정에는 에너지 교환과 질량 교환이 모두 수반되지만, 층류 유동 대류에서는 에너지 교환이 전도로 일어나기 마련이다. 이후에 알게 되겠지만, 층류와 난류 유동에서 유체 입자들 간에는 운동량 전달이 일어나기도 하는데, 이 운동량 전달은 일부 대류 열전달의 원인이 되기도 한다.

강제 대류 상황에서 동력원은 펌프, 팬 또는 압축기가 되기도 하는데, 이 때문에 유체가 가압되어 표면 위를 지나 흐를 수 있다. 표면이 정지 상태에 있는 유체 속을 이동하는 경우에는 동력원이 제트 엔진 또는 자동차 엔진이 아니면 전기 모터가 될 터인데, 제트 엔진에서는 표면이 항공기 동체의 외부 표면이 되고, 자동차 엔진에서는 표면이 자동차 차체의 외부 표면이 되며, 전기 모터에서는 동력이 공급되어 회전축이 구동되는 것이므로 이때에는 표면이 베어링 표면이 되고 유체는 베어링 내부에 들어 있는 윤활유가 된다. 여러 동력원을 구별해야 하는 다른 물리적 상황들이 많이 있다. 이 모든 상황에서는 열전달과는 별도로 유체 운동을 발생시키는 데 동력이 필요하다. 자유 대류에서는 중력을 유체 운동 발생 동력원이라고 판단하면 된다. 모든 대류 과정에는 유체 운동에 나름대로의 효율적인 입력 동력이 수반되며, 이 입력 동력은 유체 내에서 에너지 생성이 된다. 그러나 이는 유체 내에서 에너지원으로서의 에너지 생성이 된다기보다는 오히려 유체 운동 중에 동력을 소비하는 내부 마찰 저항이다. 이 현상을 흔히 **점성 소산**(viscous dissipation)이라 고 하며, 이는 수학적으로는 에너지 생성으로 모델링되기도 한다. 요약하면 대류 열전달의 일반적인 문제는 다음과 같은 뉴턴의 대류 법칙의 응용이며,

$$\dot{Q} = hA\Delta T = hA[T_\infty - T_s] \qquad \text{(4.1, 다시 씀)}$$

이 식은 대류 열전달 계수 h가 표면 근방 유체에서의 복잡한 질량, 운동량 및 에너지 교환을 기술하는 데 사용되는 매개변수라는 조건에서 성립한다. 계수 h에는 유체에서의 중대한 에너지 생성 가능성이 포함되어 있다. h 값의 산출이 수반되는 공학 문제를 해석할 때에는 질량 및 에너지 보존, 관련된 푸리에의 전도 법칙 그리고 유체 유동을 기술하는 법칙들을 응용하는 것이 필요하다. 다음 절에서는 유체 유동의 개념을 살펴보기로 한다.

4.2 유체 유동의 개념과 차원 해석

유체 유동은 거의 일정한 온도, 즉 등온 조건으로 일어날 때가 많다. 열전달이 전혀 없을 때 (또는 열전달이 유체의 등온 상태를 유지시킬 정도로만 일어날 때) 그리고 외부 일/동력 또는 점성 일/동력이 전혀 없을 때에는 유체 유동을 다음과 같이 **베르누이 방정식**으로 기술할 수 있는데,

$$\frac{dp}{\rho} + \mathbf{V}d\mathbf{V} + g\,dz = 0 \qquad (4.2)$$

이 식은 유체 입자의 운동량 균형에서 나온 결과이다. 유체 입자보다도 유체의 거시적인 양에 적용할 수 있는 베르누이 방정식의 형태는 식 (4.2)를 두 지점, 즉 위치 1과 위치 2 사이에서 적분함으로써 구할 수 있다.

$$\frac{p_2}{\rho_2} - \frac{p_1}{\rho_1} + \frac{1}{2}(\mathbf{V}_2^2 - \mathbf{V}_1^2) + g(z_2 - z_1) = 0 \qquad (4.3)$$

베르누이 방정식을 밀도가 일정한 비압축성 유체에 적용하면 다음과 같이 되는데,

$$\frac{p_2 - p_1}{\rho} + \frac{1}{2}(\mathbf{V}_2^2 - \mathbf{V}_1^2) + g(z_2 - z_1) = 0 \qquad (4.4)$$

이 식은 식 (4.3)보다 더 편리하다. 주목할 점은 이 세 가지 식은 각각의 항들이 단위가 단위 질량당 에너지, 즉 비에너지가 되도록 쓰여 있다는 것이다. 베르누이 방정식은 흔히 압력 항 형태로 쓰기도 하고 길이, 즉 '헤드(head)' 항 형태로 쓰기도 한다. 예를 들어 비압축성 유체가 해석 대상일 때에는 식 (4.4)를 다음과 같이 쓸 수 있는데,

$$(p_2 - p_1) + \frac{\rho}{2}(\mathbf{V}_2^2 - \mathbf{V}_1^2) + \gamma(z_2 - z_1) = 0 \qquad (4.5)$$

여기에서 γ는 비중량 ρg이다. 이 식은 모든 항들이 단위가 kPa과 같은 압력 단위이다. 또한, 식 (4.4)는 다음과 같은 형태로도 쓸 수 있는데,

$$\frac{p_2 - p_1}{\gamma} + \frac{1}{2g}(\mathbf{V}_2^2 - \mathbf{V}_1^2) + (z_2 - z_1) = 0 \qquad (4.6)$$

여기에서 각각의 항은 이제 단위가 m와 같은 길이 단위이다. 식 (4.6)은 베르누이 방정식의 일반적인 형태이다. 베르누이 방정식은 그림 4.4에 그려져 있는 파이프, 튜브 또는 덕트와 같이 유체 유동과 연관된 많은 시스템을 해석하는 데 사용된다. 그림에서는 유체가 튜브(단면 ①) 속을 흘러 계속해서 수축부를 거쳐 단면 ② 를 지나고 있다.

유체 마찰은 어떠한 것이라도 무시하는 게 편리할 때가 많다. 그 이유로는 특히 위와 같은 형태의 베르누이 방정식에는 어떠한 유체 마찰 현상도 설명되어 있지 않고, 저속으로 흐르는 유체에서는 마찰 저항이나 내부 저항이 겉으로는 전혀 나타나지 않기 때문이다.

그림 4.4와 같이 마찰이 없는 경우, 유체의 속도는 단면에 걸쳐서 일정하다. 속도 분포는 그림 4.4와 같이 나타낼 수 있다. 정상 상태에서 질량 보존은 식 (1.33)과 같이 쓸 수 있다. 즉,

$$\sum \dot{m}_{\text{in}} - \sum \dot{m}_{\text{out}} = 0$$

유체 유동에서 질량 유량(mass flow rate)은 다음과 같이 된다.

$$\sum \dot{m}_{\text{in}} = \rho_1 A_1 \mathbf{V}_1 \quad \text{및} \quad \sum \dot{m}_{\text{out}} = \rho_2 A_2 \mathbf{V}_2$$

그러나 비압축성 유체에서는 $\rho_1 = \rho_2$이 되어야 하므로, 비압축성 유체에서는 질량 보존이

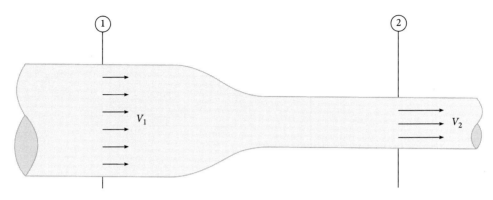

그림 4.4 관 내 유체 유동

다음과 같이 된다.

$$A_1\mathbf{V}_1 = A_2\mathbf{V}_2 \tag{4.7}$$

그림 4.4와 같이 $A_2 < A_1$이면, 속도는 $\mathbf{V}_2 > \mathbf{V}_1$이 된다. 그림 4.4에서 속도 벡터의 길이(크기) 증가는 면적 감소로 인한 속도 증가를 나타낸다. 속도 증가는 결국 베르누이 방정식에서 운동 에너지의 증가를 나타내므로 압력 헤드의 감소나 위치 헤드의 감소로 나타난다.

예제 **4.1**

그림 4.5와 같이 관 속에 온도가 27 ℃인 물이 흐른다. 이 물은 질량 유량이 20 kg/s이며 국소 중력 가속도는 9.8 m/s²이다. 위치 1에서 물의 압력이 400 kPa일 때, 위치 2에서의 압력을 산출하라.

풀이 그림 4.5를 참조하여 물이 27 ℃에서 파이프 속을 정상 유동 상태로 흐르고 있을 때, 이 물은 비압축성이므로 이 파이프에 식 (4.4), (4.5) 및 (4.6) 형태의 베르누이 방정식을 적용하면 된다는 사실을 알 수 있다. 식 (4.6)을 사용하면 다음과 같다.

$$\frac{p_2 - p_1}{\gamma} + \frac{1}{2g}(\mathbf{V}_2^2 - \mathbf{V}_1^2) + (z_2 - z_1) = 0$$

그러나 관은 단면적이 일정하므로 속도가 일정하다. 그러므로 베르누이 방정식은 다음과 같이 된다.

$$\frac{p_2 - p_1}{\gamma} + (z_2 - z_1) = 0$$

그러므로 위치 2에서의 압력은 식을 다시 정리하면 구할 수 있다.

$$p_2 = p_1 + \gamma(z_1 - z_2) = p_1 + \rho g(z_1 - z_2)$$

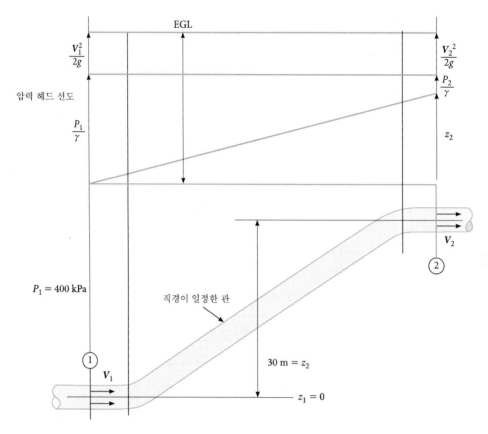

그림 4.5 경사 관로 내 유체 유동

물의 밀도로는 부록 표 B.3에 있는 값 997 kg/m³을 사용하여 대입하면, 다음과 같이 구하는 값이 나온다.

$$p_2 = 400\,\text{kPa} + \left(997\,\frac{\text{kg}}{\text{m}^3}\right)\left(9.8\,\frac{\text{m}}{\text{s}_2}\right)(-30\,\text{m}) = 106.882\,\text{kPa}$$

답

그림 4.5에서 주목할 점은 압력 헤드 선도에는 경사 관로의 그림도 함께 포함되어 있다는 것이다. 이 선도는 많은 유체 유동 조건에서 베르누이 방정식을 그림으로 나타내는 그래픽 또는 가시적 수단을 제공한다. 이 예제에서는 운동 에너지 헤드 항 $V^2/2g$, 압력 헤드 항 p/γ, 위치 헤드 z의 합을 나타내는 선을 **에너지 기울기선** (EGL: energy grade line)이라고 한다. 이 예제와 같이 관 내 무마찰 유동의 경우에 이 값은 (m 단위로) 일정하다.

그림 4.6과 같이 저수조에 온도가 15 ℃인 물이 11 m 깊이로 채워져 있다. 이 저수조의 바닥에 연결되어 있는 직경이 1 m인 관로는 개방되어 있어 물이 흘러나온다. 이 관로로 유출되는 물의 질량 유량을 산출하라.

풀이 저수조는 충분히 커서 물이 유출되고 있는 시간 동안에 물의 깊이가 동일하게 유지된다고 가정한다. 그러므로 그림 4.6과 같이 수면에서 관로 출구까지 베르누이 방정식을 쓸 수 있다. 그러면 지점 1에서는 속도 $V_1 = 0$, $z_1 = 11\ \mathrm{m}$, $p_1 = $ 대기압 이고, 지점 2에서는 $z_2 = 0$, $p_2 = $ 대기압이 된다. 베르누이 방정식으로 식 (4.6)을 사용하면 다음과 같다.

$$\frac{1}{2g} V_2^2 - z_1 = 0$$

여기에서 관로에서의 속도 헤드는 위치 헤드 11 m와 같다. 식을 풀어 속도를 구하면 다음과 같다.

$$V_2 = \sqrt{2gz_1} = \sqrt{2(9.8)(11)} = 14.7\,\frac{\mathrm{m}}{\mathrm{s}}$$

또한, 질량 유량은 다음과 같다.

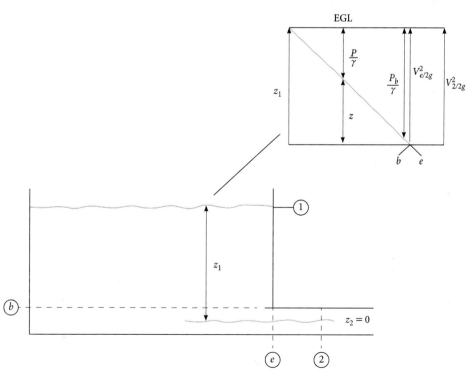

그림 4.6 저수조에서 유출되는 물

$$\dot{m} = \rho A \mathbf{V} = (999)(0.5\pi)(14.7) = 23{,}000\ \frac{\text{kg}}{\text{s}} \qquad \text{답}$$

그림 4.6에는 압력 헤드 선도가 포함되어 있다. 이 압력 헤드 선도는 물이 저수조의 최상부에서부터 바닥에 있는 관로로 흐를 때 물의 단위 질량당 에너지 기울기선을 제공한다. 주목할 점은 압력 헤드 항은 위치 헤드가 감소하여 바닥에 도달할 때까지 증가하는데, 이 바닥에서는 속도 헤드에 위치 헤드의 모든 손실이 포함된다는 것이다.

유체 유동과 열전달이 연관되는 많은 중요한 문제들은 개방 채널 유동(개수로 유동)에서 일어난다. 이러한 종류의 유동은 튜브나 파이프 속을 액체가 꽉 차지 않고 흐를 때도 발생한다. 이러한 상황은 그림 4.7a에 나타나 있다. 다른 예들은 도랑, 개천, 시내 또는 강에서의 유체 유동이다. 발전소에서 응축기 냉각수 배출 채널은 유체 유동이 열전달과 더불어 연관된다. 열전달은 냉각 과정에서, 특히 냉각수를 냉각 호(cooling pond)로 유입시킨 다음 발전소로 재순환시킬 때에는 결정적인 역할을 하게 된다. 환경 보호 차원에서도 이러한 유동의 열전달을 이해하는 것이 중요하다.

개방 채널 유동(개수로 유동)으로 기타 특정한 예들도 많이 있는데, 여기에는 모두 유동

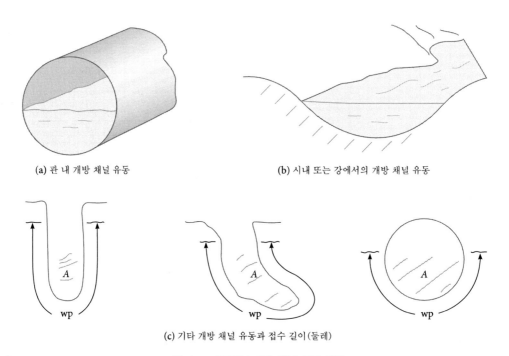

(a) 관 내 개방 채널 유동

(b) 시내 또는 강에서의 개방 채널 유동

(c) 기타 개방 채널 유동과 접수 길이(둘레)

그림 4.7 대표적인 개방 채널 유동 상황

단면의 한쪽 표면은 공기나 무엇인가 다른 증기에 노출되어 있지만 유동 단면의 나머지 부분은 관 벽, 흙 둑 또는 무언가 다른 고체 표면에 둘러싸여 수용되어 있어야 한다는 조건이 있다. 이 노출된 표면은 **자유 표면**이라고도 하며 나머지 표면과는 다르다는 것을 나타내고 있다. 개방 채널 유동과 비정형 채널 내 유동을 해석하는 데 사용하는 중요한 매개변수는 수력 반경 r_H로 다음과 같이 정의된다.

$$r_H = \frac{A}{\text{wp}} \qquad (4.8)$$

여기에서 A는 유동 유체의 단면적이고 wp는 접수 길이(둘레), 즉 유체 단면적에서 자유 면적을 뺀 면적의 둘레 길이이다. 그림 4.7c에는 접수 길이의 몇 가지 예가 그려져 있다. 수력 직경 D_H는 수력 반경의 4배이다. 즉,

$$D_H = 4r_H = \frac{4A}{\text{wp}} \qquad (4.9)$$

이는 유체 유동 해석에서 사용되는 매개변수이다. 수력 직경은 수력 반경의 4배로 정의되는데, 이 때문에 수력 직경은 단면적이 원형이고 유동이 관 내 유동인 경우의 실제 직경과 같아지게 된다. 수력 직경은 비정형 단면에 편리한 매개변수이다.

예제 **4.3**

그림 4.8과 같은 사다리꼴 채널 유동에서 수력 반경과 수력 직경을 구하라.

풀이 그림 4.8과 같은 개방 채널 유동은 단면이 사다리꼴로 단면적은 다음과 같다.

$$A = (2 \text{ m} \times 4 \text{ m}) + (2 \text{ m})(2 \text{ m})(\tan 30°) = 10.3 \text{ m}^2$$

접수 길이(둘레) wp는 다음과 같다.

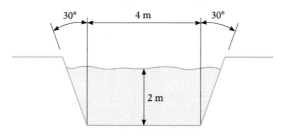

그림 4.8 사다리꼴 단면에서의 전형적인 유체 유동

$$\text{wp} = 4 \text{ m} + 2\left(\frac{2 \text{ m}}{\cos 30°}\right) = 8.61 \text{ m}$$

수력 직경을 식 (4.8)로 구하면 다음과 같다.

$$r_H = \frac{A}{\text{wp}} = 1.196 \text{ m}$$

답

수력 직경은 식 (4.9)로 산출한다.

$$D_H = 4r_H = 4.874 \text{ m}$$

답

예제 4.4

그림 4.9와 같이 물이 광폭 개방 채널에서 1 m 깊이를 유지하며 1 m/s로 흐른다. 채널은 마찰이 없고 경사도가 2°일 경우, 물이 30 m(길이 L로 표시되어 있음)를 이동한 후에 채널에서 유출될 때의 물의 속도를 구하라. 그런 다음 출구에서 물의 깊이를 산출하라.

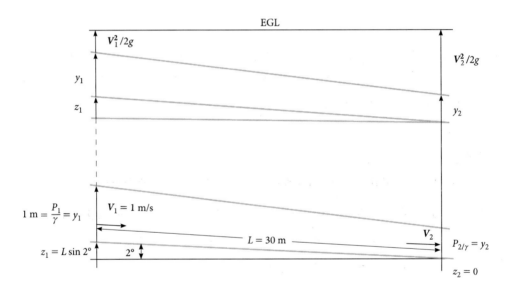

그림 4.9 경사 채널을 흐르는 물

풀이 지점 1에서 지점 2로 흐르는 물에 베르누이 방정식을 적용한다. 개방 채널에서는 압력 헤드가 물의 깊이이므로 베르누이는 다음과 같이 된다.

$$L \sin 2° + y_1 + \frac{V_1^2}{2g} = y_2 + \frac{V_2^2}{2g}$$

질량 보존을 사용하고 물을 비압축성이라고 가정하면, 채널 폭이 매우 넓으면 다음과 같이 된다.

$$y_1 \mathbf{V}_1 = y_2 \mathbf{V}_2$$

이 두 식을 결합하면 다음과 같이 된다.

$$\mathbf{V}_2 \left[L \sin 2^\circ + y_1 + \frac{\mathbf{V}_1^2}{2g} \right] = \mathbf{V}_2[\text{EGL}] = y_1 \mathbf{V}_1 + \frac{\mathbf{V}_2^3}{2g}$$

값들을 대입하면, 에너지 기울기선(EGL)은 2.098 m, $y_1 = 1\,\text{m}$ 이며 $\mathbf{V}_1 = 1\,\text{m/s}$ 가 나온다. 다음과 같이 풀면,

$$\mathbf{V}_2[2.098] = (1)(1) + \frac{\mathbf{V}_2^2}{2(9.8)}$$

다음이 나온다.

$$\mathbf{V}_2 = 0.482 \,\text{m/s}$$

출구에서 물의 깊이는 다음과 같다.

$$y_2 = y_1 \frac{\mathbf{V}_1}{\mathbf{V}_2} = (1\,\text{m}) \frac{1\,\text{m/s}}{0.482\,\text{m/s}} = 2.07\,\text{m} \qquad \text{답}$$

이내 알게 되겠지만 개방 수로 주제는 이 예제에서 보여주고 있는 것보다 더 복잡하다. 물체 주위 유동, 즉 유체에 잠겨있는 물체 주위의 흐름은 대류 열전달이 많이 연관되는 또 다른 조건이다. 마찰이 없는 유동에서 속도가 충분히 작을 때에는 그림 4.10과 같이 유체가 항상 물체의 등고선을 따르게 되므로 유체 입자의 경로는 경로 선(path lines)을 따라 추적하면 된다. 유선(streamline)이라는 용어는 유체 입자의 속도 방향을 기술하는 데 많이 사용한다. 유동이 정상 상태이면 경로 선과 유선은 동일하다. Van Dyke[1]는 유동 경로와 유선의 가시적인 예로 좋은 참고문헌을 제공하고 있다.

유동 경로와 유선

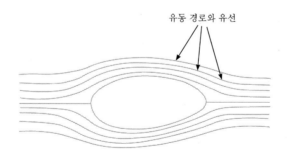

그림 4.10 물체 주위의 유체 유동

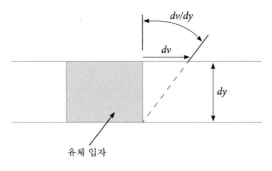

그림 4.11 점성 유체층의 전단

유체 점성은 다음과 같이 정의된다.

$$\tau = \mu \frac{\partial \mathbf{V}}{\partial y} \qquad (4.10)$$

여기에서 μ는 유체의 절대 점도(dynamic viscosity)라고 하며, τ는 유체 입자나 유체 층에 가해지는 전단 응력이다. $\frac{\partial \mathbf{V}}{\partial y}$는 y 방향에 따른 x 방향 속도 변화이며, 여기에서 x 방향과 y 방향은 서로 직교한다. 그림 4.11이 이 상황을 분명히 이해하게 해줄 것이다. 주목할 것은 그림에 그려진 유체층은 원래가 직사각형이며, 전단 응력(단위 면적당 힘)의 작용으로 인하여 변형되어 있어야 한다는 것이다. 바닥 표면에서는 유체가 상부 표면에 대하여 고정된 상태로 유지되어 있어야 하며 속도 기울기는 변형 결과로 나타나는 평행사변 형의 기울기이다. 유체층은 매우 얇은 두께, 즉 미분 두께라고 가정하지만, 식 (4.10)의 관계는 점성이 일정하거나 다양한 전단 응력 조건에서 점도를 산출할 수 있을 때 유한 두께에 적용할 수 있다. 절대 점도의 단위는 SI 단위계에서는 N · s/m² 또는 kg/s · m이다. 점도에 통상적으로 사용되는 단위는 프와즈(P)인데, 이는 프랑스 내과의사인 J. L. M. Poiseuille(프와제이유)의 이름을 딴 것이다(본 장의 역사적 배경 참조). 프와즈의 정의는 다음과 같다.

$$1\,\text{P} = 0.1\,\frac{\text{N} \cdot \text{s}}{\text{m}^2} = 0.1\,\frac{\text{kg}}{\text{s} \cdot \text{m}} = 100\,\frac{\text{g}}{\text{s} \cdot \text{m}}$$

이 프와즈 P 대신에 주로 센티프와즈 cP($1\,\text{cP} = 10^{-2}\,\text{P}$)가 사용되는데, 그 이유는 1 cP 값이 우연히도 액체 물의 20 ℃에서의 점도이기 때문이다.

이 절대 점도 대신에 동점도(kinematic viscosity)가 사용되기도 하는데, 이는 ν로 표시하며 다음과 같이 정의된다.

$$\nu = \frac{\mu}{\rho} \tag{4.11}$$

동점도는 단위로 m^2/s나 동종의 다른 단위를 사용한다. 유체의 점성은 유동 또는 전단 응력에 대한 유체의 내부 저항의 척도이다. 정적인 상태에 있는 유체에서는 점성이 전혀 나타나지 않지만, 유체 유동을 쉽게 일으키게 되는 전단이나 힘을 받게 되면 그 유체는 점성, 즉 유동 저항을 드러내게 된다. 모든 유체는 점성이 있지만 **점성 유체**라는 용어는 점도를 알고 있거나 점도가 측정되어 있는 유체를 의미한다. 표 4.1과 부록 표 B.3, B.3E, B.4 및 B.4E에는 대표적인 물질의 점도 값이 실려 있다.

표 4.1 대표적인 유체의 점도 값. 해당 온도는 20 ℃(70 ℉).

유체	cP	N · s/m²
꿀	1500.0	1.500
SAE 50 유	800.0	0.800
SAE 10 유	70.0	0.070
수은	1.50	0.0015
물	1.00	0.0010
공기	0.018	18×10^{-6}

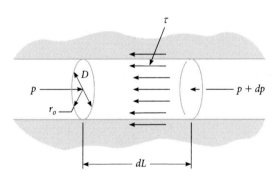

그림 4.12 직경이 일정한 관 속을 흐르는 유체의 미분 요소

그림 4.12와 같이 원형 단면 관에서 유동 상태가 층류인 점성 유체의 미분 요소를 살펴본 다음, 이 요소에 작용하는 힘의 합을 고려해 보면 다음과 같이 된다.

$$\sum F_{\text{axial}} = 0 = p\pi\frac{D^2}{4} - (p - dp)\pi\frac{D^2}{4} - \tau\pi D\,dL$$

이 식을 정리하면 다음과 같고,

$$dp = -\frac{4\tau}{D}dL$$

이를 유한 길이 L에 걸쳐서 적분하면 다음과 같이 된다.

$$\Delta p = -\frac{4\tau}{D}L \tag{4.12}$$

더 나아가 점성 유체에 식 (4.10)을 사용하면 다음과 같이 된다.

$$\Delta p = -\frac{4L}{D}\mu\frac{\partial \mathbf{V}}{\partial r}$$

정상 층류 유동에서는 축 방향으로 속도가 균일하므로 속도 기울기는 상미분이 된다. 그러므로 다음과 같이 되고,

$$\Delta p = -\frac{4L}{D}\mu\frac{d\mathbf{V}}{dr} = -\frac{4L}{2r}\mu\frac{d\mathbf{V}}{dr}$$

점성이 일정(뉴턴 유체라고 함)하다고 가정하고 변수 분리를 취하여 적분하면 다음과 같이 된다.

$$\mathbf{V}(r) = -\frac{\Delta p(r^2)}{4L\mu} + C$$

관 안쪽 벽면, 즉 $r = r_0$인 지점에서의 속도를 0이라고 가정하면 다음과 같이 되므로,

$$C = \frac{\Delta p(r_0^2)}{4L\mu}$$

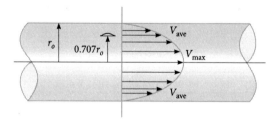

그림 4.13 관 내 층류 유체 유동의 속도 분포

이고, 속도 분포는 다음과 같다.

$$\mathbf{V}(r) = -\frac{\Delta p}{4L\mu}(r_0^2 - r^2) \qquad (4.13)$$

이 결과는 속도 분포가 포물선 형태로 $r = 0$인 중심에서 최댓값이 된다는 사실을 보여주고 있다. 그림 4.13에는 이 조건에서의 속도 분포가 나타나 있다. 때로는 단면에서의 평균 속도를 아는 게 편리할 때가 있다. 다음과 같은 평균값의 정의를 사용하면,

$$\mathbf{V}_{\text{average}} = \frac{1}{\int_0^{r_0} 2\pi r\,dr}\int_0^{r_0} \mathbf{V}(r)2\pi r\,dr$$

평균 속도는 다음과 같이 된다.

$$\mathbf{V}_{\text{average}} = \left(\frac{1}{2}\right)\frac{\Delta p}{4L\mu}r_0^2 = \left(\frac{1}{2}\right)\mathbf{V}_{\text{maximum}} \qquad (4.14)$$

여기에서 최대 속도는 중심, 즉 $r = 0$에서 발생한다. 평균 속도는 $r = r_0/\sqrt{2}$에서 발생되는데, 이에 관한 증명은 연습 문제로 돌려놓았다(연습 문제 4.26 참조). 체적 유량 $\dot{V}$은 평균 속도와 단면적의 곱이다. 식 (4.13)과 (4.14)를 사용하면 다음과 같이 된다.

$$\dot{V} = \mathbf{V}_{\text{average}}A = \frac{r_0^2\Delta p}{8L\mu}\pi r_0^2 = \frac{\pi r_0^4 \Delta p}{8L\mu} \qquad (4.15)$$

주목할 점은 체적 유량은 압력 강하에 종속되고, 관의 길이 L에 반비례하며, 관의 반경 r_0의 4승에 비례한다는 것이다. 식 (4.15)의 결과를 하겐-프와제이유(Hagen-Poiseuille) 식이라고 하는데, 이는 독일 과학자인 G. H. L. Hagen과 J. L. M. Poiseuille이 유도하였다 (역사적 배경 참조). 하겐-프와제이유 식은 관에서 예상되는 압력 강하 Δp를 산출하는 데 많이 사용하지만, 잊지 말아야 할 점은 이 결과가 층류 유동 조건에 한정된다는 것이다. 이 압력 강하를 위치 헤드 손실이 전혀 없다는 제한 조건하의 베르누이 방정식 (4.7)과 비교해 보면, 다음과 같이 쓸 수 있다.

$$\Delta p = \gamma\Delta(\text{KE}) = \frac{\gamma}{2g}(\mathbf{V}_1^2 - \mathbf{V}_2^2) \qquad (4.16)$$

식 (4.16)은 마찰(점성)로 인한 압력 강하가 운동 에너지의 잠재적인 강하를 나타내므로

$\mathbf{V}_2$를 0으로 놓으면 편리하다는 것을 드러내고 있다. 그러면 식 (4.16)은 다음과 같이 되는데,

$$\Delta p = \frac{\gamma}{2g} \mathbf{V}^2 \tag{4.17}$$

이 식은 튜브나 파이프와 같은 관에서의 마찰 효과를 정의하는 일반적인 개념을 나타내고 있다. 항 $\Delta p / \gamma$는 마찰 헤드 손실 h_L이라고 하며, 마찰 계수 f는 식 (4.17)에서 다음과 같은 관계로 정의된다.

$$h_L = f \frac{L}{D} \frac{1}{2g} \mathbf{V}^2 \tag{4.18}$$

식 (4.18)의 관계는 **다시-바이스바흐**(Darcy-Weisbach) 식이라고 하며 유동이 층류든 난류든 상관없이 관 내 유체 유동을 해석하는 데 사용한다. 또한, 식 (4.18)과 연관된 개념은 밸브, 엘보(elbow) 및 벤드(bend)와 기타 제한 조건에서의 헤드 손실을 산출하는 데 사용된다.

식 (4.6) 형태의 베르누이 방정식은 유체 마찰을 포함시켜 변형시킬 수 있으므로 다음과 같이 변형된 베르누이 방정식을 쓸 수 있다.

$$\frac{p_1 - p_2}{\gamma} + \frac{1}{2g}(\mathbf{V}_1^2 - \mathbf{V}_2^2) + (z_1 - z_2) = h_L \tag{4.19}$$

여기에서 h_L은 식 (4.18)이나 그와 유사한 관계(식)에서 산출하면 되는데, 이로써 다양한 마찰 헤드 손실의 합을 나타낼 수 있다. 이 헤드 손실 h_L은 열전달로 인해 주위로 소산되는 에너지 손실이다. 이렇게 보지 않는다면, 에너지는 식 (4.19)의 결과가 의미하듯이 유체 유동의 점성 소산에서 소멸되어 버리는 것처럼 보인다. 다시금 잊지 말아야 할 점은 열전달은 유체 온도가 변화하지 않게 하는 데 필요하다는 것이다. 이후의 절에서 다시 이 개념을 거론하게 될 것이다.

예제 4.5

길이가 10 m이고 직경이 1 cm인 관을 10 cm/s로 흐르는 유체 유동에서 압력 강하를 산출하라. 유체의 점도는 1 cP이고 밀도는 1000 kg/m³이다. 또한, 식 (4.18)의 정의를 사용하여 이 경우에 적용할 수 있는 마찰 계수를 산출하라.

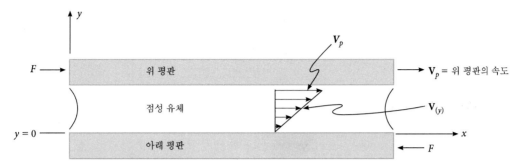

그림 4.14 위아래로 일정한 간격으로 평행하게 이격되어 있는 2개의 평판 사이를 흐르는 유체의 조건

풀이 유체 유동이 층류라고 하면 압력 강하는 식 (4.15)로 산출할 수 있다.
평균 속도는 0.1 m/s이고 단면적은 다음과 같다.

$$\frac{\pi D^2}{4} = \frac{\pi (0.01 \text{ m})^2}{4} = 7.85 \times 10^{-5} \text{ m}^2$$

그러면 체적 유량은 다음과 같고,

$$\dot{V} = \mathbf{V}_{\text{average}} A = 7.85 \times 10^{-6} \frac{\text{m}^3}{\text{s}}$$

압력 강하 Δp는 식 (4.15)에서 다음과 같이 산출할 수 있다.

$$\Delta p = \frac{8L\mu}{\pi r_0^4} \dot{V} = \frac{8(10 \text{ m})(0.001 \text{ N} \cdot \text{s/m}^2)}{\pi (0.005 \text{ m})^4}(7.85 \times 10^{-6} \text{ m}^3/\text{s})$$

$$= 320 \frac{\text{N}}{\text{m}^2} = 0.32 \text{ kPa} \qquad \text{답}$$

마찰 계수 f는 식 (4.18)에서 산출할 수 있다. 중력 가속도 g = 9.8 m/s²과 비중량
γ = 1000 kg/m³ × 9.8 m/s² = 9800 N/m³을 사용하면 다음이 나온다.

$$f = \frac{\Delta p}{\gamma}\left[\frac{D}{L}\right]\frac{2g}{\mathbf{V}^2} = \frac{320}{9800}\left[\frac{0.01}{10}\right]\frac{2 \times 9.8}{(0.1)^2} = 0.064 \qquad \text{답}$$

그림 4.14에는 또 다른 통상적인 유체 유동 조건이 그려져 있는데, 여기에는 2개의
평행 표면 또는 평판이 점성 유체를 사이에 끼고 이격되어 있다. 위 평판은 아래 평판에
대하여 상대 이동이나 미끄럼 이동을 하게 되는데, 이 때문에 유체가 표면들 사이에서
흐르게 된다. 식 (4.10)의 관계를 따르는 유체에는 다음과 같은 관계가 성립한다.

$$\frac{F}{A} = \tau = \mu \frac{d\mathbf{V}}{dy}$$

이 식을 정리하면 다음과 같이 된다.

$$d\mathbf{V} = \frac{\tau}{\mu}dy$$

적분하면 다음이 나온다.

$$\mathbf{V}(y) = \frac{\tau}{\mu}y + C$$

그림 4.14에 그려져 있는 대로 아래 평판이 정지되어 있으면, $y = 0$에서 $\mathbf{V}(y) = 0$이 된다. 여기에서 $C = 0$이 나오므로 속도 분포는 유체 두께 y에 걸쳐서 선형이 된다.

다시금 주목할 점은 위 평판을 이동시키는 데 필요한 동력 $F\mathbf{V}$는 유체 마찰로 소산되며, 열전달이 주위로 일어나서 유체가 가열되지 못하게 한다. 그림 4.14에 나타나 있는 작용을 **쿠에트 유동**(couette flow)이라고 하는데, 이는 회전하는 베어링에서의 윤활 연구에 중요한 출발점이 된다. 그림 4.15는 전형적인 저널 베어링과 회전축을 나타내고 있다. 축과 베어링 사이의 간격(**간극**이라고 함)에는 오일이나 그리스와 같은 윤활제가 채워져 있어 마찰이 감소한다. 윤활제의 마찰에 대하여 축을 회전시키는 데 필요한 동력은 $T\omega$인데, 이 ω는 축의 각속도(단위는 rad/s)이고 T는 마찰을 극복하는 데 필요한 토크이다. 이 토크는 다음과 같이 쓸 수 있다.

$$T = 2\pi r_i^2 L\tau \tag{4.20}$$

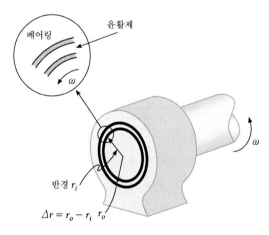

그림 4.15 회전축과 저널 베어링의 물리적 상황

여기에서 L은 베어링 표면의 축 방향 길이이다. 전단 응력 τ는 윤활제의 점도와 속도 기울기로 대체할 수 있으므로 다음과 같이 된다.

$$T = 2\pi r_i^2 L \mu \left[\frac{d\mathbf{V}}{dr} \right]_{r=r_i} \tag{4.21}$$

간극이 작을 때에는 속도 기울기가 대략 $\omega r_i / (r_o - r_i)$과 같게 되므로 토크를 다음과 같이 쓸 수 있다.

$$T = 2\pi r_i^3 L \mu \frac{\omega}{r_o - r_i} \tag{4.22}$$

식 (4.22)는 **Petroff 식**이라고 한다. 마찰 동력은 다음과 같은데,

$$\dot{W}k = 2\pi r_i^3 L \mu \frac{\omega^2}{r_o - r_i} \tag{4.23}$$

온도가 상승하지 않게 하려면 이 동력은 베어링과 윤활제에서 열전달로 소산되어야만 한다.

예제 4.6

직경이 7.5 cm인 축이 2개의 저널 베어링으로 지지되어 있다. 저널 베어링은 내경이 7.501 cm이고 각각의 길이는 11 cm이다. 축에는 10 ℃인 SAE 50 오일이 주입되어 있으며 축은 600 rpm으로 회전할 때, 오일의 점성 마찰을 극복하는 데 필요한 동력을 산출하라.

풀이 동력은 식 (4.23)으로 산출하면 된다. 각속도는 다음과 같으며,

$$\omega = \left(600 \frac{\text{rev}}{\text{min}} \right) \left(2\pi \frac{\text{rad}}{\text{rev}} \right) \left(\frac{1 \text{ min}}{60 \text{ s}} \right) = 62.8 \frac{\text{rad}}{\text{s}}$$

점도는 표 4.1에서 252 kg/s · m이다. 반경 r_i는 3.75 cm, 즉 0.0375 m이며 간극 Δr 은 0.001 cm, 즉 0.00001 m이다. 식 (4.23)에서 2개의 베어링에 필요한 동력은 다음과 같다.

$$\dot{W}k = 2 \left(2\pi \mu \omega^2 L r_i^3 \frac{1}{\Delta r} \right) = 2.009 \text{ W} \qquad \text{답}$$

이 동력은 오일에서 열로 소산되어야만 한다.

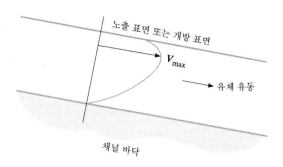

노출 표면 또는 개방 표면

V_{max}

유체 유동

채널 바닥

그림 4.16 개방 채널에서의 점성 유체 유동의 전형적인 속도 분포

개방 채널에서의 점성 유체 유동은 예제 4.4에서 살펴본 것보다 더 복잡한 현상이다. 개방 채널에서의 점성 유체 유동은 그림 4.16과 같이 그 특성을 나타낼 수 있다. 속도는 접수 둘레에서 0이 되고 모든 유선의 외부 표면으로부터 가장 멀리 떨어져 있는 유선에 있는 지점에서 최대가 된다. 속도는 두 유체의 점성 작용 때문에 노출 표면에서 감소되지만, 속도 분포의 해석은 이 책의 취지를 벗어난다. 평균 유체 속도를 살펴본다고 하면 개방 경사 채널에는 변형된 베르누이 방정식을 적용하면 되는데, 이때 마찰 헤드 손실 항은 접수 둘레에서의 마찰을 나타낸다. 개방 표면에서 두 유체 사이의 헤드 손실을 무시했지만, 유체의 온도 변화를 방지하는 데 필요한 열전달은 개방 표면에서 일어나게 될 것이다. 예제 4.4에서는 개방 채널 유동 문제에 베르누이 방정식을 적용하였다. 이 식은 유체 마찰 손실을 포함시켜 변형시킬 수 있으므로 다음과 같이 쓸 수 있는데,

$$z_1 + y_1 + \frac{1}{2g}\mathbf{V}_1^2 - z_2 - y_2 - \frac{1}{2g}\mathbf{V}_2^2 = h_L \tag{4.24}$$

여기에서 좌변에 있는 항들은 위치 헤드(z), 압력 헤드(y), 운동 또는 속도 헤드($\mathbf{V}^2/2g$)이다. 마찰 헤드 손실 h_L은 관 유동에서보다 더 복잡하다. 예를 들어 헤드 손실을 계산하는 데에는 속도 기울기에 관한 해당 정보가 필요하며, 이는 유체의 속도 기울기에서 유도되는 속도 분포를 알아야 한다는 것을 의미한다. 이 때문에 직접적으로 구하기가 어렵다. 그러므로 다음과 같이 마찰 헤드 손실률 S를 정의하는 것이 보통이다.

$$S = \frac{h_L}{L} \tag{4.25}$$

여기에서 L은 유체 유동의 수평 길이이다. 이 마찰 헤드 손실률은 S로 표시하는데, 그

이유는 S가 수평 유동 길이 L에 대한 EGL의 경사를 나타내기 때문이다. 그림 4.17을 참조하라.

개방 채널에서 유체 유동으로 그 속도가 변화하지 않을 때에는 이를 균일 유동이라고 하는데, 유체의 깊이는 일정하고 채널 바닥의 경사는 마찰 헤드 손실과 같아야만 한다.

예제 4.7

광폭 채널에 온도가 20 ℃인 물이 흐르고 있다. 물의 속도는 1 m/s이고 깊이는 1 m이며, 유동이 균일할 때 마찰 헤드 손실은 유동 길이당 4 cm라고 예상하고 채널 바닥에 필요한 경사를 구하라. 또한, 유체의 등온 조건을 만족시키는 데 필요한 채널의 단위 폭당 필요한 열전달을 산출하라.

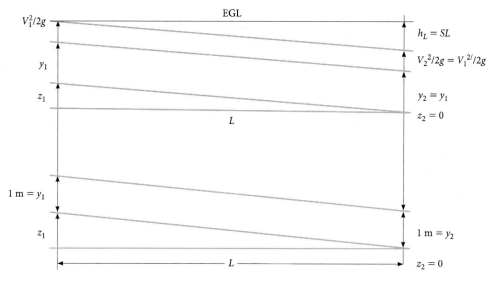

그림 4.17 마찰 헤드 손실이 있는 개방 채널 유동

풀이 그림 4.17에는 이 유체 유동의 조건이 나타나 있다. 이 문제에 식 (4.24)를 적용하면 $V_1 = V_2$이 되고 $y_1 = y_2$가 된다. 식 (4.24)와 (4.25)에서 다음과 같이 되지만,

$$z_1 - z_2 = h_L = SL$$

$(z_1 - z_2)/L$은 채널 바닥의 경사이므로 이는 마찰 헤드 손실률 S와도 같다. 마찰 헤드 손실은 m당 0.04 m이므로 채널 바닥은 경사가 0.04 m/m이다. 그림 4.17에는 EGL 경사가 이 마찰 헤드 손실률로 나타나 있으며, 이 에너지 손실은 주위로 열전달로 소산된다. 에너지 손실은 식 (4.4)에 있는 항의 형태에서 $h_L \gamma$가 압력 손실이므로 $h_L \gamma/\rho$가 되고, 압력 손실을 밀도로 나눈 것은 단위 질량당 에너지가 된다.

마찰 헤드 손실을 소산시키는 데 필요한 열전달은 다음과 같이 단위 질량당 에너지에 질량 유량을 곱한 것이 된다.

$$\dot{Q} = \frac{h_L \gamma}{\rho} \dot{m}$$

질량 유량은 다음과 같다.

$$\dot{m} = \rho A \mathbf{V}_{\text{average}} = \left(999 \frac{\text{kg}}{\text{m}^3}\right)(1 \text{ m} \times Z)(1 \text{ m/s}) = 999 Z \frac{\text{kg}}{\text{s}}$$

여기에서 Z는 채널 폭이다. 단위 채널 폭당 열전달은 다음과 같다.

$$\dot{q}_z = \frac{Q}{Z} = \frac{h_L \gamma}{\rho Z} \dot{m} = \frac{(0.04 \text{ m/m})\left(999 \frac{\text{kg}}{\text{m}^3}\right)}{999 \frac{\text{kg}}{\text{m}^3}} \left(999 \frac{\text{kg}}{\text{s}}\right) Z = 40.0 \frac{\text{w}}{\text{m}}$$ 답

마찰이 없는 유체와 점성 유체에서의 속도 분포를 설명하였다. 점성 유체에서는 유체 흐름(stream) 표면에서 속도 기울기가 가장 크기 때문에 그 표면에서 전단 응력도 가장 크다. 체적 평균 유체 속도가 커지게 되는 경우와 같이 속도 기울기가 아주 크게 되면, 유체는 평행 경로의 층류 유동 패턴 따르기를 그만 두고 교반 상태의 무작위 경로를 따르기 마련이다. 이것이 난류 유동의 특성이다. 층류 유동이 중단되고 난류 유동이 시작될 때의 정량적인 척도를 제공해 주는 매개변수가 레이놀즈 수 Re로서 다음과 같이 정의된다.

$$\text{Re} = \frac{\rho \mathbf{V} L}{\mu} = \frac{\mathbf{V} L}{\nu} \tag{4.26}$$

여기에서 L은 일종의 특성 길이이다. 레이놀즈 수는 여러 관로 속을 흐르는 두 가지 또는 그 이상의 여러 유체들을 비교하는 척도가 되기도 한다. 예를 들면 대형 파이프 속을 고속으로 흐르는 SAE 50 유(점성 유체, 표 4.1 참조)는 소형 튜브를 저속으로 이동하는 공기(매우 저점성 유체, 표 4.1 참조)와 레이놀즈 수가 같다. 레이놀즈 수가 같으면 속도 분포가 동일하여 유동 특성이 동일하게 되거나 난류 특성이 같아지기 마련이다.

차원 해석

차원 해석은 많은 독립 변수들이 연관되는 과정이나 사건(event)들을 연구할 때 유용하다. 예를 들어 과학적 연구에서는 어떠한 효과가 발생하면 그 원인을 규명하려고 한다. 질점의

가속과 같이 간단한 효과들은 질점에 작용하는 외력에 기인한다고 할 수 있다. 뉴턴의 운동 법칙인 $F = ma$는 잘 알려져 있으므로 유용하다. 마찬가지로 유체 유동도 뉴턴의 운동 법칙을 똑같이 따르지만, 다른 효과들을 발생시키는 다른 원인들도 있는 것이다. 때로는 원인과 효과가 무엇인지를 예측하기가 쉽지 않다. 차원 해석을 사용하면 '효과'를 예측할 때 절충을 하지 않고서도 독립 변수의 개수, 즉 '원인'의 가짓수를 최소수로 감소시킬 수 있다. 이 차원 해석법은 두 가지 정리, 즉 '법칙'에 바탕을 두고 있다.

1. 원인과 효과의 관계, 즉 변수들의 관계를 나타내는 식들은 동차여야만 한다. 이는 이러한 식의 모든 항에서 기본 차원들이 동일해야만 한다는 것을 의미한다. 예를 들어 식 $F = ma$는 힘을 질량 곱하기 가속도와 관계를 지어주고 있다. 제1장에 있는 표 1.1에는 일부 기본 차원들, 즉 질량, 길이, 시간, 힘, 온도 등이 실려 있다. 차원 해석에서는 질량(m), 길이(L), 시간(t) 및 온도(T)를 기본 차원이라고 본다. 동차성 원리에서 힘(F)은 mLt^{-2}과 같아야만 한다. 그러므로 힘은 유도 단위이고 에너지나 동력도 마찬가지로 유도 단위이다. 일부 다른 일반적인 매개변수와 그 유도 단위는 표 4.2에 실려 있다.

2. 기본 차원이 n개인 매개변수 j개가 연관되어 있는 물리적인 상호작용을 기술하는 수학적 관계는 Π 매개변수라고 하는 $(j - n)$개의 무차원 양으로 그 관계를 나타낼 수 있으며, 각각의 나머지 매개변수에 대한 $(j - n)$개의 매개변수의 비로 형성된다.

이 둘째 번 법칙은 **버킹엄의 Π 이론**이라고도 하는데, 이 법칙의 예로는 $F = ma$를 들 수 있다. 이 식은 기본 차원이 3개(m, L, t)인 3개의 매개변수, 즉 F, m, a의 상호작용을 기술하고 있다. $(j - n) = 0$이므로 이 현상에는 즉, 뉴턴의 운동 법칙에는 Π 매개변수가 하나도 없다고 결론을 내린다.

또 다른 예로는 그림 4.18과 같이 탱크에서 유출되는 점성 유체의 경우를 들 수 있다. 이 예에서는 탱크에서 유출되는 유체의 속도가 중력과 압력 헤드 L의 영향을 받는다고 가정한다. 이 3개의 매개변수는 기본 차원이 2개(L, t)가 된다. 이러한 매개변수들은 다음과 같다.

속도, $\mathbf{V} = Lt^{-1}$

중력, $g = Lt^{-2}$

표 4.2 차원 해석에서 나타나는 대표적인 매개변수와 질량(m), 길이(L), 시간(t) 및 온도(T)로 유도한 매개변수의 단위

매개변수	유도 차원
가속도	Lt^{-2}
각도	1
각속도	t^{-1}
각가속도	t^{-2}
면적	L^2
압축성 계수	$m^{-1}Lt^{-2}$
밀도	mL^{-3}
에너지, 일, 열	mL^2t^{-2}
엔탈피	mL^2t^{-2}
엔트로피	$mL^2t^{-2}T^{-1}$
힘	mLt^{-2}
열전달, 동력	mL^2t^{-3}
동점도	L^2t^{-1}
단위 질량당 비열	$L^2t^{-2}T^{-1}$
변형률	1
응력, 압력	$mL^{-1}t^{-2}$
온도	T
열전도도	$mLt^{-3}T^{-1}$
속도	Lt^{-1}
점도	$mL^{-1}t^{-1}$
체적	L^3

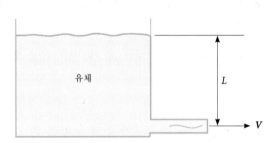

그림 4.18 탱크 비우기

및 압력 헤드, $\dfrac{\Delta p}{\gamma} = L$

그러므로 $j = 3$, $n = 2$이므로 $(j - n) = 1$이다. Π 매개변수가 하나이므로 다음과 같이

쓸 수 있다.

$$(\mathbf{V})^a(g)^b\left(\frac{\Delta p}{\gamma}\right)^c = C$$

즉,

$$(Lt^{-1})^a(Lt^{-2})^b(L)^c = C$$

지수를 각각 비교하면, L의 지수는 $a+b+c=0$이고 t의 지수는 $-a-2b=0$이며, 여기에서 $b=-1/2a$가 되고 $c=-1/2a$가 된다. 임의로 $a=1$로 놓으면, $b=c=-1/2a$가 되므로 무차원 Π 매개변수는 다음과 같이 된다.

$$(\mathbf{V})g^{-1/2}\left(\frac{\Delta p}{\gamma}\right)^{-1/2} = C = \frac{\mathbf{V}}{\sqrt{g\dfrac{\Delta p}{\gamma}}} = \mathbf{V}\sqrt{\frac{\gamma}{g\Delta p}} = \mathbf{V}\sqrt{\frac{\rho}{\Delta p}}$$

이 결과는 다음과 같이 쓸 수도 있는데,

$$\mathbf{V} = C\sqrt{\frac{\Delta p}{\rho}} = C\sqrt{L}$$

이 식은 예제 4.2에서 구한 것과 같다. 차원 해석은 상수 값(이 값은 예제 4.2에서 $\sqrt{2}$ 임)에 관한 정보를 제공해주지 않았지만, 어떻게 다양한 매개변수들이 연관되어 있는지에 관한 정보는 제공해주고 있다. 이제 관 내 점성 유체 유동을 살펴보기로 한다.

예제 4.8

직경이 D인 관 내 점성 유체 유동을 기술하는 Π 매개변수를 구하라. 이 유체 유동은 다음 매개변수로 기술한다고 가정한다.

관 길이, L	(L)
관 직경, D	(L)
유체 점도, μ	$(mL^{-1}t^{-1})$
유체 밀도, ρ	(mL^{-3})
유체 속도, $\mathbf{V}$	(Lt^{-1})
압력 강하, Δp	$(mL^{-1}t^{-2})$

매개변수는 6개이고 기본 차원이 3개이므로, $j-n=6-3=3$이 나온다. 유체 유동을 기술하게 될 3개의 Π 매개변수는 나머지 3개의 매개변수로 3개의 매개변수의 비가 형성되게 하여야 한다. 예를 들어 기본 매개변수로 D, μ, $\mathbf{V}$를 선정하게 되면, 3개의 Π 매개변수 또는 차원 비를 L, ρ, Δp로 형성해야 한다. 제1 매개변수 Π_1은 다음과 같이 L로 형성하면 된다. 즉,

$$\Pi_1 = D^a \mu^b \mathbf{V}^c L^d$$

제2 매개변수 Π_2는 ρ로 비를 형성하면 된다.

$$\Pi_2 = D^e \mu^f \mathbf{V}^g \rho^h$$

그리고 제3 매개변수 Π_3은 Δp로 형성하면 된다.

$$\Pi_3 = D^i \mu^j \mathbf{V}^k \Delta p^m$$

다른 조합을 선택하여도 되지만, 조합을 어떻게 하더라도 그 결과는 같다는 사실을 알 수 있다. 이 새로운 Π 매개변수에 기본 차원을 쓰면 다음과 같다.

$$\Pi_1 = (L)^a (mL^{-1}t^{-1})^b (Lt^{-1})^c (L)^d$$
$$\Pi_2 = (L)^e (mL^{-1}t^{-1})^f (Lt^{-1})^g (mL^{-3})^h$$
$$\Pi_3 = (L)^i (mL^{-1}t^{-1})^j (Lt^{-1})^k (mL^{-1}t^{-2})^m$$

이 세 식 가운데 첫째 번 식에 있는 L, m, t의 지수는 각각 다음과 같다.

$$a-b+c+d=0 \quad (L \text{ 지수})$$
$$b=0 \quad (m \text{ 지수})$$
$$-b-c=0 \quad (t \text{ 지수})$$

해를 $a=-d$로 쓸 수 있으므로, $a=1$로 놓으면 $d=-1$이 되므로 다음과 같이 된다.

$$\Pi_1 = \frac{D}{L} \left(or \; \frac{L}{D} \right)$$

제2 Π 매개변수도 마찬가지로 구하면 된다. 다시 지수 식은 다음과 같이 된다.

$$e-f+g-3h=0 \quad (L \text{ 지수})$$
$$f+h=0 \quad (m \text{ 지수})$$
$$-f-g=0 \quad (t \text{ 지수})$$

그러면 이 세 식의 해를 다음과 같이 쓸 수 있다.

$$e=g=h=-f$$

$f=-1$로 놓으면 다음과 같이 된다.

$$\Pi_2 = (D)\mu^{-1}(\mathbf{V})(\rho) = \frac{\rho \mathbf{V} D}{\mu} = (D \text{ 기준 레이놀즈 수})$$

마찬가지로, 제3 Π 매개변수에도 지수 식을 세우면 다음과 같이 된다.

$$i - j + k - m = 0 \quad (L \text{ 지수})$$
$$j + m = 0 \quad (m \text{ 지수})$$
$$-j - k - 2m = 0 \quad (t \text{ 지수})$$

이 식에서 $i = m = -j = -k$를 구한다. $i = 1$로 놓으면 다음과 같이 된다.

$$\Pi_3 = \frac{L \Delta p}{\mu \mathbf{V}}$$

제3 매개변수는 다음과 같은 관계를 세울 수 있다.

$$\Pi_3 = f(\Pi_1)f(\Pi_2)$$

즉,

$$\frac{L \Delta p}{\mu \mathbf{V}} = \left(\frac{L}{D}\right)^n (\mathrm{Re}_D)^m \tag{4.27}$$

주목할 점은 식 (4.27)이 압력 강하(Δp) 관련 항과 레이놀즈 수 및 길이/직경 비의 관계를 제공해 준다는 것이다. 앞서 이 관계의 또 다른 형태를 식 (4.18)에서 다시-바이스바흐 식으로 학습한 적이 있다. 그 식은 다음과 같으며,

$$h_L = f\frac{L}{D}\frac{1}{2g}\mathbf{V}^2 = \frac{\Delta p}{\gamma}$$

헤드 손실은 단위 비중량당 압력 헤드 손실, 즉 $h_L = \Delta p / \gamma$이었다. 층류 유동에서는 하겐-프와제이유 식 (4.15)가 적용되는데, 이 층류 유동에서는 식 (4.18)에 있는 마찰 계수 f를 다음과 같이 쓸 수 있다는 것을 알 수 있을 것이다.

$$f = \frac{64}{Re_D} \tag{4.28}$$

마찰 계수는 점성과 관 벽의 유동 저항을 기술하는 수학적 도구일 뿐이다. 식 (4.15), (4.18) 및 (4.28)의 표현대로라면, 층류 유동을 간결하게 기술할 수 있음을 알게 될 것이다. 식 (4.28)의 관계는 관 내 층류 조건에만 적용하므로 그 사용이 제한적이다. 그러나 식 (4.27)에서 압력 강하는 레이놀즈 수 이외에도 길이/직경 비와 매개변수 $\mathbf{V}\mu/L$의 영향을 받는다. 난류 유체 유동에서는 식 (4.18)의 마찰 계수가 튜브나 파이프의 조도(이에 따라

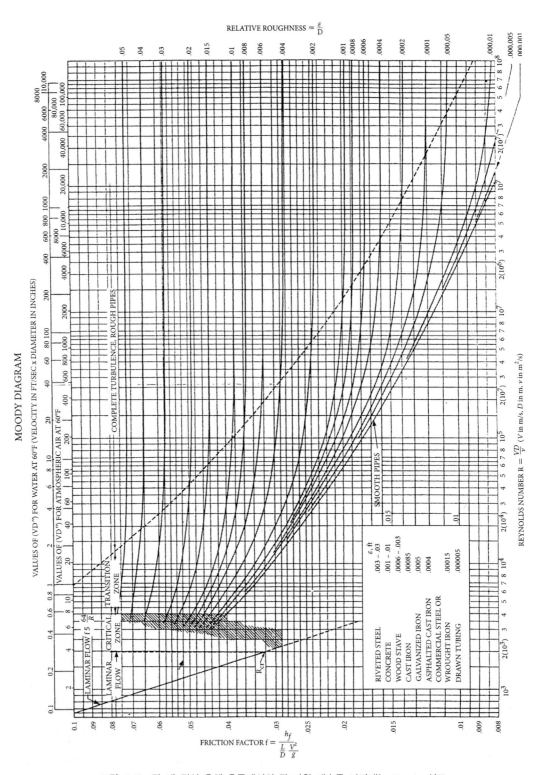

그림 4.19 관 내 점성 유체 유동에서의 관 마찰 계수를 나타내는 Moody 선도

유효 유동 면적이 결정됨)의 영향을 받는다는 사실을 많은 연구자가 실험적으로 증명한 바 있다. 이 조도는 천이 유동 조건에서 난류 유동이 생성되게 하는 유발 인자이기도 하다. 그림 4.19에는 **무디 선도**(Moody diagram)라고 하는 그래프가 실려 있는데, 이 선도는 광범위한 유동 조건 상황에 걸쳐서 레이놀즈 수 및 관의 조도에 대한 마찰 계수의 관계를 나타내고 있다. 무디 선도는 1944년에 L. F. Moody[2]가 집대성한 것으로, 이는 관 내 점성 유체 유동에서 압력 강하를 산출하는 데 편리한 도구이다. 이 정보로 등온 유동을 제공하는 데 필요한 열전달을 산출할 수 있다.

예 제 4.9

온도가 21 ℃(70 ℉)인 물이 내경이 10 cm(4 in)인 단철 파이프 속을 질량 유량 1 kg/s으로 흐른다. 파이프의 m당 압력 강하와 물의 온도가 변화하지 않도록 하는 데 필요한 열전달을 구하라.

풀이 파이프 길이의 m당 압력 강하는 마찰 계수를 구한 후에 식 (4.18)로 산출할 수 있다. 등온 상태를 유지시키는 데 필요한 열전달은 유체 마찰로 소산되는 동력인데, 이는 다음과 같다.

$$\dot{Q} = \frac{\Delta p}{L} \mathbf{V}$$

레이놀즈 수는 몇 단계에 걸쳐 다음과 같이 식을 정리하여 구하면 된다.

$$\mathrm{Re}_D = \frac{\rho \mathbf{V} D}{\mu} = \frac{4\dot{m}}{\mu D \pi}$$

물은 표 4.1에서 점도가 0.001 kg/s · m로 판독되므로 다음과 같이 나온다.

$$\mathrm{Re}_D = \frac{4(1\,\mathrm{kg/s})}{(0.001\,\mathrm{N \cdot s/m^2})(0.10\,\mathrm{m})\pi} = 4.00 \times 10^4$$

그림 4.19에서 조도는 0.004572 cm이고, 상대 조도는 0.004572 cm/10 cm = 0.00046이므로 마찰 계수는 0.027이다. 속도는 다음과 같으며,

$$\mathbf{V} = \frac{\dot{m}}{\rho A} = \frac{1\,\mathrm{kg/s}}{(999\,\mathrm{kg/m^3})(\pi)(0.05\,\mathrm{m})^2} = 0.128\,\mathrm{m/s}$$

헤드 손실은 다음과 같다.

$$h_L = f \frac{L}{D} \frac{1}{2g} \mathbf{V}^2 = (0.027)\left(\frac{1\,\mathrm{m}}{0.10\,\mathrm{m}}\right)\left[\frac{1}{2(9.8\,\mathrm{m/s^2})}\right](0.128\,\mathrm{m/s})^2 = 2.25 \times 10^{-4}\,\mathrm{m}$$

압력 강하는 다음과 같다.

$$\Delta p = \gamma h_L = (9790 \text{ N/m}^3)(2.25 \times 10^{-4}\text{m}) = 2.21\,\text{Pa} \qquad \text{답}$$

필요한 체적 유량은 다음과 같고,

$$\dot{V} = \frac{\dot{m}}{\rho} = \frac{1 \text{ kg/s}}{999 \text{ kg/m}^3} = 0.001\,\frac{\text{m}^3}{\text{s}}$$

필요한 열전달은 다음과 같다.

$$\dot{Q} = \frac{\Delta p}{L}\dot{\mathbf{V}} = \frac{2.21 \text{ Pa}}{1 \text{ m}}(0.001 \text{ m}^3/\text{s})$$

$$= 2.2 \text{ mW/m} \qquad \text{답}$$

레이놀즈 수는 점성력에 대한 관성력의 무차원 비라고 해석할 수 있는데, 이는 레이놀즈 수의 분모와 분자에 속도 **V**를 곱해 주면 다음과 같이 된다는 사실에서 알 수 있다.

$$\text{Re} = \frac{\rho \mathbf{V}^2}{\mu \mathbf{V}/D}$$

항 $\rho\mathbf{V}^2$은 운동 에너지, 즉 관성력에 비례하고, 항 $\mu\mathbf{V}/D$는 점성력에 비례한다. 앞서 비오(Biot) 수는 전도 열전달에 대한 대류 열전달의 비라고 해석한 바 있다. 이후의 절에서는 열전달 현상을 한층 더 잘 이해할 수 있도록 차원 해석법을 사용하여 무차원 비 개념을 도입할 것이다.

4.3 경계층 개념

유체 유동은 유체가 고체 종류와 접촉하고 있는 표면에서 대부분 저항하게 된다. 그러한 표면에서는 전단 응력이 가장 크고, 유체 온도가 고체 표면의 온도와 다를 때에는 온도 기울기도 가장 크기 마련이다. 대류 열전달 해석을 할 때 표면에서 일어나는 현상들에 주의를 기울여야 할 필요가 있다. 그림 4.20과 같이 속도 $\mathbf{u}_\infty$로 평판을 지나 이동하는 온도가 T_∞인 유체를 살펴보자. 유체가 평판의 선단에 접근하면 유체는 평판과의 상호작용으로 영향을 받기 시작한다. 이 평판은 유체가 평판에 직접 충격을 가하는 효과를 회피하고자 하는 의미에서 얇은 박판이라고 본다. 즉, 평판은 무한히 얇아서 유체는 평판의 위나 아래로 흐른다고 가정하는 것이다. 평판의 선단에서는 유체의 불특정 일부가 점성 효과와 열전달 효과의 현상에 휩싸이기 시작한다. 그림 4.20과 같이 유체가 평판을 지나 x 방향으로 더 이동할수록, 더 많은 양의 유체는 경계층 포락선(包絡線, envelope)의 영향을 받게 된다.

경계층은 고체 표면과 경계층 포락선 사이의 유체 영역이다. 이 경계층의 두께는 평판의 선단에서부터 x 방향으로 계속 증가하는데, 이는 더욱더 많은 유체가 평판 표면에서 점성 효과와 열전달 효과로 교란되고 있음을 의미하는 것이다. 예를 들어 그림 4.20의 지점 a에서 $\mathbf{u}_\infty$로 흐르고 있는 유체 입자를 살펴보자. 유체가 층류 방식으로 이동하고 있을 때에 이 유체 입자는 지점 b에서 경계층에 도달하게 되고 속도는 지점 a에서와 같게 된다. 그러면 유체는 경계층 영역에 '유입'하게 되고 층류 유동 조건이 경계층에 계속해서 존재하고 있는 한에서는 감가속하기 시작한다. 주목할 점은 표면에서의 점성 효과는 이 감가속 유체 입자의 경계층 생성에 도움이 된다는 것이다. 유체 유동의 정성적 거동을 선단에서 떨어진 거리 x를 기준으로 하여 산출하는 레이놀즈 수 Re_x로 기술되는 것을 볼 수 있다. 그러므로 다음과 같이 쓸 수 있는데,

$$\mathrm{Re}_x = \frac{\rho \mathbf{u}_\infty x}{\mu} \tag{4.29}$$

여기에서 ρ와 μ는 유체의 상태량이다.

평판이 충분히 길면 경계층 유동이 결국에는 난류가 되어버린다는 사실은 실험적으로 판명되었다. 이러한 유형의 사건은 그림 4.20에서 천이 유동이 결국에는 난류 경계층이 되어버리는 것으로 나타나 있다. 그렇다 해도 이 난류 경계층은 구체적으로 난류 영역,

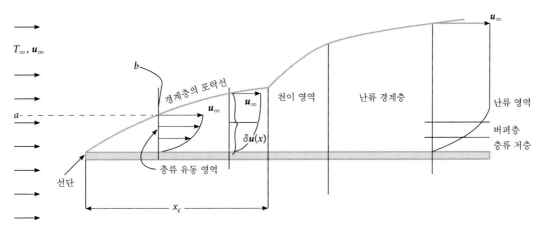

그림 4.20 평면 박판을 따라 발달하는 경계층

천이 또는 버퍼 영역 및 층류 저층으로 가시화되기도 한다. 경계층 두께가 두꺼워지는 추세는 상응하는 층류 경계층이 두꺼워지는 추세보다 비례적으로 더 크다. 거리 또는 위치 x_c는 층류 경계층이 난류 경계층으로 변환되는 지점으로, 이 거리에서는 Re_x 값이 최소 1×10^5에서 3×10^6 또는 그 이상까지도 나오는데, 이 값들은 표면의 조도나 다른 효과에 따라 다르다. 이 값이 5×10^5이면 이를 임계 레이놀즈 수 $Re_{x,c}$라고도 하는데, 이때에는 경계층에 층류 유동이 존재하지 않게 된다.

예제 4.10

20 ℃, 101 kPa의 공기 유동과 20 ℃의 물 유동에서 경계층에 층류 유동이 존재하지 않는다고 보는 지점을 평판 선단에서부터 잰 거리로 비교하라. 이 두 유동에서 체적 평균 속도는 2 m/s이라고 가정한다.

풀이 선단에서부터 잰 거리는 다음과 같은 관계에서 산출할 수 있는데,

$$x_c = \frac{Re_{x,c}\mu}{\rho \mathbf{u}_\infty} = \frac{Re_{x,c}\nu}{\mathbf{u}_\infty} \tag{4.30}$$

여기에서 임계 레이놀즈 수 $Re_{x,c}$는 경계층에서 층류 유동이 끝나는 위치에서의 값이다. 공기와 물의 점도 값은 표 4.1에서 다음과 같이 구한다.

즉, $\mu_{air} = 18 \times 10^{-6} N \cdot s/m^2 = 18 \times 10^{-6}$ kg/s · m 이고 $\mu_{water} = 0.001$ kg/s · m 이다. 공기의 밀도는 부록 표 B.4에서 1.178 kg/m³으로 선정하면 되고, 물의 밀도는 부록 표 B.3에서 997 kg/m³의 값을 사용한다. 임계 레이놀즈 수 5×10^5을 사용하면 공기의 임계 거리는 다음과 같고,

$$x_c = \frac{(5 \times 10^5)(18 \times 10^{-6} kg/s \cdot m)}{(1.178 \text{ kg/m}^3)(2 \text{ m/s})} = 3.82 \text{ m} \qquad \text{답}$$

물의 임계 거리는 다음과 같다

$$x_c = \frac{(5 \times 10^5)(0.001 \text{ kg/s} \cdot m)}{(997 \text{ kg/m}^3)(2 \text{ m/s})} = 0.25 \text{ m} \qquad \text{답}$$

이 결과에서 물과 공기가 똑같은 체적 평균 유체 속도로 이동할 때, 물은 공기보다 훨씬 더 빨리 난류 유동이 된다는 한 가지 결과를 도출할 수 있다.

이 경계층 개념은 더욱더 확장되어 유체와 고체 표면 사이에서 일어나는 열전달 문제도 다룰 수 있게 되었다. 속도 분포와 온도 분포 사이에서 상사점을 도출할 수 있는데, 이로써

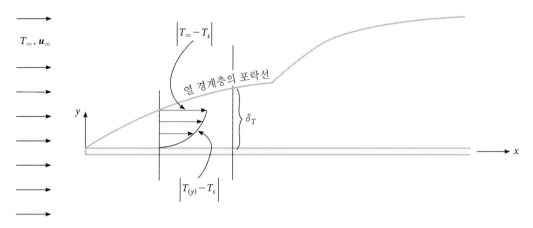

그림 4.21 얇은 평판에서의 열 경계층

결국에는 열 경계층 개념에 이르게 된다. 그림 4.21과 같이 유체가 불특정한 온도로 상승되면, 열 경계층은 유체가 체적 평균 온도 T_∞에서 표면 온도 T_s로 변화함에 따른 온도 분포를 가시화하는 도구가 된다. 유체 입자의 속도가 표면에서의 상호작용으로 영향을 받으면 받을수록, 유체 입자의 온도도 더 영향을 받게 된다. 속도에서 경계층 두께의 거동과 마찬가지로 선단에서 하류로 갈수록 열 경계층 δ_T도 더 두꺼워진다. 곧 알게 되겠지만, 일반적으로 열 경계층 두께는 경계층 두께와는 다르다. 주목해야 할 점은 그림 4.21에서 열 경계층 개념은 다음과 같이 식 (1.58)로 주어지는 대류 열전달 메커니즘이

$$\dot{Q} = hA(T_\infty - T_s)$$

열 경계층에서 촉진되는 에너지 전달이라는 생각이 들게 한다는 것이다. 그러므로 대류 열전달 계수 h는 열 경계층에서의 열전도를 설명하는 매개변수가 된다. 이 모델의 당연한 결과는 대류 열전달이 표면에서의 전도 열전달과 같다는 것이다. 즉,

$$-\kappa_{\text{fluid}}A\left[\frac{\partial T(x,y)}{\partial y}\right]_{y=0} = hA(T_\infty - T_s) \tag{4.31}$$

대류 열전달 계수를 산출하게 될 때에는 알고 있는 유체 상태량을 바탕으로 하여 이 관계를 사용하면 된다. 이러한 대류 열전달 산출 방법은 수학적 해석을 기반으로 하여 많이 개발되어 있으며, 이어서 그 개요가 정리되어 있다.

질량 및 운동량의 보존

그림 4.22와 같이 유체와 에너지가 통과하게 되는 경계층 요소, 즉 검사 체적을 살펴보자. 이 요소는 편의상 미분 정사각형 요소로 그려져 있다. (책 종이 면에 수직 방향인) 제3의 치수는 무시되어 있으므로, 이 메커니즘은 x 방향과 y 방향의 2차원이라고 보거나 아니면 z 방향 치수를 1로 잡는다. 또한, 정상 상태라고 가정하여 검사 체적 내의 질량이 항상 일정하게 되도록 한다. 왼쪽 면에서 x 방향으로 유입되는 질량 유량은 다음과 같으며,

$$\rho(x,y) \cdot \mathbf{u}(x,y)dy$$

여기에서 $\mathbf{u}(x,y)$는 유체의 x 방향 속도 성분이다. 주목할 점은 속도를 x와 y 모두의 함수라고 가정하는 것이다. 아래쪽 면에서 y 방향으로 유입되는 질량 유량은 다음과 같다.

$$\rho(x,y) \cdot \mathbf{v}(x,y)dx$$

각 방향의 질량 유량은 그 값이 변하면 변한대로 각각의 대향 면에서 유출되는 것으로 그려져 있다. 유입 질량 유량과 유출 질량 유량을 합하면 다음과 같다.

$$\rho\mathbf{u}dy + \rho\mathbf{v}dx - \left(\rho\mathbf{u} + \frac{\partial(\rho\mathbf{u})}{\partial x}dx\right)dy - \left(\rho\mathbf{v} + \frac{\partial(\rho\mathbf{v})}{\partial y}dy\right)dx = 0$$

x와 y에 대한 밀도와 속도의 종속 항들은 표기가 생략되어 있지만, 이들은 여전히 x와 y의 함수이다. 항들을 소거하고 $dx\,dy = dy\,dx$이므로, 식은 다음과 같이 된다.

$$\frac{\partial(\rho\mathbf{u})}{\partial x} + \frac{\partial(\rho\mathbf{v})}{\partial y} = 0 \tag{4.32}$$

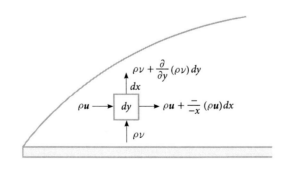

그림 4.22 정상 상태에서 경계층 내 미분 검사 체적과 질량 균형

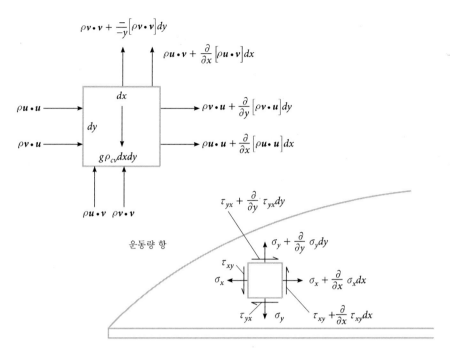

$$\rho \mathbf{v} \cdot \mathbf{v} + \frac{\overline{\partial}}{\overline{\partial} y}\big[\rho \mathbf{v} \cdot \mathbf{v}\big]dy$$

$$\rho \mathbf{u} \cdot \mathbf{v} + \frac{\partial}{\partial x}\big[\rho \mathbf{u} \cdot \mathbf{v}\big]dx$$

dx

$\rho \mathbf{u} \cdot \mathbf{u}$

dy

$$\rho \mathbf{v} \cdot \mathbf{u} + \frac{\partial}{\partial y}\big[\rho \mathbf{v} \cdot \mathbf{u}\big]dy$$

$\rho \mathbf{v} \cdot \mathbf{u}$

$g\rho_{cv}dxdy$

$$\rho \mathbf{u} \cdot \mathbf{u} + \frac{\partial}{\partial x}\big[\rho \mathbf{u} \cdot \mathbf{u}\big]dx$$

$\rho \mathbf{u} \cdot \mathbf{v} \quad \rho \mathbf{v} \cdot \mathbf{v}$

운동량 항

$$\tau_{yx} + \frac{\partial}{\partial y}\tau_{yx}dy$$

$$\sigma_y + \frac{\partial}{\partial y}\sigma_y dy$$

τ_{xy}

σ_x

$$\sigma_x + \frac{\partial}{\partial x}\sigma_x dx$$

$\tau_{yx} \quad \sigma_y$

$$\tau_{xy} + \frac{\partial}{\partial x}\tau_{xy}dx$$

그림 4.23 경계층에서의 미분 검사 체적과 정상 상태에서의 운동량 균형

이 식은 연속 방정식이라고도 하는데, 그 이유는 이 식이 정상 흐름 유체 유동 조건에 적용되기 때문이다.

검사 체적 요소는 또한 운동량 균형, 즉 뉴턴의 운동 법칙을 따라야만 한다. 그림 4.23은 요소에 작용하는 다양한 힘과 운동량 항들을 나타내고 있다. 중력 인력은 수직 방향, 즉 y 방향으로 효과를 나타낸다고 가정한다. x 방향에서는 다음과 같이 쓸 수 있으며,

$$\sum F_x = \frac{d(m\mathbf{u})}{dt} \tag{4.33}$$

여기에서 힘 F_x는 전단 응력과 수직 응력이다. 그러므로 오른쪽으로 작용하는 힘을 양(+)의 힘으로 잡으면 다음과 같이 된다.

$$\sum F_x = -\sigma_x dy - \tau_{yx}dx + \left(\sigma_x + \frac{\partial \sigma_x}{\partial x}dx\right)dy + \left(\tau_{yx} + \frac{\partial \tau_{yx}}{\partial y}dy\right)dx \tag{4.34}$$

x 방향 운동량 변화 $d(m\mathbf{u})/dt$는 다음과 같으며,

$$\frac{d(m\mathbf{u})}{dt} = -\left[(\rho\mathbf{u})\cdot\mathbf{u} + (\rho\mathbf{v})\cdot\mathbf{u} - (\rho\mathbf{u})\cdot\mathbf{u} \right.$$
$$\left. - \frac{\partial[(\rho\mathbf{u})\cdot\mathbf{u}]}{\partial x}dx - (\rho\mathbf{v})\cdot\mathbf{u} - \frac{\partial[(\rho\mathbf{v})\cdot\mathbf{u}]}{\partial y}dy \right]dy \tag{4.35}$$

여기에서 · 기호는 두 벡터의 도트 곱을 나타낸다. 주목할 점은 y 방향 운동량은 x 방향으로도 운동량 효과를 나타내기도 한다는 것이다. 식 (4.34)와 식(4.35)를 같게 놓고 일부 항들을 소거시키면 다음과 같이 된다.

$$\frac{\partial\sigma_x}{\partial x}dxdy + \frac{\partial\tau_{yx}}{\partial y}dydx = -\frac{\partial[(\rho\mathbf{u})\cdot\mathbf{u}]}{\partial x}dxdy - \frac{\partial[(\rho\mathbf{v})\cdot\mathbf{u}]}{\partial y}dydy \tag{4.36}$$

이 식의 우변을 전개하고 식 (4.32)의 연속 방정식의 결과를 사용하면, x 방향 정상 상태 운동량 균형은 다음과 같이 된다.

$$\frac{\partial\sigma_x}{\partial x}dxdy + \frac{\partial\tau_{yx}}{\partial y}dydx = -\rho\mathbf{u}\cdot\frac{\partial\mathbf{u}}{\partial x}dxdy - \rho\mathbf{v}\cdot\frac{\partial\mathbf{u}}{\partial y}dydy \tag{4.37}$$

y 방향 운동량 보존 $\sum F_y = dmv/dt$에서, y 방향 정상 상태 운동량 균형은 다음과 같다.

$$\frac{\partial\tau_{xy}}{\partial x}dxdy + \frac{\partial\sigma_y}{\partial y}dydx + \rho_{cv}gdxdy = -\frac{\partial[(\rho\mathbf{u})\cdot\mathbf{v}]}{\partial x}dxdx - \frac{\partial[(\rho\mathbf{v})\cdot\mathbf{v}]}{\partial y}dydx \tag{4.38}$$

이 식의 좌변의 셋째 항은 미분 검사 체적에 영향을 미치는 중력이나 중량의 효과이다. 중량은 무시할 때가 많이 있는데, 그 이유는 응력 항들은 대부분 자릿수가 중량과 같거나 중량보다 차수가 더 높기 때문이다. 이 식의 우변의 도함수를 전개하고 식 (4.32)의 연속 방정식의 결과를 사용하면, 경계층의 y 방향 정상 상태 운동량 균형은 다음과 같이 된다.

$$\frac{\partial\tau_{xy}}{\partial x}dxdy + \frac{\partial\sigma_y}{\partial y}dydx + \rho_{cv}gdxdy = -\rho\mathbf{u}\cdot\frac{\partial\mathbf{v}}{\partial x}dxdx - \rho\mathbf{v}\cdot\frac{\partial\mathbf{v}}{\partial y}dydx \tag{4.39}$$

유체에서는 수직 응력 σ_x와 σ_y를 다음과 같이 두 가지 독립된 성분인 압력과 점성 응력의 합으로 간주하는 것이 유용하다.

$$\sigma_x = \sigma_{xp} + \sigma_{xv} \quad \text{및} \quad \sigma_y = \sigma_{yp} + \sigma_{yv} \tag{4.40}$$

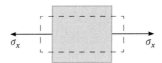

그림 4.24 요소에 작용하는 수직 응력으로 인한 축 방향 변형

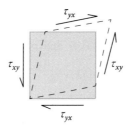

그림 4.25 요소에 작용하는 전단 응력으로 인한 각 변형

압력 성분은 다음과 같다.

$$\sigma_{xp} = \sigma_{yp} = -p \quad \text{(유체 정압)} \tag{4.41}$$

점성으로 인한 응력 성분인 σ_{xv}와 σ_{yv}는 유체 요소의 체적 변형에 대한 반작용으로서 가시화할 수 있다. 예를 들어 양의 수직 응력 σ_x는 그림 4.24와 같이 직사각형 요소를 x 방향으로 연장시키고 y 방향으로는 수축시키는 경향이 있다. 전단 응력 τ_{yx}와 τ_{xy}는 그림 4.25와 같이 직사각형 요소를 회전 방식으로 변형시키는 경향이 있다.

뉴턴 유체(μ가 일정)에서는 수직 응력과 전단 응력을 속도와 속도 기울기로 쓸 수 있다는 사실이 증명[7]된 바 있다. 식 (4.40)의 개념을 사용하면 그 결과는 다음과 같다.

$$\sigma_x = -p + 2\mu\frac{\partial \mathbf{u}}{\partial x} - \frac{2}{3}\mu\left(\frac{\partial \mathbf{u}}{\partial x} + \frac{\partial \mathbf{v}}{\partial y}\right)$$

$$\sigma_y = -p + 2\mu\frac{\partial \mathbf{v}}{\partial x} - \frac{2}{3}\mu\left(\frac{\partial \mathbf{u}}{\partial x} + \frac{\partial \mathbf{v}}{\partial y}\right) \tag{4.42}$$

$$\tau_{xy} = \tau_{yx} = \mu\left(\frac{\partial \mathbf{u}}{\partial x} + \frac{\partial \mathbf{v}}{\partial y}\right)$$

식 (4.42)를 운동량 방정식 (4.37)과 (4.39)에 대입하면, 정상 상태 뉴턴 유체의 2차원 운동 방정식은 다음과 같이 된다.

$$-\frac{\partial p}{\partial x} + \frac{\partial}{\partial x}\left\{\mu\left[2\frac{\partial \mathbf{u}}{\partial x} - \frac{2}{3}\left(\frac{\partial \mathbf{u}}{\partial x} + \frac{\partial \mathbf{v}}{\partial y}\right)\right]\right\} + \frac{\partial}{\partial y}\mu\left(\frac{\partial \mathbf{u}}{\partial y} + \frac{\partial \mathbf{v}}{\partial x}\right) = \rho\left(\mathbf{u}\frac{\partial \mathbf{u}}{\partial x} + \mathbf{v}\frac{\partial \mathbf{u}}{\partial y}\right) \quad (4.43a)$$

$$\frac{\partial p}{\partial y} + \frac{\partial}{\partial y}\left\{\mu\left[2\frac{\partial \mathbf{v}}{\partial x} - \frac{2}{3}\left(\frac{\partial \mathbf{u}}{\partial x} + \frac{\partial \mathbf{v}}{\partial y}\right)\right]\right\} + \frac{\partial}{\partial x}\mu\left(\frac{\partial \mathbf{u}}{\partial y} + \frac{\partial \mathbf{v}}{\partial x}\right) + \rho_{cv}g = \rho\left(\mathbf{u}\frac{\partial \mathbf{v}}{\partial x} + \mathbf{v}\frac{\partial \mathbf{v}}{\partial y}\right)$$

$$(4.43b)$$

이 두 식에는 정상 상태 뉴턴 유체의 2차원 유동의 완전 해에 필요한 모든 항들이 포함되어 있다. 그러나 이 식들은 속도 분포 u와 v의 수학적 해를 구하기에는 매우 복잡하다. 경계층에서는 밀도, 비열, 열전도도 및 점도를 모두 일정하다고 근사화하는 것이 관행이다. 또한, 자릿수(order of magnitude) 해석을 사용하면, x 방향 속도 u는 y 방향 속도 v보다 훨씬 더 클 것이므로 다음과 같이 된다.

$$\mathbf{u} \gg \mathbf{v} \approx 0(?)$$

게다가 속도 기울기는 다음과 같이 될 것으로 예상된다.

$$\frac{\partial \mathbf{u}}{\partial y} \gg \frac{\partial \mathbf{u}}{\partial x} \approx \frac{\partial \mathbf{v}}{\partial x} \approx \frac{\partial \mathbf{v}}{\partial y} \approx \frac{\partial}{\partial x}\frac{\partial \mathbf{u}}{\partial y} \approx 0(?)$$

밀도가 일정하다고 근사화하면, 연속 방정식 (4.32)는 다음과 같이 된다.

$$\frac{\partial \mathbf{u}}{\partial x} + \frac{\partial \mathbf{v}}{\partial y} = 0 \tag{4.44}$$

검사 체적의 중량을 무시하면, y 방향 운동량의 식 (4.43b)는 다음과 같이 되는데.

$$\frac{\partial p}{\partial y} = 0 \tag{4.45}$$

이는 $\rho = f(x)$이므로 $\partial \rho / \partial x = d\rho / dx$가 된다는 것을 의미한다. 그런 다음 x 방향 운동량의 식 (4.43a)는 다음과 같이 된다.

$$-\frac{1}{\rho}\left(\frac{dp}{dx} - \mu\frac{\partial^2 \mathbf{u}}{\partial y^2}\right) = \mathbf{u}\frac{\partial \mathbf{u}}{\partial x} + \mathbf{v}\frac{\partial \mathbf{u}}{\partial y} \tag{4.46}$$

이 식은 정규화, 즉 무차원 형태가 되게 할 수 있다. 이렇게 하면 재료의 상태량이나 유동 조건과는 독립적인 속도 분포의 일반해를 구하는 데 사용할 수 있는 운동량 식이 나오게 된다. 그러면 이 식은 모든 유동 조건에 영향을 미치는 매개변수들을 나타내게 된다. 다음과 같이 놓으면,

$$\mathbf{u}^* = \frac{\mathbf{u}}{\mathbf{V}_\infty}, \ \mathbf{v}^* = \frac{\mathbf{v}}{\mathbf{V}_\infty}, \ x^* = \frac{x}{L}, y^* = \frac{y}{L} \quad \text{및} \quad p^* = \frac{p}{\rho \mathbf{V}_\infty^2}$$

도함수들은 다음과 같이 된다.

$$\frac{\partial \mathbf{u}}{\partial x} = \frac{\mathbf{V}_\infty}{L} \frac{\partial \mathbf{u}^*}{\partial x}, \quad \frac{\partial \mathbf{v}}{\partial y} = \frac{\mathbf{V}_\infty}{L} \frac{\partial \mathbf{v}^*}{\partial y}, \quad \frac{\partial p}{\partial x} = \rho \mathbf{V}_\infty^2 \frac{\partial p^*}{\partial x}, \quad \frac{\partial^2 \mathbf{u}}{\partial y^2} = \frac{\mathbf{V}_\infty}{L} \frac{\partial^2 \mathbf{u}^*}{\partial y^2}$$

그러면 식 (4.46)은 다음과 같이 된다.

$$\mathbf{u}^* \frac{\partial \mathbf{u}^*}{\partial x^*} + \mathbf{v}^* \frac{\partial \mathbf{u}^*}{\partial y^*} = -\frac{dp^*}{dx^*} + \frac{\mu}{\rho \mathbf{V}_\infty L} \frac{\partial^2 \mathbf{u}^8}{\partial y^{*2}} \tag{4.47}$$

주목할 점은 이 식 우변의 둘째 항에 있는 매개변수 $\mu/\rho \mathbf{V}_\infty L$은 길이가 L인 평판에서의 역 레이놀즈 수이다. 또한, 식 (4.47)은 속도 $\mathbf{u}^*$가 x^*, y^* 및 레이놀즈 수의 함수임을 나타내고 있다. 속도는 압력 기울기 dp^*/dx^*의 함수가 되기도 하므로 다음과 같이 된다.

$$\mathbf{u}^* = f\left(x^*, y^*, \frac{dp^*}{dx^*}, \text{Re}_L\right) \tag{4.48}$$

이 결과는 난류 유동을 레이놀즈 수로 산정할 수 있을 것이라고 생각했을 때 이미 사용한 적이 있다. 식 (4.28)과 그림 4.19의 결과에는 마찰 계수가 레이놀즈 수로 산정되어 있는데, 이 식과 그림은 마찰이 속도에 영향을 주기 때문에 속도가 레이놀즈 수에도 종속된다는 것을 나타내고 있다.

경계층 내 요소의 에너지 균형

그림 4.26을 참조하여 경계층 내에 있는 같은 요소에 질량과 운동량의 균형을 함께 잡아 경계층 내 요소의 에너지 보존을 살펴보면, 정상 상태 조건에서 다음 식을 구할 수 있다.

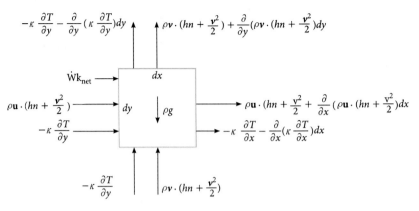

그림 4.26 경계층 내 요소의 에너지 균형

$$\rho\mathbf{u}\left(\text{hn} + \frac{\mathbf{V}^2}{2}\right)dy + \rho\mathbf{v}\left(\text{hn} + \frac{\mathbf{V}^2}{2}\right)dx - \kappa\frac{\partial T}{\partial x}dy - \kappa\frac{\partial T}{\partial y}dx + \dot{\text{W}}\text{k}_{\text{net}} = \rho\mathbf{u}\left(\text{hn} + \frac{\mathbf{V}^2}{2}\right)dy$$

$$+ \rho\mathbf{v}\left(\text{hn} + \frac{\mathbf{V}^2}{2}\right)dx + \frac{\partial}{\partial x}\left[\rho\mathbf{u}\left(\text{hn} + \frac{\mathbf{V}^2}{2}\right)\right]dxdy + \frac{\partial}{\partial y}\left[\rho\mathbf{v}\left(\text{hn} + \frac{\mathbf{V}^2}{2}\right)\right]dydx$$

$$- \left(\kappa\frac{\partial T}{\partial x} + \frac{\partial}{\partial x}\kappa\frac{\partial T}{\partial x}dx\right)dy - \left(\kappa\frac{\partial T}{\partial y} + \frac{\partial}{\partial y}\kappa\frac{\partial T}{\partial y}dy\right)dx$$

$$(4.49)$$

이 에너지 균형과 그림 4.26 모두 열전달은 인접 요소들에서 유입하거나 인접 요소들로 유출하는 전도이고 에너지 생성은 전혀 없다고 가정한다. 질량 유동으로 인한 에너지에는 식 (1.24)의 엔탈피 $\text{hn} = u + pv$와 운동 에너지이다. 이 에너지들은 검사 체적으로 유입되거나 검사 체적에서 유출되는데, Incropera and DeWitt[4]는 이 에너지의 유출·입을 이류(advection)라고 표현했다. 요소에 작용하는 순 동력 $\dot{\text{W}}\text{k}_{\text{net}}$은 응력에 저항하게 되는 동력으로 다음과 같다.

$$\dot{\text{W}}\text{k}_{\text{net}} = \frac{\partial\tau_{yx}\mathbf{u}}{\partial y}dydx + \frac{\partial\tau_{xy}\mathbf{v}}{\partial x}dxdy + \frac{\partial\sigma_{xv}\mathbf{u}}{\partial x}dxdy + \frac{\partial\sigma_{yv}\mathbf{v}}{\partial y}dydx \qquad (4.50)$$

여기에서 응력들은 식 (4.42)에서 속도 기울기로 정의된다.

식 (4.40)과 (4.42)에서 점성으로 인한 수직 성분들은 다음과 같다.

$$\sigma_{xv} = \sigma_x + p = 2\mu\frac{\partial\mathbf{u}}{\partial x} - \frac{2}{3}\mu\left(\frac{\partial\mathbf{u}}{\partial x} + \frac{\partial\mathbf{v}}{\partial y}\right) \qquad (4.51)$$

및

$$\sigma_{yv} = \sigma_y + p = 2\mu\frac{\partial \mathbf{v}}{\partial y} - \frac{2}{3}\mu\left(\frac{\partial \mathbf{u}}{\partial x} + \frac{\partial \mathbf{v}}{\partial y}\right)$$

경계층에 대하여 앞서 세운 가정(특히 ρ, κ, c_p가 일정)으로, 식 (4.49)를 치환하여 재정리하고 변형시키면, 다음 식이 나온다.

$$
\begin{aligned}
\frac{\partial}{\partial x}\left(\mathrm{hn} + \frac{\mathbf{V}^2}{2}\right) &+ \frac{\partial}{\partial y}\left(\mathrm{hn} + \frac{\mathbf{V}^2}{2}\right) = \mu\frac{\partial}{\partial x}\mathbf{u}\left(\frac{\partial \mathbf{u}}{\partial x} + \frac{\partial \mathbf{v}}{\partial y}\right)dydx \\
&+ \mu\frac{\partial}{\partial x}\mathbf{v}\left(\frac{\partial \mathbf{u}}{\partial x} + \frac{\partial \mathbf{v}}{\partial y}\right)dxdy + 2\mu\frac{\partial^2 \mathbf{u}}{\partial x^2}dxdy + 2\mu\frac{\partial^2 \mathbf{v}}{\partial x^2}dxdy \\
&- \frac{2}{3}\mu\left[\frac{\partial}{\partial x}\left(\frac{\partial \mathbf{u}}{\partial x} + \frac{\partial \mathbf{v}}{\partial y}\right)\right]dxdy - \frac{2}{3}\mu\left[\frac{\partial}{\partial y}\left(\frac{\partial \mathbf{u}}{\partial x} + \frac{\partial \mathbf{v}}{\partial y}\right)\right]dydx + \kappa\left(\frac{\partial^2 T}{\partial x^2} + \frac{\partial^2 T}{\partial y^2}\right)
\end{aligned}
$$

(4.52)

더 나아가 식 (4.52)는 운동 에너지를 제거시키면 열에너지 균형으로 변형시킬 수 있다. 이 과정은 운동 방정식 (4.43)을 사용하여 첫째 식, 즉 x 방향 운동 방정식에 u를 곱하고 둘째 식, 즉 y 방향 운동 방정식에 v를 곱하면 이루어진다. 이 두 식을 식 (4.52)로 처리하면 다음과 같은 결과가 나오게 되는데,

$$\rho\mathbf{u}\frac{\partial \mathrm{hn}}{\partial x} + \rho\mathbf{v}\frac{\partial \mathrm{hn}}{\partial y} = \kappa\left(\frac{\partial^2 T}{\partial \mathbf{x}^2} + \frac{\partial^2 T}{\partial \mathbf{y}^2}\right) + \mathbf{u}\frac{dp}{dx} + \mathbf{v}\frac{dp}{dy} + \mu\Phi \qquad (4.53)$$

여기에서 우변 마지막 항은 다음과 같으며,

$$\mu\Phi = \mu\left\{\left[\frac{\partial \mathbf{u}}{\partial x} + \frac{\partial \mathbf{v}}{\partial y}\right]^2 + 2\left[\left(\frac{\partial \mathbf{u}}{\partial x}\right)^2 + \left(\frac{\partial \mathbf{v}}{\partial y}\right)^2\right] - \frac{2}{3}\left[\frac{\partial \mathbf{u}}{\partial x} + \frac{\partial \mathbf{v}}{\partial y}\right]^2\right\} \qquad (4.54)$$

이는 유체 점성 때문에 소산되는 동력이다. 이는 점성 소산이라고도 하며 대류 과정에서 흩어져 사라질 수밖에 없는 에너지로 간주되기도 한다. 운동 방정식들을 식 (4.43)의 운동 방정식으로 변형시키는 과정에서 보았던 경계층 근사화 기법을 사용하면, 점성 소산은 다음과 같이 된다.

$$\mu\Phi = \mu\left(\frac{\partial \mathbf{u}}{\partial x}\right)^2$$

그러므로 열에너지 방정식 (4.53)은 다음과 같이 된다.

$$\rho \mathbf{u}\frac{\partial \mathrm{hn}}{\partial x} + \rho \mathbf{v}\frac{\partial \mathrm{hn}}{\partial y} = \kappa\frac{\partial^2 T}{\partial y^2} + \mu\left(\frac{\partial \mathbf{u}}{\partial x}\right)^2 \qquad (4.55)$$

많은 공학 문제에서 점성 소산은 자릿수가, 즉 유동 에너지 항[식 (4.55)의 좌변 둘째 항]이나 전도 열전달(우변 첫째 항)보다 한층 더 작다. 그러므로 에너지 식은 다음과 같다.

$$\rho \mathbf{u}\frac{\partial \mathrm{hn}}{\partial x} + \rho \mathbf{v}\frac{\partial \mathrm{hn}}{\partial y} = \kappa\frac{\partial^2 T}{\partial y^2} \qquad (4.56)$$

이상 기체처럼 거동하는 유체에서 엔탈피는 온도와 비열 c_p의 함수이다. 그러므로 c_p가 일정하다고 가정할 때 열에너지 식은 다음과 같이 된다.

$$\rho c_p \mathbf{u}\frac{\partial T}{\partial x} + \rho c_p \mathbf{v}\frac{\partial T}{\partial y} = \kappa\frac{\partial^2 T}{\partial y^2}$$

즉, 이를 다시 정리하면 다음과 같다.

$$\mathbf{u}\frac{\partial T}{\partial x} + \mathbf{v}\frac{\partial T}{\partial y} = \alpha\frac{\partial^2 T}{\partial y^2} \qquad (4.57)$$

여기에서 α는 제3장에서 다음과 같이 정의한 열확산율이다.

$$\alpha = \frac{\kappa}{\rho c_p}$$

식 (4.57)을 운동 방정식에서와 마찬가지로 정규화하고자 다음과 같이 놓으면,

$$\mathbf{u}^* = \frac{\mathbf{u}}{\mathbf{V}_\infty}, \quad \mathbf{v}^* = \frac{\mathbf{v}}{\mathbf{V}_\infty}, \quad x^* = \frac{x}{L}, \quad y^* = \frac{y}{L}, \quad T^* = \frac{T - T_s}{T_\infty - T_s}$$

식 (4.57)은 다음과 같이 된다.

$$\mathbf{u}^*\frac{\partial T^*}{\partial x^*} + \mathbf{v}^*\frac{\partial T^*}{\partial y^*} = \left(\frac{\alpha}{\mathbf{V}_\infty L}\right)\frac{\partial^2 T^*}{\partial y^{*2}} \qquad (4.58)$$

매개변수 $\alpha/\mathbf{V}_\infty L$를 다시 정리하여 쓰면 다음과 같다.

$$\frac{\alpha}{\mathbf{V}_\infty L} = \left(\frac{\mu\rho\alpha}{\mu\rho\,\mathbf{V}_\infty L}\right) = \left(\frac{\mu}{\rho L\mathbf{V}_\infty}\right)\left(\frac{\alpha\rho}{\mu}\right)$$

양 $\rho V_\infty L/\mu$는 레이놀즈 수 Re_L이고, 양 $\mu/\alpha\rho = \nu/\alpha$는 프란틀 수 Pr이다. 이 프란틀 수는 다음과 같이 다양한 형태로 쓸 수 있다. 즉,

$$\mathrm{Pr} = \frac{\mu}{\alpha\rho} = \frac{\nu}{\alpha} = \frac{\mu c_p}{\kappa} \tag{4.59}$$

프란틀 수는 유체에서 열 확산에 대한 점성 또는 운동량 확산의 비로 기술할 때가 많다. 식 (4.58)을 변형시켜 판독하면 다음과 같다.

$$\mathbf{u}^*\frac{\partial T^*}{\partial x^{*2}} + \mathbf{v}^*\frac{\partial T^*}{\partial y^*} = \left(\frac{1}{\mathrm{Re}_L}\right)\left(\frac{1}{\mathrm{Pr}}\right)\frac{\partial^2 T^*}{\partial y^{*2}} \tag{4.60}$$

이 식에서 온도 분포 T^*는 x^*, y^*, Re_L 및 Pr로 영향을 받는다고 추론할 수 있다. 즉,

$$T^* = f(x^*, y^*, \mathrm{Re}_L, \mathrm{Pr}) \tag{4.61}$$

앞서 대류 열전달을 고체 표면에서 유체를 통한 전도로 비유할 수 있다고 하는 개념을 살펴보았다. 이 개념은 식 (4.31)에 등식으로 표현되어 있다. 식 (4.31)과 정규화된 온도 T^*와 정규화된 변위 y^*의 정의를 사용하면, 다음 식과 같이 쓸 수 있다.

$$hA(T_\infty - T_s) = -\kappa_\mathrm{fluid}A\left[\frac{\partial T}{\partial y}\right]_{y=0} = -\kappa_\mathrm{fluid}A\left(\frac{T_\infty - T_s}{L}\right)\frac{\partial T^*}{\partial y^*}$$

즉,
$$h = -\kappa_\mathrm{fluid}\left(\frac{1}{L}\right)\frac{\partial T^*}{\partial y^*} \tag{4.62}$$

그런 다음 식 (4.61)을 사용하면, 다음 식과 같이 쓸 수 있다.

$$h = \frac{\kappa_\mathrm{fluid}}{L}f(x^*, y^*, \mathrm{Re}_L, \mathrm{Pr})$$

즉,
$$\frac{hL}{\kappa_\mathrm{fluid}} = f(x^*, y^*, \mathrm{Re}_L, \mathrm{Pr}) \tag{4.63}$$

매개변수 hL/κ_fluid를 누셀 수 Nu_L로 정의하는 것이 관례이며, 이는 유체를 지나는 전도 열전달에 대한 동일 유체에 의한 대류 열전달의 비로 구체화할 수 있다. 제3장에서는 비오 수 Bi를 고체를 지나는 전도 열전달에 대한 동일 고체를 둘러싸고 있는 유체에 의한

대류 열전달의 비로 정의하였다. 누셀 수와 비오 수 간의 결정적인 차이점은 누셀 수에서는 유체의 열전도도를 사용하고 비오 수에서는 고체의 열전도도를 사용한다는 것이다.

식 (4.63)은 다음과 같이 대수식 형태로 바꿔 표현할 수 있다.

$$\mathrm{Nu}_L = C(\mathrm{Re}_L)^m(\mathrm{Pr})^n \qquad (4.64)$$

여기에서 C, n, m은 상수이며 실험이나 측정으로 구해야 한다. 이 식은 여러 가지 많은 강제 대류 열전달 상황에서의 경험적 결과에서 대류 열전달 계수를 산출하는 방법을 제공하는 데 사용된다. 역시 주목해야 할 점은, 여기에 있는 누셀 수는 레이놀즈 수에서와 마찬가지로 특성 길이 L로 정의된다는 것이다. 그러므로 누셀 수는 레이놀즈 수에서 했던 대로 특성 직경 Nu_D로 정의해도 된다는 것을 알 수 있다. 그러면 식 (4.64)는 다음과 같이 쓸 수 있다.

$$\mathrm{Nu}_D = C(\mathrm{Re}_D)^m(\mathrm{Pr})^n \qquad (4.64)$$

식 (4.63)과 (4.64)의 결과가 어떻게 유도되었는지를 잘 모르겠다면, 차원 해석에서도 같은 결과가 나오게 되므로, 이제 그 결과를 전개하는 과정을 보게 되면 안목이 더 깊어지고 차원 해석의 이론적 설명도 더 잘 이해하게 될 것이다.

강제 열전달의 차원 해석

이제 유동 유체에서의 대류 열전달과 이 대류 열전달 현상에 영향을 미치는 매개변수들과의 관계를 차원 해석법을 사용하여 알아보고자 한다. 먼저 대류 열전달은 유체 속도, 밀도, 열전도도, 점도, 유체에서의 온도 차 및 크기의 영향을 받는다고 가정한다. 그러므로 다음과 같다.

$$\dot{Q}_{\text{convection}} = f(\mathbf{V}, \rho, \kappa_{\text{fluid}}, \mu, c_p, L, \Delta T) \qquad (4.65)$$

대류 열전달은 $\dot{Q}_{\text{convection}} = hA\Delta T$로도 쓸 수 있으므로, 변수 분리를 적용하면 대류 열전달 계수 h는 식 (4.65)에서 ΔT를 제외한 모든 매개변수의 함수가 된다. 그러므로 다음과 같다.

$$h = f(\mathbf{V}, \rho, \kappa_{\text{fluid}}, \mu, c_p, L) \qquad (4.66)$$

여기에는 기본 차원이 4개인 매개변수가 7개 있다. 버킹엄의 Π 이론에 기초하면, 이 7개의 매개변수들의 관계를 나타내는 Π 매개변수는 3개($7 - 4 = 3$)가 나온다. 임의로 h, c_p, μ를 3개의 기본 매개변수로 선정하여 이로써 3개의 Π 매개변수를 형성한다. 이렇게 매개변수를 선정하는 것은 임의적이므로, 다른 매개변수들을 선정하게 되면 Π 매개변수의 조합이 다르게 나올 가능성이 매우 커지게 된다. 계속 진행하면 다음과 같이 된다.

$$\Pi_1 = h^a \rho^b \kappa^c \mathbf{V}^d L^e$$

이 식의 차원 형태는 다음과 같다.

$$\Pi_1 = (mt^{-3}T^{-1})^a (mL^{-3})^b (mLt^{-3}T^{-1})^c (Lt^{-1})^d L^e$$

각각의 차원을 다음과 같이 0으로 놓는다.

$$
\begin{aligned}
m: &\quad a + b + c = 0 \\
L: &\quad -3b + c + d + e = 0 \\
t: &\quad -3a - 3c - d = 0 \\
T: &\quad -a - c = 0
\end{aligned}
$$

지수는 5개인데 식은 4개 밖에 없으므로, $a = 1$로 놓는다. 그러면 $c = -1$, $b = 0$, $d = 0$, $e = 1$이 된다. 이 값에서 다음이 나온다.

$$\Pi_1 = \frac{hL}{\kappa_{\text{fluid}}} = \frac{hL}{\kappa} \qquad (\text{Nusselt 수})$$

제2 Π 매개변수는 c_p, ρ, κ, $\mathbf{V}$ 및 L로 형성한다.

$$\Pi_2 = c_p^a \rho^b \kappa^c \mathbf{V}^d L^e$$

차원을 비교하면 다음과 같다.

$$\Pi_2 = (L^2 t^{-2} T^{-1})^a (mL^{-3})^b (mLt^{-3}T^{-1})^c (Lt^{-1})^d L^e$$

$$
\begin{aligned}
m: &\quad b + c = 0 \\
L: &\quad 2a - 3b + c + d + e = 0 \\
t: &\quad -2a - 3c - d = 0 \\
T: &\quad -a - c = 0
\end{aligned}
$$

이번에는 식은 4개인데 미지수는 5개가 되므로, $a = 1$로 놓으면, $c = -1$, $d = 1$, $b = 1$,

$e = 1$이 된다. 그러므로 제2 Π 매개변수는 다음과 같으며,

$$\Pi_2 = \frac{C\rho \mathbf{V}L}{\kappa}$$

이는 Peclet 수 Pe라고도 한다. 마찬가지로 나머지 매개변수 μ를 ρ, κ, $\mathbf{V}$ 및 L과 함께 사용하면, 제3 Π 매개변수는 다음과 같이 레이놀즈 수 Re_L이라는 것이 나온다.

$$\Pi_3 = \frac{\rho \mathbf{V}L}{\mu} \mathrm{Re}_L$$

그러므로 다음과 같이 쓸 수 있다.

$$\Pi_1 = Cf(\Pi_2, \Pi_3) \tag{4.67}$$

즉,
$$\mathrm{Nu}_L = C\mathrm{Re}_L^{j}\mathrm{Pr}^k$$

이 Peclet 수를 재배열하여 판독하면 다음과 같으며,

$$\mathrm{Pe} = \frac{c_p \, \rho \mathbf{V}L\mu}{\mu\kappa} = \left(\frac{c_p\mu}{\kappa}\right)\left(\frac{\rho \mathbf{V}L}{\mu}\right) = \mathrm{Pr} \cdot \mathrm{Re}_L$$

그러므로 식 (4.67)은 식 (4.64)와 같게 된다.

$$\mathrm{Nu}_L = C(\mathrm{Re}_L)^m \mathrm{Pr}^n \tag{4.68}$$

누셀 수는 식 (4.64)와 (4.68)에 나타나 있는 승수 관계와는 다른 방식으로 레이놀즈 수 및 프란틀 수와 관계를 맺을 수 있다. 그러나 중요한 사상은 대류 열전달의 복잡한 사건을 그와 같은 함수 관계로 표현할 수 있다는 것이다. 이 관계는 식 (4.64)와 (4.68)의 형태로 처리하는 것이 관례이다.

레이놀즈-콜번 상사

유동 유체에서 전단 응력은 식 (4.10)으로 확인했는데, 고체 표면에 작용하는 전단 응력은 다음과 같다.

$$\tau_s = \mu\left[\frac{\partial \mathbf{u}}{\partial y}\right]_{y=0} \tag{4.69}$$

여기에서 y는 그림 4.20에 나타나 있는 대로 표면에서 0이다. 이 전단 응력은 고체 판에서 마찰 항력으로 구체화되므로, 마찰 항력 계수 C_f를 다음과 같이 정의할 수가 있는데

$$C_f\left(\rho\frac{\mathbf{V}^2}{2}\right) = \mu\left[\frac{\partial\mathbf{u}}{\partial y}\right]_{y=0} \qquad (4.70)$$

이 식은 무차원 속도와 무차원 변위를 사용하여 다음과 같이 다시 쓸 수 있다.

$$C_f\left(\rho\frac{\mathbf{V}_\infty^2}{2}\right) = \left(\frac{\mu\mathbf{V}_\infty}{L}\right)\left[\frac{\partial\mathbf{u}^*}{\partial y^*}\right]_{y=0} \qquad (4.71)$$

이 결과는 다음과 같이 재배열할 수 있다.

$$C_f = \left(\frac{2}{\mathrm{Re}_L}\right)\left[\frac{\partial\mathbf{u}^*}{\partial y^*}\right]_{y=0} \qquad (4.72)$$

식 (4.48)에서 $\dfrac{\partial\mathbf{u}^*}{\partial y^*}$는 x^*, y^*, Re_L 및 압력 기울기 dp^*/dy^*의 함수라는 결론을 내릴 수 있다. 식 (4.31)과 식 (4.62)에서 다음 식이 나온다.

$$\frac{hL}{\kappa_{\mathrm{fluid}}} = \left[\frac{\partial T^*}{\partial y^*}\right]_{y=0} \qquad (4.73)$$

그런 다음 식 (4.61)에서 $\partial T^*/\partial y^*$는 주어진 압력 기울기에서 x^*, y^*, Re_L 및 Pr의 함수라는 결론을 내릴 수 있다. 레이놀즈는 대류 열전달이 수용 표면(containing surface)에서의 유체 마찰과 관계가 있다고 제안[4]하였는데, 이는 식 (4.72)와 식 (4.73)을 비교해 볼 수 있다는 것을 의미한다. 다른 연구자들은 식 (4.48)과 식 (4.61)에 나타나 있는 함수 형태들이 동일한 물리적 조건에서는 동일하다고, 즉 $\mathbf{u}^*$와 T^* 그리고 그 기울기들이 각각 함수 관계가 유사하다고 가정함으로써 이 레이놀즈의 제안을 확장하였다. 이로써 다음 관계가 나온다.

$$\frac{\partial T^*}{\partial y^*} = \frac{\partial\mathbf{u}^*}{\partial y^*}f(\mathrm{Pr}) \qquad (4.74)$$

식 (4.72)와 식 (4.73)의 결과를 사용하면 다음과 같이 된다.

$$\mathrm{Nu}_L = \frac{C_f}{2}\mathrm{Re}_L f(\mathrm{Pr}) \tag{4.75}$$

콜번[5]은 프란틀 함수 $f(\mathrm{Pr})$가 다음과 같다고 제안하였다.

$$f(\mathrm{Pr}) = \mathrm{Pr}^{1/3} \tag{4.76}$$

그러므로 식 (4.75)는 다음과 같이 된다.

$$\frac{\mathrm{Nu}_L}{\mathrm{Re}_L \mathrm{Pr}^{1/3}} = \mathrm{St} \cdot \mathrm{Pr}^{2/3} = \frac{1}{2}C_f \tag{4.77}$$

여기에서 $\mathrm{St} = \mathrm{NU}_L/(\mathrm{Re}_L \cdot \mathrm{Pr})$은 스탠턴 수(Stanton number)라고 한다. 식 (4.77)은 **콜번 식**이라고도 하고 **레이놀즈-콜번 식**이라고도 한다. 식 (4.77)로 표현된 결과가 주목을 받고 있는데, 그 이유는 이 식을 사용하면 경계층 온도 측정에 기대지 않고도 대류 열전달 계수를 실험적으로 구할 수 있기 때문이다. 마찰 항력 계수도 구해야 하는데, 이는 판에 적용하는 힘을 기계적으로 측정하여 구하면 되고, 또 그렇게 하는 것이 대체로 상례적이다. 식 (4.77)의 관계는 대개 프란틀 수가 0.6에서 50 사이인 유체로 제한된다.

4.4 평판에서의 대류 열전달 계수

평판은 대류 열전달을 해석할 때 모든 표면 중에서 가장 복잡한 물리적 형상이다. 평판은 또한 건물이나 구조적 표면에서의 열전달, 열교환기 표면에서의 열전달, 이동하는 차량의 외부 표면에서의 열전달, 지표면에서의 열전달, 엔진 부품과 노즐 내에서의 열전달 등과 같은 많은 중요한 공학적 응용에서 타당한 근사화이다. 그림 4.20에는 평판과 평행한 유체 유동이 그려져 있는데, 여기에서는 경계층이 평판의 선단에서 발달하기 시작하여 경계층에 난류 유체 유동이 포함되는 지점까지 계속해서 발달하고 있는 상태이다. 경계층 내 유동에 관한 식들은 제4.3절에서 다음과 같이 전개한 바 있다. 즉,

질량 보존

$$\frac{\partial \mathbf{u}}{\partial x} + \frac{\partial \mathbf{v}}{\partial y} + 0 \tag{4.44, 다시 씀}$$

x 방향 운동량 보존

$$\mathbf{u}\frac{\partial \mathbf{u}}{\partial x} + \mathbf{v}\frac{\partial \mathbf{u}}{\partial y} = \frac{\mu}{\rho}\frac{\partial^2 \mathbf{u}}{\partial y^2} - \frac{1}{\rho}\frac{dp}{dx} \qquad \text{(4.46, 다시 씀)}$$

및 에너지 보존

$$\mathbf{u}\frac{\partial T}{\partial x} + \mathbf{v}\frac{\partial T}{\partial y} = \alpha\frac{\partial^2 T}{\partial y^2} \qquad \text{(4.57, 다시 씀)}$$

이 식들은 다음 조건에서 적용할 수 있다.

a. 정상 상태

b. 비열이 일정한 비압축성 물질

c. 점성 소산 없음

d. 균질 및 등방성 상태량

e. 자릿수(order-of-magnitude)가 적용됨

평판 위를 흐르는 층류 평행 유동에서는 x 방향 압력 기울기는 0이거나 거의 0으로 가정할 수 있다. 이는 $dp/dx = 0$으로 식 (4.46)이 다음과 같이 된다는 것을 의미한다.

$$\mathbf{u}\frac{\partial \mathbf{u}}{\partial x} + \mathbf{v}\frac{\partial \mathbf{u}}{\partial y} = \frac{\mu}{\rho}\frac{\partial^2 \mathbf{u}}{\partial x^2} \qquad (4.78)$$

위 세 식 (4.44), (4.78) 및 (4.57)은 열전달과 유체 유동을 기술하는 식 세트를 나타내므로 경계층에서 온도 분포와 속도 분포를 산출할 수 있다.

해는 다음과 같은 경계 조건으로 구할 수 있다. 즉,

$$
\begin{aligned}
&\text{1. } T^* = \frac{T - T_s}{T_\infty - T_s} && (x \geq 0, \ y = 0 \text{에서}) \\[2mm]
&\text{2. } T = 1 && (x \geq 0, \ y \rightarrow \infty \text{에서}) \\[2mm]
&\text{3. } \mathbf{u} = 0 && (x \geq 0, \ y = 0 \text{에서}) \\[2mm]
&\text{4. } \mathbf{u} = \mathbf{u}_\infty && (x \geq 0, \ y \rightarrow \infty \text{에서})
\end{aligned}
\qquad (4.79)
$$

이 문제의 해석은 물리적 상태량들이 일정하기 때문에 어느 정도 단순한데, 이는 운동 방정식 (4.44)와 (4.78)을 에너지 방정식 (4.57)과는 독립적으로 풀 수 있다는 것을 의미한

다. 그러므로 먼저 속도 분포를 푼 다음, 별개 문제로서 온도 해를 에너지 방정식으로 구하면 된다.

운동 방정식의 해는 유체 동역학적 해(수력학적 해)라고 한다. 블라시우스(Blasius)[7]가 가장 먼저 특정 해를 풀어냈다. 또한, 다른 연구자들도 동일한 문제를 살펴보고 유사한 해들을 구해냈다. 해를 구하는 방법은 슐리흐팅(Schlichting)[3]이 약술한 대로 그리고 블라시우스를 좇아서 유선 함수 $\psi(x, y)$를 가정함으로써 시작하는데, 이는 다음과 같은 조건을 만족하여야 한다.

$$\mathbf{u} = \frac{\partial \psi(x, y)}{\partial y} \quad \text{및} \quad \mathbf{v} = \frac{\partial \psi(x, y)}{\partial x} \tag{4.80}$$

이 관계들은 식 (4.44)가 자동적으로 만족된다는 것을 의미한다(연습 문제 4.19 참조). 그런 다음 주의 깊게 선정하여 다음과 같이 2개의 새로운 변수를 정의한다.

$$\eta = y \sqrt{\frac{\mathbf{u}_\infty}{\nu x}} \tag{4.81}$$

$$f(\eta) = \frac{\psi(x, y)}{\sqrt{\mathbf{u}_\infty \nu x}} \tag{4.82}$$

또한, 층류 영역에서는 속도 분포가 평판을 따라 어느 위치에서도 그 특성이 동일하다고 가정한다. 이는 $\mathbf{u}/\mathbf{u}_\infty$가 일종의 y/δ의 함수라는 것을 의미한다.

$$\frac{\mathbf{u}}{\mathbf{u}_\infty} = \phi\left(\frac{y}{\delta}\right) \tag{4.83}$$

경계층 두께는 다음과 같은 관계로 기술할 수 있다고 가정하면,

$$\delta = \sqrt{\frac{\nu x}{\mathbf{u}_\infty}} \tag{4.84}$$

식 (4.83)은 다음과 같이 된다.

$$\frac{\mathbf{u}}{\mathbf{u}_\infty} = \phi\left(y \sqrt{\frac{\mathbf{u}_\infty}{\nu x}}\right) = \phi(\eta) \tag{4.85}$$

식 (4.80), (4.81) 및 (4.82)에서 다음 식이 나온다.

$$\mathbf{u} = \frac{\partial \psi}{\partial y} = \frac{\partial \psi}{\partial \eta}\frac{\partial \eta}{\partial y} = \sqrt{\mathbf{u}_\infty \nu x}\frac{\partial f(\eta)}{\partial \eta} \cdot \sqrt{\frac{\mathbf{u}_\infty}{\nu x}} = \mathbf{u}_\infty \frac{\partial f(\eta)}{\partial \eta} = \mathbf{u}_\infty \frac{df(\eta)}{d\eta} \qquad (4.86)$$

또한, 다음과 같이 된다.

$$\mathbf{v} = -\frac{\partial \psi}{\partial x} = \frac{1}{2}\sqrt{\frac{\mathbf{u}_\infty \nu}{x}}\left(\eta \frac{df(\eta)}{d\eta} - f(\eta)\right) \qquad (4.87)$$

이 속도 항들의 미분은 다음과 같다.

$$\frac{\partial \mathbf{u}}{\partial x} = -\left(\frac{\mathbf{u}_\infty}{2x}\right)\eta \frac{d^2 f(\eta)}{d\eta^2} \qquad (4.88)$$

$$\frac{\partial \mathbf{u}}{\partial y} = \mathbf{u}_\infty \sqrt{\frac{\mathbf{u}_\infty}{\nu x}}\frac{d^2 f(\eta)}{d\eta^2} \qquad (4.89)$$

및
$$\frac{\partial^2 \mathbf{u}}{\partial y^2} = \frac{\mathbf{u}_\infty^2}{\nu x}\frac{d^3 f(\eta)}{d\eta^3} \qquad (4.90)$$

식 (4.86)~(4.90)을 x 방향 운동량 식인 식 (4.78)에 대입하면, 다음과 같이 나온다.

$$2\frac{d^3 f(\eta)}{d\eta^3} + f(\eta)\frac{d^2 f(\eta)}{d\eta^2} = 0 \qquad (4.91)$$

이렇게까지 처리를 하는 목적은 편미분 방정식인 식 (4.78)을 상미분 방정식인 식 (4.91)로 변환시키고자 하는 것이다. 이 식은 비선형 3차 상미분 방정식인데, 여기에서 해당 문제에 적합한 관련 경계 조건들은 다음과 같다.

$$\begin{array}{lll} \text{B.C. 1} & \dfrac{df(\eta)}{d\eta} = 0 & (\eta = 0\text{에서}) \\[3mm] \text{B.C. 2} & f(\eta) = 0 & (\eta = 0\text{에서}) \\[3mm] \text{B.C. 3} & \dfrac{df(\eta)}{d\eta} = 1 & (\eta \rightarrow \infty\text{에서}) \end{array} \qquad (4.92)$$

이 문제에 닫힌 형식의 해는 개발되어 있지 않지만 급수해들은 이미 구해져 있다.

Howarth[8]는 수치 해법을 사용하여 많이 인용되어 온 해와 공학용으로 충분히 정밀하다고 할 수 있는 해도 계산했다. 이 결과들은 간추린 형태로 표 4.3에 실려 있고, 그림 4.27에 그래프로 그려져 있다. 이 표에서 $\eta = 5.0$에서 항 $df(\eta)/d\eta = \mathbf{u}/\mathbf{u}_\infty = 0.9916$임을 알 수 있다.

많은 연구가들은 경계층 포락선을 정의하는 데 다음과 같이 선정하였다.

$$y = \delta \quad \frac{\mathbf{u}}{\mathbf{u}_\infty} = 0.9916일 \ \text{때} \tag{4.93}$$

이 조건에서 식 (4.81)과 (4.84)를 사용하면 다음과 같이 나온다.

$$5.0 = y\sqrt{\frac{\mathbf{u}_\infty}{\nu x}}$$

$\text{Re}\,x = \mathbf{u}_\infty x/\nu$ 이므로, 위 식을 다시 정리하면 다음과 같이 된다.

$$\delta = 5.0\, x/\sqrt{\text{Re}_x} \tag{4.94}$$

또한, 유체에 작용하는 전단 응력 식 (4.69), $\tau_s = \mu[\partial \mathbf{u}/\partial y]_{y=0}$을 다시 써서, 식 (4.89)의 결과를 사용하면 다음과 같은 식이 나오게 된다.

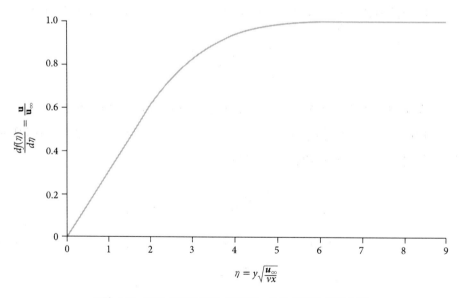

그림 4.27 평판 표면을 따라 형성되는 층류 경계층 유동 분포

$$\tau_s = \mu \mathbf{u}_\infty \sqrt{\frac{\mathbf{u}_\infty}{vx}} \left[\frac{d^2 f(\eta)}{d\eta^2} \right]_{\eta=0}$$

표 4.3에서 다음과 같이 구할 수 있으므로,

$$\frac{d^2 f(\eta)}{d\eta^2} = 0.332 \qquad (\eta = 0 \text{에서})$$

다음과 같은 값이 나온다.

표 4.3 평판 표면을 따라 형성되는 평행 경계층에서의 함수 $f(\eta)$를 Howarth[8]가 구한 결과

$\eta = y\sqrt{\dfrac{u_\infty}{vx}}$	$f(\eta)$	$\dfrac{df(\eta)}{d\eta} = \dfrac{\mathbf{u}}{\mathbf{u}_\infty}$	$\dfrac{d^2 f(\eta)}{d\eta^2}$
0	0	0	0.3321
0.2	0.0066	0.0664	0.3320
0.4	0.0266	0.1328	0.3315
0.6	0.0597	0.1989	0.3301
0.8	0.1061	0.2647	0.3274
1.0	0.1656	0.3298	0.3230
1.4	0.3230	0.4563	0.3079
1.8	0.5295	0.5748	0.2829
2.2	0.7812	0.6813	0.2484
2.6	1.0725	0.7725	0.2065
3.0	1.3968	0.8461	0.1614
3.4	1.7470	0.9018	0.1179
3.8	2.1161	0.9411	0.0801
4.2	2.4981	0.9670	0.0505
4.6	2.8883	0.9827	0.0295
5.0	3.2833	0.9916	0.0159
5.4	3.6809	0.9962	0.0079
5.8	4.0799	0.9984	0.0037
6.2	4.4795	0.9994	0.0016
6.6	4.8793	0.9998	0.0006
7.0	5.2793	0.9999	0.0002
7.4	5.6792	1.0000	0.0001
7.8	6.0792	1.0000	0.0000
8.2	6.4792	1.0000	0.0000

$$\tau_x(x) = 0.332\mu\mathbf{u}_\infty\sqrt{\frac{\mathbf{u}_\infty}{\nu x}} \qquad (4.95)$$

주목할 점은 이 전단 응력은 선단에서 떨어진 거리인 x의 함수라는 것이다. 마찰 항력 계수 C_f는 앞서 식 (4.70)으로 정의한 것으로 다음과 같다.

$$C_f = \frac{2\tau_x}{\rho\mathbf{u}_\infty^2}$$

그러므로 마찰 항력 계수는 식 (4.95)에서 다음과 같이 쓸 수 있다.

$$C_f = 0.664\mu\frac{1}{\rho\mathbf{u}_\infty}\sqrt{\frac{\mathbf{u}_\infty}{\nu x}}$$

레이놀즈 수의 정의를 다시 적용하면 위의 식은 결과가 다음과 같이 된다.

$$C_f = \frac{0.664}{\sqrt{\mathrm{Re}_x}} \qquad (4.96)$$

식 (4.96)과 같은 마찰 항력 계수는 국소 값이므로, 전체 표면에 걸친 평균값은 다음과 같이 된다.

$$C_{f,\mathrm{ave}} = \frac{1}{L}\int_0^L C_f\,dx$$

전체 표면이 층류 유동인 경우에는 식 (4.96)을 사용하여 평균 항력 계수의 양함수 해를 구할 수 있다(연습 문제 4.14 참조).

$$C_{f,\mathrm{ave}} = \frac{1.328}{\sqrt{\mathrm{Re}_L}} \qquad (4.97)$$

예제 4.11

온도가 27 ℃인 공기가 평편한 지붕 위를 5 m/s로 흐른다. 공기 유동 경계층이 층류에서 난류로 천이하게 되는 지점을 지붕의 선단을 원점으로 하여 산출하라. 그런 다음 이 위치에서의 경계층 두께와 마찰 항력 계수를 각각 산출하라.

풀이 평편한 표면을 따라서 층류 유동이 난류 유동으로 천이하는 것은 임계 레이놀즈 수를 $\mathrm{Re}_L = 4\times10^{-5}$로 가정함으로써 산출할 수 있다. 그러므로

$$x = \frac{\mathrm{Re}_{xC}\nu}{\mathrm{u}_\infty} = \frac{(4 \times 10^5)(15.365 \times 10^{-6}\ \mathrm{m^2/s})}{5\ \mathrm{m/s}} = 1.2292\ \mathrm{m} \qquad 답$$

경계층 두께는 식 (4.94)를 사용하여 산출하면 된다.

$$\delta = \frac{5.0x}{\sqrt{\mathrm{Re}_L}} = \frac{(5.0)(1.2292\ \mathrm{m})}{\sqrt{4 \times 10^5}} = 0.97\ \mathrm{cm} \qquad 답$$

마찰 항력 계수 C_f는 식 (4.96)으로 구할 수 있다.

$$C_f = \frac{0.664}{\sqrt{\mathrm{Re}_x}} = 0.00105 \qquad 답$$

예제 **4.12**

예제 4.11에 주어진 공기 유동 조건을 사용하고, 지붕은 그림 4.28과 같이 폭이 40 m라고 가정한다. 그런 다음 지붕의 선단에서 1.2292 m인 지점에 작용하는 전단력을 산출하라. 즉, 층류 유동 경계층 전단 응력에 기인하는 전단력을 산출하라.

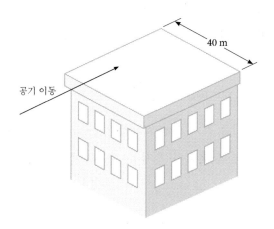

그림 4.28 평편한 지붕 위를 흐르는 공기 유동

풀이 먼저 전단 응력 $\tau_{x,\mathrm{ave}}$을 산출하여 전단력을 산출한 다음, 전단 응력의 정의를 사용하여 전단력 $F_s = \tau_{x,\mathrm{ave}} \cdot A$를 구하면 되는데, 여기에서 A는 전단 응력이 작용하는 표면적이다. 전단 응력은 전체 표면에 걸친 평균값으로 봐야 하는데, 이 값은 다음과 같은 식으로 산출한다.

$$\tau_{x,\mathrm{ave}} = C_{f,\mathrm{ave}}\rho\frac{\mathrm{u}_\infty^2}{2}$$

여기에서 평균 마찰 항력 계수는 식 (4.97)로 정의된다.

$$C_{f,\text{ave}} = \frac{1.328}{\sqrt{\text{Re}_L}} = \frac{1.328}{\sqrt{4 \times 10^5}} = 2.1 \times 10^{-3}$$

그러면 평균 전단 응력은 다음과 같으므로,

$$\tau_{x,\text{ave}} = (2.1 \times 10^{-3})\left(1.1614\,\frac{\text{kg}}{\text{m}^3}\right)\frac{(5\ \text{m/s})^2}{2} = 0.030\ \text{Pa}$$

전단력은 다음과 같다.

$$F_s = \left(0.030\,\frac{\text{N}}{\text{m}^2}\right)(40\ \text{m} \times 1.2292\ \text{m}) = 1.525\ \text{N}$$

답

속도 분포 결과를 사용하면 에너지 식 (4.57)을 풀어 온도 분포를 구할 수 있다. 해를 구하는 데 일반적으로 인정되는 해법은 무차원 온도 T^*를 사용하는 것인데, 여기에서 이 매개변수는 식 (4.79)의 1차 경계 조건에서 정의된다. 이 무차원 온도 분포 특성은 표면을 따라서 어느 위치를 선정하여도 동일하다고 가정하므로, 온도는 η의 함수, 즉 $T^* = T^*(\eta)$로 기술할 수 있다. 그러면 에너지 식은 다음과 같이 쓸 수 있는데,

$$\frac{d^2f(\eta)}{d\eta^2} + \frac{\text{Pr}}{2}f(\eta)\frac{dT^*(\eta)}{d\eta} = 0 \tag{4.98}$$

여기에서 $f(\eta)$는 운동량 식을 풀기 위해 사용했던 함수와 동일하며 표 4.3에 실려 있다. 평판 표면을 따라 형성되는 경계층 내 평행류 경우의 경계 조건들은 다음과 같이 쓸 수 있다.

$$\begin{array}{lll} \text{B.C. 1} & T^*(\eta) = 0 & (\eta = 0\text{에서}) \\ \text{B.C. 2} & T^*(\eta) = 1 & (\eta \to \infty\text{에서}) \end{array} \tag{4.99}$$

식 (4.98)에 이러한 관련 경계 조건을 적용한 해는 수치 해법으로 구했으며, Pohlhausen[9]은 $50 \ge \text{Pr} \ge 0.6$일 때 다음과 같음을 증명하였다.

$$\left[\frac{dT^*(\eta)}{d\eta}\right]_{\eta=0} = 0.332\,\text{Pr}^{1/3} \tag{4.100}$$

그러므로 식 (4.31)의 결과를 사용하면 국소 대류 열전달 계수 h_x를 다음과 같이 쓸 수 있다.

$$h_x = \frac{\kappa_{\text{fluid}}}{T_\infty - T_s}\left[\frac{\partial T^*}{\partial y}\right]_{y=0}$$

$T^* = (T - T_s)/(T_\infty - T_s)$이므로 $\partial T/\partial y = (T_\infty - T_s)\partial T^*/\partial y$가 되며, 앞에서 언급한 무차원 매개변수 η를 사용하면 다음과 같이 나온다.

$$\frac{\partial T^*}{\partial y} = \sqrt{\frac{\mathbf{u}_\infty}{\nu x}}\frac{\partial T^*(\eta)}{\partial \eta}$$

그러면

$$h_x = \sqrt{\frac{\mathbf{u}_\infty}{\nu x}}\kappa_{\text{fluid}}\left[\frac{\partial T^*(\eta)}{\partial \eta}\right]_{\eta=0} = 0.332\sqrt{\frac{\mathbf{u}_\infty}{\nu x}}\kappa_{\text{fluid}}\text{Pr}^{1/3}$$

즉,

$$h_x = 0.332\frac{1}{x}\sqrt{\frac{\mathbf{u}_\infty x}{\nu}}\kappa_{\text{fluid}}\text{Pr}^{1/3} = 0.332\frac{\kappa_{\text{fluid}}}{x}\text{Re}_x^{1/2}\text{Pr}^{1/3} \qquad (4.101)$$

이 식은 무차원 형태로 표현할 때가 훨씬 더 많으므로 다음과 같이 된다.

$$\text{Nu}_x = 0.332\text{Re}^{1/2} \cdot \text{Pr}^{1/3} \qquad (4.102)$$

주목할 점은 이 식이 차원 해석으로 구한 일반식 (4.68)과 얼마나 잘 일치하는가이다. 잊지 말아야 할 점은 식 (4.101)과 (4.102)는 $\text{Re} \leq 4 \times 10^5$으로 층류이고 $50 \geq \text{Pr} \geq 0.6$일 때에만 적용할 수 있다는 것이다.

열 경계층 δ_T는 다음과 같은 식으로 속도 경계층과의 관계를 나타낼 수 있다.

$$\delta_T = (\delta/1.026)\text{Pr}^{-1/3} = (5.0\, x/1.026)(\text{Re}^{-1/2})\,(\text{Pr}^{-1/3}) \qquad (4.103)$$

이 결과는 층류 경계층 유동일 때와 프란틀 수가 $50 \geq \text{Pr} \geq 0.6$일 때로 제한된다. 아울러 주목할 점은, 경계층은 두께가 선단에서 뒤로 갈수록 증가하는 반면에 대류 열전달 계수는 감소한다는 것이다. 평균 대류 열전달 계수 h_{ave}는 다음과 같이 정의할 수 있는데,

$$h_{\text{ave}} = \frac{1}{L}\int_0^L h_x dx \qquad (4.104)$$

여기에서 L은 평균 대류 열전달 계수가 정의되는 표면의 전체 길이이다. 식 (4.101) 또는

(4.102)를 사용하고 평판 표면 전체에 걸쳐서 층류 유동이라고 가정하면, 평균 대류 열전달 계수는 식 (4.104)에서 다음과 같이 된다.

$$h_{\text{ave}} = \frac{\kappa_{\text{fluid}}}{L}(0.664\,\text{Re}_L^{1/2} \cdot \text{Pr}^{1/3}) = 2h_L \tag{4.105}$$

여기에서 h_L은 $x = L$에서 대류 열전달 계수의 국소 값이다. 프란틀 수가 작은 유체에서는 위의 전개 과정을 수정해야만 하므로 식 (4.101)부터 식 (4.105)까지의 결과가 적용되지 않는다. 프란틀 수$(\text{Pr} = \mu/\rho\alpha = \mu c_p/\kappa)$가 작은 유체는 열 경계층 두께가 속도 경계층 두께보다 훨씬 더 두꺼운 경향이 있다. 즉, $\delta_T \gg \delta$이다. 이 현상의 결과로 열 경계층에서 속도는 일정하다고, 즉 $u = u_\infty$라고 가정해도 된다. 그러므로 다음 관계가 성립된다는 것이 증명된다.

$$\text{Nu}_x = 0.565(\text{Re}_x\text{Pr})^{1/2} \tag{4.106}$$

이 식은 $\text{Pr} \leq 0.05$이고 $\text{Re} \geq 2000$일 때로 제한된다. 나트륨, 수은과 같은 액체 금속들은 프란틀 수가 0.05보다 작은 중요한 유체이다. 프란틀 수 값에 상관없이 유체에 사용할 수 있는 식은 Churchill과 Ozoe[10]가 다음과 같이 제안하였는데,

$$\text{Nu}_x = 0.3387\frac{\text{Re}_x^{1/2} \cdot \text{Pr}^{1/3}}{\left[1 + \left(\dfrac{0.0468}{\text{Pr}}\right)^{2/3}\right]^{1/4}} \tag{4.107}$$

이 식은 $\text{Re} \cdot \text{Pr} \geq 100$일 때로 제한된다. 식 (4.107)로 구한 결과는 앞에서 설명한 식들로 구한 결과보다는 신뢰도가 약간 떨어진다고 볼 수 있다. 그러나 예외적으로 프란틀 수의 범위가 0.05에서 0.6 사이일 때에는 식 (4.107)이 다른 형태의 식보다 한층 더 정밀한 것으로 보인다.

난류

많은 대류 열전달 상황에는 유동 특성이 난류인 유체 유동과 관련된다. 난류 유동은 연구가 잘 되어 있기는 하지만, 유동 상태를 확실하게 예측할 수 있는 해석 수단은 개발이 잘 되어 있지 않다. 난류 유동은 그 본질이 무질서하기 때문에, 난류 경계층 내 유체 속도를 확실하게 예측한다는 것은 불가능에 가깝다. 이러한 장애가 있기 때문에 난류 경계층에서

열 유동을 구하고 대류 열전달 계수를 해석적으로 산출한다는 사실을 아직까지는 찾아볼 수 없다. 난류 경계층 속도 분포는 실험 데이터를 기반으로 하여 그림 4.20과 같이 예측해 볼 수 있다.

고체 표면 근방을 제외하고는 전 영역에 걸쳐서 속도가 거의 균일하다고, 즉 $u \approx u_\infty$이라고 보는 것이 유력한데, 이 고체 표면 근방에서는 두께가 얇은 층류 저층이 표면에 바로 인접하여 발생한다. 이 층류 저층은 혼합 버퍼 영역 또는 천이 층으로 난류 층과 구분된다고 보는데, 이 혼합 버퍼 영역은 층류와 난류의 중간 특성을 띤다. 슐리흐팅(Schlichting)[3]과 그 외 연구자들이 제시한 실험 결과에서 다음과 같은 식이 나오는데, 이 식은 $10^8 \geq \mathrm{Re}_x \geq 5 \times 10^5$일 때로 제한하며,

$$C_f = \frac{0.0592}{\mathrm{Re}_x^{1/5}} \tag{4.108}$$

여기에서 실험 정밀도는 15 % 이내이다. 또한, 속도 경계층은 다음과 같은 근사식으로 표현할 수 있으며,

$$\delta = 0.37x/\mathrm{Re}_x^{1/5} \tag{4.109}$$

이 2개의 관계에서 프란틀 수는 항력 계수나 경계층 두께를 산출하는 데 중대한 변수가 아님을 알 수 있다.

이러한 열적 현상 관찰 결과를 확장해보면, 열 경계층과 속도 경계층은 동일하다고 가정할 수 있다. 즉,

$$\delta_T = \delta \quad \text{(난류 경계층일 때)} \tag{4.110}$$

식 (4.108)과 함께 Reynols-Colburn의 상사 식 (4.77)을 사용하면 다음의 식이 나온다.

$$\mathrm{Nu}_x = 0.0296\mathrm{Re}_x^{4/5} \cdot \mathrm{Pr}^{1/3} \tag{4.111}$$

경계층에 층류 유동 패턴과 난류 유동 패턴이 모두 발생하는 평판 표면에서는 층류 유동이 특정한 지점인 x_c에서 끝난다고 가정함으로써, 평균 대류 열전달 계수를 산출할 수 있으므로 다음과 같이 되는데,

$$\mathrm{Nu}_{L,\text{ave}} = \frac{1}{L}\left(\int_0^{x_c} h_{x,\text{laminar}}dx + \int_{x_c}^{L} h_{x,\text{turb}}dx\right) \tag{4.112}$$

여기에서 $h_{x,\text{laminar}}$ 는 식 (4.101)과 동일하고, $h_{x,\text{turb}}$ 는 $h_{x,\text{turb}} = \text{Nu}_x \kappa / x$ 임을 주목한다면 식 (4.111)과 동일한 것이다.

식 (4.112)에서 나오는 결과의 또 다른 형태는 다음과 같이 쓸 수 있는데,

$$\text{Nu}_{L,\text{ave}} = \frac{1}{L}\left(\int_0^{x_c} \text{Nu}_{x,\text{laminar}}\, dx + \int_{x_c}^{L} \text{Nu}_{x,\text{turb}}\, dx\right) \tag{4.113}$$

여기에서 $\text{Nu}_{x,\text{laminar}}$ 는 식 (4.102)의 것이고 $\text{Nu}_{x,\text{turb}}$ 는 식 (4.111)의 것이다. 임계 레이놀즈 수를 $\text{Re} = 4 \times 10^5$ 으로 잡고, 식 (4.113)을 적분하면 다음과 같이 된다.

$$\text{Nu}_{L,\text{ave}} = (0.037\text{Re}_L^{4/5} - 702)\text{Pr}^{1/3} \tag{4.114}$$

일부 연구자들은 층류 유동이 순간적으로 난류 유동으로 천이하게 되는 임계 레이놀즈 수로 $\text{Re} = 5 \times 10^5$ 을 사용하고 있으므로, 이 값에서는 누셀 수가 다음과 같이 된다.

$$\text{Nu}_{L,\text{ave}} = (0.037\text{Re}_L^{4/5} - 871)\text{Pr}^{1/3} \tag{4.115}$$

다시 말해서 누셀 수를 구한 다음 이어서 대류 열전달 계수를 산출하고자 식 (4.114) 또는 (4.115)를 사용하려면, 유체의 프란틀 수는 0.6과 60 사이의 값이어야 한다. 평판 표면이 매우 길 때의 유동 조건에서나 또는 평판 표면이 거칠어서 난류가 거의 표면 전체에서 발생할 때에는 식 (4.114)와 (4.115)는 다음과 같은 형태가 된다.

$$\text{Nu}_{L,\text{ave}} = (0.037\text{Re}_L^{4/5}) \cdot \text{Pr}^{1/3} \quad \text{(완전 난류 유동)} \tag{4.116}$$

경계층 내 유동이 오로지 난류뿐이고 선단 위치나 전체 길이를 전혀 확인할 수 없는 특별한 경우에는 $L \approx 0.6\ \text{m}$, 즉 2 ft로 추천하고 있다[11]. 이 매개변수 값은 예제 4.13에서 적용하게 될 것이다.

평판 표면에서의 층류 경계층, 난류 경계층 또는 혼합 경계층에서 누셀 수와 레이놀즈 수, 프란틀 수와의 관계식을 제시하는 공식 발표 결과들이 많이 있다. 이에 관련하여 더 알고 싶다면, Churchill[10, 12]를 참조하기 바란다. 대류 열전달 계수가 필요한 모든 경우에서 여러 가지 식으로 구한 값들 사이에는 25 % 이상의 편차가 난다고 봐야 한다. 프란틀 수, 밀도, 비열과 같은 상태량이나 아주 중요한 다른 조건들의 변화, 어떤 식을 유도하거나 개발할 때 가정했던 유동 조건 대비 실제 유동 조건의 섭동, 아니면 미리 예상하지 못 했던 현상 때문에 생각하는 만큼 이론과 실제가 그리 잘 일치하는 것은 아니다.

또한, 유체에서는 상태량 값들이 국소 온도에 따라 변하기 때문에, 대개는 유체 상태량 값을 막 온도(film temperature) T_f에서 구하게 되는데, 이 막 온도는 다음과 같이 정의된다.

$$T_f = \frac{1}{2}(T_\infty + T_s) \tag{4.117}$$

여기에서 T_s는 표면 온도이다. 때로는 식이 제공되기도 하는데, 이때에는 상태량을 막 온도가 아닌 어떤 다른 온도에서 알아보아야 한다. 이러한 식에는 이 식을 사용하기에 적정한 온도나 온도들이 정의되어 있다.

예제 4.13

온도가 15 ℃인 대기가 발전소에서 냉각용 저수지로 사용되는 한 변이 100 m인 사각 저수지를 가로질러 흐른다. 이 공기는 7 m/s로 이동하고 저수지의 표면 온도는 40 ℃이다. 저수지 표면의 단위 면적(1 m^2)당 열손실을 산출하라.

풀이 열손실을 산출하려면 먼저 대류 열전달 계수를 구한 다음, 뉴턴의 냉각 법칙을 적용해야 한다. 공기는 저수지 주위의 지면 위를 마찬가지로 지난다고 볼 수 있기 때문에 경계층 내 공기 유동을 완전 난류로 가정한다. 또한, 유동 특성은 저수지 주위 지면 위를 흐르는 유동과 비교하여 저수지 위에서는 어느 정도 변하리라고 보기 때문에, 유동을 기술하는 데 사용할 특성 길이를 60 cm라고 가정한다. 저수지 위를 흐르는 특정 난류 유동 패턴이 저수지 가장자리에서 60 cm 이내에서 개시하므로 이 지점을 넘어서 길이가 60 cm인 난류 '셀'들이 발생한다고 가정한다. 또한, Brown과 Marco[11]도 특성 길이로 이와 동일한 값을 제시한 바 있다. 그러면 공기 특성량들을 산출하는 막 온도로 27.5 ℃ (=[40 ℃+15 ℃]/2)를 사용하면, 다음과 같이 된다.

$$\text{Re}_L = \frac{\mathbf{u}_\infty L}{\nu} = \frac{(7 \text{ m/s})(0.60 \text{ m})}{(1.59 \times 10^{-5} \text{ m}^2/\text{s})} = 2.64 \times 10^5$$

식 (4.116)에서 다음이 나온다.

$$\text{Nu}_{L,\text{ave}} = (0.037\text{Re}_L^{4/5}) \cdot \text{Pr}^{1/3} = 0.037(2.64 \times 10^5)^{4/5}0.71^{1/3} = 718.0$$

저수지 수면 열전달에서의 평균 대류 열전달 계수는 다음과 같으며,

$$h = \frac{\text{Nu}(\kappa)}{L} = \frac{(718.0)\left(0.0241 \dfrac{\text{W}}{\text{m} \cdot \text{k}}\right)}{0.60 \text{ m}} = 8.65 \frac{\text{W}}{\text{m}^2 \cdot \text{k}}$$

단위 면적당 열손실은 다음과 같다.

$$\dot{q}_A = h_{\text{ave}}(T_\infty - T_x) = \left(8.65 \frac{\text{W}}{\text{m}^2 \cdot \text{k}}\right)(40\text{°C} - 15\text{°C}) = 216 \frac{\text{W}}{\text{m}^2} \qquad \text{답}$$

이 예제에서는 레이놀즈 수가 4×10^5 보다 더 작은데, 이는 유동이 층류라는 것을 의미한다. 실험에서 도출된 값을 보면 표면이 거칠거나 유선의 크기나 방향이 일정하지 않을 때에는 난류 유동이 임계치인 4×10^5 보다 훨씬 더 낮은 값에서도 발생할 수 있다. 주목할 점은 레이놀즈 수를 산출하는 데 사용할 특성 길이를 가정하는 것이 아주 중요하다는 것이다. 선단의 위치가 확실히 식별되고 전체 길이도 정의할 수 있으면, 이 전체 길이의 값이 바로 L 값이 되는 것이다.

단열/가열 평판 표면

때로는 대류 열전달이 평판 표면 중에서 일부만 가열 또는 냉각되는 그러한 표면에서 일어나기도 한다. 이러한 상황은 그림 4.29에 개략적으로 나타나 있는데, 이 그림에서는 유체가 대류 열전달을 일으키지 않은 채로 평판 표면 위를 지나고 있다.

이러한 근사 조건은 유체와 평판 표면이 온도가 동일하고 점성 소산을 무시할 수 있을 때, 즉 유동 속도가 느릴 때에 가능하다. 유동 속도가 음속에 가까우면 점성 소산을 포함시켜야 하지만, 여기에서는 그러한 가능성을 배제한다. 이 경우에는 유체가 평판 표면 위를 지나가면서, 표면에서는 선단에서 표면을 따라 $x = x_H$인 지점에서 급작스런 계단형 온도 증가나 감소가 일어난다. 그림 4.29의 개략도에는 평판에 히터가 매입되어 있지만, 냉각 요소가 매입되어 있다면 유체 가열 조건 대신에 이와 상반되는 유체 냉각 조건이 제공된다. 경계층은 자체 포락선으로 표시되어 있다. 이 경계층은 다음과 같이 앞서 등온 표면에서

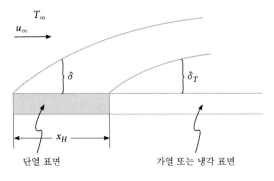

그림 4.29 초입 부분이 단열 조건인 평판 표면에서의 대류 열전달

사용했던 방법으로 나타낼 수 있는데,

$$\text{Nu}_x = 0 \qquad\qquad (x \leq x_H \text{일 때})$$

$$\text{Nu}_x = 0.332\frac{\text{Re}^{1/2} \cdot \text{Pr}^{1/3}}{[1 - (x_H/x)^{3/4}]^{1/3}} \qquad (x > x_H \text{일 때}) \qquad (4.118)$$

이 식에서는 $50 \geq \text{Pr} \geq 0.6$이고 $\text{Re} \leq 4 \times 10^5$(층류 유동)이다.

이와 동일한 문제에서 난류 경계층 유동 조건이 달라지면 다음과 같은 식을 사용하게 되는데,

$$\text{Nu}_x = 0.0296\frac{\text{Re}^{4/5} \cdot \text{Pr}^{1/3}}{[1 - (x_H/x)^{9/10}]^{1/9}} \qquad (4.119)$$

이 식에서는 $50 \geq \text{Pr} \geq 0.6$이고 $\text{Re} > 4 \times 10^5$이다.

균일 열전달

지금까지는 평판 표면이 등온이라고, 즉 표면 온도가 일정하다고 가정했다. 국소 누셀 수와 대류 열전달 계수는 유동 표면을 따라서 변하기 쉽기 때문에, 열전달도 역시 변한다고 볼 수 있다. 평판 표면에 걸쳐서 단위 면적당 대류 열전달이 일정하다고 가정하면, 국소 표면 온도가 변한다고 보면 된다. 다음 식은 그러한 조건에서 경계층 내 유동이 층류라는 가정에서 유도된 것인데,

$$\text{Nu}_x = (0.453\text{Re}_L^{1/2}) \cdot \text{Pr}^{1/3} \qquad (4.120)$$

이 식에서는 $\text{Re} \leq 4 \times 10^5$이다.

유체 유동이 평판 표면에 걸쳐서 난류 경계층 유동일 때, 누셀 수와 레이놀즈 수, 프란틀 수와의 관계식은 다음과 같다.

$$\text{Nu}_x = 0.308\text{Re}^{4/5} \cdot \text{Pr}^{1/3} \qquad (4.121)$$

단위 면적당 열전달을 알고 있을 때에는 국소 표면 온도 $T_s(x)$는 다음과 같은 형태의 뉴턴 가열/냉각 법칙으로 산출하면 되는데,

$$T_s(x) = T_\infty + \frac{\dot{q}_A}{h_x} \qquad (4.122)$$

여기에서 $\dot{q}_A$는 단위 면적당 열전달로 그 단위는 단위 면적당 동력(W/m^2, $\text{Btu/hr} \cdot \text{ft}^2$ 등)이다.

예제 **4.14**

크기가 20 cm × 20 cm인 전열판이 정상 상태 조건에서 작동될 때 전력이 200 W가 사용된다. 이 전열판의 표면은 그림 4.30과 같이 이 판에 평행하게 10 m/s로 이동하는 27 ℃ 온도의 공기 기류에 노출되어 있다. 평형 및 정상 상태에서 이 전열판의 최고 온도와 최저 온도를 산출하라.

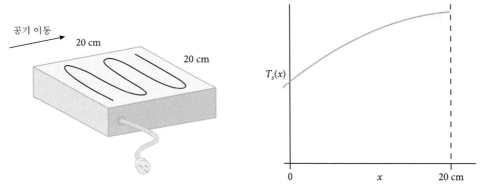

그림 4.30 예제 4.14

풀이 전열판은 열이 전체 면적에 걸쳐서 균일하게 분포한다면 동력이 200 W가 소산된다고 가정한다. 그러므로 다음과 같이 된다.

$$\dot{q}_A = \frac{200 \text{ W}}{400 \text{ cm}^2} = 5000 \frac{\text{W}}{\text{m}^2}$$

유동 특성은 레이놀즈 수를 구하여 판정한다.

$$\text{Re}_L = \frac{\mathbf{u}_x L}{\nu} = \frac{(10 \text{ m/s})(0.2 \text{ m})}{(15.86 \times 10^{-6} \text{ m}^2/s)} = 1.25 \times 10^5$$

전열판 표면 전체에 걸쳐서 층류 유동이라고 가정한다. 그러면 식 (4.120)에서 다음과 같이 된다.

$$\text{Nu}_x = \frac{h_x L}{\kappa} = 0.453 \text{Re}^{1/2} \cdot \text{Pr}^{1/3} = 320\sqrt{x}$$

국소 대류 열전달 계수는 $L = x$를 사용하면 다음과 같으며,

$$h_x = 320 \frac{\kappa}{\sqrt{x}} = \frac{8.42}{\sqrt{x}} \frac{\text{W}}{\text{m}^2 \cdot {}^\circ\text{C}}$$

국소 표면 온도 $T_s(x)$는 식 (4.122)를 사용하면 다음과 같다.

$$T_s(x) = T_\infty + \frac{\dot{q}_A}{h} = T_\infty + 594\sqrt{x}$$

최저 온도는 $x = 0$에서 발생하므로 $T_{s,\min}(0) = 27\,℃$이고, 최고 온도는 후단이 $x = 0.2\,\mathrm{m}$에서 발생하므로 다음과 같다.

$$T_{s,\max} = 27℃ + 594\sqrt{0.2} = 293℃ \qquad \text{답}$$

4.5 물체 주위에서 일어나는 대류 열전달

제4.4절에서는 평판 표면에서 일어나는 대류 열전달을 설명하였다. 이제는 물체와 이 물체 주위를 흐르는 유체 사이에서 일어나는 대류 열전달에 관하여 설명을 확장한다. 가장 먼저 살펴보고자 하는 배열 형태는 그림 4.31에 그려져 있다. 이 그림에서 유체는 자유 유선 속도 $\mathbf{V}_\infty$로 원기둥체 주위를 이 원기둥체 축에 대한 법선 방향으로 흐르는데, 이를 직교 유동(cross flow)이라고 한다. 이 원기둥체는 직경이 D이며, 그림 4.31에 정체점이 표시되어 있다. 이 정체점은 유체 속도가 0이 되는 위치를 나타내는 것으로, 이는 유체가 원기둥체 표면을 향하여 흘러가다 정지하게 되는 지점이다. 그림 4.31의 개략도에는 유체의 경로선(path line)들이 그려져 있다. 유체가 마찰이 없고 비점성이라면 이 경로선들은 x 방향과 y 방향 모두에서 대칭을 이루게 될 것이다. 이러한 거동은 앞서 설명을 하였고 그림 4.10에 예시되어 있다. 여기에서는 점성 마찰 유체를 살펴보고자 하는데, 이 유체에서는 경로선들이 y 방향에서는 대칭을 이루지만 x 방향에서는 비대칭을 이룬다. 경계층은 점성 효과 때문에 원기둥체의 원형 바깥 표면에 형성되며, 이 유체 유동을 해석하는 데 제4.4절에서 전개했던 경계층 식들을 사용하면 된다. 원형 표면 주위를 흐르는 유동이므로, 좌표는 r(반경)과 θ(정체점을 기준으로 하는 각변위)로 한다. 가장 먼저 살펴보아야 할 상태는 원기둥체를 따라 층류 경계층이 발달하는 과정이다. 그림 4.32a에는 정체점에서 시작하여 원형 표면을 따라 경계층이 발달하는 과정이 그려져 있다. 주목할 점은 자유 유선 속도 $\mathbf{V}_\infty$로 이동하는 유체가 점성과 운동량 작용 때문에 원기둥체에서 방향을 바꾸게 되므로, 자유 유선 속도 $\mathbf{u}_\infty$도 경계층의 외부 포락선을 따라서 변화하게 된다는 것이다. 잊지 말아야 할 점은 $\mathbf{u}_\infty$는 정체점에서 0이 된 다음, 원형 표면 주위에서 증가하여 대략 $\theta = 0°$에서 최고값에 도달하게 되고 경계층 두께도 증가하게 된다는 것이다.

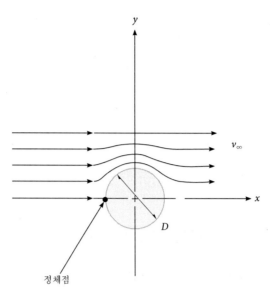

그림 4.31 원기둥체에 직교 유동하는 유체에 놓여 있는 일반적인 원기둥체 배열 형태

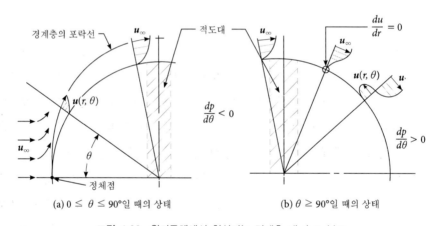

(a) $0 \leq \theta \leq 90°$일 때의 상태   (b) $\theta \geq 90°$일 때의 상태

그림 4.32 원기둥체에서 형성되는 경계층 내 속도 분포

자유 유선 속도 u_∞가 증가하는 작용 때문에 원형 표면을 따라서 유체 압력이 감소하게 된다고 할 수 있다. 이로써 원기둥체의 기하 형상과 원기둥체 주위의 유체 유동 패턴 때문에 유체 속도는 θ가 증가함에 따라 그 크기가 감소하는 경향을 보인다는 것을 알 수 있다. 그러므로 입자에 적용되는 베르누이 식에 따르면 다음과 같이 된다.

$$-\frac{1}{\rho}\frac{dp}{d\theta} = \frac{1}{2g_c}\frac{d(\mathbf{u}^2)}{d\theta} \tag{4.123}$$

유체 압력은 정체점에서 최고가 된 다음 θ가 증가함에 따라 감소한다. 즉, 식 (4.123)에서 $dp/d\theta < 0$이 된다. 이 압력 감소와 속도 증가는 경계층 두께의 증가와 함께 적도대 (equatorial belt)에까지 계속된다. 유체 유동 영역이 반구대(hemispherical belt)를 지나 발산하는 가하 형상 때문에, 유체의 자유 유선 속도는 감소하는 경향을 나타내므로 압력은 다시 또 그만큼 증가하게 된다. 속도 분포는 그림 4.32b와 같이 변곡점이 발달하기 시작한 다. 하류로 가면 갈수록 θ가 더욱더 커져서, 속도 분포는 표면에서 속도 기울기가 $d\mathbf{u}(r)/dr = 0$이 될 정도로 발생한다. 이렇게 되는 점을 박리점(separation point)이라 하고 다음 식과 같이 된다.

$$\frac{d\mathbf{u}(r)}{dr} = 0$$

이 하류 지점을 시점으로 하여 유체 유선이 원기둥체의 표면에서 박리된다. 이 작용으로 표면에는 부분 진공이 형성되는데, 이 부분 진공은 그림 4.32b에서 가장 먼 하류의 속도 분포에 그려져 있는 대로 역방향, 즉 상류 방향으로 흐르는 유체로 채워진다. 그러한 유동 역전 때문에 원기둥체의 하류 영역에서 후류(wake)라고도 하는 난류 작용이 일어나게 되는데, 이 후류는 난류 유동 영역이라고 단정한다. 속도가 느린 경우에는 후류가 작아서 후류에 난류가 거의 또는 전혀 존재하지 않지만, 속도가 증가하고 있는 상태에서는 그림 4.33과 같이 후류는 크기가 증가하게 된다. 이러한 유동 상황은 레이놀즈 수를 다음과 같은 식으로 확정함으로써 정량화할 수 있는데,

$$\mathrm{Re}_D = \frac{\mathbf{V}_\infty D}{\nu} \tag{4.124}$$

여기에서 D는 원기둥체의 직경이다. 레이놀즈 수가 대략 1.0 이하일 때에는 박리가 전혀 일어나지 않으므로, 경계층은 층류 유동으로만 구성된다. 레이놀즈 수가 증가할수록 층류 경계층은 상류 영역에서만 발생하고, 박리는 앞서 설명한 대로 적도대에서 발생한다. 레이놀즈 수가 대략 2×10^5보다 더 클 때에는 정체점 근방 경계층의 작은 부분에 난류가 발생하기도 하지만, 원기둥체의 경계층 내 유동은 난류로 분류하면 된다. 난류 경계층 때문에 박리가 지연된다고 보는데, 지연될수록 후류는 작아지게 된다. 이 현상은 Eiffel[13] 이 구 주위 마찰 항력을 연구하면서 관찰하였고 Schlichting[3]이 논술하였다. 항력 계수 C_D는 다음과 같이 정의할 수 있는데,

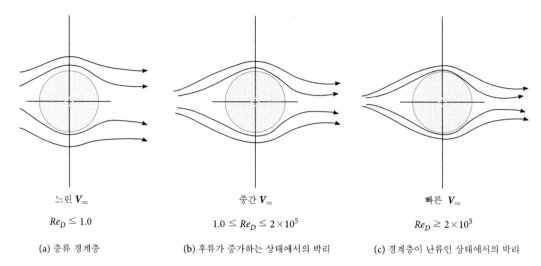

느린 V_∞	중간 V_∞	빠른 V_∞
$Re_D \leq 1.0$	$1.0 \leq Re_D \leq 2 \times 10^5$	$Re_D \geq 2 \times 10^5$
(a) 층류 경계층	(b) 후류가 증가하는 상태에서의 박리	(c) 경계층이 난류인 상태에서의 박리

그림 4.33 원기둥체 주위에서 V_∞으로 이동하는 유체 흐름에서 나타나는 몇 가지 전형적인 유선

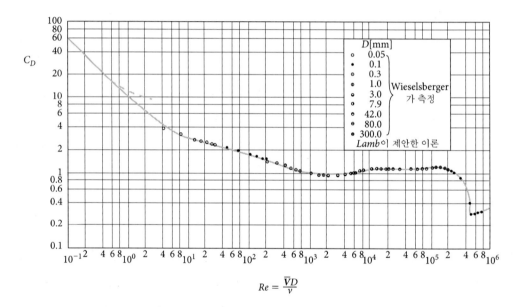

그림 4.34 원기둥체 주위의 교차 유동에서 레이놀즈 수의 함수로 나타낸 항력 계수 (출전: Schlichting, H., Boundary Layer Theory, 6th Edition (Translated by J. Kestin), McGraw-Hill, New York, 1968.)

$$C_D = F_D \frac{2g_c}{A_f \rho \, \mathbf{V}_\infty^2} \tag{4.125}$$

여기에서 A_f는 정면 면적이다. 원기둥체에서는 A_f가 DL이 된다(여기에서 L = 원기둥체 길이). C_D와 레이놀즈 수의 관계는 Schlichting[3]이 제시하였으며 이 관계는 그림 4.34에 나타나 있다. 이 그래프에서 주목할 점은 C_D 값은 레이놀즈 값이 4000에서 1×10^5 사이일 때에는 비교적 일정하다는 것이다. 이는 후류가 증가하는 상태에서의 층류 경계층 영역이다. 식 (4.124)에서 동점도 ν가 일정한 특정 유체에서는 레이놀즈 수가 증가할수록 항력 F_D가 증가한다는 사실을 알 수 있다. $\mathrm{Re}_D \approx 2 \times 10^5$인 상태에서는 항력 F_D가 유의미할 정도로 하락하여 $\mathrm{Re}_D \approx 5 \times 10^5$에서는 최저값에 도달한다. 이 최저값은 난류 경계층에서 후류가 최소인 상태에서 발생한다. $\mathrm{Re}_D \approx 5 \times 10^5$를 넘어서면 C_D 값은 증가하여 값 1.0에 근접한다. 그림 4.34는 유체가 비압축성이라고 언급하지는 않았지만 이 조건에서 구한 결과이지만, 유체 속도가 음속에 가까운 값으로 증가할수록 유체는 두드러지게 압축성이 되어 항력 계수는 점점 더 레이놀즈 수에 종속하지 않게 된다. 압축성 유동 조건에서는 항력 계수가 마하수에 영향을 받게 되며 이 마하수는 다음과 같이 정의되는데,

$$M = \frac{\mathbf{V}}{\mathbf{V}_\infty} \tag{4.126}$$

여기에서 $\mathbf{V}_\infty$는 음속이다. 항력 계수는 마하수가 대략 0.8보다 더 크면 레이놀즈 수와는 거의 독립적이 된다. 이 책에서는 저술 취지에 맞춰 압축성 유체를 취급하지는 않는다.

원기둥체 주위를 흐르는 유체 유동을 기술하기가 아주 복잡해지면, 해당 열전달을 유도하여 어떻게 해서든지 대류 열전달 계수를 산출하려는 것도 더욱 어려워진다는 것을 알 수 있을 것이다. 연구자들은 원기둥체와 이에 교차 유동하는 유체 사이의 열전달에서 대류 열전달 계수를 실험적으로 결정하는 수단에 의존해 왔다. 특히, Schmidt와 Wenner[14]는 대류 열전달 계수의 국소 값 $h(\theta)$을 공식 보고하였으며 이 데이터들은 그림 4.35에 실려 있다. 주목할 점은 최소 $h(\theta)$가 원기둥체의 적도 영역 주위에서, 즉 $\theta \approx 90°$에서 발생한다는 것이다. 엔지니어에게는 대개 평균 대류 열전달 계수의 정보가 필요하므로, 그림 4.36에는 원기둥체 주위에 흐르는 공기 유동의 특정 결과가 나타나 있다. 이 데이터는 여러 연구자들이 증명한 바 있으므로, 프란틀 수가 대략 0.7보다 더 크고 온도가 지나치게 높지 않다는 조건이라면 다른 기체에 확대 적용해도 된다.

Hilpert[15]가 제시한 경험식은 다음과 같다.

$$\mathrm{Nu}_{D,\mathrm{ave}} = \frac{h_{\mathrm{ave}}D}{\kappa_f} = C\mathrm{Re}_D^m \Pr^{1/3} \tag{4.127}$$

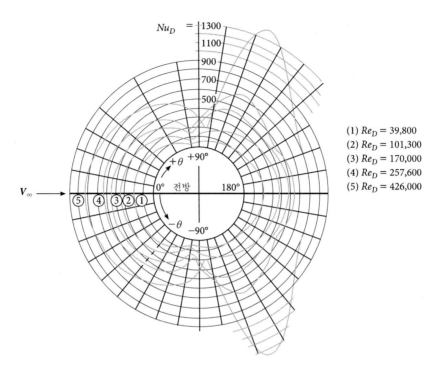

(1) $Re_D = 39,800$
(2) $Re_D = 101,300$
(3) $Re_D = 170,000$
(4) $Re_D = 257,600$
(5) $Re_D = 426,000$

그림 4.35 원기둥체 주위를 흐르는 직교 유동 주위에서 유체가 직교 유동할 때 레이놀즈 수의 함수로 나타낸 국소 열전달 계수 (출전: Schmidt, E., and K. Wenner, Wärmeabgabeüber den Umfang eines angeblasenen geheizten Zylinders, Forsch. Ingenieurwes, 12, 65–73, 1941.)

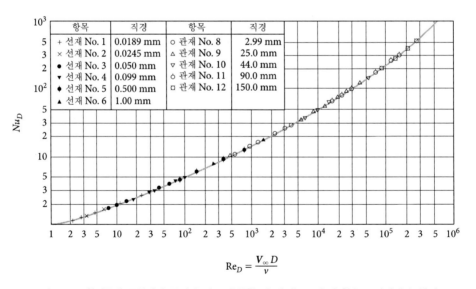

항목	직경	항목	직경
+ 선재 No. 1	0.0189 mm	○ 관재 No. 8	2.99 mm
× 선재 No. 2	0.0245 mm	△ 관재 No. 9	25.0 mm
● 선재 No. 3	0.050 mm	▽ 관재 No. 10	44.0 mm
▼ 선재 No. 4	0.099 mm	◇ 관재 No. 11	90.0 mm
◆ 선재 No. 5	0.500 mm	□ 관재 No. 12	150.0 mm
▲ 선재 No. 6	1.00 mm		

$$Re_D = \frac{V_\infty D}{\nu}$$

그림 4.36 원기둥체 주위에서 공기가 직교 유동할 때 레이놀즈 수의 함수로 나타낸 누셀 수

표 4.4 식 (4.127)의 C와 m (출전: Hilpert, R., Wärmeabgabe von geheizten Drähten und Rohren, Forsch. Geb. Ingenieurwes, 4,215, 1933 및 Knudsen, J.D., D.L. Katz, Fluid Dynamics and Heat Transfer, McGraw-Hill, New York, 1958.)

Re_D	C	m
0.4−4	0.989	0.330
4−40	0.911	0.385
40−4000	0.683	0.466
4000−40,000	0.193	0.618
40,000−400,000	0.027	0.805

여기에서 매개변수 C와 m은 표 4.4와 같이 레이놀즈 수의 함수이다. 식 (4.127)은 프란틀 수가 대략 0.7보다 더 크다는 조건이라면 기체와 액체에 사용해도 된다. 이 식에 사용되는 유체의 모든 상태량은 유체의 막 온도에서 산출하여야 한다. 또한, 식 (4.127)은 비원형 단면 물체 주위를 흐르는 직교 유동에도 사용되었다. 마름모꼴, 정사각형, 정육각형 또는 직사각형 단면 형상 물체 주위를 흐르는 교차 유동의 경우에는 식 (4.127)에 표 4.5의 C와 m 값을 사용하면 된다.

표 4.5 식 (4.127)의 C와 m (출전: Jakob, M., Heat Transfer, Vol. 1, John Wiley & Sons, New York, 1958.)

단면	$Re_{D,ef}$	C	m
$u_\infty \rightarrow$ ◇ D_{eff}	$5 \times 10^3 - 10^5$	0.246	0.588
$\rightarrow$ □ D_{eff}	$5 \times 10^3 - 10^5$	0.102	0.675
$\rightarrow$ ⬡ D_{eff}	$5 \times 10^3 - 1.95 \times 10^4$ $1.95 \times 10^4 - 10^5$	0.160 0.0385	0.638 0.782
$\rightarrow$ ⬡ D_{eff}	$5 \times 10^3 - 10^5$	0.153	0.638
$u_\infty \rightarrow$ ▯ D_{eff}	$4 \times 10^3 - 1.5 \times 10^4$	0.228	0.731

$Re_{D,eff} = \rho u_\infty D_{eff}/\mu$에서 D_{eff}는 그림에 정의되어 있음.

원기둥체 주위를 흐르는 직교 유동에서 누셀 수를 산출하는 또 다른 방법은 Churchill과 Bernstein[18]이 제시한 다음과 같은 식을 사용하는 것으로,

$$\mathrm{Nu}_{D,\mathrm{ave}} = 0.3 + \frac{(0.62\,\mathrm{Re}_D^{1/2}\cdot\mathrm{Pr}^{1/3})[1 + (\mathrm{Re}_D/282{,}000)^{5/8}]^{4/5}}{[1 + (0.4/\mathrm{Pr})^{2/3}]^{1/4}} \qquad (4.128)$$

이 식에서 사용하는 유체 상태량들은 모두 다 막 온도에서 산출하여야 한다. 식 (4.128)은 모든 레이놀즈 수와 $\mathrm{Re}_D \cdot \mathrm{Pr} \geq 0.2$에서 적용할 수 있다. 이 외에도 유체 유동에 직교하여 놓여 있는 물체들의 대류 열전달에 적용할 수 있도록 제안된 식들이 많이 있으므로, 표면이 매끄러운 원기둥체의 상호 관계에 관한 논술은 Morgan[19]를 참조하면 된다.

누셀 수와 레이놀즈 수, 프란틀 수의 관계식의 형태가 식 (4.68)의 차원 해석으로 구한 결과와 일치함을 알 수 있다. 유의해야 할 점은 다양한 식 중에서 임의로 골라서 사용했을 때 그 편차가 25 % 이상이 되기도 한다는 것이다.

예제 4.15

직경이 6 cm인 전선에 온도가 0 ℃인 공기가 10 m/s(36 km/h)로 교차하여 흐를 때, 이 전선에서의 대류 열전달 계수를 산출하라.

풀이 먼저 정상 상태 조건이며, 전선 온도는 10 ℃라고 가정한다. 그런 다음 대류 열전달 계수는 다음과 같은 세 가지 방법으로 산출하면 된다. 즉,

1. 그림 4.36을 사용하여 Nu_D를 판독한 다음 h_{ave}를 계산한다.
2. 식 (4.127)을 사용하여 Nu_D를 산출한 다음 h_{ave}를 계산한다.
3. 식 (4.128)을 사용하여 Nu_D를 산출한 다음 h_{ave}를 계산한다.

막 온도로 5 ℃를 사용하여 공기의 상태량들을 구한다.

$$\kappa_f = 24.54 \times 10^{-3}\,\mathrm{W/m}\cdot\mathrm{°C}$$
$$\nu = 13.93 \times 10^{-6}\,\mathrm{m^2/s}$$
$$\mathrm{Pr} = 0.713$$

그러므로 레이놀즈 수는 다음과 같다.

$$\mathrm{Re}_D = \frac{\mathbf{V}_\infty D}{\nu} = \frac{(10\,\mathrm{m/s})(0.06\,\mathrm{m})}{(13.93 \times 10^{-6}\,\mathrm{m^2/s})} = 43{,}073$$

그림 4.34에서 $N_{D,\mathrm{ave}} \approx 140$ 로 판독하면 평균 대류 열전달 계수는 다음과 같다.

$$h_{\mathrm{ave}} = \mathrm{Nu}_{\mathrm{ave}}\frac{\kappa_f}{D} = 140\,\frac{24.54 \times 10^{-3}\,\mathrm{W/m}\cdot\mathrm{°C}}{0.06\,\mathrm{m}} = 57.26\,\frac{\mathrm{W}}{\mathrm{m^2}\cdot\mathrm{°C}} \qquad \text{답}$$

식 (4.127)을 사용하여 누셀 수를 산출한다.

$$Nu_{ave} = C(Re_D)^m Pr^{1/3}$$

표 4.4에서 $Re_D = 43,073$일 때 $C = 0.027$과 $m = 0.805$를 선정하면 다음과 같이 된다.

$$Nu_{ave} = 0.027(43,073)^{0.805}0.713^{1/3} = 129.7$$

및

$$h_{ave} = 53.0 \frac{W}{m^2 \cdot C}$$

답

마지막으로 식 (4.128)을 사용하면 다음과 같다.

$$h_{ave} = 53.4 \frac{W}{m^2 \cdot C}$$

답

주목할 점은 이 책에서 소개하는 세 가지 방법을 사용하여 구한 대류 열전달 계수 값들이 잘 일치한다는 것이다. 손으로 계산을 할 때는 그래프에서 판독한 누셀 수를 사용하거나 식 (4.127)을 사용하는 것이 대체로 가장 빠르지만, 변화하는 기후 패턴이 전선의 열전달에 미치는 효과를 포괄적으로 연구할 때에는 컴퓨터를 사용하여 식 (4.128)을 계산하는 것이 대체로 가장 편리하다.

예제 4.16

그림 4.37과 같이 폭이 1.25 cm이고 두께가 0.15 cm인 기다란 나일론 띠가 수직으로 매달려 온도가 90 ℃인 공기로 예열되고 있다. 이 띠를 20 ℃에서 매달아서 30 s 동안 예열시킨 후에 70 ℃가 되게 하려면, 이 예열을 시키는 데 필요한 공기 속도를 산출하라.

풀이 이 문제는 먼저 과도 전도 조건에서 대류 열전달 계수를 산출하고, 그런 다음 누셀 수를 구한다. 그리고 식 (4.127)과 표 4.5를 사용하여 레이놀즈 수를 산출한 다음, 이 레이놀즈 수에서 공기 속도를 구하는 단계로 해석하면 된다. 집중 열용량으로 가정(제3.2절 참조)하면, 다음과 같다.

$$\frac{T - T_\infty}{T_i - T_\infty} = e^{-t/t_c} = \frac{70 - 90}{20 - 90} = 0.286$$

및

$$t_c = \frac{t}{\ln 0.286} = 23.97 \text{ s}$$

시간 상수 t_c는 또한 다음과 같은데,

$$t_c = \frac{\rho V c_p}{h_{ave} A_s} = \frac{\rho A_c C_p}{h_{ave} P}$$

여기에서 A_c는 나일론 띠의 단면적이고 P는 둘레 길이이다. 나일론의 특성량이

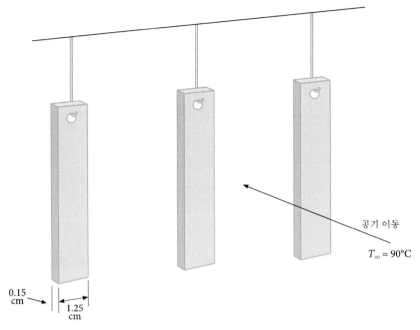

그림 4.37 예제 4.16

테플론의 상태량과 같다고 가정하면, 다음과 같이 된다.

$$t_c = \frac{(2200 \text{ kg/m}^3 \cdot {}^{\circ}\text{C})(1.25 \times 0.15 \text{ cm}^2)(1.0 \text{ kJ/kg} \cdot {}^{\circ}\text{C})}{h_{\text{ave}}(0.028 \text{ m})} = 23.97 \text{ s}$$

이 식에서 h_{ave}를 구하면 다음과 같다.

$$h_{\text{ave}} = 61.46 \frac{\text{W}}{\text{m}^2 \cdot {}^{\circ}\text{C}}$$

이제 비오 수를 확인하여 집중 열용량 규준을 만족하는지를 확실히 해야 한다. 비오 수는 다음과 같다.

$$\text{Bi} = \frac{h_{\text{ave}}L}{\kappa_{\text{nylon}}} = \frac{(61.46 \text{ W/m}^2 \cdot {}^{\circ}\text{C})(0.00075 \text{ m})}{0.35 \text{ W/m}^2 \cdot {}^{\circ}\text{C}} = 0.132$$

비오 수가 0.10에 가깝기 때문에 집중 열용량 규준을 만족한다고 가정한다. 이 계산에서는 특성 길이 L가 A_c/P이므로 시간 상수 계산에 이 값을 사용한다. 이 유동 조건에서 누셀 수는 다음과 같다.

$$\text{Nu}_{\text{ave}} = \frac{h_{\text{ave}}L}{\kappa_{\text{fluid}}} = \frac{(61.46 \text{ W/m}^2 \cdot {}^{\circ}\text{C})(0.00075 \text{ m})}{(0.026 \text{ W/m}^2 \cdot {}^{\circ}\text{C})} = 1.773$$

여기에서 공기의 열전도도는 68 ℃에서 산출되었는데, 이 온도는 예열 과정에서 막 온도의 평균값이다. 표 4.5에서 $C = 0.228$과 $m = 0.731$의 값을 선정하여 식

(4.127)을 사용하면 다음 값이 나온다.

$$Re_L = \left[\frac{Nu_{ave}}{0.228} \left(\frac{1}{Pr^{1/3}} \right) \right]^{1/0.731} = 14$$

및

$$V_\infty = \frac{Re_L \nu}{L} = \frac{19.45(2.28 \times 10^{-5}\,m^2/s)}{0.00075\,m} = 0.59\,m/s$$

답

이 속도는 매우 느린데, 이 정도 크기의 공기 유동 속도는 팬을 사용하지 않는 자연 대류에서 발생한다. 그러나 그림 4.36에서와 같이 공기를 수평으로 이동시켜야 한다면, 작은 팬을 사용해야 예열을 달성할 수 있겠다.

구

구체와 주위 유체 간 대류 열전달은 연구가 잘 되어온 중요한 용도가 많이 있다. 구체 주위의 유체 유동도 역시 연구를 해 왔다. Schlichting[3]은 여러 연구자들이 실험적으로 구한 마찰 항력 계수 그래프(그림 4.38 참조)를 발표하였다. 이 여러 연구자들이 구한 항력 계수와 그림 4.34와 같은 원기둥체에서의 항력 계수를 비교해 보면 그 결과가 매우 유사하게 나타난다. 항력 계수는, 층류 유동 상태에서는 레이놀즈 수가 증가할수록 급격하

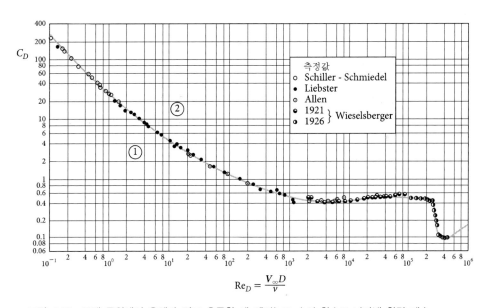

그림 4.38 구체 주위에서 유체가 직교 유동할 때 레이놀즈 수의 함수로 나타낸 항력 계수
(출전: Schlichting, H., Boundary Layer Theory, 6th edition (Translated by J. Kestin), McGraw-Hill, New York, 1968.)

게 감소하고, 중간 난류 상태에서는 거의 일정하게 유지되다가, 레이놀즈 수가 4×10^5인 근방에서는 최솟값까지 가파르게 하락한 다음, 레이놀즈 수가 커질수록 증가한다. 구체에서의 마찰 항력 계수는 식 (4.124)로 정의되는데, 이 식에서 정면 면적 A_f는 원 면적인 $\pi D^2/4$이다. 대류 열전달 계수는 누셀 수를 구할 때 사용했던 식으로 산출하면 된다. 구체 주위를 흐르는 기체 유동에는, McAdams[20]가 다음과 식을 제안하였는데,

$$\mathrm{Nu}_D = 0.37\mathrm{Re}_D^{0.6} \tag{4.129}$$

이 식에서는 $70{,}000 > \mathrm{Re}_D > 17$이다. 이 식에서 사용하는 유체 상태량들은 모두 다 막 온도에서 산출하여야 한다. 구체 주위를 흐르는 기체와 액체의 유동에는 Whitaker[21]가 다음과 같은 식을 제안하였는데,

$$\mathrm{Nu}_D = 2.0 + (0.4\,\mathrm{Re}_D^{1/2} + 0.06\,\mathrm{Re}_D^{2/3})(\mu_\infty/\mu_\omega)^{1/4}\mathrm{Pr}^{0.4} \tag{4.130}$$

이 식에서는 $8 \times 10^4 > \mathrm{Re}_D > 3.5$ 및 $380 > \mathrm{Pr} > 0.7$이다. 이 식에서 사용하는 유체 상태량들은 비중 μ_w을 제외하고는 막 온도에서보다도 자유 유선 온도에서 산출하여야 하는데, 이 비중은 구체의 표면 온도에서 산출하여야 한다.

예제 **4.17**

작은 납 구체는 산탄 제조탑(shot tower)이라고 하는 높은 탑에서 용융 납을 한 방울씩 떨어뜨려서 형성시킨다. 이 용융 납이 탑에서 떨어지면서 발생하는 공기의 마찰 저항으로 인하여 '산탄(shot)'은 더욱더 구형으로 형성되고 냉각이 촉진된다. 이 탑에서 납 산탄을 직경을 2 mm로 하여 온도가 17 ℃인 공기 중으로 떨어뜨린다고 할 때, 산탄이 탑에서 낙하할 때 산탄의 종단 속도(terminal velocity), 즉 정상 상태 속도를 산출하고 개별 산탄에서의 열전달을 산출하라. 종단 속도에 도달할 때 납 온도는 227 ℃라고 가정한다.

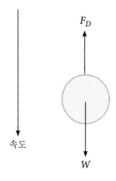

그림 4.39 힘들이 작용하는 상태에서 종단 속도로 낙하하는 납 산탄

풀이 산탄이 낙하하면 마찰 항력이 산탄 중량과 같아질 때까지 속도가 증가하게 된다. 그림 4.39에는 종단 속도에 도달한 정상 상태를 나타내는 자유 물체도가 그려져 있다. 이 자유 물체도에서 다음 식이 나온다.

$$W_{\text{shot}} = \rho C_D A_f \frac{1}{2g_c} \mathbf{V}_\infty^2$$

SI 단위계에서는 $g_c = 1\,\text{kg} \cdot \text{m/s}^2$이고 산탄의 정면 면적은 다음과 같다.

$$A_f = \pi r^2 = \pi(0.001\,\text{m})^2 = 3.1415 \times 10^{-6}\,\text{m}^2$$

공기 밀도는 공기의 자유 흐름의 온도, 즉 $T = 17\,°\text{C}$ 에서 구하면 되므로 $\rho = 1.208\,\text{kg/m}^3$이다. 그러므로 납 산탄의 중량은 다음과 같다.

$$W_{\text{shot}} = (\rho g \text{V})_{\text{lead}} = \left(11{,}340\,\frac{\text{kg}}{\text{m}^3}\right)\left(9.81\,\frac{\text{m}}{\text{s}^2}\right)\left(\frac{4}{3}\right)\pi(0.001\,\text{m})^3 = 0.000466\,\text{N}$$

그러면 다음과 같이 된다.

$$C_D \mathbf{V}_\infty^2 = W_{\text{shot}}\frac{2}{\rho A_f} = (0.000466\,\text{N})\frac{2}{(1.208\,\text{kg/m}^3)(3.1415 \times 10^{-5}\,\text{m}^2)} = 246\,\frac{\text{m}^2}{\text{s}^2}$$

레이놀즈 수와 속도의 관계식은 다음과 같다.

$$\text{Re}_D = \frac{\mathbf{V}_\infty D}{\nu} = \mathbf{V}_\infty \frac{(0.002\,\text{m})}{(15 \times 10^{-6}\,\text{m}^2/\text{s})} = 133.3\mathbf{V}_\infty$$

반복 계산으로 그림 4.38의 데이터에서 종단 속도 $\mathbf{V}_\infty$를 구한다. $\mathbf{V}_\infty = 20\,\text{m/s}$로 가정하면 $\text{Re}_D = 2667$이 나오므로 그림 4.38에서 $C_D = 0.4$가 된다. 위 두 식의 관계에서 $C_D \mathbf{V}_\infty^2 = 246\,\text{m}^2/\text{s}^2$이므로 $C_D = 0.615$가 되는데, 이는 가정 속도 20 m/s가 올바르지 않다는 것을 나타낸다. 그림 4.38의 그래프에서 해당 레이놀즈 수의 범위에 걸쳐서 항력 계수가 0.4로 거의 일정하기 때문에 $C_D = 0.4$로 가정하면 다음과 같이 된다.

$$\mathbf{V}_\infty = \sqrt{246/C_D} = 24.8\,\text{m/s} \qquad\qquad \text{답}$$

레이놀즈 수는 다음과 같으므로,

$$\text{Re}_D = (24.8)133.3 = 3306$$

누셀 수는 식 (4.130)으로 산출하면 된다.

$$\text{Nu}_D = 2.0 + (0.4\text{Re}_D^{1/2} + 0.06\text{Re}_D^{2/3})\left(\frac{\mu_\infty}{\mu_w}\right)^{1/4}\text{Pr}^{0.4}$$

$$= 2.0 + (0.4(3306)^{1/2} + 0.06(3306)^{2/3})\left(\frac{17.96 \times 10^{-6}}{27.01 \times 10^{-6}}\right)^{1/4}(0.71)^{0.4} = 28.6$$

이므로 $h_{\text{ave}} = \dfrac{\text{Nu}_D \kappa_{\text{fluid}}}{D} = \dfrac{28.6(0.0252 \text{ W/m} \cdot {}^\circ\text{C})}{0.002 \text{ m}} = 360.2 \text{ W/m}^2 \cdot {}^\circ\text{C}$

그러므로 열전달은 다음과 같다.

$\dot{Q} = h_{\text{ave}} A \Delta T = (360.2 \text{ W/m}^2 \cdot {}^\circ\text{C})(4\pi)(0.001 \text{ m})^2(227 - 17{}^\circ\text{C}) = 0.95 \text{ W}$ 답

이 예제에서는 주위 물체에 영향을 미치지 않는 개별 물체로서 하나의 납 산탄 또는 납 구체를 취급하였다. 이후 절에서는 대류 열전달을 겪으면서 접촉 상태에 있는 다수의 구체 또는 이 구체들이 빽빽하게 채워져 있는 충전 층상(packed bed)을 해석하는 방법을 알아볼 것이다.

4.6 밀폐 채널에서의 대류 열전달

이 절에서는 밀폐 채널을 흐르는 유체의 대류 열전달을 설명할 것인데, 이 밀폐 채널이라는 용어는 유동하는 유체를 채널 내부에 완전히 둘러싸는 관로를 의미한다. 그림 4.40에는 많은 대류 열전달 응용을 구성하는 형상인 전형적인 원형 단면 밀폐 채널, 즉 관이 그려져 있는데, 여기에서 채널 속을 흐르는 유체는 채널의 모든 체적을 차지한다. 제4.2절에서는 원형 단면 채널 내 유체 유동과 완전히 발달된 층류 유동의 속도 분포를 설명할 것인데, 이 속도 분포는 다음과 같은 식 4.13으로 기술된다.

$$\mathbf{V}(r) = \frac{\Delta p}{4\mu L}(r_0^2 - r^2) \qquad\qquad (4.13, \text{ 다시 씀})$$

하겐-프와제이유 식인 식 (4.15)는 층류 유동에서 압력 강하, 체적 유량 및 채널 크기의

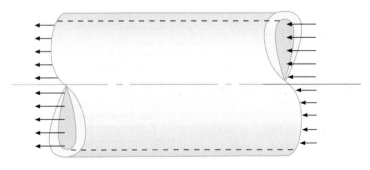

그림 4.40 파이프 또는 튜브 내 밀폐 채널 유동

관계를 나타내고 있다. 운동 에너지에 대한 압력 강하 사이의 관계는 다음과 같은 식 (4.17)로 나타낸다.

$$\Delta p = \gamma \frac{\mathbf{V}^2}{2g} \qquad\qquad (4.17, \text{ 다시 씀})$$

이 식은 다시-바이스바흐 식 (4.18)로 채널 내 난류 유동에 확대 적용된다.

$$h_L = \frac{\Delta p}{\gamma} = f \frac{L}{D} \frac{\mathbf{V}^2}{2g} \qquad\qquad (4.18, \text{ 다시 씀})$$

여기에서 마찰 계수 f는 채널 유동에서의 레이놀즈 수와 관계가 있다. 이에 관한 데이터는 그림 4.18에 실려 있다.

채널 내 유체 유동과 연관되는 대류 열전달 현상에서 이 대류 열전달은 채널 전체 길이에 걸쳐서 발생할 때가 많다. 식 (4.15), (4.17) 및 (4.18)이 도출되는 해석에서는 유체 유동이 완전히 발달되어 있다고 가정을 하지만, 그림 4.41과 같이 특정한 입구가 있는 유한 길이 채널을 살펴볼 때에는 유체 유동 특성이 채널 입구에서 변화하기 시작하여 완전히 발달된 유동 조건에 도달할 때까지 계속해서 변화한다.

채널 입구에서는 경계층이 채널 벽에서 형성되어 경계층의 두께는 앞서 살펴보았던 평판 표면을 지나는 유체 유동에서와 같은 식으로 증가한다. 그림 4.41과 같이 원형 단면 채널 또는 파이프에서는 유체 유동이 하류 지점에서 완전히 발달하는데, 이 지점에서는 경계층 두께 $\delta(=\delta_F)$가 파이프 직경 r_o와 같다. 밀폐 채널의 입구와 완전히 발달된 영역에서 발생할 수 있는 유력한 유동 패턴에는 여러 가지가 있는데, 가장 확실한 유동 패턴으로는 다음과 같은 두 가지가 있다. 즉, (1) 층류 유동이 발달되어 있는 입구에서의 층류 경계층 및 (2) 난류 유동이 발달되어 있는 입구에서의 층류/난류 경계층이다.

난류 유동이 발달되어 있는 입구에서의 층류/난류 경계층이 발생하는 경우는 유체 유동 관련 공학 문제에서 흔히 일어나는 일이다. 앞서 살펴본 대로 난류 유동은 레이놀즈 수가 대략 2300보다 더 클 때 발생된다고 보기도 하는데, 여기에서 레이놀즈 수는 $\mathbf{u}_\infty D / \nu$이다. 층류 유동 조건에서는 해석을 가시화하기 더 쉽다고도 할 수 있는데, 그림 4.42에는 2개의 평행 평판 사이의 유동 조건이 입구 영역에서 유동 패턴이 발달하고 있는 상태로 그려져 있다. 입구 영역에서는 층류 유동 유체의 경계층 두께를 식 (4.49)로 근사화할 수 있으므로,

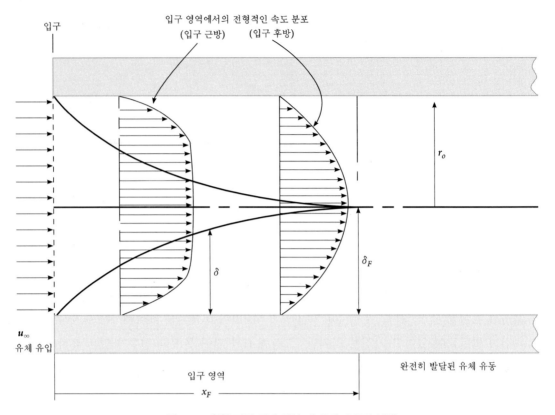

그림 4.41 원형 단면 밀폐 채널 내 유체 유동의 발달

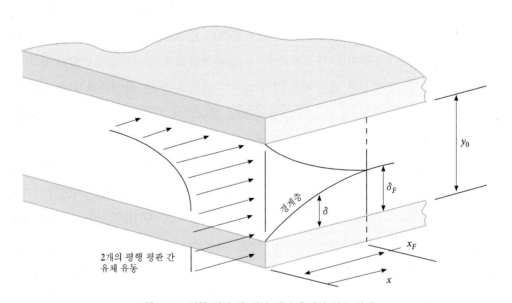

그림 4.42 평행 평판 간 밀폐 채널 유체의 입구 상태

$$\delta = 5.0 \frac{x}{\sqrt{\mathrm{Re}_x}} \qquad\qquad \text{(4.94, 다시 씀)}$$

평행 평판 간 밀폐 채널 유동에서는 유동이 막 발달할 때면 $\delta = y_0/2$가 된다는 점을 주지함으로써 입구 영역 길이 x_F를 산출할 수 있다. 그러므로 이 지점에서 $\delta = y_0/2$로 하여 식 (4.94)를 사용하면 $x_F = y_0 \dfrac{\sqrt{\mathrm{Re}_{xF}}}{10}$가 되고, 이 식에서 $\mathrm{Re}_{xF} = \dfrac{\mathbf{u}_\infty x_F}{\nu}$이다. 그러면 다음과 같이 된다.

$$x_F = \frac{y_0}{10} \sqrt{\frac{\mathbf{u}_\infty x_f}{\nu}} = b y_0^2 \frac{\mathbf{u}_\infty}{100\nu} \qquad\qquad (4.131)$$

식 (4.131)은 2개의 평행 평판 간 유체 유동에서 입구 영역 길이를 산출하는 데 사용할 수 있다. Langaar[22]는 이와 유사하게 그림 4.41과 같은 원형 단면 채널을 흐르는 유체 유동에서 입구 영역 길이 x_F를 구할 수 있는 근사식을 제시하였다. 이 식은 다음과 같다.

$$x_F = \frac{\mathrm{Re}_D D}{20} = \mathbf{u}_{\mathrm{ave}} \frac{r_0^2}{5\nu} \qquad\qquad (4.132)$$

여기에서 유동은 전체에 걸쳐서 층류이어야 하므로 $Re_D \leq 2300$이어야 한다. Kays와 Crawford[23]는 원형 단면 채널 내 난류 유동 조건에서 다음과 같은 식을 제안하였다.

$$20\, r_0 \leq x_F \leq 120\, r_0 \qquad\qquad (4.133)$$

예제 4.18

물이 대형 응축기 탱크에서 내경이 10 cm인 파이프를 통하여 12 m³/min로 흐른다. 입구를 기준으로 하여 이 물 유동이 최초로 완전히 발달하리라고 예상되는 하류에서의 거리를 구하라. 물의 밀도는 1000 kg/m³이라고 가정한다.

풀이 그림 4.43에 이 장치의 개략도가 그려져 있다. 이 그림에서 거리 x_F는 하류에서의 특정 지점을 나타내는데, 이 지점에서 물 유동이 최초로 완전히 발달하리라고 예상된다. 먼저 다음과 같은 식으로 레이놀즈 수를 구하여 유동이 층류인지 난류인지를 확인해보아야 한다.

$$\mathrm{Re}_D = \frac{\mathbf{u}_{\mathrm{ave}} D}{\nu} = \frac{4\dot{V}}{\pi \nu D}$$

동점도로 $\nu = 1.25 \times 10^{-6}\,\mathrm{m^2/s}$를 사용하면 다음과 같이 된다.

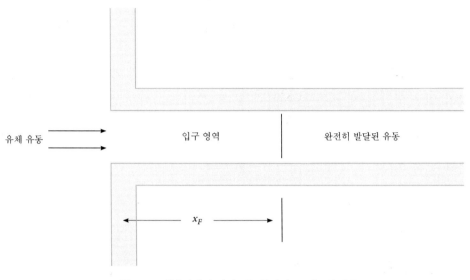

그림 4.43 응축기에서 파이프를 통하여 흐르는 물 유동

$$\mathrm{Re}_D = \frac{4(12 \ \mathrm{m^3/min})}{(1.25 \times 10^{-6} \ \mathrm{m^2/s})(60 \ \mathrm{s/min})(0.1 \ \mathrm{m})} = 2.037 \times 10^6$$

그러므로 $\mathrm{Re}_D < 2300$이기 때문에 유동은 난류이다. 입구 길이는 식 (4.133)으로 산출하게 되면 적어도 다음과 같이 나온다.

$$x_F = 20r_0 = 1 \ \mathrm{m} \qquad\qquad \text{답}$$

밀폐 채널에서는 유체와 채널 벽이 온도가 서로 다를 때면 어김없이 열전달이 일어난다. 그림 4.44a와 같은 원형 단면 채널에서는 대류 열전달이 채널 입구에서 시작하므로, 복합 열전달이라고 본다. 그림 4.44a의 개략도에서는 채널 벽 온도가 유체 온도보다 더 높다고 가정한다. 반면 유체가 채널 속을 흐름에 따라 유체의 온도 분포는 다음과 같이 세 군데 즉, 입구 근방부, 입구 후부 및 완전 발달부에 그려져 있다. 이후에 언급할 한 가지 특별한 경우를 제외하고, 유체 유동의 발달 및 열적 분포의 발달이 같은 변화율로 진행되지 않으므로, 유체 유동은 온도 분포가 완전히 발달하기 전후에 발달한다. 그림 4.44a에 예시되어 있는 경우에서는 유체 유동이 열적 상태가 발달하는 것보다 더 빠르게 발달하는데, 이는 대개 프란틀 수가 대략 1.0보다 더 큰 층류 유체 유동에서 발생한다. 난류 유동의 경우에는 열적 상태가 아주 빠르게 발달하므로 대개는 입구 효과를 무시한다.

그림 4.44b에는 가열기(또는 냉각기)가 입구에서부터 채널을 따라 얼마간 떨어진 곳에

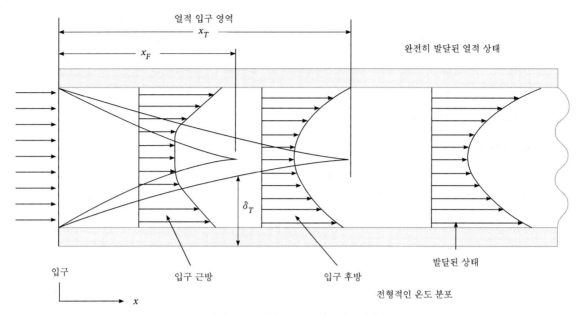

(a) 유체 유동 상태와 열적 상태가 동시에 발달할 때

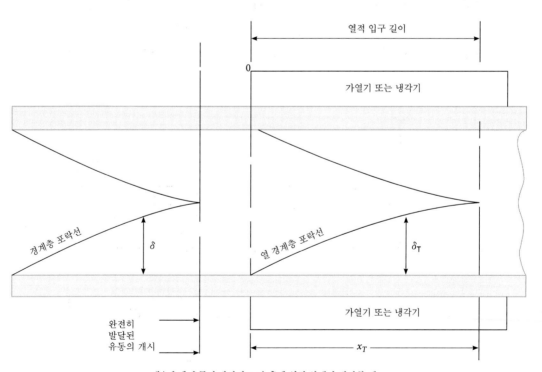

(b) 유체 유동이 발달되고 난 후에 열적 상태가 발달할 때

그림 4.44

설치되어 있는 상황이 나타나 있다. 여기에서 다시금 열적 발달은 온도 분포로 표현되어 있는 대로 완전히 발달된 열적 상태에 도달하기 전에 열적 입구 길이를 거쳐 진행된다는 것을 알 수 있다. 이 현상의 두 가지 극단적인 유형이 그려져 있는데, 그림 4.44a에는 유체 유동과 열적 상태가 동시에 발달하는 상황이 그려져 있고, 그림 4.44b에는 유체 유동과 열적 상태가 따로따로 발달하는 상황이 그려져 있다. 알아차려야 할 점은 이러한 두 가지 경우 사이에 많은 조합이 있다는 것이다. 그러나 학습 목적상 이 두 가지 경우만 살펴보기로 한다. 그림 4.44에 그려져 있는 온도 분포는 유체 온도가 채널에 걸쳐서 어떤 식으로든지 변화한다는 것을 나타낸다. 특정 위치에서 유체의 체적 평균 온도 또는 평균 온도 또는 혼합 온도를 확인해보는 것이 좋을 때가 많다. 이 온도는 다음과 같이 정의되는데,

$$T_m = \frac{1}{\dot{m}c_P}\int_{\text{Area}} \rho\mathbf{u}(r)c_P T(r)dA \tag{4.134}$$

이 식은 유체가 혼합되어 안정 상태가 될 때에 조성되는 온도라고 설명할 수 있다. 이는 그림 4.45와 같이 채널의 특정 단면에 걸친 평균 온도이다. 식 (4.134)로 평균 온도를 산출하려고 할 때에는 온도 분포를 알고 있어야만 한다. 채널 길이에 걸쳐 평균 유체

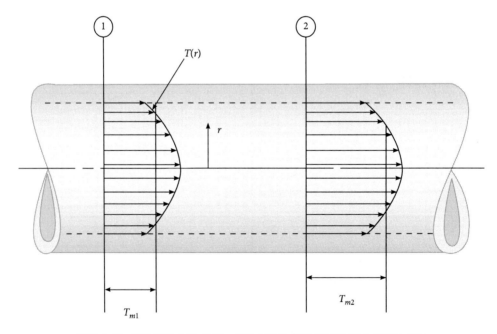

그림 4.45 밀폐 채널 속을 흐르는 유체 유동의 혼합 온도와 평균 온도의 예시

온도를 구하는 데에는 초기 온도와 최종 온도 사이의 산술 평균이 주로 사용된다. 그러므로 그림 4.45와 같이 채널에서의 평균 유체 온도는 다음과 같이 구할 수 있다.

$$T_{\text{ave}} = \frac{1}{2}(T_{m1} + T_{m2}) \tag{4.135}$$

때로는 열적 입구 거리 x_T를 산출해내는 능력이 중요할 때가 있다. 이 점을 설명하기에 앞서, 먼저 정상 상태에서 완전히 발달된 유동 및 열적 상태를 설명하기로 한다.

정상 상태에서 완전히 발달된 대류 열전달

밀폐 원형 단면 채널에서 유체 상태가 층류 유동이고 축대칭이어서 대류 열전달이 반경 방향과 축 방향으로만 일어나고 채널의 단면에서 원둘레 방향으로는 일어나지 않을 때를 살펴보자. 그림 4.46에는 유체의 미분 요소가 나타나 있으며, 아래에는 다양한 열전달 항들이 구별되어 있다. 요소에 전도로 유입되는 반경 방향 열전달은 다음과 같다.

$$\dot{q}_r = -2\pi\kappa r \frac{\partial T}{\partial r} dz$$

요소에서 전도로 유출되는 반경 방향 열전달은 다음과 같다.

$$\dot{q}_{r+dr} = -2\pi\kappa(r+dr)\left(\frac{\partial T}{\partial r} + \frac{\partial^2 T}{\partial r^2} dr\right) dz$$

유체 유동으로 인하여 요소에 유입되는 축 방향 열전달은 다음과 같다.

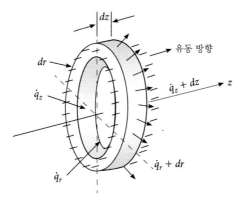

그림 4.46 대류 열전달이 일어나고 있는 원형 단면 채널 속을 흐르는 유체의 미분 요소

$$\dot{q}_z = 2\pi\rho c_p r \mathbf{u}(r) T_z dr$$

유체 유동으로 인하여 요소에서 유출되는 축 방향 열전달은 다음과 같다.

$$\dot{q}_{z+dz} = 2\pi\rho c_p r \mathbf{u}(r)\left(T_z + \frac{\partial T_z}{\partial z}dz\right)dr$$

에너지 균형은 다음과 같이 쓸 수 있다.

$$\dot{q}_r + \dot{q}_z = \dot{q}_{r+dr} + \dot{q}_{z+dz} \tag{4.136}$$

위 식의 항에 앞에서 구한 값들을 각각 대입하면 다음과 같이 된다.

$$-2\pi\kappa r\,dz\frac{\partial T}{\partial r} + 2\pi c_p r \mathbf{u}(r) T_z dr = -2\pi\kappa(r+dr)\left(\frac{\partial r}{\partial r} + \frac{\partial^2 T}{\partial r^2}dr\right)dz$$
$$+ 2\pi\rho c_p r \mathbf{u}(r)(T_z + \frac{\partial T_z}{\partial z}dz)dz$$

이 식을 전개한 다음 2차 항들을 무시하면 다음과 같이 된다.

$$\frac{1}{r\mathbf{u}(r)}\frac{\partial}{\partial r}\left(r\frac{\partial T}{\partial r}\right) = \frac{1}{\alpha}\frac{\partial T}{\partial z} \tag{4.137}$$

그림 4.47과 같이 유동 유체로 열전달이 균일한 경우에는 z축 방향에서의 온도 기울기인 $\partial T/\partial z$는 일정하므로, 채널 내 임의의 지점에서 단면을 가로지르는 온도 분포는 기타 임의의 지점에서와 유사하다. 해석을 편리하게 하려면 다음과 같이 온도 차를 정의하면 되는데,

$$\theta(r) = T(r,z) - T_w \tag{4.138}$$

여기에서 T_w는 채널 벽 온도이다. 주목할 점은 온도 분포의 상사성 때문에 θ는 단지

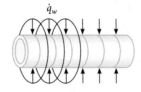

그림 4.47 유체가 층류 유동으로 흐르고 있는 원형 단면 채널에서 일어나는 단위 면적당 균일 열전달

r만의 함수가 되어 다음의 관계도 역시 성립하게 되는 것이므로,

$$\frac{\partial \theta}{\partial r} = \frac{d\theta}{dr} \quad \text{및} \quad \frac{\partial^2 \theta}{\partial r^2} = \frac{d^2 \theta}{dr^2}$$

식 (4.137)은 다음과 같이 되며,

$$\frac{1}{r\,\mathbf{u}(r)} \frac{d}{dr}\left(r\frac{d\theta}{dr} \right) = \frac{1}{\alpha} \frac{d\theta}{dz} \tag{4.139}$$

경계 조건은 다음과 같다.

$$\text{B.C. 1} \qquad \frac{d\theta}{dr} = 0 \qquad (r = 0 \text{에서})$$

$$\text{B.C. 2} \qquad \theta = 0 \qquad (r = r_0 \text{에서})$$

식 (4.139)를 해당하는 경계 조건으로 풀어서 온도 분포를 구하면 된다. 또한, 이 식을 사용하면 대류 열전달 계수를 구하는 관계도 알 수 있다. 먼저 식 (4.13)의 층류 속도 분포를 식 (4.139)에 대입하면 다음과 같이 된다.

$$d\left(r\frac{d\theta}{dr} \right) = \frac{1}{\alpha}\left(\frac{\partial \theta}{\partial z} \right)\frac{\Delta p}{4\pi \mu L}(r_o^2 r - r^3)dr$$

그런 다음 1차 적분을 하고 $\partial T/\partial x = $ 일정을 적용하면 다음과 같다.

$$\left(r\frac{d\theta}{dr} \right) = \frac{1}{\alpha}\left(\frac{\partial \theta}{\partial z} \right)\frac{\Delta p}{4\pi \mu L}\left(\frac{1}{2}r_o^2 r^2 - \frac{1}{3}r^4 \right) + C_1$$

다시 변수 분리를 한 다음 2차 적분을 하면 다음과 같이 된다.

$$\theta(r) = \frac{1}{\alpha}\left(\frac{\partial \theta}{\partial z} \right)\frac{\Delta p}{4\pi \mu L}\left(\frac{1}{4}r_o^2 r^2 - \frac{1}{16}r^4 \right) + C_1 \ln r + C_2 \tag{4.140}$$

경계 조건 B.C. 1을 적용하면 $C_1 = 0$가 될 수밖에 없고 그밖에는 $r \to 0$하면서 $\partial \theta / \partial r \to \infty$ 하게 된다. 경계 조건 B.C. 2를 적용하면 다음과 같이 되므로,

$$C_2 = -\frac{\Delta p}{4\pi \mu \alpha L}\left(\frac{\partial \theta}{\partial z} \right)\frac{3r_o^4}{16}$$

온도 분포는 다음과 같다.

$$\theta(r, z) = \frac{\Delta p}{4\pi\mu\alpha L}\left(\frac{\partial\theta}{\partial z}\right)\left(\frac{1}{4}r_o^2 r^2 - \frac{1}{16}r^4 - \frac{3}{16}r_o^4\right) \tag{4.141}$$

즉,
$$T(r, z) = T_w(z) + \frac{\Delta p}{4\pi\mu\alpha L}\left(\frac{\partial\theta}{\partial z}\right)\left(\frac{1}{4}r_o^2 r^2 - \frac{1}{16}r^4 - \frac{3}{16}r_o^4\right) \tag{4.142}$$

혼합 유체 온도는 식 (4.134)에 온도 분포식 (4.142)와 속도 분포식 (4.13)을 대입한 다음, 적분을 하면 다음과 같이 나오게 되는데.

$$T_m = T_c + \frac{7}{16}\left(\frac{\mathbf{u}_c r_o^2}{\alpha}\right)\frac{\partial\theta}{\partial z} \tag{4.143}$$

여기에서 $\mathbf{u}_c$는 채널 중심, 즉 $r = 0$에서의 최대 속도이고, T_c는 중심에서의 온도로서 바로 식 (4.142)에서 다음과 같이 된다.

$$T_c = T(0, z) = T_w(z) - \frac{\Delta p}{4\pi\mu\alpha L}\left(\frac{\partial\theta}{\partial z}\right)\left(\frac{3}{16}r_o^4\right) \tag{4.144}$$

유체와 채널 간 열전달은 채널 유동과의 관계를 나타내는 식 (4.31)로 기술할 수 있다. 즉,

$$h(T_m - T_w) = -\kappa_{\text{fluid}}\left[\frac{\partial\theta}{\partial r}\right]_{r = r_o} \tag{4.145}$$

식 (4.143)과 (4.144)를 식 (4.145)와 결합하면 다음과 같이 된다.

$$h\frac{\Delta p}{4\pi\mu\alpha L}\left(\frac{\partial\theta}{\partial z}\right)\left(\frac{3}{16}r_o^4\right) = \kappa_{\text{fluid}}\left[\frac{\partial\theta}{\partial r}\right]_{r = r_o}$$

온도 기울기 $\partial\theta/\partial r$를 식 (4.142)로 구하면, $r = r_o$에서 다음과 같이 나오는데,

$$h\frac{\Delta p}{4\pi\mu\alpha L}\left(\frac{\partial\theta}{\partial z}\right)\frac{3}{16}r_o^2 = \kappa_{\text{fluid}}\frac{\mathbf{u}_o r_o}{4\alpha}\frac{\partial\theta}{\partial x}$$

이 식은 다음과 같이 된다.

$$h = \kappa_{\text{fluid}}\frac{24}{11r_o} = \kappa_{\text{fluid}}\frac{48}{11D_o} \qquad (4.146)$$

누셀 수 Nu_D는 $hD_0/\kappa_{\text{fluid}}$로 정의되므로, 식 (4.146)에서 각각 다음과 같이 된다.

층류 유체 유동 원형 단면 채널에서 대류 열전달이 균일할 때

$$\text{Nu}_D = \frac{48}{11} = 4.364 \qquad (4.147)$$

이 식에서 알 수 있는 것은 원형 단면 채널 내 층류 유동에서 채널의 단위 면적당 열전달이 균일할 때에는 열전달이 유체 속도와는 독립적이라는 것이다. 채널 벽 온도가 균일한 상황, 즉 T_w가 일정할 때에는 다음과 같다.

층류 유체 유동 원형 단면 채널에서 벽 온도가 균일할 때

$$\text{Nu}_D = 3.657 \qquad (4.148)$$

완전히 발달된 난류 유동

원형 단면 채널 내 난류 유동에서 열전달 해석을 할 때에는 경험적인 정보와 차원 해석 기법을 사용한다. 엄격한 수학적인 방법은 매우 복잡해지므로 경험적인 정보를 사용할 수 있도록 단순화하는 가정이 필요하다. 제4.3절에서 구한 결과인 식 (4.68)은 다음과 같은 형태로서,

$$\text{Nu}_D = \frac{hD}{\kappa_{\text{fluid}}} = C(\text{Re}_D)^m(\text{Pr})^n \qquad (4.149)$$

원형 단면 채널 내 난류 유동에 적용을 해왔다. 식 (4.149)의 상수 C 값과 지수 m과 n 값이 실험적으로 많이 산출되어 왔으므로 실험 데이터가 다음과 같은 차원 해석 전제에 한층 더 잘 들어맞도록 이 식의 형태에 많은 수치 변화가 있어 왔다. 즉, 누셀 수는 레이놀즈 수와 프란틀 수에 종속된다는 전제이다. 이러한 매우 유용한 변형 식 가운데 하나가 다음과 같은 Dittus–Boelter 식인데,

$$\text{Nu}_D = 0.023 \, (\text{Re}_D)^{0.8}(\text{Pr})^n \qquad (4.150)$$

여기에서 유체가 가열될 때는 $n = 0.4$이고 유체가 냉각될 때는 $n = 0.3$이다. 이 식에서는 $160 \geq \text{Pr} \geq 0.7$일 때, $\text{Re}_D \geq 10{,}000$일 때 그리고 채널 길이 L이 직경보다 대략 10배 이상 더 클 때 신뢰성이 있는 결과가 나온다. Dittus–Boelter 식에 사용되는 유체 상태량들은 모두 유체의 혼합 온도에서 산출하여야 한다. 이 식으로 산출된 대류 열전달 계수 값은 일반적으로 실험적으로 입증된 값의 25 % 이내에 든다.

또 다른 식으로는 Petukhov, Kirilov 및 Popov (PKP)[24]가 제안한 식이 있는데, 이 식으로 산출한 값과 실험적으로 입증된 값 사이에는 오차가 10 % 이하로 일치되어 나타나며 식 형태는 다음과 같다.

$$\text{Nu}_D = \frac{f}{8} \frac{\text{Re}_D \cdot \text{Pr}}{1.07 + 12.7(f/8)^{1/2}(\text{Pr}^{2/3} - 1)} \qquad (4.151)$$

여기에서 f는 마찰 계수로서 이는 그림 4.19(무디 선도)에서 $2000 \geq \text{Pr} \geq 0.5$이고 $5 \times 10^6 \geq \text{Re}_D \geq 10{,}000$일 때 구한다. 계산에 사용하는 유체 상태량들은 유체의 혼합 온도 T_m에서 산출한다. 식 (4.151)은 난류 유동에서 천이 상태로 변할 때에도 (즉, $\text{Re}_D \to 2300$일 때에도) 사용해도 되지만, 대류 열전달 계수 산출에서 오차가 10 %보다 더 크게 나타날 수 있다.

예제 4.19

에틸글리콜이 직경이 10 cm인 인발가공 관을 통하여 평균 속도 20 m/s로 흐른다. 이 에틸글리콜의 혼합 온도 또는 평균 온도는 10 ℃이고 튜브 벽의 온도는 70 ℃이다. 대류 열전달 계수 값으로 Dittus–Boelter 식으로 산출한 값과 Petukhov, Kirilov 및 Popov (PKP) 식으로 산출한 값을 비교하라.

풀이 에틸글리콜의 상태량을 부록 표 B.3에서 선정하여 사용하면 레이놀즈 수는 다음과 같으며,

$$\text{Re}_D = \frac{\rho \mathbf{u}_{\text{ave}} D}{\mu} = \frac{(1116 \text{ kg/m}^3)(20 \text{ m/s})(0.1 \text{ m})}{(0.0214 \text{ kg/m} \cdot \text{s})} = 104{,}299$$

프란틀 수는 다음과 같다.

$$\text{Pr} = \frac{\mu c_P}{\kappa} = \frac{(0.0214 \text{ kg/m} \cdot \text{s})(2385 \text{ J/kg} \cdot \text{K})}{(0.257 \text{ J/s} \cdot \text{m} \cdot \text{K})} = 198.6$$

유체가 가열되고 있으므로 Dittus-Boelter 식 (4.150)을 사용하여 $n = 0.4$로 놓으면, 다음과 같이 구할 수 있다(단, 유의할 점은 Pr > 160이면 이 식을 반드시 신뢰할 수 있는 것은 아니라는 것이다).

$$h = \frac{\kappa}{D} 0.023 Re_D^{0.8} Pr^{0.4} = 5075.5 \ W/m^2 \cdot K \qquad \text{답}$$

PKP 식 (4.151)을 사용하려면 마찰 계수가 필요하다. 마찰 계수 값은 레이놀즈 수가 104,299인 상태에서 인발가공 관은 관조도(거칠기) ϵ 값으로 0.000005를, 상대조도 ϵ/D 값으로 0.000005/0.328 ft = 0.000015를 사용하면 그림 4.19에서 0.0175가 나온다. 그러면 다음과 같이 된다.

$$h = \frac{\kappa}{D} \frac{f}{8} \frac{Re_D Pr}{1.07 + 12(f/8)^{1/2}(Pr^{2/3} - 1)} = 5626.92 \ W/m^2 \cdot K \qquad \text{답}$$

프란틀 수가 160을 초과할 때에는 Dittus-Boelter 식이 반드시 믿을 만하다고 할 수는 없지만, 대류 열전달 계수 값은 상당히 잘 일치하고 있다.

열적 입구 조건

때로는 열적 입구 조건, 즉 유동 유체와 채널 사이에는 열전달이 일어나기 시작했지만 아직까지 안정된 정상 상태 열적 조건에는 도달하지 않은 영역을 확인할 수 있다는 점이 중요할 때도 있다. 입구에서는 열적 조건의 특성이 발달되고 있기 때문에, 대류 열전달은 정상 상태 조건과 다를 수 있다. 열적 입구 길이 δ_T는 열적 입구 영역의 길이를 기술하는 데 많이 사용한다. 유동이 난류이면 열적 입구 길이가 짧으므로, 정상 상태 조건을 열전달 영역의 전체 길이에서 사용할 수 있다고 가정할 수 있다. 그러므로 대류 열전달이 일어나고 있는 모든 밀폐 원형 단면 내 난류 유동에 식 (4.150) 또는 (4.151)과 같은 관계를 사용해도 타당하다. 층류 유체 유동에서는 열적 조건이 발달되고 있는 입구 길이를 산출하는 데 수학적으로 해석할 수 있다. 누셀 수가 레이놀즈 수와 프란틀 수의 함수라는 사실을 알고 있다. **그레츠 수**(Graetz number) Gz_D는 편리한 매개변수로서 다음과 같이 정의되는데,

$$Gz_D = \frac{D}{x} Re_D \cdot Pr \qquad (4.152)$$

여기에서 x는 열적 입구 영역의 시작점에서부터 하류 쪽으로 잰 거리이며, 국소 누셀 수 Nu_{D_x} 및 평균 누셀 수 N_D와 관계가 있다. 국소 누셀 수는 다음과 같으며,

$$\text{Nu}_{Dx} = \frac{h_x D_0}{\kappa_{\text{fluid}}} \qquad (4.153)$$

여기에서 h_x는 특정 위치 x에서의 대류 열전달 계수이다. 평균 누셀 수는 다음과 같으며,

$$\text{Nu}_D = \frac{h_{\text{ave}} D_0}{\kappa_{\text{fluid}}} \qquad (4.154)$$

여기에서 h_{ave}는 열적 영역의 시작점에서부터 특정한 위치 x까지의 열전달을 기술하는 데 사용되는 대류 열전달 계수이다. 누셀 수와 그레츠 수 사이의 관계는 완전히 발달된

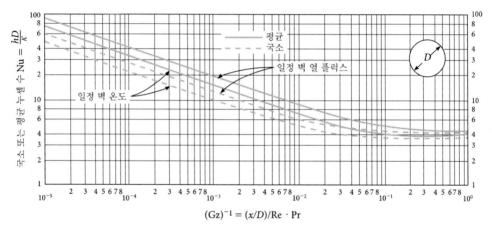

(a) 열적으로 발달하고 있거나 발달된 유체 유동에서 입구 거리에 따른 누셀 수의 변화

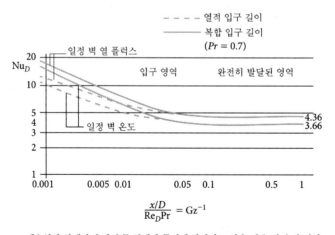

(b) 열적 상태와 유체 유동 상태가 동시에 발달하고 있을 때 누셀 수의 변화

그림 4.48

유체 유동에 대하여 그림 4.48a에 그래프로 나타나 있다. 누셀 수는 그레츠 수의 역수의 함수라는 것을 알 수 있다. 또한, 주목할 점은 누셀 수는 Gz^{-1}가 대략 0.4를 넘어서면 일정한 값에 접근하는데, 이 값은 그레츠 수가 0.25일 때에 상응한다는 것과 열전달이 균일할 때에는 평균 및 국소 누셀 수 값이 4.364[이 값은 식 (4.147)에서 나오는 결과와 일치함]이고 채널 벽 온도가 균일할 때에는 평균 및 국소 누셀 수 값이 3.657이라는 것이다. 열적 조건과 유체 유동 조건이 동시에 발달하는 경우에는 누셀 수와 그레츠 수의 역수 사이의 관계가 한층 더 복잡해지는데, 그림 4.48b에는 이러한 관계가 프란틀 수가 0.7일 때(공기나 이와 유사한 물질)에 대하여 나타나 있다. 다시 말하지만 누셀 수는 열전달이 균일할 때에는 정상 상태 값 4.364에 접근하고 채널 벽 온도가 균일할 때에는 정상 상태 값 3.657에 접근한다. 열적 조건과 유체 유동 조건이 동시에 발달할 때의 열적 입구 길이는 그레츠 수가 대략 20일 때에, 즉 그레츠 수의 역수가 0.05일 때에 발생한다.

비원형 단면 채널에서의 대류 열전달

대류 열전달과 대류 열전달 계수 산출 방법은 수력 직경의 개념을 사용함으로써 비원형 단면 채널의 경우에도 확대 적용할 수 있는데, 이 수력 직경은 식 (4.9)로 정의되어 있다.

$$D_H = 4r_H = \frac{4A}{\text{wp}} \qquad \text{(4.9, 다시 씀)}$$

그러므로 누셀 수와 레이놀즈 수는 직경 대신에 수력 직경을 사용하고, 누셀 수와 레이놀즈 수, 프란틀 수 및 그레츠 수 사이의 상관관계를 상황에 맞게 사용함으로써 구할 수 있다. 완전히 발달된 층류 유동에서는 누셀 수를 표 4.6을 사용하여 다양한 단면에서 구할 수 있다.

표 4.6 비원형 단면 채널 속에서 완전히 발달된 층류 유동에서의 누셀 수 (출전: Kays, W.M. and M.E. Crawford, Convection Heat and Mass Transfer, McGraw-Hill, New York, 1980)

단면	b/a	누셀 수, Nu_D	
		균일 채널 온도	균일 열전달
○		3.657	4.364
□ (a, b)	1.0	2.98	3.61
▭ (a, b)	0.7	3.08	3.73
▭ (a, b)	0.5	3.39	4.12
▭ (a, b)	1/3	3.96	4.79
▭ (a, b)	1/4	4.44	5.33
▭ (a, b)	1/8	5.60	6.49
‒‒‒	0 (평행 평판)	7.54	8.23
△		2.47	3.11

Kays and Crawford[23] 허가 게재

예제 4.20

창고에 있는 단면이 직사각형인 공기 유입 덕트는 폭이 1 m이고 높이가 60 cm이다. 창고는 10 ℃이지만 그림 4.49와 같이 덕트의 한쪽 끝이 외부에 열려 있어서 외기가 여기를 통해 덕트에 유입된다. 온도가 −11 ℃인 외기가 1.70 m³/s로 덕트에 유입될 때, 덕트 내부로 6 m가 되는 지점에서 공기 온도를 산출하라.

풀이 공기 온도 산출 해석에는 뉴턴의 가열 법칙을 사용하여 덕트 내부로 6 m가 되는 지점의 단면을 지나는 공기 유동에 에너지 평형을 적용하는 것이 수반된다. 먼저 공기 유동이 층류인지 아니면 난류인지 그 유동 특성을 판정한다. 단면이 직사각형 이므로 다음과 같이 수력 직경을 구해야 한다. 즉,

$$D_H = \frac{4A}{\text{wp}} = \frac{4(0.60 \text{ m} \times 1 \text{ m})}{3.2 \text{ m}} = 0.75 \text{ m}$$

공기의 특성량들을 부록 표 B.4에서 선정하면, 평균 공기 온도를 대략적으로 다음과 같이 −1 ℃로 가정할 수 있다. 즉,

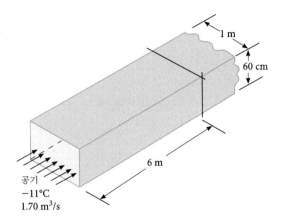

그림 4.49 공기 유입 덕트, 예제 4.20

$$\rho = \frac{p}{RT} = \frac{(101\ \text{kPa})}{(0.00287\ \text{m}^3 \cdot \text{bar/kg} \cdot \text{K})(272\ \text{K})} = 1.30\ \text{kg/m}^3$$

$$c_p = 1.0\ \text{kJ/kg} \cdot \text{K},$$
$$\kappa = 0.0789\ \text{W/m} \cdot \text{K}$$
$$\nu = 1.44 \times 10^{-4}\ \text{m}^2/\text{s} \quad \text{및} \quad \text{Pr} = 0.715$$

입구에서의 공기 속도는 다음과 같다.

$$\mathbf{V} = \frac{\dot{V}}{A} = \frac{1.70\ \text{m}^3/\text{s}}{0.6\ \text{m}^2} = 2.83\ \text{m/s}$$

레이놀즈 수는 다음과 같다.

$$\text{Re}_D = \frac{\mathbf{V}D}{\nu} = \frac{(2.83\ \text{m/s})(0.75\ \text{m})}{1.44 \times 10^{-4}\ \text{m}^2/\text{s}} = 14{,}757$$

$\text{Re}_D > 2300$이므로 공기 유동은 난류이다. 따라서 열전달 논점에서는 입구 상태를 무시해도 된다. 공기 기류에 에너지 균형을 쓰면 다음과 같다.

$$\dot{Q} = \dot{m}c_p(T_{m2} - T_{m1}) = hA(T_w - T_{\text{average}})$$

여기에서 공기로 유출되는 열전달 때문에 공기의 엔탈피가 증가하게 되므로 이 열전달은 대류 열전달과 같다. 질량 유량은 다음과 같으며,

$$\dot{m} = \dot{V}\rho = (1.70\ \text{m}^3/\text{s})(1.30\ \text{kg/m}^3) = 2.2\ \text{kg/s}$$

혼합 공기 온도 T_{m1}은 −11 ℃, 대류 표면적 A는 PL(둘레 길이 × 길이) = 3.2 m × 6 m = 19.2 m²이며, 덕트 벽 온도 T_w는 10 ℃이고, 평균 공기 온도 T_{average}는

다음과 같다.

$$T_{\text{average}} = \frac{1}{2}(T_{m1} + T_{m2})$$

대류 열전달 계수 h는 Dittus-Boelter 식 (4.150)이나 한층 더 정밀한 PKP 식 (4.151)로 산출하면 된다. 공기가 가열되고 있으므로 $n = 0.4$로 하여 식 (4.150)을 사용하면, 다음과 같이 된다.

$$\text{Nu}_D = 0.023\text{Re}_D^{0.8}\text{Pr}^{0.4} = 0.023(14{,}757)^{0.8}(0.715)^{0.4} = 43.5$$

대류 열전달 계수는 다음과 같으며,

$$h = \frac{\text{Nu}_D \kappa}{D} = \frac{43.5(0.0789 \text{ W/m} \cdot \text{K})}{0.75 \text{ m}} = 4.58 \frac{\text{W}}{\text{m}^2 \cdot \text{K}}$$

에너지 균형은 다음과 같이 쓸 수 있다.

$$\dot{m}c_P(T_{m2} - T_{m1}) = hPL\left[T_w - \frac{1}{2}(T_{m1} + T_{m2})\right]$$

및

$$T_{m2} = \frac{1}{1 + hPL/2\dot{m}c_p}\left[\left(\frac{hPL}{\dot{m}c_P}\right)\left(T_w - \frac{1}{2}T_{m1}\right) + T_{m1}\right]$$

이 식에 값들을 대입하면 다음이 나온다.

$$T_{m2} = 6.28 \,°\text{C} \qquad\qquad\qquad 답$$

또 다른 해는 식 (4.150) 대신에 식 (4.151)을 사용하면 다음이 나온다.

$$\text{Nu}_D = (f/8)\frac{\text{Re}_D\text{Pr}}{1.07 + 12.7(f/8)^{1/2}(\text{Pr}^{2/3} - 1)}$$

또는

$$h = \frac{(\kappa/D_H)(f/8)\text{Re}_D\text{Pr}}{1.07 + 12.7(f/8)^{1/2}(\text{Pr}^{2/3} - 1)}$$

그림 4.19에서 표면이 매끄러운 덕트일 때 $\text{Re}_D = 14{,}757$에서 $f = 0.027$가 판독된다. 이 식에 값들을 대입하면 다음과 같이 나오며,

$$h = 1.45 \text{ W/m}^2 \cdot \text{K}$$

지점 2에서 혼합 공기 온도는 다음과 같다.

$$T_{m2} = 6.28 \,°\text{C} \qquad\qquad\qquad 답$$

주목할 점은 산출된 온도가 대류 열전달 계수를 산출하는 두 가지 방법에서 동일하게 나왔다는 것이다. 해석은 평균 공기 온도가 $[-11 + 6.28]/2 = -2.36$ ℃ 라는 점을

주지하면서 진행하게 된다. 그러므로 공기 상태량들이 −1 ℃에서 선정되었으므로 이 값들을 약간 바꿔서 계산 절차를 다시 밟아야 한다. 그러나 산출된 대류 열전달 계수 값들은 그 오차가 10 % 이내이기 때문에 그렇게 반복 계산을 할 필요가 없다.

예제 4.21

엔진 오일이 크랭크 케이스에서 직경이 1 cm인 튜브를 통하여 유출된다. 온도가 낮은 특정한 조건에서는 엔진 오일을 가열시켜 유동성을 높여주어야 한다. 이러한 요구 조건에 부응하려고 제안된 방법이 그림 4.50과 같이 튜브 둘레에 가열기를 설치하는 것이다. 온도가 0 ℃인 엔진 오일이 튜브에 10 cm/s로 유입되고 가열기가 입구에서 하류 쪽으로 30 cm인 지점에 설치되어야 한다. 이때 이 가열기를 작동시켜서 오일이 가열부에서 30 ℃로 유출되게 하고 열 제원에서 튜브 내부 벽 온도를 60 ℃로 표시할 수 있게 하는 데 필요한 가열기 길이와 필수 공급 열량을 구하라.

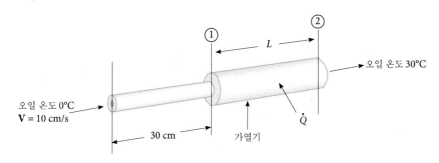

그림 4.50 엔진 오일 가열기, 예제 4.21

풀이 이 문제의 해석은 다음과 같이 오일에 에너지 보존을 적용함으로써 진행하면 된다.

$$\dot{Q} = \dot{m}c_p(T_{m2} - T_{m1}) = hA(T_w - T_{\text{average}})$$

여기에서 $T_{\text{average}} = [T_{m1} + T_{m2}]/2 = [0\ ℃ + 30\ ℃]/2 = 15\ ℃$ 이다. 엔진 오일의 유동 특성은 레이놀즈 수를 사용하여 판정해야 한다. 엔진 오일의 특성량은 부록 표 B.3을 참고하여 구하는데, 비가열부에서 오일 온도 0 ℃에서는 $\kappa = 0.147\ \text{W/m} \cdot ℃$, $\nu = 0.00428\ \text{m}^2/\text{s}$, $\text{Pr} = 47{,}100$을 사용한다.

레이놀즈 수는 다음과 같다.

$$\text{Re}_D = \frac{\mathbf{V}D}{\nu} = \frac{(0.1\ \text{m/s})(0.01\ \text{m})}{(0.00428\ \text{m}^2/\text{s})} = 0.2336$$

이 값은 $\text{Re}_D \ll 2300$이므로 유동이 층류임을 나타낸다. 실제로는 크리프 유동(creep flow)이다. 입구에서 하류 쪽으로 30 cm인 지점에서 유체 유동이 발달하는지 여부를 판정해야 한다. 식 (4.132)에서 다음과 같이 되는데,

$$x_F = \frac{r_o^2}{5\nu} \mathbf{V}_{\text{average}} = \frac{(0.005 \text{ m})^2}{5(0.00428 \text{ m}^2/\text{s})}(0.1 \text{ m/s}) = 0.117 \text{ m}$$

이는 유체 유동이 급격하게 발달하므로 가열기를 완전히 발달된 유체 유동 영역에 위치시켜야 한다는 것을 의미한다. 오일을 30 ℃까지 가열시키는 데 필요한 열량, 즉 에너지양은 에너지 균형에서 구한다. 이에 필요한 상태량들은 평균 혼합 오일 온도인 15 ℃를 사용하여 $\rho = 890.63 \text{ kg/m}^3$, $c_p = 1859 \text{ J/kg} \cdot \text{℃}$, $\kappa = 0.145 \text{ W/m} \cdot \text{℃}$, $\nu = 0.00243 \text{ m}^2/\text{s}$ 및 $\text{Pr} = 27{,}000$을 구한다.

에너지 균형은 다음과 같다.

$$\dot{Q} = \dot{m}c_p(T_{m2} - T_{m1}) = \rho V_{\text{average}} c_p(T_{m2} - T_{m1})$$

$$= (890.63 \text{ kg/m}^3)(0.1 \text{ m/s})\pi(0.005 \text{ m})^2\left(1859 \frac{\text{J}}{\text{kg} \cdot \text{℃}}\right)(30\text{℃}) = 390 \text{ W}$$

그러면 다음과 같이 쓸 수 있다.

$$390 \text{ W} = hA(T_w - T_{\text{average}}) = h\pi DL(T_w - T_{\text{average}})$$

이 식은 대류 열전달 계수를 알면 이를 풀어 가열기 길이 L을 구할 수 있다. 유동이 층류이므로 누셀 수 Nu_D를 3.657로 가정할 수 있는데, 이 값은 열적으로 발달된 유동에 해당한다. 그러므로 대류 열전달 계수는 다음과 같다.

$$h = \text{Nu}_D \kappa/D = (3.657)(0.145 \text{ W/m} \cdot \text{℃})/(0.01 \text{ m}) = 53 \text{ W/m}^2 \cdot \text{℃}$$

이 값에서 다음이 나온다.

$$L = 390 \text{ W} \frac{1}{h\pi D(T_w - T_{\text{average}})} = 5.2 \text{ m}$$

이제 그레츠 수 $Gz = [D/x][\text{Re}_D\text{Pr}]$로 열적으로 발달됐는지 확인해야 한다. Gz 가 2.5 이하이면 $\text{Nu}_D = 3.657$로 가정한 것이 타당하다. 그렇지 않으면 발달하고 있는 열적 상태에 더욱더 적합한 대류 열전달 계수를 구해야만 한다. 이 말의 의미는 다음과 같다.

$$x = D\frac{\text{Re}_D \cdot \text{Pr}}{Gz} = (0.01 \text{ m})\frac{\text{Re}_D \cdot \text{Pr}}{2.5}$$

평균 혼합 온도에서 오일은 다음과 같고,

$$\text{Re}_D = \mathbf{V}D/\nu = (0.1 \text{ m/s})(0.01 \text{ m})/(0.00243 \text{ m}^2/\text{s}) = 0.412$$

이므로

$$x = (0.01 \text{ m})(0.412)(27{,}000)/(2.5) = 44.5 \text{ m}$$

이 길이를 에너지 균형으로 산출한 길이와 비교해 본다는 것은 가열기 길이로

44.5 m보다는 짧고 5.2 m보다는 긴 값이 나올 때까지 반복 계산을 해야 한다는 것을 의미한다. $Re_D = 0.412$와 $Pr = 27{,}000$ 그리고 그림 4.48a와 같은 그래프 관계를 사용하여, 예상하는 가열기 길이를 구할 때까지 반복 계산을 한다. $Nu_D = 7.0$이라고 가정하면, 그레츠 수의 역수는 대략 0.012이므로 $Gz = 83.33$이 된다. 가열기 길이는 다음 관계로 산출한다.

$$x = L = \frac{DRe_D \cdot Pr}{Gz} = \frac{(0.01\ \text{m})(0.412)(27{,}000)}{(83.33)} = 1.33\ \text{m}$$

또한, 에너지 균형에서 다음과 같이 된다.

$$L = \frac{390\ \text{W}}{[h\pi D(T_W - T_{\text{average}})]}$$

여기에서 $h = N_D \kappa / D = (7.0)(0.145\ \text{W/m} \cdot \text{K})/(0.01\text{m}) = 101.5\ \text{W/m}^2 \cdot \text{K}$이므로 $L = (390\ \text{W})/[h\pi D(T_w - T_{\text{average}})] = 2.7\ \text{m}$ 이다.

이 두 결과($L = 1.33$ m와 $L = 2.7$ m)는 여전히 일치하지 않으므로, 반복 계산을 또 해야만 한다. Nu_D를 5.3으로 잡으면, 그림 4.48a에서 그레츠 수의 역수가 0.032가 되므로 $Gz = 31.25$가 된다. 다시 새로운 길이 값을 계산하면 다음과 같다. 즉,

$$x = L = \frac{(0.01\ \text{m})(0.412)(27{,}000)}{(31.25)} = 3.56\ \text{m}$$

이므로,

$$L = \frac{390\ \text{W}}{[(h)(\pi)(D)(T_w - T_{\text{average}})]}$$

여기에서 $h = Nu_D \kappa / D = (5.3)(0.145\ \text{W/m} \cdot \text{℃})/(0.01\ \text{m}) = 76.85\text{W/m}^2 \cdot \text{℃}$ 이다. 그러면 $L = 3.59$ m가 되므로 이 값은 x 값에 근사한다. 그러므로 가열기 길이를 최적값으로 다음과 같이 가정할 수 있다.

가열기 길이 = 3.6 m 답

4.7 대류 열전달의 응용

이 절에서는 대류 열전달 해석에서 구한 결과가 영향을 미치는 공학 문제를 몇 가지 살펴보고자 한다. 이 각각의 문제들은 개별 항목으로 학습하게 될 것이다.

튜브 군에서의 대류 열전달

튜브 군(관 군)은 그림 4.51과 같이 많은 튜브(관)가 행렬로 배열된 군이다. 유체는 튜브 군을 거쳐 흐르면서 열을 대류로 전달시킨다. 그림 4.51a에는 사방 직렬 형식의 튜브 배열이 나타나 있다. 구성 면에서 이 사방 직렬 배열을 사용하면 유체가 튜브 군을 거쳐 흐를 때 저항이 덜 발생하게 되어 편리할 때가 많다. 그림 4.51b와 같이 사방 엇갈림 형식의 튜브 배열에서는 튜브에 유체 정체점이 더 많아져서 난류가 더 많이 발생하게 될 가능성이 커지고 유체의 혼합 온도가 더 좋게 분포되기 때문에 열전달에 더 좋은 배열이 제공된다. 튜브 군은 유체 간에 열전달이 필요한 많은 장치와 시스템에 사용되는데, 여기에서 한쪽 유체는 관 속을 흐르고 다른 한쪽 유체는 관 주위를 지나간다. 증기 터빈 발전소에서 이코노마이저(economizer)와 과열기는 연소 가스에서 열에너지를 추출하는 튜브 군이므로 효과적으로 기능한다. 건물에서 냉난방 장치는 공기를 냉각시키거나 가열시키는 데 사용하는 튜브 군이고, 냉장고나 에어컨디셔너에서 응축기도 일 열로 배열된 튜브 군으로서 이 튜브 군을 지나는 공기로 냉매를 냉각시킨다. 튜브 군이 열교환기의 핵심부가 되거나 열교환기 해석 모델을 나타내는 경우 등 많은 경우가 있다.

튜브 군의 해석은 정상 상태 열교환기를 가정함으로써 이루어진다. 그러므로 튜브 군에서의 열전달은 다음과 같이 쓸 수 있는데,

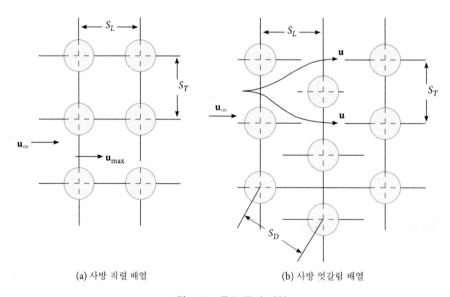

(a) 사방 직렬 배열   (b) 사방 엇갈림 배열

그림 4.51 튜브 군의 배열

$$\dot{Q} = h_e A \Delta T \tag{4.155}$$

여기에서 ΔT는 튜브와 유체 사이의 온도 차이다. 이러한 튜브와 유체의 온도들은 위치마다 달라지고 심지어는 정상 상태에서도 변화하므로, 유체 온도 T_f는 다음과 같이 입구 온도 T_i와 출구 온도 T_o 간의 산술 평균으로 근삿값을 구할 수 있다. 즉,

$$T_f = \frac{1}{2}(T_i + T_o) \tag{4.156}$$

벽 온도 또한 입구와 출구의 산술 평균으로 근사화할 수 있다. 튜브 벽 온도는, 특히 튜브 속을 흐르는 유체가 기화하거나 응축되는 그러한 응용에서는 일정하다고 가정할 때가 많다. 유효 면적 A_e는 대개 다음과 같이 튜브들의 전체 표면적으로 가정하는데,

$$A_e = \pi D L (i \times j) \tag{4.157}$$

여기에서 L은 튜브 길이, D는 튜브 직경, i는 행의 개수, j는 열의 개수를 각각 나타낸다. 열전달은 보통 다음과 같이 튜브 군의 단위 길이당으로 구하는데,

$$\dot{q}_L = \frac{\dot{Q}}{L} = h_e \frac{A_e}{L} \Delta T = h_e a_e \Delta T \tag{4.158}$$

여기에서

$$a_e = \pi D (i \times j) \tag{4.159}$$

이다.

제4.5절에서는 여러 가지 튜브와 물체 주위에서의 유체 유동과 결과적으로 나타나는 열전달을 학습하였다. 또한, 대류 열전달 계수 h_e를 산출하는 관계를 구하였다. 특히, 식 (4.127)에서는 누셀 수와 프란틀 수의 관계가 나온다. 이 결과를 유용하게 튜브 군에 확대 적용하면 다음과 같이 쓸 수 있는데,

$$\mathrm{Nu}_e = \frac{h_e D}{\kappa} = C \mathrm{Re}_{D,\max}^m \mathrm{Pr}^{1/3} \tag{4.160}$$

여기에서 레이놀즈 수는 최고 유체 속도 조건에서 구한다. 그림 4.51a를 참고하면 최고 유체 속도는 튜브와 튜브 사이에서 발생한다. 비압축성 유체 유동이라고 가정하면, 다음과 같은 관계가 나온다.

$$\mathbf{u}_{max}(S_T - D) = \mathbf{u}_\infty S_T \tag{4.161}$$

즉,

$$\mathbf{u}_{max} = \mathbf{u}_\infty \left[\frac{S_T}{S_T - D} \right] \tag{4.162}$$

사방 엇갈림 튜브 군 배열에서는 최고 유체 속도가 같은 행의 튜브 사이에서 또는 인접하는 행에 대각선 방향으로 떨어져 있는 튜브 사이에서 발생하게 된다. 최고 유체 속도가 대각선 방향으로 떨어져 있는 튜브 사이에서 발생할 때에는 다음과 관계가 성립하는데,

$$\mathbf{u}_{max}(2A_D) = \mathbf{u}_\infty S_T$$

여기에서

$$A_D = S_D - D$$

이므로, 다음과 같이 되고

$$2\mathbf{u}_{max}(S_D - D) = \mathbf{u}_\infty S_T$$

이므로, 다음과 같이 된다.

$$\mathbf{u}_{max} = \mathbf{u}_\infty \left[\frac{S_T}{2(S_D - D)} \right] \tag{4.163}$$

그러므로 사방 엇갈림 튜브 군 배열에서는 최고 유체 속도가 식 (4.162) 또는 (4.193) 가운데에서 **최댓값**으로 정한다. 유체 상태량들은 온도 T_f에서 구한다. 공기의 프란틀수는 통상적으로 0.7 정도가 되므로 식 (4.160)은 다음과 같이 된다.

$$\mathrm{Nu}_e = C\mathrm{Re}_{D,max}^m(0.7)^{1/3} = C_1\mathrm{Re}_{D,max}^m \tag{4.164}$$

여기에서 $C_1 = 0.888C$이다. 식 (4.164)를 사용하는 한계는 N(튜브 열의 개수) $\geq$ 10이고 $2000 \leq \mathrm{Re}_D \leq 40{,}000$이며 $\mathrm{Pr} = 0.7$이다.

Grimison[25]은 m과 C의 값들을 발표하였는데, 이는 표 4.7로 작성되어 있다. 튜브 열의 개수가 10개 미만일 때에는 Kays와 Lo[26]가 식 (4.160)이나 (4.164)에서 구하는 누셀 수에 수정 계수 C_F를 적용하는 방법을 제안하여 다음과 같이 되는데,

표 4.7 식 (4.164)의 계수. 튜브 개수가 10개 이상인 튜브 군에서의 강제 대류 열전달

$(S_L)/D$	S_T/D							
	1.25		1.5		2.0		3.0	
	C_1	m	C_1	m	C_1	m	C_1	m
사방 직렬 배열								
1.25	0.348	0.592	0.275	0.608	0.100	0.704	0.0633	0.752
1.50	0.367	0.586	0.250	0.620	0.101	0.702	0.0678	0.744
2.00	0.418	0.570	0.299	0.602	0.229	0.632	0.198	0.648
3.00	0.290	0.601	0.357	0.584	0.374	0.581	0.286	0.608
사방 엇갈림 배열								
0.600	—	—	—	—	—	—	0.213	0.636
0.900	—	—	—	—	0.446	0.571	0.401	0.581
1.000	—	—	0.497	0.558	—	—	—	—
1.125	—	—	—	—	0.478	0.565	0.518	0.560
1.250	0.518	0.556	0.505	0.554	0.519	0.556	0.522	0.562
1.500	0.451	0.568	0.460	0.562	0.452	0.568	0.488	0.568
2.000	0.404	0.572	0.416	0.568	0.482	0.556	0.449	0.570
3.000	0.310	0.592	0.356	0.580	0.440	0.562	0.428	0.574

참고문헌[21]에서 발췌.

$$\text{Nu}_{e(<\,10\,\text{열})} = C_F \text{Nu}_e \tag{4.165}$$

여기에서 C_F는 튜브 열의 개수가 9개 이하일 때 표 4.8로 작성되어 있다.

표 4.8 식 (4.165)의 계수. 튜브 개수가 10개 미만인 튜브 군에서의 수정 계수 C_F

N_L	1	2	3	4	5	6	7	8	9
사방 직렬 배열	0.64	0.80	0.87	0.90	0.92	0.94	0.96	0.98	0.99
사방 엇갈림 배열	0.68	0.75	0.83	0.89	0.92	0.95	0.97	0.98	0.99

참고문헌[21]에서 발췌.

튜브 군의 설계 및 해석에서 중요한 점은 튜브 군을 흘러 지나가는 유체가 겪게 되는 압력 강하를 산출하는 것이다. 이 압력 강하 정보는 유체 유동을 유지하는 데 필요한

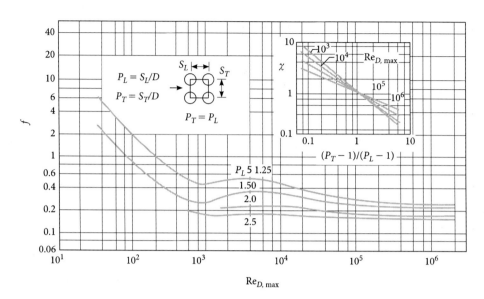

그림 4.52 사방 직렬 배열 튜브 군에서의 마찰 계수 (출전: Zhukauskas, A., Heat Transfer from Tubes in Cross Flow, in J.P. Hartnett and T.F. Irvine, Jr. eds., Advanced in Heat Transfer, Vol. 8, Academic Press, New York, 1972.)

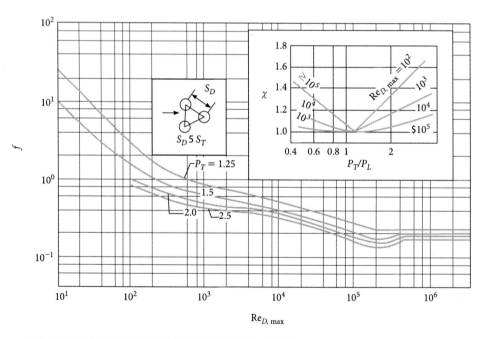

그림 4.53 사방 엇갈림 배열 튜브 군에서의 마찰 계수 (출전: Zhukauskas, A., Heat Transfer from Tubes in Cross Flow, in J.P. Hartnett and T.F. Irvine, Jr. eds., Advanced in Heat Transfer, Vol. 8, Academic Press, New York, 1972.)

동력 산출에 필요하다. Zhukauskas[27]는 튜브 열의 개수가 j개인 튜브 군에서의 압력 강하 식을 다음과 같이 제안하였는데,

$$\Delta p = j\chi f\left(\frac{1}{2}\rho \mathbf{u}_{max}^2\right) \tag{4.166}$$

여기에서 f는 레이놀즈 수 $\mathrm{Re}_{D,\mathrm{max}}$에 종속되는 마찰 계수이다. 계수 χ는 튜브 간격이 균일하지 않은 사방 직렬 배열이나 사방 엇갈림 배열에 사용하는 수정 계수이다. 즉, 사방 직렬 배열에서는 $S_L = S_T$일 때 $\chi = 1.0$이 되고, 사방 엇갈림 배열에서는 $S_D = S_T$일 때 $\chi = 1.0$이 된다. 기타 기하 패턴에서의 수정 계수는 그림 4.52와 4.53에 나타나 있다.

예제 4.22

온도가 35 ℃이고 체적 유량이 30 m³/min인 공기가 냉각수관 코일에서 냉각된다. 이 코일은 그림 4.54와 같이 직경이 2.5 cm이고 길이가 50 cm인 관이 하나의 행(row)에 8개가 한 벌로 되어 있는 직렬 배열이다. 하나의 열마다 10개의 관이 있으며, 관 벽 온도는 5 ℃로 일정하게 유지된다. 공기가 이 코일을 빠져나올 때인 유출 온도와 코일을 지나는 과정에서 발생하는 압력 강하를 산출하라.

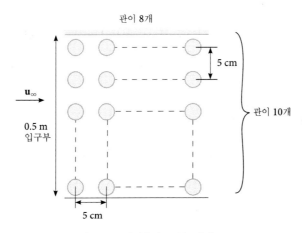

그림 4.54 냉각수관 코일, 예제 4.22

풀이 공기가 코일에 유입될 때인 자유 흐름 공기 속도는 다음 식으로 구한다.

$$\dot{V} = A\mathbf{u}_\infty = 30 \text{ m}^3/\text{min}$$

여기에서 단면적은 $A = 0.5 \text{ m} \times 0.5 \text{ m} = 0.25 \text{ m}^2$이므로 자유 흐름 공기 속도는 다음

과 같다.

$$\mathbf{u}_\infty = \frac{\dot{V}}{A} = \frac{30 \text{ m}^3/\text{min}}{0.25 \text{ m}^2} = 120 \frac{\text{m}}{\text{min}} = 2 \text{ m/s}$$

관 군 전체에 걸쳐서 최고 속도는 식 (4.162)로 구한다. 즉,

$$\mathbf{u}_{\max} = \mathbf{u}_\infty \frac{S_T}{S_T - D} = \left(2\frac{\text{m}}{\text{s}}\right)\left(\frac{5}{5 - 2.5}\right) = 4 \text{ m/s}$$

레이놀즈 수는 막 온도를 알면 구할 수 있다. 이 막 온도를 300 K라고 추정하면, 레이놀즈 수는 다음과 같다.

$$\text{Re}_{D,\max} = \frac{\rho \mathbf{u}_{\max} D}{\mu} = \frac{(1.178 \text{ kg/m}^3)(4 \text{ m/s})(0.025 \text{ m})}{0.0181 \text{ g/m} \cdot \text{s}} = 6508$$

누셀 수는 (Pr = 0.7일 때) 식 (4.164)로 구한다.

$$\text{Nu}_e = \frac{h_e D}{\kappa} = C_1 \text{Re}_D^m$$

표 4.7에서 $S_T/D = 2.0$이고 $S_L/D = 2.0$이므로, $C_1 = 0.229$이고 $m = 0.632$이다. 또한, 온도가 300 K인 공기는 프란틀 수가 0.701이다. 그러면 다음과 같이 대류 열전달 계수를 계산하면 된다.

$$h_e = \frac{\kappa}{D} C_1 \text{Re}_{D,\max}^m = \frac{0.026 \text{ W/m} \cdot \text{K}}{0.025 \text{ m}}(0.229)(6508)^{0.632} = 61.23 \text{ W/m}^2 \cdot \text{K}$$

이 배열에는 열이 8개 있으므로, 표 4.8에서 다음과 같이 된다.

$$h_{e,8 \text{ columns}} = C_F h_e = 0.98(61.23 \text{ W/m}^2 \cdot \text{K}) = 60.0 \text{ W/m}^2 \cdot \text{K}$$

유효 면적은 튜브의 표면적이므로 다음과 같다.

$$A_e = \pi D(i \times j)L = \pi(0.025 \text{ m})(8 \times 10)(0.5 \text{ m}) = 3.14 \text{ m}^2$$

열전달을 공기의 열에너지 감소와 같게 놓으면 다음과 같다.

$$\dot{Q} = h_e A_e \Delta T = \dot{m} c_p (T_1 - T_2)$$

ΔT는 다음 식과 같은 관계가 있다.

$$\Delta T = \frac{1}{2}(T_1 + T_2) - 5^\circ\text{C}$$

질량 유량은 다음과 같다.

$$\dot{m} = \dot{V}\rho = (0.5 \text{ m}^3/\text{s})(1.178 \text{ kg/m}^3) = 0.589 \frac{\text{kg}}{\text{s}}$$

그러면 위에 있는 에너지 식을 풀어서 출구 공기 온도를 구하면 다음이 나온다.

$$\dot{m} = \dot{V}\rho = (0.5 \text{ m}^3/\text{s})(1.178 \text{ kg/m}^3) = 0.589 \frac{\text{kg}}{\text{s}}$$

그러면 위에 있는 에너지 식을 풀어서 출구 공기 온도를 구하면 다음이 나온다.

$$T_2 = 19.85°C \qquad\qquad\qquad 답$$

압력 강하는 식 (4.166)으로 산출하면 된다.

$$\Delta p = j\chi f\left(\frac{1}{2}\rho\mathbf{u}_{max}^2\right)$$

그림 4.51에서 $f = 0.28$, $\chi = 1.0$을 판독하면 다음과 같이 된다.

$$\Delta p = (8 \text{ 열})(1)(0.28)\left[\frac{1}{2}(1.178 \text{ kg/m}^3)(4 \text{ m/s})^2\right] = 21.1 \text{ Pa} \qquad 답$$

충전 층상

충전 층상은 입자들이 헐렁하게 채워져 있는 체적이다. 여기에서 입자들은 돌멩이나 자갈, 탄소 입자, 건조제(가스 건조용), 모래, 소금, 또는 금속 입자 등이다. 기체나 증기가 충전 층상을 지나면서 흐를 때에는 열 교환이 일어나기도 한다. 이 메커니즘은 그림 4.55와 같이 튜브끼리 접촉하고 있는 튜브 군 주위를 흐르는 유동으로 구체화할 수 있다. 그러면 열전달은 다음과 같은 식으로 기술할 수 있는데,

$$\dot{Q} = hA_s\Delta T \qquad\qquad\qquad (4.167)$$

여기에서 A_s는 충전 층상에 들어 있는 입자들의 전체 표면이다. A_s는 비표면 S_m이라는 개념을 사용하여 산출할 수 있다. 이 비표면은 단위 체적당 입자들의 표면적으로 정의된다.

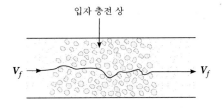

입자 충전 상

V_f → ← V_f

그림 4.55 충전 층상을 통과하는 증기 유동

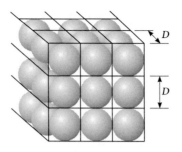

그림 4.56 충전 층상에 들어있는 면심 구형 입자

입자들이 그림 4.56과 같이 직경이 균일하고 입방격자 패턴으로 배열된 구체들이라고 가정하면, 비표면은 다음과 같다.

$$S_m = \pi \frac{D^2}{D^3} = \frac{\pi}{D}\left(\frac{cm^2}{cm^3}, \frac{m^2}{m^3}\right)$$

체적이 V인 충전 층상은 전체 표면이 다음과 같다.

$$A_s = S_m V \tag{4.168}$$

대류 열전달 계수는 Reynolds-Colburn 상사로 근사화하면 다음과 같은 형태가 될 수 있다.

$$\frac{C_f}{2} = St \cdot Pr^{2/3} \tag{4.169}$$

레이놀즈 수를 다음과 같이 정의하면,

$$Re_D = \frac{\mathbf{V}_f D_p}{\nu_{fluid}} \tag{4.170}$$

여기에서 $\mathbf{V}_f$는 자유 흐름 속도 또는 정면 속도이고, D_p는 대표 입자의 직경이며, ν_{fluid}는 다음과 같은 평균 막 온도에서의 증기의 동점도이다.

$$T_{fluid} = \frac{1}{2}(T_i + T_e) \tag{4.171}$$

Gamson 등[28]은 Colburn 상사 형태를 사용하여 다음과 같은 상관관계를 제안하였다.

$$\left(\frac{h_\infty}{\rho c_p \mathbf{V}_f}\right) \cdot \text{Pr}^{2/3} = 1.064 \text{Re}_D^{-0.41} \tag{4.172}$$

$$\left(\frac{h_\infty}{\rho c_p \mathbf{V}_f}\right) \cdot \text{Pr}^{2/3} = 18.1 \left(\frac{1}{\text{Re}_D}\right) \quad (\text{Re}_D < 350 일 때)$$

충전 층상에서 특별한 유형은 **돌멩이 층상**(rock bed)인데, 이는 태양 에너지나 산업 공정에서 유래하는 열에너지를 저장하는 데 많이 사용된다. 돌멩이 층상, 즉 충전 층상에 공기나 기타 증기를 통과시킴으로써 돌멩이와의 사이에서 열 교환이 이루어지게 할 수 있다. 그림 4.57에는 전형적인 충전 층상 장치가 그려져 있다. 이 장치에서는 유체나 증기가 수평으로 유체 공간(plenum) 또는 다기관(manifold)에 유입된 뒤, 방향을 바꿔 아래쪽으로 돌멩이 층상을 통과한 뒤, 또 다시 방향을 바꿔 수평 방향으로 유출된다. 유체 유동은 방향을 바꿔도 돌멩이 층상 성능에는 영향이 없다. 돌멩이 층상 성능 선도는 층상 압력 강하를 증기 속도와 돌멩이 직경 D_p의 함수로 나타내는 그래프 정보를 제공한다. 그림 4.58에는 Cole 등[29]이 발표한 전형적인 돌멩이 층상 성능 선도가 나타나 있다. 이 그래프 정보에서 돌멩이 층상 내부 압력 기울기 $\Delta p/L$를 구한 다음, 해당 유체가 층상을 통과하는 데 필요한 동력을 산출하면 된다. 그림 4.58에 표시되어 있는 설계점뿐만 아니라 정면 속도 선 및 압력 기울기 상·하한선들은 단지 설계를 할 때 어떻게 정면 속도와 돌멩이 정보에서 압력 기울기를 결정하는지를 보여주고자 할 뿐이다.

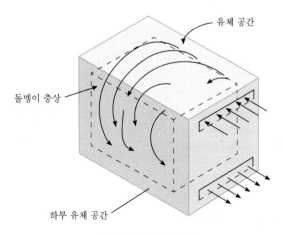

유체 공간

돌멩이 층상

하부 유체 공간

그림 4.57 돌멩이 층상

정면 속도 (m/s)

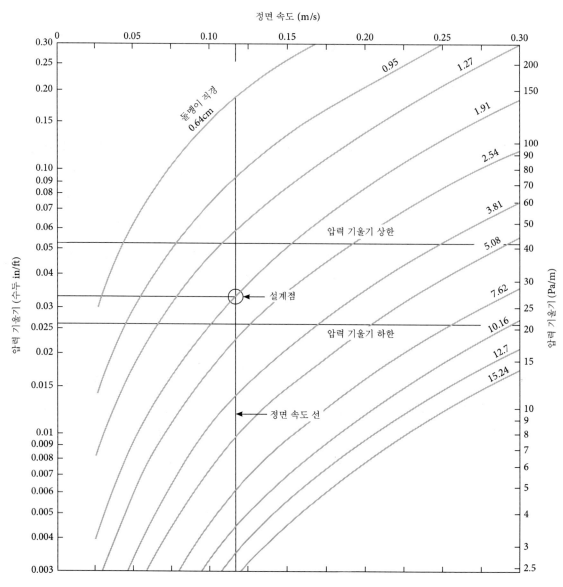

그림 4.58 돌멩이 충상 성능 선도 (출전: Cole, R.L., K.J. Nield, R.R. Rohde, and T.M. Wobdrwicz, Design and Installation Manual for Thermal Energy Storage, 2nd Edition, U.S.D.O.E., ANL-79-15, January, 1980)

예제 **4.23**

돌멩이 충상이 그림 4.57과 같이 높이가 2 m, 폭이 1.5 m이며 길이가 1.5 m이다. 충상에는 공칭 직경이 3.8 cm인 돌멩이로 충전되어 있다. 공기를 충상에 25 m³/min으로 통과시키고자 할 때, 돌멩이와 공기 간 열전달에서의 대류 열전달 계수를 산출하라.

풀이 정면 속도, 즉 자유 흐름 속도는 다음과 같다.

$$\mathbf{V}_f = \frac{\dot{V}}{A_f} = \frac{25 \text{ m}^3/\text{min}}{2.25 \text{ m}^2} = 0.185 \text{ m/s}$$

레이놀즈 수 Re_D가 다음과 같을 때,

$$\text{Re}_D = \frac{\rho \mathbf{V}_f D_p}{\mu} = \frac{(1.15 \text{ kg/m}^3)(0.185 \text{ m/s})(0.038 \text{ m})}{0.0181 \text{ g/m} \cdot \text{s}} = 446.7$$

Gorman의 상관관계식 (4.172)를 사용하면 다음 값이 나온다.

$$h = 1.064 \frac{\rho c_p \mathbf{V}_f}{\text{Re}^{0.41} \cdot \text{Pr}^{2/3}}$$

$$h = 1.064 \frac{(1.15 \text{ kg/m}^3)(1007 \text{ kJ/kg} \cdot \text{K})(0.185 \text{ m/s})}{(446.7)^{0.41}(0.701)^{2/3}} = 23.6 \frac{\text{W}}{\text{m}^2 \cdot \text{K}} \qquad \text{답}$$

이 결과는 돌멩이 충상이 효과적인 열교환기가 될 수 있다는 것을 의미한다. 레이놀즈-콜번 상사의 사용에 관한 연구와 논문들이 많이 있는데, 그 내용은 밀폐 채널 속을 흐르는 유체에 잘 들어맞는 것으로 보인다. 따라서 Gordon이 제안한 대로 이를 충전 충상을 통과하는 유동에 확대 적용하여 충전 충상에서 마찰 효과에서 대류 열전달 계수를 산출하는 데 사용해도 될 것으로 보인다. 이 점에 관한 추가 논문으로는 참고문헌 [28], [30] 및 [31]을 참조하길 바란다.

쿠에트 유동

제4.2절에서는 그림 4.59와 같이 서로 상대 미끄럼 이동하는 2개의 평판 간 유체 유동을 살펴보았다. 이 두 평판 간 유체 속도 관계식은 다음과 같으며,

$$\mathbf{u} = \mathbf{u}_\infty \frac{y}{L} \qquad (4.173)$$

이는 하부 평판이 고정되어 있을 때에 해당한다. 이러한 물리적인 상태를 **쿠에트 유동**(Couette flow)이라고 하며, 이는 스러스트 베어링, 저널 베어링, 볼 베어링 또는 롤러 베어링에서 베어링 윤활을 해석하는 데 많이 사용되는 모델을 나타낸다. 그러한 해석에서는 두 평판이 베어링 표면을 나타내고, 유체는 두 베어링 표면 간 오일이나 그리스이다. 윤활제는 마찰 저항을 감소시키면서 베어링을 냉각시키기도 하는 데 사용된다. 그러므로 쿠에트 유동을 논의할 때에는 언제나 열전달을 따져보아야 한다. 열전달 흐름은 유체

그림 4.59 쿠에트 유동

온도를 산출함으로써 해석하면 된다. 열전달 해석에서는 에너지 식 (4.55)를 사용하고 다음과 같이 가정한다. 즉, (1) 유체 온도 T는 y 방향으로만 변화(즉, $T = T(y)$)하고 유체 엔탈피, 즉 열에너지가 온도에 비례할 때에는 hn = hn(y)이다. (2) 유동은 층류이므로 y 방향에서는 유체 속도가 0이다. 즉, $\mathbf{v} = 0$이다. 그러면 다음과 같이 나오게 되는데,

$$\frac{d^2T(y)}{dy^2} = \frac{\mu}{\kappa}\left(\frac{d\mathbf{u}}{dy}\right)^2 \tag{4.174}$$

여기에서 점성 소산 $\frac{\mu}{\kappa}\left(\frac{d\mathbf{u}}{dy}\right)^2$은 에너지 해석에서 아주 중요한 부분이 된다. 식 (4.173)의 소속도 함수를 적용하면 다음과 같이 되는데,

$$\frac{d^2T(y)}{dy^2} = \frac{\mu}{\kappa}\left(\frac{\mathbf{u}_\infty}{L}\right)^2 \tag{4.175}$$

이 식에서는 $0 < y < L$이며, $y = 0$에서 $T(y) = T_0$이고 $y = L$에서 $T(y) = T_1$이다.

이 식에 경계 조건을 적용한 해는 다음과 같다.

$$T(y) = T_0 + \frac{y}{L}\left[(T_1 - T_0) + \frac{\mu\mathbf{u}_\infty^2}{2\kappa}\left(1 - \frac{y}{L}\right)\right] \tag{4.176}$$

$T_1 = T_0$인 상태, 즉 두 평판의 온도가 모두 동일하면 식 (4.176)은 다음과 같이 된다.

$$T(y) = T_0 + \frac{y}{L}\left[\frac{\mu\mathbf{u}_\infty^2}{2\kappa}\left(1 - \frac{y}{L}\right)\right] \tag{4.177}$$

이 식을 사용하면 점성 소산이 유체의 열에너지 발생 원인이 되는 유일한 항이 되는 경우에 유체 온도를 구할 수 있다. 유체에서의 온도 분포는 y 방향을 따라서 온도 최댓값이 $y = L/2$인 중앙에서 발생하는 포물선 형태가 된다. 그러므로 다음과 같다.

$$T_{\max} = T_0 + \frac{\mu \mathbf{u}_\infty^2}{8\kappa} \tag{4.178}$$

윤활제, 즉 유체가 특히 냉각제로 작용하는 경우에는 유체의 체적 평균 온도가 평판 또는 표면의 온도보다 더 낮다. 이 경우에는 다음과 같이 온도 함수를 정의하는 것이 편리하므로,

$$\theta(y) = T(y) - T_f \tag{4.179}$$

온도 분포는 다음과 같이 쓸 수 있는데,

$$\theta(y) = \theta_0 + \frac{y}{L}\left[(\theta_1 - \theta_0) + \frac{\mu \mathbf{u}_\infty^2}{2\kappa}\left(1 - \frac{y}{L}\right) \right] \tag{4.180}$$

여기에서,

$$\theta_0 = T_0 - T_f$$

이고,

$$\theta_1 = T_1 - T_f$$

이다. 두 평판이 온도가 같을 때에는, $\theta_1 = \theta_0$이므로 다음과 같이 된다.

$$\theta(y) = \theta_0 + \frac{y}{L}\left[\frac{\mu \mathbf{u}_\infty^2}{2\kappa}\left(1 - \frac{y}{L}\right) \right] \tag{4.181}$$

열전달은 다음과 같이 쓸 수 있다.

$$\dot{Q} = h_{\mathrm{eff}} A \theta_0 = -\kappa A \left[\frac{\partial \theta}{\partial y}\right]_{y=L} \tag{4.182}$$

즉,

$$\dot{Q} = -\kappa A \left(\frac{\mu \mathbf{u}_\infty^2}{2L\kappa} - \frac{\mu \mathbf{u}_\infty^2}{L\kappa} \right)$$

그러면 유효 대류 열전달 계수 h_{eff}는 다음과 같다.

$$h_{\mathrm{eff}} = \frac{\mu \mathbf{u}_\infty^2}{2\theta_0 L} \tag{4.183}$$

완전 밀봉된 67 kW 전기 모터가 소형 모터 하우징에 내장되어 공간이 확보되도록 설계되어 있다. 이 설계 조건의 결과로 전기 모터의 회전자에는 하우징 주위의 공기로 달성하였던 것보다 한층 더 효과적인 냉각이 필요하다. 이는 하우징 내부와 회전자 주위에 저온 냉각제를 순환시킴으로써 달성된다. 이 모터는 67 kW를 발생시킬 때 동력 손실이 4.5 kW가 될 것으로 본다. 이 동력 손실은 모터 권선에서의 마찰 전기 저항 때문에 발생한다. 모터는 최대 작동 온도가 35 ℃가 되도록 설계되어 있고, 모터 하우징은 전기적으로 비전도 재질이므로 하우징에 R-22(프레온)을 펌핑하게 되어 있다. 열은 그림 4.60의 단면도와 같이 회전자와 하우징 사이의 환형 체적에 있는 R-22에 소산된다고 가정한다. 이 환형 체적은 직경이 60 cm이고 모터 하우징을 통하여 축 방향으로 60 cm이며 모터는 1875 rpm으로 회전한다. 모터를 적절하게 냉각시키기 위해 그림 4.57과 같이 회전자와 하우징 사이의 적절한 간극을 산출하라.

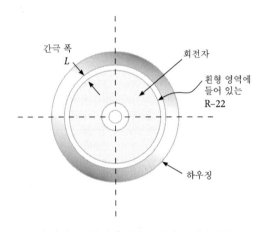

그림 4.60 밀봉되게 밀폐된 전기 모터의 단면도

풀이 열이 냉각제를 통해서 4.5 kW가 소산되어야 하므로, 열전달을 식 (4.182) 및 (4.183)으로 산출하면 된다. 즉,

$$\dot{Q} = h_{\text{eff}} A \Delta T = \frac{\mu \mathbf{u}_\infty^2}{2L} A$$

속도 $\mathbf{u}_\infty$는 대략적으로 다음과 같다.

$$\mathbf{u}_\infty = (1875 \text{ rpm})(2\pi \text{ rad/rev})(30 \text{ cm})\left(\frac{1}{60} \text{ s/min}\right) = 60 \text{ m/s}$$

R-22의 점도는 다음과 같다.

$$\mu = 1.98 \times 10^{-4} \text{Pa} \cdot \text{s} \quad (300 \text{ K에서})$$

또한, 면적은 다음과 같다.

$$A = \pi(60 \text{ cm})(60 \text{ cm}) = 1.13 \text{ m}^2$$

열전달은 다음과 같다.

$$\dot{Q} = 4.5 \text{ kW} = \frac{\mu \mathbf{u}_\infty^2}{2L} A$$

그리고

$$L = 89 \text{ (u)m.}$$ 답

간극은 90 μm보다 더 크면 안 된다. 또한 주목해야 할 점은, R-22를 전체 과정에 걸쳐서 포화 액체라고 가정해야 한다는 것과 이 가정이 모터 하우징에서의 정확한 상태를 완전하게 나타내지는 못한다는 것이다.

4.8 요약

대류 열전달은 고체 표면과 그 근방을 흐르는 주위 유체 간에 온도가 서로 다르기 때문에 일어난다. 대류 열전달은 고체 표면에 가장 인접한 유체 영역에서 발생하게 되는데, 이 영역을 경계층이라고 한다.

강제 대류 열전달은 유체 유동이 외력 때문에 일어나는 열전달을 말한다.

층류 유동은 유체가 평행한 배열을 유지하면서 흐르는 유동으로서, 유체가 저속으로 흐를 때 일어난다.

난류 유동은 유체가 무질서한 형태로 무질서하게 흐르는 유동으로서, 유체가 고속으로 흐를 때 일어난다. 열이나 동력이 관여하지 않는 유체 유동은 다음과 같이 **베르누이 방정식**으로 표현한다. 즉,

$$\frac{p_2}{\rho_2} - \frac{p_1}{\rho_1} + \frac{1}{2}\left[\mathbf{V}_2^2 - \mathbf{V}_1^2\right] + g(z_2 - z_1) = 0 \tag{4.3}$$

질량 보존은 다음과 같이 나타낼 수 있다.

유입 질량 유량 − 유출 질량 유량 = 축적 질량

정상 유동, 정상 상태에서는 축적되는 질량은 0이다.

질량 유량은 $\rho A \mathbf{V}$ 이다.

비압축성 유체의 정상 유동, 정상 상태에서는 다음과 같다.

$$A_1 \mathbf{V}_1 = A_2 \mathbf{V}_2 \qquad (4.7)$$

수력 직경은 비원형 단면의 단면 크기를 나타내는 데 사용하는 것으로 다음과 같이 정의된다.

$$D_H = \frac{4A}{\mathrm{wp}} \qquad (4.9)$$

여기에서 wp는 접수 둘레(wetted perimeter)이다.

점성은 운동에 대한 유체 저항, 즉 유체 마찰이다.

하겐-프와제이유 방정식은 다음과 같이 원형 단면에서의 층류 점성 유동을 기술하는 데 사용된다.

$$\dot{V} = A\mathbf{V} = \frac{\pi r_0^2 \Delta p}{8L\mu} \qquad (4.15)$$

레이놀즈 수인 Re는 유동 특성을 기술하는 데 사용되며 다음과 같이 정의된다.

$$\mathrm{Re}_L = \frac{\rho \mathbf{V}L}{\mu} = \frac{\mathbf{V}L}{\nu} \qquad (4.26)$$

차원 해석은 변수들이 많이 관련되는 복잡한 상호작용을 기술하는 방법을 개발할 때에 보조 수단으로 사용된다. 차원 해석을 할 때에는 매개변수들의 차원이 **기본 차원**(**질량, 길이, 온도 및 시간**) 또는 **유도 차원**이기도 하므로 이를 확인하여야 한다. 이러한 상호작용을 기술할 때 Π 매개변수는 $j-n$개가 되어야 하는데, 여기에서 j는 매개변수의 개수이고 n은 관련되는 기본 차원의 개수이다.

대류 열전달과 유체 유동을 연관시켜주는 일반식이 다음과 같은 레이놀즈-콜번 상사이다.

$$\frac{1}{2}C_f = \frac{\mathrm{Nu}_L}{\mathrm{Re}_L \cdot \mathrm{Pr}^{1/3}} = \mathrm{St} \cdot \mathrm{Pr}^{2/3} \qquad (4.77)$$

평판 표면을 따라 흐르는 유체 유동에서 경계층 유동은 레이놀즈 수 값이 대략 5×10^5에 이를 때까지는 층류가 되는데, 이 값을 임계 레이놀즈 수라고 하며 다음과 같다.

$$\mathrm{Re}_{\mathrm{critical}} = 5 \times 10^5$$

층류 경계층 유동에서는 경계층 두께가 다음과 같다.

$$\delta = 5.0 \frac{x}{\sqrt{\mathrm{Re}_x}} \tag{4.94}$$

국소 마찰 항력 계수 C_f는 다음과 같으며,

$$C_f = 0.664 \frac{1}{\sqrt{\mathrm{Re}_x}} \tag{4.96}$$

선단에서부터의 평균 항력 계수는 다음과 같다.

$$C_{f,\mathrm{ave}} = 1.328 \frac{1}{\sqrt{\mathrm{Re}_L}} \tag{4.97}$$

열적 층류 경계층 두께는 다음과 같으며,

$$\delta_T = \delta \frac{1}{1.026\,\mathrm{Pr}^{1/3}} \tag{4.103}$$

여기에서 **프란틀 수**는 다음과 같다.

$$\mathrm{Pr} = \frac{\mu c_p}{\kappa} = \frac{\mu}{\alpha\rho} = \frac{\nu}{\alpha} \tag{4.59}$$

대류 열전달 계수는 다음과 같이 **누셀 수**로 산출할 수 있는데,

$$\mathrm{Nu}_L = \frac{hL}{\kappa_{\mathrm{fluid}}} \tag{4.63}$$

이 누셀 수는 평판 표면을 따라 흐르는 층류 경계층 유체 유동에서는 다음과 같다.

$$\mathrm{Nu}_L = 0.664 \mathrm{Re}_L^{1/2} \cdot \mathrm{Pr}^{1/3} \tag{4.105}$$

프란틀 수가 0.05 정도가 되지 않는 저 프란틀 수에는 다음과 같이 된다.

$$\mathrm{Nu}_{\mathrm{ave}} = 0.565(\mathrm{Re}_L \cdot \mathrm{Pr})^{1/2} \tag{4.106}$$

평판 표면을 따라 형성되는 경계층에서의 난류 유체 유동에서는 경계층 두께가 다음과 같으며,

$$\delta = 0.37x/\mathrm{Re}_x^{1/5} \tag{4.109}$$

열적 경계층 두께는 다음과 같다.

$$\delta_T = \delta \tag{4.110}$$

또한, 다음과 같다.

$$\mathrm{Nu}_x = 0.0269\mathrm{Re}_x^{4/5} \cdot \mathrm{Pr}^{1/3} \tag{4.111}$$

평균 누셀 수는 $\mathrm{Re}_{\mathrm{critical}} = 5 \times 10^5$을 사용하면 다음과 같이 된다.

$$\mathrm{Nu}_{\mathrm{ave}} = (0.037\mathrm{Re}_L^{4/5} - 871)\mathrm{Pr}^{1/3} \tag{4.115}$$

길이가 매우 긴 표면에서는 난류 경계층이 지배적인데, 이때에는 평균 누셀 수가 다음과 같다.

$$\mathrm{Nu}_{\mathrm{ave}} = 0.037\mathrm{Re}_L^{4/5} \cdot \mathrm{Pr}^{1/3} \tag{4.116}$$

위 식에서 선단을 알 수 없을 때에는 L 값으로 0.6 m나 2 ft를 사용하면 된다. 모든 경우에 별도의 지시가 없는 한, 유체 상태량은 다음과 같은 막 온도에서의 값들을 사용하면 된다.

$$T_f = \frac{1}{2}(T_\infty + T_s) \tag{4.117}$$

선단 일부의 온도가 주위와 동일($T_\infty = T_s$)하고, 열전달이 선단에서 x_H만큼 떨어진 거리에서 일어나는 경우에는 누셀 수가 다음과 같다.

$$(\text{층류}) \qquad \mathrm{Nu} = 0.332\frac{\mathrm{Re}_x^{1/2} \cdot \mathrm{Pr}^{1/3}}{\left[1 - \left(\dfrac{x_H}{x}\right)^{3/4}\right]^{1/3}} \tag{4.118}$$

$$(\text{난류}) \qquad \mathrm{Nu}_x = 0.0296\frac{\mathrm{Re}_x^{4/5} \cdot \mathrm{Pr}^{1/3}}{\left[1 - \left(\dfrac{x_H}{x}\right)^{9/10}\right]^{1/9}} \tag{4.119}$$

원형 단면 기둥 주위를 흐르는 유체와의 대류 열전달에서는 누셀 수를 다음과 같이 쓰거나,

$$\mathrm{Nu}_D = 0.3 + (0.62\mathrm{Re}_D^{1/2} \cdot \mathrm{Pr}^{1/3})\frac{[1 + (\mathrm{Re}_D/282{,}000)^{5/8}]^{4/5}}{[1 + (0.4/\mathrm{Pr})^{2/3}]^{1/4}} \qquad (4.128)$$

다음과 같이 쓸 수도 있다.

$$\mathrm{Nu}_D = C\mathrm{Re}_D^m \cdot \mathrm{Pr}^{1/3} \qquad (4.127)$$

식 (4.127)은 직경 D 대신에 유효 직경을 사용하고, C와 m은 경험치를 구하게 되면 비원형 단면 기둥 주위를 흐르는 유체에도 사용할 수 있다.

덕트와 튜브를 흐르는 유체와의 대류 열전달은 층류 유동($\mathrm{Re}_D < 2000$)일 때에는 다음과 같이 쓸 수 있다.

$$\mathrm{Nu}_D = 4.364 \qquad \dot{q}\text{가 균일할 때} \qquad (4.147)$$

$$\mathrm{Nu}_D = 3.657 \qquad T_s\text{가 균일할 때} \qquad (4.148)$$

난류 유동($\mathrm{Re}_D > 10{,}000$, $160 > \mathrm{Pr} > 0.7$)일 때에는 Dittus–Boelter 식이 흔히 사용된다. 즉,

$$\mathrm{Nu}_D = 0.023\mathrm{Re}_D^{0.8} \cdot \mathrm{Pr}^n \qquad (4.150)$$

관 유동에서의 **입구 조건**은 다음과 같은 **그레츠 수**를 사용하여 기술되며,

$$\mathrm{Gz}_D = \frac{D}{x}\mathrm{Re}_D \cdot \mathrm{Pr} \qquad (4.152)$$

그레츠 수와 누셀 수의 관계가 그림 4.48a, 4.48b와 같이 주어져야 한다. 유체 상태량들은 체적 평균 유체 온도에서 구해야 하며,

$$T_m = \frac{1}{\dot{m}c_p}\int_{\mathrm{area}} \rho\mathbf{u}c_pTdA \qquad (4.134)$$

이 식에서 T_m은 주어진 단면에서의 평균 유체 온도이다. 비원형 단면 채널을 흐르는 유체는 수력 직경으로 해석할 수 있다.

튜브 군에서의 열전달은 다음 식으로 해석할 수 있는데,

$$\mathrm{Nu}_e = C\mathrm{Re}_{D,\,\mathrm{max}}^m \cdot \mathrm{Pr}^{1/3} \qquad (4.160)$$

여기에서 C와 m은 튜브 배열과 튜브 군 주위에서의 최대 유체 속도 $\mathbf{u}_{\max}$의 영향을 받는다. 사방 직렬 배열에서 유체의 최대 속도는 다음과 같이 되며,

$$\mathbf{u}_{\max} = \mathbf{u}_\infty \frac{S_T}{S_T - D} \tag{4.162}$$

사방 격자 배열에서는 최대 유체 속도를 다음과 같은 식이나,

$$\mathbf{u}_{\max} = \mathbf{u}_\infty \frac{S_T}{2(S_D - D)} \tag{4.163}$$

식 (4.162)로 산출되는 속도 중에서 더 큰 값으로 선정한다. 튜브 군 전후에서의 압력 강하는 다음 식으로 산출하면 된다.

$$\Delta p = j \chi f \left(\frac{\rho}{2} (\mathbf{u}_{\max})^2 \right) \tag{4.166}$$

충전 층상에서는 대류 열전달을 튜브 군 주위에서의 유동과 유사하게 근사화한다. 충전 층상 유체에서의 대류 열전달 계수를 구하는 식은 다음과 같다.

$$\frac{h_\infty}{\rho c_p \mathbf{V}_f} \mathrm{Pr}^{2/3} = 1.064 \mathrm{Re}_D^{-0.41} \qquad (\mathrm{Re}_D > 350) \tag{4.172}$$

$$\frac{h_\infty}{\rho c_p \mathbf{V}_f} \mathrm{Pr}^{2/3} = 18.1 \frac{1}{\mathrm{Re}_D} \qquad (\mathrm{Re}_D < 350)$$

쿠에트 유동은 대개 층류라고 가정하므로, 유체의 온도 분포는 두 평판의 온도를 T_0와 T_1이라고 하면 다음과 같이 된다.

$$T(y) = T_0 + \frac{y}{L} \left[(T_1 - T_0) + \frac{\mu \mathbf{u}_\infty^2}{2\kappa} \left(1 - \frac{y}{L} \right) \right] \tag{4.176}$$

두 평판의 온도가 같을 때에는 유체의 온도 분포는 다음과 같거나,

$$T(y) = T_0 + \frac{y}{L} \left[\frac{\mu \mathbf{u}_\infty^2}{2\kappa} \left(1 - \frac{y}{L} \right) \right] \tag{4.177}$$

다음과 같다.

$$\theta(y) = \theta_0 + \frac{y}{L}\left[\frac{\mu \mathbf{u}_\infty^2}{2\kappa}\left(1 - \frac{y}{L}\right)\right] \tag{4.181}$$

여기에서

$$\theta(y) = T(y) - T_f$$

이다.

토론 문제

제4.1절

4.1 h는 무엇인가?

4.2 점성 소산이란 무엇인가?

4.3 강제 대류와 자연 대류의 차이를 설명하라.

제4.2절

4.4 유체의 자유 표면이 의미하는 바는 무엇인가?

4.5 점성이란 무엇인가?

4.6 동차성(dimensionally homogeneous)이 의미하는 바는 무엇인가?

4.7 기본 차원과 유도 차원의 차이는 무엇인가?

제4.3절

4.8 경계층이 의미하는 바는 무엇인가?

4.9 열 경계층이 의미하는 바는 무엇인가?

4.10 임계 레이놀즈 수의 의미는 무엇인가?

4.11 정수압(hydrostatic pressure)이 의미하는 바는 무엇인가?

제4.4절

4.12 평편한 표면을 따라 흐르는 층류 유동의 블라시우스 해는 η가 5.0일 때 u/u_∞가 0.9916으로 나온다. 대체로 이 값이 경계층 두께로 주어지는 이유는 무엇인가?

4.13 프란틀 수는 무엇인가?

4.14 막 온도(film temperature)란 무엇인가?

4.15 레이놀즈-콜번 상사의 용도는 무엇인가?

제4.5절

4.16 박리점(separation point)이 의미하는 바는 무엇인가?

4.17 정체점(stagnation point)이 의미하는 바는 무엇인가?

4.18 항력 계수 C_D가 의미하는 바는 무엇인가?

4.19 그림 4.34에서 보면 항력 계수 C_D는 레이놀즈 수가 4×10^5인 근방에서 현저하게 떨어진다. 이 현상을 설명하라.

제4.6절

4.20 입구 영역이 의미하는 바는 무엇인가?

4.21 체적 평균 유체 온도(bulk fluid temperature)란 무엇인가?

4.22 Dittus-Boelter 식의 용도는 무엇인가?

제4.7절

4.23 충전 층상(packed bed)이란 무엇인가?

4.24 쿠에트 유동(Coutte flow)을 설명하라.

수 업 중 퀴 즈 문 제

1. 점성(viscosity)이라는 용어를 정의하라.

2. 층류는 어떤 면에서 난류와 다른가?

3. 기본 차원이 4개(m, L, t, T)인 7가지의 변수 또는 매개변수가 관련되어 있는 특정한 과정에서는 무차원 수가 몇 개나 형성되는가?

4. 무디 선도에서는 마찰 계수 f가 레이놀즈 수와 파이프 상대 조도의 함수이다. 조도가 6 mm이고 내경이 60 cm인 콘크리트 관에서는 상대 조도가 얼마인가?

5. 밀도가 682 kg/m³이고 점도가 0.28 g/m · s이며 열전도도가 0.562 W/m · K인 유체가 직경이 20 cm인 관을 10 m/s로 흐를 때 레이놀즈 수는 얼마인가?

6. 유체가 직경이 5 cm인 관에서 가열되고 있는 특정한 과정에서 누셀 수가 45로 산출되었다. 유체의 열전도도가 2.6 W/m · K일 때, 대류 열전달 계수를 산출하면 얼마인가?

7. 튜브 군은 많은 열 교환 장치와 열전달 장치에서 사용된다. 튜브 군과 튜브 표면 사이의 대류 열전달 계수는 튜브 사이를 흐르는 유체의 최대 유동 속도의 함수로 간주된다. 그림 4.61(a)와 같은 사방 직렬 배열에서는 유체가 비압축성일 때 최대 유체 속도가 $u_{max} = u_\infty \dfrac{S_L}{S_L - D}$ 이다. 그림 4.61(b)와 같은 사방 연속 배열에서는 거리 S_D가 충분히 작으면 최대 유체 속도가 비교 대상이 되는 사방 직렬 배열에서보다 더 커지기도 한다. 튜브 직경 D와 S_L을 비교할 때, 사방 연속 배열에서 최소한 사방 직렬 배열만큼 크게 최대 속도가 나오게 되는 최대 S_D는 얼마인가?

8. 직경이 12 cm이며 1000 rpm으로 회전하는 회전축이 있는 내경이 13 cm인 저널 베어링에 종합 점성유(multiviscosity oil)가 들어 있다. 이 축과 베어링 간 간극에서의 속도 분포를 산출하라.

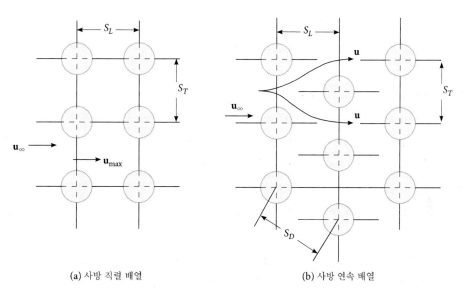

(a) 사방 직렬 배열   (b) 사방 연속 배열

그림 4.61

제4.2절

4.1 그림 4.62와 같이 R-134a 액체로 채워져 있는 원 관에서 접수 둘레 wp와 수력 직경 D_H를 구하라.

4.2 300 K와 350 K에서의 공기의 점도와 동점도를 각각 구하라. 점도는 단위를 cP로 하라.

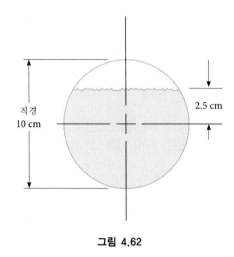

직경
10 cm

2.5 cm

그림 4.62

4.3 300 K와 350 K에서의 물의 점도와 동점도를 각각 구하라.

4.4 온도가 21 ℃인 SAE 50 오일이 길이가 60 cm이고 내부 직경(내경)이 64 mm인 구리 관 속을 흐른다. 이 오일이 4.5 kg/min로 관 속을 흐를 때 관에서 발생하는 압력 강하의 크기가 얼마인가? g = 9.8 m/s²과 오일 밀도 ρ = 929 kg/m³을 사용하라.

4.5 온도가 20 ℃인 물이 직경이 2 cm인 관 속을 5 m/s로 흐른다. 이 관의 조도(거칠기)가 2×10^{-5} m일 때, 식 (4.18)로 정의되어 있고 그림 4.19에 나타나 있는 마찰 계수를 산출하라.

4.6 다시-바이스바흐 식 (4.18)에 들어 있는 마찰 계수 f는 직경이 D인 원 관(원형 단면 관) 속을 층류가 흐를 때 $f = 64/\mathrm{Re}_D$로 쓸 수 있다는 것을 증명하라.

제4.3절

4.7 밀도가 1250 cP인 시럽(ρ = 1000 kg/m³)이 깊은 홈통 속을 10 cm/s로 흐른다. 입구에서 하류로 거리가 2 m 떨어진 지점에서 레이놀즈 수 Re_D를 구하라. 경계층 내 유동은 층류인가 난류인가?

4.8 문제 4.7의 시럽에서 프란틀 수 Pr을 구하라. 이 시럽은 열전도도가 1 W/m · K이고 비열 c_p가 4 kJ/kg · K이다.

4.9 온도가 600 K인 액체 칼륨의 프란틀 수를 구하라.

4.10 온도가 200 K인 헬륨의 프란틀 수를 구하라.

제4.4절

4.11 보일러의 평판 표면 위를 10 m/s로 흐르는 온도가 573 K인 수증기에서 경계층 두께를 선단에서 떨어진 거리의 함수로 산출하라.

4.12 y 방향에서 흐름을 무시할 때, 2장의 평행판 간 유동의 에너지 식은 다음과 같다.

$$\rho c_p \, \mathbf{u}(y)\frac{\partial T(x,y)}{\partial x} = \kappa \frac{\partial^2 T(x,y)}{\partial y^2}$$

거리가 L만큼 떨어져 있고 온도 차가 ΔT인 두 판 간 유체의 체적 평균 속도와 온도를 각각 $\mathbf{u}_0$와 T_0라고 하자. $\mathbf{U} = \mathbf{u}/\mathbf{u}_\infty$, $Y = y/L$, $X = \alpha x/\mathbf{u}_0 L^2$ 및 $\theta = (T(x,y) - T_0)/\Delta T$라고 놓고, 이 에너지 식을 무차원 형태로, 즉 X, Y 및 $\mathbf{U}$로 표현하라.

4.13 평판 위로 흐르는 유체의 층류 유동에서 경계층 두께는 다음 식으로 산출되며,

$$\delta = 4.64\sqrt{\frac{\nu x}{\mathbf{u}_\infty}}$$

속도 분포는 다음 식으로 산출된다.

$$\frac{\mathbf{u}}{\mathbf{u}_\infty} = \frac{3}{2}\frac{y}{\delta} - \frac{1}{2}\left(\frac{y}{\delta}\right)^2$$

점도가 μ인 유체에서 평판 위 전단 응력을 선단에서 떨어진 거리 x의 함수로 하는 식을 써라.

4.14 제4.4절에 다음과 같이 정의되어 있는 평판 위를 흐르는 유체에서의 평균 항력 계수는

$$C_{f,\,\text{ave}} = \frac{1}{L}\int_0^L C_f dx$$

층류 경계층에서 다음과 같이

$$C_{f,\,\text{ave}} = 1.328\frac{1}{\sqrt{\text{Re}_L}}$$

쓸 수 있다는 것을 증명하라.

4.15 온도가 $T_\infty = 40\ ℃$인 유체가 길이가 3 m인 평판을 따라 $\mathbf{u}_\infty = 8\ \text{m/s}$로 흐른다. 이 평판은 100 ℃로 유지된다. 다음 각각에서 임계 레이놀즈 수로 4×10^5을 사용하여 국소 대류 열전달 계수 h_x와 평균 대류 열전달 계수 h_{avg}를 각각 구하라.

(a) 압력이 100 kPa인 공기

(b) 압력이 100 kPa인 물

4.16 그림 4.63과 같이 주위 공기 온도가 25 ℃일 때 제습기 물 쟁반은 표면 온도가 35 ℃이다. 이 쟁반은 한 변의 길이가 60 cm인 정사각형이고 공기가 물 표면을 0.60 m/s로 수평으로 이동할 때, 평균 대류 열전달 계수를 산출하라.

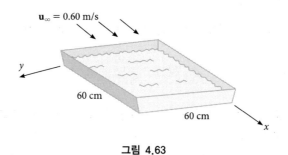

그림 4.63

4.17 그림 4.64와 같이 특정한 비행기 날개의 폭이 10 m이다. 비행 상태에서 압력이 80 kPa이고 온도가 −10 ℃인 공기가 날개 둘레를 400 m/s로 지나간다. 날개 표면 온도를 80 ℃로 잡고 다음을 각각 구하라.

(a) 경계층의 난류 정도는 얼마인가? $\text{Re}_{\text{critical}} = 5 \times 10^5$을 사용하라.

(b) h_{average}

(c) 날개의 단위 길이당 열전달

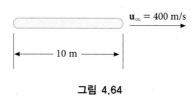

그림 4.64

4.18 문제 4.17의 날개에서, 날개에서 전달되는 열손실을 날개의 양쪽 면(상면과 하면)에서 균일하게 400 W/m²이라고 예상할 때, 날개를 따라 온도 분포를 구하라.

4.19 2차원(x와 y) 유동에서 질량 보존이 유선 함수 $\psi(x, y)$로 성립되는지를 다음 식을 만족시키는 것으로 증명하라.

$$\mathbf{u} = \frac{\partial \psi}{\partial y} \quad \text{and} \quad v = \frac{\partial \psi}{\partial x}$$

제4.5절

4.20 온도가 15 ℃이고 압력이 101 kPa인 공기가 직경이 1 in인 강재 케이블을 13 m/s로 횡단(직교)하여 이동할 때, 이 강재 테이블에서 단위 길이당 작용하는 항력을 구하라.

4.21 온도가 25 ℃이고 압력이 100 kPa인 공기가 직경이 6 cm인 냉각 코일 튜브 둘레를 10 m/s로 흐를 때, 이 튜브는 표면 온도가 5 ℃이다. 그림 4.65를 참고하여 튜브 상 위치를 산출하라.

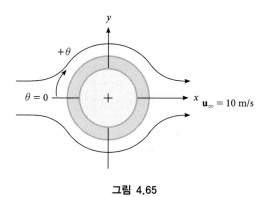

그림 4.65

4.22 온도가 80 ℃인 엔진 오일이 12 m/s의 자유 흐름 상태일 때, 직경이 3 cm인 원형 단면 봉의 표면 온도가 300 ℃이다. 봉의 단위 길이당 열전달을 구하라.

4.23 그림 4.66과 같이 온도가 −10 ℃인 공기가 정사각형 단면의 아파트 건물을 30 km/s로 가로질러 이동할 때, 이 건물 수직 벽에서 전달되는 대류로 인한 건물 높이 1 m당 열손실을 산출하라. 이 건물은 외부 표면 온도가 10 ℃로 균일하다.

4.24 온도가 0 ℃인 공기가 직경이 3 cm인 전선을 20 m/s로 가로질러 분다. 이 전선의 외부 표면 온도를 50 ℃라고 가정하고 다음을 각각 산출하라.

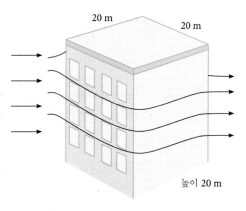

그림 4.66

(a) 전선의 단위 길이당 대류 열전달

(b) 전선 1 m당 N 단위의 항력

4.25 그림 4.67과 같이 압력이 101 kPa이고 온도가 30 ℃인 공기가 정사각형 단면 핀(fin) 둘레를 지날 때, 대류 열전달 계수를 산출하라. 이 핀은 컴퓨터에 들어 있는 마이크로프로세서 칩을 냉각시키는 데 사용한다.

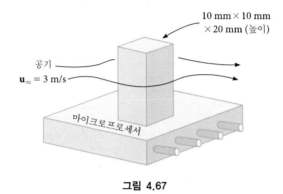

그림 4.67

제4.6절

4.26 원 관 속을 흐르는 층류 유동에서는 속도가 다음과 같이 주어지는데,

$$\mathbf{v}(r) = \frac{\Delta p}{4\mu L}(r_0^2 - r^2)$$

여기에서 r은 위 식에서 유일한 변수이다. 다음과 같이 정의되는 평균 속도는

$$\mathbf{v}_{\text{ave}} = \frac{1}{\displaystyle\int 2\pi r\, dr}\int \mathbf{v}(r)2\pi r\, dr$$

다음과 같이 됨을 증명하라.

$$\mathbf{v}_{\text{ave}} = \frac{r_0^2 \Delta p}{8\mu L}$$

4.27 반경이 R, 직경이 D, 벽 온도가 T_w로 일정한 원형 단면 덕트 속을 층류로 흐르는 유체가 있다. 유체 평균 온도는 T_∞이고, 유체 온도는 반경의 함수 $T(r)$로서 다음과 같이 표현된다.

$$\theta(r) = \frac{T(r) - T_w}{T_\infty - T_w} = \frac{40}{7}\left[\frac{4}{25} + \frac{1}{25}\left(\frac{r}{R}\right)^2 - \frac{1}{5}\left(\frac{r}{R}\right)^3\right]$$

다음 식으로 주어지는 대류 열전달 계수 $h(r)$의 개념을 사용하여,

$$h(r) = -\kappa \left[\frac{\partial \theta}{\partial r} \right]_{r=R}$$

이 조건에서 누셀 수를 구하라.

4.28 온도가 70 ℃인 물이 내경이 1 cm인 관 속을 6 kg/min으로 흐른다. 이 물을 관 속에 흘려 냉각시키고자 할 때, 유동 형태는 무엇이고 열 입구 길이는 얼마인가?

4.29 온도가 40 ℃인 엔진 오일이 내경이 32 mm인 관 속을 0.25 m/s로 흐른다. 이 관의 내부 표면 온도가 65 ℃일 때, 관의 단위 면적당 오일에 전달되는 열전달을 산출하라.

4.30 공기가 직경이 1 cm인 관 속을 8 m/s로 흐른다. 공기의 온도는 40 ℃이고 관의 온도는 100 ℃이다. 튜브의 길이는 3.5 m일 때, 다음을 각각 구하라.
(a) 이 흐름의 입구 길이
(b) 공기에 전달되는 열전달

4.31 온도가 40 ℃인 공기가 길이가 80 m이고 단면이 80 cm × 60 cm인 덕트 속을 1 m/s로 지난다.
(a) 덕트 벽 온도가 15 ℃일 때, 공기의 출구 온도를 산출하라.
(b) 덕트에서 수력 입구 길이와 열적 입구 길이를 산출하라.

4.32 증기 발생 장치에서 이코노마이저(economizer) 단은 내경이 2 cm인 스테인리스강 관으로 제작된다. 이 관 속에는 온도가 80 ℃인 포화수가 200 g/s로 흐르며, 이코노마이저 는 온도가 300 ℃인 배기가스로 둘러싸인다. 관의 내부 표면은 온도가 200 ℃라고 가정한다.
(a) 단위 길이당 물에 전달되는 대류 열전달을 산출하라.
(b) 10년 동안 운전한 후에 관 내부는 막으로 피복되어 유효 내경이 1.9 cm가 되며 표면의 rms 조도는 0.2 mm이다. 단위 길이당 대류 열전달을 산출하라.

4.33 그림 4.68과 같이 사무소 건물이 바닥과 그 아래층 천장 사이에 6 cm 간극을 마련하여 건축되었다. 온도가 18 ℃인 공기가 이 간극 사이를 3 m/s로 지날 때, 이 공기와 온도가 각각 10 ℃인 위층 바닥 및 아래층 천장과의 사이에서 단위 면적당 대류 열전달을 구하라.

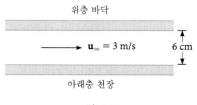

위층 바닥

$\mathbf{u}_\infty = 3$ m/s   6 cm

아래층 천장

그림 4.68

4.34 평판형 태양열 집열기가 물을 직경이 2.5 cm인 구리 관으로 가열한다. 정해진 시간에

구리 관 내부 표면은 온도가 46 ℃가 되고 물은 10 ℃로 유입된다. 물은 집열기에서 35 ℃의 온도, 0.0011 m³/s의 유량으로 유출되어야 한다.

(a) 유동에서 레이놀즈 수를 구하라.

(b) 필요한 관 길이를 구하라.

4.35 온도가 90 ℃인 에틸글리콜(Ethyl glycol)이 직경이 2 mm인 열교환기 관 속을 10 m/s로 흐른다. 관은 그림 4.69와 같이 배열되고 관 표면 온도는 입구에서 30 ℃일 때, 출구에서 관 표면의 온도와 에틸글리콜의 온도를 각각 산출하라.

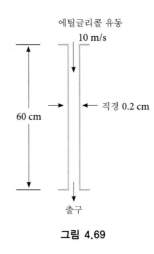

에틸글리콜 유동

10 m/s

직경 0.2 cm

60 cm

출구

그림 4.69

4.36 압력이 101 kPa이고 온도가 30 ℃인 공기가 단면이 30 cm × 30 cm로 정사각형인 가열 덕트 속을 6 m/s로 유입된다. 덕트의 길이는 24 m이고 내부 표면 온도는 18 ℃일 때, 다음을 각각 구하라.

(a) 덕트의 수력 직경

(b) 대류 열전달 계수

(c) 덕트에서 유출되는 공기의 온도

제4.7절

4.37 직경이 3 cm인 관들을 4.5 cm 간격(중심 간 간격)으로 이격시켜 열이 30개인 사방 직렬 배열로 관 군을 구성하였다. 온도가 90 ℃인 에틸렌글리콜을 관 군 위로 2 m/s로 지나게 하여 60 ℃로 냉각시키고자 한다. 관 온도를 산출하라.

4.38 온도가 700 ℃인 고온의 연도 가스가 과열 관 군 위를 6 m/s로 지난다. 이 관 군은 직경이 2 cm인 관들이 1열당 40개이며 총 20열로 구성되어 있다. 관의 배열은 그림 4.70과 같은 사방 엇갈림 배열로 다음과 같다.

$$S_T = S_D = 4.0 \text{ cm}$$

관의 평균 표면 온도는 500 ℃라고 가정하고 관 군 전후의 압력 강하를 구하라.

4.39 교환기에 직경이 2.5 cm인 관들을 $S_T = S_D = 8$ cm로 한 사방 엇갈림 배열이 사용되었다. 관은 1열당 10개로 총 4열이 있으며, 모든 관은 표면 온도가 88 ℃이다. 관 군에는 온도가 27 ℃이고 압력은 99.9 kPa인 대기를 강제로 1.5 m/s로 지나게 한다.

(a) 열교환기 관 군 하류에서 공기 온도를 구하라.

(b) 이 하류의 압력을 구하라.

4.40 열저장용으로 사용되는 돌멩이 층상에서 높이 1.5 m, 폭 1.5 m, 길이 2.4 m인 층상에 채워져 있는 공칭 직경이 1.3 cm인 돌멩이들을 세척하였다. 공기는 0.5 m³/s로 층상을 수직으로 지난다. 이 유동 조건에서 공기/돌멩이의 대류 열전달을 산출하라.

4.41 그림 4.70과 같이 저널 베어링과 회전축이 점도가 800 cP인 오일로 윤활되고 있다. 이 축이 2000 rpm으로 회전하고 있을 때, 축과 저널 베어링의 온도가 60 ℃일 때 오일의 최고 온도를 구하라.

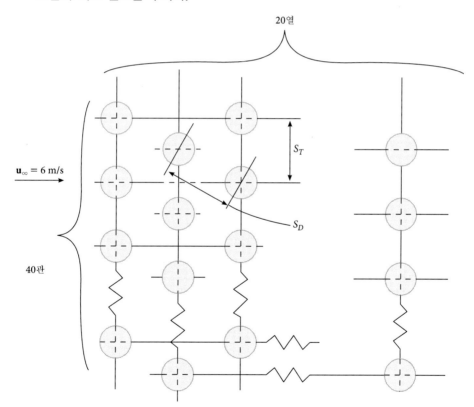

그림 4.70 과열기에서 관 군의 사방 엇갈림 배열

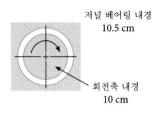

저널 베어링 내경
10.5 cm

회전축 내경
10 cm

그림 4.71

4.42 연마반(lapping disk)을 표면 위에 30 m/s로 이동시켜 표면을 연마하여 광택을 낸다.
연마제는 상태량이 물과 동일하여 물처럼 작용한다. 연마제의 최고 온도를 구하라.(힌트:
최고 온도는 $\partial T/\partial y = 0$일 때 발생한다.) 그림 4.72를 참조하라.

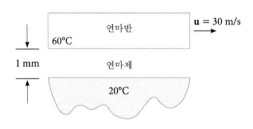

그림 4.72 연마 공정, 문제 4.72

[참고문헌]

[1] Van Dyke, M., *An Album of Fluid Flow*, Parabolic Press, Stanford, CA, 1982.

[2] Moody, L. F., Friction Factors for Pipe Flow, *Trans. ASME*, 66, 671-77, 1944.

[3] Schlichting, H., *Boundary Layer Theory*, 6th edition (Transl. by J. Kestin), McGraw-Hill, New York, 1968.

[4] Incropera, F. P., and D. P. DeWitt, *Introduction to Heat Transfer*, 2nd edition, John Wiley & Sons, New York, 1990.

[5] Reynolds, O., On the Extent and Action of the Heating Surfaces for Steam Boilers, *Proc. Manchester Lit. Phil. Soc.*, 144, 7, 1874.

[6] Colburn, A. P., A Method of Correlating Forced Convection Heat Transfer Data and a Comparison with Fluid Friction, *Trans. AIChE*, 29, 174-10, 1933.

[7] Blasius, H., Grenzschichten in Flussigkeiten mit kleiner Reibung, *Z. Math. U. Phys.* 56, 1-7, 1908 (English Translation in NACA TM 1256).

[8] Howarth, L., On the Solution of the Laminar Boundary Layer Equations, *Proc. Roy. Soc. London*, A164, 547-579, 1938.

[9] Pohlhausen, E., Der Wärmeaustausch zwischen festen Korpern und Flussigkeiten mit kleiner Reibung und kleiner Warmeleitung, *Z. Angew. Math. Mech.*, 1, 115, 1921.

[10] Churchill, S. W., and H. Ozoe, Correlations for Laminar Forced Convection with Uniform Heating in Flow over a Plate and in Developing and Fully Developed Flow in a Tube, *J. Heat Transfer*, 95, 78, 1973.

[11] Brown, A. I., and S. M. Marco, *Introduction to Heat Transfer*, 3rd edition, McGraw-Hill, New York, 1958, p. 155.

[12] Churchill, S. W., A Comprehensive Correlating Equation for Forced Convection from Flat Plates, *AIChEJ*, 22, 2, 264-268, 1976.

[13] Eiffel, G., Sur la resistance des spheres dans l'ir en movement, *Comptes Rendus*, 155, 1597, 1912.

[14] Schmidt, E., and K. Wenner, Wärmeabgabe über den Umfang eines angeblasenen geheizten Zylinders, *Forsch. Ingenieurwes.*, 12, 65-73, 1941.

[15] Hilpert, R., Wärmeabgabe von geheizten Drahten und Rohren, *Forsch. Geb. Ingenieurwes*, 4, 215, 1933.

[16] Knudsen, J. D., and D. L. Katz, *Fluid Dynamics and Heat Transfer*, McGraw-Hill, New York, 1958.

[17] Jakob, M., *Heat Transfer*, Vol. 1, John Wiley & Sons, New York, 1949.

[18] Churchill, S. W., and M. Bernstein, A Correlation Equation for Forced Convection from Gases and Liquids to a Cylinder in Crossflow, *J. Heat Transfer*, 99, 300, 1977.

[19] Morgan, V. T., The Overall Convection Heat Transfer from Smooth Circular Cylinders, in J. P. Hartnett and T. F. Irvine, Jr., eds., *Advances in Heat Transfer*, Vol. 11, Academic Press, New York, 1975.

[20] McAdams, W. H., *Heat Transmission*, 3rd edition, McGraw-Hill, New York, 1954.

[21] Whitaker, S., Forced Convection Heat Transfer Correlations for Flow in Pipes, Past Flat Plates, Single Cylinders, Single Spheres, and for Flow in Packed Beds and Tube Bundles, *AIChEJ*, 18, 361-371, 1972.

[22] Langhaar, H. L., Steady Flow in Transition Length of Straight Tube, *J. Appl. Mech. ASME*, 9, 2, A55-A58, 1942.

[23] Kays, W. M., and M. E. Crawford, *Convection Heat and Mass Transfer*, McGraw–Hill, New York, 1980.

[24] Petukhov, B. S., Heat Transfer and Friction in Turbulent Pipe Flow with Variable Physical Properties, in J. P. Hartnett and T. F. Irvine, Jr. eds., *Advances in Heat Transfer*, Vol. 6, Academic Press, New York, 1970.

[25] Grimison, E. D., Correlation and Utilization of New Data on Flow Resistance and Heat Transfer for Cross Flow of Gases over Tube Banks, *Trans. ASME*, 59, 583-594, 1937.

[26] Kays, W. M., and R. K. Lo, Basic Heat Transfer and Flow Friction Design Data for Gas Flow Normal to Banks of Staggered Tubes -se of a Transient Technique, Stanford University Technical Report, no. 15, 1952.

[27] Zhukauskas, A., Heat Transfer from Tubes in Cross Flow, in J. P. Hartnett and T. F. Irvine, Jr. eds., *Advances in Heat Transfer*, Vol. 8, Academic Press, New York, 1972.

[28] Gamson, B. W., G. Thodos, and O. A. Hougens, Heat, Mass, and Momentum Transfer in the Flow of Gases through Granular Solids, *Trans. AIChEJ*, 39, 1943.

[29] Cole, R. L., K. J. Nield, R. R. Rohde, and T. M. Wobdrwicz, *Design and Installation Manual for Thermal Energy Storage*, 2nd edition, U.S.D.O.E., ANL–79–15, January 1980.

[30] Green, L., Jr., Heat, Mass, and Momentum Transfer in Flow Through Porous Media, *Trans. ASME*, 57–HT–19, 1957.

[31] Kays, W. M., and A. L. London, *Compact Heat Exchangers*, 3rd edition, McGraw–Hill, New York, 1984.

CHAPTER
05 자연 대류 열전달

역사적 개요

열전달을 학습하는 많은 학생들은 열전달이 급속 유동 유체로 인하여 시작하는 현상으로 알고 있으면서도, 기체나 액체가 온도 변화에 자연적으로 반응하여 일어나는 팽창 또는 수축으로 인한 저속 유체 유동 개념은 흔히 무시하곤 한다. 고대인들은 기체와 액체들이 가열로 팽창되면 상승하고, 냉각으로 수축되면 하강한다는 사실을 알고 있었다. 이는 자연 대류 또는 자유 대류의 본질이며, 아르키메데스(Archimedes)는 이러한 내용을 약 2,300년 전에 이해하고 있었다. 아르키메데스는 그리스 사람으로 기원전 290~280년경에 지금의 이탈리아인 시칠리아(Sicily)섬의 시라쿠사(Syracuse)에서 태어났다. 아르키메데스에게는 자신의 업적으로 여겨지는 원리가 많이 있었는데, 이러한 원리에는 비중, 부력, 나선체(이는 여러 용도 중에서 물을 끌어올리는 용도로 사용될 때는 아르키메데스식 나선 양수기라고 함) 등이 있다. 그는 강제 대류와 자연 대류의 열전달 개념과 뜨거운 공기가 채워진 기구 비행의 논리적 근거를 잘 이해하고 있었던 것으로 보인다. 그는 수학에 가장 관심이 많았지만, 역학과 열을 잘 이해하고 있었다. 그는 시칠리아 섬의 시라쿠사에서 살았고 로마는 시칠리아를 합병하고자 했으므로, 안타깝게도 아르키메데스가 역학에서 보인 업적과 연구 결과는 기록된 것이 전혀 없거나 파괴되어 버렸을 것이다. 아르키메데스는 시칠리아와 시라쿠사를 지키려고 노력했지만, 로마인들은 결국 시칠리아와 시라쿠사를 쳐부수는 데 성공했다. 아르키메데스는 시라쿠사 침공 중에 목숨을 잃었으므로, 그가 작성한 메모와 문서도 함께 많이 파괴되었을 것이다.

그러므로 비중, 밀도, 부력 등이 고전 물리학과 공학에서 잘 정립되어 알려져 있다고 보지만, 고체 표면과 어느 정도 정지되어 있는 유체 간의 대류 열전달 메커니즘은 확실히 해석되어 있지 않다. 루트비히 프란틀(Ludwig Prandtl; 1875~1953)의 경계층 개념과 그가 제시한 열 확산에 대한 점성 확산의 비에서 자연 대류나 강제 대류의 개념을 연구하는 방법이 나오고 있지만, 지금도 프란틀의 연구 결과는 계속해서 검토되어 개선되고 있다.

고대인들이 자연 대류의 정성적인 면과 정량적인 면을 이해했다고 보기보다는, 고대 로마, 그리스, 메소포타미아, 이집트, 아시아, 마야 및 다른 서반구 등지에서 강제 대류가 가장 효율적이거나 효과적인 열전달 방식일 리가 없다고 하는 증거가 많이 있는 것으로 보이기 때문에 **수동 열전달**이라는 용어로 표현하는 것이 더 적절할지도 모른다. 많은 고대 문헌에는 지구를 온도의 열원(source)과 열침(sink)으로서 (즉, **지열 실체**로서) 사용하는 것을 포함하여, 수동 가열과 수동 냉각을 잘 이해하고 있었음이 암암리에 언급되어 있다.

강제 대류의 개념을 자유 대류에도 활용할 수 있기는 하지만, 유체 유동을 레이놀즈 수(Reynolds number)로 정량화한다는 것은 다소 번거로운 일이다. 따라서 자연 대류를 정량적으로 예측하는 데에는 유효 레이놀즈 수를 사실상 제곱한 그라스호프 수를 사용하고 있다. 이 그라스호프 수는 프란츠 그라스호프(Franz Grashof)의 이름을 따서 붙인 것이다. 1826년 독일의 뒤셀도르프에서 태어난 그라스호프는 평생을 기계공학을, 특히 수력학과 열 이론을 연구하면서 전문가로서 지냈다. 그라스호프는 자유 대류, 즉 자연 대류와 관련이 있는 개념들을 이해하여 그에 관한 논문들을 작성하였다.

레일리 경(Sir Rayleigh)은 음향 전파와 유체의 자연 열대류 등을 포함하여 물리학의 여러 분야에 많은 관심을 가졌고 영향을 미쳤다. 그라스호프-프란틀 수의 곱은 레일리 경에게 경의를 표하여 레일리 수라고 이름을 붙인 것이다.

학습 내용

1. 부력을 이해하고 유체의 온도 변화로 인한 체적 팽창/수축 개념을 이해한다. 주위에 둘러싸여 있는 물체의 부력을 산출한다.
2. 부력 작용으로 유발되는 유체 유동 메커니즘을 이해한다.
3. 부력이 연관된 특정한 상황에서 그라스호프 수를 산출한다.
4. 굴뚝 효과를 이해하고 부력 효과로 유발된 유동을 산출한다.

5. 경계층 속도 분포와 수직 평판 표면과 접하고 있는 유체의 온도 분포를 산출한다.

6. 대류 가열/냉각으로 인하여 수직 평판 표면을 따라 흐르는 유체 유동의 층류 경계층 및 난류 경계층 체계를 산출한다.

7. 수직 평판 표면을 따라 흐르는 유체 유동에서 대류 열전달 계수를 산출한다.

8. 경사/수평 평판 표면과 윗면/아랫면과 접하여 흐르고 있는 유체의 대류 열전달 조건을 확인한다.

9. 원형 단면 물체를 비롯하여 온도 차가 있는 상태로 유체에 잠겨 있는 물체 주위를 흐르는 유체의 대류 열전달 계수를 산출한다.

10. 3차원으로 둘러싸여 있는 공간에 제한된 조건하에 놓여 있는 유체에서 대류 열전달 계수를 산출한다. 유효 열전도도 근사화인 베나르 셀(Bénard cell)을 이해하고, 수용된 유체에서 비롯되는 특별한 열전달 경험식을 이해한다.

11. 대류 열전달 과정이 강제 대류인지 자유 대류인지 혹은 그 조합인지를 결정하고 이러한 각각의 상황에서 대류 열전달 계수를 산출한다.

12. 일반적이지만 제한적인 열전달 상황에 사용하는 단순 식들을 숙지한다.

이 장에서는 자유 대류, 즉 자연 대류의 개념을 살펴본다. 먼저 부력의 메커니즘과 그 결과로 인한 굴뚝 효과를 복습한 다음, 수직 평판 표면에서의 대류 열전달을 해석한다. 이 설명에는 **그라스호프 수**(Grashof number)가 도입된다. 그러고 나서 수평 표면과 경사 표면에서의 자연 대류로 해석을 확장한다. 수평 표면과 경사 표면 그리고 튜브 군과 같은 물체가 액체에 잠겨있을 때 이러한 물체에서의 자연 대류를 살펴본다. 그런 다음, 둘레가 둘러싸여 있는 공간 내에서의 자연 대류 열전달을 살펴보고 자연 대류와 강제 대류의 복합 열전달을 살펴본다. 끝으로 유체가 공기일 때 단순화한 자연 대류 열전달 식 몇 가지가 편집되어 있다.

새로운 용어

β_p	등압 압축성 계수	Gr	그라스호프 수

5.1 자유 대류의 일반 개념

자유 대류는 유체 체적에서 비롯한 비중 차 때문에 유체 운동이 일어나는 현상으로, 자유 대류는 중력장이 존재할 때에만 일어난다. 비중(또는 밀도)이 주위 유체보다 더 낮은 유체는 중력장에서는 상향 이동(또는 상승)하려고 하는 반면에, 비중이 더 큰 유체는 하강하려고 하게 된다. 태양이 효과를 발휘한 결과로 지구에 고·저 대기압이 발생하여 바람이 흐르게 하는 메커니즘은 자유 대류 현상의 직접적인 결과이다.

자유 대류의 메커니즘은 부력 개념으로 설명할 수 있는데, 이 부력은 유체에 잠겨 있는 물체의 체적에다가 주위 유체의 비중량을 곱한 중량 값으로 정의된다. 그러므로 그림 5.1과 같이 줄에 매달려 유체에 잠겨 있는 물체에는 이 물체 중량 W에서 물체에 위쪽으로 작용하는 부력을 뺀 나머지 힘이 줄에 가해지게 된다. 부력은 유체의 비중에다가 물체가 차지한 체적을 곱한 것과 같다. 이 예에서는 물체의 중량이 이 물체에 작용하는 부력보다 더 크다고 가정하였다. 그렇지 않으면 물체는 유체에서 떠오르게 된다. 부력 작용을 공학적으로 응용한 것 중에서 중요하고 교훈적인 것은 굴뚝 효과이다. 그림 5.2와 같이 온도가 주위 온도 T_∞보다 더 높은 어떤 온도 T_s인 공기나 가스로 채워져 있는 수직 연통이나 굴뚝을 살펴보기로 하자.

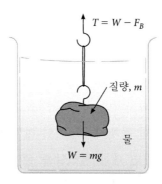

그림 5.1 부력의 예

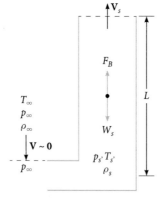

그림 5.2 굴뚝 효과

굴뚝 내 가스의 중량은 다음과 같다.

$$W_s = \gamma_s V = \gamma_s A_s L \tag{5.1}$$

이 가스는 이상 기체라고 가정하므로 비중량은 다음 식으로 나타낸다.

$$\gamma_s = g\rho_s = \frac{gp_s}{R_s T_s} \tag{5.2}$$

굴뚝에서 T_s가 너무 크게 변하지 않는 많은 상황에서는 굴뚝 내 가스의 중량은 다음과 같다.

$$W_s = \frac{gp_s}{R_s T_s} A_s L \tag{5.3}$$

굴뚝 가스 줄기에 작용하는 부력은 다음과 같다.

$$F_B = \gamma_\infty V = \frac{gp_\infty}{R_\infty T_\infty} A_s L \tag{5.4}$$

그러면 굴뚝 속을 흐르는 가스의 정상 유동에서 굴뚝 옆면과의 마찰을 고려하지 않을 때, 이 가스에 작용하는 수직력의 합은 다음과 같으며,

$$\sum F_{\text{vertical}} = 0 = p_s A_s + F_B - W_s - p_\infty A_s \tag{5.5}$$

이 결과를 식 (5.3)과 (5.4)에 대입하면 다음과 같이 되는데,

$$0 = p_s A_s - p_\infty A_s + \frac{gp_\infty}{R_\infty T_\infty} A_s L - \frac{gp_s}{R_s T_s} A_s L$$

이 식을 다시 정리하면 다음과 같이 된다.

$$p_\infty - p_s = gL\left(\frac{p_\infty}{R_\infty T_\infty} - \frac{p_s}{R_s T_s}\right)$$

굴뚝 가스와 주위 공기는 가스 상수가 같을 때(즉, $R_\infty = R_s = R$)와 굴뚝 가스와 주위 가스의 압력이 너무 차이가 나지 않을 때에는 이 식이 다음과 같이 된다.

$$p_\infty - p_s = \frac{gp_\infty L}{R}\left(\frac{1}{T_\infty} - \frac{1}{T_s}\right) \tag{5.6}$$

굴뚝 속을 흐르는 가스 유동에 베르누이 식을 적용하게 되면 다음 식이 나오는데,

$$p_\infty = p_s + \rho_s \frac{\mathbf{V}_s^2}{2} \tag{5.7}$$

여기에서 $\mathbf{V}_s$는 굴뚝 가스의 속도이다. 식 (5.7)을 다시 정리하여 식 (5.6)와 대조하면 다음과 같이 되며,

$$\frac{1}{2}\mathbf{V}_s^2 = \frac{g p_\infty L}{R \rho_s}\left(\frac{1}{T_\infty} - \frac{1}{T_s}\right)$$

굴뚝 가스 속도를 $\rho_s = p_\infty / R T_s$를 사용하여 구하면 다음과 같다.

$$\mathbf{V}_s = \sqrt{2gLT_s\left(\frac{1}{T_\infty} - \frac{1}{T_s}\right)} \tag{5.8}$$

예제 5.1

굴뚝 효과는 개방된 수직 통로라면 어디에서나 발생할 수 있다. 20층짜리 건물(한 층은 3.5 m)에 불이 나 공기 온도가 150 ℃가 되었을 때, 이 건물의 수직 계단통로 공간(stairwell)에서 유발될 수 있는 공기 속도를 산출하라. 주위 공기의 온도는 15 ℃이고 압력은 101 kPa이라고 가정한다.

풀이 건물의 수직 계단통로 공간을 '굴뚝'으로 근사화할 수 있으므로, 이 공간 내 공기 속도는 식 (5.8)로 구하면 된다.

$$\mathbf{V}_s = \sqrt{2(9.8 \text{ m/s}^2)(20 \times 3.5 \text{ m})\left[\frac{1}{288 \text{ K}} - \frac{1}{423 \text{ K}}\right]} = 25 \text{ m/s} = 90 \text{ km/h} \qquad \text{답}$$

예제 5.1에서는 수직 높이 L이 크면 부력과 속도가 증가하게 된다는 사실을 보여주고 있다. 이 현상 때문에 고층 건물에 불이 나서 탈출할 때에는 개방된 수직 계단통로 공간이 위험해지며, 이는 굴뚝을 타고 오르는 가스의 자유 대류가 효과적으로 일어나도록 하기 위해 굴뚝이나 연통을 높게 세우는 한 가지 이유이기도 하다. 또한, 자유 대류의 속도는 일반적으로 Gebhart 등[1]이 제안한 다음과 같은 식으로 쓸 수 있다는 것도 알 수 있다.

$$\mathbf{V} = f\left(\sqrt{g}, \sqrt{L}, \sqrt{\frac{d\rho}{\rho}}\right) \tag{5.9}$$

그림 5.3과 같이 유체 장에서 유체의 미분 요소를 살펴보면, 유체의 압력 기울기 dp/dy는 주위보다 굴뚝 안에서 더 크다. 즉,

$$\frac{dp_s}{dy} > \frac{dp_\infty}{dy} \qquad (p_s > p_\infty \text{일 때})$$

주위 압력은 결국 유체 압력보다 더 커지게 되고, 이 때문에 예제 5.1에서 예를 들어 설명한 대로 자유 대류가 유발된다는 것을 알 수 있다. 자유 대류를 정량화할 때 주위 조건들은 결과적으로 부양 유체를 대체할 수 있는 유체 조건들이 될 필요가 있음을 인식하는 것이 아주 중요하다. 열전달에서는 자유 대류가 정상 상태 조건에서 유지되어야 한다. 그림 5.3과 같이 한정된 검사 체적을 차지하고 있는 유체는 온도 T_s로 유지되어야 하며, 그렇게 되려면 열에너지가 필요하다. 전형적으로 이 열에너지가 온도가 T_s인 밀착 표면에서 전달되는 열전달인데, 이 때문에 유체에서 (또는 유체로) 대류 열전달이 일어나게 된다. 자유 대류와 열전달은 어느 방향으로도 일어날 수 있으며, 이는 다음 절에서 알 수 있다.

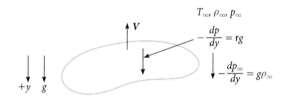

그림 5.3 굴뚝에서의 압력 기울기의 작용

5.2 수직 표면을 따라 일어나는 자유 대류 해석

제4장에서는 레이놀즈 수가 유체 유동 특성을 나타내는 정량적인 방법을 제공한다는 사실을 알았다. 마찬가지로 자유 대류 특성을 자유 대류 레이놀즈 수로 나타낼 수 있는데, 이는 다음과 같이 정의된다.

$$\mathrm{Re}_{fc} = \frac{\mathbf{V}L}{\nu} \tag{5.10}$$

식 (5.9)를 사용하면 다음과 같이 되거나,

$$\mathrm{Re}_{fc} = f\left(\sqrt{gL\frac{\Delta\rho}{\rho}}, \frac{L}{\nu} \right)$$

다음과 같이 된다.

$$\text{Re}_{fc} = f\left(\sqrt{gL^3 \frac{\Delta\rho}{\rho\nu^2}} \right) \tag{5.11}$$

그라스호프 수 Gr은 다음과 같으며,

$$\text{Gr} = gL^3 \frac{d\rho}{\rho\nu^2} = \text{Re}_{fc}{}^2 \tag{5.12}$$

이 수는 자유 대류에서 유체 유동을 나타내는 데 사용된다. 그라스호프 수는 흔히 점성력 $(\mu \cdot L \cdot A_s)$에 대한 부력 $(gL\Delta\rho \cdot A_s)$의 비로 정의된다. 차원 해석법을 사용하면 무차원 수인 그라스호프 수가 발생한다. 그라스호프 수는 다음과 같은 형태로 쓰는 것이 유용한데,

$$\text{Gr} = g\frac{L^3\Delta\rho}{\nu^2\rho} \tag{5.13}$$

이 식에는 두 가지 무차원 수, 즉 gL^3/ν^2과 $\Delta\rho/\rho$가 들어 있다. 물질의 등압(일정 압력) 압축성 계수는 다음과 같이 정의되는데,

$$\beta_p = -\frac{1}{\rho}\left[\frac{\partial\rho}{\partial T} \right]_p \tag{5.14}$$

이 식은 제1근사식이 다음과 같이 된다.

$$\beta_p \approx \frac{\Delta\rho}{\rho\Delta T} \tag{5.15}$$

그러므로 식 (5.15)는 다음과 같이 되며,

$$\frac{\Delta\rho}{\rho} = \beta_p\Delta T$$

그라스호프 수는 다음과 같이 쓸 수 있다.

$$\text{Gr} = \frac{gL^3\Delta T}{\nu^2}\beta_p \tag{5.16}$$

자유 대류 열전달에서는 온도 차 ΔT가 다음과 같이 정의되는데,

$$\Delta T = |T_s - T_\infty| \tag{5.17}$$

여기에서 T_s는 표면 온도이다. 자유 대류에서 유체나 가스의 상태량은 대개 유체의 막 온도 T_f에서 산출한다. 막 온도(film temperature)는 T_s와 T_∞의 산술 평균이다. 더 나아가 제4장의 강제 대류 해석 결과에서 자유 대류에서의 누셀 수가 다음과 같이 그라스호 프 수와 프란틀 수의 함수라는 사실을 알았다.

$$\mathrm{Nu} = f(\mathrm{Gr}, \mathrm{Pr}) \tag{5.18}$$

이 $\mathrm{Gr} \cdot \mathrm{Pr}$의 곱을 레일리 수(Rayleigh number) Ra라고 한다.

$$\mathrm{Ra} = (\mathrm{Gr} \cdot \mathrm{Pr}) \tag{5.19}$$

특성 길이 L은 굴뚝이나 연통의 수직 높이이다. 수평 표면이나 경사 표면에서는 특성 길이가 다음과 같이 정의되는데,

$$L = \frac{A_s}{P} \tag{5.20}$$

여기에서 P는 면적 A_s의 둘레 길이이다.

예제 5.2

그림 5.4와 같이 개방된 보일러에서 바닥과 옆면에서 온도가 300 K인 물의 그라스호프 수를 구하라. 물은 포화 액체이고 보일러 표면의 온도는 450 K, 대기압은 101 kPa라고 가정한다.

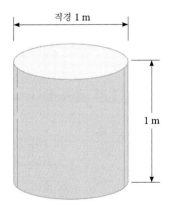

그림 5.4 원통형 보일러

풀이 물은 막 온도가 다음과 같다.

$$T_f = \frac{1}{2}(T_s + T_\infty) = 375 \text{ K}$$

부록 표 B.6에서 다음 값들을 보간법(내삽법)으로 구한다.

$$\beta_p = 761 \times 10^{-6} \frac{1}{\text{K}} \qquad (375 \text{ K에서})$$

$$\nu = \frac{\mu}{\rho} = \frac{0.264 \text{ g/m} \cdot \text{s}}{957 \text{ kg/m}^3} = 2.86 \times 10^{-7} \text{ m}^2/\text{s}$$

바닥 표면의 특성 길이는 다음과 같다.

$$L = \frac{A_s}{P} = \frac{\pi D^2}{4\pi D} = \frac{D}{4} = 0.25 \text{ m}$$

옆면에서는 특성 길이가 다음과 같다.

$$L = 1 \text{ m}$$

그러면 그라스호프 수는 다음과 같이 된다.

$$\text{Gr}_{\text{bottom}} = \frac{gL^3 \Delta T}{\nu^2} \beta_p = \frac{(9.8)(0.25)^3(450 - 300)}{(2.86 \times 10^{-7})^2}(761 \times 10^{-6})$$

$$= 21.37 \times 10^{10} \qquad\qquad\qquad\qquad \text{답}$$

옆면에서는 그라스호프 수가 다음과 같다.

$$\text{Gr}_{\text{sides}} = \frac{(9.8)(1^3)(150)}{(2.86 \times 10^{-7})^2}(761 \times 10^{-6}) = 1.37 \times 10^{13} \qquad\qquad \text{답}$$

이상 기체에서 등온 압축성 계수 β_p는 다음과 같음(연습 문제 5.8 참조)을 알 수 있으며,

$$\beta_p = \frac{1}{T} \qquad (\text{이상 기체}) \tag{5.21}$$

이상 기체에서는 그라스호프 수가 다음과 같이 된다.

$$\text{Gr}_{\text{Ideal Gas}} = \frac{gL^3 \Delta T}{\nu^2 T_f} \qquad (\text{이상 기체}) \tag{5.22}$$

자유 대류에서 유체 유동은 층류와 난류로 분류할 수 있으며, 열전달은 유동 조건에 따라 영향을 크게 받게 된다. 수직 표면에서는 대개 다음과 같은 기준이 적용된다고 가정한다.

$$\text{층류 유동} \quad (\text{Gr} \cdot \text{Pr} = \text{Ra} < 10^9 \text{일 때})$$
$$\text{난류 유동} \quad (\text{Gr} \cdot \text{Pr} = \text{Ra} \geq 10^9 \text{일 때}) \tag{5.23}$$

자유 대류 열전달에서는 그림 5.5와 같이 수직 표면을 고려하여 경계층 유동을 해석하는 것이 유용하다. y 방향(수직) 운동량 식 (4.40)은 다음과 같은 형태로 쓰기도 한다.

$$\rho\left(\mathbf{v}\frac{\partial \mathbf{v}}{\partial y} + \mathbf{u}\frac{\partial \mathbf{v}}{\partial x}\right) = -\rho g - \frac{\partial p}{\partial y} + \mu\frac{\partial^2 \mathbf{v}}{\partial y^2} \tag{5.24}$$

경계층에서는 또한 다음 식을 쓸 수 있는데,

$$\frac{\partial p}{\partial y} = -\rho_\infty g \tag{5.25}$$

여기에서 밀도는 자유 흐름 유체의 밀도이다. 경계층에서 y 방향 운동량은 다음과 같이 된다.

$$\rho\left(\mathbf{v}\frac{\partial \mathbf{v}}{\partial y} + \mathbf{u}\frac{\partial \mathbf{v}}{\partial x}\right) = -(\rho - \rho_\infty)g + \mu\frac{\partial^2 \mathbf{v}}{\partial y^2} \tag{5.26}$$

이상 기체에서 식 (5.15)는 다음 식과 같이 되므로,

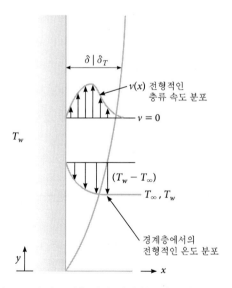

그림 5.5 수직 표면을 따라 발생하는 자유 대류의 경계층

$$(\rho - \rho_\infty) = -\beta_p(T - T_\infty)\rho$$

이 식에 식 (5.26)을 대입하면 다음과 같이 된다.

$$\rho\left(\mathbf{v}\frac{\partial \mathbf{v}}{\partial y} + \mathbf{u}\frac{\partial \mathbf{v}}{\partial x}\right) = \beta_p \rho g(T - T_\infty) + \mu\frac{\partial^2 \mathbf{v}}{\partial y^2} \tag{5.27}$$

즉,

$$\mathbf{v}\frac{\partial \mathbf{v}}{\partial y} + \mathbf{u}\frac{\partial \mathbf{v}}{\partial x} = g\beta_p(T - T_\infty) + \nu\frac{\partial^2 \mathbf{v}}{\partial y^2} \tag{5.28}$$

식 (5.28)을 질량 보존식인 식 (4.33)과 함께 사용하면 다음과 같이 되고,

$$\frac{\partial \mathbf{u}}{\partial x} + \frac{\partial \mathbf{v}}{\partial y} = 0$$

에너지 보존식은 다음과 같이 되며,

$$\mathbf{v}\frac{\partial T}{\partial y} + \mathbf{u}\frac{\partial T}{\partial y} = \alpha\frac{\partial^2 T}{\partial y^2}$$

이와 관련되는 경계 조건은 다음과 같으므로,

B.C. 1: $\quad \mathbf{u} = 0, \mathbf{v} = 0, \quad T = T_w$일 때 $\quad y = 0$에서
B.C. 2: $\quad T = T_\infty \quad\quad\quad\quad\quad\quad\quad y \rightarrow \infty$할 때

엄밀 해법이나 근사 해법으로 해를 구할 수 있다.

이상 기체에서 그리고 프란틀 수가 1.0 정도가 될 때에는 열 경계층과 운동량 경계층의 두께가 거의 같음을 알 수 있다. 그림 5.5를 참조하면, $\delta = \delta_T$이고, 경계층 두께는 높이 y의 함수이므로, 경계층 내 온도 분포는 다음과 같다.

$$T(x, y) = T_\infty + (T_s - T_\infty)\left(1 - \frac{x}{\delta(y)}\right)^2 \tag{5.29}$$

경계층 내 속도 분포는 다음 식과 같이 근사화되는데,

$$\mathbf{v} = \mathbf{v}_0\left(\frac{x}{\delta(y)}\right)\left(1 - \frac{x}{\delta(y)}\right)^2 \tag{5.30}$$

여기에서 $\mathbf{v}_0$는 경계층 내에서 최고 속도로 수직 높이 y의 제곱근에 비례한다. 즉, $\mathbf{v}_0 = f(\sqrt{y})$이다. 이는 다음과 같이 쓸 수 있다.

$$\mathbf{v}_0 = C_0\sqrt{y} \tag{5.31}$$

여기에서 C_0는 상수로서 그 값을 구해야 한다. 이 식은 다음과 같이 됨을 알 수 있다 (Holman[2]).

$$\mathbf{v}_0 = \sqrt{\mathrm{Gr}_y}\, 5.17\nu/y \sqrt{\left(\frac{20}{21} + \frac{\nu}{\alpha}\right)} \tag{5.32}$$

여기에서 그라스호프 수는 국소적으로 산출한다. 즉,

$$\mathrm{Gr}_y = \frac{gy^3\Delta T}{\nu^2}\beta_p = \left(\frac{gy^3\Delta T}{\mu^2}\right)\rho^2\beta_p$$

경계층 두께 δ는 경계층 내 유동이 층류인지 난류인지에 따라 영향을 받게 된다. 층류 유동에서는 $\mathrm{Ra} = \mathrm{Gr}\cdot\mathrm{Pr} < 10^9$이므로 경계층은 다음과 같은 식으로 근사화할 수 있다.

$$\delta(y) = y\left(\frac{3.93(0.952 + \mathrm{Pr})^{1/4}}{\mathrm{Pr}^{1/2}\cdot\mathrm{Gr}_y^{1/4}}\right) \tag{5.33}$$

국소 누셀 수 Nu_y는 다음과 같이 정의된다.

$$\mathrm{Nu}_y = \frac{h_y y}{\kappa} \tag{5.34}$$

$x = 0$인 표면에서의 열전달은 다음과 같이 쓸 수 있으며,

$$\dot{q}_A = -\kappa\left[\frac{\partial T}{\partial x}\right]_{x=0} = h_y(T_s - T_\infty) \tag{5.35}$$

식 (5.34)와 (5.35)를 결합하면 누셀 수를 구하는 식이 된다.

$$\mathrm{Nu}_y = -\frac{y}{T_s - T_\infty}\left[\frac{\partial T}{\partial x}\right]_{x=0} \tag{5.36}$$

이 식을 x에 관하여 적분하면 온도 분포 식 (5.29)에서 다음과 같은 식이 나오므로,

$$\left[\frac{\partial T}{\partial x}\right]_{x=0} = -2\frac{T_s - T_\infty}{\delta} \tag{5.37}$$

누셀 수는 다음과 같이 된다.

$$\mathrm{Nu}_y = \frac{2y}{\delta} \tag{5.38}$$

수직 표면을 따라 일어나는 층류 유동에서는 식 (5.38)에 식 (5.33)을 대입하면 다음 식과 같이 된다.

$$\mathrm{Nu}_y = 0.508\sqrt{\mathrm{Pr}}(\mathrm{Gr}_y^{1/4})\frac{1}{(0.952 + \mathrm{Pr})^{1/4}} \tag{5.39}$$

이 결과는 앞서 차원 해석으로 구한 대류 열전달 결과와 일치한다. 수직 표면의 전체 높이 L에 걸친 평균 대류 열전달 계수는 대개 다음과 같이 평균을 구하는 식을 정의함으로써 구한다.

$$h_{\mathrm{ave}} = \frac{1}{L}\int_0^L h_y\,dy \tag{5.40}$$

식 (5.39)에서 다음 식과 같이 되는데,

$$h_{\mathrm{ave}} = \frac{4}{3}h_L \tag{5.41}$$

여기에서 h_L은 $y = L$인 위치에서 식 (5.39)로 구한 누셀 수를 사용하여 구한 국소 대류 열전달 계수 값이다. 그러므로 평균값은 다음과 같이 쓸 수 있는데,

$$h_{\mathrm{ave}} = \frac{4\kappa}{3L}(0.508)\sqrt{\mathrm{Pr}}\left(\frac{\mathrm{Gr}_L}{0.952 + \mathrm{Pr}}\right)^{1/4} \tag{5.42}$$

여기에서 $\mathrm{Gr} \cdot \mathrm{Pr} < 10^9$일 때이다. 경험적 결과를 근거로 하는 다른 식들도 제안되어 있다. 그러한 경험식 가운데 하나는 McAdams[3]이 제안한 일반식이다. 즉,

$$h_{\mathrm{ave}} = C\frac{\kappa}{L}(\mathrm{Gr}_L \cdot \mathrm{Pr})^n \tag{5.43}$$

여기에서 n과 C는 표 5.1에서 구하면 된다.

표 5.1 식 (5.43)에 사용되는 상수 C와 n

유동 상태	Gr · Pr	C	n	참고문헌
층류	$10^4 \sim 10^9$	0.59	1/4	[3]
난류	$10^9 \sim 10^{13}$	0.10	1/3	[4, 5]

Churchill과 Chu[6]가 제안한 다른 상관관계는 다음과 같다. 층류 유동에서는 다음과 같으며,

$$h_{\text{ave}} = \frac{\kappa}{L} \left(\frac{0.68 + 0.67(\text{Gr} \cdot \text{Pr})^{1/4}}{[1 + (0.492/\text{Pr})^{9/16}]^{4/9}} \right) \tag{5.44}$$

여기에서는 모든 프란틀 수와 다음과 같은 조건에 해당한다.

$$10^{-1} < \text{Gr}_L \cdot \text{Pr} < 10^9$$

층류 및 난류 유동을 포함하고 모든 프란틀 수에서 사용할 수 있는 한층 더 일반적인 형태 식은 다음과 같다.

$$h_{\text{ave}} = \frac{\kappa}{L} \left(\frac{0.825 + 0.387(\text{Gr}_L \cdot \text{Pr})^{1/6}}{[1 + (0.492/\text{Pr})^{9/16}]^{8/27}} \right)^2 \tag{5.45}$$

예제 5.3

폭 40 m, 높이 15 m인 남향 벽이 바람이 불지 않는 조용한 낮에 햇빛을 받아 데워져 오후 3시 경에는 온도가 36 ℃에 이르렀다. 공기 온도가 10 ℃일 때, 벽에서 전달되는 자유 대류 열전달을 산출하라.

풀이 먼저 공기의 막 온도를 구한다.

$$T_f = \frac{1}{2}(T_s + T_\infty) = \frac{1}{2}(36°\text{C} - 10°\text{C}) = 23°\text{C} = 296 \text{ K}$$

그라스호프 수는 다음과 같다.

$$\text{Gr}_L = \frac{gL^3 \Delta T}{\mu^2} \rho^2 \beta_p = \frac{(9.8 \text{ m/s}^2)(15 \text{ m})^3(296 \text{ K})}{(0.0181 \text{ g/m} \cdot \text{s})^2}(1178 \text{ kg/m}^3)^2 \left(\frac{1}{296 \text{ K}} \right)$$

$$= 1.23 \times 10^{13}$$

공기의 프란틀 수는 0.707 정도이므로 다음과 같이 계산이 되는데,

$$\text{Gr}_L \cdot \text{Pr} = 1.23 \times 10^{13}(0.707) = 8.7 \times 10^{12}$$

이 값은 경계층에서 유동이 난류임을 나타낸다. 식 (5.43)을 사용하여 대류 열전달 계수를 산출하면, 표 5.1에서 $C = 0.10$ 과 $n = 1/3$ 을 선정하여 계산하면 다음과 같이 된다.

$$h_{\text{ave}} = C\frac{\kappa}{L}(\text{Gr}_L \cdot \text{Pr})^n = 0.10\frac{0.026\ \text{W/m} \cdot \text{K}}{15\ \text{m}}(8.7 \times 10^{12})^{1/3} = 3.57\ \text{W/m}^2 \cdot \text{K}$$

그러므로 자유 대류 열전달은 다음과 같다.

$$\dot{Q} = h_{\text{ave}}AT = (3.57\ \text{W/m}^2 \cdot \text{K})(15 \times 40\ \text{m}^2)(26\ \text{K}) = 55.614\ \text{W} \qquad \text{답}$$

5.3 수평 및 경사 표면을 따라 일어나는 자유 대류

수평 표면에는 개별적으로 취급해야 하는 네 가지 형태가 있다. 먼저 그림 5.6a와 같이 $T_s > T_\infty$ 가 되는 고온 판 또는 표면을 살펴보자. 여기에서는 유체가 자연적으로 위로 올라가서 저온 유체와 교체된다. 자유 대류는 유체 유동이 정체되지 않고도 일어날 수 있다. 그림 5.6b에서 유체는 판 주위를 순환 유동하려는 경향이 있어서 가능성이 열리면 판 주위 순환 유동을 하게 된다. 유동이 제한되어 판 주위를 지날 수 없으면 유체 유동은 정체하게 되고, 유체는 표면 온도와 열적 평형에 도달하게 되어 판 표면 훨씬 아래에 있는 유체는 온도가 더 낮아지게 된다. 그림 5.6c와 같은 상황에서 저온 유체는 밀도와 비중량이 더 커지는 경향이 있기 때문에, 유체가 표면에서 정체된다. 그림 5.6d와 같이 저온 표면 아래에 유체가 있을 때에는 그림 5.6a의 조건에서 제한을 받지 않는 자유 대류처럼 거동하는 경향이 있다. 그러므로 다음과 같이 두 가지 별개의 경우를 살펴보아야 한다. 즉,

Ⅰ. 고온 표면/저온 유체가 위에 있고, 저온 표면/고온 유체가 아래에 있는 경우
Ⅱ. 고온 표면/저온 유체가 아래에 있고, 저온 표면/고온 유체가 위에 있는 경우

자유 대류 열전달을 설명하려는 해석은 유동의 본질이 복잡하기 때문에 아직 완벽하게 성공적으로 개발되지 않았으므로, 경험적 결과를 사용하여 열전달을 산출하고 있다. 이 경우에는 평균 누셀 수는 다음과 같이 경험적으로 구한 식으로 산출하면 되고, 여기에서 $\text{Ra}_L = \text{Gr}_L \cdot \text{Pr}$ 이다. 즉,

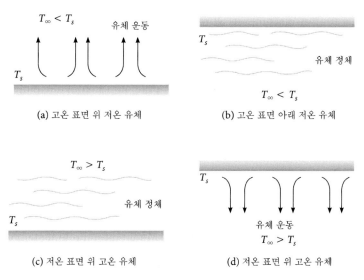

(a) 고온 표면 위 저온 유체
$T_\infty < T_s$
유체 운동
T_s

(b) 고온 표면 아래 저온 유체
T_s
유체 정체
$T_\infty < T_s$

(c) 저온 표면 위 고온 유체
$T_\infty > T_s$
유체 정체
T_s

(d) 저온 표면 위 고온 유체
T_s
유체 운동
$T_\infty > T_s$

그림 5.6 수평 표면에서의 네 가지 자유 대류 조건

경우 Ⅰ ($L \leq 0.6$ m)

$$\mathrm{Nu}_{\mathrm{ave}} = 0.54\mathrm{Ra}_L^{1/4} \qquad 10^4 \leq \mathrm{Ra}_L \leq 10^7 \tag{5.46}$$

$$\mathrm{Nu}_{\mathrm{ave}} = 0.15\mathrm{Ra}_L^{1/3} \qquad 10^7 \leq \mathrm{Ra}_L \leq 10^{11} \tag{5.47}$$

경우 Ⅱ ($L \leq 0.6$ m)

$$\mathrm{Nu}_{\mathrm{ave}} = 0.27\mathrm{Ra}_L^{1/4} \qquad 10^5 \leq \mathrm{Ra}_L \leq 10^{10} \tag{5.48}$$

특성 길이 L은 둘레에 대한 표면 면적의 비로서 정의된다. L 값이 약 0.6 m를 초과하면, 대류 열전달은 영향을 받지 않은 상태로 있게 된다는 사실이 관찰되었다[7]. 1차 근사화로서 L 값으로 0.6을 사용하여 식 (5.46)~(5.48)로 h를 산출하면 된다. 수평 표면에서 사용한 이 식들은 그라스호프 수를 '경사 평면 그라스호프 수'로 대체하면, 그림 5.7과 같이 경사 표면을 따라 일어나는 자유 대류 해석에 확대 적용해도 된다.

$$\mathrm{Gr}_{IL} = \frac{gL^3 \Delta T}{v^2} \beta_p \cos \theta_H \tag{5.49}$$

이 모델은 각도 θ_H가 최대 45°까지일 때에만 적용할 수 있다. 이 각도가 45°보다 더 큰 경사 표면에서는 경사 평면 그라스호프 수를 구할 때 그림 5.7에 있는 각도 θ_v를 식

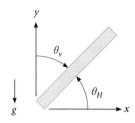

그림 5.7 자유 대류 열전달이 일어나고 있는 경사 표면

(5.49)에 사용하면 수직 표면 해석 결과를 확대 적용할 수 있다.

그림 5.8a와 같이 저온 경사 표면 아래에 고온 유체가 있는 상황에서는 경계층의 주기적인 박리로 대류 유동이 복잡해진다. 이와 유사한 주기적인 박리 현상은 그림 5.8b와 같이 고온 경사 표면 위에 저온 유체가 있을 때 일어나기도 한다. 한층 더 안정된 유동 패턴은 대개 고온 경사 표면 아래에 저온 유체가 흐르고 있을 때(그림 5.8c) 일어나거나 저온 표면 위에 고온 유체가 흐르고 있을 때(그림 5.8d) 일어난다. 경사 표면의 방위각 θ_v가 작아져서 표면 경사가 가팔라지면, 이때의 자유 대류는 수직 표면을 따라 일어나는 자유 대류의 거동과 더욱더 닮게 된다. 경사 표면을 따라 일어나는 자유 대류 열전달에서는 타당한 결과와 적절한 설계를 구해내고자 하는 엔지니어의 판단이 필요하다.

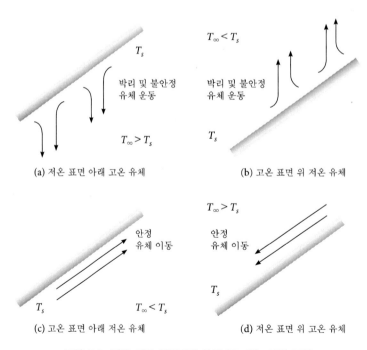

그림 5.8 자유 대류 열전달이 일어나고 있는 경사 표면

어느 공항의 비행기 활주로는 길이가 3.2 km이고 폭이 55 m이다. 공기 흐름이 없는 더운 어느 날, 공기 온도가 32 ℃일 때, 활주로 표면 온도는 42 ℃이다. 자유 대류로 인한 활주로 표면의 단위 면적당 열전달을 산출하라.

풀이 먼저 다음 관계식에서 레일리 수(Ra)를 구한다.

$$\text{Ra}_L = \text{Gr}_L \cdot \text{Pr} = \frac{gL^3 \Delta T}{\nu^2} \beta_p \cdot \text{Pr}$$

공기 상태량들은 막 온도인 $T_f = [43\,℃ + 32\,℃]/2 = 37\,℃$에서 산출하여야 한다. 부록 표 B.4에서 공기 상태량을 300 K에서 구하여 근삿값을 구한다. 즉, $\text{Pr} \approx 0.701$, $\mu = 0.0181\,\text{g/m} \cdot \text{s} = 0.0000181\,\text{kg/m} \cdot \text{s}$, $\rho = 1.178\,\text{kg/m}^3$이므로, $\nu = 0.0000181/1.178 = 1.54 \times 10^{-5}\,\text{m}^2/\text{s}$이다. 특성 길이 L은 다음과 같이 우선 추정하여 구하면 된다.

$$L = \frac{\text{표면 면적}}{\text{둘레 길이}} = \frac{(3200\,\text{m})(55\,\text{m})}{6400 + 110\,\text{m}} = 27\,\text{m}$$

이 값이 0.6 m를 넘기 때문에 L 값으로 0.6 m를 사용하기로 한다. 그러면 레일리 수는 다음과 같이 구한다.

$$\text{Ra}_L = 2.040 \times 10^8$$

식 (5.47)을 사용하여 대류 열전달 계수 값을 산출함으로써 근사해를 구하면 된다.

$$\text{Nu}_\text{ave} = \frac{h_\text{ave} L}{\kappa} = 0.15 \text{Ra}_L^{1/3}$$

즉,

$$\text{h}_\text{ave} = 0.15 \frac{\kappa}{L} \text{Ra}_L^{1/3} = (0.15)\frac{(0.0263\,\text{W/m} \cdot \text{K})}{0.6\,\text{m}}(2.358 \times 10^8)^{1/3}$$

$$= 3.78\,\text{W/m}^2 \cdot \text{K}$$

그러면 다음과 같이 된다.

$$\dot{q}_A = h_\text{ave} \Delta T = \left(3.78\,\frac{\text{W}}{\text{m}^2 \cdot \text{K}}\right)(10\,\text{K}) = 38.7\,\frac{\text{W}}{\text{m}^2} \qquad\qquad \text{답}$$

그림 5.9와 같이 크기가 10 m × 10 m인 정사각형 방이 천장에 매입되어 있는 관 속을 흐르는 수증기로 가열되고 있다. 방 공기 온도가 30 ℃일 때, 천장 온도는 최대 난방 부하 조건에서 80 ℃이다. 이 조건에서 대류 열전달 계수를 산출하라.

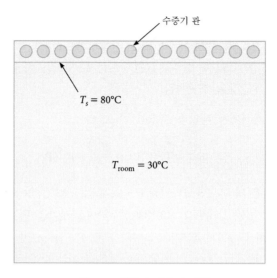

수증기 관

$T_s = 80°C$

$T_{room} = 30°C$

그림 5.9 천장 속 수증기 가열

풀이 먼저 레일리 수를 구한다.

$$\mathrm{Ra}_L = \mathrm{Gr}_L \cdot \mathrm{Pr} = \frac{gL^3\Delta T}{\nu^2}\beta_p \cdot \mathrm{Pr}$$

공기의 막 온도로 $55\,℃ = 328\,\mathrm{K}$를 사용하면 다음과 같이 되며,

$$\mathrm{Pr} = 0.704, \beta_p = 1/328\,\mathrm{K}, \nu = 15.4 \times 10^{-6}\,\mathrm{m^2/s}$$

특성 길이는 다음과 같다.

$$L = A/둘레\ 길이 = 2.5\ \mathrm{m}$$

$L = 0.6\,\mathrm{m}$를 사용하면, 레일리 수는 다음과 같다.

$$\mathrm{Ra}_L = 9.62 \times 10^8$$

경우 II와 식 (5.48)을 사용하면 다음과 같이 된다.

$$h_{\mathrm{ave}} = 0.27\frac{\kappa}{L}\mathrm{Ra}_L^{1/4} = 0.27\frac{0.028\ \mathrm{W/m\cdot K}}{0.6\ \mathrm{m}}(9.62 \times 10^8)^{1/4} = 2.219\ \frac{\mathrm{W}}{\mathrm{m^2\cdot K}} \qquad 답$$

예제 5.6

그림 5.10과 같이 대형 솥에 들어 있는 물이 바닥 밑에서 가열되고 있다. 물의 겉보기 온도가 30 ℃일 때 솥의 표면 온도가 90 ℃라고 하면, 이때에 솥의 경사 표면에서 단위 면적당 대류 열전달을 구하라. 솥의 길이는 경사 표면의 길이인 1 m보다 훨씬 더 길다고 가정한다.

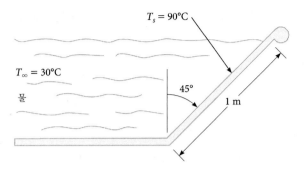

그림 5.10 옆면이 경사져 있는 대형 물 솥

풀이 경사 평면 그라스호프 수는 식 (5.49)에서 다음과 같이 된다.

$$\mathrm{Gr}_L = \frac{gL^3 \Delta T}{\nu^2} \beta_p \cos \theta_H$$

길이는 경사 표면 길이인 1 m보다 훨씬 더 길다고 가정했으므로, 특성 길이 L을 다음과 같이 가정한다.

$$L = \frac{\text{표면 면적}}{\text{둘레 길이}} = \frac{(1\,\mathrm{m})W}{2W + 2(1\,\mathrm{m})} \approx \frac{W}{2W} = 0.5\,\mathrm{m}$$

물은 $[90\,℃ + 30\,℃]/2 = 60\,℃ = 333\,\mathrm{K}$에서 다음과 같다.

$$\mathrm{Pr} \approx 3.01, \beta_p = 5.23 \times 10^{-4}\,\mathrm{K^{-1}} \qquad (\text{부록 표 B.6에서})$$

및

$$\nu = (4.71 \times 10^{-4}\,\mathrm{kg/m \cdot s})/(983.3\,\mathrm{kg/m^3}) = 4.79 \times 10^{-7}\,\mathrm{m^2/s}$$

그러면 다음과 같이 된다.

$$\mathrm{Ra}_L = \mathrm{Gr}_L \cdot \mathrm{Pr} = \frac{gL^3 \Delta T}{\nu^2} \beta_p \cos \theta \cdot \mathrm{Pr}$$

$$= \frac{(9.8\,\mathrm{m/s^2})(0.5\,\mathrm{m})^3(60\,\mathrm{K})}{(4.79 \times 10^{-7}\,\mathrm{m^2/s})^2}(5.93 \times 10^{-4}\,\mathrm{K^{-1}})(\cos 45°)(3.01) = 4.04 \times 10^{11}$$

식 (5.47)을 사용하면 다음과 같이 된다.

$$\mathrm{Nu}_\mathrm{ave} = \frac{h_\mathrm{ave} L}{\kappa} = 0.15 \mathrm{Ra}_L^{1/3}$$

및

$$h_\mathrm{ave} = 0.15 \frac{\kappa}{L} \mathrm{Ra}_L^{1/3} = 0.15 \frac{0.658\,\mathrm{W/m \cdot K}}{0.5\,\mathrm{m}}(4.04 \times 10^{11})^{1/3} = 1460\,\frac{\mathrm{W}}{\mathrm{m^2 \cdot K}} \qquad \text{답}$$

5.4 수평 및 수직 원통체를 따라 일어나는 자유 대류

수평 원통체

수평 원통체와 주위 유체 간 자유 대류 열전달은 연구가 잘 되어 있다. 그림 5.11에는 표면 온도가 주위 유체보다 더 높은 원통체 배열에서 유체의 자유 대류가 위쪽을 향하게 되는 특정한 상황이 나타나 있다. 평판 표면 해석 결과와 함께 열전달을 경험적으로 설명해 주는 결과에 의존하는 것이 대단히 유용하다. 대류 열전달 계수를 산출하려면, 다음과 같은 형태의 식을 사용하면 된다.

$$\mathrm{Nu_{ave}} = \frac{h_{\mathrm{ave}}D}{\kappa} = C\mathrm{Ra}_D^n \tag{5.50}$$

여기에서

$$\mathrm{Ra}_D = \mathrm{Gr} \cdot \mathrm{Pr} = \frac{gD^3\Delta T}{\nu^2}\beta_p \cdot \mathrm{Pr} \tag{5.51}$$

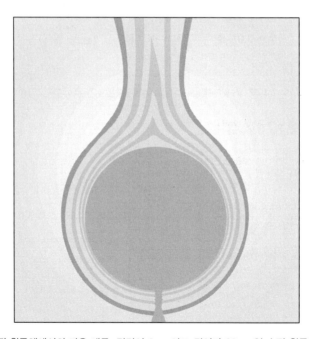

그림 5.11 수평 원통체에서의 자유 대류. 직경이 6 cm이고 길이가 60 cm인 수평 원통체가 주위 공기 온도보다 8 ℃ 더 높게 가열되어 그라스호프 수가 30,000이 나왔다. (사진: U. Grigull and F.W. Hauf, 촬영방법은 [8]의 내용에 따름).

이다. 상수 C와 n은 표 5.2에서 선정하여 여러 가지 레일리 수 값을 구할 때 사용하면 된다.

Churchill과 Chu[6]는 레일리 수로 10^{-5}에서 10^{12}까지 전 영역에서 누셀 수와 대류 열전달 계수를 산출하는 데 사용할 수 있는 관계식을 제공했는데, 그 식은 다음과 같다.

$$\mathrm{Nu}_{\mathrm{ave}} = \left(0.60 + \frac{0.387 \mathrm{Ra}_D^{1/6}}{[1 + (0.559/\mathrm{Pr})^{9/16}]^{8/27}} \right)^2 \tag{5.52}$$

여기에서는 $10^{-5} < \mathrm{Ra}_D < 10^{12}$이다.

표 5.2 식 (5.50)에 사용하는 상수 C와 n

Ra_D	C	n
$10^{-10} \sim 10^{-2}$	0.675	0.058
$10^{-2} \sim 10^2$	1.02	0.148
$10^2 \sim 10^4$	0.850	0.188
$10^4 \sim 10^7$	0.480	0.25
$10^7 \sim 10^{12}$	0.125	0.333

예제 5.7

그림 5.12와 같이 전기 급탕기(고온 물 가열기)의 가열기 요소를 직경 2.5 cm, 길이 30 cm로 근사화할 수 있다. 이 가열 요소는 표면 온도가 93 ℃이고 물의 온도는 27 ℃일 때, 가열 요소에서 물로 전달되는 대류 열전달을 산출하라.

풀이 물의 막 온도는 60 ℃($= [93 ℃ + 27 ℃]/2$)이므로, 물의 상태량들은 부록 표 B.6에 수록되어 있는 포화 액체 60 ℃에서 값들을 판독하면 다음과 같다.

$$c_{p,f} = 4186 \ \frac{\mathrm{J}}{\mathrm{kg \cdot K}}, \ \ \kappa_f = 0.658 \ \frac{\mathrm{W}}{\mathrm{m \cdot K}}, \ \ \mu_f = 0.478 \times 10^{-3} \ \frac{\mathrm{kg}}{\mathrm{m \cdot s}}$$

$$\rho_f = 983.28 \ \frac{\mathrm{kg}}{\mathrm{m}^3}, \ \ \nu_f = \frac{\mu_f}{\rho_f} = 4.86 \times 10^{-7} \ \frac{\mathrm{m}^2}{\mathrm{s}}$$

$$\mathrm{Pr} = 3.04, \beta_p = 5.23 \times 10^{-3} \mathrm{K}^{-1} \ \ 및$$

$$V_f = 4.79 \times 10^{-7} \mathrm{m}^2/\mathrm{s}$$

그러면 다음과 같이 된다.

$$\mathrm{Ra}_D = \mathrm{Gr}_D \cdot \mathrm{Pr} = 7.23 \times 10^7$$

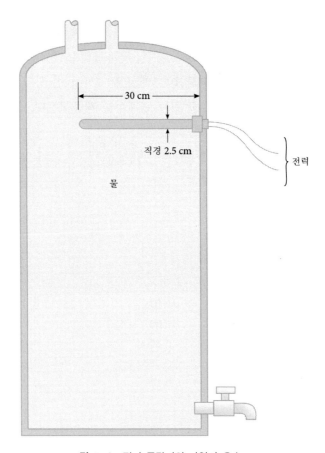

그림 5.12 전기 급탕기의 가열기 요소

식 (5.52)를 사용하면,

$$\mathrm{Nu}_{\mathrm{ave}} = \left(0.60 + \frac{0.387\mathrm{Ra}_D^{1/6}}{[1 + (0.559/\mathrm{Pr})^{9/16}]^{8/27}} \right)^2$$

다음 값이 나온다.

$$\mathrm{Nu}_D = 15.43$$

그러면 다음과 같이 된다.

$$h_{\mathrm{ave}} = \frac{\mathrm{Nu}_{\mathrm{ave}}\kappa}{D} = 406 \ \frac{\mathrm{W}}{\mathrm{m}^2 \cdot \mathrm{K}}$$

및

$$\dot{Q} = h_{\mathrm{ave}} A \Delta T = \left(406 \ \frac{\mathrm{W}}{\mathrm{m}^2 \cdot \mathrm{K}} \right)\left(0.025 \ \mathrm{m} \right)(\pi)(0.30 \ \mathrm{m})(66^\circ\mathrm{C}) = 631 \ \mathrm{W} \qquad \text{답}$$

수직 원통체

그림 5.13과 같이 정지 유체 내 수직 원통체는 다음과 같은 기준을 충족시킬 때에는 수직 편평 표면으로 취급하여도 된다.

$$\frac{L}{D}\frac{1}{\mathrm{Gr}_L^{1/4}} < 0.025 \tag{5.53}$$

및

$$\mathrm{Pr} = 1.0.$$

Cebeci[9]는 원통체가 가늘고 길어 식 (5.53)의 기준을 충족하지 못할 경우, 수직 평판 가정을 사용하여 나온 결과의 변동성은 그림 5.14의 정보를 사용하여 설명할 것을 제안하였다. 그림 5.14에서 종좌표는 특성 길이로 L(실린더 길이)을 사용했을 때, 수직 평판의 누셀 수에 대한 수직 원통체의 평균 누셀 수의 비를 나타낸다. 수직 원통체의 평균 누셀 수는 다음과 같고,

$$(\mathrm{Nu}_{\mathrm{ave}})_{\mathrm{cylinder}} = \frac{h_{\mathrm{ave}}L}{\kappa}$$

수직 평판의 평균 누셀 수는 다음과 같으며,

$$(\mathrm{Nu}_{\mathrm{ave}})_{\mathrm{vertical\ flat\ plate}} = \frac{h_{\mathrm{ave}}L}{\kappa}$$

이 종좌표는 원통체 반경 L/R, 프란틀 수 및 실린더 길이 기반 그라스호프 수의 함수로 나타나 있다.

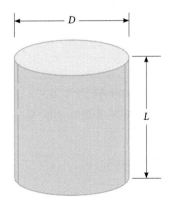

그림 5.13 수직 원통체

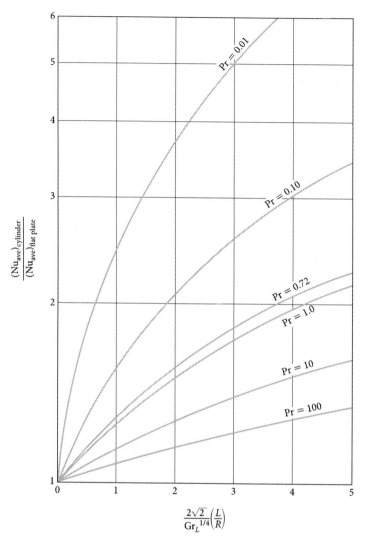

그림 5.14 여러 가지 프란틀 수와 세장비에서 수직 원통체 대류 열전달에서의 누셀 수. (출전: Cebeci, T., Laminar-free Convective Heat Transfer from the Outer Surface of a Vertical Slender Circular Cylinder, 5th Int. Heat Transfer Conf., Vol. 3, NC 1.4, p 15–19, 1974.)

예제 5.8

주물 공장의 연도 가스 굴뚝은 높이가 20 m이고 직경이 4 m이다. 굴뚝의 외부 표면 온도는 80 ℃이고 주위 공기 온도는 20 ℃이다. 바람이 전혀 불지 않는다고 가정하고, 굴뚝에서 대류로 전달되는 열손실을 산출하라.

풀이 먼저 그라스호프 수를 산출해야 한다.

$$\text{Gr}_L = \frac{gL^3 \Delta T}{\nu^2} \beta_p$$

막 온도가 50 ℃(= [80 ℃ + 20 ℃]/2)인 공기에서는 다음과 같이 된다.

$$Pr = 0.70 \text{ 및 } \nu = 18 \times 10^{-6} \, m^2/s$$

그리고

$$Gr_L = \frac{(9.8 \, m/s^2)(20 \, m)^3(60 \, K)}{(18 \times 10^{-6} \, m^2/s)^2} \left(\frac{1}{323 \, K}\right) = 44.9 \times 10^{12}$$

식 (5.53)의 기준을 확인해보면 다음과 같다.

$$\frac{L}{D} \frac{1}{Gr^{1/4}} = \frac{20 \, m}{4 \, m} \frac{1}{(44.9 \times 10^{12})^{1/4}} = 0.00193 < 0.025$$

그러므로 수직 굴뚝 대류 열전달은 수직 편평 표면 또는 평판에서와 마찬가지로 거동한다고 해도 된다. 식 (5.43)에 다음 값을 대입하고,

$$Gr_L \cdot Pr = (44.9 \times 10^{12})(0.7) = 3.14 \times 10^{13}$$

표 5.1에서 다음 값을 판독한다.

$$C = 0.10 \text{ 및 } n = 1/3$$

그러면 다음과 같이 된다.

$$h_{ave} = \frac{0.031 \, W/m \cdot K}{20 \, m}(0.10)(3.14 \times 10^{13})^{1/3} = 4.89 \frac{W}{m^2 \cdot K} = 4.89 \, W/m^2 \cdot {}^{\circ}C$$

열손실은 다음과 같은 계산으로 산출하면 된다.

$$\dot{Q} = h_{ave} A \Delta T = 73.7 \, kW$$

답

예제 5.9

그림 5.15에 개념적으로 나타나 있는 바와 같이 핵연료봉이 액체 나트륨에 잠겨 있다. 액체 나트륨 온도가 800 K이면 연료봉 표면 온도가 1100 K라고 할 때, 연료봉 한 개에서 나오는 열전달을 산출하라.

풀이 막 온도가 950 K일 때 부록 표 B.3에서 액체 나트륨의 상태량을 판독한다. 즉,

$$\rho = 782.6 \frac{kg}{m^3},$$

$$c_p = 1262 \frac{J}{kg \cdot K}, \kappa = 60.25 \frac{W}{m \cdot K}, \mu = 0.1225 \times 10^{-3} \frac{kg}{m \cdot s}, \text{ 및}$$

$$\beta_p = 3.76 \times 10^{-4} \, K^{-1}$$

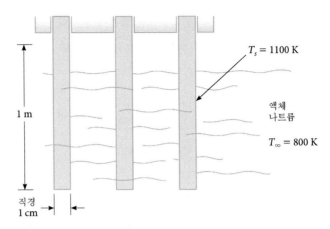

그림 5.15 핵연료봉

그러면 다음 값이 나온다.

$$\text{Pr} = 0.00256 \;\text{및}\;\; \nu = 1.57 \times 10^{-7}\,\text{m}^2/\text{s}$$

그러면 그라스호프 수는 대략 다음과 같이 나온다.

$$\text{Gr}_L = \frac{(9.8\,\text{m/s}^2)(1\,\text{m})^3(300\,\text{K})}{(1.57 \times 10^{-7}\,\text{m}^2/\text{s})^2}(3.76 \times 10^{-4}\,\text{K}^{-1}) = 44.85 \times 10^{12}$$

식 (5.52)를 기준으로 사용하여 누셀 수를 산출하는 데 식 (5.43)을 사용할 수 있는 지를 알아보면 다음과 같이 되므로

$$\frac{1\,\text{m}}{0.01\,\text{m}}\frac{1}{(44.85 \times 10^{12})^{1/4}} = 0.03864 > 0.025$$

그림 5.14에서 보정 계수를 구하여 사용하여야 한다. 그림 5.14의 횡좌표는 다음과 같다.

$$\frac{2\sqrt{2}}{\text{Gr}_L^{1/4}}\left(\frac{L}{R}\right) = 0.218$$

그림 5.14에서 외삽법을 사용하여 프란틀 수가 0.00256일 때 다음과 같은 값을 판독한다.

$$\frac{(\text{Nu})_{\text{cylinder}}}{(\text{Nu})_{\text{flat plate}}} \approx 1.8$$

그라스호프–프란틀 수의 곱은 다음과 같고,

$$\text{Gr}_L \cdot \text{Pr} = 10.48 \times 10^{10}$$

식 (5.43)에 $C = 0.10$ 과 $n = 1/3$ 을 대입하면 다음과 같이 되며,

$$(h_{ave})_{cylinder} = \frac{59.7 \text{ W/m} \cdot \text{K}}{1 \text{ m}} (0.10)(48 \times 10^{10})^{1/3}(1.8) = 52.229 \text{ W/m}^2 \cdot \text{K}$$

연료봉 한 개에서 전달되는 열전달은 다음과 같다.

$$\dot{Q} = (h_{ave})_{cylinder} A \Delta T = (52.229 \text{ W/m}^2 \cdot \text{K})(\pi)(0.01 \text{ m})(1 \text{ m})(300 \text{ K})$$

$$= 492 \text{ kW/rod} \qquad 답$$

다중 원통체

관이 직렬로 배열되어 있는 수평 원통체 주위의 자유 대류는 관심거리 상황이 되기도 한다. 유동 형태는 그림 5.16의 사진에서와 같이 인접 원통체 때문에 변동되기도 한다.

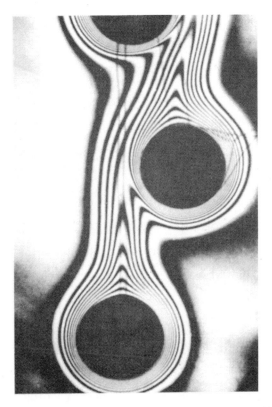

그림 5.16 가열되고 있는 3개의 수평 원통체 배열에서 각각의 원통체와 상호작용하면서 공기 중에 층류 기류 기둥이 나타나 있는 자유 대류. 여기에서 층류 기류 기둥이 바닥에서 꼭대기 쪽으로 상승하고 있다. (출전: Eckert, E.R.G. and E. Soehngen, "Studies on heat transfer in laminar free Convection with the Zehnder–Mach Interferometer," U.S. Air Force Tech. Rept. 5747, 1948.)

이 메커니즘은 관 군(tank bank)에서의 강제 대류의 메커니즘과 비슷하다. 그러나 자유 대류에 미치는 이러한 효과를 예측하는 연구는 포괄적으로 이루어지지 않고 있다. 관과 관 사이의 간격이 관 직경의 2배보다 더 크면, 단일의 수평 원통체에서 나온 결과를 사용하여 근삿값을 구하면 된다.

5.5 밀폐 공간에서의 자유 대류

밀폐 공간(enclosed space)은 모든 면이 고체 표면으로 둘러싸여 있는 체적이다. 밀폐 공간에서 유체와 표면들의 온도가 각각 다르면 이 밀폐 공간 안에서는 자유 대류가 일어나게 된다. 그림 5.17에는 직육면체 밀폐 용기(enclosure)가 그려져 있다. 이는 방일 수도, 오븐이나 노일 수도 있으며, 직육면체 밀폐 용기로 모델링할 수 있는 다른 물리적 상황도 있다. 그림 5.17에서 방향 중에 하나는 중력장 g 와 일치하도록 밀폐 용기에 방위가 설정되어 있다. 여기에는 살펴봐야 할 상황 또는 경우가 세 가지 있다.

1. 윗면에서 가열되고 있고, 옆면들은 단열되어 있는 밀폐 용기
2. 밑면에서 가열되고 있고, 옆면들은 단열되어 있는 밀폐 용기
3. 한쪽 옆면에서 다른 쪽 옆면으로 가열되고 있고, 다른 옆면들과 윗면, 밑면은 단열되어 있는 밀폐 용기

경우 1에서는 고온 표면은 아래에서 유체와 인접하고, 저온 표면은 위에서 이 유체와 인접하고 있는 형태이므로 어떠한 자유 대류도 일어날 가능성이 없기 때문에, 열전달은 전도가 지배적이다. 정상 상태에서의 전도 열전달은 다음과 식으로 나타내면 되는데,

$$\dot{Q} = \kappa_{\text{eff}} \frac{A}{L} \Delta T \tag{5.54}$$

여기에서 κ_{eff}는 밀폐 용기에 들어 있는 가스 또는 유체의 유효 열전도도 또는 평균 열전도도이다. A는 그림 5.17에 표시되어 있는 표면 면적 XY이다.

경우 2는 고온 표면은 밀폐된 유체 아래에 있고, 저온 표면은 이 유체 위에 있는 전형적인 자유 대류의 경우이다. $\text{Ra}_L = (gL^3 \Delta T / \alpha \nu)\beta_p < 1708$일 때는 점성력이 지배적이므로 밀폐된 유체가 수직이나 수평으로 이동하지 않고 상대적으로 정지 상태인 채로 있게 된다.

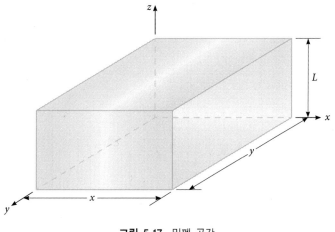

그림 5.17 밀폐 공간

Ra_L이 1108보다 더 작을 경우, 경우 2에서의 열전달은 완전히 전도만 일어나서 식 (5.54)으로 가장 잘 기술할 수 있다. 그러므로 Ra_L이 1108과 1708 사이일 때 열전달은 전도와 자유 대류 사이의 천이 상태이지만, 식 (5.54)로 근사 열전달을 산출할 수 있다. $Ra_L > 1708$일 때는 유체의 자유 대류가 시작하고, 고온 표면과 저온 표면을 따라서 유체의 교체가 있을 수밖에 없으므로 '셀(cell)' 패턴이 형성되기도 하는데, 이를 베나르 셀(Bénard cell)이라고 한다. 이 현상은 그림 5.18과 5.19에 그려져 있다. $Ra_L > 5 \times 10^4$일 때는 난류 운동이 지배적이므로 베나르 셀이 사라지기도 한다. 베나르 셀과 자유 대류는 Jaluria[11]에 완벽하게 설명되어 있다. 밀폐 영역에서 정상 상태 조건하에서의 열전달은 다음과 같은데,

$$\dot{Q} = h_{ave} A \Delta T$$

여기에서 평균 대류 열전달 계수는 다음과 같은 Globe와 Dropkin[12]의 경험식으로 산출하기도 한다.

$$h_{ave} = \frac{\kappa}{L}(0.069)Ra_L^{1/3}Pr^{0.074} \tag{5.55}$$

이 식에서 $3 \times 10^5 < Ra_L < 7 \times 10^9$이다. 모든 상태량은 밀폐 용기의 평균 온도 $(T_1 + T_2)/2$에서 산출한다.

경우 3은 2개의 대향 표면 간에 균일한 열전달이 일어날 수밖에 없는 때로서, 그 기본 유동은 그림 5.20과 같다. 주의할 점은 이 경우에 L은 수평 길이를 나타내지만, 다른 밀폐 용기의 경우에서는 수직 길이를 나타낸다.

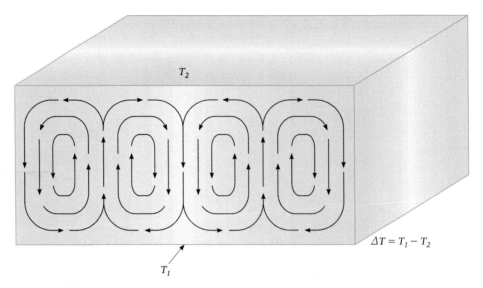

그림 5.18 밀폐 공간의 자유 대류에서의 베나르 셀

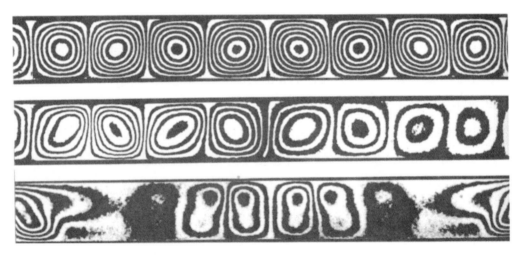

그림 5.19 부력에 의한 대류 롤(roll). 특이한 인터페로그램(interferogram)이 상대 치수가 $10:4:1$ (폭, 깊이, 높이)인 직육면체 상자 내 실리콘 오일의 대류 불안정성의 측면도를 나타내고 있다. 맨 위 사진은 고전적인 베나르 셀 상황으로 균일하게 가열되어 길이가 더 짧은 변에 롤이 평행하게 생성되어 있다. 중간 사진은 온도 차와 그 때문에 운동의 진폭이 오른쪽에서 왼쪽으로 증가한다. 맨 아래 사진에서는 대류 박스가 수직 축을 중심으로 회전하고 있다. (Oertel, H. Jr. and K.R. Kirchartz, Influences of Initial and Boundary Conditions on Bénard Convection, in U. Müller, K.G. Roesner, and B. Schmidt, eds. Recent Developments in Theoretical and Experimental Fluid Mechanics, Berlin, Springer-Verlag, 1979, pp. 355-366.)

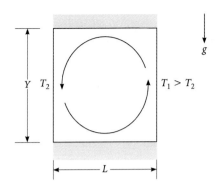

그림 5.20 경우 3, 밀폐 용기 내 자유 대류 열전달

평균 누셀 수는 다음 식으로 산출하면 된다.

$$\text{Nu}_{\text{ave}} = \frac{h_{\text{ave}}L}{\kappa} = \left[0.22 \left(\frac{\text{Ra}_L \cdot \text{Pr}}{0.2 + \text{Pr}} \right)^{0.28} \right] \left(\frac{L}{Y} \right)^{1/4} \tag{5.56}$$

여기에서

$$10 > Y/L > 1, \, 10^3 < \text{Ra}_L < 10^{10} \text{ 및 } 1 < \text{Pr} < 20$$

이보다 더 넓은 세장비 Y/L에는 MacGregor와 Emery[14]가 다음 식을 제안하였다.

$$\text{Nu}_{\text{ave}} = \frac{h_{\text{ave}}L}{\kappa} = 0.046 \text{Ra}_L^{1/3} \tag{5.57}$$

여기에서,

$$40 > Y/L > 1, \, 10^6 < \text{Ra} < 10^{10} \text{ 및 } 1 < \text{Pr} < 20$$

다른 관계식들은 Catton[15]를 참조하길 바란다.

수평에 대하여 경사진 밀폐 용기 내 대류 열전달 상황도 해석되어 있으므로, Bejan[16]의 연구를 참조하길 바란다.

예제 5.10

높이가 2.5 m이고 10 m × 10 m인 방이 있다. 방이 완전히 밀폐되어 방바닥 온도는 30 ℃이고 천장 온도는 25 ℃일 때, 벽은 단열이 잘 되어 있다고 가정하고 방바닥과 천장 간 열전달을 산출하라.

풀이 먼저 레일리 수를 구한다.

$$\mathrm{Ra}_L = \frac{gL^3 \Delta T}{\alpha \nu} \beta_p$$

$\Delta T = 5\ ℃$를 사용하고 공기 온도로 300 K를 사용한다. 그런 다음 부록 표 B.4를 사용하면,

$$\rho = 1.178 \frac{\mathrm{kg}}{\mathrm{m}^3},\ c_p = 1007 \frac{\mathrm{J}}{\mathrm{kg} \cdot \mathrm{K}},\ \kappa = 0.026 \frac{\mathrm{W}}{\mathrm{m} \cdot \mathrm{K}},\ \mu = 0.0181 \times 10^{-3} \frac{\mathrm{kg}}{\mathrm{m} \cdot \mathrm{s}}$$

동점도 $\nu = \dfrac{\mu}{\rho} = 0.154 \times 10^{-4}\ \mathrm{m}^2/\mathrm{s}$ 이다. 열확산율은 $\alpha = 15.365 \times 10^{-6}\ \mathrm{m}^2/\mathrm{s}$ 이므로, Ra_L는 다음과 같다.

$$\mathrm{Ra}_L = \frac{(9.8\ \mathrm{m/s}^2)(2.5\ \mathrm{m})^3(5\ \mathrm{K})}{(15.365 \times 10^{-6}\ \mathrm{m}^2/\mathrm{s})(0.154 \times 10^{-4}\ \mathrm{m}^2/\mathrm{s})}\left(\frac{1}{300\ \mathrm{K}}\right) = 7.58 \times 10^9$$

또한, 프란틀 수는 0.708이다. 식 (5.55)를 사용하여 대류 열전달 계수를 산출하면 다음과 같다.

$$h_{\mathrm{ave}} = \frac{0.026\ \mathrm{W/m} \cdot \mathrm{K}}{2.5\ \mathrm{m}}(0.069)(7.58 \times 10^9)^{1/3}(0.708)^{0.074} = 1.374\ \mathrm{W/m}^2 \cdot \mathrm{K}$$

열전달은 다음과 같다.

$$\dot{Q} = h_{\mathrm{ave}} A \Delta T = (1.374\ \mathrm{W/m}^2 \cdot \mathrm{K})(100\ \mathrm{m}^2)(5\ \mathrm{K}) = 687\ \mathrm{W}$$

답

5.6 복합 자유 및 강제 대류 열전달

대류 열전달은 자유 메커니즘이나 강제 메커니즘이 단독으로 관련되는 경우가 거의 없다. 즉, 대류 열전달은 대개 두 가지 메커니즘의 복합으로 기술할 수 있다. 제5.1절에서는 자유 대류의 유동 특성을 기술하는 무차원 매개변수로서 그라스호프 수를 도입하였다. 해당 설명에서는 유효 레이놀즈 수가 $\sqrt{\mathrm{Gr}}$ 이므로, 강제 대류를 자유 대류와 비교해야 할 때에는 그라스호프 수를 레이놀즈 수의 제곱근과 비교해야 한다는 사실을 알았다. 그러므로 이 비는 다음과 같이 된다.

$$\frac{\mathrm{Gr}}{\mathrm{Re}^2} = \frac{gL\Delta T}{\mathrm{V}_0^2}\beta_p \tag{5.58}$$

여기에서 V_0는 유체의 자유 흐름 강제 대류 속도로 잡아서 자유 대류가 지배적인지 아닌지

를 정량적으로 결정하는 데 사용할 수 있다. 다음과 같은 제안이 가능하다.

$$\frac{\mathrm{Gr}}{\mathrm{Re}^2} \gg 1 \,(즉, \ 4)이면, \ 자유 \ 대류가 \ 지배적임을 \ 나타낸다.$$

$$\frac{\mathrm{Gr}}{\mathrm{Re}^2} \ll 1 \,(즉, \ 0.25)이면, \ 강제 \ 대류가 \ 지배적임을 \ 나타낸다.$$

$$\frac{\mathrm{Gr}}{\mathrm{Re}^2} \approx 1 \,(즉, \ 0.25{\sim}4)이면, \ 대류가 \ 강제 \ 메커니즘과$$
자유 메커니즘의 복합임을 나타낸다.

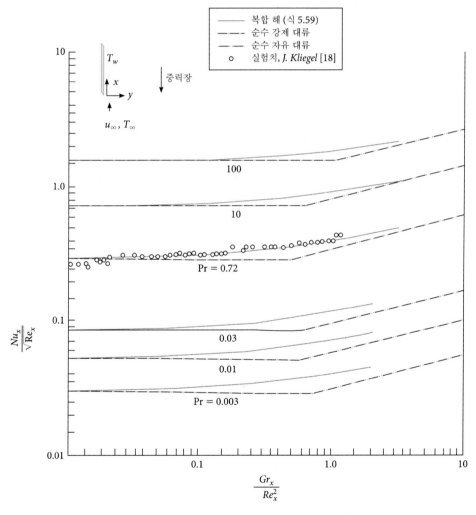

그림 5.21 수직 표면에서 일어나는 복합 강제 및 자유 대류에서의 누셀 수. 강제 대류는 속도 u_∞로 상향 이동하는 유체 때문에 일어난다. (출전: Lloyd, J.R., and E.M. Sparrow, Combined Forced and Free Convection on Vertical Surfaces, Int. J. Heat Mass Transfer, 13, 434–438, 1970.)

강제 대류가 지배적인지 자유 대류가 지배적인지가 불분명한 수직 표면을 해석할 때에 사용해 온 경험적 정보 중에서 한 가지 예가 그림 5.21에 나타나 있다. 이 그림의 좌표계에서 x는 수직 방향을 나타내고, y는 수평 방향을 나타내도록 지정되어 있다. 이 데이터에서 전형적인 종속 변수는 누셀 수인데, 이는 강제 대류나 자유 대류 단독에서 발달되는 관계에서 벗어나고 있다. 별개의 해석에서 나오는 결과들을 복합하는 데 사용할 수 있는 식은 다음과 같다.

$$\mathrm{Nu}_x^n = \mathrm{Nu}_{x,\text{free}}^n + \mathrm{Nu}_{x,\text{forced}}^n \tag{5.59}$$

지수 n은 경험 지수이고 수직 표면에서는 $n = 3$의 값을 권장하고 있다. 수평 편평 표면에서는 $n = 3.5$의 값을 권장하고 있고, 수평 원통체에서는 $n = 4$의 값을 권장하고 있다. 복합 강제 및 자유 대류 현상을 규명하려고 했던 연구들이 많이 있으므로, 더 이상의 설명은 이 책의 취지를 넘어서는 것이다.

예제 5.11

대낮에 공기 온도가 27 ℃이고 바람이 3.2 km/h(0.89 m/s)로 주로 불 때, 대형 냉각용 저류지에 온도가 43 ℃인 물이 들어 있다. 자유 대류와 강제 대류를 둘 다 고려하여 저류지 표면에서의 대류 열전달을 산출하라.

풀이 공기의 막 온도는 27 ℃ = 300 K로 잡으면 된다. 부록 표 B.4에 있는 공기의 상태량을 구하면 다음과 같다.

$$\mathrm{Pr} \approx 0.708$$
$$\kappa = 0.026 \,\mathrm{W/m \cdot K}$$
$$\nu = 16.84 \times 10^{-6} \,\mathrm{m^2/s}$$

저류지가 크므로 특성 길이로 0.6 cm의 값을 사용하면 된다. 그러면 그라스호프 수는 다음과 같다.

$$\mathrm{Gr}_L = \frac{gL^3 \Delta T}{\nu^2} \beta_p = \frac{gL^3 \Delta T}{\nu^2 T_f} = \frac{(9.8 \,\mathrm{m/s^2})(0.60 \,\mathrm{m})^3(316 \,\mathrm{K} - 300 \,\mathrm{K})}{[16.84 \times 10^{-6} \,\mathrm{m^2/s}]^2(300 \,\mathrm{K})}$$

$$= 3.98 \times 10^8$$

레이놀즈 수는 다음과 같다.

$$\mathrm{Re}_L = \frac{\mathbf{u}_\infty L}{\nu} = \frac{(0.89 \,\mathrm{m/s})(0.6 \,\mathrm{m})}{16.84 \times 10^{-6} \,\mathrm{m^2/s}} = 3.17 \times 10^4$$

그러면 식 (5.58)에서 다음과 같이 되는데,

$$\frac{\text{Gr}_L}{\text{Re}_L^2} = 0.396$$

이 값은 복합 자유 및 강제 대류를 적용해야 한다는 것을 가리킨다. 자유 대류에는 식 (5.48)을 사용한다.

$$\text{Nu}_{\text{ave,free}} = 0.15\text{Ra}_L^{1/3} = 0.15\left[(3.98 \times 10^8)(0.708)\right]^{1/3} = 98$$

강제 대류에는 편평 표면에서의 관계인 식 (4.117)을 사용한다.

$$\text{Nu}_{\text{ave,forced}} = 0.037\text{Re}_L^{4/5}\text{Pr}^{1/3} = 0.037(3.17 \times 10^4)^{4/5}(0.708)^{1/3} = 131.5$$

식 (5.59)에서 n 값으로 3.5를 사용하면 다음과 같이 된다.

$$\text{Nu}_{\text{ave}} = \left[\text{Nu}_{\text{ave,forced}}^{3.5} + \text{Nu}_{\text{ave,free}}^{3.5}\right]^{1/3.5} = 144$$

대류 열전달 계수는 다음과 같다.

$$h_{\text{ave}} = \frac{\text{Nu}_{\text{ave}}\kappa}{L} = 6.2 \ \frac{\text{W}}{\text{m}^2 \cdot \text{K}} \qquad \text{답}$$

5.7 공기의 자유 대류 근사식

많은 자유 대류의 공학적 응용에는 대류 매질로서 공기를 수반한다. 온도가 20 ℃이고 압력이 101 kPa인 공기의 표준 상태량들을 앞 절에서 전개했던 여러 식에 대입하면, 이 식들은 하나의 간단한 형태가 된다. 그라스호프 수에 이 형태를 사용하면 다음과 같이 된다.

$$\text{Gr}_L = \frac{gL^3\Delta T}{\nu^2}\beta_p = \frac{gL^3\Delta T}{\nu^2 T_f}$$

여기에서

$$\Delta T = [T_s - T_\infty] \quad \text{및} \quad T_f = \frac{1}{2}(T_s + T_\infty)$$

이 관계들은 표 5.3에 있는 관계들로 바뀌며, 이 식들은 배기가스, 연도 가스, 질소, 산소, 이산화탄소나 일산화탄소에 사용해도 된다.

표 5.3 공기의 자유 대류의 근사식

형태	특성 길이 L	유동 형태	$\mathrm{Gr}_L \cdot \mathrm{Pr}$의 범위	대류 열전달 계수 $h_\infty (\mathrm{W/m^2 \cdot \,°C})$
수직판 및 원통체	높이	층류	$10^4 \sim 10^9$	$1.42\left(\dfrac{\Delta T}{L}\right)^{1/4}$
		난류	$10^9 \sim 10^{13}$	$1.31(\Delta T)^{1/3}$
수평판: 상부 고온 또는 하부 저온 표면	면적/둘레	층류	$10^5 \sim 2 \times 10^7$	$1.32\left(\dfrac{\Delta T}{L}\right)^{1/4}$
		난류	$2 \times 10^7 \sim 3 \times 10^{10}$	$1.52(\Delta T)^{1/3}$
하부 고온 또는 상부 저온 표면	면적/둘레	층류	$3 \times 10^5 \sim 3 \times 10^{10}$	$0.59\left(\dfrac{\Delta T}{L}\right)^{1/4}$
수평 원통체	직경	층류	$10^4 \sim 10^9$	$1.32\left(\dfrac{\Delta T}{D}\right)^{1/4}$
		난류	$10^9 \sim 10^{12}$	$1.24(\Delta T)^{1/3}$

이 데이터는 대류 열전달 계수 h_∞에 보정 계수를 곱하게 되면, 가스 압력 p가 더 높은 상황에 확대 적용해도 된다.

$$\sqrt{\frac{p}{p_0}} \qquad \text{층류 유동일 때}$$

$$\left(\frac{p}{p_0}\right)^{2/3} \qquad \text{난류 유동일 때}$$

압력 p_0는 대기압이 1기압, 101 kPa일 때이다.

5.8 요약

부력과 **중력**은 자유 또는 자연 대류 열전달의 원인이다. **굴뚝 효과**는 유체가 부력 또는 밀도 감소로 인하여 대개는 대기인 주위 매체보다 위쪽으로 올라가는 상향 운동이다. 유체의 상향 속도는 다음과 같은 식으로 근사화할 수 있다.

$$\mathbf{V}_s = \sqrt{2gLT_s\left(\frac{1}{T_\infty} - \frac{1}{T_s}\right)} \qquad (5.8)$$

그라스호프 수 Gr은 자유 대류 유체 유동의 특성을 기술하는 데 사용하는 무차원 매개변수로서 다음과 같거나,

$$\mathrm{Gr} = gL^3 \frac{d\rho}{\rho \nu^2} \tag{5.12}$$

또는 다음과 같으며,

$$\mathrm{Gr} = \frac{gL^3 \Delta T}{\nu^2} \beta_p \tag{5.16}$$

여기에서 β_p는 유체의 등압 압축성 계수이다.

$$\beta_p = -\frac{1}{\rho} \left[\frac{\partial \rho}{\partial T} \right]_p \tag{5.14}$$

이상 기체에서는 다음과 같다.

$$\beta_p = \frac{1}{T} \tag{5.21}$$

수직 편평 표면을 따르는 자유 대류에서 유체의 층류 유동은 그 특성이 다음과 같고,

$$\mathrm{Gr}_L \cdot \mathrm{Pr} = \mathrm{Ra}_L < 10^9$$

난류 유동에서는 다음과 같으며,

$$\mathrm{Ra}_L > 10^9$$

여기에서 Ra는 레일리 수이다.

수직 표면을 따라 일어나는 층류 자유 대류에서는 경계층에서의 온도 분포가 다음과 같으며,

$$T(x, y) = T_\infty + (T_s - T_\infty)\left(1 - \frac{x}{\delta(y)}\right)^2 \tag{5.29}$$

여기에서 δ는 유체의 경계층 두께이다.

$$\delta = y \left(\frac{3.93(0.952 + \mathrm{Pr})^{1/4}}{\mathrm{Pr}^{1/2} \cdot \mathrm{Gr}_L^{1/4}} \right) \tag{5.33}$$

수직 표면을 따라 일어나는 난류 유동에서는 누셀 수가 다음과 같으며,

$$\mathrm{Nu}_y = 0.508\sqrt{\mathrm{Pr}}\,(\mathrm{Gr}_y^{1/4})\,\frac{1}{(0.952 + \mathrm{Pr})^{1/4}} \tag{5.39}$$

$\mathrm{Ra}_L < 10^9$에서는 다음과 같이 된다.

$$h_{\mathrm{ave}} = \frac{4\kappa}{3L}\,(0.508)\sqrt{\mathrm{Pr}}\,\frac{\mathrm{Gr}_L^{1/4}}{(0.952 + \mathrm{Pr})^{1/4}} \tag{5.42}$$

층류 유동에서 뿐만 아니라, 난류 유동에서도 다음과 같은 관계가 사용되며,

$$h_{\mathrm{ave}} = C\frac{\kappa}{L}\,(\mathrm{Gr}_L \cdot \mathrm{Pr})^n \tag{5.43}$$

여기에서 C와 n은 경험적으로 구한 값이다. 모든 Pr에서 그리고 층류나 난류 유동에서는 다음과 같은 또 다른 식이 사용되기도 한다.

$$h_{\mathrm{ave}} = \frac{\kappa}{L}\left(\frac{0.825 + 0.387\,(\mathrm{Gr}_L \cdot \mathrm{Pr})^{1/6}}{[1 + (0.492/\mathrm{Pr})^{9/16}]^{8/27}}\right)^2 \tag{5.45}$$

수평 표면이나 경사 표면에서 사용하는 식은 다음과 같으며,

$$\mathrm{Nu} = C(\mathrm{Ra})^n$$

여기에서 C와 n은 다음과 같은 두 가지 경우 가운데 하나로 구한 값이다. 경우 Ⅰ) 이 경우는 유체가 고온 표면 위에 있거나 유체가 저온 표면 아래에 있을 때이며, 경우 Ⅱ) 이 경우는 유체가 고온 표면 아래에 있거나 유체가 저온 표면 위에 있을 때이다. 수평 표면에서 L은 표면 면적/둘레 또는 최대 0.7 m인 값이다. 최대 45°의 경사 표면에서는 다음과 같이 수정된 그라스호프 수를

$$\mathrm{Gr}_{\mathrm{IL}} = \cos\theta_H \frac{gL^3\Delta T}{\nu^2}\beta_p \tag{5.49}$$

수평 표면 관계식과 함께 사용하기를 권장한다. 각도가 45°보다 더 큰 경사 표면에서는 수직 표면 관계식 사용을 권장한다.

수평 원통체 주위 대류에서는

$$\mathrm{Nu}_{\mathrm{ave}} = C(\mathrm{Ra}_D)^n \tag{5.50}$$

을 권장하거나, $10^{-5} < \mathrm{Ra}_D < 10^{12}$에서는 다음 식을 사용한다.

$$\mathrm{Nu}_{ave} = \left(0.60 + 0.387 \frac{\mathrm{Ra}_D^{1/6}}{[1 + (0.559/\mathrm{Pr})^{9/16}]^{8/27}} \right)^2 \tag{5.52}$$

수직 원통체를 따라 일어나는 대류에서는 다음과 같은 매개변수로

$$\frac{2\sqrt{2}}{\mathrm{Gr}_L^{1/4}} \left(\frac{L}{R} \right)$$

누셀 수가 수직 평판 표면에서의 누셀 수와 어떤 관계가 있는지를 구한다. **밀폐 공간**에서는 살펴보아야 할 경우가 다음과 같이 세 가지가 있다. 즉,

경우 1: 상부 가열, 옆면 단열

$$\dot{Q} = \kappa_{eff} \frac{A}{L} \Delta T \tag{5.54}$$

경우 2: 하부 가열, 옆면 단열

　　$\mathrm{Ra}_L < 1708$일 때는 식 (5.54)를 사용하고,

　　$\mathrm{Ra}_L > 1708$일 때는 다음 식을 사용한다.

$$h_{ave} = \frac{\kappa}{L} (0.069)\mathrm{Ra}_L^{1/3} \, \mathrm{Pr}^{0.074} \tag{5.55}$$

경우 3: 한쪽 옆면에서 다른 쪽 옆면으로 가열되고, 다른 옆면들은 단열되어 있을 때에는
　　　다음 식을 사용한다.

$$h_{ave} = 0.22 \frac{\kappa}{L} \left(\frac{\mathrm{Pr} \cdot \mathrm{Ra}_L}{0.2 + \mathrm{Pr}} \right)^{0.28} \left(\frac{L}{Y} \right)^{1/4} \tag{5.56}$$

복합 강제 및 자유 대류에서는

　　$\mathrm{Gr}/\mathrm{Re}^2$이 0.25 이하일 때에는 강제 대류 관계식을 사용하고,

　　$\mathrm{Gr}/\mathrm{Re}^2$이 4 이상일 때에는 자유 대류 관계식을 사용하며,

　　$0.25 < \mathrm{Gr}/\mathrm{Re}^2 < 4$일 때에는 다음 식을 사용한다.

$$\mathrm{Nu}_x^n = \mathrm{Nu}_{x,forced}^n + \mathrm{Nu}_{x,free}^n \tag{5.59}$$

토론 문제

제5.1절

5.1 부력이란 무엇인가?

5.2 굴뚝 효과란 무엇인가?

5.3 항력이 의미하는 바는 무엇인가?

제5.2절

5.4 그라스호프 수(Grashof number)가 의미하는 바는 무엇인가?

5.5 압축성이 의미하는 바는 무엇인가?

5.6 층류 자유 대류와 난류 자유 대류를 구별하는 방법은 무엇인가?

제5.3절

5.7 $L > 0.6$ m일 때 자유 대류가 크기에 영향을 받지 않는다고 생각하는 이유를 설명하라.

5.8 L을 구하는 방법은 무엇인가?

5.9 Gr을 경사 표면에서 수정하는 이유는 무엇인가?

제5.4절

5.10 유체 기둥(plume)이 무엇인지를 설명하라.

5.11 수직 원형 단면 물체를 수직 편평 표면으로 근사화하는 이유는 무엇인가?

5.12 다중 수평 원형 단면 물체들을 해석하는 방법은 무엇인가?

제5.5절

5.13 베나르 셀(Bénard cell)이란 무엇인가?

5.14 밀폐 공간에서 그라스호프 수가 매우 작을 때 자유 대류가 일어나지 않게 하려면 어떻게 해야 하는가?

5.15 밀폐 공간의 몇 가지 예를 든다면 어떤 것이 있는가?

1. 밀도가 2000 kg/m³인 30 kg의 블록이 밀도가 1000 kg/m³인 물에 잠겨있을 때, 이 블록에 작용하는 부력은 얼마인가?

2. 어떤 물질에서 등압 압축성 계수, 즉 열팽창 계수는 $\beta_p = \dfrac{1}{\nu}\dfrac{\partial \nu}{\partial T_p}$ 이다. 300 K에서 공기의 등압 압축성 계수는 얼마인가?

3. 높이가 20층인 건물에 설치된 트롬브 벽(Trombé wall)에서 이 벽을 통해 흐르는 공기의 그라스호프 수가 25 × 10¹²으로 나왔다. 이 유동에 등가인 레이놀즈 수는 얼마인가?

4. 밑면에서 가열되고 나머지 면들은 단열되어 둘러싸여 있는 공간의 자연 대류에서, $Ra_L \cong$ 1708일 때 베나르 셀이 형성되는 것으로 드러났다. 30 ℃로 가열되고 프란틀 수가 0.710인 공기의 경우, 베나르 셀의 높이가 얼마라고 예상할 수 있는가?

■ 연 습 문 제 ■

제5.1절

5.1 그림 5.52와 같이 질량이 40 kg인 주철 브래킷이 스프링 저울에 와이어로 매달려 있다. 저울 눈금은 얼마를 가리키며 브래킷의 겉보기 밀도는 얼마인가? 철의 밀도는 8570 kg/m³이며 물의 밀도는 1000 kg/m³이라고 가정한다.

5.2 직경이 4 m인 강철 굴뚝은 높이가 60 m로, 평균 온도가 600 ℃인 가스를 배출시키는 데 사용된다. 주위 공기 온도가 20 ℃일 때 굴뚝 벽 온도는 100 ℃이다. 굴뚝 가스에 공기 상태량들을 사용하여 굴뚝 가스 속도를 산출하라.

저울 눈금

와이어

물

그림 5.22

5.3 집에 있는 전망 창은 높이가 1 m이고 길이가 2 m이다. 이 창의 온도가 10 ℃이고 외부 공기 온도가 −20 ℃일 때, 창에서 자연 대류로 전달되는 열전달을 산출하라.

5.4 그림 5.23에 개략적으로 그려져 있는 바와 같이, 외부 공기는 정지 상태이고 온도가 10 ℃일 때, 냉각탑은 외부 표면 온도가 70 ℃이다. 냉각탑의 공칭 직경이 20 m일 때, 다음을 각각 산출하라.
a) 난류 유동이 일어나는 위치를 냉각탑 기초부에서의 수직 거리
b) 자연 대류로 일어나는 총 열전달(kW)

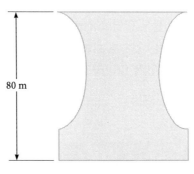

80 m

그림 5.23 냉각탑

5.5 직경이 3 m이고 높이가 2 m인 탱크에 온도가 100 ℃인 황산이 들어 있다. 탱크의 옆면이 갑자기 150 ℃로 가열되면서 황산이 탱크 옆면을 자연 대류로 타고 오를 때, 황산의 경계층 두께를 구하라. 황산에는 다음 값을 사용한다.

$$\beta_p = 5.0 \times 10^{-3}\,\mathrm{K}^{-1}$$
$$\nu = 1.2 \times 10^{-6}\,\mathrm{m}^2/\mathrm{s}$$
$$\mathrm{Pr} = 1.5$$

5.6 문제 5.5의 황산에서 탱크 수직 벽을 따라 속도 분포를 탱크의 수직 높이 y와 벽에서의 이격 거리 x로 산출하라.

5.7 온도가 100 ℃인 에틸렌글리콜(Ethylene glycol)이 수직 평판을 따라 냉각되고 있다. 이 평판은 폭이 0.5 m이고 높이가 1 m이며 온도는 20 ℃이다. 이 에틸렌글리콜에서 전달되는 열전달을 산출하라.

5.8 이상 기체에서는 다음과 같은 등압 압축성 β_p가

$$\beta_p = -[1/\rho]\partial \rho / \partial T)_p$$

다음 식으로

$$\beta_p = 1/T$$

변환될 수 있음을 증명하라.

5.9 건물의 수직 외벽이 태양의 직사 복사 400 W/m²을 받아, 온도가 10 ℃인 주위에 대류로 열을 50 W/m²로 균일하게 전달한다.

　　a) 평균 벽 온도를 20 ℃라고 가정하고, 공기의 난류 유동이 시작하는 위치를 벽을 따라 수직 거리로 구하라.

　　b) 난류 유동이 시작하는 위치에서의 벽 표면 온도를 구하라.

5.10 주위 공기 온도가 25 ℃일 때, 공기조화 장치에서 냉각탑의 수직면은 온도가 90 ℃가량 된다. 냉각탑의 높이가 30 m일 때, 자연 대류로 인한 공기의 최대 국소 속도를 산출하라.

제5.3절

5.11 온도가 10 ℃인 대형 팬에 들어 있는 70 ℃ 물의 단위 면적당 열전달을 산출하라.

5.12 여름철 어떤 날에는 대로의 포장도로가 아주 뜨거워지기도 한다. 공기는 정지 상태이고 온도가 28 ℃일 때, 온도가 110 ℃인 아스팔트 대로의 단위 면적당 열손실을 산출하라.

5.13 그림 5.24와 같이 크기가 15 m × 10 m × 4 m인 집에서 박공 지붕(gabled roof)에 45°로 비스듬한 처마에 전달되는 열전달을 산출하라. 집 주위 공기는 잔잔하고 온도는 0 ℃이며, 집 표면의 온도는 모두 15 ℃이다.

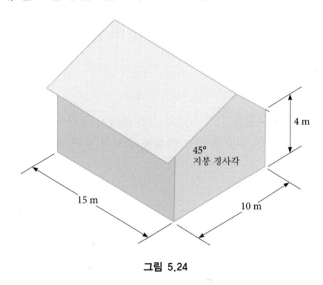

그림 5.24

제5.4절

5.14 그림 5.25와 같이 직경이 5 cm인 형광등이 수평으로 장착되어 있다. 형광등 표면의 온도는 30 ℃이고 주위 공기의 온도는 18 ℃일 때, 단위 면적당 열전달을 산출하라.

직경 5 cm

그림 5.25

5.15 그림 5.11과 같은 수평 원통체가 있다.
a) 단위 길이당 열전달을 산출하라.
b) 원통체 주위의 유체 온도가 반경 방향 위치(r)와 방사각 방향 위치(θ)에 종속되는 관계를 설명하라.

5.16 고온 공기가 크기가 60 cm × 60 cm인 정사각형 단면의 강재 덕트 속을 흐르고 있다. 주위 공기는 정지 상태이고 온도가 15 ℃일 때 덕트는 외부 표면 온도가 45 ℃이다. 덕트의 단위 길이당 덕트에서 전달되는 열손실을 산출하라.

5.17 높이가 60 m이고 직경이 5 m인 굴뚝에서 배기가스가 굴뚝 속을 지날 때 굴뚝 외부 표면에서 평균 온도가 300 ℃이다. 굴뚝에서 온도가 25 ℃인 정지 상태의 공기로 전달되는 열손실을 산출하라.

5.18 그림 5.26과 같은 수직 평판이 높이가 30 cm이며, 온도가 320 ℃인 정지 상태의 공기 속에서 가열되고 있다.
a) 평판 표면 온도를 산출하라.
b) 평판의 단위 높이당 열전달을 W/m 단위로 구하라.

5.19 직경이 7.5 cm인 강철봉을 정지 상태의 공기 속에서 공기로 건조시키고자 할 때, 인접 봉이 냉각을 방해하지 않도록 하는 강철봉 위치의 수평 배열을 제안해 보라. (힌트: 그림 5.16 참조)

제5.5절

5.20 방이 높이가 2.2 m인 천장 속에 매입되어 있는 전기 저항선으로 난방되고 있다. 천장의 온도가 80 ℃이고 바닥의 온도가 10 ℃일 때 바닥의 단위 면적에서 전달되는 열전달을 산출하라. 방 벽 간 복사와 열전달은 모두 무시하라.

5.21 그림 5.27과 같이 높이가 10 m인 높은 수직 벽이 정체 공기 질량을 사이에 두고 그와 평행한 유리벽과 이격되어 있다. 벽 표면의 온도가 30 ℃이고 유리 온도는 −4 ℃일 때, 두 표면 간 열전달을 산출하라.

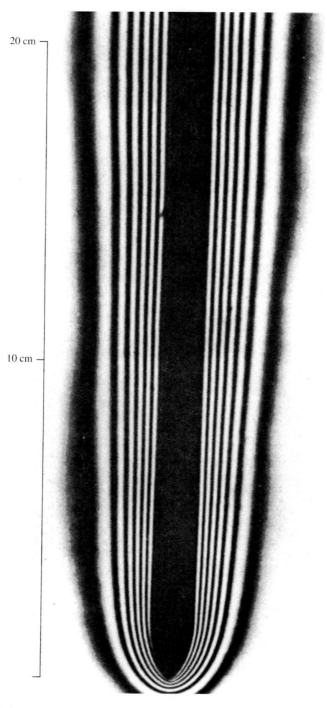

그림 5.26 평판의 하부 끝에서 위로 10 cm인 지점에서 그라스호프 수가 약 5,000,000 이 되도록 균일하게 가열되는 수직 평판에서 전달되는 자유 대류 (출전: Eckert, E.R.G. and E. Soehngen, "Studies on heat transfer in laminar free convection with the Zehnder–Mach Interferometer," U.S. Air Force Tech. Rept. 5747, 1948)

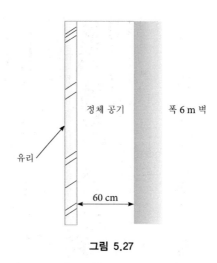

정체 공기 폭 6 m 벽

유리

60 cm

그림 5.27

5.22 크기가 1 m × 1 m × 1 m인 정육면체 오븐이 온도가 200 ℃인 하부 표면에서 가열된다. 상부 표면은 온도가 정해진 시각에 80 ℃가 되고 옆면들은 단열이 잘 되어 있다고 가정할 때, 오븐에서 전달되는 열전달을 구하라.

제5.6 및 5.7절

5.23 대형 성층 소금/물 호는 표면 온도가 60 ℃이고, 온도가 20 ℃인 공기는 24 km/h로 이 호를 가로질러 간다. 단위 면적당 호 표면에서 전달되는 대류 열전달을 산출하라.

5.24 길이가 50 m이고 직경이 5 m인 로켓이 발사되어 180 km/h로 상승하고 있을 때, 로켓의 옆면 온도는 −45 ℃이고 주위 공기는 25 ℃이다. 주위 공기에서 로켓으로 전달되는 열전달을 산출하라.

5.25 온도가 20 ℃인 공기가 수평 지붕을 20 cm/s로 가로질러 간다. 지붕의 온도는 30 ℃이고 크기는 40 m × 40 m이다. 대류로 인한 열전달을 산출하라.

[참고문헌]

[1] Gebhart, B., Y. Jaluria, R. L. Mahajan, and B. Sammakia, *Boundary Induced Flows and Transport*, Hemisphere Publishing Corporation, 1988.

[2] Holman, J. P., *Heat Transfer*, 7th edition, McGraw–Hill Book Company, New York, 1990.

[3] McAdams, W. H., *Heat Transmission*, 3rd edition, McGraw–Hill Book Company, New York, 1954.

[4] Bayley, F. J., An Analysis of Turbulent Free Convection Heat Transfer, *Proc. Inst. Mech. Engr.*, London, UK, 169:361, 1955.

[5] Warner, C. Y., and V. S. Arpaci, An Investigation of Turbulent Natural Convection in Air at Low Pressure Along a Vertical Heated Flat Plate, *Int. J. Heat and Mass Transfer*, 11:397, 1968.

[6] Churchill, S. W., and H. H. S. Chu, Correlating Equations for Laminar and Turbulent Free Convection from a Vertical Plate, *Int. J. Heat and Mass Transfer*, 18:1323, 1975.

[7] Brown, A. I., and S. M. Marco, *Introduction to Heat Transfer*, 3rd edition, McGraw–Hill Book Company, New York, 1958.

[8] Grigull, U., and W. Hauf, *Proc. 3rd Int. Heat Transfer Conf.*, 2, 182–195, 1966.

[9] Cebeci, T., Laminar–Free–Convective Heat Transfer from the Outer Surface of a Vertical Slender Circular Cylinder, *5th Int. Heat Transfer Conf.*, Vol. 3, NC 1.4, pp. 15–19, 1974.

[10] Eckert, E. R. G., and E. Soehngen, *U.S. Air Force Tech. Rept. 5747*, 1948.

[11] Jaluria, Y., *Natural Convection Heat and Mass Transfer*, Pergamon Press, Oxford, UK, 1980.

[12] Globe, S., and D. Dropkin, Natural Convection Heat Transfer in Liquids Confused by Two Horizontal Plates and Heated from Below, *J. Heat Transfer*, Vol. 81, pp. 24–28, 1959.

[13] Oertel, H. Jr., and K. R. Kirchartz, Influence of Initial and Boundary Conditions on Benard Convection, in U. Muller, K. G. Roesner, and B. Schmidt, eds., *Recent Developments in Theoretical and Experimental Fluid Mechanics* (pp. 355–366). Berlin, Springer–Verlag, 1979.

[14] MacGregor, R. K., and A. P. Emery, Free Convection through Vertical Plane Layers: Moderate and High Prandlt Number Fluids, *J. Heat Transfer*, 91, 391, 1969.

[15] Catton, I., Natural Convection in Enclosures, *Proc. 6th Int. Heat Transfer Conference*, Toronto, Vol. 6, pp. 13–31, 1978.

[16] Bejan, A., *Convection Heat Transfer*, Wiley Interscience, 1984.

[17] Lloyd, J. R., and E. M. Sparrow, Combined Forced and Free Convection on Vertical Surfaces, *Int. J. Heat Mass Transfer*, 13, 434–438, 1970.

[18] Kliegel, J. R., Laminar Free and Forced Convection Heat Transfer from a Vertical Flat Plate, Ph.D. Thesis, University of California, Berkley, CA, 1959.

CHAPTER 06 복사 열전달의 본질

역사적 개요

복사 열전달, 즉 열복사는 복사 열전달 연구 중에서 가장 중요한 두 가지 결과가 모두 막스 플랑크(Max Planck)가 1900년 말에 처음으로 제안한 흑체 복사 스펙트럼 관계였기 때문에, 오랫동안 그리고 많은 방식으로 사용되어 온 현상이다.

막스 플랑크는 독일 킬(Kiel)에서 1858년에 태어나 1947년 10월에 사망했다. 플랑크는 물리와 인류를 위해 주목할 만하고도 활동적으로 살다간 이론 물리학자이다. 플랑크는 뉴턴 역학, 직교 공간, 클라우지우스 및 카르노 열역학 개념 등을 구학파에서 잘 연마했다. 플랑크는 열역학, 열전달, 복사 등을 연구한 수많은 인물들, 즉 사디 카르노(Sadi Carnot; 1796~1832), 제임스 줄(James Joule; 1818~1889), 윌리엄 톰슨(별칭은 켈빈 경) (William Thomson; Lord Kelvin; 1824~1907), 에밀 클라페롱(Émile Clapeyron; 1799~1864), 헤르만 폰 헬름홀츠(Hermann von Helmholtz; 1821~1894) 등의 계보를 이었다. 특히, 요제프 스테판(Joseph Stefan; 1835~1893)은 피에르 루이 뒬롱(Pierre Louis Dulong; 1785~1838)과 알렉시 테레스 프티(Alexis Thérèse Petit; 1791~1820)를 포함하여 다양한 출처에서 나온 실험 데이터를 사용하여, 흑체에서 나오는 총 복사열 방사를 가정하였다. 스테판은 흑체에서 나오는 총 복사열은 흑체 표면의 뜨거움, 즉 온도의 4승(T^4)에 비례한다는 사실을 발견하였다. 이 발견은 복사 열전달을 해석하는 데 매우 유용한 도구 가운데 하나가 되었다. 스테판의 학생 가운데 한 명인 루트비히 볼츠만(Ludwig Boltzmann;

1844~1906)은 이 결과를 확장시켜 흑체의 일부로서 특성을 나타내는 회색체까지 포함시켰다. 볼츠만의 업적으로 인해 원래 식이 지금은 스테판-볼츠만 법칙으로 알려지게 되었으며, 이 법칙에서 총 복사는 온도의 4승에 스테판-볼츠만 상수라고 명명된 비례 상수를 곱한 것으로 정의된다.

볼츠만은 또한 제임스 클러크 맥스웰(James Clerk Maxwell; 1831~1879)과 그 외 연구자들의 연구를 바탕으로 구축된 통계 역학, 장 이론, 재료 과학 등의 개념들을 발전시켰다. 맥스웰-볼츠만 식은 이상 기체의 역학을 기술하고 있다. 또한, 볼츠만은 열역학 제2법칙과 엔트로피를 연구하였는데, 이 엔트로피는 루돌프 클라우지우스(Rudolf Clausius; 1822~1888)가 일찍이 가정했던 상태량이다.

구스타프 키르히호프(Gustav Kirchhoff; 1824~1887) 또한 장 이론과 복사 등의 개념을 전개하였다. 키르히호프는 전기 회로 법칙을 공식화하였을 뿐만 아니라 흑체가 복사열을 방사도 하고 흡수도 한다고 이해한 내용을 공식으로 나타내었다. 키르히호프가 방사 복사열과 흡수 복사열이 주어진 온도에서는 같다고 발견한 내용이 바로 키르히호프의 복사 법칙이다.

빌헬름 빈(Wilhelm Wien; 1864~1928)은 빛, 즉 복사에는 방사 표면 온도의 역수에 비례하는 파장이나 주파수에 피크 값이 있다고 추론하였다. 빈은 빛을 파동 현상이라고 가정했는데, 이렇게 함으로써 빈에게는 스펙트럼 복사를, 즉 특정 파장이나 주파수에서의 복사와 전자기 복사 파장 스펙트럼 전역에 이르는 스펙트럼 복사를 가시화할 수 있는 통찰력이 생겼다. 빈은 양자 역학과 이 양자 역학에서 제시하였던 빛은 '양자', 즉 에너지 다발이다라고 하는 개념을 사용하지 않았는데, 지금은 이 '양자'를 광자라고 한다. 빈의 '법칙'은 표면 온도와 복사 파장의 곱으로서 정의되는데, 이는 주어진 파장 또는 주파수에서는 복사의 피크 값, 즉 최대 스펙트럼 복사가 일정하다는 것이다. 빈이 스펙트럼 복사와 양자 역학을 모두 예견하기는 했지만, 스펙트럼 복사 관계에 대한 자료를 수집하고 추론하여 도출한 사람은 플랑크였다.

플랑크는 선행 과학자들의 업적에 관하여 알고 있는 지식을 자신이 이해하고 있는 고전 물리학과 편견 없는 연구법으로 결합하였다. 플랑크는 열역학, 물리 역학, 질량 보존 및 에너지 보존에 관한 기초 지식 등으로 흑체 스펙트럼 복사를 정량화하는 목표를 달성하였지만, 다만 이는 플랑크가 양자 역학 개념이나 빛이 파동이면서 입자이기도 하다는 인식을 동시에 포함시킬 수밖에 없게 된 뒤에 일어난 일일 뿐이다. 플랑크는 양자 역학에 불안감을 드러냈다. 플랑크가 양자 역학을 받아들이려고 했을 때 앨버트 아인슈타인

(Albert Einstein; 1879~1955)의 연구 결과가 플랑크에게 크게 영향을 끼친 것으로 보인다. 1900년 말에 플랑크는 자신의 스펙트럼 복사 식을 발표하였는데, 이 식이 바로 복사 열전달의 초석이 되었다.

반전 이야기 한 토막: 플랑크는 세계 제2차 대전 중에 독일 베를린에 살고 있었으므로 그의 집과 집에 보관되어 있던 서류들은 1944년 공습으로 파괴되어 버렸다.

학습 내용

1. 열복사가 어떻게 표면 온도와 복사의 주파수 또는 파장의 영향을 받는지, 즉 스펙트럼 복사를 이해한다. 플랑크 복사 모델을 사용하여 파장당 단위 면적당 출력의 스펙트럼 복사를 산출한다.
2. 빈의 변위 법칙을 사용하여 파장과 표면 온도로 최대 복사 강도를 산출한다.
3. 흑체가 의미하는 바를 이해한다.
4. 스테판-볼츠만 법칙을 이해하고 사용하여 흑체 표면에서 방사되는 전체 복사를 산출한다.
5. 소정의 복사 대역폭에 걸쳐 흑체 표면에서 나가는 복사를 산출한다.
6. 회색체가 무엇인지를 이해하고, 불투명체, 투명체 및 가스체 등 다양한 물체와 표면에서 반사율, 흡수율 및 투과율을 산출하는 방법을 이해한다.
7. 키르히호프의 복사 법칙이 어떻게 도출되었는지를 안다.
8. 입체각의 정의와 이 입체각으로 표면에서 출입하는 복사의 기하학을 기술할 줄 알며, 복사가 또 다른 표면과 어떻게 상호작용하는지를 안다.
9. 복사 형상 계수를 구하는 방법을 이해하고, 일부 간단한 기하 형태에서 형상 계수를 구할 줄 안다.
10. 교환 관계, 형상 계수의 합산 및 복합 표면에서의 형상 계수의 합산 등의 형상 계수 대수학을 사용한다.
11. 유리 같은 선택적 표면, 복사 흡수 재료 및 집중식 집열기를 이해한다.

새로운 용어

α_r	흡수율	ε_r	방사율
τ_r	투과율	ρ_r	반사율
ϕ	방위각 또는 횡각	ω	입체각
ν	주파수(Hz, cps)	λ	파장
θ	천정각 또는 평면각	F_{i-j}	복사 형상 계수(radiation shape factor or view factor)
$\dot{I}$	스펙트럼 강도	$\hbar$	플랑크 상수

6.1 전자기파 복사

열복사는 에너지가 한쪽 표면에서 개재된 공간을 거쳐 또 다른 표면으로 전달되는 에너지 전달이므로, 이는 전도나 대류로 설명할 수 없다. 열복사는 그림 6.1에 개략적으로 그려져 있다. 제1.4절에서는 열복사를 모델로서 소개하여, 예로 태양 에너지가 태양에서 지구까지 본질적으로 비 열전도성 물질로 이루어진 방대한 거리를 거쳐 어떻게 이동하는지를 설명하였다. 열복사는 개재된 공간이 진공일 때 효과가 최고로 나타나고 기체나 액체, 고체를 거쳐 전파될 때는 효과적이지 않다. 열복사는 물질에서 방사되거나 물질에 흡수되는 광자와 관련 있는 에너지이다.

전도 열전달은 분자의 진동, 회전 및 기타 운동 또는 위치 에너지의 원인이 되는 에너지 전달로서 설명할 수 있다. 이러한 분자 에너지들은 물질 온도의 직접적인 함수이다. 그 때문에 전도는 온도 기울기로 추진된다. 그러나 열복사 또는 복사 열전달은 광자의 이동으로서, 이는 원자나 분자 차원에서 에너지 수준을 변화시키는 전자에 의해 방사 또는 흡수되

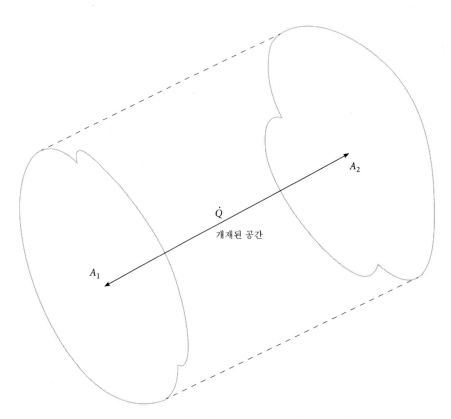

그림 6.1 표면 A_1에서 표면 A_2로 전파되는 열복사의 개략도

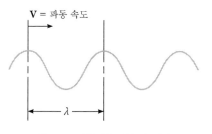

그림 6.2 전형적인 파동의 개략도

는 에너지 다발이다. 열복사는 파동으로 거동하고 전자기파(EM) 복사 형태를 띠므로, 열복사를 광속으로 이동하며 파장과 주파수가 있는 파동으로서 설명할 수 있다. 그림 6.2에는 그와 같은 파동이 나타나 있다. 파동 주파수 ν는 식 (6.1)로 주어지는데, 이 식은 EM 복사의 파형을 표현하는 매개변수를 나타내고 있다.

$$\nu = \frac{\mathbf{v}}{\lambda} \tag{6.1}$$

여기에서 $\mathbf{v}$는 파동 속도(또는 파동 속력)이고, λ는 파장이며, ν는 파동 주파수이다. 열복사는 광속으로 이동하는데, 빛의 속도는 진공에서 2.998×10^8 m/s 정도이다. 전자기파 복사는 자체 파장으로 설명할 수 있는데, 열복사와 EM 스펙트럼의 복사 열전달 영역은 파장이 10^2 μm$(= 10^{-4}$ m)와 10^{-1} μm$(= 10^{-7}$ m) 사이일 때 발생하는 것으로 알려져 있다. 열복사의 파장은 10^{-1} μm와 10^2 μm 사이라고 한다. 전자기파 스펙트럼은 파장을

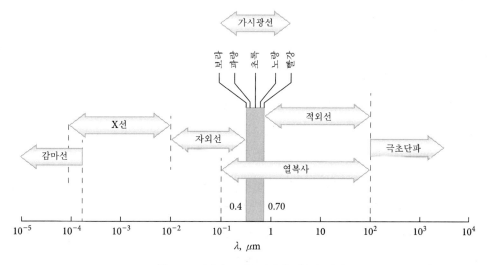

그림 6.3 전자기 스펙트럼에서 열복사 영역

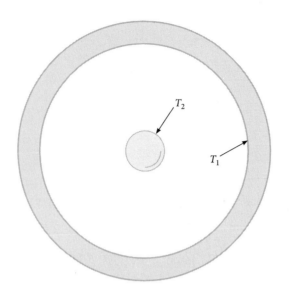

그림 6.4 질량이 들어 있는 배기실

기준으로 하여 그려져 있는 그림 6.3을 참조하기 바란다. 주목할 점은 이 스펙트럼 중에서 색상 스펙트럼을 포함하고 있는 가시광선 부, 즉 '빛'은 열복사 스펙트럼의 일부라는 것이다. 이들은 에너지 전달자이기도 하는 전자기 복사의 다른 형태이지만, 열복사는 열평형의 원인이 되는 형태이다. 예를 들어 그림 6.4와 같이 내부 표면 온도는 T_1이고 그 내부에는 온도가 T_1과 다른 T_2인 질량이 들어 있는 완벽하게 배기가 되어 있는 (진공 상태인) 밀폐 용기를 살펴보기로 한다. 오직 열복사만이 이 2개의 표면이 열평형이 되게 할 수 있는데, 이때에 결국은 $T_2 = T_1$이 된다. 그림 6.3과 같은 EM 스펙트럼에서 알 수 있는 점은 표면에서는 열복사의 방사 또는 흡수가 파장(또는 주파수)의 영향을 받게 된다는 것이다. 열복사 해석을 하려면 이러한 스펙트럼의 거동을 이해하여야 한다. 다음 절에서 이러한 개념에 대해 더 설명할 것이다.

표면에서 방사되는 열복사는 방향의 영향을 받게 되는데, 예를 들어 그림 6.5와 같이 복사를 방사하는 표면 A_1을 살펴보기로 하자. 표면에 있는 특정한 한 점인 미분 면적 dA_1에서는 열복사가 표면 상부의 반구에 있는 모든 방향으로 방사될 수 있다. 표면의 매끄러움이 불균일하고 분자나 원자가 결성되거나 또는 다른 요인들 때문에, 방사는 여러 방향에서 다소 차이가 날 것으로 보인다. 그러므로 복사 열전달 해석을 하려면 열복사의 방향 특성을 이해하여야 한다. 더불어 알고 있어야 할 점으로는 표면 A_1에서 방사되는 복사의 복잡한 특징들은 A_1에는 복사가 방사될 수 있는 다른 부분들이 있으므로 표면

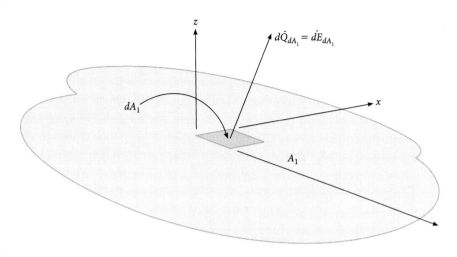

그림 6.5 표면부에서의 열복사

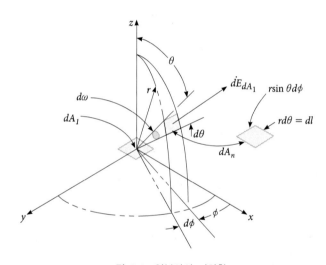

그림 6.6 열복사의 기하학

dA_1에서 방사되는 열복사는 실험으로 구하기가 불가능하지는 않지만 매우 어렵다는 것이다.

복사를 더 잘 이해하고자 그림 6.6과 같은 방향에서 표면 dA_1에서 방사되는 열에너지의 미분량 $d\dot{F}_{dA}$를 살펴보기로 한다. 각 ϕ는 표면 dA_1에 대한 방위각이며 표면 A_1에서의 횡각(lateral angle)이라고도 한다. 표면 dA_n은 $d\dot{E}_{dA}$에 대한 법선 방향 표면이며, 입체각 $d\omega$는 다음과 같이 정의된다.

$$d\omega = \frac{dA_n}{r^2} \quad [입체각의 \; 단위, \; sr] \tag{6.2}$$

잊지 말아야 할 점은 2차원 평면에서 평면각은 라디안(rad) 단위로 나타내면 되는데, 2π rad은 360°이라는 것이다. 3차원 공간에서 입체각은 스테라디안(sr) 단위로 나타내며, 회전 구에는 4π sr이 또는 회전 반구에는 2π sr이 있다. 그림 6.6에 표시되어 있는 미분각 $d\theta$는 다음과 같이 쓸 수 있다.

$$d\theta = \frac{dl}{r} \qquad \text{(rad)} \tag{6.3}$$

그러므로 다음과 같이 된다.

$$dl = rd\theta$$

그림 6.6에서 다음과 같이 쓸 수 있으며,

$$dA_n = r^2 \sin\theta d\theta d\phi$$

입체각 $d\omega$는 그림 6.6에서 다음과 같이 된다.

$$d\omega = \sin\theta d\theta d\phi \tag{6.4}$$

열에너지 $d\dot{E}_{dA}$가 직접 통과하는 입체각 $d\omega$를 작도하는 과정에서는 실물로서 점으로 표시된다.

면적 dA가 점이 아니라 미분 면적이라고 알고 있는 것도 중요하지만, 입체각 $d\omega$의 실물을 점으로 근사화하는 것이 유용하다. 반경 r, 즉 거리가 미분 면적보다 훨씬 더 클 때에는, 이 미분 면적을 점으로 가정해도 된다. 또한, 스펙트럼 강도를 다음과 같이 정의하는 것도 유용하다.

$$\dot{I}_{dA_1}(\lambda, T, \theta, \phi) = \frac{1}{dA_n d\omega d\lambda} d\dot{E}_{dA_1} = \frac{1}{dA_1 \cos\theta \, d\omega d\lambda} d\dot{E}_{dA_1} \left(\frac{\text{W}}{\text{m}^2 \cdot \text{sr} \cdot \mu\text{m}} \right) \tag{6.5}$$

여기에서 $d\lambda$는 EM 스펙트럼에 있는 미분 대역폭이다. 주목해야 할 점은 스펙트럼 강도는 에너지가 방사되는 방위각 ϕ 방향 투영 면적 dA_1을 기반으로 하고 있다는 것이다. 그러므로 이 투영 면적은 $dA_n = dA_1 \cos\phi$이다. 방사 에너지 $d\dot{E}_{dA}$가 온도의 함수이기 때문에 스펙트럼 강도도 온도의 함수이다. 주의해야 할 점은 스펙트럼 강도는 방사 표면을 기준으로 하는 거리 r의 함수가 아니라는 것이다. 그러므로 $\dot{I}_{dA_1}$는 반경 방향으로 일정하다. 반면에 앞서 설명한 대로 복사는 방위각 또는 횡각이 달라지면 변하게 된다.

확산 복사의 개념은 스펙트럼 강도가 공간에서 변화하지 않는 복사로서 정의하는 것이 편리하다. 그러므로 확산 표면에서는 확산 복사를 방사하는데, 이때에는 스펙트럼 강도가 파장과 온도만의 함수이므로 다음과 같이 된다.

$$\dot{I}_{dA_1}(\lambda, T) \quad \text{(확산 복사기에서)}$$

확산 복사에 상대되는 개념이 직사 복사인데, 이는 분산되지 않고 직선 경로로 이동하는 복사로서 정의된다. 즉, 법선 방향 면적 dA_n에서 방사되는 직사 복사는 통과하는 면적 dA_n가 항상 동일하게 되는 경로를 따르게 되므로 다음과 같이 되는데,

$$dA_n = dA_i \quad \text{(모든 } i \text{에서)} \tag{6.6}$$

이는 그림 6.7에 나타나 있다. 맑은 날 햇빛과 레이저 광선은 그 복사가 완전 확산도 아니고 완전 직사도 아니지만 직사 복사로 간주한다(햇빛에는 확산 복사와 직사 복사 특성이 모두 있다). 별도로 언급하지 않는 한 복사는 확산 복사라고 가정하기로 한다.

식 (6.5)에서 단위 면적당 스펙트럼 미분 에너지는 다음과 같이 쓸 수 있다.

$$\frac{d\dot{E}_{dA_1}}{dA_1} = \dot{I}(\lambda, T, \theta, \phi) \cos\theta \, d\omega \, d\lambda \tag{6.7}$$

확산 복사에서는 단위 면적당 스펙트럼 미분 에너지는 다음과 같다.

$$\frac{d\dot{E}_{dA_1}}{dA_1} = \frac{d\dot{E}_{dA_1}(\lambda, T)}{dA_1} = \dot{I}(\lambda, T, \theta, \phi) d\omega \, d\lambda = \dot{I}(\lambda, T) \cos\theta \sin\theta \, d\theta \, d\phi \, d\lambda$$

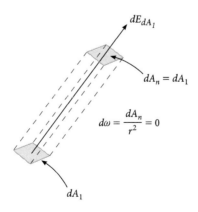

그림 6.7 직사 복사

미분 면적 dA_1에서 모든 방향으로 (표면에서 바깥쪽에 있는 반구 면적에) 방사되는 총 스펙트럼 에너지는 전체 열 스펙트럼에서 다음과 같다.

$$\dot{E}_{dA_1} = \int_0^{\lambda=\infty} \int_0^{\phi=2\pi} \int_0^{\theta=\pi/2} \dot{I}(\lambda,T) \cos\theta \sin\theta d\theta d\phi d\lambda \qquad (6.8)$$

확산 복사에서는 이 식이 다음과 같이 된다.

$$\dot{E}_{dA_1} = \pi \int_0^{\infty} \dot{I}(\lambda,T) d\lambda \qquad (6.9)$$

예제 6.1

확산 복사가 매우 작은 미분 표면 면적에서 방사된다. 이 복사는 강도가 2800 W/m² · sr이고, 그림 6.8과 같이 부분 차폐가 복사원 위를 덮고 있다. 차폐로 차단되지 않는 복사를 구하라.

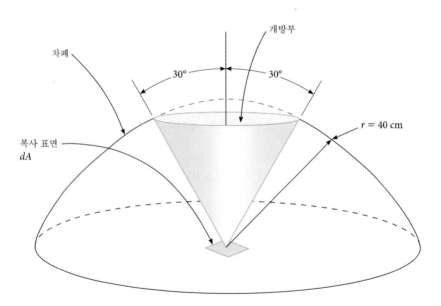

그림 6.8 미분 열복사원 위에 놓인 차폐

풀이 식 (6.8)의 형태를 다음과 같이 조정하여 사용한다.
1. θ는 0에서 $\pi/6(30°)$까지 적분한다.
2. $d\omega = \sin\theta \, d\theta \, d\phi$

그러면 다음과 같이 되며,

$$\dot{E}(\lambda, T) = \dot{I}(\lambda, T) \int_0^{2\pi} \int_0^{\pi/6} \cos \theta \sin \theta \, d\theta \, d\phi$$

$\cos \theta \sin \theta = 1/2 \sin 2\theta$이므로, 다음과 같이 된다.

$$\dot{E}(\lambda, T) = \dot{I}(\lambda, T) \int_0^{2\pi} \int_0^{\pi/6} \frac{1}{2} \sin 2\theta = 2800 \frac{W}{m^2 \cdot str} (2\pi) \left(\frac{1}{2} \right) \left[-\frac{1}{2} \cos 2\theta \right]_0^{\pi/6}$$

$$= 2800\pi \frac{W}{m^2 \cdot str} \left(\frac{1}{4} str \right) = 2199.1 \frac{W}{m^2}$$

주의해야 할 점은 표면적 dA에서 방사되는 전체 반구 복사는 다음과 같다는 것이다.

$$\dot{E}(\lambda, T) = \pi [\dot{I}(\lambda, T)] = 8796.5 \frac{W}{m^2}$$

예제 6.2

그림 6.9에서 두 표면 A_1와 A_2 사이의 입체각을 산출하라.

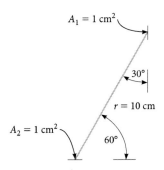

그림 6.9 두 표면 A_1와 A_2의 배열

풀이 두 표면 간 거리 r_1은 어느 쪽 표면 면적의 제곱근보다 더 훨씬 더 크므로, 식 (6.2)에서 다음과 같은 식을 쓸 수 있다.

$$\omega_{12} = (A_2 \text{에 대한 } A_1 \text{에서의 입체각}) = \frac{A_{2n}}{r^2} = \frac{A_2 \cos \theta_2}{r^2}$$

$$\omega_{21} = (A_1 \text{에 대한 } A_2 \text{에서의 입체각}) = \frac{A_{1n}}{r^2} = \frac{A_1 \cos \theta_1}{r^2}$$

그러므로

$$\omega_{12} = \frac{(1 \times 10^{-4} \, m^2) \cos 30°}{(10 \, m)^2} = 0.866 \times 10^{-6} \, sr \qquad \text{답}$$

$$\omega_{21} = \frac{(1 \times 10^{-4}\,\text{m}^2)\cos 60°}{(10\,\text{m})^2} = 0.5 \times 10^{-6}\,\text{sr} \qquad \text{답}$$

A_2에 대한 A_1에서의 입체각은 A_1에 대한 A_2에서의 입체각보다 더 크다.

그림 6.10(예를 들어, 표면 dA_1에서 방사되는 복사를 수용하는 표면 dA_2)과 같이, 표면에서 방사되는 열복사의 흡수나 수용은 방사에서와 똑같이 도식적으로 처리하면 된다.

그림 6.10에는 표면 dA_2가 관심 대상 표면인 상황이 나타나 있다. 이 그림에서 입체각 $d\omega$, 방향각 θ과 횡각 ϕ, 투영 면적 $dA_2\cos\theta$ 및 법선 방향 면적 $dA_n = r^2\cos\theta\,d\theta\,d\phi$는 모두 그림 6.6에서 취급했던 방사 해석에서의 것들과 공통이다.

표면 dA_2으로 직사하는 에너지를 **조사**(irradiation)라고 하는데, 이는 에너지 **방사**(emission)와 상대되는 개념이다. 확산 표면 dA_2로 조사되는 에너지는 다음 식으로 쓰는데,

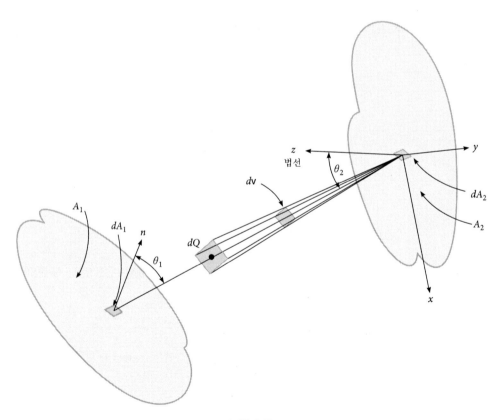

그림 6.10

$$\dot{E}_{dA_2} = \pi \int_0^\infty \dot{I}(\lambda, T) d\lambda \tag{6.10}$$

여기에서,

$$\dot{I}(\lambda, T) = \frac{1}{dA_2 \cos \theta_2 \, d\omega_{21} d\lambda} \dot{E}_{dA_1} \tag{6.11}$$

이다. 이후 절에서는 이 식을 사용하여 두 표면 간 복사 열전달을 설명한다.

6.2 흑체 복사

흑체의 개념은 열복사를 해석하고 이해하는 데 유용하다. 흑체는 특징이 다음과 같다. 즉,

1. 흑체는 확산 복사기 및 흡수기이다.
2. 흑체는 조사를 모두 흡수한다.
3. 흑체는 광자가 재료 내부에서 표면으로 도달할 만큼 복사를 최대량으로 방사한다.

흑체는 이상적인 열 복사기 또는 열 흡수기이므로, 실제 표면은 전혀 흑체가 아니지만 일부 표면은 흑체라고 근사화하기도 한다. **흑체**(black body)라는 용어는 모든 흑색 표면이 흑체라는 의미도 아니며 흑색 표면만이 흑체라는 의미도 아니다. 색상이 흑색인 일부 표면이 흑체의 특성을 나타내기는 하지만, 그렇다고 해서 표면 색상으로 해당 표면이 흑체로 근사화해도 되는지 아닌지가 결정되는 것은 아니다. 그림 6.4와 같은 형태에서 내부 표면은 자체 표면에 도달하는 복사를 모두 흡수하게 되므로, 외피(container)에 바늘구멍을 뚫게 되면 이 구멍이 외부에서의 흑체로서 작용하게 된다. Planck[1]는, 흑체 복사기에서는 스펙트림 복사가 다음과 같다고 발표하였는데,

$$\dot{I}_B(\lambda, T) = \frac{2\hbar c_0^2}{\lambda^5 (e^{\hbar c_0 / \lambda T} - 1)} \quad \left(\frac{W}{m^2 \cdot \mu m} \right) \tag{6.12}$$

여기에서 $\hbar$는 플랑크 상수인 6.62554×10^{-34} J·s이며, c_0는 진공 중 빛의 속도이다. 게다가 흑체 표면은 확산 표면이므로, 자체 표면에서 방사되는 전체 스펙트럼 출력

(spectral power)은 다음과 같다.

$$\dot{E}_B = \pi \int_0^\infty \dot{I}_B(\lambda, T)d\lambda \qquad (\text{W/m}^2) \qquad (6.13)$$

그림 6.11에는 흑체에서 방사되는 스펙트럼 출력이 파장과 온도의 함수로서 나타나 있다. 그림 6.11의 그래프는 스펙트럼 방사가 일정 온도에서는 파장의 영향을 강하게 받는다는 사실을 보여주고 있다. 또한, 온도는 임의의 주어진 파장에서 방사의 크기에 영향을 미치고, 스펙트럼 방사가 최대가 되는 특정 파장에도 영향을 미친다. 최대 방사는 식 (6.13)을 파장에 관하여 미분한 다음 0으로 놓아 구하면 된다.

$$\frac{\partial \dot{E}_B}{\partial \lambda} = 0$$

이 연산 과정에서는 흑체에서 방사되는 최대 스펙트럼 에너지가 다음과 같은 조건에서 발생한다는 사실을 알 수 있다.

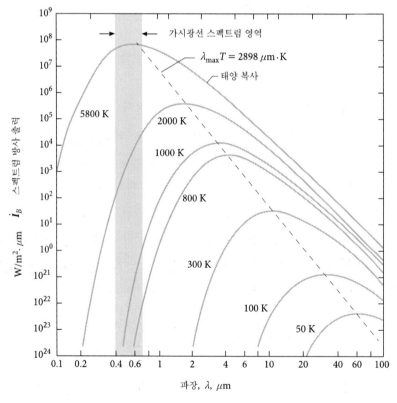

그림 6.11 흑체의 스펙트럼 강도

$$\lambda T = 2897.8 \ \mu\text{m} \cdot \text{K} \qquad\qquad (6.14)$$

이를 **빈의 변위 법칙**(Wein's displacement law)이라고 하는데, 이 법칙은 플랑크가 흑체 스펙트럼 복사 식 (6.12)를 유도하기 전에 제시되었다. 이러한 최댓값들의 궤적, 즉 빈의 변위 법칙은 그림 6.11의 그래프에 쇄선으로 그려져 있다. 이 그래프의 결과나 식 (6.14)에서 주목할 점은, 흑체에서 방사되는 최대 에너지는 온도가 증가하게 되면 파장이 점점 더 짧아지는데 바로 이 파장에서 발생한다. 또한, EM 복사의 전체 스펙트럼에 걸친 스펙트럼 에너지의 적분은 흑체에서 방사되는 전체 에너지와 같으며, 이는 다음과 같다.

$$\dot{E}_B = \pi \int_0^\infty \dot{I}_B(\lambda, T) d\lambda = \sigma T^4 \qquad (\text{W/m}^2) \qquad\qquad (6.15)$$

여기에서 σ는 **스테판-볼츠만 상수**(Stefan-Boltzmann Constant)라고 한다. 이 스테판-볼츠만 상수 값을 대개는 다음과 같이 잡는다.

$$\sigma = 5.669 \times 10^{-8} \frac{\text{W}}{\text{m}^2 \cdot \text{K}^4}$$

정의에서 전체 스펙트럼 출력 $\dot{E}_B$는 그림 6.11에서 일정 온도 T에서의 스펙트럼 에너지 곡선 아래 면적이다.

예제 6.3

온도가 2 ℃인 실내에서 흑체가 방사하는 출력을 온도가 300 ℃일 때 동일 흑체에서와 비교하라.

풀이 실내 온도에서는 다음과 같이 된다.

$$\dot{E}_B = \sigma T^4 = \left(5.669 \times 10^{-8} \frac{\text{W}}{\text{m}^2 \cdot \text{K}^4} \right)(293\text{K})^4 = 418 \frac{\text{W}}{\text{m}^2} \qquad \text{답}$$

온도가 300 ℃일 때는 다음과 같이 된다.

$$\dot{E}_B = (5.669 \times 10^{-8})(573\text{K})^4 = 6111 \frac{\text{W}}{\text{m}^2} \qquad \text{답}$$

주목할 점은 실내 온도에서의 흑체의 방사 출력과 고온에서의 방사 출력 간에 자릿수 차 이상의 것이 있다는 것이다. 또한, 흑체가 온도가 20 ℃인 실내에 있을 때에는 스펙트럼 출력이 다음과 같은 파장에서 최대가 되고,

$$\lambda = \frac{2897.8 \ \mu\text{m} \cdot \text{K}}{T} = \frac{2897.8 \ \mu\text{m} \cdot \text{K}}{293\text{K}} = 9.89 \ \mu\text{m}$$

300 ℃에서는 다음과 같은 파장에서 최댓값이 발생한다.

$$\lambda = \frac{2897.8}{573} = 5.1 \ \mu\text{m}$$

중요한 점은 EM 스펙트럼의 일부에 걸친 흑체 복사를 알아야 할 때도 있다는 것이다. 이러한 정보는, 대상으로 하는 특정 스펙트럼의 경계가 되는 파장과 파장 사이의 범위에서 식 (6.15)를 적분하면 구할 수 있다. 이러한 문제를 취급하는 한층 더 일반적인 방법은 에너지를 λT곱의 함수로 구하는 것이다. 그러므로 흑체의 전체 스펙트럼 출력 또는 전체 에너지 방사율의 분율은 다음과 같으며,

$$\frac{\dot{E}_{B,0-\lambda T}}{\sigma T^4} = \frac{\pi}{\sigma T^4} \int_0^{\lambda T} \dot{I}(\lambda, T)d\lambda \tag{6.16}$$

이는 표 6.1에 수록되어 있다. 이와 동일한 정보가 그림 6.12에 그래프 형태로 주어져 있으므로, 식 (6.12)를 식 (6.16)에 대입하여 컴퓨터로 계산하면 동일한 데이터가 나온다.

표 6.1 흑체에서의 복사 함수

$\lambda \text{T} \ \mu\text{m} \cdot \text{K}$	$\dfrac{\dot{E}_{B,0-\lambda T}}{\sigma T^4}$	$\lambda \text{T} \ \mu\text{m} \cdot \text{K}$	$\dfrac{\dot{E}_{B,0-\lambda T}}{\sigma T^4}$
555.6	0.170×10^{-7}	5,666.7	0.70754
666.7	0.756×10^{-6}	5,777.8	0.71806
777.8	0.106×10^{-4}	5,888.9	0.72813
888.9	0.738×10^{-4}	6,000.0	0.73777
1,000.0	0.321×10^{-3}	6,111.1	0.74700
1,111.1	0.00101	6,222.2	0.75583
1,222.2	0.00252	6,333.3	0.76429
1,333.3	0.00531	6,444.4	0.77238
1,444.4	0.00983	6,555.6	0.78014
1,555.6	0.01643	6,666.7	0.78757
1,666.7	0.02537	6,777.8	0.79469
1,777.8	0.03677	6,888.9	0.80152
1,888.9	0.05059	7,000.0	0.80806

표 6.1(계속) 흑체에서의 복사 함수

$\lambda T \, \mu m \cdot K$	$\dfrac{\dot{E}_{B,0-\lambda T}}{\sigma T^4}$	$\lambda T \, \mu m \cdot K$	$\dfrac{\dot{E}_{B,0-\lambda T}}{\sigma T^4}$
2,000.0	0.06672	7,111.1	0.81433
2,111.1	0.08496	7,222.2	0.82035
2,222.2	0.10503	7,333.3	0.82612
2,333.3	0.12665	7,444.4	0.83166
2,444.4	0.14953	7,555.6	0.83698
2,555.6	0.17337	7,666.7	0.84209
2,666.7	0.19789	7,777.8	0.84699
2,777.8	0.22285	7,888.9	0.85171
2,888.9	0.24803	8,000.0	0.85624
3,000.0	0.27322	8,111.1	0.86059
3,111.1	0.29825	8,222.2	0.86477
3,222.2	0.32300	8,333.3	0.86880
3,333.3	0.34734	8,888.9	0.88677
3,444.4	0.37118	9,444.4	0.90168
3,555.6	0.39445	10,000.0	0.91414
3,666.7	0.41708	10,555.6	0.92462
3,777.8	0.43905	11,111.1	0.93349
3,888.9	0.46031	11,666.7	0.94104
4,000.0	0.48085	12,222.2	0.94751
4,111.1	0.50066	12,777.8	0.95307
4,222.2	0.51974	13,333.3	0.95788
4,333.3	0.53809	13,888.9	0.96207
4,444.4	0.55573	14,444.4	0.96572
4,555.6	0.57267	15,000.0	0.96892
4,666.7	0.58891	15,555.6	0.97174
4,777.8	0.60449	16,111.1	0.97423
4,888.9	0.61941	16,666.7	0.97644
5,000.0	0.63371	22,222.2	0.98915
5,111.1	0.64740	27,777.8	0.99414
5,222.2	0.66051	33,333.3	0.99649
5,333.3	0.67305	38,888.9	0.99773
5,444.4	0.68506	44,444.4	0.99845
5,555.6	0.69655	50,000.0	0.99889
		55,555.6	0.99918

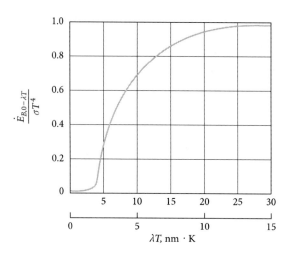

그림 6.12 흑체 복사기에서 나오는 방사 출력의 누적 분율

함수 $E_{B,0-\lambda T}/\sigma T^4$은 λT곱의 값이 무한대로 접근하거나 커지게 되면 $1.0(100\ \%)$에 접근하게 된다. 주목할 점은 $\lambda T = 0$에서 $\lambda T \approx 16\ \mathrm{nm \cdot K}$까지의 대역폭에는 흑체에서 나오는 전체 방사 에너지의 $97.6\ \%$ 이상이 포함된다는 것이다. 온도가 T일 때, λ_1에서 λ_2까지의 대역에 걸친 방사 에너지는 다음 관계식에서 구할 수 있는데,

$$\dot{E}_{B,\lambda_1-\lambda_2 T} = \pi \int_{\lambda_{1T}}^{\lambda_2 T} \dot{I}(\lambda,T)d\lambda = \sigma T^4 \left(\frac{\dot{E}_{B,0-\lambda_2 T}}{\sigma T^4} - \frac{\dot{E}_{B,0-\lambda_2 T}}{\sigma T^4} \right) \tag{6.17}$$

여기에서 우변의 괄호 안에 들어 있는 두 항은 표 6.1이나 그림 6.11에서 구한다.

예제 6.4

온도가 1000 ℃일 때 흑체에서 나오는 EM 스펙트럼의 가시광선 영역에서 방사되는 에너지를 구하라.

풀이 그림 6.3의 스펙트럼에 나타나 있는 가시광선 영역은 $\lambda_1 = 0.4\ \mu m$와 $\lambda_2 = 0.7\ \mu m$ 사이이다. 그러므로 다음과 같이 된다.

$$\lambda_1 T = (0.4\ \mu m)(1273\ K) = 509.2\ \mu m \cdot K$$

및 $\qquad\qquad \lambda_2 T = (0.7 \mu m)(1273\ K) = 891.1 \mu m \cdot K$

표 6.1에서 판독하면 다음과 같이 된다.

$$\frac{E_{B,0-\lambda_1 T}}{\sigma T^4} < 0.170 \times 10^{-7} \approx 0 \quad \text{및} \quad \frac{E_{B,0-\lambda_2 T}}{\sigma T^4} = 0.74 \times 10^{-4}$$

식 (6.17)에서 다음의 값을 구한다.

$$\dot{E}_{B,\lambda_1-\lambda_2 T} = \sigma T^4(0.74 \times 10^{-4} - 0) = 11.02 \frac{W}{m^2}$$ 답

1000 ℃는 흑체가 가시광선 영역에서 대단히 많은 양의 에너지를 방사하기에는 충분한 고온이 아니다. 즉, 흑체에서 방사되는 에너지 중, 단 0.0074 %만이 가시광선 영역에 있다.

6.3 회색체 메커니즘

표면은 대부분이 흑체로 거동하지 않으므로, 실제 표면에서 복사 열전달을 해석하려면 그러한 표면에 직사되는 조사, 즉 열복사에 어떤 일이 일어나는지를 살펴보아야 한다. 그림 6.13과 같이 조사 $\dot{E}_{irr}$ 는 표면에 $\dot{E}_{ab}$ 로 흡수되거나 $\dot{E}_{re}$ 로 표면에서 반사, 또는 표면 재료를 $\dot{E}_{tr}$ 로 투과한다. 그러므로 다음과 같은 식으로 쓸 수 있다.

$$\dot{E}_{irr} = \dot{E}_{ab} + \dot{E}_{re} + \dot{E}_{tr} \tag{6.18}$$

또는, 다음과 같이 분율 식으로 나타낼 수 있다.

$$\frac{\dot{E}_{ab}}{\dot{E}_{irr}} + \frac{\dot{E}_{re}}{\dot{E}_{irr}} + \frac{\dot{E}_{tr}}{\dot{E}_{irr}} = 1.0 \tag{6.19}$$

이 분율들은 다음과 같이 정의된다.

$$\frac{\dot{E}_{ab}}{\dot{E}_{irr}} = \alpha_r = 흡수율 \tag{6.20}$$

$$\frac{\dot{E}_{re}}{\dot{E}_{irr}} = \rho_r = 반사율 \tag{6.21}$$

$$\frac{\dot{E}_{tr}}{\dot{E}_{irr}} = \tau_r = 투과율 \tag{6.22}$$

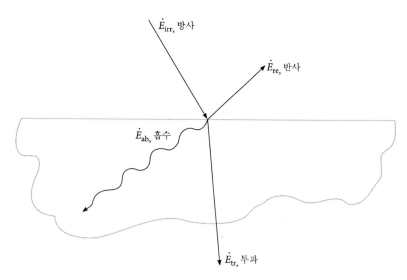

$\dot{E}_{\text{irr, 방사}}$

$\dot{E}_{\text{re, 반사}}$

$\dot{E}_{\text{ab, 흡수}}$

$\dot{E}_{\text{tr, 투과}}$

그림 6.13 표면으로 직사하는 방사가 취하는 경로의 개념도

그러면 식 (6.19)는 다음과 같이 쓸 수 있다.

$$\alpha_r + \rho_r + \tau_r = 1.0 \tag{6.23}$$

반사율, 흡수율 및 투과율은 표면 재료가 복사에 반응하는 상태량이다. 이 상태량들은 표면 재료 온도와 스펙트럼 복사 파장의 함수라고 할 수 있다. 스펙트럼 복사는 해당 복사원에 종속되므로, 특정 표면의 복사 반응이 재료의 상태량뿐만 아니라 외부 표면의 상태량에도 종속된다는 흥미로운 상황에 처하게 되는데 이는 현재의 관심 사항에서 많이 벗어난다.

제6.2절에서는 흑체가 복사를 표면의 단위 면적당 σT^4의 크기로 확산되면서 방사한다는 것을 알았다. 정의대로, 흑체는 주어진 온도와 파장에서 열복사를 가능한 최대량으로 방사하므로, 실제 표면은 흑체 복사의 일부 분율만을 방사한다고 보고 있다.

물체 표면에서의 방사율 ε_r은 다음과 같이 정의되는데,

$$\varepsilon_r = \frac{1}{\sigma T^4} \int_0^\infty \int_0^{2\pi} \int_0^{\pi/2} \varepsilon_{r,\lambda}(T, \theta, \phi, \lambda) \cdot \dot{I}_B(T, \theta, \phi, \lambda) \cos\theta \sin\theta \, d\theta \, d\phi \, d\lambda \tag{6.24}$$

이 식에는 표면에서 방사되는 반구 복사가 포함되어 있어, 복사의 방향 종속성과 온도 종속성의 원인이 된다. 주목할 점은 반구 복사의 방사율은 흑체 방사율의 분율이라는 것이다. 식 (6.24)에서 특정 파장에서 스펙트럼 방사율 또는 방사율은 다음과 같다.

$$\varepsilon_{r,\lambda}(T, \theta, \phi, \lambda) = \frac{1}{\dot{I}_B(\lambda, T)}\dot{I}_{dA}(T, \theta, \phi, \lambda) \tag{6.25}$$

확산 복사기 표면에서는, 스펙트럼 방사율과 강도는 파장과 온도의 함수만의 함수이다. 그러므로 확산 복사기에서는 식 (6.24)가 다음과 같이 된다.

$$\varepsilon_r = \frac{1}{\sigma T^4}\int_0^\infty \varepsilon_{r,\lambda}(\lambda, T) \cdot \dot{E}_B(\lambda, T)d\lambda \tag{6.26}$$

예제 6.5

확산 표면은 스펙트럼 방사율이 그림 6.14의 그래프에 나타나 있는 바와 같다. 온도가 35 ℃인 표면의 방사율을 구하라.

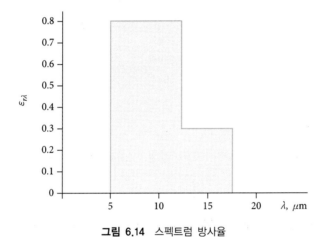

그림 6.14 스펙트럼 방사율

풀이 식 (6.26)을 사용하여 방사율을 구한다. 적분은 다음과 같이 두 부분으로 나누어 하면 된다. 즉,

$$\varepsilon_r = \int_{\lambda_1 = 5\mu m}^{\lambda_2 = 12\mu m} \varepsilon_{r,\lambda}(\lambda, T)_{\lambda_1}^{\lambda_2} \cdot \frac{\dot{E}_B(\lambda, T)_{\lambda_1}^{\lambda_2}}{\sigma T^4}d\lambda + \int_{\lambda_2 = 12\mu m}^{\lambda_3 = 18\mu m} \varepsilon_{r,\lambda}(\lambda, T)_{\lambda_2}^{\lambda_3} \cdot \frac{\dot{E}_B(\lambda, T)_{\lambda_2}^{\lambda_3}}{\sigma T^4}d\lambda$$

방사율은 이 파장 스펙트럼의 적분 영역 바깥에서는 0이다. 그러므로 그림 6.14에서 다음과 같이 된다.

$$\varepsilon_{r,\lambda}(\lambda, T)_{\lambda_1}^{\lambda_2} = 0.8$$
$$\varepsilon_{r,\lambda}(\lambda, T)_{\lambda_2}^{\lambda_3} = 0.3$$

$$\varepsilon_r = 0.8 \int_{\lambda_1}^{\lambda_2} \frac{\dot{E}_B(\lambda,T)_{\lambda_1}^{\lambda_2}}{\sigma T^4} d\lambda + 0.3 \int_{\lambda_2}^{\lambda_3} \frac{\dot{E}_B(\lambda,T)_{\lambda_2}^{\lambda_3}}{\sigma T^4} d\lambda$$

식 (6.17)에서 다음과 같이 된다.

$$\int_{\lambda_1}^{\lambda_2} \frac{\dot{E}_B(\lambda,T)_{\lambda_1}^{\lambda_2}}{\sigma T^4} d\lambda = \frac{\dot{E}_{B,0-\lambda_2 T}}{\sigma T^4} - \frac{\dot{E}_{B,0-\lambda_1 T}}{\sigma T^4}$$

$$\int_{\lambda_2}^{\lambda_3} \frac{\dot{E}_B(\lambda,T)_{\lambda_2}^{\lambda_3}}{\sigma T^4} d\lambda = \frac{\dot{E}_{B,0-\lambda_3 T}}{\sigma T^4} - \frac{\dot{E}_{B,0-\lambda_2 T}}{\sigma T^4}$$

그러므로 표 6.1에 있는 스펙트럼 정보에서 방사율을 구하면 된다.

$T = 35\,℃ = 308\,K$이므로, 표 6.1에서 다음과 같은 데이터를 선정한다.

예제 6.5에 사용하는 표

	$\lambda T\ \mu m \cdot K$	$\dfrac{\dot{E}_{B,0-\lambda T}}{\sigma T^4}$
$\lambda = 5\ \mu m$	1540	0.0162
$\lambda = 12\ \mu m$	3696	0.418
$\lambda = 18\ \mu m$	5544	0.69

그러면 다음과 같이 된다.

$$\varepsilon_r = 0.8(0.418 - 0.0162) + 0.3(0.69 - 0.418) = 0.403 \qquad \text{답}$$

예제 6.5에 설명되어 있는 표면은 **선택적 표면**(selective surface)이라고 하는데, 이는 그 방사율이 파장에 따라서 변하기 때문이다. 선택적 표면의 상태량들도 파장에 따라서 변하는 복사 반응 상태량들이다. 예를 들어 선택적 확산 표면에서는 식 (6.22)로 정의되는 투과율을 다음과 같은 식으로 쓸 수 있는데,

$$\tau_r = \frac{1}{\sigma T^4} \int_0^\infty \tau_{r,\lambda}(\lambda,T) \cdot \dot{E}_B(\lambda,T) d\lambda \qquad (6.27)$$

여기에서 $\tau_{r,\lambda}(\lambda,T)$는 확산 표면에서의 **스펙트럼 투과율**이라고 하며, 이는 표면 온도뿐만 아니라 조사 파장의 함수이기도 하다. 마찬가지로 반사율도 다음과 같이 정의할 수 있으며,

$$\rho_r = \int_0^\infty \rho_{r,\lambda}(\lambda,T) \cdot \frac{\dot{E}_B(\lambda,T) d\lambda}{\sigma T^4} \qquad (6.28)$$

흡수율도 다음과 같이 정의할 수 있는데,

$$\alpha_r = \int_0^\infty \alpha_{r,\lambda}(\lambda, T) \cdot \frac{\dot{E}_B(\lambda, T) d\lambda}{\sigma T^4} \tag{6.29}$$

여기에서 $\rho_{r,\lambda}(\lambda, T)$와 $\alpha_{r,\lambda}(\lambda, T)$는 각각 스펙트럼 반사율과 스펙트럼 흡수율이다. 스펙트럼 반사율과 스펙트럼 흡수율은 복사 파장과 표면 온도의 함수이기도 하다. 회색체나 회색 표면을 방사율이 일정한 확산 표면으로 정의하는데, 이는 파장에 종속되지 않는다. 그러므로 회색체에서는 다음과 같은데,

$$\varepsilon_r(\lambda, T) = \varepsilon_r(T) \tag{6.30}$$

이 식으로 식 (6.26)이 상수가 된다. 방사율이 1.0의 분율인 표면을 회색체라고 하는 것이 타당하다.

키르히호프의 복사 법칙

질량이 그림 6.4와 같이 밀폐되어 있는 진공 챔버를 다시 살펴보자. 간단하게 질량 m_2를 회색체라고 가정한다. 질량 m_2의 방사 에너지는 다음과 같으며,

$$\dot{E}_{2,\text{emitted}} = \varepsilon_{r2}\sigma A_2 T_2^4 \tag{6.31}$$

이 질량에 들어오는 조사는 다음과 같다.

$$\dot{E}_{\text{irr}} = \alpha_{r2}\sigma A_2 T_1^4 \tag{6.32}$$

질량 m_2로 전달되는 순 열전달은 이 질량에 들어오는 조사에서 방사된 복사를 뺀 것, 즉 다음과 같다.

$$\dot{Q}_{\text{net}} = E_{\text{irr}} - \dot{E}_{2,\text{emitted}} = \alpha_{r2}\sigma A_2 T_1^4 - \varepsilon_{r2}\sigma A_2 T_2^4 \tag{6.33}$$

열평형 상태에서는 순 열전달이 0이 되어야 한다. 열평형이 온도가 같다는 것을 의미하므로, $T_1 = T_2$가 된다. 그러므로 열평형 상태에서는 식 (6.33)이 다음과 같이 된다.

$$\alpha_{r2} = \varepsilon_{r2} \tag{6.34}$$

이러한 논점을 확대 적용하여 선택적 표면까지 포함시킬 수 있으므로, 일반적으로 다음과

같이 된다.

$$\alpha_{r,\lambda}(\lambda,T) = \varepsilon_{r,\lambda}(\lambda,T) \qquad (6.35)$$

식 (6.34)와 식 (6.35), 이 두 식을 **키르히호프의 복사 법칙**(Kirchhoff's law of radiation)
이라고 한다. 주목해야 할 점은 필수적인 가정으로는 2개의 상호작용 표면 사이가 열평형
상태여야 한다는 것, 그리고 온도가 주위와 동일하여 순 열전달이 전혀 없는 경우를 제외하
고는 방사율이 흡수율과 같지 않다는 것이다. 이제 키르히호프 법칙의 결과를 바탕으로
하여 식 (6.23)을 다음과 같이 변형할 수 있다.

$$\varepsilon_r + \rho_r + \tau_r = 1.0 \qquad (6.36)$$

이러한 식의 형태 때문에 복사 반응 상태량들을 실험적으로 한층 더 잘 구할 수 있는데,
이 이유는 흡수율을 측정하기가 불가능하지는 않지만 어렵기 때문이다. 복사 열전달과
관련 있는 대부분의 재료를 설명할 때에는 다음과 같은 두 가지 특유한 모델을 사용한다.
즉,

1. 불투명 회색체
2. 투명 회색체

불투명 회색체는 조사의 투과를 전혀 허용하지 않으므로, 그 투과율은 0이다. 그러면
식 (6.36)은 다음과 같이 된다.

$$\varepsilon_r + \rho_r = 1.0 \quad \text{(불투명 회색체)} \qquad (6.37)$$

방사율 값으로는 대표적인 표면들만 부록 표 B.5에 수록되어 있으며, 더욱더 방대한 복사
반응 상태량 정보들은 Touloukian[2]에 실려 있다. 방사율을 실험적으로 구할 때에는
시험 재료를 불투명체라고 가정하고 구하면 되고, 반사율은 통제된 열적 시험에서 측정하
면 된다. 제6.5절에서는 이러한 실험 절차를 설명할 것이다. 복사열과 관련되는 대다수의
공학 해석은 불투명 회색체 모델을 기반으로 한다.

투명체는 흡수가 전혀 일어나지 않는 재료라고 정의된다. 그러므로 $\alpha_r = \varepsilon_r = 0$이 되므
로, 식 (6.36)은 다음과 같이 된다.

$$\rho_r + \tau_r = 1.0 \quad \text{(투명체)} \qquad (6.38)$$

유리는 대개 선택적 표면이기는 하지만, 가장 확실한 투명체의 일례로서 몇 가지 중요한 특성을 보이는데, 이러한 내용은 제6.5절에 실려 있다. 그런데 자세히 들여다보면 유리에서도 확실히 일부 열에너지의 흡수가 일어난다. 그러나 유리 해석에서는 대부분 이러한 사실이 무시되고 있다.

예제 **6.6**

어떤 재료가 모든 온도에서 스펙트럼 반사율과 투과율이 그림 6.15와 같다는 것을 알았다. 스펙트럼 방사율을 구하라.

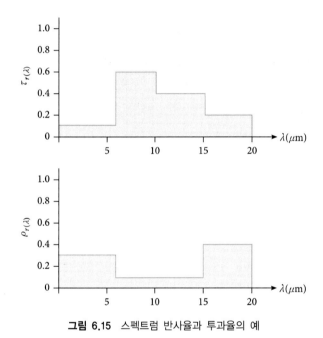

그림 6.15 스펙트럼 반사율과 투과율의 예

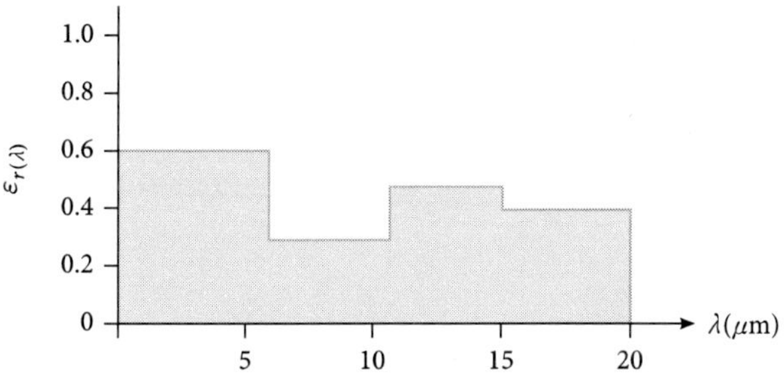

그림 6.16 예제 6.6 표면에서의 스펙트럼 방사율

풀이 키르히호프 법칙을 적용한다고 가정하고, 식 (6.35)를 사용하여 다음과 같이 구한다.

$$\varepsilon_{r,\lambda}(\lambda) = 1.0 - \tau_{r,\lambda}(\lambda) - \rho_{r,\lambda}(\lambda)$$

결과는 그림 6.16에 그려져 있다.

6.4 복사의 기하학

복사 열전달은 기하학적 형태나 복사 방향의 영향을 강하게 받는다. 복사를 복사하거나 받고 있는 표면들이 확산 표면이라고 해도, 마찬가지로 방향에 의한 기하학적 효과를 설명해야 한다. 그림 6.17과 같이 표면 dA_1에서 복사가 방사되고 있고, 표면 dA_2가 조사되고 있는 2개의 표면 A_1과 A_2를 살펴보자. 그림 6.5에서 알 수 있듯이, 표면 dA_1에서

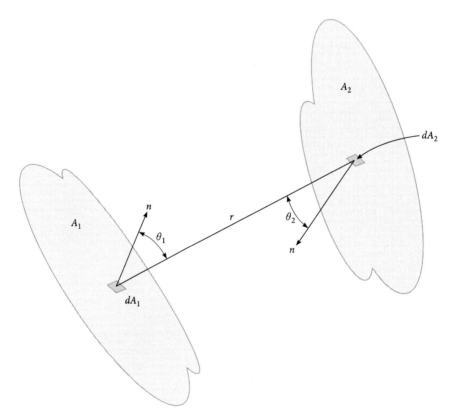

그림 6.17 기하학적 형상 계수

표면 dA_2로 이동하는 복사 에너지 유동률인 $\dot{E}_{dA_1 - dA_2}$는 복사 열전달률 $\dot{Q}_{dA_1 - dA_2}$로 정의되고 다음과 같이 되는데,

$$dQ_{dA_1 - dA_2} = \dot{I}_{dA_1}(T_1, \theta_1, \phi_1)dA_1 \cos \theta_1 d\omega_{12} \tag{6.39}$$

여기에서는 전체 파장의 스펙트럼을 취급하고 있으므로 다음과 같이 된다.

$$\dot{I}_{dA_1}(T, \theta, \phi) = \int_0^\infty \dot{I}_{dA_1}(T, \theta, \phi, \lambda)d\lambda$$

식 (6.4)에서 입체각은 $d\omega_{12} = \sin \theta_1 d\theta_1 d\phi$가 되며, 표면 dA_2에서 법선방향 면적 dA_{n2}는 $dA_2 \cos \theta_2$이므로, 이 입체각은 다음 식과 같이 쓸 수도 있다.

$$d\omega_{12} = \cos \theta_2 \frac{dA_{n2}}{r^2} \tag{6.40}$$

이 항들을 식 (6.39)에 대입하면, 다음과 같이 된다.

$$dQ_{dA_1 - dA_2} = \dot{I}_{dA_1}(T_1, \theta_1, \phi_1) \cos \theta_1 \cos \theta_2 \frac{dA_2}{r^2} dA_1 \tag{6.41}$$

확산 표면 dA_1에서는 이 식이 다음과 같이 되는데,

$$dQ_{dA_1 - dA_2} = \dot{I}_{dA_1}(T_1) \cos \theta_1 \cos \theta_2 \frac{dA_2}{r^2} dA_1 \tag{6.42}$$

그 이유는 확산 복사는 모든 반구 방향에 걸쳐서 균일하므로 각도 θ와 ϕ에 독립적이기 때문이다.

확산 표면 dA_1에서 방사되는 전체 반구 복사는 식 (6.8)에서 다음과 같이 되므로,

$$\dot{Q}_{dA_1} = \int_0^{2\pi} \int_0^{\pi/2} \dot{I}_{dA_1}(T_1) \cos \theta \sin \theta \, d\theta d\phi dA_1 = \pi \dot{I}_{dA_1}(T_1)dA_1$$

표면 dA_2에 도달하는 분율은 다음과 같다.

$$F_{dA_1 - dA_2} = \frac{dQ_{dA_1 - dA_2}}{\dot{Q}_{dA_1}} = \cos \theta_1 \cos \theta_2 \frac{dA_2}{\pi r^2} \tag{6.43}$$

이 분율을 **복사 형상 계수**(radiation shape factor, radiation view factor)라고 하며, 이는 곧 표면 dA_2를 '바라보는' 면적 dA_1의 분율이다. 유한 표면 dA_2에 대한 표면 dA_1에서의 형상 계수는 다음과 같다.

$$F_{dA_1-A_2} = \frac{1}{\pi} \int_{A_2} \cos\theta_1 \cos\theta_2 \frac{dA_2}{r^2} \tag{6.44}$$

주목할 점은 이 형상 계수라는 용어가 하나의 표면을 떠나서 또 다른 표면에 조사되는 확산 복사의 분율이라는 의미이기는 하지만, 형상 계수를 구한다는 것은 엄격히 말하면 해석 기하학적 문제라는 것이다.

또 다른 유한 표면 A_2에 대한 유한 표면 A_1에서의 형상 계수는 식 (6.44)를 변형시킨 다음과 같은 식으로 구하면 된다.

$$F_{A_1-A_2}A_1 = \int_{A_1} F_{dA_1-A_2} dA_1 = \frac{1}{\pi} \int_{A_1} \int_{A_2} \cos\theta_1 \cos\theta_2 \frac{dA_2}{r^2} dA_1 \tag{6.45}$$

기호 표기법을 더 간략하게 하여 $F_{A_1-A_2} = F_{1-2}$를 사용하면, 식 (6.45)는 다음 식과 같이 쓸 수 있다.

$$F_{1-2} = \frac{1}{\pi A_1} \int_{A_1} \int_{A_2} \cos\theta_1 \cos\theta_2 \frac{dA_2}{r^2} dA_1 \tag{6.46}$$

표면 A_1에 대한 표면 A_2에서의 형상 계수도 같은 방식으로 전개할 수 있으므로 다음과 같이 된다.

$$F_{2-1} = \frac{1}{\pi A_2} \int_{A_2} \int_{A_1} \cos\theta_2 \cos\theta_1 \frac{dA_1}{r^2} dA_2 \tag{6.47}$$

그림 6.18에서 그림 6.24까지는 가장 흔히 사용되는 형상 계수 중 일부를 나타내고 있다. 표 6.2에는 이러한 형상 계수 중 일부의 식이 수록되어 있다. 식 (6.44), (6.46) 및 (6.47)의 관계는 이러한 여러 가지 형상 계수를 구하는 식들을 구하거나 유도하는 데 가장 많이 사용되는 형태들이다. 다른 기하학적 형상에서의 형상 계수들은 Hottel과 Sarofim[3] 및 Hamilton과 Morgan[4]에 실려 있다.

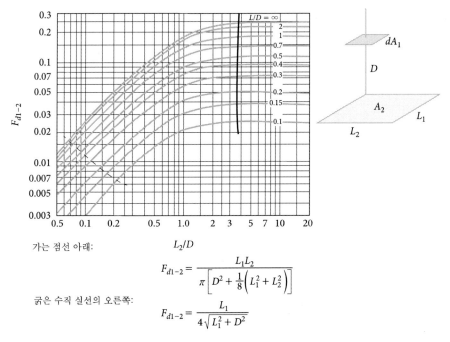

가는 점선 아래:
$$\frac{L_2}{D}$$

$$F_{d1-2} = \frac{L_1 L_2}{\pi \left[D^2 + \frac{1}{8}\left(L_1^2 + L_2^2 \right) \right]}$$

굵은 수직 실선의 오른쪽:

$$F_{d1-2} = \frac{L_1}{4\sqrt{L_1^2 + D^2}}$$

다른 해석 식은 표 6.2(1) 참조.

그림 6.18 서로 평행하게 배치되어 있는 평평한 직사각형 면적 A_2에 대한 미분 면적 dA_1에서의 형상 계수. 직사각형 모서리 중 하나는 미분 면적에 직접 대향하고 있다.

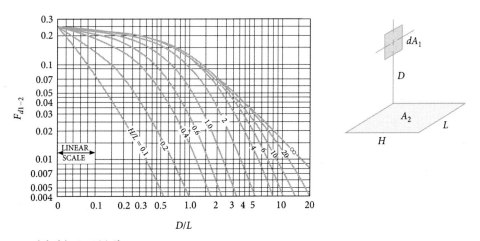

$$\frac{D}{L}$$

해석 식은 표 6.2(2) 참조

그림 6.19 서로 법선 방향으로 배치되어 있는 평평한 정사각형 면적 A_2에 대한 미분 면적 dA_1에서의 형상 계수. 정사각형 면적의 변 가운데 하나는 미분 면적 dA_1의 평면에 포함되어 있다.

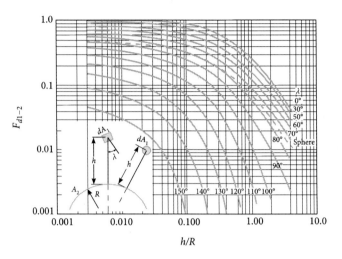

그림 6.20 대형 구에 대한 미분 평면과 구에서의 형상 계수

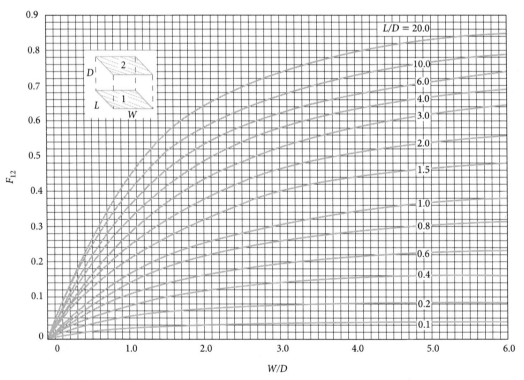

다른 해석 식은 표 6.2(3) 참조

그림 6.21 서로 평행하게 배치되어 있는 2개의 정면 대향 정사각형 면적에서의 형상 계수

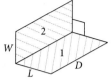

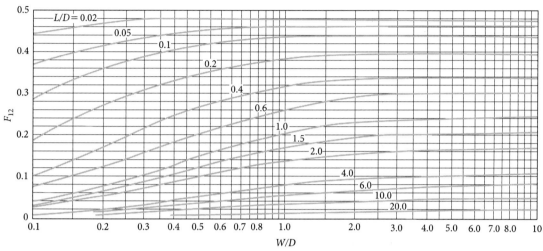

다른 해석 식은 표 6.2(4) 참조

그림 6.22 한 변에서 서로 접하고 있는 2개의 직교 정사각형 면적에서의 형상 계수

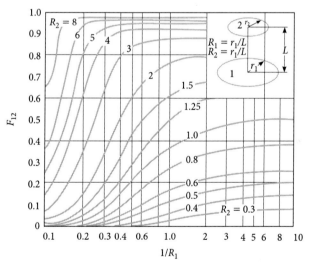

다른 해석 식은 표 6.2(5) 참조.

그림 6.23 서로 평행하게 배치되어 있는 2개의 동심 디스크에서의 형상 계수

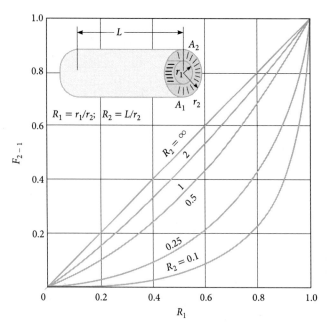

그림 6.24 유한 길이의 동심 원통체에서의 복사 형상 계수

환풍기 그릴이 그림 6.25와 같이 크기가 6 m × 10 m × 3 m인 방의 천장 모서리에 설치되어
있다. 그림 6.25에 그려져 있는 바닥(표면 A_2)과 대향 벽(A_3)에 대한 그릴에서의 형상 계수
를 각각 구하라.

풀이   그릴은 방의 크기에 비하여 매우 작으므로 그릴의 면적은 면적 dA_1으로 근사화할

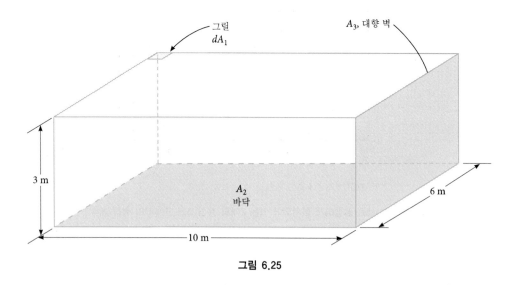

그림 6.25

표 6.2 대표적인 기하 형태에서의 형상 계수

기하 형태	형상 계수 식	그림
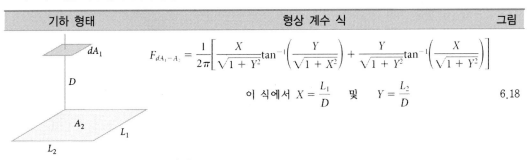 1. 평행한 유한 면적에 대한 미분 면적	$$F_{dA_1 - A_2} = \frac{1}{2\pi}\left[\frac{X}{\sqrt{1+Y^2}}\tan^{-1}\left(\frac{Y}{\sqrt{1+X^2}}\right) + \frac{Y}{\sqrt{1+Y^2}}\tan^{-1}\left(\frac{X}{\sqrt{1+Y^2}}\right) \right]$$ 이 식에서 $X = \dfrac{L_1}{D}$ 및 $Y = \dfrac{L_2}{D}$	6.18
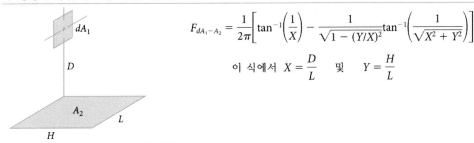 2. 직교하는 유한 면적에 대한 미분 면적	$$F_{dA_1 - A_2} = \frac{1}{2\pi}\left[\tan^{-1}\left(\frac{1}{X}\right) - \frac{1}{\sqrt{1-(Y/X)^2}}\tan^{-1}\left(\frac{1}{\sqrt{X^2+Y^2}}\right) \right]$$ 이 식에서 $X = \dfrac{D}{L}$ 및 $Y = \dfrac{H}{L}$	6.19
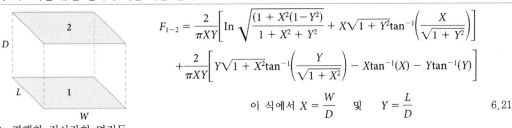 3. 평행한 직사각형 면적들	$$F_{1-2} = \frac{2}{\pi XY}\left[\ln\sqrt{\frac{(1+X^2)(1-Y^2)}{1+X^2+Y^2}} + X\sqrt{1+Y^2}\tan^{-1}\left(\frac{X}{\sqrt{1+Y^2}}\right) \right]$$ $$+ \frac{2}{\pi XY}\left[Y\sqrt{1+X^2}\tan^{-1}\left(\frac{Y}{\sqrt{1+X^2}}\right) - X\tan^{-1}(X) - Y\tan^{-1}(Y) \right]$$ 이 식에서 $X = \dfrac{W}{D}$ 및 $Y = \dfrac{L}{D}$	6.21
4. 직교하는 직사각형 면적들	$$F_{1-2} = \frac{1}{\pi R_1}\left[R_1\tan^{-1}\left(\frac{1}{R_1}\right) + R_2\tan^{-1}\left(\frac{1}{R_2}\right) - \sqrt{R_1^2+R_2^2}\tan^{-1}\left(\frac{1}{\sqrt{R_1^2+R_2^2}}\right) \right]$$ $$+ \frac{1}{4\pi R_1}\ln\left[\frac{(1+R_1^2)(1+R_2^2)}{1+R_1^2+R_2^2}\left(\frac{R_1^2(1+R_1^2+R_2^2)}{(1+R_1^2)(R_1^2+R_2^2)}\right)^{R_1^2}\left(\frac{R_2^2(1+R_1^2+R_2^2)}{(1+R_2^2)(R_1^2+R_2^2)}\right)^{R_2^2} \right]$$ 이 식에서 $R_2 = \dfrac{W}{D}$ 및 $R_1 = \dfrac{L}{D}$	6.22
$R_1 = r_1/L$ $R_2 = r_2/L$ 5. 평행한 공축 디스크들	$$F_{1-2} = \frac{1}{2}\left(S^2 - \sqrt{S^2 - 4(r_2/r_1)^2} \right)$$ 이 식에서 $R_1 = \dfrac{r_1}{L}$, $R_2 = \dfrac{r_2}{L}$, 및 $S = 1 + \dfrac{1+R_2^2}{R_1^2}$	6.23

수 있다. 바닥에 대한 그릴의 형상 계수는 다음과 같은 식으로 한층 더 간단하게 쓸 수 있다.

$$F_{dA_1 - A_2} = F_{d1-2}$$

참고로 그림 6.18을 사용하면, $D = 3$ m, $L_1 = 6$ m, $L_2 = 10$ m이다. 그러면 L_2/D $= 10$ m$/3$ m $= 3.333$이고 $L_1/D = 2$이다. 그림 6.18에서 다음과 같이 판독한다.

$$F_{d1-2} = 0.22 \qquad\qquad 답$$

대향 벽에 대한 그릴의 형상 계수는 그림 6.19를 참조하는데, 여기에서는 $D = 3$ m, $L = 6$ m, $H = 3$ m이다. 그러면 $D/L = 1.7$이고 $H/L = 0.5$이므로, 그림 6.19에서 판독하면 다음과 같다.

$$F_{dA_1 - A_3} = F_{d1-3} = 0.0085 \qquad\qquad 답$$

크로스 스트링 법

Hottel[5]은 2차원 상황에서 형상 계수를 구하는 크로스 스트링 법(cross-string method) 을 제안하였다(그림 6.26 참조). 이 방법은 두 표면에서 각 표면의 두 끝들 간 연장 직선 또는 '스트링'과 관련이 있다. 그러므로 형상 계수는 다음과 같이 정의된다.

$$F_{1-2} = \frac{1}{2L_1}[(L_3 + L_4) - (L_5 + L_6)] \tag{6.48}$$

크로스 스트링 법은 그래프 기법으로 사용될 때가 많이 있지만, 잊지 말아야 할 점은

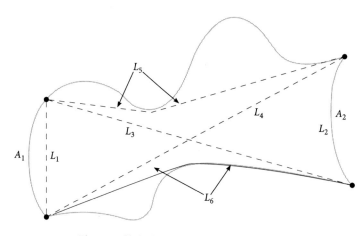

그림 6.26 형상 계수를 결정하는 크로스 스트링 법

이 방법은 2차원 상황에 한정된다는 것이다. 교환 관계[식 (6.50) 참조]를 적용하면, 1에 대한 2에서의 형상 계수를 구할 수 있다.

$$F_{2-1} = \frac{1}{2L_2}[(L_3 + L_4) - (L_5 + L_6)] = F_{1-2}\left(\frac{L_1}{L_2}\right)$$

예제 6.8

기다란 반사기와 이 반사기에 평행한 기다란 광원이 그림 6.27a와 같이 배열되어 있다. 장애물 또는 차폐가 반사기와 광원 사이에 설치되어 있다. 반사기(면적 1)와 광원(면적 2) 간 형상 계수를 구하라.

풀이 해석 기하학을 몇 가지 사용하면, 그림 6.27에 표시되어 있는 길이와 그림 6.26에 그려져 있는 표시에 따라 다음 값을 구할 수 있으며,

$$L_1 = 60 \text{ cm 및 } L_2 = \pi \times 30 \text{ cm(직경)} = 0.94245 \text{ m} \quad \text{그림 6.27b 참조}$$
$$L_3 = 3.165 \text{ ft} + 0.785 \text{ ft} + 0.165 \text{ ft} = 3.95 \text{ ft} \quad \text{그림 6.27c 참조}$$

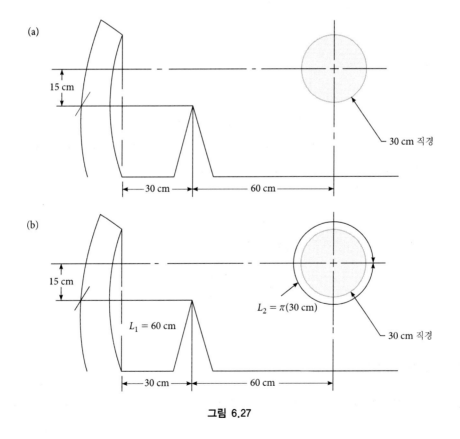

그림 6.27

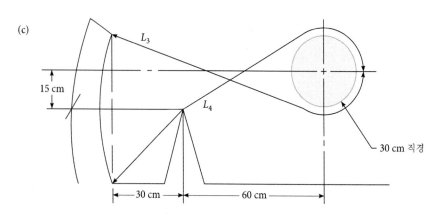

(c)

L_3

15 cm

L_4

30 cm 직경

30 cm

60 cm

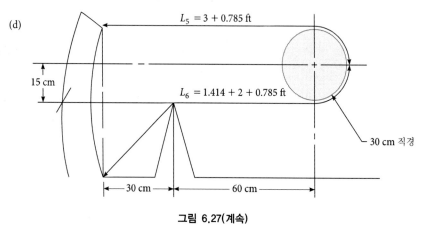

(d)

$L_5 = 3 + 0.785\ \text{ft}$

15 cm

$L_6 = 1.414 + 2 + 0.785\ \text{ft}$

30 cm 직경

30 cm

60 cm

그림 6.27(계속)

$$L_4 = 3.659\ \text{ft} + 0.785\ \text{ft} + 0.245\ \text{ft} = 4.444\ \text{ft} \quad \text{그림 6.27c 참조}$$

$$L_5 = 3.785\ \text{ft and}\ L_6 = 3.414\ \text{ft} + 0.785\ \text{ft} = 4.199\ \text{ft} \quad \text{그림 6.27 참조}$$

형상 계수는 식 (6.48)로 구할 수 있다.

$$F_{1-2} = \frac{1}{2L_1}[(L_3 + L_4) - (L_5 + L_6)] = 0.1025 \qquad \text{답}$$

교환 관계를 적용하면 다음과 같다.

$$F_{2-1} = F_{1-2}\left(\frac{L_1}{L_2}\right) = 0.06525 \qquad \text{답}$$

형상 계수의 대수학

식 (6.44), (6.46) 및 (6.47)에 주어진 여러 가지 관계를 면밀히 살펴보면, 형상 계수(view factor; 각 관계)는 표면의 반구 시영역의 분율이라는 것이 드러난다. 그러므로 특정 면적이나 표면의 모든 형상 계수의 합은 1.0과 같아야만 한다. 즉,

$$\sum_{j=1}^{n} F_{i-j} = 1.0 \qquad (6.49)$$

여기에서 F_{i-j}는 표면 j에 대한 표면 i의 형상 계수이며, 이 식에는 면적 또는 표면이 n개가 있다. 면적 i, 즉 A_i가 평평하거나 볼록하면, $F_{i-i} = 0$(이는 표면 A_i는 자신을 '볼' 수가 없음)이다. 표면이 오목하면 $F_{i-i} > 0.0$이다. 예를 들어, 그림 6.24에서는 외부 동심 원통체의 내부 표면이 오목하므로, 한계 경우인 $r_1 = r_2$일 때를 제외하고 A_1에 대한 A_2의 형상 계수는 1.0 미만이다. 그러므로 원통체가 매우 길어서 $L \rightarrow \infty$이고 $R_2 \rightarrow \infty$일 때에는 (예시 목적 상) $r_1 = r_2/2$이라고 가정한다. 그러면 $R_2 = 0.5$가 되므로, 그림 6.24에서는 $F_{2-1} = 0.5$로 판독한다. 그러므로 식 (6.49)에서 다음과 같이 된다.

$$F_{2-1} + F_{2-2} = 1.0 \quad \text{및} \quad F_{2-2} = 1.0 - 0.5 = 0.5$$

식 (6.49)는 복잡한 형태에서 형상 계수를 구할 때 중요한 결과가 된다. 게다가 식 (6.46)과 (6.47)의 결과를 비교하면, $A_1 F_{1-2} = A_2 F_{2-1}$가 된다. 일반적으로 표면 i와 j에서는 다음과 같이 되는데,

$$A_i F_{i-j} = A_j F_{j-i} \qquad (6.50)$$

이를 **교환 관계**(reciprocity relationship)라고 한다. 이 관계는 이를 사용하지 않으면 구하기 어려운 형상 계수를 구할 때 중요한 또 다른 해석 도구가 된다.

주목해야 할 중요한 점은 방사 또는 수용 표면 A_f는 다음과 같이 크기가 더 작은 표면 부분 n개의 합으로 간주할 수 있다.

$$A_i = \sum_{l=1}^{n} A_l \qquad (6.51)$$

게다가 A_j에 대한 A_i의 형상 계수는 소부분으로 구성되어 있으므로 합 형태로, 즉 형상 계수 합 식 (6.49)의 결과 형태로 쓰면 된다.

$$F_{i-j} = \sum_{l=1}^{n} F_{i-l} \qquad (6.52)$$

면적 A_i에서는 이 면적이 m개의 소부분의 합이므로, 또 다른 면적 A_j와의 형상 계수는 다음과 같다.

$$A_i F_{i-j} = \sum_{k=1}^{m} A_k F_{k-j} \tag{6.53}$$

예제 6.9

그림 6.28과 같이 표면 B에 대한 표면 A에서의 형상 계수 F_{A-B}를 산출하는 식을 구하라.

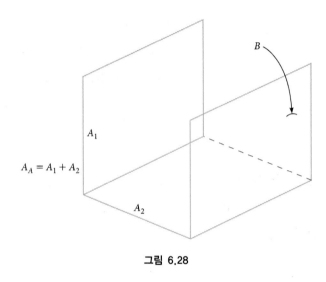

$$A_A = A_1 + A_2$$

그림 6.28

풀이 표면 A는 2개의 평평 표면인 면적 1과 면적 2로 구성되어 있다. 식 (6.53)을 사용하면, 다음과 같이 된다.

$$A_A F_{A-B} = A_1 F_{1-B} + A_2 F_{2-B}$$

또는
$$F_{A-B} = \frac{1}{A_A}(A_1 F_{1-B} + A_2 F_{2-B})$$
답

형상 계수 F_{1-B}와 F_{2-B}는 그림 6.21과 6.22에 있는 정보를 사용하여 구한다.

교환 관계 식 (6.50)을 사용하면, 식 (6.53)을 다음과 같이 바꿔 쓸 수 있다.

$$A_i F_{i-j} = \sum_{l=1}^{n} A_j F_{j-l} \tag{6.54}$$

예를 들어 면적 A_1이 2개의 면적 A_2와 A_3로 구성되어 있다고 가정한다. 또 다른 별개의 면적 A_4에 대한 면적 A_1의 형상 계수는 식 (6.53)을 사용하면 다음과 같이 된다.

$$F_{1-4} = \frac{1}{A_1}(A_2 F_{2-4} + A_3 F_{3-4})$$

식 (6.54)를 사용하면, 이와 동일한 형상 계수를 다음과 같이 쓸 수도 있다.

$$F_{1-4} = \frac{1}{A_1}(A_4 F_{4-2} + A_4 F_{4-3})$$

예제 6.10

그림 6.29와 같이 고체 디스크에 대한 환형 디스크에서의 형상 계수 F_{1-2}를 구하라.

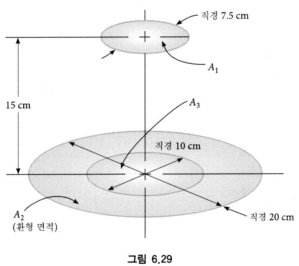

그림 6.29

풀이 형상 계수 F_{1-2}는 식 (6.52)로 다음과 같이 구한다. 즉,

$$F_{1-2,3} = F_{1-2} + F_{1-3}$$

이항하면 다음과 같다.

$$F_{1-2} = F_{1-2,3} - F_{1-3}$$

형상 계수 $F_{1-2,3}$는 $L = 15$ cm, $r_1 = 3.75$ cm, $r_2 = 10$ cm 이므로, 그림 6.23에서 $R_1 = 3.75/15 = 0.25$, $1/R_1 = 4$, $R_2 = 10/15 = 0.667$이 된다. 그림 6.23을 판독하면 다음과 같이 된다.

$$F_{1-2,3} \approx 0.3$$

형상 계수 F_{1-3}은 $L = 15 \text{ cm}$, $r_1 = 3.75 \text{ cm}$, $r_2 = 5 \text{ cm}$이므로, 그림 6.23에서 $1/R_1 = 4$, $R_2 = 5/15 = 0.333$이 된다. 그림 6.23에서 $F_{1-3} \approx 0.1$이 된다. 그러면 형상 계수는 다음과 같다.

$$F_{1-2} = 0.3 - 0.1 = 0.2 \qquad\qquad\text{답}$$

예제 6.11

그림 6.30과 같이 표면 A_8에 대한 면적 A_1에서의 형상 계수 F_{1-8}을 구하라.

풀이 형상 계수 F_{1-8}을 구하는 해석을 하려면, 설명한 관계를 조정할 필요가 있다. $A_{1,2,3,4} = A_1 + A_2 + A_3 + A_4$이고, $A_{5,6,7,8} = A_5 + A_6 + A_7 + A_8$이라고 정한다. 그러면 형상 계수 $F_{1,2,3,4-5,6,7,8}$과 $F_{1,2,3,4-5,6}$은 그림 6.22에서 구할 수 있다. 식 (6.52)를 사용하면, 다음과 같으므로,

$$F_{1,2,3,4-7,8} = F_{1,2,3,4-5,6,7,8} - F_{1,2,3,4-5,6}$$

식 (6.53)에서 다음과 같이 되는데,

$$A_{1,2,3,4} F_{1,2,3,4-7,8} = A_1 F_{1-7,8} + A_2 F_{2-7,8} + A_{3,4} F_{3,4-7,8}$$

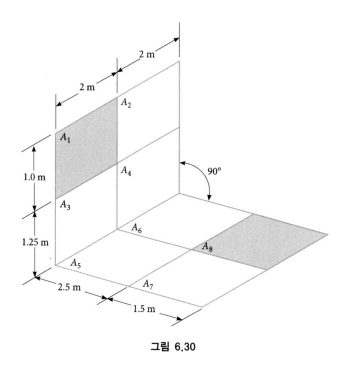

그림 6.30

여기에서 식 (6.53)에서 다음과 같이 된다.

$$A_{3,4}F_{3,4-7,8} = A_3 F_{3-7,8} + A_4 F_{4-7,8}$$

또한, 다음과 같이 되는데,

$$F_{3,4-7,8} = F_{3,4-5,6,7,8} - F_{3,4-5,6}$$

여기에서 형상 계수 $F_{3,4-5,6,7,8}$ 과 $F_{3,4-5,6}$ 은 그림 6.22에서 구할 수 있다.

$$A_1 F_{1-7,8} + A_2 F_{2-7,8} = A_{1,2,3,4} F_{1,2,3,4-5,6,7,8} - A_{3,4} F_{3,4-7,8}$$

$A_1 = A_2$ 이므로, 교환 관계에서 $F_{1-7,8} = F_{2-7,8}$ 이 된다. 이로써 다음과 같은 관계식이 되는데,

$$F_{1-7,8} = [1/2A_1][A_{1,2,3,4} F_{1,2,3,4-5,6,7,8} - A_{3,4} F_{3,4-7,8}]$$

여기에서 우변의 모든 항들을 구할 수 있다. 식 (6.52)에서 $F_{1-7,8} = F_{1-7} + F_{1-8}$, 즉 $F_{1-8} = F_{1-7,8} - F_{1-7}$ 이 된다. 형상 계수 F_{1-7} 은 다음과 같이 전개하여 구할 수 있다.

$$A_1 F_{1-5,7} + A_3 F_{3-5,7} = A_{1,3} F_{1,3-5,7}$$

또는,

$$F_{1-5,7} = [1/A_1][A_{1,3} F_{1,3-5,7} - A_3 F_{3-5,7}] = F_{1-5} + F_{1-7}$$

및

$$F_{1-7} = F_{1-5,7} - F_{1-5}$$

교환 관계에서 다음과 같이 된다.

$$F_{1-5} = [A_5/A_1]F_{5-1}$$

여기에서 $F_{5-1} = F_{5-1,3} - F_{5-3}$ 이다.

이제, 여러 항들을 계산한다.

$$A_1 = A_2 = 2 \text{ m}^2 \qquad A_3 = A_4 = 2.5 \text{ m}^2 \qquad A_5 = A_6 = 5 \text{ m}^2 \qquad A_7 = A_8 = 3 \text{ m}^2$$

$F_{5-1,3}$ 에서는 다음과 같다.

$$L = 2.5 \text{ m}, W = 2.25 \text{ m} \text{ 및 } D = 2 \text{ m}$$

그러면 다음과 같이 된다.

$$L/D = 2.5/2 = 1.25 \text{ 및 } W/D = 2.25/2 = 1.125$$

그림 6.22에서 $F_{5-1,3} \approx 0.18$ 을 판독한다. F_{5-3} 에서는 다음과 같다.

$$L/D = 1.25 \text{ 및 } W/D = 0.625$$

그림 6.22에서 $F_{5-3} \approx 0.145$를 판독한다. 그러므로 다음과 같이 된다.

$$F_{5-1} = 0.18 - 0.145 = 0.035$$

교환 관계를 적용하면 다음과 같다.

$$F_{1-5} = [5/2][0.035] = 0.0875$$

$F_{1,3-5,7}$에서는 다음과 같다.

$$L/D = 2.25/2 = 1.125 \text{ 및 } W/D = 4/2 = 2.0$$

그림 6.22에서 $F_{1,3-5,7} \approx 0.22$를 판독한다. $F_{3-5,7}$에서는 다음과 같다.

$$L/D = 1.25/2 = 0.625 \text{ 및 } W/D = 4/2 = 2.0$$

그림 6.22에서 다시 그래프를 판독하면 $F_{3-5,7} \approx 0.288$이 되므로, $F_{1-5,7}$를 구할 수 있다.

$$F_{1-5,7} = [1/2 \text{ m}^2][(4.5 \text{ m}^2)(0.22) - (2.5 \text{ m}^2)(0.288)] = 0.135$$

그러므로 다음과 같이 된다.

$$F_{1-7} = F_{1-5,7} - F_{1-5} = 0.135 - 0.0875 = 0.0475$$

이제, 먼저 $F_{1,2,3,4-5,6,7,8}$를 살펴보고 나서 $F_{1-7,8}$를 구하는데, 여기에서는 다음과 같다.

$$L/D = 2.25/4 = 0.5625 \text{ 및 } W/D = 4/4 = 1.0$$

그림 6.22에서 $F_{1,2,3,4-5,6,7,8} \approx 0.279$를 판독한다. $F_{1,2,3,4-5,6}$를 구할 때에는 다음과 같다.

$$L/D = 2.25/4 = 0.5625 \text{ 및 } W/D = 2.5/4 = 0.625$$

그림 6.22에서 다음과 같이 판독한다.

$$F_{1,2,3,4-5,6} \approx 0.25$$

합하면 다음과 같이 된다.

$$F_{1,2,3,4-7,8} = F_{1,2,3,4-5,6,7,8} - F_{1,2,3,4-5,6} = 0.279 - 0.25 = 0.029$$

$F_{3,4-5,6,7,8}$에서는 다음과 같다.

$$L/D = 1.25/4 = 0.3125 \text{ 및 } W/D = 4/4 = 1.0$$

그런 다음 그림 6.22에서 $F_{3,4-5,6,7,8} \approx 0.348$을 판독한다. 그러면 다음과 같이 되는데,

$$F_{1-7,8} = \frac{1}{4 \text{ m}^2}[(4 \times 2.25 \text{ m}^2)(0.03) - (5 \text{ m}^2)(F_{3,4-7,8})]$$

여기에서,

$$F_{3,4-7,8} = F_{3,4-5,6,7,8} - F_{3,4-5,6}$$

$F_{3,4-5,6}$를 구할 때에는 다음과 같다.
$L/D = 1.25/4 = 0.3125$, $W/D = 2.5/4 = 0.625$이다. 그림 6.22에서 그래프를 판독하면 $F_{3,4-5,6} \approx 0.33$이 되므로, $F_{3,4-7,8} = 0.34 - 0.33 = 0.01$이 된다. 그러므로 다음과 같이 된다.

$$F_{1-7,8} = \frac{1}{4 \text{ m}^2}[(9 \text{ m}^2)(0.03) - (5 \text{ m}^2)(0.01)] = 0.055$$

최종적으로 다음과 같은 값이 나온다.

$$F_{1-8} = F_{1,7,8} - F_{1,7} = 0.055 - 0.0475 = 0.0075 \qquad \text{답}$$

6.5 복사 응용

이 절에서는 복사의 특성을 공학 응용에 유리하게 사용하는 법을 네 가지 사례를 들어 살펴볼 것이다. (1) 창유리의 선택적 상태량, (2) 태양열 에너지이용에 사용할 투과율 및 흡수율의 복합 상태량, (3) 재료의 반사 상태량 및 복사 응답 상태량을 실험적으로 구할 때 사용하는 공동(hohlraum) 및 (4) 태양열 복사나 다른 열복사를 집중시켜 고온을 발생시키기에 적합한 기하학적 형태와 같은 순서로 살펴보기로 한다. 이 네 가지 사례는 향후 응용에서 필요한 예비지식을 제공하고 자극이 되게 하고자 예시한 것이다.

유리의 선택적 상태량

유리는 거의 투명한 재료이므로, 중요한 복사 응답 상태량은 투과율과 반사율이다. 그림 6.31에는 산화제2철 Fe_2O_3가 % 기준으로 각각 소량이 함유되어 있는 네 가지 다른 유리 합성재의 스펙트럼 투과율이 나타나 있다. 주목할 점은, 스펙트럼 투과율이 복사 스펙트럼에 걸쳐서 두드러지게 변화한다는 것이다. 이러한 특성 때문에 창유리가 그토록 안성맞춤이 되는 것이다.

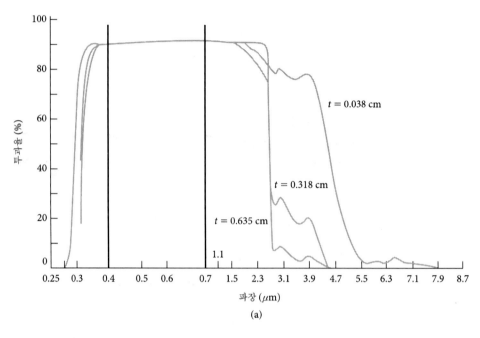

(a)

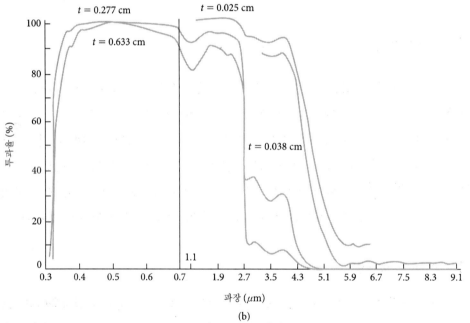

(b)

그림 6.31 Fe₂O₃ 양이 변할 때 유리의 스펙트럼 투과율: (a) 0.02, (b) 0.10, (c) 0.15, (d) 0.50. (출전: Dietz, A.G.H., Diathermanous Materials and Properties of Surfaces, R. W. Hamilton, ed., **Space Heating with Solar Energy**, MIT Press, 1954[6])

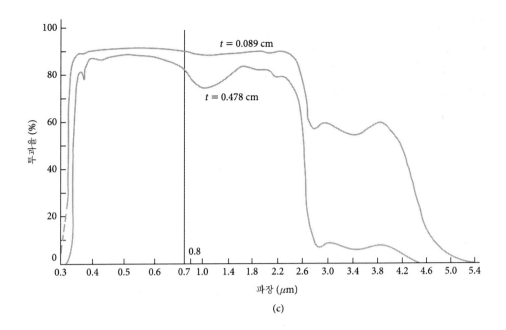

(c)

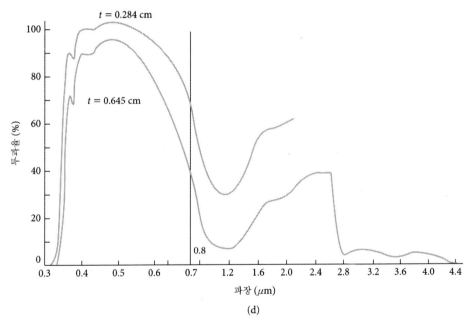

(d)

그림 6.31(계속) Fe_2O_3 양이 변할 때 유리의 스펙트럼 투과율: (a) 0.02, (b) 0.10, (c) 0.15, (d) 0.50. (출전: Dietz, A.G.H., Diathermanous Materials and Properties of Surfaces, R. W. Hamilton, ed., **Space Heating with Solar Energy**, MIT Press, 1954[6])

아트리움(atrium)에 사용될 두께가 0.478 cm인 Fe_2O_3 0.15 % 유리판을 살펴보자. 그림 6.32와 같이 태양 에너지 $\dot{Q}_{sol} = 600 \ \text{W/m}^2$는 온도가 6000 K인 복사원에서 출발하여 흑체 복사로서 도달하여 유리판을 투과량 $\dot{Q}_{tr,sol}$으로 투과한다고 가정한다. 아트리움 내부에서 나오는 복사는 온도가 300 K인 흑체 복사로서 유리판을 투과량 $\dot{Q}_{tr,in}$으로 투과한다고 가정한다. 아트리움 속으로 투과되는 열복사를 구하라.

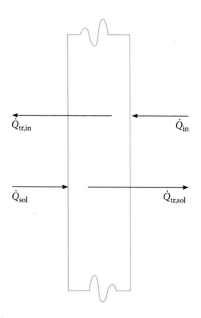

그림 6.32 유리 1장을 통과하는 복사 투과의 개념도

풀이 유리판을 투과하는 순 복사는 다음과 같다.

$$\dot{Q}_{tr,net} = \dot{Q}_{tr,sol} - \dot{Q}_{tr,in}$$

여기에서

$$\dot{Q}_{tr,sol} = \tau_{r,6000\,K} \, \dot{Q}_{sol} = \tau_{r,6000\,K}\left(600 \ \frac{\text{W}}{\text{m}^2}\right)$$

이고,

$$\dot{Q}_{tr,in} = \tau_{r,300\,K}\dot{Q}_{in} = \tau_{r,300\,K}\sigma T^4 = \tau_{r,300\,K}\sigma(300 \ \text{K})^4$$

이다. 그림 6.31에서 투과율을 그림 6.33과 같이 근사화할 수 있다. 그러면 투과율은 다음과 같이 합으로 산출할 수 있다.

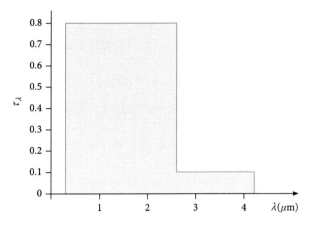

그림 6.33 Fe₂O₃가 0.15 %일 때 스펙트럼 투과율의 근사치

$$\tau_r \approx \tau_{r,0.3-2.6\,\mu m}\frac{E_{0.3-2.6\,\mu m}}{\sigma T^4} + \tau_{r,2.6-4.2\,\mu m}\frac{E_{2.6-4.2\,\mu m}}{\sigma T^4}$$

$T = 6000$ K에서의 태양 에너지 투과율은 표 6.1에서 선정하여 다음과 표로 작성한다.

예제 6.12에 사용하는 표

$\lambda(\mu)$m	$\lambda T(\mu m \cdot K)$	$\dot{E}_{B,0-\lambda T}/\sigma T^4$
0.3	1,800	0.05
2.6	15,600	0.972
4.2	25,200	0.991

그러면 다음과 같이 되므로,

$$\tau_{r,6000\,K} = (0.8)(0.972 - 0.05) + (0.06)(0.991 - 0.972) = 0.73874$$

투과되는 태양 에너지는 다음과 같다.

$$\dot{Q}_{tr,sol} = (0.73874)\left(600\,\frac{W}{m^2}\right) = 443.2\,\frac{W}{m^2}$$

내부 복사는 $T = 300$ K로 하고 표 6.1에서 다음 결과를 구한다.

예제 6.12에 사용하는 표

$\lambda(\mu)$m	$\lambda T(\mu m \cdot K)$	$\dot{E}_{B,0-\lambda T}/\sigma T^4$
0.3	90	≈ 0
2.6	780	≈ 0
4.2	1260	≈ 0.0026

그러면 다음과 같이 되므로,

$$\tau_{r,300\,\text{K}} = (0.8)(0 - 0) + (0.06)(0.0026 - 0) = 0.000156$$

다음과 같이 된다.

$$\dot{Q}_{\text{tr,in}} = (0.000156)\sigma(300\,\text{K})^4 = 0.0716\,\frac{\text{W}}{\text{m}^2}$$

아트리움 속으로 투과되는 순 복사는 다음과 같다.

$$\dot{Q}_{\text{tr,net}} = 443.2 - 0.0716 = 443.13\,\frac{\text{W}}{\text{m}^2} \qquad\qquad \text{답}$$

이 순 입력은 태양 에너지가 유리 표면에 입사할 때에만 발생할 수 있다. 그러므로 태양열 복사 600 W/m²은 하루 중 단지 일부에서의 근삿값이라고 가정해야만 한다. 이 결과가 의미하는 바는 명백하다. 그러나 선택적 재료는 자체의 응답 특성으로 외부로부터 받는 이익을 제공할 수 있다.

태양 에너지의 수집

태양에서 나오는 복사 열전달은 공학, 수학 및 물리학뿐만 아니라 지리학, 화학, 천문학과 기타 분야들이 관련되는 복잡한 주제이다. 태양은 지구에서 1억 5천만 km 가량 떨어져 있으므로, 복사는 복사원에서 그렇게 멀리 이동한 후에 직사한다고 가정하는 것이 편리하다. 최근에 측정한 결과는 태양에서 지구 대기 밖까지 거리에서의 전체 강도 $\dot{I}_{\text{sc}}$가 1353 W/m²로 나타났는데, 이를 태양 상수라고도 한다. 태양 복사가 확산인지 아닌지 알려진 바는 없지만, 십중팔구는 확산이 아니다. 확산은 복사가 균일하지 않게 수송된다는 것을 의미하므로, 복사를 분리(isolar)시키는 일부 비확산 특성이 있을지도 모르지만, 확산은 전혀 단일 방향이 아니다.

그림 6.34에는 지구 대기 밖에서 측정된 태양 에너지의 스펙트럼 강도 $I(\lambda)$가 나타나 있다. 곡선 아래 면적이 태양 상수이다. 즉,

$$\dot{I}_{\text{sc}} = \int_0^\infty \dot{I}d(\lambda) = 1353\,\frac{\text{W}}{\text{m}^2} \tag{6.55}$$

태양 에너지가 지구 대기를 지나면서 투과되어 지구에 조사됨으로써, 강도가 감소,

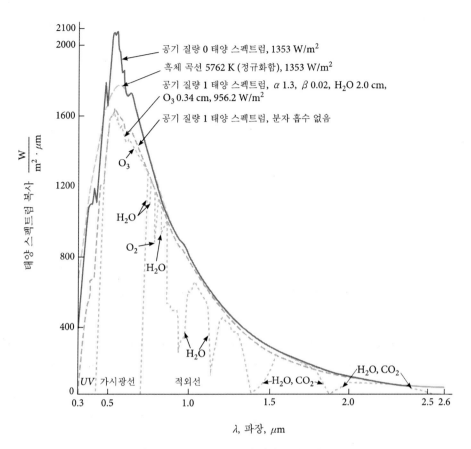

그림 6.34 지구 표면에서의 태양 스펙트럼 강도

즉 감쇠된다. 이 감쇠는 그 지역의 기상 조건과 하루 중 시간에 강하게 종속된다. 3월 21일이나 9월 21일인 춘분·추분의 정오에는 태양이 적도에서 바로 머리 위에 있으므로, 태양 에너지가 1 공기 질량을 통과한다고 한다. 1 공기 질량은 그림 6.35와 같이 정의되어 있다. 이는 태양이 머리 바로 위에 있을 때 복사가 외우주에서 지구 표면까지 통과해야 하는 거리이다. 가스 내 복사의 감쇠는 제7장에서 더 설명할 것이다. 알다시피 지축이 23.5° 기울어져 있기 때문에, 열대에서만은 태양이 머리 바로 위에 있는 지역이 북위 23.5°에서 남위 23.5° 사이이다. 지구가 태양 주위를 공전하므로, 지구에서 보면 태양은 1년 동안 북회귀선에서 남회귀선으로 이동한 다음 되돌아가는 것처럼 보인다. 남반부와 북반부에서 23.5°보다 더 고위도 지역에서는 태양은 절대로 머리 바로 위에 있지 않는다.

공기 질량수는 하루 중 임의의 시점에서 다음 식으로 근삿값을 구할 수 있는데, 여기에서 그림 6.36에서 정의된 바와 같이 m_a는 **공기 질량수**이고, ζ_s는 지구에서 측정한 태양의

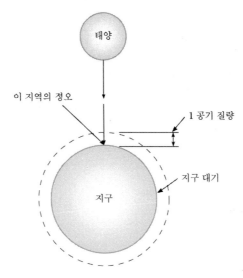

그림 6.35 태양 에너지가 대기에서 감쇠되는 개념도

방위각이다. 태양 정오(태양이 머리 바로 위에 있을 때)에는 방위각이 0이므로, 예를 들어 방위각이 75.5°일 때는 공기 질량이 4 정도가 된다. 방위각이 84.3°일 때는 공기 질량수가 10이므로, 태양 에너지는 태양 정오에서보다 대기를 10배 통과해야만 한다. 그림 6.37에는 공기 질량수가 4, 7과 10일 때 지구 표면에서의 태양 에너지 감쇠를 나타내고 있다. 그림에서 보면 공기 질량수가 1보다 커지기 시작하면서 태양 에너지의 스펙트럼 강도가 두드러지게 감소하고 있다는 것을 알 수 있다.

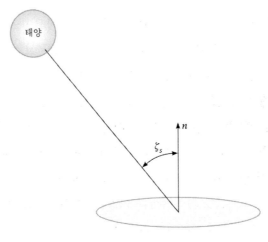

그림 6.36 태양의 방위각

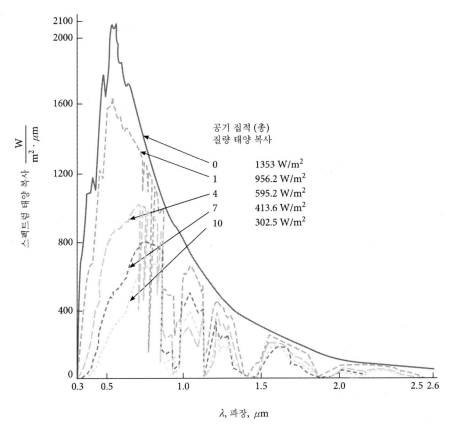

세로축: 스펙트럼 태양 복사 $\dfrac{\text{W}}{\text{m}^2 \cdot \mu\text{m}}$

공기 집적 (총)	질량 태양 복사
0	1353 W/m²
1	956.2 W/m²
4	595.2 W/m²
7	413.6 W/m²
10	302.5 W/m²

λ, 파장, μm

그림 6.37 미국 표준 대기에서 여러 공기 질량수에서의 스펙트럼 태양 복사. 20 mm 침전성 수증기, 3.4 mm 오존 및 매우 깨끗한 공기

$$m_a = \frac{1}{\cos \zeta_s} \tag{6.56}$$

태양 에너지는 직사한다고 가정하므로, 복사 강도 $\dot{I}$는 복사와 같다. 즉,

$$\dot{q}_A = \dot{I} \quad (\text{W/m}^2)$$

앞에서 언급한대로 태양에 대해서 뿐만 아니라 그 지역의 기상 패턴에 대한 지구의 일일 운동과 계절 운동은 지구 표면에서 태양 복사의 강도에 강한 영향을 준다. Duffie과 Beckman[7]의 저서에는 태양 강도 산출에 관한 설명이 더 실려 있다.

태양 에너지의 포집에는 재료의 투과 및 흡수 특성의 이해와 관련이 있다. 그림 6.38에는 전형적인 평판형 태양열 집열기가 그려져 있다. 덮개는 유리판으로서 태양 에너지가 이 유리판을 지나 흡열기를 향해 투과된다. 여기서 태양 에너지는 공기나 물과 같은 유체의

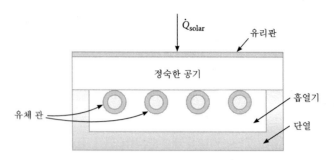

그림 6.38 전형적인 평판형 태양열 집열기의 단면도

열에너지를 증가시키는 데 사용되는데, 이 유체는 집열기를 통과하여 흐른다. 그림 6.38과 같은 형태에서는 유체가 관 속을 흐르고 있다. 유체에 수집될 수 있는 최대 태양 에너지는 다음 식으로 구한다.

$$\dot{Q}_{\max} = \tau_{r,\text{glass}}\alpha_{r,\text{abs}}\dot{Q}_{\text{solar}} \tag{6.57}$$

유리 덮개를 제거해서 투과율을 1.0으로 할 수도 있겠지만, 예제 6.12에서 볼 수 있듯이 대류 및 복사 열전달이 모두 손실된다. 이는 투과율 증가를 상쇄하고도 초과하게 된다. 집열기 바닥과 옆벽에서의 단열은 열손실을 최소로 줄이기 위해 권장하는 것이다. 태양 에너지 문헌에서는 $\tau_{r,\text{glass}}\alpha_{r,\text{abs}}$를 $(\tau\alpha)_{\text{effective}}$라고 하며, Duffie과 Beckman[7]에서는 평판형 집열기일 때에 이 값을 전형적으로 0.65에서 0.75 사이로 제안하고 있다.

복사 응답 상태량을 실험으로 구하기

불투명 표면에서의 복사 응답 상태량들을 Gier과 Dunkle[8]이 제안한 방법과 장치를 사용하면 측정할 수 있는데, 이는 그림 6.39에 그려져 있다. 이 장치는 그림 6.4에 있는 것과 많이 비슷한 밀폐 용기인데, 단지 한쪽 표면에서는 원통형 시편을 끼워 넣을 수 있어야 하고, 시편과 마주보는 쪽에는 바늘구멍이 있어야 한다는 조건만이 다르다. 복사는 스펙트럼 복사이든 전체 복사(A_λ)이든 시편 표면에서 측정하면 되므로, 용기 내부 표면에서의 스펙트럼 또는 전체 복사(B_λ)를 동시에 측정할 수 있다. 이 용기를 묘사하는 용어로는 hohlraum(정확하게 '빈 공간' 또는 '공동'을 의미하는 독일어)을 사용하는데, 이는 거의 흑체와도 같다. 시편 표면의 반사율은 다음과 같으며,

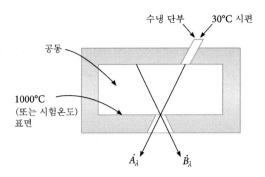

그림 6.39 스펙트럼 방사율 측정 장치의 개략도

$$\rho_r = \frac{A_\lambda}{B_\lambda} \tag{6.58}$$

이어서 방사율과 흡수율은 식 (6.37)로 직접 구하면 된다.

복사를 집중시키는 가하학적 형태

태양 복사 또는 직사 복사는 더 좁은 면적에 집중시킬 수 있으므로, 광학 렌즈나 반사기로 복사 밀도를 증가시킬 수 있다. 집중기(concentrator)에는 직사 복사 반사 용도의 포물면 형태와 근사 집중 용도의 구면 형태가 사용된다. 그림 6.40에는 전형적인 집중기가 나타나 있다. 초점은 면적 A_a에 걸친 직사 복사가 집중 계수 A_a/A_F로 집중되는 점이나 선을 나타낸다. 앞서 설명한 평판형 태양열 집열기는 집중 계수가 1.0이지만, 전형적인 집중식

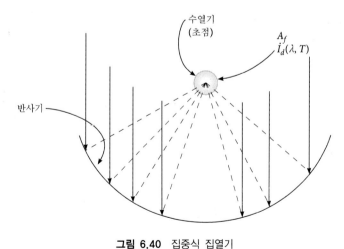

그림 6.40 집중식 집열기

집열기는 집중 계수가 4에서 10 또는 그 이상이다.

반사기가 반사율이 1.0일 때, 수용기에서는 복사 강도가 다음과 같다.

$$\dot{I} = \frac{A_a}{A_F}\dot{I}_d(\lambda, T)$$

(6.59)

집중기의 반사 표면에서 방사되는 복사를 무시하면, 수용기에서는 복사 강도가 다음과 같이 된다.

$$\dot{I} = \rho_r \frac{A_a}{A_F}\dot{I}_d(\lambda, T)$$

(6.60)

다음 장에서는 2개 이상의 표면 간 복사 열전달 해석 방법을 설명할 것이다.

6.6 요약

미분 면적에서 전달되는 복사 열전달은 다음과 같다.

$$d\dot{E}_{dA_1} = \text{면적 } dA_1\text{에서 전달되는 열전달 (W 또는 Btu/hr)}$$

단위 미분 면적당 열전달은 다음과 같다.

$$d\omega = \frac{dA_n}{r^2}$$

(6.2)

하나의 미분 면적에서 또 다른 법선 방향 미분 면적 dA_n에 전달되는 복사량을 둘러싸는 입체각은 다음과 같다.

$$\dot{I}_{dA_1} = \frac{1}{dA_n d\omega d\lambda}d\dot{E}_{dA_1} = \frac{1}{dA_1 \cos\theta_1 d\omega d\lambda}d\dot{E}_{dA_1}\left(\frac{W}{m^2 \cdot sr \cdot \mu m}\right)$$

(6.5)

$$\dot{E}_{dA_1} = \int_0^{\lambda=\infty}\int_0^{\phi=2\pi}\int_0^{\theta=\pi/2}\dot{I}(\lambda, T)\cos\theta\sin\theta\,d\theta\,d\phi\,d\lambda\left(\frac{W}{m^2} \text{ 또는 } \frac{Btu}{hr \cdot ft^2}\right)$$

(6.8)

확산 표면에서 단위 면적당 열전달은 다음과 같다.

$$\dot{E}_{dA_1} = \pi \int_0^\infty \dot{I}(\lambda, T) d\lambda \qquad (6.9)$$

흑체에서의 스펙트럼 강도는 다음과 같다.

$$\dot{I}_B(\lambda, T) = \frac{2\hbar c_0^2}{\lambda^5 (e^{\hbar c''/\lambda T} - 1)} \qquad \left(\frac{W}{m^2 \cdot \mu m}\right) \qquad (6.12)$$

흑체 스펙트럼 출력, 즉 단위 파장당 단위 면적당 열전달은 다음과 같으며,

$$\dot{E}_B = \pi \int_0^\infty \dot{I}_B(\lambda, T) d\lambda \qquad (W/m^2) \qquad (6.13)$$

이 식은 다음과 같이 된다.

$$\dot{E}_B = \sigma T^4 \qquad (W/m^2) \qquad (6.15)$$

0에서부터 임의의 파장 λ까지의 복사 대역폭에서 흑체 복사기에서 방사되는 전체 출력의 분율은 다음과 같다.

$$\frac{\dot{E}_{B,0-\lambda T}}{\sigma T^4} = \frac{\pi}{\sigma T^4} \int_0^{\lambda T} \dot{I}(\lambda, T) d\lambda \qquad (6.16)$$

빈의 변위 법칙에서 흑체의 최대 스펙트럼 강도에서의 파장/온도를 구할 수 있다.

$$\lambda T = 2897.8 \ \mu m \cdot K \qquad (6.14)$$

표면의 복사 응답 특성은 다음과 같으며,

$$\frac{\dot{E}_{ab}}{\dot{E}_{irr}} = \alpha_r = \text{흡수율} \qquad (6.20)$$

$$\frac{\dot{E}_{re}}{\dot{E}_{irr}} = \rho_r = \text{반사율} \qquad (6.21)$$

$$\frac{\dot{E}_{tr}}{\dot{E}_{irr}} = \tau_r = \text{투과율} \qquad (6.22)$$

표면에서는 다음과 같다.

$$\alpha_r + \rho_r + \tau_r = 1.0 \tag{6.23}$$

표면에서의 스펙트럼 방사율은 다음과 같다.

$$\varepsilon_{r,\lambda}(T, \theta, \phi, \lambda) = \frac{1}{\dot{I}_B(\lambda, T)} \dot{I}_{dA}(T, \theta, \phi, \lambda) \tag{6.25}$$

또한, 방사율은 다음과 같다.

$$\varepsilon_r = \frac{1}{\sigma T^4} \int_0^\infty \int_0^{2\pi} \int_0^{\pi/2} \varepsilon_{r,\lambda}(T, \theta, \phi, \lambda) \cdot \dot{I}_B(T, \theta, \phi, \lambda) \cos\theta \sin\theta \, d\theta \, d\phi \, d\lambda \tag{6.24}$$

회색체 표면, 즉 확산 표면에서는 다음과 같이 된다.

$$\varepsilon_r = \frac{1}{\sigma T^4} \int_0^\infty \varepsilon_{r,\lambda}(\lambda, T) \cdot \dot{E}_{re}(\lambda, T) d\lambda \tag{6.26}$$

키르히호프의 복사 법칙은 다음과 같다.

$$\alpha_{r2} = \varepsilon_{r2} \tag{6.34}$$

불투명 회색체에서는 다음과 같이 되며,

$$\alpha_r + \rho_r = \varepsilon_r + \rho_r = 1.0 \tag{6.37}$$

투명체에서는 다음과 같이 된다.

$$\rho_r + \tau_r = 1.0 \tag{6.38}$$

면적 j에 대한 면적 i의 복사 형상 계수 또는 각 관계는 다음과 같다.

$$F_{i-j} = \frac{1}{\pi A_i} \int_{A_i} \int_{A_j} \cos\Theta_i \cos\Theta_j \frac{dA_j}{r^2} dA_i \tag{6.46}$$

n개의 면적과 상호작용하는 면적 i의 형상 계수의 합은 다음과 같다.

$$\sum_{j=1}^{n} F_{i-j} = 1.0 \tag{6.49}$$

호환 관계에서 다음과 같이 된다.

$$A_i F_{i-j} = A_j F_{j-i} \qquad (6.50)$$

면적 i가 m개의 소부분의 합일 때에는, 또 다른 면적 j에 대한 형상 계수가 다음과 같다.

$$A_i F_{i-j} = \sum_{k=1}^{m} A_k F_{k-j} \qquad (6.53)$$

■ 토론 문제

제6.1절

6.1 모든 전자기 복사는 광속으로 이동하는가?

6.2 확산 복사란 무엇인가?

6.3 복사원에서 멀어져도 스펙트럼 강도가 감소되지 않는 이유는 무엇인가?

6.4 입체각을 정의하라.

제6.2절

6.5 흑체란 무엇인가?

6.6 빈의 변위 법칙(Wein's displacement law)이란 무엇인가?

6.7 흑체에서는 온도가 몇 도일 때 복사가 방사되는가?

제6.3절

6.8 회색체란 무엇인가?

6.9 키르히호프 법칙(Kirchoff's law)이란 무엇인가?

6.10 선택적 표면이란 무엇인가?

6.11 불투명 표면이란 무엇인가?

6.12 투명 표면이란 무엇인가?

제6.4절

6.13 형상 계수란 무엇인가?

6.14 교환 관계를 설명하라.

6.15 크로스 스트링 법이란 무엇인가?

제6.5절

6.16 확산 복사는 집중될 수 있는가?

6.17 평판형 태양열 집열기란 무엇인가?

6.18 공동(hohlraum)이란 무엇인가?

수 업 중 퀴 즈 문 제

1. 파장이 $0~\mu m$와 $0.01~\mu m$ 사이일 때는 열복사를 $0.2~W/m^2$로 방사하고, 파장이 $0.01~\mu m$ 이상일 때는 열복사를 $1.2~W/m^2$로 방사하는 흑체가 있다. 단위 면적당 방사되는 총 복사는 얼마인가? 그렇다면 파장이 정확히 $0.01~\mu m$일 때 방사되는 복사는 얼마인가?

2. 특정한 회색체 표면의 흡수율은 0.35이고 반사율이 0.45이다. 그 방사율과 투과율은 얼마인가?

3. 구는 몇 sr인가?

4. 입체각이 0.2 sr일 때, 이 입체각의 원점에서 4 m 거리에서 둘러싸여 있는 표면적은 몇 sr인가?

연 습 문 제

제6.1절

6.1 열복사가 대기를 통과하여 그 속도가 $2.1 \times 10^8~m/s$로 감소될 때, 이 열복사의 가시 부분의 파장 대역폭을 구하라. 주파수 대역폭은 진공을 통과하는 복사의 파장 대역폭과 달라지지 않는다고 가정하라.

6.2 그림 6.41과 같이 면적이 $1~cm^2$로 작은 면적을 3개의 위치, Ⅰ, Ⅱ 및 Ⅲ에서 조망한다. 이 세 점에서 $1~cm^2$ 면적을 대하는 입체각을 각각 구하라.

6.3 그림 6.42와 같이 면적 A_1이 위치 i에서 위치 ii로, 위치 iii로 이동할 때 면적 A_1에서 면적 A_2를 대하는 입체각을 산출하라. 즉, $\omega_{12}i$, $\omega_{12}ii$, $\omega_{12}iii$을 각각 구하라.

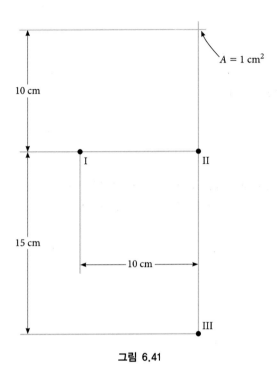

그림 6.41

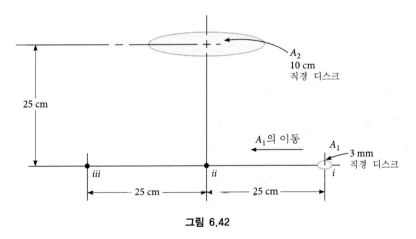

그림 6.42

제6.2절

6.4 흑체 복사기에서 방사되는 복사가 그 색깔이 다음과 각각 같다고 하고, 이에 해당하는 온도를 구하라. (힌트: 빈의 변위 법칙을 사용하고 물리 교재에서 색상과 파장을 참조하라.)

a) 빨강

b) 파랑

c) 초록

d) 노랑

e) 보라

6.5 온도가 다음과 각각 같은 표면에서 대역폭이 $\lambda_1 = 0.2\ \mu\text{m}$ 에서 $\lambda_2 = 5.0\ \mu\text{m}$ 일 때 방사되는 흑체 복사를 구하라.

a) 100 ℃

b) 1000 ℃

c) 3000 ℃

6.6 그림 6.43과 같이 어떤 창유리에서 투과율이 스펙트럼 형태로 분포한다. 온도가 550 K 인 원점에서 전달되는 열에너지의 유효 투과율을 구하라.

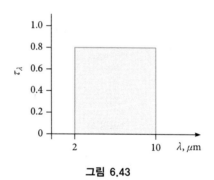

그림 6.43

제6.3절

6.7 아크릴 수지(Plexiglas) 벽의 반사율이 0.10이다. 방사율이 0.3일 때 투과율을 산출하라.

6.8 불투명 회색체의 방사율이 0.6일 때, 반사율은 얼마인가?

6.9 투명 표면이 투과율이 0.8이다. 반사율은 얼마인가?

6.10 흐릿한 금속 표면을 무반사라고 가정하고, 흡수율을 0.65라고 할 때 투과율을 구하라.

6.11 그림 6.44와 같은 스펙트럼 방사율 그래프를 완성하라.

제6.4절

6.12 3개의 표면이 열복사로 서로 상호작용을 하고 있다. 다음과 같은 데이터를 적용하여, F_{1-3} 와 F_{2-3} 를 각각 구하라.

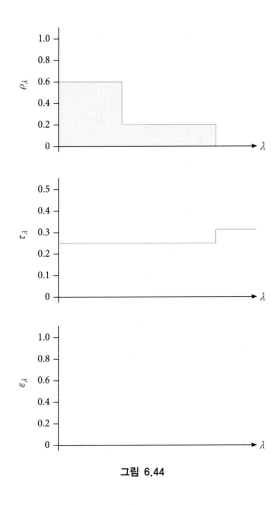

그림 6.44

$$A_1 = 0.2 \text{ m}^2 \text{ (볼록 표면)} \quad F_{12} = 0.2$$
$$A_2 = 0.3 \text{ m}^2 \text{ (볼록 표면)}$$
$$A_3 = 0.4 \text{ m}^2 \text{ (오목 표면)}$$

6.13 두께가 0.3 cm인 광택이 나는 알루미늄 판이 열복사에 대한 부분 차폐로 사용된다. 그림 6.45와 같이 이 알루미늄 판에 중심 간 거리를 3 cm로 하여 직경이 1.2 cm인 구멍을 펀치 가공하였을 때, 한쪽 A_1과 다른 쪽 A_2 간 형상 계수 F_{1-2}를 구하라.

6.14 대형 태양로가 태양 복사를 파라볼라 반사판에서 집열기 쪽으로 반사시킨다. 이 반사판과 집열기는 매우 길며 그 형상은 그림 6.46과 같다. 반사판에서 집열기에 대한 형상 계수를 구하라.

6.15 직경이 1 cm인 두꺼운 차폐가 노를 둘러싸고 있다. 차폐에 구멍을 뚫어서 입사 복사의 50 %가 이 구멍의 영향을 받지 않고 통과하게 하려면 그 직경을 얼마로 해야 하는가?

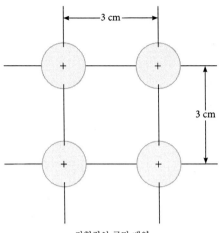

전형적인 구멍 배열

그림 6.45

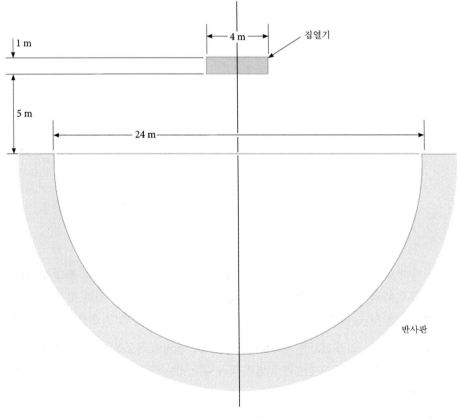

그림 6.46

6.16 그림 6.47과 같은 표면에서 형상 계수 F_{12}와 F_{21}을 구하라. 표면 A_1과 A_2는 평평하며 서로 직교한다.

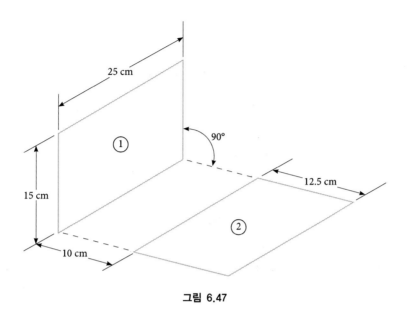

그림 6.47

6.17 그림 6.48과 같이 표면 A_1, A_2, A_3의 배열에서 형상 계수 F_{1-2}, F_{2-1}, F_{1-3}, F_{2-3}, F_{3-1} 및 F_{3-2}를 구하라.

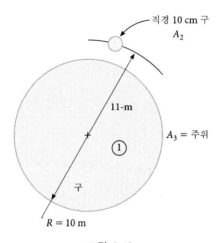

그림 6.48

6.18 그림 6.49와 같이 각각이 외경이 15 cm이고 외경이 7.5 cm인 평평한 2개의 링이 서로 평행으로 10 cm 이격되어 있다. 형상 계수 $F_{1-2} = F_{2-1}$를 구하라.

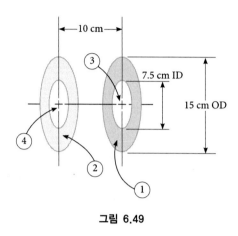

그림 6.49

6.19 그림 6.50과 같은 표면들 사이에서 형상 계수 F_{1-2}, F_{1-3}, F_{2-1} 및 F_{3-1}을 구하라.

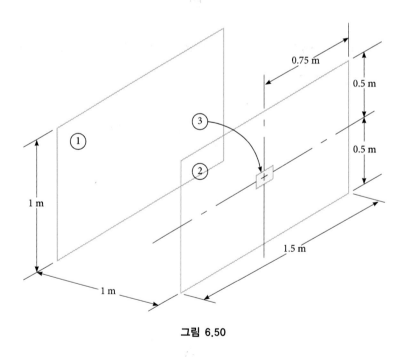

그림 6.50

6.20 그림 6.51과 같이 단면이 $10 \text{ cm} \times 10 \text{ cm}$인 기다란 각봉과 직경이 10 cm인 환봉 사이에서 형상 계수를 구하라. 즉, 형상 계수 F_{1-2}과 F_{2-1}를 구하라. (힌트: 크로스 스트링법을 사용하면 유리하다.)

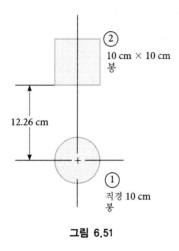

10 cm × 10 cm 봉 ②

12.26 cm

직경 10 cm 봉 ①

그림 6.51

제6.5절

6.21 그림 6.52와 같이 투명 회색체 표면에서 반사율이 스펙트럼 형태로 분포한다. 500 K와 850 K에서 평균 반사율과 투과율을 구하라.

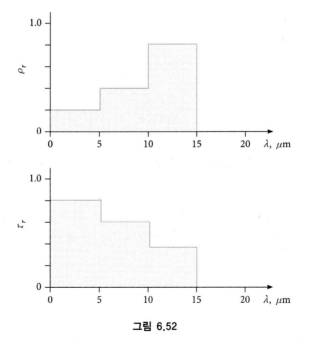

그림 6.52

6.22 투과율이 다음과 같은 유리판이

$$\tau_\lambda = 0.8 \qquad\qquad 0 < \lambda \leq 4\ \mu m$$
$$\tau_\lambda = 0.0 \qquad\qquad \lambda > 4\ \mu m$$

한쪽은 태양에서 다른 쪽은 방에서 각각 직사 열복사를 받고 있다. 태양은 온도가 6000 K 인 흑체라고 가정하고, 방은 온도가 300 K인 흑체라고 가정한다. 유리를 통과하는 순 열복사를 구하라.

6.23 그림 6.53과 같은 단일 파장의 방사 동력 분포에서 다음 각각에서 방사되는 복사 에너지를 구하라.
a) 전체 파장 스펙트럼
b) 파장 대역 $1\ \mu m$에서 $2\ \mu m$까지

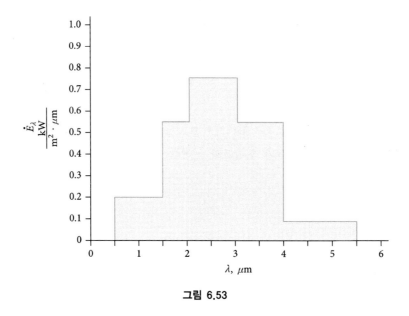

그림 6.53

6.24 그림 6.54와 같이 방사율이 스펙트럼 형태로 분포하는 불투명 회색체 표면의 스펙트럼 반사율을 구하라.

6.25 분점에 태양에서 오는 태양 에너지가 매 시간 동안 지구 적도에 도달하도록 통과하는 공기 질량수를 구하라. 분점은 해가 하늘에 12시간 동안 떠 있는 연중의 날이다.

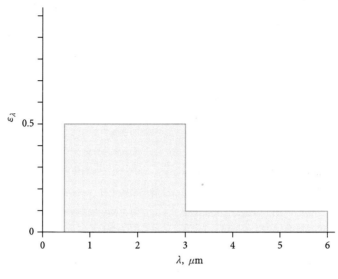

그림 6.54

[참고문헌]

[1] Planck, M., *The Theory of Heat Radiation*, Dover Publications, New York, 1959.

[2] Touloukian, Y. S., et al., *Thermophysical Properties of Matter*, vol. 7 (1970), vol. 8 (1972), and vol. 9 (1972), Plenum Data Corporation, New York.

[3] Hottel, H. C., and A. F. Sarofim, *Radiative Heat Transfer*, McGraw-Hill, New York, 1967.

[4] Hamilton, D.C., and W. R. Morgan, *Radiant Interchange Configuration Factors*, National Advisory Committee for Aeronautics (NACA) Technical Note 2836, 1952.

[5] Hottel, H. C., Radiant Heat Transmission, in W.H. McAdams, ed., *Heat Transmission*, 3rd edition, McGraw-Hill, New York, 1954.

[6] Dietz, A. G. H., Diathermanous Materials and Properties of Surfaces, in R. W. Hamilton, ed., *Space Heating with Solar Energy*, MIT Press, Cambridge, MA, 1954.

[7] Duffie, J. A., and W. A. Beckman, *Solar Engineering of Thermal Processes*, 4th edition, John Wiley & Sons, New York, 2013.

[8] Gier, J. T., and R. V. Dunkle, *Selective Spectral Characteristics as an Important Factor in the Efficiency of Solar Collectors*, Transactions of the Conference of the Use of Solar Energy, vol. 2, part I, p. 41, University of Arizona Press, Tucson, AZ, 1958.

CHAPTER

07 복사 열전달 해석

역사적 개요

열전달은 기술, 설계, 사회적 발전 등에 중요한 도구로, 열전달 해석은 많은 나라에서 삶의 기준을 개선하는 데 결정적인 것이었다. 복사 열전달은 세 가지 열전달 양식 중에서 가장 많이 사용되는데, 여기에는 태양 에너지, 풍력 에너지, 바이오 에너지 등이 포함된다. 복사 열전달의 많은 현대적 응용은 패링턴 다니엘스(Farrington Daniels)와 호이트 호텔 (Hoyt C. Hottel)이라는 두 미국인에 의해 체계가 확립되어 발전되었다.

패링턴 다니엘스는 1889년에 미네소타주의 미니애폴리스에서 태어나 사람들에게 봉사하는 데 관심이 많았다. 다니엘스는 1914년에 하버드 대학에서 박사 학위를 수료하고 위스콘신 대학에서 생애의 대부분을 보냈는데, 여기에서 그의 직무 중에는 대학 태양 에너지 연구소 관리도 포함되었다. 다니엘스는 페블 베드 원자로(Pebble Bed Nuclear Reactor)를 착상하였고 수많은 복사 열전달 응용에 관여했는데, 이 가운데 다수가 태양 에너지를 에너지원으로 하는 것이었다. 다니엘스는 널리 보급된 Direct Use of the Sun's Energy의 저자인데, 1964년에 출판된 이 책은 아직도 태양 에너지 응용이 잘 편찬된 책 가운데 하나로 보고 있다.

다니엘스의 책은 태양 복사 이론과 세계적으로 태양 에너지 응용에 널리 사용할 수 있는 다양한 기술을 모두 망라하고 있다. 다니엘스가 쓴 이 책에는 물의 증류, 다양한 물질의 건조, 태양 에너지로 조리하고 빵 굽기, 태양로를 활용한 고온 응용의 활용, 태양 에너지를 냉각에 직접 변환하기, 전기 발전 외에도 그 이상에 관한 주제들이 검토되어 있다. 게다가 이 책은 오늘날에도 맨 처음 출판되었을 만큼이나 새 책 같고 내용도 뒤떨어지지 않는 것 같다.

다니엘스 박사는 현재의 태양 에너지 학회를 결성하는 데 도움이 되었다. 패링턴 다니엘스 박사는 1972년에 운명했다.

호이트 호텔은 1903년에 인디애나주의 살렘에서 태어나 고등학교를 조기 졸업하고 1922년에 인디애나 대학에서 화학학사를 수료했다. 그 후 매사추세츠 공과 대학(MIT)으로 건너가 1998년에 사망할 때까지 평생 동안을 가르치고 연구에 참여하였다.

호텔은 노와 보일러, 연소 과정, 태양 에너지 응용 등에서의 복사 열전달 해석을 개발하고 발전시켰다. 호텔은 해석적인 기질이어서 평판형 태양열 집열기의 열 해석이 잘 되는 초기 모델 가운데 하나(호텔-휠리어 모델; Hottel-Whillier model)를 개발하기도 하였지만, 최종 제품을 통해서 공학의 전체 영역에 관여하기도 하였다. 호텔은 1939년에 MIT Solar House를 입안하고 건축하는 데 관여하였으며 이 House의 후속 연구에 참여하였다. 호텔은 자신의 생애에 걸쳐서 원예, 목공, 카약 제작, 고전 음악 연구, 산악 등반 등 많은 비전통적인 공학 프로젝트에도 참여하였다.

학습 내용

1. 불투명체 표면의 총 복사(radiosity)를 구한다.
2. 차폐를 포함한 불투명체 또는 흑체의 2표면 간 및 3표면 간 복사 교환에서의 네트워크를 가시화하고 구한다.
3. 불투명체의 2표면 간 및 3표면 간 복사 교환에서 복사 열전달을 구한다.
4. 불투명체의 3표면을 초과하는 다표면 간 복사 열전달을 모델링한다.
5. 복사를 흡수하지 않는 투명 물질에서의 복사 열전달을 구한다.
6. 불투명체 표면과 무반사율 가스 간 복사 열전달을 구한다.

새로운 용어

K_λ 소광 계수(extinction coefficient)

J 총 복사(radiosity)

7.1 총 복사

그림 7.1에는 표면 조사(irradiation)가 개념적으로 나타나 있다. 조사 중 일부는 흡수되고, 일부는 투과되며, 일부는 반사된다. 표면은 또한 복사를 방사하므로, 그림 7.1에는 표면에 도달하고 표면에서 떠나는 모든 복사가 설명되어 있다. 주목할 점은 표면을 떠나는 전체 복사(total radiation)는 다음과 같은데,

$$\dot{E}_{\text{emitted}} + \dot{E}_{\text{reflected}} = J \tag{7.1}$$

이를 **총 복사**(radiosity) J 라고 한다. 총 복사는 단위가 동력/면적 $[\text{W/m}^2]$으로 열 플럭스의 단위와 같다. 불투명 회색체에서는 총 복사가 다음과 같다.

$$J = \varepsilon_r \sigma T^4 + \rho_r \dot{E}_{\text{irr}} \tag{7.2}$$

$\rho_r = 1 - \varepsilon$이므로, 이 식은 다음과 같이 된다.

$$J = \varepsilon_r \sigma T^4 + (1 - \varepsilon_r) \dot{E}_{\text{irr}} \tag{7.3}$$

표면을 떠나는 순 복사는 단위 면적당 다음과 같다.

$$\dot{q}_{A,\text{net}} = \frac{\dot{Q}_{\text{net}}}{A} = J - \dot{E}_{\text{irr}} \tag{7.4}$$

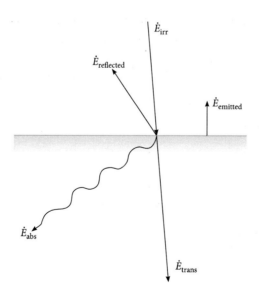

그림 7.1 표면에서의 복사

또는, 식 (7.3)을 사용하면 다음과 같으므로,

$$\dot{q}_{A,\text{net}} = \varepsilon_r \sigma T^4 + (1 - \varepsilon_r)\dot{E}_{\text{irr}} - \dot{E}_{\text{irr}} \tag{7.5}$$

다음과 같이 된다.

$$\dot{q}_{A,\text{net}} = \varepsilon_r(\sigma T^4 - \dot{E}_{\text{irr}}) \tag{7.6}$$

식 (7.3)에 있는 $\dot{E}_{\text{irr}}$을 풀면 한층 더 유용하다. 즉,

$$\dot{E}_{\text{irr}} = \frac{1}{1 - \varepsilon_r}(J - \varepsilon_r \sigma T^4) \tag{7.7}$$

그런 다음, 식 (7.7)을 (7.6)에 대입하면 다음과 같이 되거나

$$\dot{q}_{A,\text{net}} = \frac{\varepsilon_r}{1 - \varepsilon_r}(\sigma T^4 - J)$$

다음과 같이 된다.

$$\dot{Q}_{\text{net}} = \frac{\varepsilon_r A}{1 - \varepsilon_r}(\sigma T^4 - J) \tag{7.8}$$

여기에서 $\dot{Q}_{\text{net}}$은 표면 A를 떠나는 전체 순 복사이다. 식 (7.8)은 열 저항 상사가 암시하고 있는데, 여기에서 열 플럭스 $\dot{Q}_{\text{net}}$은 열 퍼텐셜 $(\sigma T^4 - J)$로 구동되고 열 저항 $(1 - \varepsilon_r)/\varepsilon_r A$로 저항을 받는다. 그림 7.2에는 표면 복사의 전기적 상사가 나타나 있다.

이 상사는 앞서 소개했던 전도 열전달과 옴의 법칙 간 상사보다 한층 더 추상적인 경향이 있기는 하지만, 이를 비교해보면 유용한 점이 있다. 순 열전달 $\dot{Q}_{\text{net}}$은 단위가 플럭스, 즉 동력 W이지만, 열 퍼텐셜 항들인 σT^4과 J는 단위가 W/m^2, 즉 단위 면적당 동력인 반면에 열 저항은 단위 면적당 값이므로 그 단위에는 역수 $[\text{m}^{-2}]$가 포함되어 있다. 그림 7.2의 표면에서 유의해야 할 점은, 이 상사 모델에서는 불투명 회색체 표면이 총 복사(J)임이 분명한 흑체원(σT^4)으로 구동되고 있음이 나타나 있다는 것이다. 열 저항은 표면 면적이 증가하거나 방사율이 증가함에 따라 증가한다. $\varepsilon_r \rightarrow 1$의 극한에서 표면은 흑체로서 작용하고, 열 저항은 0이 된다. 즉, $(1 - \varepsilon_r)/\varepsilon_r A = 0$이 된다. 열 저항이 0일 때에는 다음과 같이 되는데,

$$J = \sigma T^4 \tag{7.9}$$

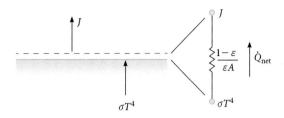

그림 7.2 복사 표면에서의 열 저항

이 결과는 이미 나왔던 것으로, 흑체는 복사를 반사하지는 않지만 방사는 완전히 한다. $\varepsilon_r \to 0$과 같은 다른 극한에서 총 복사는 $J = \dot{E}_{irr}$(완전 반사기)가 된다.

예제 7.1

어떤 표면의 방사율이 관계식 $\varepsilon_r(T) = 0.6 - 0.0002T$ ($T \leq 2600$ K)으로 온도에 종속된다. 조사가 $\dot{E}_{irr} = 400$ W/m^{2}으로 일정할 때 순 열전달이 최대가 되는 온도를 산출하라.

풀이 순 열전달은 다음과 같으며,

$$\dot{Q}_{net} = A(J - \dot{E}_{irr}) = \varepsilon_r A(\sigma T^4 - \dot{E}_{irr})$$

이는 총 복사가 최대가 될 때 최대가 된다.
다음과 같은 관계가 있다.

$$J = \varepsilon_r \sigma T^4 + (1 - \varepsilon_r)\dot{E}_{irr}$$

그리고 다음 관계식이 문제에서 주어졌으므로,

$$\varepsilon_r(T) = 0.6 - 0.0002T$$

다음과 같이 된다.

$$J(T) = (0.6 - 0.0002T)\sigma T^4 + (0.4 + 0.0002T)\dot{E}_{irr}$$

또는
$$J(T) = 0.6\sigma T^4 - 0.0002\sigma T^5 + 0.0002T\dot{E}_{irr} + 0.4\dot{E}_{irr}$$

$\dot{E}_{irr} = 400$ W/m^{2}일 때는 위 식이 다음과 같이 된다.

$$J(T) = 0.6\sigma T^4 - 0.0002\sigma T^5 + 0.08T + 160$$

$J(T)$의 최대 및 최소를 구할 때에는 Newton–Raphson법을 사용하거나, 시행오차 대입법을 사용하거나 미적분의 최대 및 최소 원리를 적용하면 된다. 미적분을 사용하면 다음과 같다.

$$\frac{dJ(T)}{dT} = J' = 2.4\sigma T^3 - 0.001\sigma T^4 + 0.08$$

및
$$\frac{d^2 J(T)}{dT} = J'' = 7.2\sigma T^2 - 0.004\sigma T^3$$

변곡점은 $J' = 0$일 때 발생한다. 이로써 변곡점에서는 $T = 0$ 또는 $T = 1800$이 나온다. 열전달의 최대 또는 최소는 $J' = 0$에서 발생하는데, 이로써 $T \approx 2400$ K가 나오며 이때에 $J = 227{,}287$ W/m^{2}이 된다.

2400 K에서 방사율은 $\varepsilon_r = 0.6 - 0.0002(2400) = 0.12$가 되므로, 답은 다음과 같다.

$$\frac{\dot{Q}_{\text{net}}}{A} = \dot{q}_{A,\text{net}} = J - \dot{E}_{\text{irr}} = 226{,}887 \text{ W/m}^2 \qquad \text{답}$$

그림 7.3에는 $\dot{E}_{\text{irr}} = 400$ W/m^{2}으로 일정할 때 표면에서의 순 복사의 그래프가 그려져 있다,

이 예제에서는 불투명 표면에서 나오는 순 복사의 근사화가 잘 되었다. 그러나 잊지 말아야 할 점은 온도가 변화하므로 방사율과 반사율도 변할 수 있다는 것이다.

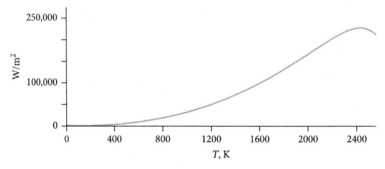

그림 7.3 조사가 $\dot{E}_{\text{irr}} = 400$ W/m^{2}으로 일정한 표면에서 나오는 순 복사

7.2 2표면 복사 열전달 해석

2표면 복사 열전달은 복사가 2개의 표면 사이에서만 일어나거나, 또는 일부 경우에는 두 표면 중에서 하나만 다른 표면과 상호작용하는 현상이다.

복사 열전달이 관련되는 많은 물리적 상황들은 2표면 간 상호작용으로 나타낼 수 있으며, 통상적인 2표면 중에서 일부 형태들은 그림 7.4에 그려져 있다. 경우 (a)는 2표면이 서로 상대 표면만을 대할 수 있는 상황을 나타내고 있다. 경우 (b)는 표면 A_1은 A_2만을 대할 수 있지만 A_2는 오목 형상이므로 자신의 일부를 대할 수 있다. 경우 (c)에서는 표면 A_1이

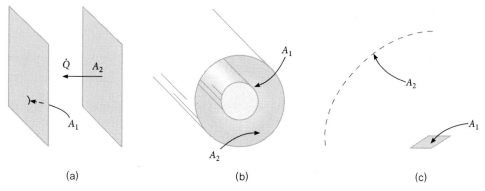

그림 7.4 2표면 간 복사 열전달 형태

평평하거나 볼록 형상인데 그 면적이 매우 작아서 이보다 훨씬 더 큰 A_2만을 대할 수 있다. A_1에서 A_2를 향하는 복사 열전달은 다음과 같으며,

$$\dot{Q}_{1-2} = A_1 F_{1-2} J_1 \tag{7.10}$$

A_2에서 A_1을 향하는 열전달은 다음과 같다.

$$\dot{Q}_{2-1} = A_2 F_{2-1} J_2$$

교환 관계를 적용하면, 식 (6.50) $A_1 F_{1-2} = A_2 F_{2-1}$가 성립하므로 다음과 같이 쓸 수 있다.

$$\dot{Q}_{2-1} = A_1 F_{1-2} J_2$$

A_1에서 A_2를 향하는 순 복사는 다음과 같으며,

$$\dot{Q}_{\text{net},1-2} = \dot{Q}_{1-2} - \dot{Q}_{2-1} = A_1 F_{1-2}(J_1 - J_2) \tag{7.11}$$

또는, 일반적으로 임의의 2표면 A_i와 A_f 간 순 복사는 다음과 같다.

$$\dot{Q}_{\text{net},i-j} = A_i F_{i-j}(J_i - J_j) \tag{7.12}$$

식 (7.11)과 (7.12)의 형태는 열 저항을 암시하고 있는데, 이는 다음과 같으며,

$$\frac{1}{A_1 F_{1-2}} = \frac{1}{A_2 F_{2-1}}$$

또는, 일반적으로는 다음과 같다.

$$\frac{1}{A_i F_{i-j}} = \frac{1}{A_j F_{j-i}} \tag{7.13}$$

열 퍼텐셜은 $J_i - J_j$이고 플럭스는 $\dot{Q}_{i-j}$이다. 그러므로 그림 7.5와 개념적으로 2표면 순 복사를 모델링할 수 있다. 2표면 복사 열전달의 상사는 식 (7.8)과 (7.11)로 표면 A_1과 A_2의 열 저항을 결합하여 작성하면 완성된다. 그림 7.6에는 이 상사 회로의 개념도가 나타나 있다.

여기에서 순 열전달은 다음 형태 중에서 하나로 쓰면 된다.

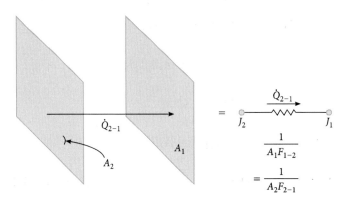

그림 7.5 2표면 순 복사의 열 저항 상사

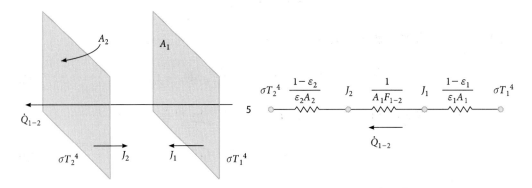

그림 7.6 2표면 복사 교환의 개념도

$$\dot{Q}_{\text{net},1-2} = \frac{\varepsilon_{r,1}A_1}{1 - \varepsilon_{r,1}}(\sigma T^4 - J_1) \tag{7.14}$$

$$= \frac{\varepsilon_{r,2}A_2}{1 - \varepsilon_{r,2}}(J_2 - \sigma T_2^4) \tag{7.15}$$

$$= A_1 F_{1-2}(J_1 - J_2) \tag{7.16}$$

위 식을 대수학적으로 약간만 처리하면, 총 복사 항이 소거되므로 순 열전달은 다음과 같이 쓸 수 있다.

$$\dot{Q}_{\text{net},1-2} = \frac{\sigma(T_1^4 - T_2^4)}{\dfrac{1 - \varepsilon_{r,1}}{\varepsilon_{r,1}A_1} + \dfrac{1}{A_1 F_{1-2}} + \dfrac{1 - \varepsilon_{r,2}}{\varepsilon_{r,2}A_2}} \tag{7.17}$$

식 (7.17)은 그림 7.6의 회로도에서와 같이 2개의 추상적인 (또는 가상적인) 흑체 간 직렬연결 열 저항의 합을 나타낸다. 이는 열전달이 온도 차로 일어나서 열 저항으로 저항을 받게 되는 전도 열전달에서의 결과와 유사하다. 식 (7.17)과 그림 7.6에서는 열전달이 온도 4승의 차로 일어나서 회색체 거동을 나타내는 열 저항과 형상 계수의 기하 형상적 제한으로 저항을 받게 된다.

순 복사 열전달 $\dot{Q}_{\text{net},1-2}$는 열 저항을 증가시킴으로써 2표면 간에서 감소시킬 수 있다. 이러한 열 저항 증가는 그림 7.7에서와 같이 2표면 사이에 열 차폐를 끼우면 일어난다. 상사 전기 회로 개념도에는 전체 열 저항에 열 차폐의 열 저항을 나타내는 3개의 추가 항이 포함되어 있음을 볼 수 있다. 이 때문에 A_1과 A_2 사이의 전체 열 저항이 증가하게

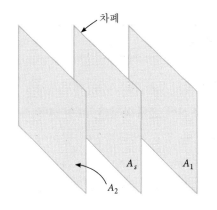

$$\dot{Q}_{1-2} = \frac{\sigma(T_1^4 - T_2^4)}{\dfrac{1 - \varepsilon_1}{\varepsilon_1 A_1} + \dfrac{1}{A_1 F_{1-s1}} + \dfrac{1 - \varepsilon_{s1}}{\varepsilon_{s1} A_{s1}} + \dfrac{1 - \varepsilon_{s2}}{\varepsilon_{s2} A_{s2}} + \dfrac{1}{A_2 F_{2-s2}} + \dfrac{1 - \varepsilon_{s2}}{\varepsilon_2 A_2}}$$

그림 7.7

된다. 특별한 상황에서는 식 (7.17)의 결과가 간단해진다. 이러한 특별한 상황 가운데 일부는 다음과 같다. 즉,

1. $A_2 \gg A_1$일 때

$$\dot{Q}_{\text{net},1-2} = \frac{A_1 \sigma (T_1^4 - T_2^4)}{\dfrac{1 - \varepsilon_{r,1}}{\varepsilon_{r,1}} + \dfrac{1}{F_{1-2}}} \tag{7.18}$$

2. $A_2 \gg A_1$이고 $F_{1-2} = 1.0$일 때

$$\dot{Q}_{\text{net},1-2} = A_1 \varepsilon_{r,1} \sigma (T_1^4 - T_2^4) \tag{7.19}$$

3. $A_2 \gg A_1$이고 A_1이 흑체일 때 (A_2는 회색체이어도 됨)

$$\dot{Q}_{\text{net},1-2} = A_1 F_{1-2} \sigma (T_1^4 - T_2^4) \tag{7.20}$$

4. $A_2 \approx A_1$이고 두 표면이 모두 흑체일 때

$$\dot{Q}_{\text{net},1-2} = A_1 F_{1-2} \sigma (T_1^4 - T_2^4) \tag{7.21}$$

5. 경우 3 또는 4에서 A_1이 볼록면일 때

$$F_{1-2} = 1.0 \qquad \text{(2표면 간 문제)}$$

및

$$\boxed{\dot{Q}_{\text{net},1-2} = A_1 \sigma (T_1^4 - T_2^4) \quad \text{(경우 5)}} \tag{7.22}$$

2표면 복사 열전달이 정상 상태 상황일 때에는 공급되는 에너지와 제거되는 에너지가 있어야 한다. 예를 들어 그림 7.6의 개념도에서 정상 상태 조건이 만족되려면, 표면 A를 향하는 대류 열전달, 전도 열 또는 무언가 다른 외부 복사와 같은 에너지원이 있어야 한다. 또한, 표면 A_2에서는 열 제거가 있어야 한다. 표면 A_1 및/또는 A_2가 일정한 온도에서 상변화를 겪는 물질의 표면일 때에는, 정상 상태 조건이 지배적이라면 제한적으로 2표면 복사 해석을 해도 된다.

직경이 5 cm이고 온도가 550 ℃이며 방사율이 0.85인 원주형 플루토늄 핵연료봉이 내경이 18 cm인 강관 속에 둘러싸여 있다. 다음과 같은 두 가지 별개의 조건을 살펴보라.

1. $\varepsilon = 0.75$인 강관이 온도가 40 ℃일 때, 단위 길이당 연료봉에서 전달되는 열전달을 구하라.

2. 흑체 차폐가 연료봉과 강관 사이에 동심을 이루면서 놓이게 될 때, 차폐 온도와 연료봉에서 전달되는 순 열전달을 구하라.

풀이 그림 7.8a와 같이 차폐가 되어 있지 않은 강관 내 연료봉 배열에서는 식 (7.17)을 사용하면 된다.

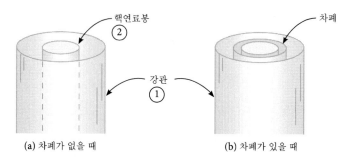

그림 7.8 강관에 내장되는 핵연료봉

$$A_1 = \pi(0.18 \text{ m}) = 0.5655 \text{ m}^2/\text{m}$$

$$A_2 = \pi(0.05 \text{ m}) = 0.1571 \text{ m}^2/\text{m}$$

$$F_{1-2} = \frac{A_2}{A_1}F_{2-1} = \frac{0.1571}{0.5655}(1.0) = 0.278$$

그러면 식 (7.17)에서 다음과 같다,

$$\dot{Q}_{net,1-2} = \frac{\left(5.670 \times 10^{-8} \dfrac{\text{W}}{\text{m}^2 \cdot \text{K}^4}\right)[(823\text{K})^4 - (313\text{K})^4]}{\dfrac{1 - 0.85}{0.85(0.1571 \text{ m}^2/\text{m})} + \dfrac{1}{0.278(0.5655 \text{ m}^2/\text{m})} + \dfrac{1 - 0.75}{0.75(0.5655 \text{ m}^2/\text{m})}}$$

그러므로 답은 다음과 같다.

$$\dot{Q}_{net,1-2} = 3154. \text{ W/m} \qquad\qquad \text{답}$$

그림 7.8b와 같은 차폐 배열에서는 다음과 같으므로,

$$A_s = \pi(13 \text{ cm}) = 0.4084 \text{ m}^2/\text{m}$$

표면 1은 이제 차폐와 "대면"하게 되고 차폐도 한쪽 면에서 표면 1만을 대면하게 되므로, 다음과 같이 된다.

$$F_{1-s} = \frac{A_s}{A_1}F_{s-1} = \frac{0.4084}{0.5655}(1.0) = 0.722$$

그리고 차폐의 다른 쪽 면에서는 다음과 같이 된다.

$$F_{s-2} = \frac{A_2}{A_s}F_{2-s} = \frac{0.1571}{0.4084}(1.0) = 0.385$$

그림 7.7에서와 같이 차폐 때문에 열 저항이 추가되어 수정된 식 (7.17)을 다시 사용하면 다음과 같다.

$$\dot{Q}_{net,1-2} = \frac{\left(5.670 \times 10^{-8}\,\text{W}\right)\left[(823\text{K})^4 - (313\text{K})^4\right]}{\dfrac{1-0.85}{0.85(0.1571)} + \dfrac{1}{0.1571} + \dfrac{1}{0.4084} + \dfrac{1-0.75}{0.75(0.5655)}}$$

$$= 2458.\,\text{W/m} \qquad\qquad\qquad 답$$

그러므로 두 표면 사이에 차폐를 끼움으로써 열전달이 감소되었다. 차폐 온도를 구하려면 차폐와 강관 사이의 열전달을 살펴보아야 한다.

$$\dot{Q}_{net,1-s} = \frac{\sigma(T_s{}^\circ\text{R})^4 - (313\,\text{K})^4}{\dfrac{1-\varepsilon_{r,1}}{\varepsilon_{r,1}A_1} + \dfrac{1}{A_1F_{1-s}} + \dfrac{1-\varepsilon_{r,s}}{\varepsilon_{r,s}A_s}} = 2458.\,\text{W/m}$$

유의해야 할 점은 차폐의 방사율은 1.0이므로 차폐 온도 T_s를 풀어서 구하면 다음과 같다.

$$T_s = 611\,\text{K} \qquad\qquad\qquad 답$$

예 제　**7.3**

그림 7.9와 같이 1000 ℃에서 오븐이 꺼지고 문을 열었다. 오븐의 내벽은 방사율이 0.95인 반면, 주위는 온도가 300 K인 흑체로 본다. 오븐 문이 열린 직후에 오븐에서 전달되는 열손실을 산출하라.

풀이　이 문제는 한쪽이 흑체인 2표면 문제로서 근사화할 수 있으므로, $\varepsilon_{r,2} = 1.0$으로 바꿔서 식 (7.17)을 사용하면 된다.

$$\dot{Q}_{net,1-2} = \frac{\sigma(T_1^4 - T_2^4)}{\dfrac{1-\varepsilon_{r,1}}{\varepsilon_{r,1}A_1} + \dfrac{1}{A_1F_{1-2}}}$$

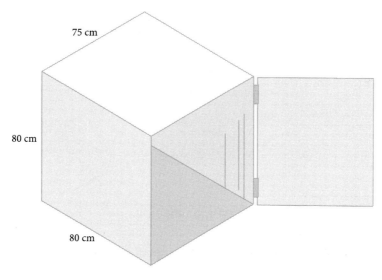

75 cm

80 cm

80 cm

그림 7.9 오븐의 냉각

형상 계수 F_{1-2}는 다음 관계로 구할 수 있는데,

$$F_{1-2} = \frac{A_2}{A_1} F_{2-1}$$

여기에서 $F_{2-1} = 1$이고, $A_1 = 3.08$ m²이며 $A_2 = 0.6$ m²이다. 이 예제에서는 문을 2라고 하고 오븐 내벽을 1이라고 하였다. 형상 계수는 다음과 같다.

$$F_{1-2} = \frac{0.6\text{ m}^2}{3.08\text{ m}^2}(1.0) = 0.195$$

그러면 답은 다음과 같이 나온다.

$$\dot{Q}_{\text{net},1-2} = \frac{\sigma(1273\text{ K}^4 - 300\text{ K}^4)}{\dfrac{1 - 0.95}{0.95(3.08\text{ m}^2)} + \dfrac{1}{3.08\text{ m}^2(0.195)}} = 88.7\text{ kW}$$

답

예제 7.4

직경이 3 cm인 특수 원관을 이와 동심을 이루어 둘러싸고 있는 복사 가열 요소(히터)로 가열하고자 하는 계획이 제안되었다. 제조법은 그림 7.10과 같이 연속체 원관을 50 cm/s로 공급하면서 이 원관이 히터에 닿지 않도록 하는 것과 관련이 있다. 복사 히터는 직경이 10 cm이고 방사율은 0.9이다. 이 원관은 축 방향 길이에 상관없이 공급될 수 있다. 원관의 단위 길이당 비열이 20 J/m · K일 때, 이 원관을 15 ℃에서 85 ℃로 가열하는 데 필요한 히터의 길이를 산출하라.

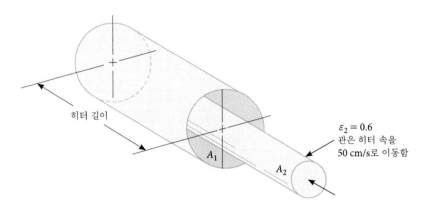

그림 7.10 예제 7.4

풀이 이 예제는 동심 원통체 사례이므로 열전달은 다음과 같이 쓰면 된다.

$$\dot{Q}_{\text{net},1-2} = \frac{\sigma(T_1^4 - T_2^4)}{\dfrac{1 - \varepsilon_{r,1}}{\varepsilon_{r,1}A_1} + \dfrac{1}{A_1F_{1-2}} + \dfrac{1 - \varepsilon_{r,2}}{\varepsilon_{r,2}A_2}}$$

원관의 평균 온도를 $T_2 \approx 50\ ℃$ 라고 가정하면, 다음과 같이 된다.

$$\dot{Q}_{\text{net},1-2} = \frac{(5.7 \times 10^{-8}\ \text{W/m}^2 \cdot \text{K}^4)(500\ \text{K}^4 - 323\ \text{K}^4)}{\dfrac{1 - 0.9}{0.9(0.1\pi\ \text{m}^2/\text{m})} + \dfrac{1}{(0.03)(1.0)} + \dfrac{1 - 0.6}{0.6(0.03\pi\ \text{m}^2/\text{m})}} = 163.1\frac{\text{W}}{\text{m}}$$

그림 7.11과 같은 원관에는 검사 체적 개념을 적용하여 다음과 같이 식을 쓰는데,

$$\dot{Q}_{\text{tubing}} = \dot{m}C_p(T_o - T_i) = \rho \mathbf{V}AC_p(T_o - T_i) = \mathbf{V}C_{p,l}(T_o - T_i)$$

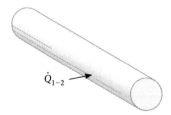

그림 7.11 예제 7.4의 관

여기에서 $c_{p,1}$ 는 원관의 단위 길이당 비열이며 온도들은 원관의 입구 온도(T_i)와 출구 온도(T_o)이다. 그러므로 다음과 같은 값이 나오는데,

$$\dot{Q}_{\text{tubing}} = \left(0.5\ \frac{\text{m}}{\text{s}}\right)\left(20\ \frac{\text{J}}{\text{m}} \cdot \text{K}\right)(70\ \text{K}) = 700\ \text{W}$$

이 값이 히터에 요구되는 순 열전달이다. 그러므로

$$\dot{Q}_{tubing} = 700 \ W = 163.1 \ W/m \ (히터 \ 길이)$$

$$히터 \ 길이 = \frac{700 \ W}{163.1 \ W/m} = 4.29 \ m \qquad 답$$

예제 7.5

온도가 800 K인 복사 브로일러(broiler)를 사용하여 두께가 1.5 cm인 식빵을 굽는다. 식빵은 열 상태량이 물과 같으며, 식빵의 표면 면적은 브로일러보다 훨씬 더 작으므로 브로일러에 대한 식빵의 형상 계수는 1.0이다. 그림 7.12와 같이 온도가 15 ℃인 식빵을 브로일러 아래에 놓았을 때, 식빵이 120 ℃에 도달하는 데 필요한 시간을 구하라.

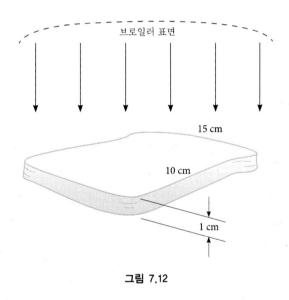

브로일러 표면

15 cm

10 cm

1 cm

그림 7.12

풀이 식빵은 그 표면에서 대류나 전도로 열이 손실되지 않는다고 가정하면, $A_1 =$ 식빵 표면이라 하고 $A_2 =$ 히터 표면이라고 하여 식을 쓸 수 있다.

$$\dot{Q}_{2-1} = \frac{dE}{dt} = \varepsilon_{r,1} A_1 \sigma (T_2^4 - T_1^4)$$

이제 식빵의 집중 열용량을 가정하면, 다음과 같이 된다.

$$\rho V C_p \frac{dT}{dt} = \rho A_1 (두께) C_p \frac{dT}{dt} = \varepsilon_{r,1} A_1 \sigma (T_2^4 - T_1^4)$$

즉, 이를 변수분리하면 다음과 같이 된다.

$$dt = \rho C_p \frac{(두께)}{\varepsilon_{r,1}\sigma} \frac{dT}{(T_2^4 - T_1^4)}$$

이 식에 적분을 취하면 다음과 같이 된다.

$$\int_0^t dt = t = \frac{\rho C_p (두께)}{\varepsilon_{r,1}\sigma} \int_{288\,\mathrm{K}}^{393\,\mathrm{K}} \frac{1}{T^4 - 800\,\mathrm{K}^4}\, dT$$

우변에 있는 적분은 부록 A.4에 있는 적분 표에서 다음과 같이 구한다.

$$\int \frac{1}{800^4 - T^4}\, dT = \frac{1}{2 \times 800^3}\left(\frac{\ln\left(\dfrac{800 - T}{800 + T}\right)}{2} - \tan^{-1}\left(\frac{800}{T}\right) \right) = -\int \frac{1}{T^4 - 800^4}\, dT$$

288 K와 393 K 사이에서 적분 값을 구하면 다음과 같이 나온다.

$$t = 180\ \mathrm{s}$$

답

7.3   3표면 복사 열전달 해석

많은 복사 열전달 문제들은 앞 절에서 설명한 2표면 해석을 사용해서 해석을 해도 타당한 해를 구할 수 있다. 그러나 일반적으로 복사 열전달에는 적어도 3개의 표면이 관련된다. 전형적인 2표면 배열이 그림 7.13에 나타나 있는데, 이 그림에는 주위가 제3의 표면으로 나타나 있다. 이를 더욱더 확장시킬 수 있으므로 4표면, 5표면, 6표면 또는 그 이상의 다표면 교환 복사 열전달도 있을 수 있다는 점을 주목해야 한다. 여기에서는 설명 내용을 3표면 상황으로 국한한 다음, 관련 해석을 다표면으로 일반화할 것이다. 그림 7.13에는 2개의 표면 A_1과 A_2가 A_3인 주위와 복사를 교환하는 것으로 나타나 있다. 전기적 상사를 사용하여 그림 7.13의 3표면 형태의 열전달을 묘사하게 되면 그림 7.14와 같은 회로망이 나온다.

이 상사는 오펜하임(Oppenheim)[1]이 발표한 것으로 불투명 회색체 표면이나 흑체 표면이 관련된 많은 복사 열전달 문제를 해석하는 데 널리 알려져 있는 편리한 방법이다. 그림 7.14의 회로망에서 주목할 점은, 표면 간 상호작용 노드(node)를 나타내는 것이 총 복사 J라는 것이다. 회로망 상사를 계속 적용한 다음, 3개의 총 복사 노드 J_1, J_2, J_3 각각에 열 플럭스 보존을 적용하여 노드 J_1에서의 총 복사를 구하면 다음과 같다. 즉,

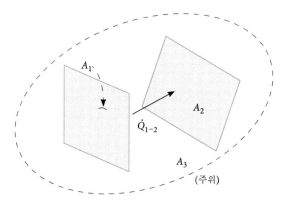

그림 7.13 3표면 복사 열전달

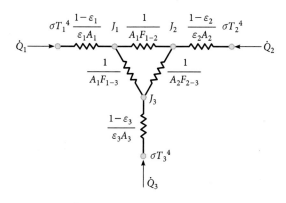

그림 7.14 복사 열전달의 전기적 상사

$$\frac{\varepsilon_{r,1}A_1}{1-\varepsilon_{r,1}}(\sigma T_1^4 - J_1) + A_1F_{1-2}(J_2 - J_1) + A_1F_{1-3}(J_3 - J_1) = 0 \qquad (7.23)$$

노드 J_2에서는 다음과 같고,

$$\frac{\varepsilon_{r,2}A_2}{1-\varepsilon_{r,2}}(\sigma T_2^4 - J_2) + A_2F_{2-1}(J_1 - J_2) + A_2F_{2-3}(J_3 - J_2) = 0 \qquad (7.24)$$

J_3에서는 다음과 같다.

$$\frac{\varepsilon_{r,3}A_3}{1-\varepsilon_{r,3}}(\sigma T_3^4 - J_3) + A_3F_{3-1}(J_1 - J_3) + A_3F_{3-2}(J_2 - J_3) = 0 \qquad (7.25)$$

식 (7.23)의 제1항인 $\varepsilon_{r,1}A_1(\sigma T_1^4 - J_1)/(1-\varepsilon_{r,1})$은 표면 A_1을 떠나는 순 복사를 나타

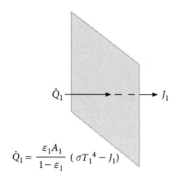

$$\dot{Q}_1 = \frac{\varepsilon_1 A_1}{1 - \varepsilon_1}(\sigma T_1{}^4 - J_1)$$

그림 7.15

내는데, 이는 그 온도나 열에너지가 일정하게 유지되려면 표면에 공급되어야만 하는 에너지 공급률이다. 이는 그림 7.15에 개념적으로 나타나 있는데, 이 그림에서

$$\dot{Q}_1 = \frac{\varepsilon_{r,1} A_1}{1 - \varepsilon_{r,1}}(\sigma T_1^4 - J_1) \tag{7.26}$$

이 식은 대류 열전달이나 전도 열전달과 같은 무언가 다른 외부 에너지원에서 나오거나 내부 에너지원에서 나오는 에너지 공급률이다. 제2항인 $A_1 F_{1-2}(J_2 - J_1)$은 표면 A_2에서 A_1을 향하는 순 열전달인데, 이는 다음과 같이 쓸 수 있다.

$$\dot{Q}_{\text{net},2-1} = A_1 F_{1-2}(J_2 - J_1) = A_2 F_{2-1}(J_2 - J_1) \tag{7.27}$$

제3항인 $A_1 F_{1-3}(J_3 - J_1) = A_1 F_{13}(J_3 - J_1)$은 표면 A_3에서 A_1을 향하는 순 열전달로 다음과 같다.

$$\dot{Q}_{\text{net},3-1} = A_3 F_{3-1}(J_3 - J_1) = A_1 F_{1-3}(J_3 - J_1) \tag{7.28}$$

마찬가지로 식 (7.24)와 (7.25)에 있는 항들에도 물리적인 해석을 할 수 있는데, 3표면 전체 계에서의 에너지 균형은 정상 상태에서 다음과 같이 된다.

$$\dot{Q}_1 + \dot{Q}_2 + \dot{Q}_3 = 0 \tag{7.29}$$

총 복사는 방사율, 형상 계수 및 표면 온도를 알고 있을 때, 식 (7.23)에서 (7.25)까지의 식 세트를 풀어서 구하면 된다. 그러므로 이 3개의 식은 다음과 같이 재정리하고 나면,

$$\left(A_1F_{1-2} + A_1F_{1-3} + \frac{\varepsilon_{r,1}A_1}{1 - \varepsilon_{r,1}}\right)J_1 + (-A_1F_{1-2})J_2 + (-A_1F_{1-3})J_3 = \frac{\varepsilon_{r,1}A_1}{1 - \varepsilon_{r,1}}\sigma T_1^4$$

$$(-A_1F_{1-2})J_1 + \left(A_2F_{2-1} + A_2F_{2-3} + \frac{\varepsilon_{r,2}A_2}{1 - \varepsilon_{r,2}}\right)J_2 + (-A_2F_{2-3})J_3 = \frac{\varepsilon_{r,2}A_2}{1 - \varepsilon_{r,2}}\sigma T_2^4$$

$$(-A_1F_{1-3})J_3 + (-A_3F_{3-2})J_2 + \left(A_3F_{3-1} + A_3F_{3-2} + \frac{\varepsilon_{r,3}A_3}{1 - \varepsilon_{r,3}}\right)J_3 = \frac{\varepsilon_{r,3}A_3}{1 - \varepsilon_{r,3}}\sigma T_3^4$$

다음과 같이 행렬(matrix)로 쓸 수 있는데,

$$[M]\{J_i\} = \left\{\frac{\varepsilon_{r,i}A_i}{1 - \varepsilon_{r,i}}\sigma T_i^4\right\} \tag{7.30}$$

여기에서 $[M]$은 총 복사 계수의 행렬이고, $\{J_i\}$는 총 복사의 열 벡터(column vector)로 다음과 같고,

$$J_i = \left\{\begin{array}{c} J_1 \\ J_2 \\ J_3 \end{array}\right\} \tag{7.31}$$

$\left\{\dfrac{\varepsilon_{r,i}A_i}{1 - \varepsilon_{r,i}}\sigma T_i^4\right\}$는 흑체 복사기의 열 벡터이다.

때로는 복사 문제에서는 열 플럭스를 알고 있을 때 표면 온도를 구하는 해가 필요하다. 그러므로 식 (7.26)을 표면 A_i에서는 일반적으로 다음과 같이 쓸 수 있다.

$$\dot{Q}_i = \frac{\varepsilon_{r,i}A_i}{1 - \varepsilon_{r,i}}(\sigma T_i^4 - J_i) \tag{7.32}$$

및

$$J_i = \sigma T_i^4 - \frac{1 - \varepsilon_{r,i}}{\varepsilon_{r,i}A_i}\dot{Q}_i \tag{7.33}$$

식 (7.30)의 행렬은 J_i 대신에 $\{J\}$의 열 벡터 성분 가운데 하나로서 T_i^4로 쓸 수 있게 수정할 수 있다. 이렇게 수정하는 것은 간단하긴 하지만, 그 결과는 미지 매개변수인 온도의 비선형 행렬이 된다. 이렇게 되면 대개는 선형 행렬을 고려할 때가 많으므로, 연산이 다소 복잡해질 수 있다.

예제 7.3의 오븐은 온도가 250 ℃이고 문이 열려 있을 때에도 켜져 있다. 히터는 오븐 내부의 상판 표면에 들어 있는데, 방사율이 0.9이므로 정상 상태 온도인 1100 ℃에 빨리 도달한다. 오븐은 단열이 잘 되어 있다고 가정하고, 문이 열린 채로 있을 때 오븐 내벽의 평형 온도를 구하라.

풀이 예제 7.3에서 살펴본 오븐은 2표면 복사 모델을 사용하여 해석하였다. 그러나 이번 조건에서는 다음과 같이 오븐의 상판 표면(히터)과 벽면 그리고 바닥 표면, 이렇게 3표면으로 해석해야 한다. 즉, 오븐은 단열이 잘 되어 있으므로, 벽을 통해서는 열전달이 전혀 일어나지 않는다고 가정하면 된다. 이를 **재복사 표면** 또는 **단열 표면** 이라고 한다. 그림 7.16에는 오븐의 회로망이 나타나 있는데, 이 그림에서 A_1은 히터 표면, A_2는 오븐 벽 표면, A_3는 문이 개방되어 있는 면적이다. 그림 7.16에서 오븐의 내벽이 히터에서 문 개방 면적을 향하는 열 이동에 평행 경로를 제공하고 있음을 알 수 있다. J_1과 J_3 간 등가 열 저항은 다음과 같은데,

$$R_{eq} = \frac{\left(\dfrac{1}{A_1 F_{1-3}}\right)\left(\dfrac{1}{A_1 F_{1-2}} + \dfrac{1}{A_2 F_{2-3}}\right)}{\dfrac{1}{A_1 F_{1-2}} + \dfrac{1}{A_1 F_{1-3}} + \dfrac{1}{A_2 F_{2-3}}}$$

이는 그림 7.16에도 나타나 있다. 열손실은 다음과 같다.

$$\dot{Q}_1 = \dot{Q}_3 = \frac{\sigma(T_1^4 - T_3^4)}{R_1 + R_{eq} + R_3}$$

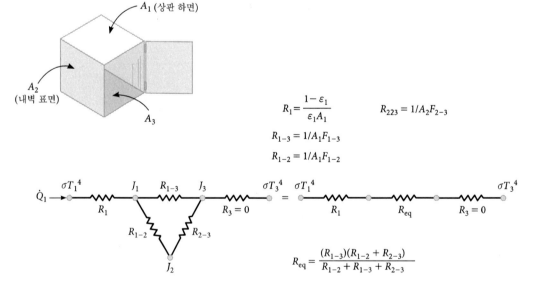

그림 **7.16** 문이 열려 있고 히터가 켜져 있는 오븐의 개념도

그림 7.9 또는 그림 7.16에서 다음 값들을 구한다.

$$A_1 = 0.8 \times 0.75 = 0.6 \text{ m}^2$$

$$A_2 = (0.8 \times 0.8)(2) + (0.75)(0.8)(2) = 2.48 \text{ m}^2$$

및
$$A_3 = 0.6 \text{ m}^2$$

F_{1-3}을 구할 때에는 $W = 0.8$ m, $L = 0.8$ m, $D = 0.75$ m 이므로, $W/D = 0.8/0.75$ $= 1.067$이고 $L/D = 1.067$이 된다. 그러므로 그림 6.21에서 $F_{1-3} \approx 0.2$으로 판독된다. 교환 관계를 적용하면 $F_{3-1} = 0.2$이며, 형상 계수의 합에서 $F_{3-1} + F_{3-2} = 1$이므로 다음과 같이 된다.

$$F_{3-2} = 1 - F_{3-1} = 1 - 0.2 = 0.8 = F_{1-2}$$

등가 열 저항은 $R_{\text{eq}} = 2.777$ m^{-2} 이므로 다음과 같이 된다.

$$\dot{Q}_1 = \dot{Q}_3 = 68.2 \text{ kW} \hspace{2cm} \text{답}$$

오른 벽의 평균 온도는 먼저 J_1을 구한 다음, J_2를 구하고 이어서 온도를 계산함으로써 구하면 된다. 다음과 같이 식을 세우고,

$$\dot{Q}_1 = 68{,}200 \, \text{W} = \frac{\varepsilon_{r,1} A_1}{1 - \varepsilon_{r,1}} (\sigma T_1^4 - J_1)$$

이를 풀어 J_1을 구하면 다음과 같다.

$$J_1 = 189{,}931.9 \text{ W/m}^2$$

또한,

$$J_3 = \sigma T_3^4 = (5.7 \times 10^{-8} \, \text{W/m}^2 \cdot \text{K}^4)(300 \text{ K})^4 = 461.7 \text{ W/m}^2$$

노드 J_1에서 다음의 식이 성립한다.

$$\dot{Q}_1 + (J_3 - J_1)A_1 F_{1-3} + (J_2 - J_1)A_1 F_{1-2} = 0$$

그러므로

$$J_2 = J_1 - \frac{\dot{Q}_1}{A_1 F_{1-2}} + \frac{A_1 F_{1-3}}{A_1 F_{1-2}} (J_1 - J_3) = 95{,}216.1 \, \text{W/m}^2 = \sigma T_2^4$$

여기에서 다음 값이 나온다.

$$T_2 = 1136.9 \text{ K} = 633.9°\text{C} \hspace{2cm} \text{답}$$

주목할 점은 이 예제에서는 오븐 벽을 단열 표면으로 취급하고 있으므로 벽을 통한 열전달은 전혀 없다고 하는 것이다. 아울러 주목할 점은 이와 같이 오븐 벽들을 단열 (또는 재복사) 표면들로 취급하게 되었기 때문에, 이렇게 벽에서 반사하는 열로 인하여 그와 등가인 열 저항이 발생하게 되면서, 3표면 문제가 2표면 등가 문제로 바뀌게 되었다는 것이다.

예제 7.7

그림 7.17과 같이 이동식 난방 히터가 열을 방에 복사하도록 설계되어 있다. 이 히터는 정면 면적이 0.375 m²이고 히터 요소는 방사율이 0.8이다. 이 히터는 정격 난방 출력이 1200 W이며 315 ℃로 작동한다. 어떤 사람이 방의 환경 온도가 22 ℃일 때 히터 표면에서 1 m 앞에 서 있다. 이 사람은 유효 방사율이 0.6이고 히터를 대면하는 정면 면적이 0.8 m²일 때, 이 사람의 평형 온도를 구하라. 방은 흑체로 작용한다고 가정한다.

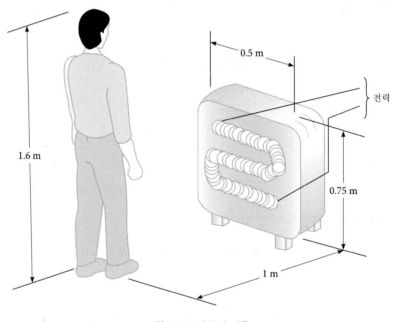

그림 7.17 난방기 사용

풀이 2개의 회색체 표면과 1개의 흑체인 상황을 나타내는 회로망 선도가 그림 7.18에 나타나 있다. 해석 결과에 따라 올바르지 않은 것으로 밝혀지기도 하지만, 열전달 화살표 $\dot{Q}_1$, $\dot{Q}_2$, $\dot{Q}_3$은 주어진 방향이 직관적으로 올바르다. 이 방향이 올바르지 않을 때에는 그 답은 음수가 된다. 다음과 같이 해석에 필요한 값들을 구한다.

$$A_1 = 0.375 \text{ m}^2 \quad (\text{히터}) \qquad A_2 = 0.8 \text{ m}^2 \quad (\text{사람})$$

$$\varepsilon_{r,1} = 0.8 \qquad\qquad\qquad \varepsilon_{r,2} = 0.6$$

표면 A_1(히터)과 A_2(사람)를 서로 평행하는 사각형으로 가정하면, 형상 계수 F_{1-2} 는 먼저 2개의 평행한 사각형을 그림 7.19와 같이 $A_{14} = A_1 + A_4$와 $A_2 = A_5 + A_6$로 구체화함으로써 산출할 수 있다. 그러면 다음과 같이 쓸 수 있다.

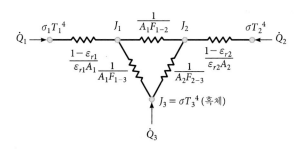

그림 7.18 난방기의 회로망

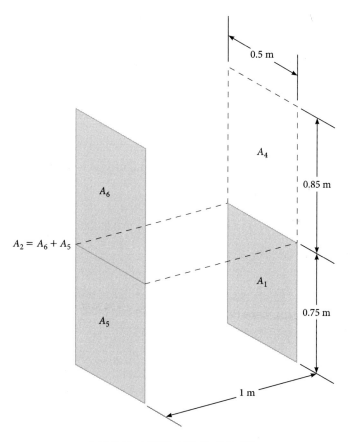

그림 7.19 난방기-사람 간 형상 계수

$$A_{14}F_{14-2} = A_1F_{1-5} + A_1F_{1-6} + A_4F_{4-5} + A_4F_{4-6} = A_2F_{2-14}$$

교환 관계를 적용하면 $A_4F_{4-5} = A_5F_{5-4}$이고, 대칭성으로 $F_{5-4} = F_{1-6}$이다. 그러므로 $F_{4-5} = (A_5/A_4)F_{1-6}$이 된다. 이 관계들을 위 식에 대입하면 다음과 같이 된다.

$$A_2F_{2-14} = A_1F_{1-5} + A_1F_{1-6} + A_4(A_5/A_4)F_{1-6} + A_4F_{4-6}$$

그러므로 다음과 같이 된다.

$$F_{1-6} = \frac{1}{A_5 + A_1}(A_2F_{2-14} - A_1F_{1-5} - A_4F_{4-6})$$

이 등식에 있는 모든 항들은 직접 구할 수 있다. 형상 계수 F_{1-2}(히터에서 사람에게)는 $F_{1-2} = F_{1-6} + F_{1-5}$이 된다. $A_4 = A_6 = 0.425 \text{ m}^2$이고 $A_5 = A_1 = 0.375 \text{ m}^2$이다. 그러므로 F_{2-14}를 구할 때에는 $D = 1 \text{ m}$, $L = 1.6 \text{ m}$, $W = 0.5 \text{ m}$이므로, 그림 6.20에서 $F_{2-14} \approx 0.145$가 나온다.

F_{1-5}를 구할 때에는 $D = 1 \text{ m}$이고 $W = 0.5 \text{ m}$이며 $L = 0.75 \text{ m}$이므로, 그림 6.20에서 $F_{1-5} \approx 0.09$가 나온다.

F_{4-6}를 구할 때에는 $D = 1 \text{ m}$이고 $W = 0.5 \text{ m}$이며 $L = 0.85 \text{ m}$이므로, 그림 6.20에서 $F_{4-2} \approx 0.10$이 나오므로 다음과 같이 된다.

$$F_{1-6} = \frac{0.8(0.145) - 0.425(0.10) - 0.375(0.09)}{2(0.8)} = 0.0248$$

또한, 다음과 같이 된다.

$$F_{1-2} = F_{1-5} + F_{1-6} = 0.09 + 0.0248 = 0.1148$$

형상 계수를 합하면 다음과 같이 되며,

$$F_{1-3} = 1.0 - F_{1-2} = 0.8852$$

교환 관계를 적용하면,

$$F_{2-1} = (A_1/A_2)F_{1-2} = \left(\frac{0.375}{0.8}\right)(0.1148) = 0.0538$$

다시, 형상 계수를 합하면 다음과 같이 된다.

$$F_{2-3} = 1.0 - F_{2-1} = 0.9462$$

$\dot{Q}_1 = \sigma[T_1{}^4 - T_2{}^4]/[R_1 + R_{eq} + R_2]$이다. 여기에서 R_1은 $(1-\varepsilon_{r1})/[(\varepsilon_{r,1})(A_1)]$이고, R_{eq}는 $[1/((A_1)(F_{1-2}))][1/((A_1)(F_{1-3})) + 1/((A_2)(F_{2-3}))]/\{1/((A_1)(F_{1-2})) + 1/((A_1)(F_{1-3}) + (A_2)(F_{2-3}))\}$이며, R_2는 $(1-\varepsilon_2)/((\varepsilon_2)(A_2))$이다.

이는 다음과 같이 된다.

$$1200\ \text{W} = \sigma[(588\ \text{K})^4 - T_2^4]/5.15224$$

이를 T_2에 관해서 다음과 같이 풀거나,

$$T_1 = 320\ \text{K}$$

사람의 평형 온도는 다음 식으로 구한다.

$$\dot{Q}_2 = \frac{\varepsilon_{r,2} A_2}{1 - \varepsilon_{r,2}}(J_2 - \sigma T_2^4)$$

그러므로 $T_2 = 324\ \text{K} = 51°\text{C}$ 답

3표면 복사 문제를 푸는 회로망 방법은 n표면 간 복사에 확대 적용할 수 있다. 예를 들어 4표면 복사 교환 상황이 있다고 가정하면, 여러 표면을 향하는, 또는 여러 표면에서 나오는 열전달의 합이 정상 상태에서는 다음과 같이 0이 된다.

$$\dot{Q}_1 + \dot{Q}_2 + \dot{Q}_3 + \dot{Q}_4 = 0 \tag{7.34}$$

이 4개의 표면에는 제각각 총 복사가 있고, 4표면 간에는 형상 계수가 있다. 즉, F_{12}, F_{13}, F_{14}, F_{23}, F_{24} 및 F_{34} 그리고 형상 계수들의 역수와 4표면 각각의 방사율을 함께 알아야 한다. 그러면 4개의 식으로 된 식 세트를 구성하여 4×4 행렬을 작성할 수 있다. 예제 7.7에서는 여러 표면에서의 열 플럭스를 설명하려고 작성된 식들이 일반적인 형태를 띠고 있다는 것을 알 수 있으며, m째 번 노드에서는 다음과 같다.

$$\sum_{i=1}^{n}\left[J_i A_i F_{i-m} - J_m\left(A_i F_{i-m} + \frac{\varepsilon_{r,m} A_m}{1 - \varepsilon_{r,m}} \right) + \frac{\varepsilon_{r,m} A_m}{1 - \varepsilon_{r,m}} \sigma T_m^4 \right] = 0 \tag{7.35}$$

이 해서은 불투명한 회색체 또는 흑체 표면으로 제한되지만, 이 해석을 사용하면 다양한 방사율, 표면 온도 및 형상 계수를 구할 수 있을 것으로 보인다. 앞서 설명하고 예제 7.7에서 설명한 대로, 표면 온도를 알 수 없을 때에는 열 플럭스를 알고 있어야만 한다.

7.4 가스 복사

물체 표면이 복사를 수열, 반사, 흡수 또는 투과하면서 이루어지는 '원거리 작용'으로서 열복사를 설명하였다. 때로는 상당히 정확한 결과를 구하고자 하려면 복사 열전달 해석을 할 때에 표면 간 개재 영역에 있는 가스나 물질을 고려해야 할 때도 있다. 즉, 가스를 3차원 복사 열전달 계로서 간주하는 것이다. 예를 들어 발전소나 제강로에서 나오는 배기가스는 굴뚝이나 연통 속을 흐르면서 복사를 방사하기도 한다. 노 또는 소각로 안에 있는 고온 가스는 해당 설비의 벽과 열복사를 교환한다. 그림 7.20과 같이 가스의 질량에 영향을 주는 강도가 I_0인 직사 복사를 고려할 때는, 복사 강도가 가스를 거치면서 열복사 과정으로 감쇠되거나 감소된다고 가정하는 것이 타당하다. K_λ를 다음과 같은 **소광 계수**(extinction coefficient)라고 가정한다.

$$K_\lambda = -\frac{1}{\dot{I}(x)}\frac{d\dot{I}(x)}{dx} \tag{7.36}$$

가스 내 복사 강도의 감쇠는 이 매개변수를 사용하여 산출할 수 있다. 소광 계수를 일정하다고 보면 식 (7.36)은 다음과 같이 되는데,

$$\int_{\dot{I}_0}^{I}\frac{1}{\dot{I}(x)}\,dI(x) = -K_\lambda\int_{0}^{L}dx$$

이 식은 다음과 같이 된다.

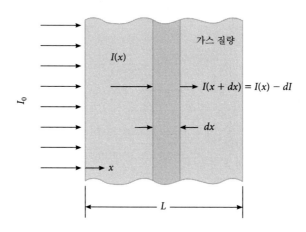

그림 7.20 가스를 거치면서 일어나는 열복사 감쇠의 개념도

$$\ln\left(\frac{\dot{I}(x)}{\dot{I}_0}\right) = -K_\lambda L$$

전달률의 정의를 사용하면 이 식은 다음과 같이 쓸 수 있는데,

$$\tau_{r,g} = \frac{\dot{I}(x)}{\dot{I}_0} = e^{-K_\lambda L} \tag{7.37}$$

이 식은 열복사의 지수 감소 함수를 나타낸다.

소광 계수는 대개 가스 온도와 가스 성분 농도의 함수라고 가정한다. 이상 기체의 농도는 가스의 부분 압력(분압)으로 구할 수 있으므로 1차 근사식은 다음과 같으며,

$$K_\lambda = \sum_{i=1}^{n} K_{\lambda,i} P_i$$

여기에서 $K_{\lambda,i}$는 가스 혼합물의 i째 번 성분의 소광 계수이며, P_i는 그 분압이다. 그러므로 식 (7.37)은 다음과 같이 쓸 수 있는데,

$$\tau_{r,g} = e^{-L \sum K_{\lambda,i} P_i} \tag{7.38}$$

여기에서 합 기호는 $i = 1$에서 n까지 처리한 것으로 이해하면 된다. 많은 가스들, 특히 산소(O_2), 질소(N_2), 아르곤 등은 열복사에 거의 투명하므로 이 가스들의 소광 계수는 거의 0이다. 또한, 공기는 원칙적으로 이러한 가스들의 혼합물이므로 공기 또한 열복사에 투명하다고 가정해도 된다. 수증기, 이산화탄소, 일산화탄소, 이산화황 및 검댕(soot)은 열복사 가운데 상당한 양을 흡수하므로 이산화탄소를 함유한 습윤 공기는 열복사를 고도로 감쇠시키기도 한다.

무반사 가스를 가정한다면 식 (6.23)은 다음과 같이 된다.

$$\tau_{r,g} + \alpha_{r,g} = 1.0 \tag{7.39}$$

키르히호프(Kirchhoff) 법칙을 적용하면 식 (7.39)는 다음과 같이 되며,

$$\varepsilon_{r,g} = 1.0 - \tau_{r,g} \tag{7.40}$$

식 (7.38)에서 다음과 같이 된다.

$$\varepsilon_{r,g} = 1.0 - e^{-\sum K_{\lambda,i} P_i L} \tag{7.41}$$

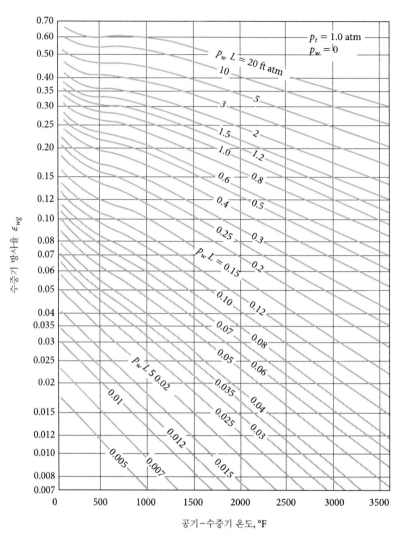

그림 7.21 공기-수증기 혼합물의 방사율 (출전 : Hottel, H. C. and R. B. Egbert, Trans. Am. Inst. Chem. Engr. 38, 531-565, 1942)

소광 계수는 온도의 함수로 예상된다. 이 예상을 증명하는 데에는 1930년경 이래로 실험 데이터를 사용할 수 있게 되었다. 그림 7.21에는 수증기와 건공기의 유효 가스 방사율 ε_w이 다양한 온도와 분압에서 나타나 있다. 수증기의 분압은 p_w로 표시되어 있다. 그러므로 그림 7.21의 그래프에서 등온선(일정 온도 곡선)은 소광 계수를 알고 있다고 할 때 식 (7.41)로 계산되는 방사율과 같은 값을 제공한다. 그림 7.22에서도 마찬가지로 이산화탄소-공기 혼합물에 관한 정보를 제공한다. 이산화탄소의 분압은 p_c로, 전체 압력(전압)은 p_T로 각각 표시되어 있다.

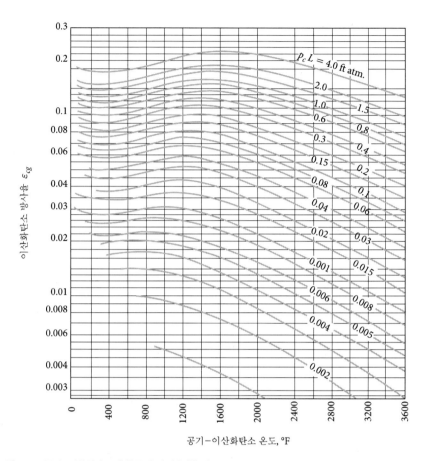

그림 7.22 공기-이산화탄소 혼합물의 방사율 (출전: Hottel, H. C. and A. F. Sarofim, Radiative Transfer, McGraw-Hill Book Co., New York, 1967.)

공기-수증기 혼합물에서는 돌턴(Dalton)의 분압 법칙에서 다음과 같이 되며,

$$p_T = p_{\text{air}} + p_w$$

공기-이산화탄소 혼합물에서는 다음과 같다.

$$p_T = p_{\text{air}} + p_c$$

공기-수증기-이산화탄소 혼합물에서는 다음과 같다.

$$p_T = p_{\text{air}} + p_w + p_c \tag{7.42}$$

공기 중 수증기는 분압의 범위가 넓으므로, 그림 7.21의 데이터는 분압 p_w가 0에 접근할

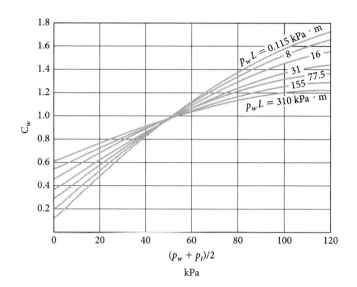

그림 7.23 101 kPa 이외 압력에서의 공기−수증기 혼합물의 방사율을 설명하는 보정 계수

때, 즉 $p_w \rightarrow 0$일 때의 방사율을 나타낸다. 전압이 101 kPa일 때 공기−수증기는 수정 방사율이 다음과 같은데,

$$\varepsilon_{r,wg} = \varepsilon_{r,w} C_w \qquad (7.43)$$

여기에서 C_w는 Hottel과 Egbert[2]가 구한 압력 확장 보정 계수로서 그림 7.23에 나타나 있다.

예제 7.8

온도가 33 ℃이고 상대 습도가 80 %이며 두께가 30 m인 공기층에서 방사율 ε_{wg}을 구하라.

풀이 전체 압력 p_T는 101 kPa이라고 가정한다. SI로 변환할 때에는 부록 표 B.6에서, 그렇지 않을 때는 부록 표 B.6E에서 33 ℃에서 수증기의 포화 압력을 판독하면,

$$P_g = 3.49 \text{ kPa}$$

이므로, 수증기의 분압은 다음과 같다.

$$p_w = (0.8)(3.49 \text{ kPa}) = 2.792 \text{ kPa}$$

그러므로

$$\frac{1}{2}(p_w + p_T) = \frac{1}{2}(2.792 + 101 \text{ kPa}) = 52 \text{ kPa}$$

그림 7.23에서 다음을 판독한다.

$$p_w L = (2.792\ \text{kPa})(30\ \text{m}) = 84\ \text{kPa} \cdot \text{m}$$

$C_w \approx 1.0$이다. 그림 7.21에서 다음 값을 판독한다.

$$\varepsilon_{r,wg} \approx 0.42 \qquad \text{답}$$

연소 생성물에는 대개 이산화탄소, 수증기 및 공기의 혼합물이 함유되어 있다. 이때에는 가스 방사율 ε_g가 다음과 같은 관계식으로 주어지는데,

$$\varepsilon_{r,g} = \varepsilon_{r,wg} + \varepsilon_{r,cg} - \Delta\varepsilon \tag{7.44}$$

여기에서 $\Delta\varepsilon$는 CO_2와 수증기의 스펙트럼 중첩을 설명해 주는 보정 계수이다. 이 보정 계수는 그림 7.24의 그래프에서 산출하면 된다. 가스 온도가 127 ℃ (= 260 °F), 538 ℃ (= 1000 °F) 또는 927 ℃ (= 1700 °F)가 아닌 경우에 보정 계수를 구하고자 할 때에는 다소 정확하지는 않지만 보간법(내삽법)이 필요할 수도 있다. 키르히호프 법칙을 적용하면 다음과 같이 되는데,

$$\alpha_{r,g} = \varepsilon_{r,g} = \alpha_{r,g} + \alpha_{r,g} - \Delta\alpha \tag{7.45}$$

여기에서 $\Delta\alpha = \Delta\varepsilon$는 그림 7.24에서 구한다.

보일러나 노 또는 검사 체적과 같은 용기 종류에 한정되어 있는 가스를 고려한다면,

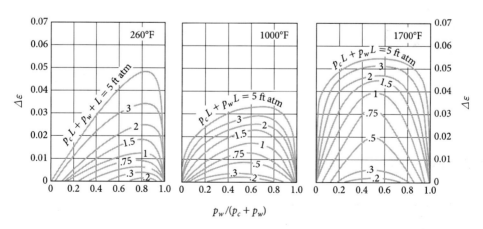

그림 7.24 방사율을 구할 때 공기 중 수증기와 이산화탄소의 중첩을 설명해 주는 보정 계수 (출전: Hottel, H.C. and R. B. Egbert, Trans. Am. Inst. Chem. Engr. 38, 531–565, 1942)

가스에서 나오는 복사는 다음 관계식으로 구한다고 생각하면 되는데,

$$\dot{Q}_{\text{emit}} = \varepsilon_g A_s \sigma T_g^4 \qquad (7.46)$$

여기에서 A_s는 가스가 들어 있는 용기의 표면 면적이다. 용기로 향하는 순 열전달은 다음과 같다.

$$\dot{Q}_{\text{net}} = A_s(\varepsilon_{r_g}\sigma T_g^4 - \alpha_{r,s}\sigma T_s^4) \qquad (7.47)$$

여기에서 $\alpha_{r,g}$는 용기 표면의 흡수율이며, T_s는 용기 표면의 온도이다. 용기 내 가스로 향하는 열전달에서는 식 (7.47)을 다음과 같이 쓰면 된다.

$$\dot{Q}_{\text{net}} = A_s\sigma(\varepsilon_{r,s} T_s^4 - \alpha_{r,g}T_g^4) \qquad (7.48)$$

균일한 가스 두께 L을 확인할 수 없는 상황에서는 $\tau_{r,g}$, $\varepsilon_{r,g}$, $\alpha_{r,g}$를 구할 때 L 대신에 평균 광로 L_m을 사용한다. Hottel과 Sarofim[3]은 평균 광로를 공표하였으며 일부 평균 광로 데이터가 표 7.1에 실려 있다.

표 7.1 가스 표면 복사에서의 평균 광로 길이

가스 용기의 형상	L_m	특성 치수
구	0.63D	직경, D
입방체	0.60L	모서리, L
무한 원통체, 옆면에 복사	0.94D	직경, D
직립 원통체($D = L$), 전체 표면에 복사	0.60D = 0.6L	직경, D 또는 길이 L
무한 평행 평판	1.76L	평판 간 거리, L
임의 형상의 가스 질량	3.5V/A	표면 면적에 대한 체적, V/A

7.5 복사 열전달의 응용

이 절에서는 복사 열전달이 중대하거나 지배적인 열전달 모드가 되는 일부 사례를 살펴보기로 한다. 먼저 온도계, 열전쌍 및 기타 온도 센서 또는 트랜스듀서(transducer)를 사용하는 온도 측정에 미치는 복사 효과를 살펴보자. 인체 열 쾌적성 해석(human thermal comfort analysis)에서 사용되는 평균 복사 온도의 개념을 설명한 다음, 가스를 거치는 복사 열전달을 살펴보자.

온도 측정에 대한 복사 효과

수은 유리 막대 온도계나 서미스터(thermistor)를 사용하는 온도 측정에서는, 대개 열평형이 대류 열전달이나 전도 열전달로 달성된다고 가정한다. 특히 공기 온도를 구하고자 할 때에는 온도 센서를 그림 7.25a와 식 (7.49)로 해석한다.

$$\dot{Q} = h_\infty A_s (T_\infty - T_s) \tag{7.49}$$

열평형에서는 $\dot{Q}$가 0이므로 $T_\infty = T_s$가 된다. 그런 다음 온도 측정기기로 가스나 액체 온도를 검출한다고 하자. 이제 그림 7.25b와 같이 이 온도 측정 과정에서 열복사도 열전달에 관여하는 상황을 살펴보자. 그러면 주위 복사 온도 T_r이 주위 유체 온도 T_∞보다 더 높은 상황에서는 다음과 같을 때 열평형에 도달한다.

$$\alpha_{r,s} A_s \sigma (T_r^4 - T_s^4) = \dot{Q}_r = -\dot{Q} = h_\infty A_s (T_s - T_\infty) \tag{7.50}$$

주위 복사 온도가 환경 유체 온도보다 더 낮을 때 식 (7.50)은 다음과 같이 되며,

$$\varepsilon_{r,s} A_s \sigma (T_s^4 - T_r^4) = h_\infty A_s (T_\infty - T_s) \tag{7.51}$$

어느 경우에나 센서 온도와 가스 온도 간에는 차이가 나게 된다. 이 차이 또는 오차는

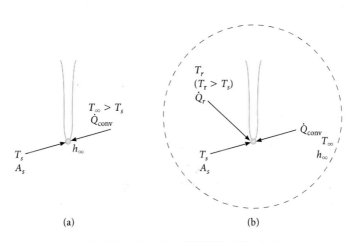

그림 7.25 가스 또는 액체에서의 온도 측정

센서 둘레에 방사율이 극히 낮은 차폐를 둠으로써 또는 유체를 휘저어 섞어 대류 열전달을 증가시킴으로써 줄일 수 있다.

예제 7.9

그림 7.26과 같이 차폐를 하지 않은 열전쌍을 풍동 내부의 중심류에 위치시켜 공기 온도를 감시한다. 특정한 시험 중에 열전쌍/판독 장치는 풍동 내부의 공기 온도가 25 ℃임을 가리키고 있는데, 이때 열전쌍은 방사율이 0.85, 대류 열전달 계수는 68 W/m² · K, 풍동 표면은 온도가 20 ℃라고 알려져 있다. 실제 공기 온도는 얼마인가?

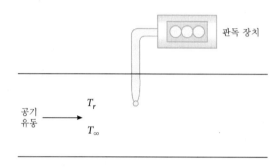
판독 장치

공기
유동

T_r

T_∞

그림 7.26 풍동 온도 모니터

풀이 공기 온도가 25 ℃를 가리키고 있고 풍동 표면은 온도가 20 ℃이므로, 열전쌍은 공기로부터의 대류 열전달에 의해 그리고 풍동 표면과의 복사에 의해 열평형에 도달한다고 봐도 된다. 그러므로 식 (7.51)을 사용하면 되는데, 이때에는 $T_r = 20$ ℃ $= 293$ K와 $T_s = 25$ ℃ $= 298$ K를 대입한다. 식 (7.51)을 풀어 공기 온도를 구하면 다음과 같이 된다.

$$T_\infty = \frac{\varepsilon_{r,s}\sigma}{h_\infty}(T_s^4 - T_r^4) + T_s$$

$$= \frac{(0.85)(5.670 \times 10^{-8}\,\text{W/m}^2 \cdot \text{K})}{(68\,\text{W/m}^2 \cdot \text{K})}[(298\,\text{K})^4 - (293\,\text{K})^4] + 25°\text{C}$$

$$= 25.4°\text{C}$$

답

열전쌍은 0.4 ℃ 정도 낮게 가리키고 있다.

주위 온도가 환경 온도보다 더 높은 상황을 조사하여 검출된 온도가 얼마나 높게 되는지를 식 (7.50)을 기반으로 하여 알아야 할 때도 있다.

평균 복사 온도

주위 표면 온도 T_r은 그림 7.25와 7.26에서 살펴보았는데, 이는 구하기 어려울 때가 있다. 이 주위 표면 온도를 근사화한 것이 **평균 복사 온도** T_{rm}으로 다음과 같이 정의되는데,

$$T_{rm} = \frac{1}{360°} \int_0^{360°} T(\theta)d\theta \tag{7.52}$$

여기에서 각 θ는 그림 7.27과 같이 임의의 관찰점에서 측정한다. 가스가 관찰점을 둘러싸고 있을 때에는 표면 온도 $T(\theta)$ 또는 유효 표면 온도가 각 위치 θ에 따라 변할 수 있다. 주목할 점은 평균 복사 온도가 단지 2차원에서의 온도 변화를 설명해줄 뿐이라는 것이다. 온도의 입체각 변화를 사용함으로써, 게다가 선형 온도보다 오히려 4승 온도(4제곱을 한 온도)를 사용함으로써 더욱더 정교하게 정의하면 3차원에서의 온도 변화도 포함시킬 수 있겠다. 그러나 이는 이 책의 취지를 벗어나는 것이다. 평균 복사 온도는 예제 7.9에서와 같은 해석에서 매개변수 T_r을 대신하여 사용하면 된다.

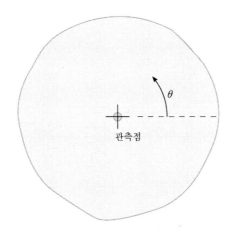

그림 7.27 특정 위치에서의 평균 복사 온도의 산출

예제 7.10

그림 7.28과 7.29에는 사무실의 평면도가 나타나 있다. 그림 7.28에는 위치 B가 표시되어 있고, 그림 7.29에는 위치 A가 표시되어 있다. 관찰점 B와 A에서 T_{rm}을 구하라.

풀이 평균 복사 온도는 식 (7.52)의 부분 적분으로 구하면 된다. 관찰점 B에서는 다음과 같이 된다.

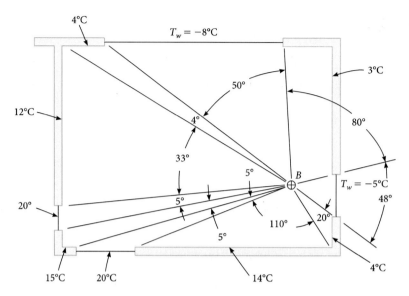

그림 7.28 관측점이 B인 사무실의 평면도

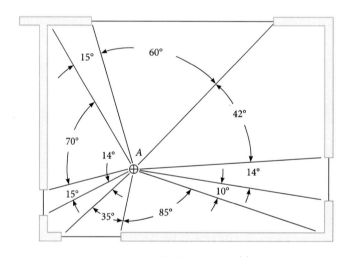

그림 7.29 관측점 A에서의 $T(\theta)$

$$T_{\mathrm{rm}} = \frac{1}{360°}[(-5°C)(48°) + (3°C)(80°) + (-8°C)(50°) + (4°C)(4°) + (12°C)(33°)$$
$$+ (20°C)(5°) + (15°C)(5°) + (20°C)(5°) + (14°C)(110°) + (4°C)(20°)]$$
$$= 3.45°C \qquad\qquad\qquad\qquad\qquad\qquad\qquad\qquad\qquad\qquad\qquad\quad 답$$

관찰점 A에서는 그림 7.29에서 다음과 같이 된다.

$$T_{\text{rm}} = \frac{1}{360°}[(-5°C)(14°) + (3°C)(42°) + (-8°C)(60°) + (4°C)(15°) + (12°C)(70°)$$
$$+ (20°C)(15°) + (20°C)(35°) + (15°C)(14°) + (20°C)(15°) + (14°C)(85°) + (4°C)(10°)]$$
$$= 8.1°C \qquad\qquad\qquad\qquad\qquad\qquad\qquad\qquad\qquad\qquad \text{답}$$

평균 복사 온도는 전체 온도 분포에도 종속되고 관찰점의 위치에도 종속된다는 사실을 알 수 있다. 이 모든 것은 실제 복사 온도를 개략적으로 근사화한 것이며, 온도 분포를 근사화하는 데 2차원 형상 계수의 개념을 사용한다는 사실을 알아야 한다.

가스를 지나는 복사 열전달

복사 열전달은 액체나 가스가 상호 교차 매체(interchanging medium)인 많은 사례에서 유효하기도 하다. 한 가지 지속적인 과정은 대기를 통과하는 햇빛과 그 다음에 대기를 바깥쪽으로 통과하면서 지구 위로 방사되는 복사이다. 이것은 지구 온난화와 기후 변화에 관한 주요 논쟁점이 되어 왔다.

특별한 과정의 일례로서, 냉각수 저류지를 살펴보자.

예제 7.11

1 헥타르(10,000 m²)의 냉각수 저류지가 발전소에서 나오는 응축기 물을 냉각시키는 데 사용된다. 어느 특정한 날 밤, 저류지에 있는 물의 온도는 33 ℃이고 표면 방사율은 0.85이다. 또한 공기의 온도는 20 ℃이고 방사율은 0.70이며, 자유 대류 열전달 계수는 5 W/m² · ℃이다. 밤하늘은 대기 바깥의 온도는 −40 ℃에서 유효 흑체이며, 대기의 두께는 10 km이고 온도가 균일하다고 가정한다. 저류지 물에서 나오는 열손실을 MW 단위로 산출하라.

풀이 그림 7.30에는 냉각수 저류지에서의 상황이 나타나 있다. 열손실은 다음과 같은 냉각수 저류지의 에너지 균형으로 구할 수 있는데,

$$\dot{Q}_{\text{loss}} = \dot{Q}_{\text{convection}} + \dot{Q}_{\text{radiation}}$$

여기에서

$$\dot{Q}_{\text{convection}} = h_\infty A_s(T_w - T_\infty) = (5\ \text{W/m}^2 \cdot \text{K})(10,000\ \text{m}^2)[33°C - 20°C] = 6.5\ \text{MW}$$

복사 열전달은 저류지 표면에서 온도가 20 ℃이고 두께가 10 km인 공기 질량인 유효 밤하늘을 향하는 열전달이다. 이 상황에서 주목할 점은 저류지를 떠나 공기 질량을 거쳐 투과되는 열복사 J_w는 다음과 같다.

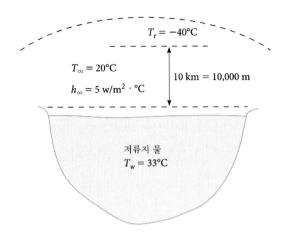

$T_r = -40°C$

$T_\infty = 20°C$

$h_\infty = 5 \text{ w/m}^2 \cdot °C$

10 km = 10,000 m

저류지 물
$T_w = 33°C$

그림 7.30 밤일 때 냉각수 저류지의 물

$$\dot{Q}_{w-sky} = J_w A_w F_{w-sky} \tau_m$$

여기에서 τ_m은 공기 질량의 투과율이다. 하늘을 떠나서 저류지에 도달하는 열복사는 다음과 같다.

$$\dot{Q}_{sky-w} = J_{sky} A_{sky} F_{sky-w} \tau_m$$

교환 관계를 사용하면 다음과 같다.

$$A_{sky} F_{sky-w} = A_w F_{w-sky}$$

저류지에서 하늘을 향하는 순 열손실은 다음과 같다.

$$\dot{Q}_{net} = \dot{Q}_{w-sky} - \dot{Q}_{sky-w} = A_w F_{w-sky} \tau_m (J_w - J_{sky})$$

$\tau_m = 1.0 - \varepsilon_m$ 이므로, 다음과 같이 된다.

$$\dot{Q}_{net} = A_w F_{w-sky} (1 - \varepsilon_{r,m})(J_w - J_{sky})$$

유의할 점은 투과 가스, 즉 공기를 거치는 복사에서 총 복사 간 열 저항 항은 $1/A_w F_{w-sky}(1 - \varepsilon_{r,m})$ 이다. 이 예제는 회로망 상사가 그림 7.31에 그려져 있다. 그러므로 다음과 같다.

$$\dot{Q}_{net} = \frac{\sigma A_w [T_w^4 - T_{sky}^4]}{\dfrac{1 - \varepsilon_{r,m}}{\varepsilon_{r,m}} + \dfrac{1}{1 - \varepsilon_{r,m}}}$$

$F_{w-sky} = 1.0$ 이므로, 다음과 같이 된다.

$$\dot{Q}_{net} = \dot{Q}_{radloss} = \frac{\sigma(10,000 \text{ m}^2)[(306 \text{ K})^4 - (293 \text{ K})^4]}{\dfrac{1 - 0.7}{0.7} + \dfrac{1}{1 - 0.7}} = 2.1 \text{ MW}$$

총 열손실은 다음과 같다.

$$\dot{Q}_{loss} = \dot{Q}_{convection} + \dot{Q}_{radloss} = 6.5 \text{ MW} + 2.1 \text{ MW} = 8.6 \text{ MW}$$ 답

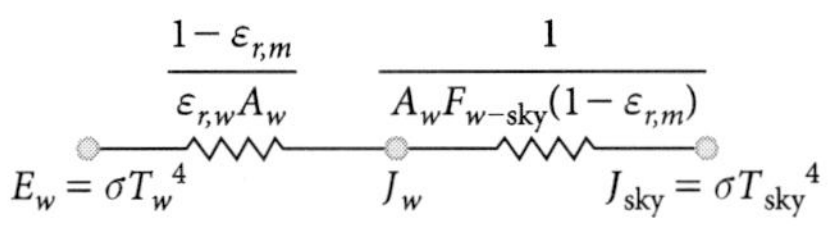

그림 7.31 밤하늘 복사에 대한 냉각수 저류지의 회로망

이 예제에서 주목할 점은 투과 가스가 두 표면 간 개재 영역을 점유할 때, 두 표면의 총 복사 간 열 저항 항에는 단지 면적 및 형상 계수보다는 항 $(1-\varepsilon_w)$ 이 포함된다는 것이다.

예제 **7.12**

화석 연료를 사용하는 증기 발생 장치는 연소가스가 가득 차 있는 대형 연소실로서, 이 연소가스는 연소실의 수직 벽에 열에너지를 복사한다. 이 수직 벽들은 수관들로 구성되어 있어서 열에너지를 수열하게 되고 이어서 수관 속에 들어 있는 물이 끓는다. 증기 발생기는 석탄을 연소시키고 연소 가스는 온도가 925 ℃이며 연소실 전체에 걸쳐서 이산화탄소 몰분율이 25 %라고 가정한다. 연소실은 한 변의 길이가 10 m인 정육면체로 건조되어 있다. 연소실의 수직 벽을 향하는 복사 열전달량을 산출하라. 수직 벽은 방사율을 0.86으로 잡으면 되고, 표면 온도는 480 ℃이다.

풀이 정상 상태 전도로 가정하고 고온 가스와 수직 벽 간 대류 열전달은 무시한다. 그러면 다음과 같이 되며,

$$\dot{Q}_{add} = A_s \sigma \left[\varepsilon_{r,m} T_m^4 - \alpha_{r,s} T_s^4 \right]$$

수직 벽은 면적이 다음과 같다.

$$A = 10 \text{ m} \times 10 \text{ m} \times 4 = 400 \text{ m}^2$$

가스의 방사율은 표 7.1을 사용하여 산출할 수 있다. 이때 $L_m = 0.6L = 6 \text{ m}$, $p_c = (0.25)(101 \text{ kPa}) = 25 \text{ kPa}$, $p_c L = 4.5 \text{ atm} \cdot \text{ft}$이다. 그러면,

$$\varepsilon_{r,m} \approx 0.23 = \varepsilon_{r,c} \quad (\text{그림 } 7.22\text{에서})$$

및

$$\dot{Q}_{add} = (400 \text{ m}^2) \left(5.670 \times 10^{-8} \frac{\text{W}}{\text{m}^2 \cdot \text{K}^4} \right) \left[(0.23)(1198 \text{ K})^4 - (0.86)(753 \text{ K})^4 \right]$$

$$= 4.47 \text{ MW}$$ 답

주목할 점은 증기 발생기에서는 벽에 대한 복사를 구할 때 표면 온도가 아주 중요하다는 것이다. 이 표면 온도가 아주 높으면 열전달이 감소되어 관이 취약해지는 안전 문제도 발생하게 된다. 이 마지막 예제는 실제 증기 발생기에서 일어나는 현상을 단순화하여 해석한 것이다. 예를 들어 연소실 온도가 전체에 걸쳐서 동일하다는 가정은 현실적이지 않다. Hottel 및 Sarofim[3]은 입방체 용기를 여러 개의 소형 등온 구획으로 분할하여 연소 가스 체적 내 온도 장을 컴퓨터로 산출하는 방법을 책에 기술하였다. 복사 열전달 설명이 실려 있는 책으로는 Siegel과 Howell[5], Sparrow와 Cess[6], Tien[7] 및 Dunkle[8]을 예로 들 수 있다.

7.6 요약

총 복사(radiosity) J는 표면을 떠나는 전체 복사이다. 불투명 회색체에서는 다음과 같다.

$$J = \varepsilon_r \sigma T^4 + \rho_r \dot{E}_{\mathrm{irr}} \tag{7.2}$$

여기에서 $\rho_r = 1 - \varepsilon_r$ 이다.

흑체에서 나오는 총 복사는 다음과 같다.

$$J = \sigma T^4 \tag{7.9}$$

불투명 회색체에서 나오는 순 복사는 다음과 같다.

$$\dot{Q}_{\mathrm{net}} = \frac{\varepsilon_r A}{1 - \varepsilon_r} (\sigma T^4 - J) \tag{7.8}$$

2표면 간 순 열전달은 불투명 회색체에서 다음과 같다.

$$\dot{Q}_{\mathrm{net},1-2} = \frac{\sigma(T_1^4 - T_2^4)}{\dfrac{1 - \varepsilon_{r,1}}{\varepsilon_{r,1} A_1} + \dfrac{1}{A_1 F_{1-2}} + \dfrac{1 - \varepsilon_{r,2}}{\varepsilon_{r,2} A_2}} \tag{7.17}$$

$A_2 \gg A_1$ 인 경우에는 다음과 같다.

$$\dot{Q}_{\mathrm{net},1-2} = \frac{\sigma A_1 (T_1^4 - T_2^4)}{\dfrac{1 - \varepsilon_{r,1}}{\varepsilon_{r,1}} + \dfrac{1}{F_{1-2}}} \tag{7.18}$$

A_1이 흑체이고 $A_2 \gg A_1$인 경우에는 다음과 같다.

$$\dot{Q}_{\text{net},1-2} = \sigma A_1 F_{1-2}(T_1^4 - T_2^4) \tag{7.20}$$

3표면 또는 다표면 복사 열전달 문제에서는 회로를 확인하고 정사각행렬을 작성함으로써 해석을 할 수 있는데,

$$[M]\{J_i\} = \left\{ \frac{\varepsilon_{r,i}A_i}{1 - \varepsilon_{r,i}} \sigma T_i^4 \right\} \tag{7.30}$$

여기에서 $\{J_i\}$는 총 복사의 열 벡터(column vector)이고, $\left\{ \dfrac{\varepsilon_{r,i}A_i}{1 - \varepsilon_{r,i}} \sigma T_i^4 \right\}$는 흑체 벡터이며, $[M]$은 총 복사 계수의 행렬이다. 가스가 2표면 또는 그 이상의 복사 표면 사이의 영역을 점유하고 있을 때, 이 가스는 개재 영역을 지나면서 복사원이 되기도 한다. 소광 계수 K_λ는 다음과 같이 정의되는데,

$$K_\lambda = -\frac{1}{\dot{I}(x)} \frac{dI(x)}{dx} \tag{7.36}$$

이 소광 계수는 복사 감소를 정량화할 때에 사용하면 된다. 소광 계수를 다음과 같이 일정하다고 가정하면,

$$\tau_{r,g} = e^{-K_\lambda L} = \frac{\dot{I}(x)}{\dot{I}_0} \tag{7.37}$$

가스 방사율을 다음과 같이 근사화할 수 있다.

$$\varepsilon_{r,g} = 1 - \tau_{r,g} \tag{7.40}$$

키르히호프 법칙에서,

$$\varepsilon_{r,g} = \alpha_{r,g}$$

주위 표면에서 나오는 복사는 다음과 같이 정의되는 평균 복사 온도 T_{rm}의 개념으로 해석할 수 있다.

$$T_{\text{rm}} = \frac{1}{360°} \int_0^{360°} T(\theta)d\theta \tag{7.52}$$

제7.1절

7.1 총 복사(radiosity)란 무엇인가?

7.2 표면에서의 열저항이 의미하는 바는 무엇인가?

7.3 총 복사의 단위는 무엇인가?

제7.2절

7.4 그림 7.4에 있는 2표면 복사 형태와 다른 형태를 구별해 보라.

7.5 차폐는 복사에 어떤 영향을 주는가?

제7.3절

7.6 재복사 표면과 흑체 표면의 차이는 무엇인가?

7.7 단열 표면이 의미하는 바는 무엇인가?

제7.4절

7.8 소광 계수란 무엇인가?

7.9 기체 압력이 소광 계수에 영향을 미치는 원인은 무엇인가?

7.10 평균 광로 길이가 의미하는 바는 무엇인가?

제7.5절

7.11 열전쌍으로 온도를 잴 때 복사가 영향을 미치는가? 그렇다면 어떤 식으로 영향을 미치는가?

7.12 평균 복사 온도가 의미하는 바는 무엇인가?

■■ 수 업 중 퀴 즈 문 제 ■■■ ■ ■

1. 스테판-볼츠만(Stefan-Boltzmann) 상수란 무엇인가?

2. 표면 온도가 600 K이고 조사가 1 kW/m²로 되고 있는 불투명 회색체는 그 방사율이 0.80이다. 그렇다면 그 총 복사는 얼마인가?

3. 표면 온도가 1000 K인 흑체 표면은 총 복사가 얼마인가?

4. 평행 표면 2개가 1 m만큼 떨어져 있다. 하나는 표면 온도가 177 ℃이고 다른 하나는 27 ℃이다. 열 차폐가 두 표면 중간에 놓여 있다. 차폐 온도를 산출하라.

5. 불투명체 표면 4개 간 복사 회로 또는 복사 망을 그림으로 나타내라.

6. 노 안에 있는 가스는 소광 계수가 0.01 m^{-1}이고 평균 광로 길이가 10 m이다. 이 가스에서 복사 투과율은 얼마인가?

■ 연습 문제

제7.1절

7.1 불투명 회색체의 방사율이 200 ℃에서 0.8이다. 이 회색체가 30 W/m²으로 조사될 때 총 복사를 구하라.

7.2 예제 7.1의 표면에서는 $\varepsilon = 0.6 - 0.0002\,T$이고 $T \le 2600$ K이다. 조사가 200 W/m²으로 감소될 때, 최대 순 방사 열전달이 일어나는 온도를 구하라.

제7.2절

7.3 직경이 50 cm이고 온도가 700 K인 배기관이 바깥 표면이 불투명하고 방사율이 0.90이다. 아연도금 강판(함석)으로 만든 직경이 15 cm인 회색체 관이 이 배기관과 동심을 이루어 주위를 둘러싸고 있다. 이 외관의 온도가 350 K를 초과하지 않게 하고자 할 때, 외관의 단위 길이당 방사 가능한 최대 열전달을 구하라.

7.4 오븐의 내벽 방사율이 0.6이다. 이 오븐은 온도가 200 ℃가 되면 그림 7.32와 같이

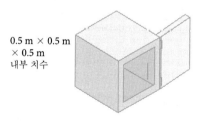

0.5 m × 0.5 m × 0.5 m 내부 치수

그림 7.32

문이 열리고 오븐이 꺼진다. 오븐에서 주위로 전달되는 복사를 구하라. 방은 온도가 20 ℃인 흑체로 작용한다고 가정한다.

7.5 온도가 25 ℃인 태양열 집열판이 온도가 − 50 ℃인 밤하늘을 향하고 있다. 이 집열판의 방사율이 0.9이고 흡수율이 0.85일 때, 이 집열판의 순 복사를 구하라.

7.6 직경이 7 cm인 400 ℃의 열교환기 봉이 직경이 15 cm인 열 차폐로 둘러싸여 있다. 주위가 20 ℃의 흑체일 때, 다음의 조건에서 차폐의 평형 온도를 각각 구하라.
a) 열교환기 봉과 차폐가 모두 흑체일 때
b) 열교환기 봉과 차폐가 모두 방사율이 0.7일 때
c) 열교환기 봉은 흑체이고 차폐는 방사율이 0.7일 때

제7.3절

7.7 일광욕실을 그림 7.33과 같이 직육면체로 근사화한다. 바닥은 단열이 잘 되어 있으며 모든 벽과 천장은 방사율이 0.20이다. 바닥은 온도가 5 ℃이고 벽과 천장은 온도가 20 ℃이며 창은 온도가 − 10 ℃이다.
a) 열전달 해석에 사용할 등가 회로를 작성하라.
b) 일광욕실에서 복사로 손실되는 열손실을 구하라. (힌트: 창에서는 $\tau_{out} = \tau_{in}$ 이다.)

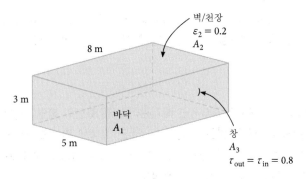

그림 7.33

7.8 피자 오븐을, 상부 표면에서는 가열이 되고 있고 문으로는 열이 전도로 유출되며 모든 옆면과 바닥은 단열이 잘 되어 있어 재복사하는 정육면체로 근사화한다. 오븐은 내부 치수가 한 변이 1.5 m이다. 문을 닫은 채로 작동시키고 있을 때, 버너 표면은 온도가 500 K이며 히터에는 전력이 3 kW가 사용된다. 히터와 문 내부 표면은 방사율이 0.80이라고 가정한다.
a) 문 내부 표면의 평형 온도를 구하라.
b) 오븐 문이 열려 있고 방의 온도가 30 ℃(고온)일 때, 동력은 여전히 3 kW가 사용되고 있다고 가정하고 히터의 평형 온도를 구하라.

7.9 토스터(그림 7.34 참조)에는 식빵을 구울 때 식빵 한 장의 각 면에 한 개씩 총 2개의 히터가 있다. 히터는 식빵을 굽고 있을 때에는 온도가 450 ℃ 이고 방사율은 0.85이다. 식빵의 온도가 100 ℃ 일 때 방사율이 0.65이고 주위가 열을 재복사할 때, 식빵으로 전달되는 순 열전달을 구하라.

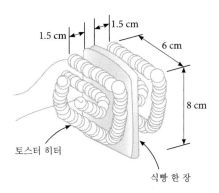

그림 7.34 문제 7.9와 7.10의 토스터

7.10 문제 7.9에서 식빵이 구어지고 있을 때, 주위가 $\varepsilon = 0.45$ 이고 $T = 85$ ℃ 인 흑체로서 작용한다고 가정하고 $\dot{Q}_{net}$ 을 구하라.

7.11 그림 7.35와 같이 불이 붙어 있는 개방식 벽난로에서 전달되는 복사 열전달을 살펴보자. 이 불의 유효 표면 온도는 315 ℃ 이며, 유효 방사율은 0.95이다. 주위는 온도가 15 ℃로 흑체처럼 작용한다. 벽난로 앞에 앉아 있는 사람에게 전달되는 순 열전달과 벽난로 내부 표면의 평형 표면 온도를 구하라. 사람 등 쪽에서 전달되는 복사는 무시한다. 사람은 방사율이 0.8이고 벽난로 개방구는 사람에 대한 형상 계수가 0.15라고 가정한다.

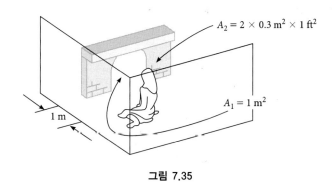

그림 7.35

7.12 그림 7.36과 같이 복사 히터 요소가 구리 관을 중심으로 동심을 이루도록 구성되어 있다. 이 히터는 두께가 1 cm 이고 외경(OD)이 10 cm 이며 내경(ID)이 8 cm이다. 구리

관은 직경이 4 cm이다. 구리 관은 온도가 200 ℃이고 방사율이 0.05이다. 히터 관은 온도가 1000 ℃이고 방사율이 내부 표면에서는 0.9이고 외부 표면에서는 0.04이다. 주위를 온도가 300 K인 흑체라고 할 때, 정상 상태 작동에 필요한 히터의 단위 길이당 전력을 구하라.

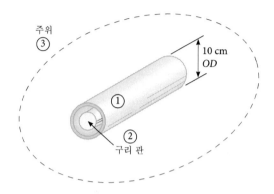

그림 7.36 가열 대상이 되는 구리 관 둘레에 동심으로 배열된 가열 관을 사용하는 복사 가열

7.13 증기 발생기는 고온의 연소 가스에서 복사열을 획득함으로써 물을 수증기로 변환시키는 장치이다. 한 변이 5 m인 정사각형으로, 모든 변은 수관들로 되어 있고 중앙에는 온도가 2200 ℃이고 직경이 2 m인 화구(fire ball)로 구성되어 있는 증기 발생기가 있다. 이 수관의 온도가 315 ℃이고 방사율이 0.7일 때, 연소 가스에서 물로 전달되는 열전달을 구하라. 화구는 흑체로 작용한다고 가정한다.

7.14 그림과 같은 2개의 평행 원반의 방사율은 0.60이다. 원반 가운데 하나는 온도가 20 ℃이고 다른 하나는 30 ℃일 때, 다음을 각각 구하라.
a) 주위가 열을 재복사할 때, 두 원반 간 순 열전달
b) 주위가 온도가 20 ℃인 흑체일 때, 두 원반 간 순 열전달

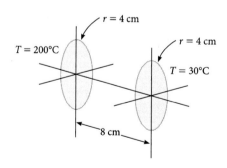

그림 7.37 두 평행 원반 간 복사 열전달

7.15 안개가 심한 날에는 시정(가시거리)이 $1/2$ km가 되기도 한다. 이는 가시광선이 500 m를 이동한 후에 95 %가 흡수된다는 의미이다. 대기에서의 소광 계수는 얼마인가?

7.16 온도가 20 ℃이고 상대 습도가 80 %이며 압력은 1 기압일 때 두께가 80 cm인 공기층의 유효 방사율을 구하라.

7.17 온도가 80 ℃이고 압력이 101 kPa인 배기가스가 형성하는 폭이 1.6 m인 가스 기둥을 통과하는 복사의 흡수율을 구하라. 이 가스는 상대 습도가 15 %인 공기와 몰 분율이 20 %인 산화탄소의 혼합물이다.

7.18 높이가 60 m이고 폭이 20 m인 건물에 불이 나서 한쪽 벽의 온도가 815 ℃가 되었다. 그림 7.38과 같이 건물 가까이에는 온도가 40 ℃이고 상대 습도가 40 %인 공기가 있다. 이 벽의 방사율을 0.85라고 할 때, 불이 난 벽에서 공기로 전달되는 순 열전달을 산출하라.

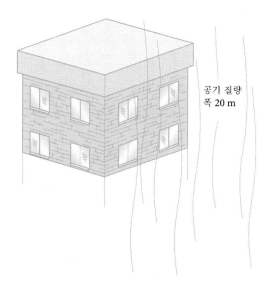

공기 질량
폭 20 m

그림 7.38 건물 화재와 예상되는 가스 복사

7.19 조용한 여름날 집 밖 음지에 걸어둔 수은 유리막대 온도계가 20 ℃를 가리키고 있다. 양지 쪽에 걸려 있는 또 다른 온도계는 45 ℃를 가리키고 있다. 온도계에서는 대류 열전달 계수가 10 W/m²이고 $\varepsilon = 0.2$일 때, 양지 쪽에서 주위의 유효 표면 온도는 얼마인가?

7.20 자동차 엔진 표면에서 전달되는 복사 열 손실(또는 획득)을 연구하려고 한다. 엔진은

한쪽에 엔진 냉각수를 냉각시키는 열교환기(라디에이터라고 함)가 달린 볼록한 불투명 회색체라고 가정한다. 라디에이터도 표면이 평평한 불투명 회색체라고 가정한다. 또한 엔진은 하부의 도로 표면(흑체), 후드와 펜더 벽(이를 하나의 재복사 표면으로 가정함) 및 방화 격벽(흑체)과 복사가 일어난다.

a) 이러한 과정을 나타내는 열 회로를 작성하라.

b) 모든 총 복사, 흑체 방사기($\dot{E}_{bi}$) 및 저항을 방사율, 면적 및 형상 계수로 확인하라.

7.21 그림 7.39와 같은 평면도에서 표시된 위치에서의 평균 복사 온도(MRT)를 구하라.

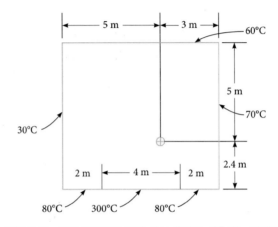

그림 7.39 특정 위치에서 평균 복사 온도를 산출하는 평면도

7.22 증기 발생 장치에서 온도가 900 ℃ 인 연소가스가 연소실에 가득 차면서 석탄이 연소된다. 연소실은 직경이 10 m 이고 높이가 15 m 인 수직 원통형이다. 벽의 온도가 500 ℃ 이고 방사율이 0.9일 때, 벽에 전달되는 열전달을 산출하라.

7.23 온도가 27 ℃ 이고 반사율이 0.5인 불투명 회색체 표면이 1000 W/m^2 의 조사에 노출되고 있다. 온도가 7 ℃ 인 공기가 이 표면 위를 흐르며, 대류 열전달 계수는 15 $\text{W/m}^2 \cdot \text{℃}$ 이다. 이 표면에서 전달되는 순 열 플럭스를 구하라.

7.24 불투명 수평 평판이 뒷면에 단열이 잘 되어 있다. 이 평판에 대한 조사는 2500 W/m^2 이며, 이 중에서 500 W/m^2 가 반사된다. 평판은 온도가 227 ℃ 이고 방사 동력이 1200 W/m^2 이다. 온도가 127 ℃ 인 공기가 $h = 12$ $\text{W/m}^2 \cdot \text{℃}$ 로 이 평판 위를 흐른다. 다음을 각각 구하라.

a) 평판의 ε, α, 총 복사

b) 단위 면적당 순 열전달

7.25 방사율 0.5, 총 비열 0.34 $\text{J/kg} \cdot \text{K}$, 표면적 0.8 cm^2 인 열전쌍이 대형 수열 덕트 안에

위치하여, 이 덕트 속을 흐르는 가스의 온도를 측정한다. 덕트 벽은 온도가 300 ℃ 이고 흑체 방열기처럼 거동한다. 초기에는 지시 온도가 170 ℃ 이고 평형 온도에 막 도달하게 되는 8분 후의 지시 온도가 290 ℃ 일 때, 덕트 안에 있는 열전쌍의 대류 열전달 계수 값을 산출하라. 또한, 가스 온도를 구하라.

7.26 벽돌은 수세기 동안 직사광선에 구워서 만들어 왔다. 물은 35 ℃ 에서 증발되고 벽돌 한 장마다 열량이 7.4 MJ이 필요하다고 할 때, 벽돌을 완전히 굽는 데 필요한 시간을 구하라. 벽돌은 각각 크기가 10 cm × 15 cm × 20 cm 이고 표면 방사율은 0.4이다.

[참고문헌]

[1] Oppenheim, A. K., *Trans. ASME*, 65, 725-35, 1956.

[2] Hottel, H. C., and R. B. Egbert, *Trans. Am. Inst. Chem. Engr.*, 38, 531-65, 1942.

[3] Hottel, H. C., and A. F. Sarofim, *Radiative Transfer*, McGraw-Hill Book Co., New York, 1967.

[4] Fanger, P. O., *Thermal Comfort*, McGraw-Hill Book Co., New York, 1972.

[5] Siegel, R., and J. R. Howell, *Thermal Radiation Heat Transfer*, McGraw-Hill Book Co., 1981.

[6] Sparrow, E. M., and R. D. Cess, *Radiation Heat Transfer*, Hemisphere Publishing Corporation, New York, 1978.

[7] Tien, C. L., Thermal Radiation Properties of Gases, in *Advances in Heat Transfer*, Vol. 5, J. P. Hartnett and T. F. Irvine (editors), Academic Press, New York, 1968.

[8] Dunkle, R. V., Radiation Exchange in an Enclosure with a Participating Gas, in W. M. Rosenow and J. P. Hartnett (editors), *Handbook of Heat Transfer*, McGraw-Hill Book Co., New York, 1973.

08 열교환기

역사적 개요

여러 가지 물건을 가까이에서 자세하게 들여다보면 몇 가지 종류의 열교환기가 있을 것이다. 현대 생활의 발전은 열교환기에 종속되어 왔다. 이러한 열교환기들은 대개 공예가, 직업적 장인, 기계공 등이 만들어 냈다. 열교환기의 과학과 기능의 현대적인 해석은 세 가지 열전달 양식, 즉 전도, 대류, 복사 등에 관한 수학과 실험 작업을 거쳐서 발전한 것이다.

대부분의 사람들은 증기 기관의 개발을 산업 혁명의 효시로 여기는데, 이 증기 기관에는 열교환기, 보일러, 피스톤–실린더, 그리고 사용된 증기를 배출하는 방법 등이 필요하다. 아주 조악한 형태의 증기 기관은 1700년 이전에 잉글랜드와 스코틀랜드에서 최초로 등장하였는데, 이때에는 토머스 세이버리(Thomas Savery)가 우물에서 물을 퍼낼 목적으로 여러 개의 탱크와 수동 밸브로 된 장치를 제작한 것이었다. 토머스 뉴커먼(Thomas Newcomen)은 철광석과 석탄을 들어 올리고 지하 광상에서 물을 퍼 올릴 수 있도록 정치형 용도로 작동하는 증기 기관을 제작하였다. 세이버리 기관과 뉴커먼 기관은 모두 실린더 내의 수증기를 냉각시켜 진공이 형성되게 하고, 그로 인해 피스톤이 밀리게 된다. 제임스 와트(James Watt)는 스코틀랜드 서부 해안에 있는 그리녹(Greenock)이라는 항구 도시에서 1736년에 태어났는데, 그는 기계 쪽에 취향이 있어 목공, 금속 가공, 기기 제작 등에 솜씨가 있었다. 와트는 수학 쪽에도 취향이 있어 글래스고우(Glasgow) 대학에서 공장을 설립하는 데 초빙되었다. 이 당시에 와트는 조지프 블랙(Joseph Black)과 친구가 되었는데, 블랙은 열역학과 열의 개념을 연구하고 있던 저명한 물리학자이자 화학자였다. 와트는 뉴커먼 증기 기관을 개량하여 피스톤을 복동식으로 하였고, 수증기를 실린더 외부에서 냉각되게 하였으며, 조속기(governor)를 고안하여 기관이 고속으로 자발 가속되는 것을 방지하였다. 와트는 본질적으로 대기압 상태인 수증기를 사용하였는데, 이 때문에 와트의 기계는 커지고 무거워질 수밖에 없으므로 정치형 용도로만 사용이 가능하고 저속으로만 작동될 수 있다는 것을 의미한다.

1771년에 잉글랜드 콘월(Cornwall)에 태어난 리처드 트레비식(Richard Trevithick)은 대기압보다 압력이 높은 수증기라면 한층 더 효율적인 기관이 될 수 있을 것이라는 사실을 알아차렸다. 트레비식은 차량 추진용 증기 기관을 설계하고 제작했던 최초의 인물이다. 트레비식의 기관은 최초의 철도 기관—강철 레일 위에서 운행되는 차량을 수증기를 사용하여 추진하는 기관—으로 보인다. 이러한 기관들은 피스톤-실린더 용도로 물을 충분히 빨리 끓일 수 없기 때문에 매우 제한적인데, 그럴 수밖에 없다는 말은 열교환기, 즉 보일러를 잘 이해하지 못 했다는 것을 의미한다. 수증기를 충분히 빨리 발생시킬 수 없었던 이 문제점은 증기 기관 역사 내내 지속되었다. 이는 기술적인 문제이었을 뿐만 아니라 기계가 필요하다는 점에 강한 집념을 보였다는 것을 나타낸다. 트레비식은 많은 혁신적인 아이디어와 설계가 있었지만 결국 1833년에 극심한 빈곤으로 사망했다. 고압 수증기를 사용하자는 자신의 아이디어가 거의 받아들여지지 않아 크게 낙담하였던 것이다.

조지 스티븐슨(George Stephenson)은 1781년에 잉글랜드 노섬벌랜드 와일럼(Wylam)에서 태어났으며, 최초의 공공 철도인 스톡턴-달링턴 철도를 부설한 것으로 명성을 얻었다. 이 25마일짜리 철도는 1825년에 개통되어 트레비식 증기 기관의 개량형이 사용되었다. 이 개량형은 세계적인 철도 증기 기관용 표준 설계 장치가 되었으며, 이로써 화물과 승객을 수송하는 철도의 실행 가능성이 입증되었다. 스티븐슨의 증기 기관은 성공적이었지만 '충분히 끓지 않는(under-boiled)' 경향을 보였는데, 이는 수증기를 충분히 빨리 발생시키는 데 지속적으로 문제가 있었음을 의미한다. 그럼에도 스티븐슨은 잉글랜드에서뿐만 아니라 세계적으로도 철도 건설을 진척시켰고 이러한 사업을 1848년에 사망할 때까지 계속했다.

보일러의 발전은 더뎠지만, 증기 기관은 신뢰성이 있고 강력한 기계로 진화하였다. 증기 기관의 효율과 동력 면에서 아주 두드러지게 개량한 장치 가운데 하나는 빌헬름 슈미트(Wilhelm Schmidt)가 설계하고 개발한 과열기(superheater)였다. 1858년에 독일

베게레벤(Wegeleben)에서 태어난 슈미트는 기계 정비 및 공학 기술의 기초 지식을 습득하였는데, 이로써 증기 기관에 신뢰성 있는 과열기를 구비시킬 수 있었다. 과열 기술은 트레비식의 노력을 포함하여 일찍이 적용되기는 했지만, 현대적인 증기 기관을 가장 실용화한 사람은 슈미트였다. 슈미트는 열교환기의 중요성과 중대성을 이해하였다. 슈미트의 회사는 그가 1924년에 사망한 후에도 계속해서 석유 화학 산업, 화학 산업, 금속 산업용 열교환기를 설계 제작하였다.

끝으로 열교환기 기술은 대부분 그 기반이 경험적이고 기계적이기는 하지만, 열교환기의 이론적인 설계 및 개량은 모두 스탠포드 대학 소속인 윌리엄 케이즈(William M. Kays)와 알렉산더 런던(Alexander L. London)이 지은 **Compact Heat Exchangers**에서 시작된 것이 확실하다. 이들의 연구는 열교환기와 열교환기 관련 대류 열전달에 집중되어 있다. 이 책은 1955년에 출간되어 그 이후 1970년대에도 계속해서 출판되었으며, 이제는 소형 열교환기 설계에 필요한 과학적 근거의 기반으로 보고 있다. 이 책에는 다양한 열교환기 형태와 그 열적 및 역학적 거동에 관한 상세한 설명이 포함되어 있다.

학습 내용

1. 열교환기를 해석할 때 열교환기는 모두 단열 상태로 가정한다. 열교환기의 에너지 균형식을 쓰고 이 식을 사용하여 유체의 엔탈피나 온도를 산출한다.
2. 특정한 열교환기에서 총괄 전도 계수가 얼마인지 구한다.
3. 대수 평균 온도 차(LMTD)를 계산하는 법을 안다.
4. LMTD 보정 계수가 의미하는 바를 알고, 특정 열교환기에서 LMTD 보정 계수를 구하는 법을 안다.
5. 총괄 열교환기 전도 계수를 구할 때 오염 계수를 사용하는 법을 안다.
6. 열교환기 유효도와 이를 사용하여 열교환기 성능을 구하는 법을 안다.
7. 열 단위 수(NTU)를 구하는 법을 안다.
8. 콤팩트형 열교환기의 매개변수를 이해한다.
9. 콤팩트형 열교환기에서 대류 열전달 계수를 구한 다음, 총괄 열교환기 전도 계수와 콤팩트형 열교환기의 크기를 구한다.
10. 히트 파이프가 무엇이고 어떻게 작동하며, 주요 운전 매개변수를 확인하는 법을 안다.
11. 특정 용도에서 히트 파이프의 크기를 결정한다.

새로운 용어

C	$[\dot{m}c_p]_{\mathrm{minimum}}/[\dot{m}c_p]_{\mathrm{maximum}}$	N_{HP}	히트 파이프 해석에서	
F	LMTD 보정 계수		사용하는 유체 수송 계수	
F_f	오염 계수	U	총괄 열교환기 전도 계수	
LMTD	대수 평균 온도 차	$\varepsilon_{\mathrm{HX}}$	열교환기 유효도	
NTU	열 단위 수,	σ_{ST}	표면 장력	
	NTU $= UA/[\dot{m}c_p]_{\mathrm{minimum}}$			

8.1 열교환기의 일반 개념

열교환기는 열에너지를 한 줄기 유체 흐름에서 또 다른 줄기의 유체 흐름 쪽으로 전달하는 장치이다. 이 두 가지 유체 흐름은 흔히 액체이지만, 이 유체 흐름들은 기체 또는 증기, 혹은 액체와 증기의 화합물이기도 하고, 고체 입자의 층상이거나 고체 입자의 흐름(이를 유동화 고체라고 함)이기도 하는 중요한 용도들이 있다. 열교환기는 거의 어디에서나 볼 수 있다. 열교환기는 대부분 응축기, 증발기, 코일, 히터, 라디에이터, 냉각기, 예열기, 재열기, 보일러, 증기 발생기, 후부 가열기 등의 장치 이름으로 다르게 불린다. 그림 8.1에서 8.6까지에는 일반적인 열교환기의 일부가 여러 가지 변형, 형태 및 크기로 나타나 있다. 모든 열교환기에서는 열에너지가 하나의 물질에서 또 다른 물질 쪽으로 전달된다. 그림 8.7에는 열교환기의 일반 개념이 개요도로 나타나 있다. 모든 열교환기에는 어느 정도 주위와의 열손실이나 열획득이 있다. 그러나 이 책에서는 일차적으로 근사화하는 면에서 이러한 열손실이나 열획득을 무시할 수 있으므로 0으로 놓는다. 그러므로 열교환기를 **단열**(adiabatic) 장치로 가정한다.

정상 상태 조건에 놓여 있는 단열 열교환기에 에너지 균형을 적용하면 다음과 같이 되는데,

$$\dot{m}_c(hn_{c,o} - hn_{c,i}) = \dot{m}_H(hn_{H,i} - hn_{H,o}) \tag{8.1}$$

이 식에서 hn들은 유체의 엔탈피이고 하첨자 c와 H는 각각 **저온** 유체와 **고온** 유체를 나타낸다. 유체 가운데 하나의 유량이 (다른 유체의 유량에 비하여) 훨씬 더 큰 경우에는,

그림 8.1 열교환기는 그 크기와 형태가 광범위하다. 이 열교환기는 외통-관 장치로 정치형 가스 터빈에서 나오는 배기가스 냉각 용도로 사용되기도 한다. 이러한 용도에서는 재생기 또는 후부 냉각기가 된다. (게재 허가: Kennedy Tank and Manufacturing Co., Inc., Indianapolis, Indiana.)

그림 8.2 외통-관 열교환기는 많은 열교환기 유형에서 일반적인 구성 형태이다. 이 사진에는 여러 개의 관, 즉 관다발이 나타나 있는데, 이는 원통형 외통-관 열교환기 내부에 설치된다. 이 특정한 열교환기는 고온 공기의 냉각기로 사용된다. (게재 허가: Kennedy Tank and Manufacturing Co,. Inc., Indianapolis, Indiana.)

그림 8.3 이 열교환기는 원통형 탱크 외부 표면 둘레에 감겨져 있는 반원형 단면 관을 사용하고 있으므로 제작이나 설비 보존이 손쉽게 된다. 또한, 이 구성 형태는 제약, 음료, 제지 및 방위 산업용 압력 용기로 사용된다. 하나의 유체 흐름 줄기는 반원형 단면 관 속을 흐르고, 다른 유체는 탱크 내부 속을 흐른다. (Northland Stainless. 제공: Samuel Pressure Vessel Group.)

그림 8.4 효과적인 열교환기를 제공하는 또 다른 방법은 다수의 작은 오목부(dimple)가 형성되어 있는 피복물(jacket) 형태이다. 여기에서는 원통형 탱크가 압력 용기로 사용되기도 하는데, 이 피복물 을 탱크를 둘러싸서 용접으로 부착시킨다. 하나의 유체는 피복물과 탱크 외부 표면 사이의 틈새를 흐르고, 또 다른 유체는 탱크 내부를 흐른다. (Northland Stainless. 제공: Samuel Pressure Vessel Group.)

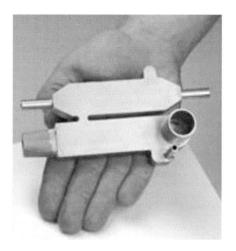

그림 8.5 열교환기는 모든 크기, 모든 용도의 유형으로 사용되기 시작하고 있다. 이 소형 열교환기는 스테인리스강제로 소직경관 속을 흐르는 고온수를 사용하여 대직경부 속을 흐르는 공기 흐름 줄기를 가열시킬 용도로 설계되었다. 이는 많은 소형 열교환기 가운데 하나일 뿐이며, 이 예보다 훨씬 더 작은 열교환기도 있다. (제공: Modine Mfg. Co.)

그림 8.6 이 열교환기는 실제로 팬, 펌프, 매니폴드, 냉매/공기 분배/직송용 관류 및 복잡한 제어장치로 구성되어 있는 유니트로, 대형 건물 공기조화용으로 제공된다. 이러한 유니트를 흔히 냉각장치라고 하는데, 이 유니트는 전형적으로 대형이므로 건물에 있는 사람들을 쾌적하게 하고 건물의 온도와 습도를 제어하는 기능을 하려면 건물에 지정된 공간이 필요하다. (제공: Modine Mfg. Co.)

식 (8.1)에서 해당 엔탈피 변화가 작거나 거의 0이라는 사실을 알 수 있다. 유체 중 하나가 유량은 전혀 없지만 열전달에서 자유 대류에 의존할 때에는, 그 유체는 양이 매우 많아 본질적으로 무한한 저장소를 나타내므로 엔탈피 변화가 전혀 일어나지 않는다. 유체 중 하나가 응축기나 증기 발생기와 같은 장치에서 상변화 과정을 겪고 있을 때에는, 엔탈피 변화가 0이 되지 않더라도 온도 변화는 0이 된다. 이러한 경우들에는 열역학에서 순수 물질의 포화 영역에 관한 학습 내용의 기억을 되살려 한층 더 수준 높은 해석으로 주의

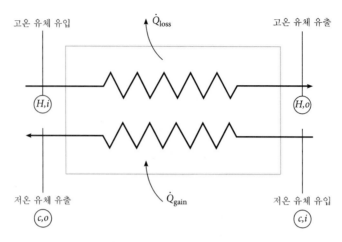

그림 8.7 일반적인 열교환기 장치

깊게 처리해야 한다. 이러한 경우들은 이 장에서 이후에 취급할 것이다.

전형적인 열교환기를 해석할 때에는 두 유체 모두 엔탈피 변화를 나타내므로 유량이 분명히 규정되어야 한다. 따라서 두 줄기의 유체 흐름 간 내부 열교환을 다음과 같은 $\dot{Q}_{HX}$로 확정해야 한다.

$$\dot{Q}_{HX} = \dot{m}_c(hn_{c,o} - hn_{c,i}) = \dot{m}_H(hn_{H,i} - hn_{H,o}) \qquad (8.2)$$

이 열교환에는 전도, 대류 및 복사가 수반되기도 한다. 그러므로 다음과 같이 총괄 열교환기 전도 계수 U를 정의하는 것이 편리하다.

$$\dot{Q}_{HX} = UA(\Delta T) \qquad (8.3)$$

이 식에서 A는 한 줄기의 고온 유체 흐름과 다른 한 줄기의 저온 유체 흐름 간 열교환기 표면 면적이다. 엔지니어의 중요한 책무 가운데 하나는 열교환기의 필요한 크기를 산출해낼 수 있어야 하는 것이며, 이 표면 면적 A는 이러한 책무를 완수하는 데 사용되는 매개변수 가운데 하나이다. 온도 차 ΔT는 두 유체 흐름 줄기 간 대표적인 온도 차여야 하며, 이러한 온도 차는 제8.3절에서 설명할 것이다. 핀(fin)과 적절한 재료와 구상한 유동 패턴을 사용하는 대류 열전달 증강을 이해함으로써, 엔지니어는 크기와 온도 범위의 제한을 무릅쓰고 적합한 열교환기 설계를 달성할 수 있다.

1950년대 이래로, 열교환기는 다음 두 가지 유형 가운데 하나로 분류하는 것이 관례가 되었다. 즉,

Ⅰ. 재래형 열교환기

Ⅱ. 콤팩트형 열교환기

재래형 열교환기는 비표면 S_m이라고 하는 체적에 대한 표면 면적의 비가 약 700 m²/m³ 미만이며, 콤팩트형 열교환기는 비표면(specific surface)이 700 m²/m³ 이상이다. 예를 들어 일반적인 수냉식 자동차 엔진의 라디에이터는 비표면 S_m이 약 1200 m²/m³이고, 냉장고 응축기는 S_m이 약 800 m²/m³이며, 인체의 허파는 S_m이 약 20,000 m²/m³이다.

산업 및 화학 프로세스 산업에서 광범위하게 사용되고 있기 때문에 외통-관 열교환기 (shell and tube heat exchanger)를 해석할 것이다. 전형적인 외통-관 열교환기는 그림 8.8에 나타나 있다. 이 외통-관 열교환기 장치는 견고하고 경제적이므로 유지비용이 적게 든다.

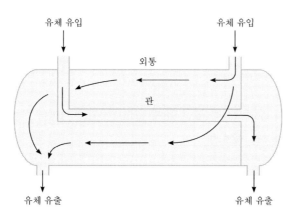

유체 유입   유체 유입

외통

관

유체 유출   유체 유출

그림 8.8 전형적인 외통-관 열교환기

8.2 열교환기의 매개변수

앞 절 끝부분에서 총괄 열교환기 전도 계수 U를 소개하였다. 열교환기 성능을 나타낼 때 유용한 다른 매개변수들은 표면 면적 A, 비표면 S_m, 온도 차 ΔT 그리고 유동 패턴이다. 그림 8.8과 같은 단일 관로 구성의 외통-관 열교환기와 그림 8.9와 같은 관의 단면도를 살펴보면, 제2장에서 설명한 정상 상태 1차원 전도 해석으로 열전달을 근사화해도 된다는 것을 알 수 있을 것이다. 열전도 계수 개념을 사용하면 열교환기에서 다음과 같은 식이 나오는데,

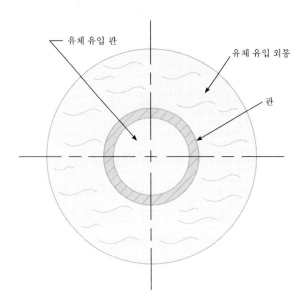

그림 8.9 단일 외통-관 열교환기의 단면도

$$\dot{Q}_{HX} = \frac{\Delta T_{\text{overall}}}{\sum R_T} \tag{8.4}$$

이 식에서 $\Delta T_{\text{overall}}$는 2개의 체적 평균 유체 온도 간 온도 차이다. 전체 열 저항은 제2장에서 다음 식과 같이 쓸 수 있는데,

$$\sum R_T = \frac{1}{h_i \pi D_i L} + \frac{\ln(D_o/D_i)}{2\pi\kappa L} + \frac{1}{h_o \pi D_o L} \tag{8.5}$$

이 식에서 L은 관과 외통의 축 방향 길이이다. 그러면 이 열 저항을 사용하여 다음과 같이 총괄 전도를 정의할 수 있다.

$$UA = \frac{1}{\sum R_T} \tag{8.6}$$

이 총괄 전도 UA 값을 내부 표면 면적 A_i나 외부 표면 면적 A_o를 기준으로 하여 나타내는 것이 유리할 때가 많다. 특히,

$$U_i A_i = \frac{\pi D_i L}{\dfrac{1}{h_i} + \dfrac{D_i \ln(D_o/D_i)}{2\kappa} + \dfrac{D_i}{h_o D_o}} \tag{8.7}$$

이 식에서 $A_i = \pi D_i L$는 관의 내부 표면 면적이다. 그러므로 총괄 열교환기 전도 계수는 내부 표면 면적을 기준으로 하면 다음과 같다.

$$U_i = \frac{1}{\dfrac{1}{h_i} + \dfrac{D_i \ln(D_o/D_i)}{2\kappa} + \dfrac{D_i}{h_o D_o}} \tag{8.8}$$

마찬가지로 총괄 열교환기 전도 계수로 외부 표면 면적을 나타낸다면, 식 (8.5)와 (8.6)에서 다음과 같이 된다.

$$U_o A_o = \frac{\pi D_o L}{\dfrac{D_o}{h_i D_i} + \dfrac{D_o \ln(D_o/D_i)}{2\kappa} + \dfrac{1}{h_o}} \tag{8.9}$$

여기에서 $A_o = \pi D_o L$이다. 그러면 외부 표면 면적을 기준으로 하는 총괄 열교환기 전도 계수는 다음과 같다.

$$U_o = \frac{1}{\dfrac{D_o}{h_i D_i} + \dfrac{D_o \ln(D_o/D_i)}{2\kappa} + \dfrac{1}{h_o}} \tag{8.10}$$

표 8.1에는 일부 일반적인 구성 형태와 독특한 열교환기에서의 총괄 열교환기 전도 계수의 전형적인 값이 실려 있다. 이 표에서는 전도 계수 값이 클수록 필요한 표면 면적이 더 작아지는, 한층 더 효과적인 열교환기가 된다는 것을 알 수 있다. 또한, 식 (8.8)과 (8.10)에서는 총괄 전도 계수 값이 (열전도도 증가에) 적절한 재료의 선정과 대류 열전달 계수 고도화에 효과적인 유동 패턴에 종속됨을 알 수 있다. 상업적인 열교환기, 특히 초대형은 열교환기 하우징에 부착되어 있는 명판에 총괄 열교환기 전도 계수가 표시되어 있다.

표 8.1 총괄 열교환기 전도 계수의 전형적인 값

	U, W/m$^2 \cdot$ ℃
물-오일 열교환기	60 - 400
가스-가스 열교환기	60 - 650
공기 응축기	300 - 800
암모니아 응축기 및 증발기	800 - 1500
증기 응축기	1500 - 5000

열교환기의 설계와 운전에서 고려해야 하는 또 다른 요인은 시간이 지남에 따른 전도 계수 감소 가능성이다. 이러한 현상은 열교환기가 다음과 같은 유체로 운전될 때에 일어날 수도 있는데, 그러한 유체로는 더러운 유체, 부유 입자가 포함되어 있는 유체, 화학 반응을 일으키는 유체, 그 밖에 열대류와 열전도 가운데 한 가지 이상에서 유효도를 떨어뜨릴 수도 있는 유체 등이 있다. 앞서 오염 계수 F_f의 개념을 소개하여 특정한 운전 유형으로 인한 U의 저하를 설명한 바 있다. 오염 계수는 대개 식 (8.8)이나 식 (8.10)에 사용할 수 있도록 정의된다. 식 (8.10)에 관 외부 면적을 기준으로 하는 오염 계수를 적용시키면, 보정된 총괄 전도 계수는 다음과 같이 되며,

$$U_{o,\text{corrcted}} = \frac{1}{\dfrac{D_o}{h_i D_i} + \dfrac{D_o \ln(D_o/D_i)}{2\kappa} + \dfrac{1}{h_o} + F_f} \tag{8.11}$$

오염 계수를 관 내부 표면 면적을 기준으로 할 때에는, 이 오염 계수를 식 (8.8)에 포함시키면 되는데, 그렇게 하면 식 (8.11)과 유사한 식이 된다. 표 8.2에는 대표적인 응용에 사용되는 몇 가지 전형적인 오염 계수가 실려있다. 열교환기의 다양한 매개변수에 관한 참고문헌에 더욱더 관심이 있다면, Walker[1], Afgan과 Schlünder[2], Schlünder[3] 및 Somerscales와 Knudsen[4]를 참고하면 된다.

예제 8.1

단일 외통−단일 관 열교환기가 단면이 그림 8.3과 같을 때 총괄 전도 계수를 구하라. 그런 다음 식물성 기름이 관 속을 흐르고 우물물이 외통 속을 흐를 때, 오염 계수를 고려한 총괄 전도 계수를 구하라. 열교환기에 관련된 데이터는 다음과 같다.

$$\text{구리 관}, \kappa = 400 \ \text{W/m} \cdot °\text{C}$$
$$\text{관 외경} = D_o = 6 \ \text{cm}$$
$$\text{관 내경} = D_i = 5 \ \text{cm}$$
$$h_o = h_A = 30 \ \text{W/m}^2 \cdot °\text{C}$$
$$h_i = h_B = 1220 \ \text{W/m}^2 \cdot °\text{C}$$

풀이 총괄 전도 계수는 외부 표면 면적을 기준으로 구할 수도 있고, 내부 표면 면적을 기준으로 구할 수도 있다. 내부 표면 면적을 기준으로 할 때에는, 다음과 같이 식 (8.8)을 사용한다.

$$U_i = \cfrac{1}{\cfrac{1}{1220} + \cfrac{(0.05)\ln(6/5)}{2(400)} + \cfrac{0.05}{30(0.06)}} = 34.95 \,\frac{\text{W}}{\text{m}^2 \cdot {}^\circ\text{C}} \qquad \text{답}$$

단위 관 길이당 내부 표면 면적은 다음과 같고,

$$\frac{A_i}{L} = \pi D_i = \pi(0.05) = 0.157 \text{ m}^2/\text{m}$$

단위 관 길이당 내부 UA 값은 다음과 같다.

$$U_i A_i / L = (34.95)(0.157) = 5.48\,\frac{\text{W}}{\text{m} \cdot {}^\circ\text{C}}$$

외부 표면 면적을 기준으로 하는 전도 계수에는 식 (8.10)을 사용한다. 즉,

$$U_o = \cfrac{1}{\cfrac{(0.06)}{1220(0.05)} + \cfrac{(0.06)\ln(6/5)}{2(400)} + \cfrac{1}{(30)}} = 29.13\,\frac{\text{W}}{\text{m}^2 \cdot {}^\circ\text{C}} \qquad \text{답}$$

단위 관 길이당 외부 표면 면적은 다음과 같고,

$$\frac{A_o}{L} = \pi D_o = \pi(0.06 \text{ m}) = 0.188 \text{ m}^2/\text{m}$$

단위 관 길이당 외부 UA 값은 다음과 같다.

$$\frac{U_o A_o}{L} = (29.13)(0.188) = 5.48\,\frac{\text{W}}{\text{m} \cdot {}^\circ\text{C}}$$

주목할 점은 총괄 전도 계수가 동일하다는 것이다. 즉,

$$U_i A_i = U_o A_o$$

끝으로 전도 계수에 오염 계수를 포함시키면, 식물성 기름이 흐르는 내부 면적은 표 8.2에서 오염 계수가 $0.00053 \text{ m}^2 \cdot {}^\circ\text{C}/\text{W}$이다. 이로써 총괄 전도 계수는 다음과 같이 나온다.

$$U_{i,\text{corrected}} = \cfrac{1}{\cfrac{1}{U_i} + F_f} = \cfrac{1}{\cfrac{1}{34.95} + 0.00053} = 34.3\,\frac{\text{W}}{\text{m}^2 \cdot {}^\circ\text{C}}$$

외부 전도 계수는 오염 계수가 0.00018이므로 그렇게 많은 영향을 받지는 않으므로, 다음과 같이 나온다.

$$U_{o,\text{corrected}} = \cfrac{1}{\cfrac{1}{U_o} + F_f} = \cfrac{1}{\cfrac{1}{29.13} + 0.00018} = 28.98\,\frac{\text{W}}{\text{m}^2 \cdot {}^\circ\text{C}}$$

표 8.2 대표적인 오염 계수 F_f 값 (출전: Standards of Tubular Exchanger
Manufacturers Association, TEMA, Sixth Edition, Tarrytown NY, 1978.)

	$m^2 \cdot {}^\circ\text{C}/\text{W}$
바닷물	0.00009
약간 소금기가 있는 물(반염수)	0.00035
냉각탑 냉각수	0.00035
우물물	0.00018
경수	0.00053
흙탕물 또는 침니수	0.00053
변압기 오일	0.00018
연료유	0.00088
엔진 윤활유	0.00018
식물성 기름	0.00053
천연 가스	0.00018
경유	0.00018
냉매 액체	0.00018
압축 공기	0.00035

이제 총괄 보정 UA 값은 다음과 같다.

$$U_{i,\text{corrected}} A_i / L = (34.3)(0.157) = 5.385 \frac{\text{W}}{\text{m} \cdot {}^\circ\text{C}}$$

$$\frac{U_{o,\text{corrected}} A_o}{L} = (28.98)(0.188) = 5.448 \frac{\text{W}}{\text{m} \cdot {}^\circ\text{C}}$$

그러므로 식물성 기름이 오염 계수가 더 큰 경향이 있다고 하더라도, UA 값은 전과 마찬가지로 거의 동일하다. 열교환기를 설계할 때, 열교환기의 정밀한 크기를 해석할 때에는 오염 효과를 인식하는 것이 현명한 처사이다.

8.3 LMTD 해석법

열교환기에서 일어나는 열전달은 두 줄기의 유체 흐름 간 온도 차를 알고 있을 때에만 구할 수 있다. 즉, 식 (8.3)에서 온도 차 ΔT를 알아내야만 하거나 산출할 수 있다. 제8.2절에서 설명한 대로, 그림 8.7과 그림 8.8과 같은 단일 관로와 단일 외통으로 구성된 외통–관 열교환기에서 총괄 열교환기 전도 계수 U와 표면 면적을 구할 수 있다. 이 그림에서는 유체들이 서로 반대 방향으로 흐르고 있다는 것을 알 수 있다. 이러한 장치 배열을 **대향류**(counterflow 또는 opposed flow) 열교환기라고 한다. 유체들이 서로 같은 방향으로 흐를 때에는, 이를 **평행류**(parallel flow) 열교환기라고 한다.

그림 8.8에 있는 대향류 열교환기를 살펴보고 그림 8.10에서도 살펴보면, 이때 주목할 점은 열교환기를 속을 흐르는 각각의 유체는 그 온도 분포가 저온 유체 온도 T_c는 저온 유체가 열교환기 속을 흐르면서 증가되어 나타난다는 것이다. 고온 유체 온도 T_H는 고온 유체가 열교환기 속을 흐르면서 감소된다. 그림 8.10a와 b에서와 같이 미분 열량 $d\dot{Q}_{HX}$는 고온 유체에서 미분 길이 dx를 거쳐 저온 유체로 전달된다. 유체들이 상변화를 일으키지 않는다고 가정하면, 엔탈피 변화는 온도 변화로 구할 수 있으므로, 식 (8.3)에서 다음 식과 같이 쓸 수 있는데,

$$d\dot{Q}_{HX} = \dot{m}_c c_{p,c} dT_c = -\dot{m}_h c_{p,h} dT_h \tag{8.12}$$

이 식에서 음(−)의 기호는 미분 열전달이 고온 유체에서 유출된다는 것을 나타낸다. 또한 식 (8.3)에서는 다음과 같은 형태의 식도 나오게 되는데,

$$d\dot{Q}_{HX} = U(\Delta T)dA \tag{8.13}$$

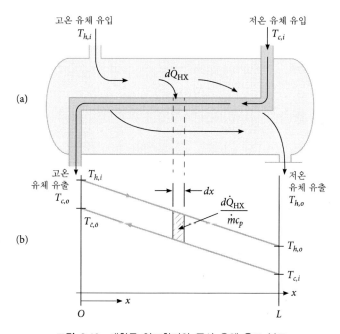

그림 8.10 대향류 열교환기와 근사 유체 온도 분포

여기에서 ΔT는 미분 요소에서 고온 유체와 저온 유체 간 온도 차이며, $\Delta T = T_h - T_c$이다. 주목할 점은 대향류 열교환기는 저온 유체의 출구 온도가 고온 유체의 출구 온도보다 더 높은 온도로 작동시켜야 한다는 것이다. 열교환기는 다음과 같이 가정한다.

1. 비열 $c_{p,h}$와 $c_{p,c}$은 일정하다.
2. 총괄 전도 계수 U는 일정하다.
3. 열교환기는 단열되어 있다.
4. 운동 에너지 변화와 위치 에너지 변화는 전혀 없다.
5. 복사 열전달은 전혀 없다.
6. 축 방향으로 열전달은 전혀 없다.

그러므로 다음 식과 같이 쓸 수 있다.

$$d(\Delta T) = dT_h + dT_c \tag{8.14}$$

이 관계식은 그림 8.10과 같이 고온 유체는 양의 x 방향으로 흐르고 있고 저온 유체는 음의 x 방향으로 흐르고 있는 상황에서 나온 결과이다. 평행류 열교환기에서는, 그림 8.11과 같이 미분 온도 차가 다음과 같다.

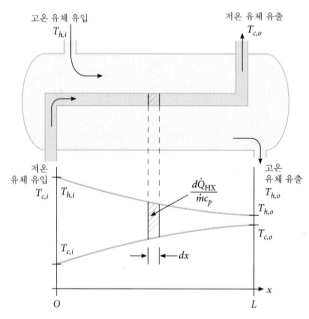

그림 8.11 평행류 열교환기와 근사 유체 온도 분포

$$d(\Delta T) = dT_h + dT_c$$

식 (8.12)에서, 일반적으로 다음 식과 같이 쓸 수 있다.

$$dT_h = -\frac{d\dot{Q}_{\mathrm{HX}}}{\dot{m}_h c_{p,h}} \quad \text{및} \quad dT_c = \frac{d\dot{Q}_{\mathrm{HX}}}{\dot{m}_c c_{p,c}} \tag{8.15}$$

식 (8.15)를 식 (8.14)에 대입하면, 대향류 열교환기에서는 다음과 같이 되며,

$$d(\Delta T) = d\dot{Q}_{\mathrm{HX}}\left(\frac{1}{\dot{m}_c c_{p,c}} - \frac{1}{\dot{m}_h c_{p,h}}\right) \tag{8.16}$$

이 결과에 식 (8.13)을 대입하면 다음과 같이 된다.

$$d(\Delta T) = U(\Delta T)\left(\frac{1}{\dot{m}_c c_{p,c}} - \frac{1}{\dot{m}_h c_{p,h}}\right)dA$$

또는,
$$d(\Delta T)/\Delta T = U\left(\frac{1}{\dot{m}_c c_{p,c}} - \frac{1}{\dot{m}_h c_{p,h}}\right)dA \tag{8.17}$$

이제 이 식을 열교환기의 축 방향 길이에 걸쳐 적분할 수 있다. 즉,

$$\int_{\Delta T_1}^{\Delta T_2}\frac{d(\Delta T)}{\Delta T} = U\left(\frac{1}{\dot{m}_c c_{p,c}} - \frac{1}{\dot{m}_h c_{p,h}}\right)\int_A dA \tag{8.18}$$

$dA = \pi D dx$이므로 $x = 0$에서 $\Delta T_1 = T_{h,i} - T_{c,o}$로 놓고 $x = L$에서 $\Delta T_2 = T_{h,o} - T_{c,i}$로 놓은 다음, 식 (8.18)을 적분하면 다음과 같이 된다.

$$\ln\left(\frac{\Delta T_2}{\Delta T_1}\right) = U\left(\frac{1}{\dot{m}_c c_{p,c}} - \frac{1}{\dot{m}_h c_{p,h}}\right)\pi DL \tag{8.19}$$

또한, 식 (8.12)에서 다음 식과 같이 쓸 수 있으며,

$$\dot{Q}_{\mathrm{HX}} = \dot{m}_c c_{p,c}(T_{c,o} - T_{c,i}) = \dot{m}_h c_{p,h}(T_{h,i} - T_{h,o})$$

이 식들을 다시 정리하면 다음 식과 같이 된다.

$$\frac{1}{\dot{m}_c c_{p,c}} = \frac{T_{c,o} - T_{c,i}}{\dot{Q}_{\mathrm{HX}}} \quad \text{및} \quad \frac{1}{\dot{m}_h c_{p,h}} = \frac{T_{h,i} - T_{h,o}}{\dot{Q}_{\mathrm{HX}}} \tag{8.20}$$

식 (8.20)을 식 (8.19)에 대입하면 다음과 같이 나오는데,

$$\ln\left(\frac{\Delta T_2}{\Delta T_1}\right) = \frac{UA}{\dot{Q}_{HX}}[T_{c,o} - T_{c,i} - T_{h,i} + T_{h,o}] \qquad (8.21)$$

이 식에서 $A = \pi DL$이다. $\Delta T_1 = T_{h,i} - T_{c,o}$와 $\Delta T_2 = T_{h,o} - T_{c,i}$로 놓았으므로, 식 (8.21)은 다음과 같이 된다.

$$\ln\left(\frac{\Delta T_2}{\Delta T_1}\right) = \frac{UA}{\dot{Q}_{HX}}(\Delta T_2 - \Delta T_1)$$

또는,

$$\dot{Q}_{HX} = UA\frac{\Delta T_2 - \Delta T_1}{\ln(\Delta T_2/\Delta T_1)} \qquad (8.22)$$

대수 평균 온도 차 LMTD 또는 ΔT_{LM}을 다음과 같이 정의하면 편리하다.

$$\Delta T_{LM} = \frac{\Delta T_2 - \Delta T_1}{\ln(\Delta T_2/\Delta T_1)} \qquad (8.23)$$

그러므로

$$\dot{Q}_{HX} = UA\Delta T_{LM} \qquad (8.24)$$

는 대향류 열교환기에서의 열전달을 기술하는 식이다. 이 식은 LMTD 법을 설명하고 있는 셈이다.

평행류 열교환기는 열교환기 속을 흐르는 유체 유동의 패턴이 그림 8.11과 같은 유형을 따르는데, 이 평행류 열교환기에서도 열전달을 온도 차 포함 식 (8.23)으로 LMTD, ΔT_{LM}을 정의한 상태에서 식 (8.24)로 기술하는데, 그림 8.11을 참조하면 다음과 같이 된다.

$$\Delta T_2 = T_{h,o} - T_{c,o} \quad \text{(평행류에서만)} \qquad (8.25)$$

및

$$\Delta T_1 = T_{h,i} - T_{c,i} \quad \text{(평행류에서만)} \qquad (8.26)$$

온도 차 ΔT_2와 ΔT_1이 같다고 한다면, 열교환기가 평행류든 대향류든 LMTD는 식 (8.23)이나 (8.25)로 정의할 수 없게 된다. 이러한 경우에는 LMTD를 다음과 같은 산술 평균으로 대체한다.

$$\Delta T_{\mathrm{LM}} = \frac{1}{2}(\Delta T_1 + \Delta T_2) \tag{8.27}$$

이 식을 식 (8.24)에 사용하는 것이다.

직교류 열교환기는 그림 8.12와 같이 두 줄기의 유체 흐름 유동 패턴이 서로 직교하고 있는 열교환기이다. 이러한 장치를 해석할 때에는 대향류 열교환기에서와 동일하게 하면 되므로 직교류에서의 LMTD는 식 (8.23)과 같다.

LMTD 법은 다음 식에서 정의되는 LMTD 보정 계수 F를 사용하여 단일 외통–단일 관 유형 외의 열교환기에도 확대 적용할 수 있는데,

$$\dot{Q}_{\mathrm{HX}} = FUA\Delta T_{\mathrm{LM}} \tag{8.28}$$

여기에서 대수 평균 온도 차는 대향류 열교환기에서의 것인 식 (8.23)이다. 단일 관 단일 유로 열교환기는 방금 취급하여 LMTD를 유도하였는데, 이 열교환기에서는 보정 계수 F가 1.0이고, 더 복잡한 장치에서는 보정 계수를 구해야만 한다. 그림 8.13과 같이 외통이 하나이고 관로가 2줄로 배열된 외통–관 열교환기에는 관형 교환기 제조업체 협회(TEMA; Tubular Exchanger Manufacturers Association)가 적절한 보정 계수를 공표하였다.

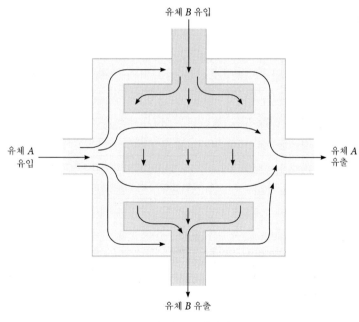

도시: 유체 A는 비혼합 유체
유체 B는 혼합 유체

그림 8.12 직교류 열교환기

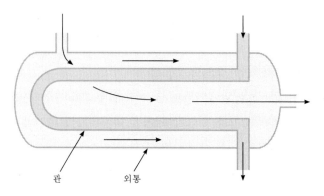

그림 8.13 단일 외통–2줄 관로 열교환기

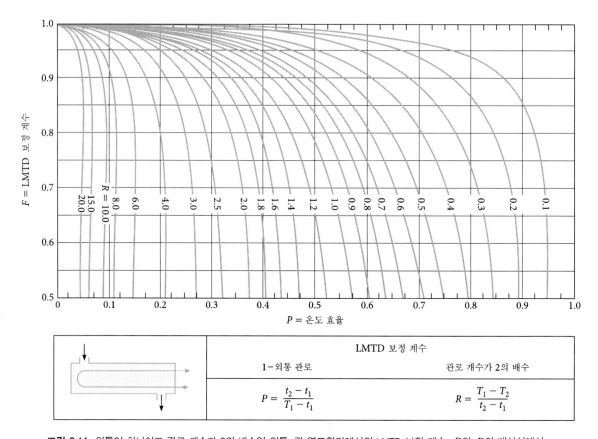

LMTD 보정 계수	
1−외통 관로	관로 개수가 2의 배수
$P = \dfrac{t_2 - t_1}{T_1 - t_1}$	$R = \dfrac{T_1 - T_2}{t_2 - t_1}$

그림 8.14 외통이 하나이고 관로 개수가 2의 배수인 외통–관 열교환기에서의 LMTD 보정 계수. P와 R의 계산식에서 소문자 t는 저온 유체 온도를 나타내고, 대문자 T는 고온 유체 온도를 나타낸다. (출전: Standards of Tubular Exchanger Manufacturers Association, TEMA, Sixth Edition, Tarrytown NY, 1978.)

그림 8.15 외통이 하나이고 관로가 6개인 외통-관 열교환기

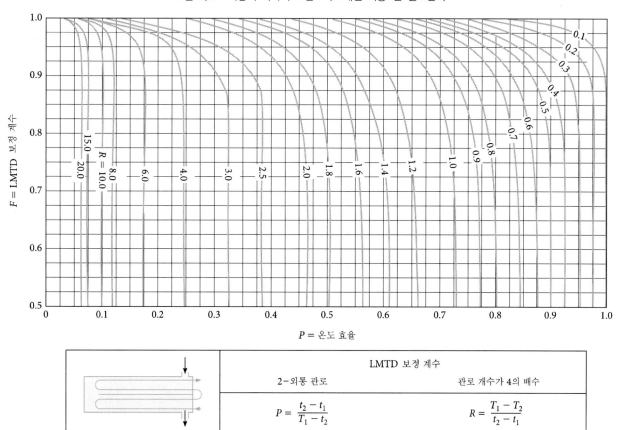

그림 8.16 외통이 2개이고 관로 개수가 4의 배수인 외통-관 열교환기에서의 LMTD 보정 계수. P와 R의 계산식에서 소문자 t는 저온 유체 온도를 나타내고 대문자 T는 고온 유체 온도를 나타낸다. (출전: Standards of Tubular Exchanger Manufacturers Association, TEMA, Sixth Edition, Tarrytown NY, 1978.)

그림 8.14에는 이러한 보정 계수가 다양한 온도 조합에서 나타나 있다. 이 선도에서 구하는 보정 계수는 관로가 2의 배수 개의 줄로 배열되어 있는 시스템에 확대 적용할 수 있다. 예를 들어 그림 8.15에는 외통이 하나이고 관로가 6줄로 배열된 외통-관 열교환기가 나타나 있는데, 이러한 열교환기는 그림 8.14에서 구하는 보정 계수로 해석할 수 있다. 그림 8.14에 있는 매개변수 P와 R은 유체의 온도로 구하면 되는데, 소문자 t는 저온 유체 온도를 나타내고 대문자 T는 고온 유체 온도를 나타낸다.

일부 다른 구성 형태의 외통-관 열교환기와 식 (8.28)을 사용하는 데 적절한 보정 계수들은 그림 8.16, 8.17, 8.18에 실려 있다. 그림 8.14에 있는 P와 R에 관하여 재차 강조하자면, 소문자 t는 저온 유체를 나타내고 대문자 T는 고온 유체를 나타낸다. TEMA[5]에는 기타 열교환기 장치에 관하여 한층 더 포괄적인 정보가 구비되어 있다.

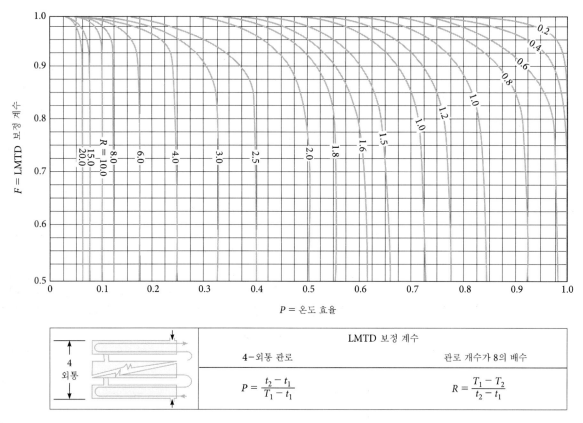

그림 8.17 외통이 4개이고 관로 개수가 8개이거나 8의 배수인 외통-관 열교환기에서의 LMTD 보정 계수. P와 R의 계산식에서 소문자 t는 저온 유체 온도를 나타내고 대문자 T는 고온 유체 온도를 나타낸다. (출전: Standards of Tubular Exchanger Manufacturers Association, TEMA, Sixth Edition, Tarrytown NY, 1978.)

다중 관로 열교환기 해석

외통 안에 다중 관로가 들어 있는 열교환기는 그림 8.14, 8.16, 8.17에 있는 정보를 사용하여 해석하면 된다. 이러한 장치에서의 LMTD인 ΔT_{LM} 는 열교환기가 대향류로 작동된다고 보고 구하면 된다. 그러므로 이때에는 LMTD를 식 (8.23)으로 구한다.

혼합류와 비혼합류

그림 8.18과 8.19에 있는 정보에서 **혼합류와 비혼합류**라는 용어는 열교환기의 구조적 형태를 나타내는 것이다. 비혼합류에서는 열교환기에 유입된 유체가 분할되어 다중 관로 속을 흐르게 되지만, 열교환기에서 유출되기 전까지 다시는 합류되지 않는다. 혼합류 열교환기에서는 유체가 다중 관로 속을 흐르지는 않지만, 열교환기 안에서 자유롭게 체적 평균 유동으로 혼합된다.

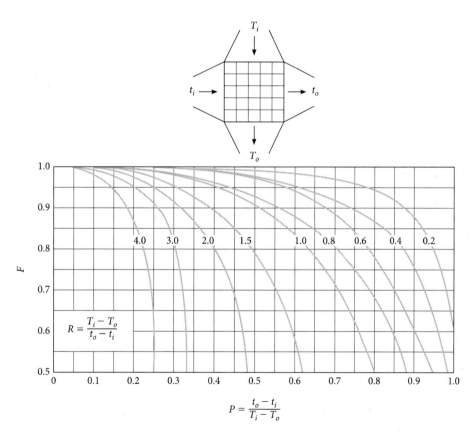

그림 8.18 비혼합 직교류 열교환기에서의 보정 계수

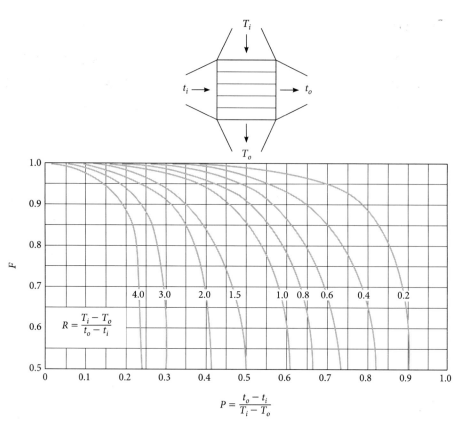

$$R = \frac{T_i - T_o}{t_o - t_i}$$

$$P = \frac{t_o - t_i}{T_i - T_o}$$

그림 8.19 단일 유체 혼합 직교류 열교환기에서의 보정 계수

유체 상변화에서의 보정

이러한 모든 해석에서는 유체가 열교환기 안에서 온도 변화를 보이지만 상변화는 겪지 않는다고 가정한다. 유체 중 하나가 열교환기 안에서 상변화를 겪게 되는 경우, 보정 계수 F는 1.0이다.

예제 8.2

직교류 열교환기가 열병합 발전 시스템에 사용되어 있는데, 이 시스템에서는 온도가 300 ℃인 배기가스 100 kg/s가 사용되어 물이 15 ℃에서 75 ℃로 가열된다. 이 시스템의 개요도는 그림 8.20에 나타나 있다. 총괄 전도 계수는 1100 W/m²·℃이며, 오염 계수로는 0.0003 m²·℃/W가 권고되고 있는데, 이는 가스를 추정할 수 없고 가스에는 검댕과 기타 오염 물질들이 상당량 포함되어 있다고 보기 때문이다. 물을 35 kg/s로 가열시키려고 할 때, 필요한 면적을 구하라.

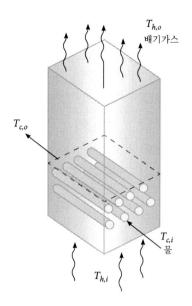

그림 8.20 직교류 열병합 발전 열교환기

풀이 식 (8.28)을 사용하여 열교환기의 표면 면적 A를 구한다. 총괄 보정 전도 계수는 식 (8.11)에서 다음과 같이 된다.

$$U_{\text{corrected}} = \frac{1}{\left(\dfrac{1}{U} + F_f\right)} = \frac{1}{\left(\dfrac{1}{1100} + 0.0003\right)} = 827 \frac{\text{W}}{\text{m}^2 \cdot {}^\circ\text{C}}$$

열전달은 에너지 균형에서 다음과 같이 구한다.

$$\dot{Q}_{\text{HX}} = \dot{m}_{\text{water}} c_{p,\text{water}} \Delta T_{\text{water}} = (35)(4.186)(60^\circ\text{C})$$
$$= 8790.6 \text{ kW}$$

열교환기에서 유출되는 배기가스 온도는 그 유체 흐름의 에너지 균형에서 구할 수 있다.

$$\dot{Q}_{\text{HX}} = \dot{m}_{\text{gas}} c_{p,\text{gas}} \Delta T_{\text{gas}} = 8790.6 \text{ kW}$$

배기가스 비열 값을 1.007 kJ/kg · ℃로 가정하면 다음과 같이 나온다.

$$\Delta T_{\text{gas}} = \frac{\dot{Q}_{\text{HX}}}{\dot{m}_{\text{gas}} c_{p,\text{gas}}} = 87.3^\circ\text{C}$$

그러면 다음과 같이 된다.

$$T_{\text{gas},o} = 300^\circ\text{C} - 87.3^\circ\text{C} = 212.7^\circ\text{C}$$

열교환기에서 배기가스는 혼합이 되지만 물은 혼합되지 않는다고 가정한다. 그림 8.19를 참조하면 다음과 같이 된다.

$$t_i = T_{c,i} = 15°\text{C} \qquad T_i = T_{h,i} = 300°\text{C}$$

$$t_o = T_{c,o} = 75°\text{C} \qquad T_o = T_{h,o} = 212.3°\text{C}$$

그러면 다음과 같이 된다.

$$R = (300 - 212.3)/(75 - 15) = 1.45$$

$$P = (75 - 15)/(300 - 15) = 0.21.$$

그림 8.19에서 $F \approx 0.975$이다. 직교류 열교환기에서는 LMTD를 식 (8.23)으로 구한다. 즉,

$$\Delta T_{\text{LM}} = \frac{212.3 - 15 - 300 + 75}{\ln(197.3/225)} = 210.8°\text{C} = 210.8 \text{ K}$$

열교환기 표면 면적은 다음과 같다.

$$A = \frac{\dot{Q}_{\text{HX}}}{FU\Delta T_{\text{LM}}} = 51.7 \text{ m}^2$$

답

예제 8.3

외통이 2개이고 관로가 8줄로 구성된 외통-관 열교환기를 사용하여 온도가 80 ℃인 고압수를 45 kg/s로 흐르게 하여 35 kg/s로 흐르는 오일을 −5 ℃에서 40 ℃로 가열시키려고 한다. 총괄 전도 계수가 285 W/m² · K일 때, 열교환기에 필요한 표면 면적을 구하라.

풀이 식 (8.28)을 사용하여 표면 면적을 구한다. 두 줄기의 유체 흐름 간 열교환은 다음과 같다.

$$\dot{Q}_{\text{HX}} = [\dot{m}c_p\Delta T]_{\text{oil}} = [\dot{m}c_p\Delta T]_{\text{water}}$$

부록 표 B.3E에서 신품 엔진 오일의 비열을 1.88 kJ/kg · K 로 판독하면, 다음과 같이 된다.

$$\dot{Q}_{\text{HX}} = (35)(1.88)(40 - 5) = 2.96 \text{ MW}$$

그러면 물의 온도 변화는 비열을 $c_p = 4.184$ kJ/kg · K라고 가정하면 다음과 같이 계산으로 구할 수 있으므로,

$$\Delta T_{\text{water}} = \frac{\dot{Q}_{\text{HX}}}{[\dot{m}c_p]_{\text{water}}} = \frac{2960 \text{ kW}}{(45)(4.184)} = 15.7°\text{C}$$

출구에서의 물 온도는 다음과 같이 된다.

$$T_{h,o} = 80°\text{C} - 15.7°\text{C} = 64.3°\text{C}$$

외통이 2개인 열교환기에서는 그림 8.16을 참조하면 다음과 같이 된다.

$$t_i = T_{c,i} = -5°C \qquad T_i = T_{H,i} = 80°C$$

$$t_o = T_{c,o} = 40°C \qquad T_o = T_{H,o} = 64.3°C$$

그러므로 $\qquad\qquad R = (80 - 64.3)/45 = 0.35$

및 $\qquad\qquad P = 45/(80 - 5) = 0.53.$

보정 계수를 그림 8.16에서 구하면 다음과 같다.

$$F = 1.0$$

LMTD는 다음과 같고,

$$\Delta T_{LM} = \frac{64.3 - 5 - 80 + 40}{\ln(69.3/40)} = 53.3°C$$

표면 면적은 다음과 같다.

$$A = \frac{\dot{Q}_{HX}}{FU\Delta T_{LM}} = 195. \ m^2 \qquad [대향류] \qquad\qquad 답$$

8.4 유효도−NTU 해석법

열교환기를 LMTD 법을 사용하여 해석할 수도 있지만, 유체 온도 중 2개만을 알고 있을 때 열교환기를 완전히 해석하여 그 특징을 분명히 규정하려면, LMTD 법에 반복 과정을 사용하여야 한다. 그러므로 열교환기를 해석할 때에는 **유효도−NTU 법**을 사용하는 것이 한층 더 편리하다. 열교환기에서 유효도 ε_{HX}는 다음과 같이 정의된다.

$$\varepsilon_{HX} = \frac{실제\ 열전달}{최대\ 가능\ 열전달} \qquad\qquad (8.29)$$

실제 열전달은 식 (8.2)에서 다음과 같이 되고,

$$\dot{Q}_{HX,actual} = [\dot{m}c_p\Delta T]_{cold} = [\dot{m}c_p\Delta T]_{hot}$$

이상적인 열전달, 즉 최대 가능 열전달은 유체 온도를 변화시켜 이상적인 최대량을 달성할 수 있는 열전달이다. 이 이상적인 최대 온도 변화는 다음과 같다.

$$\Delta T_{ideal} = T_{h,i} - T_{c,i} \qquad\qquad (8.30)$$

이 기준에는 제한 조건이 있는데, 그것은 이상적인 최대 온도 변화를 겪고 있는 유체는 질량 유량과 비열의 곱이 최소여야 한다는 점이다. 즉,

$$\dot{Q}_{\text{HX,ideal}} = [\dot{m}c_p]_{\text{minimum}}\Delta T_{\text{ideal}} \tag{8.31}$$

이 제한은 최대 $\dot{m}c_p$를 사용함으로써 고온 유체가 더 고온이 되는 것과 저온 유체가 더 저온이 되는 것 중에서 적어도 한 가지 이상이 일어날 수도 있다는 가능성 때문에 설정된다. 이러한 일이 일어난다는 것은 열역학 제2법칙에 정면으로 위배되는 것이다. 그러므로 열교환기를 해석할 때에는 질량 유량과 비열을 설정하여, 식 (8.31)에 저온 유체나 고온 유체의 최솟값을 사용하여야만 한다.

대향류 동심관 열교환기를 해석할 때에는 다음과 같이 식 (8.19)를 다시 사용하는 것이 유용하며,

$$\ln\left(\frac{\Delta T_2}{\Delta T_1}\right) = U\left(\frac{1}{\dot{m}c_{p,c}} - \frac{1}{\dot{m}c_{p,h}}\right)\pi DL$$

유체는 다음과 같이 저온 유체에서 질량 유량과 비열의 곱이 최소가 된다고 가정한다.

$$[\dot{m}c_p]_{\text{minimum}} = \dot{m}c_{p,c} \qquad (\text{가정})$$

식 (8.29)를 사용하면, 이 경우에는 저온 유체에서 $\dot{m}c_p$가 최소일 때 유효도가 다음과 같이 된다는 것을 알 수 있다.

$$\varepsilon_{\text{HX}} = \frac{\dot{m}c_{p,c}(T_{c,o} - T_{c,i})}{\dot{m}c_{p,c}(T_{h,i} - T_{c,i})} = \frac{T_{c,o} - T_{c,i}}{T_{h,i} - T_{c,i}} \tag{8.32}$$

또한, 편의상 다음과 정의하면,

$$C_{\text{minimum}} = [\dot{m}c_p]_{\text{minimum}}$$

및

$$C_{\text{maximum}} = [\dot{m}c_p]_{\text{maximum}}$$

$$C = \frac{C_{\text{minimum}}}{C_{\text{maximum}}}$$

식 (8.19)는 다음 식과 같이 쓸 수 있다.

$$\ln\left(\frac{\Delta T_1}{\Delta T_2}\right) = \frac{UA}{C_{\text{minimum}}}(1 - C) \tag{8.33}$$

또는

$$\frac{T_{h,i} - T_{c,o}}{T_{h,o} - T_{c,o}} = e^{-\frac{UA}{C_{\text{minimum}}}(1 - C)} \tag{8.34}$$

식 (8.34)의 좌변에서 출구 고온 온도를 제거하는 것이 유용하다. 열교환기에 다음과 같은 에너지 균형을 사용하면,

$$\dot{m}_c c_{p,c}(T_{c,o} - T_{c,i}) = \dot{m}_h c_{p,h}(T_{h,i} - T_{h,o})$$

다음과 같이 된다.

$$T_{h,o} = \frac{\dot{m}_c c_{p,c}}{\dot{m}_h c_{p,h}}(T_{c,i} - T_{c,o}) + T_{h,o}$$

이 결과를 식 (8.34)에 대입하면, 다음과 같이 나온다.

$$\frac{T_{h,i} - T_{c,o}}{T_{h,i} + C(T_{c,i} - T_{c,o}) - T_{c,i}} = e^{-\frac{UA}{C_{\text{minimum}}}(1 - C)}$$

이제 항 $T_{c,i} - T_{c,i}(= 0)$을 좌변의 분자에 더한 다음 다시 정리하면, 다음과 같은 식이 된다.

$$\frac{(T_{h,i} - T_{c,i}) + (T_{c,i} - T_{c,o})}{(T_{h,i} - T_{c,i}) + C(T_{c,i} - T_{c,o})} = e^{-\frac{UA}{C_{\text{minimum}}}(1 - C)}$$

좌변의 분모와 분자를 항 $(T_{h,i} - T_{c,i})$으로 나누면 다음과 같이 된다.

$$\frac{1 + (T_{c,i} - T_{c,o})/(T_{h,i} - T_{c,i})}{1 + C(T_{c,i} - T_{c,o})/(T_{h,i} - T_{c,i})} = e^{-\frac{UA}{C_{\text{minimum}}}(1 - C)} \tag{8.35}$$

이 식의 좌변에 있는 항 $(T_{c,i} - T_{c,o})/(T_{h,i} - T_{c,i})$은 식 (8.32)에서 $-\varepsilon_{\text{HX}}$와 같으므로 식 (8.35)는 다음과 같이 된다.

$$\frac{1 - \varepsilon_{\text{HX}}}{1 - C\varepsilon_{\text{HX}}} = e^{-\frac{UA}{C_{\text{minimum}}}(1 - C)} \qquad (8.36)$$

이 식을 다시 더 정리하면 열교환기 유효도 식을 구할 수 있다.

$$\varepsilon_{\text{HX}} = \frac{1 - e^{-\frac{UA}{C_{\text{minimum}}}(1 - C)}}{1 - Ce^{-\frac{UA}{C_{\text{minimum}}}(1 - C)}} \qquad (8.37)$$

또한 식 (8.37)은 고온 유체는 $\dot{m}c_p$ 항이 최솟값이라고 가정할 때의 결과이다. 그러므로 식 (8.37)은 대향류 열교환기에서의 일반 관계식이다.

열 단위 수, NTU

항 $UA/C_{\min}$ 은 열 단위 수 NTU라고도 하고, 또는 그냥 N 이라고도 한다. 곱 항 $\dot{m}c_p$ 은 다음과 같이 두 줄기의 유체 흐름 모두에서 동일하여 최댓값이나 최솟값 같은 것이 전혀 없을 때에는

$$[\dot{m}c_p]_{\text{hot}} = [\dot{m}c_p]_{\text{cold}}$$

$C = 1.0$ 이 되므로, 이 특별한 경우에는 유효도가 다음과 같이 된다.

$$\varepsilon_{\text{HX}} = \frac{\text{NTU}}{\text{NTU} + 1} \qquad (C = 1.0) \qquad (8.38)$$

평행류 동심관 열교환기에서는 대향류 시스템에 적용했던 해석과 유사한 해석을 사용하면, 유효도 식이 다음과 같이 나온다.

$$\varepsilon_{\text{HX}} = \frac{1}{1 + C}(1 - e^{-\text{NTU}(1 + C)}) \qquad (8.39)$$

기타 열교환기 구성 형태에서의 유효도 식은 표 8.3에 작성되어 있다. 표 8.4에는 NTU를 유효도와 $\dot{m}c_p$ 항의 함수로 구하는 관계식이 실려 있다. 또한, 편의상 그림 8.21에서 그림 8.27까지에는 일부 유효도 식의 결과가 그래프로 작성되어 있다. 증발기나 응축기와 같이 상변화가 일어나는 열교환기에서는 유체 온도 변화가 $0(\Delta T = 0)$이 되므로, 이는 $[\dot{m}c_p]_{\text{maximum}} \to \infty$ 이 되고 또한 $C \to 0$ 이 된다는 것을 의미하게 된다. 이 상황에서 열교환기 유효도는 다음과 같다.

$$\varepsilon_{HX} = 1 - e^{-NTU} \qquad \text{(단일 유체의 상변화)} \qquad (8.40)$$

이 식은 모든 열교환기 장치에 사용된다.

표 8.3의 식 (8.42)로 구하는 다중 외통-관 장치의 유효도-NTU 관계식에서 식 (8.41)을 사용하여 $\varepsilon_{HX,1}$을 계산할 때에는, 열교환기의 전체 NTU를 외통 개수인 n으로 나눈 NTU 값을 사용한다. 또한, 식 (8.42a)의 NTU-ε_{HX} 관계식을 사용하고자 식 (8.41a)로 NTU를 구할 때에는, n을 곱하여 다중 외통 열교환기의 전체 NTU를 구해야 한다.

표 8.3 ε_{HX}-NTU 관계식

열교환기 구성 형태	관계 (식)	본문 식 번호
동심관 ― 평행류	$\varepsilon_{HX} = \dfrac{1}{1+C}(1 - e^{-NTU(1+C)})$	(8.39)
동심관 ― 대향류	$\varepsilon_{HX} = \dfrac{1 - e^{\frac{-UA}{C_{minimum}}(1-C)}}{1 - Ce^{\frac{-UA}{C_{minimum}}(1-C)}} = \dfrac{1 - e^{NTU(1-C)}}{1 - Ce^{NTU(1-C)}}$	(8.37)
외통-관 ― 1 외통 + 2, 4, 6, 8, ⋯ 관로	$\varepsilon_{HX,1} = \dfrac{2}{\left[1 + C + \sqrt{1+C^2}\left(\dfrac{1+e^{-NTU\sqrt{1+C^2}}}{1-e^{-NTU\sqrt{1+C^2}}}\right)\right]}$	(8.41)
외통-관 ― n 외통 + $2n$, $4n$, $6n$, ⋯ 관로	$\varepsilon_{HX} = \dfrac{\left[\left(\dfrac{1-\varepsilon_{HX,1}C}{1-\varepsilon_{HX,1}}\right)^n - 1\right]}{\left[\left(\dfrac{1-\varepsilon_{HX,1}C}{1-\varepsilon_{HX,1}}\right)^n - C\right]}$	(8.42)
직교류 ― 단일 관로 비혼합	$\varepsilon_{HX} = 1 - e^{\frac{1}{C}NTU^{0.22}(e^{-C(NTU)^{0.78}}-1)}$	(8.43)
직교류 ― C_{max} 혼합, C_{min} 비혼합	$\varepsilon_{HX} = \dfrac{1}{C}(1 - e^{C(e^{-NTU}-1)})$	(8.44)
직교류 ― C_{min} 혼합, C_{max} 비혼합	$\varepsilon_{HX} = 1 - e^{\frac{e^{-C(NTU)}-1}{C}}$	(8.45)
모든 열교환기 ― $C = 0$	$\varepsilon_{HX} = 1 - e^{-NTU}$	(8.40)

표 8.4 $\varepsilon_{\mathrm{HX}}$–NTU 관계식

열교환기 구성 형태	관계 (식)	본문 식 번호
동심관 — 평행류	$\mathrm{NTU} = \dfrac{-\ln[1 - \varepsilon_{\mathrm{HX}}(1 + C)]}{1 + C}$	(8.39a)
동심관 — 대향류	$\mathrm{NTU} = \dfrac{-\ln[1 - \varepsilon_{\mathrm{HX}}(1 + C)]}{1 + C}$	(8.37a)
외통-관 — 1 외통 + 2, 4, 6, 8, ⋯ 관로	$\mathrm{NTU} = \dfrac{-1}{\sqrt{1 + C^2}} \ln\left(\dfrac{\overline{\varepsilon}_{\mathrm{HX}} - 1}{\overline{\varepsilon}_{\mathrm{HX}} + 1}\right)$, 여기에서	(8.41a)
	$\varepsilon_{\mathrm{HX}} = \dfrac{-1}{\sqrt{1 + C^2}}\left(\dfrac{2}{\varepsilon_{\mathrm{HX,1}}} - (1 + C)\right)$	(8.41b)
외통-관 — n 외통 + $2n$, $4n$, $6n$, ⋯ 관로	식 (8.41a) 및 (8.41b)를 다음 식과 함께 사용 $\varepsilon_{\mathrm{HX,1}} = \dfrac{\overline{\varepsilon}_n - 1}{\overline{\varepsilon}_n - C}$ 및 $\overline{\varepsilon}_n = n\sqrt{\dfrac{\varepsilon_{\mathrm{HX}}C - 1}{\varepsilon_{\mathrm{HX}} - 1}}$	(8.42a)
직교류 — 단일 관로 비혼합	$\mathrm{NTU}^{0.22}\left(e^{-C\mathrm{NTU}^{0.78}} - 1\right) = C\ln(1 - \varepsilon_{\mathrm{HX}})$ (반복 해법이 필요함)	(8.43a)
직교류 — $C_{\max}$ 혼합, $C_{\min}$ 비혼합	$\mathrm{NTU} = -\ln\left(1 + \dfrac{1}{C}\ln(1 - C\varepsilon_{\mathrm{HX}})\right)$	(8.44a)
직교류 — $C_{\min}$ 혼합, $C_{\max}$ 비혼합	$\mathrm{NTU} = \dfrac{-1}{C}\ln[C\ln(1 - \varepsilon_{\mathrm{HX}}) + 1]$	(8.45a)
모든 열교환기 — $C = 0$	$\mathrm{NTU} = -\ln(1 - \varepsilon_{\mathrm{HX}})$	(8.40a)

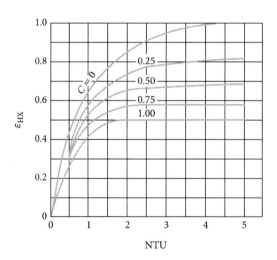

그림 8.21 동심관, 단일 관로 평행류 열교환기의 유효도. 식 (8.39)

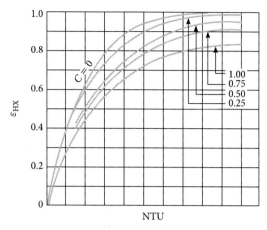

그림 8.22 동심관, 단일 관로 대향류 열교환기의 유효도. 식 (8.37)

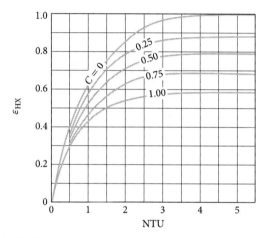

그림 8.23 외통-관 열교환기의 유효도. 여기에서 외통은 하나이고 관로 수는 2의 배수, 식 (8.41)

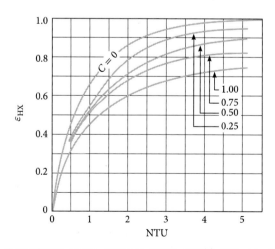

그림 8.24 외통-관 열교환기의 유효도. 여기에서 외통은 2개이고 관로 수는 4의 배수, 식 (8.42)

8.4 유효도-NTU 해석법 **627**

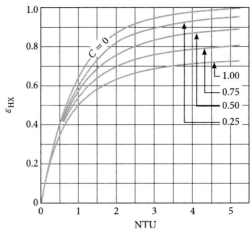

그림 8.25 직교류 열교환기의 유효도. 여기에서 관로는 하나이고 두 유체는 비혼합, 식 (8.43)

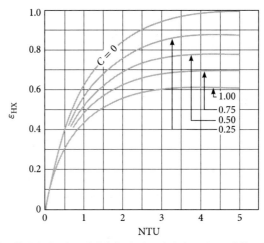

그림 8.26 직교류 열교환기의 유효도. 여기에서 관로는 하나이고 C_{max} 혼합, C_{min} 비혼합, 식 (8.44)

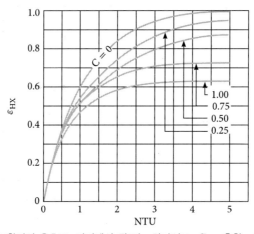

그림 8.27 직교류 열교환기의 유효도. 여기에서 관로는 하나이고 C_{min} 혼합, C_{max} 비혼합, 식 (8.45)

외통이 하나이고 관로가 4줄 배열인 외통-관 열교환기를 사용하여, 온도가 18 ℃이고 질량 유량이 14 kg/s인 물을 온도가 -12 ℃이고 압력이 650 kPa abs.이며 질량 유량이 18 kg/s인 암모니아로 냉각시키려고 한다. 이 시스템에서는 암모니아를 증발시키지 않고 액체로서 사용하려고 한다. 총괄 열교환기 전도 계수가 568 W/m²·K이고 표면 면적이 75 m²일 때, 물과 암모니아의 예상 출구 온도를 구하라. 암모니아는 이 열교환기에서 증발하는가?

풀이 비열과 질량 유량의 곱을 구한다. 즉,

$$\dot{m}_h c_{p,h} = (14 \text{ kg/s})(4.184 \text{ kJ/kg} \cdot \text{K}) = 59. \text{ kJ/K} \cdot \text{s} = 59. \text{ kW/K}$$

$$\dot{m}_c c_{p,c} = (18 \text{ kg/s})(4.8 \text{ kJ/kg} \cdot \text{K}) = 86. \text{ kJ/K} \cdot \text{s}$$

이 두 항 중에서 최솟값이 물, 즉 고온 유체가 되므로 다음과 같이 된다.

$$C = (mc_p)_{min}/(mc_p)_{max} = (59.)/(86.) = 0.678$$

또한, 열 단위 수 NTU는 다음과 같이 계산할 수 있다.

$$\text{NTU} = N = UA/(\dot{m}c_p)_{min} = (568 \text{ W/m}^2 \cdot \text{K})(75 \text{ m}^2)/(59,000 \text{ J/K} \cdot \text{s})$$
$$= 0.72$$

그림 8.23에서 유효도를 판독하면 다음과 같다.

$$\varepsilon_{HX} = 0.42$$

그러므로 유효도의 정의를 사용하여 다음 식을 세운다.

$$\varepsilon_{HX} = \frac{\dot{m}_h c_{p,h}(T_{h,i} - T_{h,o})}{C_{min}(T_{h,i} - T_{c,i})} = 0.42$$

그러므로 $T_{h,o} = 18°\text{C} - 0.42(30°\text{C}) = 5.4°\text{C}$ 답

암모니아 온도는 다음과 같은 관계식으로 구할 수 있다.

$$\dot{m}_c c_{p,c}(T_{c,o} - (-12°\text{C}) = \dot{m}_h c_{p,h}(18°\text{C} - 5.4°\text{C})$$

즉, $T_{c,o} = -12°\text{C} + (30/45.85)(12.6°\text{C}) = -3.8°\text{C}$ 답

그러므로 암모니아는 증발하지 않는다.

발전소에 있는 응축기는 직교류 열교환기로 제작되어 호수 물을 사용하여 수증기를 40 ℃
로 냉각시킨다. 호수 물은 20 ℃에서 700 kg/s로 공급된다. 총괄 열교환기 전도계수는
350 W/m² · ℃이고 표면 면적은 3000 m²이다. 수증기에서 제거되는 열이 자체의 응축열인
hn_{fg} =2406 kJ/kg과 꼭 같을 때, 호수로 귀환되는 물의 온도와 수증기의 질량 유량을 구하라.

풀이 응축기에는 수증기의 상변화가 수반되므로 다음과 같이 된다.

$$C = 0 \quad \text{또는} \quad \dot{m}_h c_{p,h} \rightarrow \infty$$

그러므로

$$[\dot{m}c_p]_{min} = (700 \text{ kg/s})(4.18 \text{ kJ/kg} \cdot °C) = 2926 \text{ kW/°C}$$

또한, 유효도는 다음과 같다.

$$
\begin{aligned}
\varepsilon_{HX} &= 1 - e^{-NTU} \\
&= 1 - \exp[-(350 \text{ w/m}^2 \cdot °C)(3000 \text{ m}^2)/(2{,}926{,}000 \text{ W/°C})] \\
&= 0.30
\end{aligned}
$$

그러므로 호수 물의 출구 온도를 다음과 같은 계산으로 구할 수 있다.

$$T_{w,o} = 20°C + (0.3)(40 - 20°C) = 26°C$$

열교환은 다음과 같고,

$$\dot{Q}_{HX} = \dot{m}c_p[T_{w,i} - T_{w,o}] = (2926 \text{ kW/°C})(6°C) = 17{,}556 \text{ kW}$$

수증기의 질량 유량은 다음과 같다.

$$\dot{m}_{steam} = \frac{\dot{Q}_{HX}}{hn_{fg}} = \frac{17{,}556 \text{ kJ/s}}{2406 \text{ kJ/kg}} = 7.297 \text{ kg/s}$$

답

8.5 콤팩트형 열교환기

Kays와 London[6]은 열교환기에서 열전달률이나 대류 열전달 계수는 열교환기 속을
지나는 유체의 속도에 정비례한다고 지적했다. 열교환기의 유동 경로 내 마찰 저항을
극복하는 데 필요한 동력은 속도의 제곱에 비례한다. 그러므로 열교환기의 공정 설계
때문에 열교환기 내 유체 속도는 상한선에 제한이 있다. 유체 속도가 지나치게 빠르면
마찰 동력이 과도해지므로, 열교환기의 용량을 증가시키고자 할 때에는 유체 속도를 증가
시키기보다는 열교환기의 표면 면적을 증가시키는 것이 한층 더 유용할 때가 있다. 이러한

내용은 앞서 열전달을 증가시키는 데 핀(fin)을 사용하여 표면 면적을 증가시키는 이유를 설명할 때 이미 설명했다. 핀을 사용함으로써 열교환기의 체적을 증가시키지 않고서도 열교환기의 표면 면적을 크게 증가시킬 수 있고, 그렇게 함으로써 열교환기의 비 표면을 증가시킬 수 있다.

재래형 외통-관 타입보다 단위 체적당 표면 면적이 더 큰 열교환기는 대개 비표면이 700 m²/m³보다 더 크므로 **콤팩트형 열교환기**로 분류된다. 이 콤팩트형 열교환기 같은 장치를 설계할 때에는 전도 열전달과 대류 열전달의 작용을 꿰뚫고 있어야 할 뿐만 아니라 구조적 완전성과 적절한 재료의 필요성을 올바르게 이해하고 있어야 한다. 그림 8.28에는 다섯 가지의 특유한 콤팩트형 열교환기 장치가 나타나 있다. 그림 8.28a와 b는 핀을 분별력 있게 사용하는 예를 보여주고 있으며, 그림 8.28c에는 다중 분리판을 사용하여 두 줄기의 유체 흐름을 교호적인 유체 경로층으로 분할하는 상상도가 예시되어 있다. 이러한 종류의 열교환기는 평판 핀(plate fin)이라고 하는데, 이는 두 줄기의 유체 흐름이 교호하는 '판' 사이에서 흐르기 때문이다. Kays와 London[6]은 콤팩트형 열교환기 유형을 폭넓게 설명하였다. 그림 8.28d와 8.28e에는 사람 허파(폐)의 개념도가 그려져 있다. 제8.1절에서 설명한 대로, 허파는 비표면이 설계가 가장 잘 된 콤팩트형 열교환기보다 자릿수가 약 2자리 더 크다. 그러므로 허파에는 효과적인 열전달 표면 면적이 있는데, 이는 자체 체적을 기준으로 하는 콤팩트형 열교환기의 열전달 표면 면적보다 허파 체적을 기준으로 하는 열전달 표면 면적이 상대적으로 훨씬 더 크기 때문이다. 허파는 또한 질량(산소와 이산화탄소)을 전달하는 데 사용되기도 하므로, 물리적인 메커니즘이 일반적인 단순한 열교환기보다 훨씬 더 복잡하다.

콤팩트형 열교환기에서의 열교환을 산출하고자 할 때에는 식 (8.3)을 사용하면 된다. 즉,

$$\dot{Q}_{HX} = UA(\Delta T)_{HX}$$

또한, 열교환기에서 압력 강하를 산출하기도 해야 한다. 콤팩트형 열교환기는 일반적으로 전도 열전달을 최대화하기 위해 구성되어 있으므로, 총괄 전도 계수는 주로 대류 열전달 계수이다. 즉, 내부 면적을 기준으로 하는 전도 계수는 다음과 같다.

$$U_i = \cfrac{1}{\cfrac{1}{h_i} + \cfrac{A_i}{h_o A_o}} \tag{8.46}$$

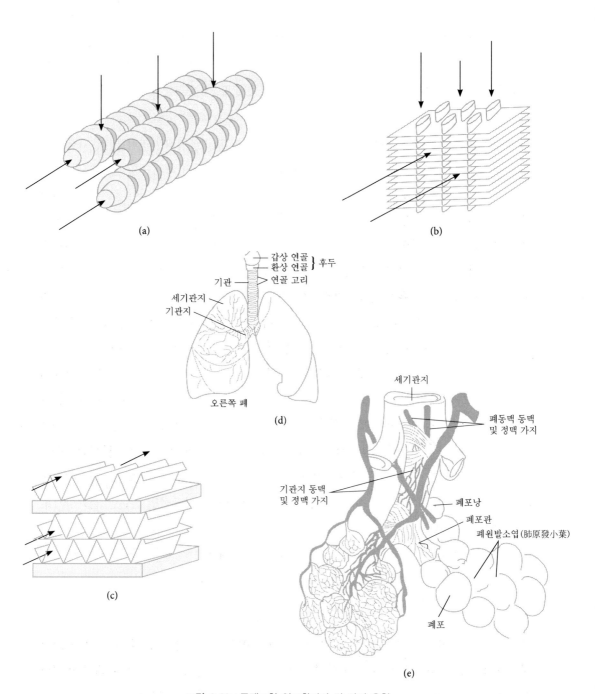

(a)

(b)

갑상 연골 ⎫
환상 연골 ⎬ 후두
기관 ⎯ 연골 고리
세기관지
기관지

오른쪽 폐

(d)

세기관지

폐동맥 동맥
및 정맥 가지

기관지 동맥
및 정맥 가지

폐포낭
폐포관
폐원발소엽(肺原發小葉)

폐포

(e)

(c)

그림 8.28 콤팩트형 열교환기의 몇 가지 유형

그러므로 특정한 콤팩트형 열교환기에서 관심을 둬야 하는 것은 대류 열전달 계수와 마찰 계수이다. 그림 8.29, 8.30, 8.31에는 Kays와 London[6]에서 발췌한 콤팩트형 열교환기의 성능 데이터가 나타나 있는데, 이 콤팩트형 열교환기는 그림 8.28에 나타나 있는 세 가지 기계식 콤팩트형 열교환기와 유사하다. 이 성능 데이터에는 다음과 같은 변수들이 정의되어 있다. 즉,

핀이 달린 납작한 관, 표면 9.68-0.87.

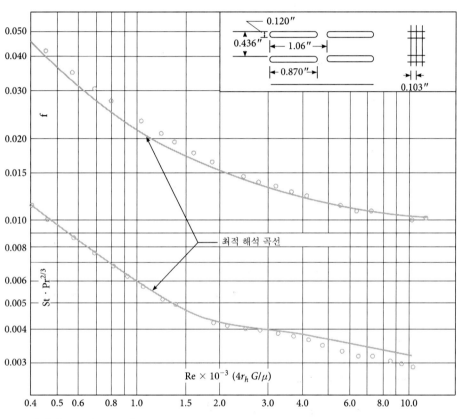

핀 피치 = 9.68/in = 381/m
유동 통로 수력 반경, $4r_h$ = 0.01180 ft = 3.597 × 10^{-3} m
핀 금속 두께 = 0.004 in, 구리 = 0.102 × 10^{-3} m
사유 유동 면적/정면 면적, σ = 0.679
전체 열전달 면적/전체 체적, α = 229 ft²/ft³ = 751 m²/m³
핀 면적/전체 면적 = 0.795

그림 8.29 핀이 달린 납작한 관 (출전: Kays, W.M., and A.L. London, Compact Heat Exchanger, 3rd.)

핀이 달린 원형 단면 관, 표면 CF-9.05-3/4J. (Jameson 데이터)

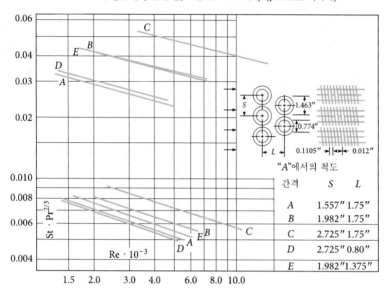

관 외경 = 0.774 in. = 19.66×10⁻³ m
핀 피치 = 9.05/in = 356/m
핀 두께 = 0.012 in. = 0.305×10⁻³ m
핀 면적/전체 면적 = 0.835

	A	B	C	D	E
유동 통로 수력 반경, $4r_h$ =	0.01681	0.02685	0.0445	0.01587	0.02108 ft
=	$5.131×10^{-3}$	$8.179×10^{-3}$	$13.59×10^{-3}$	$4.846×10^{-3}$	$6.426×10^{-3}$ m
자유 유동 면적/정면 면적, σ =	0.455	0.572	0.688	0.537	0.572
열전달 면적/전체 체적, α =	108	85.1	61.9	135	108 ft²/ft³
=	354	279	203	443	354 m²/m³

주: 모든 경우에서 최소 자유 유동 면적은 경우 D를 제외하고는 유동 횡단
  공간에서 발생하는데, 이때에는 최소 면적이 대각선에 있다.

그림 8.30 핀이 달린 원형 단면 관 (출전: Kays, W.M., and A.L. London, Compact Heat Exchanger, 3rd.)

$$A_{FT} = 정면 \ 면적$$

$$A_c = 자유 \ 유동 \ 면적$$

$$D_h = 수력 \ 직경 \ (제4장에서 \ 정의함)$$

$$\dot{G} = \frac{\dot{m}}{A} = 단위 \ 자유 \ 유동 \ 면적당 \ 질량 \ 유량$$

$$A_c/A_{FT} = \sigma = 자유 \ 유동 \ 면적/정면 \ 면적$$

$$\alpha = \frac{A}{V} = 열전달 \ 면적/전체 \ 열교환기 \ 체적$$

$$\text{St} = \frac{h}{\dot{G}c_p} = \text{Stanton} \ 수$$

$$\mathrm{Re}_D = \frac{\dot{G}D}{\mu}$$

이러한 성능 데이터와 그래프에서 주목해야 할 점은, 마찰 계수와 $\mathrm{St} \cdot \mathrm{Pr}^{2/3}$의 곱은 레이놀즈 수에 크게 종속되는데, 이는 당연한 일이라는 것이다.

스트립 핀 평판 핀이 달린 표면 1/8–20.06(D).

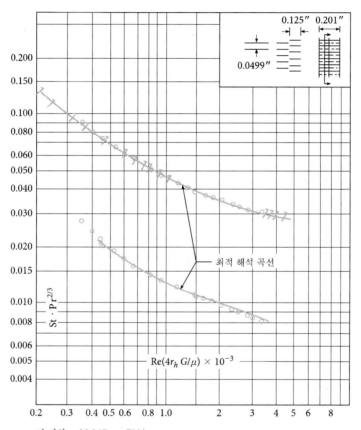

핀 피치 = 20.06/in = 790/ m
평판 간격, b = 0.201 in. = 5.11×10^{-3} m
유동 방향에서의 스플리터 길이 = 0.125 in. = 3.175×10^{-3} m
유동 통로 수력 반경, $4r_h$ = 0.004892 ft = 1.491×10^{-3} m
핀 금속 두께 = 0.004 in., 알루미늄 = 0.102×10^{-3} m
스플리터 금속 두께 = 0.006 in. = 0.152×10^{-3} m
전체 열전달 면적/평판 간 체적, β = 698 ft²/ft³ = 2,290 m²/m³
핀 면적 (스플리터 포함)/전체 면적 = 0.843

그림 8.31 스트립 핀 평판 핀이 달린 표면 (출전: Kays, W.M., and A.L. London, Compact Heat Exchanger, 3rd.)

열교환기 해석에서 유체 상태량들은 체적 평균 온도에서 산출하는데, 대개는 입구 온도와 출구 온도의 산술 평균 온도이다. 압력 강하는 대개 다음 관계식으로 구하는데,

$$\Delta p = \frac{\dot{G}\mathbf{V}_1}{2g_c}\left[(1+\sigma^2)\left(\frac{v_2}{v_1}-1\right)+f\left(\frac{A}{A_c}\right)\left(\frac{v_m}{v_1}\right)\right] \tag{8.47}$$

이 식에서 v_1은 유체의 입구 비체적이고, v_2는 출구 비체적이며, v_m은 입구 비체적과 출구 비체적의 산술 평균이다. 비 $\dfrac{A}{A_c}$는 $\dfrac{\alpha \mathbf{V}}{\sigma A_{FT}}$로 쓸 수 있으며, 비 $\dfrac{\mathbf{V}}{A_{FT}}$는 대략 수력 반경 r_h와 같거나 수력 직경의 1/4과 같다. 이 정보로 $\dfrac{A}{A_c}$는 $\dfrac{\alpha r_h}{\sigma}$로 쓸 수 있다.

예제 8.6

공기–공기 열교환기가 그림 8.31과 같은 구성 형태로 설계되어 있다. 공기가 열교환기 속을 30 m/s로 흐를 때, 대류 열전달 계수, 총괄 전도 계수 및 마찰 계수를 구하라. 두 유체 흐름 줄기에서는 체적 평균 온도가 18 ℃라고 가정하고, 두 유체는 공칭 압력이 101 kPa이라고 가정한다.

풀이 공기 상태량들은 다음과 같다.

$$\rho = \frac{p}{RT} = \frac{(101,000)}{(287)(291)} = 1.21 \text{ kg/m}^3$$
$$\mu = 1.808 \times 10^{-5} \text{ Pa} \cdot \text{s}$$
$$\text{Pr} = 0.708$$
$$c_p = 1.004 \text{ kJ/kg} \cdot \text{K}$$

그림 8.31을 참조하면 정면 면적 A_{FT}는 0.001267 m²/m 이고, 자유 유동 면적 A_c는 0.00127 m²/m − 0.0001 = 0.00117 m²/m 이므로, 비 $A_c/A_{FT} = \sigma$는 다음과 같이 된다.

$$\sigma = 0.00117/0.00127 = 0.920$$

그러므로 단위 자유 유동 면적당 질량 유량은 다음과 같다.

$$\dot{G} = \frac{\dot{m}}{A_c} = V_f \frac{A_{FT}}{A_c} = \frac{\rho}{\sigma} V_f = \frac{1.21 \text{ kg/m}^3}{0.920}(30 \text{ m/s}) = 39.5 \frac{\text{kg}}{\text{s} \cdot \text{m}^2}$$

레이놀즈 수는 다음과 같다.

$$\text{Re} = \frac{4(r_h)}{\mu}\frac{D\dot{G}}{\mu} = \frac{(1.491 \times 10^{-3}\text{m})(39.5 \text{ kg/s} \cdot \text{m}^2)}{1.808 \times 10^{-5} \text{ Pa} \cdot \text{s}} = 3.26 \times 10^3$$

그림 8.31에서 다음 값을 판독한다.

$$f \approx 0.032 \qquad\qquad \text{답}$$

또한 그림 8.31에서 다음 값을 판독한다.

$$\text{St} \cdot \text{Pr}^{2/3} = 0.0084$$

여기에서 Stanton 수 St는 다음과 같다.

$$\text{St} = \frac{h}{\dot{G}c_p} = 0.0084\text{Pr}^{-2/3}$$

그러므로

$$h = 0.0084\frac{\dot{G}c_p}{\text{Pr}^{2/3}} = 0.0084\frac{(39.5)(1004)}{0.708^{2/3}} = 419\,\frac{\text{W}}{\text{m}^2 \cdot \text{K}} \qquad\qquad \text{답}$$

그러면 총괄 전도 계수는 식 (8.46)으로 구한다.

$$U_o = \frac{1}{\dfrac{1}{h_o} + \dfrac{A_o}{h_i A_i}}$$

$A_i \approx A_o$ 이고 $h_i \approx h_o(=h)$이므로, 다음 값을 구한다.

$$\text{U}_o \approx \frac{h}{2} = 210\ \text{W/m}^2 \cdot \text{K} \qquad\qquad \text{답}$$

8.6 히트 파이프

히트 파이프는 전형적인 열 전도기보다 더 효율적인 방식으로 열을 장거리 수송할 수 있는 장치이다. 이는 전형적인 열전달 메커니즘을 살펴봄으로써 설명할 수 있다. 제2장에서 설명한 대로, 열은 두 지점 사이의 온도 기울기나 온도 차 때문에 해당 거리를 전도로 이동한다. 그림 8.32에는 전형적인 히트 파이프의 외관 개요도가 그려져 있고, 열은 다음 식과 같이 이동한다고 볼 수 있으며,

$$\dot{Q} = \kappa_{\text{eff}} A_c \frac{\Delta T}{L} \tag{8.48}$$

여기에서 A_C는 열 이동 방향과 직교하는 단면적이다. 히트 파이프의 유효 열전도도는 히트 파이프 길이 L에 걸쳐서 κ_{eff}이다. 히트 파이프는 유효 열전도도가 열전도성이 좋은

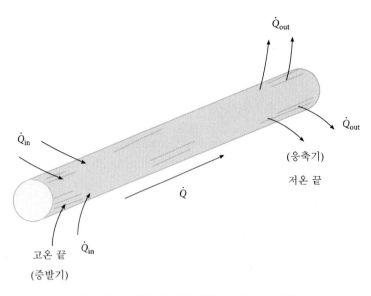

$\dot{Q}_{out}$

$\dot{Q}_{out}$

$\dot{Q}_{in}$

(응축기)

저온 끝

$\dot{Q}$

고온 끝

$\dot{Q}_{in}$

(증발기)

그림 8.32 축 방향 열 이동 장치로서의 히트 파이프

재질인 구리나 알루미늄의 5~20배이다. 그러므로 히트 파이프는 열을 신속하게 장거리 전달시킬 수 있다. 히트 파이프는 길이가 20 mm인 마이크로 히트 파이프에서 길이가 100 m가 넘게 기획된 히트 파이프까지 매우 광범위한 크기로 제조되어 사용되고 있다. 그림 8.33에는 히트 파이프의 대표적인 용도가 그려져 있다. 대형 히트 파이프는 대량의 해수에서 온도 차가 크게 나는 수평 해수층을 이용함으로써 전력 생산용으로 해양 열에너지를 추출하기 위해 기획해 온 것이다. 히트 파이프가 초기에 사용된 곳 가운데 하나는 얼어 있는 영구동토층을 가로지르는 북극 송유관이었다. 이 히트 파이프는 지지 기반 영구동토층에서 열을 전도로 빼내고자 설치되었고, 이렇게 함으로써 땅이 녹지 않아 송유관 지지 기반이 더욱더 안정된 기초가 되게 해준다. 중간 크기의 히트 파이프는 발전소나 쓰레기 소각장에서와 같은 재생 가열 시스템이나 재열 시스템의 구성 장치로 사용된다. 또한, 이 중간 크기의 히트 파이프는 도로나 비행기 활주로에 성에나 얼음이 끼지 않게 하는 가열용으로 지열 에너지를 이용하는 데 사용된다. 소형 히트 파이프는 열이 특정한 면적이나 영역을 출입해야만 하는 산업, 제조 및 프로세스 분야 용도에 사용되기도 한다. 마이크로 히트 파이프는 전자 장치 용도에서 열 이동을 제공하고자 설계되어 개발되었는데, 이 전자 분야에서는 소형화가 널리 퍼져 있다. 전기·전자 제어 및 처리 시스템의 신세대 구성 장치들은 내부 열 발생량이 점점 더 작아지면서 그에 비례하여 아주 소형이 되었다. 그러나 이전 그 어느 때보다도 이러한 장치들을 냉각시켜야 할 필요성이 커져만

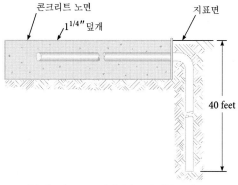

(a) 대로의 도로 포장면이나 공항 활주로 위
얼음이나 눈을 녹이는 용도의 구성 형태

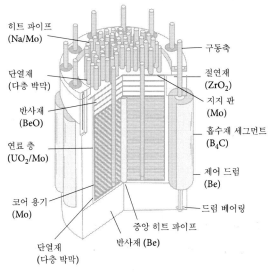

(b) 원자로 시스템의 구성 장치 냉각용 구성 형태

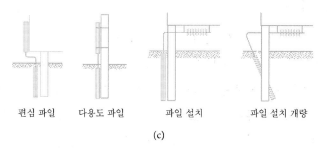

편심 파일   다용도 파일   파일 설치   파일 설치 개량

(c)

그림 8.33 대표적인 히트 파이프 구성 형태

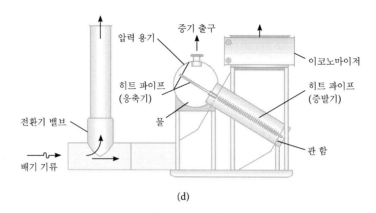

(d)

그림 8.33(계속) 대표적인 히트 파이프 구성 형태

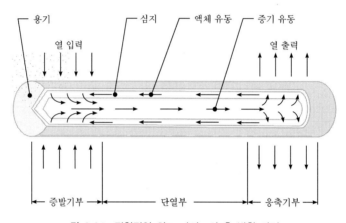

그림 8.34 전형적인 히트 파이프의 축 방향 단면도

가는 상황이므로, 마이크로 히트 파이프가 그러한 필요성을 달성해 줄 가장 전도유망한 방법임을 많이 보여주고 있다.

모든 히트 파이프의 기본 메커니즘은 그림 8.34와 같이 개요 단면도에 나타나 있다. 이 그림에서 히트 파이프에는 증발기가 있다는 것을 알 수 있는데, 이 증발기는 히트 파이프 장치의 한쪽 끝에 위치하여 장치의 작동 온도에 비해 온도가 높은 해당 외부 열원에서 열을 받는다. 장치의 다른 쪽 끝에는 응축기가 있는데, 이 응축기는 (온도가 히트 파이프에 비해 낮은) 해당 저온 열침(heat sink)에 열을 내놓는다. 열은 히트 파이프의 중앙부 길이 L을 거쳐 축 방향으로 이동하는데, 이 길이가 히트 파이프의 진정한 길이이다. 이 열은 포화 증기나 포화 액체로 운반된다. 기체 상태 물질은 응축기에서 열손실 때문에 응축되어 포화 액체나 액체가 된다. 그러면 이 액체는 모세관 작용이나 심지 작용으로 증발기로 되돌아가게 되는데, 이러한 모세관이나 심지는 대개 히트 파이프의 외부 환형 영역에 위치해 있다.

히트 파이프의 원리는 단순하지만 설계에서는 작동 유체가 정확히 부합되도록 해야 하는데, 이 작동 유체는 포화 액체와 포화 증기 사이에서 변형되었다가 원상태로 되돌아가기를 끊임없이 반복한다. 작동 유체는 히트 파이프 내 유일한 유체로서, 열을 증발기의 고온 영역에서 응축기의 저온 영역으로 이송시킬 때 열역학적 사이클을 겪는다고 봐도 된다. 이러한 관점에서 히트 파이프 내 열 이동을 다음 식과 같이 쓸 수 있다.

$$\dot{Q}_{HP} = \dot{m}_v h n_{fg} \tag{8.49}$$

이 식에서 증기의 질량 유량은 $\dot{m}_v$으로 표시되어 있고, 유체는 증발기를 엔탈피가 열역학적 기호로 $h n_g$인 포화 증기로 증발기에서 유출되는데, 이 엔탈피는 제1장에서 설명하였다. 유체는 응축기에서 유출되어 증발기로 되돌아가고, 이렇게 함으로써 엔탈피가 $h n_f$인 포화 액체로서 자체 사이클이 완성된다. 이 두 엔탈피의 차 $h n_{fg}$, 즉 기화열은 증발기에서 응축기로 유체로 이송되는 열에너지, 즉 열을 나타낸다. 질량 보존의 원리에서 증기의 질량 유량은 응축기에서 증발기로 되돌아가는 액체의 질량 유량과 같아야만 한다. 즉,

$$\dot{m}_v = \dot{m}_l = \dot{m} \tag{8.50}$$

유체의 질량 유량은 압력 헤드 Δp 때문에 발생하는 것으로 구체화할 수 있다. 많은 기계 시스템에서 유체 유동은 펌프나 압축기 또는 팬 때문에 일어난다. 그러나 여기에서 압력 헤드는 심지와 유체의 모세관 작용에 기인한다. 이 압력 헤드는 Δp_{HP}로 표시하기로 한다. 또한 유체의 모세관 작용을 이해하려면, 포화 액체 및 포화 증기와 같이 액체와 증기 간 표면에서 흔히 발생하는 표면 장력을 고려해야만 한다. 표면 장력은 그림 8.35와

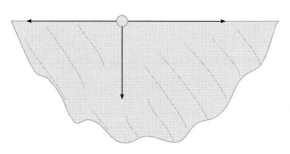

그림 8.35 액체 표면에서 액체 분자나 원자에 작용하는 힘

같이 액체나 고체 표면에서의 비평형 상태에 기인한다. 이 비평형 상태에서 물질의 분자나 원자는 표면 바깥쪽 방향에서만 제외하고, 인접하는 분자나 원자에게서 인력을 받게 된다. 그러므로 분자들은 순 인력으로 인해 표면 아래 유체 속으로 낙하하려는 경향이 있다. 표면 장력은 평형을 이루게 된다. 즉, 표면 장력으로 분자들이 실제로는 표면 아래로 낙하하지 않는다. (그렇지 않으면, 표면은 존재할 리 없다). 표면 장력은 여기에서 σ_{ST}로 표시되며, 유체 상태량이다. 또한 표면 장력은 표면을 형성하고 있는 계면 유체, 기체 또는 액체의 상태량이기도 하지만, 대기 공기를 계면 유체로 가장 많이 가정한다. 표 8.5에는 히트 파이프에서 많이 사용되고 있는 대표적인 액체의 표면 장력 값이 수록되어 있다. 부록 표 B.9와 부록 표 B.9E에는 한층 더 광범위한 양의 표면 장력 데이터가 실려 있다. 주목할 점은 표면 장력은 단위가 단위 길이당 힘으로 보고되고 있다는 것이다.

표 8.5 대표적인 유체가 공기와 접할 때의 표면 장력

유체, 액체	온도, ℃	σ_{ST}, mN/m
암모니아	0	25.7
이불화이염화메탄, R-12	−30	23.5
메탄올	20	22.6
질소, N_2	−173	4.5
나트륨, Na	500	157.8
물	20	72.88

표면 장력은 표면에 평행하게 작용하며 인장력을 나타내고, 길이는 주변 길이나 원둘레 길이이므로, 표면 장력은 표면에 있는 길이에 걸쳐 균일하게 작용하는 것으로 해석해야 한다. 하나의 물질은 (원 표면이 두 물질로 정의되는 것으로 간주하여) 제2의 물질, 제3의 물질이 이 시스템과 상호작용해야만 비로소 표면 장력이 정의된다. 제3의 물질이 그림 8.36과 같이 용기 같은 표면을 제공하게 되면, 액체는 다음 두 가지 중에서 한 가지로 표면과 상호작용한다. 즉, 습윤제(wetting agent) 아니면 비습윤제이다. 액체가 표면에 부착되는 경향이 있으면, 이 액체를 습윤제 또는 습윤 액체라고 하며 그림 8.36a에 나타낸 방식으로 거동하게 된다. 그러므로 이러한 유체는 용기 벽에 부착하게 되므로, 모세관 작용이나 습윤 작용으로 유체 기둥이 지지된다. 유체가 이런 식으로 용기 표면에 부착하게 되면 액체 표면에는 그림 8.36a와 같이 만곡부가 형성된다. 이 만곡부를 흔히 메니스커스(meniscus)라고 하는데, 이는 액체와 용기 표면 간의 또 다른 특성이다. 습윤 액체 표면의

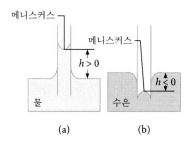

그림 8.36 관 내 유체나 두 평행판 사이 유체의 모세관 작용. 왼쪽 그림 (a)는 습윤 액체일 때이고, 오른쪽 그림 (b)는 비습윤 액체일 때이다.

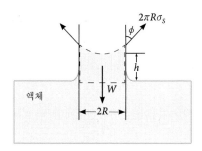

그림 8.37 용기의 고체 표면에 대한 습윤 유체의 접근각

만곡부는 표면에 접선을 이루기도 하고, 표면에 직교하려고 하는 경향도 있다. 그러므로 그림 8.37과 같이 액체 표면과 용기 표면 간 접근각(angle of approach)은 액체가 본질적으로 습윤성이 낮을수록 최댓값 또는 완전 비습윤 액체에 접근하게 되는데, 이때에는 접선이 완전 습윤 액체에서의 접선 아래로 $180°$를 이루게 된다. 비습윤 액체의 메니스커스는 볼록면으로, 이는 습윤 액체에서의 오목면과 정반대이다. 비습윤 액체는 그림 8.36b에 그려져 있다. 히트 파이프에서 사용되는 유체는 압력 헤드가 필요하기 때문에 심지 재료에 습윤이 되어야 한다. 그림 8.36a와 같은 용기 내 습윤 액체 기둥에 역학적 자유 물체도를 작도하게 되면, 힘의 합은 다음과 같이 된다.

$$액체 \ 중량 = W_l = \gamma_l Ay = \rho_l gAy = \sigma_{ST} P \tag{8.51}$$

이 식에서 P는 주변 길이로, 이 길이에 걸쳐서 표면 장력이 용기 표면에 작용한다. 이때에는 습윤 액체의 메니스커스가 용기 표면에 접한다고 가정하므로, 그림 8.37에 표시된 각 θ는 0이 된다. 용기가 반경이 R인 소구경 관이면, 둘레 길이는 $2\pi R$이므로 식 (8.51)은 다음과 같이 된다.

$$\rho_l g A h = 2\pi R \sigma_{ST} \quad \text{(관)} \tag{8.52}$$

용기가 그림 8.36b와 같이 간격이 t이고 깊이가 D인 2개의 평행판이나 슬롯(slot)으로 되어 있으면, 식 (8.51)은 다음과 같이 된다.

$$\rho_l g\, t D h = 2D\sigma_{ST} \quad \text{(평행판 또는 슬롯)} \tag{8.53}$$

수직 높이 h는 압력 헤드를 나타내며, 항 $\rho_l gh$는 압력 에너지이다. 관 용기에서는 다음 식과 같이 쓸 수 있으며,

$$\Delta p_{HP} = 2\pi R \frac{\sigma_{ST}}{A} = \frac{2\pi R}{\pi R^3}\sigma_{ST} = \frac{2\sigma_{ST}}{R} \tag{8.54}$$

슬롯에서는 다음 식과 같이 된다.

$$\Delta p_{HP} = \frac{2D}{tD}\sigma_{ST} = \frac{2\sigma_{ST}}{t} \tag{8.55}$$

이 압력 헤드는 액체 및 증기 유동과 중력 압력에 기인하는 압력 손실을 극복하는 데 필요하다. 그림 8.34의 일반 개요를 사용하여, 히트 파이프 위쪽에 증발기가 있고 그 아래쪽에 있는 상태에서 수직선과 각 ϕ로 경사져 있을 때에는 물리적 압력 균형 식을 다음과 같이 쓸 수 있다.

$$\Delta p_{HP} = \Delta p_v + \Delta p_l + \Delta p_{\text{gravity}} \tag{8.56}$$

히트 파이프 내 증기 유동으로 인한 압력 손실(Δp_v)은 다음과 같은 하겐-프와제이유 식 (제4장, 제4.2절)으로 근삿값을 구할 수 있다.

$$\Delta p_v = \frac{128\mu_v L_{\text{eff}}}{\alpha_v D^4}\dot{m} \tag{8.57}$$

이 식은 증기 유동이 비압축성이고 층류이며, 직경이 D인 원형 단면 덕트 속을 흐른다는 가정에서 나온 결과이다. 주목할 점은 유효 길이 L_{eff}는 그림 8.34에 정의되어 있다는 것이다. 액체 유동으로 인한 압력 손실은 제8장 제8.7절에서 설명한 대로, 다공성 재료에서의 투과율(permeability)로 근사화할 수 있으므로, 액체의 압력 손실(Δp_l)은 다음과 같다.

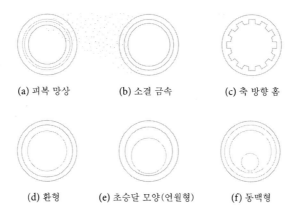

(a) 피복 망상　　(b) 소결 금속　　(c) 축 방향 홈

(d) 환형　　(e) 초승달 모양(언월형)　　(f) 동맥형

그림 8.38 대표적인 히트 파이프용 심지 구성. 축 방향 유동에 대한 단면으로 그려져 있다.

$$\Delta p_l = \frac{\mu_l L_{\text{eff}}}{\rho_l K_w A_w} \dot{m} \tag{8.58}$$

이 식에서 K_w는 심지의 투과율이다. 그림 8.27과 같이 모세관 작용을 제공하는 심지 구성은 대개 미세 그물코 망상 재료(fine screen mesh material)나 다공성/소결 분말 재료 가운데 하나이거나 히트 파이프 하우징의 매부 표면을 따라 축 방향으로 형성된 좁은 슬롯이다. 그림 8.38에는 액체를 흐르게 하는 여섯 가지 전형적인 심지 구성과 재료가 나타나 있다. 슬롯이나 미세 그물코 망상 재료에서 투과율은 다음과 같은 식으로 근삿값을 구할 수 있는데,

$$K_w = \frac{D_H^2}{32} \tag{8.59}$$

여기에서 D_H는 심지 배열에서 트인 구멍의 수력 직경이다. 수력 직경은 제4장에서 다음과 같이 정의되어 있는데,

$$D_H = \frac{4A}{wp} \tag{8.60}$$

여기에서 wp는 접수 둘레 길이(wetted perimeter)이고 A는 단면적이다.

　원형 단면에서는 수력 직경이 직경과 같다. 표 8.6에는 히트 파이프에서 사용되는 다공성 재료의 투과율 값이 실려 있다. 식 (8.58)에 있는 기호 A_w는 심지 속을 흐르는 액체의 축 방향 유동에 직교하는 심지 구성의 단면적이다. 중력 압력 손실은 다음과 같다.

표 8.6 다공성 재료의 투과율

재료	유효 구멍 반경, cm	투과율, m²
유리 섬유	0.0059	0.061×10^{-11}
모넬 합금 구슬	0.052	4.15×10^{-10}
니켈 분말	0.038	0.027×10^{-10}
인청동	0.0021	0.296×10^{-10}
소결 구리 분말	0.0009	1.74×10^{-12}

$$\Delta p_{\text{gravity}} = p_l g L_{\text{eff}} \sin \phi \tag{8.61}$$

일반적인 물리적 압력 균형 식 (8.56)은 다음과 같이 바꿔 쓸 수 있다.

$$\Delta p_{\text{HP}} = \frac{128 \mu_v L_{\text{eff}}}{\pi \rho_v D^4} \dot{m} + \frac{\mu_l L_{\text{eff}}}{\rho_l K_w A_w} \dot{m} + \rho_l g L_{\text{eff}} \sin \phi \tag{8.62}$$

보통 이 식 우변의 첫째 항은 증기 유동 압력 손실로서, 다른 두 항보다 자릿수가 한두 자리 더 작다. 관이나 미세 눈 망상 재료 조건에서, 히트 파이프의 수평 설치 식 (8.62)는 식 (8.54)를 사용하면 다음과 같이 된다.

$$\frac{2\sigma_{\text{ST}}}{r_c} = \frac{\mu_l L_{\text{eff}}}{\rho_l K_w A_w} \dot{m} \tag{8.63}$$

예제 8.7

온도가 30 ℃인 물을 사용하는 특정한 수평 히트 파이프는 길이가 50 cm이고, 히트 파이프 하우징의 내부 표면 둘레에 깊이가 2 mm인 슬롯이 40개 배열로 되어 있으며, 물의 질량 유량은 10 mg/s이다. 필요한 슬롯 폭을 구하라.

풀이 슬롯 폭은 식 (8.63)을 사용하여 다음과 같이 산출할 수 있다.

$$\frac{2\sigma_{\text{ST}}}{t} = \frac{\mu_l L_{\text{eff}}}{\rho_l K_w A_w} \dot{m}$$

이 식은 심지 배열이 미세 그물코 망상 재료가 아닌 슬롯 배열에 사용한다. 주목할 점은 각 슬롯에서의 면적은 정확히 $(2 \text{ mm})(t)$이므로 투과율은 다음과 같다.

$$K_w = \frac{D_H^2}{32} = \frac{\left[\frac{(4)(2 \text{ mm} \times t)}{(t + 4 \text{ mm})} \right]^2}{32} = \frac{[2t \text{ mm}]^2}{32} = \frac{t^2}{8}$$

온도가 30 ℃인 액체 물은 표면 응력, 점도 및 밀도가 다음과 같다.

$$\sigma_{ST} = 72.88 \text{ mN/m} \qquad \text{(근삿값)}$$

$$\mu_l = 0.857 \frac{\text{g}}{\text{m} \cdot \text{s}}$$

$$\rho_l = 997 \frac{\text{kg}}{\text{m}^3}$$

질량 유량은 40개의 슬롯이 균등하게 분포되어 있다고 가정하므로, 각각의 슬롯에 흐르는 질량 유량은 0.25 kg/s이다. 위 식을 다시 정리한 다음, 물의 상태량 값들을 대입하면 다음과 같이 나온다.

$$t = \sqrt{\frac{2\mu_l L_{\text{eff}} \dot{m}}{\sigma_{ST} \rho_l}} = 0.0543 \text{ mm} \qquad\qquad \text{답}$$

심지 구성을 알고 있으면 압력 균형 식 (8.62) 또는 (8.63)을 최대 유량에서 풀 수 있다. 그러므로 경사각 ϕ로 설치되어 히트 파이프에서 증기 유동으로 인한 압력 손실을 무시하면, 최대 질량 유량은 다음과 같다.

$$\dot{m}_{\text{max}} = \frac{\rho_l K_w A_w}{\mu_l L_{\text{eff}}}[\Delta p_{ST} - \rho_l g L_{\text{eff}} \sin\phi] = \frac{\rho_l \sigma_{ST}}{\mu_l}\left[\frac{K_w A_w}{L_{\text{eff}}}\right]\left[\frac{2}{r_c} - \frac{\rho_l g L_{\text{eff}}}{\sigma_{ST}}\sin\phi\right] \quad (8.64)$$

게다가 식 (8.49)를 사용하면, 히트 파이프의 최대 열전달 식을 다음과 같이 쓸 수 있다.

$$\dot{Q}_{\text{HP,max}} = \frac{\rho_l \sigma_{ST} h n_{fg}}{\mu_l}\left[\frac{K_w A_w}{L_{\text{eff}}}\right]\left[\frac{2}{r_c} - \frac{\rho_l g L_{\text{eff}}}{\sigma_{ST}}\sin\phi\right] \qquad\qquad (8.65)$$

모둠 매개변수 $\frac{\rho_l \sigma_{ST} h n_{fg}}{\mu_l}$은 히트 파이프 작동 유체 상태량들의 모둠으로 유체 수송 계수 N_{HP}로 나타낸다. 이 상태량은 그림 8.39에 일부 일반적인 히트 파이프 작동 유체에 대하여 정상 작동 온도일 때 그래프로 나타나 있다. 주목할 점은 N_{HP}는 온도에 따라 변화하며 히트 파이프 성능에 크게 영향을 미친다는 것이다. 히트 파이프는 보통 전체에 걸쳐 일정 균일 온도에서 작동하므로, 작동 온도를 바꾸게 되면 히트 파이프의 열전달이 변하게 된다. 그림 8.40에는 전형적인 히트 파이프 성능 곡선과 작동 온도 범위에서의 작동 한계가 나타나 있다. 증발 또는 비등/응축 영역에서 작동하는 포화 액체의 열역학적

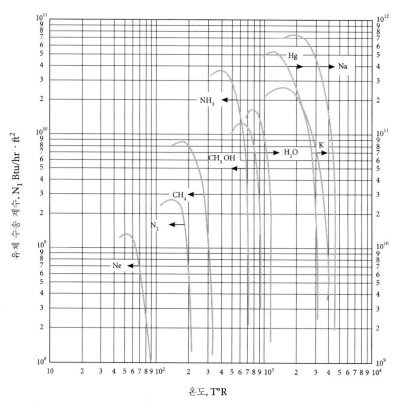

그림 8.39 유체 수송 계수: 대표적인 히트 파이프 작동 유체의 작동 온도 기준.
주: 1 Btu/hr · ft² = 3153 W/m²

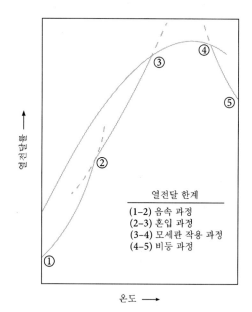

열전달 한계

(1–2) 음속 과정
(2–3) 혼입 과정
(3–4) 모세관 작용 과정
(4–5) 비등 과정

그림 8.40 히트 파이프의 열전달 한계

상태량 표를 참조하면, 유체는 어떤 온도에서도 질량과 체적이 일정한데, 온도가 낮아지면 포화가 덜 된다는 사실을 알 수 있다. 적정한 기액(증기-액체) 유량을 제공하려면 증기 유동 속도가 증가해야만 하지만, 유동 속도가 음속(소리 속도)이 되면 흐름이 막히게 되어 필요한 증기 유동이 이루어지지 않는다. 그림 8.40에는 낮은 온도에서의 음속 한계가 나타나 있다. 히트 파이프는 중간 정도 온도에서는 액체가 증발기부 쪽으로 자유롭게 흐르지 않아서 증기로 순환되기 때문에 그 작동이 제한된다. 이러한 상태를 비말동반 (entrainment) 과정이라고 하기도 한다. 이보다 더 높은 온도에서는 심지 작용으로 액체 유동량이 제한되기 시작하므로 히트 파이프의 열전달 출력이 감소하지만, 매우 높은 온도 에서는 유체가 모두 포화 증기가 되거나 비등하게 된다. 이 때문에 열전달이 점점 더 감소하면서 건 히트 파이프 상태가 야기된다.

예제 8.8

대형 히트 파이프를 발전소에서 재생기로 사용하여, 온도가 370 ℃인 배기 공기에서 온도가 40 ℃인 급수 쪽으로 열을 전달시키려고 한다. 이 히트 파이프는 유효 길이가 160 cm이고 작동 유체로 온도가 75 ℃인 물이 사용된다. 히트 파이프는 단면이 원형이고 심지는 환형 면적이 130 cm²인 유리 섬유라고 가정한다. 유리 섬유는 미세공의 반경이 0.0059 cm라고 놓는다. 이 히트 파이프에서 산출되는 최대 열전달을 구하라. 그런 다음 히트 파이프로서 동일한 열량을 전도시키는 데 필요한 구리 봉의 크기를 구하라.

풀이 히트 파이프가 수평으로 놓여 있다고 가정하면, 최대 열전달 지배 방정식은 식 (8.65)에서 각 ϕ를 0으로 놓으면 다음과 같이 된다.

$$\dot{Q}_{\text{HP,max}} = \frac{\rho_l \sigma_{\text{ST}} h n_{fg}}{\mu_l} \left[\frac{K_w A_w}{L_{\text{eff}}} \right] \left[\frac{2}{r_c} \right] = N_{\text{HP}} \frac{2 K_w A_w}{L_{\text{eff}} r_c}$$

작동 유체로서 물의 유체 수송 계수는 그림 8.39에서 4×10^4 kW/cm²이 근삿값으로 나온다. 표 8.6에서 투과율 K_w는 0.061×10^{-11} m² 또는 0.061×10^{-7} cm²이다. 그러면 다음과 같이 된다.

$$\dot{Q}_{\text{HP}} = (4 \times 10^4 \text{ kW/cm}^2) \frac{2(0.061 \times 10^{-7} \text{cm}^2)(130 \text{ cm}^2)}{(160 \text{ cm})(0.0059 \text{ cm})}$$

$$= 67 \text{ W} \hspace{4cm} 답$$

구리 봉으로 열을 길이 160 cm에 걸쳐 온도 강하 330 ℃로 전달시키려고 할 때에는, 전도 열전달 식에서 다음과 같이 산출된다.

$$\dot{Q} = K A \frac{\Delta T}{L_{\text{eff}}} = 67 \text{ W}$$

구리의 열전도도 값을 400 W/m · K를 사용하여 단면적을 구하면 다음과 같이 나온다.

$$A = 8.1 \text{ cm}^2$$

원형 단면 구리 봉은 직경이 14 mm가 되어야 한다. 또한, 비교할 때에는 고온 끝과 저온 끝에서의 대류 열전달 저항을 포함시켜야 하므로, 구리 봉으로 동일한 열량을 전달시키려면 그 크기를 필히 증가시켜야 할 것으로 보인다.

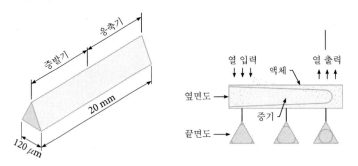

그림 8.41 마이크로 히트 파이프의 작동

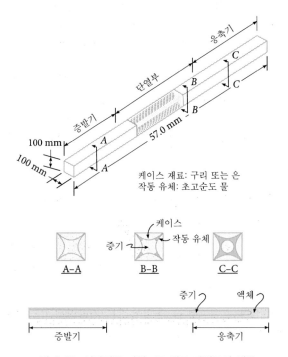

그림 8.42 사다리꼴 마이크로 히트 파이프의 작동

히트 파이프에 관한 추가적인 설명과 정보는 Dunn 등[7]과 Chi[8]에서 찾아보면 된다.

마이크로 히트파이프는 전자, 생물학적 및 의료 용도에서 매우 작은 영역을 냉각하고 가열하고자 개발되고 있다. 마이크로 히트 파이프는 그 특징으로서 다음과 같이 단면 반경이나 폭이 작동 유체의 모세관 반경과 거의 같은 히트 파이프이다.

$$D_H \approx r_c \tag{8.66}$$

많은 마이크로 히트 파이프는 그림 8.41과 그림 8.42와 같이 관 단면을 삼각형이나 사변형(사다리꼴)이 되도록 형성시켜 왔다. 마이크로 히트 파이프의 작동과 작동 특성은 그 크기가 매우 작다는 점을 제외하고는 전형적인 히트 파이프에서와 비슷하다. 추가적인 정보는 Peterson 등[9]을 참고하기 바란다.

8.7 요약

2유체 열교환기를 기술하는 일반식은 다음과 같다.

$$\dot{Q}_{HX} = \dot{m}_c(hn_{c,o} - hn_{c,i}) = \dot{m}_h(hn_{h,i} - hn_{h,o}) \tag{8.2}$$

및

$$\dot{Q}_{HX} = UA\Delta T \tag{8.3}$$

이 식에서 U는 총괄 열전달 계수이다. 열교환기는 재래형과 콤팩트형으로 분류된다. 오염 계수는 유체 오염이나 열교환기와의 화학 반응으로 인한 열전달 유효도의 감소를 정량화하는 데 사용된다.

대수 평균 온도 차(LMTD) 방법은 열교환기 해석에서 널리 쓰이는 방법이다. LMTD 방법은 재래형 열교환기에서의 온도 분포를 기술하는 데 흔히 사용되며, 다음과 같이 정의된다.

$$\Delta T_{LM} = \text{LMTD} = \frac{\Delta T_2 - \Delta T_1}{\ln(\Delta T_2/\Delta T_1)} \tag{8.23}$$

대향류 열교환기에서는 다음과 같이 된다.

$$\Delta T_2 = T_{h,o} - T_{c,i} \quad \text{및} \quad \Delta T_1 = T_{h,i} - T_{c,o}$$

평행류 열교환기에서는 다음과 같이 된다.

$$\Delta T_2 = T_{h,o} - T_{c,o} \quad \text{및} \quad \Delta T_1 = T_{h,i} - T_{c,i}$$

ΔT 중에서 하나 또는 모두가 0이거나 ΔT가 같으면, 다음과 같이 된다.

$$\Delta T_{\mathrm{LM}} = \frac{1}{2}(\Delta T_2 + \Delta T_1) \tag{8.27}$$

유효도-NTU 방법은 유체 온도 중에서 2개만을 알고 있을 때, LMTD 방법 대신 사용된다. 열교환기 유효도는 다음과 같이 정의된다.

$$\varepsilon_{\mathrm{HX}} = \frac{\text{실제 열전달}}{\text{최대 가능 열전달}} \tag{8.29}$$

저온 유체의 $\dot{m}c_p$가 최소인 경우에는 다음과 같이 된다.

$$\varepsilon_{\mathrm{HX}} = (T_{c,o} - T_{c,i})/(T_{h,i} - T_{c,i}) \tag{8.32}$$

고온 유체의 $\dot{m}c_p$가 최소인 경우에는 다음과 같이 된다.

$$\varepsilon_{\mathrm{HX}} = (T_{H,i} - T_{H,o})/(T_{H,i} - T_{c,i})$$

NTU는 재래형 열교환기를 해석하는 데 사용되는 매개변수이다. 이는 다음과 같이 정의되는데,

$$\mathrm{NTU} = \frac{UA}{[\dot{m}c_p]_{\mathrm{minimum}}} = \frac{UA}{C_{\mathrm{min}}}$$

이 식에서 C_{min}은 $[\dot{m}c_p]_{\mathrm{minimum}}$이며, 저온 유체나 고온 유체의 최솟값이다. 유효도와 NTU는 서로의 함수이므로 단순한 재래형 열교환기에서는 유도가 가능하다.

콤팩트형 열교환기는 비표면이 $700\,\mathrm{m^2/m^3}$이거나 그 이상인 것들이다. 실험에 의한 경험적 데이터는 총괄 전도 계수와 열교환기에서의 압력 강하를 해석할 때 필요하다. 콤팩트형 열교환기를 설계할 때 주 관심사 중 하나는 유체 마찰로 인한 열교환기 내 압력 강하이다. 이 압력 강하를 산출하는 데 사용하는 식은 다음과 같다.

$$\Delta p = \frac{\dot{G}\mathbf{V}_1}{2g_c}\left[(1 + \sigma^2)\left(\frac{v_2}{v_1} - 1\right) + f\left(\frac{A}{A_c}\right)\left(\frac{v_m}{v_1}\right)\right] \tag{8.47}$$

히트 파이프는 원거리 열 수송에 효과적인 장치이다. 히트 파이프는 증발기부, 히트 파이프부, 응축기부로 구성되어 있다. 히트 파이프는 그 속에 작동 유체가 들어 있는 밀폐된 용기인데, 이 작동 유체는 포화 상태에 있다. 즉, 이 유체는 증발기에서 포화 증기로 유출되어 히트 파이프의 중앙 영역을 지나 응축기로 이동하는데, 이 응축기에서 포화 액체로 응축된다. 작동 유체는 심지 작용에 의해 증발기로 되돌아간다. 이 심지 작용이나 모세관 작용의 결과로 발생하는 압력 강하는 증기 및 액체 유동과 중력 효과로 인한 압력 강하로 균형을 이루게 된다. 이렇게 이루어지는 균형은 다음과 식으로 표현되며,

$$\Delta p_{\text{HP}} = \frac{128\mu_v L_{\text{eff}}}{\pi\rho_v D^4}\dot{m} + \frac{\mu_l L_{\text{eff}}}{\rho_l K_w A_w}\dot{m} + \rho_l g L_{\text{eff}}\sin\phi \tag{8.62}$$

증기 유동으로 인한 마찰 압력 손실을 무시하면, 액체의 최대 질량 유량은 다음과 같이 된다.

$$\dot{m}_{\text{max}} = \frac{\rho_l K_w A_w}{\mu_l L_{\text{eff}}}[\Delta p_{\text{ST}} - \rho_l g L_{\text{eff}}\sin\phi] \tag{8.64}$$

히트 파이프에서 전달되거나 수송되는 최대 열전달은 다음과 같다.

$$\dot{Q}_{\text{HP,max}} = \frac{\rho_l \sigma_{\text{ST}} h n_{fg}}{\mu_l}\left[\frac{K_w A_w}{L_{\text{eff}}}\right]\left[\frac{2}{r_c} - \frac{\rho_l g L_{\text{eff}}}{\sigma}\sin\phi\right] \tag{8.65}$$

토론 문제

제8.1절

8.1 열교환기 표면이란 무엇인가?

8.2 열교환기의 비표면(specific surface)이란 무엇인가?

8.3 외통-관 열교환기란 무엇인가?

제8.2절

8.4 총괄 전도 계수는 열교환기 면적과 어떠한 관계가 있는가?

8.5 오염 계수(fouling factor)가 의미하는 바는 무엇인가?

8.6 오염 계수를 줄일 수 있는 방법은 무엇인가?

제8.3절

8.7 LMTD란 무엇인가?

8.8 평행류와 대향류의 차이는 무엇인가?

8.9 혼합류가 의미하는 바는 무엇인가? 또 혼합류가 비혼합류와 다른 점은 무엇인가?

제8.4절

8.10 열교환기 효율을 기술하는 방법은 무엇인가?

8.11 열교환기 유효도는 무엇인가?

8.12 NTU가 의미하는 바는 무엇인가?

제8.5절

8.13 콤팩트형 열교환기란 무엇인가? 또 콤팩트형 열교환기가 외통−관 열교환기와 다른 점은 무엇인가?

8.14 콤팩트형 열교환기에서 압력 강하가 매우 중요한 이유는 무엇인가?

8.15 콤팩트형 열교환기에서 오염을 줄일 수 있는 방법은 무엇인가?

제8.6절

8.16 온도 차가 작을 때 히트 파이프가 작동되는 방식은 무엇인가?

8.17 유체 수송 계수(fluid transport factor)란 무엇인가?

8.18 표면 장력이 히트 파이프에 미치는 영향은 무엇인가?

수 업 중 퀴 즈 문 제

1. 단열 열교환기에서의 에너지 균형을 기술하라.

2. 총괄 열교환기 전도 계수(conductance)를 결정하는 유체 및 열교환기 상태량들은 무엇인가?

3. 콤팩트형 열교환기 속을 지나는 유체의 압력 강하를 결정하는 두 가지 중요한 상태량은 무엇인가?

4. 히트 파이프에서 유체 전달 계수를 결정하는 네 가지 상태량은 무엇인가?

연습 문제

제8.1절

8.1 그림 8.43과 같은 대향류 열교환기의 정상 상태에 필요한 R-134a의 질량 유량을 구하라. 공기는 30 ℃에서 3.6 kg/s의 질량 유량으로 유입되어 10 ℃로 유출된다. 냉매는 −10 ℃로 유입되어 5 ℃로 유출되며, 비열은 2.1 kJ/kg · K이다.

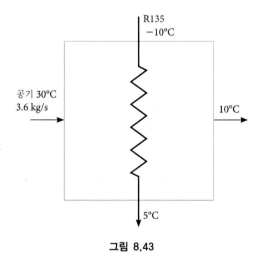

그림 8.43

제8.2절

8.2 그림 8.44의 개요 단면도와 같이 외통–관 열교환기의 내경을 기준으로 하여 총괄 열전달 계수를 구하라.

8.3 식물성 기름을 온도가 105 ℃인 수증기가 지나는 내경이 2.5 cm이고 외경이 3.2 cm인 강관으로 끓이려고 한다. 대류 열전달 계수는 수증기가 142 W/m² · K이고 식물성 기름이 85 W/m² · K일 때, 강관 외부 표면적을 기준으로 하여 총괄 열전달 계수를 산출하라.

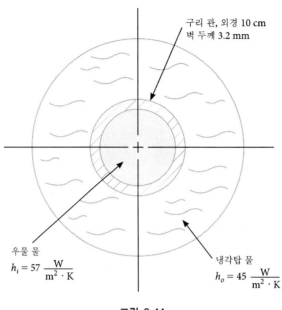

구리 관, 외경 10 cm
벽 두께 3.2 mm

우물 물
$h_i = 57 \dfrac{W}{m^2 \cdot K}$

냉각탑 물
$h_o = 45 \dfrac{W}{m^2 \cdot K}$

그림 8.44

제8.3절

8.4 대향류 열교환기를 사용하여 혼합 공기를 20 ℃에서 45 ℃로 가열시키고 있다. 물은 강관에 75 ℃로 유입되어 45 ℃로 유출되고 있다. 총괄 열전달 계수가 50 W/m² · ℃이고 교환되는 열이 30,000 W일 때, 필요한 열교환 면적과 물의 질량 유량을 구하라.

8.5 총괄 열전달 계수가 150 W/m² · ℃인 대향류 열교환기를 사용하여 질량 유량인 3 kg/s인 물을 25 ℃에서 100 ℃로 가열시키고 있다. 온도가 250 ℃이고 비열이 1.0 kJ/kg · ℃인 배기가스를 사용하여 물을 가열시키는데, 배기가스는 130 ℃로 유출된다. 두 유량은 서로 혼합되지 않는다고 가정한다.
a) 배기가스의 질량 유량을 구하라.
b) 열교환기의 표면 면적을 구하라.

8.6 대향류 2중관 열교환기를 사용하여 비열이 2.1 kJ/kg · K인 오일로 질량 유량이 0.8 kg/s인 물을 40 ℃에서 80 ℃로 가열시키고 있다. 오일 유량은 최대 1.0 kg/s까지 가능하고 오일은 열교환기에 170 ℃로 유입된다고 가정한다. 총괄 열전달 계수가 425 W/m² · ℃일 때, 열교환기 면적을 구하고 열교환기의 유효도를 구하라. (힌트: 식 (8.29)를 사용하라.)

8.7 제조 공장에서 외통이 2개이고 관이 8줄로 배열된 외통−관 열교환기를 사용하여 냉매용 물에서 열을 회수시키고 있다. 이 열교환기는 정격 면적이 15 m²이고 총괄 열전달 계수가 900 W/m² · ℃이다. 이 열교환기는 계속 사용을 해왔으므로 오염 계수가 0.0001 m² · ℃/W 이다. 냉매용 물은 85 ℃로 유입되어 55 ℃로 유출되고, 냉각수는 15 ℃ 로 유입되어 45 ℃로 유출된다.

a) 필요한 고온 물의 질량 유량을 구하라.

b) 열교환기의 표면 면적을 구하라(식 8.29 참조).

8.8 발전소에서 외통이 1개이고 관이 8줄로 배열된 외통-관 열교환기로 온도가 88 ℃인 고온수를 사용하여 이 고온수가 70 ℃로 냉각되면서 온도가 13 ℃인 물을 27 ℃로 예열시키고 있다. 총괄 열교환기 전도 계수가 2270 W/m² · K이고, 온도가 13 ℃인 물이 13.6 kg/s로 예열될 때 다음을 구하라.

a) 필요한 고온수의 질량 유량

b) 열교환기의 표면 면적

8.9 대형 냉장고용 응축기는 외통이 4개이고 관이 8줄로 배열된 외통-관 열교환기이다. 응축 액체는 온도가 40 ℃인 암모니아이고 총괄 열전달 계수는 500 W/m² · ℃이다. 물은 10 kg/s로 흘러 암모니아를 냉각시키면서 온도가 5 ℃에서 30 ℃로 가열된다. 암모니아 기화열이 1102 kJ/kg일 때 암모니아의 질량 유량을 구하라. 그런 다음 열교환기의 표면 면적을 구하라.

8.10 외통이 2개이고 관이 4줄로 배열된 외통-관 열교환기는 총괄 열전달 계수가 350 W/m² · ℃로, 이 열교환기를 사용하여 질량 유량이 10 kg/s인 엔진 오일을 180 ℃에서 80 ℃로 냉각시키고 있다. 엔진 오일은 온도가 20 ℃인 물을 사용하여 냉각시키며, 열교환기에서 유출되는 물의 온도는 60 ℃를 초과해서는 안 될 때 다음을 구하라.

a) 필요한 물의 질량 유량

b) 열교환기의 표면 면적

제8.4절

8.11 외통-관 열교환기가 외통 1개와 직경이 15 mm이고 벽 두께가 얇은 관 100개가 2줄로 배열된 구성으로 되어 있다. 총 표면 면적은 45 m²이고 총괄 열전달 계수는 200 W/m² · ℃이다. 물은 15 ℃에서 6.5 kg/s로 관에 유입된다. 고온 가스는 상태량이 공기와 같고 외통 속을 20 ℃에서 5 kg/s로 흐른다. 다음을 구하라.

a) 가스 출구 온도

b) 물 출구 온도

8.12 선박용 대형 디젤 엔진에서 외통이 1개이고 관이 1줄로 배열된 평행류 외통-관 열교환기를 사용하여 엔진 오일을 냉각시키고 있다. 강물은 15 ℃에서 2 kg/s로 외통에 유입되고, 엔진 오일은 140 ℃에서 1 kg/s로 관에 유입된다. 엔진 오일은 비열이 2.4 kJ/kg · K이다. 열교환기는 신품일 때, 표면 면적이 7 m²이고 총괄 열전달 계수가 400 W/m² · ℃이다.

a) 출구 오일 온도를 구하라.

b) 강물 오염 계수가 0.0004 m² · ℃/W로 나왔을 때, 이 열교환기를 잘 사용해왔다고 하고 출구 오일 온도를 구하라.

8.13 외통이 1개이고 관이 16줄인 외통–관 열교환기는 총괄 열전달 계수가 300 W/m² · ℃로, 이 열교환기를 사용하여 에틸알코올을 250 kg/min로 흘려 80 ℃에서 40 ℃로 냉각시키고 있다. 온도가 15 ℃인 물을 냉각제로 사용하며 질량 유량은 300 kg/min이다. 필요한 표면 면적을 구하라.

8.14 외통이 2개이고 관이 8줄인 외통–관 열교환기로 온도가 20 ℃이고 질량 유량이 65 kg/s인 물을 사용하여 온도가 45 ℃이고 질량 유량이 3 kg/s인 암모니아를 응축시키고 있다. 열교환기는 표면 면적이 500 m²이고 총괄 열교환 전도 계수가 300 W/m² · ℃이다. 암모니아가 포화 증기로 유입되어 포화 액체로 유출되고, 기화열이 1078 kJ/kg일 때, 다음을 구하라.
 a) 물의 출구 온도
 b) 열교환기 유효도

8.15 외통이 2개이고 관이 8줄인 외통–관 열교환기를 온도가 10 ℃이고 체적 유량이 1000 l/min인 물줄기를 온도가 75 ℃이고 체적 유량이 1000 l/min인 또 다른 물줄기로 가열함으로써, 이코노마이저(economizer)로 사용되고 있다. 이 이코노마이저의 NTU 값이 0.45일 때 이 두 줄기 물 흐름의 출구 온도는 얼마인가?

제8.5절

8.16 콤팩트형 열교환기로 토마토 주스를 가열하려고 한다. 이 열교환기는 그림 8.30과 같이 간격 C로 핀이 부착된 관으로 구성되어 있다. 토마토 주스는 상태량들이 다음과 같다.

$$\kappa = 0.6 \text{ W/m} \cdot {}^\circ\text{C}$$
$$c_p = 4.1 \text{ kJ/kg} \cdot \text{K}$$
$$\rho = 890 \text{ kg/m}^3$$
$$\mu = 0.86 \text{ g/m} \cdot \text{s}$$
$$\mathbf{V} = 1 \text{ m/s}$$

핀이 부착된 관 둘레에는 온도가 120 ℃인 공기가 10 m/s로 지난다. 공기 평균 온도를 100 ℃라고 가정하고, 공기 유동으로 겪게 되는 압력 강하를 구하라. 그런 다음 공기 유동에서의 대류 열전달 계수와 총괄 열전달 계수를 각각 구하라. 관 벽 두께는 0.05 in이다.

8.17 그림 8.29와 같이 공기 압축기의 중간 냉각기(intercooler)에 핀이 부착된 납작한 관 열교환기를 사용하려고 한다. 관 속에는 압력이 690 kPa abs.이고 온도가 55 ℃인 압축 공기가 흐르고, 관 둘레에는 압력이 101 kPa abs.이고 온도가 21 ℃인 압축 공기가 30 m/s로 지난다. 대류 열전달 계수, 관 외부에서 냉각 공기의 마찰 계수, 중간 냉각기에서의 총괄 열전달 계수를 각각 구하라. 납작 관은 내부 치수를 2.67 mm × 22 mm라고 가정한다.

8.18 자동차 라디에이터는 그림 8.29와 같이 핀이 부착된 납작한 관 콤팩트형 열교환기로 근사화된다. 라디에이터 주위에는 온도가 27 ℃이고 압력이 101 kPa인 공기가 12.2 m/s 로 지난다. 라디에이터에서 유출되는 공기 온도가 38 ℃이고 그 상태량들이 $\mu = 1.8 \times 10^{-5}$ Pa · s, Pr = 0.708, c_p = 1.005 kJ/kg · K일 때 다음을 구하라.

a) 라디에이터에서의 마찰 계수

b) 라디에이터의 공기 쪽 대류 열전달 계수

8.19 콤팩트형 열교환기에 그림 8.30과 같이 간격 B로 핀이 부착된 관이 사용되고 있다. 온도가 27 ℃이고 점도가 0.02 g/m · s인 상태로 핀 부착 관 둘레를 5m/s로 지나는 공기에서 압력 강화와 대류 열전달 계수를 구하라. 공기는 관 부착 관에서 100 ℃로 유출된다. 또한, 단위 열교환 표면 면적당 열교환기 체적을 구하라.

제8.6절

8.20 유효 길이가 80 cm인 히트 파이프에 작동 유체로 메탄올이 사용되고 있다. 작동 온도 20 ℃에서 메탄올 질량 유량은 12 mg/s이고, 히트 파이프에는 깊이가 2.1 mm인 등간격 홈이 축 방향으로 60개가 형성되어 있는 심지 배열이 사용된다. 홈의 폭을 구하라.

8.21 암모니아를 작동 유체로 사용하는 히트 파이프에서 증기 유동으로 인한 마찰 압력 강하와 심지 속을 흐르는 액체로 인한 마찰 압력 강하를 비교하라. 암모니아는 절대 점도 비가 $\mu_l / \mu_v = 3$이고, 심지는 인청동(phosphor-bronze)으로 내경이 2 cm이며 환형 면적이 0.65 cm²이다.

8.22 유효 길이가 2 m이고 니켈 분말 심지의 유효 면적이 20 cm²인 히트 파이프가 800 K 에서 작동될 때 이 히트 파이프에서의 최대 열전달을 구하라.

8.23 그림 8.30과 같은 삼각형 마이크로 히트 파이프 배열에서 심지의 투과율(permeability) 을 개략적으로 계산하라.

[참고문헌]

[1] Walker, G., *Industrial Heat Exchangers*, 2nd edition, Hemisphere Publishing Corp., New York, 1990.

[2] Afgan, N., and E. U. Schlunder, *Heat Exchangers: Design and Theory Sourcebook*, McGraw-Hill Book Co., New York, 1974.

[3] Schlunder, E. U., *Heat Exchanger Design Handbook*, Hemisphere Publishing Corp., New York, 1982.

[4] Somerscales, E. F., and J. G. Knudsen, *Fouling of Heat Transfer Equipment*, Hemisphere Publishing Corp., New York, 1981.

[5] *Standards of Tubular Exchanger Manufacturers Association*, TEMA, 6th edition, 1978.

[6] Kays, W. M., and A. L. London, *Compact Heat Exchangers*, 3rd edition, McGraw-Hill Book Co., 1984.

[7] Dunn, P., and D. A. Reay, *Heat Pipes*, Pergamon, Oxford, U.K., 1967.

[8] Chi, S. Q., *Heat Pipe Theory and Practice*, McGraw-Hill Book Co., New York, 1967.

[9] Peterson, G. P., L. W. Swanson, and F. M. Gerner, Micro Heat Pipes, Chapter 8 in *Micro Scale Energy Transport*, Tien, C. L, A. Majumdar, and F. M. Gerner (eds.), Taylor and Francis, Washington, D.C., 1998.

CHAPTER

09 상변화 열전달

학습 내용

1. 순수 물질이 단상 액체에서 기포가 동반되는 단상 액체로, 그리고 단상 증기로 변화하는 비등의 상세 내용을 이해한다.

2. 비등 과정을 언급할 때, **과열**(superheat)이라는 용어가 의미하는 바를 안다.

3. 자연 대류, 핵 풀 비등, 풀 비등 및 막 비등에서 순수 물질의 열전달을 산출하고, 열전달 과정에서 과열의 기능을 이해한다.

4. 최대 풀 비등 열전달을 산출한다.

5. 수평관과 수직관에서 비등 열전달을 산출한다.

6. 응축 열전달을 이해하고, 응축 막 두께, 유체 속도 및 수직 표면에서의 열전달을 산출한다.

7. 수평관에서의 막 응축을 이해하고, 열전달을 산출한다.

8. 수평관에서 응축하는 유체에서의 열전달을 산출한다.

9. 비등 과정과 응축 과정에서 열전달을 산출하는 간단화한 근사식을 알고 사용한다.

10. 순수 물질 구체의 용융과 응고를 이해하고, 이에 수반되는 열전달을 산출한다.

11. 고체 순수 물질의 무한 평판(slab)의 용융과 응고를 이해하고, 이에 수반되는 열전달을 산출한다.

12. 재료의 야금학적 응고와 용융, 유리창의 결빙 방지(de-icing) 및 상변화 에너지 저장 물질 (PCM)의 제조 등 열전달 산출이 적용되는 분야를 안다.

9.1 상변화 열전달의 메커니즘

물질은 세 가지 상인 (1) 고상, (2) 액상, (3) 기상 중 하나 또는 그 이상으로 존재한다. 열전달 방식은 열전달 과정에 수반되는 물질의 상에 크게 종속된다. 고상 물질에서는 전도가 지배적인 열전달 방식이다. 액상에서는 대류 열전달이 지배적이고, 기상에서는 대류와 복사가 주된 열전달 방식이다. 그러므로 물질의 상변화가 수반되는 열전달은 지금까지 살펴보았던 열전달 이상으로 복잡하다. 게다가 물질의 상변화는 해당 과정에 열전달이 수반될 때에만 일어날 수 있다. 이 장에서 학습하게 될 상변화 과정은 다음과 같다. 즉,

- 증발 또는 비등. 여기에는 큰 온도 차나 큰 열전달률로 일어나는 대류 열전달에 복사가 함께 수반된다.
- 응축. 여기에는 대류 열전달이 수반된다.
- 용융 또는 녹음. 여기에는 대류 및 전도 열전달이 수반된다.
- 응고 또는 융해. 여기에는 전도 및 대류 열전달이 수반된다.
- 승화. 여기에는 전도, 대류 및 복사 열전달이 수반된다.

위와 같은 과정에서는 온도와 압력이 통상적으로 일정하거나 균일하지만, 열전달 해석을 할 때에는 상변화열(heat of transformation)의 형성을 고려해야만 한다. 이러한 상변화열은 다음과 같다.

- 기화열 hn_{fg}. 이는 포화 액체가 포화 증기로 변형되는 데 필요한 열이다.
- 융해열 hn_{fs}. 이는 포화 고체가 포화 액체로 변형되는 데 필요한 열이다.
- 승화열 hn_{sg}. 이는 포화 고체가 포화 증기로 변형되는 데 필요한 열이다.

순수 물질은 상변화 과정 중에 압력과 온도가 일정하지만, 밀도와 비체적은 극적으로 변화하기도 한다. 그러므로 비체적 변화를 살펴보아야 한다.

- v_{fg}. 이 비체적은 포화 액체에서 포화 증기가 될 때 증가한다.
- v_{fs}. 이 비체적은 포화 고체에서 포화 액체가 될 때 증가(또는 물에서는 감소)한다.
- v_{sg}. 이 비체적은 포화 고체에서 포화 증기가 될 때 증가한다.

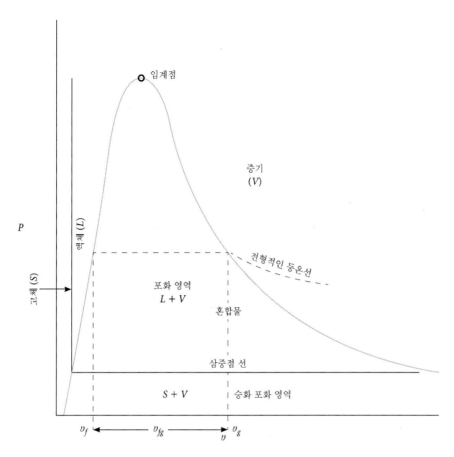

그림 9.1 순수 물질이 액체–증기 상변화 영역에서 나타내는 전형적인 $p-v$ 선도

그림 9.1에는 순수 물질이 증발할 때의 전형적인 압력–체적 선도가 나타나 있다. 주목할 점은 등온선(일정 온도선)은 압력, 체적 및 온도가 상변화 영역 밖에서는 독립 상태량이지만 압력과 온도는 상변화 영역 내에서는 일정하다는 것이다. 물과 같은 많은 물질에서는 포화 액체의 비체적이 포화 증기보다 자릿수가 두세 자리 더 적다. 물이 비등할 때에는 표면 장력 효과로 생겨나는 포화 증기 기포의 부력 때문에 대류 흐름이 유발된다.

예제 9.1

물이 그릇에서 100 ℃에서 끓고 있다. 구 직경이 1 mm인 기포에 작용하는 부력을 개략적으로 계산하라.

풀이 기포는 액체의 일부가 포화 액체에서 포화 증기로 변형하게 되는 결과로서 액체 내에서 형성된다. 흔히 기포가 성장하려면 표면에는 액체가 갇힌 다음 과열 상태로

포화 액체

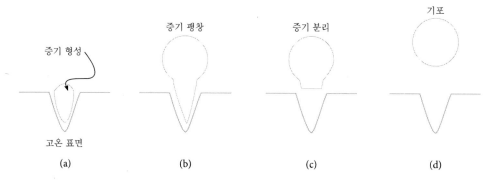

그림 9.2 순수 물질의 비등 시 기포 성장 순서

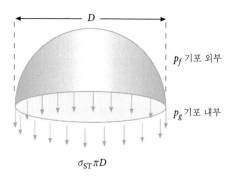

그림 9.3 포화 액체 내 기포의 자유 물체도

가열될 수 있는 울퉁불퉁하거나 미세하게 패인 곳이 있어야 있다. 그림 9.2에는 액체에서 기포가 생성되는 사건의 전형적인 순서가 나타나 있다. 그림 9.3에는 기포 반구의 자유 물체도가 그려져 있는데, 여기에서 기포 내 증기 압력은 주위의 액체 압력을 다음 식으로 표현되는 양만큼 초과하는데,

$$p_g - p_f = \frac{4\sigma\pi D}{\pi D^2} \tag{9.1}$$

이 식에서 σ_{ST}는 액체/증기 경계면의 표면 장력이다. 이 예제에서 물은 100 ℃에서 표면 장력이 약 58 mN/m이다. 그러므로 기포 증기와 주위 포화 액체 간 압력 차는 다음과 같다.

$$p_g - p_f = \frac{4(58 \text{ mN/m})}{0.001 \text{ m}} = 232 \text{ Pa}$$

물은 100 ℃에서 포화 압력이 101.31 kPa이므로, 기포 내 증기 압력은 101.542 kPa이 되어야 한다. 이 값은 100 ℃에서의 물의 포화 압력보다 약간 더 크므로, 기포 증기 온도는 100 ℃보다 약간 더 높다. 이를 온도가 100 ℃인 포화 증기라고

가정하면, 그 비체적은 1.673 m³/kg이 되고 밀도는 0.5977 kg/m³이 된다. 주위 액체의 밀도는 다음과 같다.

$$\rho_f = \frac{1}{v_f} = \frac{1}{0.0010435} = 958.3 \text{ kg/m}^3$$

제5장의 부력 개념을 사용하면, 부력 F_B는 다음과 같다.

$$F_B = \gamma_f V = \rho_f g V = (958.3 \text{ kg/m}^3)(9.81 \text{ m/s}^2)(\text{기포 체적})$$

기포 체적은 다음과 같으므로,

$$V = \frac{4}{3}\pi r^3 = \frac{4}{3}\pi(0.0005 \text{ m})^3 = 5.236 \times 10^{-10} \text{ m}^3$$

부력은 다음과 같이 된다.

$$F_B = 4.922 \times 10^{-6} \text{ N}$$

기포 중량은 기포 체적에 기포 비중량을 곱한 것으로 다음과 같다.

$$W = \rho_g g V = (0.5977 \text{ kg/m}^3)(9.81 \text{ m/s}^2)(5.236 \times 10^{-10} \text{ m}^3) = 0.003 \times 10^{-6} \text{ N}$$

그러므로 부력이 중량보다 1700배 정도 더 커지게 되는데, 이 때문에 기포가 액체 내에서 재빠르게 위쪽으로 이동하게 되고, 이는 비등 과정에서 자연 또는 자유 대류 원인의 일부가 된다.

9.2 비등 열전달의 해석

비등, 증발 및 기화는 물질이 액체나 포화 액체에서 증기나 포화 증기로 상변화를 겪게 되는 현상을 기술할 때에 내내 사용되는 용어이다. 순수 물질에서는 압력이 변하지 않으면 온도도 변하지 않는다. 앞서 설명한 대로 이러한 상변화는 기화열이라고 하는 엔탈피 변화와 뚜렷한 밀도 감소나 비체적 증가와 관련이 있다. 이러한 상변화에서는 열전달이 일어나야만 한다. 비등 현상은 다음과 같이 두 가지 범주로 구별하는 것이 편리하다. 즉, (1) 풀 비등과 (2) 강제 대류 비등이다. 이후에는 이 두 가지를 따로 취급할 것이다.

풀 비등은 자연 또는 자유 비등을 동반하는 비등이라는 점이 특징이다. 이 풀 비등은 냄비나 큰 솥에서 일어나기도 하는데, 이때에는 비등 액체가 수평 바닥 표면을 따라 가열관이나 원통 둘레에, 수직 또는 직립 벽을 따라 그리고 수직관 안에 수용되어 가열된다. 위 표면은 환경에 열려 있기도 하고 닫혀 있기도 한다. 열전달에는 자연 대류가 수반되는데,

이때에는 포화 증기 기포나 과열 증기 기포가 액체 내에서 상향 유동하므로, 열이 비등 물질 내로 전달된다. 제9.1절에서 증기 기포는 부력이 기포 중량에 비하여 더 크다는 사실을 알게 되었는데, 기포는 바로 이 부력 때문에 재빠르게 상향 이동하는 것이다. 기포 온도가 주위의 포화 액체 온도보다 훨씬 더 높지 않으면, 기포는 포화 액체 상태로 되돌아갈 정도로 충분히 열을 잃게 되므로, 제5장에서 취급했던 고전적인 자연 대류 열전달이 개시된다. 액체는 반드시 비등을 계속해서 할 필요는 없다. 그렇지만 액체 용기의 가열 표면 온도는 해당 압력에서의 액체의 포화 온도보다 훨씬 더 높아야만 한다. 이를 과열도 또는 과열 온도라고 한다. 즉,

$$\Delta T_{\text{SH}} = T_s - T_g \qquad (9.2)$$

이 식에서 T_s는 표면 온도이고, T_g는 포화 온도이다.

물은 최소 과열 온도가 7 ℃ 정도이다. 즉, 가열 표면 온도가 물보다 7 ℃ 정도 더 높지 않으면, 비등은 계속되지 않더라도 물은 대류를 겪게 된다. 가열 표면 온도가 이 최소 과열 온도만큼 더 초과하면, 증기 기포는 액체로 응축되는 것이 아니라 떠오르면서 뭉쳐져 응집(conglomeration)이 되어 더 큰 기포로 되는 것으로 보인다. 상부가 대기에 노출된 자유 표면일 때는 이렇게 커진 기포들은 대기로 방출된다. 상부 표면이 닫혀 있거나 둘러싸여 있을 때, 비등 질량은 증기가 증가하기 때문에 압력이 증가되어 나타나거나 그러한 기포들이 또 다른 영역으로 전달된다. 이러한 기포들이 뭉쳐서 응집이 되는 정도는 다음과 같이 정량적으로 기술할 수 있는데, 이는 기포들이 따로 떨어져 있고 그 크기가 비교적 균일한 개별 핵 비등(discrete nucleate boiling), 기포들이 꽤 커지게 되는 완전히 발달된 핵 비등(fully developed nucleate boiling), 기포들이 순간적으로 큰 균일 증기 영역의 일부가 되는 막 비등(film boiling)이다. 개별 핵 비등은 과열 온도가 자연 대류에서의 최고 온도를 막 넘어설 때 일어난다. 완전히 발달된 핵 비등은 과열 온도가 개별 핵 비등 온도보다 훨씬 더 높을 때 일어나고, 막 비등은 과열 온도가 한층 더 높을 때 일어난다.

그림 9.4에는 평평한 수평 가열 표면이 비등 액체 아래쪽에 있을 때 자연 대류(비등이 아님)로 시작하여 막 비등으로 이어지는 비등 단계가 나타나 있다. 많은 액체가 고온 관으로 비등이 되기 때문에, 그림 9.5에는 고온의 수평관을 둘러싸고 있는 액체의 등가 비등 단계가 나타나 있다. 물론, 이러한 상변화가 일어나려면 액체/증기에 열이 전달되어야만 한다. 그림 9.6에는 kW/m² 단위의 단위 면적당 열전달량과 과열도 간의 관계가 그려져 있다. 그림에서 주목할 점은 자연 대류에서 핵 비등으로 천이될 때에는 어느 정도의

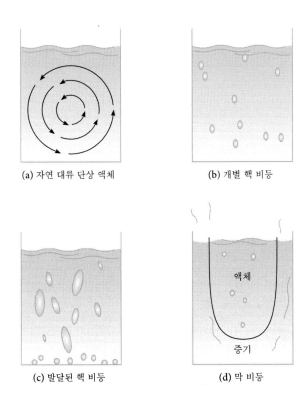

(a) 자연 대류 단상 액체   (b) 개별 핵 비등

액체

증기

(c) 발달된 핵 비등   (d) 막 비등

그림 9.4 평평한 수평 표면 위에서 일어나는 비등 단계

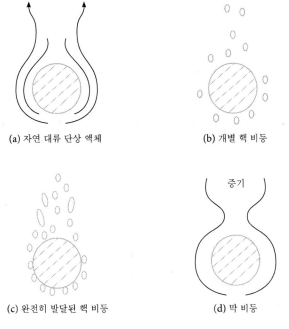

(a) 자연 대류 단상 액체   (b) 개별 핵 비등

증기

(c) 완전히 발달된 핵 비등   (d) 막 비등

그림 9.5 수평관 주위에서 일어나는 비등 단계

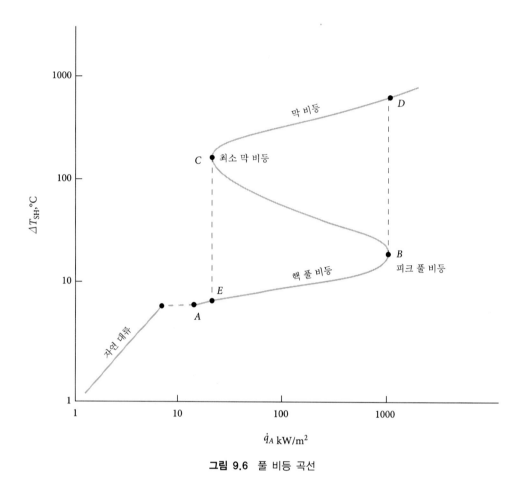

그림 9.6 풀 비등 곡선

불확실성이 있다는 것이다. 비등 액체에 열량이 많이 전달될수록 더 높은 과열도가 필요해 진다. 최고(peak) 핵 비등으로 확인되는 조건에서는 가열 표면과 접촉하고 있는 증기량이 많아지게 되어 대류 열전달을 더디게 하기에 충분하다. 잊지 말아야 하는 점은, 증기는 액체보다 대류 열전달 계수가 더 작은 편이므로, 액체가 아직 비등을 하고 있을 때에는 가열 표면에 제공되는 열전달 때문에 가열 표면 온도가 계속해서 증가하게 된다는 것이다. 그러나 가열 표면에 있는 증기로 인하여 의사 단열(pseudo-insulation)이 일어난다. 점 *B*에서 점 *C*까지의 곡선 구간은 불안정성을 나타낸다. 이 구간에서는 외부에서 제공되는 열전달이 더 적어야 하는데도 고체 질량의 열적 관성 때문에 가열 표면과 그 이면은 계속 '가열'이 된다. 이는 가열 표면 온도는 증가하는데 열은 더 적게 들어가는 기이한 현상이다. 물론 이제는 알게 되었지만, 이 현상은 증기가 가열 표면을 뒤덮어서 대류 열전달 계수가 두드러지게 감소하기 때문에 일어나게 되는 것이다.

막 비등이 점 C에서 시작하게 되므로, 열전달이 증가하면서 이에 상응하여 과열도가 다시 증가하게 된다. 과열도가 매우 큰 어떤 시점에서는 복사 열전달이 중대한 열손실 방식이 되어버려 가열 표면에서 액체 쪽으로 열손실이 일어나게 된다.

자연 대류

자연 대류 열전달 관계는 제5장에서 전개한 바 있는데, 이 관계는 가열 판 온도가 최소 과열도가 나타나는 값보다 낮은 상황에서 사용하면 된다. 예를 들면, 유체가 수평 원통 관으로 가열될 때에는 식 (5.52)를 사용하여 다음과 같이 누셀 수와 대류 열전달 계수를 산출하기도 하는데,

$$\mathrm{Nu}_D = \left\{ 0.60 + 0.387\mathrm{Ra}_D^{1/6}\left[1 + \left(\frac{0.559}{\mathrm{Pr}_L} \right)^{9/16} \right]^{-8/27} \right\}^2$$

이 식은 레일리 수의 범위가 다음과 같을 때 적용한다.

$$10^{-5} \le \mathrm{Ra}_D \le 10^{12}$$

풀 비등의 한계

진정한 비등, 즉 핵 비등이 시작하는 온도는 실험적으로 관찰하기도 한다. 예제 9.1의 기포 해석에서, 액체 내에 있는 기포의 내부와 외부 간 압력 차를 다음과 같은 식으로 쓸 수 있으며,

$$p_g - p_f = \frac{4\sigma_{\mathrm{ST}}}{D}$$

포화 압력과 온도는 직접적인 관계가 있다는 점을 주목하여야 한다. 그러므로 비등에 필요한 최소 과열도를 구하는 데 사용할 수 있도록 이 관계를 변형시키면 다음 식과 같이 되는데,

$$\Delta T_{\mathrm{SH,min}} = \frac{4\sigma_{\mathrm{ST}}}{D}\left(\frac{dT}{dp} \right)_{\mathrm{sat}} \tag{9.3}$$

여기에서 하첨자 'sat'는 항 dT/dp가 포화 영역에 있다는 것을 나타낸다. 표 9.1에는 대표적인 물질들의 포화 또는 비등 온도 및 압력에서의 최소 과열도 값이 일부 수록되어

있다. 주목할 점은 이 값들이 1.6 ℃에서 24 ℃ 사이의 범위에 놓여 있다는 것이다.

그러므로 비등에 필요한 표면 온도는 비등이 되는 특정한 액체마다 다르다. 또한 주목할 점은, 에탄올과 물은 수평 원반에서 가열될 때에는 관에서보다 과열도가 더 높아야 한다는 것이다. 제9.1절에서 설명한 대로, 이는 표면이 평탄하게 가공된 원반보다 더 비등을 촉진하는, 평탄해 보이지만 미세한 홈과 파인 곳이 있는 인발관에 형성되어 있는 크기가 더 작은 공동(cavity) 때문이기도 하다.

표 9.1 비등에 필요한 과열도

액체/표면 구성	포화 압력 kPa	포화 온도 K	과열도 ΔT_{sat}, K
아르곤/구리 원반	125	83.7	2~3
벤젠/구리 원반	101	278.5	10~11
에탄올/구리 원반	101	159.7	23~24
에탄올/구리 관	101	159.7	6~10
메탄올/구리 관	101	179.1	9~10
질소/구리 원반	101	63	1.6
n-프로판올/구리 관	101	147	8
물/구리 원반	101	273	6~8
물/구리 관	101	273	4~8

핵 풀 비등 열전달

Mostinski[1]은 핵 풀 비등 열전달을 연구하여 대류 열전달 계수 관계를 다음과 같이 제안하였는데,

$$h_{npb} = 1.2 \times 10^{-8}(\Delta T_{SH})^{2.33} p_c^{2.3} F_p^{3.33} \qquad (\text{W/m}^2 \cdot {}^\circ\text{C}) \tag{9.4}$$

여기에서 p_c는 임계 압력으로, 단위는 kPa이고 F_p는 다음과 같다.

$$F_p = 1.8 p_R^{0.17} + 4 p_R^{1.2} + 10 p_R^{10} \tag{9.5}$$

여기에서 p_R은 환산 압력으로 p/p_c이다. 이 관계식에서는 F_p의 값이 측정값보다 20 % 정도 더 낮게 나올 때도 있다. 한층 더 최근에 수행된 Stephan과 Abdelsalam[2]의 연구 결과인 다음과 같은 관계식을 사용하면 유기 유체에서 대류 열전달 계수 값이 Mostinski

관계식에서 보다 한층 더 정확하게 산출되는데,

$$h_{\mathrm{npb}} = 0.0001629 \frac{\kappa_f \rho_g}{\rho_f} \left(\frac{2\sigma_{\mathrm{ST}}}{g(\rho_f + \rho_g)} \right)^{0.274} \left(\frac{\Delta T_{\mathrm{SH}}}{T_g} \right)^2 \left(\frac{\mathrm{hn}_{fg}}{\alpha_f} \right)^{0.744} \left(\frac{\rho_f}{\rho_f - \rho_g} \right)^{13} \frac{\mathrm{W}}{\mathrm{m}^2 \cdot {}^\circ\mathrm{C}} \qquad (9.6)$$

여기에서 모든 매개변수는 단위가 표준 SI 단위이다. 표면 장력은 N/m이고, α_f는 포화 액체 상태의 열확산 계수로 단위는 m²/s이다.

과냉 액체에서의 핵 풀 비등

풀 비등에서 가열되고 있는 액체는 주위 온도가 기-액 압력(액체와 증기의 압력)에서의 해당 포화 온도보다 낮을 때가 있다. 이러한 상황에서는 대류 열전달 관계가 다음과 같다.

$$\dot{q}_A = h_{\mathrm{npb,sub}}(T_w - T_\infty) \qquad (9.7)$$

여기에서 온도 차는 식 (9.2)로 정의되는 과열 온도가 아니고 그보다 더 큰 값이다. 그림 9.6에서 구간 A-B로 표시된 핵 풀 비등 곡선은 특정한 열전달에서는 그림 9.7과 같이 상향 이동한다는 것이 관찰되었다. 즉, 과냉 액체를 비등시키려면 포화 액체를 비등시킬 때보다 가열 표면과 액체 간에 더 큰 온도 차가 필요하다. 이에 상응하여 과냉 액체에서의 핵 풀 비등 대류 열전달 계수 $h_{\mathrm{npb,sub}}$는 핵 풀 비등 대류 열전달 계수 h_{npb}보다 더 작다.

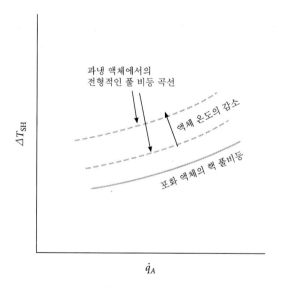

그림 9.7 과냉 액체에서의 핵 풀 비등

실제로 액체는 기포와 액체 간 내부 열전달 때문에 일정 시간이 지나고 나서 포화 액체가 될 수밖에 없다.

최대 핵 풀 비등 열전달

핵 풀 비등 현상은 그림 9.6에 표시되어 있는 점 B에서 불안정하다. 이는 액체의 핵 풀 비등이 사용되고 있을 때 주어진 과열 온도에서의 최대 열전달을 나타낸다. 최대 핵 풀 비등 열전달을 이해하는 것은 보일러와 증발기의 설계에서 중요하므로, 과학은 이러한 현상을 연구하여 연구 자체를 진전시키는 것뿐만 아니라 알아낸 것을 산업과 기술 분야의 일상적인 용도에 적용하게 한다. 액체에 수평 원통체(실제로는 전기 저항식 히터)가 들어 있는 핵 풀 비등을 관찰하고자 하는 시험들이 많이 수행되어 왔다. 이 히터는 전선에 공급되는 전력량으로 조정되므로 비등 열전달은 이 전력량으로 결정된다. 그림 9.8에는 시험 장치의 개요도가 나타나 있다. Nukiyama[3]가 수행했던 실험에서는 전기 저항식 히터의 열 관성이 지나치게 크고 전력 제어 응답성이 충분치 않아서 비등 곡선이 그림 9.6에서 B에서 D까지의 파선으로 그려진 경로를 따라 나타나게 되었다. D에서나 D 이전에서는 전선 온도가 전선 금속의 용융 온도를 초과하여 전선이 타버릴 정도로 과열 온도가 매우 높았다. 용융 온도가 더 높은 금속 전선을 사용함으로써 곡선 B-D를 구했다. 막 비등 조건이 핵 비등 조건으로 바뀌는 역 상황에서는 곡선 C-E가 구해졌다. 그러므로 이력 효과(hysteresis effect)는 최고 핵 비등과 막 비등 사이의 불안정성과 관련이 있다. 그 결과로서 다른 연구자들 중에서 Drew와 Mueller[4]는 히터에 더 좋은 열 조정기를 사용함으로써 B에서 C까지의 불안정한 냉각 곡선을 관찰하게 되었다. 수평 표면과 수직 표면 위 풀 비등에서 점 B에서의 최대 열전달은 다음과 같은 근사식으로 나타내게 되었는데,

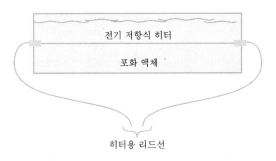

그림 9.8 원통체 등가물 둘레에서 풀 비등을 구하는 장치

$$\dot{q}_{A,\text{max npb}} = 0.149\sqrt{\rho_g}\,\mathrm{hn}_{fg}[g\sigma_{\text{ST}}(\rho_f - \rho_g)]^{1/4}\,\frac{\mathrm{kW}}{\mathrm{m}^2} \tag{9.8}$$

이 식에 들어 있는 모든 매개변수들은 단위가 표준 SI 단위이다. 표면 장력은 단위가 mN/m이다. 단일의 수평 원통체 둘레에서의 최대 핵 비등 열전달에서는 다음과 같은 식이,

$$\dot{q}_{A,\text{max npb}} = 0.131\sqrt{\rho_g}\,\mathrm{hn}_{fg}[g\sigma_{\text{ST}}(\rho_f - \rho_g)]^{1/4} \tag{9.9}$$

식 (9.8) 대신 제안되었다. 관군이나 관 묶음 둘레에서의 비등에서는 식 (9.9)를 변형시켜야 한다. 상세한 내용은 Thome[5]를 참조하라.

예제 9.2

포화 액체 물은 212.40 ℃에서 막 비등을 하지 않고 비등을 하게 된다. 가열 표면의 허용 최대 온도는 얼마인가?

풀이 그림 9.6에서 보면, 최대 핵 비등 관련 온도가 약 50 ℃가 된다. 과열 온도의 정의를 사용하면 다음을 구할 수 있다.

$$\Delta T_{\text{SH}} = T_w - T_g = 50°\mathrm{C} = T_w - 212.4°\mathrm{C}$$

및

$$T_w \le 262.4°\mathrm{C} \qquad\qquad \text{답}$$

예제 9.3

메탄올이 용기 안에서 비등을 하게 되어 메탄올이 온도가 50 ℃인 포화 액체라면 과열 온도는 10 ℃가 된다. 이 과정에서 대류 열전달 계수를 개략적으로 계산하라. 메탄올이 50 ℃일 때 상태량 값들은 다음과 같이 주어진다.

$$\sigma_{\text{ST}} = 20.1\ \mathrm{mN/m} \qquad\qquad \mathrm{hn}_{fg} = 1050\ \frac{\mathrm{kJ}}{\mathrm{kg}}$$

$$\rho_f = 791.4\ \frac{\mathrm{kg}}{\mathrm{m}^3} \qquad\qquad \rho_f = 1.03\ \frac{\mathrm{kg}}{\mathrm{m}^3}$$

$$c_{p,f} = 2.624\ \frac{\mathrm{kJ}}{\mathrm{kg}\cdot\mathrm{K}} \qquad\qquad \kappa_f = 0.196\ \frac{\mathrm{W}}{\mathrm{m}\cdot\mathrm{K}}$$

풀이 대류 열전달 계수는 식 (9.6)으로 근삿값을 구하면 된다. 포화 액체의 열 확산율은 다음과 같고,

$$\alpha_f = \frac{\kappa_f}{\rho_f c_{p,f}} = \frac{0.196 \text{ J/s} \cdot \text{m} \cdot \text{K}}{(791.4 \text{ kg/m}^3)(2624 \text{ J/kg} \cdot \text{K})} = 9.44 \times 10^{-8} \text{ m}^2/\text{s}$$

식 (9.6)을 사용하면, 다음과 같이 나온다.

$$h_{\text{npb}} = 0.0001629 \frac{0.196(1.03)}{791.4} \left(\frac{2(20.1 \times 10^{-3})}{(9.81)(791.4 + 1.03)} \right)^{0.274} \left(\frac{10}{50 + 273} \right)^2$$

$$\left(\frac{1,050,000}{9.44 \times 10^{-8}} \right)^{0.744} \left(\frac{791.4}{791.4 - 1.03} \right)^{13} = 8213 \frac{\text{W}}{\text{m}^2 \cdot {}^\circ\text{C}}$$

막 비등

막 비등은 그림 9.6에 나타나 있듯이 가열 표면의 온도가 비등 액체의 온도를 상당히 웃돌 때 발생한다. 즉, 과열 온도가 매우 높을 때에는 가열 표면이 포화 증기나 과열 증기로 완전히 뒤덮인다. 이러한 상황 때문에 액체를 향하는 대류 열전달은 먼저 증기를 거쳐서 이송될 수밖에 없다. 게다가 복사 열전달이 대류 열전달을 증가시키므로 가열 표면에서 비등 액체/증기를 향하는 열전달은 대류 열전달과 복사 열전달의 복합이다. 이러한 열전달은 대류 열전달 계수가 다음과 같은 의사 대류 열전달이라고 표현하는 것이 편리하다.

$$h_{\text{FBT}} = h_{\text{FB}} + 4/3 h_{\text{RAD}} \tag{9.10}$$

이 식에서 대류 막 비등 열전달 계수 h_{FB}는 증기에서의 순수 대류 열전달을 나타내며, Bromley[6]는 수평관 둘레에서의 막 비등에 다음과 같은 식을 제안하였다.

$$\text{Nu}_D = \frac{h_{\text{FB}} D}{k_g} = 0.62 \left(\frac{(\rho_f - \rho_g) g D^3 (\text{hn}_{fg} + 0.34 c_{p,g} \Delta T_{\text{SH}})}{v_g k_g \Delta T_{\text{SH}}} \right)^{1/4} \tag{9.11}$$

의사 대류 복사 열전달 계수 h_{RAD}는 다음 식으로 가장 많이 정의되는데,

$$h_{\text{RAD}} = \varepsilon_{r,\text{HS}} \sigma \frac{T_w^4 - T_g^4}{\Delta T_{\text{SH}}} \tag{9.12}$$

이 식은 결과적으로 연산에서 비선형성을 나타내게 된다. 주목해야 할 점은 식 (9.12)에는 가열 표면의 방사율이 사용되고 있다는 것이며, σ는 스테판−볼츠만 상수이다.

직경이 1 cm인 강선으로 인발하는 특정한 경우, 강선 온도가 500 ℃임을 알았다. 강선은 인발 다이에서 인출될 때 물을 쏟아 부어 냉각시킨다. 물은 그림 9.9에 도시되어 있는 대로 강선 표면에서 온도가 100 ℃인 포화 증기가 되며, 강선은 방사율이 0.8이라고 가정하고, 이 냉각 과정에서의 대류 열전달 계수를 개략적으로 계산하라.

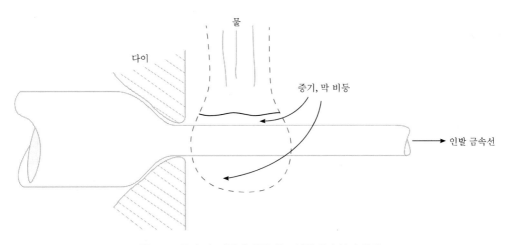

그림 9.9 물의 막 비등이 동반되는 인발 금속선의 냉각

풀이 강선은 온도가 500 ℃이고 물은 온도가 100 ℃이므로, 과열도가 400 K가 되어 막 비등이 일어날 것으로 보인다. 복사 대류 계수는 식 (9.12)에서 다음과 같이 된다.

$$h_{\text{RAD}} = \varepsilon_{r,\text{HS}}\sigma\left(\frac{T_w^4 - T_g^4}{\Delta T_{\text{SH}}}\right) = (0.8)\left(5.67 \times 10^{-8}\frac{\text{W}}{\text{m}^2 \cdot \text{K}^4}\right)\left(\frac{773^4 - 373^4}{400}\right)$$

$$= 38.293\frac{\text{W}}{\text{m}^2 \cdot \text{K}}$$

또한, Bromley의 관 둘레 막 비등 식 (9.11)을 사용하기에 앞서, 먼저 부록 표 B.6 에서 $\rho_f = 957.85 \text{ kg/m}^3$, $\rho_g = 1/v_g = 0.598 \text{ kg/m}^3$, $\text{hn}_{fg} = 2257 \text{ kJ/kg}$, $D = 0.01 \text{ m}$, $c_{p,g} = 2.029 \text{ kJ/kg} \cdot \text{℃}$, $\mu_g = 0.012 \times 10^{-3} \text{ kg/m} \cdot \text{s}$, $k_g \approx 0.025 \text{ W/m} \cdot \text{K}$ 및 $v_g = \mu_g/\rho_g = 12.5 \times 10^{-6} \text{ m}^2/\text{s}$을 구한다. 이 값들을 식 (9.11)에 대입하면 다음과 같이 된다.

$$h_{\text{FB}} = 182\frac{\text{W}}{\text{m}^2 \cdot \text{℃}}$$

그러므로 식 (9.10)을 사용하면 다음 값이 나온다.

$$h_{\text{FBT}} = 182 + \frac{4}{3}(38.293) = 233\frac{\text{W}}{\text{m}^2 \cdot \text{℃}}$$

답

수직관에서의 풀 비등 열전달

액체는 대형 증기 발생 장치부에나 화학 공정 산업에 있는 수직관 내에서 비등될 때가 많다. 그림 9.10에는 수직관 내 풀 비등 단계가 그려져 있다. 이 그림에서는 유체가 수직관을 따라 균일하게 가열되고 있으므로, 관 내벽 온도는 유체가 액체에서 포화 액체로, 기포 유동으로, 슬러그(slug) 유동으로, 환형 액체 유동으로, 그리고 증기 유동으로 진행되어 가면서 변화한다. 관 내벽 온도(T_w)는 그림에서 파선으로 나타나 있다. 단상 액체

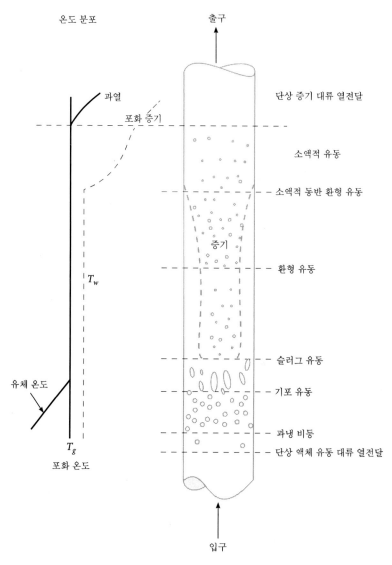

그림 9.10 수직관 내 풀 비등

유동과 단상 증기 유동에서의 열전달은 제4장과 제5장에 직류관(flow–through tube)에서 설명하였던 기존의 대류 열전달 관계로 해석해도 된다. 수직관 풀 비등 과정이 액체 내에서 일어나는 자연 대류나 한층 더 가벼워진 증기 기포의 부력으로 구동된다고 하더라도, 부력으로 인하여 유발된 상향 기포/증기 유동의 속도 때문에 강제 대류 열전달 상황으로 취급하기도 한다. 그렇다면 레이놀즈 수가 10,000을 초과하거나 단상 유체 유동이 난류이면 Dittus-Boelter 식을 사용해도 된다. Dittus-Boelter 식 (4.151)은 다음과 같다.

$$\mathrm{Nu}_D = 0.023\mathrm{Re}_D^{0.8}\mathrm{Pr}^{0.4}$$

단상 액체 유동에서는 액체의 유체 상태량을 사용하고, 단상 증기 유동에는 포화 증기의 상태량을 사용하면 된다.

예제 9.5

그림 9.10과 같이 수직관 비등에서 기포 유동이 일어나는 위치에서 기포의 상승 속도를 개략적으로 계산하라. 액체는 온도가 180 ℃일 때 비등한다. 포화 액체를 지날 때 기포는 직경이 1 mm이고 항력 계수는 0.2라고 가정한다.

풀이 정상 상태 조건으로 가정하면, 기포는 기포 중량보다 더 큰 부력 때문에 상승하게 된다. 정상 상태를 유지시켜 주는 균형력은 당연히 항력에 기인한다. 그러므로 그림 9.11을 참조하면 다음 식과 같이 된다.

$$F_B = W_B + C_f A_F \rho_f \frac{\mathrm{V}_B^2}{2}$$

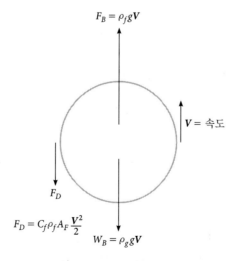

그림 9.11 기포의 자유물체도

부력은 다음과 같고,

$$F_B = \rho_f g \frac{4}{3}\pi \frac{D^3}{8} = 4.546 \times 10^{-6}\,\text{N}$$

기포 중량은 다음과 같다.

$$W_B = \rho_g g \frac{4}{3}\pi \frac{D^3}{8} = 0.0265 \times 10^{-6}\,\text{N}$$

전면 면적이 바로 투영 면적이므로, 기포 속도는 다음과 같게 된다.

$$\mathbf{V} = \sqrt{\frac{2(F_B - W_B)}{C_f A_F \rho_f}} = \sqrt{\frac{2(4.5195 \times 10^{-6}\,\text{N})}{0.2\pi(0.0005\,\text{m})^2(885\,\text{kg/m}^3)}} = 0.255\,\text{m/s} \qquad \text{답}$$

수직관의 2상 비등 영역에서의 열전달 해석은 Chen[7]이 그 일반적인 방법의 개요를 기술하였는데, 여기에는 대류 열전달 계수가 다음과 같이 정의되어 있다.

$$h_{\text{nb,vt}} = h_f F_{\text{TP}} + h_{\text{npb}} S \tag{9.13}$$

이 식에서 F_{TP}는 2상 인수, S는 핵 풀 비등 억제 인수이며, h_f와 h_{npb}는 각각 포화 액체와 핵 풀 비등에서의 대류 열전달 계수이다. 이제 다음과 같은 단계를 순서대로 밟는다. 즉,

1. 단상 액체에서의 국소 레이놀즈 수를 다음 식으로 구한다.

$$\text{Re}_{D,x} = \frac{\dot{m}_f D}{A \mu_f} \tag{9.14}$$

여기에서 액체의 질량 유량은 다음과 같다.

$$\dot{m}_f = \dot{m}(1 - x) \tag{9.15}$$

이 식에서 x는 비등 유체의 국소 건도, 즉 전체 질량에 대한 증기의 질량 분율이다.

2. 액상에서의 프란틀 수 Pr_f를 구한다.

3. 예를 들어 유동이 난류이면 Dittus-Boelter 식을 사용하고 유동이 층류이면 적절한 식을 사용하여, 예측한 대로 단상 액체 대류 열전달에서의 h_f를 구한다.

4. 매개변수를 구한다.

$$X_R = \left(\frac{\dot{m}_g}{\dot{m}_f}\right)^{0.9}\left(\frac{v_g}{v_f}\right)^{0.5}\left(\frac{\mu_g}{\mu_f}\right)^{0.1} \tag{9.16}$$

5. 다음 식을 사용하여 인수 F_{TP}를 2상 유동에 대한 액체의 레이놀즈 수의 비로서 구한다.

$$F_{TP}^{1.25} = \frac{Re_{D,TP}}{Re_{D,f}}$$

이 식에서는

$$F_{TP} = 2.35(X_R + 0.213)^{0.736} \quad (X_R \geq 0.1일 \text{ 때})$$
$$F_{TP} = 1.0 \quad\quad\quad\quad\quad\quad (X_R < 0.1일 \text{ 때})$$

6. 2상 레이놀즈 수를 구한다.

$$Re_{D,TP} = Re_{D,f} \times F_{TP}^{1.25}$$

7. 핵 풀 비등 억제 인수 S를 다음 식으로 계산한다.

$$S = \frac{1}{1 + 2.53 \times 10^{-6}\,Re_{D,TP}^{1.17}} \tag{9.17}$$

8. 핵 풀 비등 대류 열전달 계수를 다음 식으로 계산한다.

$$h_{npb} = 0.00122\left(\frac{\kappa_f^{0.79}c_{p,f}^{0.45}\rho_f^{0.49}}{\sigma_{ST}^{0.5}\mu_f^{0.29}hn_{fg}^{0.24}\rho_g^{0.24}}\right)(\Delta T_{SH})^{0.24}(p_{g,w} - p_g)^{0.75} \tag{9.18}$$

여기에서 모든 상태량들은 $p_{g,w}$와 p_g를 제외하고는 국소 포화 조건에서 산출하는데, 이 압력들은 벽 온도 또는 관 내부 표면 온도에서의 포화 압력들로 단위가 Pa이다.

9. 대류 열전달 계수를 식 (9.13)으로 구한다.

예제 9.5에서 구한 대로 기포 속도가 0.255 m/s인 기포 유동이 일어나는 수직관 내의 특정 위치에서 물의 건도가 5 %이다. 관의 내경이 2 cm이고, 물의 온도가 180 ℃일 때 표면 온도는 300 ℃이다. Chen 방법을 사용하여 대류 열전달 계수를 구하라.

풀이 Chen 방법은 대류 열전달 계수를 식 (9.13)으로 정의하고 있다. 그러므로 포화 증기 질량 유량과 포화 액체 질량 유량을 구해야 한다. 건도가 5 %이므로 다음 식과 같이 쓸 수 있다.

$$\frac{m_g}{m_g + m_f} = x = 0.05 = \frac{1}{1 + m_f/m_g} = \frac{1}{1 + V_f v_g/V_g v_f}$$

표 B.6에서 보간법(내삽법)을 사용하면, 180 ℃에서 수증기의 비체적을 다음과 같이 구할 수 있고,

$$v_f = 0.00113 \text{ m}^3/\text{kg} \qquad v_g = 0.194 \text{ m}^3/\text{kg}$$

체적비도 다음과 같이 구할 수 있다.

$$\frac{V_f}{V_g} = \frac{v_f}{v_g}\left(\frac{1}{0.05} - 1\right) = 0.111 = \frac{1}{9}$$

더 나아가 다음과 같이 되므로,

$$\frac{V_T}{V_g} = \frac{V_f + V_g}{V_g} = \frac{10V_f}{9V_g} = \frac{10}{9}$$

체적의 90 %는 기포이다.

관 직경은 2 cm이고 기포 직경은 1 mm이므로, 수직관 내 해당 위치에서는 언제라도 400개의 기포가 지나가게 된다. 그러므로 증기의 질량 유량은 다음과 같다.

$$\dot{m}_g = \frac{\mathbf{V}_B(400 \text{ Bubbles})A}{v_g} = \frac{(0.255 \text{ m/s})(400)(\pi)(0.0005 \text{ m})^2}{0.194 \text{ m}^3/\text{kg}} = 41.3 \times 10^{-5} \frac{\text{kg}}{\text{s}}$$

그러면 포화 액체의 질량 유량은 다음과 같이 된다.

$$\dot{m}_f = \dot{m}_g \frac{1-x}{x} = \left(41.3 \times 10^{-5} \frac{\text{kg}}{\text{s}}\right)\frac{1 - 0.05}{0.05} = 7.85 \times 10^{-3} \text{kg/s}$$

다시 또 표 B.6에서 보간법(내삽법)을 사용하면, 180 ℃에서 점도와 열전도도를 다음과 같이 구할 수 있다. 즉, $\mu_f = 0.152$ g/m · s, $\mu_g = 0.015$ g/m · s, $k_f = 0.672$ W/m · K이다. 포화 액체의 레이놀즈 수는 다음과 같다.

$$\text{Re}_{D,x} = \frac{\dot{m}_f D}{A\mu_g} = \frac{(7.06 \times 10^{-3} \text{kg/s})(0.02 \text{ m})}{\pi(0.01 \text{ m})(0.000015 \text{ kg/m} \cdot \text{s})} = 333$$

포화된 물은 180 ℃에서 프란틀 수가 약 6.21이다. 그러면, 레이놀즈 수가 2000

미만이므로 유동을 층류라고 가정할 수 있다. 관 내 균일 열전달에 식 (4.148)을 사용하면,

$$\text{Nu}_D = 4.364 = \frac{h_f D}{\kappa_f} = h_f \frac{0.02 \text{ m}}{0.672 \text{ W/m} \cdot \text{K}}$$

다음과 같이 된다.

$$h_f = 146.6 \text{ W/m}^2 \cdot \text{K}$$

매개변수 X_R은 다음과 같으므로,

$$X_\text{R} = \left(\frac{0.05}{1-0.05}\right)^{0.9} \left(\frac{0.19405}{0.001127}\right)^{0.5} \left(\frac{0.015}{0.152}\right)^{0.1} = 0.661$$

다음과 같이 된다.

$$F_\text{TP} = 2.325(0.661 + 0.213)^{0.736} = 2.106$$

그러므로

$$\text{Re}_{D,\text{TP}} = (\text{Re}_{D_f})(F_\text{TP})^{1.25} = 845$$

핵 비등 억제 인수는 다음과 같다.

$$S = \frac{1}{1 + 2.53 \times 10^{-6}\text{Re}_{D,\text{TP}}^{1.17}} = 0.9933$$

핵 풀 비등 대류 열전달 계수는 식 9.18에서 다음과 같이 된다.

$$h_\text{npb} = 0.00122 \left(\frac{0.672^{0.79} 4.18^{0.45} 885^{0.49}}{(50 \times 10^{-3})^{0.5}(0.152)^{0.29}(2015)^{0.24}(5.15)^{0.24}}\right)$$

$$\times (300 - 180)^{0.24}(859{,}000 - 100{,}300)^{0.75} = 433 \frac{\text{W}}{\text{m}^2 \cdot \text{K}}$$

총 대류 열전달 계수는 식 (9.13)에서 다음과 같이 된다.

$$h_\text{npb,vt} = \left(146.6 \frac{\text{W}}{\text{m}^2 \cdot \text{K}}\right)(2.106) + \left(433 \frac{\text{W}}{\text{m}^2 \cdot \text{K}}\right)(0.9933) = 738.8 \frac{\text{W}}{\text{m}^2 \cdot \text{K}} \quad \text{답}$$

수평관에서의 강제 대류 열전달

수평관 내부에서의 액체 비등은 외통-관 열교환기에서뿐만 아니라 기계식 냉동 시스템의 증발기에서 흔히 일어나는 일이다. 이처럼 흔한 다른 용례들도 있으므로 이 열전달 방식은 광범위하게 연구되어 왔다. 이 특정한 열전달 방식은 부력이 유체/액체 유동에 법선 방향으로 작용하므로 풀 비등과는 다르다. 유체가 채워진 관 내부에서 대류 열전달, 핵 비등 및 막 비등이 모두 발생하는 일이 일어날 때가 많다. 그림 9.12에는 액체가 자체의 포화

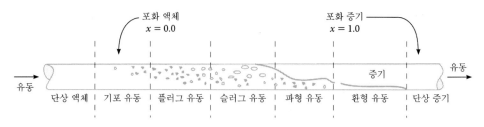

그림 9.12 수평관에서의 강제 대류 비등

온도보다 내부 표면 온도가 더 높은 관 속으로 유입되는 전형적인 상황이 나타나 있다. 이 액체는 법선 방향으로 일어나는 단상 강제 대류 열전달로 자체의 포화 온도로 가열되어 순차적으로 기포 유동 영역으로, 플러그 유동으로, 슬러그 유동으로, 파형 유동으로, 환형 액체 유동으로, 그리고 단상 증기 유동으로 진행된다.

수평관에서의 대류 열전달 계수를 산출하고자 하는 상관관계식들이 많이 제안되어 왔다. 단상 액체 유동 영역과 증기 유동에서는 해당 유동이 난류이거나 예제 9.6과 같은 층류일 때에는 Dittus–Boelter 식을 사용하면 된다.

$$\mathrm{Nu}_D = 4.364 \quad \text{(균일 열전달일 때)} \qquad \text{(4.148, 다시 씀)}$$

2상 영역에 대해서는 Pierre[8]가 다음과 같은 식을 제안하였는데,

$$h_{\mathrm{FC,ave}} = C\left(\frac{\kappa_f}{D}\right)\left(\mathrm{Re}_{Df}^2 \frac{(x_{\mathrm{out}} - x_{\mathrm{in}})\mathrm{hn}_{fg}}{L}\right)^n \frac{\mathrm{W}}{\mathrm{m}^2 \cdot {}^{\circ}\mathrm{C}} \qquad (9.19)$$

이 식은 관 길이 L에 걸친 평균 대류 열전달 계수를 구하는 식으로, 이때에는 2상 영역이 발생한다. 식 (9.19)에서 기화열 h_{fg}은 단위가 J/kg이고 길이 L은 단위가 m이어야 한다. 레이놀즈 수는 단상 액체 유동의 입구에서 수치 값을 산출한다. 매개변수 C와 n은 유출 유체의 건도로 구하며 그 값들이 표 9.2에 수록되어 있다. 그 밖에도 한층 더 엄밀하고 정확한 상관관계식들은 문헌에 실려 있다. 정보가 더 많이 필요하다면, Butterworth와 Robertson[9]의 개설서를 참조하기 바란다.

표 9.2

유출 유체의 건도, %	C	N
90 % 미만	0.0009	0.5
90 % 이상 및 과열	0.0082	0.4

증발기에 직경이 1 cm인 관들이 수평으로 배열되어 있다. 온도가 −10 ℃인 냉매 R-134a 가 온도가 0 ℃인 관을 20 g/s로 흐른다. R-134a가 증발기 관을 건도 20 %로 유입되어 포화 증기로 유출될 때, 평균 대류 열전달 계수와 관의 길이를 구하라. R-134a에는 hn_f = 186.7 kJ/kg과 hn_g = 392.9 kJ/kg를 사용한다.

풀이 냉매로 유입되는 열전달은 관에서의 에너지 균형을 사용하면 다음과 같이 된다.

$$\dot{Q} = \dot{m}_{\text{R-134a}}(\mathrm{hn}_{\text{out}} - \mathrm{hn}_{\text{in}}) = h_{\text{FC,ave}}\pi DL(\Delta T_{\text{SH}})$$

−10 ℃에서 R-134a의 상태량은 표 B.3에서 다음과 같이 구할 수 있다.

$$\mu_f = 0.33 \text{ g/m} \cdot \text{s} \qquad \kappa_f = 0.098 \text{ W/m} \cdot \text{K}$$

엔탈피는 다음과 같으므로,

$$\mathrm{hn}_{\text{out}} = \mathrm{hn}_g = 392.9 \text{ kJ/kg} \quad \text{및} \quad \mathrm{hn}_{\text{in}} = x_{\text{in}}\mathrm{hn}_g + (1 - x_{\text{in}})\mathrm{hn}_f = 227.94 \text{ kJ/kg}$$

다음과 같이 된다.

$$\dot{Q} = (0.02 \text{ kg/s})(392.9 - 227.94 \text{ kJ/kg}) = 3.2992 \text{ kW}$$

또한,

$$3.2992 \text{ kW} = h_{\text{FC,ave}}\pi(0.01 \text{ m})L(10 \text{ K}) \tag{9.20}$$

그러므로 다음 값을 구하여 식 (9.19)에 대입하면,

$$\mathrm{Re}_{D,f} = \frac{4\dot{m}_{\text{R-134a}}}{\pi D \mu_f} = 12{,}732.4$$

식 (9.19)에서 다음 값이 나온다.

$$h_{\text{FC,ave}} = (0.0082)\frac{0.098 \text{ W/m} \cdot \text{K}}{0.01 \text{ m}}\left[(12{,}732.4)^2\left(\frac{1.0 - 0.2}{L}\right)(206.3 \text{ kJ/kg})\right]^{0.4}$$

이 식을 식 (9.20)과 연립시켜서 풀어 $h_{\text{FC,ave}}$과 L을 구하면 다음과 같이 나온다.

$$L = 37.6 \text{ m} \qquad\qquad \text{답}$$

및

$$h_{\text{FC,ave}} = 279 \frac{\text{W}}{\text{m} \cdot \text{K}} \qquad\qquad \text{답}$$

관의 길이가 매우 길기 때문에 다중 경로로 관들이 배열되어야 할 것으로 보인다.

9.3 응축 열전달

응축은 증기가 열전달로 냉각되어 포화 액체가 되는 과정이다. 이 과정에는 적어도 두 가지 응축 유형이 있다. 즉, 막 또는 막 형태 응축과 액적 형태 응축이다. 응축은 관 속, 관 둘레, 탱크나 다른 용기 내에서와 같이 증기에서 이 증기와 접촉하고 있는 표면 쪽으로 열전달이 일어나기 때문에 발생한다. 증기에서 열전달이 일어나려면 관이나 용기의 표면은 온도가 해당 압력에서의 증기의 포화 온도보다 낮아야 하며, 이 때문에 응축이 일어나게 된다. 응축물이나 응축 액체는 표면 위에 형성되어 보통은 층이나 막 형태로 축적된다. 그런 다음 액체는 중력 작용으로 표면을 막 형태로 흘러내리게 된다. 이러한 내용이 막 형태 응축이라는 용어가 의미하는 바인데, 이것이 가장 일반적인 응축 유형이다. 응축물이 액적으로 형성되고 막 형태로 축적되지 않을 때, 이를 액적 형태 응축이라고 한다. 이후 이 두 가지 유형의 응축을 모두 설명할 것이다.

수직 표면에서의 막 응축

그림 9.13과 같이 탱크에 증기가 들어 있어 탱크의 수직 벽이 증기와 접촉하고 있으며, 벽 표면 온도가 증기의 해당 압력에서의 포화 온도보다 더 낮을 때, 이와 같은 수직 표면을 살펴보기로 하자. 표면의 어느 위치에서 인가는, 증기가 해당 포화 온도로 냉각되고 열을 충분히 잃게 되어 포화 액체가 되기 마련이다. 이때 응축이 시작되고, 액체는 밀도가 증기보다 더 크므로 액체는 다른 포화 액체 입자들을 끌어들여 수직 표면을 흘러내리는 액체 막을 형성하면서 수직 표면의 옆면을 따라 흘러내리게 된다. 이 상황은 제4장과 제5장에서 설명한 대류 열전달에서의 경계층 개념과 유사하며 많은 연구자들이 이를 고찰해 왔다. 특히, Nusselt[10]은 조건이 다음과 같은 경우를 살펴보았다. 즉,

- 액체 유동은 수직 표면을 층류로 흘러내린다.
- 증기(이는 균일 포화 증기임)와 응축물 간 경계면에는 전단 응력이 전혀 없다.
- 압력은 동일한 높이에서는 응축물 경계층과 증기에서 동일하다.
- 열전달은 응축물 경계층에서는 전도로 일어난다.
- 열적 상태량들은 증기와 응축물 각각에 걸쳐서 균일하다.

그림 9.14a에는 이러한 상황이 그려져 있다. 그림 9.14b에는 응축물 경계층 내 미분 요소가

그려져 있다. 이 미분 요소의 y 방향에서의 요소의 단위 체적당 운동량 식 (4.44b)은 다음과 같이 된다.

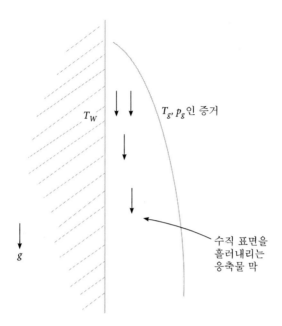

그림 9.13 수직 표면에서의 막 형태 응축

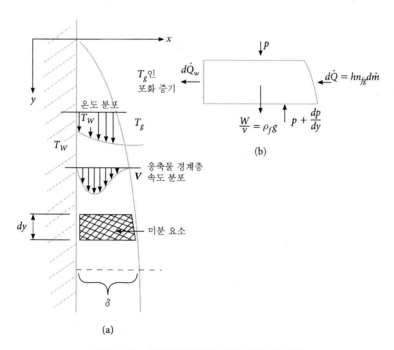

그림 9.14 수직 표면에서의 층류 유동 막 응축

$$\frac{\partial^2 \mathbf{v}}{\partial x^2} = \frac{1}{\mu_f}\frac{dp}{dy} - \frac{\rho_f g}{\mu_f} \tag{9.21}$$

응축물이나 증기에 상관없이 수평 위치에서는 어디에서나 압력이 균일하므로, 다음 식과 같이 쓸 수 있다.

$$\left[\frac{dp}{dy}\right]_{\text{condensate}} = \left[\frac{dp}{dy}\right]_{\text{vapor}} = \rho_g g$$

그러므로 이 식을 식 (9.21)에 대입하면 다음과 같이 된다.

$$\frac{\partial^2 \mathbf{v}}{\partial x^2} = -\frac{g}{\mu_f}(\rho_f - \rho_g) \tag{9.22}$$

y 방향 속도 $\mathbf{v}$를 x와 y의 함수로 분해할 수 있다고 가정하면, 일정한 y 위치에서 적분하면 다음과 같이 나온다.

$$\frac{\partial^2 \mathbf{v}}{\partial x^2} = -\frac{g}{\mu_f}(\rho_f - \rho_g)x + C_1 \tag{9.23}$$

응축물과 증기 간 경계에는 전단 응력이 전혀 없다고 가정하는데, 이는 다음을 의미한다.

$$\frac{d\mathbf{v}}{dx} = 0 \qquad (x = \delta\text{에서})$$

상수 값을 구하면 다음과 같이 나오므로,

$$C_1 = \frac{g}{\mu_f}(\rho_f - \rho_g)\delta$$

식 (9.23)은 다음과 같이 된다.

$$\frac{d\mathbf{v}}{dx} = \frac{g}{\mu_f}(\rho_f - \rho_g)(\delta - x) \tag{9.24}$$

한 번 더 적분하여 응축물 경계층 속도 분포를 구하면 다음과 같이 나온다.

$$\mathbf{v} = \frac{g}{\mu_f}(\rho_f - \rho_g)\left(\delta x - \frac{x^2}{2} + C_2\right)$$

$x = 0$에서 $\mathbf{v} = 0$이므로, $C_2 = 0$이 되고 속도 분포는 다음과 같이 된다.

$$\mathbf{v} = \frac{g}{\mu_f}(\rho_f - \rho_g)\left(\delta x - \frac{x^2}{2}\right) \tag{9.25}$$

응축물 유량은 다음과 같이 구할 수 있으므로

$$\dot{m} = \int_{x=0}^{x=\delta} \rho_f \mathbf{v}(\text{width})dx \tag{9.26}$$

단위 폭당 질량 유량은 다음과 같다.

$$\frac{\dot{m}}{\text{width}} = \dot{m}_{WD} = \int_0^\delta \rho_f \mathbf{v}\,dx = \int_0^\delta \frac{\rho_1 g}{\mu_f}(\rho_f - \rho_g)\left(\delta x - \frac{x^2}{2}\right)dx$$

즉, 적분을 마치면 다음과 같이 된다.

$$\dot{m}_{\text{WD}} = \frac{\rho_f g}{3\mu_f}(\rho_f - \rho_g)\delta^3 \tag{9.27}$$

응축물 경계층 δ는 y의 함수이다. 열전달을 사용하여 관계식을 세워 함수를 산출한다. 응축물과 증기 간 경계에서 증기의 응축과 관련되는 열전달은 다음과 같으며,

$$d\dot{Q} = \text{h}n_{fg}d\dot{m} \tag{9.28}$$

수직 표면에서 전도로 인한 냉각과 관련되는 열전달은 다음과 같다.

$$d\dot{Q} = \kappa_f \frac{(T_g - T_w)}{\delta}(\text{폭})dy \tag{9.29}$$

식 (9.28) 및 (9.29)의 열전달을 등치시키고 식 (9.27)에서 단위 폭당 질량 유량의 개념을 사용하면, 다음과 같이 나온다.

$$\text{h}n_{fg}d\dot{m}_{\text{WD}} = \kappa_f \frac{(T_g - T_w)}{\delta}dy \tag{9.30}$$

게다가 식 (9.27)을 y에 관하여 미분하면 다음과 같이 된다.

$$\frac{d\dot{m}_{\text{WD}}}{dy} = \frac{\rho_f g}{\mu_f}(\rho_f - \rho_g)\delta^2 \frac{d\delta}{dy} \tag{9.31}$$

식 (9.30)과 식 (9.31)을 결합하면 다음과 같이 된다.

$$\delta^3 d\delta = \frac{\kappa_f \mu_f (T_g - T_w)}{\rho_f g(\rho_f - \rho_g)\text{hn}_{fg}} dy \tag{9.32}$$

주목할 점은 응축물 경계층은 응축이 시작될 때에는 아직 0이므로 그림 9.14에서와 같이 이를 $y = 0$으로 놓은 다음, 식 (9.32)를 적분하면 다음과 같이 된다는 것이다.

$$\int_0^{\delta(y)} \delta^3 d\delta = \frac{\delta(y)^4}{4} = \int_0^y \frac{\kappa_f \mu_f(T_g - T_w)}{\rho_f g(\rho_f - \rho_g)\text{hn}_{fg}} dy = \frac{\kappa_f \mu_f(T_g - T_w)}{\rho_f g(\rho_f - \rho_g)\text{hn}_{fg}} y \tag{9.33}$$

그러면 응축 경계층 두께는 다음과 같이 된다.

$$\delta(y) = \left(\frac{4\kappa_f \mu_f(T_g - T_w)}{\rho_f g(\rho_f - \rho_g)\text{hn}_{fg}} y\right)^{1/4} \tag{9.34}$$

국소 열전달은 다음 식과 같이 쓸 수 있다.

$$d\dot{Q} = h_y(T_g - T_w)(\text{폭})dy \tag{9.35}$$

식 (9.35)를 식 (9.29)과 등치시키면, 다음 관계식이 나온다.

$$h_y = \frac{\kappa_f}{\delta(y)} \tag{9.36}$$

그런 다음 식 (9.34)를 대입하여 응축물 경계층 두께 δ를 구하면 다음과 같다.

$$h_y = \left(\frac{\rho_f g(\rho_f - \rho_g)\kappa_f^3 \text{hn}_{fg}}{4\mu_f(T_g - T_w)y}\right)^{1/4} \tag{9.37}$$

$y = L$에서 h_y를 h_L로 쓰면, 길이가 L인 경계층에서의 평균 대류 열전달은 다음과 같음을 알 수 있다.

$$h_{\text{ave}} = \frac{1}{L}\int_0^L h_y dy = \frac{4}{3}h_L = 0.943\left(\frac{\rho_f g(\rho_f - \rho_g)\kappa_f^3 \text{hn}_{fg}}{\mu_f(T_g - T_w)L}\right)^{1/4} \tag{9.38}$$

응축물 층류 경계층에서의 평균 누셀 수는 다음과 같다.

$$\mathrm{Nu_{ave}} = \frac{h_{ave}L}{k_f} = 0.943\left(\frac{\rho_f g(\rho_f - \rho_g)\mathrm{hn}_{fg}}{\mu_f k_f(T_g - T_w)}L^3\right)^{1/4} \tag{9.39}$$

높이 L에 걸쳐 응축물에서 수직 표면으로 전달되는 단위 폭당 총 열전달은 다음과 같다.

$$\dot{q}_w = h_{ave}L(T_g - T_w) \tag{9.40}$$

수직 표면을 높이 L만큼 흘러내리는 유체의 단위 폭당 응축률은 식 (9.27)과 식 (9.34)에서 $y = L$일 때 다음과 같이 된다.

$$\dot{m}_{WD,total} = 2.15\left(\frac{\rho_f g(\rho_f - \rho_g)\kappa_f^3(T_g - T_w)^3}{\mu_f \mathrm{hn}_{fg}^3}L^3\right)^{1/4} \tag{9.41}$$

식 (9.40)을 사용(연습 문제 9.14 참조)하면, 이 식은 또한 다음 식과 같이 쓸 수 있다.

$$\dot{m}_{WD,total} = \frac{h_{ave}L(T_g - T_w)}{\mathrm{hn}_{fg}} \tag{9.42}$$

수직 표면을 흘러내리는 막 유동의 특성을 나타내는 데 가장 흔히 정의되는 레이놀즈 수는 다음과 같다.

$$\mathrm{Re_{cond}} = \frac{4\rho_f \mathbf{v}_{ave}\delta}{\mu_f} = \frac{4\dot{m}_{WD}}{\mu_f} \tag{9.43}$$

실험 관찰 결과, 다음과 같이 정의되었다.

$$\begin{array}{lll}
\mathrm{Re_{cond}} \leq 30 & \quad\text{층류 유동 발생} & \\
30 < \mathrm{Re_{cond}} < 1800 & \quad\text{천이 또는 파형 유동 발생} & \tag{9.44} \\
\mathrm{Re_{cond}} \geq 1800 & \quad\text{난류 유동 발생} &
\end{array}$$

파형 유동은 그림 9.15에 두께가 울퉁불퉁한 응축 막으로 표시되어 있지만, 층류 경계층은 표면이 고르고 난류 경계층은 표면이 흐트러져 있다. 응축물의 천이 유동과 난류 유동의 해석은 제4장과 제5장에서 대류 열전달에서 그랬던 것과 같이 경험적 데이터에 크게 의존한다. 응축물 유동의 천이 경계층 열전달에서의 평균 대류 열전달 계수는 다음과 같이

Kutateladze[11]이 제안한 관계식으로 값을 구할 수 있다.

$$h_{ave} = \frac{\kappa_f}{1.08(Re_{cond}^{1/3})}\left(\left(1 - \frac{\rho_g}{\rho_f}\right)\left(\frac{g}{v_t^2}\right)\right)^{1/3} \quad (\text{천이 유동}) \tag{9.45}$$

막 경계층 내 응축물의 난류 유동에는 Labuntsov[12]가 다음 식을 제안하였다.

$$h_{ave} = \frac{\kappa_f Re_{cond}}{8750 + \dfrac{58(Re_{cond}^{0.75} - 253)}{\sqrt{Pr}}}\left(\frac{g}{v_t^2}\right)^{1/3} \quad (\text{난류 유동}) \tag{9.46}$$

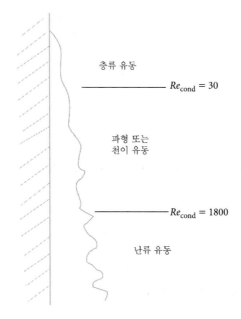

층류 유동

$Re_{cond} = 30$

파형 또는
천이 유동

$Re_{cond} = 1800$

난류 유동

그림 9.15 수직 표면을 흘러내리는 응축물의 막 유동 특성

예제 9.8

제습기는 '냉각된' 물이 수직관 속을 흐르면서 관 둘레를 지나는 습한 공기를 냉각시키도록 하는 수직관으로 설계되어 있다. 그림 9.16과 같은 특정한 상황에서 레이놀즈 수와 응축물이 층류 유동인지 난류 유동인지의 여부, 대류 열전달 계수 및 습한 공기 기류에서 냉각수 관으로 전달되는 열전달을 각각 구하라. 응축률은 7.0 g/s로 12개의 수직관에 균일하게 분포된다. 관들은 수직 표면으로 기능한다고 가정하고, 대류 열전달 계수에 대한 복사 효과는 무시한다.

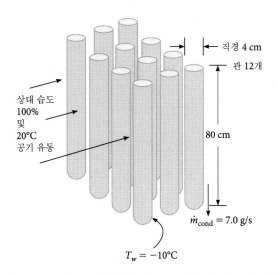

직경 4 cm

관 12개

상대 습도
100%
및
20°C
공기 유동

80 cm

$\dot{m}_{cond} = 7.0$ g/s

$T_w = -10°C$

그림 9.16 막 응축에서 수직 표면으로 기능하는 제습기 코일

풀이 응축률이 7.0 g/s로 12개의 수직관에 균일하게 분포되므로 단위 폭당 응축률은 다음과 같다.

$$\dot{m}_{WD} = \frac{\dot{m}}{width} = \frac{7.0 \text{ g/s}}{\pi(4 \text{ cm})(12 \text{ tubes})} = 0.04642 \text{ g/cm} \cdot \text{s} = 4.642 \text{ g/m} \cdot \text{s}$$

레이놀즈 수는 식 (9.43)에서 다음과 같으며, 이 식에서 μ_f는 부록 표 B.6에서 1.004 g/m · s이다.

$$\text{Re}_{cond} = \frac{4(4.642 \text{ g/m} \cdot \text{s})}{1.044 \text{ g/m} \cdot \text{s}} = 17.1 \qquad \text{답}$$

그러므로 경계층 유동은 층류이다. 식 (9.42)를 사용하여, 대류 열전달 계수를 산출하면 다음과 같다.

$$h_{ave} = \frac{m_{WD,total}hn_{fg}}{L(T_g - T_w)} = \frac{(7.0 \text{ g/m} \cdot \text{s})(2454.12 \text{ J/g})}{(0.8 \text{ m})[20°C - (-10°C)]} = 715.785 \frac{\text{W}}{\text{m}^2 \cdot °C} \qquad \text{답}$$

그러면 열전달률은 다음과 같이 된다.

$$\dot{Q} = h_{ave}A(T_g - T_w) = \dot{m}hn_{fg} = (7.0 \text{ g/s})(2454.12 \text{ J/g}) = 17,178.84 \text{ W} \qquad \text{답}$$

냉매 R-134a가 냉장 시스템의 콤팩트형 응축기 내 수직 판에서 응축된다. 수직판은 높이가 30 cm이고 폭은 60 cm이며, R-134a 온도가 포화 온도인 38 ℃일 때 수직판의 표면 온도는 27 ℃이다. 평균 대류 열전달 계수와 막 응축으로 응축되는 R-134a 양을 각각 개략적으로 계산하라. R-134a의 상태량은 다음과 같이 주어져 있다.

$$\mu_f = 0.355 \frac{\text{g}}{\text{m} \cdot \text{s}} \qquad @100°\text{F} = 311 \text{ K}$$

$$L = 0.30 \text{ m} \qquad \text{폭} = 0.60 \text{ m}$$

$$T_g = 256 \text{ K} \qquad T_w = 245 \text{ K} \qquad \text{h} n_{fg} = 186 \frac{\text{J}}{\text{g}}$$

$$\kappa_f = 0.081 \frac{\text{W}}{\text{m} \cdot \text{K}} \qquad \nu_f = \frac{\mu_f}{\rho_f} \approx 0.166 \times 10^{-6} \frac{\text{m}^2}{\text{s}} \qquad \text{Pr} \approx 3.53$$

풀이 이 예제에서는 먼저 응축물 질량 유량을 산출해야 하는데, 이는 질량 유량 없이는 레이놀즈 수를 직접적으로 구할 수 없기 때문이다. 그러므로 반복법을 거쳐서 답을 구해야 한다. 한 가지 사용할 수 있는 반복 루프로는 레이놀즈 수를 가정하여 유동이 층류인지, 천이 유동인지, 난류인지를 판정한 다음, 대류 열전달 계수, 열전달, 그리고 마지막으로 응축물의 질량 유량을 산출하는 방법이 있다. 그런 다음 유동 특성을 정확하게 가정했는지를 확인하는 수단으로 레이놀즈 수를 구해보면 된다. 이제 레이놀즈 수를 1800으로 가정하면 유동은 난류가 된다.

레이놀즈 수를 1800으로 가정하였으므로, 식 (9.46)을 사용하면 다음과 같이 된다.

$$h_{\text{ave}} = \left(\frac{(0.081 \text{ W/m} \cdot \text{K})(1800)}{8750 + \dfrac{58(1800^{0.75} - 253)}{\sqrt{3.53}}} \right) \left(\frac{9.81 \text{ m/s}^2}{0.166 \times 10^{-6} \text{ m}^2/\text{s}^2} \right)^{1/3} = 1091 \frac{\text{W}}{\text{m}^2 \cdot \text{K}}$$

열전달은 다음과 같으며,

$$\dot{Q} = h_{\text{ave}} A (T_g - T_w) = \left(1091 \frac{\text{W}}{\text{m}^2 \cdot \text{K}} \right) (0.3048 \times 0.6096 \text{ m}^2)(11 \text{ K}) = 2230 \text{ W}$$

이는 또한 다음 식과 같이 쓸 수 있다.

$$\dot{Q} = \dot{m} \text{h} n_{\text{ave}} = 2230 \text{ W} = \dot{m} \left(186 \frac{\text{J}}{\text{g}} \right)$$

응축물 질량 유량은 다음과 같으므로,

$$\dot{m} = 11.99 \frac{\text{g}}{\text{s}}$$

단위 폭당 질량 유량은 다음과 같이 된다.

$$\dot{m}_{\text{WD}} = \frac{\dot{m}}{\text{width}} = \frac{11.99 \text{ g/s}}{0.6098 \text{ m}} = 19.67 \text{ g/m} \cdot \text{s}$$

이제 레이놀즈 수를 구하여 초기 가정 값과 일치하는지를 알아보면 된다.

$$\text{Re} = \frac{4\dot{m}_{\text{WD}}}{\mu_f} = \frac{4(19.67 \text{ g/m} \cdot \text{s})}{0.355 \text{ g/m} \cdot \text{s}} = 222 \neq 1800$$

레이놀즈 수의 계산 값이 가정 값보다 작으므로, 새로 이보다 더 작은 값인 Re = 310으로 가정한다. 이 새로운 레이놀즈 수 값인 310에서는 유동이 난류가 되므로, 식 (9.45)를 사용하여 다시 새로운 대류 열전달 계수 값을 계산한다. 열전달, 응축물 질량 유량, 단위 폭당 질량 유량을 다시 계산하면, 다음과 같은 결과가 나온다. 즉, h_{ave} = 1511 W/m² · K, $\dot{Q}$ = 3088 W, $\dot{m}$ = 16.6 g/s, $\dot{m}_{\text{WD}}$ = 27.23 g/m · s, Re ≈ 307 등이다. 이 레이놀즈 수는 가정 값에 충분히 가까우므로, 이 값을 인정하면 된다. 유동은 Re = 307에서 천이 유동이며 구하는 답은 다음과 같다.

$$h_{\text{ave}} = 1511 \text{ W/m}^2 \cdot \text{K}$$
$$\dot{m} = 16.6 \text{ g/s} \quad \text{(응축기의 질량 유량)} \qquad \text{답}$$

수평관에서의 막 응축

증기를 응축시키는 데 사용하는 응축기와 기타 장치에는 흔히 수평관이나 파이프가 배열되어 있어 이로써 저온 표면이 제공되고 있다. 수평 저온 관이나 수관들에는 관 주위의 공기에 함유되어 있는 습기가 응축되기 쉽다. 그림 9.17에는 수평관이나 파이프에서 일어나는 막 응축 유형 가운데 일부가 나타나 있다. 주목할 점은 관들이 서로 바로 밑에 놓여 있을 때에는 막이 연속적으로 되기도 하고 적하하기도 한다는 것이다. 응축 열전달은 그와 같이 막이 연속적으로 되지 않게 하면 증가한다. 이러한 응축 열전달 증가는 관을 엇갈림 배열로 배치하면 달성되는데, 이는 제4장에서 설명했던 관군 형상과 유사하다. 그러므로 그림 9.17d와 같은 적하 상태나 심지어 그림 9.17c와 같은 적하 상태에서도 ㄱ 대류 열전달 계수는 그림 9.17b의 막 응축보다 더 크다. 단일 수평 관의 막 응축에서의 대류 열전달 계수는 Nusselt[10]이 제안한 다음과 같은 식으로 산출할 수 있으며,

$$h_{\text{ave}} = 0.725 \left(\frac{\rho_f g (\rho_f - \rho_g) \kappa_f^3 \text{hn}_{fg}}{\mu_f (T_g - T_w) D} \right)^{1/4} \tag{9.47}$$

단일 구체의 막 비등에서는 다음 식으로 산출한다.

(a) 단일 수평관 막 응축

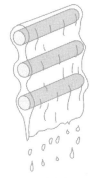

(b) 직렬 관 배열에서의 연속 막 응축

(c) 직렬 관 배열에서의 적하 막 비등

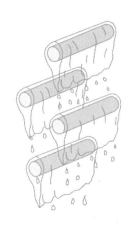

(d) 적하 막 비등을 증강시키는 엇갈림 관 배열

그림 9.17 수평관에서의 막 응축

$$h_{ave} = 0.815 \left(\frac{\rho_f g (\rho_f - \rho_g) \kappa_f^3 h n_{fg}}{\mu_f (T_g - T_w) D} \right)^{1/4} \tag{9.48}$$

다수의 수평관 또는 파이프가 그림 9.17b와 같이 수직 직렬로 배열되어 있을 때, 대류 열전달 계수는 식 (9.47)을 변형시킨 다음과 같은 식으로 산출하면 되는데,

$$h_{ave} = 0.725 \left(\frac{\rho_f g (\rho_f - \rho_g) \kappa_f^3 h n_{fg}}{\mu_f (T_g - T_w) D} \right)^{1/4} \left(\frac{1}{N} \right)^{1/4} \tag{9.49}$$

여기에서 N은 수직 직렬 배열 관의 열 수, 또는 배열 관의 행 수이다.

그림 9.18과 같이 온도가 30 ℃인 물은 직경이 2 cm인 관 5개로 구성되어 있는 수직 직렬 배열을 흘러내릴 때 포화 증기 상태이다. 관은 표면 온도가 10 ℃이고 막 비등이 일어나도록 간격이 유지되어 있다. 관의 단위 길이당 응축률을 산출하고 이를 단일 수평관에서의 응축률과 비교하라.

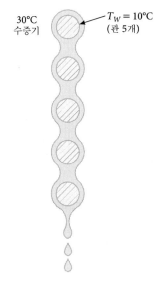

30℃
수증기

$T_W = 10℃$
(관 5개)

그림 9.18 관군에서의 응축

풀이 응축률을 구하고자 할 때에는 평균 대류 열전달 계수에 이어서 구한 물의 열 손실률 값을 응축물의 질량 유량에 해당 기화 잠열을 곱한 값과 등치시킨다. 물은 상태량들이 다음과 같다.

$$\rho_f = \frac{1}{v_f} = \frac{1}{0.001004 \text{ m}^3/\text{kg}} = 996 \text{ kg/m}^3 \qquad \rho_g = 0.0304 \text{ kg/m}^3$$

$$\kappa_f = 0.21 \text{ W/m} \cdot \text{K} \quad \mu_f = 0.00085 \text{ kg/m} \cdot \text{s} \quad \text{hn}_{fg} = 2430.48 \text{ kJ/kg}$$

평균 대류 열전달 계수를 식 (9.49)로 다음과 같이 산출하면,

$$h_{\text{ave}} = 0.725 \left(\frac{\left(996 \frac{\text{kg}}{\text{m}^3}\right)\left(9.81 \frac{\text{m}}{\text{s}^2}\right)\left(995.07 \frac{\text{kg}}{\text{m}^3}\right)\left(0.21 \frac{\text{W}}{\text{m} \cdot \text{K}}\right)^3\left(2430.48 \frac{\text{kJ}}{\text{kg}}\right)}{(0.00085 \text{ kg/m} \cdot \text{s})(20 \text{ K})(0.02 \text{ m})(5)} \right)^{1/4}$$

$$= 2442 \frac{\text{W}}{\text{m} \cdot \text{K}}$$

관의 단위 길이당 열전달은 다음과 같이 된다.

$$\dot{q}_L = h_{\text{ave}} \pi D(T_g - T_w) = \left(2442 \frac{\text{W}}{\text{m} \cdot \text{K}}\right)(5\pi)(0.02 \text{ m})(30 \text{ K} - 10 \text{ K}) = 15{,}344 \frac{\text{W}}{\text{m}}$$

이제 이 값을 다음과 같이 등치시키면 된다.

$$\dot{q}_L = 15{,}344 \frac{\text{W}}{\text{m}} = \dot{m}_L \text{hn}_{fg} = \dot{m}_L\left(2430 \frac{\text{J}}{\text{g}}\right)$$

즉,

$$\dot{m}_L = 6.31 \frac{\text{g}}{\text{s}} \qquad\qquad 답$$

단일 관에서는

$$h_{\text{ave}} = 3651.75 \frac{\text{W}}{\text{m}^2 \cdot \text{K}}$$

이므로, 열전달은 다음과 같고,

$$\dot{q}_L = \left(3651.75 \frac{\text{W}}{\text{m}^2 \cdot \text{K}}\right)(\pi)(0.02 \text{ m})(20 \text{ K}) = 4588.9 \frac{\text{W}}{\text{m}}$$

단일 관 배열에서 응축물의 질량 유량은 다음과 같이 된다.

$$\dot{m}_L = 1.89 \frac{\text{g}}{\text{s}} \qquad\qquad 답$$

수평관 내 막 비등

증기는 수평관이나 약간 경사진 관 내부에서 응축될 때도 자주 있다. 응축이 일어나는 관 속을 지나는 유체 유동은 대개 그림 9.19에서와 같이 거동한다고 가정한다. 여기에서 증기는 관의 중심 영역을 흐르다가 점차 완전한 물 유동으로 축소되면서 관 표면을 따라 환형 영역에 응축물이 형성된다. 기액(증기 및 액체) 2상 유동에서의 레이놀즈 수를 정의하면 다음과 같으며,

$$\text{Re}_D = \frac{\rho_g \mathbf{u}_{\text{ave}} D}{\mu_g}$$

응축물의 층류 유동은 약 35,000 미만에서 일어나는 것으로 보인다. 이 층류 유동에서는 대류 열전달 계수를 Chato[13]가 제안한 다음과 같은 관계식으로 산출하면 되는데,

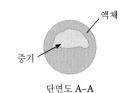

단면도 A–A

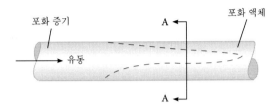

그림 9.19 수평관 내부에서의 막 응축

$$h_{ave} = 0.555 \left(\frac{\rho_f g (\rho_f - \rho_g) \kappa_f^3 hn_{fg}^*}{\mu_f (T_g - T_w) D} \right)^{1/4} \tag{9.50}$$

여기에서

$$hn_{fg}^* = hn_{fg} + \tfrac{3}{8} c_{p,f} (T_g - T_w) \tag{9.51}$$

응축물이 $Re_D > 35{,}000$가 되는 난류 유동은 Akers 등[14]과 Rosenow[15]를 참조하길 바란다.

예제 9.11

온도가 –20 ℃인 포화 증기 암모니아가 직경이 1 cm이고 표면 온도가 –40 ℃인 응축기 관 속을 5 m/s로 흐른다. 암모니아를 모두 응축시키는 데 필요한 관의 예상 길이를 구하라. 암모니아는 상태량들이 다음과 같다.

$$\mu_g = 8.5 \times 10^{-3} \, \text{g/m} \cdot \text{s} \quad \mu_f = 0.214 \, \text{g/m} \cdot \text{s} \quad \kappa_f = 0.514 \, \text{W/m} \cdot \text{K}$$

$$\rho_g = \frac{1}{v_g} = 1.604 \, \text{kg/m}^3 \quad \rho_t = \frac{1}{v_f} = 664.89 \, \text{kg/m}^3$$

$$hn_{fg} = 1329 \, \text{kJ/kg} \quad c_{p,f} = 4.84 \, \text{kJ/kg} \cdot \text{K}$$

풀이 입구에서는 레이놀즈 수가 다음과 같으므로,

$$Re_D = \frac{(1.604 \, \text{kg/m}^3)(5 \, \text{m/s})(0.01 \, \text{m})}{8.5 \times 10^{-3} \, \text{g/m} \cdot \text{s}} = 9435$$

식 (9.50)을 사용하여 평균 대류 열전달 계수를 산출하면 된다.

먼저, 식 (9.51)에서 보정된 기화열을 구한 다음,

$$hn^*_{fg} = 1329 \text{ kJ/kg} + \tfrac{3}{8}(4.84 \text{ kJ/kg} \cdot \text{K})(20 \text{ K}) = 1365.3 \text{ kJ/kg}$$

대류 열전달 계수를 구하면 다음과 같다.

$$h_{ave} = 0.555 \left(\frac{\left(664.89 \frac{\text{kg}}{\text{m}^3}\right)\left(9.81 \frac{\text{m}}{\text{s}^2}\right)\left(663.286 \frac{\text{kg}}{\text{m}^3}\right)\left(0.514 \frac{\text{W}}{\text{m} \cdot \text{K}}\right)^3\left(1365.3 \frac{\text{kJ}}{\text{kg}}\right)}{(0.214 \times 10^{-3} \text{ kg/m} \cdot \text{s})(20 \text{ K})(0.01 \text{ m})} \right)^{1/4}$$

$$= 2080.6 \frac{\text{W}}{\text{m}^2 \cdot \text{K}}$$

암모니아에서 나오는 총 열전달은 다음과 같다.

$$\dot{q}_{ammonia} = hn_{fg} = h_{ave}(\text{area})(T_g - T_w) = h_{ave}\pi DL(T_g - T_w)$$

암모니아의 물질전달은 다음과 같고,

$$\dot{m}_{ammonia} = \rho_g \mathbf{v}_{ave}(\pi r^2) = 1.604 \frac{\text{kg}}{\text{m}^2}\left(5 \frac{\text{m}}{\text{s}}\right)(\pi)(0.005 \text{ m})^2 = 0.6299 \frac{\text{g}}{\text{s}}$$

완전 응축에 필요한 관 길이는 다음과 같다.

$$L = \frac{m_{ammonia}hn_{fg}}{h_{ave}\pi D(\Delta T)} = \frac{\left(0.6299 \frac{\text{g}}{\text{s}}\right)\left(1329 \frac{\text{J}}{\text{g}}\right)}{\left(2080.6 \frac{\text{W}}{\text{m}^2 \cdot \text{K}}\right)\pi(0.01 \text{ m})(20 \text{ K})} = 0.640 \text{ m}$$

답

액적 형태 응축

액적 형태 응축은 응축률이 동일한 표면 면적일 때 막 비등보다 더 크기 때문에 연구되어 개선되었다. 이 응축은 응축물이 액적으로 형성되자마자 표면에서 적하하여 증기가 저온의 응축 표면과 더욱더 직접 접촉을 하기 때문에 일어난다. 액적 형태 응축에서는 응축 표면이 응축물에 젖지 않도록 하는 것이 필요한데, 이렇게 하려면 대개는 응축 표면에 오일 박막이나 지방산 박막을 바르면 된다. 아주 중대한 점은 오일은 응축물과 섞이지 말아야 하고, 증기와 응축 표면 간 열전달에 장애가 되지 않을 정도로 충분히 얇아야 하며, 응축물 액적이 형성될 때 여전히 표면에 부착되어 있다가 표면에서 적하되어야 한다는 것이다. 실험에 근거를 둔 광범위한 연구에서 액적 형태 응축은 매우 매끄러운 표면에서 가장

잘 실현될 수 있다는 것이 나타났다. 액적 형태 응축을 심도 있게 해석하는 것은 복잡하기도 하고 이 책의 범위를 넘어서는 일이다.

9.4 비등과 응축의 간단 식

제9.2절과 제9.3절에서 전개하였던 식들은 비등과 응축 과정에서 하게 되는 많은 예비 설계 계산과 산출에 필요 이상으로 번거롭고 엄밀하기도 하다. 이 절에서는 특정한 상황과 연관되는 대류 열전달 계수를 산출하는 데 사용되는 근사 관계식을 규정한다.

수평 표면에서의 물의 비등

Jakob과 Hawkins[16]가 제안한 식으로, 이 식에서 $\Delta T = T_w - T_g \leq 7.8$ K이다.

$$h_{\text{ave}} = 1037(\Delta T)^{1/3} \frac{\text{W}}{\text{m}^2 \cdot \text{K}} \tag{9.52}$$

$\Delta T > 7.8$ K일 때에는 다음 식을 사용한다.

$$h_{\text{ave}} = 5.567(\Delta T)^3 \frac{\text{W}}{\text{m}^2 \cdot \text{K}} \tag{9.53}$$

폭이 넓은 용기에서 수직 평판 표면에서의 물의 비등

Jakob과 Hawkins[16]가 제안한 식으로, 이 식에서 $\Delta T \leq 4.2$ K이다.

$$h_{\text{ave}} = 540(\Delta T)^{1/7} \frac{\text{W}}{\text{m}^2 \cdot \text{K}} \tag{9.54}$$

9.4 K $> \Delta T > 4.2$ K일 때에는 다음 식을 사용한다.

$$h_{\text{ave}} = 7.74(\Delta T)^3 \frac{\text{W}}{\text{m}^2 \cdot \text{K}} \tag{9.55}$$

수직관 내 물 비등

Jakob[17]이 제안한 식으로, 이 식에서 $\Delta T > 7.8$ K이다.

$$h_{ave} = 1296(\Delta T)^{1/3} \frac{W}{m^2 \cdot K} \tag{9.56}$$

비등하는 물에 미치는 압력 효과

물의 비등에 미치는 압력 효과는 식 (9.52)~식 (9.56) 중 하나로 평균 대류 열전달 계수를 구함으로써 근사화하면 된다. 이때 압력을 101 kPa라고 가정하고, 다음과 같은 근사식을 사용한다.

$$h_{ave,p} = 6.3\, h_{ave,0} p^{0.4} \tag{9.57}$$

이 식에서 p는 단위가 kPa이고 $h_{ave,0}$은 식 (9.52)~식 (9.56) 중에서 하나로 구한다.

핵 비등의 일반식

Cryder와 Finalborgo[18]가 제안한 식으로, 여러 가지 많은 물질에 사용할 수 있다.

$$\log 0.17611 h_{ave} = A + 2.5 \log 1.8\,\Delta T + (1.8T_g + 32)B \qquad W/m^2 \cdot K \tag{9.58}$$

이 식에서 여러 가지 물질마다 사용하는 상수는 표 9.3에 수록되어 있다. 이 식에서 온도와 온도 차는 단위가 ℃이어야 한다.

표 9.3 식 (9.58)의 매개변수

물질	A	B
사염화탄소	−2.57	0.012
글리세롤 용액(26.3 중량%)	−2.65	0.015
등유	−5.15	0.012
메탄올	−2.23	0.015
노르말 부탄	−4.06	0.014
황산화나트륨 용액(10.1 중량%)	−2.62	0.016
염화나트륨 용액(24.2 중량%)	−3.61	0.017
물	−2.05	0.014

수평관 내 암모니아의 막 응축

직경이 D인 수평관 안에서 증기와 관 표면 간 온도 차가 약 15 ℃ 미만일 때, 암모니아의 막 응축에서는 대류 열전달 계수를 다음 식을 사용하여 근사화할 수 있다.

$$h_{\text{ave}} = 4000\left(\frac{1}{D\Delta T}\right)^{1/4} \frac{\text{W}}{\text{m}^2 \cdot \text{K}} \tag{9.59}$$

이 식에서 직경은 단위가 m이고 온도 차는 단위가 K 또는 ℃이다.

수평관 내 R-134a의 막 응축

직경이 D(m)인 수평관 내 R-134a의 막 응축에서는 대류 열전달 계수를 다음 식을 사용하여 근사화할 수 있다.

$$h_{\text{ave}} \approx 983\left(\frac{1}{D\Delta T}\right)^{1/4} \frac{\text{W}}{\text{m}^2 \cdot \text{K}} \tag{9.60}$$

예제 9.12

직경이 2.5 cm이고 표면 온도가 70 ℃인 수평관 위에서 65 ℃의 포화 온도로 비등하고 있는 메탄올의 대류 열전달 계수를 구하라. 식 (9.58)을 사용하여 구한 대류 열전달 계수 값을 식 (9.6)을 사용하여 구한 값과 비교하라. 메탄올은 기화열 값으로 1102 kJ/kg을 사용하라.

풀이 65 ℃에서의 메탄올의 상태량들은 부록 표 B.3과 표 B.4에서 보간법(내삽법)을 사용하여 구한다.

$$\rho_f = 791 \ \text{kg/m}^3 \qquad \rho_g = 1.31 \ \text{kg/m}^3$$

$$c_{p,f} = 2.63 \ \frac{\text{kJ}}{\text{kg} \cdot \text{K}} \quad \kappa_f = 0.196 \ \text{W/m} \cdot \text{K}$$

$$\nu_g = 8.4 \times 10^{-6} \ \text{m}^2/\text{s} \qquad \alpha_f = \frac{\kappa_f}{\rho_f c_{p,f}} = 9.4 \times 10^{-8} \frac{\text{m}^2}{\text{s}}$$

부록 표 B.9에서 다음 값을 구한다.

$$\sigma_{\text{ST}} = 2.01 \ \frac{\text{mN}}{\text{m}}$$

$\Delta T_{\text{SH}} = 5.56$ K, $D = 0.0254$ m, $\text{hn}_{fg} = 1{,}102$ kJ/kg이므로, 식 (9.6)을 사용하면 다음과 같다.

$$h_{\text{ave}} = h_{\text{npb}} = 0.0001692 \frac{\left(0.196\dfrac{W}{m \cdot K}\right)(1.31\ \text{kg/m}^3)}{787\ \text{kg/m}^3}\left(\frac{2\left(20.1 \times 10^{-3}\dfrac{N}{m}\right)}{9.81\dfrac{m}{s^2}\left(787 + 1.31\dfrac{\text{kg}}{m^3}\right)}\right)^{1/4}$$

$$\cdot \left(1102\frac{\text{k}}{\text{kg}}\right)^{0.744}\left(\frac{5.56\ \text{K}}{(65 + 273\ \text{K})\left(9.4 \times 10^{-8}\dfrac{m^2}{s}\right)}\right)^2\left(\frac{787\ \text{kg/m}^3}{787 - 1.31\ \text{kg/m}^3}\right)^{13}$$

$$= 1454.3\frac{W}{m^2 \cdot K} \qquad\qquad\qquad \text{답}$$

식 (9.58)을 사용하면 다음과 같다.

$$\log 0.17611\ h_{\text{ave}} = -2.23 + 2.5\log(1.8*5) + (0.015)(1.8*65 + 32) = 2.49$$

즉,

$$h_{\text{ave}} = 1396\frac{W}{m^2 \cdot K} \qquad\qquad\qquad \text{답}$$

이 두 가지 결과는 상당히 잘 일치한다.

증기 온도는 −10 ℃이고 관 벽 표면 온도는 −20 ℃이다. 이때 식 (9.50)과 간단 식 (9.59)와 (9.60)을 사용하여, 직경이 2 cm인 수평관 내 암모니아 및 R−134a의 대류 열전달 계수 값을 비교하라. 암모니아는 −10 ℃에서 기화열 값으로 1296.4 kJ/kg, ρ_f = 605 kg/m³, ρ_g = 2.392 kg/m³을 사용한다. 또한, R−134a는 기화열 값으로 205.56 kJ/kg, ρ_f = 1324.5 kg/m³, ρ_g = 10.08 kg/m³을 사용한다.

풀이 −10 ℃에서의 암모니아는 부록 표 B.3에서 보간법으로 구하면 다음과 같고,

$$c_{p,f} = 4590\frac{\text{kJ}}{\text{kg} \cdot \text{K}} \quad k_f = 0.546\ \text{W/m} \cdot \text{K} \quad \mu_f = 0.00026\ \text{kg/m} \cdot \text{s}$$

평균 대류 열전달 계수는 식 (9.50)을 사용하면 다음과 같다.

$$h_{\text{ave}} = 0.555\left[\frac{(605)(9.81)(605 - 2.392)(0.546)^3(1{,}296{,}400 + \tfrac{3}{8}(4590)(10))}{(0.00026)(10)(0.02)}\right]^{1/4}$$

$$= 6112\frac{W}{m^2 \cdot K} \qquad\qquad\qquad \text{답}$$

702 CHAPTER 09 상변화 열전달

식 (9.59)를 사용하면 다음과 같다.

$$h_{\text{ave}} = 4000\left(\frac{1}{(0.02)(10)}\right)^{1/4} = 5981 \ \frac{\text{W}}{\text{m}^2 \cdot \text{K}} \qquad \text{답}$$

그러므로 암모니아 응축에는 식 (9.59)으로 근삿값을 구할 수 있는데, 이 값은 식 (9.50)을 사용하여 구한 한층 더 정밀한 산출 값과 실질적으로 잘 일치한다. R-134a에는 식 (9.50)을 사용하고 부록 표 B.3에서 보간법으로 $c_{p,f}$ = 1310 kJ/kg · K, κ_f = 0.098 W/m · K, μ_f = 0.00034 kg/m · s를 구한 값을 사용한다. 그러면 다음과 같고,

$$h_{\text{ave}} = 0.555\left(\frac{(1324.5)(9.81)(1324.5 - 10.08)(0.098)^3[205,560 + \tfrac{3}{8}(1310)](10)}{(0.00034)(10)(0.02)}\right)^{1/4}$$

$$= 1474 \ \frac{\text{W}}{\text{m}^2 \cdot \text{K}} \qquad \text{답}$$

식 (9.60)을 사용하면 다음과 같으므로,

$$h_{\text{ave}} = 983\left(\frac{1}{(0.02)(10)}\right)^{1/4} = 1470 \ \frac{\text{W}}{\text{m}^2 \cdot \text{K}} \qquad \text{답}$$

이번에도 두 식으로 구한 결과는 잘 일치한다.

9.5 용융과 응고의 경험적 방법 및 해석

응고와 용융은 물질의 고체 상태와 액체 상태 간 또는 고체 상태와 액체 상태 간 전이와 관련되는 상변화이며, 그에 관한 열전달을 해석하는 일반적인 방법에는 어떠한 방법이라도 해석을 복잡하게 하는 갖가지 요소들이 많이 있어 장애가 되는 경향이 있다. 예를 들어 두 가지 유형의 고체를 알고 있어야 하는데, 여기에는 결정질 고체와 비결정질 고체가 있다. 결정질 고체는 자체 원자나 분자가 규칙적인 패턴이나 결정 구조로 배열되어 있는 고체이다. 많은 순수 물질과 원소들은 결정질 고체가 된다. 물은 이러한 물질의 좋은 예이다. 물론 규칙적이라는 것이 그림 9.20에서 제시된 대로 균일하거나 예측 가능하다는 것을 의미하지는 않는다. 그러나 두 가지 눈송이가 전혀 엇비슷하지 않더라도, 빙상(ice sheet)이 형성되었다면 이를 균일한 결정질 구조가 형성된 것이라고 해석할 수 있다. 그러므로 철, 구리 및 알루미늄과 같은 많은 금속들 역시 결정질 고체가 된다.

B.C.   By Johnny Hart

AFTER YEARS OF   LABORIOUS RESEARCH,   AND INNUMERABLE   I HAVE HEREBY
RELENTLESS STUDY,   CALCULATIONS,......   ASCERTAINED THAT,......

NO TWO
SNOWFLAKES   CRUNCH   ....ARE ALIKE....

그림 9.20 눈송이 문제 (John I., Hart FLP and Creators Syndicate, INC. 게재허가)

비결정질 고체는 물질의 혼합물과 많은 유기 화합물에서 흔하다. 예컨대 기름은 그 결정 구조를 전혀 알아볼 수 없는 고체로 응고되기 쉽다. 비결정질 고체는 분자나 원자가 잘 혼합되어 불규칙한 패턴을 보이는 과냉 액체인 경향이 있다. 고체 상태와 액체 상태 간 상변화는 뚜렷한 등온 상변화나 등압 상변화를 전혀 동반하지 않고도 연속적으로 일어난다. 또한, 결정질 상변화 전이와 관련될 때에는 응고열이나 융해열을 전혀 측정할 수도 없다. 관찰이 가능한 것은 대개 '유리 전이(glass transition)'인데, 이때에는 물질이 점도가 비교적 낮은 액체에서 점도 자릿수가 액체 점도보다 더 큰 비결정질 고체로 진행된다. 유리 전이는 액체와 그 비결정질 고체 사이에서의 이러한 구분을 기술하는 데 사용한다. 유리는 수 년 또는 수 세기와 같이 장기간에 걸쳐서 그 흐름을 관찰해 왔으므로, 제4장에서 설명한 대로 점도를 측정할 수 있다. 이러한 어려운 요소에 직면하고 있고 다른 요소들 또한 산재되어 있으므로, 이 책에서는 일부 간단한 제한적인 사례들만 살펴보는 것이 가장 좋겠다.

구형 집중계의 용융

포화 고체/액체 온도 상태인 결정질 고체가 응고 온도보다 더 높은 상태인 동일 물질의 액체조에 잠겨 있는 상황을 살펴보자. 3장의 집중 열용량 계에서와 유사한 해석을 사용하고 그림 9.21을 참조하면, 이 계의 에너지 균형식을 다음과 같이 쓸 수 있는데,

$$\dot{Q} = h_{ave}A_s(T_\infty - T_s) = \dot{m}_s\text{hn}_{fs} = -\dot{m}_{sys}\text{hn}_{fs} \tag{9.61}$$

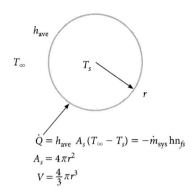

그림 9.21 액체에 잠겨 있는 구형 포화 고체

여기에서 $\dot{m}_s$는 고체의 용융률, $\dot{m}_{sys}$는 계의 질량 변화율, hn_{fs}는 융해열이나 용융열이다. 또한 계의 질량은 구형일 때 다음 식과 같이 쓸 수 있으며,

$$m = \rho_s \tfrac{4}{3}\pi r^3 \tag{9.62}$$

구체의 표면 면적은 다음과 같다.

$$A_s = 4\pi r^2 \tag{9.63}$$

이 식들을 식 (9.61)에 대입하고 반경이 시간에 관한 변수라는 점을 적용하면, 다음 식과 같이 된다.

$$4\pi r^2 h_{ave}(T_\infty - T_s) = \rho_s hn_{fs}\frac{4}{3}\pi(3r^2)\frac{dr}{dt} \tag{9.64}$$

이 식을 정리하면 다음과 같이 되므로,

$$dt = \frac{\rho_s hn_{fs}}{h_{ave}(T_\infty - T_s)}dr$$

이 구체가 초기 크기 r_i에서 최종 크기 r_f로 용융되는 데 걸리는 시간은 다음과 같다.

$$t = \frac{\rho_s hn_{fs}}{h_{ave}(T_\infty - T_s)}(r_i - r_f) \tag{9.65}$$

주목할 점은 고체 질량이 반경의 세제곱에 비례하므로, 용융 시간은 계 질량의 1/3승에 비례한다는 것이다. 구체가 완전히 용융되는 데 걸리는 시간은 식 (9.65)에서 반경을 0으로 놓아 최대 시간을 구함으로써 다음과 같이 산출할 수 있다.

$$t_{\max} = \frac{\rho_s \mathrm{hn}_{fs} r_f}{h_{\mathrm{ave}}(T_\infty - T_s)} = \frac{\rho_s^{2/3} \mathrm{hn}_{fs}}{h_{\mathrm{ave}}(T_\infty - T_s)} \sqrt[3]{\frac{3 m_{\mathrm{sys}}}{4\pi}} \tag{9.66}$$

예제 9.14

직경이 3 cm인 구형 타코나이트(taconite) 펠릿을 온도가 1600 ℃인 용융 철 속에서 녹일 때, 대류 열전달 계수를 5000 W/m² · K로 잡으면 용융에 걸리는 시간을 개략적으로 계산하라. 타코나이트는 밀도가 7270 kg/m³이고 융해열이 250 kJ/kg인 순철이라고 가정한다.

풀이 식 (9.66)을 사용하면, 다음과 같이 나온다.

$$t = \frac{(7270\ \mathrm{kg/m^2 \cdot K})(250\ \mathrm{kJ/kg})(0.03\ \mathrm{m})}{(5000\ \mathrm{W/m^2 \cdot K})(1600 - 1538℃)} = 175.9\ \mathrm{s} = 2.93\ \mathrm{min}$$

답

대류 가열로 인한 무한 고체 슬래브의 용융

한 면에 한 가지씩, 모두 두 가지 유체에 둘러싸여 있는 고체 슬래브를 살펴보자. 자연적으로 일어나는 상황은 대량의 물 위에 떠 있는 얼음인데, 이때 얼음은 밀도가 액체 물보다 10 % 가량 더 작아서 물의 자유 표면 위에 뜨게 된다. 그림 9.22a와 같이 얼음의 상부 표면 위에는 공기가 있다. 얼음은 온도가 하부 표면에서 포화 온도 값에서부터 상부 표면에서 그보다 어느 정도 더 높은 온도까지 변화한다는 점과 융해열이 얼음에서의 어떠한 열용량 변화보다 훨씬 더 크다는 점을 제외하고는 상태량들이 일정하다. 또한, 액체 물은 온도가 포화 온도로 거의 0 ℃라고 가정하면, 얼음 슬래브에서의 열 균형은 다음 식과 같이 쓸 수 있다.

$$\dot{q}_{A,\mathrm{conv}} = h_{\mathrm{ave}}(T_\infty - T_s) = \dot{q}_{A,\mathrm{cond}} = \kappa_s \frac{(T_s - T_L)}{\delta} = -\rho_s \mathrm{hn}_{fs} \frac{d\delta}{dt} \tag{9.67}$$

이 식을 약간 정리하면 다음 식과 같이 되고,

$$\frac{(T_\infty - T_L)}{\dfrac{1}{h_{\mathrm{ave}}} + \dfrac{\delta}{\kappa_s}} = -\rho_s \mathrm{hn}_{fs} \frac{d\delta}{dt} \tag{9.68}$$

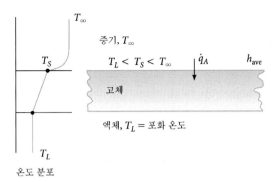

(a) 상부 표면에서 대류가 일어남.
액체는 온도가 하부 표면 위에 있는 고체와 같음

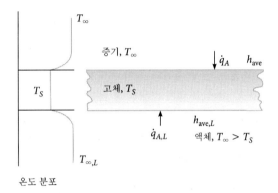

(b) 상부 표면과 하부 표면에서 대류가 일어남

그림 9.22 대류 가열로 인한 무한 슬래브의 용융

이 식은 다음과 같은 항들을 정의함으로써 무차원 형태로 바꿀 수 있다.

$$\bar{\delta} = \frac{h_{ave}\delta}{\kappa_s} \qquad \text{및} \qquad \bar{t} = th_{ave}^2 \frac{T_\infty - T_L}{\rho_s hn_{fs}\kappa_s}$$

이 식들을 식 (9.68)에 대입하면 다음과 같은 형태가 된다.

$$d\bar{t} = -(1 + \bar{\delta})d\bar{\delta} \qquad\qquad (9.69)$$

$\bar{t} = 0$에서는 $\bar{\delta}_i$로 놓고 슬래브가 완전히 녹는 때인 소정의 시각 t_{max}까지 적분을 하여 $\bar{\delta} = \bar{\delta}_f = 0$으로 놓으면, 식 (9.69)는 다음과 같이 된다.

$$\bar{t} = \frac{1}{2}\bar{\delta}_i^2 + \bar{\delta}_i \qquad\qquad (9.70)$$

고체 슬래브 밑에 있는 액체 온도가 슬래브보다 더 낮고 슬래브의 하부 표면에서 대류 열전달 계수 $h_{ave,L}$이 확인되면, 슬래브의 에너지 균형은 슬래브 온도가 일정하다고 가정하면 다음과 같이 된다.

$$h_{ave}(T_\infty - T_s) + h_{ave,L}(T_{\infty,L} - T_s) = -\rho_s \mathrm{hn}_{fs}\frac{d\delta}{dt} \tag{9.71}$$

또는, 특정한 시간 기간 t에 관하여 적분하면 다음과 같이 된다.

$$\delta_i - \delta_f = \left(\frac{h_{ave}(T_\infty - T_s) + h_{ave,L}(T_{\infty,L} - T_s)}{\rho_s \mathrm{hn}_{fs}}\right)t \tag{9.72}$$

예제 9.15

따뜻한 어느 겨울날, 얼어붙은 연못 주위의 공기 온도가 13:00에서 15:00 사이에 10 ℃로 유지된다. 얼음은 두께가 10 cm이고 얼음 아래의 물 온도는 0.5 ℃임을 알았다. 대류 열전달 계수는 개략적으로 얼음의 위 표면과 공기 사이에서는 57 W/m² · K로, 얼음의 밑 표면과 물 사이에서는 142 W/m² · K로 계산되었다. 15:00에서 얼음 두께를 개략적으로 계산하라. 얼음은 밀도를 916 kg/m³으로, 융해열은 335 kJ/kg으로 각각 잡으면 된다.

풀이 식 (9.72)를 사용하면 다음과 같이 나오고,

$$\delta_i - \delta_f = 1.5\,\mathrm{cm} = 0.598\,\mathrm{in.}$$

2시간 후인 13:00에 얼음 두께는 다음과 같이 된다.

$$\delta_f = \delta_i - 1.5\,\mathrm{cm} = 10 - 1.5\,\mathrm{cm} = 8.5\,\mathrm{cm.}$$

답

구형 집중 시스템의 응고

집중 열용량 시스템은 구형 질량의 응고 과정을 근사화하는 데 사용하는데, (응고/용융 포화 온도 상태인) 포화 액체로 둘러싸여 있기 때문에 발생하게 되는 이 시스템에서는 구체의 용융에 사용하는 식 (9.65)와 반대 결과가 나온다. 즉, 응고에는 다음과 같은 식이 있는데,

$$r_f - r_i = \left(\frac{h_{ave}(T_s - T_\infty)}{\rho_s \mathrm{hn}_{fs}}\right)t \tag{9.73}$$

이 식에서 t는 최초 반경 r_i에서 최종 반경 r_f까지 되는 데 걸리는 응고 시간이다.

대류 가열로 인한 무한 슬래브의 응고

그림 9.23a에는 대형 결정질 고체 슬래브가 한쪽 표면은 대류 냉각 상태에 놓여 있고, 다른 쪽 표면은 온도가 소정의 포화 온도로 일정한 상태에서 이와 동일한 온도의 포화 액체와 접촉하고 있는 상황으로 그려져 있다. 이 상황에서는 액체가 열원으로 기능을 하고 대류 냉각은 슬래브에서의 열손실이다. 슬래브에서는 포화 온도 T_L 상태의 액체에서 고체 슬래브를 거쳐서 온도가 T_∞인 주위로 이동되는 열전달을 에너지 균형식에서 구할 수 있으며 그 열전달은 다음과 같다.

$$\frac{T_L - T_\infty}{\dfrac{\delta}{\kappa_s} + \dfrac{1}{h_{\text{ave}}}} = \rho_s \text{hn}_{fs} \frac{d\delta}{dt} \tag{9.74}$$

이 식은 온도 차에서 항의 위치가 바뀌어 있고 슬래브 두께가 양(+)의 변화율로 증가한다는 점을 제외하고는, 무한 슬래브의 용융에서 사용하는 식 (9.68)과 같다. 이 식을 다음과 같은 매개변수로 정규화, 즉 무차원화하면

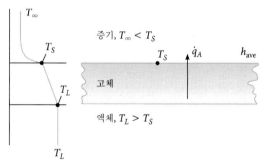

(a) 상부 표면에서 대류 냉각이 일어남

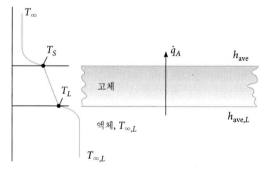

(b) 상부 표면과 하부 표면에서 대류가 일어남

그림 9.23 대류 열전달로 인한 무한 슬래브의 응고

$$\bar{\delta} = \frac{h_{\text{ave}}\delta}{\kappa_s} \quad \text{및} \quad \bar{t} = th_{\text{ave}}^2 \frac{T_L - T_\infty}{\rho_s \text{hn}_{fs}\kappa_s}$$

다음과 같이 식 (9.70)과 유사한 결과가 나온다.

$$\bar{t} = \frac{1}{2}(\bar{\delta}_f^2 - \bar{\delta}_i^2) + \bar{\delta}_f - \bar{\delta}_i \tag{9.75}$$

물론, 고체가 전혀 형성되어 있지 않은 $\bar{\delta}_i = 0$ 상태로 시작하면 이 식은 간단해진다.

대류 냉각은 그림 9.23b와 같이 액체 온도가 고체보다 더 높고 하부 표면에서의 대류 열전달 계수 $h_{\text{ave},L}$이 확인되어 있는 경우에서 면밀하게 마무리되었다. London과 Seban [19]은 이러한 경우에 사용할 수 있는 해석 식을 개발하였는데, 이 식에서 에너지 균형은 다음과 같다.

$$\frac{T_{\infty,L} - T_\infty}{\dfrac{\delta}{\kappa_s} + \dfrac{1}{h_{\text{ave}}} + \dfrac{1}{h_{\text{ave},L}}} = \rho_s \text{hn}_{fs} \frac{d\delta}{dt} \tag{9.76}$$

이 식은 다음과 같은 매개변수를 정의하여 무차원화하면 된다.

$$\bar{R} = \frac{h_{\text{ave},L}}{h_{\text{ave}}} \quad \text{및} \quad \bar{T} = \frac{T_{\infty,L} - T_\infty}{T_L - T_\infty}$$

이와 함께 다음과 같이 앞서 정의한 매개변수를 사용한다.

$$\bar{\delta} = \frac{h_{\text{ave}}\delta}{\kappa_s} \quad \text{및} \quad \bar{t} = th_{\text{ave}}^2 \frac{T_L - T_\infty}{\rho_s \text{hn}_{fs}\kappa_s}$$

식 (9.75)에서 이미 전개되어 있는 결과를 가져오면, 결과 식은 다음과 같이 된다.

$$\frac{1 + \bar{\delta}}{1 + \overline{RT}(1 + \bar{\delta})} d\bar{\delta} = d\bar{t} \tag{9.77}$$

식 (9.77)을 적분하고 초기 조건인 $\bar{t} = 0$ 에서 $\bar{\delta} = 0$ 을 적용하면, 다음과 같이 나오므로

$$\bar{t} = \frac{1}{\bar{R}^2\bar{T}^2}\ln\left(1 + \frac{\overline{RT}\,\bar{\delta}}{1 + \overline{RT}}\right) + \frac{\bar{\delta}}{\overline{RT}} \tag{9.78}$$

무한 고체 슬래브가 $\bar{\delta}$의 두께로 성장하는 데 걸리는 무차원 시간 $\bar{t}$를 산출할 수 있다.

9.6 상변화 열전달의 응용

상변화 열전달은 많이 응용되고 있으며 그중에 다수가 실증되어 있는데, 여기에는 물을 끓여서 사용하는 증기 발전 장치, 냉매가 기화하거나 비등하는 냉동 시스템의 증발기 및 증기를 액체로 냉각시키는 데 사용하는 모든 종류의 응축기가 있다. 용융과 응고 열전달과 연관되는 응용도 많이 있다. 다음의 다섯 가지 예제는 이러한 응용들이 얼마나 다양하고 특수한 경우가 많이 있는지를 보여주고 있다.

예제 9.16

금속 주물에서는 금속이 고체 상태가 되도록 용융 금속을 냉각시켜야 한다. 특수한 응용으로 (그림 9.24와 같이) 용융 철을 주입한 뒤 흘러 나가지 못하게 양쪽 끝에 캡을 씌우는 기다란 수평 회전 원통형 주형에서는, 이 회전에 의한 원심 작용으로 속이 비어 있는 동심 중공 원통체가 생산된다. 이 과정을 일반적인 용어로 **원심 주조**(centrifugal casting)라고 한다. 그 결과물인 중공 원통체나 슬리브(sleeve)는 내연기관용 알루미늄 블록에 실린더용 마모 표면 기능을 하는 인서트(insert)로서 사용되어, 그 표면 위에 피스톤 링과 피스톤이 안내된다. 이렇게 응용하기 전에 미리 엔진 블록을 제작하게 되는데, 주철은 마모 특성이 양호하므로 주철을 사용한다. 알루미늄은 중량이 주철의 약 1/3이므로, 주철 슬리브를 알루미늄 엔진 블록에 끼우게 된다면 뚜렷한 중량 감소가 실현될 수 있는 것이다.

게다가 이렇게 주철을 원심 주조하게 되면 내부 표면이 외부 표면보다 더 느리게 냉각되고 뜻밖에도 냉각률이 작을수록 마모 표면이 더 양호해지는 슬리브가 제작되는데, 이러한 내용은 제3.5절에서 설명한 바 있다. 이 과정에서의 열전달은 그림 9.24에 나타나 있는데, 여기에서는 비교적 저온인 주형이 접촉 상태에 있는 용융 철을 전도를 통해 매우 큰 열전달률로 급속하게 냉각시킨다. 내부 영역 쪽에 있는 액체 금속은 복사와 대류로 냉각된다.

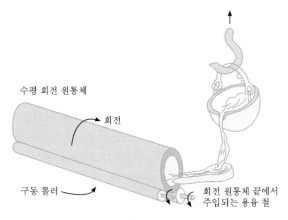

수평 회전 원통체

회전

구동 롤러

회전 원통체 끝에서 주입되는 용융 철

그림 9.24 원심 주조 과정

주철은 약 1370 ℃에서 녹으므로, 복사가 용융 철 냉각에서 주요 부분을 차지한다. 그림 9.25에는 냉각이 응고 과정으로 진행될 때 주철 내부 표면의 냉각 곡선이 그려져 있다. 즉, 내부 표면에 있는 주철은 응고 온도(A) 미만으로 냉각되어 과냉 액체가 되고, 주형에 대한 주철의 실제 응고 과정에서 유리되는 융해열 때문에 용융 주철은 용융 온도(B)를 초과하는 온도로 다시 가열된다. 복사와 대류 열손실 때문에 최종적으로 온도는 용융 온도 미만으로 떨어져서 완전한 슬리브로 응고하게 된다. 주목할 점은 슬리브의 내부 표면 온도가 응고 온도 미만으로 떨어진 다음, 더 높은 온도로 되돌아가는 데 걸리는 시간 기간은 그 중요성이 크다고 할 수 있다는 것이다. 그러므로 이 예제에서는 표면 온도가 항상 물질의 상을 나타내는 훌륭한 지표가 되는 것은 아니다. 이 문제를 완전히 해석하는 것은 이 책의 취지를 넘어서는 일이다.

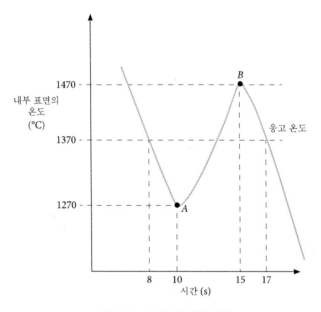

그림 9.25 슬리브의 냉각 곡선

유리창에서 성에를 제거하거나 비행기 날개와 같은 저온 표면에서 얼음을 제거하는 일은 특히 추운 기후에서는 흔한 관심사이다. 흔히 성에 제거는 성에나 얼음이 형성되어 있는 표면을 온열시킴으로써 달성된다. 이러한 상황은 그림 9.26에 그 개요가 있는데, 이 그림에서는 하부에 있는 온열 표면이 액체 물층을 가열하면서 녹이고 있으므로, 얼음 아래쪽에서는 대류 열전달이, 위쪽에서는 대류 냉각이 각각 일어나고 있다. 이 문제는 그림 9.23b에서 살펴보았던 대류 가열이 있는 응고 문제와 유사하다. 이 예제에서 얼음이 녹거나 줄어드는 상황과 그림 9.23b에서 얼음이 성장하거나 어는 상황 등 이 두 상황 간에는 한 가지 미묘한 차이가 있다. 응고 문제 해석은 식 (9.78)로 끝났으므로, 이 예제에서는 이 식을 약간 변형시

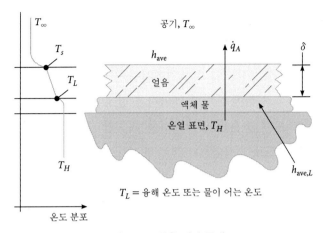

그림 9.26 얼음 제거 문제

켜 사용하면 된다. 그러므로 식 (9.78)로 산출되는 무차원 시간 $\bar{t}$ 는 얼음 제거 시작 시점에서 두께가 δ인 얼음 표면을 완전히 녹이거나 얼음을 완전히 제거시키는 데 걸리는 시간으로 해석해야 한다. 수평 편평 표면이 60 ℃로 가열되고 있고, 가열 표면과 얼음 사이의 녹은 얼음의 대류 열전달 계수는 10 W/m² · K, 주위 공기 온도는 −5 ℃, 얼음 표면/공기 간 대류 열전달 계수는 10 W/m² · K일 때, 이 수평 편평 표면에서 두께가 1 cm인 얼음을 제거시키는 데 걸리는 시간을 구하라.

풀이 얼음 특성량들을 부록 표 B.6에서 근사화하면 다음과 같다. 즉, $\rho_s = 916$ kg/m³, $\mathrm{hn}_{fs} = \mathrm{hn}_{sg} - \mathrm{hn}_{fg} = 333.35$ kJ/kg, $\kappa_s = 2.2$ W/m · K 이다. 무차원 시간은 다음과 같다.

$$\bar{t} = t\,\mathrm{hn}_{ave}^2 \frac{T_L - T_\infty}{\rho_g \mathrm{hn}_{fs}\kappa_s} = t(10)^2 \frac{0 - (-5)}{(916)(333,350)(2.2)}$$

$$\bar{t} = t(7.44 \times 10^{-7}) \quad (t\text{는 단위가 } s\text{임})$$

또한,

$$\delta = \frac{h_{ave}\delta}{\kappa_s} = \frac{(10 \text{ W/m}^2 \cdot \text{K})(0.01 \text{ m})}{(2.2 \text{ W/m} \cdot \text{K})} = 0.0454$$

및

$$\bar{R} = \frac{h_{ave,L}}{h_{ave}} = 1 \qquad \bar{T} = \frac{T_{\infty,L} - T_L}{T_L - T_\infty} = \frac{60 - 0}{0 - (-5)} = 12$$

이 값들을 식 (9.78)에 대입하면 다음과 같이 된다.

$$t = \frac{1}{\bar{R}^2\bar{T}^2}\ln\left(1 + \frac{\overline{RT}\,\bar{\delta}}{1 + \overline{RT}}\right) + \frac{\bar{\delta}}{\overline{RT}} = 0.004068$$

및

$$t = 5498 \text{ s} = 1.53 \text{ hr}$$

답

열저장은 갈수록 중요한 개념이 되었고, 상변화를 일으키는 물질들은 많은 열저장 용도에서 주의를 끌게 되었다. 상변화 물질(PCMs)이 수반되는 열저장 시스템은 태양 에너지 시스템으로 구체화되어 있는데, 이 시스템에서는 구름이 끼어 있거나 어두운 때 말고 해가 빛나고 있는 시간대 동안에 대량의 에너지가 열에너지로서 가용한다. 태양열 집열판을 집중시켜 사용함으로써 고온의 열에너지를 획득할 수 있고, PCMs를 사용함으로써 에너지를 비교적 높은 온도로 저장할 수 있다. 더 나아가 건물의 냉방 및 공기조화(공조/air conditioning) 용도에서는 피크 타임 중에 공조 장치에 큰 부하가 걸리게 되는데, 이때는 대개 전기 단가가 비싼 주간 시간대이다. 얼음 저장고나 다른 PCMs를 사용하여, 야간 동안이나 전기 요금이 저렴할 때 공기조화기(공조기/air conditioner)나 냉각기(chiller)를 가동시켜 물을 얼림으로써 '냉기(cold)'를 얼음에 저장시킬 수 있다. 그런 다음, 전기 요금이 비싼 피크 시간대에 건물을 냉방시키는 데 공조기나 냉각기를 작동시키는 대신 얼음을 사용할 수 있으므로, 전기 요금을 줄일 수 있는 기회가 주어진다. 예를 들어 열에너지의 저장이나 빙축열 저장(ice storage)은 외통-관 열교환기 형태로 이룰 수 있다. 그림 9.27에는 저온(또는 고온) 유체가 관으로 수송되고 열은 관 둘레에 있는 PCM에서(또는 PCM으로) 전달되는 장치의 일부의 모델을 나타내고 있다. 이 그림에서는 PCM이 열교환기 입구의 관 주위에서 얼려져서 고체가 되는 것을 알 수 있다.

열교환기에서 거리 L만큼 떨어져 있는 출구까지 진행되면서, 고체는 점점 더 줄어들고 액체 PCM은 점점 더 많아진다. 관군 해석과 열교환기 설명에서 예상할 수 있듯이 관 배열은 관 내 유체와 주위 PCM 간 열 교환 성능에 영향을 주게 된다. 그림 9.27에는 이러한 관으로 배열할 수 있는 사방 직렬 배열 패턴(in-line/square pattern)과 사방 엇갈림 배열 패턴(staggered pattern)이 나타나 있다. 관 사이의 거리 역시 열 교환 성능에 영향을 주게 된다. Shamsundar와 Srinivasan[20, 21]은 제8장의 유효도-NTU 개념을 사용하여 이러한 상변화 열저장 장치 모델 경우의 해를 개발하였다. 유체 온도가 PCM의 포화 온도나 융해 온도보다 낮은 경우에는 유효도가 다음과 같다.

$$\varepsilon_{\mathrm{HX}} = \frac{\dot{Q}_{\mathrm{HX}}}{\dot{m}_f c_{p,f}(T_{\mathrm{sat}} - T_{f,0})} = \frac{(T_{f,L} - T_{f,0})}{(T_{\mathrm{sat}} - T_{f,0})} = 1 - \frac{(T_{\mathrm{sat}} - T_{f,L})}{(T_{\mathrm{sat}} - T_{f,0})} \tag{9.79}$$

온도가 PCM보다 더 높은 유체에서는 그 결과가 동일하더라도 식 (9.79)에서 온도 차가 뒤바뀌어야 한다. NTU는 다음과 같이 정의되는데,

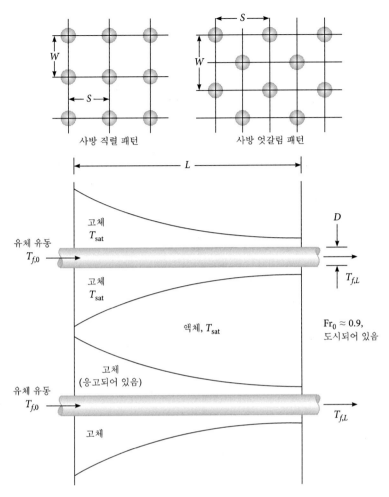

그림 9.27 상변화 열저장 장치, PCM 응고의 개요

$$\text{NTU} = \frac{\pi D_i h_{\text{ave},i} L}{\dot{m}_f c_{p,f}} \tag{9.80}$$

여기에서 D_i는 관 내경이고 $h_{\text{ave},i}$는 유체의 대류 열전달 계수이다. PCM에 사용해도 되는 비오 수는 다음과 같이 정의되는데,

$$\text{Bi}_{\text{HX}} = \frac{h_i D_0}{\kappa_s} \tag{9.81}$$

여기에서 D_o는 관 외경이다.

이 모델에서의 유효도-NTU 관계식은 다음과 같다.

$$\text{NTU} = \ln\left(\frac{1}{1-\varepsilon_{\text{HX}}}\right) + \text{Bi}_{\text{HX}}\{\bar{f}(\text{Fr}_0) - \bar{f}[\text{Fr}_0(1-\varepsilon_{\text{HX}})]\} \tag{9.82}$$

여기에서 매개변수 Fr_0는 유체 입구에서의 고체 분량을 나타내는 **응고 분율**(frozen fraction) 또는 PCM의 분율이며, 1차 응고 분율 함수는 $\bar{f}(-)$로 표시한다. 이 함수들은 사방 직렬 관 배열과 사방 엇갈림 관 배열일 때 그림 9.28에 그래프로 그려져 있다. 식 (9.82)는 어떠한 비오 수에 사용해도 되므로, 응고 분율 함수에는 그림 9.28을 사용한다. 그림 9.27에서 주목할 점은 유체 입구에서의 응고 분율은 약 0.9 정도로 나타나지만, 0~1 사이의 어떤 값도 될 수가 있다. 그림 9.29, 9.30, 9.31에는 비오 수가 각각 1, 10, 100일 때의 유효도-NTU 관계가 나타나 있다.

열저장 시스템에 저장될 수 있는 열에너지 양이나 고체 양은 PCM의 총 응고 분율 Fr에 관한 정보가 필요한데, 이는 입구 응고 분율과 다음 식과 같은 관계가 있다.

$$\text{Fr} = \frac{1}{\text{NTU}}(\text{Fr}_0\varepsilon_{\text{HX}} + \text{Bi}_{\text{HX}}\{\bar{\bar{f}}(\text{Fr}_0) - \bar{\bar{f}}[\text{Fr}_0(1-\varepsilon_{\text{HX}})]\}) \tag{9.83}$$

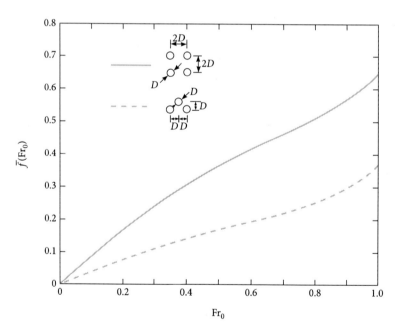

그림 9.28 1차 응고 분율 함수 (출전: Shamsundar, N, & R. Srinivasan, Effectiveness–NTU Charts for Heat Recovery from Latent Storage Units, J. Solar Engineering, vol. 102, pp. 263–271, Nov. 1980.)

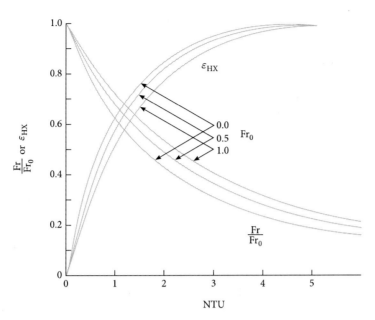

그림 9.29 $\mathrm{Bi_{HX}}$ = 1일 때, PCM 열저장 시스템의 유효도–NTU 관계 (출전: Shamsundar, N, & R. Srinivasan, Effectiveness–NTU Charts for Heat Recovery from Latent Storage Units, J. Solar Engineering, vol. 102, pp. 263–271, Nov. 1980.)

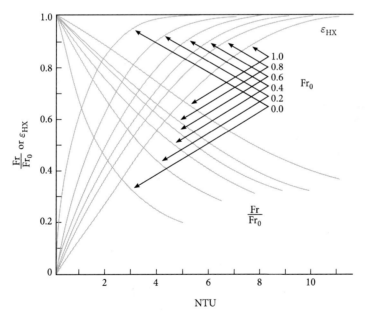

그림 9.30 $\mathrm{Bi_{HX}}$ = 10일 때, PCM 열저장 시스템의 유효도–NTU 관계 (출전: Shamsundar, N, & R. Srinivasan, Effectiveness–NTU Charts for Heat Recovery from Latent Storage Units, J. Solar Engineering, vol. 102, pp. 263–271, Nov. 1980.)

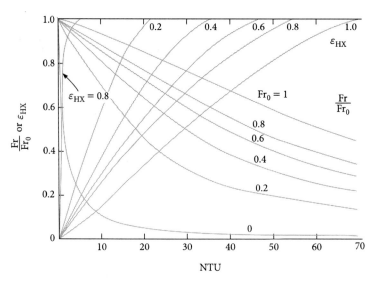

그림 9.31 Bi_{HX} = 100일 때, PCM 열저장 시스템의 유효도-NTU 관계 (출전: Shamsundar, N, & R. Srinivasan, Effectiveness-NTU Charts for Heat Recovery from Latent Storage Units, J. Solar Engineering, vol. 102, pp. 263-271, Nov. 1980.)

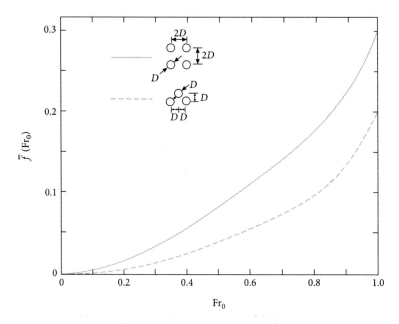

그림 9.32 2차 응고 분율 함수 (출전: Shamsundar, N, & R. Srinivasan, Effectiveness-NTU Charts for Heat Recovery from Latent Storage Units, J. Solar Engineering, vol. 102, pp. 263-271, Nov. 1980.)

2차 응고 분율 함수 $\bar{\bar{f}}(\mathrm{Fr_0})$는 사방 직렬 관 배열과 사방 엇갈림 관 배열일 때 그림 9.32에 나타나 있다. 그림 9.29, 9.30, 9.31에는 비오 수가 각각 1, 10, 100일 때 비 $\mathrm{Fr/Fr_0}$가 나타나 있다. 다른 비오 수에서는 식 (9.83)이 필요하다.

PCM에서 천이 상태를 살펴볼 때에는 무차원 시간 매개변수가 필요하며, 다음과 같이 정의되는데,

$$\bar{t}_{\mathrm{HX}} = \frac{\kappa_s(T_{\mathrm{sat}} - T_{f,0})}{\rho_s \mathrm{hn}_{fs} D_o^2} \tag{9.84}$$

이는 다음과 같다.

$$\bar{t}_{\mathrm{HX}} = B_{\mathrm{HX}}\left(\frac{\mathrm{Fr_0}}{\mathrm{Bi}_{\mathrm{HX}}} + \bar{\bar{f}}(\mathrm{Fr_0})\right) \tag{9.85}$$

관 형상 계수는 다음과 같다.

$$B_{\mathrm{HX}} = \frac{1}{\pi}\left(\frac{SW}{D_o^2} - \frac{\pi}{4}\right) \tag{9.86}$$

여기에서 항 S와 W는 그림 9.27에 나타나 있다. 식 (9.84)와 식 (9.85)를 결합하면 다음과 같이 된다.

$$t = \frac{\rho_s \mathrm{hn}_{fs} D_o^2 B_{\mathrm{HX}}}{\kappa_s(T_{\mathrm{sat}} - T_{f,0})}\left(\frac{\mathrm{Fr_0}}{\mathrm{Bi}_{\mathrm{HX}}} + \bar{\bar{f}}(\mathrm{Fr_0})\right) \tag{9.87}$$

예제 9.18

R-134a를 냉매로 사용하는 빙축 에너지 저장 시스템이 있다. 이 냉매는 관이 20개인 관군에 −5 ℃로 유입된다. 이 시스템에서 구한 데이터는 다음과 같다.

$h_{\mathrm{ave},i} = 1000\ \mathrm{W/m^2 \cdot K} \quad \dot{m}_f c_{p,f} = 126\ \mathrm{W/K} \quad \kappa_s = 2.2\ \mathrm{W/m \cdot K} \quad D_i = 2\ \mathrm{cm}$

$\mathrm{hn}_{fs} = 335\ \mathrm{kJ/kg} \qquad D_o = 2.2\ \mathrm{cm} \qquad \rho_s = 916\ \mathrm{kg/m^3} \qquad T_{\mathrm{sat}} = 0\ ℃$

$L = 8\ \mathrm{m} \qquad\qquad$ 사방 직렬관 배열, 피치 = 5 cm

이 데이터에서

$$\mathrm{Bi}_{\mathrm{HX}} = \frac{(1000\ \mathrm{W/m^2 \cdot K})(0.022\ \mathrm{m})}{2.2\ \mathrm{W/m \cdot K}} = 10$$

를 구하고, 식 (9.80)을 사용하면 다음과 같이 된다.

$$\text{NTU} = \frac{\pi(0.02 \text{ m})(1000 \text{ W/m}^2 \cdot \text{K})(8 \text{ m})}{126 \text{ W/K}} \approx 4$$

완전 포화 액체 PCM과 이때의 총 열전달로 시작하여, 냉각이 시작되고 나서 60분이 지난 후의 총 응고 분율 값을 구하라.

풀이 무차원 시간은 다음과 같다.

$$\bar{t}_{\text{HX}} = \frac{(2.2 \text{ W/m} \cdot \text{K})[0 - (-5°\text{C})](3600 \text{ s})}{(916 \text{ kg/m}^3)(335{,}000 \text{ J/kg})(0.02 \text{ m})^2} = 0.323$$

사방 직렬 직렬 관 배열의 기하형상에서 다음과 같이 되고,

$$B_{\text{HX}} = \frac{1}{\pi}\left(\frac{(5 \text{ cm})(5 \text{ cm})}{2.2 \text{ cm}^2} - \frac{\pi}{4}\right) = 1.394$$

식 (9.85)에서 다음과 같이 된다.

$$0.323 = 1.394\left(\frac{\text{Fr}_0}{10} + \bar{\bar{f}}(\text{Fr}_0)\right) = \bar{t}_{\text{HX}}$$

1시간 후의 입구 응고 분율을 구해야 하므로, 이 식과 그림 9.32를 사용해야 한다. 반복법을 사용하므로, 먼저 1시간 후의 입구 응고 분율 값을 가정한다. 그리고 나서 식 9.85에서 $\bar{t}_{\text{HX}}$ 값을 계산하고 그림 9.32에서 2차 응고 분율을 판독하여, 다음과 같은 값을 구한다.

Fr0	$\bar{\bar{f}}(\text{Fr}_0)$	$\bar{t}_{\text{HX}}$
0.8	0.185	0.369
0.7	0.148	0.303

이 조건 사이에서 보간법을 사용하면, 그 결과는 $\text{Bi}_{\text{HX}} = 10$에서 $\text{Fr}_0 = 0.74$가 되고 $\bar{t}_{\text{HX}} = 0.323$이 나온다. 그러므로 응고 분율이 74 %(0.74)일 때에는, 그림 9.30과 NTU = 4에서 다음과 같이 된다.

$$\frac{\text{Fr}}{\text{Fr}_0} = 0.62$$

및

$$\text{Fr} = \frac{\text{Fr}}{\text{Fr}_0}\text{Fr}_0 = (0.62)(0.74) = 0.4588 = 45.88\%$$

답

유효도는 그림 9.31에서 다음과 같이 된다.

$$0.68 = \frac{\dot{Q}_{HX}}{\dot{m}_f c_{p,f}(T_{sat} - T_{f,0})} = \frac{\dot{Q}_{HX}}{(126 \text{ W/K})(5 \text{ K})}$$

및

$$\dot{Q}_{HX} = (0.68)(126 \text{ W/K})(5 \text{ K}) = 428.4 \text{ W/tube}$$

관이 20개일 때에는 다음과 같이 된다.

$$\dot{Q}_{HX} = 8.568 \text{ kW} \qquad\qquad 답$$

예제 9.19

사방 엇갈림 관 배열인 PCM 열저장 시스템이 있다. 열저장 시스템의 데이터는 $Bi_{HX} = 20$, NTU = 7, $Fr_0 = 0.7$이다. 이 열교환기의 유효도를 구하라.

풀이 그림 9.28의 1차 응고 분율 함수와 함께 식 (9.82)를 사용한다. 유효도 값을 가정하여 반복법을 사용한 다음 보간법을 사용한다. 응고 분율이 0.7일 때 1차 응고 분율함수는 약 0.23이다. 다음 NTU 값은 유효도 값을 가정하여 식 (9.82)에서 구한결과이다

ε_{HX}	NTU
0.9	6.30
0.95	7.395

보간법을 사용하면, 다음과 같이 된다.

$$\varepsilon_{HX} \approx 0.93 \text{ (93\%)} \qquad\qquad 답$$

승화 열전달은 몇 가지 응용이 있는데, 그중 하나는 고체 이산화탄소, 즉 **드라이아이스**의 제조와 그 이후에 증기 상태로 되돌아가는 승화 과정이다.

예제 9.20

한 변의 길이가 10 cm인 사각 드라이아이스, 즉 고체 이산화탄소가 표면에서 대류 열전달 계수가 100 W/m² · K일 때, 1 atm 및 20 ℃에서 승화하는 데 걸리는 시간을 개략적으로 계산하라. 다음 값들은 포화 응고 온도인 −78.515 ℃에서의 고체 이산화탄소 상태량들이다. 즉,

$$\kappa_s = 2 \text{ W/m} \cdot \text{K}, \quad \rho_s = 910 \text{ kg/m}^3 \quad 및 \quad hn_{sg} = 573.4 \text{ kJ/kg}$$

풀이 집중 열용량 상사를 사용하면, 사각 드라이아이스의 비오 수는 다음과 같다.

$$\text{Bi} = \frac{h_{\text{ave}}L}{\kappa_s} = \frac{h_{\text{ave}}V}{\kappa_s A_s} = \frac{(100 \text{ W/m}^2 \cdot \text{K})(0.1 \text{ m})^3}{(2 \text{ W/m} \cdot \text{K})(6)(0.1 \text{ m})^2} = 0.833$$

이 값은 집중 열용량 요구 조건인 0.1을 상당히 넘어서지만, 사각 드라이아이스는 승화 과정이 일정한 온도에서 진행되므로 이 근삿값을 사용하면 된다. 사각 드라이아이스의 에너지 균형 식은 다음과 같이 쓸 수 있다.

$$h_{\text{ave}}A_s (T_\infty - T_{\text{sat}}) = -\rho_s \text{hn}_{sg}\frac{dV}{dt}$$

체적 V은 한 변의 길이를 3제곱한 l^3와 같고, 표면적 A_s는 $6l^2$이므로 다음과 같고

$$h_{\text{ave}}(6l^3)(T_\infty - T_{\text{sat}}) = -\rho_s \text{hn}_{sg}\frac{d(l^3)}{dt}$$

전개해서 적분하면, 사각 드라이아이스가 완전히 녹는 데 걸리는 시간이 다음과 같이 된다.

$$t = \frac{\rho_s \text{hn}_{sg}l}{2h_{\text{ave}}(T_\infty - T_{\text{sat}})}$$

주어진 상태량을 사용하면, 다음과 같은 값이 나온다.

$$t = \frac{(910 \text{ kg/m}^3)(573{,}400 \text{ J/kg})(0.1 \text{ m})}{2(100 \text{ W/m}^2 \cdot \text{K})(20 + 78.515 \text{ K})} = 2648.3 \text{ s} = 0.74 \text{ hr}$$

승화는 빙산과 눈의 승화와 같은 다른 물리적 상황에서도 일어나지만, 이러한 과정에 수반되는 열전달의 특질에 관해서는 광범위하게 연구가 이루어지지 않았다.

9.7 요약

포화 액체 내에서 기포가 형성되는 것은 표면 장력으로 균형이 이루어지는 기포 내·외부 간 압력 차 때문이며, 그 관계식은 다음과 같다.

$$p_g - p_f = \frac{4\sigma_{\text{ST}}}{D} \tag{9.1}$$

핵 풀 비등 열전달은 다음과 같은 대류 열전달 계수 관계식을 사용하여 해석하면 된다.

$$h_{\text{npb}} = 1.2 \times 10^{-8}(\Delta T_{\text{SH}})^{2.33}p_c^{2.3}F_p^{3.33} \quad (\text{W/m}^2 \cdot {}^\circ\text{C}) \tag{9.4}$$

또는, 유기 유체에서 한층 더 정밀한 값을 구하고자 할 때에는 다음과 같은 식을 사용한다.

$$h_{\text{npb}} = 0.0001629\frac{\kappa_f\rho_g}{\rho_f}\left(\frac{2\sigma_{\text{ST}}}{g(\rho_f + \rho_g)}\right)^{0.274}\left(\frac{\Delta T_{\text{SH}}}{T_g}\right)^2\left(\frac{\text{hn}_{fg}}{\alpha_f^2}\right)^{0.744}\left(\frac{\rho_f}{\rho_f - \rho_g}\right)^{13}\frac{\text{W}}{\text{m}^2 \cdot {}^\circ\text{C}} \tag{9.6}$$

평평 표면 위 풀 비등에서의 최대 열전달은 다음 식으로 근사화할 수 있는데,

$$\dot{q}_{A, \text{max nbp}} = 0.149\sqrt{\rho_g}\,\text{hn}_{fg}[g\sigma_{\text{ST}}(\rho_f - \rho_g)]^{1/4}\frac{\text{kW}}{\text{m}^2} \tag{9.8}$$

여기에서 이 식에 들어 있는 모든 매개변수들은 단위가 표준 SI 단위이다. 표면 장력은 단위가 mN/m이다. 단일 수평 원통체 둘레에서의 최대 핵 비등 열전달에서는 다음과 같이 된다.

$$\dot{q}_{A, \text{max nbp}} = 0.131\sqrt{\rho_g}\,\text{hn}_{fg}[g\sigma_{\text{ST}}(\rho_f - \rho_g)]^{1/4} \tag{9.9}$$

수평 표면과 수직 표면 막 비등에서의 대류 열전달 계수는 다음 식으로 산출할 수 있는데,

$$h_{\text{FBT}} = h_{\text{FB}} + {}^4\!/_3 h_{\text{RAD}} \tag{9.10}$$

여기에서 대류 막 비등 열전달 계수 h_{FB}는 다음 식에서 구한다.

$$\text{Nu}_D = \frac{h_{\text{FB}}D}{k_g} = 0.62\left(\frac{(\rho_f - \rho_g)gD^3(\text{hn}_{fg} + 0.34c_{pg}\Delta T_{\text{SH}})}{v_g\kappa_g\Delta T_{\text{SH}}}\right)^{1/4} \tag{9.11}$$

또한,
$$h_{\text{RAD}} = \varepsilon_{r,\text{HS}}\sigma\frac{T_w^4 - T_g^4}{\Delta T_{\text{SH}}} \tag{9.12}$$

수직관 내 풀 비등은 Chen 방법으로 해석할 수 있는데, 여기에서 대류 열전달 계수 식은 다음과 같이 정의되고,

$$h_{\text{nb,vt}} = h_f F_{\text{TP}} + h_{\text{nb}}S \tag{9.13}$$

유체의 핵 풀 비등 대류 열전달 계수는 다음 식으로 산출한다.

$$h_{\text{nb}} = 0.00122\left(\frac{\kappa_f^{0.79}c_{p,f}^{0.45}\rho_f^{0.49}}{\sigma_{\text{ST}}^{0.5}\mu_f^{0.29}\text{hn}_{fg}^{0.24}\rho_g^{0.24}}\right)(\Delta T_{\text{SH}})^{0.24}(p_{g,w} - p_g)^{0.75} \tag{9.18}$$

포화 증기보다 더 낮은 온도에서 수직 표면을 흘러내리는 응축물의 질량 유량은 단위 폭당 다음과 같다.

$$\dot{m}_{\text{WD}} = \frac{\rho_f g}{3\mu_f}(\rho_f - \rho_g)\delta^3 \tag{9.27}$$

경계층 두께는 다음과 같으며,

$$\delta(y) = \left(\frac{4\kappa_f \mu_f(T_g - T_w)}{\rho_f g(\rho_f - \rho_g)\text{hn}_{fg}}y\right)^{1/4} \tag{9.34}$$

길이가 L인 경계층에서의 평균 대류 열전달 계수는 다음과 같다.

$$h_{\text{ave}} = \frac{1}{L}\int_0^L h_y dy = \frac{4}{3}h_L = 0.943\left(\frac{\rho_f g(\rho_f - \rho_g)\kappa_f^3 \text{hn}_{fg}}{\mu_f(T_g - T_w)L}\right)^{1/4} \tag{9.38}$$

액체는 층류와 난류 사이의 천이 유동으로, 수직 표면에서 응축될 때에는 다음과 같으며,

$$h_{\text{ave}} = \frac{\kappa_f}{1.08(\text{Re}_{\text{cond}}^{1/3})}\left(\left(1 - \frac{\rho_g}{\rho_f}\right)\left(\frac{g}{v_t^2}\right)\right)^{1/3} \quad \text{(천이 유동)} \tag{9.45}$$

막 경계층 내 응축물의 난류 유동에는 Labuntsov[12]가 다음과 같은 식을 제안하였다.

$$h_{\text{ave}} = \frac{\kappa_f \text{Re}_{\text{cond}}}{8750 + \dfrac{58(\text{Re}_{\text{cond}}^{0.75} - 253)}{\sqrt{\text{Pr}}}}\left(\frac{g}{v_t^2}\right)^{1/3} \quad \text{(난류 유동)} \tag{9.46}$$

수평관 표면 위 증기 응축에서 대류 열전달 계수는 다음과 같으며,

$$h_{\text{ave}} = 0.725\left(\frac{\rho_f g(\rho_f - \rho_g)\kappa_f^3 \text{hn}_{fg}}{\mu_f(T_g - T_w)D}\right)^{1/4} \tag{9.47}$$

다중 관에서는 다음과 같다.

$$h_{\text{ave}} = 0.725\left(\frac{\rho_f g(\rho_f - \rho_g)\kappa_f^3 \text{hn}_{fg}}{\mu_f(T_g - T_w)D}\right)^{1/4}\left(\frac{1}{N}\right)^{1/4} \tag{9.49}$$

수평 표면 위 물 비등에는 Jakob과 Hawkins[16]가 $\Delta T = T_w - T_g \leq 7.8$ K일 때 다음과 같은 식을 제안하였다.

$$h_{ave} = 1037(\Delta T)^{1/3}\frac{W}{m^2 \cdot K} \qquad (\Delta T \text{ 단위 } °C \text{ 또는 } K) \tag{9.52}$$

수직 표면 물 비등에서는 9.4 K > ΔT ≥ 7.2 K일 때 다음과 같이 된다.

$$h_{ave} = 7.74(\Delta T)^3\frac{W}{m^2 \cdot K} \tag{9.55}$$

Jakob[17]은 수직관 내 물 비등에 다음 식을 제안하였는데, 이 식에서 ΔT ≤ 7.8 K이다.

$$h_{ave} = 1296(\Delta T)^3\frac{W}{m^2 \cdot K} \tag{9.56}$$

구형 고체가 동일 물질의 포화 액체 내에서 용융하는 데 걸리는 시간은 다음과 같다.

$$t_{max} = -\frac{\rho_s hn_{fs} r_f}{h_{ave}(T_\infty - T_s)} = -\frac{\rho_s^{2/3} hn_{fs}}{h_{ave}(T_\infty - T_s)}\sqrt[3]{\frac{3m_{sys}}{4\pi}} \tag{9.66}$$

고체 슬래브가 포화 액체 온도 이상에서 그 이하로 떨어지는 대류 열전달로 인하여 초기 두께 δ_i에서 최종 두께 δ_f로 용융하는 데 걸리는 시간은 다음과 같다.

$$t = (\delta_i - \delta_f)\left(\frac{h_{ave}(T_\infty - T_i) + h_{ave,L}(T_{\infty,L} - T_i)}{\rho_s hn_{fs}}\right)^{-1} \tag{9.72}$$

포화 액체가 특정 두께로 응고하는 데 걸리는 시간은 무차원 식의 형태로 다음과 같다.

$$\overline{t} = \frac{1}{\overline{R}^2\overline{T}^2}\ln\left(1 + \frac{\overline{RT}\,\overline{\delta}}{1 + \overline{RT}}\right) + \frac{\overline{\delta}}{\overline{RT}} \tag{9.78}$$

상변화 열전달은 그 용도가 다양한데, 그중에는 다음과 같은 것들이 있다.

- 비등 과정과 기화 과정
- 응축 과정
- 증기 상태의 철, 물, 기타 물질들의 응고
- 열저장 시스템과 빙축열 시스템
- 얼음 및 성에 해동 과정
- 승화

토론 문제

제9.1절

9.1 가열 표면이 울퉁불퉁하면 매끄러운 표면보다 포화 액체의 비등에 더 좋은 조건을 제공한다고 생각하는 이유는 무엇인가?

9.2 포화 액체가 응고할 때, 포화 고체와 포화 액체 중 어느 쪽에서 전도 열전달이 더 우세하다고 생각하는가? 이 견해는 평상시 압력의 물에 성립되는가?

9.3 승화 과정에는 포화 영역에 고상과 증기상이 수반된다. 포화 고체와 포화 증기 중 어느 쪽에서 대류 열전달이 지배적이라고 생각하는가?

제9.2절

9.4 피크 핵 비등은 안정된 비등 상태인가?

9.5 막 비등이 대류 열전달 계수가 작은 상황과 관련이 있는 이유는 무엇인가?

9.6 비등에서 항 F_{TP}이 의미하는 바는 무엇인가?

9.7 비등에서 복사가 지배적일 때는 언제인가?

제9.3절

9.8 막 응축과 액적 형태 응축의 차이점은 무엇인가?

9.9 막 응축은 수직관과 수평관 중 어느 쪽에서 더 효과적인가?

9.10 응축이 수직관 내부에서 일어나는 것에 관하여 어떻게 생각하는가?

제9.4절

9.11 대류 열전달 계수의 산출 값과 관련하여 그 정밀도는 어떠한가?

9.12 압력이 비등에서 대류 열전달 계수에 영향을 미치게 되는 이유는 무엇인가?

제9.5절

9.13 비결정질 고체와 결정질 고체의 차이점은 무엇인가?

9.14 따뜻한 날에 얼어 있는 연못 표면에서 녹고 있는 물에서는 어떤 현상이 일어나는가?

9.15 압력이 용융 과정과 응고 과정에 어떻게 영향을 미친다고 생각하는가? 압력이 용융률이나 응고율을 증가시키거나 감소시키는가?

9.16 유리 전이를 거치는 비결정질 고체의 냉각 곡선은 그림 9.25와 같은 응고하는 철의 냉각 곡선과 어떻게 다르다고 생각하는가?

9.17 그림 9.27에 개념도로 나타나 있는 PCM 열저장 모델을 개량할 만한 점이 있다고 생각하는가?

9.18 고체에서 증기가 되는 승화 과정은 비등 과정과 어떻게 다른가?

수업 중 퀴즈 문제

1. 온도가 105 ℃인 고온 표면 위에 물그릇이 놓여 있다. 어떤 종류의 열전달이 일어나리라고 생각하는가?

2. 에탄올을 관 속에서 비등시키려고 한다. 관 온도는 450 K이고 에탄올은 351.5 K에서 비등할 경우, 과열도는 얼마인가?

3. 액체가 최소 풀 비등 과열 온도보다 더 낮은 과열도에서 최대 풀 비등 조건에 도달하는 이유는 무엇인가?

4. 막 비등이 시작하는 시점은 언제인가?

5. 막 비등 중에 지배적인 두 가지 열전달 형식은 무엇인가?

6. 수직 표면을 흘러내리는 막 응축물에서는 레이놀즈 수가 어떻게 정의되는가?

7. 저온 수평 다중 관을 사용하는 증기 응축에서, 응축을 최대화하는 관 배열을 제안하라.

8. 구체의 용융 또는 응고에 집중 열용량 모델을 사용해도 되는 이유는 무엇인가?

연습 문제

제9.1절

9.1 온도가 200 ℃인 액체 물속에 있는 수증기 기포의 예상 직경을 구하라. 표면 장력은 40 mN/m이고 기포 안팎의 압력 차가 100 Pa이다.

9.2 온도가 10 ℃인 바닷물 속에 있는 직경이 1 mm인 수증기 기포의 부력을 개략적으로 계산하라. 바닷물은 밀도가 순수한 물보다 10 % 더 크고, 바닷물은 표면 장력이 65 mN/m라고 가정한다.

9.3 에틸알코올 기포는 78.5 ℃, 101 kPa에서 형성된다. 표면 장력은 75 mN/m이고 증기 에틸알코올은 증기 압력이 102 kPa일 때 밀도가 0.8 kg/m³이라고 가정하고, 기포에 작용하는 부력을 개략적으로 계산하라.

제9.2절

9.4 용기가 표면 온도가 135 ℃이고 압력이 200 kPa일 때, 풀 비등 물에서의 단위 면적 당 열전달을 구하라. 식 (9.4)를 사용한 결과와 식 (9.6)을 사용한 결과를 비교하라. 물은 200 kPa에서 표면 장력이 45 mN/m라고 가정한다.

9.5 프로판올(C_3H_8O)은 압력이 101 kPa이고 표면 온도가 120 ℃인 용기 안에서 비등한다. 프로판올은 포화 온도가 97.4 ℃이고 융해열이 697 kJ/kg이다. 단위 면적당 열전달을 개략적으로 계산하라.

9.6 메탄올의 핵 풀 비등에서 최대 허용 과열 온도를 개략적으로 계산하라. (힌트: 예제 9.3의 결과와 관계식 $\dot{q}_{A,\max\ npb} = h_{npb}\Delta T_{SH}$을 사용하라.)

9.7 냉각기 장치에서 R-1231이 내경이 1 cm인 수평관 속에서 −20 ℃에서 증발한다. 이 수평관의 내부 표면 온도는 5 ℃라고 보며 막 비등이 일어난다고 가정한다. 포화 액체가 20 g/s로 유입되어 포화 증기로 유출된다. 필요한 관 길이를 개략적으로 계산하라. R-123에서는 hn_f = 183.4 kJ/kg과 hn_g = 367.9 kJ/kg을 사용한다.

9.8 표면 온도가 800 ℃인 원전 증기 발전기에서 직경이 3 cm인 고온의 수평관이 물에 둘러싸여 있다. 물의 압력은 800 kPa이다. 막 비등이 일어난다고 가정할 때, 물과 관 표면 간 총 대류 열전달 계수를 개략적으로 계산하라.

9.9 액체 질소는 온도가 77.2 K(액체 질소의 포화 온도임)이고 압력이 100 kPa로, 표면 온도가 100 K인 단열이 잘 된 플라스크 안에 들어 있다. 액체 질소와 플라스크 표면 간 대류 열전달 계수를 개략적으로 계산하라. 질소의 임계 압력은 33.54 atm이다.

9.10 에틸알코올(에탄올)을 내경이 2 cm인 수직관 안에서 비등시키려고 한다. 이 에탄올은 관 내부 표면 온도가 200 ℃일 때 78.5 ℃, 3000 kPa에서 비등하게 하려고 한다. 관에 유입하는 에탄올은 10 % 포화 증기이고, 기화열은 hn_{fg} = 842 J/kg, 기포 직경은 1 mm라고 가정하고, 기포 속도는 0.24 m/s로 잡는다. 핵 풀 비등 대류 열전달 계수를 개략적으로 계산하라.

제9.3절

9.11 온도가 40 ℃인 스테인리스강 수직판이 있는 콤팩트형 열교환기에서 물을 101 kPa의 압력에서 응축시키려고 한다. 수직판을 흘러내리는 응축물 유동을 층류라고 가정하고, 이 응축물의 경계층 두께를 수직판을 따르는 하향 거리의 함수로 하는 그래프를 그려라.

어느 지점에서 응축물 유동이 난류가 되리라고 생각하는가?

9.12 공조 시스템(air conditioning system) 냉각 코일의 특정한 배열로서 그림 9.16을 참조하라. 수직관 둘레를 지나는 습한 공기에서 나오는 물 응축물은 20 g/s로 12개 관에 걸쳐서 고르게 분배된다고 할 때, 관을 흘러내리는 응축물 유동 특성을 나타내는 레이놀즈 수를 구하라. 그런 다음 대류 열전달 계수와 열전달을 W 단위로 개략적으로 계산하라.

9.13 냉각기 장치에서 암모니아 증기를 높이가 100 cm이고 폭이 150 cm이며 표면 온도가 20 ℃인 수직판 위를 지나게 함으로써 암모니아를 포화 온도인 50 ℃로 응축시키려고 한다. 평균 대류 열전달 계수와 수직판 한 장에서 응축되는 암모니아 양을 개략적으로 계산하라. 암모니아는 hn_{fg} = 1052.8 kJ/kg 값을 사용한다.

9.14 식 (9.42)으로 주어진 수직 표면의 단위 폭당 총 응축률을 또한 다음 식과 같이 쓸 수 있다는 것을 증명하라.

$$\dot{m}_{\mathrm{WD}} = \frac{h_{\mathrm{ave}}L(T_g - T_w)}{\mathrm{hn}_{fg}}$$

9.15 외경이 1 cm이고 온도가 10 ℃인 저온 관 둘레에서 에탄올을 포화 온도인 78.5 ℃로 응축시키려고 한다. 식 (9.49)로 산출되는 그림 9.17b와 같은 수평관 군의 단위 길이당 열전달을 관 개수의 증가에 관한 그래프로 그려라. 이 결과를 그림 9.17c와 같은 직렬(in-line) 배열에서 단일 관에서 또는 적하(dripping)에서 산출되는 열전달과 비교하면 어떻게 되는가? 에탄올은 대기압에서 기화열이 hn_{fg} = 842 J/kg이다.

9.16 냉장 장치의 응축기에서, R-134a 포화 증기가 직경이 0.5 cm인 수평관 속으로 0.5 m/s로 유입된다. 관 내부 표면 온도는 30 ℃이고 R-134a는 온도가 80 ℃이다. 대류 열전달 계수와 R-134a가 완전히 응축되는 데 필요한 예상 관 길이를 산출하라. hn_{fg}는 106.3 kJ/kg를, ρ_f는 927.6 kg/m³를, ρ_g는 153.8 kg/m³를 사용하고, c_p, k, μ는 40 ℃에서의 값을 사용한다.

제9.4절

9.17 식 (9.52)와 식 (9.53)을 사용하여, 표면 온도가 130 ℃인 용기 내에서 압력이 대기압일 때 물 비등에서 대류 열전달의 근삿값을 구하라. 이 결과를 식 (9.6)을 사용하여 산출한 값과 비교하라.

9.18 압력이 대기압이고 과열 온도가 4 ℃인 수직 평판 표면 위 물 비등에서 식 (9.54)나 식 (9.55)로 구한 대류 열전달 계수의 근삿값과 식 (9.6)을 사용하여 산출한 값을 비교하라.

9.19 식 (9.56)을 사용하여 과열 온도가 120 ℃일 때 수직관 내 물 비등에서의 대류 열전달 계수의 근삿값을 구하라. 이 결과를 식 (9.6)을 사용하여 산출한 값과 비교하라. 물

압력은 500 kPa이라고 가정한다.

9.20 식 (9.56)을 사용하여 과열도가 38 ℃일 때 정규 부탄 비등에서의 대류 열전달 계수의 근삿값을 구하라. 부탄은 대기압에서 포화 온도가 117 ℃이다.

9.21 직경이 1 cm이고 표면 온도가 40 ℃로 암모니아의 포화 온도보다 낮은 수평관 내 암모니아의 응축에서 대류 열전달 계수를 개략적으로 계산하라.

9.22 R-134a 포화 증기와 관 사이의 단위 면적당 평균 열전달이 100 W/m²이다. R-134a는 온도가 50 ℃로, 평균 표면 온도가 20 ℃이고 직경이 1 cm인 수평관을 0.5 kg/s로 흐른다. 이 R-134a를 관에서 유출될 때 완전히 응축시키려고 한다. 50 ℃에서 R-134a는 hn_{fg}로 205.9 kJ/kg를 사용하여 필요한 관 길이를 개략적으로 계산하라.

제9.5절

9.23 무한 고체 슬래브에서 대류 열전달이 일어나고 있을 때, 식 (9.67)에서 식 (9.68)이 도출됨을 증명하라.

9.24 납(lead)은 융해열 23.02 kJ/kg으로 327.44 ℃에서 녹는다. 포화 온도 상태인 10 kg짜리 납 잉곳(ingot)이 온도가 500 ℃인 용기 안에서 평균 대류 열전달 계수 100 W/m² · ℃로 가열될 때, 납 잉곳이 완전히 녹는 데 걸리는 시간을 구하라. 집중 열용량으로 가정한다.

9.25 온도가 1083 ℃인 용융 구리 2 kg을 온도가 40 ℃인 물속으로 떨어뜨리고 있다. 이 용융 구리가 완전히 응고되는 데 걸리는 응고 시간을 구하라. 집중 열용량으로 가정하고 구리의 융해열은 204.7 kJ/kg, 대류 열전달 계수 h_{avg}는 120 W/m² · ℃라고 가정한다. 힌트: 용융이 아닌 응고에서 식 9.66을 사용한다.

9.26 예제 9.15에서 해가 빛나서 300 W/m²의 복사 효과를 포함시켜야 할 때, 2시간에 걸친 얼음 두께의 감소량을 구하라.

9.27 연못은 온도가 2 ℃이고, 물 위에 있는 공기는 온도가 –20 ℃로 대류 열전달 계수는 30 W/m² · ℃이다. 물이 얼기 시작하고 얼음과 물 사이의 대류 열전달 계수는 한층 더 낮은 20 W/m² · ℃라고 할 때, 8시간이 지난 뒤 얼음 두께를 개략적으로 계산하라.

9.28 용융 철이 온도가 1600 ℃인 대형 주조용 레이들(ladle)에 들어 있다. 용융 철의 표면 바로 위에 있는 공기는 온도가 150 ℃이고 대류 열전달 계수는 300 W/m² · ℃이다. 대기압에서 철은 포화 온도가 1538 ℃이고 융해열은 247.3 kJ/kg이다. 용융 철과 응고 철 사이의 대류 열전달 계수를 500 W/m² · ℃로 잡고 레이들 상부에는 고체 철인 채로 있다고 가정할 때, 레이들에서 두께가 5 mm인 고체 철이 형성되는 데 걸리는 시간을 구하라.

제9.6절

9.29 그림 9.25를 참조하여, 용융 철의 융해열 방출로 인하여 주형의 내부 표면을 가열하는 최대 가열률을 구하라.

9.30 해가 쨍쨍 빛나는 날 정오에 얼음에 내리쬐는 태양 에너지는 300 W/m², 공기 온도는 −8 ℃, 얼음 윗면에서 공기와의 대류 열전달 계수는 10 W/m² · ℃, 물 온도는 1 ℃, 얼음 밑면에서 물과의 대류 열전달 계수는 30 W/m² · ℃일 때, 얼음 연못에서의 에너지 균형식을 쓰라.

9.31 비행기 날개를 60 ℃로 가열하고 있고 공기 온도는 −10 ℃일 때, 비행기 날개에 부착되어 있는 두께가 5 mm인 얼음층을 녹이는 데 걸리는 시간을 개략적으로 계산하라. 공기/얼음 간 평균 대류 열전달 계수는 20 W/m² · ℃이고, 얼음/녹은 물 간 평균 대류 열전달 계수는 10 W/m² · ℃이라고 가정한다.

9.32 PCM 열저장 시스템은 태양열 집열판에서 수집된 열에너지를 저장하는 데 사용되기도 한다. 태양열 집열판에서 물이 가열되고, 이 고온 물은 PCM을 지나서 저장이 된다. 그런 다음 관 속에 저온 물을 흘려 이 저온 물이 가열되게 함으로써 에너지를 추출한다. 35 ℃에서 상변화를 하는 PCM이 사용되고 있고, 관 속을 흐르는 물은 온도가 18 ℃, Bi = 30, NTU = 8, Fr_0 = 0.6인 시스템에서 유출되는 물의 온도를 구하라. 관들은 간격(spacing)이 $2D$인 사방 직렬(square) 배열이라고 가정한다.

9.33 예제 9.18에서 관이 사방 직렬 배열이 아닌 사방 엇갈림 배열일 때, 냉각 60분 후 총 응고 분율을 구하라.

9.34 추운 기후에 얼음이나 꽉꽉 뭉쳐진 눈이 포화 증기로 승화한다. 얼음 온도가 −30 ℃이고 공기 온도가 −10 ℃일 때, 빙산 표면의 단위 면적당 얼음의 승화율을 개략적으로 계산하라. 대류 열전달 계수는 20 W/m² · ℃라고 가정한다.

[참고문헌]

[1] Mostinski, I. L., Application of the Rule of Corresponding States for the Calculation of Heat Transfer and Critical Heat Flux, *Teploenergetika*, 4:66, 1963; English Abstract, *Br. Chem. Eng.* 8(8):580, 1963.

[2] Stephan, K., and M. Abdelsalam, Heat Transfer Correlations for Natural Convection Boiling, *Int. J. Heat and Mass Transfer* 23:73-7, 1980.

[3] Nukiyama, S., The Maximum and Minimum Values of Heat Transmitted from Metal to Boiling Water under Atmospheric Pressure, *J. Japn Soc. of Mech. Eng.*, 37, 367, 1934.

[4] Drew, T. B., and C. Mueller, Boiling, *Trans. AICHE*, 33, 449, 1937.

[5] Thome, J. R., *Enhanced Boiling Heat Transfer*, Hemisphere Publ., New York, 1990.

[6] Bromley, A. L., Heat Transfer in Stable Film Boiling, *Chem. Eng. Progr.*, 46:221-27, 1950.

[7] Chen, J. C., A Correlation for Boiling Heat Transfer to Saturated Fluids in Convective Flow, *Ind. Eng. Chem. Process Des. Dev.*, 5(3):322-29, 1966.

[8] Pierre, B., Flow Resistance with Boiling Refrigerants, *ASHRAE. J.*, 6:58-5, 73-7. 1964.

[9] Butterworth, D., and J.M. Robertson, Boiling and Flow in Horizontal Tubes, in *Two-Phase Flow and Heat Transfer*, Chapter 11, D. Butterworth and G. F. Hewitt (eds.), Oxford Univ. Press, London, 1977.

[10] Nusselt, W., Die Oberflachen Kondensation des Wasserdampfes, *Z. Ver. Deut. Ing.*, 60:541, 1916.

[11] Kutateladze, S. S., *Fundamentals of Heat Transfer*, Academic Press, New York, 1963.

[12] Labuntsov, D. A., Heat Transfer in Film Condensation of Pure Steam on Vertical Surfaces and Horizontal Tubes, *Teploenergetika*, 4:72, 1957.

[13] Chato, J. C., Laminar Condensation Inside Horizontal and Inclined Tubes, *J. ASHRAE*, 4:52, 1962.

[14] Akers, W. W., H. A. Deans, and O. K. Crosser, Condensing Heat Transfer within Horizontal Tubes, *Chem. Eng. Prog. Symp. Ser.*, 55(29):171, 1958.

[15] Rosenow, W. M., Film Condensation, in *Handbook of Heat Transfer*, Chapter 12A, W. M. Rosenow and J. P. Hartnett (eds.), McGraw-Hill, New York, 1973.

[16] Jakob, M., and G. Hawkins, *Elements of Heat Transfer*, 3rd edition, Wiley, New York, 1957.

[17] Jakob, M., The Influence of Pressure on Heat Transfer in Evaporation, *Proc. Fifth Intern. Congr. Applied Mechanics*, p. 561, 1938.

[18] Cryder, D. S., and A. C. Finalborgo, *Trans. Am. Inst. Chem. Engrs.*, 33:346-61, 1937.

[19] London, A. L., and R. A. Seban, Rate of Ice Formation, *Trans. A.S.M.E.*, 65:771-78, 1943.

[20] Shamsundar, N., and R. Srinivasan, A New Similarity Method for Analysis of Multi-Dimensional Solidification, *J. Heat Transfer*, 101:585-91, 1979.

[21] Shamsundar, N., and R. Srinivasan, Effectiveness-NTU Charts for Heat Recovery from Latent Storage Units, *J. Solar Engineering*, 102:263-71, 1980.

A 서 론

수학 자료

부록 A에 있는 자료는 이 교재의 본문에서 수학적인 해석을 할 때 기초 지식을 제공한다. 다양한 수학적 개념과 연산에 관한 한층 더 복잡하고 상세한 정보는 많은 편람과 교재를 찾아보면 되며, 이 부록의 끝부분에도 그러한 내용들이 수록되어 있다.

A.1 벡터 연산

스칼라는 크기만 있는 양이다. 열전달에서 사용하는 스칼라는 온도, 질량, 밀도, 체적, 비열 등이 있다. 벡터는 방향과 크기가 있는 양이다. 열전달은 벡터이며, 속도, 가속도, 변위, 힘, 운동량 등도 벡터이다. 벡터는 직교 좌표계(rectilinear Cartesian Coordinates)에서 3개의 축, 즉 x축, y축, z축과 평행한 3개의 벡터로 나타낼 수 있다. 즉, 벡터 $\mathbf{V}$ 는 다음과 같이 쓸 수 있는데,

$$\mathbf{V} = \mathbf{v}_x \oplus \mathbf{v}_y \oplus \mathbf{v}_z = \sum \mathbf{v}_i \tag{A.1.1}$$

이 식에서 부호 $\oplus$는 벡터 합을 의미한다. 때로는 $\mathbf{v}_i$를 사용하여 합 부호 없이 속기로 벡터를 표기하기도 한다. 벡터 $\mathbf{V}$ 는 그 크기가 다음과 같다.

$$V = \sqrt{\mathbf{v}_x^2 + \mathbf{v}_y^2 + \mathbf{v}_z^2} \tag{A.1.2}$$

그림 A.1에 표시되어 있는 2개의 벡터 **V**와 **W**는 단지 상응하는 성분끼리 합함으로써 서로 합할 수도 있고 뺄 수도 있다. 즉, 합을 나타내보면

$$\mathbf{V} + \mathbf{W} = \mathbf{R} \tag{A.1.3}$$

가 되므로 다음과 같이 되는데,

$$\mathbf{R} = \sqrt{r_z^2 + r_y^2 + r_z^2} \tag{A.1.4}$$

이 식에서는 다음과 같다.

$$r_x = v_x + w_x, \quad r_y = v_y + w_y, \quad 및 \quad r_z = v_z + w_z \tag{A.1.5}$$

그림 A.1에 표시되어 있는 2개의 벡터는 두 가지 방식, 즉 도트(·) 곱과 크로스(×) 곱으로 곱할 수 있다. 도트 곱은 다음과 같다.

$$\mathbf{V} \cdot \mathbf{W} = VW \cos \theta = WV \cos \theta = \mathbf{W} \cdot \mathbf{V} \tag{A.1.6}$$

도트 곱은 스칼라 양이므로 두 벡터의 스칼라 곱이라고 하기도 한다. 크로스 곱은 다음과 같으며,

$$\mathbf{V} \times \mathbf{W} = \mathbf{n}VW \sin \theta \tag{A.1.7}$$

이 식에서 **n**은 단위 벡터로서, 이는 그림 A.1과 같이 그 크기는 1이고 방향은 두 벡터 **V**와 **W**가 포함되어 있는 평면에 직교하면서 바깥쪽으로 향하는 벡터이다. 그러므로

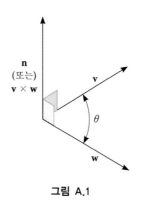

그림 A.1

크로스 곱은 그 방향이 2개의 벡터가 포함되어 있는 평면에 직교하는 벡터이다.

스칼라와 벡터에 사용하는 미분 연산자들은 **나블라**(nabla) 또는 **델**(del) 연산자라고 하며 ∇로 표시하는데, 직교 좌표계에서는 이를 다음과 같이 쓰며,

$$\nabla = \mathbf{n}_x \frac{\partial}{\partial x} \oplus \mathbf{n}_y \frac{\partial}{\partial y} \oplus \mathbf{n}_z \frac{\partial}{\partial z} \tag{A.1.8}$$

이 식에서 $\mathbf{n}_x$, $\mathbf{n}_y$, $\mathbf{n}_z$는 각각 x축, y축, z축에서의 단위 벡터이다. 온도 기울기는 전도 열전달에서 중요한 양으로서, 다음과 같다.

$$\nabla T = \mathbf{n}_x \frac{\partial T}{\partial x} \oplus \mathbf{n}_y \frac{\partial T}{\partial y} \oplus \mathbf{n}_z \frac{\partial T}{\partial z} \tag{A.1.9}$$

그러므로 스칼라 온도는 벡터 온도 기울기가 된다. 이와 같이 그 밖의 스칼라 양들도 해당 상태량의 기울기가 벡터가 되는 식으로 거동할 수 있으므로, 스칼라의 기울기는 벡터가 된다. 나블라 연산자는 두 가지 방식으로 벡터와 사용할 수 있다. 나블라 연산자와 벡터의 도트 곱은 **다이버전스**(divergence)라고 하며 다음과 같고,

$$\nabla \cdot \mathbf{V} = \frac{\partial \mathbf{v}_x}{\partial x} + \frac{\partial \mathbf{v}_y}{\partial y} + \frac{\partial \mathbf{v}_z}{\partial z} \tag{A.1.10}$$

이는 스칼라 곱이 된다. 나블라 연산자와 벡터의 크로스 곱은 **컬**(curl)이라고 하며 다음과 같다.

$$\nabla \times \mathbf{V} = \mathbf{n}_x \left(\frac{\partial \mathbf{v}_z}{\partial y} - \frac{\partial \mathbf{v}_y}{\partial z} \right) \oplus \mathbf{n}_y \left(\frac{\partial \mathbf{v}_x}{\partial z} - \frac{\partial \mathbf{v}_z}{\partial x} \right) \oplus \mathbf{n}_z \left(\frac{\partial \mathbf{v}_y}{\partial x} - \frac{\partial \mathbf{v}_x}{\partial y} \right) \tag{A.1.11}$$

A.2 행렬 연산

행렬(matrix)은 숫자를 행(row)과 열(column)로 배열한 것으로, 자료를 처리하는 간결한 방법이다. 행렬은 열전달에서 다차원 전도 열전달과 불투명 회색체 표면 관련 복사 열전달에서 많이 사용된다. 행렬 A는 $[A]$ 또는 $[a_{ij}]$로 표시하고 다음과 같이 숫자 배열로 나타낸다.

$$\begin{bmatrix} a_{11} & a_{12} & a_{13} & a_{14} \ldots a_{1n} \\ a_{21} & a_{22} & a_{23} & a_{24} \ldots a_{2n} \\ & & \vdots & \\ a_{m1} & a_{m2} & a_{m3} & a_{m4} \ldots a_{mn} \end{bmatrix}$$

항 a_{11}, a_{12} 등은 행렬의 요소 또는 성분으로서 a_{ij} 형태로 쓰면 된다. 여기에서 하첨자 i 는 행 번호이고 j 는 열 번호이다.

열전달에서는 행렬을 많은 변수들이 포함되어 있는 묶음 식(세트 식)을 살펴볼 때 사용한다. **정사각행렬**(square matrix)은 일반항 하첨자에서 $m = n$일 때, 즉 행의 개수가 열의 개수와 같을 때의 행렬이다. 정사각행렬의 특수한 형태로는 **대각행렬**(diagonal matrix)이 있다. 이 행렬에서는 $a_{ii} = a_{jj} = 1.0$이고 $i \neq j$일 때에는 $a_{ij} = 0$이다. 일례로 3×3 대각행렬은 다음과 같다.

$$[D] = \begin{bmatrix} d_{11} & 0 & 0 \\ 0 & d_{22} & 0 \\ 0 & 0 & d_{33} \end{bmatrix}$$

열 행렬은 $n = 1$인 행렬로서 벡터를 나타내는 데 사용할 수 있다. 이 열 행렬은 $[B]$ 또는 $[b_j]$로 표시한다. 주의할 점은 벡터는 { }로 표시하고, 정사각행렬은 [ ]로 표시하고 있다는 것이다.

행렬 곱셈

두 행렬 $[A]$와 $[B]$를 곱한 결과는 내적 또는 도트 곱이라고도 하는데, 이를 $[C]$라고 하면 다음과 같이 쓰거나,

$$[A][B] = [C] \tag{A.2.1}$$

또는, 다음과 같이 쓰는데

$$[a_{ij}][b_{ij}] = [c_{ij}] \tag{A.2.2}$$

이 식에서는 다음과 같다.

$$c_{ij} = \sum_{k=1}^{m} a_{ik} b_{kj} \tag{A.2.3}$$

두 행렬의 곱셈은 $[A]$의 열의 개수인 k가 $[B]$의 행의 개수인 k와 같을 때에만 정의할 수 있다. 예를 들어 3×3 대각행렬을 살펴보자. 여기에서 m은 3이므로 최종 결과 행렬 $[C]$의 성분 c_{11}은, $i = j = 1$일 때 다음과 같다.

$$c_{11} = \sum_{k=1}^{3} a_{1k}b_{k1} = a_{11}b_{11} + a_{12}b_{21} + a_{13}b_{31}$$

c_{12}는 $i = 1$이고 $j = 2$이므로, 다음과 같이 된다.

$$c_{12} = a_{11}b_{12} + a_{12}b_{22} + a_{13}b_{32}$$

이 예에서 그 밖의 나머지 일곱 가지 성분은 식 (A.2.3)을 사용하여 쓰면 된다.

행렬 덧셈과 행렬 뺄셈

2개의 행렬은 각각의 행렬에서 상응하는 요소들을 더하거나 뺌으로써 덧셈이나 뺄셈을 할 수 있으며,

$$[C] = [A] \pm [B] \tag{A.2.4}$$

각각의 성분들은 $c_{ij} = a_{ij} \pm b_{ij}$ 이다.

행렬-벡터 곱셈(열 행렬)

$$[A]\{V\} = \{W\}, \quad \text{열 행렬}$$

여기에서 각각의 성분은 $w_i = a_{ij}v_i$이다.

예를 들어 3×3 정사각행렬과 $m = n = 3$인 벡터의 곱셈에서는 각각의 성분이 다음과 같이 된다.

$$\{W\} = \begin{bmatrix} a_{11}v_1 + a_{12}v_1 + a_{13}v_1 \\ a_{21}v_2 + a_{22}v_2 + a_{23}v_2 \\ a_{31}v_3 + a_{32}v_3 + a_{33}v_3 \end{bmatrix}$$

역행렬 $[A]^{-1}$은 정칙 정사각행렬에서만 정의되는 것으로서 다음과 같은 특성이 있다.

$$[A]^{-1}[A] = [I] \quad \text{(단위행렬)}$$

정사각행렬과 벡터의 곱셈에서는 다음과 같이 되므로,

$$[A]\{V\} = \{W\}$$

다음과 같이 되거나,

$$[A]^{-1}[A]\{V\} = [A]^{-1}\{W\}$$

다음과 같이 된다.

$$\{V\} = [A]^{-1}\{W\} \quad ([A]^{-1}[A] = [I]\text{이기 때문임})$$

A.3 삼각법 관계식

다음과 같은 삼각법 항등식들은 열전달과 관련되는 수학적 해석에서 많이 볼 수 있다.

$$\sin^2(x) + \cos^2(x) = 1 \tag{A.3.1}$$

$$\sec^2(x) - \tan^2(x) = 1 \tag{A.3.2}$$

$$\csc^2(x) - \cot^2(x) = 1 \tag{A.3.3}$$

$$\sin 2x = 2 \sin x \cos x \tag{A.3.4}$$

$$\cos 2x = \cos^2 x - \sin^2 x = 1 - 2\sin^2 x = 2\cos^2 x - 1 \tag{A.3.5}$$

$$\tan 2x = 2 \tan x / (1 - \tan^2 x) \tag{A.3.6}$$

$$\sin(x + y) = \sin x \cos x \sin y \tag{A.3.7}$$

$$\sin(x - y) = \sin x \cos y - \cos x \sin y \tag{A.3.8}$$

$$\cos(x + y) = \cos x \cos y - \sin x \sin y \tag{A.3.9}$$

$$\cos(x - y) = \cos x \cos y + \sin x \sin y \tag{A.3.10}$$

$$\sin x \cos y = \frac{1}{2}[\sin(x + y) + \sin(x - y)] \tag{A.3.11}$$

$$\sin x \sin y = \frac{1}{2}[\cos(x - y) - \cos(x + y)] \tag{A.3.12}$$

$$\cos x \cos y = \dfrac{1}{2}[\cos (x + y) + \cos (x - y)] \qquad (\text{A.3.13})$$

삼각함수의 값들은 급수 전개식으로 계산할 수 있다.

$$\sin x = x - \dfrac{x^3}{3!} + \dfrac{x^5}{5!} - \dfrac{x^7}{7!} + \dfrac{x^9}{9!} - \dots \qquad (\text{A.3.14})$$

$$\cos x = 1 - \dfrac{x^2}{2!} + \dfrac{x^4}{4!} - \dfrac{x^6}{6!} + \dfrac{x^8}{8!} - \dots \qquad (\text{A.3.15})$$

$$\tan x = x + \dfrac{x^3}{3!} + \dfrac{2x^5}{15} + \dfrac{17x^7}{315} + \dots \qquad (\text{A.3.16})$$

삼각함수의 도함수는 다음과 같다.

$$\dfrac{d}{dx}\sin ax = a \cos ax \qquad (\text{A.3.17})$$

$$\dfrac{d}{dx}\cos ax = -a \sin ax \qquad (\text{A.3.18})$$

$$\dfrac{d}{dx}\tan ax = a \sec^2 ax \qquad (\text{A.3.19})$$

A.4 적분 표

다음에는 열전달과 물질전달에서 통상적으로 볼 수 있는 적분을 아주 일부만 실어 놓았다. 한층 더 항목이 풍부한 적분 표는 다른 문헌을 참고해도 되고, 수학 연산 컴퓨터 소프트웨어 패키지를 사용하여 자동 적분을 하면 된다.

$$\int [f(x) + g(x)]dx = \int f(x)dx + \int g(x)dx$$

$$\int cf(x)dx = c\int f(x)dx$$

$$\int u\,dv = uv - \int v\,du$$

$$\int x^n dx = \frac{1}{n+1}x^{n+1} + C \quad (n \neq -1)$$

$$\int \frac{1}{x}dx = \ln x + C$$

$$\int e^x dx = e^x + C$$

$$\int xe^x dx = (x-1)e^x$$

$$\int \frac{1}{x^2 - a^2}dx = \frac{1}{2a}\ln\left|\frac{x-a}{x+a}\right|$$

$$\int \frac{1}{a^2 - x^2}dx = \frac{1}{2a}\ln\left|\frac{a+x}{a-x}\right|$$

$$\int \frac{x}{ax^2 + b}dx = \frac{1}{2a}\ln|ax^2 + b|$$

$$\int \frac{1}{u^4 - a^4}du = \frac{1}{4a^3}\ln\left(\frac{u-a}{u+a}\right) - \frac{1}{2a^3}\arctan\left(\frac{u}{a}\right)$$

$$\int \sin ax \, dx = -\frac{1}{a}\cos ax$$

$$\int \cos ax \, dx = \frac{1}{a}\sin ax$$

$$\int x \sin ax \, dx = \frac{1}{a^2}\sin ax - \frac{1}{a}x\cos ax$$

$$\int \frac{1}{\sin ax}dx = \frac{1}{a}\ln\left|\tan\frac{ax}{2}\right|$$

$$\int \sin^2 ax \, dx = \frac{x}{2} - \frac{\sin 2ax}{4a}$$

$$\int \cos^2 ax \, dx = \frac{x}{2} + \frac{\sin 2ax}{4a}$$

$$\int \tan ax \, dx = -\frac{1}{a}\ln|\cos ax|$$

$$\int e^{ax} dx = \frac{1}{a}e^{ax}$$

$$\int b^{ax} dx = \frac{b^{ax}}{a\ln b}$$

$$\int \ln ax \, dx = x \ln ax - x$$

$$\int \frac{1}{x \ln ax} \, dx = \ln (\ln ax)$$

$$\int \sinh ax \, dx = \frac{1}{a} \cosh ax$$

$$\int \cosh ax \, dx = \frac{1}{a} \sinh ax$$

$$\int \sinh^2 ax \, dx = \frac{1}{4a} \sinh 2ax - \frac{1}{2}x$$

$$\int \cosh^2 ax \, dx = \frac{1}{4a} \sinh 2ax + \frac{1}{2}x$$

A.5 쌍곡선 함수

쌍곡선 함수는 복합 전도/대류 열전달에서 핀 해석을 할 때 발생한다. 변수 x의 쌍곡선 함수는 다음과 같이 정의할 수 있다.

$$\sinh x = \frac{1}{2}(e^x - e^{-x}) \tag{A.5.1}$$

$$\cosh x = \frac{1}{2}(e^x + e^{-x}) \tag{A.5.2}$$

$$\tanh x = \frac{e^x - e^{-x}}{e^x + e^{-x}} = \frac{\sinh x}{\cosh x} \tag{A.5.3}$$

$$\text{csch } x = \frac{1}{\sinh x} \tag{A.5.4}$$

$$\text{sech } x = \frac{1}{\cosh x} \tag{A.5.5}$$

$$\coth x = \frac{1}{\tanh x} \tag{A.5.6}$$

y에 관한 쌍곡선 함수의 도함수는 다음과 같다.

$$\frac{d}{dy}\sinh x = (\cosh x)\frac{dx}{dy} \qquad (A.5.7)$$

$$\frac{d}{dy}\cosh x = (\sinh x)\frac{dx}{dy} \qquad (A.5.8)$$

쌍곡선 사인과 쌍곡선 코사인의 일부 적분 관계식은 A.4절에 실려 있다.

그림 A.5에는 쌍곡선 함수의 정성적인 거동이 그래프로 도시되어 있으며, 표 A.5에는 쌍곡선 함수 값들이 선정된 영역에 한하여 실려 있다. 쌍곡선 함수들은 보통 휴대용 계산기에도 내장되어 있고 많은 수학용 컴퓨터 소프트웨어 패키지에도 내장되어 있다. 추가적인 쌍곡선 함수 정보는 Handbook of Mathematical Tables and Formulas[1]과 같은 표준 수학 편람을 찾아보면 된다.

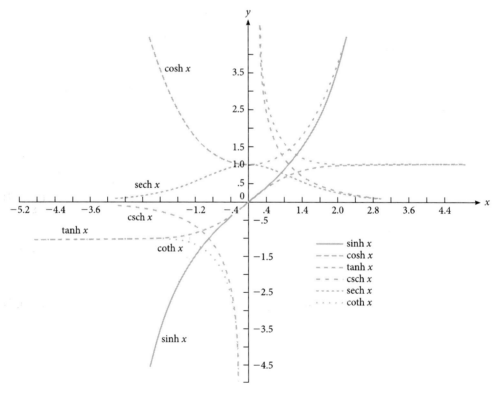

그림 A.5 쌍곡선 함수

표 A.5 쌍곡선 함수

x	$\sin hx$	$\cosh x$	$\tanh x$
0.00	0.0000	1.0000	0.00000
0.10	0.1002	1.0050	0.09967
0.20	0.2013	1.0201	0.19738
0.30	0.3045	1.0453	0.29131
0.40	0.4108	1.0811	0.38995
0.50	0.5211	1.1276	0.46212
0.60	0.6367	1.1855	0.53705
0.70	0.7586	1.2552	0.60437
0.80	0.8881	1.3374	0.66404
0.90	1.0265	1.4331	0.71630
1.00	1.1752	1.5431	0.76159
1.10	1.3356	1.6685	0.80050
1.20	1.5095	1.8107	0.83365
1.30	1.6984	1.9709	0.86172
1.40	1.9043	2.1509	0.88535
1.50	2.1293	2.3524	0.90515
1.60	2.3756	2.5775	0.92167
1.70	2.6456	2.8283	0.93541
1.80	2.9422	3.1075	0.94681
1.90	3.2682	3.4177	0.95624
2.00	3.6269	3.7622	0.96403
2.10	4.0219	4.1443	0.97045
2.20	4.4571	4.5679	0.97574
2.30	4.9370	5.0372	0.98010
2.40	5.4662	5.5569	0.98367
2.50	6.0502	6.1323	0.98661
2.60	6.6947	6.7690	0.98903
2.70	7.4063	7.4735	0.99101
2.80	8.1919	8.2527	0.99263
2.90	9.0596	9.1146	0.99396
3.00	10.018	10.068	0.99505
3.50	16.543	16.573	0.99818
4.00	27.290	27.308	0.99933
4.50	45.003	45.014	0.99975
5.00	74.203	74.210	0.99991
6.00	201.71	201.72	1.00000
7.00	548.32	548.32	1.00000
8.00	1,490.5	1,490.5	1.00000
9.00	4,051.5	4,051.5	1.00000
10.00	11,013	11,013	1.00000

A.6 몇 가지 거듭제곱 급수

특별한 열전달 문제에서는 수학적 해가 거듭제곱 급수(멱급수)로 표현될 때가 있다. 다음에는 열전달과 물질전달에서 통상적으로 볼 수 있는 거듭제곱 급수를 아주 일부만 실어 놓았다.

$$f(x) = f(a) + (x - a)f'(a) + \frac{(x - a)^2}{2!}f''(a) + \cdots + \frac{(x - a)^n}{n!}f^n(a) \quad \text{(Taylor 급수)}$$

$$e^x = \sum_{n=0}^{\infty} \frac{x^n}{n!} \qquad (1 - x)^{-1} = \sum_{n=0}^{\infty} x^n$$

$$(1 - x)^{-2} = \sum_{n=0}^{\infty} (n - 1)x^n$$

$$(1 + x)^{-1} = \sum_{n=0}^{\infty} (-1)^n x^n$$

$$\ln(x) = \sum_{n=1}^{\infty} \left(\frac{x - 1}{x}\right)^n \left(\frac{1}{n}\right)$$

$$\ln(1 + x) = \sum_{n=0}^{\infty} \left(-1\right)^n \left(\frac{1}{n + 1}\right) x^{n+1} \qquad (|x| \leq 1 \text{ 및 } x \neq -1\text{일 때})$$

A.7 조화 함수

공학적인 해석을 할 때 많이 응용되는 주기 함수 군을 **조화 함수**(harmonic function)라고 하는데, 이는 다음과 같은 형태의 함수로 정의된다.

$$F(x) = A_n \sin(nx + \phi) \tag{A.7.1}$$

이 식에서 A_n과 ϕ는 상수이다. 이러한 상수들은 흔히 다음과 같은 용어로 구별한다.

$A_n = n$차 조화의 진폭

$n =$ 조화 함수의 순서를 식별하는 데 사용하는 양의 정수(1, 2, 3, 4, …).

　1차 조화는 $n = 1$로, 2차 조화는 $n = 2$ 등으로 식별함.

$\phi =$ 위상 또는 위상 이동

주기는 $x = X_P$와 같이 위치로 많이 정의되는데, 이렇게 하면 식 (A.7.1)은 1주기가 완결되는 것이다. 주기 X_P는 다음과 같이 정의된다.

$$X_P = \text{주기} = \frac{2\pi}{n} = \frac{360°}{n} \tag{A.7.2}$$

$\phi = \pi/2$인 특별한 경우에는 식 (A.7.1)이 다음과 같이 되는데,

$$F(x) = A \sin nx \tag{A.7.3}$$

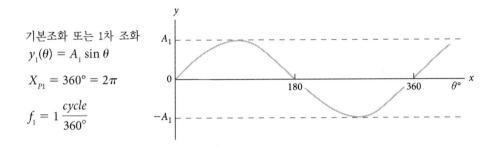

기본조화 또는 1차 조화
$y_1(\theta) = A_1 \sin \theta$
$X_{P1} = 360° = 2\pi$
$f_1 = 1 \dfrac{cycle}{360°}$

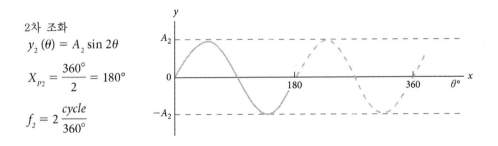

2차 조화
$y_2(\theta) = A_2 \sin 2\theta$
$X_{P2} = \dfrac{360°}{2} = 180°$
$f_2 = 2 \dfrac{cycle}{360°}$

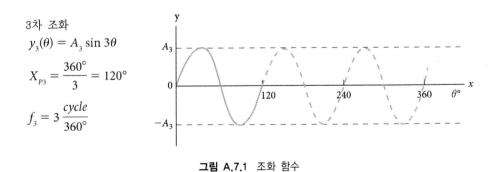

3차 조화
$y_3(\theta) = A_3 \sin 3\theta$
$X_{P3} = \dfrac{360°}{3} = 120°$
$f_3 = 3 \dfrac{cycle}{360°}$

그림 A.7.1 조화 함수

이는 사인 함수의 거동을 근거로 한 것이다(A.3절 참조). 또한 조화 함수는 코사인 함수로도 나타낼 수 있다. 주기 x가 위치보다도 시간 t와 관련이 있을 때에는 식 (A.7.1)을 대개 다음과 같이 쓸 수 있는데,

$$F(t) = A_n \sin (2\pi ft + \phi) \tag{A.7.4}$$

이 식에서 f를 주파수라고 한다. 주파수는 단위를 대개 Hz(헤르츠 = 초당 사이클)로 표현한다. 식 (A.7.2)에 있는 주기는 다음과 같이 정의된다.

$$X_P = T = \frac{1}{f} \tag{A.7.5}$$

그림 A.7.1에는 1차 조화($n = 1$)에서의 조화 함수, 2차 조화($n = 2$)에서의 조화 함수, 3차 조화($n = 3$)에서의 조화 함수가 나타나 있다. 일반적으로 n차 조화는 주기가 $2\pi/n$, 즉 $360°/n$이므로 2π rad 동안에 n개의 사이클이 완결되기 마련이다. n이 짝수(2, 4, 6, …)이거나 n이 홀수(1, 3, 5, 7, …)인 조화 함수를 표현할 때에는 각각 **짝수차 조화**(even harmonic)와 **홀수차 조화**(odd harmonic)라는 용어를 많이 사용한다.

조화 함수들을 서로 합하면 각각의 개별 함수들이 합해지기 때문에 합성파 형태가 발생하게 된다. 그림 A.7.2에는 $y = 3\sin x$과 $y = \sin 2x$와 같은 두 가지 특정한 조화 함수를 합한 그래프가 나타나 있다.

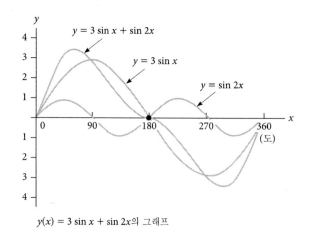

$y(x) = 3 \sin x + \sin 2x$의 그래프

그림 A.7.2 합성 조화 함수

A.8 푸리에 급수

많은 열전달 미분방정식의 해는 다음과 같은 급수 함수 형태로 쓸 수 있다.

$$f(x) = \frac{1}{2}a_0 + \sum_{n=0}^{\infty} a_n \cos nx + \sum_{n=0}^{\infty} b_n \sin nx \qquad (A.8.1)$$

나중에 보면 알겠지만, 이 식에서 항 $\frac{1}{2}a_0$는 편의상 도입되어 있다. $f(x)$의 해를 구하는 과정에서 계수 a_0, a_n, b_n을 결정하는 것은 대단히 중요한 일이다. 먼저 다음 적분 식을 주목해야 한다. 즉,

$$\int_{-\pi}^{\pi} \cos nx \, dx = 0 \quad \text{for } n > 0; \text{ and } = 2\pi \text{ for } n = 0 \qquad (A.8.2)$$

$$\int_{-\pi}^{\pi} \sin nx \, dx = 0 \quad \text{for } n > 0; \text{ and } = 2\pi \text{ for } n = 0 \qquad (A.8.3)$$

식 (A.3.11)을 사용하면 다음과 같이 나온다.

$$\int_{-\pi}^{\pi} \sin mx \cos nx \, dx = \frac{1}{2}\int_{-\pi}^{\pi} \sin (m+n)x \, dx + \frac{1}{2}\int_{-\pi}^{\pi} \sin (m-n)x \, dx = 0 \quad (A.8.4)$$

식 (A.3.12)를 사용하면 다음과 같이 된다.

$$\int_{-\pi}^{\pi} \sin nx \sin mx \, dx = \frac{1}{2}\int_{-\pi}^{\pi} \cos (m-n)x \, dx - \frac{1}{2}\int_{-\pi}^{\pi} \cos (m+n)x \, dx = 0 \quad (A.8.5)$$

식 (A.8.5)의 값은 다음과 같다.

$$0 \quad (m \neq 0 \text{ 또는 } m = n = 0 \text{일 때})$$
$$\pi \quad (m = n > 0 \text{일 때})$$

식 (A.3.13)에서 다음과 같이 나온다.

$$\int_{-\pi}^{\pi} \cos mx \cos nx \, dx = \frac{1}{2}\int_{-\pi}^{\pi} \cos (m+n)x \, dx + \frac{1}{2}\int_{-\pi}^{\pi} \cos (m-n)x \, dx \quad (A.8.6)$$

식 (A.8.6)의 값은 다음과 같다.

$$
\begin{aligned}
&0 \quad (m \neq 0 \text{일 때}) \\
&\pi \quad (m = n > 0 \text{일 때}) \\
&2\pi \quad (m = n = 0 \text{일 때})
\end{aligned}
$$

식 (A.8.1)의 $f(x)$를 $-\pi$와 π 사이에서 적분하게 되면, 식 (A.8.1)은 다음과 같이 되므로,

$$
\begin{aligned}
\int_{-\pi}^{\pi} f(x)dx &= \frac{1}{2}a_0 \int_{-\pi}^{\pi} dx + \sum_{n=0}^{\infty} a_n \int_{-\pi}^{\pi} \cos nx \, dx + \sum_{n=0}^{\infty} b_0 \int_{-\pi}^{\pi} \sin nx \, dx \\
&= \pi a_0
\end{aligned}
\tag{A.8.7}
$$

다음과 같이 된다.

$$
a_0 = \frac{1}{\pi} \int_{-\pi}^{\pi} f(x)dx
\tag{A.8.8}
$$

또한, 식 (A.8.1)을 변형시키면 다음과 같으며,

$$
\begin{aligned}
f(x) \cos kx \, dx &= \frac{1}{2}a_0 \cos kx \, dx + \sum_{n=0}^{\infty} a_n \cos nx \cos kx \, dx \\
&+ \sum_{n=0}^{\infty} b_n \sin nx \cos kx \, dx
\end{aligned}
\tag{A.8.9}
$$

이 식에서 k는 정수이다. 식 (A.8.9)를 $-\pi$와 π 사이 구간에서 적분하게 되면,

$$
\begin{aligned}
\int_{-\pi}^{\pi} f(x) \cos kx \, dx &= \frac{1}{2}a_0 \int_{-\pi}^{\pi} \cos kx \, dx + \sum_{n=0}^{\infty} a_n \int_{-\pi}^{\pi} \cos nx \cos kx \, dx \\
&+ \sum_{n=0}^{\infty} b_n \int_{-\pi}^{\pi} \sin nx \cos kx \, dx
\end{aligned}
\tag{A.8.10}
$$

이 식에서 우변 첫째 항은 $k > 0$에서 0이 되고, 우변 둘째 항은 식 (A.8.2)에 따라 $k = n$에서만 0이 되지 않으며, 셋째 항은 모든 k에서 0이 된다. 그러므로 계산 결과는 다음과 같이 되며,

$$
\int_{-\pi}^{\pi} f(x) \cos kx \, dx = a_k \pi
\tag{A.8.11}
$$

이 식은 모든 k에서 성립한다. 그러므로 해당 계수는 다음과 같이 되며,

$$a_k = \frac{1}{\pi} \int_{-\pi}^{\pi} f(x) \cos kx \, dx \tag{A.8.12}$$

이 식 또한 모든 k에서 성립한다. 주목할 점은 $k = 0$일 때 제1계수 c_0는 식 (A.8.8)에 따라 구한다는 것이다. 같은 식으로 식 (A.8.1)에 항 $\sin kx \, dx$을 곱한 다음, $-\pi$에서 π까지 구간에서 적분을 함으로써 다음과 같이 구한다.

$$b_k = \int_{-\pi}^{\pi} f(x) \sin kx \, dx \tag{A.8.13}$$

식 (A.8.1)로 표현되는 급수를 **푸리에 급수**(Fourier series)라고 하며, 식 (A.8.12)와 (A.8.13)으로 정의되는 계수 a_k와 b_k를 **푸리에 계수**라고 한다.

A.9 오차 함수

오차 함수(error function)는 과도 전도 열전달 문제의 해에서 발생하며, 변수 z의 오차 함수 $\mathrm{erf}(z)$는 다음과 같이 정의되는데,

$$\mathrm{erf}(z) = \frac{2}{\sqrt{\pi}} \int_0^t e^{-t^2} dt \tag{A.9.1}$$

이 식에서 t는 적분 변수이다. 오차 함수는 다음과 같은 급수 전개식으로 값을 구할 수 있다.

$$\mathrm{erf}(z) = \frac{2}{\sqrt{\pi}} \sum_{n=0}^{\infty} (-1)^n \left(\frac{1}{n!(2n+1)} \right) z^{2n+1} \tag{A.9.2}$$

또는,

$$\mathrm{erf}(z) = \frac{2e^{-z^2}}{\sqrt{\pi}} \sum_{n=0}^{\infty} 2^n \left(\frac{1}{1 \cdot 3 \cdot 5 \cdot 7 \cdot \, \cdots \, \cdot (2n+1)} \right) z^{2n+1} \tag{A.9.3}$$

오차 함수의 도함수는 다음과 같다.

$$\frac{d}{dz} \mathrm{erf}(z) = \frac{2}{\sqrt{\pi}} e^{-z^2} \tag{A.9.4}$$

오차 함수 값은 표 A.9에 수록되어 있다.

표 A.9 오차 함수

x	erf x	x	erf x	x	erf x	x	erf x
0.00	0.00000	0.56	0.57162	1.10	0.88020	1.64	0.97962
0.02	0.02256	0.58	0.58792	1.12	0.88079	1.66	0.98110
0.04	0.04511	0.60	0.60386	1.14	0.89308	1.68	0.98249
0.06	0.06762	0.62	0.61941	1.16	0.89910	1.70	0.98379
0.08	0.09008	0.64	0.63459	1.18	0.90484	1.72	0.98500
0.10	0.11246	0.66	0.64938	1.20	0.91031	1.74	0.98613
0.14	0.15695	0.68	0.66278	1.22	0.91553	1.76	0.98719
0.16	0.17901	0.70	0.67780	1.24	0.92050	1.78	0.98817
0.18	0.20094	0.72	0.69143	1.26	0.92524	1.80	0.98909
0.20	0.22270	0.74	0.70468	1.28	0.92973	1.82	0.98994
0.22	0.24430	0.76	0.71754	1.30	0.93401	1.84	0.99074
0.24	0.26570	0.78	0.73001	1.32	0.93806	1.86	0.99147
0.26	0.28690	0.80	0.74210	1.34	0.94191	1.88	0.99216
0.28	0.30788	0.82	0.75381	1.36	0.94556	1.90	0.99279
0.30	0.32863	0.84	0.76514	1.38	0.94902	1.92	0.99338
0.32	0.34913	0.86	0.77610	1.40	0.95228	1.94	0.99392
0.34	0.36936	0.88	0.78669	1.42	0.95538	1.96	0.99443
0.36	0.38933	0.90	0.79691	1.44	0.95830	1.98	0.99489
0.38	0.30901	0.92	0.80677	1.46	0.96105	2.00	0.995322
0.40	0.42839	0.94	0.81627	1.48	0.96365	2.10	0.997020
0.42	0.44749	0.96	0.82542	1.50	0.96610	2.20	0.998137
0.44	0.46622	0.98	0.83423	1.52	0.96841	2.40	0.999311
0.46	0.48466	1.00	0.84270	1.54	0.97059	2.60	0.999764
0.48	0.50275	1.02	0.85084	1.56	0.97263	2.80	0.999925
0.50	0.52050	1.04	0.85865	1.58	0.97455	3.00	0.999978
0.52	0.53790	1.06	0.86614	1.60	0.97636	3.20	0.999994
0.54	0.55494	1.08	0.87333	1.62	0.97804	3.60	1.000000

A.10 베셀 함수

베셀 함수(Bessel function)는 특수 함수로, 이는 다음과 같은 2차 동차 미분 방정식의 해이며,

$$x^2 \frac{d^2 w(x)}{dx^2} + x \frac{dw(x)}{dx} + (x^2 - v^2)w(x) = 0 \tag{A.10.1}$$

이 식에서 v는 실수이다. 이 식의 해로는 **제1종 베셀 함수** $J_v(x)$, **제2종 베셀 함수** $Y_v(x)$(이는 **웨버 함수**라고도 함), **제3종 베셀 함수** $H_v^1(x)$와 $H_v^2(x)$(이는 **한켈 함수**라고도 함)이 있다. 웨버 함수(Weber function) 및 한켈 함수(Hankel function)와 베셀 함수 사이의 관계에서는 다음과 같은 식들이 정의되는데,

$$Y_v(x) = \frac{J_v(x) \cos v\pi - J_v(x)}{\sin v\pi} \tag{A.10.2}$$

$$H_v^1(x) = J_v(x) + iY_v(x) \tag{A.10.3}$$

$$H_v^2(x) = J_v(x) - iY_v(x) \tag{A.10.4}$$

이 식에서 i는 -1의 제곱근이다. 제1종 베셀 함수에는 차수 n이 표시되므로, J_0은 0차 베셀 함수, J_1은 1차 베셀 함수 등과 같다. n차 베셀 함수는 다음과 같으며,

$$J_v(x) = \left(\frac{x}{2}\right)^v \sum_{n=0}^{\infty} \frac{(-x^2/4)^k}{k! \Gamma(v + k + 1)} \tag{A.10.5}$$

이 식에서 $\Gamma(v + k + 1)$은 감마 함수로, 변수가 x일 때 다음과 같이 정의된다.

$$\Gamma(x) = \int_0^\infty t^{x-1} e^{-t} dt \quad (x가 \ 양(+)의 \ 실수일 \ 때) \tag{A.10.6}$$

감마 함수(gamma function)는 주로 다음과 같이 오일러 공식으로 수치 값을 산출하는데,

$$\Gamma(x) = \lim_{x \to \infty} \frac{n! n^x}{x(x+1)(x+2)\cdots(x+n)} \quad (x \neq 0, -1, -2, -3, \dots 일 \ 때) \tag{A.10.7}$$

이 식에서 n은 양(+)의 정수이다. 감마 함수와 관련 있는 다른 근사식이나 관계식들은 **Handbook of Mathematical Functions**[2]에 실려 있다.

그림 A.10.1에는 한정된 범위와 영역에서 감마 함수와 그 역함수가 그려져 있으며, 그림 A.10.2에는 한정된 범위와 영역에서 0차 및 1차의 베셀 및 웨버 함수가 그려져 있다. 표 A.10에는 0차 및 1차의 제1종 베셀 함수가 변수 범위 0~14.9에서 표로 작성되어 있다.

표 A.10에 수록되어 있지 않은 변수의 베셀 함수 값은 선형 보간법으로 근삿값을 구하면 된다. 그러나 다음과 같은 점화 관계(recurrence relation)를,

$$J_{n-1}(x) = \frac{2n}{x}J_n(x) - J_{n-1}(x) \tag{A.10.8}$$

다음과 같은 관계식과 같이 사용하고,

$$J_0(x) + 2J_2(x) + 2J_4(x) + 2J_6(x) + \cdots = 1.0 \tag{A.10.9}$$

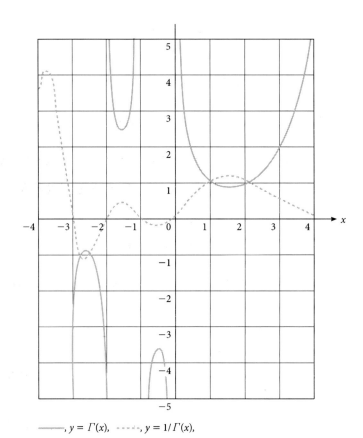

————, $y = \Gamma(x)$, - - - - -, $y = 1/\Gamma(x)$,

그림 A.10.1 감마 함수

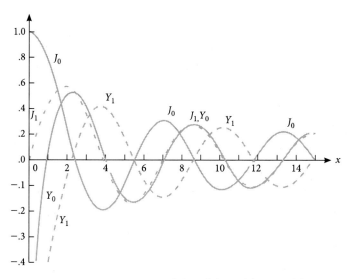

그림 A.10.2 베셀 함수, $J_0(x)$, $J_1(x)$, $Y_0(x)$ 및 $Y_1(x)$

예를 들어 Abramowitz와 Steguns의 **Handbook of Mathematical Functions**[2]에서 고차 베셀 함수 값에 관한 정량적인 자료를 참고하면, 한층 더 정밀한 값을 산출하는 방법이 나온다.

표 A.10 베셀 함수

x	$J_0(x)$	$J_1(x)$	x	$J_0(x)$	$J_1(x)$	x	$J_0(x)$	$J_1(x)$
0.0	1.0000	0.0000	5.0	−0.1776	−0.3276	10.0	−0.2459	0.0435
0.1	0.9975	0.0499	5.1	−0.1443	−0.3371	10.1	−0.2490	0.0184
0.2	0.9900	0.0995	5.2	−0.1103	−0.3432	10.2	−0.2496	−0.0066
0.3	0.9776	0.1483	5.3	−0.0758	−0.3460	10.3	−0.2477	−0.0313
0.4	0.9604	0.1960	5.4	−0.0412	−0.3453	10.4	−0.2434	−0.0555
0.5	0.9385	0.2423	5.5	−0.0068	−0.3414	10.5	−0.2366	−0.0789
0.6	0.9120	0.3867	5.6	0.0270	−0.3343	10.6	−0.2276	−0.1012
0.7	0.8812	0.3290	5.7	0.0599	−0.3241	10.7	−0.2164	−0.1224
0.8	0.8463	0.3688	5.8	0.0917	−0.3110	10.8	−0.2032	−0.1422
0.9	0.8075	0.4059	5.9	0.1220	−0.2951	10.9	−0.1881	−0.1603
1.0	0.7652	0.4401	6.0	0.1506	−0.2767	11.0	−0.1712	−0.1768
1.1	0.7196	0.4709	6.1	0.1773	−0.2559	11.1	−0.1528	−0.1913
1.2	0.6711	0.4983	6.2	0.2017	−0.2329	11.2	−0.1330	−0.2039
1.3	0.6201	0.5220	6.3	0.2238	−0.2081	11.3	−0.1121	−0.2143
1.4	0.5669	0.5419	6.4	0.2433	−0.1816	11.4	−0.0902	−0.2225

x	$J_0(x)$	$J_1(x)$	x	$J_0(x)$	$J_1(x)$	x	$J_0(x)$	$J_1(x)$
1.5	0.5118	0.5579	6.5	0.2601	−0.1538	11.5	−0.0677	−0.2284
1.6	0.4554	0.5699	6.6	0.2740	−0.1250	11.6	−0.0446	−0.2320
1.7	0.3980	0.5778	6.7	0.2851	−0.0953	11.7	−0.0213	−0.2333
1.8	0.3400	0.5815	6.8	0.2931	−0.0652	11.8	0.0020	−0.2323
1.9	0.2818	0.5812	6.9	0.3981	−0.0349	11.9	0.0250	−0.2290
2.0	0.2239	0.5767	7.0	0.3001	−0.0047	12.0	0.0477	−0.2234
2.1	0.1666	0.5683	7.1	0.2991	0.0252	12.1	0.0697	−0.2157
2.2	0.1104	0.5560	7.2	0.2951	0.0543	12.2	0.0908	−0.2060
2.3	0.0555	0.5399	7.3	0.2882	0.0826	12.3	0.1108	−0.1943
2.4	0.0025	0.5202	7.4	0.2786	0.1096	12.4	0.1296	−0.1807
2.5	−0.0484	0.4971	7.5	0.2663	0.1352	12.5	0.1469	−0.1655
2.6	−0.0968	0.4708	7.6	0.2516	0.1592	12.6	0.1626	−0.1487
2.7	−0.1424	0.4416	7.7	0.2346	0.1813	12.7	0.1766	−0.1307
2.8	−0.1850	0.4097	7.8	0.2154	0.2014	12.8	0.1887	−0.1114
2.9	−0.2243	0.3754	7.9	0.1944	0.2192	12.9	0.1988	−0.0912
3.0	−0.2601	0.3391	8.0	0.1717	0.2346	13.0	0.2069	−0.0703
3.1	−0.2921	0.3009	8.1	0.1475	0.2476	13.1	0.2129	−0.0489
3.2	−0.3202	0.2613	8.2	0.1222	0.2580	13.2	0.2167	−0.0271
3.3	−0.3443	0.2207	8.3	0.0960	0.2657	13.3	0.2183	−0.0052
3.4	−0.3643	0.1792	8.4	0.0692	0.2708	13.4	0.2177	0.0166
3.5	−0.3801	0.1374	8.5	0.0419	0.2731	13.5	0.2150	0.0380
3.6	−0.3918	0.0955	8.6	0.0146	0.2728	13.6	0.2101	0.0590
3.7	−0.3992	0.0538	8.7	−0.0125	0.2697	13.7	0.2032	0.0791
3.8	−0.4026	0.0128	8.8	−0.0392	0.2641	13.8	0.1943	0.0984
3.9	−0.4018	−0.0272	8.9	−0.0653	0.2559	13.9	0.1836	0.1165
4.0	−0.3971	−0.0660	9.0	−0.0903	0.2453	14.0	0.1711	0.1334
4.1	−0.3887	−0.1033	9.1	−0.1142	0.2324	14.1	0.1570	0.1488
4.2	−0.3766	−0.1386	9.2	−0.1367	0.2174	14.2	0.1414	0.1626
4.3	−0.3610	−0.1719	9.3	−0.1577	0.2004	14.3	0.1245	0.1747
4.4	−0.3423	−0.2028	9.4	−0.1768	0.1816	14.4	0.1065	0.1850
4.5	−0.3205	−0.2311	9.5	−0.1939	0.1613	14.5	0.0875	0.1934
4.6	−0.2961	−0.2566	9.6	−0.2090	0.1395	14.6	0.0679	0.1999
4.7	−0.2693	−0.2791	9.7	−0.2218	0.1166	14.7	0.0476	0.2043
4.8	−0.2404	−0.2985	9.8	−0.2323	0.0928	14.8	0.0271	0.2066
4.9	−0.2097	−0.3147	9.9	−0.2403	0.0684	14.9	0.0064	0.2069

A.11 무한 평판, 무한 원기둥체 및 구체에서 일어나는 과도 전도 열전달에서 사용되는 일부 초월 함수의 근 및 관련 계수

표 A.11.1 무한 평판의 양쪽 표면에서 대류 열전달이 일어나고 있을 때 사용하는 $\xi_n \tan \xi_n = hL/\kappa = \mathrm{Bi}$의 첫째 근부터 다섯째 근, ξ_n은 복사점에서의 값

hL/κ	첫째 계수부터 다섯째 계수 $C_n = \dfrac{4 \sin \xi_n}{2\xi_n + \sin 2\xi_n}$									
	ξ_1	C_1	ξ_2	C_2	ξ_3	C_3	ξ_4	C_4	ξ_5	C_5
0.001	0.0316	1.0002	3.1419	−0.0002	6.2833	0.0000	9.4249	0.0000	12.5665	0.0000
0.002	0.0447	1.0003	3.1422	−0.0004	6.2835	0.0001	9.4250	0.0000	12.5665	0.0000
0.005	0.0707	1.0008	3.1432	−0.0010	6.2840	0.0003	9.4253	−0.0001	12.5668	0.0001
0.01	0.0998	1.0017	3.1448	−0.0020	6.2848	0.0005	9.4258	−0.0002	12.5672	0.0001
0.02	0.141	1.0033	3.1479	−0.0040	6.2864	0.0010	9.4269	−0.0005	12.5680	0.0003
0.05	0.2217	1.0082	3.1574	−0.0100	6.2911	0.0025	9.4301	−0.0011	12.5704	0.0006
0.10	0.3111	1.0160	3.1731	−0.0197	6.2991	0.0050	9.4354	−0.0022	12.5743	0.0013
0.20	0.4328	1.0311	3.2039	−0.0381	6.3148	0.0100	9.4459	−0.0045	12.5823	0.0025
0.50	0.6533	1.0701	3.2923	−0.0873	6.3616	0.0243	9.4775	−0.0111	12.6060	0.0063
1.0	0.8603	1.1191	3.4256	−0.1517	6.4783	0.0466	9.5293	−0.0217	12.6453	0.0123
2.0	1.0769	1.1795	3.6436	−0.2367	6.5783	0.0848	9.6296	−0.0414	12.7223	0.0241
5.0	1.3138	1.2402	4.0336	−0.3442	6.9096	0.1588	9.8938	−0.0876	12.9352	0.0543
10.0	1.4289	1.2620	4.3058	−0.3934	7.2281	0.2104	10.2003	−0.1309	13.2142	0.0881
20.0	1.4961	1.2699	4.4915	−0.4147	7.4954	0.2394	10.5117	−0.1621	13.5420	0.1182
50.0	1.5400	1.2727	4.6202	−0.4227	7.7012	0.2518	10.7832	−0.1779	13.8666	0.1364
100.0	1.5552	1.2731	4.6658	−0.4240	7.7764	0.2539	10.8871	−0.1808	13.9981	0.1401

표 A.11.2 무한 원기둥체의 표면에서 대류 열전달이 일어나고 있을 때 사용하는 $\beta_n = J_1(\beta_n) = \dfrac{hr_0}{\kappa} J_0(\beta_n)$의 첫째 근부터 다섯째 근

hr_0/κ	첫째 계수부터 다섯째 계수 $C_n = \dfrac{2J_1(\beta_n)}{\beta_n[J_0^2(\beta_n) + J_1^2(\beta_n)]}$									
	β_1	C_1	β_2	C_2	β_3	C_3	β_4	C_4	β_5	C_5
0.001	0.045	1.002	3.832	0.0000	7.016	0.00027	10.174	−0.0003	13.324	0.0001
0.002	0.063	1.004	3.832	−0.0004	7.016	0.00027	10.174	−0.0003	13.324	0.0001
0.005	0.100	1.0013	3.833	−0.0013	7.016	0.00027	10.174	−0.0003	13.324	0.0001
0.01	0.141	1.0025	3.834	−0.0032	7.017	0.00121	10.175	−0.0011	13.324	0.0001
0.02	0.200	1.0050	3.837	−0.0068	7.019	0.00310	10.176	−0.0019	13.325	0.0008
0.05	0.314	1.0124	3.845	−0.0167	7.023	0.00689	10.178	−0.0035	13.327	0.0022
0.10	0.442	1.0246	3.858	−0.0333	7.030	0.01351	10.183	−0.0074	13.331	0.0049
0.20	0.617	1.0483	3.884	−0.0658	7.044	0.02672	10.193	−0.0152	13.338	0.0097
0.50	0.941	1.1143	3.959	−0.1573	7.086	0.06591	10.222	0.0378	13.361	0.0254
1.0	1.256	1.2071	4.079	−0.2904	7.156	0.12908	10.271	−0.0756	13.398	0.0506
2.0	1.599	1.3384	4.292	−0.4936	7.288	0.24201	10.366	−0.1467	13.472	0.0999
5.0	1.990	1.5029	4.713	−0.7978	7.617	0.48396	10.622	−0.3221	13.679	0.2305
10.0	2.180	1.5677	5.034	−0.9580	7.957	0.67492	10.936	−0.5006	13.959	0.3851
20.0	2.288	1.5919	5.257	−1.0321	8.253	0.78977	11.268	−0.6388	14.296	0.5296
50.0	2.357	1.6002	5.411	−1.0574	8.484	0.84018	11.562	−0.7119	14.643	0.6233
100.0	2.381	1.6015	5.465	−1.0567	8.568	0.84916	11.675	−0.7255	14.783	0.6420

표 A.11.3 구체의 표면에서 대류 열전달이 일어나고 있을 때 사용하는 $\zeta_n \cos \zeta_n = \left(1 - \dfrac{hr_0}{\kappa}\right) \sin \zeta_n$의 첫째 근부터 다섯째 근

hr_0/κ	첫째 계수부터 다섯째 계수 $C_n = \dfrac{4(\sin \xi_n - \xi_n \cos \xi_n)}{2\xi_n - \sin \xi_n}$							
	ζ_1	C_1	ζ_2	C_2	ζ_3	C_3	ζ_4	C_4
0.001	0.055	1.0003	4.494	−0.0012	7.725	−0.0005	10.904	0.0002
0.002	0.077	1.0006	4.494	−0.0012	7.725	−0.0005	10.904	0.0002
0.005	0.122	1.0015	4.495	−0.0033	7.726	0.0015	10.905	−0.0018
0.01	0.173	1.0030	4.496	−0.0053	7.727	0.0035	10.905	−0.0018
0.02	0.242	1.0060	4.498	−0.0094	7.728	0.0055	10.906	−0.0038
0.05	0.385	1.0149	4.504	−0.0216	7.732	0.0135	10.908	−0.0078
0.10	0.542	1.0298	4.516	−0.0461	7.739	0.0277	10.913	−0.0178
0.20	0.759	1.0592	4.538	−0.0904	7.761	0.0717	10.923	−0.0378
0.50	1.166	1.1441	4.604	−0.2207	7.790	0.1294	10.950	−0.0917
1.0	1.571	1.2732	4.712	−0.4237	7.854	0.2547	10.996	−0.1827
2.0	2.030	1.4793	4.913	−0.7670	7.979	0.4905	11.085	−0.3555
5.0	2.569	1.7870	5.354	−1.3733	8.303	0.9311	11.335	−0.8098
10.0	2.836	1.9249	5.717	−1.7379	8.659	1.5144	11.658	−1.3108
20.0	2.986	1.9781	5.978	−1.9162	8.983	1.8247	12.003	−1.7154
50.0	3.079	1.9962	6.158	−1.9850	9.239	1.9669	12.320	−1.9419
100.0	3.110	1.9990	6.220	−1.9960	9.331	1.9914	12.441	−1.9846

[참고문헌]

[1] Burlington, R. S., *Handbook of Mathematical Tables and Formulas,* 4th edition, McGraw-Hill, New York, 1965.

[2] Abramowitz, M., and I. A. Stegun, *Handbook of Mathematical Functions,* National Bureau of Standards, Applied Mathematics Series, 55, U. S. Government Printing Office, Washington, D.C., 1964.

β 변환 계수와 상태량 표

표 B.1 일반 상수와 변환 계수

일반 상수

R_u, 일반 기체 상수 = 1544 ft · lbf/lbm · mol · °R

= 8.31 J/g · mol · K

σ, 스테판-볼츠만 상수

= 0.174 × 10^{-8} Btu/hr · ft² · °R⁴

= 5.67 × 10^{-8} W/m² · K⁴

N, 아보가드로 수 = 6.02 × 10²³ atoms/g · mol

변환 계수

힘

*2000 lbf(힘 파운드) = 1 ton-force

2.248 × 10^{-6} lbf = 1 dyne

8.89644 × 10^8 dynes(다인) = 1 ton-force

10^5 dynes = 1 N

질량

*32.174 lbm(질량 파운드) = 1 slug(슬러그)

*16 oz(온스) = 1 lbm

*2000 lbm = 1 ton-mass

*7000 grains(그레인) = 1 lbm

2.2046 lbm = 1 kg(킬로그램)

0.45359 kg = 1 lbm

*1000 g(그램) = 1 kg

*1000 kg = 1 tonne(미터 톤)

길이

*12 in(인치) = 1 ft(피트)

*3 ft = 1 yd(야드)

*5280 ft = 1 mi(마일)

3.2808 ft = 1 m(미터)

39.37 in = 1 m

*0.3048 m = 1 ft

*0.0254 m = 1 in

*2.54 cm(센티미터) = 1 in

*1000 m = 1 km(킬로미터)

*100 cm = 1 m

*1.609 km = 1 mi

압력

*1 lbf/in²(psi) = 144 lbf/ft²(psf)

0.0361 psi = 1 in Aq. (@ 39.2 °F, 해수면)

0.491 psi = 1 in Hg (@ 39.2 °F, 해수면)

표 B.1(계속) 일반 상수와 변환 계수

0.433 psi = 1 ft Aq. (@ 39.2 °F, 해수면)

14.696 psi = 1 atm(기압)

14.504 psi = 1 bar

0.14504 psi = 1 kPa(킬로파스칼)

1.01325 bar = 1 atm

0.06895 bar = 1 psi

6.896 kPa = 1 psi

*100 kPa = 1 bar

*1000 Pa(파스칼) = 1 kPa = 1 kN/m²

93.0638 Pa = 1 cm H₂O (@ 4 °C, 해수면)

133.3224 Pa = 1 mm Hg (@ 4 °C, 해수면)

체적

231 in³ = 1 gal(갤런) (US 액량)

0.1337 ft³ = 1 gal (US 액량)

3.785 L(리터) = 1 gal (US 액량)

3785.4 cm³ = 1 gal (US 액량)

0.001 m³ = 1 L

1000 cm³ = 1 L

61.02 in³ = 1 L

0.0353 ft³ = 1 L

에너지

*1 J(줄) = 1 N · m(뉴턴-미터)

*1 J(줄) = 1 W · s(와트-초)

1054 J = 1 Btu(영국 열량 단위)

1.356 J = 1 ft · lbf(피트-힘 파운드)

*4.1868 J = 1 cal(칼로리)

*1 dyne · cm = 1 erg(에르그)

*1 × 10⁷ ergs = 1 J

0.2388 cal = 1 J

252 cal = 1 Btu

3414 Btu = 1 kW · hr(킬로와트-시)

3.414 Btu = 1 W · hr

2545 Btu = 1 hp · hr(마력-시)

0.9488 Btu = 1 kJ(킬로줄)

778 ft · lbf = 1 Btu

0.737 ft · lbf = 1 J

0.4299 Btu/lbm = 1 kJ/kg

334.5 ft · lbf/lbm = 1 kJ/kg

*2.326 kJ/kg = 1 Btu/lbm

*4.1868 kJ/kg · K = 1 Btu/lbm · °R

0.2388 Btu/lbm · °R = 1 kJ/kg · K

동력

*1 J/s(줄/초) = 1 W(와트)

*1000 W = 1 kW

0.746 kW = 1 hp(마력)

1.34 hp = 1 kW

1.41 hp = 1 Btu/s

550 ft · lbf/s = 1 hp

33,000 ft · lbf/min = 1 hp

1.054 kW = 1 Btu/s

3414 Btu/hr = 1 kW

2545 Btu/hr = 1 hp

12,000 Btu/hr = 1 ton(냉동 톤)

3.515 kW = 1 ton(냉동 톤)

열전달

0.1441 W/m · K = 1 Btu · in/hr · ft² · °R

6.9405 Btu · in/hr · ft² · °R = 1 W/m · K

1.73 W/m · K = 1 Btu/hr · ft · °R

0.5779 Btu/hr · ft · °R = 1 W/m · K

1.926 Btu · in/s · ft² · °R = 1 kW/m · K

5.678 W/m² · K = 1 Btu/hr · ft² · °R

0.176 Btu/hr · ft² · °R = 1 W/m² · K

1 R값 = 1 hr · ft² · °F/Btu

1 R값 = 0.176 m² · °C/W

별표(*)는 정확한 변환을 의미함.

표 B.2 대표적인 비금속 고체의 열적 상태량, SI 단위

재료	온도 T(K)	밀도 ρ(kg/m³)	비열 c_p(kJ/kg · K)	열전도도 κ(W/m · K)	정압 압축률 $\beta_P \times 10^6$(K⁻¹)
석면	300	2100	1.047	0.156	—
아스팔트	300	2115	0.920	0.062	600
벽돌					
일반 벽돌	300	1600	0.840	0.70	—
내화 벽돌	1000	2640	0.960	1.50	—
석조 벽돌	300	1700	0.837	0.66	—
탄소, 흑연	300–400	1,900–2,300	0.711	1.60	—
카드 보드	300	700	1.510	0.170	—
점토	300	1460	0.880	1.30	24.3
콘크리트	300	2,300	—	—	30.0
강화 콘크리트	300	2,400	0.840	1.60	—
코르크 보드	300	160	1.90	0.045	—
에보나이트	300	—	1.382	—	—
펠트 보드	300	—	—	0.035	—
식품					
사과	300	*	3.60	0.418	—
비트	300	*	3.77	0.601	—
우유	300	*	3.85	0.550	—
칠면조(조리 후)	300	*	3.31	0.500	—
유리	300	2,500	0.750	1.40	210
유리 섬유	300	220	—	0.035	—
유리 솜	300	40	0.70	0.038	—
석고 보드(회반죽 보드)	300	817	1.084	0.107	—
얼음	273	920	2.04	2.20	—
광물 면(튼 솜)	300	—	—	0.039	—
종이	300	73	1.510	0.096	—
이탄	300	275	1.700	0.109	—
폴리스틸렌, 스티로폼	300	37	—	0.029	21
폴리우레탄폼, 경질	300	40	—	0.023	40.5
암면	300	160	—	0.040	—
고무					
폼 고무	300	70	—	0.032	—
경질 고무	300	1,190	2.01	0.160	180
모래, 건식	300	1,515	0.80	0.30	—
톱밥	300	215	—	0.059	—
대팻밥	300	215	—	0.059	—

표 B.2(계속) 대표적인 비금속 고체의 열적 상태량, SI 단위

재료	온도 $T(K)$	밀도 $\rho(kg/m^3)$	비열 $c_p(kJ/kg \cdot K)$	열전도도 $\kappa(W/m \cdot K)$	정압 압축률 $\beta_P \times 10^6(K^{-1})$
눈					
다져지지 않은 눈	273	110	—	0.05	—
다져진 눈	273	500	—	0.19	—
흙	300	2,050	1.840	0.52	—
황	300	1,920	0.736	0.270	126
암석					
화강암	300	2,630	0.775	2.79	24
석회석	300	2,320	0.810	2.15	18
대리석	300	2720	0.920	3.00	45
사암	300	2150	0.745	2.90	30
테플론	300	2200	1.00	0.35	
생체 조직, 인체					
지방 조직	300	*	—	0.20	—
근육 조직	300	*	—	0.41	—
피부 조직	300	*	—	0.37	—
나무					
발사 나무	300	140	—	0.055	—
소나무	300	640	2.805	0.150	—
참나무	300	545	2.385	0.170	—
합판	300	550	1.200	0.120	—
모직물	300	90	—	0.036	—
질석, 다져지지 않음	300	80	0.835	0.068	—
알루미늄	300	2,700	0.902	236	69.9
황동	300	8,520	0.382	114	—
구리	300	8,900	0.385	400	50.1
철					
단철	300	7,850	0.460	51	≈36
주철	300	7,270	0.420	39	≈38
납	300	11,340	0.129	36	85.5
실리콘	300	2,330	0.691	159	7.62
강					
탄소강	300	7,800	0.473	43	36
탄소강	300	7,854	0.434	60.5	35
스테인리스강	300	7,900	0.477	14	33
40 % 니켈, 스테인리스강	300	8,169	0.460	10	24
아연	300	7,133	0.384	116	190

*식품과 인체 조직의 밀도는 공극률에 따라 변하지만, 1000 kg/m³라는 값이 대체로 근사하다.

표 B.2E 대표적인 비금속 고체의 열적 상태량, 영국 단위

재료	온도 $T(°R)$	밀도 $\rho(lbm/ft^3)$	비열 $c_p(Btu/lbm \cdot °R)$	열전도도 $\kappa(Btu/hr \cdot ft \cdot °R)$	정압 압축률 $\beta_P \times 10^6(°R^{-1})$
석면	540	131.15	0.250	0.090	—
아스팔트	540	132.09	0.220	0.036	333.33
벽돌					
일반 벽돌	540	99.93	0.201	0.405	—
내화 벽돌	1,800	164.88	0.229	0.867	—
석조 벽돌	540	106.17	0.200	0.381	—
탄소, 흑연	540~720	118.66~143.64	0.170	0.925	—
카드 보드	540	47.72	0.361	0.098	—
점토	540	91.18	0.210	0.751	13.5
콘크리트	540	143.64	—	—	16.67
강화 콘크리트	540	149.89	0.201	0.925·	—
코르크 보드	540	9.99	0.454	0.026	—
에보나이트	540	—	0.330	—	—
펠트 보드	540	—	—	0.020	—
식품					
사과	540	*	0.860	0.242	—
비트	540	*	0.900	0.347	—
우유	540	*	0.919	0.318	—
칠면조(조리 후)	540	*	0.790	0.289	—
유리	540	156.13	0.179	0.809	116.67
유리 섬유	540	13.74	—	0.020	—
유리 솜	540	2.50	0.167	0.022	—
석고 보드(회반죽 보드)	540	51.02	0.259	0.062	—
얼음	460	57.46	0.487	1.271	—
광물 면(튼 솜)	540	—	—	0.023	—
종이	540	4.56	0.361	0.055	—
이탄	540	17.17	0.406	0.063	—
폴리스틸렌, 스티로폼	540	2.31	—	0.017	11.67
폴리우레탄폼, 경질	540	2.50	—	0.013	22.5
암면	540	9.99	—	0.023	—
고무					
폼 고무	540	4.37	—	0.018	—
경질 고무	540	74.32	0.480	0.092	100
모래, 건식	540	94.62	0.191	0.173	—
톱밥	540	13.43	—	0.034	—
대팻밥	540	13.43	—	0.034	—

재료	온도 $T(°R)$	밀도 ρ (lbm/ft³)	비열 c_p (Btu/lbm · °R)	열전도도 κ (Btu/hr · ft · °R)	정압 압축률 $\beta_P \times 10^6$ (°R⁻¹)
눈					
다져지지 않은 눈	460	6.87	—	0.029	—
다져진 눈	460	41.23	—	0.110	—
흙	540	128.03	0.439	0.301	—
황	540	119.91	0.176	0.156	70
암석					
화강암	540	164.25	0.185	1.612	13.33
석회석	540	144.89	0.193	1.242	10
대리석	540	169.87	0.220	1.734	25
사암	540	134.27	0.178	1.676	16.67
테플론	540	137.40	0.239	0.202	—
생체 조직, 인체					
지방 조직	540	*	—	0.116	—
근육 조직	540	*	—	0.237	—
피부 조직	540	*	—	0.214	—
나무					
발사 나무	540	8.74	—	0.032	—
소나무	540	39.97	0.670	0.087	—
참나무	540	34.04	0.570	0.098	—
합판	540	34.35	0.287	0.069	—
모직물	540	5.62	—	0.021	—
질석, 다져지지 않음	540	5.00	0.199	0.039	—
알루미늄	540	168.62	0.215	136.38	38.83
황동	540	532.10	0.091	65.88	—
구리	540	555.83	0.092	231.16	27.83
철					
단철	540	490.26	0.110	29.47	20
주철	540	454.04	0.100	22.54	21
납	540	708.22	0.031	20.80	47.5
실리콘	540	145.52	0.165	91.89	4.23
강					
탄소강	540	487.14	0.113	24.85	20
탄소강	540	490.51	0.104	34.96	19.4
스테인리스강	540	493.38	0.114	8.09	18.3
40 % 니켈, 스테인리스강	540	510.18	0.110	5.78	13.3
아연	540	445.48	0.092	67.04	105.6

*식품과 인체 조직의 밀도는 공극률에 따라 변하지만, 62.4 ldm/ft³라는 값이 대체로 근사하다.

표 B.3 대표적인 액체의 열적 상태량, 대기압 또는 별도 압력 기준, SI 단위

재료	온도 T(K)	밀도 ρ(kg/m³)	비열 c_p(kJ/kg · K)	열전도도 κ(W/m · K)	점도 μ(g/m · s)	프란틀 수 —	정압 압축률 $\beta_P \times 10^3$ (K⁻¹)
아세톤	300	800	2.155	0.160	—	—	—
암모니아	240	682	4.46	0.562	0.28	2.22	—
	300	602	4.80	0.520	0.22	2.03	1.93
	460	460	2.45	0.308	0.07	0.56	—
벤젠	300	895	1.81	0.159	0.65	7.40	1.237
비스무트	600	9,997	0.145	16.4	1.61	0.014	0.122
엔진 오일 (신유)	300	886	1.89	0.145	712.0	9,280	0.638
에탄올	273	790	—	0.175	1.80	—	—
	300	788	2.395	0.168	1.20	17.11	1.120
	373	786	—	0.149	0.32	—	—
에틸글리콜	300	1,116	2.385	0.257	21.4	198.60	0.6375
글리세린	300	1,260	2.39	0.287	1,490	12,400	0.505
납	700	10,476	0.157	17.4	2.15	0.019	0.120
리튬	600	498	4.190	48.0	0.57	0.05	0.174
메탄올	293	791.4	2.63	0.202	0.540	7.03	1.120
	373	790	2.63	0.184	0.210	3.00	—
	473	788	2.63	0.162	0.072	1.17	—
수은	300	13,546	0.138	—	1.60	—	0.182
	600	12,816	0.134	14.2	0.84	0.008	0.186
칼륨	600	766	0.783	44.0	0.23	0.004	0.280
프로판올	300	803.5	2.477	0.154	1.72	27.67	—
프로필렌글리콜	300	1,036.1	2.483	0.215	25.009	289	—
R-12	243	1,486.6	0.884	0.0882	0.3594	3.60	—
	283 @ 0.423 MPa	1,362.8	0.948	0.0735	0.232	2.99	—
	333 @ 1.523 MPa	1,168.2	1.123	0.0557	0.143	2.88	—
R-22	223	1,409.1	1.092	0.1141	0.280	2.68	—
	273 @ 0.5 MPa	1,284.8	1.161	0.096	0.230	2.78	—
	323 @ 2.0 MPa	1,084.7	1.370	0.073	0.130	2.44	—
R-123	300	1,456	1.001	0.0758	0.480	6.34	—
	323 @ 0.213 MPa	1,397.9	1.067	0.0694	0.323	4.97	—
	353 @ 0.490 MPa	1,311.4	1.119	0.0607	0.240	4.42	—
R-134a	247	1,374.3	1.268	0.1054	0.4064	4.89	—
	273 @ 0.300 MPa	1,294.0	1.335	0.0934	0.2874	4.11	—
	313 @ 1.02 MPa	1,146.5	1.500	0.0750	0.1782	3.56	—
나트륨	600	871	1.296	76.0	0.320	0.0054	0.275
	1,000	770	1.257	58.0	0.180	0.004	0.390
	1,500	730	1.260	54.0	0.120	0.003	0.450
물	300	997	4.180	0.608	0.857	5.89	—

표 B.3E 대표적인 액체의 열적 상태량, 대기압 또는 별도 압력 기준, 영국 단위

재료	온도 $T(°R)$	밀도 ρ (lbm/ft³)	비열 c_p (Btu/ lbm · °R)	열전도도 κ (Btu/hr · ft · °R)	점도 μ (lbm/ft · hr)	프란틀 수 —	정압 압축률 $\beta_P \times 10^3$ (°R⁻¹)
아세톤	540	49.96	0.515	0.092	—	—	—
암모니아	432	42.59	1.065	0.325	0.677	2.218	—
	540	37.60	1.146	0.301	0.532	2.025	1.056
	828	28.73	0.585	0.178	0.169	0.555	
벤젠	540	55.90	0.432	0.092	1.572	2.686	0.687
비스무트	1,080	624.35	0.035	9.477	3.895	0.014	0.067
엔진 오일 (신유)	540	55.33	0.451	0.084	1,722.398	9,247.637	0.354
에탄올	491	49.34	—	0.101	4.354	—	—
	540	49.21	0.572	0.097	2.903	17.119	0.622
	671	49.08	—	0.086	0.774	—	
에틸글리콜	540	69.70	0.570	0.149	51.768	198.039	0.354
글리세린	540	78.69	0.571	0.166	3604.458	12,398.466	0.281
납	1,260	654.26	0.037	10.055	5.201	0.019	0.067
리튬	1,080	31.10	1.001	27.739	1.379	0.050	0.097
메탄올	527	49.43	0.63	0.117	1.306	7.032	0.622
	671	49.34	0.63	0.106	0.508	3.019	—
	851	49.21	0.63	0.094	0.174	1.166	—
수은	540	845.99	0.033	—	3.87	—	0.101
	1,080	800.40	0.032	8.206	2.032	0.008	0.103
칼륨	1,080	47.84	0.187	25.428	0.556	0.004	0.156
프로판올	540	50.18	0.592	0.089	4.161	27.677	—
프로필렌글리콜	540	64.71	0.593	0.124	60.5	289.327	—
R-12	437	92.84	0.211	0.051	0.859	3.595	—
	491 @ 60 psia	85.11	0.226	0.042	0.561	3.019	—
	600 @ 214 psia	72.96	0.268	0.032	0.346	2.898	—
R-22	401	88.00	0.261	0.066	0.677	2.677	—
	491 @ 70 psia	80.24	0.277	0.055	0.556	2.800	—
	581 @ 281 psia	67.74	0.327	0.042	0.314	2.445	—
R-123	540	90.93	0.239	0.044	1.161	6.306	—
	581 @ 30 psia	87.30	0.255	0.040	0.781	4.979	—
	635 @ 69 psia	81.90	0.267	0.035	0.581	4.432	—
R-134a	445	85.83	0.303	0.061	0.983	4.883	—
	491 @ 42 psia	80.81	0.319	0.054	0.695	4.106	—
	563 @ 143 psia	71.60	0.358	0.043	0.431	3.558	—
나트륨	1,080	37.47	0.309	43.920	0.774	0.0054	0.153
	1,800	48.09	0.300	33.518	0.435	0.004	0.217
	2,700	45.59	0.301	31.206	0.290	0.003	0.250
물	540	62.27	0.998	0.351	2.073	5.894	—

표 B.4 대표적인 기체의 열적 상태량, 대기압 또는 별도 압력 기준, SI 단위

재료	온도 T(K)	밀도 ρ(kg/m³)	비열 c_p(kJ/kg · K)	열전도도 κ(W/m · K)	점도 μ(g/m · s)	프란틀 수 —	정압 압축률 $\beta_P \times 10^3$ (K⁻¹)
공기	250	1.4136	1.007	0.022	0.016	0.732	4.00
	300	1.178	1.007	0.026	0.0181	0.701	3.33
	350	1.0097	1.010	0.030	0.0204	0.687	2.857
	400	0.8835	1.014	0.034	0.023	0.686	2.50
암모니아	200	1.033	2.000	0.0132	0.00689	1.044	—
	300	0.689	2.096	0.0250	0.01020	0.855	—
	400	0.540	2.290	0.0374	0.01390	0.851	—
이산화탄소	300	1.81	0.844	0.017	0.0148	0.735	—
일산화탄소	300	1.16	1.040	0.025	0.0182	0.757	—
에탄올	300	1.864	1.430	0.0220	0.0090	0.585	—
	400	1.398	1.765	0.0264	0.0118	0.789	—
	500	1.120	2.052	0.0381	0.0141	0.759	—
헬륨	200	0.2462	5.193	0.1151	0.0150	0.677	—
	300	0.1625	5.193	0.152	0.0199	0.680	—
	400	0.1219	5.193	0.187	0.0243	0.675	—
	600	0.0836	5.193	0.220	0.0283	0.668	—
	1000	0.04879	5.193	0.354	0.0446	0.654	—
수소	300	0.0817	14.302	0.190	0.0090	0.677	—
메탄	300	0.655	2.227	0.0341	0.0134	0.875	—
메탄올	300	1.296	1.378	0.0230	0.0083	0.497	—
	400	0.972	1.619	0.0261	0.0131	0.813	—
	500	0.778	1.864	0.0375	0.0165	0.820	—
질소	300	1.15	1.040	0.026	0.0176	0.704	—
산소	300	1.31	0.911	0.027	0.0200	0.675	—
프로판	300	—	1.696	0.182	0.0083	0.773	—
프로판올	300	2.40	1.917	0.0254	0.0106	0.800	—
R-12	243	6.289	0.572	0.0070	0.0105	0.858	—
	283 @ 0.423 MPa	24.19	0.658	0.0091	0.0125	0.904	—
	333 @ 1.523 MPa	89.04	0.880	0.0125	0.0160	1.126	—
R-22	233	4.705	0.606	0.0069	—	—	—
	273 @ 0.5 MPa	21.26	0.744	0.0095	0.0118	0.924	—
	323 @ 2.00 MPa	86.13	1.129	0.0124	0.0127	1.156	—
R-123	300	6.468	0.719	0.00758	—	—	—
	323 @ 0.213 MPa	13.02	0.760	0.0119	0.0117	0.747	—
	353 @ 0.490 MPa	29.21	0.819	0.0139	0.0127	0.748	—
R-134a	247	5.259	0.784	0.00952	0.00979	0.806	—
	273 @ 0.3 MPa	14.42	0.883	0.0118	0.01094	0.819	—
	313 @ 1.02 MPa	50.03	1.120	0.0156	0.0131	0.941	—

표 B.4E 대표적인 기체의 열적 상태량, 대기압 또는 별도 압력 기준, 영국 단위

재료	온도 $T(°R)$	밀도 ρ (lbm/ft³)	비열 c_p (Btu/ lbm · °R)	열전도도 κ (Btu/hr · ft · °R)	점도 μ (lbm/ft · hr)	프란틀 수 —	정압 압축률 $\beta_P \times 10^3$ (°R⁻¹)
공기	450	0.0882	0.240	0.0127	0.0387	0.732	2.22
	540	0.0735	0.240	0.0150	0.0438	0.701	1.852
	630	0.0625	0.241	0.0173	0.0493	0.687	1.587
	720	0.0547	0.241	0.0196	0.0556	0.684	1.389
암모니아	360	0.0645	0.478	0.0076	0.0167	1.044	—
	540	0.0430	0.501	0.0144	0.0247	0.855	—
	720	0.0337	0.547	0.0216	0.0336	0.851	—
이산화탄소	540	0.1129	0.202	0.0098	0.0358	0.735	—
일산화탄소	540	0.0724	0.248	0.0145	0.0440	0.757	—
에탄올	540	0.1163	0.341	0.0127	0.0218	0.585	—
	720	0.0872	0.421	0.0153	0.0285	0.789	—
	900	0.0699	0.490	0.0220	0.0341	0.759	—
헬륨	360	0.0154	1.240	0.0665	0.0363	0.677	—
	540	0.0101	1.240	0.0878	0.0481	0.680	—
	720	0.0076	1.240	0.1081	0.0588	0.675	—
	1,080	0.0052	1.240	0.1272	0.0685	0.668	—
	1,800	0.0030	1.240	0.2046	0.1079	0.654	—
수소	540	0.0051	3.415	0.1098	0.0217	0.677	—
메탄	540	0.0409	0.532	0.0197	0.0324	0.875	—
메탄올	540	0.0809	0.329	0.0133	0.0201	0.497	—
	720	0.0607	0.387	0.0151	0.0316	0.813	—
	900	0.0485	0.445	0.0217	0.0399	0.820	—
질소	540	0.0718	0.248	0.0150	0.0426	0.704	—
산소	540	0.0817	0.218	0.0156	0.0484	0.675	—
프로판	540		0.405	0.0105	0.0201	0.773	—
프로판올	540	0.1498	0.458	0.0147	0.0256	0.800	—
R-12	437	0.3924	0.137	0.0040	0.0254	0.858	—
	509 @ 61.4 psia	1.5095	0.157	0.0053	0.0302	0.904	—
	600 @ 221 psia	5.5561	0.210	0.0072	0.0387	1.126	—
R-22	419	0.2936	0.145	0.0040	—	—	—
	491 @ 72.5 psia	1.3266	0.178	0.0055	0.0285	0.924	—
	581 @ 290 psia	5.3745	0.270	0.0072	0.0307	1.156	—
R-123	540	0.4036	0.172	0.0044	—	—	—
	581 @ 30.9 psia	0.8124	0.181	0.0069	0.0283	0.747	—
	635 @ 71.1 psia	1.8227	0.196	0.0080	0.0307	0.748	—
R-134a	445	0.3282	0.187	0.0055	0.0237	0.806	—
	491 @ 43.5 psia	0.8998	0.211	0.0068	0.0265	0.819	—
	563 @ 148 psia	3.1219	0.267	0.0090	0.0317	0.941	—

표 B.5 표면 방사율의 근삿값

표면 재질	온도, K	방사율, ε
알루미늄		
광택 표면	300–900	0.04–0.06
산화 표면	400–800	0.20–0.33
황동		
광택 표면	350	0.09
흐릿한 표면	300–600	0.22
구리		
광택 표면	300–500	0.04–0.05
산화 표면	600–1000	0.5–0.8
철		
주철	300	0.44
단철	300–500	0.28
녹슨 철	300	0.61
납		
광택 표면	300–500	0.06–0.08
거친 표면	300	0.43
스테인리스강		
광택 표면	300–1,000	0.17–0.3
산화 표면	600–1,000	0.5–0.6
강		
광택 표면	300–500	0.08–0.14
산화 표면	300	0.05
아스팔트 포장	300	0.90
벽돌(일반)	300	0.94
천	300	0.75–0.90
콘크리트	300	0.90
창유리	300	0.92
얼음	273	0.95–0.99
페인트		
알루미늄	300	0.45
검정	300	0.88
유성(모든 색깔)	300	0.94
하양	300	0.90
빨강 밑칠	300	0.93
하양 종이	300	0.93
노래	300	0.90
인체 피부	300	0.95
눈	273	0.80–0.96
흙(땅)	300	0.93–0.96
물	273–373	0.95
나무		
너도밤나무	300	0.94
참나무	300	0.90

표 B.6 수증기의 열적 상태량: 포화 액체-포화 증기, SI 단위

온도 ℃	압력 kPa	포화 액체 밀도 kg/m³	포화 증기 비체적 m³/kg	hn_{fg} kJ/kg	비열(kJ/kg · K)	
					포화 액체 $c_{p,f}$	포화 증기 $c_{p,g}$
0.01	0.6113	1,000.00	206.131	2501.35	4.217	1.854
10.00	1.2276	1,000.00	106.376	2477.75	4.191	1.859
20.00	2.339	998.0	57.7897	2454.12	4.182	1.868
40.00	7.384	992.06	19.5229	2406.72	4.179	1.887
60.00	19.941	983.28	7.67071	2358.48	4.186	1.916
80.00	47.39	971.82	3.40715	2308.77	4.198	1.962
100.00	101.3	957.85	1.67290	2257.03	4.217	2.029
120.00	198.5	943.40	0.89186	2202.61	4.238	2.136
140.00	361.3	925.93	0.50885	2144.75	4.288	2.263
160.00	617.8	907.44	0.30706	2082.55	4.34	2.40
200.00	1,553.8	865.05	0.12736	1940.75	4.49	2.84
220.00	2,317.8	840.34	0.08619	1858.51	4.60	3.15
240.00	3,344.2	813.67	0.05976	1766.50	4.77	3.54
260.00	4,688.6	783.70	0.04220	1662.54	4.97	4.06
300.00	8,581.0	712.25	0.02167	1404.93	5.69	5.89
360.00	18,651	528.54	0.00694	720.52	14.9	25.4
374.10	22,089	316.96	0.00315	0	—	—

표 B.6(계속) 수증기의 열적 상태량: 포화 액체-포화 증기, SI 단위

온도 ℃	압력 kPa	열전도도(W/m · K)		점도(g/m · s)		포화 액체 압축률 $\beta_p \times 10^3 (\text{K}^{-1})$
		포화 액체 κ_f	포화 증기 κ_g	포화 액체 μ_f	포화 증기 μ_g	
0.01	0.6113	0.561	0.018	1.750	0.008	−0.068
10.00	1.2276	0.577	0.019	1.392	0.008	0.087
20.00	2.339	0.594	0.019	1.044	0.009	0.194
40.00	7.384	0.627	0.021	0.676	0.010	0.385
60.00	19.941	0.658	0.022	0.478	0.010	0.523
80.00	47.39	0.668	0.023	0.358	0.011	0.641
100.00	101.3	0.679	0.025	0.279	0.012	0.750
120.00	198.5	0.680	0.027	0.231	0.013	0.857
140.00	361.3	0.681	0.029	0.196	0.014	1.000
160.00	617.8	0.680	0.031	0.170	0.014	
200.00	1,553.8	0.663	0.037	0.134	0.016	—
220.00	2,317.8	0.651	0.041	0.122	0.017	—
240.00	3,344.2	0.638	0.046	0.110	0.017	—
260.00	4,688.6	0.625	0.052	0.101	0.018	—
300.00	8,581.0	0.548	0.077	0.088	0.020	—
360.00	18,651	0.398	0.133	0.065	0.030	—
374.10	22,089	0.238	0.238	0.045	0.045	—

포화 고체-포화 증기, 승화(SI 단위)

온도 ℃	압력 kPa	밀도 (kg/m³) 포화 고체 ρ_s	비체적 (m³/kg) 포화 증기 v_s	융해열 (kJ/kg) hn_{sg}	비열(kJ/kg · K)		열전도도*(W/m · K)	
					포화 고체 $c_{p,s}$	포화 증기 $c_{p,g}$	포화 고체 κ_s	포화 증기 κ_g
0.01	0.6113	916.76	206.153	2834.7	2.04	1.860	2.250	0.018
−4	0.4376	916.76	283.799	2835.7	2.00	1.859	—	—
−8	0.3102	917.94	394.414	2836.6	1.97	1.859	—	—
−16	0.1510	919.03	785.907	2837.9	1.90	1.857	—	—
−20	0.10355	919.62	1128.11	2838.4	1.87	1.857	—	—
−30	0.03810	920.98	2945.23	2839.0	1.79	1.856	—	—
−40	0.01286	922.42	8366.40	2838.9	1.72	1.855	—	—

* 물은 포화 고체와 포화 증기의 열전도도가 0.01 ℃와 −40 ℃ 사이에서 거의 일정하다.

표 B.6E 수증기의 열적 상태량: 포화 액체-포화 증기, 영국 단위

온도 °F	압력 psia	포화 액체 밀도 lbm/ft³	포화 증기 비체적 ft³/lbm	hn_{fg} Btu/lbm	비열(Btu/lbm · °R)	
					포화 액체 $c_{p,f}$	포화 증기 $c_{p,g}$
32.018	0.08865	62.5	3302.4	1075.5	1.0070	0.4427
60.00	0.256	62.5	1207.6	1059.7	0.9995	0.4452
80.00	0.506	62.1	633.3	1048.4	0.9984	0.4477
100.00	0.949	62.1	350.4	1037.1	0.9980	0.4502
140.00	2.889	61.35	123.0	1014.0	0.9997	0.4577
180.00	7.51	60.6	50.225	990.2	1.0031	0.4705
212.00	14.696	59.88	26.799	970.3	1.0070	0.4845
240.00	24.97	59.17	16.321	952.1	1.0110	0.5048
280.00	49.2	57.80	8.644	924.6	1.0228	0.5375
340.00	118.0	55.87	3.788	878.8	1.0466	0.6032
380.00	195.7	54.35	2.335	844.5	1.0665	0.6615
420.00	308.8	52.91	1.500	806.2	1.0931	0.7370
500.00	680.9	49.02	0.675	714.3	1.1883	0.9731
550.00	1045.4	45.87	0.569	641.8	1.2766	1.2766
600.00	1543.2	42.37	0.267	550.6	1.9469	2.6460
650.00	2208.4	37.31	0.162	425.0	2.9752	4.7975
700.00	3094.3	27.32	0.0752	172.7	—	—
705.47	3208.1	19.69	0.0508	0.00	—	—

표 B.6E(계속) 수증기의 열적 상태량: 포화 액체-포화 증기, 영국 단위

온도 °F	압력 psia	열전도도(Btu/hr · ft · °R)		점도(lbm/ft · s)		포화 액체 압축률
		포화 액체 κ_f	포화 증기 κ_g	포화 액체 $\mu_f \times 10^5$	포화 증기 $\mu_g \times 10^5$	$\beta_p \times 10^3 (°R^{-1})$
32.018	0.08865	0.3242	0.0104	117.60	0.538	−0.038
60.00	0.256	0.3392	0.0110	79.77	0.577	0.084
80.00	0.506	0.3499	0.0114	61.50	0.628	0.145
100.00	0.949	0.3605	0.0120	47.76	0.666	0.203
140.00	2.889	0.3803	0.0127	31.99	0.673	0.291
180.00	7.51	0.3869	0.0134	23.38	0.748	0.363
212.00	14.696	0.3924	0.0144	18.75	0.806	0.417
240.00	24.97	0.3929	0.0154	16.19	0.860	0.464
280.00	49.2	0.3935	0.0166	13.39	0.934	0.548
340.00	118.0	0.3902	0.0189	10.73	0.979	—
380.00	195.7	0.3847	0.0208	9.39	1.054	—
420.00	308.8	0.3776	0.0232	8.36	1.129	—
500.00	680.9	0.3608	0.0302	6.78	1.211	—
550.00	1045.4	0.3299	0.0402	6.17	1.304	—
600.00	1543.2	0.2937	0.0531	5.50	1.522	—
650.00	2208.4	0.2536	0.0681	4.79	1.833	—
700.00	3094.3	0.1550	0.1261	3.28	2.834	—
705.47	3208.1	0.1375	0.1375	2.74	2.739	—

포화 고체-포화 증기, 승화(영국 단위)

온도 °F	압력 psia	밀도 (lbm/ft³) 포화 고체 ρ_s	비체적 (ft³/lbm) 포화 증기 v_g	융해열 (Btu/lbm) hn_{sg}	비열(Btu/lbm · °R)		열전도도* (Btu/hr · ft · °R)	
					포화 고체 $c_{p,s}$	포화 증기 $c_{p,g}$	포화 고체 κ_s	포화 증기 κ_g
32.018	0.08865	57.23	3,302.17	1,218.64	0.487	0.444	1.300	0.0104
20	0.0072	57.28	5,579.44	1,219.28	0.473	0.444	—	—
10	0.0046	57.34	9,366.17	1,219.73	0.462	0.444	—	—
0	0.00264	57.39	14,561.96	1,220.10	0.451	0.443	—	—
−10	0.00253	57.44	26,802.05	1,220.31	0.441	0.443	—	—
−20	0.00094	57.48	42,973.70	1,220.45	0.430	0.443	—	—
−30	0.00055	57.53	82,875.10	1,220.47	0.421	0.443	—	—
−40	0.000254	57.587	134,013.00	1,220.44	0.411	0.443	—	—

* 물은 포화 고체와 포화 증기의 열전도도가 32 °F와 −40 °F 사이에서 거의 일정하다.

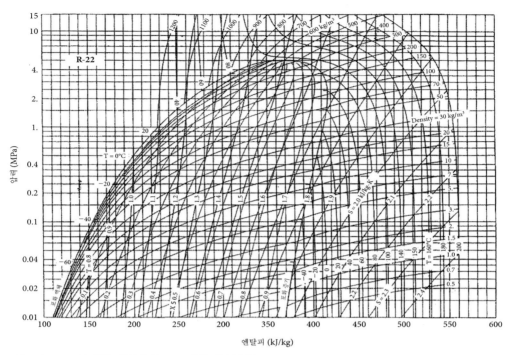

도표 C.6 R-22의 압력-엔탈피 선도. SI 단위 기준 (출전: The American Society of Heating, Refrigerating, and Air Conditioning Engineers, *ASHRAE Handbook, 2013 Fundamentals*, ASHRAE, Atlanta, GA, 2013)

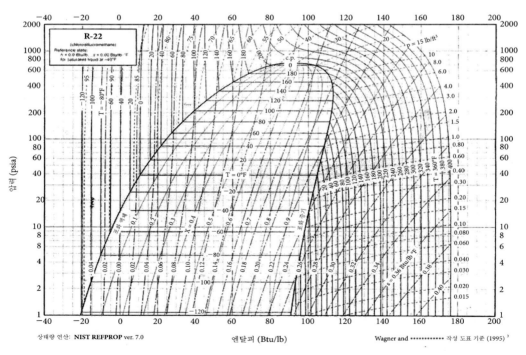

도표 C.6E R-22의 압력-엔탈피 선도. 영국 단위 기준 (출전: The American Society of Heating, Refrigerating, and Air Conditioning Engineers, *ASHRAE Handbook, 2013 Fundamentals*, ASHRAE, Atlanta, GA, 2013)

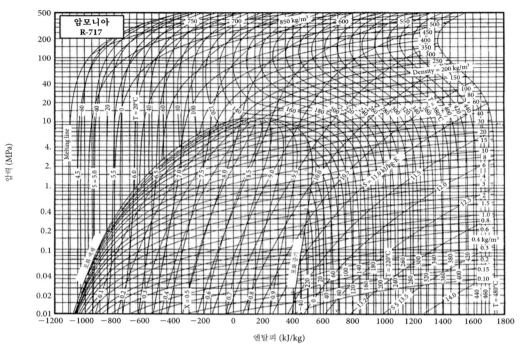

도표 C.7 암모니아의 압력–엔탈피 선도. SI 단위 기준 (출전: The American Society of Heating, Refrigerating, and Air Conditioning Engineers, *ASHRAE Handbook, 2013 Fundamentals*, ASHRAE, Atlanta, GA, 2013)

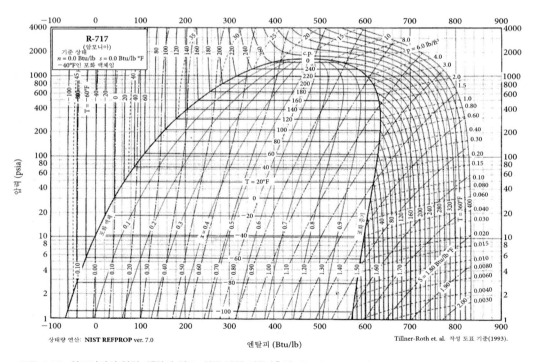

도표 C.7E 암모니아의 압력–엔탈피 선도. 영국 단위 기준 (출전: The American Society of Heating, Refrigerating, and Air Conditioning Engineers, *ASHRAE Handbook, 2013 Fundamentals*, ASHRAE, Atlanta, GA, 2013)

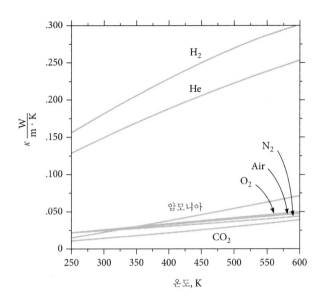

도표 C.8 대표적인 포화 증기의 열전도도

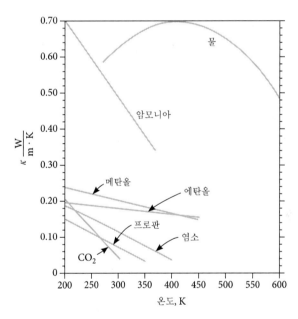

도표 C.9 대표적인 포화 액체의 열전도도

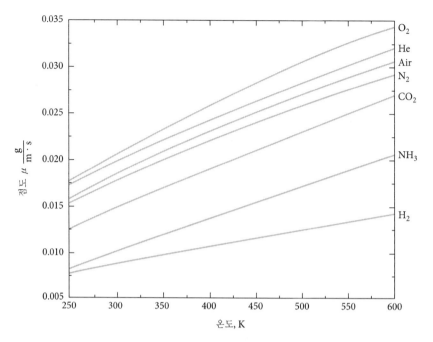

도표 C.10 대표적인 포화 증기의 점도

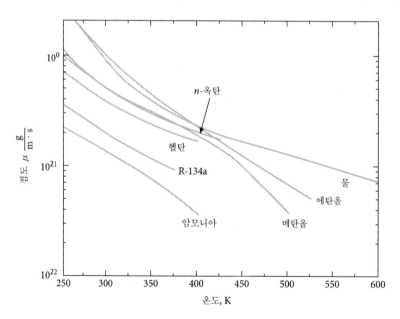

도표 C.11 대표적인 포화 액체의 점도

D 학습 내용 파악 수준과 이해도를 정량화하기

이 책은 적어도 다음과 같은 세 가지 유형의 독자들이 학습 교재로 사용하게 되리라는 전제하에 집필되었다. 즉,

1. 열전달을 이수해야 하는 공대생
2. 주도적으로 열전달 지식을 넓히고자 하는 학생
3. 열전달의 해석, 설계 및 실험 기술과 지식을 재충전하고자 하는 현업 엔지니어

독자들은 주제를 학습하여 그 내용을 파악하고, 전문 교육과 개인 교육에 필요한 이해력을 습득하며, 자신이 학습한 것을 바탕으로 자신의 지식수준을 재평가해보려고 하기 마련이다. 독자들은 시간이 지나가면 열전달을 학습할 때 동원했던 지식에 관한 기억들이 희미해져버린다는 것을 알고 있을 것이다. 자주 끄집어 내지 않거나 써먹지 않는 기억들은 흔히 사라져버리게 되지만, 자주 반추해 내거나 써먹는 기억들은 흔히 기억의 맨 앞줄에 남아있게 되는 것이다. 다행히도 **학습, 파악, 이해, 역량** 그리고 **지식**이라는 용어들은 저마다 기억 저장을 좌지우지한다. '교육이란 현명한 사람에게는 모르고 있는 것을 들춰내주고 어리석은 사람한테는 모르고 있는 것을 감춰주는 과정이다[1]'라는 말이 있다. 또 '지식은 학구적인 사람이 드러내는 무지의 한 형태다[1]'라는 말이 있다. 엔지니어, 기술자, 그리고 설계자들은 목표 지향적이다. 이들은 사람들을 위해 무언가를 개념화하고 브레인스토밍하

고 설계하며 분석하고 평가한다. 그렇기 때문에 그들은 이해하고 있는 내용이 빈약하더라도, 또 알고 있는 바가 피상적이더라도, 그리고 어렴풋이 파악하고 있더라도, 학습 과정에서 배운 것을 적용해보려고 끊임없이 애를 쓴다. 그러나 대부분의 공학 과목에서 그러하듯이, 열전달 및 물질전달에서도 특정한 프로젝트를 수행할라치면 경험과 과학적인 기반에서 통찰력이 생겨나게 되고 상당한 수행 지침도 마련된다. 이 책에는 용어의 기본 정의가 제시되어 있고, 중요한 이론과 개념들이 설명되어 있으며, 폭넓은 경험적 정보가 제공되어 있는데, 부지런한 독자들이라면 이 모든 것에서 열전달과 물질전달의 문제점과 응용을 학습하고 해결하는 데 필요한 기본적인 기량이 형성될 것이다.

그렇다면 어떻게 독자들은 과연 자신들이 그러한 기량이나 정보나 지식 그리고 이해력 등을 습득하고 있는지를 알 수 있는 것일까? 어떻게 독자들은 자신들이 읽어서 학습한 모든 내용 때문에 자신들의 지식 기반이 넓혀지고 자신들의 경력이 높아지게 되리라는 사실을 알게 되는 것일까? 학습 결과로 습득하여 지니게 되는 지식과 기량을 평가하는 최상의 방법은 실제 생활에서 응용할 때 부닥치게 되는 상황을 나타내는 문제들을 풀어보는 것이다. 시간을 정해놓고 보는 필기시험은 지식과 기량을 측정하는 이상적인 수단이다. 구두시험도 유용하기는 하지만, 미리 정해진 교실에서 정해진 시간 동안 시행하는 필기시험이 가장 효과적이다.

이 부록에는 지난 40여 년에 걸쳐 학부 기계공학전공 과정에서 학생들에게 시행했던 시험 문제의 실례들이 다수 들어 있다. 각각의 시험 유형에는 맨 앞에 시험 범위에 해당하는 본문 부분의 간단한 일람표가 시험 배정 시간과 함께 제시되어 있다. 이 부록에 실려 있는 시험 유형을 선정할 때에는 두 가지 특유의 강의 요목을 따랐다. 첫째 번 강의 요목은 이 책에 있는 주제의 체재를 따른다는 면에서 볼 때 전통적이다. 이 강의 요목은 시험 유형에 앞서 실려 있다. 둘째 번 강의 요목에서는 독자들이 한층 더 심층적으로 열전달과 물질전달 학습에 집중하기 전에 독자들에게 세 가지 열전달 방식을 조금 더 폭넓게 소개하려는 의미로 이 책을 사용하고 있다. 둘째 번 강의 요목은 첫째 번 강의 요목의 시험 유형 다음에 실려 있다.

이 책에는 적어도 세 종류의 독자층이 잠재되어 있기는 하지만, 이와 같은 시험 유형 설계로 이익을 보게 되는 넷째 번 독자층으로는 학과목 담당 강사나 교수 또는 교사들이 있다. 교수들은 이 부록에 실려 있는 시험 유형을 그대로 사용하거나, 자신만의 고유한 시험 문제에 이 부록에 실려 있는 질문이나 문제의 일부를 반영시켜도 된다. 어느 방법을 취하더라도 교수들은 여기에 실려 있는 시험 유형과 문제들이 열전달과 물질전달을 학습하는 모든 학생들에게 자극을 주게 되리라는 것, 그리고 학생들이 습득하여 지니고 있는 지식수준 평가에 매우 귀중하다는 사실이 판명되리라는 것을 알게 될 것이다.

강의 요목 I

주제	수업 시간
1장	3시간
2장	5시간
3장	5시간
1차 시험	
4장	5시간
5장	5시간
2차 시험	
6장	4시간
7장	4시간
3차 시험	
8장	4시간
9장	3시간
4차 시험 또는 기말 시험	

시험 유형 I. 저자는 시험 문제를 1시간 동안 오픈 북/노트 방식, 학생들이 준비한 1장 분량의 수험용 참고 노트 지참, 아니면 클로즈드 북 방식으로 보는 시험용으로 출제했다. 클로즈드 북 방식 시험에서는 해당 물질들의 상태량 표를 학생들이 사용할 수 있게 해주어야 한다.

시험 유형 I, 1안

1차 시험 (범위: 1장~3장)

1. 그림과 같이 건물 최하층 수직 벽은 두께가 8 in인 콘크리트 벽이다. 지면 위로 이 벽의 외면에는 두께가 1 in인 폴리우레탄이 외장재로 마감되어 있고, 내면에는 두께가 1 in인 합판이 내장재로 마감되어 있다. 지면 온도가 50 °F이고 합판의 내부 표면 온도가 70 °F일 때, 단위 면적당 열전달을 Btu/hr · ft² 단위로 구하라.

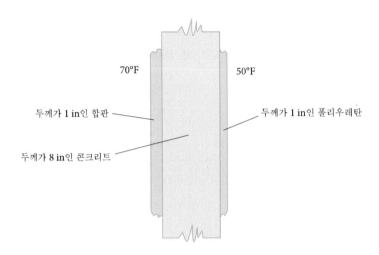

70°F   50°F

두께가 1 in인 합판   두께가 1 in인 폴리우레탄

두께가 8 in인 콘크리트

2. 굴뚝에서 정상 상태 전도 열전달이 일어난다고 가정하고, 이 굴뚝에 형성시킨 14개 노드의 노드 식을 세워라. 내장재 B는 열전도도 값이 10 W/m · K인 내화 벽돌이다. 굴뚝 블록 A는 열전도도 값이 0.5 W/m · K이다.

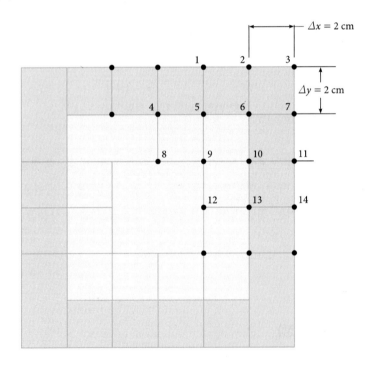

3. 평평한 대형 주철 표면 평판은 노출된 쪽 표면에 갑자기 열이 6000 W/m²로 가해질 때 온도가 20 ℃이다. 10분 동안 가열되고 나서 노출된 쪽 표면 밑으로 2 cm 되는 지점의 주철 온도를 산출하라.

4. 대류 열전달 계수가 60 W/m² · K인 바람이 부는 날, 집 밖에 사람이 있다고 할 때, 시간 상수를 개략적으로 계산하라. 사람은 상태량들이 물과 거의 같고 특성 길이는 20 cm라고 가정한다.

2차 시험 (범위: 4장~5장)

1. 온도가 247 K이고 압력이 100 kPa인 액체 냉매 R-134a가 크기가 1 cm × 1 cm인 정사각형 단면 덕트 속을 30 m/s로 흐른다. 누셀 수 Nu를 구하라.

2. 온도가 80 °F인 물이 직경이 1 in인 원형 단면 관 속을 2 ft/s로 흐른다. 관을 따라 내부 표면 온도가 65 °F인 특정한 위치에서 단위 길이당 열전달 $\dot{q}_L$을 Btu/hr · ft 단위로 구하라.

3. 높이가 10 m인 수직 판유리 벽은 외부 주위 공기 온도가 0 °C일 때, 외부 표면 온도는 20 °C이다. 유리 벽 최하부에서 위쪽으로 0.5 m(50 cm)인 지점에서 유리 벽 표면을 타고 오르는 가열된 공기의 경계층 두께는 얼마인가? 공기는 유리 판 아래쪽으로 이동하지 않으므로 그 속도는 0이라고 가정한다.

4. 그림과 같이 온도가 27 °C인 물이 12행, 15열로 배열된 사방 엇갈림 관군을 3 m/s로 지난다. 관들은 직경이 4 cm이고 평균 표면 온도는 80 °C이다. 물 흐름 줄기에 대한 단위 깊이당 열전달을 W/m로 구하라.

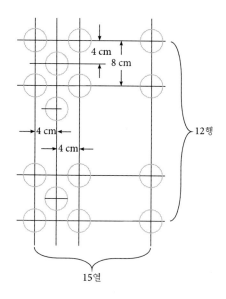

3차 시험 (범위: 6장~7장)

1. 특정한 플렉시글라스 표면 반사율이 그림과 같은 스펙트럼 분포를 하고 있다. 온도가 1500 K인 표면에 감응하는 평균 반사율 또는 유효 반사율을 구하라.

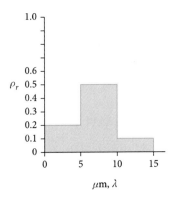

2. 한 변의 길이가 0.5 m인 정사각형 오븐은 하부 히터 표면은 온도가 400 ℃이고, 상부는 온도가 200 ℃이다. 오븐 내 가스는 유효 방사율이 0.4이다. 벽들과 상부 간 열전달을 구하라. 히터, 벽 및 상부의 방사율은 0.8이다.

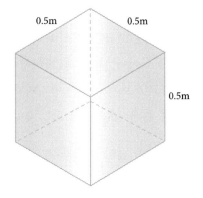

3. 그림과 같이 원형 표면 1과 이와 평행하게 배열되어 있는 환형 표면 2 사이의 형상계수를 구하라.

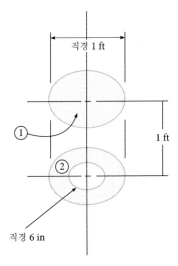

4. 수증기 분압이 0.02 atm이고 이산화탄소 양을 무시할 때, 두께가 500 ft인 구름 띠의 방사율과 투과율을 개략적으로 계산하라. 구름 띠는 온도가 540 °R이다.

구름 두께 500 ft

4차 시험 (범위: 8장~9장)

1. 정격 총괄 전도 계수가 300 W/m² · K인 직교류 비혼합 열교환기를 사용하여 우물물로 경유 100 kg/min을 30 ℃에서 15 ℃로 냉각시킨다. 우물물은 온도가 10 ℃이며 열교환기에서 20 ℃로 유출된다. 경유는 비열이 2.00 kJ/kg · K이다.
   a. 열교환기 전도 계수를 산출하라.
   b. 열교환기의 표면 면적을 구하라.

2. 대향류 2중관 열교환기에서 비열이 2.1 kJ/kg · K인 오일을 사용하여 물을 0.8 kg/s로 40 ℃에서 90 ℃로 가열시킨다. 오일은 최대 유량이 1.0 kg/s이며 열교환기에 170 ℃로 유입된다고 가정한다. 총괄 열전달 전도 계수가 425 W/m² · K일 때, 열교환기의 표면 면적과 유효도를 각각 구하라.

3. 온도가 200 ℃인 포화 액체 물을 막 비등이 일어나지 않게 가열시키려고 한다. 즉, 풀 비등을 우선으로 한다. 이 물의 풀 비등에서 최대 가열 표면 온도를 개략적으로 계산하라.

시험 유형 I, 2안

1차 시험 (범위: 1장~3장)

1. 구형 이중벽 스테인리스강 탱크에는 온도가 80 K이고 압력이 10 atm인 액체 질소가 들어 있다. 탱크 주위 온도가 10 ℃일 때, 액체 질소가 획득하는 열을 W 단위로 개략적으로 계산하라. 스테인리스강 탱크의 열 저항은 무시하고 탱크의 이중벽 간 공기는 (이리저

리 움직이지 않고) 정지 상태로 있다고 가정한다. 탱크 외부에서는 대류 열전달 계수 값으로 15 W/m² · K를 사용하고 탱크 내부 액체 질소에는 8 W/m² · K를 사용한다.

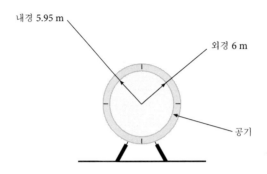

2. 축척도와 같이 스티로폼 원반에 매입되어 있는 온도가 −20 ℃인 고고학적 냉동 시편의 단위 깊이당 열전달을 W/m 단위로 개략적으로 계산하라. 스티로폼 원반 외부 표면은 온도가 20 ℃이다.

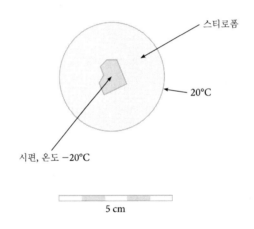

3. 직경이 4 cm인 기다란 주철 봉이 온도가 20 ℃일 때, 갑자기 외부 표면에서 대류 열전달이 일어났다. 대류 열전달 계수는 100 W/m² · K이고 주위 온도는 250 ℃이다. 가열된 지 10분 후의 봉 중심 온도를 산출하라.

4. 직경이 1/8 in인 구형 빗방울이 온도가 15 ℉인 공기 속을 10 ft/s로 떨어지고 있다. 빗방울과 공기 간 대류 열전달 계수는 15 Btu/hr · ft² · ℉이고 빗방울은 38 ℉에서 형성된다. 물의 열전도도로 0.351 Btu/hr · ft · ℉를 사용하여 빗방울의 비오 수를 구하라. 그런 다음 빗방울이 바깥쪽에서 안쪽으로 어는지 아니면 그 반대인지를 설명하라.

2차 시험(범위: 4장~5장)

1. 평판 위를 흐르는 유체의 층류 유동에서 경계층 두께 $\delta = 4.64\sqrt{\dfrac{\nu x}{u_\infty}}$ 이고 속도 분포는 $\dfrac{u}{u_\infty} = \dfrac{3}{2}\dfrac{y}{\delta} - \dfrac{1}{2}\left(\dfrac{y}{\delta}\right)^2$ 로 표현된다. 점도가 μ인 유체에서 평판에 작용하는 전단 응력을 선단을 기준으로 하는 거리 x의 함수로 나타내라.

2. 온도가 0 ℃인 공기가 직경이 3 cm인 전선을 가로질러 20 m/s로 분다. 전선은 외부 표면 온도가 50 ℃라고 가정하고, 다음을 개략적으로 계산하라.
   a. 전선의 m당 대류 열전달
   b. 전선의 m 길이당 kN 항력(kN/m)

3. 유량이 1.0 kg/s인 물을 직경이 3 cm인 관 속에서 30 ℃에서 35 ℃로 가열시키려고 한다. 관 내부 벽 온도가 90 ℃일 때, 관 길이는 얼마가 되어야 하는가?

4. 발전소에 높이가 100 m인 냉각탑이 있다. 냉각탑 외부 표면 온도가 70 ℃인 특정한 시점에 냉각탑 주위에 있는 정지 상태의 공기는 온도가 10 ℃이다. 냉각탑의 평균 직경은 20 m이다. 다음을 개략적으로 구하라.
   a. 냉각탑의 기단을 기준으로 하여 위쪽으로 난류가 시작하는 수직 위치
   b. 자연 대류 열전달로 인한 kW 단위의 전체 열전달

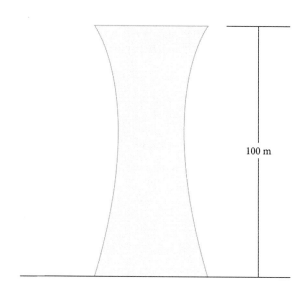

100 m

3차 시험(범위: 6장~7장)

1. 그림과 같은 두 평행 판 1과 2 사이의 형상 계수 F_{12}, F_{13} 및 F_{31}을 구하라. 여기에서 2는 정사각형 구멍이고 3은 그 중심이다.

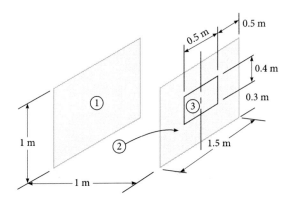

2. 투명한 회색체 표면에서 반사율의 스펙트럼 분포가 그림과 같다. 평균 반사율, 평균 투과율 및 스펙트럼 투과율을 각각 구하라.

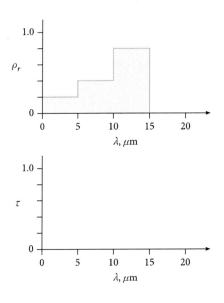

3. 일광욕실을 그림과 같이 직육면체 모양으로 근사화한다. 바닥은 단열이 잘 되어 있고 모든 벽은 방사율이 0.2이다. 조건으로는 바닥(1)이 5 ℃이고, 모든 벽(2)이 20 ℃이며, 창문(3)이 −10 ℃일 때,

a. 등가 회로를 작도하여 대류 열전달을 해석하라.

b. 일광욕실에서 대류로 손실되는 열손실을 구하라. (힌트: $\tau_{out} = \tau_{in} = \varepsilon_3 = \alpha_3$)

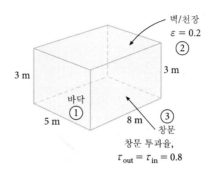

4. 디지털 온도 변환기를 고요한 여름날 옥외 그늘에 걸어놨더니 20 ℃를 가리켰다. 또 다른 온도계는 햇볕이 드는 곳에 걸어놨더니 45 ℃를 가리켰다. 대류 열전달 계수는 100 W/m² · K이고 온도계와 온도 변환기는 방사율이 0.2라고 가정하면, 유효 주위 표면 온도는 얼마인가?

4차 시험 (범위: 8장~9장)

1. 제조 설비에서 외통이 2개이고 관이 8줄로 배열된 외통–관 열교환기을 사용하여 냉매용 물에서 열을 회수한다. 열교환기는 정격 면적이 15 m²이고 총괄 열전달 계수는 900 W/m² · K이다. 이 장치를 계속 사용한 결과, 현재는 오염 계수가 0.001 m² · K/W가 되었다. 냉매용 물은 열교환기에 85 ℃로 유입되어 55 ℃로 유출되는 반면, 냉각수는 15 ℃로 유입되어 45 ℃로 유출된다. 다음을 각각 구하라.

  a. 냉매용 물의 질량 유량

  b. 열교환기의 유효도. 이 유효도는 유입 고온 유체와 저온 유체의 온도 차에 대한 고온 유체 온도 변화의 비로 정의됨.

2. 냉매 R-134a가 증발기 수평관 속을 0 ℃에서 1.5 kg/min으로 흐르고 있다. 이 냉매는 체적 평균 온도 -10 ℃로 증발기에 유입되며 건도는 25 %이다. 냉매는 증발기를 포화 증기로 유출한다. 냉매와 관 내벽 간 평균 대류 열전달 계수를 구하라.

강의 요목 II

주제	수업 시간
1장	3시간
2.2절	2시간
3.2절	2시간
6.1절~6.3절	3시간
1차 시험	
2장(2.2절 복습)	5시간
3장(3.2절 복습)	5시간
4장	5시간
2차 시험	
5장	3시간
6장	3시간
7장	5시간
3차 시험	
8장	3시간
9장	3시간
4차 시험 또는 기말 시험	

다음 두 가지 시험 유형은 강의 요목 II에서 사용할 시험 유형을 나타낸다.

시험 유형 II, 1안

1차 시험 (범위: 1장, 2.2절, 3.2절 및 6.1, 6.2, 6.3절)

1. 전형적으로 고체는 열전도도 값이 액체나 증기보다 더 크다. 왜 그런가?

2. 3층 건물의 남쪽 외벽은 높이가 40 ft이고 폭은 80 ft이다. 이 벽에는 5 ft × 5 ft짜리 창문이 30개가 나있으며, 각각의 창문은 R-값이 5이다. 벽은 R 값이 30이다. 어느 특정한 날, 실내 온도가 70 °F이고 실외 온도는 10 °F일 때, 창문과 함께 벽에서 일어나는 전체 열손실을 Btu/hr 단위로 산출하라.

3. 완전히 단열된 팬에 들어 있는 50 °F 온도의 물이 밤새 야외에 방치되어 있다. 이 물은 흑체로서 작용하며 밤하늘 유효 온도는 -50 °F라고 가정하고, 물에서 하늘 쪽으로

일어나는 표면 면적 ft²당 순 복사 열전달을 산출하라.

4. 온도가 80 ℃이고 직경이 20 cm인 화강암이 갑자기 온도가 10 ℃인 차가운 공기 중에 놓이게 되었다. 대류 열전달 계수가 6 W/m² · K일 때, 온도가 10 ℃보다 높은 동안에 이 화강암에서 열이 95 % 손실되는 데 걸리는 시간을 구하라.

2차 시험 (범위: 2장~4장)

1. 온도가 180 °F인 에틸렌글리콜(ethylene glycol)이 장폭이 $\frac{3}{4}$ in이고 단폭이 $\frac{1}{4}$ in로 납작한 관 속을 흐르고 있다. 이 에틸렌글리콜은 10 ft/s로 이동하며, 관은 길이가 18 in이고 내측 표면 평균 온도는 100 °F이다. 에틸렌글리콜의 상태량은 밀도=65 lbm/ft³, 점도=0.0067 lbm/ft · s, 열전도도=0.1503 Btu/hr · ft · °F, 정압 비열 = 0.61 Btu/lbm · °F이다. 다음을 각각 구하라.
   a. 관의 수력 직경
   b. 에틸렌글리콜의 출구 온도

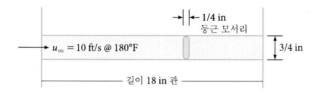

2. 정사각형 알루미늄 핀은 길이가 3 cm이고 두께는 2 cm이다. 핀 base부 온도는 250 ℃ 라고 하고, 핀은 온도가 10 ℃인 공기 중에서 대류 방식으로 냉각되어 대류 열전달 계수가 100 W/m² · K라고 할 때, 핀의 단위 폭당 핀 1개에서 일어나는 열전달(W/m)을 산출하라.

3. 직경이 6 m인 원기둥형 스테인리스강 봉이 온도가 500 ℃인 공기로 대류 방식으로 가열되어 대류 열전달 계수는 280 W/m² · K이다. 봉은 초기 온도가 30 ℃이다. 30 min 동안 가열된 뒤 봉의 중심선에서의 온도를 산출하라.

4. 북극 지방에서 송유관을 사용하여 원유를 수송하고 있는데, 여기에서는 공기 온도가 -60 ℃ 정도로 낮아서 공기와 송유관 사이의 대류 열전달 계수가 200 W/m² · K가

된다. 송유관은 외경이 1 m이고 관 벽 두께가 2 cm인 탄소강 재질이다. 원유는 펌핑이 효과적으로 이루어지려면 온도가 -10 ℃ 아래로 떨어지지 않도록 해야 하므로, 시간 간격을 정해 놓고 주기적으로 45 ℃로 가열된다. 원유는 유효 대류 열전달 계수가 2500 W/m² · K일 때, 원유 가열 직후 지점에서 송유관 1 m당 열손실을 산출하고, 다시 재가열 직전 지점에서도 산출하라.

3차 시험 (범위: 5장~7장)

1. 전망 창은 높이가 3 ft이고 폭이 6 ft이다. 이 창은 온도가 50 °F이고 실외 공기 온도는 -10 °F일 때, 창과 공기 간 대류 열전달 계수를 산출하고 또한 열전달도 산출하라.

2. 온도가 5000 K이고 방사율이 0.85인 백열전등 필라멘트에서 나오는 전자기 스펙트럼의 가시 영역에서의 복사를 구하라.

3. 그림과 같이 냉간 압연 가공된 강재 원형 단면 봉이 이와 동심을 이루어 설치된 가열 코일로 복사 방식으로 가열되고 있다. 표면들을 흑체라고 가정하고, 가열 코일에서 봉 쪽으로 일어나는 봉의 단위 길이당 순 복사를 구하라. 봉 온도는 150 ℃이고 코일 표면 온도는 1200 ℃이다.

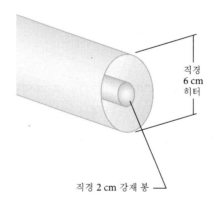

직경 6 cm 히터

직경 2 cm 강재 봉

4. 높이가 40 ft인 트롬브 벽(Trombe wall)에서 석조 외벽과 판유리 외벽 사이에 폭이 4 ft인 통로가 있다. 일조 시간 중에 태양 에너지를 받고 있는 동안, 외부 공기 온도가 30 °F일 때 이 통로에 있는 공기는 90 °F이다. 굴뚝 효과로 인한 통로의 단위 길이당 공기의 질량 유량을 산출하라.

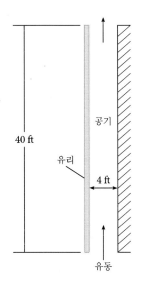

40 ft

공기

유리

4 ft

유동

4차 시험 (범위: 8장~9장)

1. 특정한 식품 가공 설비에서 외통-관 열교환기를 사용하여 식용유를 가열한다. 이 식용유는 10 ℃로 공급되어 4 kg/s의 유량 조건에서 가열되어야 한다. 이 과정에서는 고온수를 80 ℃, 2 kg/s로 사용할 수 있다. 비열 값으로 물은 4.2 kJ/kg · K, 식용유는 2.1 kJ/kg · K, 열교환기의 정격 유효 표면 면적은 20 m², 열교환기의 총괄 전도 계수는 240 W/m² · K를 사용하여 다음을 각각 구하라.

   a. 열교환기 유효도

   b. 식용유의 출구 온도

   c. 물의 출구 온도

2. 특정한 벽이 두께가 1 in인 석고 보드 내벽, 간격이 6 in인 암면 중간재 및 두께가 4 in인 외장 벽돌 외벽으로 구성되어 있다. 실내 공기는 온도가 70 ℉이고 상대 습도가 25 %이다. 실외 공기는 온도가 20 ℉이고 상대 습도가 85 %이다. 이 벽에서 일어나는 습기 이동을 grains/hr · ft² 단위로 산출하고, 습기가 실내에서 유출되는지 아니면 실외에서 유입되는지 그 이동 방향을 적시하라.

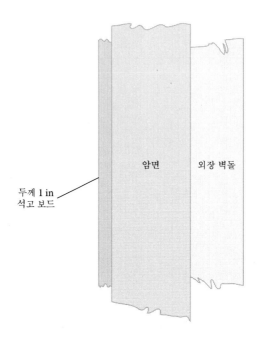

두께 1 in
석고 보드

암면   외장 벽돌

3. 호수 물은 표면 온도가 60 ℉이고, 바람은 30 mph로 호수 위를 지나고 있다. 또한 공기는 온도가 60 ℉이고 상대 습도가 20 %라고 할 때, 단위 면적당 호수 물이 공기 중으로 증발하는 증발률을 산출하라. (힌트: 공기 유동에서 레이놀즈 수를 구할 때 특성 길이로 3 ft를 사용한다.)

4. 특정한 상황에서 온도가 120 ℃인 물에서 발달된 핵 비등이 일어나서 직경이 3 mm인 기포가 발생하였다. 기포에 작용하는 부력을 구하라.

시험 유형 II, 2안

1차 시험

1. 다음 각각의 응용에서 세 가지 열전달 방식 중 어떤 방식이 가장 우세한지를 설명하라.
   a. 헤어드라이어를 사용하여 젖은 머리카락을 말릴 때
   b. 석쇠에 스테이크를 구울 때
   c. 남극에서 빙산이 녹을 때
   d. 대형 강판을 불꽃 담금질(flame hardening)할 때

2. 온도가 25 ℃인 태양 집열판이 온도가 -50 ℃인 밤하늘을 향하고 있다. 이 집열판은 방사율이 0.90이고 흡수율은 0.85일 때, 집열판의 단위 면적당 순 열전달을 구하라.

3. 직경이 10 cm이고 온도가 300 ℃인 강재 볼 베어링을 온도가 10 ℃인 오일에 담금질 (quenching)한다. 볼 베어링과 오일 간 대류 열전달 계수가 300 W/m² · K일 때, 볼 베어링 온도가 150 ℃에 도달하는 데 걸리는 시간을 구하라. 볼 베어링은 내내 온도가 균일하며 강 재질은 탄소가 1.5 %이다.

4. 건물 벽이 두께가 1 in인 목재 합판 판재 외벽, 두께가 6 in인 암면 단열 중간재, 두께가 1 in인 석고 보드 내벽으로 구성되어 있다. 실내 온도가 20 ℃이고 실외 온도가 -25 ℃일 때, 합판 내측 표면과 암면 간 온도를 산출하라. 실외 쪽 표면과 실내 쪽 표면에서는 대류 열전달 계수가 모두 10 W/m² · K라고 가정한다.

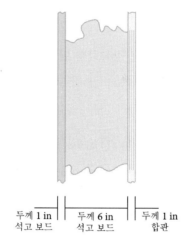

두께 1 in | 두께 6 in | 두께 1 in
석고 보드 | 석고 보드 | 합판

2차 시험 (범위: 2장~4장)

1. 직경이 12 in인 구리 주전자가 온도가 500 °F인 가열 표면에 놓여 있다. 주전자 바닥과 가열 표면 간 열 접촉 저항은 0.05 hr · ft² · °F/Btu로 산출되었다. 주전자 바닥 온도가 200 °F일 때, 주전자로 전달되는 열전달을 Btu/hr 단위로 산출하라.

2. 압축기 하우징에는 외측 표면에 냉각 및 열 소산 기능 핀(fin)이 있다. 핀은 두께가 $\frac{1}{2}$ in이고 길이가 1 in이며, 인접 핀과 서로 3 in 간격으로 떨어져 있다. 핀 효율이

60 %인 특정한 응용에서 다음을 각각 구하라.

   a. 핀 유효도 (힌트: 핀의 높이나 폭을 1 단위로 놓는다.)

   b. 핀 사이 간격을 1.5 in로 줄임으로써 핀의 개수를 2배로 하였을 때의 핀 유효도

3. 온도가 20 ℃인 공기가 직경이 4 cm인 전선 주위를 35 km/hr로 흐른다. 전선 표면 온도를 40 ℃라고 할 때, 다음을 각각 구하라.

   a. 전선의 단위 m당 항력

   b. 전선의 단위 m당 열전달

4. 온도가 27 ℃인 두꺼운 콘크리트 슬래브가 갑자기 표면 온도가 5 ℃로 되었다.

   a. 슬래브 표면 아래 2 cm인 지점에서의 온도가 15 ℃가 되는 데 걸리는 시간

   b. 이 깊이(2 cm)와 시간에서의 단위 면적당 열전달

3차 시험 (범위: 5장~7장)

1. 그림과 같이 한 변의 길이가 6 in인 정삼각형 단면의 기다란 봉이 폭이 6 in인 히터로 가열되고 있다. 형상 계수 F_{12}와 F_{21}을 구하라.

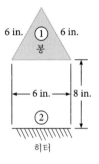

2. 그림과 같이 온도가 800 K인 고온 가스가 2개의 대형 평행 표면 사이를 상향 유동하고 있다. 이 가스는 방사율이 0.7이고 평행 표면의 온도는 모두 400 K인 흑체라고 할 때, 가스와 표면 사이의 단위 면적당 열전달을 W/m² 단위로 산출하라.

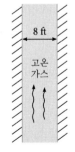

3. 특정한 창유리가 스펙트럼 특성이 그림과 같다. 스펙트럼 방사율을 구하라.

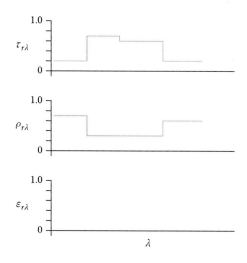

4. 단면이 60 cm × 60 cm인 정사각형 가열 덕트 속으로 공기가 수평으로 흐르고 있어, 덕트의 각 변은 온도가 45 ℃ 로 유지되고 있다. 덕트 둘레에 정체되어 있는 공기 온도를 15 ℃ 라고 할 때, 덕트에서의 단위 길이당 열손실을 구하라.

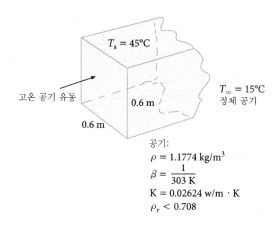

공기:
$\rho = 1.1774 \text{ kg/m}^3$
$\beta = \dfrac{1}{303 \text{ K}}$
$K = 0.02624 \text{ w/m} \cdot \text{K}$
$\rho_r < 0.708$

4차 시험 (범위: 8장~9장)

1. 배열 구조가 그림과 같은 콤팩트형 열교환기를 사용하여 물을 대향류 공기 기류로 냉각시킨다. 물은 평균 온도 120 °F로 납작한 관 속을 5 ft/s로 흐르고, 공기는 평균 온도 75 °F로 핀과 관 주위를 8 ft/s로 흐른다. 그림에서 공기는 자유 유동 면적이 (자유 유동 면적/전면 면적)(0.103 in) = (0.697)(0.103) = 0.07179 in²이다. 다음을

각각 구하라.

a. 납작한 관의 수력 직경과 물 유동의 레이놀즈 수

b. 공기 유동의 레이놀즈 수와 $St \cdot Pr^{2/3}$

c. 공기 유동에서의 대류 열전달 계수

d. 물 유동에서의 대류 열전달 계수

e. 열교환기의 총괄 전도 계수

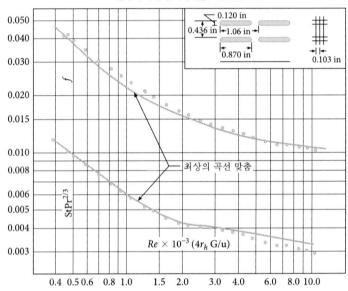

핀이 부착된 납작한 관, 표면 9.68-0.87.

핀 피치 = 9.68 per in. = 381 per m
유동 통로 수력 직경, $4r_h$ = 0.01180 ft = 3.597×10^{-3} m
핀 금속 두께 = 0.004 in., 구리 = 0.102×10^{-3} m
자유 유동 면적/전면 면적, σ = 0.697
전체 열전달 면적/전체 체적, α = 229 ft²/ft³ = 751 m²/m³
핀 면적/전체 면적 = 0.795

2. 농도가 24.2 %인 염화나트륨 용액이 185 °F로 끓고 있다. 평균 대류 열전달 계수를 Btu/hr · ft² · °F 단위로 산출하라.

[참고문헌]

[1] *The Devil's Dictionary*, Ambrose Bierce, Dover Publications, Inc., New York, 1958.

연습 문제 해답(홀수번)

CHAPTER 01

제1.3절

1.1 $\Delta U = 120\ kJ$

1.3 $P_2 = 930\ kPa$

1.5 $Q = 75.24\ MJ$

1.7 $\dot{Q} = -11.67\ MW$

1.9 $\dot{m}_w = 87.7\ g/s, \dot{Q} = 213\ kW$

1.11 $p_v = 1.6\ kPa \quad p_{da} = 98.4\ kPa$

제1.4절

1.13 $\dot{q}_A = 36.25\ W/m^2$

1.15 $T_0 = 14.3\ ^\circ C$

1.17 $\dot{q}_l = 424\ W/m$

1.19 $\dot{q}_A = 11.25\ W/m^2$

1.21 $\dot{Q} = 177\ W$

1.23 $\dot{q}_A = 65.9\ MW/m^2$

제1.5절

1.25 경계 조건 4개

1.27 경계 조건 3개 및 초기 조건 1개

CHAPTER 02

제2.1절

2.1 $\kappa = 0.152\ W/m \cdot K$ @ 300 K

2.5 $\kappa = 393 - 0.019\ (T - 273\ K)$

2.7 $\kappa = 0.0021\ W/cm \cdot K$

제2.2절

2.11 $\Delta V = r^2 \sin\Theta\ \Delta\phi\ \Delta r\ \Delta\Theta$

제2.3절

2.13 $\dot{q}_A = 450\ kW/m^2$

2.15 K 값 $= 0.461\ m^2 \cdot K/W, \dot{q}_A = 45.45\ W/m^2$

2.17 $\dot{q}_l = 12.91\ W/m$

2.19 $T_i = 80.34\ ^\circ C$

2.21 $\dot{Q} = 99.8\ W$

2.23 $R_{TL} = 0.184\ m \cdot K/W, \dot{q}_l = 162.7\ W/m$

2.25 $T(x) = {}^{1.001}\sqrt{T_0{}^{1.001} - \dot{q}_A x \left(\dfrac{1.001}{a}\right)}.$
$\kappa = a$인 경우에는,
$T = T_0$ @ $x = 0 \qquad T(x) = T_0 - \dot{q}_A \dfrac{x}{a}$

제2.4절

2.27 $\dot{Q}_y = 1.17\ W, T(x, 1\ m) = 2.15 \sin\dfrac{\pi x}{L}$

2.31 $A_0 = A_1 = 0, A_n = 0$ (n이 홀수일 때)

$$A_n = \frac{2}{\pi(n+1)} + \frac{2}{\pi(n-1)}$$ (n이 짝수일 때)

2.35 T(중심선) $= \dfrac{T - T_0}{T_f - T_0}(400 - 60) + 60\ ^\circ C$

제2.5절

2.37 $\dot{Q}_l = 28$ W/m

2.39 $\dot{Q} = 94.6$ W

2.41 $\dot{Q} = 1634$ W

2.43 $\dot{Q} = 8.7725$ W/m

2.45 $\dot{Q}_l = 40.1$ W/m

2.47 $\dot{Q} = 21.78$ kW

제2.6절

2.49 $T_1 = 65.048\ ^\circ C$, $T_7 = 95.678\ ^\circ C$
$T_{12} = 123\ ^\circ C$, $T_{20} = 131.754\ ^\circ C$
Mathcad 해

2.53 $T_1 = 86.375\ ^\circ C$, $T_3 = 83.363\ ^\circ C$
$T_5 = 42.101\ ^\circ C$, $T_8 = 42.161\ ^\circ C$

제2.7절

2.59 $T_L = 102.3\ ^\circ C$, $Q_{\text{fin}} = 344.1$ W, $\eta = 25.87\%$

2.65 $\eta = 44\%$, $\dot{Q}_{\text{fin}} = 318$ W/fin

2.67 $\eta = 82\%$, $\dot{Q}_{\text{fin}} = 181.2$ W

2.69 $x_m = 0.1079$ m, $T(x = 0.1079$ m$) = 186.08\ ^\circ C$,
$\dot{Q} = 70.63$ W

2.71 $\Delta T = 11\ ^\circ C$

2.73 $\Delta T_{\text{TC}} = 1.74\ ^\circ C$

2.75 $\dot{q}_l = 38.17$ W/m, $r_{oc} = 5.2$ cm

2.79 $T(x) = -317.3x^2 + 216.8x + 395$ K

CHAPTER 03

제3.1절

3.1 $\alpha = 9.53 \times 10^{-8}$ m²/s

3.3 $\dfrac{dT}{dt} = 147.5\ ^\circ C$/s

제3.2절

3.7 $t_c = 347.3$ s

3.9 $y = 19.1$ m

3.11 $t_c = 4.58$ s, $t = 17.9$ s

제3.3절

3.15 erf$(0.67) = 0.656$

3.17 $\dot{q}_A = 138.565$ W/m², $t_{\max} = 42$ hr

3.21 $\dfrac{\partial T}{\partial t} = 24.4\ ^\circ C$/hr

3.23 $t = 66$ min

3.25 $T_c = 40.19\ ^\circ C$, $T_s = 39.92\ ^\circ C$

3.29 $t = 32.56$ min

3.31 $t = 6.875$ min

3.33 $t = 1.254$ hr

제3.4절

3.35 $T_c = 198.33\ ^\circ C$, $T_{\text{corner}} = 200\ ^\circ C$

3.37 $t = 30.78$ s

3.39 $t = 68$ min

제3.5절

3.41 냉각률은 약 30 °C/s 임

3.43 8월 11일(가장 더운 날), 2월 10일(가장 추운 날)

3.45 $T_{\max} = 16\ ^\circ C$(8월 29일), $T_{\min} = -16\ ^\circ C$(3월 1일)

3.47 $T = 306.4\ ^\circ C$

제3.6절

3.49 $\Delta T \le 147.1$ s

CHAPTER 04

제4.2절

4.1 $wp = 21.3$ cm

4.3 $\mu = 0.890 \times 10^{-3}$ N · s/m²,
$\nu = 8.9 \times 10^{-7}$ m²/s @ 300 K
$\mu = 0.404 \times 10^{-3}$ N · s/m²,
$\nu = 4.13 \times 10^{-7}$ m²/s @ 350 K

4.5 $f = 0.022$

제4.3절

4.7 $Re_L = 160$ (층류)

4.9 Pr $= 0.00409$

제4.4절

4.11 δ_x(m) $= 0.00218\sqrt{x}$

4.13 $\tau = -\dfrac{3\mu u_\infty}{9.28}\sqrt{\dfrac{u_\infty}{\nu x}}$

4.15 a) $h_{\mathrm{ave}} = 11.928\ \mathrm{W/m^2 \cdot K}$, (층류),

$\qquad h_{\mathrm{ave}} = 19.13\ \mathrm{W/m^2 \cdot K}$, (전체 길이)

$\qquad$ b) $h_{\mathrm{ave}} = 12{,}003\ \mathrm{W/m^2 \cdot K}$, (물)

4.17 a) 초입 2 cm 이후에는 전부 난류임.

$\qquad$ b) $h_{\mathrm{ave}} = 374.8\ \mathrm{W/m^2 \cdot K}$,

$\qquad$ c) $\dot{q}_l = 337.32\ \mathrm{kW/m}$

제4.5절

4.21 $h = 87\ \mathrm{W/m^2 \cdot K}$ (정체점과 180°에서)

4.23 $\dot{Q} = 108\ \mathrm{kW}$

4.25 $h = 42.3\ \mathrm{W/m^2 \cdot K}$

제4.6절

4.27 $\mathrm{Nu}_D = 0.914$

4.29 $\dot{q}_A = 4.64\ \mathrm{kW/m^2}$

4.31 a.) $T_0 = 17.7\ ^\circ\mathrm{C}$

$\qquad$ b.) $41.4\ \mathrm{m} \geq x_F \geq 6.9\ \mathrm{m}$

4.33 $\dot{q}_A = 63.2\ \mathrm{W/m^2}$

4.35 $T_0 = 88.7\ ^\circ\mathrm{C}$

제4.7절

4.37 $T_{\mathrm{tube}} = 5\ ^\circ\mathrm{C}$

4.39 $T_0 = 32.6\ ^\circ\mathrm{C}, \Delta p = 36\ \mathrm{Pa}, p_2 = 99.9\ \mathrm{kPa}$

4.41 $T_{\mathrm{max}} = 135.6\ ^\circ\mathrm{C}$

CHAPTER 05

제5.1절

5.1 $F = 330\ \mathrm{N}$, 겉보기 밀도는 $7500\ \mathrm{kg/m^3}$임.

제5.2절

5.3 $\dot{Q} = 225\ \mathrm{W}$

5.5 $\delta(\mathrm{y}) = (3.51 \times 10^{-3})\,(\mathrm{y})^{1/4}$

5.7 $\dot{Q} = 6644\ \mathrm{W}$

5.9 a) $L_{\mathrm{crit}} = 0.997\ \mathrm{m}$

$\qquad$ b) $T = 36\ ^\circ\mathrm{C}$

제5.3절

5.11 $\dot{q}_A = 415.5\ \mathrm{W/m^2}$

5.13 $\dot{Q}_{\mathrm{total}} = 23{,}976\ \mathrm{W}, \dot{Q}_{\mathrm{sides}} = 11{,}250\ \mathrm{W}$

제5.4절

5.15 $\dot{q}_l = 4.14\ \mathrm{W/m}$

5.17 $\dot{Q} = 1774\ \mathrm{kW}$

제5.5절

5.21 $\dot{Q} = 8.6\ \mathrm{kW}$

제5.6-5.7절

5.23 $\dot{q}_A = 520\ \mathrm{W/m^2}$

5.25 $\dot{Q} = 4421\ \mathrm{W}$

CHAPTER 06

제6.1절

6.1 $\lambda_{\mathrm{low}} = 0.28\ \mu\mathrm{m}, \lambda_{\mathrm{high}} = 0.49\ \mu\mathrm{m}$

6.3 $\omega_{1-2ii} = 0.503\ \mathrm{sr}$,

$\qquad \omega_{1-2iii} = \omega_{1-2i} = 0.1777\ \mathrm{sr}$

제6.2절

6.5 a) $\dot{E}_B = 55.4\ \mathrm{W/m^2}$, b) $\dot{E}_B = 114.633\ \mathrm{kW/m^2}$,

$\qquad$ c) $\dot{E}_B = 6343\ \mathrm{kW/m^2}$

제6.3절

6.7 $\tau_r = 0.6$

6.9 $\rho_r = 0.2$

제6.4절

6.13 $F_{1-2} = 0.0754$

6.15 $D = 2.3\ \mathrm{cm}$

6.17 $F_{2-1} = 0.31, F_{2-3} = 0.69$

6.19 $F_{2-1} = F_{1-2} = 0.21, F_{1-3} = 0, F_{3-1} = 0.32$

제6.5절

6.21 $\rho_{r,\mathrm{ave}} = 0.3805, \tau_{r,\mathrm{av}} = 0.4545\ @\ 500\ \mathrm{K}$

$\qquad \rho_{r,\mathrm{ave}} = 0.3085, \tau_{r,\mathrm{av}} = 0.6446\ @\ 850\ \mathrm{K}$

6.23 a) $\dot{E}_{\mathrm{full}} = 2.025\ \mathrm{kW/m^2}$

$\qquad$ b) $\dot{E}_{1-2} = 0.375\ \mathrm{kW/m^2}$

CHAPTER 07

제7.1절

7.1 $J = 3\ \mathrm{kW/m^2}$

제7.2절

7.3 $\dot{q}_l = 1018.0$ W/m$(\varepsilon_2 = 0.28$일 때$)$, $\dot{q}_l = 1677.5$ W/m
   $(\varepsilon_2 = 0.8$일 때$)$
   $\dot{q}_l = 607.9$ W/m$(\varepsilon_2 = 0.15$일 때$)$

7.5 $\dot{q}_{A.net} = 283.2$ W/m^2 (유출)

제7.3절

7.7 $\dot{Q}_{loss} = 3.421$ kW

7.9 $\dot{Q} = 38.34$ W(한쪽에서), 76.58 W(양쪽에서)

7.11 $\dot{Q} = 180$ W

7.13 $\dot{Q} = 21$ MW

제7.4절

7.15 $K_A = 7.45$ km^{-1}

7.17 $\varepsilon_g = 0.37$

제7.5절

7.19 $T_S = 424$ K

7.21 $T_{MRT} = 104.5\,°C$

7.23 $\dot{Q}_{net} = 29.5$ W/m^2 (유출)

7.25 $h_\infty = 21.17$ W/m$^2 \cdot$ K, $T_\infty = 280\,°C$

CHAPTER 08

제8.1절

8.1 $\dot{m}_{R134A} = 3.72$ kg/s

제8.2절

8.3 $U_0 = 48.5$ W/m$^2 \cdot$ K

제8.3절

8.5 $\dot{m}_{gas} = 7.8375$ kg/s, $A = 53.44$ m^2

8.7 a) $\dot{m}_{CW} = 3.95$ kg/s, b) $\varepsilon_{HX} = 0.429$

8.9 a) $\dot{m}_{Ammonia} = 0.948$ kg/s, b) $A = 104.7$ m^2

제8.4절

8.11 a) $t_0 = 52\,°C$, b) $T_0 = 42.4\,°C$

8.13 $A = 38.2$ m^2

8.15 $T_{C0} = 30.8\,°C$, $T_0 = 54.2\,°C$

제8.5절

8.17 $f = 0.0115$,
   $U = 135$ W/m$^2 \cdot$ K

8.19 $h = 56.5$ W/m^2 K, $\Delta p = 5.975$ Pa, $S_m = 280$ m^2/m^3

제8.6절

8.21 $\Delta p_l \sim 3 \times 10^3 \times \Delta p_v$

8.23 $K_W \sim 3.125 \times 10^{-4}$ m^2

CHAPTER 09

제9.1절

9.1 $D = 0.0016$ m

9.3 순 힘 $= 0.8715 \times 10^{-6}$ N

제9.2절

9.5 $\dot{q}_A = 1.256 \times 10^6$ W/m^2

9.7 $L = 0.3$ m $= 30$ cm

9.9 $h_{nph} = 0.066$ W/m^2 K

제9.3절

9.11 $L = 0.394$ m, 이 때에 $\delta = 0.173$ mm임.

9.13 $h_{ave} = 61.3$ W/m^2 K, $\dot{m}_{NH3} = 2.62$ g/s, $\dot{Q} = 2.759$ kW

9.15 $\dot{q}_l = 720.234$ W/m (관 개수 1개),
   $\dot{q}_l = 340.578$ W/m (관 개수 20개)

제9.4절

9.17 $h_{ave} = 1.503 \times 10^5$ W/m^2 K, (식 9.53),
   $h_{ave} = 0.8707 \times 10^5$ W/m^2 K, (식 9.6)

9.19 $h_{ave} = 6.392 \times 10^3$ W/m^2 K, (식 9.56),
   $h_{ave} = 8.892 \times 10^6$ W/m^2 K, (식 9.6)

9.21 $h_{ave} = 5029.7$ W/m^2 K

제9.5절

9.25 $t = 549$ s

9.27 $\delta = 1.99$ mm

제9.6절

9.29 $\dot{q}_{max} = 184.47$ kW/m^3

9.31 $t = 0.436$ hr $= 1572.5$ s

찾아보기

A

| 역자소개 |

양 협
강원대학교 기계시스템공학부 교수

강상우
한국과학기술연구원(KIST) 선임연구원

김주희
육군사관학교 기계시스템공학과 교수

오재균
여주대학교 자동차공학과 교수

유제청
근로복지공단 재활공학연구소 소장

이승철
강원대학교 소방방재공학전공 교수

정재호
경남정보대학교 기계계열 교수

채 수
오산대학교 자동차과 교수

한영배
육군사관학교 기계시스템공학과 교수

열전달 2ed

초판 인쇄 | 2020년 03월 01일
초판 발행 | 2020년 03월 05일

지은이 | Kurt C. Rolle
펴낸이 | 조승식
펴낸곳 | (주)도서출판 **북스힐**

등 록 | 1998년 7월 28일 제 22-457호
주 소 | 서울시 강북구 한천로 153길 17
전 화 | (02) 994-0071
팩 스 | (02) 994-0073

홈페이지 | www.bookshill.com
이메일 | bookshill@bookshill.com

정가 32,000원
ISBN 979-11-5971-274-6

PRINCIPAL UNITS USED IN MECHANICS

Quantity	International System (SI)			U.S. Customary System (USCS)		
	Unit	Symbol	Formula	Unit	Symbol	Formula
Acceleration (angular)	radian per second squared		rad/s^2	radian per second squared		rad/s^2
Acceleration (linear)	meter per second squared		m/s^2	foot per second squared		ft/s^2
Area	square meter		m^2	square foot		ft^2
Density (mass) (Specific mass)	kilogram per cubic meter		kg/m^3	slug per cubic foot		slug/ft^3
Density (weight) (Specific weight)	newton per cubic meter		N/m^3	pound per cubic foot	pcf	lb/ft^3
Energy; work	joule	J	N·m	foot-pound		ft-lb
Force	newton	N	kg·m/s^2	pound	lb	(base unit)
Force per unit length (Intensity of force)	newton per meter		N/m	pound per foot		lb/ft
Frequency	hertz	Hz	s^{-1}	hertz	Hz	s^{-1}
Length	meter	m	(base unit)	foot	ft	(base unit)
Mass	kilogram	kg	(base unit)	slug		$\text{lb-s}^2/\text{ft}$
Moment of a force; torque	newton meter		N·m	pound-foot		lb-ft
Moment of inertia (area)	meter to fourth power		m^4	inch to fourth power		in.^4
Moment of inertia (mass)	kilogram meter squared		kg·m^2	slug foot squared		slug-ft^2
Power	watt	W	J/s (N·m/s)	foot-pound per second		ft-lb/s
Pressure	pascal	Pa	N/m^2	pound per square foot	psf	lb/ft^2
Section modulus	meter to third power		m^3	inch to third power		in.^3
Stress	pascal	Pa	N/m^2	pound per square inch	psi	lb/in.^2
Time	second	s	(base unit)	second	s	(base unit)
Velocity (angular)	radian per second		rad/s	radian per second		rad/s
Velocity (linear)	meter per second		m/s	foot per second	fps	ft/s
Volume (liquids)	liter	L	10^{-3} m^3	gallon	gal.	231 in.^3
Volume (solids)	cubic meter		m^3	cubic foot	cf	ft^3